科学出版社"十三五"普通高等教育本科规划教材

植物化学保护

贺字典　王秀平　主编

科学出版社

北京

内容简介

本书不仅介绍了植物化学保护基础知识，还详细介绍了农药的研制与开发、农药安全性评价、农药剂型配制、农药登记与管理、农药的科学使用、杀菌剂的科学选用、除草剂的科学选用和植物生长调节剂的科学选用。本书打破了传统植物化学保护的学科知识体系，按照理实一体化的原则将实践能力融入理论知识中，并且紧密结合我国农药生产实际，参考了国内外同行研究成果，并融入编者多年的教学经验、科研成果与生产实践。

本书可供高等农林院校、高等职业院校的植物保护专业等本专科学生使用，也可作为其他专业学生的辅修教材。

图书在版编目（CIP）数据

植物化学保护 / 贺字典，王秀平主编. —北京：科学出版社，2017.3
科学出版社"十三五"普通高等教育本科规划教材
ISBN 978-7-03-052005-0

Ⅰ. ①植… Ⅱ. ①贺… ②王… Ⅲ. ①植物保护-农药防治-高等学校-教材 Ⅳ. ①S481

中国版本图书馆CIP数据核字（2017）第044502号

责任编辑：丛 楠 刘 丹 韩书云 / 责任校对：彭珍珍 王 瑞
责任印制：赵 博 / 封面设计：黄华斌

科学出版社 出版
北京东黄城根北街16号
邮政编码：100717
http://www.sciencep.com

北京凌奇印刷有限责任公司印刷
科学出版社发行　各地新华书店经销

*

2017年3月第 一 版　开本：787×1092　1/16
2025年1月第五次印刷　印张：31 1/4
字数：808 000

定价：118.00元
（如有印装质量问题，我社负责调换）

《植物化学保护》编写委员会

主　　编　贺字典　王秀平
副 主 编　胡林峰　王国君　刘雨晴　朱春玉　谢兰芬
编写人员　（按姓氏汉语拼音排序）
　　　　　　陈华保（四川农业大学）
　　　　　　陈井生（黑龙江省农业科学院）
　　　　　　陈业兵（山东省农业科学院）
　　　　　　韩立荣（西北农林科技大学）
　　　　　　贺字典（河北科技师范学院）
　　　　　　胡林峰（河南科技学院）
　　　　　　李立梅（吉林省林业科学研究院）
　　　　　　李修伟（沈阳农业大学）
　　　　　　林　琎（山东农业大学）
　　　　　　刘雨晴（河南省科学院）
　　　　　　王国君（信阳农林学院）
　　　　　　王秀平（河北科技师范学院）
　　　　　　王艳红（黑龙江八一农垦大学）
　　　　　　谢兰芬（河南科技学院）
　　　　　　杨春平（四川农业大学）
　　　　　　朱春玉（辽宁大学）
　　　　　　朱红霞（河南科技学院）

出 版 说 明

《国家中长期教育改革和发展规划纲要（2010—2020年）》颁布实施以来，我国职业教育进入到加快构建现代职业教育体系、全面提高技能型人才培养质量的新阶段。加快发展现代职业教育，实现职业教育改革发展新跨越，对职业学校"双师型"教师队伍建设提出了更高的要求。为此，教育部明确提出，要以推动教师专业化为引领，以加强"双师型"教师队伍建设为重点，以创新制度和机制为动力，以完善培养培训体系为保障，以实施素质提高计划为抓手，统筹规划，突出重点，改革创新，狠抓落实，切实提升职业院校教师队伍整体素质和建设水平，加快建成一支师德高尚、素质优良、技艺精湛、结构合理、专兼结合的高素质专业化的"双师型"教师队伍，为建设具有中国特色、世界水平的现代职业教育体系提供强有力的师资保障。

目前，我国共有60余所高校正在开展职教师资培养，但由于教师培养标准的缺失和培养课程资源的匮乏，制约了"双师型"教师培养质量的提高。为完善教师培养标准和课程体系，教育部、财政部在"职业院校教师素质提高计划"框架内专门设置了职教师资培养资源开发项目，中央财政划拨1.5亿元，系统开发用于本科专业职教师资培养标准、培养方案、核心课程和特色教材等系列资源。其中，包括88个专业项目，12个资格考试制度开发等公共项目。该项目由42家开设职业技术师范专业的高等学校牵头，组织近千家科研院所、职业学校、行业企业共同研发，一大批专家学者、优秀校长、一线教师、企业工程技术人员参与其中。

经过三年的努力，培养资源开发项目取得了丰硕成果。一是开发了中等职业学校88个专业（类）职教师资本科培养资源项目，内容包括专业教师标准、专业教师培养标准、评价方案，以及一系列专业课程大纲、主干课程教材及数字化资源；二是取得了6项公共基础研究成果，内容包括职教师资培养模式、国际职教师资培养、教育理论课程、质量保障体系、教学资源中心建设和学习平台开发等；三是完成了18个专业大类职教师资资格标准及认证考试标准开发。上述成果，共计800多本正式出版物。总体来说，培养资源开发项目实现了高效益：形成了一大批资源，填补了相关标准和资源的空白；凝聚了一支研发队伍，强化了教师培养的"校—企—校"协同；引领了一批高校的教学改革，带动了"双师型"教师的专业化培养。职教师资培养资源开发项目是支撑专业化培养的一项系统化、基础性工程，是加强职教教师培养培训一体化建设的关键环节，也是对职教师资培养培训基地教师专业化培养实践、教师教育研究能力的系统检阅。

自2013年项目立项开题以来，各项目承担单位、项目负责人及全体开发人员做了大量深入细致的工作，结合职教教师培养实践，研发出很多填补空白、体现科学性和前瞻性的成果，有力推进了"双师型"教师专门化培养向更深层次发展。同时，专家指导委员会的各位专家以及项目管理办公室的各位同志，克服了许多困难，按照两部对项目开发工作的总体要求，为实施项目管理、研发、检查等投入了大量时间和心血，也为各个项目提供了专业的咨询和指导，有力地保障了项目实施和成果质量。在此，我们一并表示衷心的感谢。

教育部 财政部职业院校教师素质
提高计划成果系列丛书编写委员会
2016年3月

丛书序　编写说明

为贯彻落实全国教育工作会议和《国家中长期教育改革和发展规划纲要（2010—2020年）》精神，加快推进面向农村的职业教育的发展，培养适应现代职业教育发展要求的"双师型"教师，2011年教育部、财政部联合下发的《教育部　财政部关于实施职业院校教师素质提高计划的意见》（教职成〔2011〕14号）中指出，2012~2015年，支持职教师资培养工作基础好、具有相关学科优势的本科层次国家级职业教育师资基地等有关机构，牵头组织职业院校、行业企业等方面的研究力量，共同开发100个职教师资本科专业的培养标准、培养方案、核心课程和特色教材，加强职业教育师资培养体系的内涵建设。

河北科技师范学院作为全国重点建设教师培养培训基地，牵头承担了教育部、财政部"职业院校教师素质提高计划——本科专业职教师资培养资源开发项目"中的"植物保护专业职教师资培养资源开发项目"。"植物保护专业职教师资培养资源开发项目"的实施内容包括：植物保护专业的基础资料调查研究报告，植物保护专业教师标准，植物保护专业教师培养标准，植物保护专业教师培养质量评价方案，课程资源（专业课程大纲、主干课程教材、数字化资源库）的编制、研发和创编工作。

本套教材即为教育部、财政部"职业院校教师素质提高计划——植物保护专业职教师资培养资源开发项目"的成果之一。

本套植物保护专业主干课程教材的开发过程中，以先进的现代职教理念为引领，以培养造就高素质专业化中等职业学校教师为目标，以切实提高植物保护专业教师专业知识水平和专业能力为本位，注重把"专业性"、"职业性"、"师范性"三者深度融合在一起，针对植物保护本科专业中等职教师资培养的核心课程，力争开发出基于工作过程系统化设计思想和体现问题导向、案例引导、任务驱动、项目教学等职业教育教学方法要求，突出"强能力"、"重应用"职业教育特色的课程教材。

1. 教材编委会在项目前期广泛调研、分析的基础上，根据项目总体要求，确定开发《植物虫害与防治》、《植物病害与管理》、《植物化学保护》、《植物保护专业教学法》、《植物保护专业综合实践》等5部植物保护专业主干课程教材。

2. 本套教材的开发以项目总体要求、植物保护专业基础资料调查研究报告、《植物保护专业教师标准》、《植物保护专业教师培养标准》和《植物保护专业相关课程标准》为依据。

3. 教材开发中力求体现以下三方面的特点。

1）树立先进的职教理念，针对职业学校"教师专业化"的要求，聚焦于形成职业教育师范生的"职业能力"，既体现学科专业的基本要求，也体现培养教师专业精神、专业知识和专业能力的要求。

2）注意突破学科自身系统性、逻辑性的局限，体现知识的结构性原则，密切与培养对象生活、现代社会、科技、职业发展的联系，突出体现服务对象综合素质和职业能力培养的功能。

3）体现专业领域的最新理论知识、前沿技术和关键技能；内容综合化，涵盖植物保护各个技术领域的"四新"内容；强化岗位关键技能和生产实践能力的提高。

4. 针对专业类（《植物虫害与防治》、《植物病害与管理》、《植物化学保护》）、教育教学类（《植物保护专业教学法》）、实践类（《植物保护专业综合实践》）等三类课程教材的不同特点，确定了不同的开发原则。

1）专业类课程教材依照"任务驱动"、"问题解决"的模式进行开发。教材内容的组织力求按照工作过程来进行序化，即以工作过程为参照系，将陈述性知识与过程性知识整合、理论知识与实践知识整合，一般以过程性知识为主，以陈述性知识为辅，根据工作过程确定教材体系结构。

2）教育教学类课程教材开发中力求避免宽泛的、一般性的职业教育教学理论介绍，着重于植物保护专业教学的专门理论和方法，使学生能够理解和掌握对学科专业知识进行教学分析的方法，掌握选择采用妥善的教育教学模式和教学方法的技巧。

3）实践类课程教材要重新整合各实践教学环节的教学训练内容，力求实践教学内容前后紧密衔接、由简单到复杂、由单项到综合，努力达到实践教学系统化、规范化；注重专业实践和教育教学实践的有机结合，注重选取专业教学方面的典型项目工作案例。

本套教材开发、编写过程中，王文颇、乔亚科、周印富根据项目专家指导委员会的意见，负责组织、协调各部教材的整体开发工作，并对各部教材的编写体例、编写大纲进行了最后修订。

本套教材在开发、编写过程中，得到了河北科技师范学院、淮海工学院、河北农业大学、沈阳农业大学、山东农业大学、四川农业大学、西北农林科技大学、云南农业大学、华南农业大学、河北大学、河北工程大学、北京林业大学、燕山大学、扬州大学、河南科技学院、河北省农业科学研究院植物保护研究所、河南省科学院、河北北方学院、保定职业技术学院、江苏农林职业技术学院、沧州职业技术学院、成都农业科技职业学院、黑龙江职业学院、黑龙江农业职业技术学院、黑龙江农业经济职业学院、安徽材料工程学校、河北省昌黎县职业技术教育中心、河北省宽城县职业技术教育中心、河北省围场满族蒙古族自治县职业教育技术中心、河北省怀来县职业技术教育中心、河北省武安市职教中心、河北省兴隆县职教中心、河北赞皇中学、安徽省濉溪县职业教育中心、甘肃省通渭县陇山职业中学、河北省农业广播电视学校兴隆分校、中央广播电视学校昌黎分校、广西田园生化股份有限公司、秦皇岛长胜农业科技发展有限公司等单位的领导和同志的大力支持，编写过程中参考和引用了大量的资料和成果，在此一并表示诚挚敬意和衷心的感谢。

由于编者水平有限，加之教材体例上打破了传统"教科书"式的平铺直叙，重点突出了教材内容编排的工作过程系统化设计思想和体现问题导向、案例引导、任务驱动、项目教学等职业教育教学方法和"强能力"、"重应用"的职教特色，使得教材内容体系的构建难度极大。因此，教材中难免出现疏漏、不足和一些不成熟的看法，甚至偏颇的拙见，敬请指正。

植物保护专业职教师资培养主干课程教材编委会
2016 年 4 月

前　言

在当前国家大力发展应用型大学的背景下，如何为中等职业学校培养出胜任的职教师资尤为重要。植物保护专业如何适应应用型教学的需要，为社会提供植物保护行业需要的应用型人才是当前面临的巨大挑战。因此，在遵循"项目任务和要求、项目理论、项目分析、项目路径和步骤、项目预案、项目实施、项目作业、项目拓展"理实一体化教材开发框架结构的基础上，教材编写组在教育部、财政部职业院校教师素质提高计划和河北科技师范学院重点教研课题的资助下，针对植物保护专业培养应用型人才中的一系列改革与实践活动进行了研究探索。为此，我们编写的《植物化学保护》教材，力求体现出植物保护专业理实一体化特色。

一、受教育部、财政部项目：职业院校教师素质提高计划——植物保护专业职教师资培养标准、培养方案、核心课程和特色教材开发项目组的委托，编委会成员编写《植物化学保护》这本教材。

二、植物化学保护从20世纪50年代起就成为高等农林院校植物保护专业的主要专业课。目前不管是高等农林院校还是高等职教师资院校的植物保护专业，所用教材只有赵善欢先生编写的《植物化学保护》和徐汉虹教授编写的《植物化学保护学》。这两本教材均是按照农药学科体系的发展思路进行编写的，本教材编写过程中始终贯彻的核心观点是理实一体化，按照工作过程选取和组织教材的内容。以先导化合物为起点，以先导化合物的生物活性测定—环境安全测定—抗药性测定—剂型研制—农药登记与管理—农药的安全使用为主线，遵循理实一体化的教学体系，将理论知识与农药行业要求的实践能力交织在理论知识中。

三、本教材各章编写分工如下：贺字典编写前言，第一章第一节、第二节；王艳红编写第一章第三节（贾桂燕对本内容进行了校稿）；胡林峰、朱红霞编写第二章；林琎、韩立荣编写第三章；王秀平、谢兰芬编写第四章；韩立荣编写第五章；朱春玉、王艳红编写第六章；刘雨晴和陈业兵编写第七章；王国君编写第八章第一节、第二节；李立梅和陈井生编写第八章第三节、第四节；李修伟编写第九章；杨春平、陈华保编写第十章。

四、本教材的编写由河北科技师范学院牵头，编委会成员主要为国内高等农业院校植物化学保护教学第一线的中青年教师和农林科学院工作在植物保护第一线的年轻学者，除了河北科技师范学院外，其他编者分别来自辽宁大学、沈阳农业大学、黑龙江八一农垦大学、黑龙江省农业科学院、山东省农业科学院、西北农林科技大学、河南科技学院、山东农业大学、吉林省林业科学研究院、河南省科学院、信阳农林学院、四川农业大学12个单位。

五、本教材在应用能力部分突出过程考核的标准和要求。这样既能提高学生的独立操作能力，又提高了团队协作能力；既强调了操作过程的必要性，又突出了实践结果的重要性；既充分调动了学生的学习积极性和主动性，又锻炼了学生的学习韧性和毅力。

在本教材编写过程中，得到项目主持人河北科技师范学院乔亚科教授、王文颇教授、周印富教授的大力支持和项目组其他专家的指导，也得到河北科技师范学院生命科技学院植物保护专业老师的大力协助，在此表示衷心的感谢！各位编写组成员在本教材的编写、统稿和编排工作中付出了辛勤劳动，特别是胡林峰、王国君、刘雨晴、谢兰芬和贾桂燕等教师在百忙之中承担了教材的校稿工作，在此一并表示感谢！

我们力求使本书成为一本有别于赵善欢、徐汉虹等老先生们编写的精品教材《植物化学保护》《植物化学保护学》的教材，并适用于高等职业师资院校的教学。同时，由于我们本身的知识能力有限，本教材难免有不足之处，读者在使用过程中如有发现，请及时与我们联系，在此表示衷心的感谢！

贺字典

2016 年 10 月 14 日

目　　录

第一章　植物化学保护基础知识 ··· 1
第一节　农药的定义和分类 ··· 1
第二节　发展中的农药 ··· 5
第三节　植物化学保护基本概念 ·· 15
思维拓展 ·· 27
主要参考资料 ·· 28

第二章　农药的研制与开发 ·· 29
第一节　先导化合物的来源与开发 ··· 29
第二节　农药的生物活性测定 ··· 39
第三节　农药的小试和中试 ·· 90
第四节　农药生物活性测定实例 ·· 92
思维拓展 ·· 102
主要参考资料 ·· 103

第三章　农药的安全性评价 ·· 104
第一节　农药对环境的安全性评价 ··· 104
第二节　农药在农产品中的残留分析实例 ·· 138
第三节　农药对环境安全性评价实例 ··· 153
思维拓展 ·· 164
主要参考资料 ·· 164

第四章　农药剂型的配制 ·· 166
第一节　农药原药 ·· 166
第二节　农药助剂 ·· 180
第三节　农药剂型 ·· 199
第四节　农药剂型加工实例 ·· 224
思维拓展 ·· 237
主要参考资料 ·· 237

第五章　农药的登记与管理 ·· 239
第一节　农药登记管理概况 ·· 239
第二节　农药登记阶段及登记种类 ··· 243
第三节　农药登记资料及流程 ··· 244
第四节　登记后管理内容 ·· 248

  思维拓展 250
  主要参考资料 250

第六章 农药的科学使用 252
  第一节 农药的鉴别 252
  第二节 农药的配制 257
  第三节 农药的施用 264
  思维拓展 283
  主要参考资料 283

第七章 杀虫剂的科学选用 284
  第一节 认识杀虫剂 284
  第二节 合理选用杀虫剂 291
  第三节 科学使用杀虫剂 340
  第四节 常见农业害虫的化学防治实例 342
  思维拓展 346
  主要参考资料 346

第八章 杀菌剂的科学选用 347
  第一节 认识杀菌剂 347
  第二节 合理选用杀菌剂 356
  第三节 科学使用杀菌剂 396
  第四节 常见农业病害的化学防治实例 400
  思维拓展 414
  主要参考资料 414

第九章 除草剂的科学选用 416
  第一节 认识除草剂 416
  第二节 除草剂的合理选用 424
  第三节 科学使用除草剂 451
  第四节 常见农田杂草的化学防治实例 454
  思维拓展 463
  主要参考资料 463

第十章 植物生长调节剂的科学选用 464
  第一节 植物生长调节剂的发现 464
  第二节 植物生长调节剂的作用 466
  第三节 植物生长调节剂的科学使用 470
  第四节 植物生长调节剂的应用 483
  思维拓展 485
  主要参考资料 485

第一章 植物化学保护基础知识

【知识能力要求】
1. 了解农药发展的历史进程；
2. 掌握农药分类的依据及类型；
3. 掌握农药的基本概念及重要的测定指标。

【导语】
　　2015年统计的世界人口数量为7 315 294 411人，已超过70亿人，2025年将达到80亿人，2050年将达到90亿人。随着世界人口的急剧增长，人类对粮食的需求不断增加，农业生产发展的紧迫性不言而喻。除了培育优良品种、改良耕作栽培制度外，加强植物保护，减少病虫草害对粮食生产造成的损失至关重要。农药作为粮食丰产丰收的保障，其发展与农业种植效率和产量的提高有着紧密的联系。植物化学保护课程是应用化学农药防治害虫、害螨、病害、杂草及其他有害生物，保护农林业生产的一门实用学科。

第一节　农药的定义和分类

一、农药的定义

　　农药（pesticide）是指用于预防、消灭或者控制危害农业、林业的病、虫、草和其他有害生物，以及有目的地调节、控制、影响植物和有害生物代谢、生长、发育、繁殖过程的化学合成的或者来源于生物、其他天然产物及应用生物技术生产的一种物质或者几种物质的混合物及其制剂。

　　农药的含义和范围，古代和近代有所不同，不同国家也有差异。古代主要是指天然的植物性、动物性、矿物性物质，近代主要指人工合成的化工产品。美国称为"经济毒剂"（economic poison），欧洲称为"农用化学品"（agrochemicals）、"生物合理农药"（biorational pesticide）和"环境和谐农药"（environmental acceptable pesticide and environmental friendly pesticide）。

　　农药包含下列几层含义：①预防、消灭或控制危害农林作物、农林产品和环境中的病、虫、草、鼠等有害生物的化学物质及有目的地调控植物的植物生长调节剂；②提高这些药剂药效的辅助剂、增效剂；③包括一些特异性农药，如不育剂、拒食剂、驱避剂、昆虫生长发育抑制剂、保幼激素、蜕皮激素等；④包括来源于生物和其他天然物质的生物源农药和用天敌活体生物商品防治有害生物的生物体农药（也称天敌农药）。

　　农药作为一种毒剂（toxicant），与其他毒剂有着很大的不同，应具备下列条件。

　　1）使用极少量，加上人为的技术措施（所谓人为的技术措施就是指合理的使用方法，最佳的用药时期，选择适宜的农药剂型，这也称为化学防治技术），造成有机体死亡，或者干扰和破坏生理生化各系统的正常功能。

　　2）低残留，不污染环境，对高等动物无积累中毒作用，没有致癌、致畸、致突变作用。

　　在人们对环境质量要求不断提高的今天，对农药的要求越来越严格，同时也促进了农药的迅猛发展。农药学科不断吸取近代生物化学、分子生物学和基因工程等学科的最新成就，用有机化合物影响、控制和调节各种有害生物的生长、发育和繁殖过程。在保障人类健康和合理生态平衡的前提下，使有益生物得到有效的保护，有害生物得到较好的控制，以促进现代农业向可持续农业方向发展。因此，在这个过程中所使用的具有特殊生物活性的有机物质都可统称为农药。

二、农药的分类

根据农药的定义可知，农药种类繁多。为了便于认识、研究和使用农药，可根据农药的用途、成分、防治对象、作用方式和作用机制等进行分类。

（一）根据农药原料来源分类

1）无机农药（inorganic pesticide）：由天然矿物质原料加工、配制而成的农药，如硫黄、石灰、硫酸铜、磷化铝等。

2）有机合成农药（synthetic-organic pesticide）：有机化学合成的主要由碳、氢元素组成的农药。目前大多数农药都属于有机合成农药，如敌敌畏、多菌灵、烟嘧磺隆。

3）生物源农药（biogenic pesticide）：利用生物活体或生物产生的天然活性物质作为农药，以及按照天然活性物质的化学结构或类似衍生结构人工合成的农药。其与环境兼容性好，对靶标生物相对安全，在环境中易降解，如植物性农药（烟草、除虫菊、印楝等）、微生物农药（苏云金杆菌、农用抗生素等）。

（二）根据作用对象分类

1）杀虫剂（insecticide）：对昆虫机体有直接毒杀作用，以及通过其他途径可控制其种群形成或可减轻害虫为害程度甚至消除害虫为害的药剂。

2）杀菌剂（fungicide）：对病原菌能起到杀死、抑制或中和其有毒代谢物，因而可使植物及其产品免受病菌为害或可消除病症的药剂。

3）除草剂（herbicide）：可以用来防除杂草的药剂。

4）杀螨剂（acaricide，miticide）：可以防除植食性有害螨类的药剂。

5）杀鼠剂（rodenticide）：用于毒杀多种场合中各种有害鼠类的药剂。

6）杀线虫剂（nematocide，nemacide）：用于防治农作物线虫病害的药剂。

7）植物生长调节剂（plant growth regulator）：对植物生长发育有控制、促进或调节作用的药剂。

8）杀软体动物剂（molluscicide）：用来防治蜗牛、蛞蝓、田螺、钉螺等有害软体动物的药剂。

（三）杀虫剂根据作用方式分类

1）触杀剂（contact poison）：杀虫剂与虫体接触后，经过虫体体壁渗透到体内，引起虫体中毒的杀虫剂，如辛硫磷、异丙威。目前使用的杀虫剂大多数属于此类，对各类口器的害虫都适用，但对体被蜡质等保护物的害虫（如蚧、粉虱等）防治效果不佳。

2）胃毒剂（stomach poison）：杀虫剂经害虫口腔进入虫体，被消化道吸收后进入体内，到达靶标才可起到毒杀作用的药剂，如辛硫磷。胃毒剂适用于防治黏虫、蝗虫、蝼蛄等咀嚼式口器的害虫，以及防治虹吸式和舐吸式等口器的害虫。

3）内吸剂（systemic poison）：杀虫剂能被植物的根、茎、叶或种子吸收并传导到其他部位，使害虫吸食或接触后中毒死亡的药剂，如吡虫啉。内吸剂对刺吸式口器害虫效果较好。

4）熏蒸剂（fumigant poison）：以气体状态通过昆虫的呼吸器官进入体内而引起昆虫中毒死亡的药剂，如敌敌畏、磷化铝、氰氨化钙等。使用时应在密闭条件下，如氰氨化钙防治地下害虫、土传病原菌和磷化铝片剂防治温室害虫和果树蛀干性害虫等。

5）拒食剂（insect antifeedant）：农药所挥发的蒸气可影响昆虫的味觉器官，使昆虫厌食，不再取食，最后因营养衰竭而死亡的药剂，如拒食胺、印楝素、川楝素等。印楝素浓度为 $0.02\sim0.1\mu g/mL$ 时对多种害虫如鳞翅目、直翅目等有效。

6）引诱剂（rodents attractant）：使用后依靠其物理化学作用（颜色、气味、光、微波信号、信息素等）可将害虫诱聚而利于歼灭的药剂。例如，糖、醋加敌百虫做成毒饵，以诱杀黏虫。

7）驱避剂（insect repellent）：农药所挥发的蒸气使昆虫感到不快而起到驱避作用，一般对昆虫无毒杀作用，如避蚊油、卫生球（樟脑丸）、避蚊胺等。

8）昆虫生长调节剂（insect growth regulator）：通过昆虫胃毒或触杀作用，进入昆虫体内，阻碍几丁质形成，影响内表皮生成，使昆虫蜕皮变态时不能顺利蜕皮、卵的孵化和成虫的羽化受阻或虫体发育成畸形而发挥杀虫效果，如灭幼脲、噻嗪酮等。

（四）杀虫剂根据化学结构分类

1）有机氯杀虫剂，如滴滴涕（DDT）、六六六（666）等。
2）有机磷杀虫剂，如敌敌畏、辛硫磷、丙溴磷等。
3）氨基甲酸酯类杀虫剂，如抗蚜威、丁硫克百威等。
4）拟除虫菊酯类杀虫剂，如氰戊菊酯、甲氰菊酯、氟溴氰菊酯等。
5）沙蚕毒素类杀虫剂，如杀虫双、杀螟单等。
6）氯化烟酰类杀虫剂，如吡虫啉、啶虫脒等。

（五）杀菌剂根据作用方式分类

1）保护性杀菌剂（protective fungicide）：在病害流行前施用于植物体表或体外直接与病原菌接触，杀死或抑制病原、保护植物免受其害，如波尔多液、速克灵、百菌清等。

2）治疗性杀菌剂（therapeutic fungicide）：在植物已经感病以后施药，可渗入植物组织内部，杀死萌发的病原孢子、病原体或中和病原的有毒代谢物以消除病症与病状的药剂。

3）铲除性杀菌剂（eradication fungicide）：对病原菌有直接强烈杀伤作用的药剂。可以通过熏蒸、内渗或直接触杀来杀死病原体而消除其危害。一般用于播前土壤处理、植物休眠期或种苗处理。常见的有甲醛、五氯酚、高浓度的石硫合剂等。

4）免疫性杀菌剂（immune fungicide）或诱抗剂（resistance inducer）：施药后可使植物产生抗药性能，不易遭受病原菌的侵染和危害，如诱抗剂等。

（六）杀菌剂根据化学结构分类

1）铜制剂，如波尔多液、王铜、壬菌铜、噻菌酮等。
2）无机硫杀菌剂，如硫黄、石硫合剂等。
3）有机硫杀菌剂，如代森锰锌、福美双、克菌丹等。
4）芳烃类杀菌剂，如五氯硝基苯、百菌清等。
5）苯并咪唑类杀菌剂，如多菌灵、噻菌灵、甲基硫菌灵、乙霉威等。
6）羧酰替苯胺类杀菌剂，如萎锈灵、氧化萎锈灵、戊菌隆等。
7）甾醇生物合成抑制剂，如咪鲜胺、三唑酮、烯唑醇、腈菌唑、苯醚甲环唑等。

8）苯基酰胺类杀菌剂，如甲霜灵、精甲霜灵、噁霜灵等。

9）噻唑/噻二唑类杀菌剂，如三环唑、烯丙苯噻唑、叶枯唑等。

10）β-甲氧基丙烯酸酯类杀菌剂，如嘧菌酯、醚菌酯、肟菌酯等。

11）苯吡咯类和苯胺基嘧啶类杀菌剂，如咯菌腈、嘧霉胺等。

12）氨基甲酸酯类、异噁唑类、取代脲类和甲氧基吗啉类杀菌剂，如霜霉威、恶霉灵、霜脲氰、氟吗啉、烯酰吗啉等。

13）抗生素，如井冈霉素、中生菌素等。

14）无杀菌毒性化合物，如活化酯等。

15）有机磷和二甲酰亚胺类杀菌剂，如异稻瘟净、乙烯菌核利、腐霉利、异菌脲等。

（七）除草剂根据作用方式分类

1）灭生性除草剂（sterilant herbicide）：对植物缺乏选择性或选择性小的除草剂，又称非选择性除草剂（non-selective herbicide）。它对杂草和作物均有伤害作用，如百草枯、草甘膦等。主要用于田边、公路和铁道边、水渠旁、仓库周围、休闲地、果园、林下。

2）选择性除草剂（selective herbicide）：在一定环境条件与用量范围内，能够有效地防治杂草而不伤害作物，只杀某一种或某一类杂草的除草剂。例如，敌稗只杀死稗草，对水稻无害；苯磺隆用于小麦田防除双子叶杂草；莠去津是玉米地杂草的有效除草剂，对玉米无毒。农业生产中应用的除草剂大多是选择性除草剂。

（八）除草剂根据施用方式分类

1）土壤处理剂：通过杂草的根、芽鞘或胚轴等部位进入植物体内发生毒杀作用，一般是在播种前或播种后出苗前施药，也可在果树、桑树、橡胶树等林下施药，如氟乐灵、恶草酮、异丙甲草胺等。

2）茎叶处理剂（postemergence herbicide）：以喷洒方式将药剂施于杂草茎叶的除草剂，利用杂草茎叶吸收和传导来消灭杂草，也称苗（期）后处理剂，如苄嘧磺隆、烟嘧磺隆、精喹禾灵、精吡氟禾草灵、精噁唑禾草灵、烯禾啶等。

3）茎叶、土壤处理剂：可做茎叶处理，也可做土壤处理，如莠去津等。

（九）除草剂根据化学结构分类

1）苯氧羧酸类，如2,4-二氯苯氧乙酸（2,4-滴，2,4-D）、二甲四氯（2甲4氯）等。

2）芳氧苯氧基丙酸酯类除草剂，如精喹禾灵、高效氟吡甲禾灵、精吡氟禾草灵等。

3）二硝基苯胺类除草剂，如氟乐灵、二甲戊乐灵等。

4）三氮苯类除草剂，如莠去津、扑草净、嗪草酮等。

5）酰胺类除草剂，如乙草胺、异丙甲草胺、丁草胺等。

6）二苯醚类除草剂，如氟磺胺草醚、三氟羧草醚丁草胺等。

7）磺酰脲类除草剂，如氯磺隆、苯磺隆、苄嘧磺隆、烟嘧磺隆等。

8）有机磷类除草剂，如草甘膦、草铵膦、莎稗磷等。

9）联吡啶类除草剂，如百草枯等。

10）咪唑啉酮类除草剂，如咪唑乙烟酸等。

11）磺酰胺类除草剂，如唑嘧磺草胺等。

12）三酮类除草剂，如硝磺草酮等。

第二节 发展中的农药

一、农药的发展历史

（一）经验主义发展时期

1883年以前，人们主要根据经验或自身体验来判断，直接利用石灰、雄黄、百部、除虫菊、苦楝天然杀虫植物来防治病虫害。公元前9世纪，古希腊诗人Homer曾提到燃烧的硫黄可作为熏蒸剂。古罗马学者Pliny长老曾提倡砷作为杀虫剂。15世纪，除虫菊的杀虫作用被发现。1763年，法国用烟草及石灰粉防治蚜虫，这是世界上首次报道的杀虫剂。1800年，美国人Jimtikoff发现高加索部族用除虫菊粉杀灭虱、蚤。1833年，坎立克先生开始将用硫黄和石灰配制的混合液用于害虫和病菌的防治。公元前5~公元前3世纪即用牡鞠、芥草、蠹炭灰杀灭害虫。公元前32年，用附子、干艾等植物防虫和储存种子。公元900年，中国使用雄黄（三硫化二砷）防治园艺害虫和用含砷矿物杀鼠。李时珍编写的《本草纲目》记述了1892种药品，其中有些就是用来防治害虫的，如矿物性的砒石、雄黄、雌黄、石灰，植物性的百部、藜芦、狼毒、苦参等。我国农民很早就应用鱼藤来杀虫，早在200年前就已使用烟草防治水稻害虫。杀虫植物烟草、除虫菊、鱼藤、鸡血藤、雷公藤、苦楝、川楝、苦皮藤、黄杜鹃、百部等在我国已有很久的应用历史。有些品种现在已获规模化人工种植，形成了特色产业，如鱼藤、除虫菊等。近些年，我国还引进了世界著名的杀虫植物印楝、非洲山毛豆等。这一阶段主要有石灰、雄黄和天然杀虫植物百部、除虫菊、苦楝。

（二）无机农药合成时代

开发最早的无机农药当数1851年法国Grison用等量的石灰与硫黄加水共煮制取的石硫合剂雏形——Grison水。到1882年，法国的Millardet在波尔多地区发现硫酸铜与石灰水混合也有防治葡萄霜霉病的效果，由此出现了波尔多液，并从1885年起作为保护性杀菌剂而被广泛应用。目前，无机农药中的波尔多液及石硫合剂仍在广泛应用。19世纪中叶是植物化学保护第一次被系统地科学研究的开始。1867年巴黎绿——一种不纯的亚砷酸铜，在美国用于控制科罗拉多甲虫的蔓延。波尔多液（硫酸铜与石灰的混合液）于1885年开始用于防治葡萄藤的茸毛霉菌。这一阶段的产品杀虫剂主要有亚砷酸钠、砷酸铅、巴黎绿、氟硅酸钙、冰晶石（氟铝酸钠）、硫黄；杀菌剂主要有硫黄粉、石硫合剂、波尔多液、硫酸铜；除草剂主要有亚砷酸钠、氯酸钠、氟化钠及硝酸铜等。

（三）现代有机化学农药合成时期

1939年，瑞士科学家Müller发现了二氯二苯三氯乙烷（滴滴涕，DDT）的杀虫作用，并因此获得了1948年的诺贝尔医学奖，这是现代化学合成农药的里程碑。1942年，Schrader合成特普（TEPP），1944年合成对硫磷，使有机磷杀虫剂在德国得到开发。1945年，第一个通过土壤作用的氨基甲酸酯类除草剂被英国人发现，而有机氯杀虫剂氯丹在美国和德国首先应用。其后不久，氨基甲酸酯类杀虫剂在瑞士开发成功。自1943年第一个有机磷杀虫剂特普进入市场以后，内吸磷、甲拌磷、敌百虫、敌敌畏、久效磷、磷胺、二溴磷、对硫磷、甲基对硫磷、辛硫磷、乐果、杀螟硫磷、毒死蜱、水胺硫磷、甲胺磷、乙酰甲胺磷等一大批有机磷杀虫剂相继面市，形成了有机磷、氨基甲酸酯和拟除虫菊酯类三大支柱杀虫剂；有机杀菌剂，继 1930 年开发出福美锌、五氯硝基苯，1931 年开发出福美双后，敌克松、代森铵、萎锈灵、氧化萎锈灵、灭菌丹、菌核利、异菌脲、腐霉利、硫菌灵、甲基硫菌灵、苯菌灵、噻菌灵和多菌灵形成了有机硫类、有机磷类、羧酰亚胺类和苯并咪唑类四大支柱杀菌剂；自 1973 年拜耳公司推出第一个商品化具有手性碳的杀菌剂三唑酮之后，烯唑醇、腈菌唑、氟硅唑、戊唑醇、苯醚甲环唑等相继问世。甲氧基丙烯酸酯类杀菌剂来源于具有杀菌活性的天然抗生素嗜球果伞素 A（strobilurin A），自 1969 年 Mugikek 等发现其杀菌活性后，在杀菌剂开发史上树立了继三唑类杀菌剂之后的又一个新的里程碑。嘧菌酯、醚菌酯、肟菌酯、苯氧菌酯、啶氧菌酯、唑菌胺酯、氟嘧菌酯和烯肟菌酯高效、广谱，对几乎所有的真菌纲（子囊菌纲、担子菌纲、卵菌纲和半知菌类）病害如白粉病、锈病、颖枯病、网斑病、霜霉病、稻瘟病等均有良好的活性。1942 年后相继开发出 2,4-D 钠盐、2,4-D 丁酯和 2 甲 4 氯、豆科威、麦草畏、除草醚、草枯醚、氟乐灵、甲草胺、敌稗、丁草胺、新燕灵、敌草隆、绿麦隆、西玛津、莠去津、噁草酮等除草剂。

（四）环境友好型农药发展时期

此阶段开发出了一系列的昆虫生长发育调节剂和生物农药，如植物源杀虫剂苦楝素、鱼藤酮；微生物源杀虫剂苏云金杆菌（Bt）、阿维昆虫、几丁质合成抑制剂氟啶脲、氟苯脲、噻嗪酮等；动物源杀虫剂沙蚕毒素类；杀菌剂如苯并咪唑三唑类、咪唑类等麦角甾醇合成抑制剂和无杀菌剂活性的三环唑。这些农药具有靶标性强、易降解、对环境安全等特点。

二、农药的发展现状

（一）农药的研究与开发

1. 杀虫剂的研究与开发 有机磷杀虫剂的主要进展，一是为了对付害虫抗药性问题，更加注重以磷原子为中心的不对称有机磷杀虫剂的开发，特别是丙硫基不对称型硫赶磷酸酯杀虫剂的成功开发，可以说是有机磷杀虫剂发展史上的重大事件。这类化合物不但对敏感品系害虫有优异防效，而且对抗性品系害虫表现良好防效，还明显降低了对高等动物的毒性，典型的品种有丙硫磷和丙溴磷。二是引入杂环。由于杂环往往具有很高的生物活性，因此近年来将杂环引入磷酸酯，开发了不少新品种，显示出优异的杀虫活性，如已商品化的毒死蜱、嘧啶氧磷、哒嗪硫磷、三唑磷等。

近年来，氨基甲酸酯类杀虫剂的主要进展是低毒化品种的研究与茚虫威的开发。在 N-甲基氨基甲酸酯或 N-甲基氨基甲酸肟酯类的高效高毒母体化合物的 N 原子上引入含硫基团或其他取代基，结果既保留了母体化合物对害虫高效的特点，又大大降低了对哺乳动物的毒性，这类品种有丁硫克百威、硫双灭多威、丙硫克百威、棉铃威等。

拟除虫菊酯类杀虫剂围绕防治害虫的实际需要，近年来不断取得新的进展：一是开发出兼具杀螨活性的甲氰菊酯、高效氯氟氰菊酯和联苯菊酯，而杀螨菊酯、苄螨醚更是专业杀螨剂；二是开发出对鱼低毒，可在稻田使用的醚菊酯及肟醚菊酯；三是 1983 年开发的氟胺氰菊酯，是第一个对蜜蜂安全的品种，而 1987 年开发的七氟菊酯是第一个适用于地下害虫防治的品种。此外，这类杀虫剂的另一重要进展是成功开发了以硅原子取代碳原子的含硅拟除虫菊酯。

烟碱类杀虫剂在结构中加入氯原子、硫原子或杂环化合物，开发出氯代烟碱、硫代烟碱和呋喃型烟碱。例如，吡虫啉、噻虫啉、噻虫嗪、噻虫胺、呋虫胺等是用于防治各种蚜虫类、飞虱、粉虱类、蓟马类等刺吸式口器害虫的杀虫剂。

阿维菌素类衍生物提高了防治效果。例如，甲氨基阿维菌素苯甲酸盐和富表甲氨基阿维菌素对棉铃虫的防效分别是阿维菌素的4倍和9.5倍。

特异性杀虫剂如茚虫威、氰氟虫腙属于缩氨基脲类杀虫剂、钠离子通道阻碍剂；特虫肼、呋喃虫酰肼为昆虫表皮脱落促进剂，主要以胃毒为主，对低龄虫体效果好。

生物农药如多杀菌素与阿维菌素同为大环内酯类化合物，防治对象与之类似。

鱼尼丁受体化合物如氯虫苯甲酰胺和氟虫双酰胺等作用机制是高效激活昆虫细胞内的鱼尼丁受体，与之结合，导致该受体通道非正常长时间开放，从而过度释放细胞内的钙离子，导致昆虫肌肉麻痹、死亡。其主要作用途径是胃毒和触杀，接触药物几分钟内害虫即停止取食，然后表现出活力丧失，在3d内死亡。可用于防治鳞翅目、鞘翅目、双翅目、粉虱、叶蝉等害虫，现主要用于防治地下害虫。

其他杀虫剂如螺虫乙酯是高效内吸且双向传导的化合物，通过抑制害虫体内脂肪合成过程中的乙酰辅酶A羧化酶的活性，从而抑制脂肪的合成，阻断害虫正常的能量代谢，最终导致死亡。除了可以在木质部运输外，还可以在作物韧皮部运输，达到双向内吸传导作用。主要用于防治各种刺吸式口器害虫。

炔螨特、噻螨酮、螺甲螨酯、嘧螨酯、喹螨醚、螺螨酯等杀螨剂，虫螨兼治的农药如虫螨腈、氟丙菊酯也得到了迅速发展。

2. 杀菌剂的研究与开发　　一方面是对已经商品化的杀菌剂进行类同合成，特别是在分子中引入杂环和含氟基团，筛选更加优异的杀菌剂。例如，苯基酰胺类杀菌剂除甲霜灵外，近年又开发出邻酰胺的类似物氟酰胺，后者在苯环上引入三氟甲基，成为防治水稻纹枯病的特效杀菌剂，对小麦锈病也有理想的防治效果。环酰菌胺、呋吡菌胺、环丙酰菌胺、氟吡菌胺、噁唑菌酮、双炔酰菌胺作为防治霜霉目真菌的专用药剂，具有显著的保护、治疗和铲除作用；酰胺类杀菌剂如噻氟酰胺是琥珀酸酯脱氢酶抑制剂，在三羧酸循环中抑制琥珀酸酯脱氢酶的合成，对丝核菌属、柄锈菌属、黑粉菌属、腥黑粉菌属、伏革菌属和核腔菌属等致病真菌有活性，对担子菌纲真菌引起的病害如立枯病等有特效。甾醇合成抑制剂咪鲜胺、丁苯吗啉、嗪胺灵等都是优秀的高效内吸杀菌剂。环氧菌唑、氟喹唑、硅氟唑、羟菌唑、环菌唑等含氟三唑类杀菌剂可以用于防治由担子菌纲、半知菌类和子囊菌纲真菌引起的多种病害。1996年发现植物防卫激活剂如活化酯及烯丙苯噻唑等对植物产生了诱导抗病能力。

另一方面是近年来又发现一批新的先导化合物。例如，以微生物代谢产物strobilurin为先导化合物，开发的甲氧丙烯酸类杀菌剂嘧菌酯，对小麦赤霉病、叶枯病、颖枯病等有卓越的防治效果，醚菌酯对苹果黑星病、白粉病也有理想的防治效果；20世纪90年代开发的嘧啶胺类杀菌剂咪菌胺、嘧霉胺，其作用机制是影响病原菌的致病过程，对白粉病菌、黑星病菌、网斑病菌等高效，且与现有的杀菌剂品种无交互抗性；以氨基甲酸酯类除草剂为先导化合物开发的广谱内吸杀菌剂抑霉威，对灰霉病特效，既有保护作用又有治疗作用，而且和苯并咪唑类杀菌剂有负交互抗性，是第一个能在生产实践中应用的具有负交互抗性的杀菌剂品种。

苯并烯氟菌唑是先正达开发的一种具有新型作用模式的SDHI杀菌剂。2013年，先正达向美国环境保护署提交了苯并烯氟菌唑的登记申请，美国环境保护署于2015年提议批准先正达新型杀菌剂Solatenol™（活性成分：苯并烯氟菌唑）的条件性登记，登记作物为谷物、蓝莓、玉米、豌豆、草地用草和观赏植物。其目前已经在巴西和加拿大获得了苯并烯氟菌唑的登记批准。

保护性杀菌剂的开发也得到了快速发展。例如，代森类杀菌剂丙森锌、代森联已经上市。

3. 除草剂的研究与开发　　由于对除草剂作用机制研究的不断深入，发现了几种新的作用靶标，同时由于杂环和含氟基团的引入，近年来，开发出一大批新型高效、超高效品种。其作用机制为抑制乙酰乳酸合成酶（ALS），阻碍支链氨基酸合成的磺酰脲类除草剂，目前商品化的品种有30多个，在我国试验或登记的有近20个品种。除磺酰脲类外，近年还开发了三类抑制ALS的除草剂：①咪唑啉酮类，代表品种有咪唑烟酸、咪唑乙烟酸等，特点是广谱、高效；②磺酰胺类，代表品种有磺草唑胺、甲磺草胺等，保持了磺酰脲类除草剂的高活性和选择性，而且芽前芽后处理均有效；③嘧啶水杨酸类，代表品种有棉草净、双草醚等，特点是对大多数阔叶杂草表现很高的活性，在土壤中残留时间短，对后茬作物安全。

还有一类除草剂——环状亚胺类，其作用机制是抑制原卟啉原氧化酶活性，造成膜脂过氧化，细胞膜被破坏。除早期开发的定噁草灵外，近年来住友公司又开发出两个超高效品种：氟烯草酸和丙炔氟草胺，主要用于大豆田防除阔叶杂草。

近年来，有机磷除草剂发展很快。除早期的草甘膦外，近年来从微生物代谢产物中开发出草铵膦及其模拟合成物双丙氨酰膦，比草甘膦杀草活性高，单位面积用量减少一半。这两种除草剂作用机制比较新颖，主要是通过抑制植物体内谷氨酰合成酶活性，造成氨积累，导致杂草死亡。

4. 转基因作物的发展 1997年，美国孟山都（Mansanto）公司从土壤农杆菌变种CP4中分离到编码抗草甘膦酶的基因，将该基因导入珂字棉312而获得草甘膦抗性棉花植株。2013年，孟加拉国首次批准种植转基因作物（Bt茄子），印度Bt棉花种植面积达到1100万hm^2，采用率为95%；中国种植了420万hm^2的Bt棉花，采用率为90%。世界种植的主要转基因农作物有4种，即玉米、棉花、大豆和油菜；其他转基因农作物包括烟草、番木瓜、马铃薯、番茄、亚麻、向日葵、香蕉和瓜菜类。中国农业部已经批准种植的转基因农作物有棉花、水稻、玉米、番木瓜、甜椒、番茄和马铃薯。现有的转基因农作物可分为4个种类：一是苏云金芽孢杆菌的Bt基因农作物，可抵御害虫的侵害，减少杀虫剂的使用量。二是抗草甘膦除草剂基因的农作物，该基因编码抗草甘膦酶5-烯醇式丙酮酰莽草酸-3-磷酸合成酶，从而使草甘膦失去对菌类或植物的毒害作用。三是抗病毒农作物，将病毒外壳蛋白基因移植到农作物中，使农作物能抵抗病毒感染，培育出抗病毒番茄、抗病毒烟草、抗病毒黄瓜等作物新品种。中国农业科学院生物技术研究中心与作物科学研究所合作，将几丁质酶和葡聚糖酶双价基因导入小麦，育成双价抗病转基因小麦，抗赤霉病、纹枯病和根腐病等真菌性病害。四是营养增强型农作物，其特定营养组分和维生素含量更高。批准转基因作物事件的国家和地区中，日本位居第一（198个转基因作物），其次为美国（165个，不包括复合性状）、加拿大（146个）、墨西哥（131个）、韩国（103个）、澳大利亚（93个）、新西兰（83个）、欧盟（71个）、菲律宾（68个）、中国台湾地区（65个）、哥伦比亚（59个）、中国（除台湾地区外）（55个）和南非（52个）。

（二）农药助剂和剂型的研究与开发

近年来随着农药助剂如乳化剂、分散剂、黏度调节剂、湿润剂等的发展，以水为基质的农药剂型如悬浮剂、水乳剂、微乳剂、水剂、可溶液剂相继开发成功，固体剂型如水分散粒剂、固体乳油、泡腾片剂、可分散片剂使用时无粉尘，计量和使用方便，近年来迅速发展，并呈逐年增长的趋势。日本长期以来把不下水田施药作为剂型研究的重要目标，近年来取得突破性进展。其中一种是水溶性包装的粒剂、泡腾片剂、水面扩散剂和撒滴剂。施用上述制剂时，施药人员无需下水田，站在田埂上向稻田抛出若干袋（片），几个小时后，由于扩散剂的作用，有效成分被释放并均匀地自动分散，达到防治稻田病虫草害的目的。省力、省工，且不受天气影响。由于缓释技术的应用，胶囊剂已广泛应用于性诱剂的研究。

在农药复配制剂方面，将两种作用机制不同的药剂复配，一方面扩大农药的使用范围，另一方面延缓有害生物对药剂的抗药性产生。一是杀虫剂与杀虫剂复配：防治蚜虫、蓟马、飞虱等刺吸式口器害虫的杀虫剂阿维·高氯、噻虫嗪·高氯氟、螺虫·噻虫啉等；防治地下害虫的杀虫剂多·甲拌、辛硫·甲拌磷、阿维·吡虫啉、甲拌·辛硫磷、吡虫·辛硫磷、吡虫·氟虫腈等；防治美洲斑潜蝇的阿维·高氯、阿维·敌敌畏、阿维·啶虫脒等。二是杀虫剂与杀菌剂复配：防治地下害虫与土传病害的复配剂噻虫·咯·霜灵、甲·戊·福美双、噻虫·咯·霜灵、多·福·克、克·酮·多菌灵等。三是杀菌剂与杀菌剂复配：防治卵菌所致病害的药剂霜脲氰·代森锰锌、吡唑醚菌酯·代森联、氟菌·霜霉威、锰锌·恶霜灵、嘧菌酯·百菌清等；防治白粉病的杀菌剂氟菌·戊菌酯、辛菌·嘧菌酯、醚菌酯·代森联、醚菌酯·烯酰吗啉等。四是除草剂与除草剂复配：如丁吡吗啉·苯噻·苄、氯氟吡氧乙酸·异辛酯、2甲4氯钠·甲基磺草胺、精喹·高效氟吡甲禾灵等。

（三）农药施药器械的研究与发展

在应用技术方面，静电喷雾技术、各种对靶标喷洒技术（如挂包法、林木滴注法、循环喷雾法、涂抹法、化学灌溉法等）的开发，大大提高了农药在靶体上的沉积率，大幅度降低农药用量，减少了对环境的影响。弥雾机、机械化施药器械、自动行走高杆喷雾机、无人机（图1-1~图1-4）的开发成功，为特殊环境施药提高了安全性和速度。

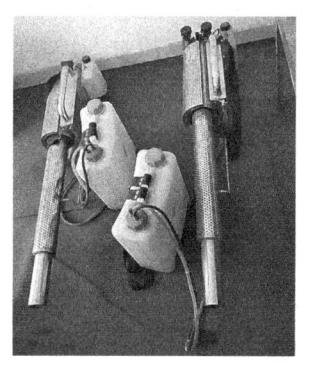

图 1-1　脉冲式弥雾机

图 1-2　小型喷杆式喷雾机（高增贵提供）

图 1-3　高架自动行走喷杆式喷雾机施药效果
（高增贵提供）

图 1-4　无人机在水稻田的施药效果

（四）农药发展中遇到的问题

1962年，美国的Rachel Carson女士编写的《寂静的春天》(Silent Spring)一书中描述了由于使用化学合成杀虫剂后对大自然危害的可怕景象，从而引起了全世界对农药使用的争议。有害生物的再猖獗（resurgence）、有害生物易产生抗药性（resistance）和农药在作物体内的残留（residue），以及对环境的污染如致畸性、致癌性和致突变性是人们担心的焦点。于是从20世纪70年代开始，世界各国相继停用高残留的滴滴涕、六六六等有机氯农药。

1996年3月，美国的两位科学家Theo Colburn、John Peterson Myers和科学记者Dianne Dumanoski联合写作出版了《痛失未来》（Our Stolen Future）一书，向人们介绍了荷尔蒙杀手（hormone disrupter）的危害。它们隐藏在广泛使用的有毒化学药品，主要是杀虫剂里，这些杀虫剂不但残留在食物里，而且渗入地下水，常常还混进饮用水里。另外，诸如动物脂肪、牛油、奶酪和鱼类，以及用于加工、包装、储存、烹调食物的塑料器具，都是荷尔蒙杀手栖身的好地方。它们通过食物链进入人体，专门破坏激素系统，造成人类生育繁衍危机。

《痛失未来》的作者就人类的生存问题向我们敲响了又一次警钟。美国副总统戈尔在为《寂静的春天》30周年纪念版写过前言后又为《痛失未来》作序。这足以显示出整个社会对农药的重视，农药对人类活动的重要影响。这本书的出版使社会对农药——这类释放到环境中的化学品提出了更高的要求，涉及农药的一些国际公约相继签署生效。

1908年，美国第一次发现梨圆蚧对石硫合剂产生了抗药性之后，1917年又发现苹果蠹蛾对砷酸铅的抗药性。直到1938年以前，仅有7种害虫产生抗药性。但是到20世纪40年代有机杀虫剂的合成应用之后，瑞士人发现DDT防治家蝇失效，家蝇对DDT的抗性达到了100~200倍，这时才引起国际上的重视。根据联合国粮食及农业组织（FAO）统计，1954~1985年，抗性害虫已由10种猛增到432种。2002年报道全世界有600多种害虫及害螨对一种或多种农药产生了抗性，其中绝大多数是农业害虫。自1963年首次报道我国淡色库蚊对氯化烃类杀虫剂产生抗性以来，至今我国已有45种害虫对这类农药产生了抗性，其中农业害虫36种，卫生害虫9种。抗性突出的害虫有棉蚜、棉铃虫、二化螟、小菜蛾、家蝇、淡色库蚊、德国小蠊等，这些害虫对不同类型的多种杀虫剂产生了抗性，并且抗性水平较高。

喷洒农药防治作物、森林和卫生害虫时，药剂的微粒在空中飘浮导致大气污染。农田用药时散落在田地里的农药随灌溉水或雨水冲刷流入江河湖泊，最后归入大海。此外，还有其他途径如工厂排出废液，经常在湖、河中洗涤施药工具和容器等引起水系污染。田间施药时大部分农药落入土中，同时有些附着在作物上的农药也因风吹雨淋落入土中，耕地土壤受农药的污染程度与栽培技术和种植作物种类有关。栽培水平高的耕地与复种指数高的土地，农药残留量相应也较大。果树一般施药水平高，因而在果园土壤中农药的污染程度较严重。Kelly研究了毒死蜱、虫螨威和666对巨大曲霉菌、蠕形青霉菌、匐枝根霉菌、瑞氏木霉和绿木霉菌落生长直径的影响，可能由于在低浓度下真菌有同化杀虫剂的作用，低浓度的杀虫剂对某些种类真菌的菌丝体生长具有刺激作用，乐果对土壤微生物种群的影响，以真菌种群受抑制最大，放线菌次之，细菌最小。对土壤真菌和放线菌种群数量的影响均表现为明显的抑制作用，且随药剂质量分数的提高和加药时间的延长抑制趋势变得明显。冯自力等研究了多菌灵、福美双、五氯硝基苯和甲基立枯磷施用后土壤真菌的数量显著减少，处理1d后，真菌的数量较空白对照分别减少80.9%、82.4%、78.2%和73.5%，达显著差异水平。但随着时间的延长，4种杀菌剂不同浓度的药剂处理中真菌的数量逐渐恢复到对照的水平，到处理后的第21天，各处理与对照差异不显著。

课外链接1-1
《寂静的春天》

三、农药的发展前景

（一）国外农药的发展进展

1. 杀虫杀螨剂新品种的开发进展

（1）鱼尼丁受体类　氟虫酰胺由日本农药公司研制开发，氯虫酰胺和氰虫酰胺由杜邦公司研制开发，作用机制是鱼尼丁受体激活剂（ryanodine receptor activator）。其不仅对鳞翅目等害虫有优异的活性，与现有杀虫剂无交互抗性，而且对哺乳动物安全。

（2）季酮酸类　季酮酸类（tetronic acid）杀虫杀螨剂是拜耳公司在筛选除草剂的基础上发现的一类新型杀虫杀螨剂。目前有3个品种，即螺螨酯（spirodiclofen）、螺虫酯（spiromesifen）和螺虫乙酯（spirotetramat），均具有很好的杀虫和杀螨活性，使用剂量为50~200g a.i.[①]/hm²。螺虫乙酯是拜耳公司继螺螨酯和螺虫酯后研制的第三个季酮酸类杀虫剂，它主要用于防治吸吮性害虫。

（3）丙烯腈类　腈吡螨酯（cyenopyrafen）是日本日产化学工业株式会社于2003年报道的新型高活性杀螨剂，与现有杀虫剂无交互抗性。丁氟螨酯（cyflumetofen）是由日本大冢化学株式会社于2004年最早报道的新型杀螨和杀线虫剂，与现有杀虫剂无交互抗性，对棉红蜘蛛和瘤皮红蜘蛛有效，主要用于果树、蔬菜和茶树。

（4）氨基脲类　氨基脲类是一种结构新颖的杀虫剂类型，代表化合物 metaflumizone 由巴斯夫股份公司于2003年最早报道，该化合物具有新的作用方式，可用于防治咀嚼口器害虫，并与其他杀虫剂无交互抗性，主要用于玉米、棉花、马铃薯、叶菜、番茄、果树、甘蔗等作物。

（5）有机磷类　imicyafos（AKD-3088）是由日本 Agro Kanesho 公司报道的硫代磷酸酯类杀虫剂和杀线虫剂。它由不对称有机磷与烟碱类杀虫剂的氰基亚咪唑烷组合而成，主要用于蔬菜和马铃薯防治害虫与线虫。

（6）吡唑类　近期报道的吡唑类化合物主要是氟虫腈类似物。pyriprole 和 pyrafluprole 都是由日本农药公司于2004年报道的，pyriprole 的杀虫谱与氟虫腈相仿；pyrafluprole 对鞘翅目害虫及半翅目害虫有效，并对水稻纹枯病具有较好防效，主要用于蔬菜。pyriprole 和 pyrafluprole 活性高于氟虫腈，对鱼类安全。

（7）苯并嘧啶酮类　pyrifluquinazon 是日本农药公司报道的苯并嘧啶酮类杀虫剂，对半翅目（如蚜虫）及蓟马科害虫有效，对粉虱和叶蝉也具有很好的活性，使用剂量为10~300g a.i./hm²，主要用于蔬菜。

（8）天然产物类　lepimectin 是弥拜菌素（milbemectin）的衍生物。spinetoram（XDE-175）是由道农业科学公司报道的杀虫剂，在天然产物多杀菌素（spinosad）的基础上，经结构修饰后得到的，活性高于多杀菌素。

（9）其他类型的杀虫剂　benclothiaz 是先正达公司研制的杀线虫剂。

2. 杀菌剂新品种的开发进展

（1）含吡啶基团的酰胺类杀菌剂　啶酰菌胺（boscalid）是德国巴斯夫集团开发的新型烟酰胺类杀菌剂，是线粒体呼吸链中琥珀酸辅酶Q还原酶抑制剂，主要防治白粉病、灰霉病、各种腐烂病、褐腐病和根腐病等，与其他杀菌剂无交互抗性。氟啶酰菌胺（fluopicolide）是由拜

---

① a.i.为有效成分

耳公司开发的具有独特作用机制的新型吡啶酰胺类杀菌剂，主要用于防治卵菌纲病害如霜霉病、疫病等，与其他类化合物无交互抗性。

fluopyram 是由拜耳公司开发的，主要用于防治白菜黑斑病、葡萄灰霉病及大麦网斑病等病害。

（2）含吡唑基团的酰胺类杀菌剂　吡噻菌胺（penthiopyrad）是由日本三井化学公司研制开发的酰胺类杀菌剂。其杀菌谱较广，不仅对锈病、菌核病有优异的活性，对灰霉病、白粉病和苹果黑星病也显示出较好的杀菌活性，且与其他杀菌剂无交互抗性。

（3）扁桃酸衍生物　双炔酰菌胺（mandipropamid）对抑制孢子的萌发具有较高活性，也抑制菌丝体的成长与孢子的形成。双炔酰菌胺对植物表面的蜡质层具有很高的亲和力。当喷洒到植物表面且沉淀干燥后，大部分活性成分被蜡质层吸附，并且很难被雨水冲洗掉，因此具有稳定高效、持效期长的特点。

（4）含异噻唑基团的酰胺类杀菌剂　isotianil（BYF-1047）主要用于稻瘟病的防治，另外还有一定的杀虫活性。

（5）三唑类杀菌剂　丙硫菌唑（prothioconazole）是拜耳公司开发的三唑硫酮类杀菌剂，对麦类所有病害都有很好的防效；日本日产化学工业株式会社开发的 amisulbrom（NC-224）是三唑磺酰胺类杀菌剂，该化合物在农药结构中首次引入吲哚基团，主要用于防治果树、蔬菜等的霜霉病和晚疫病。

（6）strobilurin 类化合物　氟嘧菌酯（fluoxastrobin）是拜耳公司开发的新型、广谱二氢二噁嗪内吸性茎叶处理杀菌剂。其适用期广，无论在真菌侵染早期如孢子萌发、芽管生长及侵入叶部，还是在菌丝生长期都能提供非常好的保护和治疗作用，对孢子萌发和初期侵染最有效，可用于禾谷类作物、马铃薯、蔬菜和咖啡等。

肟醚菌胺（orysastrobin）由巴斯夫股份公司研制，是线粒体呼吸抑制剂即通过在细胞色素 b 和 c_1 间电子转移抑制线粒体的呼吸，主要用于水田。

（7）氨基酸衍生物　苯噻菌胺（benthiavalicarb-isopropyl）是日本组合化学公司研制、与拜耳公司共同开发的细胞壁合成抑制剂。其在低浓度下对疫霉病具有很好的杀菌活性，对其孢子囊的形成、孢子囊的萌发有很好的抑制作用，但对游动孢子的释放和游动孢子的移动没有作用。

（8）其他类化合物　丙氧喹啉（proquinazid）是由杜邦公司研制的新型杀菌剂，主要用于防治白粉病等病害。Kumiai 开发的新型含吡啶基团的氨基甲酸酯类杀菌剂 pyribencarb（KUF-1204）对菌核病、灰霉病有特效。

3. 除草剂新品种的开发进展

（1）磺酰脲类除草剂　磺酰脲类除草剂属乙酰乳酸合成酶（ALS）/乙酸羟酸合成酶（AHAS）抑制剂，属内吸传导型除草剂，通过抑制植物（杂草）的 ALS/AHAS，阻止支链氨基酸如缬氨酸、亮氨酸、异亮氨酸的生物合成，破坏蛋白质的合成，干扰 DNA 合成及细胞分裂与生长，最终导致植物（杂草）死亡。磺酰脲类的问世，在除草剂领域具有划时代意义，是农药中最活跃的领域。主要产品有拜耳公司的噻酮磺隆（thiencarbazone），韩国化工研究院研制的氟吡磺隆（flucetosulfuron）和意大利 Isagro 公司开发的嘧苯胺磺隆（orthosulfamuron）。嘧苯胺磺隆用于芽前、芽后防除莎草与禾本科杂草。噻酮磺隆用于大豆和玉米田等防除禾本科杂草和阔叶杂草，芽前和芽后早期都可使用。氟吡磺隆主要用于移栽和直播水稻田有效防除稗草、阔叶和莎草科杂草。

（2）三唑并嘧啶磺酰胺类除草剂　甲氧磺草胺（pyroxsulam）是道农科公司（Dow

AgroScience)开发的三唑并嘧啶磺酰胺类除草剂,用于水稻田防除多种一年生禾本科和阔叶杂草。

(3)吡唑类除草剂　拜耳公司、巴斯夫股份公司和日本组合化学公司先后研制成功了三个吡唑类除草剂:磺酰草吡唑(pyrasulfotole)、苯吡唑草酮(topramezone)和pyroxasulfone。磺酰草吡唑主要用于麦田和谷类作物田除草。苯吡唑草酮用于防除玉米大田的各类杂草。pyroxasulfone 用于芽前土壤处理,对玉米、大豆、棉花、向日葵等作物高度安全,苗后使用也不伤害玉米,其单位面积用药量是异丙甲草胺及其他氯代乙酰胺类除草剂品种的1/11～1/9。磺酰草吡唑(pyrasulfotole)和苯吡唑草酮(topramezone)为对羟基苯基丙酮酸酯双氧化酶(HPPD)抑制剂,具有广谱的除草活性,苗前和苗后均可使用,杂草出现白化后死亡。双唑草腈(pyraclonil)为原卟啉原氧化酶抑制剂,是一种触杀型除草剂,通过植物细胞中原卟啉原氧化酶积累而发挥药效。

(4)三唑啉酮除草剂　拜耳公司研发的三唑啉酮类除草剂苯吡磺隆(bencarbazone),属于原卟啉原氧化酶抑制剂,主要用于禾谷类作物如小麦、大麦、玉米田除草,苗后防除阔叶杂草,使用剂量为20～30g a.i./hm^2。

(5)三酮类除草剂　特糠酯酮(tefuryltrione)和环磺酮(tembotrione)都是拜耳公司报道的三酮类除草剂,是对羟基苯基丙酮酸酯双氧化酶抑制剂。前者主要用于防除水稻田的单子叶与双子叶杂草和玉米田杂草。后者主要用于玉米田除草,活性高于硝磺酮(硝磺草酮、甲基磺草酮),对作物安全。

(6)其他除草剂　唑啉草酯(pinoxaden)是由先正达公司报道的除草剂,它在植物的脂肪酸合成过程中抑制乙酰乳酸合成酶(ACCase)的活性,但与现有的ACCase抑制剂如芳氧苯氧丙酸类和环己烯酮类不同。氯氨吡啶酸(aminopyralid)是由Dow AgroScience公司报道的吡啶类除草剂,可用于小麦、水稻、玉米和牧场选择性除草,是合成激素型除草剂(植物生长调节剂),通过植物叶和根迅速吸收,在敏感植物体内诱导产生偏上性(如刺激细胞伸长和衰老,尤其在分生组织区表现明显),最终引起植物生长停滞并迅速死亡。

pyrimisulfan是由日本组合化学公司报道的除草剂,属乙酰乳酸合成酶(ALS)/乙酸羟酸合成酶(AHAS)抑制剂。

课外链接 1-2
国外农药生产企业

(二)国内农药的发展进展

1930年,浙江省植物病虫防治所建立了药剂研究室,这是中国最早的农药研究机构。1935年开始使用农药防治棉花、蔬菜蚜虫和红蜘蛛。1943年在四川省重庆市江北建立了首家农药厂,所生产的均为一些含砷无机化合物及植物性农药。1946年开始小规模生产DDT。1950年开始生产666,并于1951年首次使用飞机喷洒DDT、六六六灭蚊治蝗。1957年建成了第一家生产有机磷杀虫剂的农药厂——天津农药厂,开始了有机磷农药1605、1059、3911和敌百虫等品种的生产。在20世纪60年代和70年代,它是我国生产有机氯、有机磷、氨基甲酸酯类等杀虫剂品种的主要基地。70年代杀菌剂和除草剂也得到了相应发展,生产了几十个品种;杀鼠剂和植物生长调节剂也有所发展。

1973年,中国停止使用汞制剂,并开发了稻瘟净、多菌灵等杀菌剂以替代汞制剂。1983年,中国停止了高残留有机氯杀虫剂666、DDT的生产,取而代之的是增加有机磷和氨基甲酸酯类的产量,并开发了拟除虫菊酯类及其他杀虫剂。同时,甲霜灵、三唑酮、三环唑、代森锰锌、百菌清等高效杀菌剂也相继投产,有效控制了水稻、小麦、棉花、蔬菜、果树等各种作物的病虫害。除草剂、植物生长调节剂的用量也迅速增加,丁草胺、灭草丹、绿麦隆、草甘膦、灭草松、磺酰脲类除草剂及矮壮素、乙烯利也投入了市场。

从1990年开始,我国农药生产量已居世界第二位,仅次于美国。随着中美知识产权协议的签署,从1993年1月1日起,我国不再无偿仿制国外新农药品种,国家组建了国家农药工程中心(沈阳、天津,1995年)和南方农药创制中心(浙江、上海、江苏、湖南4个基地,1995年),标志着我国农药创制研究的正式起步,引领我国农药工业走上了艰难的创制之路。此后,新农药创制与开发国家重点实验室(沈阳,2007年)、国家农药创制工程技术研究中心(湖南,2011年)和国家生物农药工程技术研究中心(湖北,2012年)相继成立。自此,农药科技创新成果初步显现,新化合物合成能力已达到3万个/年,筛选能力达到6万个/年,30余个具有自主知识产权的创制农药完成临时登记,氟吗啉、硝虫硫磷等创新品种取得正式登记。

2005年10月,在欧洲最大农用化学品展览会——英国格拉斯哥农作物科学与技术展览会上,几十家中国参展的化工企业被逐出展览会,起因是中外企业对于有关知识产权的不同理解。2001年12月11日,我国加入世界贸易组织(WTO),拿上了自由贸易的绿卡,但许多发达国家通过提高农产品的农药残留限量标准来形成新的绿色技术壁垒,阻止我国农产品的对外输出。集中生产、淘汰高毒、严格环保将是农药工业发展和结构调整的重点。1983年,我国全面停产高残留的DDT、666等有机氯农药,引来我国农药工业的第一次大规模品种结构调整。随着人民生活水平的提高,国内消费者也对农产品提出了更高的质量要求,我国实施了从田头到餐桌的食品安全工程,外贸和内需的共同要求促使我国从2007年1月1日起全面停产五大高毒有机磷农药品种。

我国的农药产品转型升级的途径体现在3个方面:现有产品的改造和革新;专利即将过期农药的研发;新农药的创制。在新农药的创制方面,从"七五"(1985~1989)以来,我国创制并已登记或生产的农药品种有50个,其中杀虫剂14个,占28%;杀菌剂25个,占50%;除草剂8个,占16%;植物生长调节剂3个,占6%。目前我国有多项正在进行的创制工作,其中包括防治水稻螟虫、迁徙性病虫害、恶性杂草等重大病虫草害的农药创制开发:如NK-2、SYP-11277、ZJ3757等高活性化合物的筛选研究;瑞虫丙醚、二氯噁唑灵、甲噻诱胺、杀毒菌素、JS9117、NK-0673、NK-007、IPPA152616、JS9117等候选创制品种的研究开发;哌虫啶、氯氟醚菊酯、毒氟磷、苯醚菌酯、噻唑锌、丁吡吗啉等的产业化及拓展应用开发(表1-1)。

表1-1 我国开发的农药品种

种类	名称
杀菌剂	氟吗啉、烯肟菌酯、啶菌噁唑、烯肟菌胺、中科3号、中科6号、金核霉素、申嗪霉素、长川霉素、噻菌铜、氰烯菌酯、丁吡吗啉、毒氟磷等
除草剂	丙酯草醚、异丙酯草醚、单嘧磺隆、单嘧磺酯、双甲胺草磷、喹草烯、氯酰草膦、甲硫嘧磺隆等
杀虫剂	硝虫硫磷、呋喃虫酰肼、硫肟醚、倍速菊酯、氯胺磷、丁烯氟虫腈、哌虫啶、环氧虫啶等
生长调节剂	苯哒嗪丙酯、呋苯硫脲、多效缩醛等

绿色生态农药在未来的发展和应用将迎来高峰,目前我国正在进行利用天然产物(包括植物源、动物源及抗生素源)为先导母体的生物农药的创制研究;利用化学、生物与信息技术相结合的技术开展绿色生态农药创制技术研究;先导化合物的创新研究;先导优化的研究。

在创制阶段的农药活性分子还包括噻唑锌、氯氟醚菊酯、氰烯菌酯、哌虫啶、环氧虫啶。但是我国的农药创制还处在起步阶段,至今尚无在国内外具有声誉且市场占有率高的重要品种。

如何制订适合我国国情的农药创制战略,将有限的农药研发费用花在刀刃上,尽快取得具有市场价值的、"重磅炸弹型"的创制成果是需要认真研究、付之行动的艰巨任务。

农药制剂也由原来的乳剂、粉剂发展到气雾剂、胶悬剂、水分散粒剂、种衣剂、颗粒剂、片剂和熏蒸剂等。为提高农药的防治效果,减少农药用量,有些研究提出了采用涂茎、滴心等隐蔽施药方法,或使用药剂拌种及种衣剂等。此外,改大量喷雾为超低量、低量喷雾,配合施药器械改进推广小孔径喷雾技术等,大大减少了农药的浪费和对环境的污染。

第三节 植物化学保护基本概念

一、农药毒力的概念与测定指标

1. 农药毒力的概念 农药的毒性程度常以毒力(virulence)或药效作为评价的指标。

农药毒力是指药剂本身对不同生物发生直接作用的性质和程度,一般是在相对严格控制条件下,用精密测试方法,以及采取标准化饲养的试虫或菌种及杂草而给予各种药剂的一个量度,作为评价或比较标准。

毒力测试的优点:所供试的材料生理状态一致,结果可重复性较高;以农药为唯一可变的环境因素,排除外界环境因子的干扰;毒力测试快速、简单、便捷,为目前测定农药毒性的常用指标。当然,不能单纯地依靠毒力测定的结果预测田间,应考虑和其他指标一起测定。

2. 农药毒力的测定指标 所谓毒力测定就是利用生物体或其离体组织、细胞对某些化合物的反应,作为评价生物活性的量度,运用特定的实验设计,以生物统计为工具,测定供试对象在农药毒力条件下的效应。

(1)死亡率及校正死亡率 死亡率是指用药剂处理后,在一个种群中杀死个体的数量占群体中的百分数,计算公式为

$$死亡率(\%) = \frac{死亡个体数}{供试总虫数} \times 100 \tag{1-1}$$

$$校正死亡率(\%) = \frac{X-Y}{X} \times 100 \tag{1-2}$$

式中,X 为对照组的生存率;Y 为处理组的生存率。

(2)致死中量(median lethal dose, LD_{50})或致死中浓度(median lethal concentration, LC_{50}) 用以杀死种群50%的个体所需要的剂量,称为致死中量;若用浓度为单位,即致死中浓度。

(3)有效中量(median effective dose, ED_{50})或有效中浓度(median effective concentration, EC_{50}) 多用于杀菌剂室内离体毒力测定,是指抑制50%病菌孢子萌发所需要的剂量或有效浓度。

(4)致死中时(median lethal time)或击倒中时(median knockdown time) 杀死或击倒供试昆虫群体一半个体所需的时间,单位是分钟(min),记作 LT_{50} 或 KT_{50}。

(5)相对毒力指数(relative toxicity index, T) 每次试验时均设标准药剂处理,求出各次试验中各种药剂与标准药剂的比数,然后进行比较,该比数就是相对毒力指数。

$$T_A = \frac{A}{B} \times 100 \tag{1-3}$$

式中,T_A 为 A 的相对毒力指数;A 为待测药剂的 LD_{50}(或 LC_{50})或 ED_{50}(或 EC_{50});B 为标准药剂的 LD_{50}(或 LC_{50})或 ED_{50}(或 EC_{50})。

(6)LD_{95} 或 LC_{95} 在不同药剂间毒力比较时,还常常使用 LD_{95} 或 LC_{95} 来描述杀虫剂毒

力,即杀死昆虫群体95%的个体所需的药剂剂量或浓度。

(7)共毒系数(co-toxicity coefficient,CTC)或共毒因子　两药剂混合使用后的毒力可用共毒系数表示混合后的毒力,药剂混用后的毒力称联后作用,可能产生以下三种结果。

增效作用[synergized effect(action)]:混用后的毒力大于单用毒力,即混用的 LD_{50} 值<单用 LD_{50} 值。

相加作用[additive effect(action)]:混用后的毒力等于单用毒力,即混用的 LD_{50} 值=单用 LD_{50} 值。

拮抗作用[contending effect(action)]:混用后的毒力小于单用毒力,即混用的 LD_{50} 值>单用 LD_{50} 值。

$$共毒系数(CTC) = \frac{实测 A+B 毒力指数(ATI)}{理论 A+B 毒力指数(TTI)} \times 100 \tag{1-4}$$

$$实测(A+B)毒力指数(ATI) = \frac{A 单用 LD_{50}}{A+B 混用后的 LD_{50}} \times 100$$

式中,ATI 为定测毒力指数(actual toxicity index);TTI 为理论毒力指数(theoretical toxicity index)。

理论 A+B 毒力指数(TTI)=A 毒力指数×A 在混剂中所占的百分率+B 毒力指数×B 在混剂中所占的百分率

注:A 毒力指数、B 毒力指数可用相对指数公式求出,标准药剂可在 A、B 两药剂中任意规定一种药剂为标准药剂,如以 A 为标准药剂:

$$A 毒力指数 = \frac{A 药剂的 LD_{50}}{(标准)A 药剂的 LD_{50}} \times 100$$
$$B 毒力指数 = \frac{B 药剂的 LD_{50}}{(标准)A 药剂的 LD_{50}} \times 100 \tag{1-5}$$

共毒系数:CTC 在 120 以上为增效作用;CTC 为 80 以下为拮抗作用;CTC 为 80~120 为相加作用。

Sakai 公式:共毒因子也可表示药剂混用后的效果,其方法如下。

1)通过生物测定先求出 A、B 单用时的毒力回归线,$Y=a+bx$。

2)求出两种药剂单用时的死亡率(PA、PB),代入下列公式求出理论混用死亡率(Pm)。

$$Pm = 1-(1-PA)(1-PB) \text{ 或 } Pm = PA+PB(1-PA)$$

3)再求出 A 药剂 LD_{25}+B 药剂 LD_{25} 混合处理后的实际死亡率(PC),代入下列公式。

$$共毒因子 = \frac{实测混用死亡率(PC)-理论混用死亡率(Pm)}{理论混用死亡率(Pm)} \times 100 \tag{1-6}$$

共毒因子>+20 为增效作用;共毒因子<-20 为拮抗作用;共毒因子为-20~+20 为相加作用。

二、农药毒性的概念与测定指标

1. 农药毒性的概念　农药毒性(toxicity)是指农药具有使人和动物中毒的性能。农药可以通过口服、皮肤接触或呼吸道进入体内,对生理机能或器官的正常活动产生不良影响,使人或动物中毒以致死亡。农药毒性可分为急性毒性、亚急性毒性、慢性毒性。

(1)急性毒性　指一次口服、皮肤接触或通过呼吸道吸入等途径,接受了一定剂量的农药,在短时间内能引起急性病理反应的毒性。

（2）亚急性毒性　　指长期连续接触一定量的药剂，最后表现与急性中毒类似的症状。亚急性中毒者多有长期连续接触一定剂量农药的过程。

（3）慢性毒性　　指低于急性中毒剂量的农药，被长时间连续使用，接触或吸入而进入人、畜体内，引起慢性病理反应。

2. 农药毒性的测定指标　　衡量农药的毒性大小常用农药对实验动物的致死中量（LD_{50}）、致死中浓度（LC_{50}）、无作用剂量（NOEL）作为指标。根据农药致死中量（LD_{50}）的多少可将农药的毒性分为5级（表1-2）。

表1-2　农药毒性划分参数

	LD_{50}/（mg/kg）	代表农药
剧毒农药	1~50	久效磷、磷胺、甲胺磷、苏化203、3911
高毒农药	51~100	呋喃丹、氟乙酰胺、氰化物、401、磷化锌
中毒农药	101~500	乐果、叶蝉散、速灭威、敌克松、402、菊酯类农药
低毒农药	501~5000	敌百虫、杀虫双、马拉硫磷、辛硫磷、乙酰甲胺磷、丁草胺
未毒农药	>5000	多菌灵、百菌清、乙磷铝、代森锌、灭菌丹、西玛津

（1）致死中量　　用大白鼠经口（或经皮、吸入）致死中量作为农药毒性高低的指标。

（2）毒效比值［脊椎动物选择性比值（vertebrate selective ratio，VSR）］　　判断一个农药品种在实际使用中的安全性时常用"毒效比值"，即脊椎动物选择性比值，来作为参考标准。其主要用来确证农药的毒性和实际使用浓度间的关系问题。值越大，越安全；小于或接近于1，就不宜作为农药使用了。

$$毒效比值 = \frac{大白鼠口服\ LD_{50}}{家蝇口服\ LD_{50}} \quad (1-7)$$

（3）忍受极限中浓度（median tolerance limit，TLM）　　测定农药对鱼的毒性时常用的指标，指在一定条件下，一种农药与某种鱼接触一定的时间（如24h、48h、96h）杀死50%鱼体所需要的浓度，用mg/L表示。

农药通过呼吸、食物链和体表三个途径进入鱼、贝体内。低毒类对鲤鱼48h的TLM大于10mg/L；中毒类为1~10mg/L；高毒类小于1mg/L。

（4）亚急性毒性指标　　测定亚急性毒性时一般以微量药剂长期饲喂或接触动物（至少三个月），观察药剂的分解速度是否大于接受药量，若分解速度大于接受药量，证明药剂在生物体内不积累，即无亚急性毒性，相反，分解速度小于接受药量，证明药剂在生物体内有积累，可引起亚急性毒性。此外，还要观察和鉴定动物的中毒症状及农药引起的各种形态、行为、生理生化等的变异，需测定全血胆碱酯酶活性、血清谷丙转氨酶全血尿氮等生理生化指标。

指标：中毒症状，取食量的变化，体重的增减，饮水量的变化，以及临床定期的血相检查，全血胆碱酯酶活性、血清谷丙转氨酶、全血尿素等生理生化指标。

（5）慢性毒性测定指标　　慢性毒性测定主要是用致癌、致畸、致突变"三致"作用判断。用微量药剂长期饲喂或接触动物（至少6个月），观察2~4代存活的个体，观察是否有变异、畸形的个体。常规试验2~3年，现在广泛采用快速、灵敏的Ames（埃姆斯）测定法（医学上常用），试验周期短，3d内较准确地测定出慢性毒性，结果可靠。用鼠伤寒沙门氏菌的突变体不能合成组氨酸作为指示微生物，来测定某种化学物质是否有致突变的作用。最后测定组氨酸的含量，含量少为阳性，即有三致作用。含量多为阴性，即无三致作用。该方法三个月内可准确地测定出慢性毒性，但最后仍需通过动物试验。

每日允许摄入量（acceptable daily intake，ADI）：在人的一生中，每天从膳食中摄入一定数量的化学农药或其他受试物质，对人体的健康和下一代不发生各种明显的、值得重视的毒害作用。

$$ADI[mg/(kg 体重 \cdot d)] = \frac{实验动物的最大无影响剂量}{安全系数} \quad (1-8)$$

ADI 是用来评价农药对人的慢性毒性，也是根据用实验动物（如白鼠）所做的慢性毒性实验结果来推测等。此外，微核试验、生殖细胞染色体畸变试验、骨髓细胞染色体畸变试验、DNA 损伤和修复试验、精子畸变试验也是测定慢性毒性的指标。

三、农药药效的概念与测定指标

1. 农药药效的概念 药效（effectiveness of pesticide）是指药剂在综合条件下，对田间病虫害的防治效果。药效大都在田间条件下，结合生产实际进行测定。药效是药剂本身和多种因素综合作用的结果，它在实际使用时除药剂本身对生物体的作用外，还包括其他多种条件对药剂发挥毒力的影响。

毒力和毒性是在特定条件下，采取标准化饲养的供试生物（昆虫、病菌和杂草等，大白鼠、小白鼠、鱼类、兔、狗等）和精密的测试方法在室内测定出来的。

毒力与药效的关系：毒力是药效的基础，一般来说，只有有毒力才能有药效，药效是毒力在结合条件下的表现。但有毒力不一定有药效，因而农药在应用之前均要进行毒力与药效测定，即室内毒力测定与田间药效相结合，一个理想的药剂应该是高效低毒，即对昆虫毒力高，对人、畜毒性低。

2. 农药药效的测定指标 农药药效是指农药对病虫害或杂草的毒杀效果。杀虫剂药效可用施药后害虫的死亡百分率、死亡速度来表示。不易检查死亡虫数的杀菌剂，其药效可用病情指数的降低、受害率的降低、虫口密度降低的百分率来表示。除草剂药效可用施药后杂草的死亡百分率来表示。现举例说明杀虫剂和杀菌剂的药效测定指标，其具体公式如下。

（1）杀虫剂的药效指标

1）易观察到的非钻蛀性害虫：如黏虫、菜青虫等，用防前、防后虫口数量的变化，计算死亡率或虫口减退率。

$$防效(\%) = \left(1 - \frac{Ta}{Tb} \times \frac{Cb}{Ca}\right) \times 100 \quad (1-9)$$

式中，Ta 为处理区防治后存活个体的数量；Tb 为处理区防治前存活个体的数量；Ca 为对照区防治后存活个体的数量；Cb 为对照区防治前存活个体的数量。

$$虫口减退率(\%) = \frac{防治前活虫数 - 防治后活虫数}{防治前活虫数} \times 100$$

在调查施药后不同期间的虫口减退率时，要考虑到田间植株上的落卵量及卵孵化率，故在各个调查时段的真正虫口减退率应为

$$第某天虫口减退率(\%) = \frac{(药前幼虫数 + 药前卵数 \times 药后第某天卵孵化率) - 药后活虫数}{药前幼虫数 + 药前卵数 \times 药后第某天卵孵化率} \times 100 \quad (1-10)$$

计算棉铃虫的卵孵化率时，要从调查小区以外的棉株上采回至少 50 粒卵在室内保湿培

养，测定不同时间的卵孵化率。也可以在田间未施药区域标记50粒以上的卵，定期观察其孵化率。

2）对蚜螨等药效的调查和计算方法：蚜虫和红蜘蛛等由于发生时数量很大，调查虫口时较困难，且费工费时；同时，此类害虫害螨种群数量在短时间内变动很大，因此药效调查和计算方法有所不同。

确定分级标准：0级，所查单叶片上无虫；1级，所查单叶片上1~5头；2级，所查单叶片上6~10头；3级，所查单叶片上11~20头；4级，所查单叶片上21~50头；5级，所查单叶片上50头以上。分级标准可根据具体情况有所变动。每处理调查叶片数不少于150片，每重复不少于50片。

调查虫数时，大田作物一般采用定叶片（植株较大）或定株（小苗期）调查，在施药前，根据虫口密度，每小区定10~30张有虫叶片或小苗，调查虫口基数，施药后一定时间调查残存活虫数；果树上蚜虫和红蜘蛛的调查，在树冠东南西北中5个部位确定有虫叶片进行施药前后的虫口调查。此外，还可根据卷叶率来计算防效，如棉蚜。

3）对钻蛀性害虫如玉米螟、二化螟、三化螟、棉铃虫，以及地下害虫如蝼蛄、蛴螬、金针虫、地老虎、种蝇等害虫，主要钻蛀作物茎秆部为害或为害农作物的种子、幼苗及地下部分，造成折茎、枯心、死苗、缺苗断垄等危害状。由于此类害虫生活隐蔽，不易观察其死亡情况，一般以被害情况或虫株减退率及被害率来表示防治效果。

杀虫剂对水稻二化螟的防治效果计算方法为

$$防治效果(\%) = \frac{CK-PT}{CK} \times 100 \tag{1-11}$$

式中，CK为空白对照区药后枯心（白穗）率；PT为药剂处理区药后枯心（白穗）率。

（2）杀菌剂药效的表示方法　杀菌剂药效的表示方法常以病害种类为害性质而定，如发病率、病性严重度、作物产品的产量和质量等，但最常用的是以下公式。

1）杀菌剂防治禾谷类白粉病效果计算方法（代表叶部病害）：在每个小区以对角线法固定5点取样，每点调查$0.25m^2$小麦植株，小麦起身拔节期调查基部1~5片叶，抽穗后调查旗叶及旗叶下第一片叶。

白粉病的分级方法（以叶片为单位）：0级，无病；1级，病斑面积占整个叶片面积的5%以下；3级，病斑面积占整个叶片面积的6%~15%；5级，病斑面积占整个叶片面积的16%~25%；7级，病斑面积占整个叶片面积的26%~50%；9级，病斑面积占整个叶片面积的50%以上。

药效按式（1-12）、式（1-13）计算。

$$病情指数(\%) = \frac{\sum(各级病叶数 \times 相应病级数)}{检查总叶数 \times 最高病级值} \times 100 \tag{1-12}$$

$$防治效果(\%) = \frac{CK_0 \times PT_1}{CK_1 \times PT_0} \times 100 \tag{1-13}$$

式中，CK_0为空白对照区施药前病情指数；CK_1为空白对照区施药后病情指数；PT_0为药剂处理区施药前病情指数；PT_1为药剂处理区施药后病情指数。

若施药前未调查病情指数，则防治效果按式（1-14）计算。

$$防治效果(\%) = \frac{CK_1 - PT_1}{CK_1} \times 100 \tag{1-14}$$

2）杀菌剂防治禾谷类种传病害效果计算方法：对于一些植物的种传病害，由于对病害程度进行分级比较困难，其防治效果计算常采取比较简单的方法。

$$防治效果(\%) = \frac{CK - PT}{CK} \times 100 \quad (1\text{-}15)$$

式中，CK 为空白对照区病株率；PT 为药剂处理区病株率。

（3）除草剂（herbicide）药效的表示方法　对除草剂药效的表达常采用受害症状、杂草种类、杂草覆盖度或杂草重量等表示，用绝对值法或估计值法进行统计。

在施用除草剂后，要详细调查并记录杂草的受害症状，如生长受到抑制、失绿、畸形、枯斑等，以准确说明药剂的作用方式。

绝对值调查法也称数测调查法，是调查计算单位面积上的每种杂草总株数或重量，对整个小区进行调查或在每个小区随机选取 3~4 个样方，每个样方 $0.25 \sim 1 m^2$ 进行抽样调查，特殊情况下，调查特殊杂草的器官（如禾草分蘖数）等。

估计值调查法也称目测调查法，为每个药剂处理区同临近的空白对照区或对照带进行比较，估计相对杂草种群量。这种调查方法包括杂草群落总体和单种杂草，可用杂草数量、覆盖度、高度和长势（如实际的杂草量）等指标来表示。这种方法简单、快速，其结果可以用简单的百分比表示（0 为无草，100% 为处理区与空白对照区杂草等同）。为了克服估计带来的误差，可以采取分级标准进行调查：1 级，无草；2 级，相当于空白对照区的 0~2.5%；3 级，相当于空白对照区的 2.6%~5%；4 级，相当于空白对照区的 5.1%~10%；5 级，相当于空白对照区的 10.1%~15%；6 级，相当于空白对照区的 15.1%~25%；7 级，相当于空白对照区的 25.1%~35%；8 级，相当于空白对照区的 35.1%~67.5%；9 级，相当于空白对照区的 67.6%~100%。

在做好以上调查的基础上，防治效果计算则相对较简单。

$$防治效果(\%) = \left(1 - \frac{CK - PT}{CK}\right) \times 100 \quad (1\text{-}16)$$

式中，CK 为空白对照区存活杂草数（或鲜重）；PT 为药剂处理区存活杂草数（或鲜重）。

无论是杀虫剂、杀菌剂，还是除草剂等农药田间试验，都要调查药剂处理后对作物的药害情况，有特殊要求的，还应调查对天敌的伤亡情况等。

四、农药药害的概念与类型

1. 农药药害的概念　农药药害是指因施用农药对植物造成的恶伤害。当使用农药作喷洒、拌种、浸种、土壤处理时操作不当或者施用浓度过大、剂量过多的农药后，会影响植物的生长，如发生落叶、落花、落果、叶色变黄、叶片凋零、灼伤、畸形、徒长及植株死亡等，有时还会降低农产品的产量或品质，造成药害。

2. 农药药害的类型　农药药害根据喷药后出现药害的时间分为当季药害、残留药害和二次药害。

（1）当季药害

① 急性药害：在喷药后短期内产生，甚至在喷药数小时后即出现症状的称为急性药害。症状一般是叶面产生各种斑点、穿孔，甚至灼焦枯萎、黄化、落叶等。果实上的药害主要是产生各种斑点或锈斑，影响果品的品质。

② 慢性药害：慢性药害出现较慢，常要经过较长时间或多次施药后才能出现。症状一般表

现为光合作用缓慢,生长发育不良,叶片增厚、硬化发脆,容易穿孔破裂;叶片、果实畸形,延迟结实,果实变小或不结实,籽粒不饱满,产量降低或品质变差;植株矮化;根部肥大粗短等。药害有时还会表现为使产品有不良气味,品质降低。

③飘移药害:由于风力作用和雾粒过细,雾粒飘移偏离施药目标,沉降到敏感作物上而造成的药害。施用敌敌畏时,可使邻地高粱产生飘移药害;在小麦田施用 2,4-D 丁酯时,会使附近的果树、蔬菜等作物产生飘移药害,应注意在无风天施药。

(2) 残留药害　农药使用后残留在土壤中的有机成分或其分解产物对生长植物引起的药害(对后茬作物而言),如分解缓慢的农药种类和含金属离子的农药。

发生这类药害的事例主要以某些高效、长效的除草剂为多。前茬用过除草剂后,后茬种上敏感植物种类极易发生药害,如绿黄隆、甲黄隆、胺苯黄隆、普杀特(imazethapyr)等。使用胺苯黄隆防除油菜田杂草,造成后茬水稻受药害减产;使用氯嘧黄隆、咪唑乙烟酸防除大豆田杂草,对后茬敏感作物玉米、瓜类等发生药害。

(3) 二次药害　农药使用后对当茬作物不产生药害,而残留在植株体内的药剂可转化成对植物有毒的化合物,当秸秆还田或用植物作为堆肥或沤制有机肥而使用于农田时,使后茬作物发生药害。例如,用稻瘟醇防治水稻稻瘟病后,用稻草作堆肥,在腐熟发酵的过程中被微生物分解成对作物有严重药害的三氯苯甲酸、四氯苯甲酸及五氯苯甲酸,如果把这种堆肥用于水稻、豆类、瓜类、烟草及蔬菜等后茬作物,就会使幼苗畸形而造成二次药害。

五、农药残留的概念与测定指标

1. 农药残留的相关概念及特点　农药残留(pesticide residue)是农药使用后一个时期内没有被分解而残留于生物体、收获物、土壤、水体、大气中的微量农药原体、有毒代谢物、降解物和杂质的总称。施用于作物上的农药,其中一部分附着于作物上,另一部分散落在土壤、大气和水等环境中,环境残存的农药中的一部分又会被植物吸收而引起农药残毒。农药残毒(residual toxicity)指残留在环境中的农药通过植物吸收后在生物体内的积累或经过食物链的生物富集,使人、畜能得到会造成慢性毒害的亚致死剂量,引起有机体内脏机能受损或阻碍正常的生理代谢过程。残留农药直接通过植物或水、大气到达人、畜体内,或通过环境、食物链最终传递给人、畜。导致和影响农药残留的原因很多,其中农药本身的性质、环境因素及农药的使用方法是影响农药残留的主要因素。

2. 农药残留的测定指标　为了保证人类的饮食安全,确保人体健康,世界各国都非常重视食品中农药残留的研究和监测工作,制定了农药允许限量标准。FAO/WHO 农药残留联席会议(Joint FAO/WHO Meeting on Pesticide Residues,JMPR)规定了多种食品中农药的最高残留限量(maximum residue limit,MRL)、人体每日允许摄入量(acceptable daily intake,ADI)。到 1999 年年底已经制定农药残留限量标准 3274 项。各国对食品中的农药残留量规定得越来越严格,不断制定新的标准、修改旧的标准。联合国粮食及农业组织和世界卫生组织(FAO/WHO)对农药残留限量的定义为直接或间接使用农药后,在食品和饲料中形成的农药残留物的最大浓度。

1)最高残留限量指在生产或保护商品过程中,按照农药使用的良好农业规范(GAP)使用农药后,允许农药在各种食品和动物饲料中或其表面残留的最大浓度。

2)最大农药残留限制的标准主要应用于国际贸易,是通过 FAO/WHO 农药残留联席会议的估计而推算出来的:农药及其残留量的毒性估计;回顾监控实验和全国食品操作中监督使用而搜集的残留量数据,监测中数据产生了最高的国家推荐、授权及登记的安全使用数据。为了适应全国范围内害虫控制要求的不同，最大农药残留限制标准将最高水平的数据继续在监控实验中进行重复，以确定它是有效的害虫控制手段。通过对国内外各种饮食中残留量的计算和确定，表明与"最大残留限量标准"相一致的食品对人类消费是安全的。

3）再残留限量（extraneous maximum residue limit，EMRL）：一些残留持久性农药虽已禁用，但已对环境造成污染，从而再次在食品中形成残留。为控制这类农药残留物对食品的污染而制定其在食品中的残留限量。

4）每日允许摄入量（acceptable daily intake，ADI）指人类每日摄入某物质直至终生，而不产生可检测到的对健康产生危害的量，以每千克体重可摄入的量（毫克）表示，单位为 mg/kg 体重。

5）急性参考剂量（acute reference dose，acute RFD）指食品或饮水中某种物质在较短时间内（通常指一餐或一天内）被吸收后不致引起目前已知的任何可观察到的健康损害的剂量。

6）暂定日允许摄入量（temporary acceptable daily intake，TADI）指暂定在一定期限内所采用的每日允许摄入量。

7）暂定每日耐受摄入量（provisional tolerable daily intake，PTDI）指对制定再残留限量的持久性农药而确定的人每日可承受的量。

六、农药环境安全的概念与测定指标

1. 农药环境安全的相关概念　　随着农药环境毒理学学科的形成和发展，农药环境安全评价技术也取得了显著进步。WHO 和 FAD 设有专门的农药残留联合委员会，对农药残留性和在环境中的残留进行研究和评价。美国、俄罗斯等国家也提出农药环境毒理学的评价标准。

在我国，自 1972 年起，中国停止使用有机汞制剂；1982 年，中国实施农药登记制度，建立农药等级评审委员会；1983 年，中国停止六六六、DDT 的生产和使用；1997 年，国务院发布《农药管理条例》；2001 年，《农药登记资料要求》发布；2010 年，《农药使用环境安全技术导则》发布；2014 年，南京环境科学研究所制定了《化学农药环境安全评价试验准则》，建立了农药环境风险评价技术，为源头控制农药污染提供了技术保障。

1）农药残留（pesticide residue）：农药由于其理化性质的特点，施入环境中不会很快降解消失，而较长时间持留于环境中。

2）农药残毒（residual toxicity）：残留在环境中的农药通过植物吸收后在生物体内的积累或经过食物链的生物富集，使人、畜能得到会造成慢性毒害的亚致死剂量，引起有机体内脏机能受损或阻碍正常的生理代谢过程。

3）害虫的再猖獗（resurgence）：使用某些农药后，害虫密度在短时期内有所降低，但很快出现比未施药的对照区增大的现象。

4）次要害虫上升：施用某些农药后，农田生物群落中原来占次要地位的害虫，由原来的少数上升为多数，变为为害严重的害虫。

2. 农药环境安全的测定指标　　保护环境生物，维护生态平衡是农药使用中必须注意的一项重要任务。在农药环境安全性的评价中，只能选择一些具有代表性的评价指标进行评价。农药环境安全的测定指标一般包括土壤的降解速率、吸附作用，以及土壤的淋溶作用，农药的挥发性、光解性、水解性和生物的富集作用。

1）土壤降解是指土壤中的残留农药逐渐由大分子分解成小分子，直至失去毒性和生物活性的全过程。农药在土壤中的降解特性是评价农药对整个生态环境影响的一个重要指标，农药在土壤中的降解速率通常用降解半衰期 $t_{0.5}$ 表示。

2）农药在土壤中的吸附作用是物质在固液两相间的分配达到平衡时的比值，通常用吸附常数 K_d 表示。农药在土壤中的吸附性能是评价农药在环境中的移动性、持留性，以及农药进入环境后的生物活性与毒性的重要指标。

3）淋溶作用是农药在土壤中随水向下移动的行为特性，它是评价农药对地下水污染影响的一个重要指标。

4）光解是指农药在光诱导下进行的化学反应，它是农药非生物降解的重要途径。

5）水解是指物质在水中引起的化学分解现象，是农药非生物降解的主要形式之一。农药的水解速率，通常用水解半衰期 $t_{0.5}$ 表示。

6）挥发性是指农药在自然条件下以分子扩散形式逸入大气中的现象。农药挥发作用的大小与农药蒸气压及环境条件有关。农药挥发性的大小会影响农药在土壤中的持留性及其在环境中的再分配，挥发性大的农药一般持留时间较短，而在环境中的影响范围较大。

7）生物富集作用是评价环境中的残留农药对生物体及整个生态系统危害性的一个重要指标。生物富集作用通常用生物富集系数（BCF）表示，它是在稳定平衡状态下生物体受试物含量与试验水体中受试物浓度之比。

七、有害生物抗药性测定指标

在自然界同一种有害生物的种群中，各个个体之间对药剂的耐受能力有大有小。一次施药防治后，耐受能力小的个体被杀死，而少数耐受能力强的个体不会很快死亡，或者根本就不会被杀死。这部分存活下来的个体能把对农药耐受能力遗传给后代，当再次施用同一种农药防治时，就会有较多的耐药个体存活下来。如此连续若干年、若干代以后，耐药后代达到一定数量，形成了强耐药性种群，且耐药能力一代比一代强，以致再使用这种农药防治这种强耐药种群时效果很差，甚至无效。这种长期反复接触同种农药所产生的耐药能力就叫做有害生物的抗药性。

有害生物狭义上仅指动物，广义上包括动物（昆虫）、植物（农田杂草）及微生物乃至病毒（植物病原物）。

1. 昆虫抗药性的测定指标

（1）昆虫抗药性的相关概念及特点　世界卫生组织于1957年将昆虫的抗药性（resistance）定义为："昆虫具有忍受杀死正常种群大多数个体的药量的能力，在其种群中发展起来的现象。"所以在昆虫抗药性的测定时，应将昆虫本身的自然抗性（natural resistance）及健壮抗性（vigor tolerance）与真正的抗药性分开。

昆虫的抗药性是种群的特征，而不是个体改变的结果；抗药性是相对敏感种群而言的；是由基因控制，能够在种群中遗传下去的。昆虫的抗药性存在地区性，因为其形成与该地的用药历史、药剂的选择压力等有关。

（2）昆虫抗药性的发展简况　1908年，Melander在研究美国加利福尼亚梨圆蚧时，发现其对石硫合剂产生了抗药性，这是被记载的首次发现抗药性。据Georghiou统计，到1989年抗性害虫已达504种，其中农业害虫283种，卫生害虫198种；同时在有益昆虫及螨类中，也发现23种产生了抗性。至今，已有600多种昆虫及螨产生了抗药性，这些害虫中以双翅目与鳞翅目的昆虫抗药性种类数量最多。

目前，在世界范围内研究较多的抗性害虫包括棉铃虫、棉蚜、小菜蛾、二化螟、三化螟、褐飞虱、白背飞虱、玉米螟、潜叶蝇、甜菜夜蛾、斜纹夜蛾和螨类等，这些害虫均对多种不同类型的杀虫剂产生了抗性，并且抗性水平较高。目前抗性虫种发展的速度越来越快（表1-3）。

表 1-3 抗性虫种的发展速度

抗性虫种数	各类杀虫剂产生抗性的年份				
	DDT/甲氧DDT	林丹/环戊二烯	有机磷	氨基甲酸酯	拟除虫菊酯
5	1951	1954	1959	1971	1976
10	1952	1955	1962	1972	1979
20	1955	1956	1964	1974	1980
40	1960	1959	1968	1977	—
80	1968	1965	1972	—	1985
160	1974	1971	1976	—	—
平均翻一番所需时间/年	6.3	5.0	4.0	2.5	2.0

（3）昆虫抗药性的测定指标　　在20世纪六七十年代，联合国粮食及农业组织等机构提出了多种害虫抗药性测定的推荐方法，据此我国已制定出24种重要农业害虫抗药性测定的标准方法和试行方法。其中多采用点滴法测定药剂对昆虫种群的致死中量（半数致死量），通过与敏感种群的致死中量值相比较，计算出抗性倍数。我国规定抗性倍数（RF）在5~10倍时，昆虫为低抗；10~40倍为中抗；40~160倍为高抗；而抗性倍数达到160倍以上时，为极高抗水平。

$$RF = 抗性品系 LD_{50} 或 LC_{50} / 敏感品系 LD_{50} 或 LC_{50}$$

RF＞5则表明对杀虫剂产生抗性，倍数越大，说明抗性程度越高。

2. 植物病原物抗药性的测定指标

（1）植物病原物抗药性的相关概念及特点　　植物病原物抗药性和害虫抗药性一样，是植物保护领域的一大顽症。当在病原物群体中存在潜在的抗药基因时，在药剂选择压力下便会出现抗药性。植物病原物的抗药性是指本来对农药敏感的野生型植物病原物个体或群体，由于遗传变异而对药剂出现敏感性下降的现象。其包含两方面的含义：一是病原物遗传物质发生变化，抗药性状可以稳定遗传；二是抗药突变体对环境有一定的适合度，即与敏感的野生群体具有生存竞争力。

目前已发现产生抗药性的病原物种类有植物病原真菌、细菌和线虫；其他病原物的化学防治水平还很低，有些甚至还缺乏有效的化学防治手段，因此还没有出现抗药性，如类菌原体、病毒、类立克次体和寄生性种子植物。

（2）植物病原物抗药性的发展简况　　20世纪60年代末，高效选择性强内吸杀菌剂的应用，导致植物病原物出现高水平抗性。20世纪80年代初以后，植物病原物抗性普遍受到重视，成为了植物病理学和植物化学保护研究的新领域。目前为止，已发现150多种病原菌产生了抗性，主要包括真菌、细菌、病原体和类菌原体、立克次体或类立克次体、细菌、病毒和类病毒、寄生性种子植物及线虫类（例如，黄瓜霜霉病对甲霜灵，瓜类、小麦的白粉病对三唑酮等产生了抗药性）。其中真菌的抗药性是植物病原物中最常见的，已知植物病原菌产生抗药性的有鞭毛菌亚门、子囊菌亚门、担子菌亚门和半知菌亚门的数百种真菌。

（3）植物病原物抗药性的测定指标　　测定某种病菌各菌株对杀菌剂不同浓度的效应后，如何进一步鉴别和评估它们的抗药性？常用的标准有三种：第一种是用同一浓度测定各菌株对杀菌剂的反应；第二种是测定最低抑制浓度；第三种是测定产生相同效应的浓度，如抑制菌体生长发育或致病50%的有效浓度（EC_{50}）。第一种标准常常会过高地评估抗药性水平或抗药程度，因为病菌对同一剂量的效应有时差异很大，这需要设计对某种病菌的效应差异较小的测定方法。第二种标准也有缺陷，因为有的菌株抗药性水平很高，如灰霉菌（*Botrytis cinerea*）对多菌灵的抗药性，难以用最低抑制浓度来评估抗药性水平，有些杀菌剂即使在很高浓度下也不能完全抑制菌体生长，就不能采用这种分析标准。但灰霉野生菌株对多菌灵特别敏感，也可用最低抑制浓度作为鉴别抗药和敏感菌株的标准。采用第三种分析标准，根据杀菌剂的剂量与抑制菌体生长发育的效应关系，得出剂量与生长抑制率之间的回归方程，然后根据对测定菌株和标准野生菌株的相同抑制生长发育百分率的药剂浓度的比较，鉴别抗药菌株并分析抗药性水平。有些病菌对某些药剂的抗药性是由多个微效基因决定的，表现出数量遗传性状，虽很难评估某一菌株的抗药性水平，但可以通过测定某地区用药前病原群体（一般需测 100 个菌株）对药剂的敏感性分布，用药后再测定病原群体的敏感性，由此可根据平均 EC_{50} 之比来评估某一地区病原群体的抗药性水平。

3. 农田杂草抗药性的测定指标

（1）农田杂草抗药性的相关概念及特点　　随着除草剂使用量的大幅度提高，杂草抗药性问题也越来越突出，这已引起了许多领域科学家的极大关注。最近 10 余年来，杂草抗药性的研究已涉及抗性杂草的分布、危害、抗性机制、防治对策及抗性杂草的利用等许多方面。

抗性杂草生物型：是指在一个杂草种群中天然存在的有遗传能力的某些杂草生物型。

杂草交互抗性：指一个杂草生物型由于存在单个抗性机制而对两种或两种以上的药剂产生抗性。

多抗性：指抗性杂草生物型具有两种或两种以上不同的抗性机制。

（2）农田杂草抗药性的发展简况　　农田杂草抗药性相对于病虫抗性的发展缓慢，因为杂草生育周期长，繁殖率低，除草剂的开发与使用在农药领域时间相对较短。此外，新的除草剂品种的不断开发，使得品种更替迅速，而且多品种混用及多种剂型，使用方法也不同（如除草剂与农业防治的综合使用），加上耕作方式不同，延缓了抗药性杂草的产生。在 1968 年，发现首例抗性杂草生物型抗三氮苯类除草剂的欧洲千里光。1970～1977 年平均每年发现一种抗性杂草生物型。1978～1983 年发现 33 种抗三氮苯类除草剂的杂草生物型。1995～1996 年进行调查，记录 42 个国家 183 种杂草对除草剂抗性的杂草生物型，其中有 124 种杂草对一种或一种以上除草剂产生抗药性。在我国由于对杂草研究较少，因此到 1996 年仅记录到 4 种抗性杂草生物型。目前草敌稗是应用于稻田防治稗草最早的特效除草剂品种，在长期连年使用的条件下导致世界各地的稗草、芒稗、晚稗均产生了抗药性，抗性水平提高了 5 倍以上。

（3）农田杂草抗药性的测定指标　　运用不同的除草剂浓度处理抗性和敏感种子，并根据剂量与防效关系作一曲线计算出 ED_{50}，并由此求出抗性系数。

ED_{50}：半数有效量（50% effective dose），在量反应中指能引起 50% 最大反应强度的药量，在质反应中指引起 50% 实验对象出现阳性反应时的药量。

八、农药剂型相关概念

1. 农药原药与农药制剂

（1）农药原药（technical material）　　未经加工的农药，固体的原药称为原粉；液体的原药称为原油。

（2）农药加工　　在原药中加入适当的辅助剂，制成便于使用的形态，这一过程叫做农药加工。

（3）农药剂型（pesticide formulation）　　具有一定的形态、规格的成分的农药加工形态。

（4）农药制剂（pesticide formulation）　　加工后形成有效成分不同、用途不同的多种产品。

2. 农药助剂　　农药助剂（supplementary agent）是指凡与农药原药混用或通过加工过程与

原药混合能改善制剂的理化性质，提高药效及便于使用的物质。

（1）填料（diluent）　　固态农药制剂加工时，为调节成品含量或改善物理状态而配加的固态惰性矿物类、植物类或人工合成的物质，常用的如凹凸棒土、硅藻土、高岭土、陶土、白炭黑、轻质碳酸钙等。其作用一是稀释原药，二是吸附原药，使其便于机械粉碎，增加原药的分散性。其主要用于制造粉剂、可湿性粉剂、粒剂、水分散粒剂等。

（2）湿展剂（wetting and spreading agent）　　是一类显著降低液固界面张力，增加液体对固体表面的接触或增加对固体表面的润湿与展布的表面活性剂，如皂角、十二烷基硫酸钠、十二烷基苯磺酸钠、拉开粉等。其主要用于可湿性粉剂、水分散粒剂、水剂和水悬浮剂的加工及作为喷雾助剂使用。

（3）乳化剂（emulsifier）　　对于原来不相混溶的两相液体（如油与水），能使其中一相液体以极小的液珠稳定地分散在另一相液体中，形成不透明或半透明乳状液，起这种作用的表面活性剂称为乳化剂，如十二烷基苯磺酸钙、烷基酚聚氧乙烯醚等。其多用于加工乳油、水乳剂和微乳剂。

（4）溶剂（solvent）　　用来溶解和稀释农药有效成分使其便于加工和使用的有机物，常用的如二甲苯、甲苯、苯等。其多用于加工乳油，要求溶解力强、毒性低、闪点高、不易燃、成本低、来源广。

（5）分散剂（dispersing agent）　　农药制剂加工中能够阻止固-液分散体系中固体粒子聚集，使其在液相中保持较长时间均匀分散状态的表面活性剂，多为阴离子型、非离子型表面活性剂及高分子物质，一般分子质量较大，如木质素磺酸钠、亚甲基二萘磺酸钠（NNO）等。主要用于可湿性粉剂、水分散粒剂、水悬浮剂的加工。

（6）黏着剂（adhering agent，sticker）　　能增加农药对固体表面黏着性能的助剂。因药剂黏着性提高而耐雨水冲洗，提高持效性。例如，在粉剂中加入适量黏度较大的矿物油，在液剂农药中加入适量的淀粉糊、明胶等。

（7）稳定剂（stabilizing agent，stabilizer）　　分两类，一类可抑制或减缓农药有效成分分解，如抗氧化剂、抗光解剂等；另一类可提高制剂物理稳定性，如抗结块剂和抗沉降剂。前者主要防止粉状制剂在贮藏过程中结块，后者防止水乳剂或悬浮剂分层等。

（8）增效剂（synergist）　　本身无生物活性，但能抑制生物体内的解毒酶，与某些农药混用时，能大幅度提高农药毒力和药效的化合物，如增效磷（SV1）、增效醚等。其对防治抗性害虫、延缓抗药性及提高防效等具有重要意义。

（9）渗透剂（penetrating agent）　　能够促进农药有效成分进入处理对象如植物、有害生物内部的表面活性剂，多用于配制高渗农药制剂产品，如渗透剂T、脂肪醇聚氧乙烯醚等。

（10）安全剂（safener）　　降低或消除除草剂对作物药害的化合物，可以提高除草剂使用时的安全性。

其他的还有发泡剂、消泡剂、防冻剂、防腐剂及警戒色等。农药助剂的种类随着农药加工技术和农药使用需要还在不断发展。

3. 农药剂型的类型

（1）粉剂（dustable powder，DP）　　由农药原药、填料经混合、粉碎再混合至一定细度的粉末状制剂型。

（2）粒剂（granule，GR）　　由原药、助剂和载体经混合、造粒加工而成的松散颗粒状剂型。

（3）可湿性粉剂（wettable powder，WP）　　易被水湿润并能在水中分散、悬浮的粉状剂型。

通常由原药、填料、润湿剂、分散剂及其他助剂经混合、粉碎至一定细度而成，有效成分含量通常为 10%～85%。

（4）乳油（emulsifiable concentrate，EC）　由原药、乳化剂、助溶剂、稳定剂按一定比例经混溶调制成的透明油状均相液体剂型。

（5）微乳剂（micro-emulsion，ME）和水乳剂（emulsion，oil in water，EW）　难溶于水的农药有效成分和乳化剂、分散剂、防冻剂、稳定剂、助溶剂等助剂经均化工艺均匀地分散在水中，形成透明或接近透明的均相液体。一般不用或用少量有机溶剂。水乳剂的粒径多为 0.5～1μm，外观呈乳白色，是热力学不稳定体系；微乳剂的粒径多为 0.01～0.1μm，外观呈透明的均相液，是热力学稳定体系。水乳剂有效成分含量通常为 20%～50%，微乳剂有效成分含量通常为 5%～50%，加水稀释成一定浓度后供喷雾用。

（6）悬浮剂（aqueous suspension concentrate，SC）　不溶于水的固体原药和分散剂、湿润剂、稳定剂、分散剂、增稠剂、消泡剂、防冻剂等经加水研磨分散在水中而形成的可流动剂型，其有效成分含量通常为 40%～60%，使用时加水稀释至一定浓度的悬浊液，供喷雾使用。

（7）水剂（aqueous solution，AS）　水溶性农药以分子或离子状态分散在水中形成的真溶液制剂。

（8）悬乳剂（aqueous suspo-emulsion，SE）　由不溶于水的农药原药及各种助剂在介质水中分散均化而形成的稳定的高悬浮乳状体系。

（9）可溶液剂（soluble concentrate，SL）　可溶液剂是由农药有效成分与任意所需的助剂及其他溶剂组成的液剂，不含可见的外来物和沉淀，用水稀释后可形成真溶液的液体制剂。

（10）水分散粒剂（water dispersible granule，WG）　将农药有效成分、分散剂、湿润剂、崩解剂、消泡剂、黏结剂、防冻剂等助剂及少量填料，通过湿法或干法粉碎，使之微细化后，再通过喷雾干燥、硫化床、挤压、盘式造粒等工艺造粒，便可制得水分散粒剂。

（11）种衣剂（seed dressing，SD）　在处于干燥或湿润状态的植物种子外，用含有黏结剂的农药包覆，使之形成具有一定功能（防虫、治病、施肥）和包覆强度的保护层，将此过程称为种子包衣，而把包在种子外的组合物称为种衣剂。

（12）缓释剂（bripuette，BR）　利用控制释放技术，将原药通过物理的、化学的加工方法贮存于农药的加工品之中，制成可使有效成分缓慢释放的制剂。

（13）烟剂（smoke generator，smoke）　引燃后，有效成分以烟状分散体系悬浮于空气中的农药剂型。

（14）热雾剂（hot fogging concentrate，HN）　施药时不必加水稀释，直接将药液装入热雾机的药桶中，借助热雾机的高温、高速气流作用，迅速雾化，弥漫分散在林中，接触靶标，发挥效力，如灭蝗灵热雾剂、林清热雾剂、百病休热雾剂和克百病热雾剂。

（15）油剂（oil solution）　农药原药的油溶液剂型。加工时有的需加助溶剂或化学稳定剂。油剂中专供超低容量喷洒的，称为超低容量喷雾剂（ultra low volume agent，ULV）。该剂一般含农药有效成分 20%～50%，不需稀释而直接喷洒。

（16）泡腾片剂（effervescent tablet，EB）　在水中自动崩解，形成悬浮液，供喷雾使用的片状剂型。

思 维 拓 展

一、名词解释

植物化学保护　农药　杀虫剂　胃毒剂　触杀剂　内吸剂　灭生性除草剂　选择性除草剂

触杀性除草剂　内吸性除草剂　毒力　药效　保护剂　治疗剂　死亡率　校正死亡率　致死中量　致死中浓度　有效中量　忍受极限中浓度　相对毒力指数　波尔多液系数　发病率　病情指数　选择性指数　药害　安全系数　毒性　急性中毒　亚急性中毒　慢性中毒　拒食剂　趋避剂　引诱剂　致死中时　迟发性神经毒性　Ames 试验　温度系数　防效　飘移药害　二次药害　残留药害

二、问答题

1. 论述农药发展历程及其代表事件。
2. 试述农药的发展趋势。

扫扫看答案

主要参考资料

1. 参考文献

陈锡文. 2004. 中国食品安全战略研究. 北京：化学工业出版社
盖均镒. 2003. 试验统计方法. 北京：中国农业出版社
胡兴强. 2003. 家蝇抗药性机理研究综述. 安徽预防医学杂志, 95：336-339
黄彰欣. 1993. 植物化学保护实验指导. 北京：农业出版社
冷欣夫, 唐振华, 王荫长. 1996. 杀虫剂分子毒理学及昆虫抗药性. 北京：中国农业出版社
刘长令. 2002. 新农药研究开发文集. 北京：化学工业出版社
罗万春. 2002. 世界新农药与环境——发展中的新型杀虫剂. 北京：世界知识出版社
慕立义. 1994. 植物化学保护研究方法. 北京：中国农业出版社
钱希. 1997. 杂草抗药性研究的进展. 生态杂志, 16（3）：58-62
苏琴. 2011. 化学防治与生物防治的优缺点浅析. 内蒙古农业科技,（6）：84-85
唐除痴, 李煜昶, 陈彬, 等. 1998. 农药化学. 天津：南开大学出版社
屠豫钦, 李秉礼. 2006. 农药应用工艺学导论. 北京：化学工业出版社
王晨, 颜忠诚. 2009. 昆虫的抗药性. 生物学通报, 44：10-12
吴文君, 罗万春. 2008. 农药学. 北京：中国农业出版社
吴文君. 2000. 农药学原理. 北京：中国农业出版社
徐汉虹. 2001. 杀虫植物与植物性杀虫剂. 北京：中国农业出版社
徐汉虹. 2006. 植物化学保护. 4版. 北京：中国农业出版社
张承来, 欧晓明. 2000. 植物病原物对杀菌剂的抗药性机制概述. 湖南化工, 30（5）：7-10
张玉芬, 王华. 2013. 农药残留检测和安全性评价. 哈尔滨：黑龙江大学出版社
赵善欢. 2000. 植物化学保护. 3版. 北京：中国农业出版社
中国农业部农药检定所, 北京际峰天震技术有限公司. 2006. 农药电子手册
中华人民共和国农业部. 2006. 农药室内生物测定试验准则. 北京：中国农业出版社
中华人民共和国农业部农药检定所生测室. 2000. 农药田间药效试验准则（一）. 北京：中国标准出版社
中华人民共和国农业部农药检定所生测室. 2000. 农药田间药效试验准则（二）. 北京：中国标准出版社
中华人民共和国农业部农药检定所生测室. 2004. 农药田间药效试验准则（三）. 北京：中国标准出版社
Beatty K L.1986. 三种杀虫剂对土壤真菌生长率的影响. Bull Environ Contam Toxicol,（36）：533-539
Clive J. 2014. 2013 年全球生物技术/转基因作物商业化发展态势. 中国生物工程杂志, 34（1）：1-8

2. 网站

联合国粮食及农业组织 http://www.fao.org
美国农业部 http://www.usda.gov
美国农业图书馆 http://www.nal.usda.gov
农业网络信息中心 http://www.agnic.org
中国第一农药网 http://www.nongyao001.com/
中国农药信息网 http://www.chinapesticide.gov.cn/
中国农药在线 http://www.ag163.com/

3. 期刊

农药学学报、农药、植物保护学报、植物保护等。

第二章　农药的研制与开发

【知识能力要求】
1. 了解农药先导化合物的来源与开发的基本途径；
2. 熟悉农药生物活性测定涉及的主要内容。

【导语】
新农药的研究和开发所需时间及花费的经费逐年增加。目前，新农药活性化合物从合成到上市耗时约 11.3 年，花费经费约 2.68 亿美元。以天然先导活性化合物为出发点的天然产物模型，以及从靶标关键生理生化为出发点的生物合理设计已然成为研发的主流方向，而自动化筛选技术的发展促进了高通量筛选在新农药研发中的应用，得到筛选的化合物逐年增加。但随着人们对生态环境要求的日益提高，以及可持续农业发展的需要，进入开发阶段的化合物数量并未增加。可以预见，在相当长一段时间内，加大先导活性化合物的筛选力度仍然是研发新农药的重要保障。

第一节　先导化合物的来源与开发

新农药的研究与开发是一项复杂的系统工程，涉及化学、化工、生物、农学、医学和环境科学等多个学科，需要不同领域的科学家分工协作，进行系统的研究和试验。新农药的研制过程大体上可分为研究与开发两个阶段。在研究阶段，主要目的是从大量的化合物中筛选出新的农药活性化合物，发现先导化合物，经结构优化，筛选供开发的候选化合物。在开发阶段，则主要是对候选化合物进行生产开发试验和安全性评价，最后选定农药新品种，进行工业化开发并商业化。

一、先导化合物的来源

先导化合物（lead compound）是指通过生物测定，从众多的候选化合物中发现和选定的具有某种农药活性的新化合物。其一般具有新颖的化学结构，并有衍生化和改变结构的发展潜力，可以用作起始研究模型，经过结构优化，开发出受专利保护的新农药品种。选定正确的先导化合物，是开发新农药的核心环节，能够提高开发成功率、节约开发成本。目前，发现先导化合物的主要途径有随机筛选（random screening）、类推合成（analogue synthesis）、天然产物模型（bioactive natural product model）和生物合理设计（biorational design）等方法。

（一）随机筛选

这种方法是通过检测各种来源的化合物直接针对作物的害虫、病原物和杂草的生物活性，筛选供试化合物的可能活性。因此，该方法发现的活性化合物完全是依靠机遇，化合物活性和生化机制是不可预测的。

近年来，随机筛选的重点放在具有新颖化学结构的化合物方面，主要包括：①在分子中引入过去农药分子中少见的元素，如氟、硅、锡等原子或基团，特别是含氟基团的引入，往往可明显提高活性，近年来获得很大成功。②新型杂环化合物。由于杂环化合物结构多种多样，潜力很大，有些杂环可能有独特的作用机制和意想不到的生物活性，近年来同样获得很大成功。

随机筛选的优点是思路广阔，发现新颖化学结构及新型生物活性的机会较多，是发现先导化合物的经典途径。其缺点是工作量大，相对成功率很低，特别是进入20世纪80年代以来，靠随机筛选发现新的先导化合物是越来越困难了。尽管如此，这种方法仍是目前采用的创制新农药的基本方法。

（二）类推合成

类推合成即对已经开发的活性先导化合物进行衍生合成，开发新的农药品种或发现新的二次先导化合物，这样合成出来的化合物就是"模仿分子"（me-too molecule）。这种途径在磺酰脲类除草剂、三唑类杀菌剂、有机磷类杀虫剂、拟除虫菊酯类杀虫剂的开发中获得普遍成功。这种办法省时省力、投资小、收益大，但很难发现有新的作用机制的新型先导化合物。

（三）天然产物模型

天然产物作为一种先导化合物来源，即从天然存在的化学品中获得具有生物活性的先导化合物。从天然产物模型发现先导化合物有利的一面是，天然产物可提供多种新颖独特的分子结构，筛选的范围较广，成功率较高，可提供多种新型的作用方式，而且具有较好的环境兼容性。以杀虫活性物质为例，除对昆虫的毒杀作用外，还可能表现出忌避作用、抗产卵作用、拒食作用、干扰生长发育作用、影响行为控制作用等。天然产物模型开发也有不利的方面，许多天然产物的化学结构过于复杂，用作先导化合物进行模拟合成或结构优化时难度较大；许多天然产物在生物体内含量甚微，初筛中表现的生物活性不高，增加了生物筛选的困难，容易漏筛；许多天然产物以多组分混合物形式存在，相当一部分对光和热不稳定，给有效成分的分离和结构鉴定带来困难。但总体来说，天然产物模型是发现先导化合物的重要途径。

例如，从沙蚕中获得杀虫先导化合物沙蚕毒素，然后进行类推合成开发出的沙蚕毒素类杀虫剂（杀螟丹、杀虫双、杀虫单、杀虫磺、杀虫环）。从天然除虫菊中发现除虫菊素这样的杀虫先导化合物，然后类推合成，开发出当今几十个高效拟除虫菊酯类杀虫剂品种。由天然产物毒扁豆碱为模型，合成稳定的氨基甲酸酯类杀虫剂的先导化合物，继而经设计改造合成了西维因、速灭威、异丙威、害扑威、克百威和涕灭威等。

（四）生物合理设计

生物合理设计是以靶标生物体生命过程中某个关键的生理生化作用机制为研究模型，人为设计合成干扰此作用机制的化合物，从中筛选出先导化合物，然后进行结构优化开发。

生物合理设计的总体思维可分为下述三步（以杀虫剂为例）：第一步，研究昆虫的某一生化途径，该途径对昆虫而言是生命攸关的。研究该途径的某一环节，该环节是易受攻击的生命过程的薄弱环节，如果干扰这一环节，昆虫将死亡。第二步，研究如何干扰关键环节，即研究干扰的机制。昆虫生化途径几乎都和许多酶系或受体有关，如果干扰某种酶系或受体，则这一生化途径将中断，昆虫就会死亡。第三步，根据研究清楚的靶标（酶或受体），人为地设计这种靶标的抑制剂，合成筛选出的杀虫剂就是生物合理设计的杀虫剂。

生物合理设计可分为已知靶标结构的分子设计和未知靶标结构的分子设计。由于农药在生物体内的作用靶标通常都是一些生物大分子（酶、核酸、受体等），它们的三维结构在一定程度上决定了一个有效药物分子在化学结构上的要求。因此，在已知靶标三维结构的情况下，科学家就可以从空间及电性等方面出发，在分子和电子水平上探索药物和靶标的相互作用及构效关系，进而采用数据库搜索、连接法、原子生长及碎片生长等方法进行药物分子设计。由于这种方法是从靶标的三维结构出发直接设计药物分子，因此这种设计又称为直接设计。但目前绝大多数靶标的三维结构并不清楚。在这种情况下就只能依靠诸如分子学、量子化学等理论计算方法、二维或三维定量构效关系分析及非线性定量构效关系分析等手段，对不同结构类型但具有相同作用靶标的药物分子进行系统的构效关系研究，提取出共同的药效基团，进而反推靶标的三维结构以指导药物分子设计。这是以假想的靶标三维结构间接地设计药物分子，因此这种设计又称为间接设计。

各种先导化合物的发现途径是相互联系的。无论采用何种途径发现先导化合物后，必然要经过系统的结构修饰，获得一系列类似化合物，这个过程称为先导优化（lead optimization），从中筛选出可供商品开发的候选化合物。同时在优化过程中，由于一次先导化合物经过较大的结构改变，包括分子骨架的改变，可能产生二次先导化合物。这样反复进行多次结构改造，产生更高层次的先导化合物，这个过程称为先导展开（lead development）。这样，从一个原始的先导化合物就可展开产生多个层次的先导化合物，进而优化获得多个候选化合物，使商品开发成功的机会大为增加。

二、先导化合物的开发流程

先导化合物的开发过程一般分为4个阶段，分别是先导发现和优化、高活性化合物筛选、农药候选创制品种的研究开发和农药创制品种的产业化开发。

第一阶段是先导发现和优化，又分为新化合物设计、大量化合物合成、室内生物活性筛选、发现和优化先导化合物、得到活性化合物几个步骤。对获得的潜在材料进行室内生物活性筛选研究，淘汰掉大部分无活性或低活性的化合物。对于有开发潜力的化合物进行先导化合物优化，将先导化合物进行结构改造或者衍生化，再进行第二轮的室内生物活性筛选研究，再次淘汰大部分化合物而得到部分有活性的化合物，提高后期开发的成功率。

第二阶段是高活性化合物筛选。获得的活性化合物要经过深入的室内生物活性筛选研究，包括田间小区药效试验和卫生毒理学试验两方面。卫生毒理学试验涵盖急性经口、急性经皮、眼刺激、皮肤刺激、吸入、致突变等试验内容。经过筛选留下来的化合物进行小试合成工艺研究和配方研究。小试或者配方研究也会淘汰部分化合物，最后得到小试合格之后的高活性化合物。

第三阶段是农药候选创制品种的研究开发。第二阶段获得的高活性化合物，要根据农药临时登记资料要求开展研究。这些研究包括以下内容：大田登记药效试验、亚慢性毒性和杂质毒性试验、残留和环境毒理及环境行为试验、产品化学研究（理化性质、分析方法、产品标准及产品全分析）、制剂开发、中试工艺及三废研究。大田试验、毒性试验、环境试验将淘汰大部分化合物。所有这些试验都通过之后，就能得到候选的创制品种。这些候选创制品种在达到农药临时登记要求后可进行登记注册工作，取得农药临时登记证。

第四阶段是农药创制品种的产业化开发。通过前三个阶段的工作，得到取得农药临时登记的创制品种后，接下来就要进行慢性毒性试验、环境生态和环境行为研究，这两项不能通过的品种仍然需要被淘汰，余下的品种进行大面积示范推广试验、产业化工艺、三废工程技术等研究。这之后进行应用技术研究和市场开发。这一系列工作完成之后，可为创制品种取得正式登记。

现阶段新农药研究开发中，先导化合物的发现以天然产物研究为主，因此本书主要为大家介绍天然源先导化合物，并对部分重要先导化合物的发现、研究及开发进行介绍。

三、先导化合物的重要来源——天然产物

天然产物不仅种类繁多，生物活性多样，且作用独特，更重要的是易降解，与环境相容性好。天然产物的以上特点，能够满足现阶段对农药的要求。然而，在实际开发过程中，由于多数天然产物化合物结构复杂，不易合成，即使有的化合物可以合成，但由于成本太高而没有实用价值。但我们也应该看到，随着生物技术在农药领域的应用，许多生物技术方法，如生物发酵、组织培养等在农药的生产中已经得到应用。正是由于天然产物特有的性能，农药研发机构对其进行了大量的筛选和研究，通常是以天然产物为先导化合物进行研究，旨在开发出性能更优的、与环境相容的新农药品种。

（一）天然杀虫剂先导化合物

据报道，世界上至少有 2000 种植物具有杀虫杀螨活性。到目前为止，以天然产物为先导化合物开发的杀虫杀螨剂主要有氨基甲酸酯、拟除虫菊酯、沙蚕毒素类似物、吡咯类、新烟碱类、保幼激素类似物、双酰肼（蜕皮激素类似物）及鱼藤酮类似物、二烯酰胺、螺螨酯、嘧螨酯、杀虫脒、灭螨醌等。

（二）天然杀菌剂先导化合物

1989 年，Wilkins 和 Board 报道世界上 1389 种植物具有杀菌活性。到目前为止，以天然产物为先导化合物开发的杀菌剂主要有乙蒜素、稻瘟灵、恶霉灵、肉桂酸衍生物（烯酰吗啉、氟吗啉）、吡咯类化合物（拌种咯、咯菌腈）、甲氧基丙烯酸酯类杀菌剂（嘧菌酯、啶氧菌酯、醚菌酯、吡唑醚菌酯、肟醚菌胺等）等。

（三）天然除草剂先导化合物

以天然产物为先导化合物开发的除草剂主要为来自植物内源激素的植物生长调节剂，如 2, 4-D、乙烯利、萘乙酸等，其他的还有草铵膦、苯草酮、环庚草醚、磺草酮等。与杀虫剂和杀菌剂相比，得到开发的天然除草活性物质数量较少。

四、先导化合物的开发

先导化合物的开发需要多学科交叉结合，以下以除虫菊素、沙蚕毒素、毒扁豆碱及甲氧基丙烯酸酯为代表介绍以天然产物为主导的新农药先导化合物的发现及创制。

（一）除虫菊酯类

天然除虫菊素（pyrethrins）是从除虫菊（*Pyrethrum cinerariifolium*）的花序中提取出来的活性成分。天然除虫菊素为 6 种杀虫组分的混合物，即除虫菊素Ⅰ（pyrethrin Ⅰ）35%、除虫菊素Ⅱ（pyrethrin Ⅱ）32%、瓜叶菊素Ⅰ（cinerin Ⅰ）10%、瓜叶菊素Ⅱ（cinerin Ⅱ）14%、茉酮菊素Ⅰ（jasmolin Ⅰ）5%、茉酮菊素Ⅱ（jasmolin Ⅱ）4%。其中以除虫菊素Ⅰ和除虫菊素Ⅱ为除虫菊中的主要杀虫成分，1924 年由 Leopold Ruzicka 和 Hermann Staudinger 分离得到（图 2-1）。除虫菊素是一种典型的神经毒剂，对害虫具有触杀、胃毒和驱避作用，能对周围神经系统、中枢神经系统及其他器官组织同时起作用。

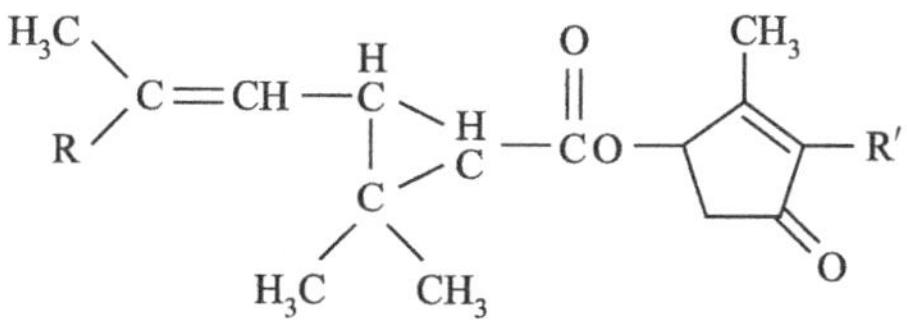

有效成分	R′ 代表	R 代表
除虫菊素 I	$H_2C=CHCH=CHCH_2-CH_2CH=CHCH_2-$ 或 $CH_3CH_2CH=CHCH_2-$	$-CH_3$
除虫菊素 II	$H_2C=CHCH=CHCH_2-CH_3CH=CHCH_2-$ 或 $CH_3CH_2CH=CHCH_2-$	$-COOCH_3$

图 2-1 除虫菊中的主要杀虫活性成分

天然除虫菊素对害虫击倒速度快、杀虫力强、作用谱广，对人、畜低毒，对植物及环境安全，然而其光不稳定性使其局限于室内卫生杀虫用药，在大田使用中，其杀虫效力得不到充分发挥。为了改善天然除虫菊素的性质，提高其光稳定性及杀虫效力，科学家以天然除虫菊素为先导化合物，开展了拟除虫菊素的合成研究。20世纪80年代，英国的Elliott以天然除虫菊素为先导物，合成了世界第1个拟除虫菊酯类杀虫剂。Elliott在1972年又开发了第1个对光稳定的此类杀虫剂——氯菊酯，继而日本住友化学公司开发了氰戊菊酯，并于1976年商品化。由此揭开了全球农药科技工作者对拟除虫菊酯的研究、开发。历时40余年，全球共开发了近80个拟除虫菊酯类杀虫剂，其中溴氰菊酯、高效氯氟氰菊酯、氯氰菊酯、联苯菊酯、S-氰戊菊酯是拟除虫菊酯杀虫剂市场的主要构成者。根据合成的拟除虫菊酯的结构特点，将拟除虫菊酯类化合物分为三代。

1. 第一代菊酯类农药　第一代菊酯类农药的化学结构和理化性质与天然除虫菊素的十分接近，尤其是菊酸部分与天然除虫菊素极为相似，菊酸部分的化学结构见图2-2。

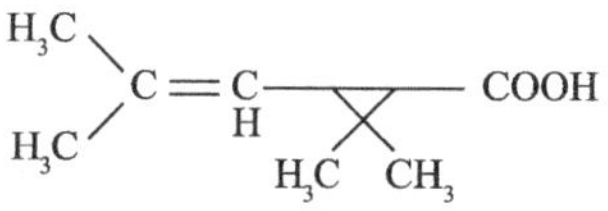

这类菊酯农药有胺菊酯、丙烯菊酯、环虫菊酯、苯醚菊酯、苄呋菊酯、喃烯菊酯、苄菊酯和炔呋菊酯等，它们的菊酸部分都含有一个三角形环丙烷组成的羧酸结构。由于化学结构的相似性，它们与天然除虫菊素相比，具有天然除虫菊素的共性。例如，其有对哺乳动物毒性低、易于生物降解、不污染环境、对害虫的击倒能力强和击倒速度快等特性，而且大多数物质熏蒸和驱赶害虫的能力比天然除虫菊素要好。但是它们也具有与天然除虫菊素相同的缺点，如对光不稳定、易被氧化分解成无效体等。因此，它们只能作为卫生杀虫剂使用，而不能用作农作物杀虫剂。

图 2-2 菊酸的化学结构

2. 第二代菊酯类农药　第一代菊酯类农药的缺点限制了它们在农业上的应用。1973年，英国的Elliott博士将菊酸中环丙烷羧酸的乙烯侧链上两个不稳定甲基用卤素取代，由此研制出第一个对光稳定的第二代菊酯化合物氯菊酯，其化学结构见图2-3。

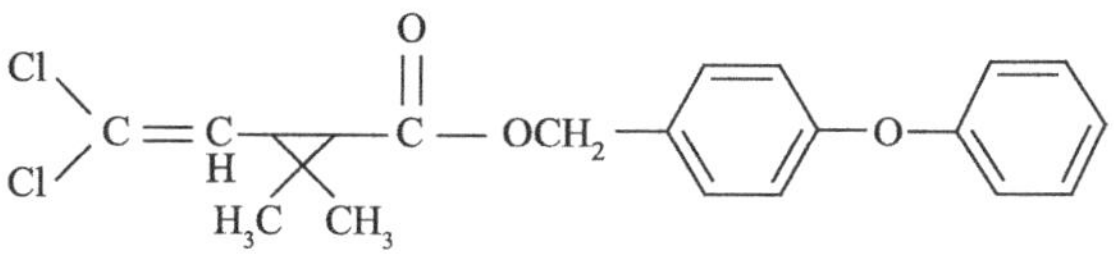

图 2-3 氯菊酯

从氯菊酯的化学结构可以看出，该菊酸部分的三角形环丙烷结构完全没变，只是用两个氯原子替代了两个甲基，所以整个化合物仍为拟除虫菊酯，并同样具有拟除虫菊酯的共性。第二代菊酯类农药有溴氰菊酯、吡氯氰菊酯、溴苄呋菊酯、氟氯菊酯、氯氰菊酯、氟氯氰菊酯和氯氟氰菊酯等。它们具有强烈的触杀和胃毒作用、高效和广谱、对哺乳动物毒性低、易降解、不污染环境等特点，目前，已成为农业上一类重要的杀虫剂。

3. 其他菊酯类农药 第一代和第二代菊酯类农药的典型特点是模拟天然除虫菊素的化学结构，但是现在有些菊酯农药结构中的酸和醇部分与上述两类菊酯差别已很大，甚至有些化合物如氟氰戊菊酯、氟胺氰菊酯、醚菊酯和氯醚菊酯等根本就不含有菊酸结构。日本三井东压化学公司开发的商品名为多来宝（Trebon）的醚菊酯，其化学结构见图 2-4。

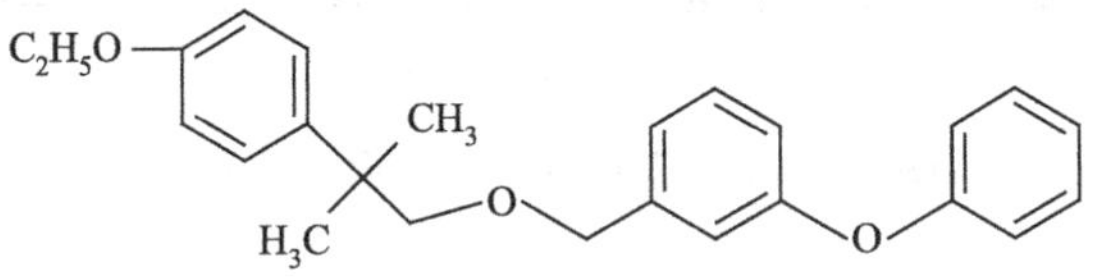

图 2-4 醚菊酯

因为它们无与天然除虫菊素相同的化学结构，故有人认为其不属于拟除虫菊酯类。但是它们的杀虫机制、杀虫活性却与其他菊酯类农药相似，所以这类化合物目前也被归为菊酯农药。

经过半个多世纪不断对天然除虫菊酯结构的修饰，人工合成的拟除虫菊酯作为环境特性相对友好的一类产品，已在控制室内卫生害虫和农作物害虫中发挥重要作用，但防治对象也逐渐对其产生了严重的抗性。因此，需要研究人员不断地开发高活性、低抗性的环境友好类新品。目前该类产品的发展处于一个相对缓慢的时期，这是由于新合成的菊酯类化合物具有活性难以超过目前的产品，抗性又无法完全克服，大部分产品高鱼毒和低杀螨性等缺点。即使如此，许多研究人员仍在从各个方面研究和开发拟除虫菊酯，利用不断完善的结构和活性关系，设计各种含酯类化合物，并且这些新化合物大部分含有各种各样的杂环，尤其是以吡啶环等作为苯环的生物电子等排体，合成的许多新化合物具有一定或优异的杀虫或杀螨活性。希望不久的将来能发现新的和具有特殊活性的拟除虫菊酯杀虫剂。

现有的大部分拟除虫菊酯对鱼呈现高毒性，影响菊酯类产品在水田中的使用。虽然拟除虫菊酯的醚类似物和烃类似物对鱼低毒，但远不能满足实际生产的需要，科研人员仍在继续开发这类产品。

（二）沙蚕毒素类

沙蚕毒素（nereistoxin）来自于生活在海滩泥沙中的一种环节蠕虫，名为沙蚕（*Lumbriconeris heteropoda*）。沿海渔民很早以前就观察到鱼、蚁和多种肉食性昆虫在与沙蚕尸体接触后被麻痹死亡的现象，并将其作为钓鱼的鱼饵，蚊蝇等昆虫在沙蚕尸体上爬行后会中毒死亡，同时也发现使用沙蚕的垂钓者有头痛、恶心呕吐和呼吸异常的症状。1934 年，新田清三郎（Nitta）调查研究表明，这种致毒作用来自沙蚕体内的有毒物质。1941 年他成功地分离了这个有效毒性成分，命名为沙蚕毒素。1960 年 Hashimoto 和 Okaichi 确定沙蚕毒素的分子式为 $C_5H_{11}NS_2$，不久又肯定了如现在我们所知道的，已为人工合成证实的结构 4-*N*, *N*- 二甲氨基 -1, 2- 二硫戊环（nereistoxin）。

沙蚕毒素结构与以往所知毒素十分不同，按照沙蚕毒素的化学结构，科学家在其衍生物合成、化学结构测定和生物活性实验等方面进行了系统的奠基性工作。1965 年，Hagiwara 等成功地由 1,3-bis（benzylthio）-2-propane 合成了沙蚕毒素，改进方法后又合成了许多沙蚕毒素的衍生物，并试验它们的杀虫效力和对哺乳动物的毒性。经过不断的人工合成，逐渐形成了沙蚕毒素系列化合物，二氢沙蚕毒、硫氰酸脂、巴丹、杀虫单等就是该系列化合物的典型成员，它们具有很强的杀虫作用（图2-5）。沙蚕毒素类杀虫剂具有广谱、高效、低毒等特点，而且作用方式多样，除了具有很强的胃毒作用外，还有触杀、拒食和内吸作用，对鳞翅目、鞘翅目和双翅目的多种害虫有较好的防治效果，现已被广泛用于防治水稻、蔬菜和果树等多种农作物的害虫。

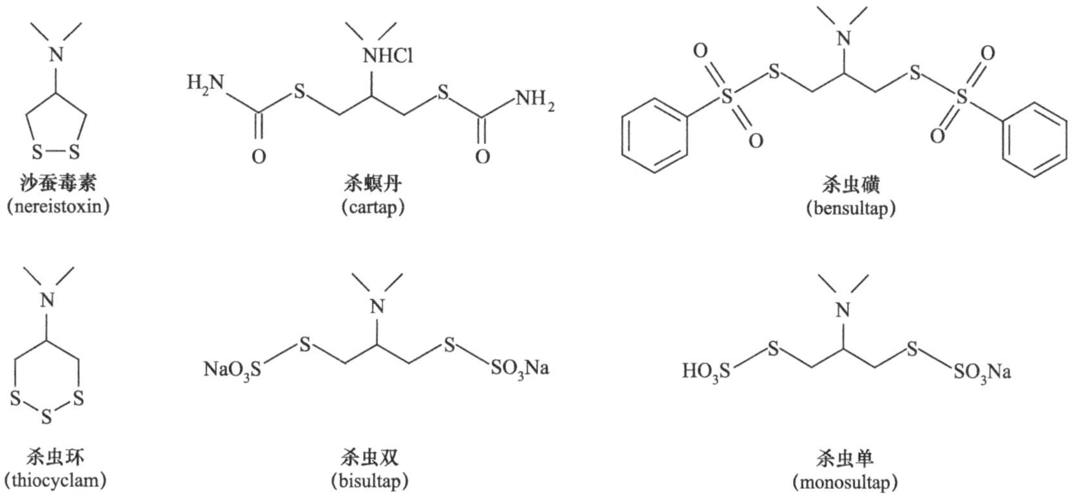

图 2-5 沙蚕毒素及其类似物的化学结构

目前作为杀虫剂商品化的主要品种有杀螟丹（日本）、杀虫双（中国）、杀虫单（中国）、杀虫环（瑞士）等。1965年，日本 Hagiwara 等成功合成了杀螟丹，其是沙蚕毒素系杀虫剂最主要的品种之一。1970年，日本武田化学公司开发出杀虫磺（bensultap）。1974年，我国贵州省化工研究所（现名贵州省化工研究院）研制开发了杀虫双和杀虫单。1975年，由瑞士山德士（Sandoz）公司开发出杀虫环。1987年，Baillie 等根据沙蚕毒素的结构与活性，合成了一系列与沙蚕毒素作用机制相同的有杀虫活性的化合物。随后，多噻烷及苯硫丹等沙蚕毒素类杀虫剂纷纷出现，这些杀虫剂至今仍在农业害虫的防治上发挥着重要的作用。

（三）毒扁豆碱

毒扁豆碱（physostigmine）是依色林系阿托品拮抗剂，最初由 Jobst 和 Hesse 于1864年从非洲西部的毒扁豆种子中分离得到的一种生物碱。其结构到1925年才被 Stedman 和 Barger 确定（图2-6）。毒扁豆碱纯品为无色或稍带黄色的结晶，该晶体不稳定，在加热、暴露于光线和空气中或有微量金属存在时，很容易氧化成红色；对碱更不稳定，易水解成毒扁酚碱。毒扁豆碱是已知最早的乙酰胆碱酯酶（AChE）抑制剂，早在1864年，天然毒扁豆碱已经应用于临床，是一个有效的和特定的治疗阿托品中毒的良方。同时毒扁豆碱又是一种有效的丁酰胆碱酯酶（BuChE）抑制剂，因而显示出广泛的生物活性，被广泛用于各种农作物害虫的防治，有些兼具杀螨和杀线虫活性。

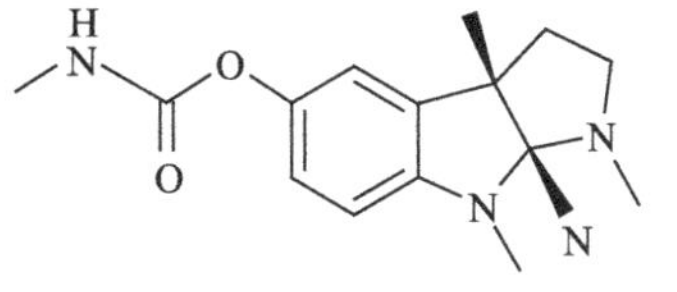

图 2-6 毒扁豆碱的化学结构

由于毒扁豆碱具有广泛的生物活性，其应用受到了大量科学家的关注，并吸引了大量的科学家投入到其研究中。早在19世纪60年代，毒扁豆碱就被作为一种毒药进行了研究，但直到合成其类似物之后，才真正认识到其对乙酰胆碱酯酶的特殊亲和力。由于毒扁豆碱具有作用时间短、毒性作用大的特点，因而其合成及结构改造的合成工作得到重视并一直在开发中。毒扁豆碱属于一类 3-C 取代的四氢吡咯并吲哚环系的天然产物，目前发现多种具有相似结构的生物碱（图 2-7）。这类化合物的结构特点在于都有一个三环体系和一个手性季碳中心，所以构建手性季碳中心成为合成这类化合物的关键步骤。

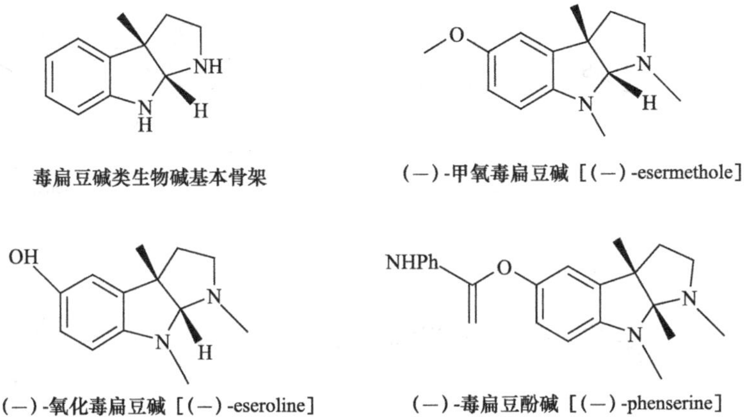

毒扁豆碱类生物碱基本骨架　　　　　　（−）-甲氧毒扁豆碱 [（−）-esermethole]

（−）-氧化毒扁豆碱 [（−）-eseroline]　　　　（−）-毒扁豆酚碱 [（−）-phenserine]

图 2-7　毒扁豆碱类生物碱

自 1926 年发现毒扁豆碱具有杀虫活性，且作用机制与有机磷相似后，美国联合碳化公司和汽巴嘉基公司就开始以毒扁豆碱为先导化合物进行杀虫剂的研究，开发了甲萘威、吡唑威、异索威等，该类杀虫剂的分子中都有氨基甲酸的分子骨架，所以统称为氨基甲酸酯类（carbamates）。目前商品化的氨基甲酸酯类杀虫剂品种已有 50 多个，但真正大吨位生产的品种仅 10 多个。此类杀虫剂的中文通用名均用"威"作后缀，如灭多威、涕灭威、克百威等。通常将氨基甲酸酯类杀虫剂分为五大类：①萘基氨基甲酸酯类，如西维因；②苯基氨基甲酸酯类，如叶蝉散；③氨基甲酸肟酯类，如涕灭威；④杂环甲基氨基甲酸酯类，如呋喃丹；⑤杂环二甲基氨基甲酸酯类，如异索威。除少数品种如呋喃丹等毒性较高外，大多数属中、低毒性。

（四）甲氧基丙烯酸酯

1969 年，捷克科学家 Musilek 从小奥德蘑（*Oudemansiella mucida*）中分离得到螺黏液杀菌素（mucidin）。该化合物具有抗真菌活性，用于治疗人类的皮肤病，但其在农业上的应用潜力当时并未得到挖掘。1977 年，德国的科学家 Anke 和 Steglich 从嗜球果伞（*Strobilurus tenacellus*）培养液中分离得到嗜球果伞素 A（strobilurin A）和嗜球果伞素 B（strobilurin B）。1981 年，Sedmera 等发表了螺黏液杀菌素的结构，将其构型定为 E，E，E。同年，Becker 等则首次报道了 strobilurin A 与 strobilurin B、小奥德磨素 A（oudemansin A）结构相似，而且它们的杀菌活性均源于同样的作用机制：通过阻碍细胞色素 b 和 c1 之间的电子传递来抑制线粒体呼吸。1984 年，Anke 和 Steglich 合成了 strobilurin A，并确定其立体构型为 E，Z，E。直到 1986 年，mucidin 和 strobilurin A 的结构比对，证实了两者为同一化合物。在此期间还发现了一系列同系物，该类化合物存在于 12 属 34 个蘑菇种中，其中 strobilurin 类 12 个、oudemansin 类 4 个、myxothiazol 类 1 个（图 2-8）。

20 世纪 80 年代，甲氧基丙烯酸酯类化合物的特殊抗菌作用机制引起了捷利康（现先正达）

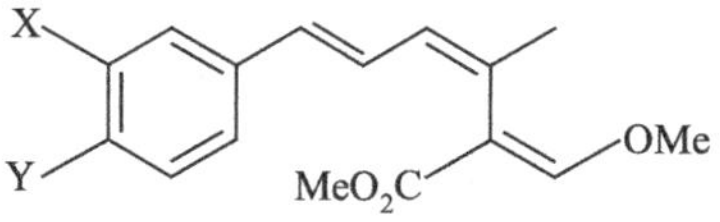

strobilurin A (X=H, Y=H)
strobilurin B (X=OCH₃, Y=Cl)

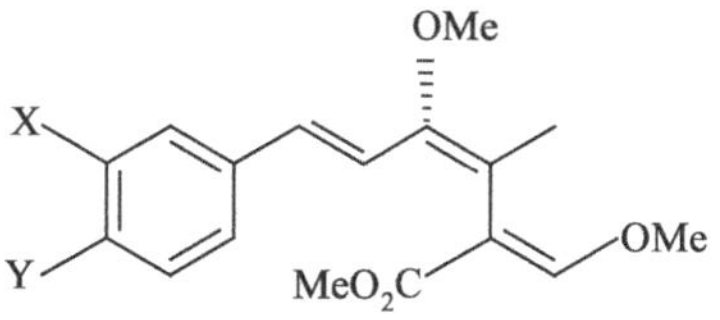

oudemansin A (X=H, Y=H)
oudemansin B (X=H, Y=OCH₃)

图 2-8　天然甲氧基丙烯酸酯 strobilurin A、strobilurin B、oudemansin A 和 oudemansin B

和巴斯夫两家公司的兴趣。由于 strobilurin A 不稳定,难以商品化,因此两家公司开始研究合成其同类物,在先导化合物中保留了作为活性部分的 β-甲氧基丙烯酸结构,交换双键结合的苯基、嘧啶基等,以使其亲水亲油性平衡而提高渗透性。1996 年,巴斯夫股份公司开发出了第一个甲氧基丙烯酸酯类杀菌剂醚菌酯(kresoxim methyl),随后捷利康公司于 1997 年开发了嘧菌酯(azoxystrobin)。

这些以天然物质为模型设计合成的甲氧基丙烯酸酯类化合物,克服了原天然物对光的不稳定性,并且其因杀菌谱广、使用频率低、适宜作物广泛而迅速占领市场。2000 年,一些类似物进入市场,著名的药剂是诺华公司开发的肟菌酯(trifloxystrobin)。2001 年,先正达开发出啶氧菌酯(picoxystrobin)。2006 年,先正达公司授权杜邦公司开发了啶氧菌酯和杀虫剂氯虫苯甲酰胺混剂。2002 年,巴斯夫股份公司开发了吡唑醚菌酯(pyraclostrobin),代号 BAS,是目前活性最高的甲氧基丙烯酸酯类杀菌剂。2004 年,巴斯夫股份公司又推出醚菌胺(dimoxystrobin),拜耳公司推出氟嘧菌酯(fluoxastrobin),均用于谷物。最近开发的品种主要是 2007 年巴斯夫股份公司推出的肟醚菌胺(orysastrobin)。

目前,甲氧基丙烯酸酯类杀菌剂主要品种已有 10 多个,如嘧菌酯、唑菌胺酯(pyraclostrobin)、肟菌酯、氟嘧菌酯、啶氧菌酯、醚菌酯(kresoxim-methyl)、醚菌胺(dimoxystrobin)等(图 2-9),其总的销售额占世界杀菌剂市场销售额的 25%。甲氧基丙烯酸酯类杀菌剂杀菌谱广,对几乎所有真菌类(子囊菌纲、担子菌纲、卵菌纲和半知菌类)病害都显示出很好的活性,该类化合物可以茎叶喷雾、种子处理等方式使用。甲氧基丙烯酸酯类杀菌剂具有保护、治疗、铲除、渗透和内吸活性,还具有高度选择性,对作物、人、畜及有益生物安全,对环境基本无污染,同时对 14-脱甲基化酶抑制剂、苯甲酰胺类、二羧酰胺类和苯并咪唑类产生抗性的菌株有效。尽管该类化合物作用机制独特,但病原菌对其产生抗性的速度也很快。

五、高通量筛选

高通量筛选技术是在传统筛选技术的基础上,将生物化学、现代生物学、计算机和自动化控制等高新技术有机组合成一个高自动化的新模式,广泛应用于医学、分子生物学和农药等领域。高通量筛选技术作为一种很多大型农药公司发现新农药的重要工具,最大的优势在于筛选能力,筛选数量从每年几千种化合物发展到几十万种化合物。20 世纪 90 年代末,许多国外的农药企业已实现高通量活性筛选的微型化、全部过程的自动化,筛选所需的化合物量也从 10mg 或 100mg 减少到了 1mg。高通量筛选系统主要由高容量的化学物库、自动化的操作系统、高特异性的离体或活体筛选模型、高灵敏度的检测系统、高效率的数据处理及管理系统等组成。高通量筛选是发现新农药的基本过程。

高通量筛选的特点是快速、高效,可在短时间内提供大量化合物可能的作用机制及生物活性情况,这些信息的迅速反馈对化合物的合成和结构优化具有重要指导作用,但筛选结果并不

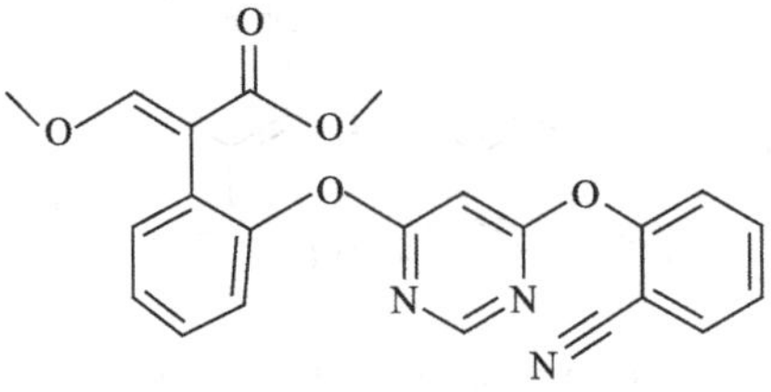

嘧菌酯（azoxystrobin）

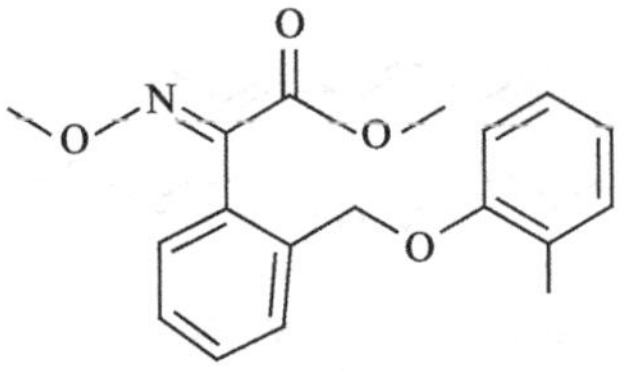

醚菌酯（kresoxim-methyl）

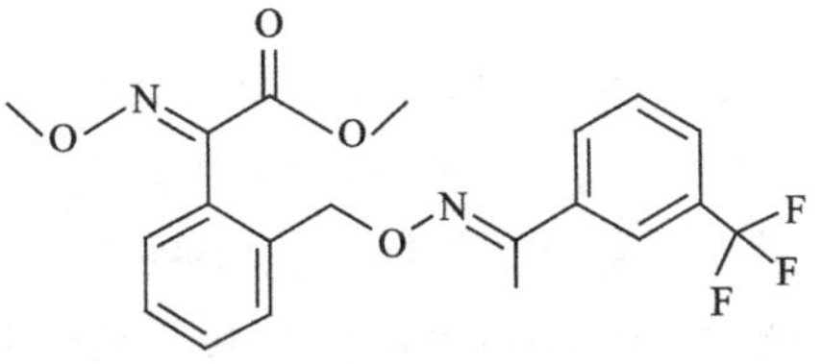

肟菌酯（trifloxystrobin）

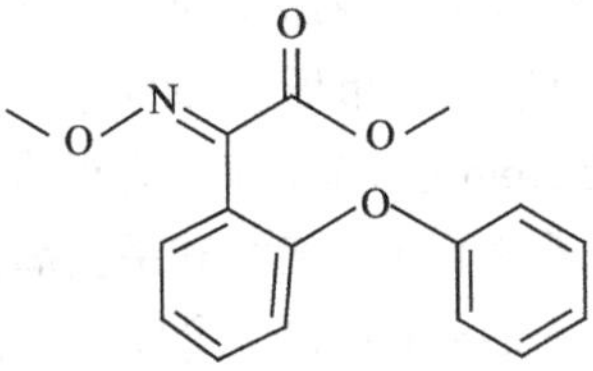

苯氧菌胺（metominostrobin）

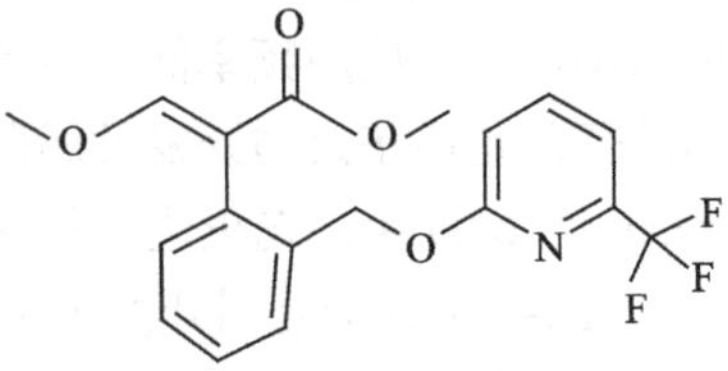

啶氧菌酯（picoxystrobin）

图 2-9　主要的甲氧基丙烯酸酯类杀菌剂

能完全证明化合物对某种有害生物有防治效果。因此，采用高通量筛选方法来发现新农药，还应结合其他筛选方法。一般采取初筛、复筛、深入筛选和田间药效试验等 4 个步骤。

（一）初筛

初筛也就是普筛，在离体或活体水平上，使用同一剂量，与同样的试材作用，初步判断化合物有无活性。

（二）复筛

初筛后，选择有活性的化合物，采用系列浓度（设 3~5 个剂量），进行同一模型的筛选，确定化合物活性大小。

（三）深入筛选

深入筛选也即温室植株测定试验，是在初筛和复筛的基础上，将得到的化合物在活体靶标生物上作进一步筛选，确定化合物的防治谱、作用方式、选择性、使用剂量和时期及其他性质等，为全面评价活性化合物的开发价值提供依据。同时，结合活性化合物的化学结构特点，进行综合分析，确定在结构和活性方面具有新颖性和开发价值的化合物作为先导化合物，并根据实际情况进行结构优化，以得到活性更高、缺点更少的活性物质。结构优化后的化合物需要重复上述筛选过程，以确定新化合物的活性。通常，温室筛选仍需要较多（质量）的化合物，如拜耳公司需要 50~80mg，而组合化学库有时只能提供几毫克的样品。为了验证高通量筛选

（high throughput screening，HTS）的结果，必须加大合成量。有的农药公司为了降低成本，已实现了温室筛选的微型化（microscreening）和自动化，使筛选速度更快、成本更低，而且更为重要的是所需化合物的量可低于1mg。

（四）田间药效试验

田间药效试验是在田间自然生产条件下进行的、综合评价药剂使用价值的实验方法，分为小区药效试验、大区药效试验和大面积示范试验。经过深入筛选认为有开发价值的化合物可进入田间药效试验阶段。通过田间药效试验，进一步明确药剂的防治对象范围、合理用药的浓度、时间、次数、方法、影响因素，以及药剂对人、畜、天敌、农作物的影响等，为大面积推广使用提供可靠的科学依据。通过以上分析可看出，高通量筛选技术的出现并不排斥传统农药筛选技术。高通量筛选主要用于大数量、微质量样本的快速初筛和复筛，筛选得到的活性化合物仍需通过传统筛选方法确定对活体生物是否有效、活性大小及作用方式等（邱立红等，2002）。

第二节 农药的生物活性测定

一、农药生物测定

农药生物测定（bioassay of pesticide）是指运用特定的试验设计，利用生物（高等动物，植物如作物、杂草，微生物如真菌、细菌、病毒、昆虫、线虫、蜱螨类等）的整体或离体的组织、细胞对农药（或某些化合物）的反应（如死亡率、抑制率等），并以生物统计为工具，分析供试对象在一定条件下的效应，来度量（判断或鉴别）某种农药的生物活性（毒力、毒性、药效等）。生物测定由作用物、靶标生物和反应强度等三个要素组成。针对农药的应用而言，生物测定的一项重要内容是测定农药（有效成分或制剂）对靶标生物的作用。同时，测定杀虫剂对农作物的药害，对高等动物的毒性，以及杀虫剂对鱼、鸟类、蜜蜂、天敌等有益生物的毒性，也属于生物测定的范围，相关的内容将在农药安全性评价部分讲解。

生物测定技术在新农药的研究开发中有着举足轻重的作用，主要表现在以下几个方面。

1）先导化合物的生物活性筛选：寻找农用活性先导化合物的过程中，通常以活性跟踪的方法来判定活性物质的活性。

2）作用谱与作用方式的测定：新农药研发中，进行作用谱的测定有助于确定作用对象，对商品化进行合理定位。作用方式的确定也有助于科学合理地使用药剂，并为作用机制的研究奠定基础。

3）药效试验（制剂的药效试验——室内、田间）：商品化之前，新农药需要经过一系列的生物活性测定，室内和田间药效试验的开展是对其活性判定的最真实指标。测定农药对昆虫、螨类、病原菌、线虫、杂草及鼠类等靶标生物的毒力或药效，包括作用范围、作用方式、作用特点等。此外，农药混剂（混用）作为一种简便、高效的农药使用方式，同样需要运用生物测定技术进行药效测定，明确有无增效或拮抗作用，以决定其能否混用及如何混用等。

农药药效试验过程中还需要注意其对植物生长的影响，避免药害的产生。

4）毒性、代谢与环境影响研究：农药在自然条件下对非靶标生物，如高等动物、保护作物、水生生物（鱼、蛙等）、蚕、蜜蜂、鸟类、天敌等生物均可能带来不良影响。建立翔实的毒性、代谢、消解等数据，有助于农药的安全使用，是决定新农药是否能够商品化的重要环节。

农药生物测定除了在上述的一些过程中有重要作用外，在下面两点中，可以看出农药生物测定技术在农药研究中所起的特别重要的作用：①发现新的实验方法等于发现新农药；②新农药发现存在于生物测定过程的每个异常现象之中。也有人曾把生物测定与化学合成比喻为农药研发事业前进中的两个车轮，两者互相制约、互相促进。

（一）杀虫剂的生物测定

杀虫剂生物测定（bioassay of insecticide）是以昆虫（包括螨类）为测试对象，测试各种杀虫剂对供试靶标的毒力。

我国杀虫剂在品种和产量上远高于杀菌剂和除草剂。为了安全、合理、有效地使用杀虫剂防治害虫，保护农作物免受危害，实现农业种植的可持续发展，杀虫剂毒力测定在取代高毒高残留农药、延缓害虫抗药性发展、延长现有杀虫剂的经济使用寿命及开发新杀虫剂品种等方面均有重要意义。

1. 杀虫剂生物测定的内容　　杀虫剂的作用对象主要是有害昆虫和螨类，其毒力测定的主要任务是将杀虫剂作用于有害昆虫和螨类，并根据它们对杀虫剂的反应强度来评判杀虫剂的毒力或毒效的大小，主要内容有以下几个方面。

（1）测定杀虫剂对昆虫（包括螨类）的作用效力　　杀虫剂作用效力的影响因素有很多。同一种杀虫剂对不同种类的昆虫具有不同的活性作用。同一种类昆虫在不同的发育时期、性别和生活环境，生理状态也会存在很大差异。即使同一种类昆虫在发育时期、性别和生活环境相同的情况下，也存在个体间的差异。17世纪末，哲学家莱布尼茨就阐述了这样一个道理，世界上没有两片完全相同的树叶。同样，世界上没有两只完全相同的昆虫。就杀虫剂生物测定（生测）而言，为了获得准确的生测数据，需要在严格控制条件下进行活性筛选和毒力测定，以筛选出最有效的药剂进行后续的研究。这些条件包括外界环境条件（温度、湿度、光照）、昆虫生理状态（昆虫变态、龄期、发育阶段、营养状况、寄主状态）、施药方法等内容。

（2）研究杀虫剂的理化性状与毒效的关系　　为了充分发挥杀虫剂的效力，施用之前需要先将其加工成一定的剂型。通过合理的加工，可以使杀虫活性成分充分发挥效力。比如液体制剂中，溶剂、乳化剂、湿润剂的种类和加入量对活性成分在植物体表及昆虫体表的湿润性、展着性、渗透性等物理性状都有直接影响，并继而影响其杀虫活性。哪一种剂型能够发挥最佳药效，以及制剂的质量、使用方法和货架期等都需采用生物测定的方法完成。

（3）测定杀虫剂混用的效力　　两种或两种以上药剂的混合使用是否能够增效及混配的最佳配比，均需采用生物测定技术进行研究才能对其作出正确的评判。另外，有的化合物本身对昆虫无毒，但同另一种杀虫剂混用后，可以提高该药对昆虫的毒效或降低药效，这只有借助生物测定技术才能肯定，从而寻找出有效的增效剂。

（4）测定害虫抗药性　　20世纪中叶以来，随着有机合成的发展及人们认识的局限性，大量有机合成农药被不合理地施用到环境中，致使抗性害虫数量和种类逐年增多，抗性程度逐年增强。据报道，世界范围内已有589种害虫（包括螨类）产生了抗药性，其中农业害虫392种（陈年春，1991）。害虫抗药性的迅猛发展已成为当前新农药开发及使用中需要解决的重要问题。对抗性昆虫种群的鉴定、研究抗药性程度、影响抗性产生和发展的因素，以及研究和寻找克服或延缓害虫抗药性发展的方法，均离不开生物测定。

此外，杀虫剂毒力测定还可用于农药残留的微量测定。

2. 杀虫剂生物测定的一般原则　　杀虫剂的生物测定强调在控制条件下研究杀虫剂对靶标试虫的生物活性。由于试虫的种间和同种个体间的差异不能消除，因此要求供试虫体应该龄期一致、个体差异很小、生理状态较一致，并在生测过程中遵从以下基本原则。这些原则不仅适用于杀虫剂的生测，在农药的其他生物活性测定中依然适用，仅仅是作用对象和操作方法有所变化。

（1）控制影响因素　　杀虫剂生物测定中需要注意的影响因素很多。其中，包括环境因素（如温度、湿度、光照）、昆虫生理状态（发育阶段、龄期、性别）、杀虫剂理化性质等。因此，生物测定中要保证目标昆虫具有一致性，并控制环境条件，尽可能减少或消除处理间的相互干扰，才能提高实验结果的精确度，获得比较稳定可靠的结果。

1）试虫发育阶段：测定幼虫或若虫时应该用同一龄期（一般为3龄）、体重大小一致的虫体；测定成虫时，要求用同一日龄的，以羽化后3~5d的成虫为宜。

2）试虫性别：大多生测要求供试种群中雌雄比例为1∶1，但也有少数生测中要求使用同一性别的试虫，如FAO推荐的螨类生测，要求使用雌虫。

3）温度：温度对试虫的活动性和生理生化均会带来影响，会对杀虫效果带来直接影响。有机磷类和氨基甲酸酯类杀虫剂中的大多数品种在较高温度下对试虫毒力高，即在一定温度范围内，毒性随温度升高而升高，称为正温度系数杀虫剂。有另外一些杀虫剂，如滴滴涕和拟除虫菊酯，在较低温度下杀虫毒力高，称为负温度系数杀虫剂。

4）药剂含量和溶剂：杀虫剂有效含量可直接影响到测得的结果是否正确，所以一般要求纯度在95%以上，至少是含量较高的原药，并应符合质量标准。避免杂质对生测结果的影响。

不同溶剂对昆虫表皮穿透率不同，从而造成进入虫体的药量有差异。一般选择毒性较低、易挥发的试剂作溶剂，如丙酮。

5）药剂处理部位：不同作用方式的杀虫剂在处理时采用不同的方法。例如，触杀活性多用点滴法，而点滴部位（前胸背板、腹背、复眼、触角等）不同，得到的毒力结果不同，一般以点滴胸背面或腹背部为宜。

另外，湿度、光照、虫口密度等对杀虫剂的毒力也有影响，应使其保持恒定，或至少使试虫在处理前后保持在同一培养条件中。

（2）设立对照　　生物测定中必须设立对照。通过对照试验可以消除因自然因素对生测结果带来的误差。无论是采自田间的还是室内饲养的目标昆虫，有些个体因生活力弱，或天敌寄生、感病等原因，在实验期间往往有自然死亡情况，因此药剂处理组的死亡虫数也包括自然死亡数，因此应设立对照加以校正。一般对照分为以下几种。

1）空白对照：完全不含任何物质（自然状态），以消除自然死亡对实验的影响。

2）溶剂对照：不含有效成分的溶剂、乳化剂等，以消除溶剂影响。

3）标准药剂对照：指在生产中对某种目标昆虫采用较多的药剂，这样不仅可以同新农药对比，还可以消除一些偶然因素造成的误差。

上述三种对照可以根据具体情况和实验要求来设立，一般至少设两种对照。

（3）必须设重复　　杀虫剂生物测定测试的是昆虫的一个群体，而不是昆虫个体，在一个昆虫群体中个体之间对杀虫剂的敏感性有显著的差异，因此取样的代表性很重要。取样少了，就有可能由于取样不够全面或不是随机取样而造成结果的片面性。取样越多，实验结果虽然越可靠，但同时也意味着工作量增加。

从生物统计理论来看，增加重复次数以减少每个重复的生物个体是减少实验误差的一种方法。一般情况下，杀虫剂生物测定重复3次，每个重复20~50头试虫。涉及具体的杀虫剂生物测定可进行适当调整。例如，在大量样品的筛选中，要求仅对供试样品的毒力进行相互比较，则可以适当减少重复和样本数量，以减少工作量。

3. 标准目标昆虫　　标准目标昆虫要求在虫态、龄期、个体大小、健康状况、敏感性等方面一致，并且在数量上能够满足新杀虫剂的大规模筛选。采用标准目标昆虫开展毒力测定或进行昆虫的生理生化试验，所得结果将更为准确、稳定，以减少试验差异。因此，获得标准目标昆虫也是生物测定工作中的一个重要试验部分。

（1）标准目标昆虫的定义和种类　　标准目标昆虫是指在生物测定中被普遍采用的，在分类上具有一定代表性，在农业种植中具有一定经济意义，并且抗药力稳定均匀的试虫群体。标准目标昆虫要求数量多、耐药力稳定、个体间差异小，从田间采集试虫，在数量、质量和时间上很难达到以上要求，因此有必要对部分试虫进行大规模的人工饲养。根据以上要求，标准目标昆虫应具备以下条件。

1）容易饲养，繁殖力强，能保证常年大量供应。

2）要求有一定的代表性和经济意义。代表性涵盖两个方面的内容，一是在分类上具有代表性，代表某个目、科或不同的取食特性和敏感性；二是在农业种植中具有代表性，是某一种或某一类农作物的主要害虫。

3）生活力及抗药力要稳定和均匀一致。筛选新农药时，应选择抗药力和生活力较强，自然死亡率低的试虫群体，这样才不会影响筛选结果；测定农药残留时，最好选用敏感的群体。

4）选用合适虫期、龄期的试虫群体或混合群体作为测试对象。选用的原则是虫期、虫龄、虫体大小比较接近一致。虫龄不宜过大或过小，新羽化的成虫或龄期较大的虫体均不宜采用。表 2-1 所列为几种试虫的选用标准。

表 2-1　几种试虫的选用标准

供试昆虫	作用方式	试虫标准
鳞翅目昆虫	触杀	3～4 龄
	胃毒	4～5 龄
家蝇		3～7d 的成虫
蚜虫		无翅成蚜
棉红蜘蛛		以活动的体色橘红或鲜红成虫为宜（不应选用暗褐色成虫）

5）便于移取和处理。还应该注意到，部分代表性试虫无法在室内饲养或饲养困难，这种情况下必须从田间采集一些重要的农业害虫作试虫，如蚜虫、红蜘蛛、菜青虫等。田间试虫种类多，但容易受到气候、季节、发生期比较集中等因子的限制，供试昆虫的供应很不稳定。因此，要掌握好地区主要害虫的发生规律、发生时期、生活特性和危害特性，以便进行采集。要严格挑选生活力较强、虫体大小和龄期相近的试虫，保证达到试虫群体质量均匀性的要求。主要的目标昆虫有黏虫、家蝇、果蝇、拟谷盗、米象、蚕蟥、蚜虫、红蜘蛛、玉米螟、二化螟、三化螟、小菜蛾、菜粉蝶及地下害虫等（表 2-2）。

表 2-2　杀虫剂生物测定采用的主要目标昆虫

试虫种类		学名	使用虫期	食料
鳞翅目	黏虫	*Pseudaletia separate* Walder	幼虫	小麦、大麦或玉米叶
	菜粉蝶	*Pieris rapae* L.	幼虫	洋白菜叶
	菜蛾	*Plutella maculipennis* Curtis	幼虫	洋白菜叶
	玉米螟	*Ostrinia nubilalis* Hubner	幼虫	人工饲料
	二化螟	*Chilo suppressalis* Walder	幼虫	稻苗、人工饲料
	三化螟	*Tryporyza incertulas* Walder	幼虫	稻苗

续表

	试虫种类	学名	使用虫期	食料
双翅目	果蝇	*Drosophila melanogaster* Mg	成虫	糖、水
	家蝇	*Musca domestica* Vicina L.	成虫	糖、水
鞘翅目	杂拟谷盗	*Tribolium confusum* Duv.	成虫	粗面粉
	米象	*Sitophilus oryzae* L.	成虫	玉米或小麦粒
	黄粉虫	*Tenebrio molitor*	成虫	粗面粉
同翅目	棉蚜	*Aphis gossypii* Glover	若蚜或无翅成虫	南瓜、黄瓜叶
	豆长管蚜	*Macrosiphum pisi* Kltb.	若蚜或无翅成虫	豌豆、蚕豆叶
	桃蚜	*Myzus persicae* Sulzer	大中龄若虫 无翅成蚜	油菜或其他十字花 科蔬菜叶
蜱螨目	棉叶螨	*Tetranychus telarius* L.	成虫	菜豆、大豆或玉米叶
	山楂叶螨	*Tetranychus viennesis* Zacher	成虫、若虫	苹果叶或桃叶
蜚蠊目	德国小蠊	*Blattella germanica* L.	若虫、成虫	混合食料和水

（2）标准目标昆虫的人工饲养　标准目标昆虫种群常年的大量供应，是保证顺利开展生物测定技术工作的最基本条件，也是影响生物测定的实验结果正确性和可靠性的最主要因素之一。但影响标准目标昆虫室内大规模饲养的因素比较复杂，涉及面较广，要开展此项工作，除掌握目标昆虫的生物学特性和生活、取食与产卵特性，室内生活规律和大规模繁育规律外，还需了解和掌握大规模饲养的空间控制原理和方法，才能使昆虫群体达到稳定要求。

1）种虫：生活史、繁殖力和抗病力较强的优良种虫是保证稳定而大量供应合乎标准质量的试虫群体的最基本条件之一。在引选种虫时必须进行严格挑选，选取健壮的、生活力强的、繁育力和抗病力较强的品系。有时选留少数虫种进行繁育，其后代常有退化，如试虫的繁殖力和适应环境的能力显著下降，或试虫群体抗药力不稳定或试虫退化等，则必须换种。引进种虫经较长时期的室内繁育，严格的人为选择淘汰作用，使试虫群体质量均匀性提高，抗药力趋于稳定。

2）营养条件：营养条件是试虫生活必需的基本条件。营养条件的好坏对试虫的生长发育、繁育能力、生活力、群体质量均匀性、抗药力稳定性等方面都有很大的影响，此外营养条件还能直接或间接促进或抑制某些昆虫的滞育。

一般来讲，维持昆虫正常生命的繁育所必需的营养要求虽比高等动物要简单，但还是比较复杂的，并且有相似之处。昆虫一般都需要碳水化合物、蛋白质、10种必需氨基酸、多种维生素（主要是水溶性维生素）及某些矿物质等。

由于昆虫种类繁多、食性复杂及复杂的变态发育现象，不同种类、虫期、发育期和性别不同的昆虫所表现的代谢功能和利用养分的能力差异很大，因此昆虫对食料营养要求有很大差别。例如，胱氨酸对埃及伊蚊的脱皮过程，丝氨酸对雄性德国蜚蠊等均是必需的营养要素。脂肪是地中海粉螟、红铃虫、玉米螟幼虫必需的营养要素。而家蝇成虫及大多数鳞翅目成虫只需要取食糖水或清水就能维持生命。昆虫的定性营养要求如下。

碳水化合物　　碳水化合物是大多数昆虫的基本营养要素，同时也是大部分昆虫食料的主要组成部分，主要用作昆虫的能量来源及脂肪和肝糖的合成。碳水化合物与昆虫的生长发育、生活力和繁殖力有关，少数昆虫或某一虫期的昆虫可以不需要碳水化合物。通常碳水化合物必须先被虫体分解成单糖后才能被肠壁吸收，否则不能满足昆虫的正常营养需要。对昆虫有营养价值的碳水化合物有多糖和单糖等,如葡萄糖及果糖对大多数昆虫的营养价值都很高。

蛋白质和氨基酸 蛋白质和氨基酸也是昆虫的基本营养要素,它们对昆虫的主要营养功能是促进昆虫生长发育、提高生殖力和生活力等。实验证明昆虫所需要的氨基酸和动物的正常营养必需的10种氨基酸基本相似,如精氨酸、组氨酸、异亮氨酸、亮氨酸、苏氨酸、甲硫氨酸、色氨酸等。但是某些昆虫机体内可以自行合成必需的氨基酸,所以这些氨基酸对昆虫的正常营养作用也不是必需的。

尤其是动物性蛋白(卵蛋白),由于所含的必需氨基酸的种类比较多,利用率高。因此,其具有促进昆虫快速生长发育的优越营养功能,还能提高成虫的繁殖力。

脂肪和脂肪酸 脂肪和脂肪酸对昆虫的主要营养功能是作为能源、代谢水的来源及建立脂肪体与肝糖或组成卵黄。一般来说,脂肪对大部分昆虫不是必需的营养要素,因为虫体可以从碳水化合物、蛋白质或其他食料养分合成脂肪体。但脂肪是少数鳞翅目和双翅目昆虫必需的营养要素,如对红铃虫、红头丽蝇和松毛虫寄生蝇等幼虫的正常营养是很重要的。此外,脂肪、脂肪酸对德国蜚蠊也是必需的营养要素。

辅助营养要素 包括基本维生素、昆虫的特殊维生素和矿物质。昆虫对基本维生素的营养要求与高等动物的差别不大。一般来讲,复方维生素B(维生素B_1、维生素B_2、维生素B_6、烟酸、叶酸、胆碱)是大多数昆虫必需的辅助营养要素,甾醇及某些矿物质也是昆虫所需要的营养要素。某些昆虫还有特定的维生素要求。例如,核酸对蝇类、肉毒对黄粉甲及拟谷甲、硫辛酸对洋葱蝇雌成虫等都是必需的特定营养要素。昆虫对矿物质的营养要求还不十分清楚,但某些昆虫如德国蜚蠊也需要Mn、Zn及Cu等营养物质,Zn对家蝇的生殖机能也具有重要作用。

3)环境条件:环境条件是饲育昆虫的必需生活条件,同时也是其影响因素。当环境条件的变化符合昆虫生活特性的要求时,就可以促进昆虫的大量繁育。反之,不符合昆虫生活特性的要求时,昆虫就不能顺利地完成其生活史,或生活力和适应环境的能力减弱而增加死亡与抑制大量繁育。可见,饲养中环境条件的差别对定向控制饲育昆虫的生长发育、大量繁育和生活力等方面都具有决定性的作用。对昆虫生长发育最有显著影响的环境条件有温度、湿度、光照和通气度等。但它们不是孤立存在的,而是相互依存,关系错综复杂,实际上对昆虫的作用也难于分开。室内目标昆虫饲养的环境条件,最主要的控制因素是温度、湿度和通气度,其他如光照强度、光照时间对试虫大量繁育也有不同程度的影响。

温度对试虫的生长发育、大量繁育和生活力都有很大影响,也是促进和抑制某些昆虫滞育现象发生的主导控制因素,此外温度对昆虫抗药力也有一定影响。各种昆虫及不同发育期的昆虫都有适宜的温度范围,一般为15~35℃,特别是20~25℃,对多数昆虫是最适宜的。一般认为在合适的昼夜变温环境(白天温度高、夜间温度低)中饲育的昆虫相对地比恒温环境中饲育的更优越且稳定,饲育的昆虫生长发育良好,生活力和繁殖力较强,对环境的适应能力也有所提高,还不易退化。

湿度对昆虫的生长发育、滞育和生殖也有很大影响。各种昆虫对湿度的要求差异很大,有的喜欢高湿,如许多双翅目昆虫的幼虫;有的喜欢干燥,如蚜虫和红蜘蛛。适宜的湿度可以增加成虫的产卵量、延长成虫的寿命、使卵顺利孵化、幼虫死亡减少。相反,湿度过低,卵不易孵化、蛹不能羽化或成虫发育迟滞、蜕皮次数增多。湿度过高,对家蝇、红蜘蛛的发育和生活力不利,家蝇蛹的死亡增多。

昆虫对光照的反应与原生活环境有密切关系。生活在室内的昆虫和储粮害虫,生活在隐蔽处的昆虫,植物茎、茎秆中昆虫和地下害虫习惯于弱光,若增加光度,活动受到抑制。相反,生活在开阔地区而习惯于强光的昆虫,若降低环境光度,活动受到抑制。实验证明,增加光度可以促使昆虫早熟，缩短成虫寿命，如连续照射强光，昆虫能停止发育，抑制生殖，甚至引起死亡。

光周期对某些农业昆虫的滞育影响颇大，光照时间的长短常常是某些昆虫进入或解除滞育的主导因子。温度与光周期反应有密切关系，在光周期反应明显的农业害虫的饲育工作中，要很好地控制光照时间与温度，有利于阻止滞育现象的发生。可见，采用无光周期反应，光周期反应不明显的或短日照发育型的昆虫作为标准目标昆虫较有利，饲养管理工作也方便。

（3）标准目标昆虫的基本操作——移取、分离和处理

1）试虫群体操作的目的和原则：试虫群体的操作目的是为了获得虫期、龄期一致，性别比例适当的供试种群，尽可能减少试虫个体间差异对实验结果的影响。在这一过程中要注意：在进行试虫移取、分离和药剂处理前，应洗手及进行消毒，尽量避免药剂或有害病菌感染虫体；操作要胆大心细，不要碰伤虫体；密集的试虫应尽量迅速分离，以保证有充足的空间生活，避免自相残杀；淘汰机械损伤或生活力弱、不健康的试虫。

2）移取试虫的方法：试虫在进行移取时，应快速但不操作虫体。可根据试虫种类的不同、个体大小、生活习性采用适当的移取方法。

活动强度不大或具有假死习性的试虫，可采用镊子直接移取。这些试虫包括菜青虫、黏虫、斜纹夜蛾等。体形小、易碰伤的试虫，如蚜虫、红蜘蛛等，可以采用毛笔或小软毛刷移取。药剂处理后的试虫应等药晾干后再移取。

具有趋光性的昆虫可以利用昆虫的趋光特性来移取试虫。例如，家蝇、果蝇都有趋光性，试虫会向光源群集，当用强光照射目标容器时，试虫会主动飞至目标容器。此法的缺点是移取的试虫均匀性较差，先移出的试虫多为生活力较强的个体，同时易造成虫体损伤或飞逃。

活动强度大的试虫，如家蝇成虫、蜚蠊、蝗虫等，可采用物理或化学方法进行麻醉处理后再移取。主要的麻醉方法有冷冻法（在0℃左右进行）、乙醚低温麻醉法、二氧化碳麻醉法和挥发蒸气法。其中又以冷冻法和乙醚低温麻醉法最为常用。冷冻法适用于蜚蠊、家蝇等试虫。冷冻麻醉所需时间较长，一般可先将试虫置于5℃条件下冷冻10min，然后移至0℃条件下冷冻2～3min取出，其冷冻效果较好，对试虫的生活力无不良影响。但当室温较高时，尤其在夏秋季节，试虫恢复较快。乙醚结合低温处理进行麻醉具有时间短、见效快和无死亡的优点。以蝇类为例，先用试管在蝇笼内扣蝇，再用棉花蘸少许乙醚并把乙醚挤干后，封住管口（管底朝向光处），把麻醉的家蝇倒放在垫有冰块的器皿上，使虫体保持在麻醉状态，便于操作处理。麻醉处理可以有效控制试虫的活性，但处理不当则有可能影响昆虫的生理状态，导致生测失败，因此应当通过预试验，确定麻醉处理方法和处理时间。

活动能力不大、微小或易受机械伤害的目标昆虫，如杂拟谷盗、米象、蚜虫和虫卵等，可用垫有少量棉花作为隔断（防止将虫吸入通气管道）的滴管吸虫，移至目标容器后将试虫吹出。

3）药效检查方法：检查死亡率时，活动强度大的试虫（家蝇、蜚蠊）在试虫活动时很难数清虫数，一般可将活虫取出后烘死（或冷冻死亡）后再计数。有些试虫（红蜘蛛等）在药剂处理后短时间内（24h或48h），因试虫的活动强度小或中毒征象不很明显，不易判断死亡，可以采用局部高温法处理，活虫会自行爬行，方便计数。试虫具体的死活标准可以根据实验目的和要求来定，但在同一项目的生测应该统一标准，以便相互比较。以下是一些常见标准试虫的死亡标准。

家蝇：以不能正常飞行或不能正常爬行视为死亡。

拟谷盗：以不能正常爬行视为死亡。

蚜虫：以毛笔尖轻轻拨动虫体、附肢无反应则视为死亡。

黏虫、菜青虫：不能正常活动或者轻触虫体无任何反应视为死亡。

4. 杀虫剂的室内生物测定方法　杀虫剂室内生物测定主要包括两方面的内容：一是初步毒力测定；二是精密毒力测定。其中初步毒力测定是精密毒力测定的前提条件。

1）初步毒力测定：初步毒力测定的目的在于确定一种化合物对某一目标昆虫是否有毒，以便确定是否有必要进一步做毒杀作用方式测定或精密毒力测定。初步毒力测定是一种比较粗放的初步试验，又叫筛选试验（screen test），是进行活性物质筛选的常用毒力测定方法。

初步毒力试验的基本原理是将较高浓度（或剂量）的药剂品种均匀喷施于目标昆虫群体及其食料上，再将目标昆虫置于恒定的温湿度条件（温度 $T=25℃$，相对湿度 $RH=60\%\sim70\%$）及通气良好的恢复室内一定时间（通常为24h），以充分发挥供试杀虫剂的综合毒力——触杀、胃毒、熏蒸及忌避等作用，又叫初步综合杀虫毒力试验。

实验期间应注意观察试虫的中毒征象——死亡、中毒、击倒、复活及取食情况，并保证水分及食料的供应，避免因食料不足而引起自相残杀或死亡。初步毒力试验一般每处理用虫20~50头，重复2~3次，设空白对照和溶剂对照（或标准药剂对照），以测定浓度和对应的死亡率或虫口减退率之间的关系，用于评价化合物活性大小。如果空白对照的自然死亡率超过20%，则表明该试虫群体的生活力太弱，应重做。

2）精密毒力测定：精密毒力测定，即通常所说的毒力测定。它是指在特定条件下衡量某种杀虫剂对某种昆虫毒力程度的一种方法，可用来了解某一杀虫剂对某一害虫的毒力程度，也可用来比较几种杀虫剂对某一种昆虫的毒力差别；它是研究农药毒理学的基本内容之一，也可为田间防治选用农药品种、药量、使用方法等提供依据。

精密毒力测定包括两个方面的内容：一是毒杀作用方式的测定。在初步毒力测定中，只解决了药剂对目标昆虫是否有毒，但不能了解到它是如何毒杀昆虫的。为了正确有效地使用这种杀虫剂，必须了解它对目标昆虫究竟是以什么作用方式杀死的，即要做毒杀作用方式的鉴定。二是毒力程度的测定，就是常说的毒力测定。毒杀作用方式与毒力程度是相辅相成的，因此在实际工作中，二者常常合在一起进行测定。

（1）杀虫剂的触杀毒力测定方法　药剂通过昆虫体壁进入虫体，到达作用靶标引起中毒致死的杀虫剂称为触杀剂。其基本原理是将一定浓度（或剂量）的杀虫剂施于虫体的全部或局部，使虫体充分接触药剂而发挥触杀作用。触杀毒力的大小通常以 LD_{50}、LC_{50} 或 KT_{50} 表示。

1）喷雾法（spray method）（或喷粉法）：将盛有目标昆虫的器皿或用于喷雾的植株置于液体喷布器底部或喷粉罩底盘上，将药剂定量喷洒到目标物上，待药液稍干或虫体粘粉较稳定后，将喷过药的目标昆虫移入干净的容器内或培养皿内，置于适合昆虫生活且通气良好的环境中恢复1~2h后，再放入无药的新鲜饲料，在规定的时间内（24h或48h）观察目标昆虫中毒死亡情况。

喷雾与喷粉法的优点是简便易行，接近于田间实际情况，是目前最常用的触杀毒力测定方法。为了减少实验误差，应使每头目标昆虫所获得的药量尽量相同，这就要求喷洒均匀，雾点大小一致。因此需要特殊的装置和喷粉设备。根据剂型发展的趋势，目前主要使用的器械为颇特（Potter）喷雾塔（图2-10）。

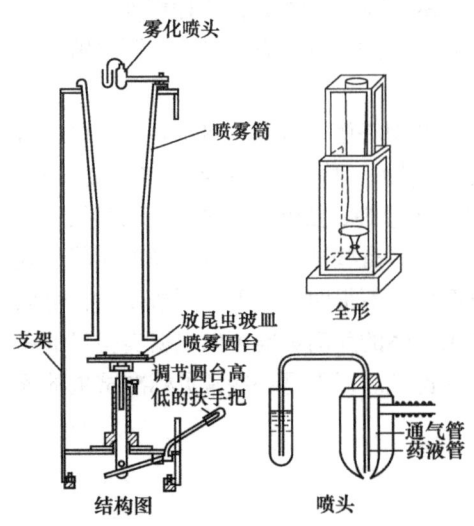

图2-10　颇特喷雾塔（引自沈晋良，2013）

颇特喷雾塔分雾化喷头及喷座两部分。喷头是利用加压空气流将药液带出并雾化。喷头由两个同轴管形成，内管接盛液管，外管接压缩空气。当压缩空气使气流快速从外管喷出时，内管产生负压，将盛液管内的药液吸出，并同时在喷口处被气流打碎，成为细滴（雾化）。通过调节内管和外管间的距离及气流喷出的速度，可以调节喷出雾滴的大小。

2）浸渍法（immersion method）：浸渍法常用于有效化合物的杀虫初筛试验（screen test），被联合国粮食及农业组织（FAO）推荐为蚜虫抗药性的标准测定方法。其基本原理是将试虫浸渍于药液中，使药液均匀附着在昆虫体表，测定杀虫剂穿透表皮引起昆虫中毒致死的触杀毒力。

具体测试方法因试虫种类而定，主要有3种：①用镊子将试虫（如黏虫、家蚕）直接浸入药液中，或将试虫放在铜笼中，再浸液。②将试虫（如蚜虫）放入附有铜网底的指形管中（直径2.5cm，长3.0cm）然后浸入药液中。③蚜虫、红蜘蛛及介壳虫等，可连同寄主植物一起浸入药液。浸液一定时间后取出晾干，或用吸水纸吸去多余药液，再移入干净器皿中（大型昆虫，如黏虫、家蚕等需放入新鲜饲料），置于合适的温度及通气良好的环境中，隔一定时间（5h、24h或48h）观察记载死亡情况，计算死亡率（或校正死亡率）求得LC_{50}。浸渍时注意不同的试虫，浸渍时间应不同，浸渍时间长，会增加死亡率；时间过短，又可能使药液在昆虫体表上湿润粘着不充分。金龟子、拟谷盗、锯谷盗、蜚蠊、果蝇等试虫以浸2~3min为宜，黏虫幼虫、蚜虫等浸渍10s，红蜘蛛浸5s即可。试虫浸渍后体表上的多余药液应先除去，待体表药液晾干后，再移入干净器皿中，以免湿度过大。

浸渍法快速、简便，可同时对大批试虫做不同浓度的处理，适用于多种昆虫。但是，浸渍法无法精确求得每头昆虫或单位体重所获药量，并且不能将触杀和其他作用方式区别开来，因为浸渍时无法避免药液进入试虫消化道和气门。

3）玻片浸渍法（slide-dip method）：此法被FAO推荐为螨类抗药性的标准测定方法，适用于雌成螨的测定。其方法是将双面胶带剪成2cm长，贴在载玻片的一端，去除胶带纸片，用小毛笔选取健康的3~5日龄雌成螨，并将其背部贴在粘胶上（注意螨足、触须及口器不要被粘着），每片粘20~30头（图2-11）。然后放在干净无毒的塑料盒（或大培养皿）内，并放入湿棉球保湿，盖上盒盖，置于20~30℃条件下培养4h后，用双目解剖镜逐个检查雌成螨，如有死亡个体应挑出弃去，重新粘上健康的雌成螨。然后将粘有雌成螨的玻片一端浸入待测的不同浓度的药液中，并轻轻摇动玻片，5s后取出，用吸水纸吸去多余的药液，放在塑料盒内，置于27℃条件下培养，24h后在双目解剖镜下检查死亡数及存活数。死亡标准是小毛笔轻轻触动螨足或口器，无任何反应即死亡。

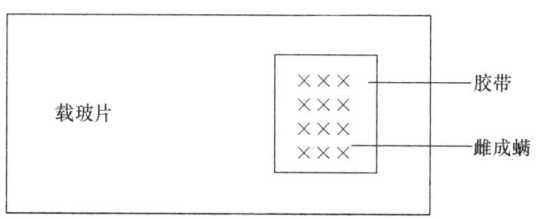

图2-11　玻片浸渍法（引自沈晋良，2013）

4）药膜法（residual films）：药膜法的基本原理是将一定量的杀虫药剂，采用浸渍、点滴、喷洒等方法施于物体表面，形成一个均匀的药膜，然后放入一定量的供试目标昆虫，让其爬行接触一定时间后，再移至正常的环境条件下，于规定时间内观察试虫的中毒死亡反应，计算击倒率或死亡率。

药膜法比较接近实际防治情况，特别适用于卫生害虫如家蝇、蚊子的防治。但药膜法也有一定的局限性，首先，当昆虫的足部表皮是杀虫药剂穿透的主要部位时，采用药膜法测得的毒效就偏高，如家蝇用药膜法测得的毒效高于点滴法。其次，药膜法测得的结果不能用准确的剂量表示，即不能表示单位昆虫体重接受的药量，只能用单位面积的药量来表示，而单位面积的药量并不等于药剂进入虫体的剂量。因此，昆虫的活动、习性对实验结果的影响较大。常用的药膜法有滤纸药膜法和容器药膜法，此外还有针对粉剂采用的蜡纸药膜法，已不太常用。

滤纸药膜法是将直径为9.0cm的滤纸悬空平放，用移液管吸取0.8mL的丙酮药液，从滤纸边缘逐渐向内滴加，使丙酮药液均匀分布在滤纸上。也可用喷雾法向滤纸喷雾。用两张经过药剂同样处理过的滤纸，放入培养皿底和皿盖各1张，使药膜相对。最好在培养皿侧壁涂上拒避剂，避免昆虫进入无药的侧壁。随即放入定量的目标昆虫，任其爬行接触一定时间（30~60min）后，再将目标昆虫移出放入干净的器皿内，置于正常环境条件下，定时观察试虫的击倒率。

容器药膜法是采用干燥的锥形瓶或其他容器，放入一定量的丙酮药液（0.3~0.5mL），然后均匀地转动容器，使药液在容器中形成一层药膜，待药液干燥后（或丙酮挥发后），放入定量的目标昆虫，任其爬行接触一定时间（40~60min）后，再将试虫移至正常环境条件下，在规定时间内观察试虫击倒中毒反应。

5）点滴法（topical application）：点滴法是将一定量的药液点滴到供试目标昆虫体壁的一定部位，来测定杀虫药剂穿透表皮而引起昆虫中毒致死的触杀毒力。此法是杀虫剂触杀毒力测定中最准确的方法，也是目前普遍采用的一种方法。

大多数目标昆虫（螨类及小型昆虫除外）可采用点滴法测定触杀毒力，如蚜虫、叶蝉、二化螟、玉米螟、菜青虫、黏虫等。点滴法中每头虫体点滴量一定，可以准确地计算出每头试虫或单位体重的用药量，实验误差小，同时可以避免胃毒作用的干扰。但点滴法操作需要一定的技巧，不能处理很大数量的目标昆虫，准确性在很大程度上取决于昆虫本身的生理状态。因此，必须用生理状态十分一致的目标昆虫，否则会大大影响其准确性。此外，点滴部位、点滴量及目标昆虫处理前的麻醉方式等都有影响。

点滴法中点滴量及点滴部位视昆虫种类而异，一般家蝇的点滴量是1μL/头，点在前胸背部；黏虫、菜青虫、玉米螟等三龄幼虫的点滴量是0.08~0.1μL/头，五龄幼虫的点滴量是0.5~1.0μL/头，点滴部位是胸部背面；蚜虫的点滴量为0.03~0.05μL/头，点滴部位是无翅成蚜的腹部背面。活动性强的目标昆虫（如家蝇、叶蝉等）应先麻醉后再点滴药液，才能准确地将药液点滴在主体的合适部位。

点滴法可以使用微量点滴器或毛细管点滴器进行操作，其中毛细管点滴器制作简单、成本低、操作方便，使用比较广泛。毛细管点滴器一般采用不锈钢毛细管，按要求截成不同长短的针头（4~8mm），并将针头磨光滑，另用一根长8~10cm、内径为0.4cm的塑料移液管头，用万能胶连接不锈钢毛细管。毛细管的定容可采用放射性同位素稀释法、高速薄层扫描仪、用感量在1/100 000的精密分析天平称量或用显微测微尺计算液滴面积等方法测出。使用点滴器操作时，手指夹住玻璃管的中部，将毛细管轻轻插入盛有药液的小瓶中，使毛细管尖端刚刚接触到药面，药液随毛细作用而上升，充满整个毛细管，将毛细管移至试虫体表，用拇指轻压橡皮头的小孔，将药液点滴在主体的适当部位。然后用毛笔将试虫移入干净容器中，置于适宜温度条件下，定期检查效果。

（2）杀虫剂的胃毒毒力测定　　昆虫胃毒剂毒力测定技术的基本原理，是使杀虫剂随食物一起被目标昆虫吞食进入消化道而发挥毒杀作用，因此要尽量避免药剂与昆虫体壁接触而产生的毒杀作用。其方法可因目标昆虫种类和杀虫剂的剂型而有所不同。目标昆虫可以吞食含有药剂的固体食物或药液，根据目标昆虫取食量的差异又可分为无限取食法和定量取食法。

1）叶片夹毒法（sandwich method）：叶片夹毒法适用于植食性且取食量大的咀嚼式口器目标昆虫，如黏虫、蝗虫、玉米螟等。其方法是用两张叶片，中间均匀地放入一定量的杀虫剂饲喂目标昆虫，然后由被吞服的叶片面积推算出吞服的药量。此法虽然计算吞服面积较费时间，但其优点是可以减少目标昆虫与杀虫剂的接触,避免发生触杀作用,操作方便,结果比较精确,是目前较理想的胃毒剂毒力测定方法。

首先用打孔器将干净的叶片打制成 20mm 直径的圆叶片,放入喷雾或喷粉装置中进行定量喷粉;同时,放入同等面积的纸片(先称量),喷粉后将硬纸片取出称量,测定每张叶片上药剂的沉积量(或换算出单位面积上的药量);用浆糊涂在没有施药的叶片上,小心地与有药叶片对合制成夹毒叶片。将夹毒叶片按不同剂量饲喂已知体重的目标昆虫。叶片被食后,用方格纸(或叶面积积分扫描仪)计算试虫吞食的叶片面积。也可将杀虫剂配成不同浓度的药液,用微量点滴器定量滴加在小叶片上(叶面积以尽量小为宜),待丙酮挥发后,按上法制成夹毒叶片,饲喂已知体重的试虫,让其全部吞食。然后再给试虫喂以新鲜无毒叶片,置于恒温恢复室内,24h 或 48h 后观察记录试虫的死活反应,求出 LD_{50}。单位体重目标昆虫吞食药量可按式(2-1)和式(2-2)计算。

$$吞食药量(\mu g/g)=\frac{吞食面积(mm^2)\times 药量(\mu g/mm^2)}{昆虫体重(g)} \quad (2-1)$$

或

$$吞食药量(\mu g/g)=\frac{药液浓度(\mu g/mL)\times 药量(\mu g\times 10^{-3}/mm^2)}{昆虫体重(g)} \quad (2-2)$$

致死中量的计算方法是先计算单位体重目标昆虫吞食药剂量($\mu g/g$),按单位体重所食药量的多少排序,从少到多,并注明生死反应。可以将目标昆虫分为 3 组,第 1 组为生存组——因取食药量少,目标昆虫均无死亡;第 2 组为死亡组——因取食药量较多,全部死亡;第 3 组为中间组——即除去生存组和死亡组之外,包括从第 1 头死虫开始到最后 1 头活虫为止,中间组的试虫有生存的也有死亡的,是求致死中量的范围。生存组及死亡组不参与致死中量的计算,所以虫数越少越好,而中间组的虫数越多越好。用式(2-3)求出致死中量。

$$LD_{50}(\mu g/g)=\frac{A+B}{2} \quad (2-3)$$

式中,A 为中间组生存的目标昆虫各项单位体重药量总和除以总活虫头数,所得的生存目标昆虫的平均体重吞食的药量;B 为中间组死亡目标昆虫的各项单位体重药量总和除以死亡头数,所得的死亡目标昆虫的每克体重吞食的药量。

以上叶片夹毒法是测定药剂触杀毒力的经典方法,但操作烦琐,往往难以获得准确的结果。该法经改进后的叶片夹毒法将原来的不定量进食改为定量给食。其主要步骤是用小打孔器将叶片切成 5mm 直径的小圆叶片,用毛细管点滴器或微量进样器将药剂定量滴在小圆叶片中央,溶剂挥发后,用一涂有浆糊的圆片将滴药面覆盖制成夹毒叶片。将点滴不同药剂浓度和剂量的夹毒叶片分别放入直径 5cm 保湿的小培养皿中,随后放入 1 头已饥饿 3~4h 并称重的试虫,喂食 2h 后,将食完夹毒叶片的试虫移入带有新鲜植物叶片的大培养皿内,25℃恒温室(或箱内)保持 48h,检查试虫死活情况。这种方法仅将把圆叶片取食完毕的试虫作有效试虫,因此,每次测定时应适当增加试虫数量。致死中量的计算方法同上。

2)液滴饲喂法(feeding of measured drop):舐吸式口器的昆虫(如家蝇、果蝇、蜜蜂等)喜欢取食糖液,可以将一定量的杀虫剂加入糖浆或糖汁中,用微量注射器形成一定大小的液滴(0.01~0.001mL),直接饲喂目标昆虫。也可将形成的液滴放在玻璃片上,让家蝇等目标昆虫自行舐食,通过舐食前后的质量差确定其取食量。目标昆虫经药剂处理后,放入清洁干燥的器皿中,置于 27℃条件下定期观察反应情况,计算死亡率,求出致死中量(方法同前)。此法的缺点是没有完全排除触杀作用的干扰,因为药液必须接触口器,而口器又是多种杀虫剂较敏感的接触部位,因而此法在实际中应用很少。

3) 饲料混药喂虫法:通常以拟谷盗、米象、锯谷盗和麦蛾类等仓贮害虫为目标昆虫。在面粉或谷物中加入药剂,以药剂与食物的比例作为含药浓度的表示方法。先将称好的药粉同谷物混合均匀,然后每个处理放入目标昆虫20~50头。如用药液,应先将药剂溶于有机溶剂(如丙酮)中,再将一定量的药液同食物混匀,待溶剂全部挥发后,接一定数量的目标昆虫,再置于适合目标昆虫生长的条件下(温度为26~30℃)培养,5d或7d后检查死亡情况,观察毒效。

(3) 杀虫剂的内吸毒力测定　内吸杀虫作用(systemic action)指药剂通过植物根、茎、叶及种子等部位渗入植物内部组织,随着植物体液传导至整株,对害虫产生毒效作用。许多有机磷和氨基甲酸酯类杀虫剂可以通过植物根、茎、叶等部位吸收到植株内部,随着植物体液输导,当害虫取食植物或刺吸汁液时,药剂进入虫体并将之杀死。内吸杀虫剂毒力测定方法分直接法和间接法两种。直接法包括茎或叶的局部涂药、根际施药及种子处理等。间接法是用处理后的植物,取其叶片研磨成为水悬剂,加在水中,测定对水生昆虫的毒力。

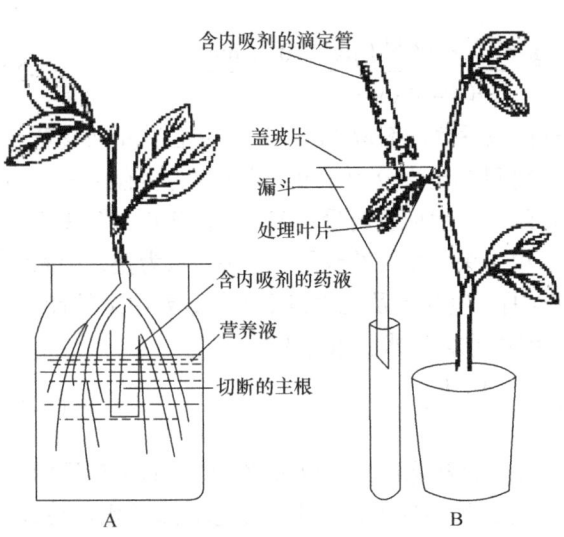

图2-12　根系及叶部吸收及传导的装置
(引自沈晋良,2013)
A. 根部内吸；B. 叶部内吸

1) 根部内吸法:根部内吸法是将药剂按一定浓度(或剂量)混合于土壤中,或分散于液体培养基质(水培营养液)中,药剂经植物根部吸收后传导至茎、叶等其他部位。其方法是把植株的主根顶端切除插入盛有药液的小玻璃瓶中,侧根置于营养液中培养,并给予光照及正常温湿度条件。这样,主根能最大限度地吸收药液,又能使植株的一部分根系正常生长,数小时就可以测出杀虫剂的内吸杀虫剂作用(图2-12A)。简化的根部内吸法在处理植株时是将植株根系(包括主根和侧根)直接插入盛有药液的营养液中,给予光照及正常条件,保证植株根系正常生活。药剂通常设置两种处理方法,长期低浓度处理,以及短期高浓度处理,植物吸收药剂后再转插到培养液中正常培养。

2) 叶部内吸法:叶部内吸法用于测定杀虫剂在植物体内的横向传导作用,根据测定内吸效力的目的不同又可分为叶片全面施药、叶片局部施药和叶柄施药三种方法(图2-12B)。

叶片全面施药:叶片全面施药是指对植株的部分叶片进行全面施药,检测未施药叶片的致毒作用。利用盆栽植物,用浸渍法、涂抹法或喷雾法处理标记的部分植物叶片,培养一段时间后,采摘未施药的叶片饲喂昆虫,或直接在未施药叶片上接虫以观察药效。

叶片局部施药:将药液喷布或涂刷于叶片的正面或背面,经一定时间后将叶片取下,平铺于培养皿内或瓷盘内,用湿棉球将叶柄保湿,在未涂药的一面接上蚜虫或红蜘蛛,用蒙有尼龙纱的磨口玻璃管罩住,并设空白对照,经24h或48h检查结果,此法适于测定药剂的内渗作用。

叶柄施药:在叶柄部位涂抹一定量药剂,培养一段时间后直接在叶片上接虫,或摘取叶片后接虫,测定其对昆虫和螨的毒效。

3) 茎部内吸法:将定量的药剂涂于植株茎部的一定部位,测定上部叶的杀虫毒效。不定量的涂抹只需用毛笔或毛刷将药剂涂在限定长度与面积的茎部一定部位,经一定时间在叶片上接虫或取叶饲喂试虫，以测定药剂的内吸杀虫效果。此法在大部分植物中都可应用。

4）种子内吸法：种子内吸法是将药液附着在种子上，待植物叶片长出后，测定叶片对害虫的致毒作用。一般分为浸种法和拌种法。浸种法一般采用种子量2倍的药剂浸种，浸泡一定时间待种子充分吸收药液后取出，晾干后应及时播种，待幼苗长出真叶后，接种一定量的试虫（如蚜虫、红蜘蛛等刺吸式口器害虫），24h或48h观察试虫的死亡情况，统计药效；拌种法是直接将药剂拌附在种子上，播种后随着种子吸收水分，药剂进入植物体内。待幼苗长出真叶后，在其上接虫或采回叶片饲喂试虫，以测定药剂的内吸杀虫作用。

（4）杀虫剂的熏蒸毒力测定　熏蒸毒力（fumigation toxicity）用于测定杀虫剂从气孔、气门进入呼吸系统而引起试虫中毒致死的效力。操作中主要靠气体药剂或药剂产生的气体在空间自行扩散而均匀分布，进入目标昆虫呼吸系统后引起中毒，因此药剂施用的均匀性及对试虫的处理部位对结果影响不大。熏蒸剂的这一特点使得其主要用于防治一般杀虫剂所不能到达的害虫，如储粮害虫和卫生害虫。

熏蒸毒力主要受温度和湿度的影响，其中以温度影响最为明显。一般熏蒸剂的挥发性、化学活性与温度呈正相关，温度越高，杀虫药剂对目标昆虫的熏蒸毒力也越强。高温会促进试虫的呼吸活动，单位时间经呼吸进入试虫体内的药量越多，熏蒸毒力越强。湿度对杀虫剂熏蒸毒力影响不显著。通常在熏蒸毒力测定中设置温度为25℃，相对湿度为50%。熏蒸毒力测定可以采用二重皿法、广口瓶法、药纸熏蒸法和锥形瓶熏蒸法，后两种方法操作简便，实际操作中较为适用，也可根据实验目的要求及供试目标昆虫种类来选用。以下介绍药纸熏蒸法和锥形瓶熏蒸法。

药纸熏蒸法是用一个500~1000mL的大锥形瓶，瓶塞用锡纸包封，用大头针将直径为0.5cm（或1.0cm）的圆形滤纸片固定在针尖端，针的另一端固定在瓶塞中央，于小圆形滤纸片上滴入1μL（或2μL）敌敌畏原油（或其他熏蒸剂）。然后将已麻醉的家蝇放入瓶内并立即盖上瓶塞，药纸片正好悬挂于瓶中央的1/3处，置于25℃条件下。作用一定时间后，定期观察试虫的击倒中毒反应。

锥形瓶熏蒸法是将供试目标昆虫移入小纱布袋中封口，用移液管吸取1mL供试药剂滴到4cm×4cm的滤纸上立即投入一个1000mL的大锥形瓶中，注意勿使药剂污染瓶口，然后将装试虫的小布袋以棉线吊在锥形瓶中间，用胶皮塞塞上瓶口，置于25℃条件一定时间后，观察试虫的中毒和死亡情况。

（5）杀虫剂杀卵毒力测定　杀卵作用主要表现为，药剂可阻止卵的正常发育，使卵不能孵化，或孵化的幼虫在咬破或吞食卵壳时中毒死亡，测定药剂杀卵毒力常用浸渍法。可将卵的未孵化率与幼虫死亡率相加得出对卵及幼虫的作用效果，以孵化率（孵化未死亡幼虫数占供试卵数的比例）进行统计计算。

（6）昆虫拒食剂的活性测定　目前比较常用的测定拒食活性的方法主要有叶碟法、体重法和电讯号法。以下着重介绍叶碟法。

叶碟法适用于食量较大的咀嚼式昆虫试虫（如直翅目的若成虫及鳞翅目幼虫）的拒食活性测定。据实验设计的不同，该法又可分为选择性和非选择性拒食活性测定两种。

用打孔器将植物打制成适当面积的圆叶片，将叶片在事先配制好的样品溶液中浸1~2s，取出晾干溶剂；将圆叶片浸入溶剂（丙酮）中1~2s取出晾干，即成对照叶碟。也可将整片叶子先浸入样品溶液，或用样品溶液喷雾，晾干后再用打孔器打制圆叶片。

测定选择性拒食活性时将2张处理叶碟和2张对照叶碟交错放入一个9cm直径的培养皿内，在培养皿中放进一头饥饿4~12h的试虫。要求试虫龄期一致、个体大小近似。不宜用即将蜕皮或刚蜕过皮的试虫,如用黏虫,最好用4龄或5龄蜕皮后第2天的幼虫。应防止叶碟干缩,可在培养皿上盖上湿纱布。让试虫取食一定时间后(一般12~24h),将残存叶片取出,用方格纸法或面积测定仪测量对照和处理的取食面积,并按式(2-4)计算拒食率。

$$拒食率(\%)=\frac{对照组取食面积-处理组取食面积}{对照组取食面积}\times 100 \quad (2-4)$$

测定非选择性拒食活性时,将处理叶碟和对照叶碟分置于不同的培养皿内,其余步骤与选择性拒食活性测定相同,但拒食率则采用式(2-5)计算。

$$拒食率(\%)=\frac{对照组取食面积-处理组取食面积}{对照组取食面积+处理组取食面积}\times 100 \quad (2-5)$$

选择性和非选择性拒食活性的测定方法各有优缺点。选择性往往比非选择性拒食敏感,试虫对同一样品,选择性拒食活性测得的拒食率往往比非选择性拒食活性测得的拒食率高,因而常用于大量样品的筛选;非选择性测定则更接近实际,其结果在实际应用中更具参考价值。

(7)保幼激素(JH)及其类似物的活性测定　昆虫的内分泌腺体包括脑,与脑连接的咽侧体和心侧体,以及与脑不连接的前胸腺。在外界和自身的刺激作用下,脑内神经分泌细胞分泌脑激素,脑激素活化前胸腺,使其分泌释放蜕皮激素;活化咽侧体,使其分泌、释放保幼激素。由于保幼激素的作用,昆虫不断生长发育,保持幼虫性状;由于蜕皮激素的作用,引起若虫或幼虫蜕皮。两种激素的协调作用,才使昆虫的生长发育得以完成。当幼虫到最后一龄时,咽侧体停止分泌保幼激素而前胸腺照常分泌蜕皮激素,因而产生变态,发育成蛹(或成虫);到了成虫期,雌虫又需要保幼激素以促进卵巢发育。

保幼激素类似物就是选择昆虫在正常情况下不分泌或极少分泌保幼激素的发育阶段(如幼虫末龄和蛹的时期)使用过量的保幼激素或类似物,以便抑制昆虫的变态(如使半变态的昆虫成为半若虫—半成虫的中间型,或使全变态的昆虫成为半幼虫—半蛹的中间型或半蛹—半成虫的中间型)或蜕皮,影响昆虫的生殖或滞育,甚至造成昆虫各阶段的死亡。保幼激素类似物活性测定方法的理论基础正是这一基本概念。国内外常用的测定方法有下述三种。

1)点滴法:点滴法是国际上广泛采用的标准方法。该法快速,短时间内可测定大量的样品;每一重复用的试虫较少,5~20头即可;比较精确;只要求很少的待测化合物;在相同的测定条件下,不同的实验室可以重复出相同的结果。实验过程中要注意溶剂对结果的影响。理想的溶剂应能完全溶解被测试化合物,对试虫无直接毒性,易挥发,迅速展布,因此丙酮最合适。如果有些化合物难溶于丙酮,则可用极少量其他溶剂如乙醇、乙醚等先将化合物溶解,再以较多丙酮稀释。试虫的选择方面,可选用大蜡螟(*Galleria mellonella*)、菜粉蝶(*Pieris rapae*)的蛹、美洲脊胸长蝽(*Oncopeltus fasciatus*)、长红猎蝽(*Rhodnius prolixus*)的若虫都可得到预期的结果,但黄粉虫(*Tenebrio molitor*)的蛹是最广泛采用的标准试虫。

下面是美国农业部农业研究中心牲畜昆虫实验室采用的具体方法。

将黄粉虫的老熟幼虫筛出摊于瓷盘上,随时将新化的蛹(乳白色)挑出,严格选择化蛹后4~8h的蛹供试。将所测定化合物用丙酮稀释成一定浓度,但初筛以10μg/μL为标准。用微量点滴器在蛹的腹部最末三节腹面准确点滴1μL,点滴10头蛹为一重复,重复3次,并以点滴1μL丙酮为对照。处理后的蛹放在小塑料盒内,在(26±1)℃、60%~70%相对湿度环境中保持5~8d,直至成虫羽化。

具有保幼激素活性、非正常发育的标志是:成虫保留着蛹腹部的䎹、尾突或半蛹—半成虫中间型。按下列保幼激素活性分级标准对结果进行检查。

保幼激素活性分级标准：0级——无保幼激素活性，完全正常的成虫；1级——保留着阱或尾突；2级——保留着阱和尾突；3级——半蛹—半成虫过渡型；4级——蛹的特征完全保留。若作保幼激素类似物活性筛选，则可以在分级的基础上用式（2-6）计算平均活性级别。

$$\text{平均活性级别} = \frac{\sum(\text{级别值} \times \text{各级蛹头数})}{\text{测试蛹头数}} \quad (2\text{-}6)$$

如要精确地比较几个化合物活性的大小，也可将化合物稀释成5～7个浓度，检查结果时只查是否属于非正常发育个体，求出每个浓度非正常个体的百分率，再转换为概率值求出ED_{50}来比较。

2）注射法：注射法是将待测化合物用橄榄油稀释到预定浓度，用1个10μL带有26号针头的微量注射器插入第4～5腹节的节间膜处注射1μL；对照则只注射1μL橄榄油。处理的试虫保持在（26±1）℃、相对湿度60%～70%的条件下6～8d，然后按点滴法中介绍的分级标准检查保幼激素的活性。该法可测不溶于一般有机溶剂的化合物；试虫可获得准确的剂量；排除了药剂对表皮渗透的影响。但由于机械操作可能会影响结果的准确性，要求操作者有熟练的技能。

3）蜡封法：蜡封法的基本原理是将待测化合物混入低熔点的石蜡中再封在蛹的人造伤口上，让待测化合物通过伤口进入蛹体内起作用。先将待测化合物样品用少量丙酮溶解，然后再以橄榄油或花生油稀释到一定浓度，并按重量比1：1和低熔点石蜡（39℃）在50℃条件下熔混。将化蛹后24h内的黄粉虫蛹冷冻半小时，然后用27号皮下注射针头（直径0.416mm）在前胸背板后沿两侧各刺一针，以刺破表皮为限，并立即用小滴管滴上一滴熔化的石蜡混合物将伤口封住。此外，也可于中胸背板蜕裂线中点，自后向前胸背板后沿切下约$1mm^2$的表皮造成伤口并封蜡。将手术后的蛹先在室温下放24h，再放入30℃温箱中，6d后检查结果。

上述三种测定保幼激素活性的方法均不能排除幼虫或蛹体内源保幼激素的干扰，因此发展出了咽侧体手术法。该法以蜕皮后30min的烟草夜蛾三龄幼虫为试虫，在生理盐水中小心地将幼虫的咽侧体摘除。手术后的幼虫在烟草夜蛾人工饲料上饲养，而不同剂量的待测化合物就混在饲料中。待手术后的3龄虫蜕皮成4龄虫或5龄虫时按其特有的分级标准（主要是幼虫的颜色）进行分级，比较保幼激素活性。

（8）抗蜕皮激素（几丁质合成抑制剂）的活性测定　几丁质合成抑制剂类杀虫剂的作用机制是干扰昆虫的蜕皮过程，抑制几丁质的合成，因此又称为抗蜕皮激素。这类化合物的活性测定可分为以下两类。

1）离体测定：离体测定方法主要是通过测试化合物在离体条件下对几丁质合成过程的抑制来测试抗蜕皮激素的活性。例如，Mayer等的测试方法：厩螫蝇化蛹后4d的蛹，在70%乙醇溶液中浸5min，取出用蒸馏水冲洗。将蛹横切，取下腹部。再将腹部纵切剖开，将消化道、脂肪体等附属物去掉。每6个这样处理的蛹腹部为一组，放入10mm×75mm的试管。试管中装有2mL 50mmol/L的磷酸钠缓冲液（pH=7.0），该缓冲液的钠离子浓度为128mmol/L，钾离子浓度为11mmol/L。将溶于二甲基亚砜的一定浓度的样品（如除虫脲）定量加入试管，摇匀后立即加入10μL 200mmol/L的N-乙酰葡萄糖胺（NAGA）和4μL ^{14}C NAGA（大约50 000脉冲/min），小心摇匀后在26～27℃温箱中保温6h。取出试管，离心（1000g）3min，去掉上清液，加入2mL 50%（m/m）KOH水溶液，在105℃条件下加热1h，用玻璃漏斗过滤。滤渣先用100mL蒸馏水冲洗，再用100mL 95%乙醇溶液冲洗，最后用100mL蒸馏水冲洗。将滤渣转移到一个装有13mL Bray's闪烁液的闪烁瓶中，用液体闪烁器测量10min脉冲数。几丁质合成抑制率按式

(2-7)计算。在实际测定中,样品可稀释5~7个浓度,分别测定,同时测定不加样品的对照。

$$几丁质合成抑制率(\%) = \frac{对照脉冲数 - 样品脉冲数}{对照脉冲数} \times 100 \qquad (2-7)$$

同传统杀虫剂毒力计算一样,将几丁质合成抑制率转换为概率值,将抑制剂的浓度取对数,即可求出抑制中浓度(IC_{50})。

离体法虽然操作比较烦琐,且需要一定仪器设备,但该法测定周期短,适合大量样品的室内筛选。离体法的另一缺点是生测结果和抗蜕皮激素的实际应用相差甚远,在离体下具有较高活性的化合物,在活体条件下未必具有较高的抗蜕皮激素活性。

2)活体测定:该类化合物的活体活性测定,可仿照一般杀虫剂胃毒毒力或触杀毒力测定方法进行。

(9)昆虫性外激素(性诱剂)的活性测定　近年来,昆虫性外激素的研究越来越受到人们重视,已有1000多种昆虫性外激素被分离并鉴定了分子结构。性诱剂除用以对昆虫的种群动态进行监测外,还成功地用于大田农作物或森林害虫的防治实践。昆虫性外激素的研究中,特别是在提取、分离和鉴定其有效成分或人工合成类似物的活性筛选中都得依赖精密的性诱活性生物测定技术。

1)昆虫行为法:昆虫行为法即在室内测定昆虫对性诱剂作出的行为反应。尽管不同种类的昆虫对性诱剂的反应细节可能不同,但基本上都会有如下的顺序反应:雄虫受性诱剂分子所刺激,从静止状态转为兴奋状态,表现为触角摇动,张翅振动、飞翔,找寻刺激源。到达刺激源后,伸出抱握器,作出交尾行为。因此,可将是否激起交配行为作为有无性诱活性的标志。最简单而有效地测定性诱活性的方法是用一个带橡皮头的滴管插入待测样品溶液中,将吸入的样品溶液排挤出,然后将滴管对准未交配过的雄虫,手捏橡皮头,使产生的空气流吹向雄虫。判断有无性诱活性可观察雄虫有无下列反应:触角举起,双翅振动,伸出抱握器并企图和另一雄虫交配。

2)触角电位法:触角电位(electroantennogram,EAG)是近30年来发展起来的一种新的实验技术。

触角的主要功能是嗅觉,依靠其毛状感受器接受性外激素的分子。毛状感受器的外壁由表皮构成,壁上有毛孔;并通过小孔与毛腔相通。毛腔中充满感受器液,感受器细胞(即嗅觉神经原)的树状突伸入毛腔悬浮于感受器液中。如果将血淋巴间隙接地(0),感受器与血淋巴相比,它是带正电荷(+)的,而感受器细胞内是带负电荷(-)的。当性外激素分子通过小孔扩散到感受器中,并在树状突的细胞膜上与受体相结合时,膜上的钠离子通道呈开放状态,钠离子通透性增加,膜去极化,感受器液的正电性将增加,从而改变了原来感受器液与血淋巴之间原有的电位,出现一个趋向负电性方向的电位差。当许多性外激素分子和许多感受器接触时,就会在数十毫秒内同时发生一个明显的电位差变化,这种电位差变化的总和就是触角电位。将记录电极和示波器的输入相连,无关电极接地进行测量记录。

首先将剪下的昆虫触角再剪去顶端1~2节,在解剖镜下小心地调节左右两个固定台,将记录电极插入剪去尖端1~2节的触角远端,而将无关电极插入触角近端。较小的试虫应做活体昆虫触角测定。测定时将昆虫固定在胶泥上,再用胶带贴住,将昆虫的触角顶端剪去1节,插入记录电极中(也可将记录电极插入触角中),而无关电极则插入触角基部。测定时,应先用溶解样品的溶剂定量滴加在滤纸上,让贮样管对准触角,测出触角电位作为对照,然后再滴加样品。每测定一个样品后,应开动排风装置,更换测定室的空气10min左右。最后用照相机记录示波器上的波形。

5. 杀虫剂室内生物测定的评判和统计分析　　室内毒力测定得出的各种实验数据和结果，都需要加以科学的整理与分析，以便找出规律并作出正确的判断。除了有合理的实验设计外，还必须运用正确的生物统计原理与方法。

生物统计是在生物学指导下以概率论为基础，来描述偶然现象中隐藏着的必然规律的一种科学分析方法。这可以将复杂的实验数据化繁为简，分辨偶然因素的作用与必然规律的作用，能正确估计误差大小，从而判断处理间的差异是本质的，还是偶然误差所引起的，以便得出科学的结论。因此，生物统计分析可以使实验结果更加准确可靠。

（1）杀虫剂毒力表示方法　　目标昆虫经杀虫剂处理后，由于药剂剂量（或浓度）、处理时间及处理条件的不同，目标昆虫在一定时间内表现不同的反应，如表现为击倒、中毒、麻醉及死亡等。这些特征都可看作药剂毒力的不同反应的结果。在衡量杀虫剂对目标昆虫的毒力时，可以用死亡率表示，也可用中毒率或击倒率表示，但一般多用死亡率（或校正死亡率）。

死亡率（或中毒、击倒率）表示受试目标昆虫经药剂处理后的死亡（中毒、击倒）百分数。死亡率可以直接反映药剂的效果，但是供试目标昆虫种群中会存在引起自然死亡的个体，所以药剂处理后的死亡数中，也包括自然死亡的个体，因此对死亡率必须加以校正。常用的死亡率计算公式和 Abbort（1975）校正死亡率计算公式见式（2-8）和式（2-9）。

$$死亡率(\%) = \frac{试虫死亡个数}{试虫总个数} \times 100 \quad (2\text{-}8)$$

$$校正死亡率(\%) = \frac{处理组死亡率 - 对照组死亡率}{1 - 对照组死亡率} \times 100 \quad (2\text{-}9)$$

校正死亡率公式得到普遍应用，其具有以下特点。

1）要求只有当自然死亡与药剂所引起的死亡没有关系时，自然死亡率为5%~20%时才运用。

2）如自然死亡率在5%以下，将处理组死亡率减去自然死亡率即可得到校正，即校正死亡率=处理组死亡率-对照组死亡率。

3）如自然死亡率过大或药剂处理对自然死亡率有影响时均不运用。

4）如自然死亡率>20%时，则表示该目标昆虫种群不宜供实验用，实验结果不可采用。

校正死亡率不能表示目标昆虫个体间的差异引起的生理效应的变异性，也不能表示毒力相差的强度，所以单纯用作毒力比较很不稳定。

为了能够更为准确地比较药效，生物学家和统计学家提出采用以下指标进行毒力比较。常用的表示方式如下。

1）致死中量（medium lethal dose，LD_{50}）：指在一定条件下，可致供试生物种群半数死亡的药剂剂量，表示单位为 mg/kg、μg/g 或 μg/头。

2）致死中浓度（medium lethal concentration，LC_{50}）：可致供试生物种群半数死亡的药剂浓度，表示单位为 mg/L。

3）致死中时（medium lethal time，LT_{50}）或击倒中时（medium knockdown time，KT_{50}）：杀死或击倒供试生物种群一半所需的时间。

另外，在毒力比较时，还常常使用 LD_{95}（LC_{95}），即杀死昆虫群体95%个体所需的药剂剂量（或浓度）。

因为任何一个昆虫种群中，各个个体对杀虫剂的抵抗性（敏感性）是有差异的，有些个体较易被杀死,有些个体具有较强的抵抗力,多数个体处于中间状态。从一个种群中昆虫个体对杀虫剂的抵抗性程度的频度分布来看,它是一近乎正态曲线而略有偏度的曲线(即抗性下的个体较多)(图2-13)。在进行生物测定时,所用目标昆虫不是一个个体,而是一个昆虫的群体。致死中量最可靠,最稳定,它不受个体耐药性差异的影响。而用最低致死量时,如果取样中恰好碰到一个抵抗性类别低的,则这次得出的值很低。反之,则最低致死量能高出许多。即LD_{25}是不可靠的,随取样的改变而改变的可能性很大,同样LD_{95}(最高致死量)情况也大致相同,只有用LD_{50}时,取样不受两个极端的影响,能够比较准确地反映供试生物的反应。

(2)杀虫剂室内毒力测定的统计分析 测定致死中量的方法有绘图法、最小二乘法和概率值分析法等。但实验时都必须设计一系列的不同剂量(或浓度),一般是5~7个,对多组目标分别测出死亡率。所设计的死亡率应为10%~90%,对照组死亡率(CK)<20%。绘图法就是根据不同剂量(浓度)与相应的死亡率在坐标纸上作图,即可画出剂量-死亡率毒力曲线,它的死亡率与浓度的关系是一条不对称的S形毒力曲线(图2-14)。在纵坐标上从死亡50%处引一条平行于横坐标的直线与曲线相交,该处的剂量即致死中量。

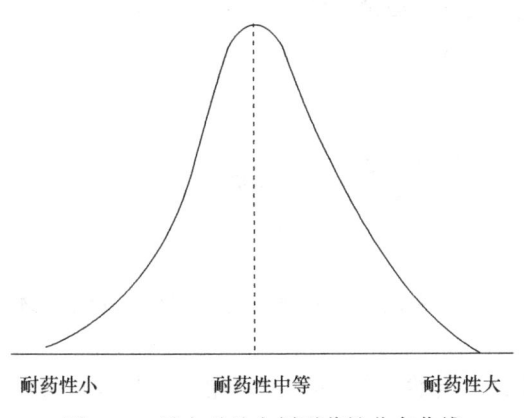

图 2-13 昆虫对杀虫剂耐药性分布曲线
(引自沈晋良,2013)

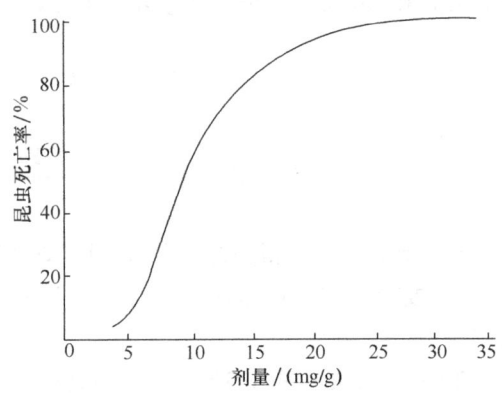

图 2-14 剂量-死亡率毒力曲线
(引自沈晋良,2013)

绘图法因测定数据点太少(5~7个)及人为绘图误差,很难得到准确的结果。为了计算方便,通常把浓度换算成对数值,使偏常态分布变成正态分布,使不对称的S曲线变成对称的S曲线。再将死亡率换算成概率值,即可使不对称的S曲线变成直线,即毒力回归曲线($y=a+bx$)。获得毒力回归曲线的常用计算方法是最小二乘法[式(2-10)和式(2-11)]。

$$b=\frac{\sum xy-\sum x\sum y}{n\sum x^2-(\sum x)^2} \tag{2-10}$$

$$a=\frac{n\sum x^2\sum y-\sum x\sum xy}{n\sum x^2-(\sum x)^2} \tag{2-11}$$

式中,n为处理剂量数;x为剂量对数;y为死亡率概率值。计算得到以上数据后将$y=5$(即死亡率为50%的概率值)代入公式中即可求得LD_{50}的对数值,经换算后得到LD_{50}。

举例:用点滴法测定辛硫磷对玉米螟5龄幼虫的毒力,试虫平均体重为0.046g/头,每头试虫点滴0.8μL药剂丙酮液,48h后检查试虫死亡率,结果如表2-3所示。

表 2-3　辛硫磷对玉米螟 5 龄幼虫的毒力

药剂浓度/(mg/L)	供试虫数/头	死虫数/头	死亡率/%	校正死亡率/%	单位体重施药量/(μg/g)	剂量对数	校正死亡率概率值
375	120	11	9.2	7.6	6.532	0.8144	3.5675
500	120	34	28.3	27.1	8.696	0.9393	4.3902
750	120	63	52.5	51.7	13.043	1.1154	5.0426
1000	120	98	81.7	81.4	17.391	1.2403	5.8927
1500	120	112	93.3	93.2	26.087	1.4164	6.4909
对照	120	1	1.7	—	—	—	—

将辛硫磷对玉米螟 5 龄幼虫测定结果整理成表 2-4，如下。

表 2-4　辛硫磷对玉米螟 5 龄幼虫的测定结果

剂量/(μg/头)	对数值 x	校正死亡率/%	概率值 y	x^2	xy
6.522	0.8144	7.6	3.5675	0.6632	2.9054
8.696	0.9393	27.1	4.3902	0.8823	4.1237
13.043	1.1154	57.7	5.0426	1.2441	5.6245
17.391	1.2403	81.4	5.8927	1.5383	7.3087
26.087	1.4164	93.2	6.4909	2.0062	9.1937
总和	5.5258	—	25.3839	6.3341	29.1560

采用最小二乘法计算得到 $y=-0.2852+4.8518x$，令 $y=5$，可计算得到致死中浓度的对数值，取反对数即可得致死中浓度 $LD_{50}=12.2829\mu g/g$。

（3）致死中量的标准误及置信限　　在进行毒力测定时，一次试验得出一个致死中量值。重复一次，即使实验条件几乎完全一致，得到的数值也不同，再做第三次，结果又不同，这样是否可以对致死中量的准确性及可靠性发生怀疑呢？结果是否可靠？每次重复能否作出同样的结果？这些问题用统计分析就可以明确。

致死中量的测定，尽管条件完全控制不变，也不是每次得到的结果完全相同。例如，第一次取 100 头昆虫，求其平均体重，可以得到一个值；第二次在同一群体中取 100 头昆虫作为一个样本时，再求得平均体重，两次结果不完全相同。

这就是统计学中所谓的样本差异，即便是取 100 个样本，它们的平均体重也不会完全相同，而呈一定的分布，这个分布有一个均数，也就有一个标准误（它说明这些均数的分布情况）。因此，我们并不需要做 100 次测定，只做一次，由该次的标准误来求均数的标准误。

同样，在毒力测定中也是如此，由标准误求出致死中量的标准误，就可确定其置信限（confidence limit），这说明无论做多少次测定，所测得的致死中量都将在这一范围内。

由于取样求得的致死中量会受实验条件、供试材料、操作技术和环境条件的影响，它并不能完全代表整个群体的真正情况，必定有偏差。因此，在计量一个群体时需要有两个代表数值，一是代表性的均数（或中数），即 LD_{50}；二是代表差异程度的标准误。

1）致死中量的标准误：因此，在毒力测定中，除了求出致死中量以外，还要求出致死中量的标准误及其可靠范围的限度，即在一定概率的情况下的变动幅度。统计上要求，在 100 次测验中有95次能成功,就认为达到最低可靠标准,即有95%可靠性或称95%置信限,就是在100次中有95次测得的致死中量在此范围内。

计算方法仍用前例来说明,见表2-5。

表2-5 理论概率值与权重系数

剂量对数值 x	试虫数 n	理论概率值 y	权重系数 w	权重 nw	nwx	mwx^2
0.9144	120	3.6661	0.326	39.12	31.8593	25.9462
0.9393	120	4.2721	0.523	62.76	58.9505	55.3772
1.1154	120	5.1265	0.652	75.84	84.5919	94.3538
1.2403	120	5.7325	0.513	62.76	77.8412	94.5465
1.4164	120	6.5869	0.241	28.92	40.9623	58.0190
总和	—	—	—	269.40	294.2052	330.2377

在统计学上,w 为权重系数,各观察值(死亡率－概率值)按其离中数的远近及个体数(n)给予不同的权重,越接近中数的值权重越大。因此,每一概率值应乘以一个权重系数予以校正,标准误的计算公式如下。

$$S_m = \frac{1}{\sqrt{\sum nw}} \qquad (2-12)$$

更精确的计算公式为

$$S_m^2 = \frac{1}{b^2}\left[\frac{1}{\sum nw} + \frac{(m-x)^2}{\sum nw(X-x)^2}\right] \qquad (2-13)$$

式中,m 为致死中量对数值(中数);X 为剂量对数平均值。

将辛硫磷对玉米螟毒力测定结果列入表2-5,按照 $y=-0.2852+4.8518x$ 代入各 x 值,求得理论概率值 y,由 y 查权重系数表得出相应的权重系数。

式(2-13)中的 m 为 LD_{50} 的对数值,$m=1.0893$,b 为回归式的坡度,$b=4.8518$,x 为平均致死量,但不等于致死中量 LD_{50} 的对数值 m。

$$x = \frac{\sum nwx}{\sum nw} = \frac{294.2052}{269.4} \approx 1.0921$$

$$\sum nw(X-x)^n = \sum nwx^2 - \frac{(\sum nwx)^2}{\sum nw} = 330.2377 - \frac{86556.7}{269.4} = 8.9433$$

那么:$S_m = \pm 0.0126$。

则:辛硫磷对玉米螟的致死中量的对数值及其标准误为 1.0893 ± 0.0126,即 $LD_{50}=(12.2829 \pm 1.0294)\mu g/g$。

2)致死中量的置信限:致死中量的置信限(有效中量的置信限)是表明有效中量可靠范围的限度。如果测验100次中,95次成功,最低可靠标准为95%可靠性;99次成功,最低可靠标准为99%可靠性。

计算公式为

$$CL_{0.95} = m \pm 1.96 \times S_m \qquad (2-14)$$

式中，$CL_{0.95}$ 为 95% 置信限；m 为致死中量；S_m 为致死中量标准误。

则：$CL_{0.95}=1.0893±1.96×0.0126=1.0893±0.0247=1.0646～1.1140$，$LD_{50}=12.2829μg/g$，置信限为 $11.6038～13.0017$。

6. 杀虫剂混用的联合作用测定（共毒系数法） 根据杀虫剂混合应用的结果，两种或两种以上药剂混用对某种生物的作用可能产生以下 3 种结果。

1）混用后的毒效大于各单剂单独使用的毒效，即药效增加，称为增效作用（synergism）。

2）混用后的毒效与单用的毒效相当，各自的毒效互不影响，称为相加作用（addition），又称联合作用（joint action）。

3）混用后的毒效小于各单剂单独使用的毒效，即药效降低，称为拮抗作用（antagonism），又称负增效作用（depotentiation）。

杀虫剂不能盲目混用，否则可能产生多种抗性的危险。通过实验，选择具有增效作用的杀虫剂按照科学合理的比例混配使用，可以达到增效并且延缓害虫抗药性发展的效果。杀虫剂的联合作用的评价方法有 Bliss 法、Sakai 公式法、Finney 法、共毒系数法（孙云沛法）、等毒法、按比例混合法、等效线法等。其中孙云沛创立的共毒系数法是我国评价农药联合作用的主要指标之一，也是我国农业部农药检定所指定的农药配方筛选主要参考指标之一。具体计算过程如下。

在严格控制的测定条件下，先求出混剂 M 及其各单剂（A 药和 B 药）的毒力回归线，测定这三者的 LC_{50}（或 LC_{50}）。以其中一个单剂（比如 A 药剂）为标准药剂，以半数致死中量计算各单剂（A 药和 B 药）和混剂 M 的毒力指数（toxicity index，TI），混剂的理论毒力指数（theoretical toxicity index，TTI）和实际毒力指数（active toxicity index，ATI），最后计算共毒系数（co-toxicity coefficient，CTC），见式（2-15）～式（2-18）。

$$毒力指数（TI）=\frac{标准药剂的 LC_{50}}{供试杀虫剂 LC_{50}}×100 \quad (2-15)$$

$$混剂（M）的实际指数（ATI）=\frac{标准药剂的 LC_{50}}{混剂 M 的 LC_{50}}×100 \quad (2-16)$$

$$混剂（M）的理论毒力指数（TTI）=A 药的 TI×M 药中 A 所占百分率$$
$$+B 药的 TI×M 药中 B 所占百分率 \quad (2-17)$$

$$混剂 M 的共毒系数（CTC）=\frac{ATI}{TTI}×100 \quad (2-18)$$

根据共毒系数值判断混剂是否增效，判定标准为：CTC>200，为增效作用；CTC=50～200，为相加作用；CTC<50，为拮抗作用。

（二）杀菌剂生物测定

杀菌剂生物测定的主要内容是将杀菌物质作用于细菌、真菌、病毒或其他微生物，根据其作用的大小来判定药剂的毒力，或将杀菌物质施于植物，根据对病害发生的有无或轻重观察比较来判定药剂的效果。

完整的杀菌剂生物测定技术包括药剂毒力测定、定性定量分析和防治效果测定 3 类。单纯杀菌力的测定结果和防治效果在很多情况下是不一致的，防治效果不仅反映了杀菌剂本身固有的杀菌作用，还反映了寄生、环境等因素及杀菌剂与这些因素相互作用的结果。因此，对杀菌剂效果的评价不单单是对发病的抑制，还应判断减少收获量和品质下降的综合效果，为此必须进行一定规模的田间试验。本部分先对毒力测定技术加以叙述，有关田间药效试验请参考田间药效评价方法章节。

需要说明的是，传统的杀菌剂施用于田间后，由于杀菌剂本身对病原生物的毒杀作用（杀死或抑制），病原生物不能引起侵染，或是侵染后不能在植物体内蔓延、扩展，从而达到防治病害的目的。这种情况往往使杀菌剂的毒力测定与田间植株上的防病效果是吻合的。但也有少数情况会不一致，这往往与病害的特殊性和药剂进入植物体内的动态有关。例如，多菌灵对镰刀菌的效果无论是毒力测定，还是对由镰刀菌引起的病害（如赤霉病、恶苗病）田间防治效果都是很一致的，唯独不一致的是对由镰刀菌引起的棉花枯萎病的防治效果，室内对棉花枯萎病菌的毒力测定效果很好，但是田间多菌灵对棉花枯萎病却无能为力，表现为"不一致"。这种现象在传统杀菌剂中比较少见。近年来，杀菌剂开发中又发展了一类新型的化合物，它们在室内对真菌几乎无效，但在田间防治病害时却表现出很好的效果。例如，嘧啶胺类化合物在室内 $100\mu g/mL$ 对灰霉病菌孢子萌芽没有抑制作用，$300\mu g/mL$ 对菌丝生长也不能抑制；而用在植物上，嘧啶胺只需 $1\mu g/mL$ 即可防治灰霉病。这说明了这类新药不是依靠对病菌的"毒力"来杀死或抑制病菌而达到防病目的的，而是它能抑制病菌的致病过程。同样也有一类化合物是通过增强寄主植物的抗病性而达到防病目的的。所以这种"不一致"不能用"寄主、环境等因素及杀菌剂与这些因素相互作用的结果"来说明。

杀菌剂毒力、药效测定方法大多不是杀菌剂本身所专有的，一般都是根据需要采用各有关学科相应的基本操作技术而组成的。病原菌的培养、处理、接种和结果调查属于植物病理技术方面的问题，供试植物的培育与植物栽培学内容有关。有些特殊的测定方法也常采用现代生理生化仪器的技术。因此，杀菌剂毒力、药效测定需多方面的知识和基本操作技能，尤其是有关化学实验和植物病理学的基本操作技术。所以，在进行杀菌剂的生物测定之前，应掌握上述学科的基本原理和操作技术。

首先了解一下杀菌剂的毒杀作用方式，杀菌剂对病原菌的作用方式分为以下 4 种。

1）对病菌具有杀死作用（杀菌作用）。杀菌剂直接杀死病菌，病菌不再生长。

2）对病菌的生长具有抑制作用。杀菌剂不能把真菌孢子杀死，而是抑制了孢子萌发后芽管或菌丝的生长。

3）抑制真菌孢子的形成。杀菌剂通过抑制孢子的产生或萌发起到防病效果。这种作用不同于杀菌作用和抑制作用，因为它没有把病菌孢子杀死和抑制病菌的生长发育。

4）扰乱寄主和病菌之间的生长关系，增强植物抗病性。杀菌剂主要是作用于病菌所分泌的毒素和酶系统，但更多的是改变植物对病菌的反应，即提高植物的抗病力。例如，把苯基丙氨酸注射到苹果的组织中去，就可使其产生多元酚，以提高对疮痂病的抗病力。有的杀菌剂在田间的防治效果比室内离体条件下测定的毒力高，主要原因之一就是杀菌剂诱发植物体内产生植物杀菌素，提高了植物的抗病力。例如，代森锰锌、苯来特可诱发菜豆生成菜豆肟。

杀菌剂的毒杀作用方式尽管有很多，但大多数还是以杀死和抑制为主，而在实际生产中，这两种作用是很难区别的，因为它们最终的结果都是阻止了病害的发生和发展。因此，在实验室的一般毒力测定也常常只是观察病菌是否生长或发展，从而确定药剂毒力的大小，一般不再区分是杀菌作用还是抑菌作用。另外，同一种药剂，由于使用的浓度、处理时间的不同可能表现出不同的毒杀作用方式。所以，在生产上，为了保证对植物的安全和节约用药，一般多利用杀菌剂的抑菌作用，因为这样（抑制病菌孢子萌发或病菌生长）就能达到防病的目的。但是，为了研究杀菌剂的作用机制，就必须区分清楚毒杀作用方式。

1. 杀菌剂生物测定技术的基本类型 杀菌剂的毒力、药效测定,虽然可依据药剂的作用方式、使用方式和不同的研究目的而有各种各样的方法,但按基本原理可以归纳为两大类型。

(1) *离体测定 (in vitro)* 离体测定中包括病菌和药剂,不包括寄主或寄主植物,判断药剂的毒力主要是根据病菌与药剂接触后的反应(如孢子不萌发,不长菌丝等),如孢子萌发试验法、药剂扩散法等。离体测定菌种一般是在培养基上能培养的标准菌种,除呼吸测定法主要用于作用机制的研究外,其余均可用于新杀菌剂的筛选,因为不使用寄主植物,所以测得的反应(结果)只与药剂及供试菌种有关。

该法的优点是易于控制、操作简便迅速、精确度较高;其缺点为测定结果与生产实际距离较大,而有些化合物必须在寄主植物体内活化后才起杀菌作用。这类方法过去常用于大量化合物的活性初筛,但由于有些化合物用这类方法不表现杀菌活性而在寄主植物上却有良好的防效,如采用这种方法,将可能漏筛一些未来颇具潜力的化合物。

(2) *活体测定 (in vivo)* 这一类型的方法包括病原菌、药剂和寄主植物。根据杀菌剂毒力及寄主植物的发病情况(普遍程度、严重程度)来评判,叶碟法、室内盆栽毒力测定均属于这种类型。其测定方法因有寄主在内,测定周期较长,操作比较复杂,尤其大田药效测定常受季节限制,而且测定时受多种因子的影响,致使结果不稳定。但较接近实际应用,有很大的实用价值。

一般情况下,进行杀菌剂毒力测定,首先在室内进行离体试验,然后在控制条件的情况下,进行温室植株测定试验,最后在自然条件下进行大田药效试验。因为初步测定工作往往药剂种类多,数量大,需要在短期内得出结果,以便进一步试验药效,故一般先做室内离体试验。室内离体试验和温室植株测定中供试菌种的培养不受自然条件的限制,各种条件易于控制,比田间试验节省劳力和费用,且不受季节限制,因此在杀菌剂活性测定中得到广泛采用。

2. 杀菌剂毒力测定基础操作

(1) *实验器材的洗涤和灭菌* 杀菌剂生物测定技术所需要的器具,必须经过彻底洗涤后才能使用。部分器具和实验材料需要经过灭菌处理后使用,如培养皿、接种针、培养基等。灭菌的方法主要是物理灭菌(干热灭菌、湿热灭菌、紫外线灭菌)、化学灭菌(5%甲醛、70%乙醇、次氯酸钠、环氧乙烷等)和过滤灭菌(微孔滤膜)。实验室中主要采取干热灭菌、湿热灭菌、紫外线灭菌和70%乙醇灭菌。

1) 干热灭菌:干热灭菌主要是将器皿放到烘箱内加热,利用干热空气灭菌的方法。玻璃器皿宜用干热灭菌,温度控制在160~180℃。时间根据温度高低而不同,150℃需2h,180℃ 1h即可。高温下易损坏或灼焦的物品(塑胶制品)不宜用干热灭菌,但有些在高温下易灼烧的棉塞或包裹纸等可在较低温度下(150℃)进行。为了提高灭菌效果,也可采用间歇法灭菌,即干热处理一定时间后,使其冷却,隔一定时间后再灭菌。这种方法可在较低温度下进行,而且能得到较彻底的灭菌效果。

2) 湿热灭菌:湿热灭菌相比于干热灭菌应用更为广泛。一般的湿热灭菌方法是在121℃条件下处理15~20min,培养基处理15min,实验器具处理20min,即可收到良好的灭菌效果。

3) 紫外线灭菌:紫外线有较强的穿透力和灭菌能力。紫外线杀菌最有效的波长为2000~2800Å,尤其以2500~2600Å最常用。但紫外线对不透明器材及非石英玻璃的穿透力较弱,会导致器材内部灭菌不彻底。紫外线灭菌一般用于培养室、培养箱和超净工作台的灭菌。

4) 70%乙醇灭菌:70%乙醇属于化学灭菌法中的一种,由于其对人体毒性低,得到广泛采用。该方法主要用于一些加热易损坏或发生变化的物品,如植物的枝、叶、茎、瓜果等多用化学灭菌。

5）过滤灭菌：过滤灭菌是基于真菌和细菌不能通过滤器的特性，将溶液过滤得到无菌滤液。一般对经高温容易破坏的物品，如含蛋白质的培养基、血清及抗生素等，可用过滤灭菌。常用的滤器为针头式滤器，滤器中夹有 $0.22\mu m$ 孔径的滤膜，真菌和细菌无法透过。

（2）植物病原菌的培养　在农业上杀菌剂的防治对象是引起病害的植物病原真菌（表2-6）。杀菌剂生物测定所接触的病原菌主要是异养微生物，大多数真菌都可在实验室内用一般方法培养繁殖。锈病病菌、白粉病菌和霜霉病菌等为专性寄生真菌，虽然不能在一般培养基上培养，但可以接种于植物上，在温室内培养或在专门的人工培养基上培养。

表2-6　主要农业植物病原真菌

序号	菌种	拉丁学名	亚门
1	辣椒疫霉病菌	*Phytophthora capsici* Leon	鞭毛菌
2	玉蜀黍赤霉	*Gibberella zeae*（Schwein.）Petch	子囊菌
3	小麦叶枯病菌	*Gerlachia nivalis* Gams and Mull	
4	小麦白粉病菌	*Blumeria graminis* DC. Speer	
5	油菜菌核病菌	*Sclerotinia sclerotiorum*（Lib.）de Bary	
6	甘兰黑斑病菌	*Alternaria brassicae*（Berk）Sacc	半知菌
7	玉米大斑病菌	*Exserohilum turcicum*（Pass）Leonard Q Suggs	
8	玉米小斑病菌	*Bipolaris maydis*（Nishik. et Miyake）Shoemaker	
9	小麦纹枯病菌	*Rhizoctonia cerealis* Vaneler Hoeren	
10	棉花枯萎病菌	*Fusarium oxysporum* f. sp. *vasinfectum*（ATK）Sndyder & Hansln	
11	水稻稻瘟病菌	*Magnaporthe oryzae*	
12	水稻纹枯病菌	*Thanatephorus cucumeris*（Frank）Donk	
13	棉花立枯病菌	*Rhizoctonia solani* Kuhn	
14	棉花黄萎病菌	*Verticillium dahliae* Kleb.	
15	苹果轮纹病菌	*Physalospora piricola* Nose	
16	白菜黑斑病菌	*Alternaria brassicae*（Berk.）Sacc	
17	烟草赤星病菌	*Alternaria alternata* keissler	
18	番茄灰霉病菌	*Botrytis cirerea* Pers ex Tris	
19	番茄早疫病菌	*Alternaria solani*（Ell. et Mart.）Johnes et Grout	
20	苹果炭疽病菌	*Glomerella cingulata*（Stonem.）Spauld. et Schrenk	
21	稻白叶枯病菌	*Xanthomonas campestris* pv. *oryzae*	细菌

病原菌的生长发育需要一定的营养条件和环境条件（包括温度、湿度和空气等）。毒力测定的标准供试菌种，要求培养方法简单，生长速度快，在分类和经济上具有一定的代表性。

微生物培养基营养成分分为四大类：碳素（葡萄糖和蔗糖，而麦芽糖、木糖等也可以作为碳素来源）、氮素（氨基酸或蛋白胨）、矿物质（K、P、S、Mg及许多微量元素）和其他生长物质（维生素B_1、维生素B_2、生物素、烟酸、泛酸、吡啶醇、对氨基苯甲酸）。通过营养成分的变化，可以使其适于进行特定微生物的培养，或用于不同的培养目的，如促进菌丝体产孢等。目前在农业上常用的培养基种类主要有马铃薯葡萄糖琼脂培养基（PDA）、胡萝卜琼脂培养基（CA）、燕麦片琼脂培养基（OA）、牛肉膏蛋白胨培养基和LB培养基。

课外链接 2-1
　　各种培养基配方

3. 杀菌剂的生物测定方法　　杀菌剂的生测通常是观察药剂对孢子萌发的抑制力、阻碍菌丝伸长和对菌体增殖抑制的程度来评价药剂的抗菌力。

（1）孢子萌发法　　孢子萌发法的基本原理是将供试药剂附着在载玻片或其他平面上，然后将供试病菌孢子悬浮液滴在上面（或将孢子悬浮液与药液混合后滴在玻片上），在保温、保湿条件下培养一定时间后镜检，以孢子萌发力判断杀菌剂毒力。孢子萌发法的突出优点是快速，实验当天即可获得结果，尤其是适合于保护剂的筛选。

用于生测的孢子个体应较大，易于在显微镜下观察其萌发情况，目前我国常用于制备孢子的植物病原真菌有：马铃薯晚疫病菌（*Phytophthora infestans*）、水稻稻瘟病菌（*Magnaporthe oryzae*）、玉蜀黍赤霉（*Gibberella zeae*）和玉米大斑病菌（*Exserohilum turcicum*）。配制孢子悬浮液时，一般是将已培养好的菌种（斜面培养或锥形瓶培养）加入灭菌蒸馏水，用接种环在培养基表面轻轻磨擦，使孢子从菌丝上脱离下来悬浮于灭菌水中，然后用双层纱布过滤，除去菌丝体和培养基碎块。若滤出液杂质较大，可再次过滤，也可以在 1000r/min 的离心机上用灭菌蒸馏水洗涤 3 次，获得较纯的孢子悬浮液。

孢子萌发时，悬浮液中孢子的浓度对萌发情况有很大影响，所以制备的孢子悬浮液中孢子数量应保持在一定的数量。孢子悬浮液中孢子浓度可用浊度计和细胞计数器进行计数。

课外链接 2-2
　　杀菌剂的孢子萌发法测定

（2）生长速率测定法　　生长速率测定法的原理是将不同浓度的药液与熔化的培养基混合，制成带毒培养基平面，在平面上接种病原菌，以病原菌生长速度快慢来判定药剂毒力大小。

病菌生长速率可用两种方法表示：一定时间内菌落直径的大小，或菌落达到一定直径所需的时间。一般常用前者来表示生长速率，其优点是操作比较简单，对杀菌剂的主要剂型（乳油、水剂、可湿性粉剂）都适用，重复性好，只要认真操作就能得到可靠结果。其缺点是对供试菌要求严格，病菌要容易培养，菌落生长快速、整齐，产生孢子缓慢。

将供试药液稀释成一系列浓度后，准确吸取一定量的药液加入到熔化的培养基中，混合均匀倒入灭菌的培养皿内，冷却后即成带毒的培养基平面。操作中除注意一切用具应灭菌或消毒外，还应考虑加大药液后对培养基浓度的影响。一般以 1mL 药液加入 9mL 培养基为宜，这样的比例不会影响培养基凝固，而药剂浓度被稀释 10 倍。对挥发性较强、受热易分解的药剂应注意培养基的温度，最好当培养基冷却到 50℃左右时再加入药剂。

目前，菌落生长抑制法最常用的一种办法是在培养基上预先培养好平板（长满菌丝），而后用打孔器打成带有菌丝的培养基圆碟（直径 5mm 左右），再用无菌操作将此菌丝圆碟倒置平放于含药培养基上（菌丝面与培养基面接触），培养到预定时间后，取出培养皿测量菌落直径（单位以 mm 表示）。每个菌落十字交叉测 2 个直径，以其平均数代表菌落大小。代入式（2-19）求出菌落生长抑制率，在测定系列浓度的抑制率之后能够测出最低抑制浓度（MIC）和 EC_{50}。

$$菌落生长抑制率(\%)=\frac{对照菌落直径-处理菌落直径}{对照菌落直径-菌饼直径}\times 100 \qquad (2\text{-}19)$$

（3）温室植株测定法　　一种良好的杀菌剂，在未推广使用之前，生物试验方法一般经过室内测定、温室植株测定和田间试验3个阶段。温室植株测定常在室内测定的基础上进行，其结果可作为田间试验的参考。目前温室植株测定中最常用的是喷布施药和种子处理。

1）供试寄主植物：寄主植物要求容易栽培、生长迅速、为国内主要作物、高度感病、且对一般杀菌剂不过度敏感等。实际上完全满足以上条件的作物并不多。我国常用的植物是小麦、水稻、黄瓜、棉花、番茄、马铃薯等。寄主植物的品种和生长时期会影响到发病情况，一般选择感病品种，将其培育至易感病期供试。

2）供试菌种：温室植株测定是以接种发病的方法进行药效测定的，所以要求菌种容易培养（最好在培养基中能够培养），易产生大量孢子，还应该是主要作物病害的病原菌。小麦锈病菌、黄瓜霜霉病菌、水稻稻瘟病菌和马铃薯晚疫病菌等适于开展温室植株测定试验。菌种应注意培养条件、菌系及生理小种的差异，同时还要防止因长期人工培养造成的菌种退化。

3）环境因子的控制：环境因子不但影响供试植物的生长发育，而且影响病菌接种的成败，其中最主要的是温度、湿度和光照等因素。接种应尽量创造该病菌在自然情况下侵染寄主的环境条件。植物发病与否涉及的因素很多，但不同植物和不同病原菌重点不一样，具体情况可具体掌握。例如，马铃薯晚疫病菌的接种一般均采用鲜薯块培养病菌，这样容易产生大量孢子，病菌的致病力不会减弱。重点是满足其接种时的温湿度条件，马铃薯晚疫病菌的特点是在低温时才能产生大量游动孢子。而孢子侵入寄主又需要较高温度，配好的孢子悬浮液在低温（10℃）保持数小时，待大部分游动孢子产生后再接种，效果更好。接种后在24～25℃条件下保持100%的相对湿度20h以上，使孢子侵入植物，然后移至24～27℃的室温内，2～4d即可发病。又如，小麦锈病的接种应来自活小麦植株上的新鲜夏孢子，除满足其温湿度要求外，供试植物发育是否正常是非常重要的因素，因为锈病菌的专化性很强，需要健壮的植株才能产生大量孢子。

4）接种和施药方法：温室植株测定的接种工作，是实验成功与失败的关键。病害的传播方式不同，接种方法也不同，在做任何一种病原菌的接种时，应先了解这种病害的主要传播方式和侵染途径。

接种方式的选择要求发病率高，但也必须尽量接近自然发病情况。气流和雨水传播的病害，可采用喷洒法、喷粉法及涂抹法等接种方法。喷洒法是最常用的真菌病害的接种法。它是将病菌孢子制成孢子悬浮液洒于植物表面。如果病菌主要是由气孔侵入，接种时要注意叶背面，对由伤口侵入的病害，为了接种的成功，先用细沙或其他方法使植物表面受到损伤。叶面蜡质较厚，孢子液滴不易附着叶面时，可在孢子悬浮液中加适当展着剂（如加0.1%的洗衣粉等）。锈病和白粉病菌的接种，可直接用孢子粉（用滑石粉稀释）喷洒于植物叶片上，它比喷洒孢子悬浮液方便且效果好。除少数病菌外，一般病害需要一定数量的孢子接种才能发病。因此，真菌病害的接种，往往视具体情况配成一定浓度的孢子悬浮液，规定在低倍镜下每视野20～30个孢子。植物的细菌病害和病毒病害的接种，也都是接种菌量问题。接种菌量的调节，主要是保证植物发病，也较能正确地表现寄主的反应。因此，规定的接种菌量有利于重复和比较药效。

在施药方面一般均要求接近于田间实际，尤其是施药必须均匀一致，施药质量保持稳定。而一般采用小型手压喷雾器施药质量不易达到上述要求，就必须采用较精密的方法，如采用颇特喷雾塔进行定量喷雾。

5）温室植株测定的效果调查：在温室植株测定中，药剂效果是以寄主反应为标准，即以植物发病程度代表药剂对病菌的毒力及效果。因此，药效调查实际上是发病情况的调查。一般温室调查发病的方法可分为发病普遍率调查、计数法调查和分级计数法调查。

发病普遍率调查的目的是以病害发生的普遍与否表示药剂的效果，是以一整株或一叶片为计算单位，每一株或每一叶片上发现病症即算发病，计算调查总株（或总叶）数中发病百分率。该法比较简单，对某些土壤和种子传染的苗期病害特别适合，也适用于全株性病害。其缺点是不能精确地表示发病轻重，因为相同的发病率，常因发病轻重不同，药剂效果有很大差别。

计数法调查是比较简单的方法，适用于叶斑类病害。调查每一叶片（或取样调查）上的病斑数，求得病斑平均数，比较发病情况，得出药剂效果。但如果叶片斑点数目太多，大小又不一样，此法就不大适用。

分级计数法是在温室植株测定中比较普遍采用的方法，许多病害都可采用分级计数法来调查，最后通过计算病情指数和防治效果来比较药效。分级计数法比计数法精确。简单粗放的分级法只是说明轻、中、重或仅以符号表示，如"＋""＋＋""＋＋＋"等，常常不能说明问题，因此温室植株测定一般不采用。温室植株测定中分级标准应该很具体，可以用文字说明；有时分级标准也用图解或照相的方法来表明，如麦类锈病的调查方法，各级标准除用孢子堆占叶面百分率表示外，还可以用图解表示，使标准更容易掌握。将被调查叶片与标准图解比较，即可很快得出结果。

分级计数法调查中有些很容易算出平均百分率。例如，小麦锈病调查了5张叶片，按照分级标准，应该分别为100%、65%、65%、40%和25%，这样即可求出平均严重率：（100%+65%+65%+40%+25%）÷5=59%，根据对照情况及各处理间平均严重率的不同，可比较药剂效果，在一种药剂的系列浓度测定中，可根据对照发病百分率按下式计算防治效果，也可以根据防治效果（换算成概率值）与浓度对数的直线关系来比较毒力大小。我国目前常采用病情指数（或叫感染指数）来表示发病严重率。该法简单可靠，能反映实际情况。病情指数的方法是按发病轻重分级，每级按轻重顺序用简单数值表示，然后用式（2-20）计算病情指数，用式（2-21）计算防治效果。

$$病情指数（\%）=\frac{\sum（各级调查数 \times 代表级值）}{调查总数 \times 最高级值} \times 100 \quad (2\text{-}20)$$

$$防治效果（\%）=\frac{处理组病情指数-对照组病情指数}{1-对照组病情指数} \times 100 \quad (2\text{-}21)$$

不同作物和不同病类的分级标准可根据具体情况加以制订。为了求得杀菌剂的实际效果，也有人采用式（2-22）和式（2-23）计算病情指数增长值来统计防治效果。

$$防治效果（\%）=\frac{处理组病情指数增长值-对照组病情指数增长值}{1-对照组病情指数增长值} \times 100 \quad (2\text{-}22)$$

$$病情指数增长值=处理后病情指数-处理前病情指数 \quad (2\text{-}23)$$

分级计数法是植物病情调查中应用最广泛的方法，它不仅适用于真菌病害，也适用于线虫危害和病毒病害。分级调查的单位不限于叶片，也可以整株为单位。分级数目的多少可根据不同作物和不同病害特点来定，少则3～4级，多者可到9～10级或更多。但不能认为分级越多越好，有时分得过细反而难以掌握，使调查结果不准确。

(4) 组织法　　杀菌剂的室内筛选常由于缺乏简便快捷的活体试验而容易造成漏筛，同时无杀菌活性的杀菌剂（植物激活剂）的产生使人们认识到寄主植物在植物病害防治中的重要性。组织法是介于离体试验和活体试验之间的方法，既考虑了寄主植物对药效的影响，也弥补了盆栽等活性生测耗时长的缺点。这里主要介绍以植物叶片组织为材料开展的叶片接种试验。植物其他组织如番茄果实、胡萝卜块根、洋葱鳞茎等均可以用于特定病原菌的组织法实验。以下介绍两种比较成熟的组织法：叶片接种试验和幼苗接种试验。

1）叶片接种试验是在附着药剂的叶片上接种病原菌，一定时间后观察发病情况，以判断药剂效果。此法可用于甘薯黑星病菌（Alternaria bataticola）、辣椒疫病菌（Phytophthora capsici）、白菜软腐病菌（Erwinia aroideae）和麦类白粉病菌（Erysiphe graminis）等。使用蚕豆叶片为材料测定杀菌剂对水稻纹枯病的药效结果与田间效果的相关性最高。以下是蚕豆叶法的主要测定步骤。

先沙培或土培蚕豆，待子叶充分展开后摘取，将叶片在药液中浸渍 3~5s，使叶片充分附着药剂，晾干后置于保湿的培养皿内。用灭菌后的打孔器在马铃薯琼脂培养基（PDA）平面上培养（28℃）的水稻纹枯病菌（Thanatephorus cucumeris）打成直径为 5mm 的小菌饼，菌丝面向下放在药剂处理过的叶片中部，并盖上盖玻片（7mm×7mm）。可以用针尖在叶片接种部位扎一至数个小孔，促进病菌侵染。接种后把叶片放到恒温培养箱内（30℃）约 20h 后调查菌丝生长长度，测定药剂对菌丝的抑制作用。同时在接种 3d 后，当对照组的发病面积扩展到全叶时，观察药剂处理后的发病程度，判断药剂的防治效果。可根据病斑直径计算抑制率，计算公式同生长速率测定法。在未进行药剂处理前接种病菌可测试药剂的治疗效果。当发病面积达到全叶面积的 1/10~1/5 时（接种后 24h 左右）取出病叶，进行药剂处理，药剂干后，置于培养皿内，进行上述保温培养，1~2d 内观察对病势进展的抑制作用。在对照组病斑扩大到全叶面时进行药效调查。

2）幼苗接种试验是以供试植物的幼苗为供试材料进行活性测定。幼苗接种试验法是室内药效测定中最可信赖的方法，一般喷雾用杀菌剂的室内生测试验应该进行到这个阶段。例如，甘蓝黑斑病的接种试验，是把小油菜和白菜栽培在盆中，当长到 3~5 片真叶时，将马铃薯琼脂培养基上培养（25~28℃）1 周的黑斑病菌孢子悬浮液，用玻璃喷雾器喷布接种，接种前后进行药剂处理。处理的植物放入接种箱或适当的保湿器中，在 25~28℃条件下保持 24h，取出放到有阳光处或温室内，保持 25℃的室温。当看到有病斑发生时，调查病斑数目。若病斑过多或造成叶片枯萎时，应确定适当的被害标准，以判定药效。

(5) 果蔬采后防腐效力测定方法　　果蔬在贮藏运输过程中会遭遇病原菌侵染而影响其品质或完全不能食用。开发安全有效的果蔬防腐剂是当前杀菌剂研发的重要内容之一。

果蔬防腐剂的处理通过采用以下方法进行。以柑橘果实防腐剂为例，先用砂纸轻轻擦柑橘果实，使果皮表皮擦伤（也可用刀尖或昆虫针刺伤）。将果实放在药液中浸渍一定时间或喷上药液，晾干。采集培养的青霉菌（Penicillium italicum）或绿霉菌（P. digitatum）孢子附于脱脂棉球上，轻轻接触果皮进行接种。将接种的果实放入 25℃保湿器中保持 5d，记录发病的果实数、发病程度（分级统计），以判定效果。

(6) 杀菌剂内吸效力测定方法　　内吸杀菌剂由于杀菌机制比较复杂，其效果往往因病菌、寄主及药剂的不同而不同。因而，毒力测定的方法也各式各样，且在不断发展。英国等国家曾用沙培番茄苗进行测定。用沙盘培养番茄苗，待苗高 15cm 左右时，将药液灌于幼苗根部或茎部注射或用羊毛脂混合涂茎，处理 5~7d 后接种早疫病菌孢子，然后在室温下让其发病，观察病斑发生程度。还可将普通盆栽的蚕豆苗拔出（不使根损伤），于药液中浸一定时间后，再放置原位继续栽培,待完全成活后接种赤斑病菌,以判定其效果。一般应选用在人工培养基上易产生孢子的菌种和容易染病的寄主植物。

(7) 植物病毒防治剂药效测定方法　　植物病毒被称为植物的癌症,因此抗病毒剂即病毒病治疗药剂一直是农药工作者探寻的目标。采用的抗病毒的测定方法主要有浸渍法、涂茎法、组织培养法、撒布法和土壤使用法 5 种。在效果判断中,多以发病的病斑数、病斑大小、病症程度、出现病斑需要的时间等来判断药效,也可用生物(酶联免疫法)或物理化学的方法,对药剂处理后的叶片中的病毒进行定量测定计算防效。目前用于测试的植物病毒常用烟草花叶病毒(TMV)。

1) 浸渍法:切取健全的烟草叶片,在叶面上用棉球磨擦接种患病叶片汁液或纯化的病毒稀释液,待叶面干燥后,用打孔器从叶片(避开叶脉)打制直径 12mm 的圆形叶片。应在以叶脉为中心的对称位置上打孔,一半叶子上打下的叶片为对照组,另一半叶子上打下的叶片为处理组。

将含有一定药剂的水溶液或培养液[KH_2PO_4 0.071g,$CaCl_2$ 0.116g,$MgSO_4 \cdot H_2O$ 0.437g,$(NH_4)_2SO_4$ 0.278g,水 1L] 10mL,放入直径为 9cm 的培养皿中,再将上述准备的叶片 10~12 片浮于其液面上,或者在培养皿中铺上用药液所湿润的滤纸,在滤纸上面放叶片。要注意不能让浮于液面上的叶片沉于药液中。然后把培养皿放于 25℃左右的恒温器中,在荧光灯照射下培养。培养期间最好不更换药液,但根据实验目的可两天或每天更换一次。

供试病毒为 TMV 时,培养 5~6d 后,从各处理组和对照组取出 10 枚叶片,水洗后定量测定叶片中的病毒含量,结果用各处理组与各对照组之比表示,这样就可比较各药剂间的效力。

2) 涂茎法:将盆栽的菜豆培育到子叶完全展开,真叶开始出现时,在子叶下部的胚轴上选 3 个点作为接种点,每点间隔 5mm,在各点上接种 0.5mL 的南方菜豆花叶病毒(southern bean mosaic virus,SBMV)。并在各接种点的液滴处加约 1mg 的金刚砂,用直径 2mm 圆形的细玻璃棒轻轻磨擦 5~6 次。在胚轴反面也同样接种 3 点。接种后用水洗去金刚砂和过剩的接种源。4~5d 可出现暗褐色塌陷病斑。

测定用的药剂用羊毛脂配成 1% 的糊状,保持在 50℃条件下。当接种和水洗后的部分干燥后,立即以 5~7mm 直径的棉球蘸取药剂膏,涂布于接种部分。这种方法每个接种部位可附着药量约 17μg。以只涂羊毛脂(不含药剂)的处理为对照,用对照组产生的病斑数和大小来比较药剂处理组的效果。

烟草花叶病病斑数与接种病毒成正比,因此可采用局部病斑计算法(local lesion method)对病毒进行定量。不同病毒对应有不同的寄主植物,目前常用的病毒和局部病斑性寄主植物组合见表 2-7。进行病毒定量时,首先要有培育一致的无病植物,否则将大大影响测定精确度。在培育测定用植物时,用烟草(*Nicotiana glutinosa*)时,一般在直径 12cm 的花盆内种植一株,用菜豆、豇豆则种植 2 株。当 *N. glutinosa* 的本叶完全展开 4~5 片时,菜豆、豇豆的初生叶全部展开、复叶开始伸长时用来测定较宜。要注意测定植物的肥水管理,培育成青绿柔软的叶子,如果营养状况差或叶片粗糙则对病毒的敏感性偏低。培育良好一致的植株,在接种前 1d 剪去多余的叶片,

表 2-7　病毒和局部病斑性寄主植物组合

病毒	寄主植物
烟草花叶病毒	*N. glutinosa*(一种具有菜豆因子的烟草)
烟草坏死病毒	菜豆类
烟草蚀纹病毒	秘鲁酸浆
黄瓜花叶病毒	豇豆
芜菁花叶病毒	烟草
马铃薯 Y 病毒	佛罗里达州酸浆

使各叶片对病毒的感受性均匀一致，磨擦接种3～4d或数日后即出现病斑，当病斑出现到容易计数时进行统计。

测定药剂处理叶的病毒量时，处理组的设置方法是：烟草可用半叶法，菜豆、豇豆用对叶法。半叶法即以叶片主脉为界，因为两半叶对病毒感受性差不多，所以其中一半可接种药剂处理的汁液，另一半叶接种无处理（对照）的汁液。然后计算处理组病斑数和对照组病斑数的比率，即计算病毒的增殖抑制率，比较各处理间的效果。对叶法即以对生叶的一叶作药剂处理，相对应的另一叶接种无处理的汁液，和半叶法一样，比较各处理间的效果。

（三）除草剂的生物测定

除草剂的生物测定是利用活的生物体或生物体器官，在生长、形态等方面对化学物质（除草剂）的不同反应来确定除草剂的浓度。其目的在于筛选除草剂，了解除草剂防治杂草的种类及适用的作物范围，了解不同除草剂在生物体内的吸收、运转、作用部位、降解及代谢速度等，为制订除草剂的安全使用标准提供科学依据。

1. 除草剂生物测定试材的确定和培育

（1）**作物试材的确定和培育**　每一种除草剂都有其应用范围和禁用对象，因为有的作物对某些除草剂有抗性，而对另一些除草剂敏感。敏感或不敏感随作物生育期和生长状况的不同也有很大差别，甚至同种作物的不同品种、一株作物的不同部位对除草剂的敏感度都有差别，因此，应选择对除草剂敏感的作物或其器官，作为生测材料。常用的植物材料有稷子、黄瓜、燕麦、大豆、高粱、西葫芦、玉米、棉花、菜豆、番茄、大麦、小麦、莴苣、水稻、萝卜、油菜、豌豆、荞麦等。

（2）**杂草试材的确定和培育**　不同种类的杂草及其不同生育期、不同器官对不同种类除草剂及其不同浓度都有不同反应，必须选择对供试除草剂较敏感的杂草或其部位为生测试材。目前选用的杂草主要有稗草（*Echinochloa crusgalli*）、马唐（*Digitaria sanguinalis*）、狗尾草（*Setaria viridis*）、看麦娘（*Alopecurus mandshuricus*）、野燕麦（*Avena fatua*）、白茅（*Imperata cylindrica*）、藜（*Chenopodium albnm*）、马齿苋（*Portulaca oleracea*）、猪殃殃（*Galium aparine*）、小球藻（*Chlorella vulgaris*）、荠菜（*Capsella bursa-pastoris*）、菟丝子（*Cuscuta chinensis*）、田旋花（*Convolvulus arvensis*）等。为了充分供应高发芽率且发芽整齐度的杂草种子，应有计划地采集或种植常用杂草种子，并了解其良好发芽和贮存的条件。若用不同叶龄期的杂草幼苗，应将杂草种子播在小盆钵中，待幼苗生长至所需叶龄期供用。

（3）**供试环境条件**　作物、杂草种子的萌发和幼苗生长都需要一定的水分、温度和氧气，部分材料需要一定的光照等条件。不同作物和杂草生长在不同季节和环境中，对环境条件有不同要求。应根据作物和杂草的种类选择合适的培养条件，光照、水分条件较接近于田间。一般采用人工气候培养箱或气候室进行相应条件的控制。

（4）**除草剂活力鉴定方法**　除草剂对植物的影响往往是多方面的。不同植物的不同器官对不同除草剂及其不同剂量反映出的症状和程度不同，可以利用植物或器官作为除草剂生物测定技术的试材。根据生物测定技术所用植物及器官的不同，生物测定的鉴定技术可分为以下3种。

1）萌芽鉴定：许多除草剂能强烈抑制敏感植物种子的萌发，或明显地抑制幼芽及胚根的生长。幼芽或幼根的生长长度随除草剂剂量的变化，能较精确地反映剂量与抑制率间的关系，如除草醚、2,4-二氯苯氧乙酸（2,4-D）等。一般情况下，典型的根系或初生幼芽的受抑症状可在药剂处理后24～96h观察到。该试验在封闭培养皿中进行，更适于测定易挥发和易淋溶的药剂,不适合测定抑制光合作用的除草剂。黄瓜、高粱、燕麦、水稻和玉米等是进行萌发试验使用的主要测试植物。

2)植株鉴定:植株鉴定的主要指标是植株的株高、鲜重和干重。植株鉴定试验中,由于从土壤中分离根比较困难,通常以植株鲜重和干重为测试指标。相比而言,鲜重往往比干重值更有意义,因为枯黄和坏死的植株部分和绿色植株在干物质的量上并没有明显区别。对于光合作用抑制剂,茎、叶的生长受抑制明显,从叶长或株高的测定即可得到精确的结果。对于容易导致畸形的药剂(激素类除草剂)则可以通过特定的植株生长变异情况进行测定。大部分情况下,植株的鲜重、干重和株高的观察结果具有相同的结果。

3)生理和形态效应鉴定:植株的生理生化指标的变化优先于肉眼可见反应,且测定指标更容易进行定量的数据分析。例如,植物的呼吸作用、光合作用、新陈代谢物质的变化、关键酶系活性的变化等都可以作为除草剂药效的测定指标。

(5)除草剂的药效评价　除草剂在防除不同种类杂草的过程中,因作用机制的不同,其产生防效的评价标准会有所不同。除草剂的防效作用常用0(或1)～5(或10)的分级法(表2-8)。

表2-8　除草剂防除效果分级标准

等级	生长抑制率/%	记号	评语
0(1)	同对照	0	抗,淘汰
1(2)	<25	+	不敏感,淘汰
2(4)	25～50	+	不敏感,淘汰
3(6)	50～75	++	敏感,可考虑进一步试验
4(8)	75～95	+++	较敏感,可考虑
5(10)	95以上	++++	极敏感,好

欧洲杂草研究会考虑除草剂对农作物可能的潜在影响,其制定的9级目测法更能反映除草剂对杂草的防效及对农作物的影响,值得推广使用(表2-9)。受处理的杂草、作物的株高、重量(鲜重、干重)、密度等指标与对照处理组均可参照式(2-27)计算杂草抑制率或防治率并进行比较。根据植物的鲜重、干重、株高、覆盖面积等指标进行评价时,这些指标分别表示为地上部鲜重减少50%(ED_{50})、地上部干重减少50%(GD_{50})、株高减少50%(IC_{50})、覆盖面积减少50%(NR_{50})所需除草剂的浓度。田间试验条件下,常用杂草数的减少百分率和地上部鲜重减少百分率或杂草覆盖度来表示防治效果[式(2-24)]。

$$抑制率(\%) = \frac{对照区杂草 - 处理区杂草}{对照区杂草} \times 100 \quad (2-24)$$

表2-9　除草剂药效、药害分级评定标准

级别	除草率/%	杂草覆盖度/%	作物苗情	总评价
1	100	0	正常	活性好
2	98	2	不明显,影响很轻	活性好
3	95	5	明显,轻度药害	活性好
4	90	10	药害轻,不影响产量	考虑
5	80	20	苗稀,影响产量	考虑

续表

级别	除草率/%	杂草覆盖度/%	作物苗情	总评价
6	70	30		不好
7	54	45		不好
8	33	67		不好
9	0	100		不好

2. 除草剂生物测定方法 有关除草剂的生物测定方法资料很多，下面将根据评判参数划分来介绍一些常用的生物测定方法。

（1）小杯法 小杯法可以测定二苯醚类、酰胺类、氨基甲酸酯类和氯代脂肪酸类等除草剂的活性，但对抑制植物光合作用的除草剂则几乎不能采用。该法具有操作简便、测定周期短、范围较广的优点。

实验选用小麦、油菜、水稻、稗草等。以直径3.5cm、高5.0cm的玻璃杯为容器（也可用50mL的小烧杯代替）。杯底放一张圆滤纸片，吸取一定量的有机溶剂溶解的待测药液倒入杯内，然后使溶剂挥发干。若以水稻、稗草等水生杂草种子为试材，则在小杯中加入2mL蒸馏水，若以小麦、油菜种子为材料时，则滤纸片底下放一层直径约为0.5cm大小的玻璃珠（短玻棒也可），再加入3mL蒸馏水。选择刚萌动的种子10粒，排放到滤纸片上，置28℃恒温室中培养，白天给予日光灯照。培养期间每天加入一定量的蒸馏水来补充挥发掉的水分。3d后分别记载株高（芽长）、根长或鲜物质量。生长抑制率按式（2-25）计算。

$$生长抑制率(\%) = \frac{对照处理 - 药剂处理}{对照处理} \times 100 \quad (2-25)$$

根据生长抑制率可对各株供试植物进行分级，分级标准为：0级，同对照；1级，抑制生长25%以下；2级，抑制生长50%以下；8级，抑制生长75%以下；4级，抑制生长75%以上。

然后根据调查株数和对应的级别值按式（2-26）计算每一浓度处理的抑制指数，将抑制指数（抑制百分数）转换为概率值，浓度（剂量）以对数值表示，计算抑制中浓度（IC_{50}）及95%置信限。

$$抑制指数 = \frac{\sum(同级调查株数 \times 对应级别值)}{总株数 \times 4 \times 最高级别值} \times 100 \quad (2-26)$$

（2）高粱幼苗法 本法宜于测定非光合作用抑制类除草剂的活性测定，具有操作简便、周期短、范围广、重现性小的优点。还可改用燕麦、黄瓜等为材料来扩大测试范围。此法对高粱种子要求严格，杂交高粱种子因长势不整齐不适于作试材，农家品种长势整齐，可采用。此外，培养皿装沙量要合适，少了会使植物材料与药剂接触不良，沙多则使植物生长受阻碍，这都会影响到测定结果的精确性。

该法有多种演变形式，其中中国科学院上海生命科学研究院植物生理生态研究所采用的方法较为常用。具体方法是用直径9cm的培养皿，装满干燥黄砂并刮平，每皿加入30mL药液，以加入30mL蒸馏水为空白对照。再用有10个齿的齿板在皿的适当位置压孔（或用细玻棒均匀压10个孔），将10粒根长1~2mm（根尖尚未长出根鞘）的萌发高粱种子（24℃萌发15~20h）置于小孔内，盖上皿盖并用胶带封牢。每处理重复4次。将处理好的培养皿盖面向下，倾斜15°放置于26~28℃恒温箱中黑暗培养18h后，在皿盖上标记根尖位置，继续培养36~42h后待空白对照根长达到30~35mm时，可从标记处测量各处理根的延伸长度，计算根长抑制率、抑制中浓度（IC_{50}）及95%置信限。

此法也可用于测定药剂对幼芽或中胚轴生长的抑制作用。测定对幼芽的生长抑制时，培养皿种子应排列于皿的较低部位，并将皿倾斜15°、皿盖向上摆放，以便幼芽能沿盖向上生长。可随时测量幼芽或中胚轴的长度。

（3）稗草胚轴法　本方法适宜于测定氯代乙酰胺类除草剂（如甲草胺、乙草胺、异丙甲草胺等）的除草活性，敏感度达0.01µg/mL，也可测除草醚、五氯酚钠等除草剂，但敏感度较低。测定原理是利用稗草中胚轴（从种子到芽鞘节处的长度）在黑暗中伸长的特点，以药剂抑制中胚轴的长度来测定药剂的活性。

具体方法是将系列浓度的待测液5mL注入50mL小烧杯中，以加入蒸馏水为对照，每杯中投入10粒刚刚露白、大小一致的稗草籽。为了避免在测定中可能有个别幼芽浮起，可以在种子周围撒一些石英砂，使种子固定。每处理重复4次。将全部处理放入28～30℃恒温箱中黑暗培养，4d后测定中胚轴的长度，计算中胚轴长度抑制率。

（4）去胚乳小麦幼苗法　去胚乳小麦幼苗法适用于测定光合作用抑制剂。它与其他测定光合作用抑制剂的方法相比，具有操作简便、测定周期短、专一性好等优点。

选择饱满度一致的小麦种子，浸种2h后，排列在铺有滤纸或纱布的搪瓷盘中，在室温20℃左右进行催芽，3～4d后苗高达2～3cm。精选高度一致的幼苗，轻轻取出（以免伤害根部），然后用镊子摘除胚乳，再用水漂洗掉附在上面的胚乳成分，准备种植。

用直径4.5cm、高5cm的小玻璃杯为测定容器，每杯注入不同浓度的供试药液3mL和稀释10倍的培养液6mL，每杯插入上述去胚乳小麦10株。在室温21～26℃和光照下培养6～7d后观察药效。注意每天应该给每个小杯称重，补足损失的水分。

结果检查：逐步测量所有小麦苗的生长量，即从芽鞘到最长叶尖的距离，并按式（2-27）求出生长抑制率，继而求出EC_{50}。

$$生长抑制率(\%) = \frac{对照生长量 - 处理生长量}{对照生长量} \times 100 \quad (2-27)$$

对去胚乳小麦幼苗法测定除草剂活性评价指标的选择，经研究后认为，药剂浓度的变化对叶长（根基到最长叶尖）影响幅度最大，即药剂浓度的变化对叶长的影响最灵敏。因此，用去胚乳小麦幼苗法测定光合作用抑制性除草剂活性时，应以叶长作为评价指标，它具有灵敏、稳定的特点，而其他指标则偏低或偏高，不宜采用。叶长抑制率（%）计算同式（2-27）。

培养液配方（每升培养液中含）：硫酸铵3.2g，磷酸二氢铵2.25g，硫酸镁1.2g，氯化钾1.2g，硫酸钙0.8g，微量元素0.01g。其中微量元素的配方是硫酸亚铁10g，硫酸锰9g，硫酸铜3g，硼酸7g。

（5）黄瓜幼苗形态法　本方法是测定激素类除草剂及其他植物生长调节剂活性的常用方法，具有反应灵敏、测定范围大（0.1～1000µg/mL）、操作简便等优点。

用丙酮配制一系列浓度的2,4-D溶液，用一张直径11cm的滤纸在其中浸至饱和，取出挥发掉丙酮，然后放入直径12cm的培养皿中，再在其下垫两张同样大小的空白滤纸。选择饱满一致的黄瓜种子，在5%漂白粉溶液中消毒半小时后取出用水冲洗干净，然后晾干。每皿放入20粒，加入12mL蒸馏水（此时培养皿中的实际浓度比原来丙酮液浓度低10倍）。盖好皿盖，置于2℃恒温箱中黑暗培养，6d后取出观察黄瓜幼苗，描述、绘制、照相或印相各浓度下黄瓜幼苗的形态。

在测定2,4-D类除草剂含量时，常常制作标准黄瓜幼苗形态图，然后以此为对比，判定未知样品中的2,4-D药剂的含量。

（6）萝卜子叶法　萝卜子叶法对测定触杀型除草剂较敏感，如百草枯、杀草快、除草醚、敌稗等。另外，对通过干扰体内含氮化合物代谢而杀草的除草剂也很敏感，如杀草强、杀草胺、2,4-D、2,4,5-三氯苯氧乙酸（2,4,5-T）、二氯丁酸等。

将洗净的水萝卜种子播种在垫有两层滤纸的大培养皿内，加入适量蒸馏水，加盖后置27℃恒温箱黑暗培养约30h后，从幼苗上切下子叶，选择大小一致的10片放于垫有一层滤纸的培养皿内（皿直径5cm），皿内盛有用2mmol/L磷酸缓冲液配制的一系列不同浓度的除草剂溶液5mL，加盖置于（25±1）℃的恒温室内培养，给予2000~3000lx荧光灯连续光照3d后，称子叶鲜重，求出抑制叶片生长50%的除草剂浓度，也可测定叶绿素的含量（见小球藻法）。

（7）番茄水培法　　本法适用于脲类及均三氮苯类光合作用抑制剂的生物测定。对绿麦隆、利谷隆的敏感度可达 $0.025\mu g/g$。

首先用盆栽法培养番茄苗，待两片真叶时，作水培试材用。取30mL试管编号。将供试药剂用培养液稀释成一系列浓度的溶液，每只试管加入10mL。挑选生长健壮，大小、高度一致的番茄苗，将主根及子叶剪掉后插入试管，每管插苗4株（插前称重，使各管苗重相等）。在光照下25℃培养2周左右（反应速度与光照及温度有关）测定苗的鲜重。培养期间应每天补加蒸发掉的水分。以生长抑制率（统计方法同前）来评价活性，也可求出 EC_{50}。

（8）叶鞘滴注法　　Taylor和Loader于1984年建立了该种方法，目的是筛选防治野燕麦的除草剂混剂，该法快速、简便。具体方法是：当正常生长的燕麦长至1个半叶（即1叶1心）时，在第一片叶张开的叶鞘里滴加 $10\mu L$ 供试的一定浓度的药液。24~28h后，从图2-15所示的位置切下2cm长的一段，插入清水洋菜培养基上。再经24h（此时对照叶片伸长11~13cm）取出测量每一剂量处理的叶片延伸长度，并以此评判除草剂活性。

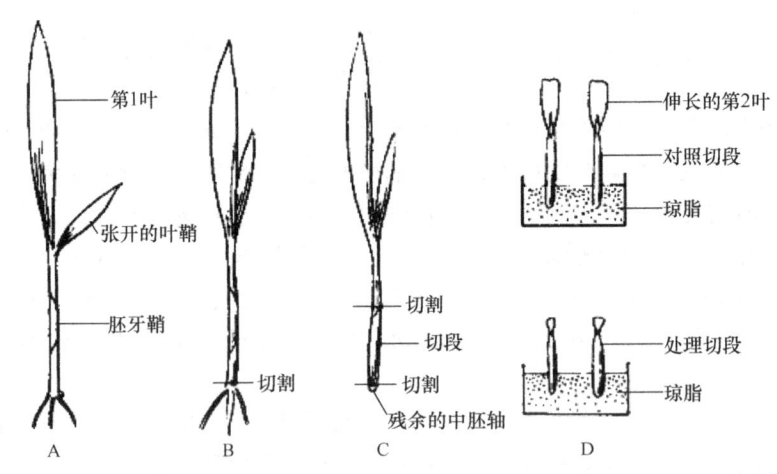

图2-15　叶鞘滴注示意图（引自沈晋良，2013）
A. 供试1叶1心燕麦苗，$10\mu L$ 供试品溶液就滴加在张开的第1叶间；B. 滴加样品后24~48h的燕麦苗；C. 切下20mm段的燕麦苗部位；D. 再经24h后，对照和处理的情形

（9）再生苗测重法　　本法用来测定内吸传导性且作用缓慢的除草剂，如草甘膦等。该法既可反映药剂的传导性能，又能反映药剂对地下部再生能力的抑制程度。

用盆栽法种植香附子，当长成苗后，叶面喷洒一定浓度的草甘膦药液，一周后剪除香附子苗（离土表1cm），再经过一个月左右测定再生苗的鲜重。沈阳化工研究院有限公司改进了此方法，利用玉米作试材。具体方法是：将6粒已催芽的玉米种子种在截面积 $8cm^2$ 的瓷钵内，在幼苗3叶期时喷施草甘膦，24h后，从第一片玉米叶基部剪去顶端。经一段时间，测量再生苗的鲜重或高度。

也可用在喷药后不同时期剪去苗的地上部，测其是否再生或再生后地上部的鲜重。

（10）小球藻法　小球藻属于绿藻类，其细胞中只有一个叶绿体，它与高等植物叶绿体相同，也能进行光合作用。小球藻的培养方法现已确立，经培养的小球藻个体间非常均一，因而是测定除草剂活性的适宜材料。其他的绿藻（chlorophyta）和蓝藻（cyanophyta）等微小的藻类也可以用于除草剂的活性测定和筛选。藻类试验方法对抑制光合作用和呼吸作用的除草剂特别灵敏，很适合于均三氮苯类及取代脲类等除草剂的生测，EC_{50} 常在 10mg/L 以下。其特点是操作简便，测定周期短，较精确。

用平底烧瓶或锥形瓶，将藻类培养液分别定量加入锥形瓶中，再定量加入一定浓度的除草剂。若有条件，可通入一定流量的含 3% CO_2 浓度的空气，否则，可用两层纱布封住锥形瓶口。在 25℃ 条件下，荧光灯照明培养。根据藻类颜色、数量、浓缩细胞量、叶绿素的变化判断除草剂活性。另外，人们发现某些药剂（如敌草隆）对小球藻的希尔（Hill）反应有阻碍作用，可利用其阻碍程度来进行化合物除草活性的测定。

以下介绍小球藻法增殖率和叶绿素含量的测定方法。

小球藻法增殖率测定：在 50mL 的锥形瓶中加入已培养的小球藻悬浮液 5mL 和培养液 45mL，然后加入一定量一定浓度的除草剂，并以 150mL/min 流量通入含 3% CO_2 的空气（或不通气，只在瓶口封两层纱布），25℃，从锥形瓶侧面照射 1000lx 光，培养 24h。于处理前、后分别用分光光度计测定波长 574nm 下的吸光度（OD）。使用式（2-28）计算小球藻的增殖阻碍率。本法用来测定内吸传导性且作用缓慢的除草剂，如草甘膦等。该法既可反映药剂的传导性能，又能反映药剂对地下部再生能力的抑制程度。

$$增殖阻碍率(\%) = \frac{处理后的 OD - 处理前的 OD}{对照的 OD - 处理前的 OD} \times 100 \quad (2-28)$$

小球藻法叶绿素含量测定：取 50mL 锥形瓶，按次序加入 8mL 培养液、10mL 长势旺盛的小球藻液（透光率为 40%~50%）和 2mL 待测样品溶液。摇匀后，瓶口盖两层纱布，将锥形瓶置于（26±1）℃恒温室中，2000~3000lx 荧光灯连续光照 24h。在每个锥形瓶中取出小球藻液 10mL（注意必须在充分混匀后取出），在 4000r/min 离心 10min，弃去上清液，加入 10mL 甲醇，在 0~5℃黑暗中放置 24h，以提取叶绿素，所得叶绿素提取液在分光光度计波长 665nm 处测定透光率，并在"透光率-叶绿素含量标准曲线"上查出叶绿素的含量，并求出抑制叶绿素含量 50% 时的除草剂浓度。

小球藻培养液的配方：取面粉、酵母粉各 10g，加水 200mL，37℃条件下保育 24h，过滤，其滤液即酵母提取液。取此提取液 10mL，加入 2% 柠檬酸铁溶液 1mL、尿素 0.2g、磷酸氢二钾 0.5g、硫酸镁 0.1g。用蒸馏水稀释至 1000mL，并以柠檬酸调 pH 至 5~6。

（11）浮萍法　浮萍法是抑制光合作用除草剂的快速生测方法。这个方法可适用于取代脲类、均三氮苯类和脲嘧啶类除草剂的测定。按土壤干重计算，敏感性大约为 0.1μg/mL。

取深 1.26cm 以内土层，除去石块、过筛。取其 100g 倒入容积为 180mL 的塑料皿中，加水 100mL，细心搅拌 30s，使之成为泥浆，待泥浆出现清水层时，从水培的浮萍（Lemna mnior）培养系中取 4~5 堆萍体移入皿中，应注意勿使其沉没水中。于 20℃日光灯下培养 24h。经过此预处理后，再移入实验室，用 Fesiet 800LE 喷雾器喷洒百草枯（1.1kg/hm², 用水 110L/hm²）（注意：增加喷雾量或外加黏着剂会使植株沉没）。喷后将皿移入日光灯下，培养 16~24h。在此期间，经百草枯处理，土壤中不含有灭草隆等抑制光合作用除草剂的"对照"，萍体开始出现症状，而土壤中含有这类除草剂的萍体，药害显著减轻。

对每个萍体进行药害分级时（每皿有15~20个），小叶和小的芽体不必统计，仅统计那些大而阔的成熟萍体。症状的出现首先是叶片中心部位失去光泽，再扩展到整个叶片，进一步发展成叶绿素丧失，逐渐地变为白色或棕色。药害的分级方法如下：0级，无药害；1级，萍体失去光泽的面积小于50%；2级，萍体失去光泽的面积大于50%，但小于100%；3级，萍体100%失去光泽，但仍带有暗绿色；4级，全部失去光泽，部分失绿；5级，全部失绿。

测定的最适时间是在百草枯的"对照"达到3~4级时进行，通常是在处理后20~24h。

（12）圆叶片漂浮法　　本法是测定光合作用抑制剂快速、灵敏、精确的测定方法。圆叶片漂浮法的原理是植物在进行光合作用时，叶片组织内产生较高浓度的氧气，使叶片容易漂浮，而若光合作用受抑制，不能产生氧气，则叶片就难以漂浮。下面是Saltzman等1985年采用的方法。

摘取水培生长6周的黄瓜幼叶或生长8周的蚕豆幼叶（已充分展开），也有的用展开10d的南瓜子叶叶片。其他植物敏感度低，不易采用。用打孔器打取9mm直径的圆叶片（注意：切取的圆叶片应立即转入溶液中，在空气中的时间不能太长）。在250mL的锥形瓶中，加入50mL用0.01mol/L磷酸钾缓冲溶液（pH=7.5）配制的不同浓度的除草剂或其他待测样品，并加入适量的碳酸氢钠（提供光合作用需要的CO_2），然后每只锥形瓶中加入20片圆叶片，再抽真空（25mmHg[①]），使全部叶片沉底。将锥形瓶内的溶液连同叶片一起转入1只100mL的烧杯中，在黑暗下保持5min，然后在250W荧光灯下曝光，并开动秒表计时，最后记录全部叶片漂浮所需要的时间，再计算阻碍指数（retardation index，RI），阻碍指数越大，抑制光合作用越强，药剂的生物活性越高。阻碍指数计算方法见式（2-29）。

$$阻碍指数 = \frac{处理组圆叶片漂浮所用的时间}{对照组圆叶片漂浮所用的时间} \qquad (2-29)$$

此外，还可借助植物对除草剂产生的症状及植物愈伤组织来检测、鉴定除草剂活性。例如，每株棉花幼苗中2,4-D的浓度在0.025μg时就产生明显的杯状叶。愈伤组织鉴定除草剂则是新近发展起来的技术。植物愈伤组织没有形成层，相当于没有维管束的部分，也没有角质层，因此药剂直接作用于植物细胞，能更为灵敏地反映出药剂的药效。但由于愈伤组织在黑暗环境中生长，因此不适于测定阻碍光合作用的除草剂。

3. 除草剂混用药效测定　　除草剂的合理混用具有扩大杀草谱，提高除草剂效果和选择性，降低施药成本等优点，因此药剂混用的实验设计和数据整理就显得更为重要。

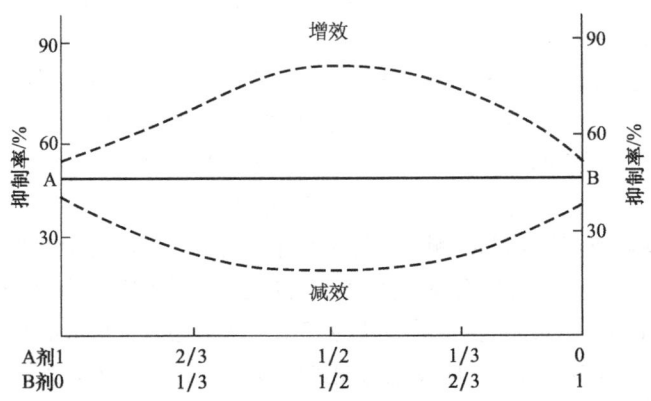

图2-16　A、B两药剂混用的增效作用（引自沈晋良，2013）

---

① 1mmHg≈0.133kPa

（1）按比例混合法　　在实验中可采用 A，A1/3＋B2/3，A1/2＋B1/2，A2/3＋B1/3，B 等不同处理（图 2-16）。AB 直线为两剂无增无减的准线，表示两剂互不影响的药效总和，若混用各点均在准线之上，表示增效，反之即减效。此法的优点是，在田间或室内易于进行，设计简单，最少用 3 个处理就可看出结果。但该法对药剂互相作用的要求较严格，即两种药剂的增效、减效不能因其比例的不同而变化。

（2）杀草活力线法　　将单用的两种药剂分别稀释成不同浓度单用和将两剂按一定比例的混用试验，作出 3 条杀草活力线。其中 D 为混用，A、B 两线为单用（图 2-17）。

两剂混用无增无减的准线为 A、B 两条直线间的虚线 C（1∶1 混用）。若混用后的杀草活力线在虚线之上为增效，反之为减效。这种方法试验设计较准确，适于室内试验。

（3）等效线法（千版法）　　此法在医药学中早已被应用，Tammls 于 1964 年将其用于除草剂的混用中。

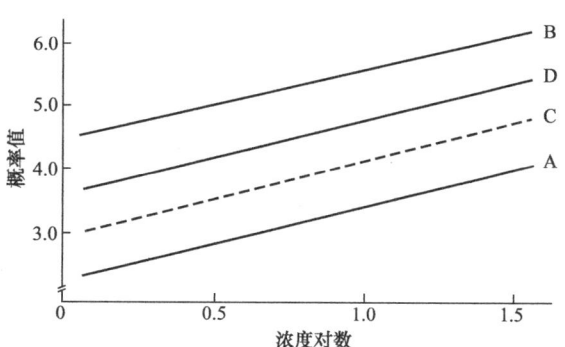

图 2-17　A、B 剂单用及混用的杀草活力
（引自沈晋良，2013）

等效线法测定步骤是：①进行 A 剂的系列浓度试验，求 A 点（IC_{50}）；②进行 B 剂的系列浓度试验，求 B 点（IC_{50}）；③分别在纵轴和横轴上确定 A、B 两点并画直线；④进行 B 剂为一定剂量和 A 剂为一系列浓度的混用实验，以及 A 剂为一定剂量和 B 剂为一系列浓度的混用试验，求出各混用的 IC_{50}；⑤若混用后的 IC_{50} 各点均在 A、B 线之下则为增效。

同时在图 2-18 中可看出增效（或减效）的配比。活性指标用致死率和抑制率均可，该法比较准确，适宜室内测定应用。

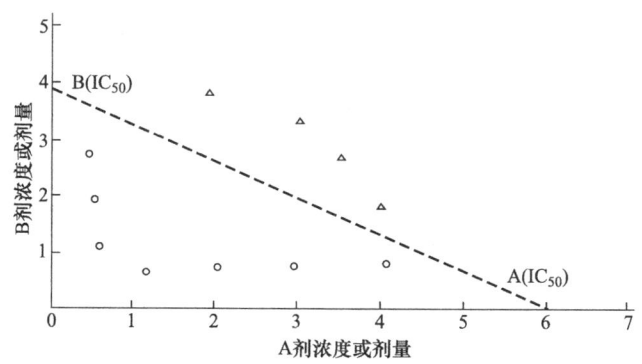

图 2-18　等效线法（千版法）（引自沈晋良，2013）

4. 作物的安全性测定　　除草剂使用不当会产生药害，甚至造成大范围的绝收，进行除草剂对作物的安全性评价非常有必要。通常以作物种子或幼苗进行生物安全性测定，如水稻、小麦、玉米、大豆、棉花、高粱、谷子、蔬菜等。一般用药量与杀草谱试验相当，再根据除草剂性能分别于播前、播后、苗前及苗后进行药剂处理，处理一段时间后测定出苗率、生长势、药害、株高、鲜重等指标。计算其选择性指数[式（2-30）]，以确定除草剂对作物的安全性。

$$选择性指数 = \frac{抑制作物生长（或死亡）10\% 的剂量}{抑制杂草生长（或死亡）90\% 的剂量} \tag{2-30}$$

一般认为，选择性指数在 4 以上的是比较安全的。

二、农药药效测定

农药的药效试验一般是指在田间环境开展的防治效果测定试验。田间药效试验（field trial of pesticide）是指通过田间试验来衡量或评价农药在农田各种自然环境因素下对靶标生物效应或效力的试验技术。

农药田间药效试验的主要目的是为农药登记和科学、合理用药提供重要依据，需要在室内生物测定的基础上进行，是农药推广应用之前必须进行的试验。为了规范农药田间试验的方法和内容，使试验更趋科学与统一，使我国的药效试验报告具有国际认同性，我国特别制定了国家标准——《农药田间药效试验准则》。该系列标准参考了欧洲及地中海植物保护组织（EPPO）田间药效试验准则及 FAO 亚太地区类似的准则，根据我国实际情况并经过大量田间药效试验验证而制定的。本节内容将基于我国《农药田间药效试验准则》，对于田间药效试验中涉及的基础知识和理论进行阐述，针对各种药剂及有害生物的田间药效内容可参看最新版《农药田间药效试验准则》。

农药田间药效试验涵盖的研究内容很广，主要包括以下几个方面：①农药新品种、新剂型和新用途的应用技术试验；②多种农药品种的药效比较试验；③研究农药的理化性质及其与药效、药害、施药技术的关系；④研究农药对环境生物的影响；⑤研究有害生物的抗药性及其治理。新农药品种（新品种、新剂型、新制剂、新用途）的药效试验所得到的使用技术和实际应用效果评价为该药剂的正式登记提供科学依据，指导药剂的大田推广应用和科学用药，是农药田间药效试验的主要内容。田间药效试验中需要解决的问题还包括药剂的施药适期、使用剂量（或浓度）、施药次数、持效期、两次施药间隔期、施药方法和安全间隔期等内容。

田间药效试验所涉及的环境因素比较复杂，为了获得具有代表性的实验数据，需要进行科学合理的设计。

（一）农药田间药效试验的影响因素

农药田间药效试验用于评价在实际生产中的各种环境因素下农药对病、虫、草等有害生物的防治效果、使用价值及对农作物、生态环境的安全性。需要切实结合生产实践开展，要求实验结果反映农药本身和多种环境因素综合作用下对靶标生物的防治效果。田间药效试验结果的影响主要来自于农药、防治对象、寄主植物和环境因素。

1. 农药 农药的品种、剂型、使用方法（如用量、时间、方法、次数及喷药用水量）等对于药效结果均有影响。

2. 防治对象 有害生物的种类、数量、生长发育的时期或阶段及过去的用药种类及频率都会影响有害生物的耐药力水平或抗药性水平。

3. 寄主植物 农作物种类、品种、生育期、长势、耕作栽培制度、试验田周围与有害生物有关的其他寄主植物的情况等会影响田间药效的结果。

4. 环境因素 这里主要是指自然环境因素，包括风、雨、阳光、温度、湿度、土壤类型、土壤肥力、田间管理措施等。

（二）农药田间药效试验的规模

根据农药田间药效试验的规模，将其分为小区药效试验、大区药效试验和大面积示范试验。

1. 小区药效试验 新农药在室内毒力测定和（或）温室生物测定的基础上，一般在适宜作物的不同种植生态区选择两个以上代表性地区先进行田间小区药效试验,明确药剂的防治效果、使用技术和方法(如最低有效使用剂量、最适使用时间、施药方法、施药次数及喷洒药液量等),除草剂新品种还需要明确杀草谱、选择性、对作物的安全性及其作用特性等。

2. 大区药效试验 大区药效试验面积一般在 $333\sim1333m^2$。根据小区药效试验得出的用药剂量、剂型、施药时间和方法等,再进一步扩大进行大区药效试验(又称异地试验或区域试验)。通常不设重复,以生产上常规使用的商品化药剂作为对照,进一步验证小区药效试验结果的真实性,同时确定不同试验地供试药剂对靶标有害生物的实际防治效果、使用价值及对农作物、生态环境的安全性,为新农药的推广使用提供更可靠的依据。

3. 大面积示范试验 完成小区药效试验和大区药效试验的新农药,还需要在两个以上不同自然条件地区进行示范试验。示范试验由省级农业、林业行政主管部门所属的技术推广部门承担。

本部分将主要介绍小区药效试验的设计、实验结果的调查及药效计算方法。

(三)田间试验设计原则

田间试验设计(field experiment design)广义上包括整个田间试验全过程的总体设计,主要包括试验地选择、供试药剂及对照处理的设计,小区和重复区的排列方式,实验资料的调查取样方法、实验结果的统计分析等;狭义的理解则专指田间小区和重复区的排列方式,即根据药效试验的目的要求和试验地的具体条件,将各处理小区和重复区在试验地上作最合理的设置和排列。合理的田间试验设计可以最大程度地降低实验误差,提高实验精度,获得科学的实验数据。因此,田间药效试验要获得可靠的数据,实验设计中应遵循一定的原则。

田间药效试验设计过程中要考虑实验的目的、要求和试验地的具体自然条件,通过合理设置和排列小区,最大程度地减少或排除非试验因子造成的误差,使田间试验的药剂防治效果、使用价值、安全性等评价结论更符合客观实际。农药田间药效试验设计的基本原则主要包括:试验地、作物品种及杂草种群选择原则,实验药剂处理设计和设置重复原则,试验小区采用随机排列原则,试验重复间采用局部控制原则,设立对照区及保护行原则,标准化的施药方法原则,调查取样方法确定原则及实验结果的统计分析原则。

1. 试验地、作物品种及杂草种群选择原则

(1)试验地选择 根据田间药效试验的要求和目的,试验地的选择应考虑以下3方面的因素。

1)选择用于供试农药推广应用的农业生态区,并选择供试靶标有害生物(如病、虫、草等)发生及危害程度、土壤类型、耕作栽培制度及生产管理水平在当地所在生态区具有代表性的试验地点。

2)选择靶标有害生物历年发生较重(即有足够的种群数量),危害程度或数量分布较为均匀,土地类型、土地肥力、作物种植(如播栽期、生育阶段、株行距等)和管理水平一致,且地势平坦的农田。

3)考虑选择远离人群居住的房屋、行人往来的道路、河塘水源等对人、畜和环境安全的田块作为试验地。如试验需要灌溉,必须有排灌的设备条件或离水源不能太远,并记录灌溉方法、时间和水量。

(2)作物品种选择 在杀菌剂田间试验中,根据病原菌的寄主专化性应选用当地常规栽培的感病供试作物品种,播期、播量、播深及株行距与当地常规栽培相同。为保证一定程度的发病,可以在试验地附近设置菌源,或在作物周围定期种植病株,也可以接种保护行,使得病菌能够从保护行或周围定期种植的病株自然扩散到试验小区。如果在棚室使用熏蒸剂、烟雾剂，每个处理必须使用单个棚室或将棚室严密隔离成若干个小区。

在除草剂田间试验中，玉米、甘蔗、大豆、高粱、花生、棉花、烟草、甜菜、马铃薯、杂豆类、果树、部分蔬菜等作物的种植多采用条播宽行（行距在40cm以上），因此除草剂行间除草的药效评价试验均可按此设计。

（3）杂草种群选择　在除草剂田间药效试验中，试验地杂草种群应与实验药剂的杀草谱相一致［如单子叶和（或）双子叶，一年生和（或）多年生］。前茬施用过对当茬作物有残毒的除草剂地块，不宜选作试验地。

2. 实验药剂处理设计和设置重复原则　实验药剂处理设计和设置重复原则主要包括：供试药剂处理剂量设计，对照药剂选择。设立空白对照、溶剂对照、助剂对照及保护行和设置重复。

（1）供试药剂处理剂量设计　实验药剂须注明药剂的通用名、商品名（或代号）、含量、剂型和生产厂家。新型化学结构的供试农药处理剂量应根据其室内生物测定所得毒力的高低和药剂本身的特性（如持效期、稳定性、作用特性和作用快慢等），设计3~4个处理剂量进行田间试验。非新型化学结构的供试农药处理剂量可参考生产上同类结构品种的田间推荐剂量，结合其室内毒力和药剂本身的特性，设计3个处理剂量进行田间试验。从掌握对作物安全的最高剂量和防除杂草的最低剂量考虑，除草剂田间药效试验的供试药剂通常应设高、中、低及中量的倍量共4个剂量处理区，设置倍量处理是为了评价供试药剂对作物的安全性。通过田间药效试验，明确供试药剂的有效推荐使用剂量范围。

（2）对照药剂选择　在田间药效试验中，供试药剂有效推荐使用剂量通常是将供试药剂不同处理剂量的防治效果与对照药剂相比较来确定的。因此正确选择对照药剂极为重要。通常对照药剂应选用化学结构类别、剂型与供试药剂相同，已登记注册，生产上正在使用且防治效果高的代表性品种；或选用已登记注册、生产上正在推荐使用、剂型与供试药剂相同、防治效果高的其他类别的代表性品种。不宜选用生产上防治效果一般的品种作对照药剂，因为这会明显影响对供试药剂药效的正确评价和有效推荐剂量的确定，从而影响在大面积推广应用中药剂的实际防治效果。对照药剂一般使用推荐使用剂量或当地常用剂量，在特殊情况下可以视试验目的而调整。实验药剂为混剂时，还应设混剂中的各个单剂作对照。

（3）设立空白对照、溶剂对照、助剂对照及保护行

1）设立空白对照：在田间药效试验中，除了设常用对照药剂外，还必须设立空白对照，用于校正试验期间因受天敌、疾病或其他因素所造成的自然死亡（即靶标生物种群数量下降）或在试验前后靶标生物种群数量自然上升，这种种群数量自然升降与药剂处理产生的死亡率或效力是完全不相关的，通过校正公式计算可求得校正药效。除草剂药效试验还要另设人工除草对照进行校正。

2）设立溶剂对照、助剂对照及保护行：农药剂型加工中所用的溶剂、助剂等对靶标有害生物也有一定影响，从而不能真实反映药剂本身的药效，设溶剂对照及助剂对照能消除这种影响。在试验区周围及小区之间设保护行，可避免各种外来因素对试验区的影响和小区间的相互干扰，防止边际效应。

（4）设置重复　重复是减少实验误差（即由于偶然因素的作用而影响药效偏高或偏低之差）的重要措施之一，因此任何药剂试验都必须设置若干重复，以克服各种偶然因素可能引起的实验误差，并可用于计算误差估计量来估计实验误差。根据误差计算公式，我们可以知道误差大小与重复次数的平方根成反比，故重复次数愈多，误差愈小。但过多的重复会极大提高试验工作量，实际操作中一般以4~5次重复为宜，田间药效试验通常重复4次。从设计学的观

点考虑，重复分析时误差自由度应大于10。根据这一原则，处理数不同时所要求的重复数也不同。即不同的处理数应有对应的重复数，处理数为2、3、4、5、6、7、8、9、10和11时，其对应的重复数分别为11、6、5、4、3、3、3、3、3和2。

重复的设置还应考虑到可操作性，在有些情况下可以不设小区和重复。例如，使用性诱剂防治害虫时，因为性诱剂的引诱力无法用小区进行分隔，即设置重复没有实际意义。在这样的情况下，应根据其引诱力大小来设置试验区。另外，在进行田间大区药效试验和大面积示范试验时，通常可不设重复或重复一次，但在实验结果调查时，应适当增加取样调查点，确保实验结果的代表性和正确性。

3. 试验小区采用随机排列原则　小区试验面积大小应根据作物生长密度和病害发生情况来确定。小区面积一般为 $20\sim60m^2$（棚室不小于 $15m^2$）。在除草剂田间实验中，一般大田作物（如麦类、大豆、花生、甜菜、麻类、蔬菜、玉米、甘蔗、高粱、棉花、烟草、甜菜、马铃薯、豆类、移植水稻等）的小区面积通常为 $20\sim50m^2$；水稻秧田、直播不间苗密生作物至少为 $10m^2$；杂草密度小或机械作业时面积可大些。小区形状通常为长方形，长宽比例应根据地形、作物栽培方式、株行距大小而定，一般长宽比为（2~8）:1。

进行田间小区药效试验时，各个小区之间的实验条件不可能都完全一致，肥力水平等土壤条件也会存在不同程度的差异。为了克服小区间上述差异对实验结果的影响，要求对小区进行随机排列。要求做到各个抽样单位（或试验小区）接受某个处理的机会均等，各种处理落在某个小区的机会也均等。从理论上讲，当影响因素已被控制于纯属偶然时，用随机排列是最合理的。随机排列能确切反映客观实际，比顺序排列精确度更高。随机区组设计的优点是同一区组内各小区之间的地力和杂草发生差异可因随机排列而减少，实验结果便于统计分析，将各处理在各重复中的结果相加即可看出处理效应的差异，而将各重复所有结果的总和进行比较即可看出重复间土壤条件等的差异。通常采用的排列方式有对比法设计、随机区组设计、拉丁方设计、裂区设计等。

1）对比法设计：对比法设计（contrast design）即每隔两个试验处理小区，设一个对照区（图2-19）。这种排列法的优点是每个对照区两旁各有一个试验区，便于互相比较，且可以减少土壤病虫的差异，使实验结果比较准确。当试验处理数目较少，而土壤等自然条件差异较大时，这种方法最有实用价值。其缺点是需多设对照，实验结果不适宜采用统计分析，且处理的数目多时受限制。

处理1	对照	处理2	处理3	对照	处理4	处理1	对照	处理2	处理3	对照	处理4

图2-19　小区对比法排列示意图（引自赵善欢，2000）

2）随机区组设计：随机区组设计（random design）是将试验地分成几个区组，每个组即一个重复，每个区组试验处理数目相同，在同一处理内每个处理只能出现一次，即每个区组均包括以下小区：供试药剂3~4个不同剂量处理小区、对照药剂处理小区及空白对照小区，且所有小区一起进行随机排列（图2-20）。此法简便、应用广泛，并能运用统计方法分析处理间的差异与误差。

在随机区组设计中，由于每个重复（区组）中只有一个对照区（或标准区），对照区加入试验处理中一起进行随机排列。各区组间虽有差异，但这种差异对各种处理无影响，因为每种药剂处理都有相等机会分布于各区组而同样受该区组的影响。由于随机区组设计应用很简便，容易达到局部控制效果，故在农药药效试验中应用很广。

```
                         重复 I
        | 1 | 3 | 2 | 4 | 6 | 5 |

                         重复 II
        | 4 | 3 | 1 | 2 | 5 | 6 |

                         重复 III
        | 2 | 3 | 6 | 5 | 4 | 1 |

                         重复 IV
        | 1 | 4 | 2 | 5 | 6 | 3 |
```

图 2-20　小区随机区组示意图（引自赵善欢，2000）

3）拉丁方设计：拉丁方设计（latin square design）将处理从纵横两个方向排列为区组（或重复），使每个处理在每一列和每一行中出现的次数相等（通常一次），所以它是比随机区组多一个方向进行局部控制的随机排列的设计。图 2-21 所示为 5×5 个拉丁方。每一竖行及每一横行都成为一区组或重复，而每一处理在每一竖行或横行都只出现一次。所以，拉丁方设计的处理数、重复数、竖行数、横行数均相同。由于两个方向划分成区组，拉丁方排列具有双向控制土壤等自然条件差异的作用，即可以从竖行和横行两个方向消除上述差异，因而有较高的精确度。

D	C	A	E	B
E	D	B	A	C
B	A	D	C	E
C	B	E	D	A
A	E	C	B	D

图 2-21　小区拉丁方（5×5 个）排列示意图（引自赵善欢，2000）

拉丁方设计的主要优点为精确度高，但因为在设计中，重复数必须等于处理数，两者相互制约，缺乏灵活性。处理数多时，则重复次数会过多；若处理数少，则重复次数必然少，导致实验估计误差的自由度太小，鉴别试验处理间差异的灵敏度不高。拉丁方设计的应用通常只限于 4~8 个处理。当在采用 4 个处理的拉丁方设计时，为保证鉴别差异的灵敏度，可采用复拉丁方设计，即用 2 个 4×4 拉丁方。此外，布置这种设计时，不能将一直行或一横行分开设置，要求有整块平坦的土地，缺乏随机区组设计那样的灵活性。

4）裂区设计：裂区设计（split plot design）是多因素试验的一种设计形式。在多因素试验中，如处理组合数不太多，而各个因素的效应同等重要时，采用随机区组设计；如处理组合数较多而又有一些特殊要求时，往往采用裂区设计。

裂区设计与多因素试验的随机区组设计在小区排列上有明显差别。在随机区组设计中，两个或更多因素的各个处理组合的小区皆均等地随机排列在一区组内。而在裂区设计时则先按第一个因素设置各个处理（主处理）的小区，然后在这主处理的小区内引进第二个因素的各个处理（副处理）的小区。按主处理所划分的小区称为主区（main plot），也称为整区；主区内按各副处理所划分的小区称为副区，也称为裂区（split plot）。从第二个因素来讲，一个主区就是一个区组，但是从整个试验所有处理组合讲，一个主区仅是一个不完全区组。由于这种设计将主区分裂为副区，故称为裂区设计。这种设计的特点是主处理分设在主区，副处理则分设于一主区内的副区，副区之间比主区之间更为接近，因而副处理间的比较比主处理间的比较更为精确。

通常在下列几种情况下，应用裂区设计：在一个因素的各种处理比另一因素的处理可能需要更大的面积时，为了实施和管理上的方便而应用裂区设计；试验中某一因素的主效比另一因素的主效更为重要，而要求更精确地比较，或两个因素间的交互作用比其主效是更为重要的研究对象时，也宜采用裂区设计，将要求更高精确度的因素作为副处理，另一因素作为主处理；根据以往研究，得知某些因素的效应比另一因素的效应更大时，也适于采用裂区设计，将可能表现较大差异的因素作为主处理。

总之，田间药效试验设计，既要掌握原则，又要根据实验目的要求和试验地的情况来考虑，不能盲目追求复杂的设计方法，而应力求简便、准确、代表性强，以能客观地反映实际情况和减少实验误差为原则。

4. 试验重复间采用局部控制原则　　田间药效试验设置重复的目的在于降低误差，但是增加重复会增加试验地的面积，即加大土壤、栽培等环境因素和靶标生物分布的差异。为了尽可能减小这方面的差异，可将试验田按重复次数划分为相同数目的区组。如有较为明显的土壤条件等差异，可按土壤类型、地力差异或靶标生物的分布等差异划分区组（或局部地段），使区组内的地力相对均匀一致。每个区组按供试药剂处理数目、对照药剂及空白对照划分小区。这样，实验误差的来源主要为同一区组内较小的土壤地力等差异，而与因增加重复而扩大试验面积所增大的土壤差异无关。

局部控制原则是田间药效试验设计中降低实验误差的重要手段之一。试验重复间采用局部控制原则是指将整个试验地按自然环境条件的差异划分成4个小环境相对一致的局部控制区组（即每个重复为一个区组，田间药效试验通常重复为4次），每个区组内的土壤（如土质、地力等）、栽培（播栽期、株行距、生育阶段及长势等）和靶标生物（如数量、分布等）等自然环境条件基本均匀一致。再在每个局部控制区组内设置并随机排列每个重复的所有处理小区，即每个重复内所有试验小区的土壤、栽培和靶标生物等实验条件基本均匀一致，从而使上述环境条件和靶标生物等因素对各试验处理小区的影响达到最大程度的一致。

5. 设立对照区及保护行　　设置对照有利于在田间对各处理进行观察比较及结果分析时作为衡量处理优劣的标准，同时还可以利用对照区掌握整个试验地的非实验条件的差异状况，用来估计和矫正田间试验误差，是药效试验不可缺少的条件。对照区分空白对照区和标准药剂对照区两种。前者有可能给生产上造成一定的损失，一般可缩小面积，但这种对照区很重要，尤其当病虫害发生较轻时，为了判断虫口密度的减少原因，检验实验药剂的药效，空白对照就很有必要。后者采用防治某种病虫害有效的药剂作为处理，有助于在同一实验条件下进行药效间的比较。条件许可时，两种对照都设立，则结果更为科学和可靠。

保护行（guarding row）主要用于保护试验材料不受外来因素（如人、畜等的践踏和损害）的影响；其次防止靠近试验田四周的小区受到空旷地的特殊环境影响（即边际效应），使处理间能有正确的比较。保护行的数目视作物而定，如禾谷类作物一般至少应种植4行保护行。小区与小区之间一般连接种植，不设保护行。重复之间不必设置保护行，如有需要，也可种2~3行。保护行种植的品种，可用对照种，最好用比供试品种略为早熟的品种，以便在成熟时提前收割，既可避免与试验小区发生混杂，也能减少鸟类等对试验小区作物的危害，以便于试验小区作物的收获。

采用以上几个原则而作出的大田药效试验设计，配合应用适当的统计分析，既能准确地估计试验处理效应，又能获得无偏的、最小的实验误差估计，因而对于所要进行的各处理间的比较能作出可靠的结论。

6. 施药方法

（1）标准化的施药方法　　标准化的施药方法是用药防治农田病虫草等有害生物的一项关

键技术,也是药效试验和农药科学使用的一个重要环节。农作物、病虫草等有害生物及其他靶标物不但种类繁多,而且形态、结构各异;各种有害生物危害的部位也不一样;用于农作物上防治靶标有害生物的有效药量通常很少;而农药的理化性状、剂型、作用特点、作用机制及施药后在各种农田中的穿透、黏着和分布行为也各不相同。因此必须根据供试药剂的作用机制、作用特点和剂型、有害生物的生物学特性及发生规律、农作物和其他靶标物的形态结构特征,选用适宜的、标准化的施药方法,才能把少量的农药均匀喷洒到农作物和其他靶标物上,以确保获得对有害生物理想的防治效果和对有益生物及生态环境的安全性。

田间药效试验的施药方式必须与该药剂用于推广使用时采用的施药方式相一致。农药的田间使用方法以喷雾法、飘移喷雾法、颗粒撒施法等应用最广泛。此外,还有土壤施药法、拌种法、种子包衣法、浸种法、浸苗法、撒毒土法、洒滴法、浇灌法、毒饵法、熏蒸法、熏烟法、超低容量喷雾法、静电喷雾法、飞机施药法、涂抹法、注射法等。除草剂田间药效试验一般采用喷雾方式施药,在水田也可采用撒毒土、泼浇、洒滴等方式施药。药剂使用剂量以单位面积有效成分(g/hm^2)表示,用水量以L/hm^2表示。可根据实验药剂的作用方式、喷雾器类型,并结合当地使用习惯确定用水量。根据药液流量、有效喷幅和步速准确计算喷液量[式(2-31)]。喷雾时要保持喷雾器恒压和步速均匀,无重喷和漏喷现象。

$$喷液量(mL/hm^2) = \frac{药液流速(mL/min) \times 10\,000}{步速(m/min) \times 有效喷幅(m)} \tag{2-31}$$

除草剂施药方法采用行间定向喷雾法,根据杂草株高调节喷头高度(常规须将喷头降低至20cm以下),必要时加保护设施(保护罩、保护板等)。选用标准通用带扇形喷头的喷雾器施药。使药液全部均匀分布到作物行间的杂草上。记录影响药效的各种因素,如机具工作压力、喷头类型、喷杆高度等,以及任何造成剂量偏差超过10%的因素。行间施药在作物及杂草出苗后,以两者处于群落的不同高度时为宜。施药类型分为灭生性行间喷雾和选择性行间喷雾两种,其中灭生性行间喷雾是我国旱田行间喷雾的主要形式。灭生性行间喷雾含触杀及内吸传导性的除草剂,如玉米行间喷施百草枯、草甘膦等。以节省药量为目的,选择行间喷雾。根据杂草种类选择不同类型的除草剂品种。施药时记录作物和杂草的生育状况(叶龄、株高等)。

(2)施药剂量、时间和次数　除了标准化的施药方法外,选择适宜的施药时间和带标准喷头的施药药械、确定用药次数、保证足够的喷洒药液量及均匀喷施等都会对防治效果产生显著影响,也是标准化施药方法中不可缺少的组成部分。根据药剂的效力和使用成本设计使用剂量,剂量设计需要有梯度才能够反映剂量与防治效果的相关性,一个典型的药效试验供试药剂一般设计3个使用剂量,防治效果为60%~90%,以便得到田间使用的推荐用药剂量。对照药剂仅设计一个常用剂量。熏蒸剂、烟雾剂要记录棚室的体积及陆地面积,记录每平方米和每立方米药剂的剂量。

按照实验要求进行,记录施药次数和每次施药的日期及作物生育期。对于喷洒用杀菌剂,一般发病前或始现病斑时进行第一次施药,进一步施药视作物生长过程中病害发展情况及药剂的持效期来确定。种子处理剂和土壤处理剂往往仅需在播种前处理一次即可。

(3)防治其他病虫害的药剂资料要求　在实验过程中,如果发生其他有害生物的危害,并会干扰正在进行的实验,则应选择对实验药剂和试验对象无影响的其他药剂进行防治,并对所有的小区进行统一均匀处理,而且要与实验药剂和对照药剂分开使用,使各药剂间的相互干扰控制在最小范围内,记录施用这类药剂的准确信息。

(4)环境条件的利用和控制　自然环境中温度、湿度、光照、雨水、风、土壤质地、土壤有机质含量等因素会直接影响供试靶标生物的生长发育和生理活动,也会明显影响供试药剂性能的发挥,从而影响药剂田间试验的药效。实验过程中要充分利用有利环境因素,控制不利因素,以真实反映供试药剂的药效。

以除草剂试验为例,气温高时,杂草吸收和输导除草剂的能力强,可提高药剂活性,药剂易在杂草作用部位发挥作用,但温度也不宜过高,否则雾滴易蒸发而使药效降低。空气湿度大时,杂草表面药液的干燥过程延缓,杂草叶面气孔开放,药剂易被吸收,药效得到提高。但湿度不宜过大,否则药液易滴落,降低药效。当光照较强时,杂草光合作用强,除草剂容易被杂草吸收,同时,强光照射可提高温度,容易使杂草产生药害。大风天气施药,会使药液飘移散失而影响药效,应选无风或微风天施药。另外,在干旱的环境条件下,沉积在土壤表面的药剂易被大风吹走散失而影响药效。若喷药后短时间内遇雨,则药液会被冲洗掉从而降低药效或失效。因此茎、叶处理药剂不宜在阴雨天或将要下雨时喷施。

一般黏性土壤有机质含量高,吸附除草剂量多,土壤处理时药效差,需使用较高的施药剂量。砂性土壤有机质含量低,吸附除草剂量少,土壤处理剂的药效易于发挥,可使用较低的施药剂量。但砂性土壤药液向下淋溶量较大,使用封闭型除草剂时易产生药害。此外,土壤有机质含量越高,土壤微生物种群分布越多,土壤微生物分解除草剂的作用越强,药效发挥受到的影响越大。当土壤有机质含量达到一定时,即使增加药量,也难以使其发挥药效。因此在实验中必须根据当地的土壤情况确定除草剂的用量。土壤含水量与土壤 pH 影响除草剂药效的发挥。一般情况下,土壤含水量越大,溶解的药量越多。因此,多数除草剂的药效随土壤含水量的增加而增加。土壤 pH 对除草剂活性有一定影响,当土壤 pH 在 5.5~7.5 时,大多数除草剂能很好地发挥作用。酸性或碱性土壤对除草剂影响较大,大多数磺酰脲类除草剂受土壤酸碱度影响很大,在酸性土壤中降解速度快,药效差;在碱性土壤中降解速度慢,药效好,但对后茬敏感作物易产生药害。

7. 实验结果的调查和药效计算方法

(1)调查取样方法确定原则　　调查取样方法是田间药效试验中的一项关键技术。调查取样方法是否恰当,直接影响调查结果的正确性。在田间药效试验结果的调查中,由于人力、时间的限制,通常不可能将整个试验区的每块田、每个试验小区、所有植株或靶标物全部进行检查,而是在每个小区中取少部分样本作为该小区总体(样本)的代表。这就要求调查取样的样本能代表该取样小区药效试验的客观实际,即取样要有代表性。在田间试验调查有害生物的数量或对作物的危害程度时通常采用随机取样,只有当田间各取样的调查单位都有同等的机会被抽取作为样本时,这样的随机取样才能使样本有代表性。因此药效调查应包括采用正确的取样方法和调查单位,足够的样本数量。

1)取样方法:常用的取样方法有对角线五点取样法、棋盘式取样法、平行线取样法、Z字形取样法等。正确的取样方法主要取决于有害生物种类及被害作物在田间的分布型。常见病虫草的分布主要有随机分布型、核心分布型、嵌纹分布型(图 2-22)。

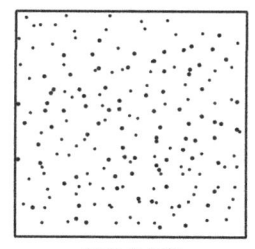 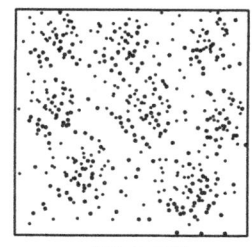 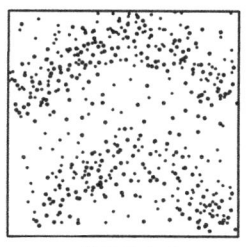

随机分布型　　　　　核心分布型　　　　　嵌纹分布型

图 2-22　病虫草的主要分布类型(引自赵善欢,2000)

A. 随机分布型（random distribution）：随机分布型通常是稀疏随机地散在分布于田间，即分布比较均匀。调查取样时，每一个体在取样单位出现的机会相同。通常可用对角线五点取样法、棋盘式取样法等。调查取样时，取样的调查单位（即样点数）可少些；但每样点取样的样本数可大些，特别当有害生物种类及被害作物在田间的分布数量偏低时。

B. 核心分布型（contagious distribution）：核心分布型属于一种不均匀的分布，即种群内的个体在田间分布呈多处小集团，形成大小及形状不同、向外放射性蔓延的核心。核心之间是随机的，而核心内通常是较密集的分布。调查取样以平行线取样法最好。调查取样时，取样的调查单位应多些，但取样的样本数要少些。

C. 嵌纹分布型（negative binomial distribution）：嵌纹分布型属不均衡分布，在田间形成很不均匀的疏密相间，多个核心互相接触呈嵌纹状分布。调查取样时个体于各取样点出现的机会不相等，因此在取样时应考虑样点的形状、大小、个数、位置，以兼顾分布的疏密。调查时可采用Z字形取样法，取样的样点数要多，而每样点的样本数要小些。

2）调查单位：每个样点（调查单位）如何调查统计，主要取决于调查统计用什么单位。调查统计单位随着靶标有害生物的种类、生长发育阶段、活动栖息方法的不同，以及作物种类不同而灵活运用，常用的调查单位为面积（如 $1m^2$）、长度（如 $1m$）、植株或叶片、果实、穗体积（如 $1m^3$）、质量（如 $0.5kg$）、时间（如单位时间内采得的虫数）、调查器械（如捕虫网、白瓷盘）等，采用各种不同的单位，都是为了使每样点的取样标准化。

3）样本数量：在杀菌剂田间试验的取样调查中，选点和取样数目因病害种类、作物生育期、环境条件不同而不同。

具体可参照中华人民共和国国家标准《农药田间药效试验准则》中的规定进行取样调查。通常对于流行传播而分布均匀的病害（如麦类锈病），取样点数目可以少些（如五点取样）；土传病害（如棉花枯萎病），取样点应多些。当地形、土壤肥力不一致时，应适当增加取样点。对于在田间分布比较均匀的病害，一般按棋盘式、双对角线或单对角线等形式取样；对于在田间分布不均匀的病害可以适当增加样点数，或采用抽行式（即相隔若干行抽查一行）调查（图 2-23）。取样过程中尽量避免在田边取样，一般应远离田边 2m 以上。取样单位一般以面积（用于调查密植作物）或长度（用于调查密植条播作物）为单位，也可以植株或植株的一定部位为单位进行调查。

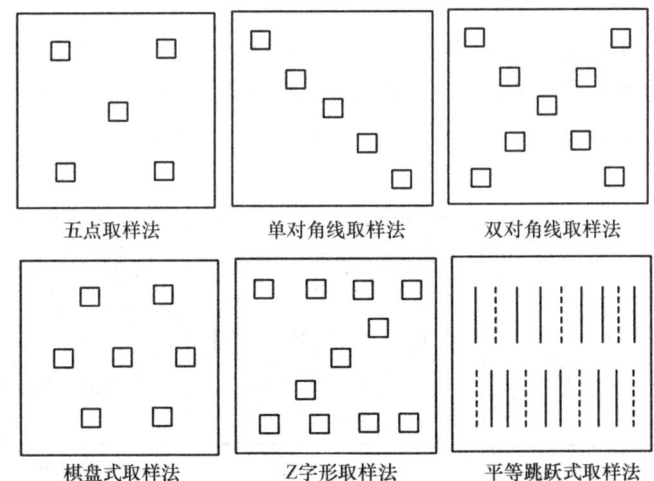

图 2-23　调查取样方法（引自赵善欢，2000）

（2）试验结果的调查设计和药效计算方法

1）杀虫剂试验结果的调查设计和药效计算方法：在杀虫剂田间试验中，通常在试验前调查供试靶标害虫发生的基数，施药后根据供试药剂的特性调查供试药剂的速效性和持效性，速效性一般在药后 1d、3d 调查供试靶标害虫的死虫数或供试作物的受害株数（或受害蕾数、受害铃数等），而持效性通常在药后 5d、7d、14d、21d 等调查。根据调查结果，计算死亡率或受害株率（或受害蕾率、受害铃率等）、校正死亡率或校正受害株率（或校正受害蕾率、受害铃率等），计算方法见本书农药毒力测定相关内容。杀虫剂药效试验结果也可以采用分级法进行评价，如蔬菜、马铃薯蚜虫可采用以下方法进行分级调查，再根据虫害指数计算药效。

蔬菜、马铃薯蚜虫分级标准：

0 级，全株无蚜虫。

1 级，每片叶 10 头以下蚜虫。

3 级，每片叶 11~20 头蚜虫。

5 级，每片叶 21~50 头蚜虫。

7 级，每片叶 51~100 头蚜虫。

9 级，每片叶 100 头以上蚜虫。

根据不同类型的调查数据，杀虫试验结果中计算防治效果主要有以下几种。

A. 防治前无虫口基数的防效计算：

$$防效(\%) = \frac{对照区虫数 - 防治区虫数}{对照区虫数} \times 100 \qquad (2-32)$$

B. 防治前有虫口基数的防效计算：

$$虫口减退率(\%) = \frac{施药前虫数 - 施药后虫数}{施药前虫数} \times 100 \qquad (2-33)$$

$$防治效果(\%) = \frac{处理区虫口减退率 - 对照区虫口减退率}{1 - 对照区虫口减退率} \times 100 \qquad (2-34)$$

C. 采用分级标准计算防治效果的害虫：

$$虫害指数(\%) = \frac{\sum(各级叶片数 \times 相对级数值)}{调查总叶数 \times 最高级数值} \times 100 \qquad (2-35)$$

$$虫害减退率(\%) = \frac{施药前虫害指数 - 施药后虫害指数}{施药前虫害指数} \times 100 \qquad (2-36)$$

$$防治效果(\%) = \frac{处理区虫口减退率 - 对照区虫口减退率}{1 - 对照区虫口减退率} \times 100 \qquad (2-37)$$

2）杀菌剂试验结果的调查设计和药效计算方法：对杀菌剂的田间试验，通常在施药前进行病情基数调查，依据病害发展情况确定施药期间调查的时间和次数，最后一次调查通常是在第三次施药（最后一次施药）后 7~14d 进行，持效期长的药剂可以继续调查。根据病害发生的特点，一般分为发病率调查和病情指数调查两类，下面对这两类病害的调查分别举例阐述。

如玉米丝黑穗病病情调查，按照中华人民共和国国家标准《农药田间药效试验准则》中的规定，每小区调查除边行外所有植株，记录总株数和病株数，计算病株率，同时记录出苗时间和出苗率。按式（2-38）和式（2-39）计算病株率和防治效果。

$$病株率(\%) = \frac{病株数}{调查总株数} \times 100 \qquad (2-38)$$

$$防治效果(\%) = \frac{空白对照区病株数 - 处理区病株数}{空白区病株数} \times 100 \quad (2\text{-}39)$$

采用分级法进行病害调查的试验,其药效计算公式见式(2-40)~式(2-42)。如果初始病情指数为0,防治效果使用式(2-41)计算;如初始病情指数不为0,则使用式(2-42)计算。

$$病情指数(\%) = \frac{\sum(各级病叶数 \times 相对级数值)}{调查总叶数 \times 最高级数值} \times 100 \quad (2\text{-}40)$$

$$防治效果(\%) = \frac{对照区病情指数 - 药剂处理区病情指数}{对照区病情指数} \times 100 \quad (2\text{-}41)$$

$$防治效果(\%) = \frac{对照区病情指数增长值 - 处理区病情指数增长值}{对照区病情指数增长值} \times 100 \quad (2\text{-}42)$$

式(2-41)和式(2-42)中,对照区病情指数增长值=对照区施药后病情指数-对照区施药前病情指数,处理区病情指数增长值=处理区施药后病情指数-处理区施药前病情指数。

以下为几种常见病害的调查分级标准,具体可参见中华人民共和国国家标准《农药田间药效试验准则》中的规定进行分级和病情指数调查。

A. 蔬菜叶部病害。

0级:无病斑。

1级:病斑面积占整个叶面积的5%。

3级:病斑面积占整个叶面积的6%~10%。

5级:病斑面积占整个叶面积的11%~25%。

7级:病斑面积占整个叶面积的26%~50%。

9级:病斑面积占整个叶面积的50%以上。

B. 梨黑星病。

0级:无病斑。

1级:病斑面积占整个叶面积的10%。

3级:病斑面积占整个叶面积的11%~25%。

5级:病斑面积占整个叶面积的26%~40%。

7级:病斑面积占整个叶面积的41%~65%。

9级:病斑面积占整个叶面积的65%以上。

C. 黄瓜、番茄、甜椒叶部灰霉病。

0级:无病斑。

1级:单叶片有病斑3个。

3级:单叶片有病斑4~6个。

5级:单叶片有病斑7~10个。

7级:单叶片有病斑11~20个。

9级:单叶片病斑密集,占叶面积的1/4以上。

D. 番茄果实灰霉病。

0级:无病斑。

1级:残留花瓣发病或柱头发病。

3级:萼片腐烂或柱头发病蔓延到果脐部。

5级:果脐部有浸润斑,无霉层。

7级：果脐部有霉层，但未扩展到其他部位。

9级：霉层扩展到果的其他部位。

E．黄瓜果实灰霉病。

0级：无病斑。

1级：残留花发病。

3级：果脐部发病。

5级：病斑长度占果的10%以下。

7级：病斑长度占果的11%～25%。

9级：病斑长度占果的26%以上。

F．辣椒疫病。

0级：健康无病。

1级：地上部仅叶、果有病斑。

3级：地上茎、枝有褐腐斑。

5级：茎基部褐腐斑。

7级：地上茎、枝与茎基部均有褐腐斑，并且部分枝条枯死。

9级：全株枯死。

G．辣椒炭疽病。

0级：无病斑。

1级：病斑面积占果实面积的2%。

3级：病斑面积占果实面积的3%～8%。

5级：病斑面积占果实面积的9%～15%。

7级：病斑面积占果实面积的16%～25%。

9级：病斑面积占果实面积的25%以上。

3）除草剂试验结果的调查和药效计算方法：在除草剂田间试验中，通常施药前调查供试杂草株数，施药后第一次调查，触杀型药剂在施药后7～10d进行，内吸传导型药剂在施药后10～15d进行。同时记载药剂对杂草的防治效果及对作物的药害情况。第二次调查，触杀型药剂在施药后15～20d进行，内吸传导型药剂在施药后20～40d进行。调查时注意将用药时间、已出土杂草与新出土杂草分别记载。第三次调查，在施药后45～60d进行，调查残存杂草的株数及地上部分鲜物质量。第四次调查在收获前进行，调查残草量，作物测产。测产时，去掉两个边行，取中间行作物，风干后，测定千粒重，含水率应符合国家标准。

杂草调查分为绝对值调查法和目测调查法两种。新化合物药效筛选和大面积示范试验采用目测调查法即可，在特定因子试验等比较精确的试验中，则需要采用绝对值调查法。

A．绝对值调查法：在各个试验小区内按选定的调查方法选点，调查各种杂草的株数及地上部分鲜物质量，计算杂草株防效及杂草鲜物质量防治效果。点的多少和每点面积的大小根据试验区面积和杂草分布而定，通常采取对角线方式定点，每点面积常为0.25～1m^2。调查时常按禾本科和阔叶杂草两大类进行分别统计。试验过程中通常调查3～4次。记录点内杂草种群量，包括杂草种类、株数、株高、叶龄等。施药后分草种记载调查点内残存杂草的株数，最后一次调查残存杂草的株数和鲜物质量。若供试药剂无土壤封闭作用，则应依据空白对照区杂草出苗情况，校正防治效果。必要时，可以计算或测量杂草特殊器官（如分蘖数、分枝数、开花数）的指标。计算公式见式（2-43）和式（2-44）。

$$\text{杂草株防治效果}(\%) = \frac{\text{空白对照区杂草株数} - \text{处理区杂草株数}}{\text{空白对照区杂草株数}} \times 100 \quad (2\text{-}43)$$

$$\text{鲜物质量防治效果}(\%) = \frac{\text{空白对照区杂草鲜物质量} - \text{处理区杂草鲜物质量}}{\text{空白对照区杂草鲜物质量}} \times 100 \quad (2\text{-}44)$$

B. 目测调查法：目测调查法是以杂草种类组成、优势种、覆盖度等指标评价除草剂田间药效的方法。该方法具有劳动强度低、工作效率高的优点。调查人员使用这些分级标准前须进行训练。除草效果可直接应用，不需转换成估计值百分数的平均值，估计值调查法常以杂草盖度（即目测估计相当于空白对照区杂草的两个百分数间的某个范围，如0～2.5%、2.6%～5.0%等）为依据，包括杂草群落总体和单个杂草种群。一般采用9级分级法调查记载。

1级：无草。

2级：相当于空白对照区杂草的0～2.5%。

3级：相当于空白对照区杂草的2.6%～5%。

4级：相当于空白对照区杂草的5.1%～10%。

5级：相当于空白对照区杂草的10.1%～15%。

6级：相当于空白对照区杂草的15.1%～25%。

7级：相当于空白对照区杂草的25.1%～35%。

8级：相当于空白对照区杂草的35.1%～67.5%。

9级：相当于空白对照区杂草的67.6%～100%。

该方法快速简便，但使用分级的调查人员应事先进行训练，以减少系统误差。不管采用哪种调查方法，都要准确描述杂草受害症状（生长抑制、失绿、畸形等）、受害速度等。

C. 其他相关信息记录和分析：其他相关的信息主要包括气象资料、药剂对作物的影响及田间管理相关资料。整个试验期间应记录降水情况（降水类型和降水量，降水量以mm为单位）、温度（日平均温度、最高温度和最低温度，单位为℃）、风力、阴晴、光照、相对湿度等资料，试验期间影响试验结果的恶劣气候因素（如干旱、大雨、冰雹等）也须记录。观察并记录药剂对作物有无药害、药害的类型和程度，同时要准确描述作物的药害症状（矮化、褪绿、畸形等）。残效期长的药剂，要注意对后茬作物的观察。此外，也要记录药剂对作物的其他有益影响（如促进成熟、刺激生长等），对其他病虫害的影响，对野生生物、鱼类和昆虫天敌、传媒昆虫、有益微生物等非靶标生物的影响。还要记录土壤pH、土壤有机质含量及土壤肥力，相关的管理措施，如整地、灌溉和施肥等资料。

D. 试验结果的统计分析：田间药效试验的数据除进行药效计算外，还应进行一定的统计分析，统计分析可借助统计软件进行统计。现在常用的统计分析软件如DPS、PASW（SPSS）、SAS等均适用于开展田间药效试验的统计分析，不同的区组排列方式设计应采用不同的试验统计分析方法。农药田间小区药效试验通常采用单因子的随机区组设计，其试验数据采用邓肯氏新复极差法（Duncan's multiple range test，DMRT）进行统计分析，对防效开展显著性测验，将有助于对田间药效试验的结果作出正确的评价。

（四）大区试验和大面积示范试验

大区试验是为了证实小区试验的真实性而扩大试验面积进行的重复试验，而大面积示范试验是农药产品取得临时登记后，采用小区试验和大区试验所得的最佳使用剂量、最适的施药时间和方法等而进行的生产性验证试验，为大面积推广提供依据。因此，大区试验及大面积示范试验处理项目较少，更为接近大田实际使用情况，对生产防治的指导作用更为具体。

另外,田间试验还应包括对作物的安全性试验(药害试验)、产量增产试验和对天敌等有益生物的影响试验等。

三、农药药害测定

农药药害是指因施用农药对植物造成的恶性伤害,一般来说是在农药喷洒、拌种、浸种、土壤处理等使用过程中,由于药剂浓度过大、用量过多、使用不当或某些植物对药剂过敏,从而产生影响植物的生长,如发生落叶、落花、落果、叶色变黄、叶片凋零、灼伤、畸形、徒长及植株死亡等现象。

农药药害的测定分室内药害测定和田间药害测定。

1. 室内药害测定 室内药害测定可根据农药的使用范围和方法,进行盆栽试验,栽植被保护植物(或对药剂最敏感的植物),采用灌根、针刺、喷雾、涂叶、喷粉、涂茎等方法施药,7d左右,调查药害程度。施药量可设正常药量、高于正常药量、低于正常药量3种,同时设不施药的植株作为对照,以比较药害的有无。

2. 田间药害测定 田间药害测定可参考田间药效试验设计,测算农药的安全系数[式(2-45)]。

$$安全系数 = \frac{植物对农药的最高忍受浓度}{药剂对病虫害的田间有效浓度} \tag{2-45}$$

安全系数大于1表示不易造成植物药害,安全系数越大,药剂对植物越安全;安全系数小于1,表示药剂易造成药害。

田间实际使用农药的过程中,还要注意记录药害症状(矮化、褪绿、畸形等),观察药剂对作物成熟、生育期、生长、开花等有无影响,选取相应的指标进行记录及数据采集,将其作为药害评价的部分内容。通常,药害可用以下方式进行记录:如果药害能被测量或计算,要用绝对数值表示,如株高、植株重量、叶色等;其他情况下,可采用药害分级法进行评价。药害分级法是将药害按药害轻重程度进行分级评价,一般按以下方式进行分级。

(1)杀虫剂和杀菌剂 按照药害分级方法记录每处理小区的药害程度。

-:无药害。

+:轻度药害。

++:中度药害,可复原,不会造成作物减产。

+++:重度药害,影响作物正常生长,对作物产量和质量造成一定程度的损失。

++++:严重药害,作物生长受阻,产量和质量损失严重。

(2)除草剂 按照药害分级方法记录每小区的药害程度。

1级:作物生长无任何受害症状。

2级:作物轻微药害,药害少于10%。

3级:作物中等药害,以后能恢复,不影响产量。

4级:作物药害较重,难以恢复,造成减产。

5级:作物药害严重,不能恢复,造成明显减产或绝产。

3. 农药药害常规测定方法 这里分别介绍以植株幼苗和种子为材料开展药害测定的简要方法,根据供试药剂和作物可灵活选择测定方法开展药害的测定。

蚕豆幼苗法:用定量移液器吸取一种药液10μL,点在蚕豆苗(3~4片叶)顶叶的边沿,做好标记,同法以清水处理一株作为对照,每隔24h观察和记录发生药害的叶片数量、药害斑点数、凋萎、皱褶、干缩、失绿或其他畸形现象,与对照相比,如有明显差别,即可认为有药害。

种子萌芽法：分别按种子重量的 0.01%、0.1%、1% 称取药剂，与小麦种子混匀后，用镊子选取健康种子，腹沟朝下放入培养皿内保湿培养（每种药剂处理 1 皿，每皿 10 粒种子），以不拌药的种子为对照，处理后的培养皿放置于 26~28℃ 培养箱中，2~5d 后观察种子根芽生长情况，凡根芽生长比对照低的即药害表现。

第三节 农药的小试和中试

农药在进行大规模生产之前还需要经过小试和中试两个阶段的实验，以验证和摸索生产工艺在放大情况下的可行性。

一、农药的小试

农药（化学合成类）的小试目的在于选择适合于选定化合物工业生产的合成路线，工艺条件和设备，尽可能提高质量和收率，并提出分析方法和三废治理措施等，结合药效、急性毒性和亚急性毒性试验结果，为中试研究提供依据。这一点与先导化合物发现及优化阶段有着本质的区别，前期先导化合物的发现及先导优化的目的是获得化合物纯品以供生物筛选，所需的化合物量较少，并且不考虑合成的收率及成本。合成类农药的小试主要包括：选定合成路线；合成条件优化；测定和合成反应有关的理化数据，如对热量、黏度、反应时间等进行优选，确定优化反应条件，并多次实验证实；制订产品的质量标准，制订原料、中间体、产品的分析方法；进行物料能量衡算，初步评价其经济效益。中试试验是在小试的基础上，在一定规模的反应装置中试制一定数量的农药，确定其制备和加工工艺、设备选型、能量消耗和三废治理方案，从经济上和技术上进行工业性研究的过程。

（一）选择合成路线

分析和试验某一选定化合物的主要合成路线进行，通过原料来源、设备条件、能量消耗、反应收率、成本等综合比较，选出工业上合理的工艺路线和合成方法，并完成探索性合成试验。

（二）合成条件优化

优选确定影响质量和收率的各主要因素，原料配比，加料顺序，催化剂种类和用量，反应物料的浓度，反应温度和压力，反应时间及必要的宏观动力学研究等，并多次进行实验证实。

（三）测定理化数据

主要包括合成反应中相关产物和中间体的理化数据，如热量、黏度等，为设备选型及进一步的工业性试验提供依据。

（四）制订原料、中间体、产品的分析方法

原料、中间产物及产品的分析方法是决定能否获得合格产品的主要内容。可以参照已有的合成路线及工艺中的分析检测方法，对于新化合物的分析检测，可以根据整个工艺的需要建立合适的分析方法。

（五）进行物料能量衡算，初步评价其经济效益

评价原料、能源、人力等的投入及产出比例，评估生产的经济效益。就生产过程中收率低、

副产物多和三废较多的反应进行物料衡算,以便提高生产效率、回收副产物综合利用及提取防治三废的数据。

(六)提供适量合格产品进行田间药效试验评价和安全性评价

小试产品可用于进行田间药效试验的评价及安全性评价。

当然,除了化学合成农药之外,其他农药种类,如抗生素、微生物农药等则要考虑生物发酵的影响因素。其中包括了菌种改造、培养基成分、培养时间、接种量等培养条件的放大。

通过小试实验,应达到以下要求:收率稳定,产品质量可靠;操作条件已经确定,产品、中间体和原料的分析检验方法已确定;某些设备、管道材质的耐腐蚀实验已经进行,并有所需的一般设备;进行了物料衡算;三废问题已有初步的处理方法;已提出原材料的规格和单耗数量;已提出安全生产的要求。

二、农药的中试

中试是科技成果向生产力转化的必要环节,成果产业化的成败主要取决于中试的成败。农药的中试研究是在小试研究的基础上进行的,主体内容是对小试结果的验证,为产品的规模化生产提供数据。

其主要包括以下几方面的内容。

(一)验证小试结果,确定生产工艺

根据工程放大的需要,建立一定规模的中间试验装置(全流程或单元操作),考验工艺流程的合理性和操作条件的可靠性,测定物料平衡、热量平衡及制订过程控制方案。当选定路线和单元反应在中试中出现难以解决的问题时应重新选择其他路线,并按新路线进行中试放大,使反应和后处理操作方法适用工业生产的要求。特别注意缩短工序,简化操作,提高劳动生产率,从而最终确定生产工艺流程和操作方法。

(二)主要设备材质选择和设备选型

材料的选用与设备的选型首先要满足工艺及设备的要求,然后还要考虑技术上先进、安全、可靠、耐用、经济俭省。

1. 满足工艺及设备要求 根据工艺条件和操作条件(如温度、压力、介质、环境等),在机械强度、耐腐蚀和耐溶剂等性能上优先考虑,选用具有足够的强度和塑性、韧性,能耐受介质腐蚀的材料。

2. 材质可靠,使用安全 设备材质要能够满足安全生产的需要,满足设备使用寿命的需要。

3. 选材应尽量选择标准化设备 标准化的化工设备在购置及维护、更新等过程中都将极大地降低使用成本,缩减设备开支。

4. 综合经济指标核算 设备、材料确定后,还包括运费、加工费、维护费,以及将来设备维修的费用等,综合地从经济上衡量和测算,应立足于选用价廉物美的材料。

(三)较长周期稳定和连续运转

通过多个批次的试验,确定消耗定额、原材料成本、操作工时与生产周期等内容。并检验设备在较长时间运行状态下的稳定性，尤其要注意高压、高速、高腐蚀反应过程中设备及管路的疲劳、老化问题。

（四）确定三废治理方案

农药生产过程中产生的废弃物会对环境造成危害，严重的会污染农田和饮用水，危害到人类的生存，因此需要对生产过程中产生的三废（废气、废液和废渣）进行无害化处理后再排放。废气可用相应的试剂进行吸收处理，如氯化氢气体可用水吸收，硫化氢气体和氮氧化物用碱液吸收，试剂吸收后的产物可回收再利用。废液和废渣中的有机毒物应尽可能回收利用，无法回收利用者，用焚烧法处理最为简捷、有效。多数有机物在500℃以下能够分解、炭化，800℃以上可以完全被空气氧化为二氧化碳和水。废水的处理可采用生化处理、吸附法、萃取法、化学处理等方法进行处理后排放。

不同的农药在生产过程中所排放的废弃物各有不同，应结合生产实际，在制订生产工艺流程时尽可能采用绿色化学方法开展，减少有害废弃物的排放。

（五）原材料、中间体及产品的分析方法和建立产品质量标准

小试中质量标准有欠完善的要根据中试试验进行修订和完善，确保产品质量。在中试阶段，要制订简便实用的原料、中间体及产品的分析方法，制订相应的产品质量标准。

第四节　农药生物活性测定实例

一、杀虫剂胃毒毒力测定

昆虫在取食正常食物的同时将药剂摄入消化道，经肠壁细胞吸收进入血液，随血液循环到达作用部位而使昆虫中毒。它利用昆虫的贪食性，因此要尽量避免药剂与昆虫体壁接触而产生其他毒杀作用。测定方法有：①液滴饲喂法；②口腔注射法；③叶片夹毒法。其中以叶片夹毒法操作方便、结果重现性好，得到广泛应用。

叶片夹毒法是在两叶片中间均匀地夹入一定量的杀虫剂，饲喂目标昆虫，药剂随叶片被昆虫取食，根据被吞食的叶片面积，计算出每头试虫吞食的药量。此方法中药剂夹在两叶片之间，避免发生触杀作用，只有昆虫咀嚼取食时才能产生毒杀作用。叶片夹毒法只适用于植食性、取食量大的咀嚼式口器目标昆虫，如黏虫、蝗虫、玉米螟、菜青虫、斜纹夜蛾等。

（一）能力目标

掌握叶片夹毒法测杀虫剂胃毒毒力的方法和原理；会制备夹毒叶片；会计算试虫的取食量，药剂对试虫的致死中量；会对数据结果进行整理和分析。

（二）实验材料

药剂：90%敌百虫。
溶剂：丙酮。
试虫：黏虫、菜青虫或斜纹夜蛾幼虫30～50头。
实验器材：培养皿30～50套，木塞打孔器（直径2cm），微量注射器10μL 1支，浆糊或明胶，分析天平。
植物材料：甘蓝叶、蓖麻叶、小麦叶、玉米叶等。

(三)实验方法

选取健康的叶片,用木塞打孔器打制圆形叶片 60 片。打制过程中尽量避开叶脉部分,将打制好的圆叶片放在铺垫有滤纸片并加水保湿的培养皿中待用。需要使用时间较长时可保存在 4℃冰箱中保持新鲜。

夹毒叶片的制备:用丙酮将敌百虫稀释成有效成分为 0.1% 的药液,用微量定量注射器吸敌百虫丙酮液 10μL,均匀滴在叶片上,加药面向上放置,等待溶剂挥发。用浆糊(或明胶)均匀涂布于另一片新鲜叶片。取一片加药叶片和一片涂胶叶片对合用胶粘在一起,即制成夹毒叶片,同时制备不夹毒叶片若干作对照。

采集的试虫先饥饿 3~5h,每头虫用分析天平称重后,放入垫有加湿滤纸的培养皿中。每皿放一头试虫,同时放一片夹毒叶片饲喂,对照组放入未夹毒叶片。每处理设置 10 个重复,即每浓度处理 10 头试虫。

(四)结果观察及计算

观察试虫取食速度,取食一段时间(一般为 10min~1h)后将试虫取放在干净容器中,放入新鲜植物叶片,在 3~24h 后检查死亡率。

取食量的计算:将试虫取食剩余的叶片放在直径 2cm 的方格纸(坐标纸)上,计数被吃去的方格数(1mm^2/格),然后按每张圆叶片上的总药量计算每一方格的剂量,即可求出取食药量,从而求得每头虫单位体重所取食的剂量(μg/g)。也可以采用积分仪对叶面积进行测定。

$$吞食药量(μg/g) = \frac{吞食面积(mm^2) \times 药量(μg/mm^2)}{昆虫体重(g)}$$

或

$$吞食药量(μg/g) = \frac{药液浓度(μg/mL) \times 药量(\times 10^{-3} μg/mm^2)}{昆虫体重(g)}$$

根据单位体重所食药量的多少排序,并注明生死反应。将供试昆虫分为三组:①生存组;②中间组(有生存的,也有死亡的);③死亡组,试虫全部死亡。计算 LD_{50} 时只用中间组,因此生存组和死亡组的试虫数量尽量少。用下式求出致死中量。

$$致死中量(LD_{50})(μg/g) = \frac{A+B}{2}$$

式中,A 为生存目标昆虫的平均单位体重吞食的药量,即中间组生存的目标昆虫各项单位体重药量总和除以总活虫头数;B 为死亡目标昆虫的单位体重吞食的药量,即中间组死亡目标昆虫的各项单位体重药量总和除以死亡头数。

(五)考核评价

预习实验,占 10%,满分 10 分;
课堂提问,占 10%,满分 10 分;
实验操作,占 40%,满分 40 分;
撰写实验报告及数据分析的规范性,占 40%,满分 40 分。

二、杀虫剂触杀毒力测定(点滴法)

杀虫剂的触杀作用是指药剂通过昆虫体壁进入昆虫体内起到毒杀作用,大部分的杀虫剂都具有较强的触杀作用。触杀毒力测定有药膜法、点滴法、喷雾法和浸液法。其中点滴法(topical application）是通过将一定量的农药点滴在虫体的一定部位上，使试虫中毒死亡。

（一）能力目标

掌握点滴法测杀虫剂触杀毒力的方法和原理；会用二倍稀释法配制一系列浓度的杀虫剂溶液；能了解试虫的药剂敏感部位，并辨认出试虫的胸部背板处；会对数据结果进行整理和分析。

（二）实验材料

容量瓶（10mL、25mL、50mL 及 100mL）、微量点滴器或毛细管微量点滴器、吸管、培养皿、烧杯、试管、滤纸、平头镊子、计算纸、白纸、毛笔等。

供试药剂：拟除虫菊酯类、有机磷类、氨基甲酸酯类等杀虫剂。本实验以高效氯氰菊酯为例。

试虫：黏虫、菜青虫、玉米螟幼虫或斜纹夜蛾幼虫。本实验以玉米螟幼虫为例。

（三）实验方法

1. 预备试验与浓度配制　　先用丙酮将供试药剂配制成若干个不同浓度，选取 4 龄玉米螟幼虫若干。每个浓度用点滴器（或微量进样器）点滴药液于幼虫的胸部背面，每头幼虫点滴 1μL（或通过标定容量的点滴器），每个浓度点滴虫数不少于 30 头。待药液挥发后，每 5~8 头试虫盛于一皿中，加入少量饲料，盖好培养皿，写好标记。经 24h 后检查试虫的生存及死亡头数，计算其死亡率。从这些浓度中找出适合的浓度，即找出其死亡率在 20%~90% 的 5~7 个不同剂量的等比浓度供下一步试验用。

根据上一步预备试验结果设置浓度，如可用丙酮将药剂稀释成如下系列浓度：500mg/L、1000mg/L、2000mg/L、4000mg/L、8000mg/L 和 16 000mg/L（按等比数列设置浓度）。

2. 药剂处理　　用微量点滴器蘸取药液，点滴 1μL 于幼虫胸部背板处。按药剂浓度从低到高的顺序处理，每浓度处理 30 头试虫，设置 3 个重复。对照试虫仅点滴丙酮。待药液挥发后，将试虫放入垫有滤纸的培养皿中（滤纸预先加湿），添加适量人工饲料于皿中。

（四）结果观察与计算

试验期间记录温湿度，施药后 24h 检查每一处理的生或死虫数，按以下公式统计各浓度幼虫的死亡率和校正死亡率，并将数据填入表 2-10 中，计算如下。

$$死亡率(\%) = \frac{试虫死亡个数}{试虫总个数} \times 100$$

$$校正死亡率(\%) = \frac{处理组死亡率 - 对照组死亡率}{1 - 对照组死亡率} \times 100$$

表 2-10　高效氯氰菊酯对玉米螟幼虫的触杀毒力

药剂浓度 /（mg/L）	供试虫数 / 头	死虫数 / 头	死亡率 /%	校正死亡率 /%	单位体重药量 /（μg/g）	剂量对数	校正死亡率概率值
500	30						
1 000	30						
2 000	30						
4 000	30						
8 000	30						
16 000	30						
对照	30						

根据以上计算结果采用绘图法和最小二乘法计算毒力回归曲线,并求出 LD_{50}、标准误、置信区间($P=0.05$)。

(五)考核评价

预习实验,占 10%,满分 10 分;
课堂提问,占 10%,满分 10 分;
实验操作,占 40%,满分 40 分;
撰写实验报告及数据分析的规范性,占 40%,满分 40 分。

三、杀虫剂熏蒸毒力测定(锥形瓶法)

在适当气温下,利用有毒的气体、液体或固体挥发产生的蒸气在固定空间挥发成气态,达到一定浓度后与试虫接触,毒杀害虫。熏蒸时,毒剂主要以气态从昆虫的气门进入气管,再分布到全身的气管,然后到达神经作用部位。因此,测定熏蒸毒力的装置都必须基于同一原则,即试虫在一密闭容器中不能和固态或液态的毒剂直接接触。毒剂只能以气态和试虫接触。常见熏蒸作用的测定方法有二重皿法、干燥器法、广口瓶法、药纸熏蒸法和锥形瓶法。

(一)能力目标

掌握锥形瓶法测杀虫剂熏蒸毒力的方法和原理;会制备带有一定剂量药的滤纸片;会进行数据的整理、分析。

(二)实验材料

供试药剂:辛硫磷、敌敌畏、敌百虫、高效氯氰菊酯。
供试昆虫:米象、杂拟谷盗、黄粉虫幼虫、家蝇、库蚊成虫。
用具:250mL 锥形瓶、橡胶塞、滤纸片(2cm×2cm)、吸量管(1mL 量程)等。

(三)实验方法

用蒸馏水将药剂稀释为有效成分含量为 0.5% 备用。随机挑选活力较强的试虫接入 250mL 锥形瓶中,每瓶 10~20 头。家蝇和库蚊在处理前需要先做麻醉处理。用大头针将面积 $4cm^2$ 的滤纸片(2cm×2cm)固定在橡皮瓶塞上,移取 0.5mL 药剂滴加到滤纸条上。然后用胶塞塞紧瓶口,使不漏气(图 2-24)。每处理重复 3 次。将锥形瓶置于养虫室培养,储粮害虫培养 24h、卫生害虫培养 4h。揭盖散气将试虫转入干净培养皿中观察,处理后 12h、24h 和 48h 检查计算死亡虫数,计算死亡率和校正死亡率,记入表 2-11 中。

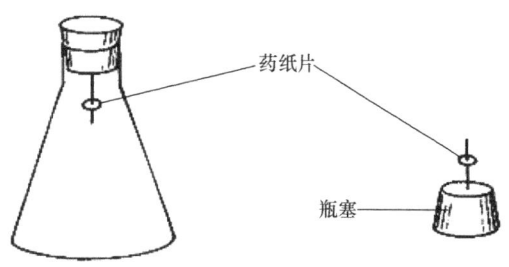

图 2-24 锥形瓶熏蒸法示意图

$$死亡率(\%) = \frac{试虫死亡个数}{试虫总个数} \times 100$$

$$校正死亡率(\%) = \frac{处理组死亡率 - 对照组死亡率}{1 - 对照组死亡率} \times 100$$

（四）结果记录与计算

在表 2-11 中记录试验结果，比较各种药剂的毒力并分析哪种供试药剂没有熏蒸作用。

表 2-11 杀虫剂熏蒸毒力试验记载表

供试药剂	供试总虫数	处理后 12h			处理后 24h		
		死虫数	死亡率 /%	校正死亡率 /%	死虫数	死亡率 /%	校正死亡率 /%
辛硫磷							
敌敌畏							
敌百虫							
高效氯氰菊酯							
对照							

（五）考核评价

预习实验，占 10%，满分 10 分；
课堂提问，占 10%，满分 10 分；
实验操作，占 40%，满分 40 分；
撰写实验报告及数据分析的规范性，占 40%，满分 40 分。

四、杀虫剂内吸作用毒力测定

杀虫剂内吸毒力测定是指药剂接触植物的某一部分（如根、茎、叶、种子），渗入植物体内，并随体液传导到全株或植株的某一部分，在一定时间内，让昆虫取食没有直接用药的植物组织，观察其致毒反应。包扎法和药剂培养法是常用的杀虫剂内吸测定方法。

（一）能力目标

掌握杀虫剂内吸作用毒力测定的原理；掌握涂抹包扎法的操作步骤；会计算药剂的浓度和称药；会对数据结果进行整理和分析。

（二）实验材料

供试昆虫：花生蚜虫。
供试植物：花生苗。
供试药剂：50% 乐果 EC、25% 螟蛉畏 EC、50% 杀螟松 EC。
用具：烧杯（250mL）、试管（2cm×18cm）、移液管、试管架、药棉、塑料布、剪刀、纸套等。

（三）实验方法

药剂配制：将三种供试药剂配成有效含量为 0.5% 的乳液各 50mL。
内吸测定方法有以下两种。

1. 涂抹包扎法 挑选生长发育一致、叶片带蚜量较一致（20~25 头）的花生苗 12 株，每株在颈部包扎一圈脱脂棉，用移液管吸取上述药液 0.2mL 滴于脱脂棉上。外部用塑料布缠绕后，用线结扎，防止药剂蒸气挥发，每一药剂重复 3 次，每处理一株，对照用清水，重复 3 次，将已施药的花生苗用纸袋套住,插在盛有清水的试管中,排列在试管架上,各处理间不要接触,24h 后解开纸袋,统计蚜虫平均死亡率,比较各药剂的内吸毒效。

2. 药液培养法　　先将供试药配成 10mg/L 水溶液,分别注入试管内,每管 20mL,对照用清水,重复三次,挑取生长发育一致、叶片带蚜量较一致(20～25 头)的花生苗 12 株,插入液面 10cm 处,精确计算苗上蚜虫的数目后,用纸套住,24h 后统计平均死亡率。

(四)实验报告

将实验结果整理成表,并比较几种药剂的内吸作用,判断哪种药剂不是内吸剂。

(五)考核评价

预习实验,占 10%,满分 10 分;
课堂提问,占 10%,满分 10 分;
实验操作,占 40%,满分 40 分;
撰写实验报告及数据分析的规范性,占 40%,满分 40 分。

五、杀菌剂生物活性测定——孢子萌发法(凹玻片法)

孢子萌发法是将植物病原真菌的孢子在保温、保湿条件下培养于含有一定药剂的介质中,处理一定时间后根据杀菌剂对孢子萌发抑制作用测定药剂的生物活性。孢子萌发法常采用凹玻片法。

(一)能力目标

掌握孢子萌发测定杀菌剂生物活性的方法;会制备孢子悬浮液;会进行药剂的配制;会数据的整理、分析。

(二)实验材料

实验器材:离心机、电子天平(最小量程 0.1mg)、显微镜、培养箱、培养皿、计数器、载玻片、凹玻片、移液管或移液器。

病菌孢子:试验靶标应选择容易产生孢子且孢子容易萌发、遗传和成熟度一致、便于镜检的病原真菌,如灰霉菌(*Botrytis cinerea*)、玉米大斑病菌(*Setosphaeria turcica*)和稻瘟病菌(*Pyricularia oryzae*)等。

供试药剂:嘧菌酯,多菌灵,硫酸酮。

(三)实验方法

1. 制备孢子悬浮液　　将试验用病原真菌在适宜的培养基上培养,或将感病组织保湿培养,待产生孢子后备用。将培养好的病原真菌孢子用去离子灭菌水从培养基或感病组织上洗脱、过滤、离心 5min(1000r/min),弃去上清液,加入去离子灭菌水,再离心。最后用去离子灭菌水将孢子重悬浮至每毫升(1×10^5)～(1×10^7)个孢子,按 0.5% 比例加入葡萄糖。

2. 药剂配制　　水溶性药剂直接用水溶解稀释。其他药剂选用合适的溶剂(如甲醇、丙酮、二甲基甲酰胺或二甲基亚砜等)溶解,用 0.1% 的吐温-80 水溶液稀释。根据药剂活性,设置 5～7 个系列质量浓度,有机溶剂最终含量不超过 2%。

实验药剂采用原药(母药),并注明通用名、商品名或代号、含量和生产厂家。对照药剂采用已登记注册且生产上常用的抑制孢子萌发的杀菌剂原药。

3. 药剂处理 用移液管或移液器从低浓度到高浓度依次吸取药液 0.5mL，分别加入小试管中，然后吸取制备好的孢子悬浮液 0.5mL，使药液与孢子悬浮液等量混合均匀。用微量加样器吸取上述混合液滴到凹玻片上，然后架放于带有浅层水的培养皿中，加盖保湿培养于适宜温度的培养箱中。每处理不少于 3 次重复，并设不含药剂的处理作空白对照。

4. 检查结果 显微镜下观察并统计萌发（或未萌发）孢子数。当空白对照孢子萌发率达到 90% 以上时，检查各处理组孢子萌发情况。每处理的各重复随机观察 3 个以上视野，检查孢子总数不少于 200 个，分别记录萌发数和孢子总数。孢子芽管长度大于孢子的短半径视为萌发。

$$萌发率(\%) = \frac{萌发孢子数}{检查孢子数} \times 100$$

$$校正萌发率(\%) = \frac{处理萌发率}{对照萌发率} \times 100$$

5. 结果统计 将结果记录在表 2-12 中，按上式计算校正萌发率。

表 2-12 杀菌剂孢子萌发抑制试验记载表

药液浓度/(mg/L)	检查孢子数量/个	未萌发孢子数量/个	萌发率/%	校正萌发率/%

将供试药剂的离体活性测定结果记入表 2-12 中，以浓度的对数值为横坐标，以萌发抑制率概率值为纵坐标，求出供试药液抑制病原菌孢子萌发的毒力回归方程、孢子萌发抑制中浓度 EC_{50}，并完成实验报告。

（四）考核评价

预习实验，占 10%，满分 10 分；
课堂提问，占 10%，满分 10 分；
实验操作，占 40%，满分 40 分；
撰写实验报告及数据分析的规范性，占 40%，满分 40 分。

六、杀菌剂生物活性测定——生长速率法

将不同浓度的药液与熔化的培养基混合，制成带毒培养基平面，在平面上接种病原菌，以病菌生长速度的快慢来判定药剂毒力的大小。病菌生长速率法可用两种方法表示：①一定时间内菌落直径的大小；②菌落达到一定直径所需的时间。通过本实验要基本掌握杀菌剂室内（离体）活性的生物测定操作技术，掌握杀菌剂毒力回归曲线的制作及 EC_{50} 的求解方法。

（一）能力目标

掌握生长速率法测杀菌剂生物活性的方法；会配制培养基及灭菌；会计算杀菌剂的浓度和称药；会数据的整理、分析。

（二）实验材料

供试药剂：肉桂精油或丁香精油、香茅油、吐温-80。

供试病原菌：蔬菜灰霉病菌、小麦赤霉病菌。

供试培养基：PDA培养基。配方：马铃薯200g，葡萄糖20g，琼脂粉10g（或琼脂条18g），自来水1000mL，pH自然偏酸（5～6）。制作方法：选择质量较好的马铃薯，削皮，去芽眼，切成薄片，称取200g，加自来水1000mL，煮沸后改小火煮30min（直至马铃薯片呈半透明状），然后用4层沾湿纱布过滤，滤液用水补足至1000mL。再加入琼脂12g，煮沸并用玻棒搅拌使其熔化，加入葡萄糖20g，搅匀，再补足水至1000mL，最后分装于试管（用于接斜面）或锥形瓶（250mL锥形瓶盛约150mL培养基）中，试管和锥形瓶分别用棉塞和无菌封口膜封好灭菌备用。采用湿热灭菌法，121℃条件下保持20min。

实验器材：ϕ90cm的培养皿（48套）、PDA培养基、1mL移液管（12个）、酒精灯、10mL具塞刻度试管（12个）、接种针（4个）、超净工作台（2台）。

（三）实验方法

1. 菌种准备 实验开始前一周，将菌种自保藏管或平板上转接自新制备的PDA平板中。在ϕ90cm的培养皿中，倒入10～15mL PDA培养基。从培养皿或者斜面培养基上取一块病菌，放在培养皿中间，于（25±1）℃条件下培养（3～7d）备用。

2. 药液准备 在预试验基础上，将供试精油用0.5%的吐温-80水溶液按二倍稀释法稀释成5～7个浓度的溶液，使其对病原菌的抑制范围在20%～80%。

3. 打制菌饼 在超净工作台上，用直径4mm打孔器（浸取75%乙醇灼烧3次以灭菌）在培养好的供试菌种菌落外缘打制带菌培养基块——菌饼。菌落外缘生长的菌丝为菌落新生菌丝体，活力较高，在新的培养基上生长速度差异较小。

4. 混药培养平板的制备 采用混毒法制备带药培养基。先处理对照组，用1mL移液管吸取1mL 0.5%的吐温-80水溶液放入10mL刻度试管中，然后将热好的培养基（冷却至50℃左右）倒入试管至10mL刻度，振荡混匀，立即倒入培养皿、放平，冷却后即成薄厚均匀的平板。然后从低浓度至高浓度顺序依次处理各个药剂浓度。每处理设置3个重复。

5. 注意事项

1）配制药剂及制备带毒培养基的一切用具均应事先灭菌，操作应遵守微生物无菌操作要求，以防污染。

2）设计药剂浓度时应考虑到药液和热培养基混合对药液的稀释及对培养基的稀释（如药液加入后将培养基稀释过多，则培养基不能凝固），一般以1mL药液加入9mL热培养基为宜，这样的比例不会影响培养基的凝固，而药剂的真实浓度被稀释了10倍。

3）挥发性强的或易受热分解的药剂，应注意混匀时培养基的温度，培养基最好冷至45～50℃再将药液加入。

4）药液和培养基必须保证在凝固前充分混匀。热的带毒培养基倒入培养皿内应保持水平，否则将会造成皿内带毒培养基厚薄不匀，产生误差。

6. 接菌饼 用接种针或消毒的镊子将菌饼反向（有菌丝的一面向下和培养基贴合）移植到带毒的培养基上。每个培养皿最好是在中心放置1个菌饼。也可以在直径9cm的培养皿中呈三角形放3个菌饼，但应注意病菌的生长速度及3个菌饼的间距和它们离皿壁的距离，否则得不到圆的菌落。

7. 检查结果及记录 所有处理在（25±1）℃恒温箱中培养 72 h 后以十字交叉法测量菌落长短两个直径，每菌饼测量两次，可根据实际情况，取菌饼长短直径量取数据，取其平均值代表菌落大小。根据以下公式计算菌丝生长抑制率。

$$菌丝生长抑制率(\%) = \frac{对照菌落直径 - 处理菌落直径}{对照菌落直径 - 菌饼直径} \times 100$$

8. 结果统计 将结果记录在表 2-13 中，按上式计算菌丝生长抑制率。

表 2-13 杀菌剂毒力试验记载表

药液浓度/(mg/L)	处理后 72h		
	对照菌落直径/mm	处理菌落直径/mm	菌丝生长抑制率/%

将供试药剂的离体活性测定结果记入表 2-13 中，以浓度的对数值为横坐标，以生长抑制率概率值为纵坐标，求出供试药液对供试病原菌菌丝生长的毒力回归方程、抑菌中浓度 EC_{50}，并完成实验报告。

（四）考核评价

预习实验，占 10%，满分 10 分；
课堂提问，占 10%，满分 10 分；
实验操作，占 40%，满分 40 分；
撰写实验报告及数据分析的规范性，占 40%，满分 40 分。

七、除草剂室内毒力测定——小杯法

除草剂的生物测定技术是指利用生物体（主要指有害生物）对除草剂的反应，来测定除草剂的毒性及效果的基本方法，是发展除草剂生产和使用不可缺少的工作，是研究除草剂特性的重要手段，也是水中、土壤中残留除草剂分析的有用工具。除草剂的测定方法多样，比较常用的有小杯法、小麦根长法等。

（一）能力目标

学习小杯法测定除草剂室内毒力的实验操作技术和方法；会用二倍稀释法配制药剂；会数据的整理、分析。

（二）实验用品和仪器设备

光照培养箱、小烧杯（50mL）、量筒、移液管、计算器、直尺、烧杯、记号笔、容量瓶（100mL）、保鲜膜、大头针、镊子、玻璃棒、沙子等。

实验药剂：50% 乙草胺乳油。

实验材料：稗草种子。

（三）实验方法

1. 稗草种子催芽　　稗草种子提前 24h 在 28℃条件下保湿催芽至露白。

2. 药剂配制与稀释　　用水将药剂配制为系列浓度 500mg/L、250mg/L、125mg/L、62.5mg/L、31.25mg/L，以水为对照。

3. 播种　　量取不同浓度的药液 10mL 分别加入到 50mL 小烧杯中，加入适量沙子至刚好吸附药液，以清水为对照。用玻璃棒在沙子表面均匀打 5 个小孔，选取大小均匀、出芽一致的稗草种子播入小孔中。避免损伤稗草种子幼根。

4. 培养　　用保鲜膜封闭小烧杯口，用大头针扎 5 个孔透气，28℃光照培养箱（光：暗＝14：10）培养 14d。

5. 结果检查和处理　　处理 14d 后用直尺测量根长和芽长，精确到毫米，按以下公式计算各处理的抑制率，分别求毒力回归方程和 EC_{50} 值。

$$生长抑制率(\%) = \frac{对照处理 - 药剂处理}{对照处理} \times 100$$

6. 实验报告　　撰写实验报告，并对实验结果进行讨论分析。

（四）考核评价

预习实验，占 10%，满分 10 分；
课堂提问，占 10%，满分 10 分；
实验操作，占 40%，满分 40 分；
撰写实验报告及数据分析的规范性，占 40%，满分 40 分。

八、除草剂室内毒力测定——小麦根长法

（一）能力目标

掌握小麦根长法测定除草剂室内毒力的实验操作技术和方法；了解小麦种子催芽的方法；会数据的整理、分析。

（二）实验用品和仪器设备

光照培养箱、培养皿、量筒（50mL）、移液管、计算器、直尺、烧杯、记号笔、容量瓶（100mL）、培养皿、玻棒、镊子、沙子、60 目和 80 目标准筛等。

实验药剂：50% 乙草胺乳油。

实验材料：小麦种子。

（三）实验方法

1. 小麦种子催芽　　小麦种子提前 24h 在 25℃条件下保湿催芽至露白。

2. 药剂配制与稀释　　用水将药剂配制成系列浓度 200mg/L、100mg/L、50mg/L、25mg/L、12.5mg/L，以水为对照。

3. 发芽床的制备　　直径 9cm 的培养皿装满过筛的沙子并用玻棒刮平，每一皿加入 30mL 药液均匀湿透沙子。

4. 播种　　用玻棒在培养皿直径处轻轻压出一道凹槽，选取根长为 1~2mm、萌芽均匀一

致的小麦种子播种，10 粒/皿，盖上皿盖。

5. 培养 　　将培养皿翻转，皿盖向下，呈 15°角倾斜放置，小麦根会在向地性的作用下沿皿盖向一方生长。所有处理放置于 25℃培养箱中培养 4d。

6. 结果检查和处理 　　处理 4d 后用直尺测量小麦根长，计算各处理的抑制率，求毒力回归方程和 EC_{50} 值。

$$根长生长抑制率(\%) = \frac{对照处理根长 - 药剂处理根长}{对照处理根长} \times 100$$

7. 实验报告 　　撰写实验报告，并对实验结果进行讨论分析。

（四）考核评价

预习实验，占 10%，满分 10 分；
课堂提问，占 10%，满分 10 分；
实验操作，占 40%，满分 40 分；
撰写实验报告及数据分析的规范性，占 40%，满分 40 分。

思 维 拓 展

1. 杀虫剂生物测定中应遵循的 4 项基本原则是什么？
2. 试虫群体混匀移取、分离和处理操作中要注意哪些问题？
3. 简要描述乙醚低温麻醉法的特点、操作基本步骤及注意事项。
4. 简要描述容器药膜法的操作。
5. 简要描述 4 种常见的试虫死亡标准。
6. 一般设立的对照有哪三种，在生物测定中起什么作用？
7. 精密毒力测定主要包括哪两个方面的内容？
8. 浸渍法因试虫种类而有所不同，具体有哪些不同的方法？
9. 分别写出选择性和非选择性拒食活性测定中拒食率计算公式。
10. 杀虫剂毒力测定中，对杀虫剂纯度有哪些基本要求？
11. 杀虫剂生测中对标准试虫有哪些要求？
12. 点滴法是国际上广泛采用的标准方法，其有哪些优点？
13. 简述触角电位法的操作步骤。
14. 校正死亡率公式有哪些局限性？
15. 生物筛选在新农药研究与开发中有哪些重要意义？
16. 两种或两种以上药剂混用对某种生物的作用可能产生哪三种结果？
17. 简述 PDA 培养基的配方和配制方法。
18. 简述玻片浸渍法的基本步骤。
19. 简述杀菌剂生物测定中离体兼顾活体的重要性。
20. 简述初步毒力试验的应用范围。
21. 微量点滴器操作中应注意哪些方面的问题？
22. 简述杀菌剂生测中使用到的浓铬酸洗涤液的配制方法及使用方法。
23. 简要描述小球藻琼脂盘抑制圈法测定除草剂活性的基本过程。
24. 抗病毒的测定中，病毒的接种主要采用磨擦接种法，请简述其操作步骤。

25. 英国等国家曾采用沙培番茄苗进行内吸杀菌剂的活性测定，此法如何操作？
26. 简要描述滤纸药膜法的操作过程。
27. 简要描述利用比色法测定小球藻的增殖率的实验过程。
28. 描述叶绿素含量测定法的过程。
29. 除草剂生测中采用的浮萍法在统计时应注意哪些事项，药害又是如何进行分级的？
30. 测定杀虫剂熏蒸毒力的目的是什么？
31. 简述选择性和非选择性拒食活性测定方法各自的优缺点。
32. 简述农药QSAR的原理和基本思路。
33. 叶片夹毒法中如何计算致死中量？
34. 简述杀虫剂毒力测定中种子内吸法的操作过程。
35. 高通量筛选是一种新的筛选方法，其由哪5部分组成？
36. 简述杀菌活性测定中叶碟法的基本原理。
37. 简述杀虫活性高通量筛选基本方法。
38. 简述铬酸洗液的使用方法。
39. 简述除草活性高通量筛选的基本方法。
40. 简要说明温度对杀虫剂熏蒸效果的影响。

扫扫看答案

主要参考资料

陈寿宏. 2003. 微波协助萃取技术应用于提取天然除虫菊素的工艺研究. 农药科学与管理, 24（9）：31-33
陈万文. 2000. 农药生产与合成. 北京：化学工业出版社：168-217
方中达. 1998. 植病研究方法. 3版. 北京：中国农业出版社
韩招久, 韩召军, 姜志宽, 等. 2004. 沙蚕毒素类杀虫剂的毒理学研究新进展. 现代农药,（6）：5-8, 13
华乃震. 2015. 拟除虫菊酯农药的进展和趋向. 农药市场信息,（2）：26-28
靳联娟, 吴青. 2015. 杀虫慎用拟除虫菊酯类农药. 科学养鱼,（3）：62-63
李跃华, 范孟然, 汪学全, 等. 2011. 毒扁豆碱的全合成研究进展. 楚雄师范学院学报, 26（3）：62-69
李志伟, 梁丹, 张建夫. 2008. 氨基甲酸酯类农药残留分析方法的研究进展. 华中农业大学学报, 27（5）：691-695
马军安, 黄润秋. 2003. 含吡啶环拟除虫菊酯的合成及其杀虫杀螨活性. 高等学校化学学报,（4）：654-656
慕立义. 1994. 植物化学保护研究方法. 北京：中国农业出版社
邱立红, 张文吉, 王成菊, 等. 2002. 高通量筛选在新农药创制研究中的应用. 农药科学与管理,（5）：20-24, 32
沈晋良. 2013. 农药生物测定. 北京：中国农业出版社
沈萍, 范秀容, 李广开. 1999. 微生物学实验. 北京：高等教育出版社
汪诚信. 2005. 有害卫生病防治. 北京：化学工业出版社：63-76
王惠文. 2006. 偏最小二乘回归的线性与非线性方法. 北京：国防工业出版社
吴文君. 1988. 植物化学保护实验技术导论. 西安：陕西科学技术出版社
吴文君, 刘惠霞, 朱靖博. 1998. 天然产物杀虫剂——原理、方法、实践. 西安：陕西科学技术出版社
徐伟松, 周利娟, 胡美英. 2001. 沙蚕毒素类杀虫剂作用机制及其抗性的研究进展. 农药科学与管理,（2）：30-32
于淑晶, 边强, 王满意, 等. 2012. 高通量筛选技术在农用杀菌剂创制研究中的应用. 农药,（8）：550-553, 564
张林林, 孙达峰, 庄昌龙. 2003. 新型含异噁唑环醚菊酯的合成及生物活性研究. 化学通报,（1）：32
张夏亭, 聂秋林, 高欣. 2003. 除虫菊素的杀虫特性与作用机理. 农药科学与管理, 23（2）：25-26
赵善欢. 2000. 植物化学保护. 3版. 北京：中国农业出版社
Jobst J, Hesse O. 1864. Ueber die Bohne von calabar. Justus Liebigs AnnChem, 129（1）：115-121
Stedman E, Rupreht G. 1925. XLII physostigmine（eserine）.Part III. J ChemSoc, 127：247-258

第三章 农药的安全性评价

【知识能力要求】
1. 了解农药的不合理应用带来的环境问题；
2. 明确农药对非靶标环境生物的急性毒性及安全性判断标准，了解农药安全评价方法；
3. 了解农药在大气、水、土壤、植株中的运动与归趋、运转及代谢，能够在生产中有效控制农药的残留，降低对环境的污染和危害；
4. 熟悉农药残留样品的提取、净化和检测技术。

【导语】
农药作为环境的外源物质，势必会对生态系统带来一定的影响，包括对靶标生物的毒力、对非靶标环境生物的毒性效应，甚至对高等生物及其种群的影响等，如何去评估这些影响，是摆在全人类面前的一个持续的课题。不仅如此，农药在环境中的分布、运动与归趋、运转与代谢、残留量及残留半衰期等都值得仔细探究。因此，农药的安全性评价作为一项农药生产许可审查中的重要内容之一，其方法已经逐渐成熟，数据也在不断积累中，该项工作极为重要，也意义重大，关系到环境与环境中存在的所有生物。

第一节 农药对环境的安全性评价

农药对环境的安全性评价分两个阶段，即农药登记时的预评价与登记使用后的现状评价。从图 3-1 可以看出，农药的开发阶段，在农药筛选时，对已确认有活性的物质，需通过卫生毒理学与环境毒理学的预评价，确认合格后，再经过综合评价才能取得农药登记资格。农药的环境毒理学预评价工作，一般都在模拟试验条件下进行，因受试验条件的限制，不能全面反映农药使用后对生态环境的影响，如农药对地下水的污染，以及农药对整个生态系统的危害等问题，这些问题只有当农药广泛使用一段时期后，才能暴露出来。因此，在农药生产和使用后，还须进一步做好农药对生态环境影响的现状监测与评价工作，对在现状评价中发现有严重问题的农药品种，在农药的再登记时，可予以撤销登记资格，或对其使用条件作一些新的限制性规定。

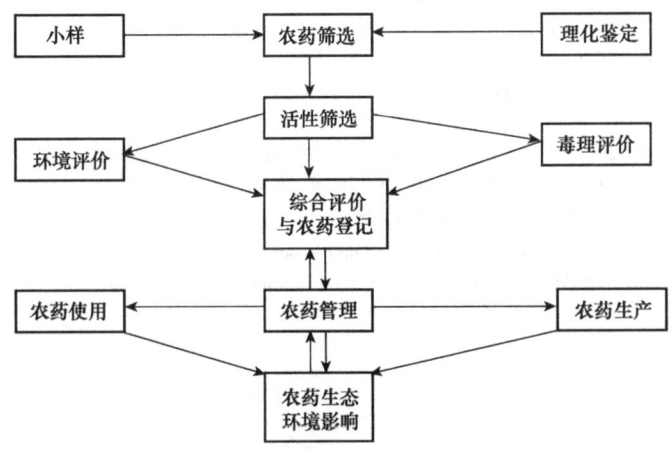

图 3-1 农药的开发与生产使用程序

一个农药品种,在开发与生产使用过程中,经过对环境安全性预评价与现状评价、登记与再登记的反复过程,其安全性就得到了充分的保证。

一、农药对环境生物的毒性评价

20世纪70年代,联合国粮食及农业组织(FAO)、联合国环境规划署(UNEP)、世界卫生组织(WHO)等国际组织先后颁布了一系列化学品安全评价准则、优良实验室规范(GLP)、环境保护标准等,试图使用统一的评价标准和标准操作规程进行农药的安全性评价工作。1989年,我国成立国家环保局有毒化学品管理办公室,负责进行有毒化学品的登记与环境风险评价,同年制定出《化学农药环境安全评价试验准则》(蔡道基,1989),这标志着我国农药环境风险评价和农药环境风险管理的正式开始(陈齐斌,2005)。

对农药安全性进行综合评价,需要测定农药急性毒性,农药用量,三致作用,每日允许摄入量,农药对天敌等有益生物的毒性、对眼睛和皮肤的刺激作用,农药在作物或环境介质中的稳定性,农药的次级代谢转化和代谢物的安全性,农药的挥发、吸附、淋溶、水解、光解、生物富集,农药对后茬作物的安全性等,并根据这些单因素指标的测定结果对农药可能产生的影响进行风险识别和度量。

根据我国特有的农业种植结构和特有的有益生物种类,农业部农药检定所制定了化学农药对环境生物的安全性评价准则(2014),包含13项,分别针对陆生生物(鸟、蜜蜂、家蚕、赤眼蜂、非靶标植物、家畜短期饲喂)、水生生物(鱼类、溞类、藻类、天敌两栖类、大型甲壳类生物)和土壤生物(蚯蚓、土壤微生物)进行农药急性毒性测定。

(一)农药对陆生生物的影响

农药对陆生生物的染毒途径主要是经口、经皮和经呼吸道3种方式。环境中的陆生生物主要是指鸟类、蜜蜂、赤眼蜂、家蚕等有益非靶标生物。在农药正式登记时必须提供农药对这些生物的急性毒性资料,作为评价农药环境安全性的重要依据。

1. 农药对鸟类的影响 全世界现存鸟类有156科9000多种,我国有81科2077种以上,是世界上鸟类最多的国家,占世界鸟类种数的23%。然而,农药全球性的大量使用对鸟类的生息形成巨大影响,农药可能通过以下途径进入鸟体:①农药污染了鸟类的食物;②鸟类飞行到使用农药不久的农田停息或觅食;③农药使用时污染了鸟类的巢穴或直接喷洒到鸟类身体上;④农药污染了的水体被鸟类饮用;⑤作为种衣剂或颗粒剂的农药直接被鸟类取食等。农药对鸟类的危害表现形式有:农药对鸟类的急性中毒致死事故;食物链导致生物富集,引起鸟类慢性中毒,使鸟类的生活能力和繁殖能力减退,甚至危及生命;除草剂使植物受害枯萎,致使鸟类失去做窝和躲避天敌的场所。

(1)农药对鸟类的毒性试验 测定农药对鸟类的毒性,在国际上常用鸽、雉、鹌鹑、野鸭、孟加拉雀等作为试验用鸟。在我国,国家标准中推荐的供试物种有野鸭、北美鹌鹑、鸽子和日本鹌鹑(表3-1),大部分实验室采用日本鹌鹑。

农药对鸟类急性毒性试验的染毒方法有两种:急性经口毒性和急性饲喂毒性。

1)急性经口毒性试验:急性经口毒性试验是将不同剂量的供试物以经口灌注法一次性给药1.0mL/100g体重,连续7d观察试验用鸟的中毒与死亡情况,并求出7d的LD_{50}值及95%置信限。对于毒性较低的原药和不溶于水的颗粒制剂可采用胶囊灌喂法进行染毒。对照组按同样方法灌注入蒸馏水。

表 3-1　鸟类推荐物种及推荐测试条件

推荐物种	推荐测试条件			
	温度 /℃	相对湿度 /%	鸟龄 /d	空间 /（cm²/ 鸟）
野鸭（Anas platyrhynchos） 　鸟龄：0～7d 　　　　8～14d 　　　　>14d	32～35 28～32 22～28	60～85	10～17	600
北美鹌鹑（Colinus virginianus） 　鸟龄：0～7d 　　　　8～14d 　　　　>14d	35～38 30～32 25～28	50～75	10～17	300
鸽子（Columba livia） 　鸟龄：>35d	18～22	50～75	56～70	2500
日本鹌鹑（Coturnix coturnix japonica） 　鸟龄：0～7d 　　　　8～14d 　　　　>14d	35～38 30～32 25～28	50～75	10～17	300

2）急性饲喂毒性试验：急性饲喂毒性试验是使用喷雾器将不同浓度的药液喷在食物上，边喷边拌，直至搅拌均匀。用含有不同浓度供试物的饲料饲喂试验用鸟 5d，从第 6 天开始，以不含供试物的饲料饲喂 3d，每天记录鸟的中毒与死亡情况，并求出 8d LC_{50} 值及 95% 置信限。对照组喂无药饲料或胶囊。

试验若用日本鹌鹑作为供试物种，则其推荐测试条件为：8～14d 的供试鸟适宜温度为 30～32℃，>14d 的供试鸟适宜温度为 25～28℃，相对湿度为 50%～75%，空间要求为 300cm³/ 鸟，定期观察记录鹌鹑的中毒症状和死亡情况。用寇氏法统计求出 LD_{50} 及其 95% 置信限。

农药对鸟类的急性毒性可划分为 4 个等级，见表 3-2。

表 3-2　农药对鸟类的毒性等级划分

毒性等级	急性经口 LD_{50}/（mg a.i./kg 体重）	急性饲喂 LC_{50}/（mg a.i./kg 饲料）
剧毒	$LD_{50} \leqslant 10$	$LC_{50} \leqslant 50$
高毒	$10 < LD_{50} \leqslant 50$	$50 < LC_{50} \leqslant 500$
中毒	$50 < LD_{50} \leqslant 500$	$500 < LC_{50} \leqslant 1000$
低毒	$LD_{50} > 500$	$LC_{50} > 1000$

农药中毒后鹌鹑表现的毒性症状一般为颤抖、呼吸困难、发生惊厥等；也有的出现兴奋、打嗝流涎、口吐白沫、羽毛蓬松竖起、无食欲症状；还有的会出现昏睡症状，直至死亡等。

除急性毒性外，很多农药还对鹌鹑具有慢性毒性，如连续以含微量克百威的药食饲喂鹌鹑，3 个月后，鹌鹑体内发生严重脂变、坏死；6 个月后，肝坏死，淋巴细胞增生结节，血管周围水泡变性坏死，肾水泡变性坏死，神经细胞浓缩，脑充血等。

（2）常用农药对鸟类的急性毒性　　常用农药对鸟类的急性毒性数据见表 3-3。

表 3-3 常用农药对鸟类的急性毒性数据

农药	试验鸟	LD$_{50}$/(mg/kg)	农药	试验鸟	LD$_{50}$/(mg/kg)
久效磷	鹌鹑	0.7	稻瘟灵	鸡	3 860
	北京鸭	8.5~11.6	春雷霉素	鹌鹑	>4 000
乐果	雌鸭	40	丙线磷	鹌鹑	7.5
	麻雀	22		鸽子	13.3
乙酰甲胺磷	小鸡	852	苯线磷	鹌鹑	0.7~0.9
	雄野鸡	350		野鸭	0.7~1.7
甲胺磷	鹌鹑	57.5		母鸡	5
二嗪磷	小鸡	48.8	棉隆	野鸡	473
哒嗪硫磷	鹌鹑	68.4	酚硫杀	鹌鹑	3 000
甲基对硫磷	鹌鹑	8.13	吡氟禾草灵	野鸭	>17 000
喹硫磷	鹌鹑	4.3	精吡氟禾草灵	野鸭	17 280
	野鸭	37	乙氧氟草醚	鹌鹑	>5 000
稻丰散	鹌鹑	300	三氟羧草醚	鹌鹑	325
	野鸭	218		野鸭	2 721
涕灭威	鸡	9	乳氟禾草灵	鹌鹑	>2 510
	野鸭	3.4	甲羧除草醚	鹌鹑、小鸭	>5 000
甲氰菊酯	野鸭	1 089	氟磺胺草醚	野鸭	5 000
克百威	鹌鹑	2.48	双苯酰草胺	鹌鹑	>9 000
醚菊酯	野鸭	>2 000	克草胺	鹌鹑	83.7
毒杀芬	鸭	71	氟乐灵	各种鸟	>2 000
卡草胺	鸽、野鸭	2 000	丁草胺	鹌鹑、野鸭	>10 000
禾草丹	鹌鹑	7 800	异丙甲草胺	鹌鹑	>10 000
	野鸭	>10 000		野鸭	>2 510
四氯苯酞	鹌鹑	>15 000	萘丙酰草胺	野鸭	>4 640
艾氏剂	野鸟	7	氟氰戊菊酯	鹌鹑	2 708
甲霜灵	鹌鹑	798~1 067		野鸭	2 510
	野鸭	1 450	氟氯氰菊酯	鹌鹑	>5 000
百菌清	野鸭	4 640	氯菊酯	鹌鹑	>13 500
乙烯菌核利	鹌鹑	>2 510	溴氰菊酯	野鸭	4 640
烯唑醇	鹌鹑	1 490.2		鸡	>5 000
	野鸭	2 000	氟苯脲	鹌鹑	>2 250
苯噻硫氰	野鸭	10 000	林丹	鹌鹑	162.18
粉唑醇	野鸭	>5 000	噻嗪酮	鹌鹑	>15 000
	石鸡	616	除虫脲	野鸭、鹌鹑	>4 640
恶霉灵	鹌鹑	1 698~1 737	阿维菌素	鹌鹑	>2 000
菱锈灵	野鸭	6 094		野鸭	86.4
腐霉利	鹌鹑	7 895~6 637	杀虫环	鹌鹑	3.45
	野鸭	4 092~4 850	氟虫脲	鹌鹑	>2 000
稻瘟灵	鹌鹑	4 710~4 180	噻螨酮	鹌鹑	>5 000

续表

农药	试验鸟	LD$_{50}$/(mg/kg)	农药	试验鸟	LD$_{50}$/(mg/kg)
苯丁锡	野鸭	>2 000	百草枯	鸡	300~380
溴螨酯	鹌鹑	>2 000	二氯喹啉酸	鸭	>2 000
	北京鸭	>600	苄嘧磺隆	鸭	>2 510
溴敌隆	鹌鹑	1 690	哒草特	鹌鹑	1 502
	野鸭	1 000		鸭	>10 000
双胍辛胺	鹌鹑	404	哌草丹	鹌鹑	>2 000
	野鸭	985		母鸡	>5 000
	石鸡	120	氯氟吡氧乙酸	鹌鹑、野鸭	>2 000
灭锈胺	鹌鹑、野鸭	>2 000	敌草快	鹧鸪	270
环草敌	鹌鹑	>5 600	喹禾灵	鹌鹑、野鸭	>2 000
甜菜宁	鹌鹑	2 900	恶草酮	野鸭	>1 000
野麦畏	鹌鹑	2 251	野燕枯	野鸭	10 388
氟草隆	鹌鹑	4 620	烯禾啶	鹌鹑	>5 000
	水鸭	2 974	溴苯腈	野鸭	50
环嗪酮	鹌鹑	>5 000		鸡	100~240
噻吩磺隆	野鸭	>2 510	多效唑	野鸭	>7 900
苯磺隆	鹌鹑	>2 250	氯菌胺	鹌鹑、野鸭	>2 000
氰草津	鹌鹑	400~500	调节膦	野鸭	>4 200
	来亨鸭	750	灭多威	鹌鹑	3 680
	野鸭	>2 000	三唑醇	鹌鹑	>10 000
嗪草酮	金丝雀	500~1 000		金丝雀	>1 000
异恶草松	鹌鹑、野鸭	>2 510	甲基立枯磷	鹌鹑、野鸡、野鸭	>5 000
灭草松	鹌鹑	720	吡嘧磺隆	鹌鹑	250
氯草敏	鹌鹑	>10 000		野鸭	>292

  英国建立了一个农药风险评估的通用模型，充分利用现有的科学知识，并考虑到各种不确定性和可变性开发更好的方法来评估农药对鸟类、水生生物及哺乳动物的风险。它充分利用现有的量化数据，并利用专家知识，尤其是关于英国农业环境中的鸟类和哺乳动物的生态学和行为资料。这种模型现已公布在互联网上（www.webfram.com），可直接获得有关鸟类和哺乳动物的风险评估的最新数据及技术。

  2. 农药对蜜蜂的毒性 蜜蜂是昆虫纲膜翅目蜜蜂总科的统称，是自然界传粉昆虫中种类最多、数量最大的类群。

  农药对蜜蜂危害的途径主要有 3 种：一是农田喷药时，药粒或药液与蜜蜂直接接触造成危害；二是蜜蜂采蜜时，摄入了受农药污染的花粉；三是某些挥发性农药经气门吸入蜜蜂体内。

  在农药对蜜蜂的急性毒性试验中，国外用蜜蜂或野蜂作试验材料，我国建议采用意大利成年工蜂（*Apis mellifera* L.）作试验蜂种。供试蜜蜂应在清晨或前一日夜晚收集，避免在早春和晚秋季节进行蜜蜂试验,如果在早春和晚秋季节进行试验,要在试验环境下以蜂巢花粉饲喂一周;蜜蜂接受抗生素、抗螨虫药物后4周内不得用于试验,试验蜜蜂要求为健康、大小一致的个体,用于急性经口毒性试验的蜜蜂应在试验前饥饿2h。

(1)农药对蜜蜂的毒性试验　蜜蜂急性毒性试验包括急性经口毒性试验和蜜蜂急性接触毒性试验,根据农药登记管理法规及其他规定选择相关方法进行试验。急性经口毒性试验是将不同剂量的供试物分散在蔗糖溶液中,用以饲喂成年工蜂,并对药液的消耗量进行测定,药液消耗完后饲喂不含供试物的蔗糖溶液。急性接触毒性试验是在蜜蜂被麻醉后,将不同浓度试验药液点滴在试验用蜜蜂的中胸背板处,待溶剂挥发后,将蜜蜂转入试验笼中,用脱脂棉浸泡适量蔗糖水饲喂。两种方法均需在48h的试验期间,每天记录蜜蜂的中毒症状及死亡数,并求出24h和48h的LD_{50}值及95%置信限。供试物达到100μg/蜂时仍未见蜜蜂死亡,则无需继续试验,直接可判定为对蜜蜂低毒。推荐乐果为参比物质,乐果对蜜蜂急性经口试验结果LD_{50}(24h)应为0.10~0.35μg/蜂,乐果对蜜蜂急性接触试验结果LD_{50}(24h)应为0.10~0.30μg/蜂。

按蜜蜂急性经口和接触的毒性半致死剂量LD_{50}(48h),将农药对蜜蜂的毒性分为4个等级,见表3-4。

表3-4　农药对蜜蜂的毒性等级划分

毒性等级	48h LD_{50}(μg a.i./蜂)
剧毒	LD_{50}≤0.001
高毒	0.001<LD_{50}≤2.0
中毒	2.0<LD_{50}≤11.0
低毒	LD_{50}>11.0

(2)常用农药对蜜蜂的急性毒性　山东农业大学曾研究了7种新烟碱类杀虫剂对蜜蜂的毒性,结果表明,吡虫啉、噻虫嗪、呋虫胺和噻虫胺不论是室内毒力测定还是考虑到大田实际推荐用量,对蜜蜂都存在较高的毒性和风险性。因此,在农业生产实际中,应根据害虫发生种类和发生情况合理选择农药品种,尽量避免应用这4个品种。

赵帅采用摄入法测定了300种常用农药对蜜蜂急性毒性,结果表明,大多数杀虫剂对蜜蜂急性经口毒性较高,而杀菌剂、除草剂的毒性较低,植物源农药如鱼藤酮、苦参碱和蛇床子素为低毒农药。对蜜蜂急性经口表现剧毒的制剂产品涉及甲氨基阿维菌素苯甲酸盐、阿维菌素、氟虫腈、氧乐果、高效氯氰菊酯、二嗪磷、戊唑醇7种有效成分;表现高毒的涉及高效氯氟氰菊酯、S-氰戊菊酯、顺式氯氰菊酯、除虫菊素、烟碱、联苯菊酯、三唑磷、毒死蜱、乙酰甲胺磷、敌百虫、硫线磷、丁硫克百威、啶虫脒、吡虫啉、杀螟丹、哒螨灵、虫螨腈、噻嗪酮、戊唑醇19种有效成分。苍涛对25种农药制剂进行蜜蜂急性毒性试验发现,杀扑磷、马拉硫磷、辛硫磷、高效氯氰菊酯、烯啶虫胺制剂对蜜蜂也表现为高毒,供试的7种杀菌剂均为中、低毒。中毒蜂多表现活动减少、爬行不稳、侧倒蹬腿挣扎、抽搐、翅膀张开、身体不协调、摇晃、翻滚打转、乱窜、挣扎等中毒症状。常用农药对蜜蜂的急性毒性数据见表3-5。

表3-5　常用农药对蜜蜂的急性毒性数据

农药	LD_{50}/(μg/蜂)	农药	LD_{50}/(μg/蜂)
甲基异硫磷	0.05	三氟氯氰菊酯	0.91
乐果	0.09	甲氰菊酯	0.05
甲基对硫磷	0.014	氟氰戊菊酯	0.078
喹硫磷	0.07	顺式氯氰菊酯	0.033
林丹	0.42	氯菊酯	0.16
丙硫克百威	0.28	溴氰菊酯	0.047~0.079
克百威	0.044	吡虫啉	0.03
抗蚜威	1 314	除虫脲	>30
喹啶氧邻	0.147	灭幼脲	>17

续表

农药	LD_{50}/(μg/蜂)	农药	LD_{50}/(μg/蜂)
阿维菌素	0.002～0.009	腐霉利	100
单甲脒	13.068	春雷霉素	>40
杀虫环	11.9	三唑磷	0.058
三环锡	32	丙线磷	2.6
克螨特	18.13	丙硫磷	7.4
双甲脒	21 000	酚硫杀	>40
苯丁锡	3 982	吡氧禾草灵	>240
己唑醇	>100	精吡氧禾草灵	>100
双胍辛胺	51.8～59	乙氧氟草醚	25.381
阔叶散	>12.5	甲羧除草醚	500～1 000
阔叶净	>100	氟磺胺草醚	50～1 000
百草枯	11	二甲戊乐灵	49.8
孚草定	>100	双苯酰草胺	>241.72
喹禾灵	>50	氟乐灵	24
灭定威	13.4	丁草胺	>100
敌瘟麟	>20	伏草胺	193.38
灭锈胺	>1 000	克草胺	>170
甲霜灵	20	环嗪酮	60
百菌清	181.29	燕麦枯	36.2
甲氟酰苯胺	50～300	多效唑	>2
异菌脲	>400	抑芽敏	5
速保利	>20	利克菌	>100
粉唑醇	2	草克星	>100

目前，许多国家和国际组织如 OECD、FAO、EPPO 等均采用危害商值（hazard quotient，HQ）来初步判断农药对蜜蜂的生态风险，就蜜蜂而言，其 HQ 的计算公式为

$$HQ = \frac{AR}{LD_{50}}$$

式中，AR 为农药田间推荐用量（g/hm²）；LD_{50} 为农药对蜜蜂的急性经口或触杀试验所得值（μg/蜂）。

如果 HQ 值小于 50，则农药对蜜蜂无害，反之则认为该农药对蜜蜂存在风险，HQ 值越高，化学农药对蜜蜂的风险性越高。值得注意的是，AR 和 LD_{50} 必须统一用有效成分或制剂的量来表示。

3. 农药对赤眼蜂的毒性 赤眼蜂是一种卵寄生蜂，它能寄生于多种害虫卵内使其不能发育孵化，是农林害虫生物防治以虫治虫的一个重要组成部分。

（1）农药对赤眼蜂的毒性试验 供试蜂种选用当地有代表性的蜂种，推荐选择松毛虫赤眼蜂（*Trichogramma dendrolimi*）、玉米螟赤眼蜂（*T. ostriniae*）、稻螟赤眼蜂（*T. japonicum*）、广赤眼蜂（*T. evanescens*）、拟澳洲赤眼蜂（*T. confusum*）或舟蛾赤眼蜂（*T. closterae*）等中的一种进行试验。以米蛾（或麦蛾、蓖麻蚕、柞蚕）卵为寄主，接种后选择不同发育期的赤眼蜂进行试验。赤眼蜂个体极小，仅 0.36～0.9mm，赤眼蜂的发育期分为卵、幼虫、预蛹和蛹及成蜂 5 个阶段。田间施用农药时，各个发育期均有可能遭受危害。因此农药对赤眼蜂的毒性试验分卵蛹期和成蜂两种试验类型。

将供试物用丙酮等溶剂配制成系列浓度的稀释液，定量加入指形管中滚吸成药膜管，然后

将试验用赤眼蜂放入其中爬行 1h 后转入无药指形管，24h 后调查管中的死亡和存活蜂数。试验应在温度（25±2）℃，相对湿度 70%~80%，避光条件下进行，求出农药对赤眼蜂的 LD_{50} 值和 95% 置信限。最终按安全系数评价农药对赤眼蜂的安全性，安全系数可用式（3-1）计算得出。

$$安全系数 = \frac{农药对赤眼蜂的 LD_{50}（mg\ a.i./cm^2）}{该药物的田间推荐施用浓度（mg\ a.i./cm^2）} \quad (3-1)$$

按安全系数评价农药对赤眼蜂的安全性，将农药对赤眼蜂的风险分为 4 级，见表 3-6。

（2）常用农药对赤眼蜂的急性毒性　常用杀虫剂对赤眼蜂的风险性可总结如下：有机磷类、氨基甲酸酯类和拟除虫菊酯类杀虫剂对赤眼蜂具有较高毒性且不安全，部分新烟碱类杀虫剂烯啶虫胺、噻虫嗪，苯基吡唑类杀虫剂氟虫腈、丁烯氟虫腈对赤眼蜂也有较高的毒性风险，呋虫胺、丁硫克百威、辛硫磷、毒死蜱、三唑磷、啶虫脒、虫螨腈对赤眼蜂均有极高的毒性风险，氯虫苯甲酰胺、哒螨灵、茚虫威和吡蚜酮对赤眼蜂均为低风险；常用杀菌剂中，嘧菌酯、百菌清、氟环唑、三唑酮、咪酰胺等对赤眼蜂有较高的毒性风险，丙环唑、己唑醇和苯醚甲环唑的毒性较低，属于中等风险性药剂，戊唑醇、烯酰吗啉和乙膦铝的毒性较低，属于低风险药剂；常用除草剂中，乙草胺、二甲戊灵对赤眼蜂为中等毒性风险，2,4-D-丁酯、百草枯、草甘膦、苯磺隆均为低风险。另外，还有一些常用农药对赤眼蜂的急性毒性数据见表 3-7。

表 3-6　农药对赤眼蜂的风险性等级划分

风险性等级	安全系数
极高风险性	安全系数≤0.05
高风险性	0.05＜安全系数≤0.5
中等风险性	0.5＜安全系数≤5
低风险性	安全系数＞5

表 3-7　常用农药对赤眼蜂的急性毒性数据

农药	LR_{50}/（mg/cm²）	安全系数	风险等级	供试赤眼蜂种类
氟吗啉	＞7.5×10⁻²	＞10	低风险	松毛虫赤眼蜂
烯肟菌酯	＞8.0×10⁻²	＞10	低风险	松毛虫赤眼蜂
啶菌噁唑	9.57×10⁻³	0.5＜安全系数＜5	中等风险	松毛虫赤眼蜂
阿维菌素	2.199 1mg/L（LC_{50}）	0.333	高风险	广赤眼蜂
三唑磷	2.52×10⁻⁶	5.6×10⁻⁴	极高风险	欧洲玉米螟赤眼蜂
啶虫脒	9.95×10⁻⁵	0.033 2	极高风险	欧洲玉米螟赤眼蜂
甲维盐	3.70×10⁻⁶	0.112	高风险	欧洲玉米螟赤眼蜂
茚虫威	1.43×10⁻³	3.53	中等风险	欧洲玉米螟赤眼蜂
恶霉灵	2.45×10⁻⁴	0.072 7	高风险	欧洲玉米螟赤眼蜂
毒死蜱	0.477mg/L（LC_{50}）	0.000 477	极高风险	欧洲玉米螟赤眼蜂
	1.87mg/L（LC_{50}）	0.001 87	极高风险	玉米螟赤眼蜂
甲氰菊酯	98.8mg/L（LC_{50}）	0.988	中等风险	欧洲玉米螟赤眼蜂
	448mg/L（LC_{50}）	4.48	中等风险	玉米螟赤眼蜂
三唑酮	0.822 0mg/L（LC_{50}）	0.018	极高风险	玉米螟赤眼蜂
	10.55mg/L（LC_{50}）	0.232	高风险	松毛虫赤眼蜂
肟菌酯	48.70mg/L（LC_{50}）	2.364	中等风险	玉米螟赤眼蜂
	180.3mg/L（LC_{50}）	8.752	低风险	松毛虫赤眼蜂
咪酰胺	12.94mg/L（LC_{50}）	0.208	高风险	玉米螟赤眼蜂
	218.1mg/L（LC_{50}）	3.501	中等风险	松毛虫赤眼蜂
吡虫啉	502.13mg/L（LC_{50}）	15.72	低风险	亚洲玉米螟赤眼蜂
烯啶虫胺	4.80mg/L（LC_{50}）	0.06	高风险	亚洲玉米螟赤眼蜂
噻虫嗪	2.47mg/L（LC_{50}）	0.23	高风险	亚洲玉米螟赤眼蜂

4. 农药对家蚕的毒性　　家蚕是一种重要的环境有益生物，有很高的经济价值。家蚕属鳞翅目昆虫，它与许多害虫一样，对农药的反应十分敏感，是比较理想的试验生物。

农药可以通过各种途径对蚕桑生态系统的各个环节产生影响，最终导致对家蚕的危害。其影响的主要途径有两种：一是桑田或附近农田使用农药，造成桑叶污染，通过食物链危害家蚕；二是蚕室、蚕具的药剂消毒及防治蚕病药物使用不当，直接影响家蚕。此外，某些家庭卫生用药在蚕室附近使用不当时，均可危及家蚕的正常生长和发育。家蚕在不同生长发育阶段，对农药的反应也不尽相同，除初孵蚁蚕外，二龄期蚕对农药最敏感（图3-2）。

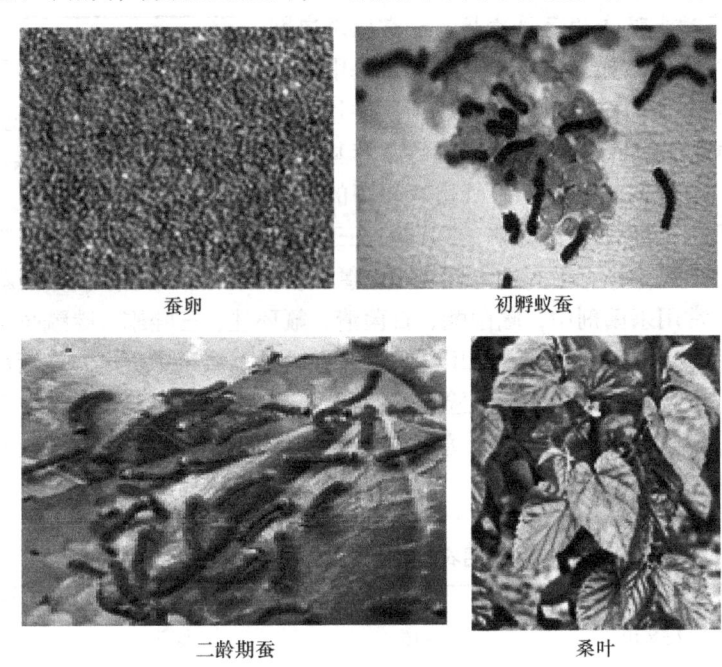

蚕卵　　　　　　　　　　初孵蚁蚕

二龄期蚕　　　　　　　　桑叶

图 3-2　不同龄期家蚕生长状态

（1）农药对家蚕的毒性试验　　试验用蚕一般选择当地有代表性蚕种的二龄期蚕。试验宜在（25±2）℃、相对湿度70%～85%的条件下进行。根据农药进入蚕体经口、经皮、经气门吸入的3种途径，试验染毒方法应用胃毒、触杀和熏蒸3种类型。试验进行期间，应定期（蚕卵每批一次，同批蚕卵至少每两个月一次）进行参比物质试验，推荐参比物质为乐果。

1）胃毒试验：有食下毒叶法、定量食下毒叶法和口注毒液法3种。

食下毒叶法：将不同浓度的农药以浸渍法涂桑叶后，供二龄起蚕食用，每组30～50头。喂毒叶24h后改喂无毒桑叶。

定量食下毒叶法：以五龄期蚕为对象，每组20～30头。将0.05mL药液均匀涂在圆片桑叶背面，逐条隔离饲喂，待全部食下毒叶后再喂无毒桑叶。

口注毒液法：以五龄期蚕为对象，每组20～30头。用微量注射器（0.25mL）从蚕口器注入药液0.05mL，然后喂饲无毒桑叶。

以上3种方法，都是观察蚕在24h及48h的死亡率，用寇氏法求出LD_{50}。

2）触杀试验：主要有爬行法和点滴法两种。

爬行法：此法适用于神经毒性类农药。取1mL药液滴于培养皿内滤纸上，待扩散均匀后，将二龄起蚕置滤纸上爬行半小时后，喂饲无毒桑叶。

点滴法：此法适用于皮膜渗透性农药。于二龄或五龄期蚕的胸背部，用微量注射器（10μL）逐条点滴定量药液后，喂饲无毒桑叶。

以上两种方法每组处理都用蚕 30~50 头，观察蚕在 24h 及 48h 的中毒死亡情况，求出死亡率，再用寇氏法求出 LD_{50}。

3）熏蒸试验：针对卫生用药模拟室内施药条件进行的试验，应在满足试验要求的熏蒸试验装置或熏蒸室内进行。熏蒸试验装置或熏蒸室应在满足试验要求的前提下，按照推荐用药量设计相关参数。供试物在试验装置或熏蒸室中定量燃烧（或电加热），从熏蒸开始，按 0.5h、2h、4h、6h、8h 观察记录熏蒸试验装置内家蚕的毒性反应症状，8h 后将试验装置内的家蚕取出，在家蚕常规饲养条件下继续观察 24h 及 48h 的家蚕死亡情况。

按农药对家蚕急性浸叶法的半致死浓度 LC_{50}（96h），将农药对家蚕的急性毒性分为 4 级，见表 3-8。

熏蒸试验是主要针对卫生用药模拟室内施药条件下进行的试验，如果家蚕的死亡率大于 10% 时，即视为对家蚕高风险。

家蚕对农药的中毒症状主要有两种类型：一是急性中毒，表现为吐液、翘头（尾）、拒食、摆头、身体扭曲呈 "C" 或 "S" 形、静卧、侧翻、乱爬、身体挣扎翻滚等；二是慢性中毒，主要表现为生长发育不齐、体质虚弱、不结茧或结畸形茧等。

表 3-8 农药对家蚕的毒性等级划分

毒性等级	96h LC_{50}/（mg a.i./L）
剧毒	$LC_{50} \leq 0.5$
高毒	$0.5 < LC_{50} \leq 20$
中毒	$20 < LC_{50} \leq 200$
低毒	$LC_{50} > 200$

（2）常用农药对家蚕的急性毒性　在农药对家蚕安全性评价过程中，通常采用《化学农药环境安全评价试验准则》推荐的食下毒叶法，山东农业大学家蚕研究课题组经过总结，得出以下规律：杀虫剂中，阿维菌素、甲氨基阿维菌素苯甲酸盐、多杀菌素、高效氯氰菊酯、甲氰菊酯、氯菊酯、吡虫啉、啶虫脒和虫酰肼对家蚕为剧毒级；甲氧虫酰肼、三唑磷、辛硫磷、毒死蜱、敌百虫、丙浪磷、二嗪磷、丁硫克百威、仲丁威和杀虫单对家蚕为高毒级；唑螨酯为中毒级；溴虫腈、吡蚜酮、乐果、苯氧威、氟铃脲、伏虫隆、吡丙醚、印楝素、烟碱、狼毒素、苦参碱和苏云金杆菌对家蚕为低毒级。常用农药对家蚕的急性毒性数据见表 3-9。

表 3-9 常用农药对家蚕的急性毒性数据

农药	食下毒叶法 LC_{50}/（mg/kg 桑叶）	胃毒法 LC_{50}/（mg/kg 蚕重）	触杀法 LC_{50}/（mg/kg 滤纸）	熏蒸法 LC_{50}/（mg/kg 药液）
杀虫丹	0.73	0.000 049	0.85	408
克百威	1.6	0.000 13	0.2	>1 000
甲基对硫磷	1.6	0.000 512	0.32	>1 000
林丹	2.5	0.001 9	0.37	34
溴氰菊酯	0.007 8		0.000 25	>500
氰戊菊酯	0.014 2		0.002 22	>2 000
氟氰菊酯	0.071 3		0.003	>3 000
二氯苯醚菊酯	0.609 2		0.037 89	>1 000
甲基异硫磷	4.41	3.36	0.4	6.37
单甲脒	251.2		717.1	>250 000
喹啶氧磷	2.32	4.1	0.19	71.78
克草胺	2 872.4		113	>30 000
灭幼脲	0.16	>0.007	19	>251 000
三唑磷	1.16			
吡虫啉	0.46			
乐果		>1		
春雷霉素		>20		

(二)农药对水生生物的影响

农药很少直接用于水域,但地面喷洒或飞机喷洒可能有一部分药液漂移进入水域,而落在地面上的杀虫剂也可以随雨水冲刷进入河沟,从而流入海洋,造成水污染。水中杀虫剂的污染往往对于水生生物的影响很严重。水生生物通过生物链进行生物富集,可以达到很高剂量,引起水生生物的病变或死亡。

1. 杀虫剂进入水中的途径 杀虫剂进入水中的途径一般有3个:一是向水体中施药,导致农药直接施入水体。二是土壤中的农药随地面径流或经渗滤液通过土层而至地下水。可溶性和不可溶性的农药均可被雨水或灌溉水冲洗或淋洗,最终进入水体环境。三是农药厂和其他农用化学品生产厂的污水排放导致大量农药进入水体。一般而言,农药的水溶解度越大,性质越稳定,其使用后进入水体的概率越大,在水体中的残留浓度也越高。除农药自身性质外,受纳水体的不同也影响农药的污染程度。不同水体遭受农药污染程度的次序为:农田水>田沟水>径流水>塘水>浅层地下水>河流水>自来水>深层地下水>海水。地表水体中的残留农药可发生挥发、迁移、光解、水解、水生生物代谢、吸收、富集和被水域底泥吸附等一系列物理化学过程。

2. 杀虫剂在水域中的积存和持久性 世界上不少国家在各种水域中均受到有机农药不同程度的污染,其中以有机氯杀虫剂较普遍。在水体中所含的农药,依其性质而有不同的迁移转化和积存。有机磷和氨基甲酸酯杀虫剂,在水中较容易水解和生物降解,而有机氯在水中不易降解,也不溶解。在水体内含的有机氯杀虫剂六六六、DDT等,最终沉降而吸附于底泥内。同时,水体内不同等级的生物体,富集有不同含量的六六六、DDT。这些生物体内六六六、DDT的含量一般都比水体高,最高可达万倍以上。这些生物体死亡后也沉降于底泥内,因此底泥内六六六、DDT的含量一般较高。虽然底泥内含有较高量的六六六、DDT,但在厌气微生物的活动下,能较快降解。

3. 杀虫剂在水生生态系统中的作用 一般来说,当水体被污染后,水体表面蓝藻和绿藻生长旺盛,并可以明显看到在污水中原生动物大量出现,如草履虫、变形虫和眼虫等,同时也可见到一些大型无脊椎动物,如摇蚊幼虫等。

有机农药污染水体,由于大量消耗了水中溶解氧,不但形成缺氧环境,而且由于腐败发酵,产生甲烷、H_2S和硫醇等有毒物质,使整个水生生态系统发生变化。首先是组成的变化,耐农药污染的种类保留而繁衍,不耐污染者则消亡。种类组成由复杂到简单,种类数量由多到少,高等植物种类减少,正常的浮游植物被一些藻类所代替。生态系统结构、生产者、消费者、种类组成和比例发生变化,由简单配置的广布种代替复杂配置的特殊种。就对鱼类影响来说,鱼类在生态系统中属顶级生物,通过食物链的富集,体内所含杀虫剂的倍数最高,同时也可直接通过鳃从水中摄取杀虫剂。不同的农药对鱼类的影响不同。

进入水生生态系统中的农药,可以通过食物链而发生生物富集作用,而农药对水生生物的生态效应,大多与它们在生物体中的积累和转移有关。水体中的农药一部分可被浮游生物吸收或被悬浮性颗粒物质所吸附,部分悬浮物沉淀以后,形成底质,从而变成底栖生物的饵料。浮游植物对农药的吸收效率很高。进入分层明显的水域表层水的农药,除少数被吸附沉淀外,主要都在这一水层被浮游植物吸收富集,并沿食物链向下转移,最后积累于鱼、虾、贝类体内。根据放射性^{14}C的实验发现,含量极微的DDT、狄氏剂和艾氏剂,就可能降低某些浮游植物的光合作用能力。有关淡水中农药对浮游动物的影响研究大多证明,淡水生态系统中种群结构发生了变化,其中主要种群由大型溞变成了其他小型浮游动物,说明农药促进了小型浮游动物的生长，同时抑制了中等大小的浮游动物的生长繁殖。而优势种群是大型溞时，整个系统的种群丰富度很低，当农药改变种群结构后，大大提高了种群多样性。

4. 农药对水生生物的毒性试验　世界各国农药登记时都必须提供农药对水生生物的毒性资料，该资料包括农药对鱼类、溞类、蝌蚪和藻类的急性毒性数据。藻、溞、鱼（或两栖）组成了一条水生食物链，并分别代表食物链中3个不同的营养层次。

（1）农药对藻类的毒性试验　农药对藻类毒性 EC_{50} 值的计算常用指标有细胞数、干重、光吸收、叶绿素含量和 CO_2 吸收值等，采用不同的指标所测定的 EC_{50} 值是有差异的。我国通常采用《化学农药环境安全评价试验准则》推荐的计数法或吸光度法来计算 EC_{50} 值。农药对藻类的生长抑制试验，推荐采用普通小球藻（*Chlorella vulgaris*）、斜生栅列藻（*Desmodesmus subspicatus*）或羊角月芽藻等。推荐选择水生4号培养基（其配方见表3-10）培养斜生栅列藻，选择BG11培养基培养羊角月芽藻，选择BG11培养基或SE培养基培养普通小球藻，试验环境温度为21～24℃（单次试验温度控制在 ±2℃）；连续均匀光照，光照强度差异应保持在 ±15% 范围内，光强 4440～8880lx。

表3-10　水生4号培养基配方

序号	组分	用量
1	硫酸铵 [$(NH_4)_2SO_4$]	2.00g
2	过磷酸钙饱和液 [$Ca(H_2PO_4)_2 \cdot H_2O \cdot (CaSO_4 \cdot H_2O)$]	10.0mL
3	硫酸镁（$MgSO_4 \cdot 7H_2O$）	0.80g
4	碳酸氢钠（$NaHCO_3$）	1.00g
5	氯化钾（KCl）	0.25g
6	1% 三氯化铁溶液（$FeCl_3$）	1.50mL
7	土壤提取液*	5.00mL

*土壤提取液：取未施过肥的花园土200g置于烧杯或锥形瓶中，加入蒸馏水1000mL，瓶口用透气塞封口，在水浴中沸水加热3h，冷却，沉淀24h，此过程连续进行3次，然后过滤，取上清液，于高压灭菌锅中灭菌后于4℃冰箱中保存备用

表中成分用蒸馏水溶解并定容至1000mL，经高压灭菌（121℃，15min），密封并贴好标签，4℃冰箱保存，有效期2个月。该培养基用经高压灭菌（121℃，15min）的蒸馏水稀释10倍后即可使用

供试藻要纯正，每隔96h接种一次，反复接种2～3次，使藻基本达到同步生长阶段，试验起始斜生栅列藻浓度应控制在 $(2.0×10^3)$～$(5.0×10^3)$ 个/mL，羊角月芽藻应控制在 $(5.0×10^3)$～$(5.0×10^4)$ 个/mL，普通小球藻应控制在 $(1.0×10^4)$～$(2.0×10^4)$ 个/mL；然后进行农药对藻类生长抑制试验，试验历时72h。农药对藻类生长抑制毒性用抑制半效应浓度 EC_{50} 表示。

根据藻类生长抑制半效应浓度 EC_{50}（72h）值，将农药对藻类毒性等级划分为3级，见表3-11。

表3-11　农药对藻类的毒性等级划分

毒性等级	72h EC_{50}（mg a.i./L）
高毒	$EC_{50} \leq 0.3$
中毒	$0.3 < EC_{50} \leq 3.0$
低毒	$EC_{50} > 3.0$

（2）农药对溞类的毒性试验　农药对溞类活动抑制试验，推荐使用大型溞（*Daphnia magna* Straus），保持良好的培养条件，使大型溞的繁殖处于孤雌生殖状态。选用实验室条件下培养3代以上、出生24h内的非头胎溞。试验溞应来源于同一母系的健康溞，且未表现任何受胁迫现象（如死亡率高、出现雄溞和冬卵、头胎延迟、体色异常等）。溞类的培养、驯化及试验推荐使用重组水，重组水推荐使用国际标准化组织（ISO）标准稀释水、Elendt M4培养液和 Elendt M7培养液，配制方法见表3-12～表3-14。

表 3-12 ISO 标准稀释水

贮备液（单一物质）		每升 ISO 标准稀释水中贮备液的加入量 /mL
物质	浓度 /（mg/L）	
$CaCl_2 \cdot 2H_2O$	11 760	25
$MgSO_4 \cdot 7H_2O$	4 930	25
$NaHCO_3$	2 590	25
KCl	230	25

注：配制用水为纯水，如去离子水、蒸馏水或反向渗透水，其电导率<10μS/cm

表 3-13 和表 3-14 给出了 Elendt M4 和 Elendt M7 培养液的配制方法。用去离子水、蒸馏水或反向渗透水（以下均简称为水）分别配制贮备液Ⅰ、贮备液Ⅱ、常量营养贮备液和混合维生素贮备液。制备 Elendt M4 和 Elendt M7 培养液时，用贮备液Ⅰ制备贮备液Ⅱ，在使用前最后加入常量营养贮备液和混合维生素贮备液。

表 3-13 Elendt M4 和 Elendt M7 的贮备液Ⅰ、Ⅱ的配制

贮备液Ⅰ（单一物质）	浓度 /(mg/L)	与 Elendt M4 培养液的浓度关系 / 倍	为制备贮备液Ⅱ将贮备液Ⅰ加入到水中的量 /（mL/L）	
			Elendt M4	Elendt M7
H_3BO_3	57 190	20 000	1.0	0.25
$MnCl_2 \cdot 4H_2O$	7 210	20 000	1.0	0.25
$LiCl \cdot H_2O$	6 120	20 000	1.0	0.25
RbCl	1 420	20 000	1.0	0.25
$SrCl_2 \cdot 6H_2O$	3 040	20 000	1.0	0.25
NaBr	320	20 000	1.0	0.25
$Na_2MoO_4 \cdot 2H_2O$	1 260	20 000	1.0	0.25
$CuCl_2 \cdot 2H_2O$	335	20 000	1.0	0.25
$ZnCl_2$	260	20 000	1.0	1.00
$CoCl_2 \cdot 6H_2O$	200	20 000	1.0	1.00
KI	65	20 000	1.0	1.00
Na_2SeO_3	43.8	20 000	1.0	1.00
NH_4VO_3	11.5	20 000	1.0	1.00
Na_2-EDTA $\cdot 2H_2O$	5 000	2 000	—	—
$FeSO_4 \cdot 7H_2O$	1 991	2 000	—	—
2L Fe-EDTA 溶液	—	1 000	20.0	5.00

注：Na_2-EDTA $\cdot 2H_2O$ 和 $FeSO_4 \cdot 7H_2O$ 两者单独制备，混在一起后立即灭菌

表 3-14 Elendt M4 和 Elendt M7 培养液的配制

组分	浓度 /（mg/L）	与 Elendt M4 培养液的浓度关系 / 倍	为制备 Elendt M4 和 Elendt M7 培养液，水中加入各组分的量 /（mL/L）	
			Elendt M4	Elendt M7
贮备液Ⅱ		20	50	50
常量营养贮备液（单一物质）				
$CaCl_2 \cdot 2H_2O$	293 800	1 000	1.0	1.0

续表

组分	浓度 / (mg/L)	与 Elendt M4 培养液的浓度关系 / 倍	为制备 Elendt M4 和 Elendt M7 培养液，水中加入各组分的量 / (mL/L)	
			Elendt M4	Elendt M7
MgSO$_4$·7H$_2$O	246 600	2 000	0.5	0.5
KCl	58 000	10 000	0.1	0.1
NaHCO$_3$	64 800	1 000	1.0	1.0
Na$_2$SiO$_3$·9H$_2$O	50 000	5 000	0.2	0.2
NaNO$_3$	2 740	10 000	0.1	0.1
KH$_2$PO$_4$	1 430	10 000	0.1	0.1
K$_2$HPO$_4$	1 840	10 000	0.1	0.1
混合维生素贮备液 I	—	10 000	0.1	0.1

注：1）混合维生素贮备液是由盐酸硫胺（维生素 B$_1$）、氰钴胺（维生素 B$_{12}$）和钙长石（维生素 H）配制而成，浓度分别为 750mg/L、10mg/L 和 7.5mg/L。混合维生素贮备液应以较小分装冷藏保存
2）为了避免盐沉淀，应将适量的贮备液加入到 500~800mL 水中，然后定容至 1L

用供试物配制一系列不同浓度的试验药液，然后将试验用溞转移至试验药液中，试验水温 18~22℃，同一试验中，温度变化应控制在 ±1℃ 之内；光照周期（光暗比）为 16h：8h，或全黑暗条件（尤其对光不稳定的供试物）。试验期间试验容器中不应充气和调节 pH，不得喂食受试溞。连续 48h 观察试验用溞的中毒症状与活动受抑制情况，并求出 48h 的 EC$_{50}$ 值及 95% 置信限。按对溞类活动的半数抑制浓度 EC$_{50}$（48h），将农药对溞类的急性毒性分为 4 个等级，见表 3-15。

表 3-15 农药对溞类的毒性等级划分

毒性等级	48h EC$_{50}$/（mg a.i. /L）
剧毒	EC$_{50}$≤0.1
高毒	0.1＜EC$_{50}$≤1.0
中毒	1.0＜EC$_{50}$≤10
低毒	EC$_{50}$＞10

美国环境保护署网站数据显示，对大型溞为剧毒的农药涉及阿维菌素、毒死蜱、氟铃脲、联苯菊酯、敌敌畏、高效氯氰菊酯、高效氟氯氰菊酯、氯氰菊酯、高效氯氟氰菊酯、辛硫磷、哒螨灵、甲维盐、醚菊酯、虱螨脲、丁硫克百威、杀铃脲、除虫脲、三唑磷、唑螨酯、鱼藤酮、虫螨腈、联苯溴虫腈、乙螨唑、福美双、肟菌酯、炔螨特、吡唑醚菌酯、抗蚜威、啶氧菌酯、异丙威、硫双威、氢氧化铜、三唑锡、苯丁锡、代森锰锌和百菌清等有效成分，对大型溞为高毒的涉及仲丁灵、多菌灵、醚菌酯、氟虫腈、氰霜唑、杀螺胺、氟啶胺、嘧菌酯、氟乐灵、二氢蒽醌、二甲戊灵、噻唑膦、精喹禾灵、吡丙醚、咯菌腈、丙溴磷、丁醚脲、苄草丹、异丙隆、茚虫威、异菌脲、异菌脲、乙氧氟草醚、苯醚甲环唑、炔草酯、噻菌灵等有效成分。综合来看，杀虫剂对大型溞多为剧毒和高毒，而杀菌剂和除草剂多为中、低毒。李秀环参照 OECD 推荐方法测定了丙酮、二甲苯、大豆油等 14 种溶剂对大型溞的毒性，结果显示，多数供试溶剂对大型溞的毒性很低，其中丙酮的毒性最低，油酸甲酯的毒性较高；21d 慢性毒性试验结果显示，有机硅助剂对大型溞的产溞量、产溞胎数、21d 体长和蜕皮次数均有显著影响，高浓度有机硅助剂对大型溞胚胎发育存在威胁，孵化抑制率高达 68.50%，主要表现为胚胎不孵化或孵化畸形。

（3）农药对鱼类的毒性试验　农药对鱼类的毒性试验，推荐鱼种为斑马鱼（*Brachydanio rerio*）、鲤鱼（*Cyprinus carpio*）、虹鳟鱼（*Oncorhynchus mykiss*）、青鳉（*Oryzias latipes*）或稀有鮈鲫（*Gobiocypris rarus*）等的幼鱼，具体全长和适宜水温见表 3-16，试验用鱼应健康无病，大

表 3-16 试验推荐用鱼的全长和适宜水温

鱼种	全长/cm	适宜水温/℃
斑马鱼	2.0±1.0	21~25
虹鳟鱼	5.0±1.0	13~17
青鳉	2.0±1.0	21~25
鲤鱼	3.0±1.0	20~24
稀有鮈鲫	3.0±1.0	21~25

小一致。试验前应在与试验时相同的环境条件下预养 7~14d，预养期间每天喂食 1~2 次，每日光照 12~16h，及时清除粪便及食物残渣。试验前 24h 停止喂食。试验用水为存放并去氯处理 24h 以上的自来水（必要时经活性炭处理）或能注明配方的稀释水。水质硬度为 10~250mg/L（以 $CaCO_3$ 计），pH 为 6.0~8.5，溶解氧不低于空气饱和值的 60%。鱼类急性毒性测定方法有静态法、半静态法与流水式试验法 3 种。应按供试物的性质采用适宜的方法。如使用静态或半静态试验法，应确保试验期间试验药液中供试物浓度不低于初始浓度的 80%。如果在流水式试验法试验期间，试验药液中供试物浓度发生超过 20% 的偏离，则应检测试验药液中供试物的实际浓度并以此计算结果，或使用流水式试验法进行试验，以稳定试验药液中供试物浓度。分别配制不同浓度的供试物药液，于 96h 的试验期间每天观察并记录试验用鱼的中毒症状和死亡数，并求出 24h、48h、72h 和 96h 的 LC_{50} 值及 95% 置信限。试验前用重铬酸钾定期（每批 1 次或者至少 1 年两次）进行参比物质试验，对于斑马鱼，重铬酸钾的 LC_{50}（24h）应为 200~400mg/L；按鱼类半致死浓度 LC_{50}（96h）值，将农药对鱼类的毒性分为 4 个等级，见表 3-17。

表 3-17 农药对鱼类的毒性等级划分

毒性等级	96h LC_{50}/（mg a.i./L）
剧毒	$LC_{50} \leq 0.1$
高毒	$0.1 < LC_{50} \leq 1.0$
中毒	$1.0 < LC_{50} \leq 10$
低毒	$LC_{50} > 10$

农药对鱼类的急性毒性试验，大致有以下规律可循：杀虫剂中，菊酯类药剂、含甲维盐和阿维菌素的药剂一般为高毒或剧毒，含吡虫啉的药剂多为中毒或低毒，含噻虫嗪和吡蚜酮的药剂多为低毒，含虫螨腈的一般为剧毒；杀螨剂一般为低毒，氯化烟碱类杀虫剂如噻虫啉、噻虫嗪和吡蚜酮等多为低毒；杀菌剂常为中、低毒，极少有剧毒；除草剂多为中、低毒；植物生长调节剂一般为低毒；除草剂含烯草酮、草甘膦、百草枯、双草醚、麦草畏的药剂一般为低毒，含莠去津和敌草快的一般为中毒或低毒。当然，不同厂家生产的农药制剂，即使含量相同，且有效成分一致，对鱼类的毒性级别也不一定一致，这多是因为各厂家在制剂加工过程中，添加的乳化剂等成分不一样造成的。

（4）农药对两栖类的毒性试验　农药对两栖类的急性毒性试验，推荐使用泽蛙（*Rana limnocharis*）或非洲爪蟾（*Xenopus laevis*）蝌蚪。具体龄期和适宜水温见表 3-18。如果选用其他两栖类作为试验材料，应该采用能够满足其生理要求的相应驯养和试验条件。

表 3-18 试验用蝌蚪的龄期和适宜水温

蛙种	龄期/d	适宜水温/℃
泽蛙	6~10（Gosner25 期）	20~25
非洲爪蟾	6~10（NF46~47 期）	21~23

试验用蝌蚪应健康无病，龄期一致。试验前在室内预养 3d，试验前一天停止喂食，试验

中也不喂食。蝌蚪是蛙类生长发育过程中对农药毒性最敏感的阶段。试验用水为经活性炭处理、存放并曝气处理 24h 以上的自来水或能注明配方的稀释水。水质硬度为 10~250mg/L（以 $CaCO_3$ 计），pH 为 6.0~8.5，溶解氧含量不应低于空气饱和值的 60%。光暗比为 16h：8h，或者自然光照。试验方法也有 3 种：静态试验法、半静态试验法或流水式试验法，且试验期间试验药液中供试物浓度的要求与鱼类急性毒性试验一致，按农药对蝌蚪的半致死浓度 LC_{50}（96h）判断农药对两栖类的急性毒性等级，判断标准也和鱼类急性毒性试验一致。

国内报道的部分农药对两栖类急性毒性结果汇总见表 3-19。

表 3-19　常用农药对两栖类的急性毒性数据

农药有效成分	染毒对象	LC_{50}/(mg/L)	毒性等级
乐果	黑眶蟾蜍蝌蚪	142.36	低毒
乙酰甲胺磷	沼水蛙蝌蚪	87.88	低毒
氟吗啉	非洲爪蟾蝌蚪 42~50 发育期	24~82	低毒
氟乐灵	泽蛙蝌蚪	10.75	低毒
氟虫腈	中华蟾蜍蝌蚪	27.86	低毒
二氯喹啉酸	中华蟾蜍蝌蚪	107	低毒
氯嘧磺隆	中华蟾蜍蝌蚪	164.2	低毒
百草枯	中华蟾蜍蝌蚪	20.09	低毒
烯唑醇	饰纹姬蛙蝌蚪	41.2	低毒
阿特拉津	黑斑侧褶蛙	49.25	低毒
吡虫啉	黑斑蛙蝌蚪	218.8	低毒
稻瘟灵	中华蟾蜍蝌蚪	22.55	低毒
乐果	中华蟾蜍蝌蚪	24.12	低毒
三氯杀螨醇	中华大蟾蜍蝌蚪	161~188	低毒
三唑磷	黑眶蟾蜍蝌蚪	8.56	中毒
敌敌畏	斑腿泛树蛙蝌蚪	11.63	中毒
丁草胺	泽蛙蝌蚪	1.52	中毒
拿扑净	泽蛙蝌蚪	5.22	中毒
二嗪磷	中华蟾蜍蝌蚪	8.77	中毒
乙草胺	中华蟾蜍蝌蚪	1.33	中毒
螺虫乙酯	中华大蟾蜍蝌蚪	6.45	中毒
乙草胺	热带爪蟾蝌蚪	3.03	中毒
丙草胺	热带爪蟾蝌蚪	5.35	中毒
丁草胺	热带爪蟾蝌蚪	2.18	中毒
苯醚甲环唑	饰纹姬蛙蝌蚪	9	中毒
咪鲜胺锰盐	饰纹姬蛙蝌蚪	3	中毒
1,2-苯并异噻唑-3-酮（BIT）	黑斑蛙蝌蚪	6.44	中毒
甲基异噻唑啉酮（MIT）	黑斑蛙蝌蚪	7.58	中毒
甲氨基阿维菌素苯甲酸盐	黑眶蟾蜍	0.12	高毒
	中华蟾蜍蝌蚪	0.55	

续表

农药有效成分	染毒对象	LC_{50}/(mg/L)	毒性等级
毒草安	泽蛙蝌蚪	0.8	高毒
毒死蜱	中华蟾蜍蝌蚪	0.8	高毒
丁草胺	中华蟾蜍蝌蚪	0.76	高毒
氰氟草酯	泽蛙蝌蚪	0.677	高毒

5. 不同农药对水生生物的毒性

（1）**有机氯农药对水生生物的毒性** 有机氯农药是一类高毒农药，大多数用作杀虫剂。有机氯农药的化学稳定性高，非常难以降解，它们和重金属一样，可以通过食物链在鱼体内大量富集，富集系数可以达几万倍以上。有机氯农药属于脂溶性化合物，微溶于水，能在动物脂肪中大量溶解积蓄，在肝、肾及心脏也都能蓄积并使其受到损伤。当鱼体营养不足时，蓄积在脂肪中的有机氯农药也会释放到血液中，使鱼中毒死亡。有机氯农药主要有六六六、滴滴涕、狄氏剂、毒杀芬等。

1）六六六对水生生物的毒性：六六六急性中毒后，鱼呈兴奋状在水中急速旋转游动，呼吸频率加快，嘴不断开合，几分钟后游泳能力减弱，对外界反应迟钝，继而鱼体失去平衡，在水面侧泳或转体运动，最后失去运动能力沉于水底死亡。鱼鳃部黏液增加、明显充血。

六六六对水生生物急性毒性数据如下：鲤鱼 48h LC_{50}＝0.31mg/L；赤鲋 48h LC_{50}＝0.12mg/L；泥鳅 48h LC_{50}＝0.51mg/L；水溞 3h LC_{50}＝10～40mg/L。

六六六及其各异构体在鱼体内的生物降解半衰期均小于 5d。

2）滴滴涕对水生生物的毒性：当鱼滴滴涕中毒后，其症状与六六六相近。滴滴涕中毒时，鱼表现为剧烈地冲撞、跳跃，而六六六则主要表现为快速游动，冲撞与跳跃却不明显。滴滴涕对水生生物急性毒性数据如下：鲤鱼 48h LC_{50}＝0.22mg/L；白鲢 48h LC_{50}＝0.08mg/L；草鱼 48h LC_{50}＝0.16mg/L；大型水溞 48h LC_{50}＝25mg/L。

滴滴涕在鱼体内的降解释放很缓慢，30d 后仅降解 25.06%。

3）狄氏剂对水生生物的毒性：狄氏剂学名为六氯-环氧八氢-二甲亚乙基萘，纯品为白色无臭晶体，不溶于水，溶于丙酮、苯、四氯化碳等有机溶剂。鱼类狄氏剂中毒后，鱼肾小管内呈黄色、鱼体呈水肿、眼底出血等症状。狄氏剂对水生生物急性毒性数据如下：白鲢 48h LC_{50}＝0.0056mg/L，96h LC_{50}＝0.002mg/L；鲤鱼 48h LC_{50}＝0.018mg/L，96h LC_{50}＝0.0058mg/L；草鱼 48h LC_{50}＝0.042mg/L，96h LC_{50}＝0.0008mg/L；泥鳅 48h LC_{50}＝0.32mg/L，96h LC_{50}＝0.0008mg/L；原生动物 48h LC_{50}＞10mg/L；枝角类 48h LC_{50}＞10mg/L。

（2）**有机磷农药对水生生物的毒性** 有机磷经鱼类体表吸收较少，主要经鳃、胃肠道进入机体，经血液和淋巴分布到全身（肝最多，胃次之，肌肉最少），在鱼体内的生物降解半衰期为几小时到几个月。有些有机磷农药在鱼肝内可转化为毒力更强的物质，如对硫磷可转化为对氧磷，马拉硫磷转化为马拉氧磷。因此这些毒物也表现有迟发毒性作用。被鱼体吸收的有机磷农药，一般在体内分解较快。

有机磷农药的主要毒性作用是可以抑制生物胆碱酯酶的活性，使其失去水解乙酰胆碱的能力，从而造成机体内乙酰胆碱的积累、阻断兴奋传入感受器，造成生物神经中毒。一般在鱼体接触毒物后 1～10h 或更长时间即可出现中毒症状，而且症状将逐渐明显严重。

有机磷农药中毒鱼体表现为以下症状：

外观症状为鱼体腹部肿大，具有程度不同的积水肿腹，胸鳍伸至最前位置，鱼鳞疏松竖立、易于脱落，眼球突出有缩瞳现象，眼球底角膜出现多处血点，肌肉及背鳍下出血。

脏器症状为肝肾脑不同程度的肿大，肝脏血管扩张并出现淤血，内脏器官细胞淤血肿胀等。

毒理症状主要为乙酰胆碱兴奋，抑制心血管，增加分泌等，表现为游动缓慢，呼吸心跳迟缓，分泌液增多及瞳孔缩小、有血点等。

中枢神经系统症状为鱼类表现出癫痫性冲撞游动或呈快速圆周游动，瞳孔混浊，呼吸困难及头部出现脑水肿等。

较长时间生存在有机磷农药水体中染毒的鱼会产生畸形，鱼体弯曲变形，椎体粘连，血液中红细胞和淋巴细胞的微核也会显著增加。

在有机磷农药污染的水体中，甲壳类比鱼先死亡，藻类品种及数量基本维持正常。

1) 敌敌畏对水生生物的毒性：由于敌敌畏无内吸作用，残留期也短，在大田作物上只能维持 1~2d，使用后不会有残留。敌敌畏属于高等毒性农药，毒性作用发生极快，对胆碱酯酶有直接抑制作用。当鱼敌敌畏中毒后，不会像其他大多数毒物中毒时出现兴奋状态，而是一开始就进入麻木状态，时游时停，或缓慢游动、乏力，然后沉底死亡。

敌敌畏对水生生物急性毒性数据如下：白鲢 48h LC_{50}=24.5mg/L，96h LC_{50}=13.5mg/L；白鲢苗 48h LC_{50}=10mg/L，96h LC_{50}=4.5mg/L；鲤鱼 48h LC_{50}=42mg/L，96h LC_{50}=32mg/L；草鱼 48h LC_{50}=28mg/L，96h LC_{50}=18mg/L；枝角类 48h LC_{50}=0.18mg/L；原生动物 48h LC_{50}=3.2mg/L，96h LC_{50}=2.2mg/L。

2) 其他有机磷农药对水生生物的毒性见表 3-20。

表 3-20 其他有机磷农药对水生生物的毒性

农药	水生生物	时间/h	LC_{50}/(mg/L)	农药	水生生物	时间/h	LC_{50}/(mg/L)
乙酰甲胺磷	硬头鳟	96	>1 000	喹硫磷	鲤鱼	96	3.63
	黑鲈	96	1.725		虹鳟	96	3.2
	鲫鱼	96	9 550	稻丰散	金鱼	48	2.4
	白鲢	48	485	丙硫磷	鲤鱼	48	9.5
	红鲤鱼	48	104		金鱼	96	6~20
二嗪磷	鲤鱼	48	3.2		青鳉	48	10
久效磷	虹鳟	96	30		虹鳟	48	2~4
	鲫鱼	96	>49		泥鳅	48	7
	鲇鱼	96	>49		水蚤	3	0.1~0.15
甲基异柳磷	鲤鱼	48	2.16	丙虫磷	鲤鱼	48	4.8
	水蚤	48	0.25		水蚤	48	0.0063
甲基嘧啶磷	鲤鱼	24	1.6	二溴磷	鲤鱼	48	2~4
	鲤鱼	48	1.4		蟹	48	0.33
杀扑磷	虹鳟	96	0.01	丁苯硫磷	鲤鱼	96	6
伏杀硫磷	虹鳟	48	0.3		鲫鱼	96	12
地虫硫磷	虹鳟	48	0.215	三唑磷	鲤鱼	48	1
	蓝鳃鱼	24	0.065		鲫鱼	48	8.4
辛硫磷	鲤鱼	48	<1.0	灭蚜松	斑马鱼	48	220
	金鱼	48	1.0~10	蔬果磷	鲤鱼	48	3.65
哒嗪硫磷	鲤鱼	48	10		金鱼	48	2.8
毒死蜱	虹鳟	96	15				

（3）氨基甲酸酯类农药对水生生物的毒性　　氨基甲酸酯类农药中毒的鱼，鱼体可能出现弯曲，肛门外有排泄物形成的"拖尾"。

1）甲萘威对水生生物的毒性：甲萘威能抑制胆碱酯酶的活性。鱼类对甲萘威中毒反应强烈但易得到恢复，主要表现在受毒后出现兴奋状态，急躁不安，上下乱窜，痉挛；特别是鱼苗常见头部与脊椎骨连接处发生弯曲呈畸形，最后身体失去平衡，侧卧水底，直到死亡。死鱼尾部弯曲并有一明显的充血点，中毒鱼的胆碱酯酶显著降低。

甲萘威对水生生物急性毒性数据如下：鲤鱼 48h LC_{50}＝8.5mg/L，96h LC_{50}＝4.2mg/L；鲤鱼苗 48h LC_{50}＝3.2mg/L，96h LC_{50}＝2.2mg/L；草鱼 48h LC_{50}＝7.6mg/L，96h LC_{50}＝1.8mg/L；白鲢 48h LC_{50}＝4.5mg/L，96h LC_{50}＝1.8mg/L；泥鳅 48h LC_{50}＝12mg/L，96h LC_{50}＝6.5mg/L；罗非鱼 48h LC_{50}＝18mg/L，96h LC_{50}＝1.8mg/L；蟾蜍蝌蚪 48h LC_{50}＝22mg/L，96h LC_{50}＝11.5mg/L；原生动物 48h LC_{50}＝4.2mg/L，96h LC_{50}＝0.8mg/L；枝角类 48h LC_{50}＝0.005mg/L。

2）克百威对水生生物的毒性：克百威对水生动物的中毒特点为急性中毒致死、神经抑制及降低乙酰胆碱酯酶的活性等。

白鲢在浓度为 0.9mg/L，草鱼在浓度为 2.1mg/L 时，均发生狂游、冲撞，尾部剧烈摆动，随即失去平衡，侧游，有的鱼产生畸形。克百威浓度低时，鱼则游动缓慢，鱼体翻转打旋，且鳃部有明显的充血现象。在 0.4~0.9mg/L 时，红鲤就出现狂游、乱撞、失去平衡、打转，排泄物不能离开肛门，产生拖尾，鳃部充血致死。没有死的鱼绝大部分身体出现弯曲的畸形症状。当水溞在此浓度时出现死大活小、小的比大的抵抗力强的现象。克百威对鱼类的中毒症状是可逆的，当鱼类中毒至昏迷假死状态时，放入清水即可恢复。

克百威对水生生物急性毒性数据如下：红鲤 48h LC_{50}＝1.8mg/L，96h LC_{50}＝1.0mg/L；鲤鱼苗 48h LC_{50}＝2.2mg/L，96h LC_{50}＝0.5mg/L；白鲢 48h LC_{50}＝2.0mg/L，96h LC_{50}＝2.0mg/L；草鱼 48h LC_{50}＝2.4mg/L，96h LC_{50}＝2.4mg/L；虹鳟 96h LC_{50}＝0.28mg/L；原生动物 48h LC_{50}＝0.5mg/L；枝角类 48h LC_{50}＝0.5mg/L；黄鳝 48h LC_{50}＝3.2mg/L。

3）其他氨基甲酸酯类农药对水生生物的毒性见表 3-21。

表 3-21　其他氨基甲酸酯类农药对水生生物的毒性

农药	水生生物	时间/h	LC_{50}/(mg/L)	农药	水生生物	时间/h	LC_{50}/(mg/L)
仲丁威	鲤鱼	48	12.6	混灭威	红鲤鱼	48	30.2
丙硫克百威	鲤鱼	48	0.65	丁硫克百威	鲫鱼	48	0.93
杀螟丹	鲤鱼	48	1.3		鲢鱼	48	0.72
异丙威	鲤鱼	48	>10		草鱼	48	1.08
	金鱼	24	32		沼虾	48	0.002 23
抗蚜威	大麻哈鱼	48	72	灭多威	虹鳟	96	3.4
	鲤鱼	48	340		蓝鳃鱼	96	0.87
速灭威	鲤鱼	48	22.2		金鱼	96	0.1
涕灭威	虹鳟	96	8.8				

（4）菊酯类农药对水生生物的毒性　　菊酯类也称拟除虫菊酯类农药，具有高效、低毒、低残留的特点，对害虫杀伤力强，作用速度快。虽然大量有关资料介绍菊酯类农药对昆虫有较特异的杀伤力，对哺乳类、鸟类及其他动物的毒性不大，但这类农药对鱼类而言仍属高毒级，而且其致毒作用迅速，杀伤力很大。菊酯类农药主要包括溴氰菊酯、氯氰菊酯、杀灭菊酯、甲

氰菊酯及氟氰菊酯等。这类农药对鱼类的毒性都属于剧毒类,鱼类的中毒症状也基本相同。

1)杀灭菊酯对水生生物的毒性:氰戊菊酯急性中毒后,鱼类表现烦躁、乱窜、翻滚扭动,鳃盖及口部不时开合张大,表现出呼吸困难症状,从鱼中毒翻白至死亡扭动挣扎时间较长,最长的可达十几个小时。

氰戊菊酯中毒致死的鱼,口部自然合拢,眼球突出,眼底有出血点,鳃颜色较淡,特别是鳃部位颜色淡白并有黑色污物,鳃及体表黏液多,鱼体及各鳍颜色无变化,胸鳍自然贴紧体表。解剖中毒死鱼时腹腔内有黄水流出,肾上有小黑点,肝、胰肿胀,胆囊肿大。

杀灭菊酯对水生生物急性毒性数据如下:草鱼 48h LC_{50}=12μg/L;鲤鱼 48h LC_{50}=6.77μg/L;白鲢 96h LC_{50}=2.4μg/L;鳟鱼 96h LC_{50}=3.6～6.2μg/L;蓝鳃鱼 96h LC_{50}=0.42μg/L。

2)溴氰菊酯对水生生物的毒性:溴氰菊酯急性中毒后,鱼类表现的毒性症状与氰戊菊酯类似,这是所有拟除虫菊酯类农药的共同之处。溴氰菊酯中毒致死的鱼,其外表症状和解剖结果也与氰戊菊酯类似,这也是所有拟除虫菊酯类农药的共同之处。由于溴氰菊酯吸附性强,容易沉积在底泥中,引起底栖鱼类(如黑鱼)死亡,这是菊酯类农药污染水体常见的现象。

溴氰菊酯对水生生物急性毒性数据如下:溴氰菊酯对鱼类、水生昆虫等水生生物高毒,大多数鱼类 LC_{50} 均小于 1μg/L。枝角类 24h EC_{50}=0.18μg/L;桡足类 24h EC_{50}=0.30μg/L;轮虫 24h EC_{50}=2.00μg/L;原生动物 24h EC_{50}=0.66μg/L;鲤鱼 24h LC_{50}=1.00μg/L,48h LC_{50}=0.54μg/L,72h LC_{50}=0.36μg/L,96h LC_{50}=0.32μg/L;蟹 96h LC_{50}=1.5μg/L;草虾 3h LC_{50}=0.41μg/L,6h LC_{50}=0.34μg/L,12h LC_{50}=0.21μg/L,24h LC_{50}=0.14μg/L,48h LC_{50}=0.13μg/L;隆线溞 24h LC_{50}=0.27μg/L,48h LC_{50}=0.123μg/L;斜生栅藻 24h EC_{50}=59μg/L,72h EC_{50}=80μg/L,96h EC_{50}=117μg/L;水溞 24h LC_{50}=0.123μg/L。

其他菊酯类农药对水生生物的毒性见表3-22。

表3-22 其他菊酯类农药对水生生物的毒性

农药	水生生物	时间/h	LC_{50}/(μg/L)	农药	水生生物	时间/h	LC_{50}/(μg/L)
三氟氯氰菊酯	虹鳟	96	0.25～0.45	醚菊酯	鲤鱼	48	5 000
甲氧菊酯	虹鳟	96	2.3		金鱼	48	1 730
联苯菊酯	虹鳟	96	0.15	胺菊酯	鲤鱼	48	180
	蓝鳃鱼	96	0.35	氟氰戊菊酯	鲤鱼	48	520
顺式氯氰菊酯	虹鳟	96	2.8		硬头鳟	48	560
氟氯氰菊酯	虹鳟	48	3	乙氰菊酯	鲤鱼	48	>50 000
	虹鳟	96	6		金鱼	48	>10 000
	金鱼	96	3.2		虹鳟	48	1 570
	鲤鱼	48	≤500	氯氰菊酯	虹鳟	96	2.8
	鲤鱼	96	<10		棕鲑鱼	96	1.2
氯菊酯	蓝鳃鱼	96	3.2		白鲢鱼	96	0.5～0.6
	虹鳟	96	3.2		青鲭鱼	96	0.4～0.8
					褐鳟	96	2～2.8

(5)除草剂对水生生物的毒性 目前我国生产和使用的除草剂对于鱼贝类的毒性一般低于杀虫剂,但高浓度仍会致鱼贝类急性死亡。大多数除草剂对藻类及其他水生植物都有杀伤作用,死亡的藻类和植物在水中腐烂,导致水体缺氧,也能使鱼贝类死亡,因此对除草剂引发的

水体污染仍不可忽视。

常用除草剂对水生生物的急性毒性数据见表 3-23。

表 3-23 常用除草剂对水生生物的急性毒性数据

农药	水生生物	时间 /h	LC_{50}/(mg/L)	农药	水生生物	时间 /h	LC_{50}/(mg/L)
2,4-D 丁酯	鲤鱼	48	40	双酰草胺	虹鳟	48	6.5
二甲四氯钠	鲤鱼	48	40	禾草丹	鲤鱼	48	3.4
吡氟禾草灵	鲤鱼	96	3.50		白虾	96	0.264
氟磺胺草醚	鲤鱼	48	830	禾草敌	鲤鱼	48	12
氟乐灵	金鱼	48	0.59	灭草敌	虹鳟	48	11
	水溞	48	0.2~0.6	环草敌	虹鳟	96	4.5
丁草胺	鲤鱼	96	0.32	野麦畏	虹鳟	96	1.5
丙草胺	鲤鱼	48	1.8	氟草隆	鲤鱼	96	170
敌稗	鲤鱼	48	13	绿麦隆	虹鳟	48	30
萘丙酰草胺	虹鳟	48	14.1	扑草净	鲤鱼	96	8~9
	水溞	48	14.3	环嗪酮	虹鳟	48	388
丁草敌	虹鳟	96	4.2		草虾	48	94
噻吩磺隆	虹鳟	96	>100		水溞	48	151.6
	水溞	48	>1000	苄嘧磺隆	鲤鱼	48	>1000
苯磺隆	虹鳟	96	1000		水溞	48	>100
	水溞	48	720	哌草丹	鲤鱼	48	5.8
氰草津	虹鳟	48	5		水溞	3	40
	草虾	48	56	氯氟吡氧乙酸	虹鳟	96	>100
嗪草酮	虹鳟	96	76	敌草快	鲤鱼	48	40
异恶草松	虹鳟	96	19	喹禾灵	虹鳟	96	10.7
灭草松	鲤鱼	48	15	普杀特	虹鳟	48	340
氯草敏	虹鳟	48	10	恶草酮	鲤鱼	96	1.76
百草枯	鲤鱼	48	40	燕麦枯	虹鳟	96	694
二氯喹啉酸	虹鳟	48	>100	草甘膦	虹鳟	48	120
吡氟乙草灵	虹鳟	48	5.72		水溞	48	780
	水溞	48	61.5	烯禾啶	鲤鱼	96	148
溴苯腈	虹鳟	48	23	哒草特	鲤鱼	96	>100
	水溞	48	12.5				

(三) 农药对土壤生物的影响

农药应用后会对环境产生一定程度的不利影响。特别是土壤作为施用农药的主要受体，许多农药直接在土壤中使用，即使用于叶面处理的药剂，使用后也有 70%~80% 落在土壤表面。土壤是自然界物质循环的重要基础，土壤中各种微生物、土壤酶及土壤中的有益生物都对土壤中的碳、氮等物质和能量循环起着十分重要的作用，是农田土壤的重要组成部分，且对外来化学物质具有高度敏感性。因此，土壤微生物、土壤酶及土壤中有益生物蚯蚓常用于评价土壤生态环境,将其作为一项生态毒理学指标,用以判断外来化学物质对土壤的污染程度及可能对生态环境造成的影响。

1. 农药对土壤微生物的影响 农药作为一种外源物质,进入土壤生态系统后,一部分会被土壤中的微生物降解,残留成分会对土壤中的微生物产生抑制或刺激作用,也可能会使土壤微生物多样性和生物量发生改变。不同农药对土壤微生物的影响不同,一般情况下,低剂量农药施用后不会对土壤微生物的多样性产生重大影响;但高剂量施用农药,则会抑制甚至杀死某些相对敏感的微生物种群,降低土壤微生物的物种多样性。许育新等(2008)利用变性梯度凝胶电泳法研究了氯氰菊酯对土壤微生物的影响,结果表明氯氰菊酯对土壤微生物有较强的抑制作用。李新宇等(2008)报道,乙草胺会在一定程度上改变土壤中真菌和细菌的多样性。因此,在新农药开发中,研究农药对微生物的影响已成为不少国家评价农药对生态环境安全性的一个重要指标。

(1)农药对土壤微生物生态系统的影响 农药对土壤微生物的影响包括各种农药对与土壤肥力、植物生长发育和植物病理相联系的各方面有关的微生物的种类、数量和活性的影响。这些影响有直接的或间接的,抑制的或促进的,暂时的或持久的,可逆的或不可逆的等。这些影响主要取决于农药的化学特性、使用浓度和使用方式,也取决于土壤特性、环境气候和测定微生物反应的技术。

1)农药对土壤呼吸强度的影响:CO_2的放出和O_2的吸收常被用于表示农药对土壤微生物群落影响的特征。硝化作用是一个高度敏感的特异性反应参数,而土壤呼吸作用是一个不够敏感和特异性较低的活性指标。但是当与其他反应参数结合使用时,土壤呼吸作用的强度常常是有用的指标。用同一浓度(2000mg/L)不同种类的除草剂和杀虫剂对硝化作用和呼吸作用进行相关研究,结果表明,持久性的氯化烃化合物影响较小,而氨基甲酸酯、苯基脲和硫氨基甲酸酯既能抑制呼吸作用,也能抑制硝化作用。氨化物、酰替苯胺、有机磷酸盐、苯基氨基甲酸酯和均三氮苯只是暂时抑制。对呼吸作用产生影响的农药浓度比对硝化作用产生影响的农药浓度更高。杀虫丹在10mg/L时对土壤呼吸作用无明显影响;但高剂量(>100mg/L)则表现出一定的抑制作用。

土壤呼吸作用大多被非选择性药剂所抑制,即具有广谱性的杀真菌剂和熏蒸剂,能引起土壤微生物群落的最大瓦解。有报道,杀真菌剂代森钠和棉隆分别以100mg/L和150mg/L用于土壤,暂时抑制呼吸作用28d,但在56d之后,所有处理的土壤比对照土壤放出更多的CO_2。这种由杀真菌剂和熏蒸剂对土壤呼吸作用的暂时抑制是初期阶段局部消毒的结果。杀死的微生物越多,可供给活着的异养生物利用的养料就越多,最后呼出的CO_2量也就越大。

在除草剂中,五氯酚钠和氟乐灵对土壤呼吸作用有一定影响,而百草枯(克无踪)和禾大壮基本无影响,丁草胺明显抑制土壤呼吸作用。

2)农药对土壤硝化作用和氨化作用的影响:土壤的硝化作用和氨化作用的强度,既是土壤肥力的一个重要指标,也是两类不同微生物生化反应的结果。土壤的硝化作用是在一定的土壤条件下,通过硝化细菌的作用,将氨态氮转化为硝态氮的过程。土壤的氨化作用是在土壤各类腐败细菌的作用下,将土壤中的有机物通过分解,将有机氮转变为以氨态氮为形态的无机氮的过程。农药影响土壤中具有硝化和氨化作用的微生物,就会影响土壤的硝化和氨化作用过程。持久性氯代烃杀虫剂按通常剂量使用时影响较小或没有影响,超量时则可产生较强的抑制作用。由于农药的持久性,土壤微生物群落的某些改变可能持续一段时间。有机磷杀虫剂如毒壤磷、二嗪磷、毒死蜱、磷化锌等以10~100mg/L使用在沙壤土中,在最初1~2周降低了霉菌和细菌的数量,但不久即可恢复到处理前的水平,在所有情况下,存在着硝化作用的轻微减弱,伴随着NH_4^+的增加,这说明硝化菌对这些农药比较敏感,而氨化菌则不敏感。有机磷杀虫剂对硝化作用影响不大，这可能与它们在土壤中能迅速分解有关。

除草剂茅草枯和杀草强按通常剂量使用，在第一周时对硝化作用有轻微影响。若增加使用浓度可发生较长久的抑制作用，杀草强呈显著抑制。草立死以正常剂量（3mg/L）在田间使用时抑制了硝化作用，而2,4-D抑制很小。异丙基氯苯胺类在80mg/L时完全抑制硝化作用，而利谷隆在40mg/L时无显著影响。三氯苯甲酸、2,4-D-丁酯和燕麦敌以正常剂量施于土壤时，硝化作用至少被抑制8周。有人研究了某些除草剂以50～100mg/L剂量，使用一种土壤喷洒技术对硝化作用的影响。结果表明，除草剂作为硝化作用的抑制剂，其有效性依次为：敌稗>碘苯腈>氟乐灵>溴苯腈>氯硫羟胺>毒莠定>百草枯>敌草腈。除百草枯外，所有除草剂经过4周时间都倾向于毒性降低。敌稗在50mg/L时完全抑制硝化作用。苯基腈、溴苯腈和碘苯腈都是硝化作用的有效抑制剂。五氯酚钠、氟乐灵、百草枯、禾大壮和丁草胺在水稻土中可明显抑制土壤的硝化作用，而在东北黑土中抑制作用不明显，其中施用五氯酚钠的处理，其抑制强度随用量的增加而增加，而氟乐灵和丁草胺处理的土壤中硝态氮含量却有升高趋势。可见，在研究农药对硝化作用的影响时，还要充分考虑土壤因素的影响。五氯酚钠、氟乐灵、百草枯、禾大壮和丁草胺这5种除草剂均可明显增强土壤氨化作用，且随着用量的增加而增强。

杀菌剂和熏蒸剂通常以较高的比例施于土壤，因为它们能影响微生物的总数，所以比杀虫剂和除草剂对硝化作用影响更大，而且持续的时间也长。施用133mg/L二氯丙烯、32mg/L二溴乙烷或75mg/L威百亩时，均能显著地抑制硝化作用达4～8周，一般认为氨化作用或氮的矿化作用对这些药剂的敏感性比硝化作用要小。通常异氧细菌、放线菌和抗腐生真菌的氨化活性受影响很少，因而，相当大浓度的NH_3或NH_4^+在熏蒸或杀菌处理之后能够累积（其积累程度受pH影响），可能对植物生长产生有害影响（这与植物所必需的营养与NH_4^+的营养不平衡有关）。氯苯嗪、代森锌在960mg/L时对硝化作用和氨化作用的影响是，它们都抑制NH_4^+氧化细菌（亚硝酸细菌），但不抑制NO_2^-氧化菌（硝化细菌），代森锌比氯苯嗪的抑制作用大得多。

3）农药对根际微生物群落的影响：根际是指受植物根系直接影响的区域，其微生物比不直接受植物根系影响的区域要丰富得多。根际微生物群落数量和质量的性质主要取决于渗出物的化学性质。渗出物又取决于植物的新陈代谢。新陈代谢自然又受到土壤化学、物理性质、环境条件和植物生长阶段等多种因素的影响。

叶施农药对根际微生物群落产生影响，或是直接通过农药转移或渗出，或是间接通过改变根渗出物的化学性质来实现。

将二嗪磷施入土壤或直接用于豆科植物叶子，发现根际微生物总数最初降低了，继而又增加。这种增加是由于一种似球状杆菌型细菌的选择性富集造成的。这种细菌保持占优势的细菌类型达4个月。随后二嗪磷及降解产物的存在成为一种放线菌大量出现的原因。二嗪磷施用于叶面后，在植物体内容易转移，并在18h内在根渗出物中检测到二嗪磷。代森锌能使豆科植物根际细菌数目减少。四氯苯醌、二氯苯醌和十六烷三甲铵溴化物（一种阳离子表面活性剂）应用于叶子，反而增加了根际的细菌数目，可能是这些化合物对植物引起了直接伤害，导致增进细菌生长的植物细胞组分的反常渗出。从这个现象可以得到启示，通过使用有选择性的农药，实现根际病原体的化学诱导生物控制也许是有可能的。

4）农药对共生固氮菌的影响：根瘤菌是土壤细菌中的一种特殊化的种群，它们在植物氮素营养循环中起着重要的作用。

用于土壤处理的除草剂如敌稗和扑草净，若按正常剂量使用，对大豆根瘤菌结核无有害影响。氯代烃杀虫剂按正常剂量使用也不会抑制根瘤的生长和活性。土壤杀菌剂和土壤熏蒸剂比其他农药也许毒性更大。用氯化苦、棉隆处理土壤，能抑制豌豆根的瘤状结核作用。氯化苦对瘤状结核作用会产生显著的抑制作用，但其对植物的生长没有影响。苯氧羧酸类除草剂（如2，4-D）以正常的田间剂量用于叶面，对土壤中根瘤菌的生长和生存无不良影响。

（2）常见杀虫剂对土壤微生物的影响　　农药的应用会对土壤微生物产生不同程度的影响。一般来说，大多数杀虫剂在低浓度时对土壤微生物的影响较小，但高于一定浓度时会表现出抑制作用。Fang等（2008）研究了重复施用毒死蜱对土壤微生物多样性的影响，结果表明重复施用毒死蜱后，土壤微生物的丰度无显著变化，优势菌群的数量和微生物丰度有所降低，但也会逐渐恢复。Yang等（2000）研究了杀虫剂三唑酮对土壤微生物的影响，结果表明三唑酮可以降低土壤微生物的生物量，但土壤微生物群落多样性却保持在一个较高的水平。许育新等（2008）利用变性梯度凝胶电泳（DGGE）研究了氯氰菊酯对土壤微生物的影响，结果表明氯氰菊酯对土壤微生物有较强的抑制作用。姚晓华（2005）运用DGGE方法研究了杀虫剂啶虫脒对土壤微生物群落结构的影响，结果表明在整个试验过程中，正常田间使用浓度下的啶虫脒对土壤微生物群落的影响不明显，土壤微生物基因多样性没有明显下降；但是高浓度啶虫脒会对土壤微生物群落基因多样性有一定的影响，但是随着时间的推移，从第四周开始不同处理土壤之间的差异逐渐缩小。

关于杀菌剂对土壤微生物的影响，国内外相关学者也进行了大量的研究。例如，Yu等研究了重复使用百菌清对土壤微生物数量的影响，研究表明在第一次施用百菌清后对土壤中细菌和放线菌表现出显著的抑制作用，对土壤中真菌影响不显著，最大抑制作用出现在第二次用药后。然而，随着土壤微生物对百菌清的适应，在第三次和第四次施药后，百菌清对土壤中微生物数量的影响逐渐减弱或消失。Sigler等（2002）利用DGGE法研究发现，杀菌剂百菌清处理的各种土壤细菌和真菌群落结构与对照土壤存在着显著差异，而且不同处理浓度对土壤细菌和真菌多样性的影响也不同。Thirup等（2001）运用菌落计数和DGGE指纹图谱法研究了丁苯吗啉对土壤微生物多样性的影响。结果表明，丁苯吗啉使用后10d，对真菌的生长产生了明显的抑制作用；而对细菌的作用是间接的，使用后17d，细菌数量明显降低，使用后56d，细菌数量高于对照水平。Wang等（2012）利用温度梯度凝胶电泳（TGGE）研究了多菌灵重复使用对土壤细菌群落结构的影响，结果表明单次施药对微生物群落结构不会产生明显影响，而重复施药对土壤微生物群落结构会产生一定程度的影响，并且随着施药频率、施药浓度的增加，影响越来越明显。同样，除草剂对土壤微生物影响的研究也有很多报道。例如，朱鲁生等（2000）研究发现，乙草胺、莠去津使用对土壤微生物数量有一定的抑制作用，而且随着使用浓度的提高而增强。Min等（2001）比较全面地研究了丁草胺对水稻田土壤微生物数量的影响，结果表明对于水稻田土壤中的微生物各类群而言，无论最终对它们产生了抑制效应还是促进效应，一般的丁草胺施用浓度以低为好。李新宇等（2008）研究了乙草胺对土壤微生物的影响，表明乙草胺使用会在一定程度上改变土壤中真菌和细菌的多样性。Fantroussi等（1999）研究了长期使用苯基脲类除草剂后农田土壤微生物的变化，结果表明使用此类除草剂后，土壤微生物多样性明显降低，使土壤中一些不可培养的微生物种群出现明显的消亡现象。

（3）农药对土壤微生物毒性的测定　　一般来说，测定微生物呼吸强度可作为农药对土壤微生物总活性强度影响的指标。可用土壤呼吸作用表示，即指土壤微生物生命活动中释放出二氧化碳的过程。评价农药对土壤呼吸的影响，目前推荐采用CO_2吸收法和氮转化法。

CO_2吸收法：选用3种具有代表性的、理化性质各异的土壤，试验前先去除土壤中的粗大物块（如石块、植物残体等），然后过0.85mm筛，在标本瓶内放置两只小烧杯，其中一只盛放土壤，另一只盛放碱液（如NaOH溶液）用于吸收土壤微生物呼吸所释放的CO_2。以模拟农药常用量、10倍常用量、100倍常用量时土壤表层10cm土壤中的农药含量设3种不同处理浓度，将标本瓶密闭并置于（25±1）℃、黑暗条件下培养，并保持土壤含水量为最大田间持水量的

40%~60%，于试验开始后的第 1 天、第 2 天、第 4 天、第 7 天、第 11 天、第 15 天更换密闭瓶中的碱液，测定吸收的 CO_2 量，评价供试物对土壤微生物活性的影响。CO_2 吸收法中，农药对土壤微生物的毒性分成 3 个等级：土壤中农药加量为常量，在 15d 内对土壤微生物呼吸强度抑制达 50% 的作为高毒；土壤中农药加量为常量的 10 倍，能达到上述抑制水平的作为中毒；土壤中农药加量为常量的 100 倍，能达到上述抑制水平的作为低毒；若三种处理均达不到上述抑制水平，则同样划分为低毒。

氮转化法：试验只需一种土壤，对土壤的砂粒含量要求为 50%~75%，pH 为 5.5~7.5，有机碳含量为 0.5%~1.5%，土壤在用于试验前要先进行处理，先去除土壤中的粗大物块（如石块、植物残体等），然后过筛，使土壤颗粒不大于 2mm。过筛的土壤与适量有机底物混合后用供试物处理，同时设置一组不加供试物的对照。试验至少需设置 2 个测试浓度，可参考供试物田间最大施用量设置。将土壤置于黑暗、(20±2)℃的条件下培养，并保持土壤含水量为最大田间持水量的 40%~60%，在培养 0d、7d、14d 和 28d 后，从处理组和对照组中取出一定量的土壤样品，用合适的溶剂浸提并测定提取液中硝酸盐的含量。比较处理组与对照组的硝酸盐形成率，计算处理组相对于对照组的百分比差异。试验至少持续 28d，如果第 28 天处理组与对照组的差异不小于 25%，则试验需延长，最长至 100d。氮转化法中，在试验 28d 后的任何时间所取样品，若测定其低浓度处理组和对照组的硝酸盐形成速率的差异不大于 25%，则可认为该农药对土壤中的氮转化没有长期影响。

2. 杀虫剂对土壤内环节动物、软体动物及线虫的影响

（1）环节动物　　土壤中的环节动物主要为蚯蚓，蚯蚓是土壤生态系统中一个重要组成部分。

研究农药对蚯蚓的毒性，是评价农药对生态环境安全性的一个重要指标，目前，我国农药毒性试验用蚯蚓规定使用赤子爱胜蚯蚓（*Eisenia foetida*）。这种蚯蚓分布广，繁殖快，容易饲养，对农药具有中等敏感性。试验前先预养半个月，然后选择色鲜有光泽、环带清晰的健康成蚓进行试验，体重为 0.30~0.60g。需用氯乙酰胺做参比物质试验，其对蚯蚓 14d 的 LC_{50} 应为 20~80mg a.i./kg 干土。试验采用人工土壤进行，配方见表 3-24。

表 3-24　人工土壤的成分及配比

成分	含量 /%	说明
泥炭藓	10	pH5.5~6.0
高岭土	20	高岭石含量大于 30%
工业沙	68	50~200μm 颗粒含量大于 50%
碳酸钙	2	调节人工土壤 pH 至 6.0±0.5

每个处理用蚯蚓 10 条。试验在 (20±2)℃、相对湿度为 80%~85% 的条件下进行，历时 14d，定期检查记录蚯蚓的中毒症状和死亡数，用概率分析方法求出 LC_{50} 及 95% 置信限。

划分农药对蚯蚓毒性等级标准的主要依据有两条：一是农药对蚯蚓毒性的强度，它可用实验室内测得的 LC_{50} 表示；二是田间的施药情况与条件，其中起主要作用的是农药的施药量与施用方法。各种农药的用量一般为 15~1500g/hm² （以有效成分计），最常用的一些农药品种用量一般为 375~750g/hm²，农药的施药方式通常是喷施与撒施。做土壤处理时，也有条施与穴施，前者在田间成均匀分布状，后者分布不匀，农药仅集中在约占农田面积 1/10 的施药区范围内，施药后农田在未经翻耕与雨水淋洗前，农药一般都分布在地表 6~7cm 以内的土层中。若每公顷农药用量按 750g 计算，进入此层土壤中的平均浓度为 1mg/kg。若施药方式为条施或穴施时，则同样的施药量，在局部地区土壤中的农药浓度可提高到 10mg/kg。划分农药对蚯蚓的毒性等级，以常规用药量条件下，导致半数致死的浓度，为高毒级；将毒性为高毒级的农药的 1/10 以上，即相当于常规用药量作条施或穴施时，同样会导致蚯蚓半致死，划为中毒级；凡农药的毒性在高毒级农药 1/10 以下划为低毒级。按照上述划分原则，则可将在室内标准土壤测定农药毒性的 LC_{50} 值划分为 4 个等级，$LC_{50} < 0.1$mg/kg 干土的为剧毒级，0.1mg/kg 干土 $< LC_{50} \leq 1.0$mg/kg 干土的为高毒级，1.0mg/kg 干土 $< LC_{50} \leq 10$mg/kg 干土的为中毒级，$LC_{50} > 10$mg/kg 干土的为低毒级。室内试验毒性等级的划分，在农药的比较毒理学研究中具有一定意义，但用它来推测田间的实际危害时，还必须将田间的实际用药情况估计进去。在一般情况下，田间施药后，农药对蚯蚓的实际危害程度与农药的毒性强度成正比，与农药的施药量成正比，如果将这两个因素叠加在一起考虑，则可综合用投毒系数的概念来表示。

$$投毒系数 = 农药用量（g/hm^2）/ 农药对蚯蚓的 LC_{50} 值（mg/kg）$$

即田间施药后对蚯蚓的危害程度与投毒系数的大小成正比。有了这个概念后，假设有 4 种农药的用量均为常量级（750g/hm²），而其毒性又刚好分别落在上述 4 个毒性的等级线上，即 LC_{50} 值分别为 0.1mg/kg、1.0mg/kg、10mg/kg 和 >10mg/kg，将这些数字带入上式，即可求出 4 种农药的投毒系数值分别为 7500、750、75 和 <75 的 4 个数值。如将投毒系数的大小作为划分田间实际危害情况的依据，则投毒系数 >7500 的为剧毒级；在 750~7500 的为高毒级；在 75~750 的为中毒级；<75 的为低毒级。用上述两种方法评价几种农药对蚯蚓的安全性，结果见表 3-25。

表 3-25　几种农药对蚯蚓的安全性评价

农药	室内比较毒性评价		田间实际危害评价		
	LC_{50}/（mg/kg）	毒性等级	用药量/（g/hm²）	投毒系数	毒性等级
久效磷	0.18	高毒	750	4166.6	高毒
多菌灵	4.27	中毒	750	175.6	中毒
克百威	8.10	中毒	750	92.6	中毒
氰戊菊酯	8.77	中毒	<150	17.1	低毒
杀虫双	12.07	低毒	750	62.1	低毒
丙体六六六（林丹）	70.85	低毒	1125	15.9	低毒
甲基对硫磷	74.52	低毒	750	10.1	低毒

（2）软体动物　有机氯杀虫剂可杀死蛞蝓，有机磷杀虫剂也对蛞蝓有毒，甲拌磷、对硫磷、马拉硫磷或二嗪农均可用来防治蛞蝓。氨基甲酸酯类药剂中，甲萘威可用来防治灰蛞蝓。对蛞蝓防治效果较好的药剂还有四聚乙醛、灭旱螺和杀螺胺等。

（3）线形动物　主要为各种线虫，它们的数量在土壤中是最多的（在草原地内，每平方米内有时可多达 $1.2×10^8$ 个线虫），与土壤的肥沃性、含有机质的多少有关。

有机氯杀虫剂：丙体六六六及艾氏剂用很高的剂量对土壤线虫的数量全无影响。DDT 用高达每英亩[①]450kg 的剂量，反而使腐食性线虫数量增加了 3 倍，丙体六六六以每英亩 45kg 使用时，也同样使这种线虫增加了 5 倍。

有机磷杀虫剂：对硫磷一般使线虫数量下降。因此，有时用来防治线虫，甲拌磷在土壤中

---

① 1 英亩 ≈ 0.405hm²

10mg/L 时能杀死寄生性线虫及腐食性线虫。另外，还有二嗪磷、毒死蜱等。

氨基甲酸酯类杀虫剂：在氨基甲酸酯类杀虫剂中，涕灭威是强烈的抑制剂，克百威也极有效，可以杀死多数的线虫。因此，克百威曾用作土壤的杀线虫剂。

施用杀线虫剂仍然是目前防治根结线虫病的主要方法。熏蒸剂有氯化苦、硫酰氟、磷化铝、棉隆等。我国常用的非熏蒸性的杀线虫剂包括有机磷类的克线磷、灭线磷、硫线磷和氨基甲酸酯类的涕灭威、威百亩等。这些杀虫剂对人体均有剧毒，对环境影响大。

3. 杀虫剂对土壤内小型节肢动物的影响　土壤内的小型节肢动物主要包括弹尾目、原尾目、双尾目等昆虫及各种螨类。它们在土壤中数量极多，尤其是土壤表层，这对于分解残余动植物起一定的作用。它们维持着一个相对平衡，有些捕食性种类以腐食性种类为食物。

（1）有机磷杀虫剂　有机磷杀虫剂杀死捕食性螨，进而刺激了弹尾目的增长。寄生性螨对有机磷杀虫剂都十分敏感，而在土表生活的弹尾目对有机磷杀虫剂比对DDT更有抵抗力。有机磷产生的效应一般都是短时的，因为它们不具有持久性，很容易为土壤微生物所代谢分解。

对硫磷：在一个苹果园中，每英亩用9kg的对硫磷，使整个季节中土壤内的微小节肢动物数量都减少4倍。在一个柑橘园中，使用对硫磷的结果是：28种螨类消灭了10种，主要是捕食性螨，而弹尾目比正常增加了4倍。

内吸性有机磷杀虫剂：乙拌磷以每英亩0.9kg施入棉花地土壤中防治棉蚜（以颗粒剂应用）是有效的，但使弹尾目及螨类数量减少95%。至使用后第三个月，种群数量恢复正常。甲拌磷及内吸磷以每英亩0.45kg应用，减少了弹尾目的数量。但二嗪农及马拉硫磷只有用到每英亩11.25kg时，才产生这样的效应，甲拌磷以颗粒撒布，每英亩0.45kg，对土壤中表层的弹尾目数量抑制达4个月之久。

其他有机磷杀虫剂：杀螟松及地虫磷对于螨类及弹尾目在一般使用量时均无影响。地虫磷及杀虫畏以每公顷8kg使用，对土壤微小节肢动物均无影响，倍硫磷以正常剂量使用对弹尾目昆虫有杀害作用，对其他土壤节肢动物也有影响。马拉硫磷分解较快，因此不用来防治土壤害虫，以每公顷1.5kg使用时，对土壤中微小节肢动物均无影响。敌百虫一般不用于土壤，对于螨类无害。

（2）氨基甲酸酯类杀虫剂　甲萘威以每公顷5kg用来防治蜱类时（在森林中），使螨数量减少25%。在一个硬木林内，以每英亩4.5kg应用时，土表上的弹尾目及螨类均减少约90%。用每英亩0.54kg时，螨的减少量为50%，这是防治舞毒蛾的用量。在以上两种情况下，螨类都能很快地恢复其数量。在草原上，也曾用过甲萘威每英亩0.9kg，可以看出草层残叶的分解率降低了1/6。涕灭威以每英亩4.5kg使用时，弹尾目及螨类减少60%，主要危害捕食性的螨。

4. 杀虫剂对土壤大型节肢动物的影响

（1）昆虫纲　昆虫是受杀虫剂影响最大的一类节肢动物。

（2）蜘蛛纲　肉食性的蜘蛛及非肉食性的蜘蛛都生活在土壤表层，而一般不进入土壤内。非肉食性的蜘蛛对DDT特别敏感，每英亩0.9kg（在森林中施用）可把它们完全消灭；而肉食性蜘蛛在DDT每英亩用量1.8kg时受到影响。在菜园中，每年每英亩用DDT 0.3kg，蜘蛛的数量均有减少。在有机磷杀虫剂中，以每英亩6.75kg使用杀螟松、地虫磷时，对蜘蛛无影响。甲萘威以每公顷5kg使用时，对蜘蛛数量略有抑制作用。

除此之外，杀虫剂对土壤中的蜈蚣、马陆等小型节肢动物也有不同程度的影响。

二、农药在环境中的运动与归趋

试验证明，仅有10%～20%的农药附着在农作物上，其他80%～90%的农药通过各种途径进入水源、土壤、大气、植物等，对环境产生污染和破坏，给人类生活健康带来不利的影响。随着农业可持续发展理念的提出，人类对资源与环境有了新的认识，对农药提出了高效、低毒、绿色环保等要求，也更加重视农药对生态环境的影响及其安全性评价。

我国农药环境行为研究开展的较晚，1964~1982年近20年的时间，广大农药科技工作者开展了大量的农药降解动态和最终残留量研究和测定，1989年由国家环境保护局委托南京环境科学研究所制定并通过了《化学农药环境安全评价试验准则》，该准则中首次规定了农药环境行为的主要研究指标；1990年之后，农药和环境科技人员对一批农药进行了较完整的环境行为研究和安全性评价，并进行了一些机理方面的探索；2004年农业部农药检定所成立了农药环境毒理室，负责农药品种的环境行为和毒理行政审查工作；2008年农业部第980号公告公布批准南京环境保护研究所等8个单位为农药登记环境试验单位，其中主要工作内容是农药环境行为研究；2014年10月10日国家质量监督检验检疫总局、国家标准化管理委员会批准发布《化学农药环境安全评价试验准则》21项系列国家标准，于2015年3月11日起实施。

农药环境行为研究是农药环境安全性评价中的一个重要部分，是农药在环境中发生的各种物理和化学现象的统称，试验主要涉及农药在土壤中的降解、吸附与解吸附、淋溶、农药的水解和光解、农药的挥发性、农药的生物富集等。通过农药在环境中代谢行为的研究可掌握其转化、降解、积累、残留的动态规律，为农药的安全性评价和科学使用提供依据。农药在环境中的行为与人类息息相关，如图3-3所示。

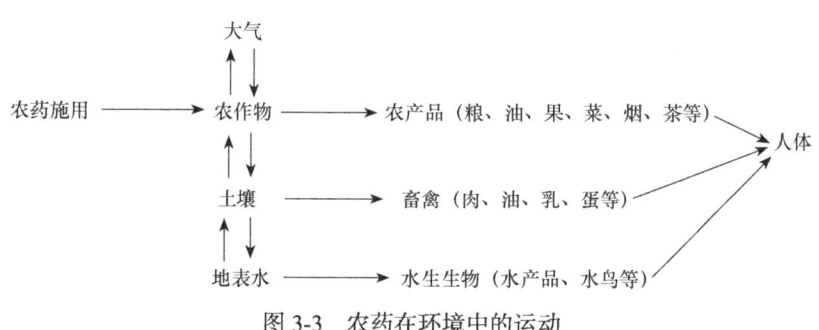

图3-3 农药在环境中的运动

（一）农药在水体中的环境行为

农药对环境的影响不仅在于农药本身的毒性，更与农药进入环境后的化学行为息息相关。农药进入水体环境的途径主要有：①向水体中施药，导致农药直接施入水体。②土壤中的农药随地面径流、渗滤通过土层至地下水。可溶性和不可溶性的农药均可被雨水或灌溉水冲洗或淋洗，最终进入水体环境。③农药厂和其他农用化学品生产厂的污水排放导致大量农药进入水体。一般而言，农药的水溶解度越大，性质越稳定，其使用后进入水体的概率越大，在水体中的残留浓度也越高。

农药进入水体环境后，地表水体中的残留农药，可发生挥发、迁移、光解、水解、水生生物代谢、吸收、富集和被水域底泥吸附等一系列物理化学过程。

1. 农药的水解 在许多农药分子中存在着可以被水解的化学结构，如酯、酰胺、腈、醚和酰氯等。农药水解时，一个亲核基团（水或羟基）进攻亲电基团（N、P、S等原子），并且取代离去基团（氯取代基、苯酚盐等）。农药的化学水解速率主要取决于农药本身的化学结构和水体的pH、温度、离子强度及其他化合物的存在，其中尤以pH和温度影响最大。

为化学农药登记而进行的水解试验是在不同温度条件、不同pH的缓冲液中无菌培养农药，定期取样，分析水中的农药含量，以得到其水解曲线。若降解规律遵循一级动力学方程的农药，按式（3-1）与式（3-2）求得水解半衰期 $t_{0.5}$；降解规律不遵循一级动力学方程的农药无需计算水解半衰期。

$$C_t = C_0 e^{-kt} \tag{3-1}$$

式中，C_t 为 t 时的供试物质量浓度（mg/L）；C_0 为供试物的起始质量浓度（mg/L）；k 为水解速率常数；t 为反应时间（h 或 d）。

$$t_{0.5} = \frac{\ln 2}{k} \tag{3-2}$$

式中，$t_{0.5}$ 为水解半衰期（h 或 d）；k 为水解速率常数。

降解动态曲线至少 7 个点，其中 5 个点的浓度值为实测初始浓度的 20%～80%，按农药水解半衰期 $t_{0.5}$，将农药水解特性分为 4 级，见表 3-26。

表 3-26　农药水解特性等级划分（25℃）

等级	半衰期 $t_{0.5}$/d	降解性
Ⅰ	$t_{0.5} \leqslant 30$	易降解
Ⅱ	$30 < t_{0.5} \leqslant 90$	中等降解
Ⅲ	$90 < t_{0.5} \leqslant 180$	较难降解
Ⅳ	$t_{0.5} > 180$	难降解

2. 农药在水中的光解　　农药施用后，无论是残留于植物表面，还是进入土壤、水体和大气，均受到太阳光的照射而发生光解。光解不可逆地改变了农药分子，因此极大地影响着某些农药在环境中的归趋。

为化学农药登记而进行的农药在水中的光解试验方法是：配制浓度为 1～10mg/L 农药水溶液，分别装满石英光解反应管若干个，盖紧塞子，保持管外壁洁净，将光解反应管置于光化学反应装置中进行光解试验。光源可采用人工光源氙灯（波长为 290～800nm），保证试样接受紫外强度（100±10）μW/cm²（紫外强度测定波长为 365nm），反应温度为（25±5）℃。对于在水中易于离子化的供试物，应选择在最稳定 pH 缓冲溶液中进行光解试验，缓冲溶液应在试验波长下无吸收。试验过程中定期取水样至少 7 次，测定水样中供试物浓度的变化，记录光照强度和紫外强度，至光解率达 90% 以上时终止（最长 7d）。同时设黑暗条件下的对照试验。整个光解试验期内隔离其他光源，以减少对试验结果的影响。

降解规律遵循一级动力学方程的农药，可按式（3-1）与式（3-2）计算光解半衰期（$t_{0.5}$）；降解规律不遵循一级动力学方程的农药，无需计算光解半衰期。

水中光解动态曲线至少 7 个点，其中 5 点浓度值为初始浓度的 20%～80%，按农药光解半衰期 $t_{0.5}$，将农药光解特性分为 5 级，见表 3-27。

表 3-27　农药光解性等级划分表

等级	$t_{0.5}$/h	水解性
Ⅰ	$t_{0.5} < 3$	易光解
Ⅱ	$3 \leqslant t_{0.5} < 6$	较易光解
Ⅲ	$6 \leqslant t_{0.5} < 12$	中等光解
Ⅳ	$12 \leqslant t_{0.5} < 24$	较难光解
Ⅴ	$t_{0.5} \geqslant 24$	难光解

3. 农药在水-沉积物系统中的降解　为化学农药登记而进行的水-沉积物系统降解试验，是将供试物施入水-沉积物系统中，在一定试验条件下进行培养，定期取样，测定供试物在水-沉积物系统中的降解特性。推荐使用两种沉积物：一种沉积物具有较高的有机碳含量和细质地（黏土＋粉土的含量大于50%的结构）；另一种沉积物具有较低的有机碳含量和粗质地（黏土＋粉土的含量小于50%的结构）。两种沉积物的有机质含量差异不小于2%，好氧降解试验在（25±2）℃、黑暗条件下进行培养，并且培养瓶中通入充足的氧气。厌氧降解试验，培养期间向培养瓶中通入惰性气体（如氮气）使其保持厌氧环境。培养过程中定期取样，至少取样7次，试验持续至供试物降解至90%以上，但试验时间不超过100d。降解规律遵循一级动力学方程的供试物，按式（3-3）～式（3-5）计算供试物在水相和整个系统中的半衰期；降解规律不遵循一级动力学方程的农药无需计算半衰期。

$$C_t = C_0 e^{-kt} \tag{3-3}$$

式中，C_t 为 t 时供试物在水相中的浓度（mg/L）；C_0 为供试物在水相中的初始浓度（mg/L）；k 为降解速率常数；t 为培养时间。

$$M_t = M_0 e^{-kt} \tag{3-4}$$

式中，M_0 为供试物在整个系统中的初始含量（mg）；M_t 为 t 时供试物在整个系统中的含量（mg）。

$$t_{0.5} = \frac{\ln 2}{k} \tag{3-5}$$

式中，$t_{0.5}$ 为降解半衰期；k 为降解速率常数。

按农药在水-沉积物系统中的降解半衰期，将农药在水-沉积物系统中的降解特性划分成4个等级，见表3-28。

表3-28　农药在水-沉积物系统中的降解特性等级划分

等级	半衰期 $t_{0.5}$/d	降解特性
Ⅰ	$t_{0.5} \leq 30$	易降解
Ⅱ	$30 < t_{0.5} \leq 90$	中等降解
Ⅲ	$90 < t_{0.5} \leq 180$	较难降解
Ⅳ	$t_{0.5} > 180$	难降解

（二）农药在土壤中的环境行为

农药在土壤中的残留是导致农药对农业环境造成污染的一大根源。据统计，喷施在植株上的农药大部分（70%～80%）残留于土壤中。当农药在土壤中的残留积累到一定的量时，就会对土壤生态环境造成危害。残留在土壤中的农药不仅能通过挥发、扩散、迁移、转化等途径污染大气、地表水和地下水，还能通过生物富集和食物链，最终危及人体健康。

1. 土壤对农药的吸附与解吸附　农药在环境中的物理行为在很大程度上取决于农药在土壤中的吸附与解吸附能力。土壤对农药的吸附作用不仅降低了农药在土壤中的生物活性、移动性和挥发性，而且对农药在土壤中的残留性也有一定的影响。农药在土壤中的吸附、解吸附是农药在土壤-水环境中归宿的主要支配因素。当农药被土壤强烈吸附以后，其生物活性和微生物对它的降解性能都会被减弱。吸附性强的农药，其移动性和扩散能力较弱，不易进一步造成对周围环境的污染。

（1）吸附作用　所谓农药的土壤吸附作用是指土壤作用力使农药聚积在土壤颗粒表面，致使土壤颗粒与土壤溶液界面上的农药浓度大于土壤本体中农药浓度的现象。进入土壤中的农药，将被土壤胶粒及有机质吸附，从而影响农药在土壤中的挥发性、移动性，以及生物和化学降解过程。土壤吸附试验推荐红壤土、水稻土、黑土、潮土、褐土5类土壤为供试土壤，任选其中3种在阳离子交换能力、黏土含量、有机物含量及pH等有显著差异的土壤，用振荡平衡法测定土壤的吸附系数和解吸系数。所谓吸附系数是指在一定水土比的平衡体系中，土壤吸附的农药量与水中农药浓度的比值，可用下式表示。

$$\lg C_s = \lg K_d + 1/n \cdot \lg C_e \quad (C_s = x/m)$$

式中，C_s为农药吸附在土壤中的浓度（mg/kg 或 μg/g）；C_e为农药在土壤溶液中的浓度（mL/L）；K_d为土壤吸附常数（mL/g）；n为常数；x为吸附于土壤上的农药重量（μg）；m为土壤重量（g）。

上式主要适合于分子型农药在土壤中的吸附规律，不适合于离子型农药。

土壤吸附作用与土壤有机质含量、黏土矿物、阳离子代换量、团粒结构、含水量、pH等有关。

农药在土壤中的吸附机制是非常复杂的。在吸附的形成过程中，存在着离子键、氢键、电荷转移、共价键、范德华力、配体交换、疏水吸附和分配、电荷-偶极和偶极-偶极等作用力。由于化合物和土壤的性质不同，其吸附机制也不同。在溶液中呈阳离子态或可接受质子的农药，一般都可以通过离子键机制吸附。在土壤中许多非离子极性农药可以与土壤有机质形成氢键而被吸附。非离子非极性农药会在吸附剂的一定部位通过范德华力实现吸附，其作用力随着农药分子和离子吸附剂表面距离的减小而增大。对于某种特定化合物在土壤上的吸附过程，往往是多种作用力共同作用的综合结果。离子型农药可以通过静电相互作用、离子交换反应和表面络合作用与具有低有机碳含量的吸附剂表面位相互作用。

土壤吸附时的自由能变化是反映土壤吸附特性的重要参数。根据吸附自由能变化的大小，可以推断土壤吸附的机制。当自由能变化小于10kcal/mol时，为物理吸附，反之为化学吸附。物理吸附平衡速度较快，是可逆过程；而化学吸附平衡速度较慢，是不可逆过程，施入土壤后易钝化而失去活性。因此，研究农药的吸附机制，对评价其环境行为特征有重要作用。

土壤对农药吸附的自由能变化，可用下列公式计算。

$$\Delta G = -RT \ln K_{oc}$$

式中，ΔG为吸附时的自由能变化（kcal/mol）；R为常数，R=1.986cal/mol；T为时间；K_{oc}为单位土壤有机质的吸附常数。

（2）解吸附作用　　在土壤与水组成的混合体系中，土壤对农药的吸附作用与解吸附作用处于一种动态平衡的状态，当混合体系水相溶液中的农药浓度高于平衡状态所需的浓度时，主要表现为吸附作用；反之，当农药浓度低于平衡状态所需的浓度时，则主要表现为解吸附作用。解吸附作用是农药吸附作用的反过程。在混合体系中吸附与解吸附过程一直在不断进行着，但总体是趋于平衡状态。

2. 农药在土壤中的迁移　　农药随着降雨或灌溉水淋溶进入土壤深层，土壤对农药有一定的容量，通过吸附、吸收、分解，使农药等污染物质保留在土壤中或降解为无毒害物质，但当一些水溶性强的农药施于砂性土壤中时，就存在被淋溶至土壤下层或地下水体的可能，20世纪80年代，在美国涕灭威对地下水的污染就是一例。土壤淋溶可分为两种方式：一种是农药随水通过均匀的土壤介质，多数的农药淋溶是通过这种方式，速度慢且量小；另一种是农药随水通过土壤裂隙或植物根及蚯蚓洞道等大孔隙而淋溶至土壤下层，这种情况只是当下大雨或漫灌式浇灌时出现，特别是在刚刚施药后，易于将大量的农药快速带到不易降解的下层土壤。农药的淋溶现在已成为考核农药环境特性的一项重要指标。土壤淋溶试验包括土壤薄层层析法和土柱淋溶法，推荐红壤土、水稻土、黑土、潮土、褐土5类土壤为供试土壤，土壤薄层层析法是称 10g（准确到 0.01g）过 0.25mm 筛的土壤于烧杯中加水（约 7.5mL）搅拌，直至成均匀的泥浆状，用玻璃棒将泥浆均匀涂布于层析玻璃板上，土层厚度随土质的粗细程度不同，控制在 0.5～1.0mm。在温度为（23±5）℃、避光条件下，将涂布好的土壤薄板晾干后，于距薄板底部 1.5cm 处点上药液，点药量为 1.0～10.0μg，每种处理设置两个平行。待溶剂挥发后，放在装有纯水的层析槽（液面高度 0.5cm）中展开（18cm），然后晾干，用放射性标记供试物作供试物，用自显影法求迁移率（R_f）值；如采用普通供试物时，将薄板上的土壤按等距离分成至少 6 段，分别测定各段土壤中的供试物含量及其在薄板上的分布。根据各段土壤中的供试物含量及其薄板上的分布可求得 R_f 值，按 R_f 值的大小将农药在土壤中的移动性能划分为 5 级，见表 3-29。

表 3-29 农药在土壤中的移动性等级划分

等级	R_f	移动性
Ⅰ	$0.90 < R_f \leq 1.00$	极易移动
Ⅱ	$0.65 < R_f \leq 0.90$	可移动
Ⅲ	$0.35 < R_f \leq 0.65$	中等移动
Ⅳ	$0.10 < R_f \leq 0.35$	不易移动
Ⅴ	$R_f \leq 0.10$	不移动

柱淋溶法：称取 700～800g（准确到 0.1g）过 2mm 筛的土壤，装于玻璃柱或塑料管中，制成 30cm 高的土柱，从下至上利用 0.01mol/L 氯化钙溶液反渗透法使土柱中水分达到饱和，赶去土柱中存在的空气。试验前，利用重力作用滤去多余水分。在温度为 18～25℃（±2℃）、避光条件下，将 0.10～1.0mg 供试物均匀施加于土柱上层，或者均匀拌入 10g 土壤中，然后让土壤均匀覆盖在土柱顶部，从试验开始起，土柱顶部覆盖 0.5cm 厚石英砂，按 200mm/48h 的降雨量进行模拟人工降雨（若土柱直径为 4cm，则相当于 251mL），12h 加完，用 0.01mol/L 氯化钙溶液进行淋溶，收集淋出液。淋洗完毕后，将土柱均匀切成 3 段，分别测定各段土壤及淋出液中的供试物含量。根据各段土壤及淋出液中的供试物含量，按式（3-6）分别求出其占添加总量的百分比。

$$R_i(\%) = \frac{m_i}{m_0} \times 100 \qquad (3-6)$$

式中，R_i 为各段土壤及淋出液中供试物含量的比例；m_i 为各段土壤及淋出液中供试物重量（mg）；$i=1$、2、3、4，分别表示组分 0～10cm、10～20cm、20～30cm 土壤和淋出液；m_0 为供试物添加总量（mg）。

按 R_i 值的大小，将农药在土壤中的移动性能分为 4 级，见表 3-30。

表 3-30 农药在土壤中的淋溶性等级划分

等级	$R_i/\%$	淋溶性
Ⅰ	$R_4 > 50$	易淋溶
Ⅱ	$R_3 + R_4 > 50$	可淋溶
Ⅲ	$R_2 + R_3 + R_4 > 50$	较难淋溶
Ⅳ	$R_1 > 50$	难淋溶

土壤淋溶法虽然能较好地反映农药在土壤中实际移动的规律，但试验可比性和重复性较

差；而土壤薄层分析法简单、快速，而且可比性和重复性均较好。土壤薄层分析法以农药在薄板上的 R_f 表示，根据 R_f 值的大小，划分为 5 个等级，R_f 值越大，表示其移动性越强，反之越弱。采用土壤薄板层析测定甲霜灵在 3 种土壤中的移动性，见表 3-31。

表 3-31　甲霜灵在不同土壤中的移动性

土类	R_f	移动性
黑土	0.154	不易移动
褐土	0.366	中等移动
粉砂土	0.486	中等移动

表 3-32 列出了一些农药在土壤中的移动性。

表 3-32　一些农药在土壤中的移动性

R_f 值	移动性能	农药品种
0.00～0.09	不移动	枯草隆、敌草索、林丹、甲拌磷、对硫磷、敌草快、乙硫磷、代森锌、异狄氏剂、苯菌灵、狄氏剂、百草枯、氟乐灵、艾氏剂、毒杀酚、DDT 等
0.10～0.34	不易移动	环草隆、扑草净、敌稗、敌草隆、敌草腈、灭草猛、保棉磷、二嗪磷等
0.35～0.64	中等移动	毒草安、扑草通、伏草隆、莠去津、西玛津、甲草胺、扑草津、草达津、吡虫啉等
0.65～0.89	易移动	毒莠定、氯草胺、二甲四氯、2,4-D、除草定等
0.90～1.00	极易移动	三氯乙酸、茅草枯、麦草畏、草灭平等

3. 农药在土壤表面的光解　　农药的光化学降解也称农药的光解，是指农药在阳光作用下产生的分解现象。大部分除草剂都能发生光化学降解，但是因为土壤能够吸收大量阳光，所以农药在土壤中的光化学降解作用很微弱。

有些农药因太阳光的照射可能发生光化学降解。光解不可逆地改变了农药分子，因此极大地影响着某些农药在环境中的归趋。光解可分为直接光解和间接光解。直接光解是指农药分子吸收光子的能量跃迁至激发单重态后发生反应转化为产物。许多研究者采用太阳光、紫外线、氙灯、汞灯等不同光源对农药在不同介质中的直接光解开展了广泛研究。太阳光中的紫外部分（290～450nm）是环境中农药进行光化学反应的最重要因素。光解试验结果表明，许多农药光解符合一级动力学反应，即浓度的对数值与光照时间呈线性关系。光解速率可排序为：有机磷农药＞氨基甲酸酯类农药＞三氮类农药＞有机氯农药＞拟除虫菊酯类农药。

农药在土壤表面的光解试验推荐红壤土、水稻土、黑土、潮土、褐土 5 类土壤为供试土壤，分别称取经预处理的土壤，加适量的水，使其均匀展布于玻璃平板上，室温下阴干，制成土壤薄层系列，使土层厚度为 1～2mm。将供试物溶液均匀滴加于各土壤薄层表面，使土壤中供试物浓度为 1～10mg/kg，盖上石英玻璃盖，然后将其置于光化学反应装置中进行光解试验。光照条件与在水中的光解试验相同。试验过程中定期取样至少 7 次，测定土样中供试物浓度的变化，记录紫外强度，试验周期为至光解率达 90% 以上或最长 7d 时终止，同时设黑暗条件下的对照试验，得到光解曲线和光解半衰期，按农药光解半衰期 $t_{0.5}$ 将农药光解特性分为 5 级，同样见表 3-27。

4. 农药在土壤中的生物降解　　所谓生物降解是通过生物的作用将污染物分解成小分子化合物的过程。这里生物类型包括各种微生物、高等植物和动物，其中微生物降解是最重要的，这是因为：①微生物具有氧化还原作用、脱羧作用、脱氨作用、水解作用、脱水作用等各种化学作用能力，对能量的利用要比高等生物体更加有效；②微生物具有高速度的繁殖和遗传变异性，使它的酶体系能够以最快的速度适应外界环境的变化；③虽然微生物、高等植物和动物能够代谢和降解许多有机污染物，尤其是人工合成的有机化合物，但对一些人工合成的有机污染物，微生物却比高等植物和动物具有更大的将大多数有机化合物降解为无机物质（CO_2、H_2O 和矿物质）的潜力，或者说，微生物是有机化合物生物降解中的第一因素。所以，目前在环境科学界，一般提到生物降解是指微生物降解。

5. 农药在大气、水、土壤中的挥发性　　农药挥发作用是指在自然条件下农药从植物表面、水面与土壤表面通过挥发逸入大气的现象。农药挥发性的大小影响农药在土壤中的持留及其在环境中的再分配，挥发性大的农药一般持留较短，但它对环境的影响范围较大，易对使用区周围的环境生物和作物造成影响，凡是进入土壤和水域中的农药，都要进行挥发作用的评价。农药在空气、水及土壤中的挥发性能主要受农药蒸气压的影响，其次还受到水溶解度、温度、风速等的影响。

农药由土壤表面的挥发取决于以下三个平衡。

$$土壤中的农药 \longleftrightarrow 土壤溶液中的农药$$
$$土壤溶液中的农药 \longleftrightarrow 土壤空气中的农药$$
$$土壤空气中的农药 \longleftrightarrow 大气中的农药$$

农药在空气中的挥发性试验，是取 0.10～0.50mg 供试物于 9cm 直径培养皿中，置于气流式密闭系统中。在 20～25℃条件下，空气以 500mL/min 的流速通过密闭装置，使挥发出来的供试物随气流通过吸收管，截留在吸收液中，24h 后测定吸收液中的供试物含量，即供试物的挥发量，至少应设 3 级以上的吸收，同时测定培养皿中残留的供试物含量。

农药在水中的挥发性试验是取 10～50mL 含 0.1～10.0mg/L 供试物水溶液（对于难溶于水的供试物可使用助溶剂助溶，助溶剂含量不超过 1%）于 9cm 直径的玻璃培养皿中，置于气流式密闭系统运行 24h 后，分别测定吸收液及水中供试物含量。

农药在土壤表面的挥发性试验是称取 50g 土壤样品平铺于 9cm 直径的玻璃培养皿中，均匀滴加 0.1～1.0mg 的供试物（对于难溶于水的供试物可使用助溶剂助溶，助溶剂含量不超过 1%），搅拌均匀，然后加适量蒸馏水，使土壤持水量约为饱和持水量的 60%。置于气流式密闭系统运行 24h 后，分别测定吸收液及土壤中供试物含量。图 3-4 为农药挥发装置结构图和示意图。

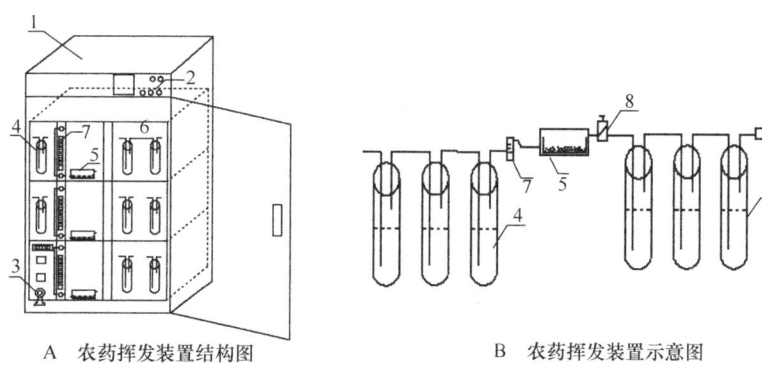

A　农药挥发装置结构图　　　　B　农药挥发装置示意图

图 3-4　农药挥发装置结构图和示意图

1. 箱体；2. 控温机构；3. 真空机构；4. 空气过滤结构；5. 挥发室；6. 农药吸收装置；7. 空气流量调节器；8. 气阀

根据测得的数据，按式（3-7）、式（3-8）分别求得挥发率和挥发试验回收率。

$$R_v(\%) = \frac{m_v}{m_0} \times 100 \tag{3-7}$$

式中，R_v 为挥发率；m_v 为供试物挥发量（μg）；m_0 为供试物加入量（μg）。

$$R(\%)=\frac{m_v+m_R}{m_0}\times 100 \tag{3-8}$$

式中，R 为挥发试验回收率；m_R 为供试物残留量（μg）。

按挥发率 R_v 的大小，将农药挥发性分为 4 级，见表 3-33。

表 3-33 农药挥发性等级划分

等级	挥发率 R_v/%	挥发性
Ⅰ	>20	易挥发
Ⅱ	10<R_v≤20	中等挥发
Ⅲ	1<R_v≤10	挥发
Ⅳ	≤1	难挥发

6. 农药的生物富集作用　　生物富集是生物通过取食（主要的）或吸收等方式从环境中不断吸取少量的农药，并逐渐在体内积累的能力，是通过食物链而发生的农药的转移和浓缩。农药可以落入土壤，扩散到大气，流入河川、大气中的农药又可随雨降落到地面，河川中的微量农药又可以被鱼类吸收富集，鱼体中的农药浓度可比河水中的浓度高出上万倍，这样农药可以通过食物链在生物体内不断地富集。人处在食物链的最高位置，和其他生物相比，在人体内会富集较高量的农药。

一般用生物的富集系数（BCF）来衡量某种生物体内对环境某物质的富集程度，BCF 是农药安全性评价中的一个重要指标。影响农药在生物体中富集的因子很多，大多数农药的富集系数与农药的分配系数 K_{ow} 值呈正相关，与农药水溶解度值 S 呈负相关。在一般情况下，水溶解度值在 50~500mg/L 的农药不会在生物体内富集；水溶解度值在 5.0~50mg/L 的农药在生物体内可能被富集；水溶解度值<0.5mg/L 的农药容易在生物体内富集。影响生物富集的另一种因素是生物种的特性，在脂肪含量高与对摄入体内农药代谢能力弱的生物或其体内组织中，易于富集，如滴滴涕的脂溶性很强，在生物体内又不易代谢，所以在生物体就很容易富集；相反的如拟除虫菊酯类农药，虽然其脂溶性不亚于滴滴涕，但它在生物体内易于代谢，所以不容易在生物体内富集。在整个生态体系中，农药不断地通过生物富集与食物链的传递，且逐级浓缩。生物富集研究对阐明农药在环境中的行为，评价和预测进入水环境后的慢性危害，以及制订环境质量标准均有十分重要的意义。

生物富集作用的大小，常用生物富集系数表示，即 BCF＝生物体内的农药含量/环境介质中的农药含量，按生物富集系数 BCF 值的大小，将农药生物富集性分为 3 级，见表 3-34。

表 3-34 农药生物富集等级划分

富集等级	生物富集系数
低富集性	BCF≤10
中等富集性	10<BCF≤1000
高富集性	BCF>1000

近年来，对生物富集因子的研究已很广泛，由于实测 BCF 成本高、周期长，在实际工作中常采用估算的方法来获取 BCF。已有较多研究的估测方法，主要包括 BCF 与正辛醇 - 水分配系数（K_{ow}）、水溶解度（S_w）和吸附系数（K_{oc}）的各种经验关系式及分子拓扑法等。

第二节　农药在农产品中的残留分析实例

农业产业化的发展使农产品的生产越来越依赖于农药、抗生素和激素等外源物质。我国农药在农产品的用量居高不下，而这些物质的不合理使用必将导致农产品中的农药残留超标，影响消费者食用安全,严重时会造成消费者致病、发育不正常,甚至直接导致中毒死亡。农药残留超标也会影响农产品的贸易,世界各国对农药残留问题高度重视,对各种农副产品中农药残留都规定了越来越严格的限量标准,使中国农产品出口面临严峻的挑战。我国也于2014年8月1日正式实施了严格的农药残留国家标准——《食品中农药最大残留限量》,国标号为GB2763—2014,新标准规定了387种农药在284种(类)食品中的3650项限量指标,较2012年颁布实施的标准新增加了65种农药、43种(类)、1357项限量指标,比以往更加严谨,基本与国际标准接轨,基本覆盖了目前的常用农药品种。

这些行业标准中涉及了气相色谱-质谱法、液相色谱-串联质谱法、离子色谱法等多种检测方法。农药在作物或食品中的残留检测技术,均需要进行样品前处理,即①提取,即从样品中提取残留农药;②浓缩;③净化,即从提取液中去除干扰物质;④最后进行残留检测,即测定提取液中残留的农药。

一、提取技术

提取指通过溶解、吸附或挥发等方式将样品中的残留农药分离出来的操作步骤。由于残留农药含量大多为痕量级,提取效率直接影响分析结果的准确性。提取方案的选定主要根据农药的理化性质、试样类型、样品的组分(如脂肪、水分含量等)、农药在样品中的存在形式和最终测定方法等。

残留农药的提取方法有多种,都是基于化合物的极性-溶解度或挥发性-蒸气压等理化特性而建立的。常用的提取方法有溶剂提取法、固相提取法和强制挥发提取法3类。

(一)溶剂提取法

溶剂提取法是根据残留农药与样品组分在不同溶剂中的溶解度差异,选用对残留农药溶剂度大的溶剂,通过振荡、捣碎或回流等适当方式将目标物从样品基质中提取出来,其关键是选择合适的提取溶剂。

选用溶剂要考虑3个方面:①溶剂的极性。即对残留农药的溶解性,根据"相似相溶原理"选择提取溶剂。②溶剂的纯度。农药残留分析中,一般用分析纯级的溶剂,有的还需要采用重蒸等净化处理。③溶剂的沸点。溶剂的沸点以45~80℃为宜。沸点太低,容易挥发;沸点太高,不利于提取液的浓缩,可能导致一些易挥发或热稳定性差的农药损失。

常用的提取溶剂有石油醚、正己烷、乙酸乙酯、二氯甲烷、丙酮、乙腈、甲醇等。

溶剂提取法包括液-液提取和固-液提取两种主要方式。液-液提取根据分配定律,用与液体样品不混溶的溶剂与样品液体接触、分配、平衡,使溶于样品液体相的农药转入提取溶剂相的过程。固-液提取指通过溶解、扩散作用使固相物质中的化合物进入溶剂中,主要用于固体样品(如土壤、动植物样品)的提取。对含水量大的样品,应采用与水混溶的溶剂或混合溶剂提取;对含脂肪多的样品,用非极性或极性弱的溶剂提取;对土壤样品则用含水溶剂或混合溶剂提取;对动植物样品、食品等固体样品,多采用与水混溶的溶剂(如丙酮、乙腈)提取。

固-液提取常用方法有索式提取法、振荡浸提法、组织捣碎法和消化提取法等。

(二)固相提取法

固相提取法是指液体样品中的分析物通过吸着作用(吸附和吸收)被保留在吸着剂上,然后用一定的溶剂洗脱的过程,主要应用于水样。常用的固相提取法有固相萃取、固相微萃取、超临界流体萃取等,此方法具有高效、简便、快速、安全、重复性好、便于自动化等优点。

1. 固相萃取 固相萃取（solid-phase extraction，SPE）是一种试样预处理技术，由液固萃取和液相色谱技术相结合发展而来。在很多情况下，SPE 作为制备液体试样优先考虑的方法取代了传统的液液萃取法（liquid-liquid extraction，LLE）。与 LLE 相比较，SPE 具有如下优点：①分析物的高回收率；②更有效地将分析物与干扰组分分离；③不需要使用超纯试剂，有机溶剂的消耗低，减少对环境的污染；④能处理小体积试样；⑤无相分离操作，容易收集分析物级分；⑥操作简单、省时、省力、易于自动化。

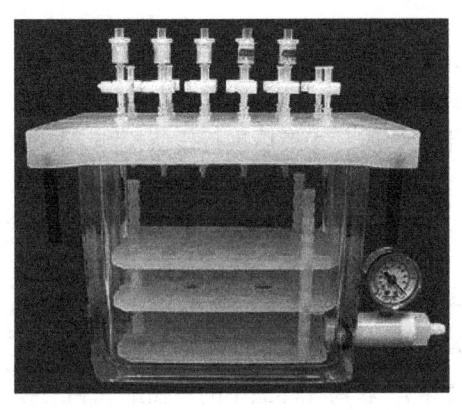

图 3-5 固相萃取装置

SPE 的基本原理是样品在两相之间的分配，即在固相（吸附剂）和液相（溶剂）之间的分配。其保留或洗脱的机制取决于被分析物与吸附剂表面的活性基团，以及被分析物与液相之间的分子间作用力。有两种洗脱模式：一种是被分析物比所存在的生物介质与固相之间的亲和力更强，因而被保留，然后用一种对被分析物亲和力更强的溶剂洗脱；另一种是存在的生物介质较被分析物与固相之间的亲和力更强，则被分析物被直接洗脱。通常使用的是前一种模式。固相萃取作为一种新型的样品预处理技术，已广泛用于水中有机污染物的痕量富集（图 3-5）。

SPE 方法：采用长 2~3cm 的聚丙烯小柱，内装各种填料，两端装有烧结片或多孔圆片，可通过加压或抽负压的方法使液相经过小孔。不同类型的填料，SPE 操作方法略有不同。以 C18 填料为例，基本实验步骤如下：①预处理。先用数毫升甲醇润湿小柱，活化填料，以使固相表面易于和被分析物发生分子间相互作用，同时，可以除去填料中可能存在的杂质。再用水或缓冲液冲洗小柱，转移过多的甲醇，以便样本与固相表面发生作用。填料未经预处理或者未被溶剂润湿，会引起溶质过早穿透，影响回收率。②上样。使水样经过小柱，弃去废液。③除去干扰杂质。用水或适当的缓冲液冲洗小柱，转移样本中的内源性杂质和其他相关杂质。④分析物的洗脱和收集。选择适当的洗脱溶剂洗脱被分析物，收集洗脱液，挥干溶剂以后备用或直接进样在线分析（图 3-6）。

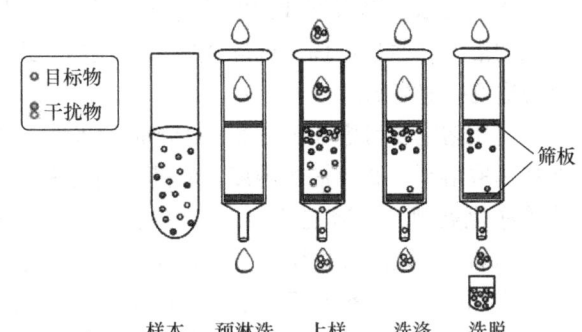

图 3-6 固相萃取技术示意图

吸附剂的类型包括键合硅胶 C18、C8（反相）、多孔苯乙烯-二乙烯基苯共聚物（反相）、石墨碳（反相）、离子交换树脂（离子交换）、金属配合物吸附剂（配体交换）等。

2. 固相微萃取 固相微萃取（solid phase microextraction，SPME）是在常规 SPE 基础上发展起来的。常规 SPE 需用少量溶剂作冲洗剂，SPME 可不用溶剂萃取，是真正意义上的固相萃取。SPME 技术中的固相为覆盖着一层高聚物固定相（聚甲基硅氧烷或聚丙烯酸酯）的熔融石英纤维。该纤维被置于一个微量注射器的针腔内，使用时将针筒推出，则纤维降低，放入样品液中一段时间，在转子搅拌下，分析物被吸附，然后将纤维退回进样针内，当进样针插入气相色谱（GC）进样口时，样品发生热解吸附，从而进入分析柱中（图 3-7）。

3. 超临界流体萃取 所谓超临界状态是物质的一种特殊流体状态：当气液平衡的物质升温升压时，热膨胀引起液体密度减少，而压力升高又使气相密度变大。当温度和压力达到某

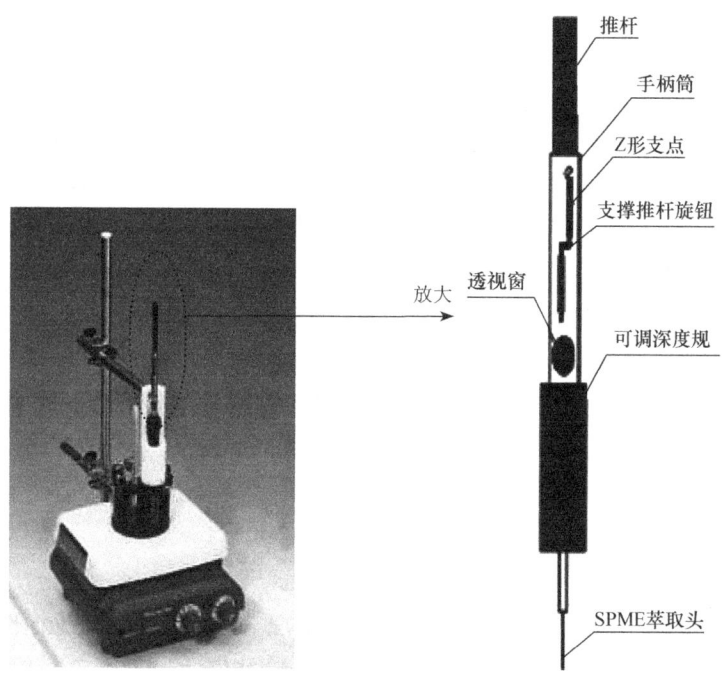

图 3-7 固相微萃取装置图及其手柄图

一点时,气液两相界面消失成为均相体系,这一点是临界点,当物质的温度和压力高于此临界点时,它就处于超临界状态,即超临界流体(SF)。此时它有独特的性质,兼有气体和液体的优点:黏度小,扩散系数大,有良好的传质特性,类似气体;密度较大,有良好的溶解特性,与液体相近。可作为 SF 的萃取剂主要有乙烷、丙烷、丁烷、戊烷、氨水、乙烯、水、二氧化碳,其中 CO_2 作为超临界流体被普遍采用。

超临界流体萃取(supercritical fluid extraction,SFE)的基本原理是利用不同操作条件下各组分相平衡状态的差异来进行分离。把作为溶剂的某一超临界流体(如 CO_2 等)和液体(或固体)混合物接触,利用它们的相平衡和传递特性,提取出目标物,然后采用减压或升温的方法,降低萃取相的密度,再使溶剂与萃取物分开。该技术的优点是:有机溶剂用量少,利于环境保护;耗时少,实验步骤少;对一些天然产物中的热敏性化合物的提取(如药材中的有效成分)尤能显示其优势,被萃取成分不易氧化、分解、逸散而变质。

(三)强制挥发提取法

强制挥发提取法是对于易挥发物质,特别是蒸气压高的农药,利用其挥发性进行提取的方法。可以不使用溶剂,在挥发提取的同时去除挥发性低的杂质。常用方法有吹扫捕集法和顶空提取法。吹扫捕集提取分析系统主要用于水样中挥发性有机物的分析,适用挥发性农药及其代谢物的测定,如溴甲烷等。

吹扫捕集提取分析的步骤为:以氮气等惰性气体的气泡通过水样,将挥发物带出来,挥发物被气流带至捕集管,被吸附剂吸附、富集,再通过瞬间加热使捕集管中的挥发物解吸,并用载气带出,直接送入 GC 进行挥发性目标物的分析。图 3-8 为吹扫捕集提取分析系统示意图。

顶空提取法是与吹扫捕集法相类似的技术,但它适用于水样及其他液态样品和固态样品,其操作步骤为:加热密封样品瓶,使顶空层分析物平衡,通过注射器将载气压向样品瓶,再断开载气,使瓶中顶空层气样流入 GC 进行分析。图 3-9 为顶空制样分析系统示意图。

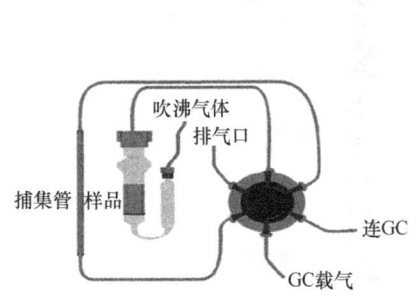
图 3-8 吹扫捕集提取分析系统示意图

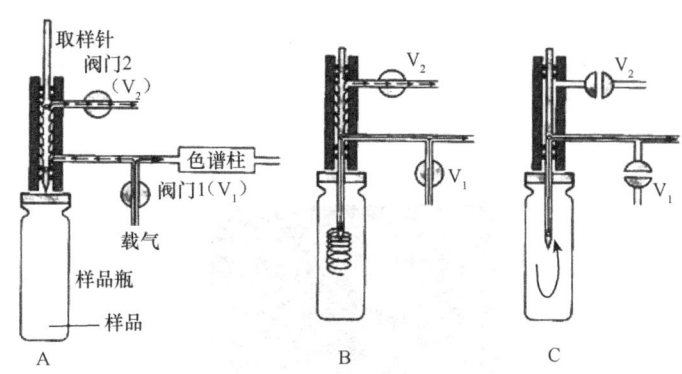
图 3-9 顶空制样分析系统示意图
A. 瓶内顶空分析物平衡；B. 载气压向样品瓶；C. 断开载气，样品流入 GC

二、浓缩技术

由于农药残留分析中，目标物在样品中的量非常少，而且常规溶剂提取法所用溶剂的量相对较多，从样品中提取出来的残留农药溶液，一般情况下浓度都非常低，在作净化和检测前，需要进行浓缩，使检测溶液中待测物达到分析仪器灵敏度以上的浓度，在浓缩过程中，必须注意目标物损失和样品污染两个问题，常用浓缩方法有减压旋转蒸发、K-D 浓缩法和氮气吹干法等，通常需要用到减压旋蒸蒸发仪和氮吹仪（图 3-10，图 3-11）。

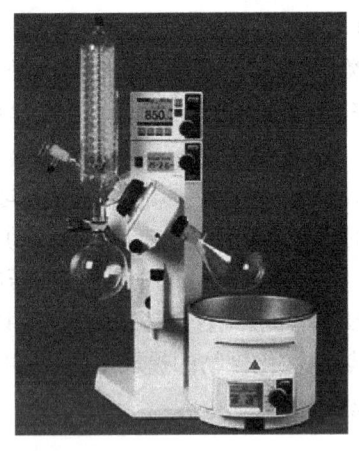
图 3-10 减压旋蒸蒸发仪

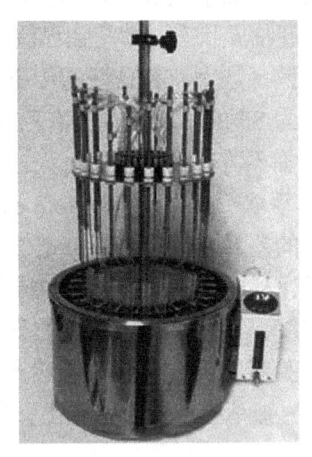
图 3-11 氮吹仪

减压旋蒸蒸发仪的旋蒸瓶可以是一个带有标准磨口接口的茄形或圆底烧瓶，通过一高度回流蛇形冷凝管与真空泵相连，回流冷凝管另一开口与带有磨口的接收烧瓶相连，用于接收被蒸发的有机溶剂。在冷凝管与减压泵之间有一三通活塞，当体系与大气相通时，可以将蒸馏烧瓶、接液烧瓶取下，转移溶剂，当体系与减压泵相通时，则体系应处于减压状态。使用时，应先减压，再开动电动机转动蒸馏烧瓶，结束时，应先停机，再通大气，以防蒸馏烧瓶在转动中脱落。

减压旋蒸蒸发仪使用方法：
1）打开低温冷却液循环泵。注意先按电源键再按制冷键，降到所需温度后开循环。
2）打开水泵循环水。
3）装上蒸馏烧瓶并用夹子固定好。打开真空泵，待有一定真空后开始旋转。
4）调节蒸馏烧瓶高度、旋转速度，设定适当水浴温度。

5）蒸完先停止旋转，再通大气，然后停水泵，最后再取下蒸馏烧瓶。

6）停低温冷却液循环泵，停水浴加热，关闭水泵循环水，倒出接收瓶内溶剂，洗干净接收瓶。

减压旋蒸蒸发仪使用注意事项：

1）使用时要先抽真空（约至 0.03MPa），再开旋转，以防蒸馏烧瓶滑落；停止时，先停旋转，手扶蒸馏烧瓶，通大气，待真空度降到 0.04MPa 左右再停真空泵，以防蒸馏烧瓶脱落及倒吸。

2）各接口、密封面、密封圈及接头安装前都需要涂一层真空脂。

3）加热槽通电前必须加水，不允许无水干烧。

4）如真空度太低注意检查各接头、真空管、玻璃瓶的气密性。

5）旋蒸对空气敏感的物质时，在排气口接一氮气球，先通一阵氮气，排出减压旋蒸蒸发仪内的空气，再接上样品瓶旋蒸。蒸完放氮气升压，再关泵，然后取下样品瓶封好。

6）若样品黏度很大，应放慢旋转速度，最好手动缓慢旋转，以能形成新的液面利于溶剂蒸出。

氮吹仪的工作原理是：通过将氮气吹入加热样品表面，使样品中的溶剂快速蒸发、分离，从而达到样品无氧浓缩的目的，保持样品更纯净。使用氮吹仪代替常用的减压旋蒸蒸发仪进行浓缩，能同时浓缩几十个样品，使样品制备时间大为缩短，并且具有省时、易操作、快捷的优点。

三、净化技术

净化指通过物理或化学方法去除提取物中对测定有干扰作用的杂质的过程。从测定的方法来说，各种测定方法对净化也有不同的需求。例如，由于提取液中的杂质，尤其是脂肪或蜡质，影响了被提取物在流动相和固定相中的分配系数及溶剂的流动性，会干扰纸层析与薄层层析分析结果，这样，提取液在用上述方法检测前需要进行净化，去除干扰的杂质。用气相色谱法进行测定时，提取液中的某些杂质或改变了基线水平影响测定的灵敏度，或出现了干扰峰，影响了被测农药的含量测定，或污染了检测器，影响仪器的性能。在这些情况下也要求提取液被测前进行严格的净化。在电化学分析方法中某些杂质也会影响半波电位与波高。用生物测定法作农药残留分析时，未净化的提取液中含有的脂肪或杂质等也会影响生物体的生存（造成自然死亡率高）和药剂对试验机体的接触。在光谱分析中，如果干扰物质能吸收测定的光波或与试剂反应产生一个在测定波长中被吸收的产物，均能影响测定的结果。然而用放射性分析和中子活化法测定标记农药时就无需净化。用气相色谱法检测时，由于检测器灵敏度的不断提高，提取液进样量很少，在这种情况下，往往带入的杂质量很微小，也有人认为这时可以省去净化步骤，采用提取后直接进样法。一般净化技术有下列几种。

（一）皂化法

大多数有机氯杀虫剂对脂肪和油脂有很强的亲和力，因而也借助皂化脂肪，从皂类水溶液中提取农药。例如，用苯重氮法测定艾氏剂、狄氏剂、异狄氏剂时，比色前可用此法净化。

（二）氧化法

有些实验也用氧化作为部分净化过程。例如，曾有试验用过氧化物破坏植物色素以测定番茄提取液中的对硫磷。

（三）磺化法

让提取物通过载有发烟硫酸及浓盐酸的硅藻土以获得净化效果。10g 硅藻土一般需加 3mL

浓盐酸（需在研钵内磨匀）。有试验报道，30g 酸性硅藻土可去除 5g 脂肪，它对破坏植物色素有效。这种技术能用于测定有机氯等农药。此外，也有将浓硫酸直接加至提取液中，以磺化除去试样中油脂（直接磺化法）。

（四）丙酮沉淀法

此法用于脂肪中有机氯农药的测定。样品经丙酮提取后，在超低温下沉淀，可除去大多数脂肪。但这种处理方法不能使脂肪脱去色素，尚需辅以柱层析加以去除。有试验报道，油脂用苯-丙酮混合液提取后，先在 $-70℃$ 条件下沉淀，以后在 $-70℃$ 条件下通过 DarcoG60-Silka-Flocc 混合柱，有机氯杀虫剂的回收率较高。

（五）液-液分配法

该法的原理是利用不同溶质成分在一组互不相溶的溶剂对中分配系数不同。选用适当的溶剂对时，通过反复多次分配使不同的物质组分得到分离或净化，这是液-液分配法。这种溶剂分配技术适用于净化动物脂肪和含油类作物产品中的有机氯与有机磷农药。

在液-液分配中，常用的非极性溶剂有苯、正己烷、石油醚等，极性溶剂有乙腈、二甲基甲酰胺、硫酸二甲酯等。例如，正己烷-乙腈、正己烷-二甲基甲酰胺、正己烷-硫酸二甲酯、正己烷（苯）-丙酮、己烷（苯）-异丙醇等是常用的溶剂分配对。在处理过程中正己烷抽提了大部分脂肪，而农药留在另一相中，如再结合柱层析即可获得较好的分离效果。正己烷-乙腈分配结合弗罗里土柱层析已被美国、加拿大作为有机农药的常规净化技术。英国则采用正己烷-二甲基甲酰胺分配。

在使用液-液分配法时，为使被测物质的提取率达到 99% 以上，往往需要反复多次分配。至于究竟分配几次才能达到上述提取要求，则须利用 P 值进行运算。

在相等体积的一对溶剂体系中，溶质在二相中达到平衡后，溶质分配在非极性相中（或较弱的极性相中）的量占总溶质的份数为该溶质在该体系非极性相溶剂中的 P 值。

$$P = 非极性相中的溶质 / 加入的总溶质$$

与此相应，其余部分分配在极性相（或较强极性）的溶剂中，一般以 Q 值表示。因此 $P+Q=1$。

P 值为实验中所得的数据。在等容的一次分配后，农药留在非极性相中的量应为 P，而移入极性相中的量则为 $1-P$。经等容积 n 次抽提后，则从非极性相溶剂向极性相溶剂抽提农药，其效率为

$$EP_n = 1 - P_n$$

式中，EP 为极性溶剂中溶质的份数。

从极性相溶剂向非极性相溶剂抽提农药的效率为

$$EN_n = 1 - (1-P)n$$

式中，EN 为非极性溶剂中溶质的份数。

（六）薄层层析法

用硅胶（G 或 H）与氧化铝（G 或 H）作吸附剂的薄层层析（厚度可选用 0.5mm 左右，薄板选用 20cm×20cm），有时也可用于提取液的净化分离农药与杂质。提取液经浓缩在薄板上点样后，选用适宜的溶剂系统进行展开，将杂质与农药分离，并从农药相应的 R_f 值处刮下吸附剂，再用溶剂从吸附剂中洗出农药。但这种净化方法使用不似柱层析广泛。

（七）柱层析法

根据作用原理的不同，柱层析法又有吸附柱层析法和分配柱层析法之分。

吸附柱层析法是将样品提取液通过装有吸附剂的层析柱，由于吸附剂对不同物质的吸附力强弱不同，而达到分离出被测农药的目的。

分配柱层析法是利用被测物质在层析柱中固定相和淋洗剂（又叫流动相）间分配情况的不同而完成分离。固定相是指层析柱中某些基底物质（又称支撑剂）内吸附的某种溶剂，它与作为淋洗用的溶剂是不相混的。

柱层析法选用的吸附剂或支撑剂的种类很多。目前常用的有活性炭、硅胶、氧化铝、弗罗里硅土等。

活性炭吸附色素的效果较好，但由于它是一种非极性吸附剂，对极性物质的吸附能力很差。用于农药纯化的活性炭要有一定的筛目，并先经过酸洗以除去其中的有机物。酸洗方法通常加浓盐酸煮沸 0.5~1h，以后用水洗至中性，并在 150~200℃ 条件下烘干，然后用有机溶剂洗净有机物，干燥后使用。

硅胶可用于水、土壤和动植物组织中有机农药的净化，在水质分析时应用最多。作柱层析使用硅胶的颗粒为 60~200 目，使用前一般经高温活化，然后加少量水降低活性。

氧化铝能吸附部分蜡质、脂肪，在分离有机氯农药时，一般用极性弱的溶剂淋洗。在这种情况下，它可以保持一部分脂肪类化合物和几乎全部的色素。但在分离有机磷农药时，往往需要强极性的淋洗剂，这样也会使大部分油脂和色素都淋洗出来。为此尚需借助其他的处理方法如液-液分配等。

用于柱层析的氧化铝有中性、酸性、碱性之分。将层析用氧化铝于 500℃ 条件下加热 2~4h，冷却后加不同比例的水分便可得到不同活性的氧化铝（表 3-35）。

在实际应用中，常用勃克曼 I~V 级活性的中性或酸性氧化铝。

弗罗里硅土是一种合成的三硅酸镁化合物，由硅酸钠与硫酸镁作用而得，过滤后经过燃烧，产物多孔且表面积大。各种弗罗里硅土的产品由其中含有的硫酸钠含量不同表现出吸附能力的差异。因而在使用前往往需用月桂酸法测量产品的吸附能力以便进行补偿或校正。

以产品的月桂酸吸收值表示它的吸收能力，是基于从分子表面积和键长估计出 1g 弗罗里硅土大约能吸收 100mg 相对分子质量为 200 的化合物的量。在这类化合物中选用月桂酸是由于它在正己烷中溶解度大，容易制得纯品，被弗罗里硅土吸附后剩下的月桂酸量又能方便地用酸碱滴定法测量。

表 3-35　层析用氧化铝的勃克曼活性级别

加水量（按重量比）/%	勃克曼活性级别
0	I
3	II
6	III
10	IV
15	V

国内硅镁型吸附剂是一种类似弗罗里硅土的吸附剂，其性能接近弗罗里硅土，活性比弗罗里硅土尚高，使用时需加水使活性下降。

其他类型的吸附剂还有硅藻土、助滤剂、氧化镁等。酸性硅藻土也是使用最早的吸附剂，氧化镁助滤剂以前也较广泛使用。近年来也有报道用葡聚糖作凝胶渗透层析，它是除去鱼类提取液中脂肪体，分离大多数有机氯农药及部分有机磷杀虫剂（对硫磷、马拉硫磷等）的极为有效的技术。

四、分析技术

提取液中残留农药的测定方法大致有层析法、光谱分析法、电化学分析法、生物测定法、放射性分析、核磁共振法及基于生物学原理的一些检测技术,如免疫分析法、生物传感器等。其中,层析法和光谱分析法应用最为普遍。

（一）层析法

此法包括纸层析法、薄层层析法、气相色谱法、高效液相色谱法、气相色谱-质谱联用、液相色谱-质谱联用等。

1. 纸层析法 早先也用于一般有机农药（有机氯、有机磷农药）的鉴别和定量。有时也与其他方法如比色法、酶法相结合使用。其特点是方法简捷,除对滤纸质量要求较严外,无需其他特殊仪器。也有一定的灵敏度和选择性,同时还可进行异构体、代谢物的分离与鉴定。但已被更灵敏、分离率更高的薄层层析法所替代。

2. 薄层层析法 薄层层析法将涂有吸附剂的玻璃板代替滤纸。操作过程基本与纸层析法相同（但展开的溶剂只能向上推移）,灵敏度、分离率尤高。根据化合物种类的不同,测定灵敏度为 0.05～5μg,一般可检出 0.1μg 以上的残留农药。应用于农药残留测定的薄层层析的吸附剂种类,常用的有硅胶、氧化铝、聚酰胺等。硅胶和氧化铝又可分为加黏合剂与不加黏合剂两种。加黏合剂石膏的硅胶和氧化铝商品分别称为硅胶 G 和氧化铝 G。不加黏合剂的商品称为硅胶 H 和氧化铝 H。有的加入荧光剂则称为硅胶 GF254、硅胶 HF254、氧化铝 GF254、硅胶 GF254＋366 等,数字代表显荧光时需要照射的波长。

同种吸附剂做成的薄板也因活性不一,引起斑点迁移率（R_f）发生差异或使斑点呈拖尾现象。迁移率是表明被测物质经展开剂展开后在薄层板上迁移远近的比值（图 3-12）。

迁移率（R_f）＝斑点中心至原点的距离 / 展开前沿至原点的距离

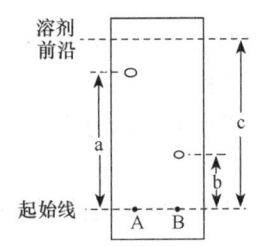

图 3-12 A 和 B 物质的迁移率

在薄层层析中选用合适的显色剂有很重要的意义。适宜的显色剂不但色差大,斑点轮廓清晰,便于计算面积,同时与农药的检出限也有很大关系。我们在探讨有机磷常用显色剂如溴-刚果红、氯化钯、溴酚蓝-硝酸银对有机磷农药杀螟腈、甲胺磷的检出限时表明,选用不同种类的显色剂,农药的检出灵敏度可差数倍至数十倍。

一般测定有机氯农药时常用的显色剂种类有硝酸银-苯氧乙醇、邻甲联苯胺、靛酚蓝-甲酸荧光素、甲基黄等。测定有机磷农药时常选用 2,6-二溴苯醌氯酰亚胺（DCQ）、N（萘基）乙二胺二盐酸（NED）、4-对硝基苯甲基吡啶（NBP）、N-溴代琥珀酰亚胺（NBS）、Hanes-Lsherwood 试剂、Rogob 系统、氯化钯、氯化铂、硝酸银-溴酚蓝或溴甲酚绿、四溴苯酚酞乙酯（TDPP）-硝酸银-柠檬酸、钼酸铵-氯化铵、四乙撑五胺和酶抑制法等。氨基甲酸酯类农药常选用对硝基苯重氮氟硼酸盐和对二甲氨基苯叉醛。4-氯-7-硝基苯并-2,1,3-二噁唑（NBD-Cl）作荧光显色剂以测定 N-甲基和 N,N-二甲基氨基甲酯类农药,它的优点是不与酚类、硫化物、醇类或苯胺类形成荧光衍生物,同时水解产物也无荧光。

3. 气相色谱法 气相色谱法（gas chromatography,GC）的作用原理是将被分析物质由载气（氮气、氢气、氦气）携带通过装满填充剂的色谱柱,由于被分析物质的各组分在气（载气）-液（液膜）二相间的分配或吸附系数不同,在流动过程中得到相应的分配和分离,最后流出物的组分选用各种类型检测器进行检测,获得测定数据（图 3-13）。

气相配套用色谱柱填充剂种类对农药残留量的检定有密切关系。填充剂包括了担体与固定液两部分。担体是一种惰性固体,具有一定的机械强度、颗粒均匀等特性,主要是起支撑固

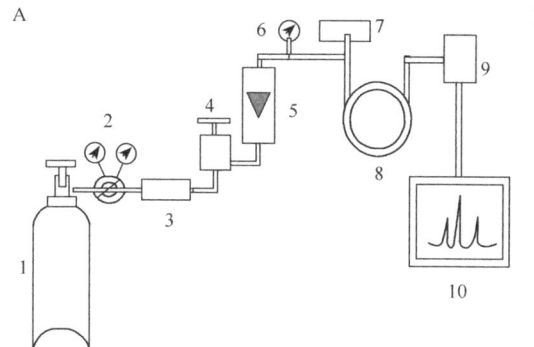 

图 3-13 GC 仪器分析流程（A）及实物图（B）
1. 钢瓶；2. 减压阀；3. 载气净化干燥塔；4. 针型阀；5. 流量表；6. 压力表；7. 进样器；
8. 色谱柱；9. 检测器；10. 记录仪

定液的作用。种类有白色硅藻土类型，如国产的 101、102 担体等，国外的助滤剂有 545、Gas chrom A、Chromosorb W 和 G、Anakrom V 和 P 等；红色硅藻土类型如国产 201 等，国外的 Chromosorb P、R 等；非硅藻土类型如国产玻璃微珠，国外的聚四氟乙烯（Teflon-b）、聚三氟氯乙烯（Daiflon）等；以及有机担体如国产 401、402 等，国外的 Chromosorb 101-107 等。为了改善分离效果，担体往往在使用前进行酸洗与硅烷化，加入的硅烷类减尾剂种类有二甲基二氯硅烷（DMCS）和六甲基二硅氨烷（HMDS）。

固定液是高沸点有机化合物。一种适宜的固定液要求：①与分析的化合物不起作用；②在测定温度下不挥发。由于农药在气相色层测定时，色谱柱温一般在 80～220℃，因而在工作温度下允许固定液蒸气压最大值是 0.1mmHg，否则色谱柱的使用寿命太短。③高温下不分解或不氧化，这是因为载气中含有微量氧气。

平时选用的固定液种类有硅酮油、硅酮橡胶类、高真空油脂类等。根据已有报道，用于测定农药的固定液尤以 DC200 硅酮液、SE-30 硅橡胶、硅酮油脂 QF-1、Carbowox20M、LAC-T28、OV-17、DC710 等较为普遍。

DC200 硅酮是二甲基多硅氧烷聚合物。它与水的可混性使这些固定液可用于分离大量水的样品。

除此之外，还可用空心毛细管色谱柱。毛细管色谱与填充柱色谱相比，它的分离效能高，分析速度快，样品用量小。

在气相色谱分析中只有通过检测器才可先后将流出的每个组分按其物理的或化学的特性显示出来或转换成易于测量的信号如电压、电流等。所以检测器是测量载气流中不同组分及其含量的两个敏感器，是气相色谱分析装置中的一个关键部件。测定残留农药的 GC 检测器主要有下列几种。

（1）热导检测器（TCD） 它是利用不同物质有不同的热传导率的原理制订的。由于色谱柱馏出物质的热传导率与单纯载气的热传导率不同，使检测器的热丝散热情况改变，从而热丝本身的温度和电阻均发生变化，这样破坏了以热丝为一臂的惠斯顿电桥的平衡，便有信号输出，通过扩大在记录仪上记录下来。由于这种检测器灵敏度较低，一般不用来检测作物提取液中痕量的残留农药。

（2）电子捕获检测器（ECD） 它是以 β 射线的射源（^{63}Ni、^{90}Sr、^{3}H）为能源。当载气在离子室中被母射线选行电离时，产生慢速低能量的自由电子，且在加有一定电压的正负电极间形成 $10^{-9}\sim10^{-8}A$ 的电子流。当样品中具有电负性（能捕获电子）的组分时，电子被其捕获，从而使基流下降，产生信号。因而这种检测器适于测定有机氯、硝基化合物。由于卤化物是电负性很强的物质，所以如六六六、DDT、氯丹等有机氯农药用这种检测器测定能得到很好的效果。

（3）氢火焰离子化检测器（FID） 它是以氢气和空气的燃烧火焰为能源使进入火焰的样品组分离子化。产生的正、负离子被离子室内的收集电极吸收，产生微弱的离子流，经放大后记录成图。这种检测器虽可用来检测有机磷农药，但灵敏度一般在 10^{-6}g 级左右，且对农药无特殊的选择性，所以做超微量测定一般也不理想。

（4）火焰光度检测器（FPD） 它是利用磷、硫化物在富氢火焰中燃烧时，能发射 394nm 与 526nm 两个特征光谱。按照这个原理，氢火焰离子化检测器上配制光学滤器和光电倍增管即构成这种检测器。在测定时，含磷的样品组分燃烧发光，穿过 526nm 单色滤光片，含硫的样品组分燃烧发光，穿过 394nm 单色滤光片，在光电倍增管上产生一个微弱的信号电流，经放大记录成图。

4. 高效液相色谱法 高效液相色谱法（high performance liquid chromatography，HPLC），也称为高压液相色谱法、高速液相色谱法或现代液相色谱法，是以液体为流动相的色谱分析技术。它解决了热稳定性差、难于气化、极性强的农药的残留分析问题。

HPLC 基本方法是用高压泵将具有一定极性的单一溶剂或不同比例的混合溶剂泵入装有填充剂的色谱柱，经进样阀注入的样品被流动相带入色谱柱内进行分离后依次进入检测器，由记录仪或数据处理系统记录色谱信号，再进行数据处理而得到分析结果。

高效液相色谱法按固定相不同可分为液-液色谱法和液-固色谱法，按色谱原理不同可分为分配色谱法（液-液色谱）和吸附色谱法（液-固色谱）等。目前，化学键合相色谱应用最为广泛，它是在液-液色谱法的基础上发展起来的。将固定液的官能团键合在载体上，形成的固定相称为化学键合相，具有固定液不宜流失的特点，一般认为有分配与吸附两种功能，常以分配作用为主。C18（ODS）是最常使用的 HPLC 柱填料。

根据固定相与流动相极性的不同，液-液色谱法又可分为正相色谱法和反相色谱法，当流动相的极性小于固定相的极性时称正相色谱法，主要用于极性物质的分离分析；当流动相的极性大于固定相的极性时称反相色谱法，主要用于非极性物质或中等极性物质的分离分析。

（1）高效液相色谱分析的流程 高效液相色谱仪由进样系统、高压输液系统、分离系统、检测系统、数据处理系统和自动控制单元组成（图 3-14）。HPLC 分析一般由泵将储液瓶中的溶剂吸入色谱系统，然后输出，经流量与压力测量之后，导入进样器。被测物由进样器注入，并随流动相通过色谱柱，在柱上进行分离后进入检测器，检测信号由数据处理设备采集与处理，并记录色谱图。遇到复杂的混合物分离（极性范围比较宽），还可采用梯度控制器作梯度洗脱。这和

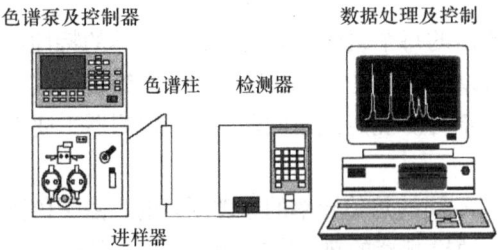

图 3-14 HPLC 仪器分析流程

气相色谱的程序升温类似，不同的是气相色谱改变温度，而 HPLC 改变的是流动相极性，使样品各组分在最佳条件下得以分离。

（2）高效液相色谱的分离过程 HPLC 是溶质在固定相和流动相之间进行的一种连续多次交换过程。它借溶质在两相间分配系数、亲和力、吸附力和分子大小不同而引起的排阻作用的差别使不同溶质得以分离。

开始样品加在柱头上，假设样品含有 3 个组分，A、B 和 C，随流动相一起进入色谱柱，开始在固定相和流动相之间进行分配。分配系数小的组分 A 不易被固定相阻留，较早地流出色谱柱。分配系数大的组分 C 在固定相上滞留时间长，较晚流出色谱柱。组分 B 的分配系数介于 A、C 之间，第二个流出色谱柱。若一个含有多个组分的混合物进入系统，则混合物中各组分按其在两相间分配系数的不同先后流出色谱柱，达到分离目的。

不同组分分离情况，首先取决于各组分在两相间的分配系数、吸附能力、亲和力等是否有差异。其次，当不同组分在色谱柱中运动时，谱带随柱长渐宽，分离情况与两相之间的扩散系数、固定相颗粒度的大小、柱的填充情况及流动相的流速等有关。

5. 气相色谱-质谱联用仪 气相色谱-质谱联用仪（gas chromatography-mass spectrometry，GC-MS）（图 3-15）是色谱联用技术中最成熟、最早商品化的仪器，现已成为农药残留分析实验室的常规分析仪器设备。GC-MS 通常指气相色谱仪和质谱仪的在线联用技术，可用于农药残留的快速分离与定性。其中气相色谱仪作为质谱仪的特殊进样器，利用它对各种农药及其降解产物的强有力的分离能力，使进入系统的混合物被分离成各个单一组分后，按时间顺序依次进入质谱离子源。质谱仪是气相色谱仪"理想"的检测器，能获得依次进入离子源的各种农药的质谱图，进而检索分析确定其结构或进行定量分析。

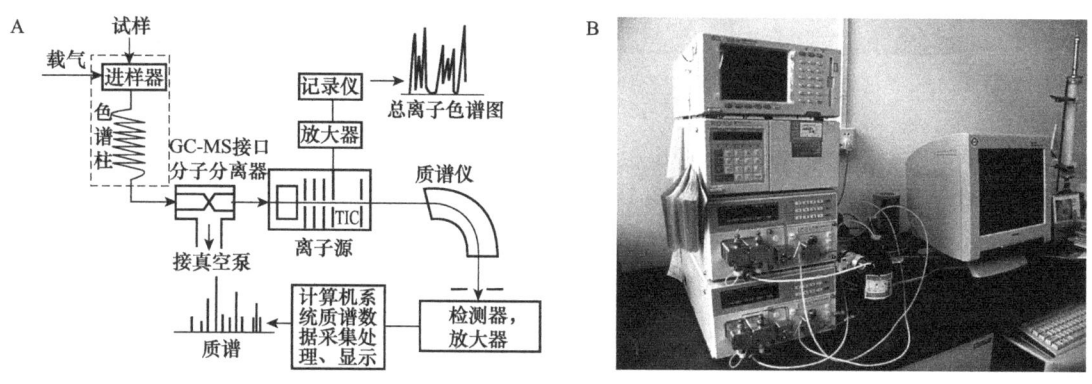

图 3-15 GC-MS 流程示意图（A）及实物图（B）

GC-MS 由气相色谱仪、接口、质谱仪和计算机系统组成。这四大组件的功用是：气相色谱仪是混合样品组分的分离器；接口是样品组分的传输线和气相色谱（GC）、质谱（MS）两机工作流量或气压的匹配器；质谱仪是试样组分的检测器；计算机是整机工作的指挥器、数据处理器和分析结果输出器。气相色谱仪的流动相通常采用氦气，He 的电离电位是 24.6eV，是气体中最高的，它难于电离，不会因基流不稳而影响色谱图的基线；其相对分子质量只有 4，容易与其他组分的分子分离。另外，它的质谱峰简单，不会干扰后面的质谱峰。氦气的纯度应达到 99.995%，否则会影响质谱的本底。此外，在色谱柱的选择上较为严格，必须选择低流失的 GC-MS 专用色谱柱。GC-MS 联用仪通常不配备气相色谱仪常用的选择性检测器，因为质谱检测器（MS）就可以满足一般分析工作的要求，除非是极特殊的农药品种。

美国 FDA 已经制作有约 3000 种化合物（按分子质量排列）的数据集，其中包括许多农药品种，已经被 GC-MS 联用仪所采用。另外，600 多种农药及代谢物的质谱图也已经编辑成册，并作为质谱软件库添加在 GC-MS 的管理软件程序中。

6. 液相色谱-质谱联用仪 液相色谱-质谱联用仪（liquid chromatograph-mass spectrometer，LC-MS）指高效液相色谱仪与单四级杆质谱仪的在线联用。液相色谱作为质谱的特殊进样器，适用于对热不稳定、难挥发等农药残留的快速定性和定量分析。LC-MS 由液相色谱和质谱两部分组成，质谱包含离子源、离子透镜系统、质量分析器（即四级杆）和检测器（即电子倍增器、打拿极）。

离子源作用：①将中性的待测物电离为带电荷的离子；②真空过渡；③去除多余的溶剂；④去除杂质干扰。与 LC 相连接的电离源主要为大气压电离源（atmospheric pressure ionization, API），包括电喷雾电离源、大气压化学电离源、大气压光学电离源。

LC-MS-MS 是高效液相色谱仪与三重四级杆质谱仪的在线联用，即在高效液相色谱仪分离待测物后，用串联质谱 MS-MS 方式进行再分析鉴定，如图 3-16 所示。对于一种待测物，如果用 LC-MS，可能只能得到简单的碎片峰，而不能获得分子离子峰，而采用 LC-MS-MS 联用后，可以得到较为丰富的信息，如母离子峰、子离子峰等。

LC-MS-MS 的质量分析器为四极杆，Q1 和 Q3 为主四极杆，Q2 为碰撞室（图 3-16）。

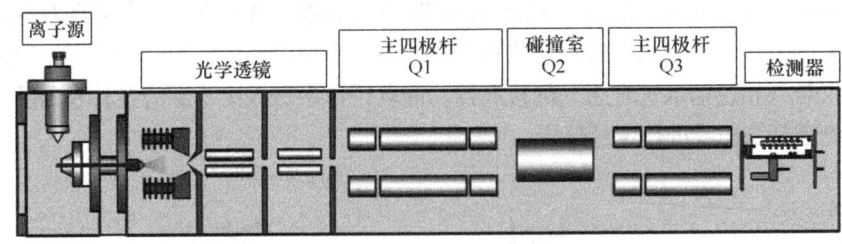

图 3-16　LC-MS-MS 结构示意图

四极杆的基本工作原理：在 4 根电极杆上施加射频及直流复合电压形成电场，使待测离子成为谐振离子顺利地通过四极杆被检测，而其他非待测离子变得不稳定，成为非谐振离子，不能顺利地通过四极杆，因而不被检测到。

检测器基本工作原理：待测离子打到打拿极上产生更多的粒子，这些粒子再打击电子倍增器，使后者溅射出电子，电子通过电子倍增器的放大，转换为电信号被检测。

（二）光谱分析法

光谱分析法是较早用于测定农药残留的方法，应用的光谱有可见光、紫外线、红外线等。许多有机磷、有机氯、有机硫杀虫、杀菌剂及含砷、汞、铜和酚类的杀菌剂，以及某些除草剂的残留量均可利用某种显色反应，然后在可见光或紫外分光光度计上进行测量。一般测定的灵敏度可达 0.01～1mg/L。

（三）其他测定方法

除层析和光谱分析外，还有电化学分析法、放射性分析法、核磁共振光谱法、生物测定法、酶学法等，均可用于农药残留的分析。

1. 电化学分析法　电化学分析是一种快速、灵敏、准确的微量和痕量分析方法，近年来在有机分析领域中越来越显示出较大的潜力和优越性，在农药分析中的应用也日趋增多，在有机氯农药、有机磷农药、有机氮农药、有机硫农药及有机除草剂的残留分析中均有应用，且有一些研究结合了化学计量学，大大提高了分析的范围，在农药残留分析中具有重要的作用。

根据测量的电信号不同，电化学分析法可分为电位法、电解法、电导法和伏安法。

电位法是通过测量电极电动势以求得待测物含量的分析方法。若根据电极电位测量值，直接求算待测物的含量，称为直接电位法；若根据滴定过程中电极电位的变化以确定滴定的终点，称为电位滴定法。

电解法是根据通电时待测物在电极上发生定量沉积的性质来确定待测物含量的分析方法。

电导法是根据测量分析溶液的电导来确定待测物含量的分析方法。

伏安法是将一微电极插入待测溶液中，利用电解时得到的电流-电压曲线为基础而演变出来的各种分析方法的总称。

2. 放射性分析法 即利用标记农药的示踪以了解农药在作物体中的运行，同时根据测出的放射性强度来说明农药的残留情况。这种方法是了解农药残留动态不可缺少的一个方面。同时配合其他测定方法也可了解农药在作物上的代谢、降解等动态。

3. 核磁共振光谱法 核磁共振光谱法（nuclear magnetic resonance，NMR）是一种用来探测和研究物质及其性质的近代实验技术，与紫外、红外吸收光谱一样，都是微观粒子吸收电磁波后在不同能级上的跃迁。核磁共振分析能够提供 4 种结构信息，可以了解特定原子，如 ^1H、^{13}C、^{19}F、^{15}N、^{29}Si、^{31}P 等的化学环境、原子个数、邻接基团的种类及分子的空间构型。美、英、欧等国和地区药典中都已先后引入了核磁共振定量分析方法，应用核磁共振方法对药物进行定量分析已成趋势，随着科学技术的进步，核磁共振技术应用范围扩大，在农药残留中也逐渐开始应用。

核磁共振定量分析法操作简便，样品用量少，定性鉴定和定量分析同步完成，其他物质和杂质干扰少，无需分离过程，分析速度和精密度可以接近 HPLC 法，特别是 NMR 定量法不依赖于被测物的高纯标准品即可进行定量分析，这就使定量分析的困难程度大为降低，只要一般标准品（内标）能够溶于溶解试样的溶剂中就可完成定量分析。

4. 生物测定法 此法是利用生物体对药剂的反应来鉴定作物中农药的含量。它也是测定农药残留量的一种方法。由于生物测定法无需特殊精密仪器，较易普及。同时测定某些尚未建立起有效测定方法的新农药有更重要的意义。

5. 酶学法 此法是直接利用农药对酶活性抑制的原理，检测农药残留的技术。可直接利用，也可加工为酶片和酶速测仪（箱、盒）等使用。例如，利用有机磷等农药抑制胆碱酯酶活性的能力，以鉴别农药的残留量，使用的酶源有人血清、动物血清（如马血清）、昆虫脑（如蜜蜂脑）等，灵敏度很高，据报道用鹌鹑血清作酶源，测出有机磷的灵敏度为马拉松 50ppb[①]、敌敌畏 1ppb、对硫磷 0.2ppb、二嗪磷 1ppb、速灭磷 5ppb。此方法的灵敏度也与选用酶源的种类和测定的农药种类有关。对有机磷农药如对硫磷、内吸磷的试验结果表明，选用猪血清、兔血清作酶源效果均差，而以人血清较佳。

酶片等是固定化有敏感酶类的滤纸片或类似载体物质，检测时不需仪器，便于携带和现场操作。韩承辉等从面粉中提取植物酯酶制作酶片，可在 5~10min 检测蔬菜中常用的几种有机磷农药，检测限为 0.04~10mg/L。中国人民解放军卫生监测中心食品安全研究室在国家科技攻关计划资助下，研制了测定有机磷农药的酶纸片，并与光反射技术结合，研制出测定有机磷的速测仪，组装了速测箱，并取得了良好的效果。

6. 免疫分析法 免疫分析法是利用抗原和相应抗体在体外也能特异性结合的原理发展的一类特异、灵敏、快速的检测技术。由于其内在的优势，广泛应用于包括农药残留检测在内的诸多领域。用免疫分析法检测农药残留，所面临的两个主要问题是农药抗体的制备和检测样本基底的影响。农药是小分子化合物，其本身不能使动物产生抗体，需与适当载体蛋白质偶联，才能诱导免疫动物产生相应抗体，因此，制备质量稳定的农药抗体具有相当的难度。再者，比

[①] ppb. 十亿分之一

较复杂的样本基底可能干扰抗原抗体的反应，从而限制了免疫分析法的应用范围。最近在分析化学领域日益受到关注的分子印迹技术（molecule imprinting technique），可以利用化学手段合成一种被称为分子印迹聚合物（molecularly imprinted polymer，MIP）的高分子聚合物，MIP能够特异性吸附作为印迹分子的待测物，在免疫分析中可以取代生物抗体，被科学家誉为"塑料抗体"。与生物抗体比较，MIP具有稳定性好、制备周期短、费用低、易于保存和可在粗糙环境中应用等优势。Sieman等的研究显示，农药阿特拉津MIP与阿特拉津单克隆抗体的反应图谱类似。MIP代替生物抗体测定农药2,4-D，检测限达到了10^{-9}mol/L级。目前MIP的研究仍处于初级阶段，但它在农药残留检测中潜力已引起人们的关注，农药"塑料抗体"及其相关分析技术是发展农药免疫分析法的一个有前景的方向。

7. 生物传感器 生物传感器是利用生物活性物质，如酶、抗原、抗体、细胞、组织等作为传感器的识别元件，与样品中的待测物质发生特异性反应，通过适当的换能器将这些反应（形成复合物、发色、发光等）转换成可以输出检测的信号（电压、频率等），通过分析信号对待测物进行定性和定量检测。目前在农药残留分析中，主要有酶生物传感器、微生物传感器、免疫传感器等。

1）酶生物传感器：酶生物传感器通过测定固定于电极表面的酶的活性被农药抑制的程度，来推算样品中农药残留水平。朱铃等研制的胆碱氧化酶生物传感器，检测氨基甲酸酯类农药甲萘威，测定的线性范围为25～80μg/L，最低检测限为15μg/L。Mulchandani等结合流动注射技术研制的流动注射安培型有机磷水解酶生物传感器（FIAB），通过检测有机磷的水解产物对硝基苯酚，来判断有机磷的浓度。该FIAB能够检测低至20nmol/L的对氧磷和甲基对硫磷，对有机磷类农药具有很好的选择性。酶生物传感器的关键在于酶源的选择和酶敏感层的制备。不同来源的酶制作的传感器，灵敏度和稳定性可能相差很大。Nunes等用取自果蝇突变型、野生型和电鳗的乙酰胆碱酯酶制作生物传感器，对甲胺磷的最低检测浓度分别为1.4μg/L、4.8μg/L和53μg/L。酶生物传感器一般只能检测对酶有抑制作用或作为酶底物的一类化合物，作为农药残留初步筛检的方法，具有简便、快速的优点。但所用酶几乎都是从自然界筛选，来之不易，成本较贵，不易保存，难以多次反复使用。

2）微生物传感器：利用环境中有毒化合物对细胞的代谢过程产生干扰的原理，将微生物固定在电极上构成微生物传感器。环境中存在的有机物会对菌藻类细胞中光合成电子传输系统产生干扰，利用此原理构成的聚球蓝菌藻（*Synechococcus*）细胞生物传感器可用于检测水体中麦绿隆、利谷隆、三嗪、双氨基甲酸酯除草剂。微生物传感器制作简单，稳定性较好，使用寿命长，成本低，但灵敏度较低，主要用于一些大范围的环境监测工作中。

3）免疫传感器：免疫传感器将抗体或抗原固定在电极上，抗原、抗体的结合反应通过换能器产生可测定的信号，它结合了免疫反应灵敏、特异和传感器实时、快速的优势，在农药残留分析中受到较多的关注。Starodub等用葡萄球菌A蛋白将抗西玛津的多克隆抗体连接在离子选择性场效应转换器（ISFET）上，通过两种方式检测待测液中的西玛津。一种是待测液中同时存在已知量的过氧化物酶标记的西玛津和未知量的待测西玛津，二者与ISFET上的抗体竞争结合，通过测量结合在ISFET上的酶活性确定待测西玛津的浓度，此方式的检测限为1.25μg/L，线性范围为5～175μg/L。另一种方式是先将ISFET插入待测液中，使抗体与其中存在的西玛津充分结合，然后再将此ISFET插入含有酶标记的西玛津液中，使未被结合的抗体与酶标记的西玛津结合，测量结合在ISFET上的酶活性确定待测西玛津的浓度，此方式的检测限为0.65μg/L，线性范围为1.25～185μg/L。

8. 蛋白质芯片技术 生物芯片是近几年生命科学研究领域中崭露头角的一项新技术，它是将生命科学研究中所涉及的许多分析步骤，利用微电子、微机械、化学和物理技术、计算机技术，使样品检测、分析过程连续化、集成化、微型化。生物芯片上可以集成的成千上万的密集排列的基因探针或免疫探针，能够在同一时间内分析大量的样品。蛋白质芯片是生物芯片的一种，是在固相载体上包被蛋白质（抗原、抗体或酶等）的微点阵，研究抗原和抗体、抗体和小分子半抗原等相互作用的技术方法，基于其反应原理，可适用于环境、食品中农药残留的测定。

第三节　农药对环境安全性评价实例

一、农药对水生环境生物斑马鱼的急性毒性试验

（一）实验目的

学会梯度稀释配制系列浓度的农药药液；学会农药对鱼类急性毒性测定的实验操作；了解农药对鱼类的急性毒性评价标准；会数据的整理、分析，会判断农药对鱼类的毒性等级。

（二）实验原理

斑马鱼由于个体小，养殖花费少，且具有繁殖能力强、胚胎透明、性成熟周期短、个体小易养殖等诸多特点，现已成为一种重要的水生环境模式动物。本实验中用供试物配制一系列不同浓度的试验药液，然后将试验用鱼转移至试验药液中，于药剂处理 24h、48h、72h、96h 后，观察并记录斑马鱼中毒症状和死亡数。实验结果用 DPS V13.5 统计软件处理，计算农药对斑马鱼 96h 的半致死浓度（LC_{50}）值和 95% 置信限。实验期间不更换试验药液。

毒性判断标准：

依据《化学农药环境安全评价试验准则》，农药对鱼类的急性毒性按 LC50 的大小划分为 4 个等级：LC_{50}＞10mg/L 为低毒，1.0mg/L＜LC_{50}≤10mg/L 为中毒，0.1mg/L＜LC_{50}≤1.0mg/L 为高毒，LC_{50}≤0.1mg/L 为剧毒。

质量控制：

1）试验用鱼驯养期间死亡率不得超过 5%，空白对照组死亡率不得超过 10%。

2）实验期间，试验药液的溶解氧含量应不低于空气饱和值的 60%。

3）以斑马鱼为试材进行参比物质试验，LC_{50}（24h）应处于 200~400mg/L；要求每半年或每批鱼做一次参比物质试验（参比物质为重铬酸钾）。

4）静态试验法和半静态试验法的最大承载量为 1.0g 鱼/L 水，流水式试验系统最大承载量可高一些。

（三）实验用具及用品（每组所需）

1）用具：1L 烧杯 8 个、玻璃棒 8 只、100mL 容量瓶 1 个、1mL 和 5mL 移液枪各一支、移液枪头若干、50mL 烧杯 8 只、水舀子 1 个、小抄网 2 个、1L 量筒 1 个、胶头滴管若干、曝气水 40L。

2）药品：99.8% 重铬酸钾。

3）生物试材：（2.0±1.0）cm 斑马鱼（每组 80 条，一个班 5 个组，需 400 条）。

（四）实验步骤

1）试验用鱼准备：试验用鱼在实验室条件下预养 7d 以上，每天光照 12~16h，及时清除

粪便及食物残渣，死亡率保持在5%以下。驯养期间每天喂食1～2次市售成品饵料。试验前24h停止喂食，挑选体长均匀一致、健康活泼的个体用于试验。

2）配药：根据预试验的结果，设计200mg/L、224mg/L、251mg/L、281mg/L、315mg/L、352mg/L、395mg/L共7个试验浓度，同时设空白对照。每处理用鱼10尾，不设重复。按设计浓度定量移取4.0080g样品，先用少量蒸馏水稀释，多搅拌慢慢溶解，再转移至100mL容量瓶中，将烧杯冲洗3次，冲洗液均转入容量瓶，定容，配成4.00×10^4mg/L母液，依次用移液枪量取5.000mL、5.600mL、6.275mL、7.025mL、7.875mL、8.800mL、9.875mL母液置入装有0.5L水的鱼缸内，冲洗3次，冲洗液均转入鱼缸，加水至1L，搅拌均匀即得到设计浓度，以不加药为空白对照。

3）投鱼：向各个浓度中按由低到高的顺序投放试验用鱼。每个处理用标签纸标记，标签纸上写明实验药剂、处理浓度、处理日期等信息。

4）观察记录：于24h观察并记录试验用鱼的中毒症状及死亡数，并及时清除死鱼。

（五）结果及数据处理

1. 斑马鱼死亡的判断标准 观测斑马鱼无呼吸运动或玻璃棒轻触鱼尾无反应，可判定为死亡（表3-36）。

表3-36 99.8%重铬酸钾对斑马鱼急性毒性数据记录表

处理	浓度/（mg/L）	试验用鱼数/条	24h死亡数/条
空白对照	0	10	
1	200	10	
2	224	10	
3	251	10	
4	281	10	
5	315	10	
6	352	10	
7	395	10	

鱼类中毒症状描述：应描述药液是否混浊，试验用鱼游动能力和游动状态，在水中平衡能力，鱼眼状态，鱼鳍状态，是否有发红或出血点，是否有溃烂或畸形，鱼体颜色变化等。

2. 数据处理 根据检查结果，计算死亡率，输入试验数据，用DPS V13.5分析软件计算出毒力回归方程、样品的LC_{50}（24h）、95%置信限、相关系数等。

DPS V13.5软件使用方法简介：在DPS V13.5中输入3列数据，第一列为试验药液浓度，第二列为试验用试材数，此试验为10，第三列为各浓度对应的死亡鱼数。选中3列数据，点击专业统计—生物测定—计数型数据机值分析—参数设置—确定—图形编辑处理对话框（有毒力回归方程、斜率及R^2值）—关闭—自动出现所需数据，包括LC_{50}和95%置信限、相关系数等。

（六）知识补充

1）对于不能在水中自动分散的制剂和水不溶性原药，可以用一定量的丙酮等对鱼低毒的有机溶剂将样品溶解或溶出，或添加适量的吐温-80、司班-80等乳化剂，用试验用水配制成一定浓度的母液备用。试验中要设置与药剂最高剂量具有相同浓度的有机溶剂和乳化剂的处理作为助剂对照，该对照所含助剂浓度不超过0.1mL（g）/L。

2）对于颗粒剂，应用一定量的丙酮等对鱼低毒的有机溶剂将样品中的有效成分溶出，必要时采用超声萃取，取上清液作为母液备用。

3）鱼类急性毒性试验测定方法主要有静态试验法、半静态试验法和流水式试验法。试验前应根据供试物的性质采用适宜的方法，分别介绍如下。

静态试验法：实验期间不更换试验药液。

半静态试验法：实验期间每隔一定时间（如24h）更换一次药液，以保持试验药液的浓度不低于初始浓度的80%。

流水式试验法：实验期间药液自动连续地流入实验容器，同时保持流出溶液与流入溶液的平衡。

（七）思考题

1）实验中为何选用斑马鱼作为标准试材？
2）一种农药要通过农业部评审发证，需要哪些方面的数据资料支撑？

扫扫看答案

二、农药对蚯蚓急性毒性试验

（一）实验目的

学习蚯蚓急性毒性抑制试验标准的操作；掌握农药对蚯蚓急性毒性的评价标准。

（二）实验原理

随着社会的发展与认知水平的提高，农药对环境的影响越来越引起人们的重视，蚯蚓作为地下有益动物，是土壤生态的重要指示生物。

本实验用供试物配制一系列不同浓度的试验药液，在一定量人工土壤中加入试验药液并充分拌匀，每个处理放入10条蚯蚓，在适宜条件下培养两周。在7d和14d观察记录蚯蚓的中毒症状和死亡数，求出供试物对蚯蚓的LC_{50}值及95%置信限。

死亡判定标准：于药剂处理后7d和14d观察并记录蚯蚓中毒症状和死亡数，用针锥轻触蚯蚓尾部，蚯蚓无反应则为死亡。

（三）试材、仪器与试剂

1）生物试材：赤子爱胜蚯蚓（*Eisenia foetida*），挑选健康具有生殖环带、长5~6cm、体重300~600mg的鱼体。

2）实验土壤：在1000mL烧杯中分别称取混匀后的人工土壤500g（350g石英砂、100g高岭土、50g泥炭藓）。

3）实验用具：万分之一电子天平、百分之一电子天平、移液枪、烧杯、容量瓶、量筒、一次性塑料滴管、塑料薄膜、盆、勺、针锥、托盘、记号笔、一次性手套等。

4）药品：99%氯乙酰胺。

（四）实验方法和步骤

1. 母液的配制　　用万分之一电子天平准确称取99%氯乙酰胺0.5051g于烧杯中，用去离子水溶解后，转移至100mL容量瓶中定容摇匀，得到浓度为5.00×10^3mg/L的母液A。

2. 不同浓度人工毒土配制（表3-37）　　用母液A配制成25mg/kg干土、30mg/kg干土、36mg/kg干土、43.2mg/kg干土、51.84mg/kg干土、62.208mg/kg干土6个浓度药土进行试验。同时做空白对照。每个烧杯中加入10条蚯蚓，用保鲜膜封口，并用大头针扎20~30个小孔，保持蚯蚓生存环境透气。每个烧杯贴上标签（内容包括药剂名称、药液浓度、时间、小组编号）。

将烧杯置于（20±2）℃温度、70%~90% 湿度、400~800lx 光强连续光照的实验观察室内。

3. 实验结果检查记录（表 3-37）

表 3-37 蚯蚓急性毒性试验 7d 调查记录表

组别	死亡数/只						
	空白对照	25mg/kg 干土	30mg/kg 干土	36mg/kg 干土	43.2mg/kg 干土	51.84mg/kg 干土	62.208mg/kg 干土
1组							
2组							
3组							
4组							
5组							
6组							

蚯蚓中毒症状观察：应描述供试蚯蚓腐烂、环节、环带变化，是否抽搐、断裂等。

（五）数据处理

根据检查结果，计算死亡率，输入实验数据，用 DPS 分析软件计算出毒力回归方程、样品的 LC_{50}（7d、14d）、95% 置信限、相关系数等。

（六）评价标准

毒性判断标准：参考《化学农药环境安全评价试验准则》第 15 部分蚯蚓急性毒性试验中的质量控制要求（GB/T31270.15—2014）：农药对蚯蚓急性毒性按 LC_{50} 的大小划分为 4 个等级，即 $LC_{50}>10$mg/kg 干土为低毒，1.0mg/kg 干土$<LC_{50}\leq10$mg/kg 干土为中毒，0.1mg/kg 干土$<LC_{50}\leq1.0$mg/kg 干土为高毒，$LC_{50}\leq0.1$mg/kg 干土为剧毒。

（七）注意事项

1）空白对照组蚯蚓死亡数小于 10%。

2）实验期间，应保持实验室条件正常[（20±2）℃温度，70%~90% 湿度，400~800lx 光强连续光照]。

3）按从低浓度到高浓度的顺序配制试验药液，以避免每次配人工毒土时更换盆。

4）染毒时要挑选大小基本一致的健康成蚓。

5）蚯蚓饲养用牛粪，从繁育池中选取后，室内饲养条件下驯养一周后用于实验。

扫扫看答案

（八）思考题

1）观察空白对照组 14d 蚯蚓的症状时，如果发现蚯蚓的数量不足 10 条，而是 9 条或 8 条，而且这些蚯蚓还很健康，我们该如何判定找不到的蚯蚓状态？

2）本次实验所用供试物 99% 氯乙酰胺，用万分之一电子天平称取，如果是 600g/L 吡虫啉悬浮种衣剂，还能用万分之一电子天平称吗？为什么？

三、农药对鸟类急性经口毒性试验

（一）实验目的

通过本实验，熟悉农药对鸟类急性毒性测定的标准操作方法和毒性评价标准。

（二）实验原理

鸟类是自然生态系统中重要的生物类群和十分宝贵的自然资源。我国是鸟类资源最丰富的国家，由于全球性农药的大量使用，对鸟类的生息构成巨大影响，本实验是农药对鸟类的安全性进行评价。

方法选择：原药和颗粒剂采用胶囊饲喂法，其他药剂采用灌胃法。

在急性经口毒性试验中，将不同剂量的供试物一次性经口灌注给试验用鸟，连续 7d 观察试验用鸟的中毒与死亡情况，并求出 7d 的 LD_{50} 值。试验结果用 DPS V13.5 统计软件处理。

毒性判断标准见表 3-38。

质量控制：①试验结束时，对照组死亡率不超过 10%。②试验环境条件和基本食物，应适应试验用鸟的生理和行为。

表 3-38　农药对鸟类的急性经口毒性等级划分

毒性等级	急性经口 / (mg/kg 体重)
剧毒	$LD_{50} \leqslant 10$
高毒	$10 < LD_{50} \leqslant 50$
中毒	$50 < LD_{50} \leqslant 500$
低毒	$LD_{50} > 500$

（三）试材、仪器与试剂

1）用具：百分之一电子天平、容量瓶、称量杯、玻璃棒、烧杯、胶头滴管、温湿度表、移液器、冰箱、试验用鸟笼、喂食器、喂水器、控温装置、研钵、分样筛（200目）。

2）药品：60% 啶虫脒可湿性粉剂。

3）生物试材：孵化后饲养 30d 左右，选择体重相近 [(100±10) g]、健康、活泼、雌雄各半的鹌鹑。

（四）实验步骤

1. 试验用鸟的准备　孵化后饲养 30d 左右，选择体重相近 [(100±10) g]、健康、活泼、雌雄各半的鹌鹑用于试验。试验前鹌鹑在本实验室条件下驯养 7～10d，试验前一天停止喂食，仅供清水。

2. 配药　根据预试验的结果，设计了 15mg/L、19.5mg/L、25.35mg/L、32.955mg/L、42.842mg/L、55.694mg/L 共 6 个试验浓度，同时设置空白对照。每个浓度 10 只鸟（雌雄各半）。每 3 组数据放在一起进行数据处理。

按设计浓度定量称取样品，配成 1.00×10^4 mg/L 母液，用母液配制试验浓度系列工作液，以不加药为空白对照。

3. 给药　按照试验设计的处理方法和处理浓度进行处理，将稀释好的系列浓度药液用移液枪按 1mL/100g 体重进行急性经口灌注试验，并设空白对照，2h 后恢复给水给食。

4. 观察记录　灌注完成后，试验在 (25±2) ℃与正常的饲养条件下进行，试验观察期为 7d，分别在 8h、24h、48h、72h、96h、120h、144h 和 168h 进行记录。填写试验用鸟的死亡数和中毒症状记录表（表 3-39），同时记录试验期间的环境条件。

观测鹌鹑无呼吸运动或玻璃棒轻触无反应，可判定为死亡。

表 3-39　60% 啶虫脒可湿性粉剂对鹌鹑急性毒性数据记录表

剂量 / (mg/kg 体重)	鹌鹑数 / 只	死亡数 / 只							
		8h	24h	48h	72h	96h	120h	144h	168h
空白对照	10								
15	10								

续表

剂量/(mg/kg 体重)	鹌鹑数/只	死亡数/只							
		8h	24h	48h	72h	96h	120h	144h	168h
19.5	10								
25.35	10								
32.955	10								
42.842	10								
55.694	10								

鸟类中毒症状描述：_____。

（五）数据处理

根据检查结果，计算死亡率，输入试验数据，用 DPS V13.5 分析软件计算出毒力回归方程、样品的 LC_{50}（24h）、95% 置信限、相关系数等。

（六）评价标准

依据《化学农药环境安全评价试验准则》，农药对鸟类急性经口毒性划分为 4 个等级：$LD_{50}>500$mg/kg 体重的为低毒，50mg/kg 体重 $<LD_{50}\leqslant 500$mg/kg 体重的为中毒，10mg/kg 体重 $<LD_{50}\leqslant 50$mg/kg 体重的为高毒，$LD_{50}\leqslant 10$mg/kg 体重的为剧毒。

（七）注意事项

1）试验结束时，对照组鹌鹑死亡率不超过 10%。

2）试验鹌鹑的生理和行为，适应试验环境条件和基本食物。

3）对鹌鹑低毒的农药，当设置上限剂量达 1000mg/kg 体重时仍未出现鹌鹑死亡，则无需继续试验。

（八）思考题

1）实验中为何选用鹌鹑作为标准试材？
2）在实验的操作过程中有什么难点及建议？

扫扫看答案

四、农药对土壤微生物的毒性试验

（一）实验目的

通过测定土壤中 CO_2 的释放量，评价供试物对土壤微生物活性的影响程度。

（二）实验原理

在生态环境中，土壤是农药的寄存体，土壤中有丰富的微生物资源，有些微生物可以对有机污染物的分解及净化产生重大影响，有些微生物在物质的循环过程中产生积极作用。

CO_2 吸收法原理：在密闭空间里，土壤中微生物的呼吸作用释放出 CO_2，用碱溶液吸收 CO_2 后，用滴定法测出吸收的 CO_2 的量。据此，判断供试物对土壤微生物呼吸强度的影响程度。

（三）试材、仪器与试剂

1）仪器：生化培养箱、2L 标本瓶、烧杯、锥形瓶、酸式滴定管、碱式滴定管、铁架台、酒精灯、铲子、20目筛、万分之一电子天平、生化培养箱、容量瓶、玻璃棒、移液枪、量筒等。所有接触到试验溶液的试验器皿建议使用玻璃制品或者其他化学惰性材料制品。

2）试验土壤：应选用两种不同有机质含量的新鲜土壤（深度10cm处耕作层），同时应提供土壤pH、有机质、代换量、土壤机械组成等数据。用保鲜袋带回室内，自然风干到易于过筛即可，然后过20目筛备用。

3）试剂：葡萄糖、超纯水、蒸馏水、氢氧化钠、氯化钡、酚酞指示剂、HCl等。

（四）实验方法和步骤

1. 试验土壤的预处理　　取土样50g，加入1g葡萄糖诱导，装于100mL小烧杯中，加入9mL水湿润，使其含水量为18%（即田间持水量的60%，变化范围为±5%）。将烧杯放入2L容积的密闭瓶中，于（25±1）℃的生化培养箱中黑暗条件下培养7d，如有需要，可添加蒸馏水和去离子水进行调节。

2. 药物与土壤的混合　　预培养7d后在土壤中加入配制好的不同浓度的稀释液，使其在土壤中的供试物有效成分含量分别为模拟供试物常量（推荐的最大用量）的1倍、10倍、100倍量，同时设不加供试物的空白对照，每组重复3次；然后将这些装有土样的烧杯分别与另一个装有40mL 0.1mol/L NaOH溶液的100mL 小烧杯一起放入2L的密闭标本瓶中。

3. 实验结果检查记录　　在试验开始后的第1天、第2天、第4天、第7天、第11天、第15天时更换出密闭瓶中的碱液测定吸收的CO_2含量，同时换入新鲜的NaOH溶液，继续培养。从取出的碱液中吸取5mL放入到100mL锥形瓶中，加入2mL $BaCl_2$溶液再加入2滴酚酞指示剂，用标准0.05mol/L HCl溶液滴定至红色消失。

（五）数据处理

CO_2释放量按下列公式计算。

$$CO_2 \text{ 释放量 (mg/g)} = \frac{[V_1 - (C_1 \cdot 8V_2)/C_2] \times C_2 \times 2}{m}$$

式中，V_1为氢氧化钠吸收液体积（mL）；V_2为滴定时消耗盐酸的体积（mL）；C_1为标定盐酸的浓度（mol/L）；C_2为标定氢氧化钠的浓度（mol/L）；m为试验土壤的重量（g）。

以测定时间为横坐标，土壤的CO_2释放量为纵坐标，作出CO_2释放量随时间变化的曲线图，同时计算供试物对土壤呼吸作用的影响率。

$$\text{影响率 (\%)} = \frac{\text{处理组}CO_2\text{释放量} - \text{对照组}CO_2\text{释放量}}{\text{对照组}CO_2\text{释放量}} \times 100$$

影响率指供试物对土壤微生物呼吸强度的影响率。影响率包括抑制率和促进率，供试物处理呼吸强度低于对照土壤时，表现为抑制；供试物处理土壤呼吸强度高于对照土壤时，表现为促进。

（六）评价标准

农药对土壤微生物的毒性等级划分：CO_2吸收法中，农药对土壤微生物的毒性分成三个等级，土壤中农药加量为常量，在15d内对土壤微生物呼吸强度抑制达50%的作为高毒；土壤中农药加量为常量的10倍，能达到上述抑制水平的作为中毒；土壤中农药加量为常量的100倍，能达到上述抑制水平的作为低毒；若三种处理均达不到上述抑制水平，则同样划分为低毒。

氮转化法：在试验28d后的任何时间所取样品，若测定其低浓度处理组和对照组的硝酸盐形成速率的差异不大于25%，则可认为该农药对土壤中的氮转化没有长期影响。

（七）注意事项

1）各处理土壤中，农药的加入量、农药在土壤中的均匀度要保持一致。
2）培养期间，各标本瓶要保持密闭。
3）滴定操作时，对滴定终点的判断要准确一致。
4）试验前需对生化培养箱进行检查，在实验过程中严格控制实验条件，如出现各种原因的故障，须重新试验。

（八）思考题

在实验的操作过程中有什么难点及建议？

扫扫看答案

五、农药光解半衰期测定

（一）实验目的

通过本实验，熟悉农药在光下的分解速率及农药光解特性评价标准。

（二）实验原理

农药施用进入环境中，不管是在植株表面，还是在土壤表面、水体和大气中，都会接受太阳辐射发生光解反应。而对于许多农药来说，光解是其非生物降解转化的主要途径。光解作用（photodecomposition）是指光诱导下，农药分解成小分子化合物的过程，常用光解半衰期表示。光解半衰期（half-life time of phototransformation）是指供试物浓度经光解减少至初始浓度的1/2时所需的时间，用 $t_{0.5}$ 表示。影响农药光解的因素包括农药的分子结构、光强和波长、溶解氧、pH及水中溶解的化学物质等。

自然光作为光源，整个光解过程在自然条件下进行，结果接近真实条件下农药光解规律，但自然光日照强度随地区纬度、季节和时间影响较大，意外因素难以控制，以自然光作为光源难以保证实验过程中的条件一致性及实验重现性。由于氙灯光源所发射的光谱与太阳光相似，本实验以氙气灯作为光解试验的光源。

将农药溶解于水中或将其均匀加至土壤表面后，置于一定强度光照条件下，定期取水样或土壤样品，分析农药的含量，以得到农药的降解曲线与降解半衰期。

（三）仪器与试剂

1）仪器：容量瓶、玻璃棒、烧杯、万分之一电子天平、药匙、胶头滴管若干、量筒、光化学反应装置、光源（氙灯）、液相色谱仪分析仪器、紫外强度计、照度计等。
2）试剂：10%氟吡菌胺悬浮剂、超纯水。

（四）实验方法和步骤

1. 配药 取10%氟吡菌胺悬浮剂，用超纯水配制成浓度为10mg/L和20mg/L氟吡菌胺水溶液200mL。

2. 处理 将配制好的药液分别装满石英光解反应管若干个，盖紧塞子，保持管外壁洁净，将光解反应管置于光化学反应装置中进行光解试验，光源采用人工光源300W氙灯［反应温度为

(25±2)℃]。调节光强至 64.5μW/cm²，对应光强在（8000±200）lx，试验过程中 24h 取水样一次，测定水样中氟吡菌胺的含量，记录光照强度和紫外线强度，至光解率达 90% 以上时终止。同时设黑暗条件下的对照试验。整个光解试验期内隔离其他光源，以减少对试验结果的影响。

3. 观察记录 试验过程中定期取水样至少 7 次，测定水样中供试物浓度的变化，记录光照强度和紫外强度，至光解率达 90% 以上时终止（最长 7d）。

（五）结果及数据处理

1）水样检测。高效液相色谱分析。分析条件：流动相为甲醇：水＝75：25，检测波长 265nm，流速 1.0mL/min，取 5mL 水样，加入 5mL 甲醇，0.22μm 有机滤膜过滤，高效液相色谱分析。

2）降解规律遵循一级动力学方程的农药，可按式（3-1）与式（3-2）计算光解半衰期（$t_{0.5}$）；降解规律不遵循一级动力学方程的农药，无需计算光解半衰期。

（六）评价标准

按农药光解半衰期 $t_{0.5}$，将农药光解特性分为 5 级，见表 3-40。

表 3-40 农药光解性等级划分表

等级	$t_{0.5}$/h	水解性
Ⅰ	$t_{0.5}<3$	易光解
Ⅱ	$3 \leqslant t_{0.5}<6$	较易光解
Ⅲ	$6 \leqslant t_{0.5}<12$	中等光解
Ⅳ	$12 \leqslant t_{0.5}<24$	较难光解
Ⅴ	$t_{0.5} \geqslant 24$	难光解

（七）知识补充

1）试验水体缓冲溶液选择：①缓冲溶液配制温度条件为 25℃；②使用无光敏剂杂质的试剂级化学品配制缓冲溶液；③ pH 为 3～6，使用 NaH_2PO_4/HCl 配制；④ pH 为 6～8，使用 $KH_2PO_4/NaOH$ 配制；⑤ pH 为 8～10，使用 $H_3BO_3/NaOH$ 配制；⑥缓冲溶液浓度误差不大于 0.0025mol/L，且即时校正缓冲溶液的 pH。

2）水中光解装置内部剖面示意图见图 3-17。

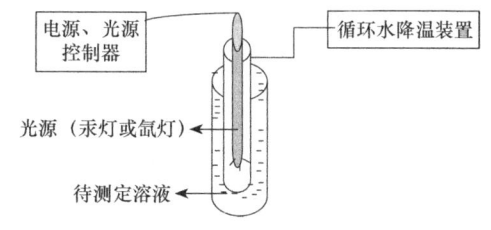

图 3-17 水中光解装置内部剖面示意图

六、农药抗药性的测定试验

（一）实验目的

掌握农药抗药性的机制和测定方法。

（二）实验原理

以昆虫为例，抗药性的程度一般通过比较抗性品系和敏感品系的致死中量（或致死中浓度）的倍数来确定，也可以用诊断剂量（即敏感品系的 LD_{99} 值）方法来测定昆虫种群中抗性个体百分率。对农业害虫来说,如果抗性倍数在5倍以上,或者抗性个体百分率为10%~20%甚至以上,一般说明昆虫已产生抗药性。

测定昆虫抗药性的方法包括浸渍法和点滴法。本次实验以浸渍法测定棉蚜的抗药性。

(三)试材、仪器与试剂

1)供试昆虫:棉蚜(敏感品系:在实验室无农药条件下经过两年繁殖饲养,对杀虫剂无抗药性。抗性品系:在棉蚜危害严重的地区采集,并选取整齐一致的无翅成蚜为标准试虫供生测试验用)。

2)供试药剂:95%高效氯氰菊酯。

3)实验仪器:万分之一电子天平、称量纸、容量瓶、培养皿、移液管、量筒、烧杯、玻璃棒、洗耳球等。

(四)实验方法和步骤

浸渍法:本实验采用FAO推荐的叶片浸渍法。

试虫选取:选取整齐一致的无翅成蚜作为标准试虫待用。

药液配制:用万分之一电子天平称取原药0.0263g,转移至50mL容量瓶中,蒸馏水定容配制成500mg/L的母液,然后稀释成系列浓度药液。

浸液:将带有蚜虫的棉花叶片分别在浓度为1.5mg/L、3.0mg/L、6.0mg/L、12.0mg/L和24.0mg/L的药液中浸渍10s,取出后挂在室内晾干,反面朝上放置在培养皿中,每药剂设置5个浓度处理,以蒸馏水为对照,每浓度处理20头,3个重复。在室温(23~28℃)条件下,24h后检查死蚜数,检查时用小毛笔拨动虫体,试虫完全不动视为死亡。若对照死亡率<10%为有效测定,若对照死亡率>10%,则当天全部处理作废。

(五)实验结果和数据处理(表3-41和表3-42)

表3-41 棉蚜敏感品系死亡数记录表

	药液浓度/(mg/L)					
	0	1.5	3.0	6.0	12.0	24.0
95%高效氯氰菊酯						

表3-42 棉蚜抗性品系死亡数记录表

	药液浓度/(mg/L)					
	0	1.5	3.0	6.0	12.0	24.0
95%高效氯氰菊酯						

运用DPS V13.5软件根据死亡率概率值和浓度对数值求出毒力回归式($Y=a+bX$)、致死中浓度LC_{50}及诊断剂量值LC_{99},并与棉蚜敏感种群进行毒力比较,判明棉蚜的敏感性或抗药性水平。

$$抗性倍数=抗性种群的LD_{50}/敏感种群的LD_{50}$$

抗性水平标准的划分:0~5倍为耐药力变化或操作误差;5~10倍为低等抗性;10~40倍为中等抗性;40~160倍为高等抗性;160倍以上为极高等抗性。

(六)思考题

1)比较不同浓度药液棉蚜的抗药性。

扫扫看答案

2）比较浸渍法与点滴法的优缺点。

七、高效液相色谱分析法测定氟吡菌胺在黄瓜中的残留量

（一）实验目的

掌握农药残留测定中样品（黄瓜）的前处理技术；学习使用液相色谱仪进行农药定量分析的方法；掌握液相色谱仪的操作和外标法的定量方法。

（二）实验原理

通过对含氟吡菌胺的黄瓜样品进行粉碎、提取、分离、净化等前处理步骤，得到澄清透明的溶剂样品，用高效液相色谱分析样品氟吡菌胺的含量，用氟吡菌胺标准样品系列浓度作标准曲线，进行外标法定量，经过过程换算，最终测出黄瓜样品中的氟吡菌胺的残留量。

（三）试材、仪器、试剂

1）仪器：匀浆料理机、万分之一电子天平、超声波清洗器、高效液相色谱仪、通风柜、旋蒸仪、玻璃仪器烘干机、高速离心机、铁架台、50μL 微量进样针 1 支等。

2）每组需准备实验物品：250mL 烧杯 2 个、长柄勺 2 个、玻璃棒 2 支、50mL 离心管 2 个、50mL 量筒 1 个、50mL 烧杯 2 个、移液管 1mL 和 2mL 及 5mL 各一支、洗耳球 2 个、容量瓶（100mL）1 个、玻璃棒、药匙、标签纸。

3）易耗品：封口膜、注射器、0.22μm 有机滤头。

4）试剂和溶液：乙腈（100mL 每组）、无水硫酸钠（30g 每组）、氯化钠（50g 每组）、甲醇（20mL 每组）、二氯甲烷（30mL 每组），试剂均为色谱纯。

5）试材：黄瓜。

（四）仪器与操作条件

液相色谱柱为 Pgrandsil-STC-C18；流动相为甲醇：水（体积比 75：25）；检测波长为 265nm；柱温为室温；流速为 1mL/min，进样量 20μL。在上述液相色谱条件下，氟吡菌胺的保留时间约为 10min。

（五）实验步骤

1. 试材制备 抽取黄瓜样品，取可食部分，超纯水洗一遍，吸干水分，剪子剪碎，料理机打碎，充分混匀制成待测样，备用。

2. 提取 准确称取 25.0g 试样于 250mL 烧杯中，加入 50.0mL 乙腈和 25g 无水硫酸钠，超声提取 10min，转入离心管，将离心管于 4000r/min 条件下离心 10min，取上清液倒入 250mL 烧杯瓶中，残渣再用 50mL 乙腈提取一次，合并提取液，加入 50g 氯化钠，将提取液转入 100mL 容量瓶。

3. 浓缩 将 100mL 提取液转至旋蒸瓶，34℃减压浓缩至近干，用二氯甲烷转出目标物定容至 20mL 具塞试管中，待用。

4. 净化 用 5g 无水硫酸钠去除二氯甲烷浓缩液中的水分，取上清液过弗罗里硅土柱净化：用 30cm 玻璃小柱，依次装填 1cm 高无水硫酸钠、8cm 高弗罗里硅土（60～100 目）和 1cm 高无水硫酸钠，先用 15mL 二氯甲烷润洗活化小柱，取上述提取液 5mL 上柱子，用 5mL 二氯甲

烷洗脱,再用 10mL 二氯甲烷淋洗,收集洗脱液和淋洗液。

取上述溶液 2mL 过迪马 PSA 小柱（500mg,6mL）,小柱先用 10mL 甲醇活化柱子,再将 2mL 上述提取液加入迪马 PSA 小柱,用 8mL 甲醇淋洗,收集洗脱液和淋洗液,得 10mL 有机相,过 0.22μm 有机滤膜,液相色谱检测,外标法定量。

（六）数据处理

将测得的两针样品溶液和标样溶液中氟吡菌胺的峰面积分别进行平均,以浓度表示的样品中氟吡菌胺含量 X 按下列公式计算。

$$X=\frac{S_1 \times C_2}{S_2}$$

式中,S_1 为样品溶液中氟吡菌胺峰面积的平均值;S_2 为标准样品溶液中氟吡菌胺面积的平均值;C_2 为标准样品溶液氟吡菌胺的浓度（mg/L）。

（七）注意事项

1）实验开始前,所有器皿保证是干净的,使用前用甲醇或者乙腈进行润洗并晾干。

2）样品在进样前需要过膜处理,有机相样品需用有机滤膜,水相样品需用水系滤膜。

3）测量时,等待基线稳定后,先进一针溶剂以便观察溶剂杂质峰的影响。

4）进样前,应将进样口用甲醇冲洗 3～5 次,再用进样器将进样口内部冲洗几次,确保进样口无其他杂质和样品残留。

5）1h 以上不使用仪器,需关闭泵或将流速调低,将紫外检测器氘灯关闭,等使用时再调流速开灯,目的为省溶剂,延长灯的使用寿命。

6）液相有的显示柱压单位为 psi,有的显示柱压单位为 bar,换算单位如下：1bar=10^5Pa≈14.5psi。

（八）思考题

1）计算黄瓜样品中的氟吡菌胺的含量。

2）黄瓜样品提取的前处理中无水硫酸钠和氯化钠的作用是什么？需要准确定量吗？为什么？

3）微量进样针的清洗方法是什么？

4）讨论一下实验中出现的问题。

扫扫看答案

思 维 拓 展

名词解释

环境行为　生态效应　剂量效应关系　生态系统　急性毒性　慢性毒性　三致作用　生物富集　食物链　安全间隔期　每日允许摄入量（ADI）　最大残留限量（MRL）　最大吸收波长　线性相关性　仪器检出限　方法检出限　分析方法的准确度　分析方法的精密度　田间消解动态试验　LC_{50}　LD_{50}　EC_{50}　半衰期　化学稳定性　分配系数　水解　光解　吸附　淋溶

扫扫看答案

主要参考资料

1. 参考文献

《经济合作与发展组织 (OECD) 化学品测试准则》

蔡道基. 1989. 农药环境毒理学研究. 北京：中国环境科学出版社
国家农业部. 2014. 化学农药环境安全评价试验准则. 北京：中国标准出版社
胡继业. 2010. 农药残留分析与环境毒理. 北京：化学工业出版社
林玉锁，龚瑞忠，朱忠林. 2000. 农药与生态环境保护. 北京：化学工业出版社
刘维屏. 2006. 农药环境化学. 北京：化学工业出版社
钱传范. 2011. 农药残留分析原理与方法. 北京：化学工业出版社
王穿才. 2009. 农药概论. 北京：中国农业大学出版社
夏世钧. 2008. 农药毒理学. 北京：化学工业出版社
徐汉虹. 2010. 植物化学保护学. 4版. 北京：中国农业出版社
中华人民共和国农业部《化学农药环境安全评价试验准则》·第12部分：鱼类急性毒性试验
周启星. 2004. 生态毒理学. 北京：科学出版社

2. 网站

中国农药网 http://www.pesticide.com.cn
中国农药信息网 http://www.chinapesticide.gov.cn

3. 期刊

农药学学报、农药、植物保护学报、植物保护、中国环境科学、环境科学、环境科学学报、农业环境科学学报；Environmental Toxicology、Soil Biology and Biochemistry、Advances in Environmental Research、Environmental Science & Technology、Environmental Toxicology and Pharmacology、Environmental Biology of Fishes 等。

第四章　农药剂型的配制

【知识能力要求】
1. 了解代表性水溶性原药的理化性质和制备方法；
2. 熟知紫外光谱吸收法、红外光谱法定性分析农药原药；
3. 掌握农药原药外观、稳定性及酸度的测定；
4. 了解农药助剂的种类和应用；
5. 熟悉农药助剂的作用及其与制剂加工技术的相关性；
6. 掌握农药助剂的选择；
7. 了解农药常用剂型和 4 种新剂型的定义、发展简史及各自特点；
8. 熟悉农药常用剂型和 4 种新剂型各自的基本组分、加工工艺及质量控制指标；
9. 掌握常用剂型和 4 种新剂型的配制方法。

【导语】

在植物化学保护中，当被采用的农药品种确定后，选用适当的农药剂型是非常重要的。这不但能提高防治效果、节省农药有效成分用量、提高施药工效和减轻劳动强度，而且往往能达到防止农药对环境的污染、减轻或避免农药对有益生物的杀伤，以及提高对施药人员和作物的安全性的目的。

本章的主要任务是使学生学习和掌握农药原药的分类和理化性质的测定，着重掌握农药制剂制造的基本原理、助剂的类型和作用、制造工艺及质量要求等。

现代农业的发展目标是既要生产更加安全的农产品，又要建立优良的农业生态环境。因此，21 世纪的农业生产对农药的品种和剂型要求更加严格。长期以来，在我国农药剂型中占比例较大且严重污染环境的剂型正不断被改进，发展农药新剂型和新助剂，逐步改善我国的农药剂型结构，不断满足现代农业生产的需要，是目前农药剂型配制研究的主要任务。

第一节　农药原药

农药原药（technical material）是指在工厂中合成的化学成品，就是在合成和制造过程中得到的有效成分与副产物杂质所组成的最终产物。其中的杂质是在合成过程中自然形成的，是合成过程的副产品，并非外部混进去的杂质。所以原药是尚未经过加工的粗制化学品。有些农药原药已经过处理，已将杂质分离出来，这样的原药有效成分含量比较高，杂质很少，所得到的原药属于精品化学物品。杂质含量比较高的原药，不适于加工为商品制剂。尤其是对杂质的成分和毒性不清楚的情况下，更不可直接加工为商品农药制剂。原药形态无非是固态、液态和气态 3 种。其中固态和液态原药是剂型加工的主要物态。固态的原药可以是结晶体、无定型体、蜡状物，称为原粉；液态原药则基本上都是油状物或软蜡状物和黏稠状物，称为原油。按照原药的溶解性可将其分为水溶性原药和脂溶性原药。水溶性原药可以直接使用，但是，实际生产上用于防治有害生物时无须过高浓度，因此通常根据有害生物的特性和从田间使用方便上考虑，加工成低浓度的商品农药；脂溶性原药则需要添加有机溶剂、乳化剂、湿润剂等助剂配制成低浓度的商品农药。

一、水溶性原药

水溶性原药即易溶于水的农药原药,且其在水中能保持相对稳定。根据其特点,可以将该类型的原药加工成水剂(aqueous solution,AS)、可溶液剂(soluble concentrate,SL)、可溶胶剂(water soluble gel,GW)、可溶粉剂(water soluble powder,SP)、可溶粒剂(water soluble granule,SG)、可溶片剂(water soluble tablet,ST)等剂型。

(一)水溶性杀虫剂原药

1. 杀虫双(bisultap)

化学名称:2-二甲氨基-1,3-双硫代磺酸钠基丙烷。

主要理化性质:纯品为白色结晶,工业品为茶褐色或棕红色单水溶液,有特殊臭味,易吸潮;熔点为169~171℃(分解)(纯品),142~143℃(工业品);易溶于水,可溶于95%热乙醇和无水乙醇,以及甲醇、二甲基甲酰胺、二甲基亚砜等有机溶剂,微溶于丙酮,不溶于乙醇乙酯及乙醚;相对密度为1.30~1.35;在中性及偏碱条件下稳定,在酸性下会分解,在常温下也稳定。

制备方法:可由3-氯丙烯、二甲胺、盐酸、氯气和大苏打等为原料而制得。

2. 敌百虫(trichlorphon)

化学名称:二甲基-(2,2,2-三氯-1-羟基乙基)磷酸酯。

主要理化性质:纯品是白色结晶固体,熔点为83~84℃;工业品含量为90%~95%,有少量油状杂质,熔点在70℃左右,有氯醛的特殊气味;蒸气压为1.04mPa(20℃),沸点为96℃(10.7Pa,0.08mmHg),挥发性不大;易吸湿;溶于水、氯仿、苯、乙醚,微溶于煤油、汽油,不溶于石油;相对密度为1.730;在酸性介质中或在固态或熔态下相当稳定,在水溶液中则易水解,在碱性溶液中及550℃时分解很快;在pH低于5.5时生成敌敌畏。

制备方法:可由甲醇、三氯化磷和三氯乙醛缩合制得。

3. 乙酰甲胺磷(acephate)

化学名称:O,S-二甲基乙酰基硫代磷酰胺酯。

主要理化性质:纯品为白色结晶;熔点为91~92℃,工业品熔点为70~80℃;相对密度为1.350;易溶于水、甲醇、丙酮等极性溶剂和二氯甲烷、二氯乙烷等卤代烷烃中,在苯、甲苯、二甲苯中溶解度较小,在醚中溶解度更小;在碱性介质中不稳定。

制备方法:生产乙酰甲胺磷的原料有甲基氯化物、氨水、二氯乙烷、乙酐、硫酸二甲酯。通过胺化、酰化、异构化等反应步骤而得。

4. 杀螟丹(padan)

化学名称:1,3-双(氨基甲酰硫基)-2-(N,N'-二甲基氨基)丙烷盐酸盐。

主要理化性质:白色无臭晶体;熔点为183~183.5℃;溶于水,微溶于乙醇和甲醇,不溶于丙酮、乙醚、乙酸乙酯、氯仿、苯、正己烷;1%的水溶液pH为3~4;常温及酸性条件下稳定,碱性条件下不稳定。

制备方法:由氯丙烯经二甲胺胺化、氯气氯化、硫代硫酸钠及氰化钠硫氰化而得。

5. 杀虫环(thiocyclam)

化学名称:N,N-二甲基-1,2,3-三硫杂环己烷-5-胺。

主要理化性质:杀虫环草酸盐为无色结晶;熔点为125~128℃(分解),蒸气压为$0.532×10^{-6}$kPa($4×10^{-6}$mmHg,20℃);水中溶解度为84g/L(23℃),在丙酮、乙醚、乙醇、二甲苯中的溶解度<10g/L,不溶于煤油;在常温避光条件下保存稳定。

制备方法：可由 2, 2- 甲氨基 - 双硫代硫酸钠丙烷与硫化钠制得杀虫环，但可溶性粉剂的有效成分是杀虫环草酸盐，故需将杀虫环再加草酸做成草酸盐。

6．烯啶虫胺（nitenpyram）

化学名称：（E）-N-（6- 氯 -3- 吡啶甲基）-N- 乙基 -N′- 甲基 -2- 硝基亚乙基二胺。

主要理化性质：纯品为浅黄色结晶体；熔点为 83～84℃；相对密度为 1.40（26℃）；蒸气压为 $1.1×10^{-9}$Pa（25℃）；溶解度（g/L，20℃），水（pH=7）840、氯仿 700、丙酮 290、二甲苯 4.5。

制备方法：烯啶虫胺合成是以 2- 氯 -5- 氯甲基吡啶为起始原料，以水为溶剂，采用相转移催化技术，经过 N- 烷基化反应得到中间体 N- 乙基 -2- 氯 -5- 吡啶甲基胺，然后与 1，1- 二甲硫基 -2- 硝基乙烯和乙醇混合液进行反应，再与甲胺水溶液反应得到。

（二）水溶性杀菌剂原药

1．代森铵（amobam）

化学名称：1，2- 亚乙基双二硫代氨基甲酸铵。

主要理化性质：纯品为无色结晶，原药为橙黄色或淡黄色水溶液，呈弱碱性，有氨和硫化氢臭味；熔点为 72.5～72.8℃；易溶于水，微溶于乙醇和丙酮，不溶于苯等有机溶剂；在空气中不稳定，水溶液化学性质较稳定，但温度高于 40℃时易分解，遇酸性物质也易分解。

制备方法：在乙二胺、氨水混合液中，滴加二硫化碳于 30℃反应制得。

2．代森钠（dithane D-14）

化学名称：1，2- 亚乙基双二硫代氨基甲酸钠。

主要理化性质：白色或浅黄色固体粉末；熔点为 230℃（分解）；易溶于水。

制备方法：由乙二胺、二硫化碳和氢氧化钠反应制得。

3．敌磺钠（fenaminosulf）

化学名称：对二甲氨基苯重氮磺酸钠。

主要理化性质：纯品为淡黄色结晶，工业品为黄棕色无味粉末；熔点为 200℃（分解）；溶于高极性溶剂，如二甲基甲酰胺、乙醇等，不溶于大多数有机溶剂，可溶于水，常温下溶解度为 2%～3%；极易吸潮，在水中呈重氮离子状态而渐渐分解，光照能加速分解，同时放出氮气生成二甲氨基苯酚，可加亚硫酸钠使之稳定，它在碱性介质中稳定。

制备方法：由 N, N- 二甲基苯胺经亚硝化、还原、重氮化和磺化制得。将二甲基苯胺和稍过量的亚硝酸钠于 0～5℃进行亚硝化，加完亚硝酸后用铁粉还原，制成对氨基二甲基苯胺。然后滤去铁粉及生成的四氧化三铁，滤液用亚硝酸钠于 0～5℃条件下进行重氮化。加完亚硝酸钠后再用亚硫酸钠进行亚磺化，反应到终点后，敌克松便沉淀出来。得到的敌克松原粉（干品）含量为 98%。

4．霜霉威（propamocarb）

化学名称：N-［3-（二甲基氨基丙基）氨基］甲酸丙酯。

主要理化性质：纯品为无色、无味并且极易吸湿的结晶固体；熔点为 45～55℃；蒸气压为 1.066mPa（25℃）；在水及部分溶剂中溶解度很高，5℃时的溶解为，水 867g/L、甲醇>500g/L、二氯甲烷>430g/L、异丙醇>300g/L、乙酸乙酯 23g/L、甲苯和乙烷<0.1g/L；在水溶液中 2 年以上不分解（55℃），但在微生物活跃的水中迅速分解并转化为无机化合物；对光、酸稳定，对盐酸盐只在酸性介质中稳定，对强碱不稳定；腐蚀金属，起酸性反应。

制备方法：由 3- 二甲氨基丙胺与氯代甲酸正丙酯反应制得。

5．井冈霉素（validamycin A）

化学名称：N-［（1S）-（1，4，6/5）-3- 羟甲基-4，5，6- 三羟基 -2- 还己烯基］-［O-β-D-

吡喃葡糖基-（1→3）]-（1S）-（1, 2, 4/3, 5）-2, 3, 4- 三羟基 -5- 羟甲基环己基胺。

主要理化性质：纯品是白色粉末；无一定熔点，95～100℃软化，约135℃分解；易溶于水，可溶于甲醇、二甲基甲酰胺、二甲基亚砜，微溶于乙醇和丙酮，不溶于乙酸乙酯、氯仿、乙醚、苯和石油醚；吸湿性强，在pH4～5的水溶液中较稳定，在酸性溶液中稳定性稍差；能被多种微生物分解失去活性；能与大多数农药混配；原药对钢无腐蚀。

制备方法：是由吸水链霉菌井冈变种产生的水溶性抗生素葡萄糖苷类化合物，共有6个组分。其主要活性物质为井冈霉素 A，其次是井冈霉素 B。它的浓缩液水剂为棕褐色，将砂土管接触面（无菌操作）28℃恒温培养7～8d 待孢子成长成熟（一般孢子颜色为灰绿色或浅紫红色，有吸水斑），将斜面孢子再接斜面（无菌操作）37℃恒温培养3～4d，即生产用斜面（斜面培养基配方：葡萄糖 1%，冬天菜 0.05%，磷酸二氢钾 0.05%，琼脂 1.5%），然后进行种子培养（种子罐）、发酵（发酵罐）、板框过滤、浓缩、调制包装即得。

6. 中生菌素（zhongshengmycin）

化学名称：1-N 甙基链里定基 -2- 氨基 L- 赖氨酸 -2 脱氧古罗糖胺。

主要理化性质：纯品为白色粉末，原药为浅黄色粉末；熔点为 173～190℃；易溶于水，微溶于乙醇；在酸性介质中，低温条件下稳定。

制备方法：本品是中国农业科学院生物防治研究所研制成功的一种新型农用抗生素，是由淡紫灰链霉菌海南变种产生的抗生素，属 N- 糖苷类碱性水溶性物质。

7. 武夷菌素（wuyiencin）

主要理化性质：微黄色粉末，相对分子质量为 443；熔点为 265℃；极易溶于水，微溶于甲醇，不溶于丙酮、氯仿、吡啶等有机溶剂。

菌素由来：武夷菌素是 1979 年从福建省武夷山区采土分离出来的一株不吸水链霉菌武夷变种（*Streptomyces ahygroscopicus* var. *wuyiensis*）产生的一种新型农用抗生素。

（三）水溶性除草剂原药

1. 草甘膦（glyphosate）

化学名称：N-（膦酸甲基）甘氨酸。

主要理化性质：纯品为非挥发性白色固体；熔点约为 230℃，并伴随分解；相对密度为 1.74；25℃时在水中溶解度为 12g/L，不溶于一般有机溶剂，其异丙胺盐完全溶解于水；不可燃，不爆炸，常温贮存稳定，便于运输；一般加工为胺盐水剂。

制备方法：有两种生产方法，即以亚氨基二乙酸（IDA）为原料的生产方法和以甘氨酸 -亚磷酸二烷基酯为原料的生产方法。

2. 草吡唑（finaven）

化学名称：1, 2- 二甲基 -3, 5- 二苯基 -1H- 吡唑硫酸甲酯。

主要理化性质：白色结晶，略有吸湿性；熔点为 155～157℃；相对密度为 1.13（20℃）；蒸气压为 13.33μPa（20℃）；易溶于水，为 760g/L（25℃）、780g/L（37℃）、850g/L（56℃），稍溶于乙醇和乙二醇，不溶于石油烃类。

制备方法：①由苯乙酮、苯甲醛、过氧化氢合成 2, 3- 环氧 -1, 3- 二苯基丙酮 -1（称环氧化物）；②由 2, 3- 环氧 -1, 3- 二苯基丙酮 -1 与水合肼合成 3, 5- 二苯基吡唑；③ 3, 5- 二苯基吡唑与硫酸二甲酯反应得草吡唑。

3. 杀草强（amitrole）

化学名称：3- 氨基 -1, 2, 4- 三氮唑。

主要理化性质：白色晶体或结晶粉末；熔点为157～159℃；相对密度为1.138；溶于水，微溶于甲醇、乙醇，不溶于乙醚、丙酮等非极性溶剂；能和大多数酸和碱反应生成盐。

制备方法：①由水合肼、氨基氰、甲酸经环合而得；②由氨基胍碳酸氢盐与甲酸作用，再加热环合而得；③以硝酸胍为原料，先在5～15℃温度下与乙酸反应8h，再与草酸作用，最后环合回流5h而得。

4. 百草枯（paraquat）

化学名称：1-1-二甲基-4-4-联吡啶阳离子盐。

主要理化性质：产品为阳离子盐。其氯化物，即百草枯二氯化物，称gramoxone或paraquat dichloride，为白色结晶，易溶于水，稍溶于丙酮和乙醇，不溶于碳氢化合物；在酸性介质中稳定，在碱性介质中不稳定，对金属有腐蚀作用。其双硫酸甲酯盐，即百草枯双硫酸甲酯，称ParaquatⅠ，为黄色固体，能溶于水。上述两种盐的熔点（分解）都在300℃以下。

第一种制备方法：以吡啶与镁粉为原料生成二聚物后，随即用硝基甲烷氧化，然后经分离结晶等过程而得γ,γ-联二吡啶。再将γ,γ-联二吡啶与氯乙酸进行催化反应而得百草枯氯化物。第二种制备方法：将金属钠溶于液氨中，得到带有自由电子的钠离子氨溶液，再与吡啶及溶剂于−30～−20℃条件下二聚反应制得离子态的4,4′-四氢联吡啶二钠，然后于−30～−20℃经空气氧化制得联吡啶。最后，用水将联吡啶稀释，在压力下与氯甲烷反应制成百草枯氯化物。此法收率较高，副产物少，可连续操作，但需耗用金属钠，在−30℃低温下操作。第三种制备方法：先将吡啶季碱化为N-甲基吡啶盐酸盐，再于催化剂存在下二聚得1,1′-二甲基-4,4′-二氢联吡啶，继而氧化得百草枯。

百草枯对人毒性极大，且无特效解毒药，口服中毒死亡率可达90%以上，目前已被20多个国家禁止或者严格限制使用。我国自2014年7月1日起，撤销百草枯水剂登记和生产许可，停止生产；但保留母药生产企业水剂出口境外使用登记，允许专供出口生产，2014年7月1日停止水剂在国内销售和使用。

5. 二甲四氯钠（chipton-Na）

化学名称：2-甲基-4-氯苯氧乙酸钠。

主要理化性质：纯品为白色结晶，工业品为棕色液体或灰褐色粉末；熔点为120℃；易溶于乙醇、丙酮等有机溶剂和水，干燥的粉末极易稀释结块，但不变质。

制备方法：由邻甲酚经缩合、酸化、氯化而得。

（四）其他水溶性原药

乙烯利（ethephon）

化学名称：2-氯乙基磷酸。

主要理化性质：纯品为无色长针状结晶，熔点为74～75℃，工业品是棕色酸性溶液；易溶于水、醇、丙酮，难溶于苯，不溶于石油醚；空气中极易潮解，水溶液呈强酸性，且稳定，当pH>3.5时逐渐分解释放；与水或含羟基化合物反应放出乙烯，能在植物的根、茎、叶、茎、花和果实等组织中放出乙烯，以调节植物的代谢、生长、发育。

制备方法：由环氧乙烷与三氯化磷在低温下酯化后，经分子重排、酸解而得。

二、脂溶性原药

脂溶性原药是指能溶于苯类、樟脑油、丙酮、乙醇和煤油等有机溶剂的有机合成原药。这些原药都必须加工调制成乳油（emulsifiable concentrate，EC）、乳粉（emulsifiable powder，EP）、可湿性粉剂（wettable powder，WP）、粉剂（dustable powder，DP）、悬乳剂（aqueous suspo-emulsion，SE）、微乳剂（micro-emulsion，ME）和水乳剂（emulsion，oil in water，EW）等，才能在植物上使用。由于脂溶性农药的渗透性大于水溶性农药，所以其防治效果优于水溶性者。但同时脂溶性农药在生物体内及土壤内的残留性也远远大于水溶性农药。除水溶性原药外，其他农药原药几乎均为脂溶性原药，有机氯农药六六六、滴滴涕就是脂溶性很强的农药，容易在生物体内吸收、积累，进而对环境中的生物造成危害。

三、农药原药全分析

（一）农药原药全分析的基础知识

农药产品包括农药原药和农药制剂。依据不同的分析对象，农药分析可以分为三大部分——农药原药分析、农药制剂分析和农药残留分析。除了对农药有效成分的分析外，还包括对影响农药性质和使用的指标进行测定。例如，原药的相关杂质和非相关杂质的质量分析，制剂的储藏稳定性、悬浮率、细度等的测定，农药残留分析中的代谢物、降解物及在环境中的迁移研究等。

农药原药全分析（full identification of pesticide technical）也称农药原药全组分分析，到目前为止，对农药的原药全分析尚无明确的定义。在实际工作中，不同的分析单位掌握的分寸也不同。有学者把原药全分析分成两大类：狭义的原药全分析和广义的原药全分析。狭义的原药全分析就是对原药的实际化学组成进行完整分析；广义的原药全分析还包括对原药实际化学组成之外的其他一些指标进行分析（表4-1）。本章主要讨论狭义的原药全分析。

表4-1　农药全分析的种类（引自申继忠，2011）

类别	分析指标
狭义	原药化学组成（包括杂质、异构体、添加剂如稳定剂和水分）
广义	包括原药化学组成（包括杂质、异构体、添加剂如稳定剂和水分）及丙酮不溶物、干燥失重、酸/碱度和（或）其他理化指标。实际包括的项目视不同原药的特性而定，一般需要参照FAO农药规格对不同品种原药的质量要求，或参照某些国家的要求

农药原药全分析是提高农药生产效率，降低生产成本，提高产品纯度，同时还要考虑农药生产及施用后尽量减少环境污染物及对人、畜健康产生巨大危害的物质，必须对农药原药进行全面的分析。通过全组分分析，一方面，可以检验产品中有害物质含量是否超标，以便为原药的安全性评价提供参考依据；另一方面，通过了解有害物质的结构和含量，为改善生产工艺、控制产品质量提供保证。

对农药原药全面分析，首先要明确什么是相关杂质。相关杂质是指与农药有效成分相比，农药产品在生产或储存过程中所含有的对人类和环境具有明显的毒害，或对适用作物产生药害，或引起农产品污染，或影响农药产品质量稳定性，或引起其他不良影响的杂质。目前，联合国粮食及农业组织（food and agriculture organization of the united nation，FAO）、世界卫生组织（world health organization，WHO）和我国对部分农药原药中的相关杂质及其含量限制已经给出了明确规定。

除相关杂质外，还有一些非相关杂质，是指存在于原药产品中但不属于相关杂质的痕量组分。进行农药原药全分析时，主要对有效成分和相关杂质进行定性、定量分析；非相关杂质含量较高时（>0.1%），也应该进行分析。

农药全分析资料是申请农药登记时需要提供的产品化学资料中最重要的内容之一。对新农药而言，农药全分析报告是进一步对其安全性进行评价的重要化学依据。对于仿造的产品而言，原药全分析是认定其是否与已登记原药"等同"的重要依据。所以无论是新化合物还是老产品，原药全分析都是必不可少的，可以说是申请农药登记的敲门砖。

目前，我国农药登记资料中，要求提供农药有效成分的下列参数及其测定方法：外观（颜色、物理性状、气味等）、酸碱度（pH）、熔点、沸点、溶解度、密度或堆密度、辛醇-水分配系数、蒸气压、稳定性（光、热、酸、碱）、水解、爆炸性、闪点、燃点、氧化性、腐蚀性、比旋光度等参数。对于原药，应提供外观（颜色、物理性状、气味等）、熔点、沸点、爆炸性、闪点、燃点、氧化性、腐蚀性、比旋光度等参数及测定方法。

农药原药质量控制的项目及其指标要求主要有以下几项（含量均以质量分数表示）。

1) 有效成分含量：农药含量分析是生产企业、经销部门、用户和质量监督机构控制和检验产品质量的重要措施，也是农药合成、加工和应用技术等科学研究工作的基础。原药中有效成分含量不设分级，至少取 5 批次有代表性的药品测定其有效成分含量。取 3 倍标准偏差作为登记含量的下限。

2) 相关杂质含量：应明确相关杂质的最高含量。

3) 其他添加成分名称和含量：根据实际情况确定所添加的稳定剂、安全剂等的名称和含量。

4) 酸度、碱度或 pH 范围：酸度或碱度以硫酸或氢氧化钠质量分数表示（不考虑其实际存在形式）；pH 范围应当规定上下限。

5) 固体不溶物：应规定最大允许值。

6) 水分或加热减量：须规定最大允许值。

农药原药组分包括有效成分、0.1% 以上含量的任何杂质和 0.1% 以下的相关杂质。其分析主要包括定性和定量两个方面。

定性分析是对原药中各种成分的性质进行鉴定。其主要包括的参数有原药的红外光谱（infrared spectroscopy，IR）、紫外光谱（ultraviolet spectroscopy，UV）、核磁共振谱（nuclear magnetic resonance，NMR）、质谱（mass spectrometry，MS）四大定性谱图。在全分析报告中，对有效成分和相关杂质，应提供红外光谱、紫外光谱、质谱和核磁共振谱的实验方法、解析过程和结构式；对非相关杂质，应提供红外光谱、质谱和核磁共振谱中至少一种定性实验方法、解析过程、结构式和杂质名称。对于主要杂质成分（大于 0.1%）或相关杂质，也应通过合成、提纯等手段，制备出杂质工作标样，并完成四大定性谱图的鉴定。由气相色谱-质谱联用仪（gas chromatography-mass spectrometer，GC-MS）或液相色谱-质谱联用仪（liquid chromatography-mass spectrometer，LC-MS）等联合手段，可以很方便地确定原药产品中有效成分和主要杂质的结构及归一化相对含量。分析其谱图可以推断化学结构，指导进行杂质合成或提纯。

定量分析是对原药各种成分的含量进行测定。其主要包括农药有效成分、杂质、水分、灼烧残渣、酸碱度、干燥减量、固体不溶物（多为丙酮不溶物）等参数的测定。原药的有效成分或者杂质的含量分析方法与制剂中有效成分含量分析基本相同，比较而言，其难度应该小于制剂中有效成分含量的分析，原因在于其纯度较高（一般在 95% 以上），组分单一，没有其他添加成分的干扰。

干燥减量实际上已经包括了水分含量，从定量关系上来看，测定了干燥减量，就没有必要再进行水分含量的测定；但从产品稳定性角度考虑，水分含量是影响产品稳定性的一个重要因素，因此有必要对其进行测定。

不同国家机构对不同的农药产品的参数要求有一定差异。对于在有机溶剂中有很好溶解性的产品，需要进行丙酮不溶物的测定；但对于只溶于水的农药原药，如百草枯，就必须进行水不溶物的测定。从全分析角度分析，应该采用色谱测定时溶解样品所用的溶剂做不溶物含量测定，选择丙酮和水只是考虑这两种溶剂应用的广泛性。目前一些农药原药没有对丙酮不溶物或水不溶物进行指标控制，取而代之的是其他溶剂不溶物的指标控制，如乙醇不溶物、氢氧化钠不溶物、三乙醇胺不溶物、二甲苯不溶物等。不同农药的限定指标也不尽相同。例如，在国家标准中，分别对乙酰甲胺磷、乙烯利、二甲四氯钠、久效磷等原药中水不溶物含量，2，4-滴原药中三乙醇胺不溶物含量，吡虫啉、氯嘧磺隆原药中 N,N-二甲基甲酰胺不溶物含量，三氯杀螨醇原药中二甲苯不溶物含量进行测定。

无论是定性分析还是定量分析，农药全分析的目的是要明确原药的组成成分及其含量，为农药生产和使用提供参考。目前，农药全分析材料的规范化程度还很不够，而关于参数、标准方法的选择及含量测定准确度等方面还有待于进一步研究并且制定出权威的标准。而这方面的工作随着我国加入世界贸易组织（world trade organization，WTO）已成为亟待解决的问题之一。

（二）农药原药全分析的实验技术

农药原药全分析一般包括农药原药有效成分的定性和定量分析、农药原药产品中微量杂质的定性和定量分析，以及农药原药产品的酸度或 pH、水分、丙酮不溶物（或其他溶剂不溶物）、灼烧残渣等技术指标的分析。一些特殊的原药产品根据其特有的生产工艺，还有一些特殊的质量控制指标需要进行检验分析。

1. 农药原药有效成分及杂质分析　　农药原药的定性分析主要是指对原药中的有效成分（或主成分）及微量杂质的性质进行鉴定。通常采用"四大谱"对原药中有效成分的结构进行分析。对于微量杂质的定性，一般会借助 GC-MS 或 LC-MS 等手段来进行推定。

农药原药的定量分析主要是指对原药中的有效成分含量及杂质含量进行测定。由于原药中的有效成分的含量一般都很高，原药有效成分的定量分析属于化学常量分析，可以采用滴定分析、光度分析和色谱分析。有机杂质的含量通常采用色质联用的方法进行。另外，水分、干燥减量、灼烧残渣、固体不溶物的测定也是原药定量分析中的重要指标。

（1）紫外吸收光谱法定性分析　　紫外吸收光谱法是基于分子内电子跃迁产生的吸收光谱进行分析测定的常用的广谱方法。这种吸收光谱是价电子和分子轨道上的电子在电子能级间的跃迁产生的。该方法具有灵敏度高、准确度好、操作简便、应用广泛等特点，广泛用于有机物质的定性和定量分析。

1）实验目的：利用紫外吸收光谱法对原药化合物进行定性分析。

2）实验原理：利用农药标样和原药的紫外光谱图及紫外吸收光谱与化合物电子结构的关系，对农药原药进行定性鉴定。

首先将样品和标样用一定的有机溶剂溶解，配成稀溶液，然后利用紫外分光光度计进行全波长扫描，得到以波长为横坐标，吸收度为纵坐标的紫外光谱图（图4-1）。

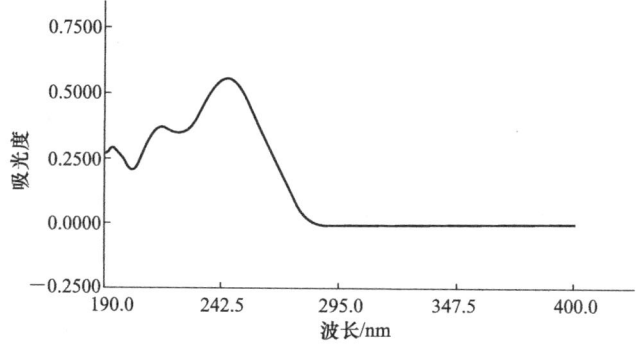

图 4-1　啶虫脒紫外吸收光谱图（引自刘丰茂，2011）

3）实验材料。

标样：原药。

仪器：紫外分光光度计。

4）实验操作步骤。

A. 溶液的配制：称取约 0.05g（精确至 0.0002g）样品于 100mL 容量瓶中，用适宜、适量的溶剂超声溶解完全，再用水稀释，定容至刻度，摇匀。再从中移取 1～10mL（根据样品的紫外吸收值的大小而定，保证溶液溶度应至少使一个最大吸收值在 0.5～1.5）至 100mL 容量瓶中，再用水稀释，并分别采用 HCl 或 NaOH 溶液稀释，定容至刻度，摇匀，配制而成 pH<2、pH=7、pH>10 的酸性、中性和碱性溶液。同时配制空白溶液。

B. 测定：吸收池应先用空白溶液润洗，以所需的波长分辨率扫描测定空白溶液。再分别用 pH<2、pH=7、pH>10 三个 pH 条件下的样品溶液润洗吸收池，用所需的波长分辨率扫描测定样品溶液，同时记录 3 个 pH 条件下样品的吸收谱图。以空白溶液作参比进行扫描。

C. 结果计算：根据样品吸收谱图确定最大吸收波长（λ），并计算摩尔吸光系数（ε），摩尔吸光系数（ε）按式（4-1）计算。

$$\varepsilon = \frac{A}{bc} \tag{4-1}$$

式中，ε 为样品的摩尔吸光系数 [L/(cm·mol)]；A 为样品在测定最大吸收波长时的吸收值；b 为液层的厚度（cm）；c 为样品溶液的厚度（mol/L）。

5）结果分析：列表对比农药标样和原药在不同 pH 条件下的紫外光谱图形状、紫外最大吸收峰位置和强度及摩尔吸光系数，利用紫外光谱与化合物结构之间的对应关系，对原药进行定性分析。

如果无法采用水和有机溶液进行试验，则只需进行一次测定，无需调整 pH。

（2）红外光谱法定性分析　　红外光谱又称分子振动转动光谱，属分子吸收光谱。样品受到频率连续变化的红外光照射时，分子吸收其中一些频率的辐射，分子振动或转动引起偶极矩的净变化，使振—转能级从基态跃迁到激发态，相应于这些区域的投射光强减弱，记录百分透过率（T）对波长或波数的曲线，即红外谱。物质分子中的各种不同基团，有选择性地吸收不同频率的红外辐射后，发生振动能级之间的跃迁，形成各自独特的红外吸收光谱。据此，可对物质进行定性、定量分析，特别是对化合物结构的鉴定，应用更为广泛。另外，任何气态、液态、固态样品均可进行红外光谱测定，这是其他仪器分析方法难以做到的。每种化合物均有红外吸收，尤其是有机化合物的红外光谱能提供丰富的结构信息，因此红外光谱是有机化合物结构解析的重要手段之一。

1）实验目的：利用农药标样和原药的红外光谱对比，定性鉴定原药的结构。

2）实验原理：分子振动能级的跃迁伴随着分子转动能级的跃迁，其跃迁能级在红外光谱范围之内，除了对称分子外，几乎所有具有不同结构的化合物都有不同的红外光谱，谱图中的吸收峰与分子中的各基团的振动特性相对应，因此，红外光谱是鉴定有机化合物和农药原药及制剂中有效成分的重要工具之一。化学键力常数和折合质量不同的化学键会产生不同的红外吸收，根据红外吸收峰的位置和形状可对未知农药的化学结构作出初步判断和分析，通过对比未知农药样品与标样的红外光谱谱图，尤其是指纹区的红外吸收峰的位置、形状和强度，可以对未知农药样品作出定性鉴定，甚至定量分析。

3）实验材料。

标样：原药。

仪器：红外光谱仪，岛津 IR-435 红外光谱仪。

试剂：溴化钾，分析纯，在研钵中研磨 30min 后，放入 200℃以上的烘箱中烘 8h，取出放入干燥器中备用。

4）实验操作步骤：不同物理状态的样品采用不同的方法进行红外测定。

A. 固体样品的测定：采用糊状法或压片法。

a. 糊状法：取 1～5mg 固体样品，在玛瑙研钵中研细，加数滴液体石蜡混匀，涂在溴化钾盐片上，用另一盐片盖住，放在支架上，置于样品光路。另做一空白液体石蜡片，置于参比光路。扫描检测。

b. 压片法：其操作步骤如下（以 YP-2 压片机为例）。

① 取 1～2mg 干燥的固体样品，置于玛瑙研钵中，在红外光灯下研磨，至细度达 2μm 左右。另取经干燥磨细的溴化钾（每 1mg 样品加 100～200mg 溴化钾），倒入玛瑙研钵中与样品一起研磨，至完全均匀为止。

② 借助于小玻璃漏斗，将磨细的溴化钾样品注入压模中，并稍加振动使其在模子内分布均匀，用压杆将它完全铺平后，拔出压杆，插入压舌，装好模具。

③ 将压模安置在压片机，拧紧阀门，使总压到达 20MPa 左右，保持 3min 即可。

④ 用压片机将压片慢慢顶出后，去掉模具，用镊子将压片放置在支架上（压片不可用手直接摸，以免污染）。好的压片表面光滑，无裂缝，呈均匀半透明状。

⑤ 由于溴化钾极易吸潮，很难彻底干燥，为避免吸附水的干扰，可在相同条件下压一空白溴化钾片，放置在参比光路中以抵消背景的影响。

⑥ 压片完毕后需将模具擦干净以防锈蚀。

采用压片法时应注意以下方面。

① 由于溴化钾吸水，3300～3410cm^{-1} 和 1640cm^{-1} 处可能会出现水的吸收峰。

② 溴化钾可能与羧酸样品作用生成羧酸盐，以致在 1550～1610cm^{-1} 区出现羧酸根负离子的振动吸收峰。

③ 样品在压片过程中会发生物理变化（如晶型的转变）或化学变化使图谱改变。因此，对于某些无机物、糖、固态有机酸、固态酚、胺、亚胺、胺盐、酰胺等物质，溴化钾压片法不一定适用。

B. 气体样品的测定。

a. 将气体槽阀门打开，用洗耳球将气体槽吹干净。

b. 将测定气体通入气体槽，关闭阀门。

c. 将气体槽插入光路，扫描。

d. 测定后将气体槽阀门打开吹干净，放好。

C. 液体样品的测定。

a. 纯液体样品黏度大、沸点不太低的液体，可用可拆液槽进行测定；黏度小、沸点低、挥发性大的液体，可用固定密封槽进行测定。

① 黏度大、沸点不太低的液体选择适当厚度的间隔片，放在盐片上（吸收很强的液体，两盐片间可不加间隔片）。用滴管取少量液体样品，滴在盐片上，依次放上另一盐片及垫片。将两盐片放在槽架上，拧紧螺丝夹住盐片。液体样品在两盐片内已形成薄膜，可进行红外光谱测定。

注：防止盐片间的液体中有气泡。

② 沸点低、挥发性大的液体将固体密封槽倾斜放置，使样品入口位于低处。用注射器从槽出口抽出槽内空气，与此同时，用滴管向液槽入口滴加样品，始终保持入口处充满样品，缓慢抽动

注射器，直至液槽注满为止。拔下注射器，用塞子堵住入口与出口。擦净液槽，即可进行测定。

注：固定密封液槽的灌注，必须使样品液体完全充满液槽，槽内不夹有空气泡，否则会出现干扰，影响谱图质量。

b. 溶液样品的测定：凡固体样品、气体样品及液体量较小的溶液样品，如能找到合适的溶剂都可将它们配成溶液进行测定。对于吸收很强的液体，即使调整厚度还不能获得满意的谱图时，也可配制成溶液以降低浓度进行测定。

操作方法与液体相同，但需另取同样的液槽充入溶剂，放入参比光路同时扫描，可在一定程度上抵消溶剂的影响。

D. 红外光谱仪的使用：以 Spectrum 100FT-IR 型红外光谱仪为例进行介绍。

a. 打开电源开关，开始自检过程。自检通过后，仪器显示屏出现"Perkin E1-mer Spectrum 100 series"，平衡 2h。

b. 放上样品，打开"Spectrum"工作站，选择"Instrument"中的"Scan and Instrument setup"，设置"Sample"和"Scan"的参数，开始测量。

5）结果分析：对比农药标样和原药的红外光谱图，判断主要官能团和分子骨架的各吸收峰的吸收位置和强度是否吻合，对原药样品的结构进行定性鉴定。

2. 农药原药的理化性质的测定 农药原药作为一种农用化工产品，其质量控制指标包括其相关的物理化学性能指标，即需要对其相关的物理性能进行测定，主要包括原药的酸碱度（pH）、熔点、沸点、溶解度、辛醇-水分配系数、密度、折射率、腐蚀性、爆炸性、闪点等。

另外，原药的爆炸性测定部分，热敏感性按 GB/T 21578—2008《危险品 克南试验方法》进行，测定撞击感度按 GB/T 21567—2008《爆炸品撞击感度试验方法》进行，测定摩擦感度按 GB/T 21566—2008《爆炸品摩擦感度试验方法》进行。饱和蒸气压的测定采用 GB/T 22052—2008《用液体蒸气压力计测定液体的蒸气压力和温度关系及初始分解温度的方法》、GB/T 22228—2008《工业用化学品 固体及液体的蒸气压在 10^{-1}Pa 至 10^5Pa 范围内的测定 静态法》、GB/T 22229—2008《工业用化学品 固体及液体的蒸气压在 10^{-3}Pa 至 1Pa 范围内的测定 蒸气压平衡法》。

（1）农药外观的测定

1）实验目的：学习农药外观（包括颜色、物理性状和气味）的测定方法。

2）实验原理：农药外观试验包括颜色、物理性状和气味的测定。颜色和物理形状试验是在日光或其他没有色彩偏差的人造光线下对被试物进行视觉观察，给出定性描述。气味试验在没有环境气味干扰的情况下对样品进行评价。

色度，即与同等亮度的灰色间的差异，也就是认知色彩的饱和度。

色调，即认知色彩在日光色谱中的位置，也就是红、黄、绿、蓝等不同颜色。

亮度，即物品所发出光线的明暗度。

3）实验材料。

标样：原药。

4）实验操作步骤。

A. 颜色测定：对于不透明的物质，取一定量被试物置于白色背景下，对样品的色度、色调和亮度进行评价，给出诸如"褐色""浅黄"的定性描述。对于透明液体，取适量被试物于无色透明玻璃试管或比色管中，对样品的色度、色调和亮度进行评价，给出诸如"褐色""浅黄"的定性描述。

B. 物理状态测定：取一定量被测试物置于白色背景上，对样品进行评价，给出诸如"固体""颗粒""半固体""晶状固体""无定形固体""固液混合物""液体""乳液""透明液体"和"粉末"等的定性描述。

C. 气味测定：取一定量被试物于适当容器中，对样品进行评价，给出诸如"蒜味""含硫化合物的气味"和"芳香化合物的气味"等的定性描述。

5) 结果分析：应描述采用的试验方法，以及试验温度、相对湿度、选用的试剂或标准物质、仪器、试液浓度等实验条件。在此前提下，对颜色、物理状态和气味给出定性描述。

（2）原药稳定性

1) 实验目的：学习农药原药（含母药）的热稳定性和对金属/金属离子的化学稳定性的测定方法和结果评价要求。

2) 实验原理：农药热稳定性可采用差热分析法（DTA）或热重分析法（TGA）进行测定。

金属/金属离子的化学稳定性是指在农药原药与金属或金属离子共存条件下农药原药的化学稳定性。

3) 实验材料。

标样：原药。

4) 实验操作步骤。

A. DTA 法。

a. 仪器：差热分析仪。基本参数：量程，±2000μV；温度范围，室温至 850℃；升温速率，0~100℃/min；温度精度，0.1℃。

b. 测试要求：可用不同种类的样品容器，如敞口或密封玻璃试管、金属盘。敞口样品容器仅适用于有氧条件下的测定，试验气体为氮气和空气。试验气体为空气时，样品应在敞口容器中。

选择一种在试验温度范围内不发生变化的惰性参照物，参照物与样品的热导性与热容应近似相等。氧化铝是在大多数情况下都可以使用的惰性物质。

c. 测试步骤：将 5~50mg 的样品密封在样品容器中，加热速率控制在 2~20℃/min。

① 常压 DTA：首先记录该物质在正常气压下的 DTA 图。如果在室温和 150℃之间发生热效应，即有一个吸收峰或放热峰，应按下述程序进行操作。

当该峰是由于放热反应所引起的，则确定为分解反应。

当该峰是由于吸热反应所引起的，则应将与峰对应的温度与该物质的熔点进行比较。如果该峰源于与该物质熔点无关的吸热反应，则要按照下一步（加压 DTA）操作。

② 加压 DTA：在较高的压力 $[(1 \times 10^6) \sim (5 \times 10^6)$ Pa$]$ 下或在密封的样品容器内重复进行 DTA 试验。如果该峰偏移是较高温度所致，如果吸热效应不是源于融化或蒸发，则按照下一步（循环 DTA）操作。

③ 循环 DTA：围绕峰温度重复循环加热，如果峰消失，则确定为发生了化学变化。

B. TGA 法。

a. 仪器：热重分析仪。基本参数：温度 20~1000℃；升温或降温速率 0~100℃/min；称量范围 0~2000mg；真空度可达 2~10mbar（1bar=10^5Pa）。

b. 测试要求：试验所用的气体常为氮气和空气，测试氧化稳定性时应选择空气作为试验气体。

c. 测试条件：将 10~500mg 的样品置于氮气和空气中加热。加热速率应在 2~20℃/min，将样品由室温加热至 150℃。

d. TGA 测试：如果质量的损失并非被测物挥发所致，则确定试验样品存在着分解反应；

如果在低于 150℃时观察到分解作用，则可由等温测定确定分解速率。

C. 对金属/金属离子的化学稳定性试验。

a. 仪器：恒温箱，控温精度为 ±1℃。

b. 测定：称取样品约 10g（精确至 0.01g），分别加入适量（精确至 0.01g，根据样品的实际包装容器模拟而定）的两种金属及其金属离子盐（如铁粉和乙酸亚铁、铝粉和乙酸铅），研细混匀后，进行测定，并计算被试物的质量分数（X_0）。将混匀后的试样放入干净的安瓿瓶中，将安瓿瓶于冰浴中冷却，用酒精喷灯封口。将封好的安瓿瓶放入金属容器内，再将该容器放入（54±2）℃恒温箱中贮存 14d。通常在室温和（54±2）℃条件下分别进行 14d 试验，在试验期间的第 1 天、第 2 天、第 7 天、第 14 天取样，分别测定被试物质质量分数（X_1），分别与储存前样品（0d）进行比较，并计算分解率。

c. 结果计算：试样的分解率按式（4-2）计算。

$$X = \frac{X_0 - X_1}{X_0} \times 100\% \tag{4-2}$$

式中，X 为试样的分解率（%）；X_0 为试样储存前的质量分数（%）；X_1 为试样储存后的质量分数（%）。

计算结果表示至两位小数。

5）结果分析：应对实验结果进行分析并给出结论。如果热稳定性试验中采用 DTA 或 TGA 法，低于 150℃时未发现分解或化学变化，则认为被测物质在室温下是稳定的，与金属/金属离子的化学稳定性试验中，经过热储后有效成分分析结果分解率低于 5% 时，则认为被测物质与该金属/金属离子混存在室温下是稳定的。

（3）农药酸度的测定（pH 计法和酸含量法）　农药的酸碱度是指农药原药或制剂中含有的游离酸或游离碱的数量，或其 H^+ 浓度。酸度既是原药的质量指标，也是制剂的质量指标。

农药原药酸度的表示方法有 pH 法、H^+ 含量法。其测定方法有常规酸碱测定法和 pH 计法，相应的，其酸度可以以酸含量和 pH 表示。

1）实验目的：熟悉农药原药 pH 的测定方法，熟悉酸度计的使用方法。

2）农药 pH 测定。

A. 原理：以 mol/L 表示的 H^+ 活度的负对数值为水溶液的 pH。农药酸度可以直接用农药溶液的 pH 表示，即利用溶液中 H^+ 活度与玻璃电极之间电极电位的对数关系，用 pH 计直接读出 pH。这里介绍 GB/T 1601—1993 中的测定方法。

B. 试剂和溶液：水，新煮沸并冷却至室温的蒸馏水，pH 为 6~8；酒石酸氢钾（分析纯）、四硼酸钠（分析纯）、饱和酒石酸氢钾溶液，取过量的酒石酸氢钾溶液溶于蒸馏水中，剧烈搅拌，静置沉淀后便可使用，四硼酸钠标准溶液（0.01mol/L $Na_2B_4O_7 \cdot 10H_2O$），取 3.81g $Na_2B_4O_7 \cdot 10H_2O$ 溶解于 1L 容量瓶中，用蒸馏水稀释至刻度。

标准溶液的 pH 随温度变化情况如表 4-2 所示。

表 4-2　两种缓冲液在不同温度下的 pH

温度/℃	饱和酒石酸氢钾溶液	四硼酸钠标准溶液	温度/℃	饱和酒石酸氢钾溶液	四硼酸钠标准溶液
0	—	9.46	30	3.55	9.14
10	—	9.33	40	3.54	9.07
20	—	9.22	50	3.55	9.01
25	3.56	9.18	60	3.57	8.96

注：也可使用 0.05mol/L 苯二甲酸氢钾溶液作为 pH4.0 的标准溶液（参考 GB/T 1601—1993）

C. 仪器及校正：pH 计需要有温度补偿、温度标准或温度校正图表。使用前，玻璃电极需要在蒸馏水中浸泡 24h。饱和甘汞电极的室腔中需注满饱和 KCl 溶液，并保证在任何温度下都有少量的 KCl 晶体存在。

使用时，首先将指针调至零点，然后把电极放入标准溶液中，将仪器指针调到该温度下标准溶液的 pH 读数位置，重复进行几次，当标准溶液的读数不变时，此仪器即可使用。如指针指示位置变动较大，则证明此仪器有缺陷，必须进行检查，直到符合以上要求时才能使用。

校正仪器时，使用的标准溶液应尽量接近待测物 pH，如连续使用的时间较长，零点有改变时，应重新标定零点，并重新用标准溶液对仪器进行校正。

D. 测定：称取 1g 样品于 100mL 烧杯中，加入 100mL 水，剧烈搅拌 1min，静置 1min。将冲洗干净的玻璃电极和饱和甘汞电极插入溶液中，测定其 pH。每个样品溶液至少平行测定两次，测定结果的绝对差值应小于 0.1，取其算术平均值为该样品的 pH。

3）农药酸含量的测定。

A. 酸碱滴定指示剂法。

a. 原理：农药原药有效成分大多是有机化合物，水溶性较差，而酸碱滴定要在水中进行，因此选择丙酮作为溶剂，溶解样品后用水稀释，再进行测定。

b. 试剂和溶液：丙酮，化学纯；氢氧化钠，分析纯，0.02mol/L 标准溶液，配好后需要标定；盐酸，分析纯，0.02mol/L 标准溶液，配好后需要标定；甲基红，0.2% 溶液；酚酞指示液，0.1% 溶液。

c. 仪器和设备：酸式滴定管、碱式滴定管。

d. 测定：准确称取 10g 试样（精确至 0.0002g，如果酸度、碱度过大，可酌量降低样品称样量）置于 250mL 锥形瓶中，加入 25mL 丙酮，温热（必要时），加 75mL 蒸馏水，剧烈摇动后在必要时过滤（或者将悬浮液离心 10min，并轻轻倒出上层溶液，待测）收集滤液，用 pH 试纸估测溶液的 pH。如滤液呈酸性，加入甲基红指示剂 4～5 滴，立即用标准氢氧化钠滴定溶液滴定至由红色变为黄色为终点；如滤液呈碱性，加入酚酞指示剂 4～5 滴，立即用标准盐酸滴定溶液滴定至由红色变为无色为终点。同时取用 25mL 丙酮和 75mL 蒸馏水，以氢氧化钠标准滴定溶液滴定，做一试剂空白测定（如空白溶液呈酸性，用标准氢氧化钠滴定溶液滴定至甲基红由红色变为黄色为终点；如空白溶液呈碱性，用标准盐酸溶液滴定至酚酞由红色变为无色为终点）。

e. 结果计算：如果消耗少量的碱，其酸度根据式（4-3）、式（4-4）计算。

$$酸度（H_2SO_4）= \frac{c_1(V_1-V_2)\times 0.049}{m}\times 100\% \qquad (4\text{-}3)$$

$$酸度（HCl）= \frac{c_1(V_1-V_2)\times 0.036\,46}{m}\times 100\% \qquad (4\text{-}4)$$

如果消耗少量的酸，则按式（4-5）、式（4-6）计算。

$$酸度（H_2SO_4）= \frac{c_2(V_1+V_3)\times 0.049}{m}\times 100\% \qquad (4\text{-}5)$$

$$酸度（HCl）= \frac{c_2(V_1+V_3)\times 0.036\,46}{m}\times 100\% \qquad (4\text{-}6)$$

式中，c_1 为 NaOH 标准溶液的浓度（mol/L）；c_2 为盐酸标准溶液的浓度（mol/L）；V_1 为滴定样品时消耗 NaOH 标准溶液的体积（mL）；V_2 为滴定空白溶液时消耗 NaOH 标准溶液的体积（mL）；V_3 为滴定空白溶液时消耗盐酸标准溶液的体积（mL）；m 为样品的质量（g）；0.049 为

1/2 个硫酸分子的摩尔质量（kg/mol）；0.036 46 为盐酸分子的摩尔质量（kg/mol）。

计算结果表示至两位小数。

两次平行测定值相对差应不大于30%。

B．电位滴定法。

a．原理：采用电位滴定仪和pH计装置，用标准酸或碱溶液滴定的方法来测定碱度或酸度。

b．试剂和溶液：乙酸溶液，2mol/L，按GB/T 603—2002配制；氢氧化钠水溶液，1mol/L，按GB/T603—2002配制；丙酮，分析纯；缓冲液，混合100mL乙酸溶液和100mL氢氧化钠溶液到1000mL容量瓶中，用去离子水定容至刻度，摇匀，同时取50mL丙酮和5mL上述缓冲液的混合物，测定其20℃时pH，作为等电点时的pH；氢氧化钠标准滴定溶液按GB/T603—2002配制；盐酸标准滴定溶液，c（HCl）＝0.02mol/L，按GB/T601—2002配制。

c．仪器设备：电位滴定仪、pH计、玻璃砂芯坩埚、布氏漏斗。

d．测定。

原药：安装好滴定装置后，称取10g样品（精确至0.0002g，如果酸度、碱度过大，可酌量降低样品称样量）和50mL丙酮置于烧杯中，加入50mL（如样品需要更多的溶剂溶解，为防止在滴定过程中出现沉淀，可用100mL丙酮和10mL水溶解）蒸馏水，并放入搅拌转子，将烧杯放入磁力搅拌器上，用标准氢氧化钠溶液滴定样品至上述丙酮和缓冲液混合物的pH时为终点。

e．结果计算：试样中酸度X_1（%）按式（4-7）计算。

$$X_1 = \frac{c_1 V_1 \times M_1}{M \times 1000} \times 100\% \quad (4\text{-}7)$$

式中，X_1为试样的酸度，以H_2SO_4计（%）；c_1为氢氧化钠标准滴定溶液的实际浓度（mol/L）；V_1为滴定试样时消耗的氢氧化钠标准溶液的体积（mL）；M为试样的质量（g）；M_1为1/2硫酸的摩尔质量的数值，M_1＝49.04（g/mol）。

试样中碱度X_2（%）按式（4-8）计算。

$$X_2 = \frac{c_1 V_1 \times M_2}{M \times 1000} \times 100\% \quad (4\text{-}8)$$

式中，X_2为试样的碱度，以NaOH计（%）；c_1为盐酸标准滴定溶液的实际浓度（mol/L）；V_1为滴定试样时消耗的盐酸标准溶液的体积（mol/L）；M为试样的质量（g）；M_2为氢氧化钠的摩尔质量的数值，M_2＝40.01（g/mol）。

两次平行测定之相对差，应不大于30%。

注：测定酸度时，样品的称取量由样品含酸量决定。一般含酸量0.1%以下的，可取样5～10g；含酸量为0.1%～1%的，可取样2g左右；含酸量1%以上的，可取样1g。

对于农药原药的熔点、沸点、爆炸性、闪点、燃点、氧化性、腐蚀性、比旋光度等参数的测定方法，请参照中华人民共和国农药行业标准NY/T 1860—2010《农药理化性质测定试验导则》系列标准测定。

第二节 农药助剂

农药的使用是人类防治农林病、虫、草、鼠和病媒害虫的重要手段，现在已广泛应用于农业生产的产前至产后的全过程，是重要的农业生产资料。

生产中，除极少数的农药品种可直接施用原药（油）外，绝大多数农药原药必须经过加工制成适合不同场合应用的商品形态才有施用价值。在原药中加入适当的辅助剂，制成便于施用的形态，这一过程称为农药加工。加工后的农药形态称为农药剂型（pesticide formulation）。一种剂型可以制成不同含量和不同用途的产品，这些产品统称为农药制剂（pesticide preparation）。

农药助剂是伴随着农药制剂加工和应用发展起来的，是农药加工制剂和应用中使用的除农药有效成分外的其他辅助物的总称，主要有配方助剂（formulation）和喷雾助剂（spray additive）两大类，统称为农药助剂。

农药助剂的概念应包括两个基本的含义：其一，在农药剂型配方设计和生产中，除了原药有效成分之外，还包括配方中的所有其他组成成分，无论这些组成成分是否保留在最终产品之中。广义的配方助剂，可以包括制剂加工工艺所需的辅助材料，如润滑剂、防尘剂、抗静电剂等。其二，农户使用农药制剂时，为了满足各种应用技术条件及安全需要添加的其他辅助材料，目前主要是各类喷雾施药用的喷雾助剂，习惯上暂不包括常用的稀释剂如水等。

随着农药产品向绿色、安全、高效、环境友好方向发展及我国农药出口的迅速增长，水性化、颗粒状等安全环保型农药新剂型发展迅速，水分散颗粒剂、片剂、微乳剂、水乳剂、悬浮剂、控制释放微胶囊等在我国得到迅速发展，传统农药助剂的品种和质量都难以满足新剂型的要求。同时开发了高分子聚羧酸盐、高性能萘磺酸盐、嵌段聚醚、琥珀酸接枝磺酸盐、松香磺酸盐、高磺化度木质素磺酸盐、有机硅等一批农药水基化环保剂型表面活性剂和替代苯类溶剂的绿色产品，为替代进口助剂产品，加速我国农药产品向环保型转化起到了积极作用。

一、助剂的种类与应用

（一）助剂的种类

助剂的种类包括防漂移剂、防尘剂、药害减轻剂、消泡剂、起泡剂和警戒色素等。

农药新剂型和应用技术的需要，促进了农药助剂科学的发展。新型助剂的开发和应用使助剂的概念不断扩大和更新。例如，20世纪80年代农药悬浮剂的大发展引入了专用的助剂触变剂、增黏（稠）剂等。

从毒理和环保的观念，美国环境保护署（EPA）将目前用的1200余种助剂分为4类加以管理：第一类，高毒性化学品（57种）；第二类，应重点进行试验并补充一些资料（62种）；第三类，拟在以后进行复查（800种）；第四类，目前认为问题不大的（300种）。这里，作者特别推荐农药助剂的表面活性剂分类法，将现有的助剂分为表面活性剂（包括天然的和合成的）和非表面活性剂两大类。一方面，因为目前主要的农药助剂类型中，相当大部分是属于表面活性剂或者以表面活性剂为基础的复合物；另一方面，是表面活性剂分类法在实用上和理论上都有较成熟的基础，在理解和阐明助剂的作用机制、内在联系及指导新型助剂开发都有现实意义。按此法分类，属于或基本属于表面活性剂类的农药助剂有分散剂、乳化剂、润湿剂、渗透剂、展着剂、黏着剂、掺和剂、防漂移剂、发泡剂、消泡剂、增稠剂、触变剂、稳定剂、抗凝聚剂等。属于或基本属于非表面活性剂类的农药助剂有稀释剂、溶剂、助溶剂、载体、填料、防静电剂、抗结块剂、药害减轻剂、抗冻剂、pH调节剂、推进剂和增效剂等。

我国农药助剂的发展是从乳化剂研究、开发开始的。目前我国乳化剂生产企业生产各类乳化剂单体与复配型乳化剂100多种，年产量超过3万t，满足了国内乳油生产的需要，并有少量出口。农药乳化剂有非离子、阴离子、阳离子和两性离子表面活性剂等四大类，最常用的则是非离子、阴离子或非离子和阴离子混合物。主要类型有烷基酚聚氧乙烯［辛基酚聚氧乙烯醚（OP）、壬基酚聚氧乙烯醚（NP）］、苄基酚聚氧乙烯醚［二、三苄基酚聚氧乙烯醚

（BP）、二苄基异丙苯基酚聚氧乙烯醚（BC）]、苯乙烯基酚聚氧乙烯醚（农乳600、农乳BS、农乳1601和1602、宁乳32号）、烷基酚聚氧乙烯醚甲醛缩合物（农乳700号、宁乳36号）、蓖麻油聚氧乙烯醚（BY）、脂肪醇聚氧乙烯醚（农乳200号）、脂肪醇聚氧乙烯酯、多元醇脂肪酸酯及其环氧乙烷加成物（Span、Tween系列）等非离子型表面活性剂，以及烷基苯磺酸盐[农乳500号、十二烷基苯磺酸钙（DBS-Ca）]、脂肪醇聚氧乙烯醚硫酸盐（AES）等阴离子型表面活性剂。其主要用作农药乳油、微乳、水乳、悬乳剂等乳液体系的乳化和分散。

我国农药剂型加工中使用的分散剂、润湿剂已由过去使用的茶枯粉、皂角粉、无患子粉、蚕沙和洗衣粉等发展到以合成高性能表面活性剂为主。分散剂是农药可湿性粉剂、悬浮剂、水分散剂、片剂、悬浮剂等剂型加工中的重要组分之一，主要作用是保持分散体系的悬浮和分散稳定性，防止体系中粒子间的聚集。阴离子的萘磺酸盐[苄基萘磺酸甲醛缩合物（CNF）]、亚甲基二萘磺酸钠（NNO）、木质素磺酸盐、烷基苯磺酸盐、烷基酚聚氧乙烯醚甲醛缩合物硫酸盐（SOPA）、高分子聚羧酸盐等，以及非离子的烷基酚聚氧乙烯醚、环氧乙烷环氧丙烷嵌段聚醚、有机磷酸酯等表面活性剂是农药加工常用的分散剂。

润湿剂的作用主要是降低固液界面张力以增加药液在有害生物或植株体等表面的润湿和接触。渗透剂则增加药液对处理对象的表面渗透，促进其吸收。烷基酚聚氧乙烯醚、脂肪醇聚氧乙烯醚、脂肪酸或脂肪酸酯硫酸盐、烷基萘磺酸钠、烷基苯磺酸盐、烷基硫酸盐和木质素磺酸钠等都是常用的润湿剂，主要在农药水剂、水乳剂、乳油、可湿性粉剂、水分散粒剂、片剂、悬浮剂等剂型中使用。

大部分表面活性剂既可作为分散剂、乳化剂，又是很好的润湿剂和渗透剂。经过几十年的努力，我国已经开发出一系列用于乳油、可湿性粉剂、水剂、悬浮剂等制剂的乳化剂、分散剂、润湿剂、渗透剂、增效剂、增稠剂、成膜剂等助剂，基本可以满足目前乳油、可湿性粉剂、悬浮剂等生产加工的需求。

（二）助剂的作用

农药助剂中最主要的几大类几乎都是典型表面活性剂或者是以它们为基础的复配物，在农药助剂中，农用表面活性剂占有特殊地位。一般助剂有效成分即指所含表面活性剂。现市售农药乳化剂，含有50%～100%乳化剂单体。这些乳化剂单体皆为农用表面活性剂，其余为溶剂等其他助剂组分。农药乳化剂的功能主要由这些乳化剂提供。它们是决定性能和用途的关键组分。其他农药助剂如分散剂、润湿剂、渗透剂、展着剂和悬浮助剂等，也有类似情形。

事实上，农用表面活性剂是表面活性剂的重要应用之一。据调研报告，国产表面活性剂应用到农药领域所占的比例在10%左右，农用表面活性剂占世界工业表面活性剂比例的4%～5%。表面活性剂（surface active agent 或 surfactant，SAA）是为数很大的一类化合物。1976年登记注册的3180种产品，近2000种有标准红外谱图。SAA特殊的化学结构，使它具有一系列物理化学、胶体化学和界面化学性质及派生性质。因而，在人类生产和生活的各个领域中，几乎没有一个行业部门是完全不用SAA的。农药用SAA在农药制剂加工中的主要作用和用途如表4-3所示。

表4-3　农药用表面活性剂的主要作用和用途

表面活性剂的主要作用	表面活性剂的主要用途	表面活性剂的主要作用	表面活性剂的主要用途
润湿、浸透	润湿剂、浸透剂、喷雾助剂	起泡、消泡	起泡剂、消泡剂
分散	分散剂、悬浮剂助剂	增溶	增溶剂等
乳化	乳化剂		

1. 润湿、渗透作用 化学农药加工和使用中需要助剂起润湿、渗透作用。其主要包括：①农药制剂加工如可湿性粉剂、可溶性粉剂、固体乳剂、水悬剂、油悬剂、干悬浮剂和水分散粒剂；②固体制剂以液体形式施用；③农药喷雾液的施用对象是重蜡质作物叶面、杂草、害虫体等。

通常，人们把固体表面被液体覆盖的过程称为润湿。表面活性剂的润湿作用是指其溶液以固液界面代替被处理对象原来的固-气界面的过程。取代的推动力是表面活性剂降低了表（界）面张力的结果。因此，表面活性剂溶液的润湿能力除自身结构因素外，还与固-液界面的界面张力有关。界面张力小，即界面张力降低愈多，固体表面愈易被润湿。从某种意义上，表面活性剂降低界面张力的能力可以从润湿程度快慢得到反映。

关于液体润湿固体表面的能力，除农药工业外，还有诸如纺织、纤维、印染、涂料、化妆品、矿业、建筑、造纸、感光材料等部门都非常关心。从能量观点，润湿乃是固体表面吸附的气体分子被液体分子取代的现象。这种取代过程总是伴随着体系的自由能降低。因此，严格地讲，凡是液固两相接触后，体系的自由能降低即润湿。药液在被处理对象（作物或害虫）体表上展布。取代其表面上的气体分子，正是药液润湿作用的表现。这种药液的润湿作用通常是通过药液中助剂的润湿作用来完成的。如果药液中缺少这种助剂作用，就无法润湿被处理对象，很难保证药效充分发挥。如没有适当润湿剂的可湿性粉剂，在用水稀释时就很难润湿，往往会浮在水面。因为水的表面张力足以支持这些粉粒漂浮在水面上，这种可湿性粉剂不是好的制剂。影响表面活性剂润湿或渗透作用的因素较多，如表面活性剂的结构，一般来说，分子质量小的比分子质量大的润湿性好，亲油基带支链的比不带支链的好，亲水基位置靠近亲油基中间的比靠近末端的好。除以上情况外，表面活性剂在液体中的浓度，液体本身的温度、黏度，液体中电解质的多少及被润湿的固体表面的粗糙程度等都对表面活性剂的润湿和渗透有影响。

通过电子显微镜可以清楚地看到许多作物叶茎表面、害虫体表常有一层疏水性很强的蜡质层，水很难润湿。而且大多数化学农药本身难溶或不溶于水。所以农药加工和应用中有必要使用表面活性剂作润湿剂、渗透剂和展着剂等。用它们来减小被处理对象与药液间的界面张力，加强农药液滴的润湿、渗透和展布作用，以便更好地发挥药效。

表面活性剂的渗透作用有时又称浸透作用，是指能增强药液进入物质内部的能力和穿过表层的能力。和润湿作用一样，也是通过液体在固体表面上的行为来考察的。有几类农药助剂如润湿剂、渗透剂、展着剂等，渗透作用是一项基本性能指标。

目前尚未发现农药用表面活性剂的渗透性与其表面活性的直接关系，但其与分子结构和定向吸附有关。

2. 分散作用 农药用表面活性剂的分散作用通常是指借助基本特性经一定的加工工艺促使不溶或难溶于水的固态或膏状物原药以细小微粒均匀地分散于水或其他液体中形成具有一定稳定性的水分散液或悬浮液的过程。

现代农业中用户实际使用的农药都是含有某些农药有效成分的分散体系，在制备这些分散体系时必须用分散剂。分散剂是农药助剂中最重要、最常用、用量最大的种类，这里简要说明其基本概念和一般特征。

分散剂是能降低分散体系中固体或液体微粒聚集的物质。在制备乳油和可湿性粉剂时，加入分散剂和悬浮剂易于形成分散液和悬浮液。分散作用是指产生分散体系的过程。有时专指将粉状固体物混合于液体介质内，最后形成以微粒状分布于整个介质中的产品的全过程。

农药制剂生产和应用中经常遇到分散问题，表4-4列出了目前的主要分散体系类型。其中悬浮液和乳状液两类分散体系在农药加工和应用中是农药用表面活性剂助剂分散作用讨论的重点。

表 4-4 农药剂型加工和应用中的分散系

分散相	连续相	分散系数类别	剂型实例
固体	液体	悬浮液	WP、DF、WG
液体	液体	乳状液	EC
液体	液体	溶液	AS、Oil solutions、静电喷雾剂
气体	液体	泡沫	泡沫喷雾

根据分散体的表面化学观点，以表面活性剂为分散助剂的分散过程由以下三步构成：①润湿，在表面活性剂存在下将固体的外部表面润湿，并从内部表面取代空气。②团簇的固体和凝集体的分裂，用机械能量（超微粉碎机、砂磨机等）将它们粉碎到所需要的尺寸，并让助剂润湿表面及其内部。这是制备水悬剂等液态分散体系所遇到的情形。制备可湿性粉剂等固态分散体系的情况有所不同，经常是将所有组分一块混合，然后再机械粉碎至所需尺寸和分布为止。只有当它们施用前用水稀释时，才进行第一步润湿，随后分裂、分散。这时粒子的电荷和表面张力作用变成重要因素，外加能量一般不是很多。③分散体形成、稳定和破坏同时发生。对悬浮液而言，破坏的主要因素是粒子间聚结、絮凝（一种不可逆絮凝）、沉降（分层和结块）和结晶生长等。

分散体系中，粒子间相互碰撞是不可避免的。为保持一定的稳定性，抗拒破坏过程，在粒子间需要一定的排斥力。粒子本身的电荷、颗粒上的吸附层或者它们两者的结合，就能提供这种排斥力。这些电荷和吸附层主要是由表面活性剂分子赋予的，这就是制备农药用分散体系需要分散剂的原理。

英国卜内门公司 Jealott Hill 研究站科学家深入研究水基悬浮剂的稳定性，一致强调高分子分散剂在提供粒子电荷和位阻障碍的重要作用，提出了采用强力分散剂来阻止粒子聚集和絮凝。认为最有效的分散剂是嵌段或接枝 A-B、A-B-A 或 B-A 型共聚物。此外，B 代表分子的"停锚"部分，具有必要的水不溶性和对粒子表面的强亲和性。A 代表起稳定作用的部分，具有必要的水溶性和被分散介质强烈地溶剂化。这实际上为开发这类制剂用的新型分散剂提供了一个模型。

农药用表面活性剂的分散性能和效力受多种因素影响，其中关键因素是自身化学结构和组成及被分散体系的性质。同一种表面活性剂在不同应用条件下表现出的分散性能不同，有时差别很大。例如，油酰 N- 甲基牛磺酸钠是一个应用广泛的助剂，已经有 40 余年的历史，用在合成纤维油剂中，对钙皂的悬浮能力比磺化脂肪酸高 4 倍，比长链芳烃石油磺酸盐高 9 倍，可是作为 75% 滴滴涕水悬剂助剂，却不如脂肪酸酯牛磺酸钠。用后者时，75% 滴滴涕水悬剂的稳定性更高，长达 14 个月之久。

3. 乳化作用   两种互不相溶的液体，如大多数农药原油或农药原药的有机溶液与水经过激烈搅拌，其中原油或原药的有机溶液以 0.05～50μm 直径的微粒分散在水中，这种现象称为乳化。由乳化作用得到的具有一定稳定度的油 - 水分散体系，叫做乳状液。其中被分散成微粒的液体原油或原药的溶液称为内相或分散相；另一部分液体（水）称为外相或连续相。

农药乳状液基本上分为两种类型：一种是水包油（O/W）型乳状液，此时油是分散相，水是连续相，这是化学农药乳状液的基本类型，农药乳油、浓乳剂、固体乳剂、微乳状液及某些水悬剂等施用时都是这种类型的乳状液，如图 4-2A 所示；另一种是油包水型（W/O 型）乳状液，此时水是分散相，油是连续相，如图 4-2B 所示。在农药反转型乳油中形成的就是这种乳状液。不过在实际施用时，有时仍然将这种 W/O 型转化为 O/W 型乳状液。这是由选用适当的助剂配方和稀释条件来完成的，并且用在特定场合。反转型名称就是这样得来的。当然还有其他类型的乳状液,如多重型乳状液水悬剂。

经验表明,单纯用机械能量,如各种搅拌器、均化器、胶体磨等得到的乳状液是一个很不稳定的体系,一旦静置下来,油和水又明显地分开,它们间的接触面恢复到最小程度。这样制得的乳状液很难具有实用价值。所以实际上都要加入起乳化作用的表面活性剂来制备稳定的乳状液。表面活性剂(乳化剂)加入后,其亲水基朝向水相,亲油基朝向油相,在界面上定向排列,形成界面

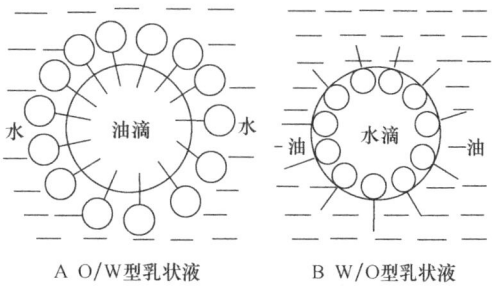

图 4-2 乳状液类型示意图

保护膜层,降低了界面张力。这不仅使乳化作用易于进行,而且已分散的油滴表面的乳化剂保护膜阻止了油滴重新聚集,从而使乳状液稳定性增加。这就是乳化剂的乳化作用。离子型乳化剂可以因电离使分散油滴带上相同电荷,阻止油滴相互靠拢。非离子型乳化剂虽不能电离,但绝大多数都有可与水发生氢键作用生成水化物的基团或亲水链节。同时农药用非离子乳化剂所生成的界面保护膜,尤其是与适当的阴离子型如烷基苯磺酸钙盐之类相配合时,形成的混合型乳化剂界面保护膜比较牢固,因此乳状液比较稳定。农药用的乳化剂大部分是复配型,使用较多的是非离子与十二烷基苯磺酸钙的非/阴复配乳化剂。

对指定的乳化对象,只要选用适当的乳化剂及配方,即使在没有专门乳化机械设备时,也能制得足够稳定的各种乳状液。农药乳油是我国最基本的加工剂型之一就是实例。

对农药用表面活性剂的乳化作用,常常通过制备农药乳状液的方法来考察和判断其优劣和实用性。实验表明乳状液外观与液珠大小有一定关系,如表 4-5 所示。

表 4-5 乳状液外观与液珠大小

乳状液外观	液珠大小 /μm	乳状液外观	液珠大小 /μm	乳状液外观	液珠大小 /μm
透明乳液	0.05	蓝色半透明	0.1~1	蓝色浓乳液	1~10
灰色半透明	0.05~0.1	蓝色荧光白色乳液	0.1~1	奶白色乳液	10~50

表 4-5 对研究农药乳化剂及其在配方中的应用颇有参考价值。乳状液外观在评定多种农药制剂的质量时,诸如乳油等,是一项重要的指标。乳状液的稳定性理论研究几十年来一直受到各国重视。

4. 增溶作用　　农药用表面活性剂的增溶作用有时又称为可溶化作用,是指某些物质在表面活性剂的作用下,在溶剂中的溶解度显著增加的现象。具有增溶作用的表面活性剂称为增溶剂。可溶化的液体或固体称为被增溶物。在农药加工制剂中,增溶剂是农药用表面活性剂和它们的复合物,被增溶物是农药有效成分和其他助剂组分。农药用表面活性剂能否呈现增溶作用,受到各种因素的限制,主要取决于其化学结构和浓度,以及被增溶物的性质及环境条件。从理论上讲,表面活性剂都具有增溶作用。但在现有农药制剂加工和施用条件下,只有一部分表面活性剂对一部分农药及其他配方组分表现出增溶作用,增溶效果也不相同。但有一个基本条件是增溶剂的浓度必须高于临界胶束浓度(critical micelle concentration,CMC)。原因是表面活性剂的增溶作用是建立在它的胶束结构和作用基础上,CMC 是形成胶束的起点,浓度高于 CMC 才可能形成各种胶束。胶束形成后,被增溶物的非极性部分可进入胶束内部,极性部分可处于胶束表面。极性较大的则与表面活性剂的亲水基结合。于是非极性物质则可溶解于胶束内部,从而增溶,如图 4-3 和图 4-4 所示。当然表面活性剂的增溶作用原理还有其他理论解释,增溶模

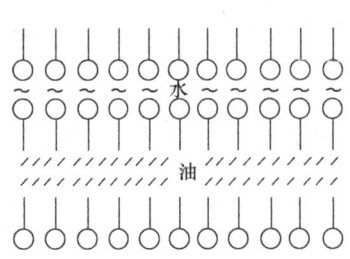

图 4-3　表面活性剂对油的乳化作用

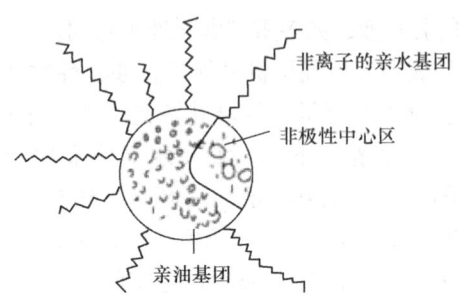

图 4-4　表面活性剂和球形胶束及增溶型

型和类型也不只这两种类别。

第一，表面活性剂增溶现象不同于一般溶解作用。增溶作用形成的是胶体溶液而不是分子溶液。物质溶解后，溶剂的某些性质如沸点、冰点、渗透压等将发生较大的变化。而在增溶作用时溶剂的这些性质很少受影响。

第二，表面活性剂的增溶能力各不相同，影响因素较多，但都有一定限度。当被增溶物超过胶束内部允许限量时，则会发生浑浊现象。有时要获得较好的增溶效果，增溶操作技术除了必要的环境条件如温度、pH、搅拌等外，还要注意组分加入的先后顺序。一般先将助剂和被溶化物混合，完全溶解，然后再加入溶剂稀释，这样效果较好。这种方法可用于制备某些农药微乳状液：一种高度稳定性的农药新型的分散体系。制备可溶化性的农药乳油常常也用此法。

第三，增溶作用和乳化作用相似，但又有所不同，有时很难严格区分开，特别是以用量较高的优质乳化剂制备农药乳油时，两种作用很可能都不同程度地存在。乳化作用形成的乳状液从化学热力学观点看是一个不稳定体系，时间长了终究要分层破乳的。只不过稳定性破坏时间长短不同而已。但增溶作用不同，产生的是胶体溶液，是一个更加稳定的分散体系。增溶是一个可逆的平衡过程，无论用什么方法达到平衡后的增溶结果，理论上是一样的。增溶时表面活性剂的胶束膨胀，球形胶束直径增大，层状胶束则层间距离变大。事实上当分散粒子的大小达到 0.05～0.1μm 甚至以下时，便形成了所谓的微乳状液，从外观上观察当乳状液变成透明或半透明的状态时，乳化作用和增溶作用都同时存在，分界线消失，产物的稳定性较高。

从理论上讲，表面活性剂的增溶作用对在农药剂型加工中选择最佳助剂系统具有重要意义，对开发具有优良增溶效果的乳化剂尤其有用。对给定的农药乳化系统或分散系统，增溶性越好，乳化性也越好。不但制剂的性能（特别是稀释性能）好，而且助剂用量较低，助剂的通用性往往也很好。

5. 起泡和消泡作用　起泡性是表面活性剂去污和洗涤作用的关键因素之一。但作为农药助剂，除少数特殊应用场合，如农药发泡喷雾技术、田间喷雾用泡沫标志剂及药械和容器的清洗，需要考虑洗涤性和起泡性以外，绝大多数场合是不希望农药用表面活性剂产生泡沫的。特别是在配方加工包装及田间稀释和施用时，起泡是不利的。所以许多制剂加工和施用时，要求助剂低泡，必要时还要加入消泡剂或抗泡剂。这是研究农药助剂起泡性和消泡性的客观需要。

泡沫是空气被包围在表面活性剂液膜中的一种现象，如图 4-5 所示。表面活性剂分子在气 - 液界面上形成定向吸附层（液膜），能使表面张力降低。当含有表面活性剂的某些液体如农药乳状液、悬浮液等被搅拌、振摇或受冲击

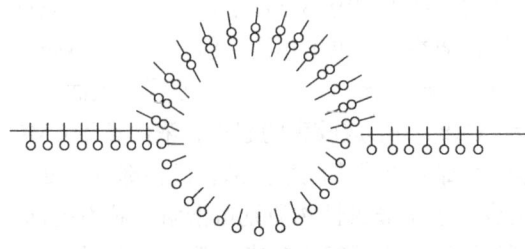

图 4-5　表面活性剂起泡作用示意图

时，就很容易产生泡沫。气泡比水轻，所以很快浮到液面上来，又吸附液面上的一层表面活性剂分子，形成双层表面活性剂分子膜包围的气泡，其疏水基都指向空气。这样的气泡稳定性较好而难以破坏。

表面活性剂的起泡能力和所形成泡沫的稳定性受多种因素支配，概括起来有如下两个方面：①表面活性剂类型，一般阴离子比非离子型起泡能力高；②阴离子型表面活性剂中烷基苯磺酸盐和脂肪酸钠的发泡能力与分子中碳链长短有关。在芳基磺酸盐中，含芳核数少的品种起泡性较好，如烷基苯磺酸钠就比萘磺酸钠或萘磺酸钠甲醛缩合物的起泡性高。非离子型表面活性剂的起泡性与加成的环氧乙烷数或环氧丙烷数有关。例如，一种重要的农药助剂壬基酚聚氧乙烯醚类，随环氧乙烷数的增加，其水溶液的发泡力相应提高（表4-6）。每种表面活性剂都有最低的发泡起始浓度，在低于临界胶束浓度时，泡沫密度与表面活性剂浓度成正比；高于羧甲基纤维素（CMC）浓度时，这种关系消失。

表4-6　0.1%壬基酚聚氧乙烯醚水溶液的起泡力（25℃）

物质	分子中EO（质量分数）/%	浊点/℃	泡沫高度/mm	
			开始时	5min
NPE-6	54	—	15	10
NPE-9	65	50	80	60
NPE-10	68	70	110	80
NPE-15	75	87	130	110
NPE-20	80	>100	120	110
NPE-30	86	>100	120	105
十二烷基苯磺酸钠			160	140
十二烷基硫酸钠			160	140
壬基酚聚氧乙烯醚硫酸盐			170	150

另外，溶液的黏度、温度、pH、机械作用方式等都对起泡性和泡沫稳定性有明显影响。

农药用表面活性剂的起泡性一般是采用Ross Miles法测定。农药用表面活性剂的起泡性和泡沫稳定性作用在农药应用上有一定用途。农药泡沫喷雾技术是一项较新的应用技术，对制剂的特殊要求之一是能获得充分的泡沫并具一定稳定性，以便在被处理对象表面上尽可能附着、展布药液，减少流失，减少对环境的污染。这种制剂的起泡性是通过起泡剂和泡沫稳定剂的联合作用来实现的。这时的泡沫实质上是作为农药有效成分的载体，用来控制喷雾方向，防止喷雾飞散和飘移。

农药制剂的加工和应用技术中常有消泡的要求，这由两方面来达到：一是选择起泡性低或不起泡的助剂；二是加入具有消泡或破泡性能的助剂——消泡剂或抗泡剂。但它们都要和表面活性剂的消泡作用相适应。实际上，表面活性剂的消泡作用和起泡作用是一个问题的两个方面。从分子结构组成性能——亲水亲油平衡值（HLB）观点，HLB值为1~3时，常作为消泡剂用，当HLB值为12~16时，则具有起泡性能。

此外，与农药助剂有关的表面活性剂的基本应用性能，除上述5点外，还有杀菌、防静电和化学稳定性能等。

（三）助剂在农药剂型加工中的应用

目前登记注册且商品化应用的农药剂型达100多种，最常见的剂型有乳油、可湿性粉剂、粉剂、颗粒剂等传统剂型,以及近期开发的水分散粒剂、水乳剂、微乳剂、悬浮剂和微胶囊剂等环保剂型。剂型配方中所涉及的表面活性剂、溶剂、填料和稳定剂等各类农药助剂有上千种。到目前为止,世界上主要农药助剂生产厂家已超过200家,每年农药助剂的销售额约20亿美元。美国、德国、日本、英国、法国和瑞士等国有20多个大型专业公司在从事农药表面活性剂及助剂生产,其在农药表面活性剂及助剂生产应用和开发研究方面处于国际领先地位。

我国农药助剂的发展是从乳化剂研究、开发开始的。目前乳化剂在我国主要起农药乳油、微乳、水乳、乳粉、悬乳剂等乳液体系的乳化和分散作用。我国农药剂型加工中使用的分散剂、润湿剂已发展到以合成高性能表面活性剂为主。润湿剂的作用主要是降低固液界面张力,增加药液在处理对象——有害生物或植物体等表面的润湿和接触。渗透剂则增加药液对处理对象表面的渗透,促进其吸收。大部分表面活性剂既可以作为分散剂、乳化剂,又是很好的润湿剂和渗透剂。

经过几十年的努力,我国已经开发出一系列用于乳油、可湿性粉剂、水剂、悬浮剂等制剂的乳化剂、分散剂、湿润剂,以及渗透剂、增效剂、增稠剂、成膜剂等助剂,基本可以满足目前农药乳油、可湿性粉剂、悬浮剂等大吨位品种生产加工的需求。随着农药产品向绿色、安全、高效、环境友好方向发展及我国农药出口的迅速增长,水性化、颗粒状等安全环保型农药新剂型发展迅速,水分散粒剂、片剂、微乳剂、水乳剂、悬浮剂、控制释放微胶囊等在我国得到迅速发展,围绕农药剂型发展这一趋势,世界农药助剂正朝着大分子质量、高效能、低用量、多功能、优质和价廉的方向发展。

1. 农药助剂在农药可湿性粉剂加工中的应用 可湿性粉剂主要由原药、分散剂、润湿剂、抗结块剂、填料等组成,由于粉尘污染严重,对其开发应用带来新的挑战,正在被悬浮剂、水分散粒剂等新剂型所替代。另外,高含量可湿性粉剂和绿色表面活性剂的使用、全密闭式生产工艺及可溶性包装的采用也是其新的发展趋势。

可湿性粉剂是农药加工制剂中历史悠久、技术比较成熟、使用方便的一种剂型,许多杀菌剂、除草剂和部分杀虫剂往往被加工成这种剂型。农药原药大多数为有机物,不溶于有机溶剂或溶解度很小,如果不加任何助剂,将原药直接吸附在载体上,加工后的制剂,润湿性就很差,加入水中后不易被水润湿而漂浮在水面上,不能形成可供喷雾的悬浮液。一般情况是将农药原药、润湿剂、分散剂、助悬剂和载体等混合物经超细粉碎机或气流粉碎机粉碎得到很细的农药制剂。其中润湿剂的主要功能是将固体农药的外部表面润湿,并从内部表面取代空气,克服表面张力的影响,使加工成的制剂倒入水中后能自然润湿下降,而不是悬浮在水的表面,其药液在喷雾过程中能使药液均匀地覆盖在施用作物和防治对象上,减少药液流失,最大程度地发挥药效,润湿性好则药效好。可湿性粉剂的悬浮液分散体系比较特殊,属于不稳定分散体系,由于粒子表面积大,表面自由能也大,如果不加分散剂,则粒子在多分子范德华引力的作用下很容易发生聚集而下沉,分散剂的功能是克服粒子间的互相聚集,将经过粉碎后的药剂中的粒子很好地分隔开,阻止其聚集现象的发生,进而使粉碎的农药颗粒在用水稀释后有保持悬浮一定时间的能力,维持悬浮分散体系的稳定,提高其悬浮率。分散性的好坏可从悬浮率的高低来衡量,悬浮率越高,表示分散性越好,反之则差。此外,还可通过加入水溶性的高分子物质作分散剂,如羧甲基纤维素、聚乙烯醇等以增加悬浮剂的黏度,进而减少粒子的沉降速率,在进行喷雾时可很好地黏附在植物和防治对象上,从而减少药液的流失,提高防治效果。随着新助剂的开发成功,可湿性粉剂的质量将会得到很大的提高。可湿性粉剂中常用的助剂有十二烷基硫酸钠、木质素磺酸钠、木质素磺酸钙、扩散剂 MF、分散剂 NNO、羧甲基纤维素、聚乙烯醇等。

2. 农药助剂在农药乳油加工中的应用 乳油的主要组成是原药、溶剂、乳化剂、稳定剂等。助剂是配制农药乳油剂型中不可缺少的主要成分之一，其主要作用是吸附在有机溶剂粒子周围，在乳状液的液滴表面形成一层强固的保护膜，使乳油以极微小的油珠均匀地分散在水中，形成相对稳定的乳状液，这不仅降低了制剂的表面张力和接触面，加速了药剂对作物的渗透性，增强了在植物体表或害虫体表的润湿、展布及附着能力，还使药液在叶面上的滞留量和滞留时间大大增加，从而加快作物对叶喷农药的吸收效率，提高了药效，减少了使用剂量。乳油制剂使用的方式一般是喷洒，这就要求所形成的雾滴不能过大或过小，以防止滑落或飘逸，影响在叶面上的黏附。适宜的助剂能赋予乳油必要的表面活性，可有效降低表面张力，产生较小的雾滴，且雾滴达到叶面上时形成小的接触角，使得雾滴在到达叶面后通常不会反弹，并具有渗透、黏着、湿润作用。因为液滴在叶面上的接触角越小，铺展的面积越大。在液滴蒸发后，沉积物应当能牢固地黏附在叶面上，不易被降水冲洗掉。乳油制剂中常用的助剂有农乳2201、农乳0201B、农乳0203B、农乳500#、农乳600#、农乳700#、农乳OX-653、农乳NP-15、农乳MOA-3和农乳OX-667等。但由于大量使用有机溶剂，尤其是苯类有毒有害溶剂被限用，高含量、无溶剂或使用绿色溶剂、增效剂是其发展方向之一，另外可以由水乳剂、微乳剂、微胶囊剂等新剂型所替代。大量使用的壬基酚聚氧乙烯醚类非离子乳化剂因其潜在的环境风险，在欧洲一些国家被禁用。脂肪醇聚氧乙烯醚、EO/PO嵌段聚醚等环保型助剂，直链烷烃类、植物油溶剂替代苯类溶剂，专用乳化剂和增溶剂的开发值得关注。

3. 农药助剂在农药悬浮剂加工中的应用 农药悬浮剂是以水为介质，通过砂磨粉碎，形成一种颗粒较细的高悬浮、能流动的液固态体系，具有在生产与使用中无粉尘飘逸、对人畜低毒、安全性较高、分散性好、悬浮率高、耐降水冲刷等特点，是一种环境相容性好的农药制剂。由于经过砂磨粉碎后的农药颗粒表面积增大，从而使这种体系存在着很大的界面和界面能，从热力学角度来看是不稳定的，它趋向于界面能减小，使原本分散的颗粒出现聚结、絮凝、奥氏熟化等现象，进而破坏制剂的稳定性。因此，在制备悬浮剂过程中，需要添加适当的助剂，一方面，它可以吸附于原药颗粒的表面，形成较密集的吸附层，以"位阻"的相互作用使粒子间相互排斥，从而使其均匀分散，形成一种颗粒细小的高悬浮、能流动的比较稳定的液固态体系，有助于砂磨；另一方面，可将不溶的有效成分置于助剂胶束中增溶，避免研磨过程中物料变得过于黏稠，甚至生成糊状物而无法使研磨继续进行，并能阻止农药粒子在贮藏期间再度聚集，保持良好的悬浮性能、分散性能、外观稳定性和低温稳定性。悬浮剂中所加的助剂主要为分散剂、乳化剂、增稠剂、防冻剂及消泡剂。在实际应用中，为了提高药效，可同时选用多种助剂品种，但必须考虑各助剂品种之间的合理配伍。在同一剂型中，不同的助剂种类会明显影响药剂的性能，如药剂与助剂不匹配时，会造成悬浮剂长期放置分层、结底严重和颗粒变大，从而使其悬浮率下降，影响叶面对药剂的吸收，这对那些茎叶处理型的农药尤为重要。悬浮剂中常用的助剂有木质素磺酸钠、木质素磺酸钙、扩散剂MF、分散剂NNO、农乳1601、吐温-20、司盘85、农乳OX-656、农乳OX-662和农乳0201B等。

4. 农药助剂在农药水分散粒剂加工中的应用 水分散粒剂的主要组成是原药、分散剂、润湿剂、崩解剂、黏结剂、填料、消泡剂等，因其无粉尘、颗粒状、贮存使用和包装方便等大受青睐。国外大部分品种都是采用湿法造粒，我国多为间歇式干法造粒，生产过程中的粉尘污染和工艺与设备配套问题应该引起重视。

5. 农药助剂在农药微乳剂、水乳剂加工中的应用 微乳剂、水乳剂均不同于乳油。水乳剂为多相体系，在形成乳剂的同时，其界面增大了很多，在贮存过程中，随着温度和时间的变化，油珠可能会逐渐长大直至破乳。通常人们通过加入乳化剂以降低制剂的界面张力，将油相乳化成微小油珠悬浮于水中，使制剂中油性活性成分与水形成一个相对稳定的乳状液，并能保持该制剂的一定黏度及低温稳定性。主要表现在，乳化剂在油珠表面有序排列成膜，极性一端向水，非极性一端向油，依靠空间阻隔和静电效应，使油珠不能合并和长大，从而使乳状液增强稳定性。而小的粒子在靶标表面上产生的接触角较佳，药剂更易于吸附在靶标表面，从而利于生物效力的发挥，并且较细的粒子也有助于产生抗降水冲刷性和在土壤中迅速降解。因此，用适宜的乳化剂配制的水乳剂、微乳剂不仅可增强生物活性，减少农药使用剂量，而且由于用微乳剂、水乳剂配制的乳状液进行喷洒时，雾滴的粒径比乳油大，$5\mu m$ 以下的粒子又很少，所喷洒的雾滴能迅速降落，停留在空气中的浓度比乳油低，从而减少了有效成分的飘逸，减轻了对环境的污染，对生态环境更为有益。例如，50% 的杀螟硫磷水乳剂对棉铃虫的毒力高于 50% 的杀螟硫磷乳油，二者的毒力比值为 1:3，即毒力大增，充分说明水乳剂在剂型方面比乳油剂型的毒力明显要低，对 SD 系大白鼠的急性毒性水乳剂比乳油低。

选用适宜的助剂，可使配制成的微乳剂、水乳剂样品在常温放置一定时间（一般为 2 年内）不会发生因液滴凝聚造成的浑浊、分层和结晶现象，各项技术指标符合标准要求。若助剂选择不当或用量不足，会影响样品在田间稀释的性能，造成分散性差，如成丝状、混合不均、容器残留量多等问题，从而导致使用不便，影响农药原药的生物活性，达不到预期的防治效果。所以说，助剂的选择是配方研究的关键。此外，配制微乳剂时添加助剂的量通常比配制乳油或水乳剂时的用量都要大，一般是乳油助剂用量的 2～5 倍，而助剂的用量多少与农药品种、纯度及配成制剂的浓度有关，适宜的助剂还可提高微乳剂的可溶化量，并能保证微乳剂在贮存期内保持外观透明或半透明，即使在冷热变化条件下，也不会发生不可逆相变，对提高其稳定性和实用性很有意义。

微乳剂中的助剂一般为非离子表面活性剂或非离子表面活性剂与阴离子表面活性剂复配成的复合型表面活性剂。通过改变表面活性剂中非离子与阴离子表面活性剂复配比例来调节亲水亲油性，扩大透明温度范围，使制剂中油性活性成分与水形成一稳定均相透明体系，在低温条件下能保持可逆状态。水乳剂中的助剂主要使用高分子质量的亲水性表面活性剂，一般为环氧乙烷、环氧丙烷嵌段共聚物，通过改变环氧乙烷、环氧丙烷数目的多少来调节亲油亲水性，使制剂中油性活性成分与水形成一相对稳定的乳状液，保持制剂具有一定的黏度，增加稳定性，保持低温稳定性。

微乳剂、水乳剂中常用的助剂有 OX-8503、OX-0507、OX-2501、Ox-2511、农乳 2201、农乳 5008、农乳 Sorpol 2678S、农乳 130、农乳 NP15、农乳 NP30、农乳 NP45、Marlophen DNP8 及浓乳 500#。

6. 农药助剂在农药水剂加工中的应用　　水剂由原药、水、防冻剂、表面活性剂和增效剂等组成，是配方组成最简单的农药剂型之一，数量不大，但产量可观，尤其是以草甘膦、百草枯水剂为代表。水剂是指在使用浓度下，有效成分能迅速分散而完全溶解于水中的一种剂型，其制剂由在常温下于水中有一定的溶解度或在水中溶解度小，但转变成盐后能溶于水中的固体原药与适量的助剂及水组成。要求水剂中所用的助剂应具有良好的相容性，它能使制剂中的有效成分在水中以分子或离子状态均匀分散在水中，因此更能充分发挥药效。制剂中所用的助剂大多数是非离子型助剂，或复合形式助剂，主要起分散、稳定和增强药液对生物靶标的润湿和黏着力的作用。水剂中常用的助剂有农乳 100 号、农乳 OX-638、农乳 OX-900、渗透剂 T 等。烷基糖苷、有机硅及各种特种成分的增效剂是其助剂研究的重点。

另外，种子处理剂中包衣或成膜剂的选择及新型控制释放微胶囊剂的研制等也是现在新型农药助剂和制剂关注的热点领域。

7. 农药助剂的安全性与管理　　面对全球严重的环境污染现象，环境保护已被世界各国广泛重视，并由此制定了许多非常严格的法律法规。随着《关于在国际贸易中对某些危险化学品和农药采用事先知情同意程序的鹿特丹公约》（Convention on International Prior Informed Consent Procedure for Certain Trade Hazardous Chemicals and Besticides in International Trade Rotterdam，简称鹿特丹公约或 PIC 公约）和《关于持久性有机污染物的斯德哥尔摩公约》（Stockholm Convention on Persistent Organic Pollutants，简称斯德哥尔摩公约或 POP'S 公约）的签署，针对农药的安全性和防止农药对环境污染的问题在近年来受到更为密切的关注。我国制定的环境保护法、水污染防治法、食品安全法（草案）、农药管理条例等法律、法规和环境标准中都有关于安全合理使用农药的规定，有禁产禁用或限产限用高毒和长残留农药，严格对农药企业进行环境影响评价和生产核准等要求。随着农药行业技术创新和环保剂型开发及配套助剂的迅速发展，加之对环境保护和食品安全管理力度的加大，农药助剂的安全性与管理问题也受到广泛重视。

欧美等发达国家对农药助剂的使用都制定了一些相关规定和管理措施。例如，欧洲一些国家明确规定在农药制剂中限用或禁用苯类有机溶剂、壬基酚聚氧乙烯醚类表面活性剂，严格控制挥发性有机污染物等。

到目前为止，最为详细的农药助剂管理文件则是美国环境保护署（Environmental Protection Agency, EPA）于 1978 年发布的农药助剂清单，在清单中将农药助剂归 4 类分别进行管理，要求提供相关登记所需资料，并根据进展情况，不断更新清单内容。

Ⅰ类助剂属于已经证实对人类健康和环境存在危害的助剂。涉及的化合物如苯胺、石棉纤维、氯仿、二甲基亚砜、苯酚、壬基酚等。主要涉及一些致癌物质、神经毒素和慢性毒性物质、损害生殖的物质、对环境有污染的物质等。此类助剂已不允许继续使用。若要登记含此类助剂的产品，需提供该物质没有安全威胁的详细资料。在加拿大，Ⅰ类助剂自 2002 年 12 月 31 日起已被限制销售，只有当登记者能够提供继续使用该助剂依然安全的资料或数据，或是使用该类助剂的替代品，才允许销售。到 2004 年 12 月 31 日，所有含有该类助剂的产品均不允许继续销售。

Ⅱ类助剂属于一些在结构上与Ⅰ类助剂结构类似，具有潜在毒性或有资料表明具有毒性的物质，共涉及 65 种化合物。美国 EPA 仍在对其资料进行评价，以确定是否有足够的数据将其划分在Ⅰ类或Ⅱ类助剂中。此类助剂大部分需要由美国国家认定的毒理机构或美国其他政府机构进行检测，由 EPA 对其资料进行评价。目前有些剂型中使用的甲苯、二甲苯、DMF、正己烷、环己烷、异佛尔酮和乙腈等溶剂类物质属于该类助剂。加拿大政府同样要求生产商提供支持使用Ⅱ类助剂的资料或提供不含Ⅱ类助剂的说明。

Ⅲ类助剂属于未知其毒性的化合物，涉及近 1100 种化合物，正在对其进行毒理学和生态学资料评估。若此类中有些化合物通过试验有足够的资料证实在目前的使用模式下不会产生负面影响的，可以归类到Ⅳ.B 类助剂中。目前尚没有资料证明此类助剂具有毒性或危害情况，但一旦发现问题随时需要补充资料。补交资料时，有可能要求提供与Ⅰ、Ⅱ类助剂相同的资料，以支持继续使用或重新注册。如Ⅲ类助剂出现任何新的引人注意的信息，将被立即要求提供适当的资料以支持其可被继续使用。农药助剂中使用的甲醇、丙酮、石油醚、DMSO、乙二醇、二乙胺、三乙胺、煤油、松节油、环氧大豆油、液体石蜡、DBS、木钠、木钙、十二烷基硫酸钠（K12）、NNO、EDTA、草酸、三聚磷酸钠、褐藻胶、脂肪酸、亮蓝、酸性红等属于该类助剂。

Ⅳ类助剂属于毒性很小或几乎无毒的助剂，又分为Ⅳ.A 类和Ⅳ.B 类。Ⅳ.A 类涉及 160 多种化合物，属于风险最小的一些物质，大都是一些惰性物质和一些食品添加剂类物质，如乙酸、植物油、玉米油、棉籽油、琼脂、黄原胶、阿拉伯胶、碳酸钙、高岭土、玉米芯等；Ⅳ.B 类助剂涉及近 150 种化合物，属于可能有一定毒性，但已有足够资料证实目前在农药中的使用方式不会对公众健康和环境安全造成不利影响的物质,如丙二醇、异丙醇、乙酸乙酯、聚乙烯醇、直链烷基聚氧乙烯醚、吐温系列、EO/PO嵌段聚醚等。

美国EPA根据不同类别助剂的毒性和风险,在农药产品登记时要求提供相应资料,只要有足够资料证明其助剂的使用方式和剂量不会对人、畜安全和环境造成不良影响的,才可以允许注册登记。

需要指出的是,以上4类助剂的分类不是一成不变的,随着对各种助剂安全评价工作的不断进行,随时可能被更新。尤其是Ⅳ类助剂,若发现有毒性问题,会被列入Ⅰ、Ⅱ类,若证实在一定条件下使用没有风险,则列入Ⅳ类。Ⅱ类助剂如果被发现有严重的毒性问题,会被重新列入Ⅰ类。1989年11月22日,美国EPA对农药助剂分类名单进行了调整。1990年8月17日公布了已登记的农药产品中的助剂名单。1995年7月7日,将清单中的部分Ⅲ类助剂重新归类为Ⅳ.B类。

为了进一步加强农药助剂管理,保障农产品质量安全,美国环境保护署于2007年开始,在对农药助剂分成4类管理的基础上,又将农药助剂分成可以用于食用农产品或农作物的、可以用于非食用农产品或农作物的助剂产品两大类,并且要求对所有用于食用农产品或农作物的助剂制定残留限量或豁免规定,并正式公布了可以用于食用农产品或农作物的助剂名单、用于食用农产品或农作物以外农药产品的助剂名单、可用于绿色食品上的助剂名单。

我国尚未对农药助剂管理提出具体规定和要求,但随着我国对农药管理的进一步加强和公众食品安全及环境保护意识的提高,尤其是我国农药产品国际贸易的迅速增长,对于农药助剂的安全性和助剂管理会提出新的要求。农药开发研究单位和相关生产企业应该及早关注农药助剂的安全性和管理动向,使用和开发质量稳定可靠、安全低毒、环境友好型的农药助剂和产品,以满足新的市场需求。

(四)助剂与制剂的质量

一般来说,农药制剂中除有效成分(活性化合物)以外所添加的各种成分均称为农药助剂。这些成分虽不具备农药活性,但可以改善农药制剂的物理和化学行为,借以提高对作物病、虫、草害的防治效应或使农药的活性得以充分地发挥。没有助剂的加入,农药就无法应用于农业生产。但众多的助剂并非都安全,有些添加剂的神经毒性很高,如四氯化碳、氯仿、二甲基亚砜等已禁用于溶剂或助溶剂;甲苯和氯苯等属潜在慢性毒剂,也已限用于农药制剂中。总之,只有植物油、一些醇类、酯类化合物和蜂蜡等对人类和环境不足以造成危害的物质在规定的条件下方可使用。这里论及的是专用于农药的表面活性剂和乳油用芳烃,这是涉我国农药助剂发展的核心部分。进入新世纪以来,节省资源、保护环境和实现可持续发展的理念已深入人心,并成为工农业发展的主导原则。

1. 农药助剂与乳油制剂的质量 乳油是占农药统治地位的剂型。按要求,甲胺磷等5种高毒杀虫剂将在2006年完成削减计划,除保留出口生产量外,国内应用将被禁止和限制。5种高毒杀虫剂主要以乳油用于农业,削减后,芳烃溶剂将下降约5×10^4t。烷基酚类非离子表面活性剂也将缩小市场。一些低毒有机磷杀虫剂如敌敌畏、辛硫磷、毒死蜱、乙酰甲胺磷等仍有约5×10^4t的产量,加上拟除虫菊酯类杀虫乳油和除草剂乙草胺等酰胺类、2,4-D等芳氧羧酸类的乳油生产,其芳烃类的消耗仍将在10×10^4t以上,不仅浪费了资源,也污染了环境。面对如此形势,乳油的替代工作将十分重要。其一是将中低浓度(2%~40%)改成高浓度生产;其二是将对水稳定的原药配成水基化制剂,如微囊剂、水乳(或水剂);其三是根据不同用途制成干性化的颗粒剂、粉粒剂、粉剂和可湿性粉剂。这无疑对专用助剂提出了新的需求。如同农药走向低剂量、高防效、高安全性一样，助剂也要求低量、高效、多功能，并有好的环境相容性，乳化剂用量必然减少。例如，敌敌畏和乙草胺等由40%改成80%，助剂自然减少一半。高含量制剂要保持喷施性能和提高防效，采用常规助剂就很难达到应有效果。如改成水乳剂，则制剂贮存的稳定性就十分重要，这就需要新的助剂加以配合。农药的创新需要制剂的创新，更需要专用助剂的创新。助剂创新也会带动制剂的创新。

2. 农药助剂与可湿性粉制剂的质量　　可湿性粉为主剂型之一，工艺成熟，加工形式简单方便，所用的助剂也不复杂，主要是一些非离子表面活性剂和磺酸盐类分散剂。可湿性粉的加工技术也是发展中的悬浮剂、可分散粒剂（包括泡腾片、崩解型粒剂）等的技术基础，仍将占据重要市场。现在存在的问题是可湿性粉的质量不高、悬浮率较低，易造成喷施不均，贮存时易结块，与乳油相比，活性成分的效能不能得到更好的发挥，虽然成本低，但浪费大，急待改进。当前改进的措施集中在提高悬浮率，提高有效成分的含量，从20%～40%提高到70%～80%。有些产品的研发已见成效，并实现产业化，如80%代森锰锌可湿性粉剂、80%特丁津可湿性粉剂等。这些高含量制剂除采用新粉碎设备外，必须有高效能的助剂配合，尤其是分散性和润湿性（展着性）优良的助剂。

3. 农药助剂与其他制剂的质量　　除上述两支柱制剂外，发展较快的是悬浮剂和水分散粒剂。这两种制剂均为湿式加工，可消除一些粉尘的危害，对生产者和使用者安全，防效也优于可湿性粉。但悬浮剂贮存稳定性不好，水分散粒剂成本高，两者对助剂的要求都比较苛刻，均需要一些新助剂进行新组合，以实现高稳定性、高分散性和高防效性。

4. 农药制剂对表面活性剂的要求　　从高效安全农药发展形势看，农药制剂的发展也必然高效安全，其助剂（表面活性剂）自然也要高效安全。虽然各国还没有像农药那样要求助剂进行安全性评价，但对助剂的环境行为已提出不少疑问，特别是烷基酚类乳化剂的应用已有限制举措。不只是担心对水的污染，更担心土壤中的致癌物质、神经毒素、损害生殖功能物质和某些激素等被活化而进入人体。因此，必须倡导低剂量、与环境相容性好的助剂的研发。在此提出一些要求供助剂界参考。

1）常规助剂精细化。借助于精细化，可减少用量。木质素磺酸盐是大量应用的分散剂，它的组分很复杂。众所周知，木质素磺酸盐类的分子质量、支链度和磺化值对它的性能有着重要的影响，国际上一些厂商均进行分级处理和改性，按不同要求制成不同牌号，选择使用，借以提高效能和降低用量，减轻对环境的压力。十二烷基苯磺酸盐，如将钙盐改成镁盐，将平均十二个碳用四聚丙烯代替，完全是十二烷基，其效能立即提高，并降低了用量。萘磺酸类如进行分级处理，将其相对分子质量、萘核数、磺酸位置等进行标准化，制成各种牌号也会收到同样效果。以此类推，将传统助剂的构型和特点全面进行梳理和改进，将会更好地适应高效能制剂的发展，使传统助剂的性能出现新的局面。尤其是原药的质量普遍提高，含量都在90%以上，大多数都在95%左右，已为助剂的选配提供了先决条件，如配以优质助剂，必将会使农药工业更加适应农业发展和环境保护的要求，至少是节省了资源。

2）研发新型助剂。在改造常规助剂的同时，适应农药的新发展，研发新型助剂，将会得到新市场。从国际形势看，农药专业助剂很多，比较集中的有两个方面：一是提高制剂质量，二是改善喷雾性能，如防漂移剂等。这样做的目的是一样的，在提高防治效果的同时，节省资源并保护环境。从国内看，有三类表面活性剂受到专业研究者的重视：一是聚羧酸，二是聚硅氧烷，三是改性天然产物。

A. 聚羧酸：一类高效多功能分散剂，水中可溶，在分散体系中，对有效成分和其他添加成分有着三维空间的保护和分散作用。广泛用于可分散粒剂、可湿性粉剂、干胶悬剂、悬浮剂和水乳剂等水基化和干性制剂中，用量为2%~3%，是当前发展高效安全、环境相容性好的制剂中不可多得的助剂。聚羧酸分散剂主要是聚丙烯酸类，包括它的钠盐和酯，以及与其他单体（苯乙烯、丁烯二酸及衍生物等）共聚的聚合体。

共聚物的链段结构是由多种形式组成的，总体呈梳形。可根据需要加以调整。聚合物的相对分子质量一般控制在6000~8000，同木质素、阴离子表面活性剂等具有良好的可混性。国内不饱和羧酸单体有许多可供选择，如甲基丙烯酸（酯）、丙烯酰胺等，可充分利用现有的高分子材料合成技术，很值得研发。此类分散剂能用于杀虫剂、杀菌剂、除草剂等各类有机农药，有很大的发展空间。

B. 聚硅氧烷：一种高效多功能展着剂，具有很高的铺展性，能在很低的剂量下（千分之一以下）将活性成分展着在叶面和作物体上，并对叶孔有很强的渗透性。不仅使喷雾用水量减少1/2~2/3甚至以上，又能抗雨水冲刷，并使活性成得以充分发挥，正如通常所说的，是"高效、绿色、环保"的剂型。早期曾用硅油作消泡剂（Silicon KM-SE等）。最先用作展着剂的是Silwet L-77，它是一种硅氧烷同甘油的聚合物。在世界上吨位最大的草甘膦制剂中广泛应用，节水增效，抑制飘移，功能卓著。目前，世界上大型助剂公司都在关注此类助剂的发展，并推出了不少新结构和品牌。

C. 天然源助剂：原料来源于可再生的天然产物，主要是植物源。农药发展初期所用的土耳其红油就是蓖麻油磺化的产物，皂角、茶枯等也曾用过多时。这类助剂对环境安全，对作物也有较好的亲和性。近年来，通过改性和深加工使该类助剂呈现出新的性能。例如，南通飞天化工助剂厂从多种植物提取的SD-I展着剂用于草甘膦，得到认可。北京齐民生物环境公司也由天然产物研发出高渗增效剂等。

综上所述，助剂的发展将会促进农药制剂的创新，从而增强农药在市场中的竞争实力。

（五）助剂在农药使用中的应用

1. 表面活性剂在农药使用中的应用　　表面活性剂的加入，大大降低了溶液的表面张力，使药剂乳状液的液滴表面形成一层兼顾的保护膜，增强药剂在植物体表或害虫体表的润湿、展布和附着力，从而提高药效。目前应用农药的表面活性剂主要有脂肪醇聚氧乙烯类、磺酸盐类、磺酸酯类、酰胺类、有机硅类等。例如，一种非离子表面活性剂和28%尿素硝铵溶液（UAN）与氯嘧磺隆一起施用，有效地防除了苘麻。DC-X2-5394和甲基化葵花油混用，提高了氯嘧磺隆与麦草畏和苯达松一起应用时对二色蜀黍和大狗尾草的功效。用于苹果树防治黑斑病（包括卷叶蛾和蚧壳虫等昆虫）的二甲酰胺类杀菌剂和两种有机磷杀虫剂，当有机硅助剂Silwet L-77加入后，防效提高，可降低有效成分用量50%，果实上的残留也降低。在田间药效试验中，使用750倍加入0.04% APSA-80（all purpose spray adjuvant-80）的井冈霉素药液，在用后14d内，防效与500倍单用相同，但至21d时前者防效明显高于后者。

近年来，生物表面活性剂的开发进展也较快，而且这也将是很有发展前途的一类农药助剂。如多功能植物增效剂，它含有多种生物碱、糖苷、鞣质等，可与酸性有机氯、有机磷、有机硫、杂环类、氨基甲酸酯和拟除虫菊酯类农药混用，提高农药使用效果。茶皂素作为湿润剂在农药悬浮剂和可湿性粉剂中的应用有着广阔的开发前景，并具有良好的经济效益。其他如植物油等天然表面活性剂的研究也比较多。

2. 油类、油脂类助剂在农药使用中的应用　　油类助剂可以加快作物对叶喷农药的吸收率，它们可与农药、水等形成均匀稳定的乳状液，叶喷时有助于靶标作物对农药的吸收。商用石油润滑油助剂和乳化剂已经被应用到除草剂普施特对3种杂草的防除中，靶标作物表面的蜡质可以溶解到石油润滑油溶液中，其溶解性随着作物种类和生长环境不同而不同。植物油类助剂在加强除草剂的生物活性和降低液滴漂移方面要比石油润滑油和非离子表面活性剂好得多。例如，烯禾啶与甲基化油类助剂 Seoil 混合对 3 种杂草的控制，要比石油润滑油助剂 Clean Crop 的效果好。植物油类助剂可以促进吸收传导和增强除草剂对杂草的防效。实验表明，植物脂肪酸和脂肪酸甲酯要强于甘油酯。Chester L Roy 等指出：几种助剂依次增加了除草剂烟嘧磺隆对狗尾草的防效，甲基葵花油＞石油润滑油＞非离子表面活性剂 WK＞非离子表面活性剂 X-77。

3. 无机盐类助剂在农药使用中的应用　　一些无机盐类助剂与表面活性剂混用可以极大地提高除草剂的活性，这些无机盐包括硫酸铵、磷酸二氢钾、硫酸铁铵、硫酸镁。但某些盐类在喷洒时对某些除草剂会产生拮抗作用。有些资料表明，钙、镁、钠、钾、铁盐中除硫酸钙、硫酸钠、磷酸钙、磷酸钠外都会对 2，4-D 产生拮抗作用，但这种拮抗作用可通过降低溶液的 pH 或把 2，4-D 转变成难解离的盐类而减小。尿素、硝酸铵、多磷酸铵、硫酸铵、石油润滑油和非离子表面活性剂分别与盖草灵和烯禾啶混用控制谷类作物中的大狗尾草，石油润滑油大于表面活性剂或盐类。

4. 各类助剂的混用在农药使用中的应用　　在实际应用中，并不是只使用一种单一的助剂，为了提高药效，可多种助剂同时选用，但必须注意克服各类助剂间的相互作用，以防农药发生光解等反应而降低药效。例如，各类助剂（液氨、化肥、油、溶剂和表面活性剂）相混合，可以加强禾草灵在小麦田和黑麦田中的活性，增强有效成分的渗透力，促进其进入植物组织中。因此要想更好地发挥农药的药效，应对各种助剂进行合理的运用和配制。在同一剂型下，不同的助剂种类会明显影响到药剂的性能。例如，药剂与表面活性剂在不配伍时会使悬浮剂的悬浮率下降，不适宜的润湿剂、分散剂则会使可湿性粉剂的悬浮率下降，表面活性剂还会影响药剂的叶面吸收，这在茎叶处理型农药种尤为重要。

5. 在农药使用中影响助剂应用的一些因素　　表面活性剂由亲水和疏水两部分组成，降低表面张力的能力取决于亲水-疏水相关性及分子在不同物相（雾滴与植物或动物体表）之间的分布。药剂在靶标上的润湿铺展性能及在靶标体表的滞留量直接影响对靶体表面的穿透和生物活性的发挥。因此，加入表面活性剂可以加强药剂分子在叶面和虫体上的展布，从而促进药剂的吸收，该效应还与溶液的温度、浓度和大气压力有关。

6. 在农药使用中助剂的发展趋势　　研究表面活性剂的加入与农药有效成分之间，以及与有机体（虫体、植物体表、菌体等）之间的相互作用机制，可为开发应用新剂型、高效的助剂提供可靠的理论依据。目前，由线性烷基链接亲水端基组成的缩合葡萄糖化合物烷基聚糖或糖醚正在引起人们的兴趣，应用日趋扩大。

二、助剂的选择

（一）根据农药加工剂型选用助剂

农药剂型与助剂研究开发的趋势及农药剂型发展的方向是水性化、粒状化、多功能、缓释、省力化和精细化，一些高效、安全、经济和环境相容的剂型如微乳剂、水乳剂、悬乳剂、水分散粒剂、缓释剂等正在兴起，围绕农药剂型发展这一趋势，世界农药助剂正朝着大分子质量、高效能、低用量、多功能、优质、价廉的方向发展。下面以微乳剂、水乳剂、悬乳剂、水分散粒剂为例介绍在农药剂型加工中如何选用农药助剂。

1. 微乳剂助剂的选择　　微乳剂是一热力学稳定的均相透明液体体系，油性成分通过表面活性剂的作用分散于水介质中。表面活性剂用量较大，一般为油性成分的 2~3 倍，导致制剂成本较高。如何开发高纯度的表面活性剂，降低用量；如何开发出与不同活性成分相容性好的系列化表面活性剂品种，提高制剂稳定性是微乳剂开发的关键。微乳剂助剂一般为非离子表面活性剂或非离子表面活性剂与阴离子表面活性剂复配成复合型表面活性剂。改变表面活性剂分子中环氧乙烷的平均数可调节亲水亲油性，离子与阴离子表面活性剂复配可扩大透明度范围。

2. 水乳剂的助剂的选择 水乳剂是液体农药或低熔点农药或农药溶液通过表面活性剂分散于水中的乳状液，表面活性剂主要使用高分子质量的亲水性表面活性剂。一般为环氧乙烷、环氧丙烷嵌段共聚物，通过环氧乙烷、环氧丙烷数目的多少可调节其亲水亲油性。一般用量为8%左右。国内最近几年在菊酯类农药和阿维菌素水乳剂方面的研究取得成功。

3. 悬浮剂的助剂的选择 悬浮剂是将固体农药湿法粉碎分散于水中的制剂，悬浮剂中的表面活性剂具有润湿作用、乳化作用和分散作用，表面活性剂对于提高制剂的稳定性发挥着重要的作用，主要表现为：①增加分散介质的黏度，降低分散介质和分散相之间的密度差；②影响分散相的粒径。一般为阴离子表面活性剂、非离子表面活性剂或者两者复配，如木质素磺酸盐、萘磺酸盐、油酸甲基氨基乙基磺酸盐、油酰基甲基牛磺酸盐、脂肪醇聚氧乙烯醚、脂肪醇烷氧基化物、环氧乙烷、环氧乙烷嵌段共聚物等。我国在木质素磺酸盐、萘磺酸盐、油酸甲基氨基乙基磺酸盐等助剂生产上已形成一定的规模，产量基本上能满足需求，主要问题是精细化、系列化方面做得还不够。磷酸酯类表面活性剂在我国的研究才刚起步，品种较少。

4. 水分散粒剂的助剂的选择 水分散粒剂是取代可湿性粉剂的理想剂型，在美国等发达国家发展很快。水分散粒剂中分散剂用量较高，一般为10%～20%，可选择烷基萘类、烷基苯类、木质素类、聚合物类等几类，现在一般用得较多的是木质素类、烷基萘类。使用分子质量高的分散剂有助于提高悬浮液的稳定性。润湿剂一般用烷基硫酸盐类。

以上这4种剂型与助剂的选择说明，在选择农药助剂时，要根据所加工剂型的性质、特点合理选择、匹配农药助剂，这里包括助剂亲疏水性能、分散性能、悬浮性能、乳化性能、增溶性能等多种性能的选择匹配。

（二）根据原药性能选择助剂

农药液体制剂不管是一元单剂，还是二元或者二元以上的复配制剂的配方设计原则，是以防治对象来选择原药的。对于防治同一对象的农药原药往往不止一两种。选择哪一种的方法：一是翻阅有关农药资料和最新农药科技市场信息，借鉴别人可行的实验资料来选择；二是走到市场调研、到农村农户了解也不失为一个好的选择。总之选准选好农药原药是农药液体制剂配方设计至关重要的第一步。

选择好农药原药后，下一步就是根据农药原药的理化性质去选择农药剂型和有效成分含量，然后根据剂型去选择有关的农药助剂。按照设计配方配好的制剂是否可行还要做相关的实验和技术测定，合格后才定型。所以农药制剂配方是一项系统工程，是多学科交汇的结晶。

1. 选择农药原药的原则

1）选择农药原药要符合国家有关农业发展和农药发展方向为前提。这个前提是以安全、低毒、低残留、高效、经济、方便为原则。

2）速效农药与迟效农药相结合。速效农药有利于对暴发性的病、虫、草害得到迅速和及时的控制，如蝗虫的大面积暴发需要得到及时控制的速效农药。为了提高防治效果和降低产品成本，延长持效期，降低抗药性又需要和迟效的农药相结合，搭配使用。例如，阿维菌素和哒螨灵复配，速效性的哒螨灵和迟效性的阿维菌素复配，已成为当前杀螨剂市场的主力军。

3）两种或两种以上的农药复配的农药制剂，其防治效果必须是防治药效比相加还要多的增效作用，不能是相互抑制的拮抗作用和互交抗作用。

4）两种或两种以上农药原药复配要选择作用机制不同的农药复配，以提高药效，扩大防治对象，如胃毒和触杀相结合，触杀和内吸传导相结合，或同时兼有胃毒、触杀、内吸、熏蒸作用等。例如，杀菌剂松脂酸铜是起触杀作用的杀菌剂，把甲霜灵和松脂酸铜复配成甲霜灵·松脂酸铜乳油制剂，由于甲霜灵是强内吸传导作用的杀菌剂，因此用于防治霜霉病时增强了松脂酸铜防治霜霉病的效果，同时也可对疫病进行防治，扩大了杀菌谱。

5）农药复配的原药之间不能起化学反应，如酸性农药与碱性农药不能混配。

6）两种或两种以上农药原药复配后应有共同的稳定的pH范围，以保证制剂的稳定。例如，阿维菌素与杀虫单复配就很稳定，因为两者在pH4~9都很稳定，不易水解。

7）杀虫农药和杀菌农药相结合，杀虫农药与杀螨农药相结合，农药与肥料相结合。例如，金稻龙就是农药与肥料相结合复配很好的例子。

8）化学农药与生物农药相结合。例如，中国农业科学院农业环境与可持续发展研究所研究开发的对蟑螂药效较好的生物农药绿僵菌与化学农药氟虫腈进行混配的制剂，深受客户的欢迎。

9）选用的农药原药要注意是否有专利保护，即是否在专利保护期内的原药，农药原药是否有保证。

10）原药的选择应尽量瞄准最新科技成果的新药、特效药，特别是有自主知识产权的新药。

2. 剂型的选择　　农药原药确定后，复配农药的剂型是根据已确定的原药理化性质来决定的。

1）原药不溶于有机溶剂或溶解度很少，也不溶于水的固态原药，其熔点又高，可以选择粉剂、可湿性粉剂和悬浮剂。

2）原药易溶于水和极性溶剂的，或在极性溶剂中有较大的溶解度者，可加工成可溶性液剂或水剂。

3）原药不溶于水而溶于有极性溶剂的可以配成乳油制剂。

4）原药不溶于水而溶于有机溶剂，而且原药对水稳定的也可以复配加工成水乳剂和微乳剂。

5）对农药原药要进一步研究交接和试验才能选好剂型。对于可以配成乳油也可以配成水性化剂型的原药，配成水性化的剂型更符合安全和环保的要求，是制剂发展的方向。农药微乳剂是一个很好的剂型，值得推广和应用。

3. 农药有效成分含量的确定

1）农药有效成分含量的选定。一般是根据防治对象对该农药的敏感性和抗药性来确定，以每亩[①]的农药有效成分倍数用量单位来确定。例如，哒螨灵防治红蜘蛛单独使用时为每亩15g有效成分含量。如果与另一种作用不同的杀螨原药复配时，根据药效相加的复配原则，则只需7.5g与之复配，即每亩所需农药有效成分含量。至于红蜘蛛对该制剂的抗性如何则应该通过田间试验来决定增减有效成分含量。

2）最低有效成分含量的选择。农药制剂有效成分含量是没有上限规定的，但是最低有效成分含量对某些高活性的农药则有规定。2001年农业部农药鉴定所制定了某些高活性农药原药含量规定，低于最低规定含量不予办理登记。例如，阿维菌素、甲氨基阿维菌素甲酸盐规定单剂不得小于0.1%；氟虫腈和吡虫啉单剂不得小于5%；含渗透剂、增效剂的单剂不得小于2%；复配制剂不得小于1%。

4. 溶剂的选择　　农药制剂中的溶剂起着溶解原药、稳定和稀释制剂的作用。因此要根据

---

① 1亩≈0.067hm^2

农药原药的理化性质科学地选择各种溶剂。选择农药用溶剂的原则是尽量选择对原药溶解度大、沸点高、互溶性好、挥发性低、无毒或毒性小、无致癌或致突变作用，对作物无药害，对环境安全，对天敌、人畜安全，货源充足、质量稳定、价格适中的溶剂。

一般常规溶剂有水、酸、碱；芳香烃类如甲苯和二甲苯；脂肪烃类如己烷、环己烷、柴油、煤油和机油等；醇类如甲醇、乙醇、丙醇和丁醇等；酮类如丙酮和环己酮；植物油如菜籽油、玉米油和豆油等；特殊溶剂如二甲基亚砜等。

5. 乳化剂的选择

1）按照 HLB 值选择。HLB 值是表面活性剂的亲水亲油平衡值。众所周知，表面活性剂都由亲水基和亲油基组成，表面活性剂的 HLB 值是表面活性分子极性特征的量度。它并不是一个固定不变的给定值，而是一个数值范围。在水-油-表面活性剂系统中，表面活性剂的亲水性远大于亲油性时，表面活性剂表现出亲水性，反之表现出亲油性。当亲水亲油平衡值相当时，亲水亲油就达到了平衡。HLB 值高意味着亲水性强，可用于配制 O/W 型乳油，反之为 W/O 型乳油。O/W 型乳油的 HLB 值为 8~18，W/O 型的 HLB 值为 3~6。当被乳化系统的 HLB 值与所选用的乳化剂系统的 HLB 值相等时，有望获得最佳乳化效果，乳状液最稳定。

2）第二种方法就是采用乳化试验法选择乳化剂。现在大多所采用的就是这种方法。即取已用溶剂溶解好的含有农药溶液的十分之一重量的试样，计量滴加不同剂量的乳化剂，滴加之量一般控制在水剂、水乳剂为 5%~10%，乳油为 10% 左右，微乳剂为 20% 左右。然后取加有乳化剂的试样进行有关分散性、乳化性和稳定性的试验，如果合格，则确定所选的乳化剂种类和数量；不合格则继续进行类似试验，直至合格为止。这是一项既简单又严格、既繁琐又关键的技术操作。

6. 其他助剂的选择　　根据特定的用途和需要选择不同的防冻剂、增效剂、增稠剂、着色剂、防腐剂、pH 调节剂、稳定剂等农药助剂。选择的种类和添加量没有规定，都是根据农药制剂的需要和配方设计者经过试验经验而确定。配方确定后，按配方进行复配。制剂经检验 pH、分散性和乳化性合格后，用农药塑料瓶分装封口样品 2 瓶各 50mL，进行冷藏、热贮试验到期后，外观不得出现变浊、分层、结晶、沉淀、凝胶、颜色变化等即送到质监部门检测。各项检测技术指标合格后送有关部门做药效及其他实验。如果上述整个过程中间出现变数，某一项不合格，配方都要重新研究，再进行设计和实验。

（三）根据助剂的作用原理选择助剂

农药助剂是农药加工制剂和应用中使用的除农药有效成分以外的其他辅助物的总称。其主要有配方助剂（formulation）和喷雾助剂（spray additive）两大类。配方助剂是农药加工中不可缺少的组分，如润滑剂、溶剂、防尘剂、抗静电剂等；喷雾助剂是制剂加工时未找到合适的助剂，或加工时不便采用而应用中又需要的助剂。助剂本身没有生物活性，是在剂型配方中或施药中的添加物。通过变换助剂品种来完善或改变部分农药品种原有的加工剂型，从而提高生物活性，减少用药量，降低成本，提高其与环境的相容性。助剂对农药药效的发挥程度，主要通过增加农药在植物表面的滞留量、延长滞留时间和调高对植物表皮的穿透能力来实现。通常情况下，将农药药液喷洒到植物上时，能发现两种截然相反的现象。一些植物难以被喷洒液润湿，大量药液以水质的形式从叶片上滚落。这就要求我们必须根据不同的靶标作物，加强农药剂型的研究，选出适宜的助剂，使推荐剂量药液的表面张力适度小于靶标植物的临界表面张力，即药液中助剂的浓度达到或超过临界胶束浓度，达到增加农药在植物表面的持药量，减少农药流失，从而减少农药用量，降低用药成本，减轻农药对环境的污染。

（四）农药助剂筛选的意义和必要性

1. 表面活性剂 表面活性剂由亲水和疏水两部分组成，降低表面张力的能力取决于亲水、疏水相关性及分子在不同物相（雾滴与植物或动物体表面）之间的分布。适合的表面活性剂可以加强药剂分子在叶面上的展布，从而促进药剂的吸收。不但可提高农药的使用效果，还可减小农药的用量，减轻农药对环境的影响，并为农业生产带来巨大效益。目前应用于农药表面活性剂的主要有脂肪醇聚氧乙烯类、烷基苯酚聚氧乙烯醚类、磺酸盐类、磺酸酯类、酰胺类、有机硅类等。例如，一种非离子型表面活性剂和 20% 氯嘧磺隆一起施用，有效地防除了苘麻；1992 年在美国商品化的 Silwet L-77 是草甘膦的良好助剂，能防止产生 Ca-草甘膦，可显著提高咪草烟的活性，促进杂草对火草松（苯达松）的吸收，使用药量降低 50%。近年来，生物表面活性剂的开发也进展较快。生物表面活性剂是由微生物产生的一类具有表面活性的生物化合物，除具有化学合成表面活性剂的理化特性外，还具有无毒、能生物降解等优点。

2. 无机盐 近 10 多年来，无机盐特别是含氮肥料作为农药助剂越来越普遍，特别是含 NH_4^+ 的盐应用最多，主要有硫酸铵、硝酸铵。无机盐的主要功能是促进农药的吸收和解除 Ca^{2+}、Mg^{2+}、Fe^{3+} 等金属离子对农药的拮抗作用。极性、弱酸性除草剂如灭草松（苯达松）、磺酰脲类、咪唑啉酮类等加入氮肥，活性都有提高，但某些盐类在喷洒时对某些除草剂会产生损坏作用。

3. 油类助剂 应用较多的油类助剂包括矿物油助剂和植物油助剂。矿物油助剂中的矿物油主要是液体石蜡类。液体石蜡等促进环己烯酮类除草剂对禾本科杂草的活性，石蜡润滑油则显著提高喹禾灵与烯禾定的活性。但是，矿物油对某些作物的选择性差，易造成药害。植物油助剂中的植物油是从植物果实和种子中提取的。植物油水解转化为酯后，显著提高其对农药的增效作用，向日葵甲酯油促进禾草灵、吡氟禾草灵和烯禾定的吸收和传导；甲酯化植物油可使烯草酮防治稗草、宽叶臂形草及假高粱的活性提高一倍。此外，甲酯化植物油还可以缓解烯禾啶、烯草酮与灭草松（苯达松）混剂或混用时产生的拮抗作用。农药助剂使农药产品在药效和成本两方面达到最优，减少农民的用药成本，提高药效，减轻药剂和溶剂等对环境和农产品的污染，有效地提高产品竞争性。

第三节 农 药 剂 型

要使少量的药剂均匀地分布在广阔的农田作物上就离不开农药的剂型加工。通过农药剂型加工可达到以下目的：①最大限度地发挥农药效果；②克服或弥补农药的不足之处，诸如分散性、渗透性等；③提高使用者的安全，如采取包囊等方法；④降低药剂对环境的压力，如缓释型等；⑤改善操作性能，做到省力化，如泡腾片；⑥提升药剂功能，扩大用途。

一种农药能加工成何种剂型主要取决于药剂的理化性质，尤其是在水及有机溶剂中的溶解度及物理状态；还取决于使用的必要性、安全性和经济上的可行性，如加工成本、市场竞争力、对人和环境的影响等。否则即使是优良的剂型，推广也会遇到困难。因此，衡量一个剂型实际价值的客观标准就是经济效益、生态效益和社会效益。

常用的农药剂型有几十种。按物态分类有固态、半固态和液态；按施用方法分类，有直接施用、稀释后施用、特殊用法等。以下将具体介绍粉剂、乳油、颗粒剂和悬浮剂四大农药剂型。

目前，高效、低毒的水基化、颗粒制剂已经成为我国农药工业未来的发展方向。国家正在逐步限制芳烃类助剂和其他安全性较差的助剂的使用，并进行农药制剂产品的综合性安全评价。因此，开发与环境相容性好、毒性较低的新型溶剂和助剂来代替。以下将分别介绍粉剂、水分散粒剂、微胶囊剂、微乳剂及水乳剂几种类型的新农药剂型及未来农药剂型的发展方向。

一、常用的农药剂型

（一）粉剂

粉剂（dustable powder，DP）由原药、填料和少量助剂经混合、再混合至一定细度的粉状制剂。其细度要求95%粉剂通过200目筛，粉粒直径在74μm以下。粉剂是使用最早的农药加工剂型，它具有使用方便、药粒细、较能均匀分布、撒布效率高、节省劳力和加工费用较低等优点，特别适宜于供水困难地区和防治暴发性病虫害。

粉剂就有效成分分布均匀性和药效发挥来看，一般不如液态制剂（如乳油、水乳剂、悬浮剂和悬浮乳剂等）。同时其在使用时易飘移，引起粉尘污染，危及人、畜健康和环境安全等，我国农药市场上的粉剂品种已经不多，且以老品种（如有机氯类、有机磷类）为主。为克服粉剂的缺点，近几年在保护地蔬菜病虫害防治和棉田棉铃虫防治上，研究开发出无飘移粉剂（driftless dustable powder），同时，药粒中添加了起凝聚作用的石蜡、聚氧化乙烯、烷基或烷基苯基醚磷酸酯等凝聚剂，克服了过去粉剂的飘移问题，从而使粉剂的研制具有新的内容。同时，从这一古老剂型还衍生出了很多新剂型，如各种规格的粒剂和可湿性粉剂等，因此粉剂对剂型演变起到了引导作用。

粉剂按其有效成分含量的高低分为高浓度粉剂（＞10%）和低浓度粉剂，一般低浓度粉剂都是直接喷粉使用，高浓度粉剂可用于拌种、土壤处理或配制毒饵等。按粉剂粒度分为一般粉剂、DL型粉剂、超微粉剂、追踪粉剂和浮游粉剂等。

1. 粉剂基本组分的选择　　粉剂通常由原药和填料组成。有时为了防止微小的粉粒聚结，适当加入分散剂；为了防止有效成分分解，适当加入稳定剂；为了增强在生物体表面的黏着性，适当加入黏着剂；为了减少加工和使用过程中的飘移性，适当加入抗飘移剂等。

（1）原药　　在现有农药中，无论是杀虫剂、杀菌剂、除草剂，还是植物生长调节剂，除个别挥发性很强的农药及一些高毒农药外，只要需要都可以加工成粉剂。同时，粉剂的含量与原药的熔点关系密切。一般熔点较高的固体原药既可加工成低浓度粉剂，也可加工成高浓度粉剂；而熔点较低的固体原药或原油仅可加工成低浓度粉剂。

（2）填料　　填料（载体）一般为矿物质、植物及合成材料等。常用的是惰性矿物质，其中吸附能力较强的硅藻土、凹凸棒土、膨润土、活性白土等一般用作高浓度粉剂填料，吸附性能低的滑石、高岭土、陶土、黏土等用于低浓度粉剂。此外，人工制造的惰性材料白炭黑、轻质碳酸钙、硅酸也较为常用。

填料本身无活性，主要用于稀释农药原药使之便于加工，改善理化性质便于使用。具有载体的共同特性，即与有效成分不起化学作用，来源广，成本低，易加工。根据其作用不同，填料可分为稀释剂和载体，前者吸附能力较低，后者吸附能力较强。

（3）助剂　　为了充分发挥有效成分的药效，保证制剂的质量、方便使用和满足生产工艺的要求，在生产粉剂时可加适量助剂。助剂的类型一般有分散剂、润湿剂、抗漂移剂、黏着剂和辅助剂。

1）分散剂：常用的分散剂有木质素磺酸钠、木质素磺酸钙、非离子型表面活性剂（如聚氧乙烯聚氧丙烯基醚嵌段共聚物、烷基酚聚氧乙烯基磷酸酯）、水溶性高分子（如羟甲基纤维素、聚乙烯醇等）、三聚磷酸钠、六偏磷酸钠等。

分散剂有两种：一种为农药原药的分散剂，这种分散剂具有高黏度特性，加到原药中以后，加热至熔融状态，通过机械搅拌作用可将原药分散成胶体颗粒；另一种分散剂是为防止粉剂絮结，使之在喷洒时能很好地分散的助剂。

2）润湿剂：常用的润湿剂有茶枯粉、皂角粉、洗衣粉、十二烷基苯磺酸钠、拉开粉、浓乳2000系列、润湿渗透剂T、吐温-20、吐温-60等。

润湿剂的作用是使农药很快被水润湿。其能降低水的表面张力，使水液易于润湿固体表面，并在固体表面展布，使作物、病菌、虫体表面接触药剂以后易于润湿、附着和渗透，提高防治效果。

3）抗飘移剂：常用的抗飘移剂主要有二乙二醇、二丙二醇、丙三醇、烷基磷酸酯类、烷氧化磷酸酯类、丙三醇的环氧乙烷或环氧丙烷加成物，以及棕榈油、大豆油、棉子油等植物油。

由于传统粉剂在生产和使用过程中的飘移性比较严重而限制了其使用，而使用抗飘移剂可以限制粉剂的飘移。

4）黏着剂：常用的黏着剂有天然动植物产品（如矿物油、豆粉、淀粉、树胶等）、表面活性剂类型的黏着剂［如烷基芳基聚扬基乙基醚、脂肪醇（$C_{12}\sim C_{13}$）聚氧乙基醚、烷基萘磺酸盐和木质素磺酸盐等］。

5）辅助剂：辅助剂包括崩解剂、稀释剂、稳定剂、助磨剂等。

2. 粉剂的加工工艺

（1）粉剂加工工艺流程　　无论是加工高浓度原粉还是低浓度原粉剂，也无论是采取喷布浸渍还是母粉稀释混合工艺，保证有效成分的高度分散和均匀性都是必要的。否则由于原药与填料之间的密度差异或粒径差异，在喷粉时都会造成原药药粒与填料粒子的分离，使得有效成分分布不均匀。因此粉剂加工一般应采取多次混合和粉碎工艺。目前我国大多数粉剂加工厂采用二次混合一次粉碎工艺（图4-6），另外还有母粉稀释工艺、混合粉碎和"中间浓度粉末"工艺等。无论用哪种方法加工粉剂，都必须经过先干燥、后混合等工艺。下面分别介绍各个工艺过程中的注意事项。

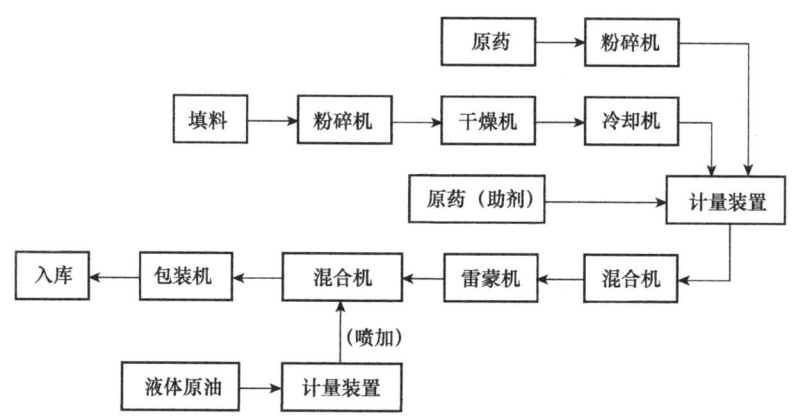

图4-6　二次混合一次粉碎工艺流程示意图（引自王开运，2009）

1）干燥过程：干燥主要是指对粉剂填料（如黏土、陶土）的干燥，有时潮湿的原药也要先干燥后再粉碎。粉剂对水分要求较严，填料所含水分不仅影响产品的质量，还影响粉碎的效率，故填料的干燥是粉剂加工的重要环节。加工干燥形式基本上采用对流式干燥，主要的设备为转筒干燥机、气流干燥器、立窑等。

2）混合过程：在混合过程中，原药、填料和其他助剂的加入顺序不同有时也会影响粉剂的性能，如稳定剂的加入顺序不同，则稳定性不同。一般将稳定剂先和填料混合然后加入原药，其稳定性比原药先和填料混合再加入稳定剂的效果好。有时在原药和助剂加入之前还要进行一些预处理。

若原药和助剂均是固体，则可先将二者混合再和填料混合。若原药和助剂均是黏稠状的物质，可先将二者热熔后喷到填料上；若不能热熔，则溶于挥发性的溶剂中再喷到填料中。若二者均是液体，则可直接喷到填料上。有时先将填料粉碎至一定细度后再将原药和助剂喷到填料上。

3）粉碎过程：粉碎包括原药粉碎和填料粉碎。粉剂细度是粉剂性能好坏的一个重要指标，所以粉碎过程是粉剂加工的一个重要环节。填料的粉碎较简单，通常将填料干燥后放入粉碎机内磨碎至一定细度即可。原药的粉碎须根据其不同的理化性质采取相应的措施。如果原药比较潮湿，则首先必须进行干燥处理；若原药粉碎时易黏结，则需加入帮助分散的物质；若原药粉碎温度高时易熔化，则粉碎机应带有冷却设备。

4）后混合过程：混合效果的好坏直接影响粉剂有效成分的均匀性，进而影响药效。为保证混合均匀，有时需要进行多次混合。混合的质量，除了和混合设备及操作条件有关外，还与药剂和填料的粒径、粒度分布、真密度和假密度、流动性、水分含量等有关。一般而言，粒度分布越均匀、流动性越好、粒径越小、水分含量越低，则混合效果越好。密度的影响主要看粒径和密度的比，若超过 0.71～1.2 则易发生分层现象而影响混合效果。

另外，在正式加工粉剂之前，还需要考虑的一个因素是载体的饱和吸附容量，即单位质量的填料吸附有机农药达到饱和点之前，仍能保持产品流动和分散性的吸附量，通过测定吸附容量，确定最大的浓度。

（2）粉剂的加工方法

1）直接粉碎法：将原药、填料、助剂一起粉碎混合而成。

2）浸渍法：利用挥发性的溶剂（如氯仿、丙酮、二甲苯、醇类等）把原药溶解，然后与一定细度的粉状载体混拌均匀而成。此法生产的粉剂，有效成分在粉粒上分布均匀，药效好。但由于溶剂价格昂贵，浸渍法只适合实验室配制少量样品时使用。

3）母粉法：先将原药和载体混合粉碎成高浓度的母粉，运输到使用地，再与一定细度的粉状载体混合成低浓度的粉剂出售使用。由于气流粉碎机等先进设备的使用和强吸附性填料的广泛应用，母粉法成为可能，而且具有明显的优越性，其储藏稳定性高、减少分解、避免长途运输大量填料从而节省运费、降低成本。因此，粉剂加工方法趋向于母粉法。

3. 粉剂的质量控制指标

1）我国粉剂的质量标准：①外观应是自由流动的粉末，不应有团块；②有效成分含量不低于标明的含量；③水分含量一般要小于 1.5%；④细度为通过 200 目筛（筛孔内径 74μm）的不低于 95% 或 98%；⑤ pH 为 5～9；⑥热储稳定性一般要求（54±2）℃储存 14d，有效成分分解率≤10%。

2）FAO 的指标：①有效成分含量要求为标明含量在一定范围内的变动值；②酸度（以硫酸或氢氧化钠的百分含量计算）一般要求小于 0.2%；③分散指数一般大于 20；④浮游指数一般粉剂为 20～60，DL 型粉剂小于 20，微粉剂小于 85；⑤动性指数为 12～15。

对粉剂粒度的表示，一是筛孔内径（μm），另一种是筛目号数，二者对照见表 4-7。

表 4-7　筛目号数与其筛孔内径对照表（美国泰勒标准筛）

筛目号数（筛号）	筛孔内径 /μm	筛目号数（筛号）	筛孔内径 /μm	筛目号数（筛号）	筛孔内径 /μm
10	1680	42	350	150	105
14	1190	48	297	170	88
20	840	60	250	200	74
24	710	65	210	250	63
28	600	80	177	270	53
32	500	100	149	325	44
35	420	115	124	400	37

4. 影响粉剂药效的因素

1）有效成分在粉剂中的分布：喷粉用的粉剂有效成分的含量都是比较低的，因此，有效成分在粉剂中分布是否均匀，对药效、药害等影响极大。

2）有效成分的粉粒细度及超筛目细度粉粒的含量：粉粒细度是粉剂农药能否发挥药效的关键。对于杀虫剂粉剂来说，最有效的粒度范围是超筛目细度，即粉粒直径小于 44μm 的部分，尤其是直径小于 20μm 的细药粒。当杀虫剂为触杀作用时，可增加药剂与虫体的接触面积；若为胃毒作用，则易被害虫吞食和吸收，药效得以充分发挥。所以粉剂细度不仅要看整体能通过的筛目号数，还要看最有效的粒度范围内的药粒所占的比例。

3）填料的种类和理化性质：填料的硬度、密度、吸附性、流动性、化学成分和酸碱度都直接或间接地影响着粉剂的药效。粉剂填料硬度大，当附着于虫体时，可将其节间活动部分的蜡质层擦伤，药剂易进入虫体，或造成虫体失水而死亡；用于飞机喷撒的粉剂，要求填料密度适当大一些，以利于提高沉积性；作为熏蒸剂或拌种用的粉剂，用吸附性能强的填料，利于延长持效期或避免产生药害。填料的流动性好坏影响着喷粉的质量，并间接影响药效；填料的酸碱度和化学成分，对有效成分的分解率有重大影响。过酸或过碱的填料都能促进农药分解而失效。填料中含有 Fe_2O_3 和 Al_2O_3 等金属化合物也会使多种农药分解失效。

（二）粒剂

粒剂（granule，GR）是由原药、载体和少量其他助剂通过混合、造粒工艺所得的一种松散颗粒状剂型。其细度要求 98% 以上颗粒通过 18 目（1000μm）筛，而通过 100 目（149μm）的则应不超过 10%。它是目前许多国家正在发展和应用的一种剂型，在农药领域已占据显要的地位。

粒剂是由粉剂派生和发展的多规格、多形态、多用途的剂型，它既保留了粉剂使用方便、施药工效高的优点，又具有如下的特性：①能够避免撒布时微粉飞扬、污染环境、人员身体附着或吸入微粉等问题。②使高毒农药品种低毒化使用。例如，克百威、涕灭威、甲拌磷和对硫磷等是不允许加工成粉剂、乳油等剂型使用的，但可将其加工成粒剂使用。此特点是粒剂单独具备而其他剂型均不具备这一特点。③可控制药剂有效成分的释放速度，延长持效期，节约用药。④施药时具有方向性，使撒布的粒剂能较准确地到达需要的地点。⑤不附着于植物茎、叶上，可避免直接接触产生药害，非内吸性粒剂在施药后不妨碍植物地上部分的食用。总之，农药粒剂是一种安全、方便、持效期长的优良剂型。但粒剂也不可能完全取代粉剂。例如，它在多数情况下不适用于防治地上部害虫，杀菌剂很少加工成粒剂，粒剂成本较粉剂高，加工工艺复杂。

粒剂的分类有多种方法。按使用对象分为杀虫剂粒剂、除草剂粒剂、杀菌剂粒剂等；按加工方法分为包衣法粒剂、挤出成型法粒剂、吸附法粒剂等；按载体解体性质分为非解体性粒剂（遇水不分散）和解体性粒剂（遇水分散）；按粒径大小分为大粒剂（macro granule）、颗粒剂（granule）、微粒剂（micro granule），粒径大于大粒剂的称为块状剂或丸剂。习惯按颗粒直径大小进行分类：大粒剂 D，5000~9000μm；颗粒剂 D，297~1680μm（10~48 目）；微粒剂 D，74~297μm（48~200 目）。

1. 粒剂基本组分的选择 粒剂是由农药原药和其他多种助剂组成的，其主要助剂为黏着剂、分散剂、吸附剂、稳定剂、溶剂等。

（1）原药 国内外现已开发或生产的杀虫剂的近一半品种和部分除草剂、杀菌剂、杀线虫剂品种，均适于制成粒剂使用。原药主要分为固体原药和液体原药，如是液体原药则应考虑使用吸附性能好的载体。粒剂的有效成分含量为 1%~5% 或 10% 左右，少数也有超过 20% 的。

（2）载体 载体为受药体，其理化性质往往会对药剂性能产生深刻的影响，要求它对药剂为惰性、吸附力适度，还要求易造粒、来源方便和价格低廉等。

加工的方法不同，所用的载体也不同。包衣造粒法的代表品种有硅砂、粒状碳酸钙、粒状黏土等；浸渍法或吸附法可用空隙度较大的煤矸石、煤渣、浮石等，或用锯末及玉米穗轴、核桃壳等的破碎颗粒；挤出造粒法或捏合法可用黏土、膨润土、硅藻土、陶土、凹凸棒土、高岭土等粉状物。采用上述加工方法及喷雾干燥法往往需要黏结剂。总之，制备粒剂的载体多种多样，要合理选用载体与助剂。

（3）分散剂 分散剂是能降低分散体系中固体或液体粒子聚集的物质。在解体农药粒剂制备中，往往需要加入适量的分散剂，以利于药剂扩散。分散剂的品种主要包含天然类和合成类，天然类主要有酸法纸浆废液、菜籽饼、皂荚、无患子等，这些物质均有一定的分散性，且价格低廉；合成类主要用表面活性剂中的烷基苯磺酸盐（如拉开粉 BX、拉开粉 AC 等）、木质素磺酸盐、双萘磺酸盐甲醛缩合物等。

（4）包衣剂 包衣法制备粒剂时需用包衣剂，它起黏结或包衣作用，常用的有石蜡、黏度较高的矿物油、聚乙烯醇、聚乙二醇、淀粉、工业糊精、胶物质等。

（5）吸附剂 有的原药特别是液体原药，还要加入少量的吸附剂以保障粒剂的良好流动性，用作吸附剂的粉末应是多孔性、吸油率高的物质（如活性白土、硅藻土、白炭黑、乙烯树脂等），以利于造粒或延长残效。

（6）溶剂 制备低浓度粒剂，要尽量选用对原药溶解度高的溶剂以稀释原药，使药剂均匀分布到载体上。工业生产常用的溶剂为苯、甲苯、二甲苯等，若实验室小量制备，也可用丙酮等强挥发性的溶剂。

（7）稳定剂 稳定剂即防分解剂，是具有延缓和阻止农药及其制剂性能自发劣化的助剂。农药的稳定性十分复杂，筛选出的稳定剂品种很多，大多具有一定的针对性。据统计，表面活性剂、酯类、醇类、有机酸类、有机碱类、糠醛及其废渣等对农药有效成分（主要为有机磷酸酯类）有一定的抑制分解作用。

（8）黏结剂 凡有良好黏结性能，能将相同或不同的固体物料连接在一起的物质都可以称为黏结剂。其可分为亲水性和疏水性两大类。

1）亲水性黏结剂：亲水性黏结剂有淀粉、糊精、阿拉伯胶、大豆蛋白、酪朊、骨胶及明胶、黄原胶、硅酸钠（水玻璃）、石膏、膨润土、海藻酸钠、木质素磺酸钠、羟甲基纤维素钠、甲基纤维素、羟乙基纤维素、羟甲基淀粉、磷酸乙酸钠、聚乙烯醇、聚乙烯甲醚、聚丙烯酰胺、聚丙烯酸钠和其他的水溶性共聚物等、羧丙基纤维素和羧丙基乙基纤维素等、聚乙二醇、聚乙烯比咯烷酮 - 乙酸乙烯共聚物和聚乙酸乙烯酯（白乳胶）等。

2）疏水性黏结剂：疏水性黏结剂有松香、石蜡、沥青、乙烯 - 乙酸 - 乙烯共聚树脂、紫虫胶、妥尔油、动植物油（大豆油、鱼油、牛脂等）、液体石蜡、重油、机器油和锭子油、乙基纤维素、乙酰基纤维素、松香酸酯胶、香豆酮树脂、石油树脂和苯醚树脂等。

（9）**着色剂（警戒色）** 为便于与一般物质区别起警戒作用，同时起到对产品分类作用，在粒剂配方中应加着色剂。对不同类别粒剂，目前国内大多采用：杀虫剂——红色，除草剂——绿色，杀菌剂——黑色等，但尚未规范化。红色可用大红粉、铁红、酸性大红等；绿色可用铅铬绿、酞青绿等；黑色可用炭黑、油溶黑等。此外，某些粒剂用紫色时可用碱性紫 5BN（甲基紫）等。

（10）**润滑剂** 在挤压造粒时，为降低阻力可添加 0.2% 左右的润滑油，起润滑作用。加表面活性剂也有同样的效果。

（11）**助崩解剂** 为加快粒剂在水中的崩解速度而添加的物质，多种无机电解质都有这一效果，如 $(NH_4)_2SO_4$、$CaCl_2$、$NaCl$、$AlCl_3$ 等。

粒剂加工中助剂的选择，应根据加工方法、原药的理化性质、配方组成及造粒品种和质量进行优选。

2. 粒剂的加工工艺 根据造粒工艺操作的基本原理，可分为两类：自主式造粒和强制式造粒。自主式造粒是利用转动（振动、混合）、流化床（喷流床）和搅拌混合等操作，使装置内物料自身进行自由地凝集、披覆造粒，造粒时需保持一定的时间；强制式造粒则是利用挤出、压缩、碎解和喷射等操作，由孔板、模头、编织网和喷嘴等机械因素使物料强制流动、压缩、细分化和分散冷却固化等，其机械因素是主要影响因素。

在生产实践中，造粒工艺通常由造粒操作、前处理操作和后处理操作等部分组成。造粒工艺的前处理有输送、筛分计量（固体、液体）、混合、捏合、溶解、熔融等操作过程。造粒工艺的后处理有干燥、碎解、除尘、除毒、包装等过程。可见造粒工艺是由较复杂的综合工艺操作所构成。造粒的方法有包衣造粒法、挤出成型造粒法、吸附造粒法、流化床造粒法、喷雾造粒法、转动造粒法、熔融造粒法、破碎造粒法和压缩造粒法等，以下主要介绍包衣造粒法和挤出成型造粒法。

1）包衣造粒法：包衣造粒法简称包衣法，又名包覆法，是以颗粒载体为核心，外边包覆黏结剂，再将有毒物质黏附于颗粒表面，使黏结剂层和毒物层互相浸润、胶结而得到松散的粒状产品的操作过程（图4-7）。

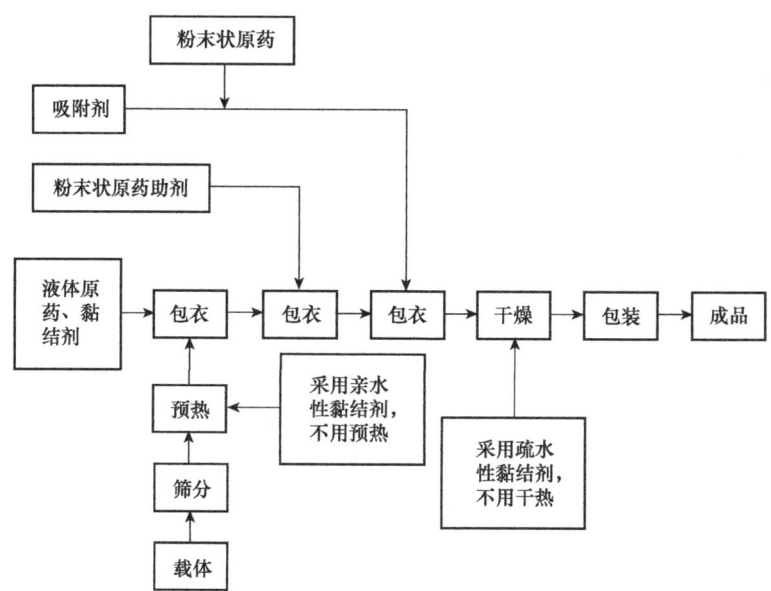

图 4-7 包衣造粒法工艺示意图（引自王开运，2009）

包衣法的应用十分广泛,适用于不同形态的农药原药,包括固体和液体原药(原油、溶液、悬浊液)等。包衣法原料易得,工艺过程较简单,适于大规模生产,产品成本低廉。所以发展十分迅速,为农药粒剂造粒的主要方法之一。包衣法对造粒粒度要求很严格,所以必须认真筛选载体。本法还要求包覆层尽量牢固不脱落,因而黏结剂和包衣工艺条件的选择都十分严格。由于包衣过程的影响因素较多,因此为了顺利进行包衣法造粒,必须进行必要的试验,以优选合适的操作条件和合理的包衣工艺过程。

2)挤出成型造粒法:目前,广泛应用于农药工业的挤出成型造粒法,一般都属于湿式造粒。所谓湿式造粒,是指将混合好的粉体原料进行加水捏合等前处理,使物料符合造粒成型的要求,再由挤出机通过筛网或孔板等将物料挤出成型的方法(图4-8)。为使成型的造粒制品整齐美观,需要进行干燥、整粒、筛分等后处理。其颗粒制品收率通常在90%以上。

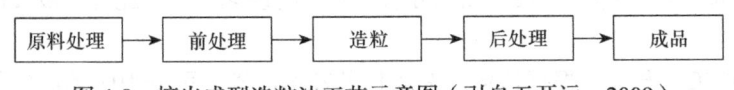

图4-8 挤出成型造粒法工艺示意图(引自王开运,2009)

挤出成型造粒法生产的颗粒根据要求,可以是圆柱形、角柱形、球形、不定形的。筛网或孔板的孔径一般为0.5~4mm。当然,为获得希望的颗粒制品,需要具有与各种要求相适应的造粒条件、造粒设备及合适的造粒工艺。

一般挤出成型造粒法由于物料的性质及造粒机等可变因素多,必须进行充分的优化试验。

3. 粒剂的质量控制指标

这些指标包括:①组成和外观,粒剂应由原药及载体和助剂制成,应为干燥、自由流动的颗粒,无可见的外来物和硬块,基本无粉尘,适于机器施用;②有效成分含量达到该剂型规定的标准;③粒度,90%(重量)达到粒度规格标准;④水分一般<3%,颗粒完整率≥85%,即破碎率≤15%;⑤有效成分从载体上脱落率(粉状)≤5%(指包衣法颗粒剂)。

(三)乳油

乳油(emulsifiable concentrate,EC)是农药的基本剂型之一。它是由农药原药(原油或原粉)按规定的比例溶解在有机溶剂(如二甲苯、甲苯等)中,再加入一定量的农药专用乳化剂而制成的均相透明油状液体,入水后可分散成乳状液的油状均相液体剂型。

乳油与其他的农药剂型相比,其优点是制剂中有效成分含量较高,贮存稳定性好,药效高,使用方便,加工所用设备简单,配制技术易掌握,在整个加工过程中基本无三废;缺点是由于含有相当量的有毒、易燃有机溶剂,加工、储运安全性差,如管理不严,操作不当,容易发生中毒现象或产生药害,同时使用时气味大,对环境相容性差。因此,乳油的发展方向为:①发展高浓度乳油;②采用具有更高闪点的溶剂代替二甲苯等挥发性溶剂,或者开拓"绿色溶剂";③以水代替有机溶剂。在改进中出现了一些有可能取代或部分取代传统乳油的新剂型,如水乳剂(或浓乳剂)(emulsion, oil in water, EW)、微乳剂(micro-emulsions, ME)和固体乳油(solidified emulsifiable concentrate)等。这些新剂型的共同特点是不燃烧,运输和储存安全等。乳油是农药四大基本剂型之一,在未来的农药制剂中仍会占有相当重要的地位。同时,传统乳油的改进工作将会继续下去,取代或部分取代传统乳油的新剂型将会不断出现。

乳油根据注入水中后的物理状态分为3种类型:①可溶性乳油,常见于水溶性强的原药所配制的乳油,当它进入水中后,能自动分散,有效成分溶于水中,外观为透明液体,不存在乳化稳定性问题。②溶胶状乳油,当乳油加水后即自动分散,不经搅拌或略加搅拌呈透明或半透明胶体溶液，油珠一般在 0.1μm 以下，油珠越小，越理想。这种乳油的乳化稳定性好，对水质适应性强。③乳浊状乳油，此种乳油加到水中后成乳浊液。乳浊状乳油可大致分为以下三种情况：①稀释后乳油外观有蛋白光，摇动后有附在玻璃壁上的现象，油珠直径一般在 0.1~1μm，这种乳油一般稳定性好。②稀释后像牛奶一样的乳状液，油珠直径一般在 1~10μm，乳液稳定性一般是合格的。③乳油加入水中后，成粗乳状分散体系，油珠直径一般大于 10μm，乳液停放易浮油或沉淀，这种乳液使用时易发生药害或药效不好。根据以油或水作为分散相可分为两种类型，即水包油（O/W）型和油包水（W/O）型。

1. 乳油基本组分的选择 农药乳油主要是由农药原药、溶剂和乳化剂组成的。在某些乳油中还需要加入适当的助溶剂、稳定剂和增效剂等其他助剂。

（1）原药 原药是乳油中有效成分的主体，它对最终配成的乳油有很大的影响。因此，在配制前，要全面了解原药本身的各种理化性质、生物活性及毒性等。一般而言，凡是液态的农药原药（也称原油）和在有机溶剂中有相当大的溶解度的固态原药（也称原粉），无论是杀虫杀螨剂，还是杀菌剂或除草剂等，都可以加工成乳油使用。

原药的物理性质主要是物态（固体或液体）、化学结构、有效成分含量、杂质主要组分及性质、在有机溶剂和水中的溶解度、挥发性、熔点和沸点等。化学性质主要是有效成分的化学稳定性，包括在酸、碱条件下的水解性（半衰期），光化学和热稳定性，与溶剂、乳化剂和其他助剂之间的相互作用等。生物活性包括有效成分的作用方式、活性谱、活性程度、选择性和活性机制等。毒性主要指急性毒性，包括急性经口、经皮和吸入毒性。

（2）溶剂 溶剂主要对原药起溶解和稀释作用，乳油中的溶剂应具备的条件有：对原药有足够大的溶解度；对有效成分不起分解作用或分解很少；与制剂的其他组分相容性好；能形成稳定的乳状液；对人、畜低毒，对作物不易产生药害；资源丰富，价格低廉；闪电高，挥发性少；对环境和储运安全等。

目前，使用的溶剂主要有以下几种：①传统芳烃溶剂，主要有混合二甲苯、甲苯、纯苯、C_9芳烃（三甲苯、甲乙苯、丙苯）和芳烃溶剂油等。②其他溶剂，这类溶剂对绝大多数农药都有很好的溶解度，但由于价格昂贵，多与芳烃溶剂混合作助溶剂用。常见的有酮类（环己酮、异氟尔酮、吡咯烷酮）、醇类（甲醇、乙醇、丙醇、丁醇、乙二醇、二乙二醇）、醇醚类（乙二醇甲醚）、酯类（乙酸乙酯、邻苯二甲酸酯）、油脂类（菜籽油、棉籽油）及二甲基甲酰胺、乙腈和二甲基亚砜等。③环保型溶剂，如松脂基溶剂、植物精油、生物柴油、人工合成溶剂。

（3）乳化剂 乳化剂是配制农药乳油的关键成分。根据农药乳油的要求，乳化剂应具备下列条件。首先，能赋予乳油必要的表面活性，使原药在溶剂中有较好的增溶效果，在水中有较好的溶解度，使乳油在水中能自动乳化分散，稍加搅拌后能形成相对稳定的乳状液，喷洒到作物或有害生物体表面上能很好地润湿、展着，加速药剂对作物的渗透性，对作物不产生药害。其次，对农药原药应具备良好的化学稳定性，不应因储存日久而分解失效；不与原药或其他化学组分发生化学反应；对油、水的溶解性能要适中；耐酸、耐碱，不易水解，抗硬水性能好；对温度、水质适用性广泛。此外，不应增加原药对哺乳类动物的毒性或降低对有害生物的毒力。最后，要用较少的量起到很好的乳化增溶效果。因此，农药乳油中的乳化剂至少应有乳化、润湿和增溶 3 种作用。

目前，配制农药乳油所用的乳化剂主要是复配型的，即由一种阴离子型乳化剂和一种或几种非离子型乳化剂复配而成的混合物。根据不同农药品种的要求，其组分（表面活性剂单体）和比例不同。商品化的农药乳油都有各自的专用乳化剂。

在复配型乳化剂中，最常用的阴离子型乳化剂是十二烷基苯磺酸钙，而常用的非离子型乳化剂品种型号繁多，因此对乳化剂的选择，实际上主要是对非离子型乳化剂的选择，包括品种和聚合度的选择。非离子单体选定后，再与阴离子型钙盐搭配，确定最佳比例和用量，最终选出性能最好的混合型乳化剂。

（4）其他助剂　　主要是助溶剂、稳定剂和增效剂等，根据农药的品种和施药要求选用。

助溶剂的作用是提高和改善原药在主溶剂中的溶解度，使配成的乳油在低温条件下更加稳定，不会出现分层和析出沉淀。常用的助溶剂主要是含氧溶剂。

稳定剂的作用是防止或缓解乳油有效成分的分解。一般乳油中的有效成分是比较稳定的，但也有某些品种即使加工成乳油也很容易分解失效，对于这类农药品种在加工时需选用适当的稳定剂。常见的稳定剂主要有烷基（芳基）磷酸酯、亚磷酸酯类、多元醇、烷基（芳基）磺酸酯及其取代胺盐、取代环氧化物等。

2. 乳油的加工工艺　　乳油的加工过程中首先得确定乳油的配方。乳油的配方主要包括农药有效成分含量、溶剂和乳化剂的选择等内容。①有效成分含量的选择：一般来讲，乳油中的有效成分含量应该是越高越好。因为含量高，可以降低溶剂的用量，节省包装材料，减少运输量和减轻对生态环境的影响，从而可以降低乳油的生产成本。②溶剂的选择：主要依据是原药在溶剂中的溶解度和溶剂对原药化学稳定性的影响，其次是溶剂的来源和价格。③乳化剂的选择：乳化剂在乳油中有乳化、分散、增溶和润湿等作用，从实践经验来看，其中最重要的是乳化作用。因此，以乳油放入水中能否自动乳化分散，形成相对稳定的乳状液，是选择乳化剂的首要条件，其次是乳化剂对农药原药化学稳定性的影响。

根据已选定的乳油配方就可以进行乳油的调制了。在生产上，乳油的调制工艺（图4-9）比较简单，如果原药是液体，只要按选定的配方将原油、乳化剂和溶剂加到调制釜内进行搅拌混合均匀即可。如果是固体原药，应先把原药溶解于溶剂中，然后再加入乳化剂混合。混合均匀后应取样检测是否合格，如不合格就需要进行适当地调整，使之合格以后才能进行包装。

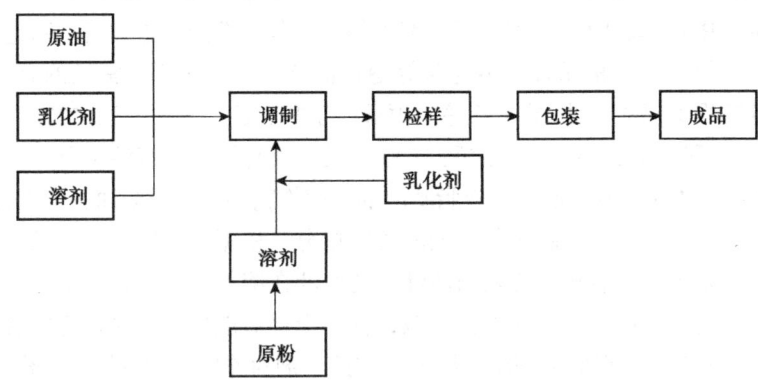

图4-9　乳油调制工艺示意图（引自王开运，2009）

3. 乳油的质量控制指标　　农药乳油的质量标准，因各个国家的要求不同而不完全一致，同一国家对不同农药品种也有不同的要求。主要指标包括：①外观为单相透明液体，无可见的悬浮物和沉淀；②有效成分含量不低于标明含量；③自发乳化性应符合规定的要求；④乳化稳定性合格；⑤酸碱度或pH范围应符合要求；⑥水分含量应符合要求；⑦热储稳定性，乳油经（54±2）℃储存14d后，有效成分分解率小于规定量；⑧冷储稳定性，乳油经低温储存后，仍符合上述各项要求；⑨闪点应符合储存、运输安全规定；⑩表面张力、接触角、渗透性等应符合规定的标准。

（四）悬浮剂

悬浮剂（suspension concentrate，SC），国外又称流动剂（flowable formulation）。本书中所指的悬浮剂是以水为介质，借助某些助剂，通过砂磨粉碎，将不溶或微溶于水的固体原药均匀地分散于水中，形成一种颗粒细小的高悬浮、能流动的稳定的液固态体系。其基本原理是在表面活性剂和其他助剂作用下，将不溶于水或难溶于水的原药分散到水中，形成均匀稳定的粗悬浮体系。悬浮剂已成为可湿性粉剂（WP）和乳油（EC）之外主要的基本剂型，也逐渐成为替代粉状剂型制剂的优良剂型。

悬浮剂与其他农药剂型相比，具有自身的特点，其主要优点为：①不使用任何有机溶剂，以水为分散介质，与乳油相比，可避免使用大量的有机溶剂和由有机溶剂产生的易燃、易爆、中毒和药害问题，同时对环境友好；②无粉尘飘移，对操作者和环境安全，不会产生粉尘污染和飘移药害；③低毒高效，在水中能够很好地分散，悬浮率高，兑水喷雾后能均匀铺展于靶标作物上，有很强的黏附性，对于除草剂，其药效和持效都优于可湿性粉剂，对于杀虫剂，药效则与乳油基本相当；④悬浮剂密度大，同等质量的制剂比可湿性粉剂、乳油等剂型的体积小，降低了包装和储运成本；⑤便于计量使用；⑥基本不用有机溶剂，溶剂成本远低于乳油，可用来加工悬乳剂（SE）和悬浮种衣剂（FS）；⑦其优点是粒径小，分散性好，流动性好，使用剂量小，耐雨水冲刷，残留低等。其缺点是作为热力学不稳定体系，悬浮剂的稳定性问题，尤其是长期物理稳定性是影响其质量的关键，因为颗粒的密度比介质水的密度大，所以沉积作用易使其分层，同时沉积了的颗粒形成一个紧密的黏土层，很难重新分散。

悬浮剂大多是以粒径为 0.5~5μm 的固体农药颗粒为分散相，加工时将水溶性较低而熔点较高（一般高于 60℃）的固体农药，加入合适的润湿剂、分剂、增黏剂、防冻剂和水等组分，经砂磨机湿法磨制而成。以水为连续相制造的悬浮剂称为水悬剂（SE）；以矿物油或植物油为连续相制造的悬浮剂称为油悬剂（OF）。

1. 悬浮剂的基本组成　　悬浮剂是由原药、润湿剂、分散剂、增稠剂、防冻剂、稳定剂、消泡剂等混合，采用砂磨机湿法磨制而成的有一定黏稠度的可流动的悬浮液。典型的悬浮剂的基本组成见表 4-8。

表 4-8　典型的悬浮剂的基本组成

基本组成	含量/(g/L)	基本组成	含量/(g/L)
有效成分	40~700	增稠剂/抗沉淀剂	1~2.5
分散剂/润湿剂	5~60	其他助剂	1~2
吸湿剂/防冻剂	50~80	水	补至1L
消泡剂	0.8~2		

（1）原药　　原药是悬浮剂中的主要成分，含量一般为 20%~50%，高者可达 80%。对原药的要求是：在水中不易分解，溶解度较低，熔点在 60℃ 以上。如果熔点太低，原药会因研磨中摩擦生热而使其熔化，在水中结块而无法继续磨细；太大的水溶性易絮凝成团，低温时易析出结晶，质量难以保证。

（2）润湿剂　　如果原药水溶性很小，不借助于润湿剂使固体原药润湿，原药就无法在水中被磨细，并继续使之分散和悬浮，当然就不能喷雾使用。故加工悬浮剂时，一般加入 0.2%~1% 的润湿剂。

常用的润湿剂有烃基磺酸盐、硫酸盐和某些非离子型表面活性剂。以烃基磺酸盐或硫酸盐的阴离子型与非离子型表面活性剂混用较多，效果较好。阴离子型表面活性剂有十二烷基苯磺酸钠、十二烷基苯硫酸钠、油酸钾、油酸钠、琥珀酸二辛酯磺酸钠、二丁基苯磺酸钠、烷基聚氧乙烯米磺酸盐等。非离子型表面活性剂有平平加、浓乳100、磷辛10号、浓乳600、吐温、山梨醇聚氧乙烯醚、油酸铵、硬脂酸铵的聚氧乙烯或聚氧丙烯聚合物等。

（3）分散剂　　悬浮剂是不稳定的多相分散体系，分散剂是指能够促进形成并保持稳定分散体系的物质。其主要作用是使原药颗粒分散在水中，达到好的分散性和再分散性，同时阻止研磨粒子的絮凝和凝聚，提高研磨效率。加工过程中添加量一般为0.3%~3%。

常用的分散剂仍为阴离子型和非离子型两大类型，如木质素磺酸钠或木质素磺酸钙、亚甲基二萘磺酸钠（NNO）、二丁基磺酸钠（拉开粉BX）、油酸甲基氨基乙基磺酸钠（LS）、聚羧酸酯钠盐、十二烷基聚氧乙烯醚磷酸酯或十二烷基聚氧乙烯醚硫酸（磺酸）酯、多芳基酚聚氧乙烯醚磷酸酯等。

某些无机物或有机络合物（如三聚磷酸钠、硅酸钠、亚硫酸钠、柠檬酸、草酸、酒石酸、乙二胺四乙酸等及其盐类），可以抑制、束缚水质中的高价阳离子（如 Ca^{2+}、Mg^{2+}、Fe^{3+} 等）的凝聚作用，保护强厚生物双电层，从而使悬浮体稳定，故有时也在悬浮剂中使用。

（4）增稠剂　　适宜的黏度是保证悬浮剂质量和施用效果十分重要的因素。一般悬浮剂都要求适当的黏度，通常在 100~5000mPa·s。研磨中黏度若大，剪切力就大，易细磨。增稠剂还可以增大电动电位，利于形成保护膜，改变介质黏度，减少密度差，有助于制剂的稳定悬浮。增稠剂的用量一般为 0.2%~5%。

常用的增稠剂有黄原胶、羧甲基纤维素钠、甲基纤维素、聚丙烯酸钠（铵）、聚乙烯醇、硅酸铝镁、海藻酸钠、可溶性淀粉、阿拉伯树胶、明胶、瓜胶等。

（5）防冻剂　　农药悬浮剂是以水为分散介质的农药制剂，为保证产品在严寒低温条件下的稳定性，就必须加入一定量的适宜的防冻剂，以增加悬浮剂承受的抗冻能力，提高悬浮剂在低温贮存、运输过程中的稳定性。好的防冻剂应具备防冻性能好、挥发性低、对有效成分的溶解度小等特性，用量一般为5%~10%。

常用的防冻剂多为非离子的多元醇类化合物等吸水性和水合性强的物质，用以降低体系的冰点，如乙二醇、丙二醇、丙三醇、纤溶剂、蔗糖、聚乙二醇400、山梨醇、聚乙烯吡咯烷酮、碱性纸浆废液、尿素及氯化钙等。

（6）消泡剂　　在磨制悬浮剂的过程中，由于物料中含有表面活性物质，常会产生大量气泡，影响生产的顺利进行，可加入消泡剂克服这一问题，其用量一般为0~5%。

常用的消泡剂有泡敌[甘油的环氧乙（丙）烷化聚合物]、硅酸类、C_8~C_{10} 脂肪醇、C_{10}~C_{20} 饱和脂肪酸类（月桂酸、棕榈酸、硬脂酸、花生酸、肉豆蔻酸等）及磺酰胺、脂醚类等。有时也可通过调换加料顺序或设备选型，或真空脱泡，避免气泡产生，此时可不加消泡剂。

（7）稳定剂　　稳定剂通常有两个作用：其一是使制剂的物理性质稳定，即保持悬浮剂在长期贮存过程中悬浮性能稳定，减少分层，杜绝结块；其二是使制剂的化学性质稳定，即保持悬浮剂的活性成分在长期贮存中不分解或分解很少，用以保证在田间应用时的效果。其用量一般为0.1%~10%。

常用的稳定剂有膨润土、白炭黑、轻质碳酸钙、硅酸钙、硅藻土、硅胶、珍珠岩粉、滑石粉等。

（8）防腐剂、着色剂、香料等　　其用量一般为0.1%左右。在配制悬浮剂时，常需要加入一些有机物，贮存期间，由于微生物的作用引起发酵、腐败，从而影响制剂的物理稳定性，甚至造成有效成分分解，因此，需要加入一定量的防腐剂，常用的防腐剂有甲醛、苯甲酸钠、水杨酸钠等。为了警戒着色、调节气味，有时加入相应的着色剂和香料。

2. 悬浮剂的加工工艺 控制悬浮剂的贮存物理稳定性是以合理的剂型配方作为基础的，但悬浮剂的加工质量及效率与加工设备及加工工艺条件也密切相关。在砂磨过程中，磨料的相对密度、颗粒直径及球形度、机械强度及装填系数、物料的流量、循环次数，以及研磨过程中物料的温度及密度的变化等都会对制剂加工效率及质量指标产生显著影响。悬浮剂粒子的粒径、粒谱分布与加工时间直接相关。随着研磨时间的延长，悬浮颗粒逐渐变小，粒谱变窄，当达到一定研磨时间后，粒径和粒谱分布的变化便不再明显，粒径趋小，粒谱变窄，悬浮剂的黏度会有所提高，这也有利于制剂保持贮存物理稳定性。

目前，国内外的悬浮剂加工方法有两种：一种是超微粉碎法（也称湿磨法），另一种是热熔凝聚法。在我国，悬浮剂的制备和生产方法大多采用超微粉碎法。

1）超微粉碎法：该方法是将原药、各种助剂、水混合后，经预分散再用砂磨机砂磨分散，过滤后再进行调配的方法。以该方法制备的悬浮剂平均粒径可以达到 2～3μm，是目前国内普遍采用的方法，具体的工艺流程如图 4-10 所示。

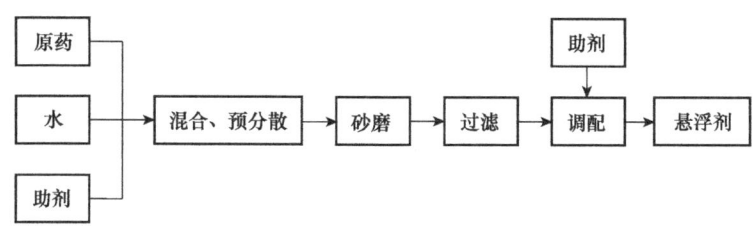

图 4-10 超微粉碎法（湿磨法）制备悬浮剂工艺示意图

2）热熔凝聚法：该方法也称作凝聚-热熔分散法，是由凝聚法制备胶体演变而来的。它是将熔融状态的农药和助剂的混合物（对在高温下易氧化的农药必须隔绝空气）加入到高速搅拌的水中，搅拌、冷却至室温，补加其他助剂调配至符合要求。有些农药可以加入少量高沸点溶剂帮助其熔融（或溶解）。此法制得的粒径小，50% 以上的粒径可达到 1μm 以下，具体的工艺流程如图 4-11 所示。

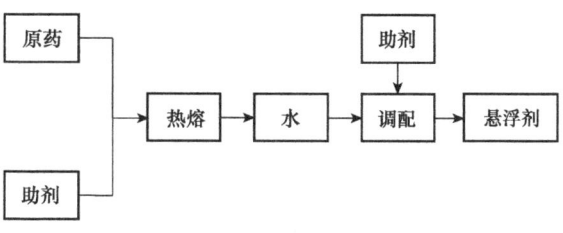

图 4-11 热熔凝聚法制备悬浮剂工艺示意图

3. 悬浮剂的质量控制指标 合格的悬浮剂，除保证使用时具有规定的有效成分含量外，还必须保证规定的物理性能，其公认的质量控制指标为：①外观为黏稠的可流动性悬浮液体；②有效成分含量不低于标明的含量；③一般要求粒径大小是 0.5～5μm，平均粒径小于 3μm；④悬浮率一般要求在 2 年储存期内不低于 90%；⑤分散性要求悬浮剂能以任意比例与水混合并稀释成稳定的悬浮液，在 20℃时能自发分散或稍加搅拌即可分散；⑥倾倒性合格，黏度一般控制在 1000mPa·s 以下；⑦热储稳定性要求（54±2）℃储存 14d，制剂外观、倾倒性、悬浮率、有效成分含量等指标没有明显的变化或在允许范围内；⑧冷储稳定性；⑨pH 一般为 6～9。

二、发展中的农药新剂型

水分散粒剂、微胶囊剂、微乳剂及水乳剂等 4 类省力化农药剂型是当前对环境友好的农药新剂型，以下将简要介绍其各个新剂型的概念、发展史及特性，同时还介绍各个剂型的基本组成、加工工艺，以及设备和质量技术控制指标。

(一) 水分散粒剂

水分散粒剂（water dispersible granule，WDG 或 WG）又叫干悬浮剂（dry flowable，DF）或粒型可湿性粉剂（granule type wettable powder），是一种加水后能迅速崩解并分散成悬浮液的粒状制剂。水分散粒剂是 20 世纪 80 年代在可湿性粉剂（WP）和水悬浮剂（SC）的基础上发展起来的新剂型。自 1979 年 Ciba-Geigy A. G. 开发出 90% 莠去津水分散粒剂以来，75% 绿黄隆、75% 苯黄隆、20% 醚黄隆、50% 抗蚜威、85% 甲萘威、80% 敌菌丹和 80% 灭菌丹等一大批水分散粒剂相继问世。1992～1993 年，美国销售的水分散粒剂占整个剂型的 11%，接近可湿性粉剂，并呈逐年增长的发展趋势。

水分散粒剂保持了可湿性粉剂和悬浮剂两大剂型的优点，同时还改进了它们的缺点。其无粉尘，易计量，不粘壁，包装处理简单，有效成分含量高，稳定性好，使用方便。具体而言，水分散粒剂具有以下基本特征：①使用过程中没有粉尘飞扬，对作业者安全，减少了对环境的污染。②与可湿性粉剂和悬浮剂相比，有效成分含量高，产品相对密度大，体积小，给包装、贮存、运输带来很大的经济效益和社会效益。③物理化学稳定性好，特别是在水中表现出不稳定的农药，加工成水分散粒剂比悬浮剂更有利。④在水中分散性好，悬浮率高，稀释液存放后经搅动仍可重新悬浮成均一的悬浮液。⑤产品流动性好，易包装，易计量，不粘壁，包装物易处理。⑥良好的掺和性，与常用农药剂型（如乳油、可湿性粉剂、水悬浮剂及液体化肥和微量元素）都有良好的掺和性。⑦剧毒品种加工成水分散粒剂可实现低毒化，提高了对作业人员的安全性。

1. 水分散粒剂基本组分的选择　　由于水分散粒剂是由可湿性粉剂和水悬浮剂发展起来的剂型，因此配制其的前体（造粒前的预制物）与可湿性粉剂和水悬浮剂的方法基本相同。剂型配方是由不同组分组合而成的，每种组分都按照产品的物理性能要求加入。水分散粒剂中功能不同的组分如下。

（1）原药　　一般农药原药均可加工成水分散粒剂。农药有效成分可以是液体、水溶性固体或不溶于水的固体。液体原药必须先用惰性载体（如陶土和硅胶）吸附后才能按固体原药那样进行加工。对于水溶性的原粉使用水溶性填料加工成水溶性粒剂（也属于水分散粒剂），对于水不溶的原粉直接加工成水分散粒剂。水分散粒剂剂型中的有效成分含量一般比较高，通常为 60%～90%。低含量的也可以制造，但经济上不如高含量的合理。

（2）润湿剂　　润湿剂的主要作用是增加颗粒进入水后的润湿速度和改善水进入水分散粒剂的渗透。其溶解速度较快，在溶液中可以进入颗粒内部，降低粉粒间的结合力，促进粒剂的快速崩解。

常用的润湿剂主要是阴离子型的表面活性剂，该类表面活性剂在水中的溶解速度较非离子型表面活性剂快。主要的品种有十二烷基苯硫酸钠、木质素磺酸钠、烷基磺酸钠盐和十八烷基丁二酸钠等，其中烷基磺酸钠盐是目前使用较广泛的一种。

（3）分散剂　　分散剂的主要作用是帮助水分散粒剂进入水中的粒子分散并防止它们重新再聚集，保证其呈悬浮状，以使喷施的农药均匀一致。同时，分散剂对颗粒的崩解也有一定的促进作用。一般选用一种不发黏的固体分散剂。当采用湿法造粒时也可用液体分散剂。

常用的分散剂有木质素磺酸钠、萘磺酸钠甲醛缩合物、烷基酚乙氧基化合物、多芳基酚乙氧基化磷酸酯、EO-PO 嵌段共聚物和聚羧酸盐等。其中木质素磺酸钠和萘磺酸钠甲醛缩合物是较为常用的两大类。但前者的分散持久性能较差，而后者在产品储存受潮时分散性能会降低，因此，在配方中建议两种类型分散剂同时复配使用，可以起到互补增效的作用。此外，对某种农药有效成分所选用的分散剂，必须通过试验才能找到理想的品种。

（4）黏结剂　　有时为了帮助剂型成型，需要添加黏结剂，较好的黏结剂有聚乙酸乙烯的聚合物、聚乙烯醇、聚乙二醇、乙烯-乙酸乙烯共聚物、可溶性淀粉等。有时填料（如膨润土）有自体黏结性和可塑性，加水混合就能成型。水也可以起到黏结剂的作用，在挤压造粒中经常使用。

（5）崩解剂　　崩解剂是为加快颗粒在水中的崩解速度而添加的物质，而且它可以完全分散成原来的粒度大小。它所起的作用是机械性机制，并非化学性的。它的分子吸收水后膨大成较大的粒度，或膨胀成弯曲形状并伸直，直至水分散粒剂颗粒被分散成较小的碎片。各种无机电解质都有此效果，如硫酸铵、食盐、钙和铝的氯化物等。

（6）防结块剂　　加入防结块剂的目的是为了防止加工过程中结块，它与最终产品的性能无多大关系。在制造过程中使颗粒包上很薄的一层细粒，防止颗粒之间相互黏结。应用防结块剂，可使物料在混合时均匀，并在运输中减少黏结现象，还可以防止产品在包装后颗粒结块，保持颗粒较好的流动性，使料容易从容器中倒出等。最常用的防结块剂是硅胶，一种是研磨的无定形硅胶，另一种是气溶硅胶。

（7）消泡剂　　由于配方中加入的表面活性剂可能有起泡作用，而在水分散粒剂用水稀释成药液时通常需要将药液搅拌均匀，若产生泡沫就会影响使用并降低药效，所以必须加入消泡剂。在水分散粒剂中不适合使用硅油类消泡剂，一般选用非离子皂类。

（8）填料　　填料是指用来稀释原药用的惰性物质，选用黏土类填料是因为它的价格低廉。其中黏土、高岭土、膨润土、碳酸盐类、白炭黑和滑石粉等都可以选用，还可用水溶性和非水溶性的其他填料。

2. 水分散粒剂的加工工艺　　将原药、分散剂、润湿剂、崩解剂、消泡剂、黏结剂、防结块剂等助剂以及少量填料，通过湿法或干法粉碎，使之微细化后，再通过喷雾干燥、流动床、挤压、盘式造粒等工艺造粒，便可制得水分散粒剂。

水分散粒剂的造粒程序可分为以下5个步骤：①成分混合——首先将主成分、分散剂、湿润剂、黏结剂、载体及水（湿粉碎时）充分搅拌均匀。②粉碎或研磨——一般来说粉碎或研磨有两种作用：一是将混合好的物料粉碎或研磨至预定的细度范围，目前要求最好达到1～10μm；二是强的粉碎或研磨作用使有效成分和助剂紧贴在一起，让每个有效成分颗粒的表面都包上一层很薄的助剂，使最终颗粒产品获得预计的良好分散性和悬浮性能。③造粒——将粉料团聚成颗粒。④干燥——这是在造粒后除去水分的操作，其中以流化干燥和喷雾干燥最为流行且效果最好。干燥温度不宜过高，最好低于70℃，一般能获得品质较好的水分散粒剂产品。⑤筛分——在造粒过程中有一部分过大和过小颗粒，必须从终产品中除去，因为过大的颗粒的含水量高而在水中崩解慢，过小的颗粒则过于干燥而使品质变坏。小颗粒还易产生粉尘，对使用者的安全和环境保护不利。

水分散粒剂的加工方法很多，总的来说可以分为两类：一类是湿法，另一类是干法。所谓湿法，就是将原药、助剂和辅助剂等，以水为介质在砂磨机中研细，制成悬浮剂，然后进行造粒，其方法有喷雾干燥造粒、流化床干燥造粒、冷冻干燥造粒等。所谓干法，就是将原药、助剂和辅助剂等，一起用气流粉碎或超微粉碎制成可湿性粉剂，然后进行造粒，其方法有转盘造粒、挤压造粒、高速混合造粒、流化床造粒和压缩造粒等。由于造粒的方法不同，其制造条件和产品的特征也不同。

（1）挤压造粒　　首先制造超细可湿性粉剂，然后将可湿性粉剂与定量的水（或带有黏结剂），同时加入捏合机中捏合，制成可塑性的物料，其中水分含量在15%～20%，最后将此物料送进挤压造粒机,进行造粒,通过干燥、筛分得到产品,其工艺流程见图4-12。

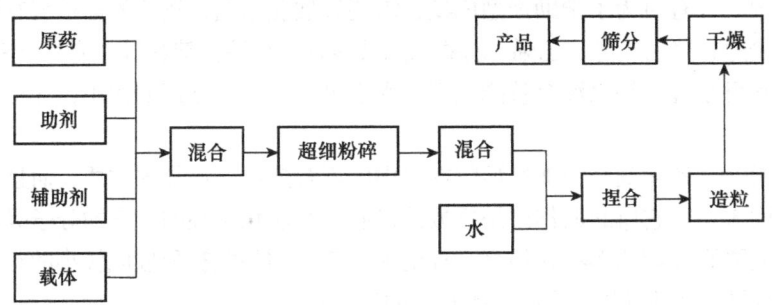

图4-12 挤压造粒法制备水分散粒剂工艺示意图(引自王开运,2009)

（2）喷雾干燥造粒　　喷雾干燥造粒分为两个工序：第一个工序是将原药与润湿剂、分散剂、崩解剂和稀释剂等一起在水中研磨得到需要的粒径,再加入其他所需助剂,调整其浓度和黏度,得到喷雾用的浆料。第二个工序是将浆料经喷嘴雾化成微小的液滴,射入喷雾容器（或塔）内,热空气与喷射滴并流或逆流进入干燥器。干燥所需的热空气由鼓风机吸入过滤器和加热器进入喷雾的容器,干净的热空气与浆料在造粒设备内与物料混合并蒸发浆料中的水分（图4-13）。

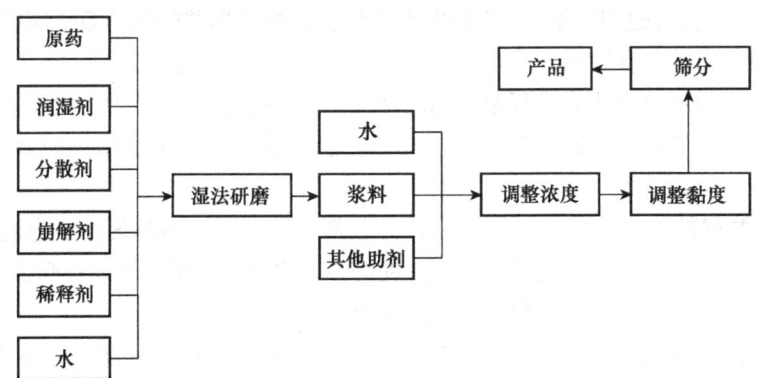

图4-13 喷雾干燥造粒法制备水分散粒剂工艺示意图(引自王开运,2009)

（3）转盘造粒　　转盘造粒也分为两个工序：第一个工序是将原药与助剂等制成超细可湿性粉剂（载体多为各种土类和白炭黑）；第二个工序是向倾斜的旋转盘中,边加可湿性粉剂,边喷带有黏合剂的水溶液进行造粒（也有的黏结剂事先加入可湿性粉剂中）（图4-14）。造粒过程分为核生成、核成长和核完成阶段,最后经干燥,筛分可得水分散粒剂。在国际市场销售的水分散粒剂,多数用此法生产。

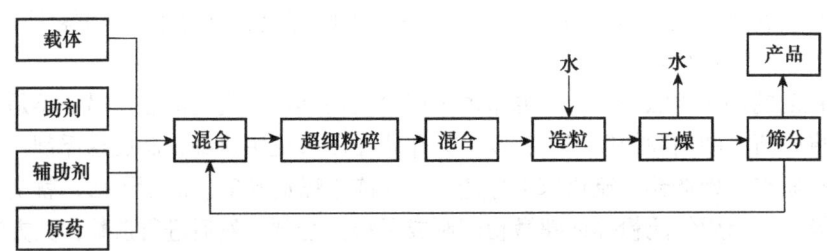

图4-14 转盘造粒法制备水分散粒剂工艺示意图(引自王开运,2009)

3. 水分散粒剂的质量控制指标　　水分散粒剂是在可湿性粉剂和水悬浮剂的基础上发展起来的颗粒剂,所以其质量控制指标和检测方法与可湿性粉剂、水悬浮剂及粒剂的相似,如水分、细度、润湿性、分散性、硬度、悬浮率、冷热储稳定性等。但国际上为了标准化，对某些项目做了更进一步的规定：①分散性。理想体系要求有效物无限悬浮，实际上要求 1~2h 分散体稳定，24h 后能良好地再分散。②润湿性。用刻度量筒试验法测得的润湿性能符合制剂要求。③崩解性。崩解时间≤3min 为合格。④可混性。能与不同类型的农药或化肥混用。⑤磨损率。样品置于圆底烧瓶中，经电动搅拌机搅拌 1h 后，过 0.188mm 筛，计算出的磨损率符合标准。

（二）微胶囊剂

微胶囊剂（microcapsules，MC）是利用物理、化学或物理化学及其相结合的微胶囊技术，把固体、液体农药等活性物质分散成几个到几百个微米的微粒，而后用高分子化合物包裹和固定起来，形成具有一定包覆强度的微小囊状制剂。胶囊加工完成后，还需将它们以一定的浓度稳定地分散、悬浮在作为连续相的水中。因此，它又被称为微胶囊悬浮剂（capsule suspensions，CS）。微胶囊剂是当前农药新剂型中技术含量最高的一种，于 1974 年首先由美国 Pennwalt 公司为了降低甲基对硫磷农药杀虫剂的毒性，开发并研制成最早的微胶囊剂产品，商品名为 Penncap M，投放市场后十分畅销。

微胶囊制剂中农药活性成分被包覆在密闭或半透性的壁膜中，因此微胶囊化的农药制剂与常规农药相比具有如下一些特性：①保护作用。由于农药封锁于胶囊之中，控制了光、热、空气、水及微生物的分解作用和无效的流失、挥发，持效期延长，特别对生物源农药作用更明显。②缓释作用。农药经微胶囊化后，由于壁材具有半透性，设计时可根据有效成分的理化性质控制其孔径大小，从而有效控制缓释剂量，控制缓释时间。③降低毒性。特别是一些剧毒农药，经微胶囊化对人、畜安全性可大大提高。④降低成本。原药使用量可减少到原用量的 1/3~1/2，介质由有机溶剂改为水，可有效降低产品成本。⑤药效提高。微胶囊剂的药效与乳油的药效相似或更好，并且具有更好的持效性。⑥减少施药次数，降低农业成本。由于其持效期延长，防治效果提高，一个生长周期内农药使用的次数减少，因而有效降低防治成本，省工省力。⑦减少农药对环境的危害。没有了高污染的有机溶剂，加上毒性降低，施药次数减少，极大地降低了对环境的危害。⑧改善稳定性、生物活性、耐雨性及目标的适用性。⑨使不同 pH 的原药复配成为可能。⑩使农药更适应水质。⑪通过微胶囊化，使液体农药变成固态农药，对贮存、运输十分有利等。

1. 微胶囊剂基本组分的选择 微胶囊剂由囊核和囊皮两部分组成。农药上商品化的微胶囊剂产品大都是采用界面聚合法和原位聚合法制得微胶囊悬浮剂（CS）来应用的。它们一般是由农药活性成分的芯料和一种聚合物材料的外壳壁构成的小球粒（一般粒径在 1~20μm），设计成控制释放芯料形式，以满足生物活性的需要。微胶囊悬浮剂的组分一般如下。

（1）农药活性成分　农药活性成分在化学上是稳定的，在水中不水解，可以是有机、无机、微生物等生物活性物质。固体和液体活性成分在水中不溶或有低的溶解度。液体活性成分最适合，使用固体活性成分必须先溶解在溶剂中配成溶液后才能加工。含量（m/m，下同）通常为 10%~30%。

（2）溶剂　选用加工乳油中的溶剂，含量为 0~15%。

（3）乳化剂　选用加工乳油中的乳化剂，含量为 1%~5%。

（4）聚合物单体　据统计现今用于囊壁材料的高分子化合物主要有聚脲类、聚氨基甲酸乙酯、三聚氰胺树脂、混合的聚脲/聚酰胺、明胶/阿拉伯胶、聚酰胺、脲/甲醛、纤维素、尼龙和聚乙烯/石蜡等。

（5）其他添加成分　其他的添加成分可加入到微胶囊悬浮液中，以满足剂型物理性能的需要，包括润湿/分散剂、抗沉淀剂、消泡剂和pH调节剂等，可参照加工悬浮剂来选用。润湿/分散剂含量为0～5%，抗沉淀剂含量为1%～3%，消泡剂含量<1%。

2. 微胶囊剂的加工工艺　　依据囊皮形成的机制和成囊条件，微胶囊剂制备方法大致可分为3类，即物理法、化学法和物理化学法。物理法有喷雾干燥法、空气悬浮法、沸腾床涂布法、离心挤压法、旋转悬挂分离法等；化学法一般包括界面聚合法、原位聚合法等；物理化学法有复凝聚法、水相分离法、油相分离法、干燥浴法（复相乳化法）、熔化分散冷凝法等。

欲把某种农药制成微胶囊剂，主要根据农药的稳定性、挥发性、释放特性和施药环境的特殊要求，来选用相应的囊皮材料和成囊方法。其中界面聚合法、原位聚合法在微胶囊剂中应用较多。

(1) 界面聚合法　　这是一种广泛使用的、在相界面上生成缩合聚合物类的界面聚合技术。这种界面聚合技术与其他的聚合合成方法不同之处在于它是利用在两个非互溶相的界面上而不是在某一个单相区内进行的反应技术，这是一种工艺较为简单、加工农药活性成分最常用的微胶囊方法。

其方法是将第一单体（即油溶性单体）溶在含农药活性成分的油相中，形成的溶液这时分散在连续相（通常是水）中，连续相中一般含有一种或几种乳化剂和（或）分散剂；然后将第二单体（即水溶性单体）加到连续相中，这时两种单体在乳液滴的油-水界面上立即发生聚合反应，生成一种围绕乳液滴的聚合物囊壁。界面聚合在室温下可以迅速地发生，以这种方式得到的是一种水相微胶囊悬浮剂产品。

界面聚合法在使用时必须考虑的因素有：①农药活性成分必须是一种不溶于连续相（通常是水）的分散液体，它既可以是一种悬浮液，也可以是一种含有适当溶剂的溶液；②农药活性成分和单体之间不能有主要反应；③选用的单体必须能溶在每个相中，这一点是很重要的；④单体之间反应比任何一侧的单体与溶剂或者其他成分要快得多。因此对农药类加工微胶囊剂而言，两相体系中最常用的形式是一种O/W乳液，这时反应发生在油滴界面上，得到一种微胶囊农药颗粒分散在水中的悬浮液，最终可加工成微胶囊（水）悬浮剂。

(2) 原位聚合法　　原位聚合也称为原地聚合，也是制备农药微胶囊的一种常用方法，它有两种方式可用。

1）聚胺（或脲）和醛类聚合法：这是一种以聚胺类与一种醛类在水相中聚合生成三聚氰胺（即密胺）-甲醛或者脲-甲醛的微胶囊聚合法。在此过程中，低分子质量的三聚氰胺-甲醛或者脲-甲醛的预聚合物先溶解在水中，不溶于水的农药活性成分被乳化（或分散）进入该溶液，降低pH到3.5左右，然后加热到50℃反应若干小时，使预聚合物围绕农药活性成分界面聚合生成一种不溶的囊壁，即原位聚合。利用预聚合物是为了避免直接使用游离醛去反应。此法的主要缺点是生成囊壁需要较长时间，必须被稳定在低pH下进行反应和必须保证给定芯料中不含有任何能与胺或醛起反应的任何官能团。

2）异氰酸酯水解法：在油相中某些多官能团异氰酸酯起始物通过周围围绕的水起反应，水解成胺。这种胺在原位（或原地）立即与剩余的多官能团异氰酸酯起反应，生成一种类似于上述界面聚合法的聚脲囊壁。原地聚合反应如下：

$$OCN-R-NCO + H_2O \longrightarrow HOOCNH-R-NHCOOH \longrightarrow NH_2-R-NH_2 + 2CO_2\uparrow$$
　　（多元异氰酸酯）　　　　　　　　　（氨基甲酸）　　　　　　　（二元胺）

多元异氰酸酯先与水反应生成极不稳定的氨基甲酸，并立即分解成二元胺，同时放出二氧化碳。生成的二元胺又继续与游离的多元异氰酸酯反应生成聚代脲，以下按界面聚合反应进行，即取代脲分子上两端的氨基又继续与多元异氰酸酯反应，使聚合反应逐步进行下去生成聚脲。

该法与界面聚合法不同之处在于仅使用一种原料单体,另一不同点是反应过程中产生的 CO_2 要冲破正在形成的聚合物膜而逃逸出去,结果在囊壁上形成许多微孔,成为农药活性成分扩散渗出通道,从而得到较理想的微胶囊悬浮剂。

这种工艺过程的主要优点是胺类不必加入到水相中去,这就避免在反应时因胺类浓度过高或过低的变化带来诸多问题。除此之外,它与上述的界面聚合法稍有的不同之处在于聚合物囊壁生成是在分散农药油相界面内侧而不是在连续相水相一侧,其特点是可能加工得到较高浓度的微胶囊剂。其缺点是胺类的水解反应会产生 CO_2,这将导致带来泡沫及可能引起囊壁的多孔性和不良的完整性等问题。此外,该法比起两相界面聚合法需要更长的时间才能完成等。

3. 微胶囊剂的质量控制指标

合格的微胶囊悬浮剂的质量控制指标为:①外观为黏稠的可流动性悬浮液体;②有效成分含量不低于标明的含量;③一般要求粒径大小是 $1\sim100\mu m$;④包封率≥90%;⑤热储稳定性要求 $(54\pm2)℃$ 储存 14d,分解率≤5%,包裹率≥85%;⑥冷储稳定性要求 $(-5\pm2)℃$ 储存 7d,无结晶析出,流动性好;⑦pH 一般为 $3\sim5$;⑧缓释性能符合制剂标准。

(三) 微乳剂

微乳剂 (micro-emulsion, ME) 是由基质水与农药液体 (固体原药溶于有机溶剂),在表面活性剂或助表面活性剂的作用下,形成各向同性的、热力学稳定的、外观是透明或半透明的、单相流动的分散体系。从 20 世纪 70 年代,美、德、印、日、法等国就已开始研究农药微乳剂,最先研制成功的是氯丹微乳剂,并已商品化。随后陆续有杀虫剂、杀菌剂、除草剂和卫生用药等的微乳剂研究报道。涉及的杀虫剂包括有机磷类、菊酯类和氨基甲酸酯类等。在日本,菊酯类农药大部分都加工成微乳剂,其他西方发达国家,工业化商品化的微乳剂农药品种也以每年近 30% 的速度上升。20 世纪 80 年代后期,我国开始研制家庭卫生用微乳剂,90 年代才开始研究农用微乳剂。1992 年安徽化工研究院首次研制成功 8% 和 20% 氰戊菊酯微乳剂;1995 年化工部农药剂型中心又研制出 5% 高效氯氰菊酯微乳剂、菊酯类杀虫剂及灭多威等复合微乳剂,同时研究了微乳剂的物理稳定性。

微乳剂可以是油分散在水中,也可以是水分散在油中形成的稳定体系,它具有其自身的特点。其优点是:①分散质点小,粒径小于 100nm,所以制剂外观透明或半透明;②在制备时不用或少用有机溶剂,不仅节约了能源,还减少了环境污染,对环境友好,被称为环境友好剂型;③这种剂型有效成分高度分散,粒径小,渗透力强,药效高;④微乳剂的分散介质是水,较少使用有机溶剂,因此使用安全,便于贮存、运输,不易燃烧、爆炸;⑤微乳剂可自发形成,故加工工艺简单。其缺点是:①由于体系中存在大量的水,有时产品在储存过程中会变混浊或发生分层;②乳化剂的用量要比相应的乳油多,在有机溶剂价格低廉时,微乳剂在加工、成本和稳定性等方面就不再具有竞争力;③微乳剂的有些产品使用了大量的增溶剂和乳化剂,对环境可能有潜在的影响。

1. 微乳剂基本组分的选择 微乳剂主要由农药有效成分、少量有机溶剂 (仅起溶解固体原药的作用)、乳化剂、防冻剂和水等组成。如有需要,可适当加入助溶剂、增效剂等。

(1) 原药有效成分 微乳剂的配制技术要求高,难度大,并非所有的农药品种都能配成微乳剂,符合制备微乳剂的农药有效成分种类有:①在水中稳定的农药有效成分,如菊酯类、阿维菌素类、烟碱类、有机磷中的辛硫磷、毒死蜱、二嗪类、三唑磷等,大多数的氨基甲酸酯类等;②固体原药则必须在有机溶剂中具有一定的溶解度,否则不易制成微乳剂,如磺酰脲类除草剂;③有些高熔点的固体原药也能制成微乳剂,如阿维菌素 (熔点 $150\sim155℃$) 等,这打破了传统认为的低熔点的原药才易于加工成微乳剂的观念。

微乳剂有效成分的含量一般较低,质量分数大多数不超过20%,当然也有少数几种含量较高,如毒死蜱可以制成30%,乙草胺可以制成50%的微乳剂。有效成分含量的高低与制剂的稳定性、药效成本等因素有关。

(2)乳化剂　　乳化剂是关键的组分,是制备微乳剂的先决条件,选择不当,就不能制成透明的微乳状液体,必须进行细致的选择试验。选择表面活性剂时应参考它的HLB值和CMC。通常极性较大的有效成分,选择较高HLB值的表面活性剂,极性较弱的有效成分,可以选择较低HLB值的表面活性剂;高HLB值的非离子表面活性剂与低HLB值的表面活性剂搭配使用,可以制备透明温度范围宽广的微乳剂。常用的非离子表面活性剂有苄基联苯酚聚氧乙烯醚、苯乙基酚聚氧乙烯醚、苯乙基酚聚氧乙烯聚氧丙烯醚、壬基酚聚氧乙烯醚、烷芳基酚聚氧乙烯醚甲醛缩合物、国产农乳300号、国产农乳700号等。可用的阴离子表面活性剂有烷基苯磺酸盐(钠、钙、镁)等、烷基酚聚氧乙烯磷酸盐、三苯乙基苯酚聚氧乙烯磷酸盐和硫酸盐等。

(3)助表面活性剂　　微乳剂制备过程中,通常加入一些醇类物质作助表面活性剂,这类物质本身没有乳化能力,但是它的加入却可以增强表面活性剂的活性,降低界面张力,增强界面流动性,调整表面活性剂的HLB值,有效促进微乳的形成。一般选择表面活性剂与助表面活性剂的链长比为2,常用的助表面活性剂有低级醇、中级醇类等物质,另外还有低分子质量的酮类、胺类等物质,一般加10%左右。

(4)溶剂　　当原药为固体或黏稠状液体时,需要加入一种或多种溶剂,将其溶解成可流动的液体,既便于操作,又达到提高制剂储藏稳定性的目的。选择溶剂的依据:①溶解性能好;②挥发性小,毒性低;③不会导致体系的物理、化学稳定性下降;④来源丰富,价格较便宜。

(5)防冻剂　　因微乳剂中含有大量的水分,如果在低温地区生产和使用,需考虑防冻问题。常用的防冻剂有乙二醇、丙二醇、丙三醇和聚乙二醇等。

(6)水　　水是微乳剂的主要组分。一般水包油型微乳剂含水量都较多,为18%~80%。水质是影响微乳剂物理稳定性的重要因素。当配方确定后,所用水质也必须相对稳定,如水质改变,配方也需要相应调整。水分可选择蒸馏水、去离子水(软化水)和天然水。蒸馏水水质稳定,但成本高。去离子水处理设备简单,便于推广,比蒸馏水费用低,质量也相对稳定。天然水包括大气水、地面水和地下水。大气水以雨和雪的形式降落,但易收集;地面水主要是河湖水,矿物质少,有机杂质多;地下水含各种盐类,硬度高。其中,地面水和地下水成本最低,但应固定取水地点,经常检查水质。

2. 微乳剂的加工工艺　　根据微乳剂的配方组成特点及类型要求,可选择相应的制备方法,使体系达到稳定。综合国内外文献,可归纳为以下几种方法。

(1)乳化法(直接法)　　将乳化剂和水混合成水相,将油溶性的农药加入水相,并不断搅拌,复配成透明的水包油(O/W)型农药微乳剂(图4-15)。

(2)可乳化油法　　将乳化剂溶解于农药油相中,形成透明溶液,后将油相加入水中或将水

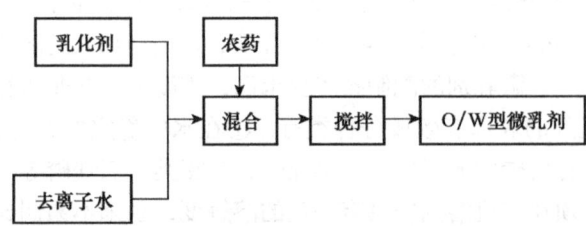

图4-15　乳化法配制微乳剂示意图(引自王开运,2009)

相加入油中，不断搅拌，复配成透明的水包油型农药微乳剂或油包水型农药微乳剂（图 4-16）。

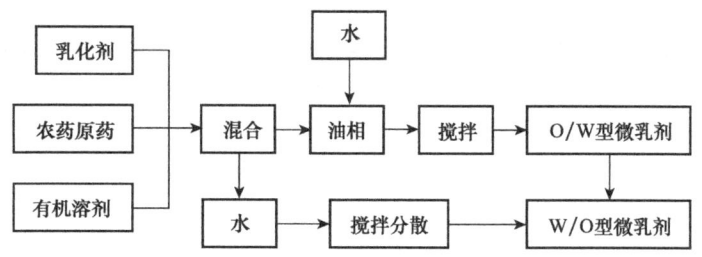

图 4-16　可乳化油法配制微乳剂示意图（引自王开运，2009）

（3）转相法（反相法）　将有机溶剂、农药原药和乳化剂混合成均匀透明的油相，缓慢加入水相，不断搅拌，形成油包水型乳状液，继续搅拌加热，使其迅速转相成水包油型乳状液，冷却至室温使之达到平衡，最后过滤得到稳定的水包油型农药微乳剂（图 4-17）。

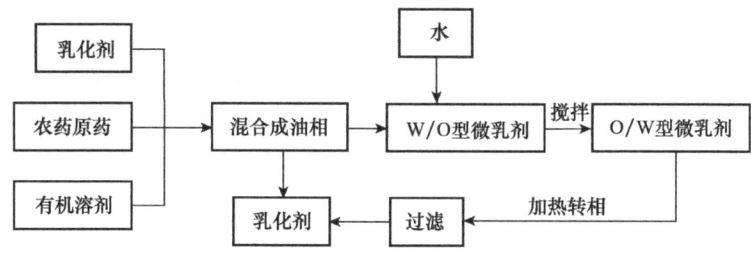

图 4-17　转相法配制微乳剂示意图（引自王开运，2009）

（4）二次乳化法　当农药体系中存在油溶性和水溶性两种不同性质的农药时，可将农药水溶液和低 HLB 值的乳化剂混合成油相，通过强烈搅拌，得到粒子在 100nm 以下的油包水乳状液，再将其加入高 HLB 值乳化剂的水溶液中，平稳混合，得到油包水水包油型农药微乳剂（图 4-18）。

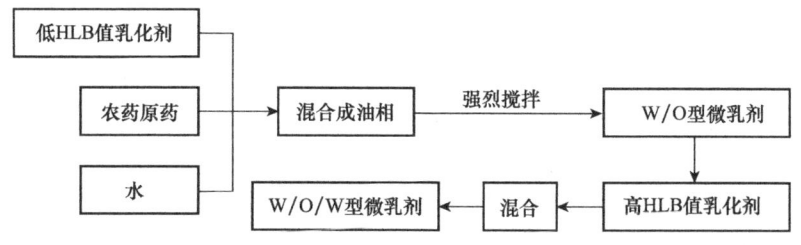

图 4-18　二次乳化法配制微乳剂示意图（引自王开运，2009）

3. 微乳剂的质量控制指标　微乳剂的质量控制指标如下。①外观：要求外观为透明或近似透明的均相液体，无可见的悬浮物和沉淀。②有效成分含量：对于微乳剂而言，含量大小是根据该农药品种配制微乳剂的可行性和适用性而确定的。一般情况，产品的含量都不太高，为 10%～30%。③乳液稳定性：按农药乳油的国家标准规定的乳液稳定性的测试方法进行，用 342mg/L 标准硬水，将微乳剂样品稀释后，于 30℃静置 30min，保持透明状态，无油状物悬浮或固体物沉淀，并能与水以任何比例混合，视为乳液稳定，建议微乳剂的乳液稳定性的稀释倍数为 100 倍。④低温稳定性：样品在低温时不产生不可逆的结块或浑浊视为合格。试样在（0±2）℃的冰箱中贮藏 14d 后，如外观透明，无沉淀或分层，流动性和乳化性能均无变化，则低温稳定性合格。⑤pH：在微乳剂中，pH 往往是影响化学稳定性的重要因素，必须通过试验寻找最适宜的 pH

范围，生产中应严加控制。⑥热贮稳定性：将样品装入安瓿瓶中，在（54±2）℃的恒温箱里贮存四周，要求外观保持均相透明，若出现分层，于室温振摇后能恢复原状，建议一般微乳剂的有效成分热贮分解率≤5%。⑦透明温度范围：由于非离子表面活性剂对温度的敏感性很大，因而微乳剂只能在一定温度范围内保持稳定透明，一般要求0~40℃保持透明不变，好的可达—5~60℃。⑧持久起泡性符合标准要求。⑨乳化分散性：在标准硬水中能自动均匀分散。⑩经时稳定性：样品装入安瓿瓶密封于自然条件下保存2年后，各项指标符合标准要求。

（四）水乳剂

水乳剂（emulsion，oil in water，EW）也称浓乳剂（concentrate emulsion，CE），是亲油性液体原药或低熔点固体原药溶于少量非极性有机溶剂中，再乳化于水中形成的一种不透明的乳状液。该乳状制剂久置后允许有少量分层，轻微摇动或搅动应是均匀的。油珠粒径通常为0.7~20μm，比较理想的是1.5~3.5μm。在20世纪80年代，国外已有水乳剂研制开发的资料和专利报道，并于90年代初已有部分水乳剂商品化，如德国赫斯特公司的骠马水乳剂（EP533057），德国先灵公司的嗪氨灵水乳剂（US4112873），法国罗纳-普朗克公司的咪鲜胺水乳剂（EP437062）、氯氰菊酯等拟除虫菊酯类水乳剂（EP500401），日本住友公司的杀螟松等有机磷类（J.K93—25011），美国孟山都的甲草胺等酰胺类除草剂水乳剂（US4460406）和吡啶羧酸类除草剂水乳剂（PCI90—67272），美国山道士的胺丙畏水乳剂（EP253762）等专利产品。在我国，水乳剂作为一种重要的绿色水基化制剂，发展速度也很快。国内1993年开始有水乳剂制剂获得登记，到1998年登记的品种只有13个，2004年年底登记的品种已达到118个，至2007年4月，处于登记有效期的农药水乳剂品种共214个，约占总登记品种的1%。截至2012年2月，处于登记有效期的农药水乳剂品种共405个，约占总登记品种的1.5%。农药水乳剂发展势头十分迅猛，已成为农药剂型发展的一个重要方向。

水乳剂有水包油型（O/W）和油包水型（W/O）两类，其中有实用价值的是水包油型（O/W），即油相作为分散相，水作为连续相，农药有效成分在油相中。因此，水乳剂具有以下基本特性：①不用或少用有机溶剂——与乳油相比，由于不含或只含有少量有毒易燃的苯类等溶剂，因而可以避免生产和贮运中的燃烧和爆炸；无难闻的有毒的气味，对眼睛刺激性小，减少了对环境的污染，大大提高了对生产、贮运和使用者的安全性。②比相应的乳油成本低——以廉价水为基质，乳化剂用量为2%~10%，与乳油的近似，虽然增加了一些共乳化剂、抗冻剂等助剂，有些配方在经济上已经可以与相应乳油竞争。③降低了毒性和药害——喷洒雾滴略比乳油大，飘移减少，有不少试验证明，水乳剂药效与同剂量的乳油相当，而对温血动物的毒性大大降低，对植物的毒性比乳油安全。④良好的掺和性——与其他常用的农药剂型（如乳油、可湿性粉剂、水悬浮剂及液体化肥和微量元素）都有良好的掺和性。⑤存在的问题——A. 由于制剂中含有大量的水，有效成分易分解；B. 物理稳定差；C. 由于油珠细度高的乳状液稳定性好，为了提高细度，有时需要特殊的乳化设备，因此水乳剂在选择配方和加工技术方面比乳油要求高。

1. 水乳剂基本组分的选择 水乳剂作为一种农药剂型应具有良好的热贮稳定性、冻融稳定性和水稀释稳定性，因此其配方比较复杂。通常含有效成分、溶剂、乳化剂或分散剂、共乳化剂、水、抗冻剂、消泡剂、抗微生物剂、密度调节剂、pH调节剂、增稠剂、着色剂和气味调节剂。其中有的是必需的，有的可有可无。配方研究的任务就是筛选和优化各个组分及其含量，以获得性能优良而又廉价的水乳剂。

（1）有效成分 一般来说，用于加工水乳剂的农药原药要求熔点小于60℃；具脂溶性，水中溶解度应小于0.1%（1000mg/L）以下。在水中能长期稳定，与其他农药混合时，原药间无化学变化，添加的少量溶剂不溶于水。水溶性高的农药对乳状液的稳定性影响很大，不宜加工成水乳剂。有机磷、氨基甲酸酯等类农药容易水解，但可通过乳化剂、共乳化剂及其他助剂的选择，如能解决水解问题，也可加工成水乳剂。熔点很低的液态原药可直接加工成水乳剂。熔点较高者溶于适当溶剂，也可加工成水乳剂。适合加工成乳油的农药，如能以水全部或部分代替溶剂而加工成水乳剂是很有实用价值的。水乳剂的有效成分，一般在30%以下，浓度太高易从O/W转相为W/O悬浮体。

（2）溶剂　　有些液态农药在低温条件下会析出结晶，有的常温下就是固体，要将它们配成水乳剂，还需借助于溶剂。所用溶剂应当理化性质稳定、不溶于水、闪点高、挥发性小、无恶臭、低毒、不污染环境、廉价，容易得到。目前，人们正在积极寻找甲苯、二甲苯等有害溶剂的代用品，但二甲苯等芳烃溶剂仍为主选溶剂。N-长链烷基吡咯烷酮溶解能力强，具有表面活性，低毒，可生物降解，对环境安全，但成本较高，是一类值得关注的优良溶剂。

（3）乳化剂　　农药水乳剂中，乳化剂的作用是降低表面和界面张力，将油相分散乳化成微小油珠，悬浮于水相中，形成乳状液。乳化剂在油珠表面有序排列成膜，极性一端向水，非极性一端向油，依靠空间阻隔和静电效应，使油珠不能合并和长大，从而使乳状液稳定化。该膜的结构、牢固和致密程度及对温度的敏感性决定着水乳剂的物理和化学稳定性。因此，乳化剂的选择是水乳剂配方研究的关键。

农药配方中应用最多的是阴离子和非离子表面活性剂，在水乳剂中，大部分阴离子表面活性剂（如磺酸盐类、硫酸盐类、木质素磺酸盐类等）都会引起水乳剂配方不稳定，易引起分层，一个例外是分子质量很大的磷酸酯（酸的形式）类表面活性剂，它可以有效地控制水乳剂的聚结和絮凝现象。应用较多的是亲水亲油平衡值（HLB）在12~18的非离子表面活性剂，如环氧乙烷-环氧丙烷嵌段共聚物、聚氧乙烯烷基苯醚、聚氧乙烯烷基醚、烷基苯磺酸钙、环氧乙烷-脂肪伯胺缩合物、聚氧乙烯山梨糖醇酐酯、聚氧乙烯脂肪酸酯等。应根据不同的配方确定乳化剂的种类和用量。

（4）分散剂　　聚乙烯醇、阿拉伯树胶等分散剂与增稠剂配合也可配制低温和冻融稳定性良好的水乳剂。

（5）共乳化剂　　共乳化剂是小的极性分子。因有极性头，在水乳剂中，被吸附在油水界面上。它们不是乳化剂，但有助于油水间界面张力的降低，并能降低界面膜的弹性模量，改善乳化剂性能。丁醇、异丁醇、十二烷醇-1、十四烷醇-1、十八烷醇-1、十九烷醇-1、二十烷醇-1等链烷醇类均可作共乳化剂，用量为0.2%~5%。

（6）抗冻剂　　常用的抗冻剂有乙二醇、丙二醇、甘油、己二醇、尿素、硫酸铵、$NaCl$、$CaCl_2$等。我们发现丙二醇、己二醇和丙二醇甲基醚不仅能作防冻剂，还有较好的辅助表面活性作用。

（7）消泡剂　　有时为了消除加工过程中的泡沫，需要加入消泡剂。常用的是有机硅酮消泡剂。

（8）抗微生物剂　　如果配方中含有容易被微生物降解的物质如糖类等，需加入抗微生物剂，以防变质。常用的抗微生物剂有2-羟基联苯、山梨酸、苯甲酸、苯甲醛、对羟基苯甲醛、对羟基苯甲酯。1,2-苯并噻唑啉-3-酮（BIT）抗微生物谱广，不含甲醛，在广泛的pH范围内有效，对温度稳定性好，不和增稠剂反应，已被美国环境保护署（EPA）和美国食品药品监督管理局（FDA）批准用于水乳剂和水悬剂作抗微生物剂。

（9）pH调节剂　　许多农药的化学稳定性与环境的pH关系很大，多数在中性或稍偏酸性条件下稳定。容易水解的有机磷和氨基甲酸酯类农药在贮存过程中因水解而使pH逐渐降低。

为了抑制水解，为了保持 pH 稳定，需用缓冲剂和 pH 调节剂。除了一般的无机和有机酸碱作 pH 调节剂外，用磷酸化表面活性剂调节 pH 稳定效果好，不容易出现结晶。

（10）密度调节剂　　水乳剂中，油相和水相密度越接近，两相越不容易分层。无机盐、尿素等通常可作密度调节剂。当加入无机盐降低非离子表面活性剂在水中的溶解度，达到表面活性剂的浊点影响制剂稳定性时，可通过调节水乳剂中所用溶剂系统的密度来使油相和水相密度接近。

（11）增稠剂　　有的水乳剂配方需要增稠剂。常用的增稠剂有聚丙烯酸酯、纤维素衍生物、黄原胶、矿物黏土、70%～90% 皂化率的聚乙烯醇和阿拉伯胶。前述氰戊菊酯配方中，以聚乙烯醇为分散剂时，需加黄原胶、硅酸铝镁等增稠剂以增加水乳剂的稳定性。

（12）着色剂和气味调节剂　　为了区别于其他物品，水乳剂中可加着色剂，如偶氮染料和酞菁染料。对于家庭卫生用药，可加香味油调节气味。

（13）水　　配水乳剂用水的水质比较重要，有的配方要求用去离子水，以提高制剂的稳定性。

2. 水乳剂的加工工艺　　水乳剂的加工工艺比较简单，通常是将原药、溶剂和乳化剂、共乳化剂加在一起，使溶解成均匀油相。将水、抗冻剂、防腐剂等混合在一起，成均一水相。在高速搅拌下，将水相加入油相或将油相加入水相，形成分散良好的水乳剂（图 4-19）。

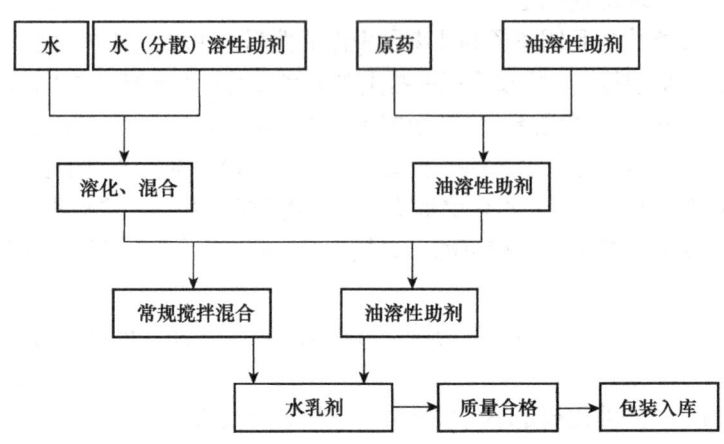

图 4-19　水乳剂加工工艺流程简图（引自王开运，2009）

由于多数水乳剂是水包油型，即油为分散相，水为连续相，农药有效成分在油相。两相混合发生乳化，形成不稳定乳状液，乳液的粒径大小对水乳剂稳定性影响很大。一般来说，油珠越小，稳定性越好。据报道，有两种设备在配制分散乳化能力弱的水乳剂配方时应用较多：具备高剪切搅拌能力的高压均化设备和胶体磨。它们能提供高能量，使乳液粒径很细。以聚乙烯醇为分散剂、加增稠剂使水乳剂稳定的配方，使用高压均化器才能使分散相达到所要求的细度。均化器或胶体研磨在运行过程中会产生大量的热使物料的温度升高，应注意控制温度在配方要求的范围内。同时应注意温度对乳化剂浊点的影响。配方中选用的乳化剂系统分散乳化能力强，通过搅拌，可使分散相达到要求细度，配制设备可选用带普通搅拌的搪瓷釜。

3. 水乳剂的质量控制指标

水乳剂的质量控制指标：①外观（颜色、物态等）——水乳剂外观一般为不透明乳白色黏稠乳状液或加入警戒色所呈的颜色。久置后允许有少量分层，轻微摇动或搅动应是均匀的。②有效成分含量——根据原药理化性质、生物活性及其与溶剂、乳化剂、共乳化剂的溶解情况，加工成水乳剂的稳定情况来确定制剂的有效含量。③热贮稳定性——作为农药商品，保质期要求至少两年。（54±2）℃贮存 14d，有效成分分解率低于或等于 5% 是合理的，至少应低于 10%。作为水乳剂还应不分出油层，维持良好的乳状液状态。只分出乳状液和水，轻轻摇动仍能成均匀乳状液算是合格，只有分出油层才算不合格。也可于 50℃贮存 1 个月进行观察，确定是否合格。④低温稳定性——为保证水乳剂能安全过冬，需进行低温贮存稳定性实验。可将适量样品装入瓶中，密封后于 -5~0℃或 -9℃冰箱中贮存 1 周或 2 周后观察，不分层无结晶为合格。⑤冻熔稳定性——这是模拟仓贮条件设计的一种预测水乳剂在恶劣环境下长期贮存稳定性和贮存期限的方法。⑥ pH——pH 对于水乳剂的稳定性，特别是有效成分的化学稳定性影响很大。因此，对商品水乳剂的 pH 应有明确规定，以保证产品质量，具体数值应视不同产品而定。⑦细度——弗里洛克斯（K. M. Friloux）等试验表明水乳剂油珠平均粒度小，样品稳定性就最好，认为有可能用细度预测样品的稳定性。⑧黏度——有的配方必须加增稠剂产品才能稳定。但黏度高不利于分装，稀释性能不好，容器中残留物多。为保证质量，应对产品黏度作适当规定，国内规定用倾倒性试验来测试物质黏度是否合格。⑨水稀释性——商品水乳剂浓度较高，田间喷施时需兑水稀释。不同地区水质差别很大，因此，要求水乳剂必须能用各种水质的水稀释使用而不影响药效。

三、农药剂型的发展方向

当今世界面临四大难题，即人口问题、粮食问题、资源问题和环境问题，而这一切无不与农药有关。随着人类社会的发展和科技的进步，农药工业也在不断进步，但是，由于市场竞争的加剧，特别是人类对环境保护意识的增强，对农药的安全性要求日益严格，农药原药新品种的开发周期长、耗资多、风险高、难度大，因此，世界各国都更加重视农药新剂型的研究开发与改进。目前，以高效、安全、经济和方便为目标的农药新剂型的研制已经逐步兴起。国内外农药的剂型正朝着水基性、粒状、缓释、多功能省力化的方向发展。当今世界农药制剂的开发特点如下。

1）整个农药剂型向水基化和颗粒化发展，尤其自 20 世纪 90 年代下半期以来，悬浮剂、水分散粒剂、水乳剂等环保型剂型成为当今农药制剂发展的主体，并占绝对优势。农药剂型的开发，不仅对于新开发农药如此，同时对一些传统农药也正逐步进行改造向环保型剂型发展。

2）在 20 世纪 80 年代农药品种有效成分用量平均为 500g/hm^2，而在 90 年代后期起则为 50g/hm^2，甚至更低。新颖农药由于多为高活性品种，故其制剂中有效成分含量也由传统的从高向中、低含量变化。现今新农药配制的剂型多为 10%~50%，如噻虫嗪、螺虫酯、氟氰草酯、吡唑醚菌酯等，而在 20 世纪 70~90 年代中期，农药制剂的含量往往在 70% 以上，甚至高达 90%。也正因为新开发的农药多为超高效品种，故配制中、低含量制剂，可留有一定空间加入增强各种效能的辅助剂，以充分发挥药剂作用。

3）虽然在新开发的制剂中也有一些乳油品种，但用到的多为环保型溶剂。新技术、新材料的应用，也是新型制剂开发的方向。随着释放技术、表面化学技术、传感技术的兴起和进步，各种高功能性农药制剂更不断被开发。同时，具有这些功能的新颖材料和技术也不断问世和被利用，如自行检定目标 [传感功能（sensor function）]、选择所需农药 [信息处理功能（processor function）]、控制释放 [调节器功能（acturaton function）] 将在农药上被进一步应用，届时，农药的剂型、使用将向更安全、更省力、更增效的方向迈进。

第四节 农药剂型加工实例

一、可湿性粉剂的加工与质量检测

（一）实验目的

学习可湿性粉剂的制备步骤及技术；练习高速粉碎机、气流粉碎机的操作；了解可湿性粉剂的质量控制指标并学习其检测方法。

（二）实验原理

农药可湿性粉剂是由农药原药、分散剂、润湿剂、填料按一定的比例经过混合后，将混合物经过机器粉碎制备成的固体粉状制剂。药剂加水后的润湿时间越短越好，并能够迅速分散成稳定的悬浮液，分散后悬浮液的稳定时间长为最佳。

（三）实验材料

1. 实验药品

农药原药：多菌灵原粉。载体：拉开粉、滑石粉。润湿剂：十二烷基苯磺酸钠（ABS-Na）。分散剂：亚甲基二萘磺酸钠（NNO）。水：蒸馏水、去离子水、自来水、标准硬水（硬度342mg/L）。其他：无水氯化钙（$CaCl_2$）、带6个结晶水的氯化镁（$MgCl_2 \cdot 6H_2O$）、1mol/L氨水溶液、1mol/L盐酸溶液、0.1mol/L氢氧化钠溶液、0.1mol/L盐酸溶液、0.5%甲基红溶液。

2. 仪器设备　　天平（分析天平和电子天平）、研钵、200目筛、40目筛、滤纸、烧杯、pH计、具塞磨口量筒、高速粉碎机、气流粉碎机和载片等。

（四）实验操作步骤

配制50%多菌灵可湿性粉剂：92%的多菌灵原粉11g（55.2%），拉开粉1.5g，滑石粉（300目）7.4g，ABS-Na 1g，NNO 1g。

将上述原料在研钵中初步磨细、混匀后分别于高速粉碎机、气流粉碎机中粉碎制成50%多菌灵可湿性粉剂，高速粉碎时间应大于10min。要求99%能通过200目筛。

（五）质量检测

1. 标准硬水配制方法

（1）贮备液

A溶液——0.04mol/L的钙离子溶液：准确称取碳酸钙4.0g（使用前在400℃烘2h）倒入800mL烧杯中，加少量蒸馏水润湿，然后缓缓加入1mol/L盐酸82mL，充分搅拌混合，待碳酸钙全部溶解后，加蒸馏水400mL，煮沸，除去二氧化碳。冷却至室温后，加入2滴甲基红指示剂溶液，用1mol/L氨水中和至橙色，将此溶液转移到1L容量瓶中，用蒸馏水稀释至刻度，混匀。贮存于聚乙烯瓶中备用。

B溶液——0.04mol/L镁离子溶液：准确称取氧化镁1.613g（使用前在105℃干燥2h），倒入800mL烧杯中，加入少量蒸馏水润湿，然后缓缓加入1mol/L盐酸82mL，充分搅拌混合并缓缓加热，待氧化镁全部溶解后，加蒸馏水400mL，煮沸，除去二氧化碳。冷却至室温后，加入

2 滴甲基红指示剂溶液，用 1mol/L 氨水中和至橙色，将此溶液转移到 1L 容量瓶中，用蒸馏水稀释至刻度，混匀。贮存于聚乙烯瓶中备用。

（2）标准硬水制备　　移取 68.5mL 溶液 A 和 17.0mL 溶液 B 于 1L 烧杯中，加蒸馏水 800mL，滴加 0.1mol/L 氢氧化钠溶液或 0.1mol/L 盐酸溶液，调节溶液的 pH 为 6.0~7.0（用 pH 计测定）。将溶液再转移到 1L 容量瓶中，用蒸馏水稀释至刻度，混匀。

2. 湿润性能的测定　　将一定量的可湿性粉剂从规定的高度倾入盛有一定量标准硬水的烧杯中，测定其完全润湿的时间。

测定方法：取标准硬水 100mL 注入 250mL 烧杯中，将此烧杯置于（25±1）℃的恒温水浴中，使其液面与水浴液面平齐，待硬水至（25±1）℃时，称取（5±0.1）g 的试样（试样应为有代表性的均匀粉末，而且不允许成团、结块），置于表面皿上，将全部试样从与烧杯口齐平的位置一次性均匀地倾倒在该烧杯的液面上，但不要过分地扰动液面，加试样时立即用秒表计时，直至试样全部润湿为止（留在液面上的细粉膜可忽略不计），记下润湿时间（精确至秒），如此重复 5 次，取其平均值，作为该样品的润湿时间。

3. 粉粒细度测定　　将烘箱中干燥至恒重的试样，自然冷却至室温，并在试样与大气达到湿度平衡后，称取试样，用适当孔径的试验筛筛分至终点。称量筛中残余物，计算细度。

测定方法：用自来水将烧杯中润湿的试样稀释至约 150mL，搅拌均匀，然后全部倒入润湿的标准筛中，用自来水洗涤烧杯，洗涤水倒入筛中，直至烧杯中粗颗粒完全移至筛中为止。用直径为 9~10mm 的橡皮管导出的平缓自来水流冲洗筛上试样，水流速度控制在 4~5L/min，橡皮管末端出水口保持与筛缘平齐。在筛洗过程中，保持水流对准筛上的试样，使其充分洗涤（如试样中有软团块可用玻璃棒轻压，使其分散），一直洗到通过试验筛的水清亮透明为止。再将试验筛移至盛有自来水的盆中，上下移动洗涤，筛缘始终保持在水面之上，重复至 2min 内无物料过筛为止。弃去过筛物，将筛中残余物，先冲至一角再转移至已恒重的 100mL 烧杯中。静置，待烧杯中颗粒沉降至底部后，倾去大部分水，加热，将残余物蒸发近干，取出烧杯置于干燥器中冷却至室温，称重。

可湿性粉剂的细度按式（4-9）计算。

$$可湿性粉剂细度（\%）=\frac{m_1-m_2}{m_1}\times 100 \quad (4-9)$$

式中，m_1 为可湿性粉剂试样的质量（g）；m_2 为玻璃皿（或烧杯）中残余物的质量（g）。

4. 悬浮率测定　　用标准硬水将待测试样配制成适当浓度的悬浮液，在规定的条件下，于量筒中静置 30min，测定底部 1/10 悬浮液中有效成分含量，计算其悬浮率。

测定方法：称取适量试样（制备悬浮液的浓度，应为该可湿性粉剂推荐使用的最高喷洒浓度，其称样量在产品标准中加以规定），精确至 0.0001g，置于盛有 50mL（30±1）℃标准硬水的 200mL 烧杯中，用手摇荡作圆周运动，约每分钟 120 次，进行 2min。将该悬浮液在同一温度的水浴中放置 13min，然后用（30±1）℃的标准硬水将其全部洗入 250mL 量筒中，并稀释至刻度，盖上盖子，以筒底部为轴心，将量筒在 1min 内上下颠倒 30 次（将量筒倒置并恢复至原位为一次，约 2s）。打开塞子，再垂直放入无振动的恒温水浴中，放置 30min 后，用吸管在 10~15s 内将内容物的 9/10（即 225mL）悬浮液移出，不要摇动或搅起量筒内的沉降物，确保吸管的顶端总是在液面下几毫米处。

测定量筒底部 25mL 试样用式（4-10）计算。

$$悬浮率（\%）=\frac{10}{9}\times\frac{m_3-m_4}{m_3}\times 100 = 111.1\times\frac{m_1-m_2}{m_1} \quad (4-10)$$

式中，m_3 为配制悬浮液所取试样中有效成分的质量（g）；m_4 为留在量筒底部 25mL 悬浮液中有效成分的质量（g）。

（六）结果与分析

将实验结果按表 4-9 填写。

表 4-9　农药可湿性粉剂的质检结果

加工试样编号	润湿时间 /min	细度 /%	悬浮率 /%
1			
2			
3			
4			
5			

（七）讨论

1）简述可湿性粉剂的加工方法，湿润性测定对试样有哪些要求？
2）为什么要控制水流速度？
3）配制标准硬水时，为什么要加盐酸？

二、乳油的加工与质量检测

（一）实验目的

掌握乳油配制的基本方法；了解乳油的质量控制指标并学习其检测方法；制备合格的 20% 毒死蜱乳油。

（二）实验原理

农药乳油由原药、溶剂、乳化剂和根据需要添加的各种其他组分制备而成，质量好的农药乳油在保质期保存不会变质，在生产使用时可用不同比例的水稀释成乳状液后喷雾使用。加工的关键在于对溶剂和乳化剂的选择和调配，加工过程是一个物理过程，将各组分合理调配后形成单相透明的液体。

（三）实验材料

1. 实验药品

农药原药：毒死蜱。溶剂：二甲苯。乳化剂：0201B、2201。水：去离子水、自来水、标准硬水（硬度 342mg/L）。其他：无水氯化钙（$CaCl_2$）、带 6 个结晶水的氯化镁（$MgCl_2 \cdot 6H_2O$）。

2. 仪器设备　电子天平（精确至 0.01g）、冰箱、电热恒温水浴锅、电热恒温干燥箱、酒精喷灯、超声波清洗器、具塞量筒、烧杯、锥形瓶、注射器或移液管、玻璃棒、胶头滴管、安瓿瓶、容量瓶、吸水纸和药匙等。

（四）实验操作步骤

配制 20% 毒死蜱乳油 50mL。其中毒死蜱 20%，乳化剂 0201B 3%，乳化剂 2201 7%，用溶剂二甲苯补足 100%。

按本章第三节中乳油加工工艺及上述配方，称取一定量的毒死蜱原药，溶解于少量二甲苯中，逐量适当地添加乳化剂 0201B 和 2201，乳化剂用量以 8%～15% 为宜，最后添加二甲苯补足至 100%，即制得 20% 的毒死蜱乳油。

注：因为原料的差异，实验配比中各表面活性剂的用量可适当稍作调整以符合各项性能指标的检验。

（五）质量检测

1. 稳定性的测定　　在 250mL 烧杯中，加入 100mL 25～30℃ 342mg/L 标准硬水（配制方法见本节的一、内容），用移液管吸取适量乳液试样，在不断搅拌的情况下慢慢加入硬水中（按标准规定的浓度），使其配成 100mL 的乳状液。加完后，继续用 2～3r/s 的速度搅拌 30s，立即将乳状液移至清洁、干燥的 100mL 量筒中，并将量筒置于恒温水浴内，在（30±2）℃静置 1h，取出观察乳状液分离情况，如在量筒中无浮油（膏）、沉油和沉淀析出，则判定乳液稳定性合格。

2. 分散性的测定

1）分散时间的测定：在 1000mL 烧杯中加入 990mL 去离子水及 10mL 342mg/L 标准硬水，调节温度至（30±1）℃。用注射器或移液管吸取 1mL 乳油在上述硬水表面上 1cm 处自由滴下，滴完后，用直径 6～8mm 玻璃棒以 2～3r/s 的速度搅拌，同时记下搅至乳液呈无可见油珠的均相所需要的时间（s）。

2）乳液分散性的观察：在 100mL 具塞量筒中加入 100mL 实验硬水，调节到规定的温度，再用刻度吸管将 0.1mL 供试乳油加到硬水中，先观察乳油在水中的分散状态，然后将塞子塞紧，在 1min 内，将量筒颠倒 30 次，观察乳化状态（表 4-10）。

表 4-10　乳油分散性情况

分散状态	乳化状态	评价
自动分散成乳白雾状	呈透明或半透明乳状液	优
大部分自动分散成乳白雾状	浓乳白色乳状液或稍带蓝色	良
能分散成乳白雾状	乳白色乳状液，颗粒较粗	可
不分散	灰白色乳状液，有可视粒子	差

（六）结果与分析

将实验结果按表 4-11 填写。

表 4-11　农药乳油的质检结果

加工试样编号	分散性	乳化性	稳定性
1			
2			
3			
4			
5			

（七）讨论

1）乳油加工过程中，乳化剂的选择一般选用什么方法？各组分的变化对乳油的加工有何影响？

2）测定乳液稳定性为什么要用标准硬水？质量不好的乳油遇硬水为什么会出现浮油、沉油或沉淀现象？

3）如何进行乳液稳定性的评价？

三、颗粒剂的加工与质量检测

（一）实验目的

了解颗粒剂的配方组成及各组分的用途；了解颗粒剂的质量控制指标并学习其检测方法。

（二）实验原理

农药颗粒剂是农药原药有效成分、填料、黏结剂、表面活性剂等组成的固体剂型，通过滚动可以实现颗粒的形成。

（三）实验材料

1. 实验药品

农药原药：丁草胺。吸附剂：硅砂（20～60目）。包衣剂：聚乙烯醇。溶剂：异丙醇。着色剂：警戒色染料。

2. 仪器设备 天平、标准筛、烧杯、电炉、喷雾器、玻璃棒和量筒等。

（四）实验操作步骤

配制5%丁草胺颗粒剂。

1. 用品准备

1）载体材料的准备：取较粗河砂适量，以水清洗干净泥土，风干后过筛，上过20目筛，下过60目筛，中间部分即粒径合适的载体材料，烘干后备用。

2）称取聚乙烯醇颗粒2g溶于20mL热水中，冷却后置入喷雾器中。

3）另称取丁草胺原油10g（折100%）置入喷雾器中。

2. 加工 先称取处理过的硅砂188g置入白瓷盘，并均匀推开，而后对其表面以聚乙烯醇溶液均匀喷雾，一边喷雾，一边翻动。为使均匀，将聚乙烯醇溶液量喷至70%时停止；再用装有丁草胺原油的喷雾器对载体均匀喷雾，至药液全部喷完为止，稍晾一会，再将剩余的聚乙烯醇溶液全部喷于硅砂（此时已黏附药剂）表面，晾干即5%丁草胺颗粒剂。

（五）质量检测

1. 水中崩解性的测定 在300mL烧杯中加入200mL蒸馏水，将约0.2g试样由水面上均匀分散落下，静置后，观察试样在水中的崩解时间，一般崩解时间为5～10min，有特殊要求者可达30min以上（对非崩解型粒剂不规定此项指标）。

2. 脱落率的测定（滚动法） 将一定量预先过筛的试样，装入滚动器的滚筒内，以>5r/min的速度滚动15min后，倒出试样再用原筛子筛10min，称筛上粒剂质量，按照式（4-11）计算脱落率。

$$脱落率（\%）=\frac{a-b}{a}\times 100 \tag{4-11}$$

式中，a为脱落前颗粒剂的质量（g）；b为脱落后颗粒剂的质量（g）。

（六）结果与分析

将实验结果按表 4-12 填写。

表4-12　农药颗粒剂的质检结果

加工试样编号	崩解时间 /min	脱落率测定		
		脱落前的质量 /g	脱落后的质量 /g	脱落率 /%
1				
2				
3				
4				
5				

（七）讨论

1）颗粒剂在使用上有什么优缺点？
2）比较颗粒剂与水分散粒剂的异同。

四、水分散粒剂的加工与质量检测

（一）实验目的

掌握水分散粒剂的加工方法与加工原理；配制合格的 20% 的氟啶脲水分散粒剂，要求其悬浮性和分散性好，崩解迅速；了解制备水分散粒剂常用的助剂及载体种类。

（二）实验原理

水分散粒剂是把农药原药有效成分、分散剂、润湿剂、崩解剂、黏结剂等助剂和填料采取湿法或者干法粉碎，使得所有组分都微细化后使用造粒机造粒所得。

（三）实验材料

1. 实验药品

农药原药：氟啶脲原粉。载体：轻质碳酸钙。润湿剂：二丁基萘磺酸盐。分散剂：木质素磺酸钠。崩解剂：尿素。黏结剂：可溶性淀粉。水：去离子水、342mg/L 标准硬水。

2. 仪器设备　　天平（精确至 0.01g）、高速万能粉碎机、气流粉碎机、电热恒温干燥箱、挤压造粒机、研钵、秒表、药匙、滤纸、具塞磨口量筒（250mL）、烧杯（250mL）、玻璃棒和胶头滴管等。

（四）实验操作步骤

1. 配制 20% 氟啶脲水分散粒剂

配方（100g）：氟啶脲 20%，二丁基萘磺酸盐 5%，木质素磺酸钠 5%，尿素 3%，可溶性淀粉 3%，轻质碳酸钙补足 100%。

2. 水分散粒剂的加工

1）混合粉碎：将氟啶脲和选定的分散剂、润湿剂、填料等称好的样品初步混合后，置于小型高速粉碎机和万能粉碎机中进行粉碎。

2)捏合:将粉碎后的物料置于烧杯中,边搅拌边滴加含有一定黏结剂的水至能初步摊成泥,加水量通常为物料总量的 15%~20%。

3)造粒:将捏合好的湿物料投入挤压造粒机挤出造粒。

4)干燥:将挤出的湿颗粒置于 30~35℃烘箱中干燥,制剂残余水分含量控制在 0.5%~1.0% 为宜。

(五)质量检测

1. pH 的测定 称取 1g 样品,转移至有 50mL 水的量筒中,加水配成 100mL,强烈摇动 1min,使悬浮液静置 1min,然后测定上清液的 pH。

2. 润湿性的测定 加 500mL 342mg/L 硬水于 500mL 刻度量筒中,用称量皿快速倒 1.0g 样品于量筒中,不搅动,立刻用秒表计时,记录 99% 样品沉入筒底的时间。如此重复 5 次,取其平均值,作为该样品的润湿时间。

3. 崩解性的测定 向含有 90mL 蒸馏水的 100mL 具塞量筒(内高 22.5cm,内径 28mm)中于 25℃条件下加入样品颗粒(0.5g),之后夹住量筒的中部,塞住筒口,以 8r/min 的速度绕中心旋转,直到样品在水中完全崩解。

(六)结果与分析

将实验结果按表 4-13 填写。

表 4-13 农药水分散粒剂的质检结果

加工试样编号	pH	润湿时间 /min	崩解性 /min
1			
2			
3			
4			
5			

(七)讨论

1)评价各小组制备的 20% 氟啶脲水分散粒剂的性能,并讨论其影响因素。

2)与传统的剂型相比,水分散粒剂有哪些优缺点?

五、微胶囊剂的加工与质量检测

(一)实验目的

掌握微胶囊剂的配方原理与加工方法;熟悉界面聚合法制备微胶囊剂的加工方法;了解微胶囊剂的先进性与加工难点;掌握微胶囊剂的质量控制标准及检验方法。

(二)实验原理

水溶性单体与脂溶性单体在农药粒子表面发生聚合,生成聚合物包裹膜,将农药包裹在内部形成微囊,通过调节农药活性成分、壁材和分散剂的用量,控制反应条件,可以得到一定粒径大小与分布的农药微胶囊。

（三）实验材料

1. 实验药品

农药原药：毒死蜱原粉。聚乙烯醇、聚氧丙烯甘油醚、壬酰氯、亚甲基聚苯基异氰酸酯、二亚乙基三胺、碳酸钠和蒸馏水。

2. 仪器设备 高速搅拌机、真空泵、布氏漏斗、真空干燥箱、激光粒度仪、高效液相色谱仪、天平和烧杯等。

（四）实验操作步骤

微胶囊剂的加工：①在500mL烧杯中加入300mL 0.5%聚乙烯水溶液和6滴消泡剂；②在高速（20 000r/min）搅拌下加入29.8g毒死蜱、13g壬酰氯、2g亚甲基聚苯基异氰酸酯，然后加入20g二亚乙基三胺、10g碳酸钠、100mL蒸馏水；③加料完毕，减慢速度继续搅拌1h，静置1h，用布氏漏斗过滤，真空干燥，得毒死蜱微胶囊剂。

（五）质量检测

1. 有效成分含量的测定（高效液相色谱法）

（1）毒死蜱标准溶液配制 准确称取毒死蜱标准品100mg（精确至0.0002g）于10mL容量瓶中，用色谱甲醇定容，得到10mg/L的标准溶液。

（2）毒死蜱HPLC标准曲线绘制 分别取上述10mg/L标准溶液1mL、2mL、3mL、4mL、5mL于10mL容量瓶中，用色谱甲醇定容至刻度，得到系列浓度。用高效液相色谱仪测定，每个浓度连续测定3次（进样前，待测溶液过0.45μm滤膜），以平均峰面积为纵坐标，毒死蜱质量浓度为横坐标，作线性关系图。

高效液相色谱操作条件：柱温为室温，色谱柱C18柱（4.6mm×150mm，5μm），检测波长289nm，流速1.0mL/min，进样量10μL，流动相甲醇：水＝90：10（V/V）等洗脱，保留时间7.5min。

在上述色谱操作条件下，待HPLC基线稳定后，连续注入数针标准溶液，直至相邻两针毒死蜱相对响应值变化＜1%后，按照标准溶液、试样溶液、试样溶液、标准溶液的顺序进行测定。将测得两针试样溶液峰面积及试样前后两针标准溶液峰面积分别平均。按式（4-12）计算出样品中毒死蜱的质量分数X。

$$X(\%) = \frac{r_2 \times m_1 \times \omega}{r_1 \times m_2} \times 100 \quad (4-12)$$

式中，r_1为标准溶液中毒死蜱峰面积的平均值；r_2为测定试样中毒死蜱峰面积的平均值；m_1为称取的毒死蜱标准品质量（g）；m_2为称取的微胶囊试样质量（g）；ω为毒死蜱原药的质量百分含量。

2. 粒径大小及分布测定 采用激光粒度分布仪测定毒死蜱微胶囊粒径的大小及其分布。

3. 微胶囊形貌 采用光学显微镜（OM）和扫描电子显微镜（SEM）分别观察毒死蜱微胶囊的外观形貌特征，并选取有代表性区域拍照。

4. 毒死蜱微胶囊载药量与包封率的测定 采用高效液相色谱法分别测定毒死蜱微胶囊总的有效成分和毒死蜱微胶囊囊外有效成分。

（1）毒死蜱微胶囊总的有效成分的测定 准确称取毒死蜱微胶囊10mg（精确至0.0002g）倒入50mL烧杯中，用少量体积的二氯甲烷溶解，待二氯甲烷挥发干后，加入适量甲醇，超声振荡,振荡后的溶液过 0.45μm 滤膜,然后转移至 10mL 容量瓶中定容,振荡摇匀。

(2)毒死蜱微胶囊囊外有效成分的测定　精密称取一定质量的毒死蜱微胶囊干样,加入适量甲醇萃取微胶囊囊外的毒死蜱,将萃取液过 0.45μm 滤膜,然后转移至 50mL 容量瓶中定容,振荡摇匀。

每个试样连续测定 3 次,计算出毒死蜱微胶囊总的有效成分量与囊外有效成分量,按式(4-13)、式(4-14)分别计算出微胶囊的载药量(δ)与包封率(φ)。

$$\delta(\%) = \frac{总的有效成分量 - 囊外有效成分量}{称取微胶囊的质量} \times 100 \quad (4\text{-}13)$$

$$\varphi(\%) = \frac{总的有效成分量 - 囊外有效成分量}{加入毒死蜱的质量} \times 100 \quad (4\text{-}14)$$

(3)毒死蜱微胶囊的缓释性能　采用柱层析法测定毒死蜱微胶囊的释药性能:准确称取毒死蜱微胶囊 10g 于层析柱(20cm×1.6cm,24 号标准磨口)中,自下而上依次加入少量脱脂棉、2g 无水硫酸钠和毒死蜱微胶囊粉末,放置于自然环境中,每隔 2d 用定量甲醇淋洗。以 2.5g 毒死蜱原药作为对照,并确定出将毒死蜱完全淋洗的最少淋洗液用量。淋洗液用 HPLC 进行测定,每个样品连续测定 3 次。按毒死蜱质量分数(X)计算公式,计算出淋洗液中毒死蜱的含量,以毒死蜱的累积释药率(Y)与时间(t)为坐标轴作毒死蜱的释放曲线。

(六)结果分析

1)采用式(4-12)计算毒死蜱微胶囊中有效成分的含量。
2)打印并裁切激光粒度仪记录的微胶囊粒径大小及分布的谱图。
3)记录光学显微镜(OM)和扫描电子显微镜(SEM)观察毒死蜱微胶囊的外观形貌。
4)采用式(4-13)和式(4-14)分别计算毒死蜱微胶囊的载药量与包封率。
5)以毒死蜱的累积释药率(Y)与时间(t)为坐标轴作毒死蜱的释放曲线。

(七)讨论

1)界面聚合法制备毒死蜱微胶囊剂时影响成囊的因素有哪些?
2)农药微胶囊化的方法有哪些?试述其原理。
3)影响农药微胶囊剂缓释性能的因素有哪些?

六、微乳剂的加工与质量检测

(一)实验目的

掌握微乳剂的加工方法与加工原理;了解微乳剂的质量检测方法;了解微乳剂的加工难点。

(二)实验原理

农药微乳剂一般是水包油(O/W)型,微乳剂可在水中稀释成感官透明、半透明的稀微乳状液。一般采用转相法制备:农药原药、乳化剂和溶剂充分混合成均匀透明的油相,一边搅拌一边加入去离子水,形成乳状液,再一边搅拌一边加热,马上可以转化为水包油型,冷却至室温后过滤可得到稳定的水包油型微乳剂。温度是微乳剂稳定的关键之一。

(三)实验材料

1. 实验药品

农药原药：阿维菌素苯甲酸盐原药。溶剂：二甲基甲酰胺、环己酮。表面活性剂：OP-10、浓乳 600、浓乳 500。助表面活性剂：正戊醇。水：自来水、去离子水、342mg/L 标准硬水。

2. 仪器设备 高速剪切分散乳化机、恒温水浴锅、电热恒温干燥箱、黏度计、pH 计、天平（精确至 0.01g）、药匙、烧杯、锥形瓶、试管、玻璃棒、滴管、安瓿瓶、胶头滴管、移液管和具塞刻度量筒（250mL）等。

(四)实验操作步骤

配制 1% 甲维盐微乳剂 100g，其中阿维菌素苯甲酸盐原药 1%，溶剂为 10% 二甲基甲酰胺，5% 环己酮，表面活性剂为 OP-10、农乳 600 和农乳 500 以 3∶1∶1 的比例进行混配，用量 15%，助表面活性剂为正戊醇 2%，水补足 100%。

溶剂、助表面活性剂与原药混合，加入表面活性剂搅拌，使原药完全溶解，加水后用高速剪切分散乳化机搅拌至澄清透明。

(五)质量检测

1. 外观 透明或近似透明的均相液体。

2. 透明温度区域的测定 取 10mL 样品于 25mL 试管中，用搅拌棒上下搅动，于冰浴上渐渐降温，至出现浑浊或冻结为止，此转折点的温度为透明温度下限 t_1；再将试管置于水浴中，以 2℃/min 的速度慢慢加热，记录出现浑浊时的温度，即透明温度上限 t_2，则透明温度为 $t_1 \sim t_2$。

3. 浊点的测定 透明温度区域的测定中，t_2 即浊点。

4. 持久起泡性实验 将具塞量筒加标准硬水至 180mL 刻度线处，置量筒于天平上，称入试样 1.0g（精确至 0.1g），加硬水至距量筒底部 9cm 的刻度线处，盖上塞，以量筒底部为中心上下颠倒 30 次（每次 2s）。放在实验台上静置 1min，记录泡沫体积。

(六)结果与分析

将实验结果按表 4-14 填写。

表 4-14 农药微乳剂的质检结果

加工试样编号	外观	透明温度区域/℃	浊点/℃	持久起泡性/mL
1				
2				
3				
4				
5				

(七)讨论

1）微乳剂与乳油、水乳剂之间的相同点和不同点有哪些？

2）微乳剂在加工和储存过程中容易出现哪些问题？

3）影响微乳剂浊点的因素有哪些？

七、悬浮剂的加工与质量检测

（一）实验目的

掌握悬浮剂的加工方法；了解悬浮剂配方筛选的步骤及其常用的助剂种类；配制合格的 40% 多菌灵悬浮剂；了解悬浮剂的质量控制指标并学习其测定方法。

（二）实验原理

农药固体原药的微粒在表面活性剂的作用下能够在水中形成的悬浮体系十分稳定，使用时加水于悬浮剂形成悬浊液，影响悬浮剂性能的主要是流动性、分散性、悬浮性、细度、黏度、PH、起泡性、储存稳定性等方面。

（三）实验材料

1. 实验药品

农药原药：多菌灵原粉。润湿剂：木质素磺酸钠。分散剂：浓乳 1600。增稠剂：硼酸。防冻剂：甘油。水：去离子水、蒸馏水、自来水。

2. 仪器设备 立式砂磨机、高速剪切分散乳化机、激光粒度分析仪、黏度计、微量注射器、天平、恒温电热干燥箱、玻璃珠（$d=2.0$mm，$d=0.8$mm）、锥形瓶、玻璃棒、具塞量筒（25mL、250mL）、药匙、烧杯、玻璃漏斗、显微镜、载玻片、盖玻片、血清瓶（50mL）和 pH 计等。

（四）实验操作步骤

配制 40% 多菌灵悬浮剂 100g，其中多菌灵原药 40g，木质素磺酸钠 3g，硼酸 10g，浓乳 1600 3g，甘油 4g，去离子水 40g。

按设计配方将称量好的试验原药、润湿剂、分散剂、增稠剂和水加入到砂磨筒中，搅拌均匀，高速搅拌下预分散 30min，停止预分散；加入直径 2.0mm 或 0.8mm 左右的玻璃珠（约 50g），启动电机，开始砂磨；2h 后停止砂磨，过滤，除去玻璃珠，加入其他助剂进行调配，经检验合格后即得产品。

（五）质量检测

1. pH 的测定 pH 的测定按 GB/T 1601—1993 进行。

2. 悬浮率的测定 按 GB/T 14825—2006 进行。

用标准硬水将待测试样配制成适当浓度的悬浮液，在规定的条件下，于量筒中静置 30min，测定底部 1/10 悬浮液和沉淀物中有效成分含量，计算其悬浮率。

测定方法：将整瓶样品全部倒出，混合均匀。称取适量试样，精确至 0.0002g，置于盛有 100mL（30±2）℃标准硬水的量筒中，并用（30±2）℃标准硬水稀释至刻度，盖上盖子，以量筒中部为轴心，将量筒在 1min 内上下颠倒 30 次。打开塞子，再垂直放入无振动的恒温水浴中，避免阳光直射，放置 30min。用吸管在 10～15s 内将内容物的 9/10（即 225mL）悬浮液移出，不要摇动或挑起量筒内的沉降物，确保吸管的顶端总是在液面下几毫米处。

按式（4-15）计算量筒底部 25mL 试样的悬浮率。

$$悬浮率（\%）= \frac{10}{9} \times \frac{m_1 - m_2}{m_1} \times 100 = 111.1 \times \frac{m_1 - m_2}{m_1} \quad (4\text{-}15)$$

式中，m_1 为配制悬浮液所取试样中有效成分的质量（g）；m_2 为留在量筒底部 25mL 悬浮液中有效成分的质量（g）。

3. 细度测定

（1）目测法　用注射器准确取 1mL 待测悬浮液于烧杯中，加蒸馏水稀释 250 倍，搅拌均匀。取一点稀释液滴在载玻片上，加盖玻片后放在显微镜下观察，每旋转 120° 观察记录一次，共观察 3 个视野，记录每个视野中超过 3μm 的颗粒数，取其平均值。

（2）激光粒度仪分析法　取一滴样品加入盛有 10mL 蒸馏水的试管中，摇匀。倒入激光粒度仪测量器中，超声搅拌 2s，测量，取其平均值。

4. 分散性的测定　于 250mL 量筒中装入 249mL 自来水，用注射器取 1mL 待测悬浮剂，从距离量筒水面 5cm 处滴入水中。观察其分散情况。按分散情况的好坏分为优、良、劣 3 级。

优级：在水中呈云雾状，自动分散，无可见颗粒下沉。

良级：在水中能自动分散，有颗粒下沉，下沉颗粒可慢慢分散或轻微摇动后分散。

劣级：在水中不能自动分散，呈颗粒状下沉，经强烈摇动后才能分散。

（六）结果与分析

将实验结果按表 4-15 填写。

表 4-15　农药悬浮剂的质检结果

加工试样编号	pH	悬浮率/%	粒径（1~5μm）/%	分散性
1				
2				
3				
4				
5				

（七）讨论

1）比较两种不同直径玻璃珠对制剂的影响，并讨论其原因。

2）影响悬浮剂物理稳定性的因素有哪些？

3）要加工成悬浮剂的原药应具备哪些性质？

八、水乳剂的加工与质量检测

（一）实验目的

掌握水乳剂的加工原理与加工方法；了解水乳剂的先进性及加工难点；了解水乳剂的质量检测方法，配制合格的水乳剂。

（二）实验原理

水乳剂是把原药、溶剂、乳化剂、共乳剂混合使之形成均匀的油相；把水、分散剂、抗冻剂等混合使之形成单一水相；把水相和油相相互混合后高速搅拌可以形成分散良好的水乳剂。溶剂、共乳化剂和乳化剂的选择是配制成功的关键。

(三) 实验材料

1. 实验药品　农药原药：高效氯氰菊酯原粉。溶剂：甲醇、乙醇。助溶剂：二甲苯、二甲基亚砜、二甲基甲酰胺。乳化剂：0203B、2201、农乳500#、农乳600#、农乳1601、OP-7、OP-10。增稠剂：黄原胶、硅酸铝镁、聚乙二醇。防冻剂：乙二醇、丙二醇、二甘醇。水：自来水、342mg/L标准硬水、去离子水。

2. 仪器设备　高速剪切分散乳化机、电热恒温水浴锅、电热恒温干燥箱、烧杯、锥形瓶、天平、试管、玻璃棒、滴管和量筒等。

(四) 实验操作步骤

配制4.5%高效氯氰菊酯水乳剂100g，其中高效氯氰菊酯原粉4.5g，乳化剂15g（非极性和极性乳化剂按比例组合），防冻剂5g，增稠剂4g，去离子水补足至100g。

在天平上准确称取高效氯氰菊酯、溶剂、助溶剂、增溶性乳化剂、水。先将乳化剂和水混合制成水相（此时要求乳化剂在水中有一定的溶解度，如需要也可将高级醇加入其中），然后将原药和溶剂、助溶剂混合制成油相。在搅拌条件下将油相加入到水相中，振荡混匀，并在水浴中微微加热，制成均相透明的O/W型微乳状液体。

(五) 质量检测

1. 外观　要求外观为透明或近似透明的均相液体，这一特征实际上是反映了体系中农药液滴的分散度或粒径，是保证制剂物理稳定的先决条件。

2. 乳液稳定性　按农药乳油的国家标准规定的乳液稳定性的测定方法，用342mg/L标准硬水将样品稀释后，于(30±2)℃静置60min，保持透明状态，无油状物悬浮和固体物沉淀，并能与水以任何比例混合，视为乳液稳定。

3. 倾倒性实验　将置于容器中的水乳剂试样放置一定时间后，按照规定程序进行倾倒，测定滞留在容器内试样的量；将容器用水洗涤后，再测定容器内的试样量。

实验方法：混合好足量试样，及时将其中的一部分置于已称量的具磨口塞量筒(500±2)mL中（包括塞子），装到量筒体积的8/10处，塞紧磨口塞，称量，放置24h。打开塞子，将量筒倾斜45°，倾倒60s，再将量筒倒置60s，再次称量量筒和塞子，将相当于80%量筒体积的水(20±2)℃倒入量筒中，塞紧磨口塞，将量筒颠倒10次后，按上述操作倾倒内容物，第三次称量量筒和塞子。按式(4-16)和式(4-17)分别计算倾倒后的残余物质百分含量ω_1(%)和洗涤后的残余物质百分含量ω_2(%)。

$$\omega_1(\%) = \frac{m_2 - m_0}{m_1 - m_0} \times 100 \tag{4-16}$$

$$\omega_2(\%) = \frac{m_3 - m_0}{m_1 - m_0} \times 100 \tag{4-17}$$

式中，m_0为量筒、磨口塞的质量(g)；m_1为量筒、磨口塞和试样的质量(g)；m_2为倾倒后，量筒、磨口塞和残余物的质量(g)；m_3为洗涤后，量筒、磨口塞和残余物的质量(g)。

倾倒后残余率≤8%、洗涤后残余率≤1%即合格。

4. 持久起泡性试验　将规定量的试样与标准硬水混合，静置后记录泡沫体积。

测定方法：将250mL量筒（分度值2mL，0~250mL刻度线20~21.5cm，250mL刻度线到塞子底部4~6cm）加标准硬水至180mL刻度线处，置量筒于天平上，称入试样1.0g（精确至

0.1g），加硬水至距量筒塞底部 9cm 的刻度线处，盖上塞，以量筒底部为中心，上下颠倒 30 次（每次 2s），放在实验台上静置 1min，记录泡沫体积。

（六）结果与分析

将实验结果按表 4-16 填写。

表 4-16　农药水乳剂的质检结果

加工试样编号	外观	稳定性	倾倒性		持久起泡性 /mL
			倾倒后 /%	洗涤后 /%	
1					
2					
3					
4					
5					

（七）讨论

1）何种农药原药适合加工成为水乳剂？
2）水乳剂和乳油的异同有哪些？
3）水乳剂较乳油等其他传统剂型的优越性在哪里？
4）水乳剂加工的难点是什么？

思 维 拓 展

一、名词解释

水溶性原药　农药剂型　农药制剂　农药助剂　粉剂　粒剂　乳油　悬浮剂　水分散粒剂　微胶囊剂　微乳剂　水乳剂　悬浮率

二、简答题

1. 农药助剂的作用有哪些？
2. 简述农药助剂筛选的意义和必要性。
3. 简述农药原药加工成剂型的必要性。
4. 微胶囊剂的优缺点有哪些？

扫扫看答案

主要参考资料

1. 参考文献

陈福良．2015．农药新剂型加工与应用．北京：化学工业出版社：46-47，70，93-98，130-153，162，179-201，203-208
高文胜，单文修．2003．公害果园首选农药 100 种．北京：中国农业出版社：107，109，158
广东省农业科学院植物保护研究所．1992．实用农药手册．广州：广东科技出版社：7，39，171，214
凌世海．2003．固体制剂．北京：化学工业出版社：90，121-136，216，236-258
刘丰茂．2011．农药质量与残留实用检测技术．北京：化学工业出版社：1，14-22，235-241
刘广文．2009．农药水分散粒剂．北京：化学工业出版社：1，221，242-249
刘广文．2013．现代农药剂型加工技术．北京：化学工业出版社：32-38，51-55，357-359，382-385，409，576，584-588
刘伊玲．1991．农药实用技术手册．长春：吉林科学技术出版社：7
骆焱平，郑服丛．2008．农药学科群实验指导．海口：海南出版社：35-36，39，45-47，51-53，59
申继忠．2011．农药出口登记实用指南．北京：化学工业出版社：11，125-129，135-137
沈晋良．2002．农药加工与管理．北京：中国农业出版社：5，248

孙家隆，慕卫. 2009. 农药学实验技术与指导. 北京：化学工业出版社：166-169，175，179，183
屠豫钦. 2007. 农药剂型与制剂及使用方法. 北京：金盾出版社：237
王鸣华，慧敏，周小毛. 2014. 植物化学保护实验. 北京：北京大学出版社：10-20
吴文君. 2000. 农药学原理. 北京：中国农业出版社：120-126
张保民，刘继岗，潘同霞. 1996. 农药加工技术. 郑州：中原农民出版社：40-49，191
张洪昌，李翼. 2011. 生物农药使用手册. 北京：中国农业出版社：118，122，147，162

2. 网站

中国农药网 http://www.pesticide.com.cn
中国农药信息网 http://www.chinapesticide.gov.cn

3. 期刊

农药学报、农药、植物保护学报、植物保护、化工时刊等。

第五章　农药的登记与管理

【知识能力要求】
1. 系统掌握我国农药管理的相关法规和实施办法；
2. 了解欧盟、美国等发达国家的农药管理；
3. 掌握各类农药不同阶段资料的需求，能够正确准备农药登记所需资料；
4. 了解我国农药登记后的管理内容。

【导语】

农药是现有人类管理的所有具有潜在毒性化合物中，唯一被有意识地释放到环境中以实现其价值的物质。通过使用农药，人类获得了更多的农业产出，减少了蚊蝇等家庭害虫的危害，并在公共卫生场所有效地控制了有害生物的滋生，但获得这些利益的同时也伴随着对人类和环境的风险。因此，为了减少农药对人类及环境的副作用，使之发挥最大效益，必须对农药实行严格的管理。

第一节　农药登记管理概况

一、农药登记管理的定义

农药的登记管理是政府采取的一项对某个新农药在销售前，对其安全性和有效性的资料按一定的标准和程序进行审核，符合政府规定的《农药登记资料要求》则给予批准注册、批准使用的管理措施。其目的是使农药在保护农作物不受病虫、草害和其他有害生物危害的同时，要使其不对人和动物及生态环境造成危害。

二、我国农药登记管理

（一）登记管理机构

1997年国务院发布《农药管理条例》明确国务院农业行政主管部门负责全国农药登记和农药监督管理工作。各省、自治区、直辖市人民政府主管部门协助国务院农业行政主管部门做好本行政区域内的农药登记，并负责本行政区域的监督管理工作。

（二）登记管理法规

1982年，我国颁发《农药登记规定》{［82］农业（保）字第10号}，开始建立并实行农药登记制度。1997年5月8日，中华人民共和国《农药管理条例》(以下简称《条例》)颁布施行，标志着我国农药行业管理由政策管理进入了法治管理阶段，《条例》于2001年11月29日进行了修订，2011年农业部又启动了《条例》的修订工作，其修改的最大变化是将取消农药临时登记，完善登记的再评审制度等。1999年7月23日，农业部颁布《农药管理条例实施办法》(以下简称《办法》),《办法》于2007年12月8日进行了修订,2002年起农业部陆续出台了《农药限制使用管理规定》和农业部公告194号、199号、274号、322号加强农药管理。2008年起实施了《农药标签和说明书管理办法》《关于修订〈农药管理条例实施办法〉的决定》《农药登记资料管理规定》《农药名称登记核准管理公告》《关于规范农药名称命名和农药产品有效成分含量公告》等 6 项规章和规范性文件。在全国层面上形成了条例、办法、规定和公告 4 个层级的农药管理制度。

（三）登记管理内容

我国的农药登记管理，按内容来说可分为登记前管理和登记后管理两个方面。前者的重点是农药登记，后者的重点是对登记后进入市场的农药进行管理。

1. 登记前管理　　根据农药登记规定，未经登记的农药不得生产、销售和使用。国外的农药，即使在其他国家已登记而在我国未登记，也不能在我国生产、销售和使用。

①我国尚未登记过的有效成分的新农药，整个登记过程分三个阶段进行，即田间试验、临时登记、正式登记。②经正式登记和临时登记的农药，在登记有效期限内，同一厂家或者不同厂家改变剂型、含量（或配比）、使用范围、使用方法的，农药生产者应当申请田间试验、变更登记。③生产其他厂家已经登记的相同农药的，农药生产者应当申请田间试验、变更登记。

2. 登记后管理

①农药标签管理：申请农药登记时，必须提高农药的标签样张，并经农药登记部门审核批准后方可使用，不得随意更改。标签内容涉及农药名称、规格、登记号、生产许可证号、净重、生产厂家、农药类别、使用说明、毒性标志、注意事项、生产日期、批号。②农药广告管理：农药广告管理主要审查广告的内容，审查机关是各级农业行政部门。

（四）登记申请及审批程序

农药登记的申请及审批程序如图 5-1 所示。

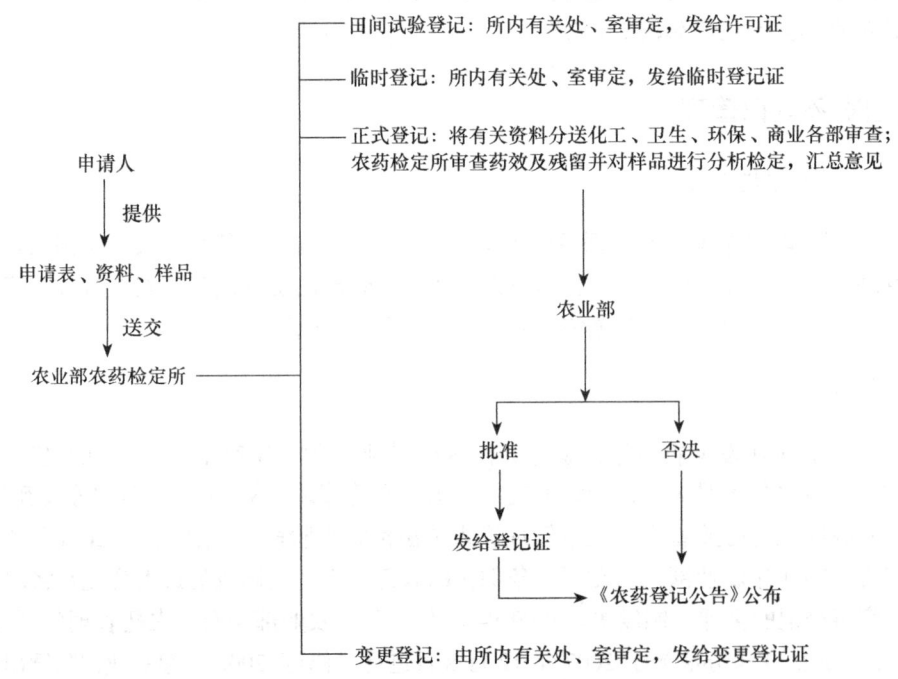

图 5-1　农药登记的申请及审批程序（引自胡兆农，2005）

三、发达国家及组织的农药管理

（一）美国农药管理及其机构

1. 登记管理机构　美国环境保护署（EPA）的污染、杀虫剂和有毒物质办公室（OPP）与美国食品药品监督管理局（FDA）、美国农业部（USDA）共同承担着规范农药生产与使用的责任。OPP 包括 9 个专业部：对外协调部、健康影响部、抗微生物剂部、环境行为和环境影响部、生物农药和农药污染控制部、生物学和经济学分析部、登记部、特殊评价和再登记部、信息资源和信息服务部，主要负责杀虫剂及毒物等方面的安全管理，制定农药的残留限量和法规；FDA 负责监测蔬菜、水果和海鲜类食品中农药残留量；USDA 主要负责监测畜禽类、奶类、蛋类和水产养殖产品的农药残留量。

2. 登记管理法规　美国农药管理的依据法规主要有两部，分别为《联邦杀虫剂-杀菌剂和杀鼠剂法》（FIFRA）和《联邦食品、药品和化妆品法》（FFDCA）。前者授权 EPA 审查和登记特定用途的杀虫剂，如果资料显示以后继续使用某种农药会造成不合理的风险，EPA 有权暂停或取消农药登记。后者授权 EPA 对用于食品和动物饲料上的农药设定最大残留限量。这两部法规在 1996 年颁布《食品质量保障法》后得以进一步修订，新的法规对农药新、老品种设定了安全标准，对加工和未加工的食品设定统一要求，在进行残留限量评估时，必须包括累积暴露（含膳食暴露、饮用水及非职业暴露）风险评估，还必须考虑累积效应、各有关农药毒性的共同模式及潜在的内分泌干扰作用，同时更加关注农药对婴幼儿的不利影响。

3. 登记制度　美国农药的登记按农药使用类型进行，分为一般使用、限制使用和混合使用 3 类。由于限制应用类农药易产生环境污染，危险性很大，使用者必须向 EPA 申请取得使用资格证书。农药在美国的登记需要提供产品的性质（活性和惰性成分的化学和物理性质及其加工过程）、环境归宿（农药在环境中的残留）、残留物化学性质（食物或饲料中残留农药的化学性质及残留量）、对人体的危害（急性毒性、亚慢性毒性、慢性毒性，包括经口毒性、经皮毒性、吸入毒性和眼刺激、皮肤刺激、皮肤致敏等试验结果）、对家畜和非靶标生物的影响，以及农药使用频率、用量和时间的数据等。EPA 收到申请及申请资料后 120d 内书面通知申请者审批结果，是拒绝还是批准及其原因。申请者收到通知后可以在 30d 内修改登记申请并重新提交或放弃申请。试验许可登记时允许获得登记的申请者购买一定数量的样品供各种试用。EPA 根据农药类别不同给予的优先次序不同，对于生物农药和那些被认为危害性很低的化学农药则评审过程会较快。

EPA 对农药进行评审的目的是保证其不对人、环境和非靶标生物造成不良影响，其评审过程可能需要几年时间。要对农药有效成分、使用地点、使用量、使用次数、使用时期、贮藏和处理方法等进行评审。对 3 类不同的农药（微生物农药、生物农药和化学农药）需要提供不同的申请材料，且评审过程不同。此外，按照农药的使用范围，将农药分为旱地、水田、温室、森林、庭院和室内卫生。前三者又分为食品作物和非食品作物，不同种类的农药要求提供不同的登记资料。

4. 美国 EPA 的"特别评价"　特别评价是 EPA 由于某些安全因素而采取的，用以评价农药的使用是否会对人和环境形成过度危险的一种正式的程序。

在进行评价时，EPA 必须同时充分考虑这种农药的益处和风险。特殊评价的结论有撤销、限制、修订或继续使用 4 种。

评价的内容有：①对任何家养动物的急性毒性；②对人的潜在的慢性或亚慢性毒性影响；③对非靶标生物的潜在危害；④对濒危生物持续的风险；⑤生态系统失衡或遭受破坏的风险；⑥对人和环境的任何其他的弊大于利的不利影响。

5. 美国 EPA 新近农药登记的趋势 EPA 在 1998 年登记了 27 个新农药有效成分，1999 年登记了 26 个新农药有效成分，其中 50% 以上为生物农药和风险更小的常规农药。据统计，1994~1999 年登记的新农药中生物农药和低风险农药所占的比例还在不断增加。

生物农药（biopesticide）包括微生物农药（microbial pesticide）、生物化学农药（biochemical pesticide）、植物源农药（plant pesticide）。

6. 关于美国农药的"me too"问题 在一家公司登记一种农药后，如果其他公司也要登记这种农药，可以通过向前一家公司购买所需登记资料而向 EPA 申请登记。如果是一种新农药，取得该产品登记的公司往往是不会出售登记资料的。而在第一家公司取得登记的较长一段时间之后（如 10~15 年），这些登记资料就几乎是免费的。但一个产品在登记 10~15 年以后又要进行再登记，以符合不断发展的要求。因此，通过向其他公司购买登记资料，在 EPA 取得农药产品登记的情况是不多的。

另外，美国 EPA 不仅对农药标签进行严格管理，也对农药使用者进行严格的培训，并发放使用许可证。没有施药资格的人员不得施用农药。

（二）欧盟农药管理及其机构

1. 登记管理机构 首先由欧盟对农药有效成分进行登记、评审以确定是否认可。具体有关农药的风险评估工作从 2003 年末开始由欧洲食品安全局（EFSA）负责。对于实际使用的农药制剂，由各个预计使用的成员组织本国或本地区的相应机构对申请者提供的农药制剂的安全资料进行登记、评审以确定是否认可。

2. 登记管理法规 1962 年，欧洲理事会就对农药的登记提出了建议。20 世纪 70 年代，欧共体也考虑协调各成员之间的农药登记并提出了建议，但直到 1989 年这一建议才正式出台。在 1991 年 7 月 15 日颁布了欧共体理事会法令（Council Directive 91/414/EEC），作为欧共体成员之间进行农药登记协调的指导原则。但是，91/414/EEC 法令没有对新有效成分的审批作出时间限制，且实行优先审批现有的有效成分，从而延迟了对新有效成分的审批工作。而且，其界定标准过于严格，导致很多农药从市场上消失。因此，2009 年 12 月开始颁布了新的农药登记法规（No1107/2009），并于 2011 年 6 月 14 日全面实行。该法规较 91/414/EEC 更为详尽，适用于农药登记管理的多个方面，包含有 11 章 84 个条款和 5 个附件，内容涉及目的，范围，定义，总规定，有效成分、安全剂、增效剂和佐剂，重审、撤回和废除规定，农药许可的标准和申请程序，包装、标签和广告的要求，申请费用，控制和管理方面的规定等。

其中第 4 条规定了有效成分获得许可的标准，第 7 条和第 8 条分别规定了有效成分申请程序和需要提供的审批材料。附录 I 详细列出了第 3 条涉及的欧盟区域划分；附录 II 规定了有效成分、安全剂和增效剂登记的程序和要求；附录 III 收录了不能作为植物保护产品的佐剂名单；附录 IV 列出了一种新的农药有效成分替代原有产品需要所要进行的比较评估的内容；附录 V 为修订或废除的指令及其时间。1107/2009 对新的有效成分的审批确立了明确的规程，如确定截止日期，该如何处理所积压的事物，以及审批程序出现变更时如何实现平稳过渡。而且，新法规在数据保护方面做了新的规定，对第一个申请者提交的数据提供 10 年的保护期，或者对低风险的有效成分提供 13 年的保护期。首次登记者和后续登记者之间必须经过合理协商最后达成协议，后续申请人只需对首次登记者进行的研究费用进行一定的补偿，不必再重复提交试验数据,而补偿金必须合理透明且公正。对于脊椎动物试验,如果双方不能达成协议,可以强制裁决来解决此问题。但是新法规也存在不足,如未限定协商的时间和赔偿金标准等。

第二节　农药登记阶段及登记种类

根据我国《农药管理条例》《农药管理条例实施办法》等有关法规规定,我国对农药管理实行登记制度,即在我国境内生产、加工、分装农药和进口农药,必须进行登记,并由农业部制定、发布了《农药登记资料管理规定》(以下简称《规定》)。

根据《规定》要求,我国对农药的登记管理有农药登记阶段和农药登记种类之分。现行农药登记阶段有田间试验、临时登记、正式登记 3 个阶段;农药登记种类有新农药登记、特殊新农药登记、新制剂登记、新使用范围和方法登记、相同产品登记、分装产品登记和特殊需要农药登记等 7 类。2007 年 3 月 26 日全国农药管理工作会议提出推进农药登记制度改革,拟取消农药临时登记,逐步实行统一的正式登记制度,但这一制度的推行要靠修订《农药管理条例》来实现。

一、农药登记阶段

1. 田间试验　　开展田间试验涉及人畜和环境的安全性和产品的有效性等问题,因此一个产品试验前必须申请办理"试验许可"。

申请田间试验须提交有关资料。登记资料经省级药检所初审(境外产品除外)、农业部农药检定所审查通过后,发给"农药田间试验批准证书"。

申请者取得"农药田间试验批准证书",进行农药药效、残留、环境生态等试验的时期称为"田间试验阶段"。

2. 临时登记　　田间试验后,需要进行示范试验(面积超过 $10hm^2$)、试销以及在特殊情况下需要使用的农药,其生产者必须申请"临时登记"。

根据有关规定,申请者需提交临时登记所需资料。登记资料经省级药检所初审后(境外产品除外),向农业部农药检定所提出临时登记申请。农业部农药检定所进行综合评价,经农药临时登记评审委员会评审,评审通过的,发给"农药临时登记证",其有效期为一年。

3. 正式登记　　经过示范试验、试销可以作为正式商品流通的农药,其生产者必须向农业部农药检定所提出正式登记申请,经国务院农业、化工、卫生、环境保护部门和全国供销合作总社审查并签署意见后,由农业登记评审委员会进行综合评价,评审通过的,发给"农药登记证"。

4. 续展登记　　农药临时登记证、农药登记证到期需申请办理续展登记。续展登记应当在登记证有效期满前一个月提出申请,并提交有关资料。农业部农药检定所评审通过的,发给"农药临时登记证"。登记证有效期满后提出申请的,需重新办理登记手续。

二、农药登记种类

1. 新农药登记　　新农药登记是指含有的有效成分尚未在我国批准登记的国外农药原药及其制剂的登记。应注意:①新农药是针对农药产品的有效成分而言;②新农药没有国内和国外的新农药之分;③其原药和制剂必须同时进行申请登记。

2. 特殊新农药登记　　特殊新农药登记是指卫生杀虫剂、杀鼠剂、生物化学农药、微生物农药、转基因生物、天敌生物等新产品的登记。

由于此类农药的生产或使用等与常规的农药有着一定的特殊性，因此称为特殊新农药。由于其特殊性，在农药登记资料要求上有所不同。

3. 新制剂登记　　新制剂登记可分为新剂型、新含量和混配制剂登记。①新剂型产品登记是指产品中有效成分名称和含量相同，而剂型改变的产品登记。②新含量产品登记是指产品中有效成分名称和剂型相同，仅为产品中有效成分含量改变的产品登记。③混配制剂产品登记一般是指由2个或3个以上的原药，经过混配加工而成的产品登记。在此要特别注意，混配制剂组成中，如果含有新农药，出现新剂型、新使用范围和方法，还应分别符合相应的要求。④药肥混配产品登记是指由农药和肥料等成分混合而成的产品登记。其中肥料组分通过效果试验，应当表现为显著性。

4. 新使用范围和方法登记　　①新使用范围登记是指该产品已取得登记，产品质量没有任何变化，而只是改变使用范围的登记。②新使用方法登记是指该产品已取得登记，产品没有任何变化，而只是改变使用方法的登记。

5. 相同产品登记　　相同产品登记包括相同原药、相同制剂、相同使用范围和方法的登记。

①相同原药登记是指申请登记的原药与已取得登记的原药质量无明显差异，即其有效成分含量不低于已登记的，杂质的组成和含量（0.1%以上的）基本一致的登记。②相同制剂登记是指申请登记的制剂与已取得登记产品的质量无明显差异，即产品中有效成分含量、主要控制技术和指标、其他组成成分等与已登记的一致或优于已登记的。③相同使用范围和方法登记是指拟申请的使用范围和方法与已登记产品的使用范围和方法相同的登记。

6. 分装产品登记　　分装产品登记是指已取得登记的产品，为了便于销售和使用，由另一企业将其大包装产品分成小包装产品的登记。

分装产品登记的前提：①分装的农药必须是在我国已经登记过的；②被分装产品在登记有效期限内的；③被分装产品的生产企业授权其分装的。

7. 特殊需要农药登记　　特殊需要农药登记是指由于发生严重疫情和灾情等特殊需要时，农业部根据有关的规定与有关部门协商，批准在一定范围期限内使用的产品的登记。此类登记通常为一次性临时登记。

第三节　农药登记资料及流程

一、田间试验阶段

（一）新农药登记

1. 产品化学摘要资料

1）有效成分：有效成分的通用名称、国际通用名称、化学名称、化学文摘（CAS）登录号、国际农药分析协作委员会（CIPAC）数字代号、开发号、实验式、相对分子质量、结构式、主要物理化学参数（如外观、熔点、沸点、密度或堆密度、比旋光度、蒸气压、溶解度、分配系数等）。

2）原药：有效成分含量、主要杂质名称和含量、主要物理化学参数（如外观、熔点、沸点、密度或堆密度、比旋光度等）、有效成分分析方法等。

3）制剂：剂型、有效成分含量、其他组成成分的具体名称及含量、主要物理化学参数、质量控制项目及其指标、类别（按用途）、有效成分分析方法等。

2. 毒理学摘要资料

1）原药：急性经口毒性、急性经皮毒性、急性吸入毒性、皮肤和眼睛刺激性及皮肤致敏性试验。

2）制剂：急性经口毒性、急性经皮毒性、急性吸入毒性试验及中毒症状急救措施等。

3. 药效资料

1）作用方式、作用谱、作用机制或作用机制预测分析。

2）室内活性测定试验报告。

3）对当茬试验作物的室内安全性试验报告。

4）混配目的说明资料和室内配方筛选报告（对混配制剂）。

5）试验作物、防治对象、施药方法及注意事项（如长残留除草剂后茬禁种或慎种的作物种类、杀菌剂铜制剂用于果树等禁用或慎用药的时期、杀卵的杀虫剂需在卵期使用等）。

4. 其他资料　　在其他国家或地区已有的田间药效、毒理学、残留、环境影响和登记情况等资料或综合查询报告。

（二）特殊新农药登记

1）卫生用农药、杀鼠剂、生物化学农药、微生物农药、转基因生物、天敌生物：不需要提交对当茬试验作物的室内安全性试验报告。

2）杀鼠剂及转基因生物：不需要提交室内活性测定报告、混配目的说明及配方筛选报告。

3）天敌生物：不需要提交作用方式、作用谱、作用机制或作用机制预测分析及混配目的说明、配方筛选报告。

除以上特殊规定，其他要求同新农药。

（三）新制剂登记

1）新制剂：申请田间试验不需要提交作用方式、作用谱、作用机制及作用机制预测分析资料。

2）新混配制剂及新药肥混剂：只需提供混配目的说明、配方筛选报告，不需提交其他室内活性测定报告。

3）新剂型、剂型微小优化：需提交改变剂型的目的意义资料。

4）新含量：需提交改变含量的目的意义资料。

5）新渗透剂（增效剂）与农药混配制剂：需提供有关渗透剂、增效剂的室内配方筛选报告资料。

其他要求同新农药。

（四）相同农药产品登记

质量无明显差异的相同制剂登记需提交质量无明显差异的相同制剂认定证明，包括与申请产品质量无明显差异的相同制剂的产品名称、企业名称、农药登记证号及对比判定结论，申请人用于佐证的相关材料等。

除与申请产品质量无明显差异的相同产品正式登记6年后或6年内授权外，须提交室内活性或室内配方筛选报告。

已经正式登记的相同农药产品，其他申请人经田间试验后应当直接申请正式登记。

（五）扩大使用范围、改变使用方法和变更使用剂量登记

1. 扩大使用范围 扩大使用范围包括扩大使用作物和防治对象。已取得正式登记的产品申请扩大使用范围，应当按正式登记资料规定申请扩大使用范围登记。需准备的资料如下。

1）田间试验申请表；
2）室内活性测定试验报告（仅对涉及有效成分新防治对象的产品）；
3）对当茬试验作物的室内安全性试验报告（仅对涉及新使用范围的产品）；
4）境外在该作物和防治对象的登记使用情况；
5）其他与该农药品种和使用范围有关的资料，包括人、畜、环境影响的情况。

2. 改变使用方法 已取得正式登记的产品申请改变使用方法，应当按正式登记资料规定进行申请改变使用方法登记。需准备的资料如下。

1）田间试验申请表；
2）其他资料，如改变使用方法的目的、意义及新使用方法对人、畜、环境安全性的影响情况等。

3. 变更使用剂量（仅对已取得正式登记的产品） 需准备的资料如下。

1）田间试验申请表；
2）使用剂量变更原因及相关研究报告。

二、临时登记阶段

（一）新农药登记

1）临时登记申请表。

2）产品摘要资料：包括产地、产品化学、毒理学、药效、残留、环境影响、境外登记情况等资料的简述。

3）药效资料：①室内活性测定试验报告（田间试验阶段已提供的，可以提供复印件）。②对当茬试验作物的室内安全性试验报告（田间试验阶段已提供的，可以提供复印件）。③杀虫剂、杀菌剂提供在我国境内4个以上省级行政地区、2年以上的田间小区药效试验报告；除草剂、植物生长调节剂提供在我国境内5个以上省级行政地区、2年以上的田间小区药效试验报告；对长残效性除草剂，还应当提供对主要后茬作物的安全性试验报告。对后茬作物的安全性试验报告为独立的试验报告，安全性试验不少于3种作物，获得安全性试验结果的作物种类，可在农药产品标签中列出后茬可种植的作物。局部地区种植的作物（如亚麻、甜菜、油葵、人参、橡胶树、荔枝树、龙眼树、香蕉、芒果树等）或仅限于局部地区发生的病、虫、草害，可以提供3个以上省级行政地区、2年以上的田间小区药效试验报告。对在环境条件相对稳定的场所使用的农药，如仓储用、防腐用、保鲜用的农药等，可以提供在我国境内2个以上省级行政地区、2个试验周期以上的药效试验报告。④农药田间试验批准证书（复印件）。⑤其他：作用方式、作用谱、作用机制或作用机制预测分析；抗性研究，包括对靶标生物敏感性测定、抗药性检测方法和抗药性风险评估等；对田间主要捕食性和寄生性天敌的影响；产品特点和使用注意事项等。

（二）特殊新农药登记

1）杀鼠剂和生物化学农药：不需提交抗性研究、对靶标生物敏感性测定、检测方法等资料。

2）卫生用药、杀鼠剂和天敌生物：不需要提交对田间主要捕食性和寄生性天敌的影响资料。

3）卫生用药：室内用制剂提供2个省级行政区1年室内药效测定报告及2个行政区1年模拟现场试验报告；防白蚁和外环境用制剂提供2个省级行政区1年现场药效试验报告。

田间试验不要求的临时登记阶段不要求，其他要求同新农药。

（三）新制剂登记

1）新剂型：除不提交作用方式、作用谱、作用机制资料外，其他要求完全同新农药。

2）新渗透剂（增效剂）与农药混配制剂：需提交室内活性测定报告，其他同新农药，但田间试验报告需有不加高渗、增效剂相同有效成分产品对照。

3）剂型微小优化、新含量：需要提交对应省级行政地区1年药效试验报告。

4）新剂型、剂型微小优化、新含量、新药肥混剂：对于一些特殊药剂，如灭生性除草剂等，可以提供3个以上省级行政地区，分别为2/1/1/2年的田间小区药效试验报告。

5）新药肥混剂：试验报告中应同时有药效肥效调查结果。

6）新混配制剂：对产品中含长残效性除草剂有效成分的，如该有效成分使用剂量超出已登记的相同有效成分、剂型、使用范围和方法产品使用剂量，或登记新的使用范围或新使用方法时，应当提供对主要后茬作物的安全性试验报告。

新制剂其他资料要求同新剂型。

（四）扩大使用范围、改变使用方法和变更使用剂量登记

1. 扩大使用范围 需提供的资料如下。

1）临时登记申请表。

2）产品摘要资料：提供药效、残留、环境影响、境外登记情况等资料的简述。

3）药效资料（同新剂型）。

2. 改变使用方法 需提供的资料如下。

1）临时登记申请表。

2）产品摘要资料：包括药效、残留、环境影响、境外登记情况等资料的简述，并说明改变使用方法的目的和意义。

3）药效资料（同新剂型）。

三、正式登记阶段

（一）新农药登记

需提供的资料如下。

1）正式登记申请表。

2）产品摘要资料：包括产地、产品化学、毒理学、药效、残留、环境影响、境外登记情况等资料的简述。

3）药效资料：①两个以上不同自然条件地区的示范试验报告。②临时登记期间产品的使用情况综合报告，包括产品使用面积、主要应用地区、使用技术、使用效果、抗性发展、作物安全性及对非靶标生物的影响等方面的综合评价。

（二）特殊新农药登记

需提供的资料如下。

1）外环境卫生用药，农田、森林和草原上使用的杀鼠剂：提交 2 个以上不同自然条件地区的示范试验报告，其他用途卫生用药及杀鼠剂不需提交示范试验报告，但两类药剂都需提交使用情况综合报告。

2）其他特殊新农药正式登记要求同新农药。

（三）新制剂登记

新制剂正式登记不要求提供示范试验报告，其他要求同新农药。

（四）扩大使用范围、改变使用方法和变更使用剂量登记

1. 扩大使用范围 需提供的资料如下。

1）正式登记申请表。

2）产品摘要资料：同临时登记阶段。

3）药效资料：提供临时登记期间产品的使用情况综合报告，内容同一般新农药。不经过临时登记阶段的扩大使用范围产品，按新剂型产品的要求提供资料；相同农药产品的相同使用范围，在首家取得正式登记 6 年后，按相同农药产品药效要求提供资料。

2. 变更使用剂量（仅对已取得正式登记的产品） 需提供的资料如下。

1）正式登记申请表。

2）产品摘要资料：包括产品药效、残留等资料的简述。

3）药效资料：杀虫剂、杀菌剂提供在我国境内 4 个以上省级行政地区、1 年以上的田间小区药效试验报告。除草剂、植物生长调节剂提供在我国境内 5 个以上省级行政地区、1 年以上的田间小区药效试验报告，对产品中含有长残效性除草剂的，如使用剂量超过了原已登记的使用剂量时，还应当提供对主要后茬作物的安全性试验报告。对于一些特殊药剂，如灭生性除草剂等，可以提供 3 个以上省级行政地区、1 年以上的田间小区药效试验报告。局部地区种植的作物（如亚麻、甜菜、油葵、人参、橡胶树、荔枝树、龙眼树、香蕉、芒果树等）或仅限于局部地区发生的病、虫、草害，可以提供 3 个以上省级行政地区、1 年以上的田间小区药效试验报告。对在环境条件相对稳定的场所使用的农药，如仓贮用、防腐用、保鲜用的农药等，可以提供在我国境内 2 个以上省级行政地区、1 个试验周期以上的药效试验报告。

4）农药田间试验批准证书（复印件）。

第四节　登记后管理内容

《农药管理条例》第六章（其他规定）讲的实际上是登记后管理，其内容和国际组织规范大致相似，也和条例本身前面设定的管理制度以及后面的处罚措施相呼应，归纳起来有以下几点。

1）监督检查登记制度和生产许可制度的实施：规定任何单位和个人不得生产、经营、进口或使用未经登记、未经生产许可或明令禁止生产或撤销登记的农药产品。

2）质量监督：国家对农药产品质量实行宏观管理，国家有关部门依法对农药产品直接进行抽查检验，任何单位和个人不得拒绝。质量监督包括两种形式：一是有关职能部门在一定范围内对某一产品或某些产品进行质量监督抽查。二是执法监督人员的日常监督检查，包括对质量

可疑产品的抽查和对已投诉或已产生药害事故产品的抽查。

3）残留监测：规定禁止销售农药残留量超标的农副产品，要求县级以上各级人民政府有关部门做好农副产品中农药残留量的检测工作。

4）广告管理：规定未经登记的农药，禁止刊登、播放、设置、张贴广告。农药广告内容必须与登记的内容一致，并依照广告法和国家有关农药管理的规定接受审查。

5）标签管理：规定禁止经营那些产品包装上未附标签或标签残缺不清的农药产品。并且要检查标签是否和批准登记的一致，是否有擅自修改标签的行为。

6）环境监测：规定处理假劣农药、过期报废农药、禁用农药、废弃农药包装和其他含农药的废弃物时，必须严格遵守环保法律、法规的有关规定，防止污染环境。环保部门应加强农药对环境污染的检测。

一、农药生产管理

我国对农药生产实行生产许可证（或准产证）制度、登记制度和必要的核准程序。《中华人民共和国农药管理条例》第三章"农药生产"部分作出了明确规定。农药生产应当符合国家农药工业的产业政策。开办农药生产企业（包括联营、设立分厂和非农药生产企业设立农药生产车间），应当具备以下条件：①有与其生产的农药相适应的技术人员和技术工人；②有与其生产的农药相适应的厂房、生产设施和卫生环境；③有符合国家劳动安全、卫生标准的设施和相应的劳动安全、卫生管理制度；④有产品质量标准和产品质量保证体系；⑤所生产的农药是依法取得农药登记的农药；⑥有符合国家环境保护要求的污染防治设施和措施，并且污染物排放不超过国家和地方规定的排放标准。并且需要经企业所在地的省、自治区、直辖市化学工业行政管理部门审核同意后，再报国务院化学工业行政管理部门批准。农药生产企业经批准后，方可依法向工商行政管理机关申请领取营业执照。

国家实行农药生产许可制度。生产有国家标准或者行业标准的农药的，应当向国务院化学工业行政管理部门申请农药生产许可证。生产尚未制定国家标准、行业标准但已有企业标准的农药的，应当经省、自治区、直辖市化学工业行政管理部门审核同意后，报国务院化学工业行政管理部门批准，发给农药生产批准文件。

实施生产许可证（准产证）的目的在于加强农药管理，打击制造、销售假劣农药的行为，保护农业生产、保护环境，维护农药产品生产、销售与使用者的合法权益。由国家化工行政主管部门主管生产许可证（已获准产证）的发放工作，并具体负责生产许可证的发放、管理、监督工作。各省、自治区、直辖市化工行政主管部门负责农药产品准产证的发放、管理和监督工作。

农药生产企业应当按照农药产品质量标准、技术规程进行生产，生产记录必须完整、准确。农药产品包装必须贴有标签或者附具说明书。标签应当紧贴或者印制在农药包装物上。标签或者说明书上应当注明农药名称、企业名称、产品批号和农药登记证号或者农药临时登记证号、农药生产许可证号或者农药生产批准文件号，以及农药的有效成分、含量、重量、产品性能、毒性、用途、使用技术、使用方法、生产日期、有效期和注意事项等；农药分装的，还应当注明分装单位。

农药产品出厂前，应当经过质量检验并附具产品质量检验合格证；不符合产品质量标准的，不得出厂。

二、农药经营管理

《农药管理条例》中第四章明确规定了可以具有农药经营资格的单位，包括：①供销合作社的农业生产资料经营单位；②植物保护站；③土壤肥料站；④农业、林业技术推广机构；⑤森林病虫害防治机构；⑥农药生产企业；⑦国务院规定的其他经营单位。

经营的农药属于化学危险物品的，应当按照国家有关规定办理经营许可证。农药经营单位应当具备下列条件和有关法律、行政法规规定的条件，并依法向工商行政管理机关申请领取营业执照后，方可经营农药：①有与其经营的农药相适应的技术人员；②有与其经营的农药相适应的营业场所、设备、仓储设施、安全防护措施和环境污染防治设施、措施；③有与其经营的农药相适应的规章制度；④有与其经营的农药相适应的质量管理制度和管理手段。

农药经营单位购进农药，应当将农药产品与产品标签或者说明书、产品质量合格证核对无误，并进行质量检验。禁止收购、销售无农药登记证或者农药临时登记证、无农药生产许可证或者农药生产批准文件、无产品质量标准和产品质量合格证和检验不合格的农药。

农药经营单位应当按照国家有关规定做好农药储备工作。贮存农药应当建立和执行仓储保管制度，确保农药产品的质量和安全。

农药经营单位销售农药，必须保证质量，农药产品与产品标签或者说明书、产品质量合格证应当核对无误。农药经营单位应当向使用农药的单位和个人正确说明农药的用途、使用方法、用量、中毒急救措施和注意事项。

超过产品质量保证期限的农药产品，经省级以上人民政府农业行政主管部门所属的农药检定机构检验，符合标准的，可以在规定期限内销售；但是，必须注明"过期农药"字样，并附具使用方法和用量。

三、农药使用管理

农药使用管理是农药监管工作中的重要一环。县级以上各级人民政府农业行政主管部门应当根据"预防为主，综合防治"的植保方针，组织推广安全、高效农药，开展培训活动，提高农民施药技术水平，并做好病虫害预测预报工作。加强对安全、合理使用农药的指导，根据本地区农业病、虫、草、鼠害发生情况，制订农药轮换使用规划，有计划地轮换使用农药，提高防治效果。

使用农药应当遵守农药防毒规程，正确配药、施药，做好废弃物处理和安全防护工作，防止农药污染环境和农药中毒事故。使用农药应当遵守国家有关农药安全、合理使用的规定，按照规定的用药量、用药次数、用药方法和安全间隔期施药，防止污染农副产品。剧毒、高毒农药不得用于防治卫生害虫，不得用于蔬菜、瓜果、茶叶和中草药材。使用农药应当注意保护环境、有益生物和珍稀物种。

思 维 拓 展

1. 简述农药登记管理及其目的意义。
2. 简述我国农药登记前管理的内容。
3. 简要说明我国农药登记分为几个阶段进行。
4. 我国农药登记后管理的内容包括哪些？

扫扫看答案

主要参考资料

1. 参考文献

顾宝根. 2014. 国内外农药管理制度的比较及启示. 世界农药, 36（2）: 1-5

李光英, 姜辉, 顾宝根. 2002. 美国的农药管理情况. 农药科学与管理, 23（1）: 15-16

申继中. 2002. 欧盟农药登记程序. 中国农药发展年会——农药进出口与管理战略研讨会, 10:15-17

宋雁, 贾旭东, 李宁. 2012. 国内外农药登记管理体系. 毒理学杂志, 26（4）: 310-314

王以燕，袁善奎，姜辉，等. 2013. 我国与境外生物农药登记管理的差异分析. 农药，52（5）：323-327
王以燕，张桂婷. 2010. 中国的农药登记管理制度. 世界农药，32（3）：13-17
武丽辉，赵永辉，吴厚斌，等. 2014. 农药管理的现状与思考. 农药，53（10）：771-772
张存政，龚勇，张志勇，等. 2011. 美国农药管理体系及与我国的比较分析. 农产品质量与安全，2：56-59
张翼翾，张一宾. 2010. 欧盟的农药登记制度. 农药科学与管理，31（10）：7-15
中华人民共和国国务院令第326号. 中华人民共和国农药管理条例. 2001
中华人民共和国农业部令第9号. 农药管理条例实施办法. 2007

2. 网站

中国农药网 http://www.agrichem.cn/http://www.bvl.bund.de
中国农药信息网 http://www.chinapesticide.gov.cn/

第六章 农药的科学使用

【知识能力要求】

掌握农药的施用方法和施用技术。

【导语】

近年来,农村生产体制的变化,极大地调动了广大农民学科学、用科学的积极性,化学防治措施已经成了控制病、虫、草、鼠危害的重要手段,加之农作物病虫害的普遍发生和逐年加重,致使农药的需求量急剧上升,农药市场供不应求的矛盾十分突出。与此同时,带动了农药商品经济的发展,不少单位和个人纷纷做起了农药生意,其中少数单位和个人趁机钻营,非法制造和出售假冒伪劣或过期失效的农药,牟取暴利,坑害群众,给国家和人民带来了重大损失。

第一节 农药的鉴别

农药的鉴别分为两种情况,一种是真假农药的鉴别,另一种是变质失效或降效农药的鉴别。第一种是确定该药是否属于农药或某种药剂;第二种是在已知农药品种的情况下,确定是否已经变质或者降效。

一、真假农药的鉴别

(一)根据标签判定

凡是正规农药厂生产的农药,一般都具有完整的标签,所谓完整主要是指标签内容的完整。一个完整的标签必须具备以下内容。

1. 产品介绍 这是每个标签都应有的内容,而且产品介绍的内容应与该药的属性相符,不夸大其词,文字清楚,语言通顺,无错别字,叙述的内容应当包括该农药的特性、适用范围、适宜用量、使用方法、使用时间和注意事项等。假冒农药的介绍,往往字迹模糊不清,任意夸大该药的作用,甚至有错字和别字,叙述内容不全。一般仅从字迹模糊和有错别字这些现象,便可断定该药属假冒农药或不合格农药。因为能生产合格农药的厂家,多数都具有较强的技术力量和业务水平,正常情况下是不会有错字、别字的。

2. 注册商标 注册商标包括两个部分,一是"注册商标"四个字,二是商标图案,二者缺一不可。在进口农药的标签上,"注册商标"用符号"®"代替;图案多带有象征意义和一定的艺术性。假冒商品一般没有注册商标字样或图案,即便有,也会略有变化,因为冒充商标是一种违法行为。也有些假冒者全部照搬正规厂家的商标,但多数在标签上不写自己的厂名或真实厂名,或仅写上地址不详细的厂名(图6-1)。

假

真

图6-1 摘自农药论坛

3. 准产证号 为加强农药生产管理，确保产品质量，杜绝伪劣农药混入市场，国务院和各省、直辖市、自治区人民政府或化工部及工商行政管理部门相继完善并实施了农药准产证制度。规定凡是生产农作物、森林、蔬菜、水果、家庭卫生等方面的化学药剂、微生物药剂及其他药剂的企业，不论其隶属关系和经济性质，一律申办或补办准产证，没有准产证的企业，一律不准生产，工商部门不予颁发营业执照。

农药准产证发放的条件如下。

1）生产的产品符合国家或省级地方标准。

2）在农业部门登记。

3）有生产条件和计量检测手段达到或具备三级计量合格证、质检科认证。

4）三废排放达到国家规定的标准。

5）各种规章管理制度完善。

因而，在判定农药的真假时，可以从是否有准产证进行判断分析。准产证的有无，在农药标签上的反映就是准产证编号。进口农药无准产证编号。

4. 农药登记证号 农药登记证号是农药登记证的编号。农药登记是由农业药检部门办理的，办理的基本依据是产品的化学、毒理学、药效、残留、环境生态、产品标准、标签和使用说明书等。这些条件不符合要求的，就不予办理农药登记证。

因而，农药登记证的有无，是判定农药产品"可信度"的重要标志。农药登记分为两种：一种是临时登记，另一种是正式登记。当然，二者的登记条件是不一样的。假农药的标签上没有登记号；冒牌农药虽有登记号，但一般也没有生产厂名或详细厂址。

5. 规格和剂型 规格是指有效成分含量，剂型则表示制剂的类型。假冒农药一般无规格和剂型（或表示剂型的符号）。

6. 生产时间或批号 国产农药一般仅有批号，表示商品的年、月、日；进口农药一般既有生产日期又有批号。所有正规厂家生产的产品，一般都有生产时间或批号，并能在标签上反映出来。假冒农药则可能残缺不全。

7. 有效期和厂名厂址 有效期是指从生产到开始降效、变质的时间；非假冒农药一般都标有有效期，而且厂名和厂址清楚详细，有些甚至还注有邮政编码、电话号码、电报挂号等。假冒农药这部分内容模糊不清或根本就没有。

农药有效期在标签上通常有三种标记方法。

1）直接标明有效日期。例如，有效期为2008年5月10日，即说明该药可使用到2008年5月10日。

2）标明有效期月份。例如，有效期2008年7月，即说明此药在2008年7月31日以前有效。

3）根据药品批号推算有效期。例如，药品批号991225，有效期3年，即指该药有效期到2002年12月25日。药品批号的6位数，前2位数表示该药品生产年份，中间2位数表示月份，末尾2位数表示日期。如果批号是8位数，则前6位表示生产日期，后2位表示有效期（年）。

（二）根据某些特征判定

不同的农药具有不同的特征及特性，根据这一点，容易判定出农药的真假。常用的鉴别特征有颜色、气味等。

1. 颜色 一般来说，乳油类、可湿性粉剂类、油剂类、悬浮剂类、水剂类等农药的颜色只要规格不变，颜色是相对稳定的；颗粒剂、粉剂等农药会因颜料的不同或填充料的不同而有所变化。

2. 气味　　相对来讲，依气味鉴别农药，要较颜色更为简单准确（一些具有特殊颜色的农药除外），但鉴别者必须具有丰富的实践经验和扎实的农药基础知识。一般情况下，不同的农药具有不同的气味，甚至气味的浓烈程度，在一定程度上还能反映出质量的高低。对于假冒农药来说，是不具有农药自身所特有气味的。

根据颜色和气味判定农药的真假，是最简单和最常用的方法。以下对部分常用农药的鉴别特征给予简单的叙述。

1）5% 来福灵乳油：基本无色或略带浅黄色（在目前常见的农药中，颜色是最浅的一个），略有腥味，闻时有刺鼻感，闻久了会导致打喷嚏和流鼻涕。

2）乐果乳油：浅黄色或略带红棕色，透明状液体，有刺鼻的硫醇臭味。

3）敌敌畏乳油：浅黄色至黄棕色透明液体，具有芳香气味，闻时有刺鼻感。

4）90% 晶体敌百虫：白色晶体状，有甜软良好的气味。遇碱后变为敌敌畏，具有芳香气味。

5）克螨特乳油：黏稠状液体，这是鉴别的主要特征；易燃，乳化性能特别好。

6）粉锈宁。

A. 20% 的粉锈宁乳油，浅棕红色，15% 可湿性粉剂为灰白色，25% 可湿性粉剂的颜色更浅。粉锈宁的气味比较特殊，和"清凉油"的气味相似，气味浓烈，有凉爽感。这是判别是否为粉锈宁的重要特征。

B. 50% 抗蚜威可湿性粉剂：深蓝色，颜色比较特殊。目前有两种药剂形态，一种是粉状，另一种是粒状；气味不大。鉴别该药较为准确的方法是生物测定法。因为该药为蚜虫（棉蚜、桃蚜等除外）的特效药，而且药效迅速，使用后能在几分钟内将蚜虫杀死，所以，可以利用这一特性，在田间用麦蚜、玉米蚜、大豆蚜、菜蚜等做实验，能迅速杀死蚜虫且具备上述外观特征的，就是真药，否则为假药或失效药。

7）硫酸铜：为天蓝色结晶状，气味不明显，水溶液仍呈天蓝色，这是鉴别硫酸铜和检验其质量的重要依据。若溶液发黑，里面含有硫酸亚铁杂质，含杂质越多，颜色越黑。

8）托布津可湿性粉剂：无色棱状结晶，略有辣味。70% 甲基托布津颜色为灰白色或灰棕色、灰紫色等。

9）敌克松可溶性粉剂：黄色至黄棕色，有光泽，无臭味，粉末状。其水溶液为黄色，用手触摸也为黄色。因为该药为生产颜料的副产品，所以颜色比较特殊。这是和其他农药相区别的重要依据。

10）代森锌可湿性粉剂：浅灰绿色粉末状，有臭鸡蛋气味。在颜色和气味上都比较特殊。

11）40% 乙烯利水剂：相对密度为 1.258 左右，pH 小于 3；遇碱或加热时，很快分解，放出乙烯。因而，具有乙烯的气味。外观为淡黄色至褐色透明液体。

12）井冈霉素水剂：外观为棕色透明液体，无臭味，pH 为 2~4，相对密度大于 1，无气体产生。将这些特性进行综合测定分析，便可判定出是否为井冈霉素。

13）氟吡菌胺（fluopyram）：原药外观为米色粉末状细微晶体，制剂为深米黄色、无味、不透明液体。

14）乙基多杀菌素（spinetoram）：乙基多杀菌素 -J（22.5℃）外观为白色粉末，乙基多杀菌素 -L（22.9℃）外观为白色至黄色晶体，带苦杏仁味。

（三）根据实验结果判定

有些农药，可以根据一些简单的实验结果来进行判定。

1. 粉状农药的鉴别　　常见粉状农药的剂型主要有粉剂、可湿性粉剂和可溶性粉剂。这3种剂型的区别方法是：取无色透明玻璃试管3支，分别装入三种剂型的少量试样，然后倒入半试管清水，分别用手按住试管或用塞子将试管盖好，以同样速度上下振动10次左右，静止后观察。若试管内不产生沉淀就是可溶性粉剂；试管内发现混浊并产生缓慢沉淀者是可湿性粉剂；试管内沉淀物多且沉淀迅速的是粉剂。

2. 液体农药的鉴别　　常见液体农药的剂型主要有水剂、乳剂和油剂。这3种剂型的区别方法是：取无色透明的玻璃试管3支，各装入半试管清水，然后分别滴入3~5滴试样。溶解于水后成乳白色悬浮液的是乳油；溶解于水后成水溶剂、表面无色、无油状物的是水剂；溶解于水后无色，但表面有悬浮油状小珠的是油剂。

3. 常用有机磷农药的鉴别　　主要介绍乐果、马拉硫磷、敌敌畏、敌百虫4种常用有机磷农药的鉴别。

首先各取试样3~4滴分别滴入不同的试管内，然后各加水5mL，配成供鉴别用的稀释液。然后在每支试管中分别滴加5%的氢氧化钠溶液，呈白色者是敌百虫，不发生变化的是乐果、马拉硫磷和敌敌畏。

其次将3种无变化的溶液分别滴加5%的硝酸银溶液，呈黄色的是乐果；由黄变橙后至黑色的是马拉硫磷；开始滴加硝酸银时无变化，继续滴加变成黑色的是敌敌畏。

4. 有机汞制剂的鉴别

1）各取少许置于试管内，分别加入5%的盐酸（一般是浓盐酸稀释液），调成糊状，然后插入一段擦亮的铜丝或铜片，经过5~10min后取出，在铜丝或铜片上面有一层银白色的汞析出的就是汞制剂，否则，为其他农药。

2）常用的汞制剂农药主要是西力生和赛力散，这两种农药的鉴别可用气味法：有轻微酸味或没有特殊气味的是赛力散，有很强大蒜臭味的是西力生。

5. 有机硫制剂的鉴别

1）取试样少许放入试管中，加水数滴使之全部湿润，再加入3~4滴浓硫酸，稍加热，有臭鸡蛋气味放出的就是有机硫制剂。

2）代森铵、代森锌、代森锰、福美锌、福美铁、福美双是常用的6种有机硫制剂，唯独代森铵是淡黄色溶液。

3）将剩余的5个样品分别取少许装入试管内，并各加3~5滴水使之湿润，再加入3滴硝酸，然后稍加热。有臭鸭蛋味的是代森锌和代森锰，无臭鸭蛋味的是福美铁、福美双和福美锌。

4）在代森类的试管中，再加入2~5mL水，并分别过滤到另外试管内，再各加入5%的氢氧化钠溶液，摇匀后继续滴加氢氧化钠溶液。有白色沉淀又很快溶解的是代森锌；有白色沉淀不溶解的为代森锰。

5）将福美类化合物的三支试管，稍加热后各加2滴盐酸，也有臭鸭蛋气味产生，待气泡停止后，各加2~5mL水，过滤到另三支试管内，逐滴加5%氢氧化钠溶液，边滴边摇。出现红色沉淀者是福美铁；出现白色沉淀后又溶解者是福美锌；剩下的是福美双。

6. 苯酚类除草剂的鉴别　　取试样少许溶于乙醇中，滴加几滴5%三氯化铁溶液，摇匀即呈现紫色；或将其溶于蒸馏水中，而后加几滴5%硫酸铜摇匀，有深红色沉淀。具有这两个特点的是苯酚类除草剂，反之，不是苯酚类农药。

7. 二钾四氯钠盐的鉴别　　由于该药能导致部分植物畸形生长，因此，可用100倍左右的药液喷、涂到豆类或阔叶杂草的植株上，1~2d内，若植株顶端扭曲，叶片下垂，新生叶皱缩呈鸡爪状，茎秆及叶柄肿裂，说明是该药，否则就不是。

（四）化学分析法

这种方法是目前最为准确的方法。一般由省、市级的农业部门的农药化验室或指定的具有农药化验能力的部门承担。其化验结果具有法律效力。由于其化验复杂和需要交纳一定的化验费，因此，一般很少应用。常用于一些假药案件的审定或农药生产厂家的质量检验。

二、失效农药的鉴别

失效农药的鉴别是指在已知属于某种药剂的情况下，对其质量进行检测的过程，常用的主要有4种方法，即外观检验法、物理分析法、生物测定法和化学分析法。

（一）外观检验法

变质失效的农药，往往从外观上就能明显判断出来。判断的依据如下。

1. 贮存场所 贮存场所是否符合要求，如酸碱度、潮湿度、遮光条件、同库的物品种类等。一般说来，不同的农药具有不同的贮存条件。

2. 贮存时间 主要指贮存时间是否在有效期的范围之内，若有效期已过，肯定有所变质和失效。

3. 外观特征 一般乳油类农药变质后常发生沉淀或变色现象；乳剂类农药变质后常发生油水分离、沉淀和变色现象；粉剂或可湿性粉剂农药变质后常发生结块现象；可溶性粉剂农药久贮后多表现为溶化，但大部分效果不减；水剂类农药变质后常发生析出结晶和变色现象；片剂农药变质后常表现为潮解现象；胶悬剂类农药和部分浓稠的乳油类农药，变质后常表现为固缩现象。

（二）物理分析法

1. 加热法 加热法适用于乳油或乳剂类农药的鉴别。把有沉淀的乳油农药制剂连瓶放入40℃以上（以烫手为准）的温水中。经过1h后，变质农药的沉淀物不会溶化，而没有变质的农药会慢慢溶化，溶化后喷洒不影响防治效果。

2. 灼烧法 灼烧法适用于粉剂农药。取一点粉剂农药置于一小块薄铁皮上，用火灼烧。若有白烟冒出，说明尚含有效成分；如无白烟，说明已不含有效成分或含量微少。灼烧时要注意防止中毒。

3. 振荡法 振荡法适用于乳剂农药。对已经有分层现象的乳剂药液，用力振荡，然后静置1h。如果仍然有分层现象，说明农药质量已经变坏，若分层现象消失，说明还能用，但药效稍减。

4. 悬浮法 悬浮法适用于粉剂农药。取粉剂农药5g加水500g，搅拌后静置30min，然后慢慢倒去上部90%左右的溶液。将剩下的溶液用已知重量的滤纸过滤，再将纸和纸面上的沉淀物一同晒干或烘干。然后称重，计算悬浮率。悬浮率在30%以上者为良好，在30%以下的药剂则为减效药剂。计算公式为

$$悬浮率（\%）=（样品重量-沉淀重量）\div 样品重量 \times 100$$

5. 沉淀法 沉淀法适用于可湿性粉剂农药。取1g可湿性粉剂样品，放入玻璃瓶子内，先加适量水搅拌成糊状，再加适量清水（共用水200g）搅拌均匀，静置10min后观察。未变质的农药粉粒细小，沉淀慢而少；劣质的农药沉淀快而多。

6. 兑水法 兑水法适用于乳油农药。用透明茶杯一个，装入2/3左右的水，滴入4～5

滴乳油制剂,搅拌后静置1h,缓慢倾斜倒出药液。若液面有乳油或杯底有沉淀物,证明该药已经变质,不能再用;反之,没有变质,仍能用。

7. 溶解法　　溶解法适用于乳油或乳剂。取少量液剂农药的沉淀物,加入清水,若很快溶于水中,说明没有变质;反之说明已经变质。

(三)生物测定法

生物测定法是指利用药剂的作用对象或敏感生物进行药效试验的方法。该方法的缺点包括:①一般历时较长;②在主要防治对象已经产生抗性的情况下,难于得出准确结果和失效的程度。其优点则是正常情况下比较准确和实用,其实验结果在指导使用上有实际意义。

1. 田间试验法　　田间试验法是指将供试农药在田间直接使用到主要防治对象上,大多数农药都可用该方法进行鉴定。需要注意的问题就是病虫的抗性问题,在主要防治对象已经产生抗性的情况下,不适于用该方法。

2. 敏感生物试验法　　敏感生物试验法是指利用对供试药敏感的生物进行试验的方法。有一些农药,除主要防治对象以外,还对自然界中的某些生物有很高的毒性。另外,蜂类及水生动物对大多数杀虫剂比较敏感;鱼类对部分杀菌剂也比较敏感,部分杀菌剂对兔子的眼膜有严重的刺激作用等。

(四)化学分析法

同真假农药的鉴别一样,失效农药的鉴别同样可以用化学分析法。而且,要想定量地测量其有效成分含量,就必须用化学分析法。由于化学分析法比较复杂,需要相应的仪器设备和化学试剂、标样等。必要的情况下,可以到指定的化验部门去分析化验。

课外链接 6-1

1. 农药的真假鉴别。
2. 如何识别真假农药?

第二节　农药的配制

除少数可以直接使用的农药制剂外,一般农药在使用时都需要经过适当的稀释和配制后,才能进行喷洒等使用。农药的配制就是把商品农药制剂配制成可以在田间进行使用的状态。例如,可湿性粉剂、浓悬浮剂和乳油等制剂,本身不能直接使用,必须加水稀释后才能使用。加水配制药剂一方面是要调节药液浓度,另一方面是便于药液的喷洒。

农药的配制一般有3个必要的步骤:农药制剂和配料取用量的计算;农药制剂和配料的定量量取;农药制剂和配料的混合与调制。

农药用量是指单位面积农田防治某种有害生物所需要有效成分的量,通常以 g/hm^2 或 $g/$ 亩表示。农药用量的确定是通过药剂生物测定的结果和田间药效试验而获得的,一般农药制剂的生产厂家在农药商品的标签和使用说明中,将上述试验结果得到的农药用量作为推荐用量标明。但是,在具体使用时,可以根据以下因素对农药用量进行调整,以达到保证防治效果、降低防治成本的目的。

有害生物对药剂的敏感性:不同有害生物及其不同的生长发育阶段对药剂的敏感性具有很大差异,这会直接导致用药量的差别。例如,害虫在低龄期对药剂较敏感,而老熟幼虫耐药力比较强，小菜蛾 4 龄幼虫比 1 龄或 2 龄幼虫的耐药性大若干倍。对害虫要"治早治小"就是指的这种一般规律。早期低龄害虫的防治可以使用较低的药量；而在害虫发育到高龄成熟期，即使加大用药量往往效果也不理想。病菌也存在类似情况，如黄瓜霜霉病菌，其孢子囊耐药性较强，而释放出的游动孢子则对药剂非常敏感。一般病菌孢子萌发产生芽管以后，对药剂的敏感性也明显提高。

有害生物的种群密度：有害生物在农田的繁殖速度和数量与用药量有关。种群密度越大，需要的药量也越大，这是因为每一有害生物个体必须接触到致死剂量才能中毒死亡。因此，一定要抓住防治时机，在有害生物初发生时就进行防治，如果错过适期，就很难达到良好的防治效果。另外，增加一次施药也可以达到同样效果，但同样会大幅度提高用药量，还会增加劳动力的使用，同样也是不经济的。

作物的生长情况：农作物是农药对有害生物发生作用的主要场所。药剂在作物上的沉积密度（单位面积沉积量）与有害生物接触和接受药剂的概率密切相关。作物叶面积随作物生长而增加。当作物长大、叶面积增加时，为保证药剂在作物上的沉积密度，必须提高用药量。如果在作物生长后不相应提高用药量，只能是药剂在作物上的沉积密度降低。例如，蔬菜接近收获期时，病虫害的防治用药量要比苗期时高许多。

当根据以上情况确定了选择药剂的用药量后，结合所采用的喷药机械就可以计算出药液浓度。例如，用 25% 西维因可湿性粉剂防治菜青虫用药量为 0.25kg/ 亩，即有效成分 0.0625kg/ 亩。如使用工农 -16 型手动背负式喷雾器进行常规喷雾，需用水 150L/ 亩，药液浓度为 0.0417%；但使用手动弥雾器，每公顷喷雾量 30L，药液浓度是 3.125%。因此，药液浓度取决于喷雾方法，而不是不变的。当采用不同的喷雾器械时，因为喷雾量的不同，相同用药量的药剂浓度是不相同的。这是农药实际应用中必须要注意的一个问题。目前，多数农药制剂说明和农药参考书籍都是根据常规喷雾方法标明对某类病虫害的防治，使用药剂稀释多少倍（即只给出药剂的使用浓度）喷雾，这是不科学的方法，也容易使使用者在使用时误用。因此，本书所推荐的药剂防治用量，尽量避免这种单一的表示方法，一般表示为每亩用商品量，如某种农药的使用量用倍数表示，则指常规喷雾的用水量（每亩 50～75L 药液）。

一、农药的配制计量方法

在进行实际配制时，用什么方法量取农药和水，同样必须引起重视。在各地，农民用户普遍缺乏严格的计量手段，很多是根据经验和估计或利用一些并非计量器具的容器。

（一）固体制剂的计量

固体制剂虽然可采取小包装的办法，但由于一家一户的农田面积变化很大，往往小包装也不能恰好符合实际农田的需要，直接用秤称量最好。

（二）液体制剂的计量

液体制剂的量取，最方便的是采用容量器，主要有量筒、量杯、吸液管等。塑料的容量器具最安全方便，不易破损。我国曾经专为剧毒农药有机磷的量取生产过一种带有吸球的吸液管。

在量取用药量很少的有机磷和菊酯类农药时仍然很方便。但此种量器在使用中往往很容易发生污染而较难清洗。吸取农药后，吸液管外面已沾有很多药液，如不注意就会污染到人体或其他工具。吸取药液后如果把吸液管平放,则药液会倒流入吸球内。因此,使用时很不方便。应该配备1支塑料粗管,有底,且长短与吸液管相似。吸移药液后即把吸液管插入塑料管中,避免污染。

量筒、量杯比较好用,但也应避免使药液流到筒或杯的外侧。量杯比量筒更好用,因为其上口很大,药液不易倒在外面。一只刻度准确的50mL的量杯,在农药量取上较为方便。用量筒或量杯量取药液,注意筒或杯要处于垂直状态。因为倾斜时从刻度上看到的药液体积会发生偏差。

我国生产的一种新型手动吹雾器中的药水盖内侧上带有一只预制的量杯(把药水盖倒过来就是一只量杯),药液倒入药水桶中,随即旋上盖子,药液就不至于洒到外面,很实用也很安全。

(三)水的量取

配制用水的量取,很多用户习惯于用水桶来计量,把常用水桶1次装15L水作为计量依据。实际上这种水桶不是量器,不能用于计量。还有用粪勺直接量取的(如南方稻区),也有以喷雾器药箱作为计量标准的,所有这些办法都不能作为标准计量方法。如果在水桶内壁用油漆画出一条水位线,并用标准计量器具进行校准,就比较可靠。至于喷雾器药箱,有些在桶壁上打有水位线并标明容积者,则可勉强作为计量依据。用这种喷雾器时,如果在桶内直接配药,应先加入半桶水,然后投药,最后再补加水至水位线。因这样可使原药先同少量的水接触,较易混合均匀,而且后来继续加入的水还会对药液进一步发生搅动稀释作用。切勿先把水加满到水位线以后再投药,否则,由于制剂中的助剂很快稀释,不利于乳剂和可湿性粉剂的分散。

配制乳剂或水悬液用两步配制法效果较好。采取此法的计量程序要注意,两步配制时所用的水量应等于所需用水的总水量,不可先把总需水量取好以后,另外再取水配制母液。例如,配制50%多菌灵可湿性粉剂的喷雾悬浮液,要求配成0.5%浓度的喷雾液,则稀释倍数应为:$50 \div 0.5 = 100$倍,即1kg多菌灵可湿性粉剂需加水100L。如果分两步配制时,额外取5L水配制母液后再加入100L水中,则最后药液浓度为:$1kg \times 50\% \div (100L + 5L) = 0.476\%$。

当然,这种浓度的差异在防治效果上会造成多大的影响,在各种病、虫、杂草上表现是不一样的。但无论如何,在农药的配制过程中,首先必须严格要求计算准确,决不可认为问题不大而掉以轻心。

(四)农药混合使用时的用药量计算

为了同时防治几种病虫,往往需要把几种农药混合使用。混合使用时,各组农药的取用量须分别计算,而水的用量则合在一起计算。水的用量则按喷雾机具来决定。

二、农药的使用浓度及稀释方法

(一)使用浓度的表示方法

农药使用前需配制成具有一定浓度的药液,便于在田间喷洒。这种使用浓度通常包括有效浓度和稀释浓度两种,前者是指农药的有效成分稀释液,用百分浓度和百万分浓度来表示,后者指农药制剂的稀释液,一般用倍数法表示。

1. 百分浓度 百分浓度是指一百份药液中含有效成分的份数。它又分为重量百分浓度和容量百分浓度。固体之间或固体与液体之间的配药常用重量百分浓度,液体之间的配药常用容量百分浓度。

2. 百万分浓度 百万分浓度是指 100 万份药液中所含的有效成分的份数。常用于浓度很低的农药。

3. 倍数法 倍数是药液（或药粉）中稀释剂（填充料等）的量与原药量的比数（也称倍数）。倍数法如不注明按容量稀释，则均按重量稀释。这两种稀释之间的差异随着稀释倍数的增大而减小。在实际应用中，倍数法又分为内比法和外比法两种。

1）内比法：适用于稀释倍数在 100 以下的情况，计算时要扣除原药剂所占的一份。例如，稀释 80 倍时，即用原药剂 1 份加稀释剂 79 份。

2）外比法：适用于稀释倍数在 100 倍以上的情况，计算时不必扣除原药剂所占的一份。例如，稀释 500 倍即用原药剂一份加稀释剂 500 份。

（二）使用农药浓度之间的换算

1. 百分浓度与百万分浓度之间的换算

$$百万分浓度 = 10\,000 \times 百分浓度$$

例如，杀虫双水剂稀释成 0.0125% 药液时，该药液应为 125mg/L。

2. 倍数法与百分浓度之间的换算

$$百分浓度 = 原药剂浓度 \div 稀释倍数 \times 100\%$$

例如，50% 的杀草丹乳油稀释 500 倍后其百分浓度为：百分浓度 $= 50\% \div 500 \times 100\% = 0.1\%$。

（三）农药的稀释方法

正确的农药稀释方法是保证药效的一个重要方面，许多农民在配制农药药液时忽视了这一环节，不仅降低了药效，还造成人力、农药的巨大浪费。不同剂型的农药，其稀释方法是不同的。

1. 液体农药的稀释方法 根据药液稀释量的多少及药剂活性的大小而定。防治用液量少的可直接进行稀释，即在准备好的配药容器内盛放好所需用的清水，然后将定量药剂慢慢倒入水中，用小木棍轻轻搅拌均匀，便可供喷雾使用。如在大面积防治中需配制较多的药液量，需采用两步配制法，其具体做法是先用少量的水将农药稀释成母液，再将配制好的母液按稀释比例倒入准备好的清水中，不断搅拌直至均匀。

2. 可湿性粉剂的稀释方法 通常也采取两步配制法，即先用少量水配成较浓稠的母液，进行充分搅拌，然后再倒入药水桶中进行最后稀释。这种方法可保证药剂在水中分散均匀。因为可湿性粉剂如果质量不好，粉粒往往团聚在一起成较大的团粒，如直接倒入药水桶中配制，则粗粒团尚未充分分散便立即沉入水底，这时再行搅拌就比较困难。两步配制法需要注意的问题是，所用的水量要等于所需用水的总水量，否则，将会影响预期配制的药液浓度。

3. 粉剂农药的稀释方法 一般粉剂农药在使用时不需稀释，但当作物植株高大、生长茂密时，为使有限的药粉均匀喷洒在作物表面，可加入一定量的填充剂进行稀释。

具体方法如下：

1）取一部分填充料，将所需的粉剂混入搅拌均匀。

2）再取一部分填充料加入搅拌，这样反复添加，不断搅匀，直至所需用的填充料全部加完。粉剂在稀释时必须做好安全防护措施，穿戴好长裤、口罩、橡胶手套等，同时，操作现场必须冲洗，以免污染环境。

4. 颗粒剂的稀释方法 颗粒剂的有效成分较低，大多在 5% 以下，因此，颗粒剂可借助于填充料稀释后再使用。可采用干燥均匀的小土粒或化学肥料作填充料，使用时只要将颗粒剂与填充料充分拌匀即可。但在选用化学肥料作为填充料时应注意农药和化肥的酸碱性，避免混后引起农药分解失效。

三、农药的复配与混配

农药混用即将两种或两种以上的农药混合在一起使用的施药方法，包括农药混合制剂（混剂）的使用及施药现场混合使用（桶混）。农药混用的目的不外乎提高防治效果，扩大防治对象，减少施药次数，延缓有害生物抗药性发展的速度，以及提高对被保护对象的安全性、降低施用成本等。

（一）农药混配原则

在农药混配混用目的中最主要的有3个方面，即扩大防治范围，利用增效作用及延缓抗药性。混用的目的不同，混用的原则也有差别。

1. 以扩大作用谱为目的的混配混用原则　　扩大防治谱混配以杀菌剂、除草剂居多。

以杀菌剂为例，许多内吸杀菌剂的防治谱较窄。例如，叶锈特（butrizol）仅对小麦叶锈特效，二甲嘧吩（dimethirimol）仅对白粉病有效，苯基酰胺类杀菌剂仅对卵菌病害特效，苯并咪唑类虽是广谱内吸杀菌剂，却对卵菌纲病害无效。由于农作物常常并发几种病害，若使用单剂，只能控制一部分病害，势必造成另一部分病害猖獗为害。如温室黄瓜，使用甲霜灵可以控制霜霉病，但不能控制炭疽病，而采用甲霜灵和代森锰锌，或克菌丹复配则能同时有效地控制霜霉病和炭疽病。氟吡菌酰胺无论是单独使用，还是与其他杀菌剂混合使用，都能产生"低施用率高效率"的作用，适合作为一种"重要的有效抗性管理成分"。再以除草剂为例，农田往往发生多种杂草危害，大多数除草剂的杀草谱都有局限性，因此常采用除草剂混用来扩大杀草范围。例如，稻田单用除草醚对许多以种子萌发的杂草有效，但对生育期的鸭舌草和牛毛草效果很差，但和二甲四氯混用则可克服这个缺点。禾草丹或禾草敌对稗草和牛毛草效果很好，但对其他阔叶杂草防效差，为此采用禾草丹和西草净混用可有效防除稗草和牛毛草并兼治其他阔叶杂草。在玉米地常将甲草胺和莠去津混用，原因是前者对禾本科杂草效果好，而后者对双子叶杂草效果更好些。扩大防治谱混配混用应遵循下述原则。

1）混配混用中各单剂的有效成分不能发生不利于药效发挥及作物安全性的物理和化学变化。

2）各单剂混配混用后对有害生物的防治效果至少应是相加作用而无拮抗作用。

3）混配混用后对哺乳动物的毒性不能高于单剂的毒性。

4）各单剂在单独使用时对防治对象高效，在混配混用中的剂量应维持其单独使用的剂量以确保防治的有效性。

2. 以延缓抗药性为目的的混配混用原则　　特别是杀菌剂的混配混用，除兼治型外，大部分是克抗型。尤其是内吸杀菌剂，如苯并咪唑类、苯基酰胺类等，其抗性大多是由单主效基因控制的，抗性产生较快且抗性水平很高，而一般保护性杀菌剂作用部位多，抗性发展较慢，二者混用可显著降低内吸剂的使用剂量，降低选择压，从而达到延缓抗性产生的目的。杀虫剂中有相当一部分混配混用以延缓抗药性为目的，特别是有机磷类杀虫剂和拟除虫菊酯类杀虫剂的混配混用。以延缓抗药性为目的的混配混用应遵循以下原则。

1）各单剂应有不同的作用机制，没有交互抗性。单剂的作用机制不同，各自形成抗性的机制也就不同，即选择方向不同，如果混配混用就可以相互杀死对它们各自有抗性的个体，从而使抗性种群的形成受到抑制。单剂之间如果有负交互抗性则更为理想，因为从理论上讲，具有负交互抗性的单剂混用后不会对这种混用产生抗药性。

2）单剂之间有增效作用。混配混用后产生增效作用，可以提高淘汰有抗性基因个体的能力。此外，混用增效，可以降低单位面积用量，降低选择压，可以延缓抗性产生。

3）单剂的持效期应尽可能相近。如果单剂之间持效期相距甚远，则持效期短的单剂失效后，实际上只有另一单剂在起作用，达不到混用的目的。

4）各单剂对所防治的对象都应是敏感的，否则起不到抑制抗性发展的作用，还会造成药剂的浪费。

5）混配混用的最佳配比（通常为重量比）应该是两种单剂保持选择压力相对平稳的重量比，这个配比从理论上讲就是混配制剂中各单剂对相对敏感种群的致死中量或致死中浓度的比值。

以延缓抗药性为目的的混配混用不能单纯以共毒系数大小来确定最佳配比，这和以增效为主要目的的混配混用应有所区别。

3. 以增效为目的的混配混用原则　　以增效为目的的混配混用以杀虫剂居多，杀菌剂和除草剂较少。增效混配混用应遵循下列原则。

1）混配混用后单剂间增效作用明显，单位面积用药量显著降低。

2）混配混用后不能增加对非靶标生物，特别是对哺乳动物的毒性。

（二）液态制剂的混合调制方法

一般来说，只要掌握好药剂的性质，参照有关资料即可进行混合配制。但是，由于我国还有不少农药的剂型尚未标准化或产品质量不合格，在实际进行混配之前仍应仔细了解药剂的性质，甚至还须进行必要的实验。例如，我国生产的一种菊马合剂乳油不能与百菌清可湿性粉剂混配，否则就会出现絮结现象。这是两种剂型之间的变化，而两种有效成分并没有发生什么变化，但制剂絮结后会影响喷雾和防治效果。另外，有一些比较特殊的情况，在混合调制时应注意操作程序。

1. 碱性药物与易在碱性条件下分解的药剂的混合　　有一些是允许临时混合、随配随用的。例如，石硫合剂是最常用的一种碱性药剂，它与敌百虫可以随配随用。但在调制时要注意以下几点。

1）两种农药必须分别先配制等量药液，这时应把浓度各提高1倍，这样当两液相混时，在混合液中的浓度刚好达到最初的要求。

2）混合时应把碱性药液（石硫合剂）向敌百虫水溶液中倒，同时进行迅速搅拌。这样，混合液的氢离子浓度降低（即pH增加）比较缓慢。

3）敌百虫的结晶容易结块，比较难溶，往往需要用热水或加温来促使其溶解。这样得到的溶液是热溶液，必须使它充分冷却之后再与石硫合剂溶液混合，因为敌百虫的碱性分解在受热的情况下速度显著加快。碱性药剂较常用的还有波尔多液及松脂合剂等。松脂合剂的碱性更强。

2. 浓悬浮剂的使用　　几乎没有一种浓悬浮剂不存在沉淀现象，即在存放过程中上层逐渐变稀而下层变浓稠。国产的一些浓悬浮剂有些还发生下层结块的现象，一般的振摇或用棍棒搅拌都很难使之散开。因此，使用此种制剂配制药液时，必须采取两步配制法。

首先必须保证浓悬浮剂形成均匀扩散液。在搅散浓悬浮剂沉淀物时，如果整瓶药要一次用完，可以用水帮助冲洗。但如一次用不完整瓶药，则必须用棒或其他机械办法把沉淀物彻底搅开，并彻底搅匀后再取用。否则，先取出的药含量低而剩余的药含量增高，使用时就会发生差错。这一点在使用浓悬浮剂时必须十分注意。用水冲洗浓悬浮剂沉淀物时，必须把冲洗用水计算在总用水量中。

3. 可溶性粉剂的使用　　可溶性粉剂都能溶于水，但是溶解的速度有快有慢。所以不能把可溶性粉剂一次投入大量水中，也不能直接投入已配制好的另一种农药的药液中，必须采取两步配制法。即先配制小水量的可溶性粉溶液，再稀释到所需浓度；或先配成可溶性粉剂的溶液，再与另一种农药的喷雾液相混合。在配制过程中也必须注意记录水的取用量。

前面已多次提到两步配制法。这种配制方法不仅对于一些特别的剂型比较有利，在田间喷药作业量大，需要反复多次配药时，此法还有利于准确取药和减少接触原药面发生中毒的危险。

（三）粉剂的混合调制方法

粉剂的混合，如果没有专门的器具，比液态制剂更难于混合均匀。用户如需进行较大量的粉剂混合，最好利用专用的混合机械，这种器械必须能加以密闭，使粉尘不易飞扬，比较安全，混合的效果也好。在露地上用锹拌和，很难做到混合均匀，而且粉尘飞扬，危险性很大。

进行小量粉剂的混合时，可以采取下述方法。

1. 塑料袋内混合　先用密封性能良好的比较厚实的塑料袋，把所需混合的粉剂分别称量好以后放到塑料袋内，把袋口扎紧封死。注意一定要在袋内留出约 1/3 的空间。把塑料袋放在平整的地面或桌面上，从不同方向加以揉动，使袋内粉体反复流动，最后把塑料袋捧在手中上下、左右抖动，使粉尘在袋内翻腾起来。如此处理，可以使粉剂得到充分混合。

2. 分层交叉混合　对于体积较大、不便在塑料袋内一次混合的粉剂，可采取本法。选择平整的地面，铺上足够大的塑料布（须在避风处进行操作）。把准备混合的两种粉剂称量好。用木锹或边缘钝滑的金属锹或塑料铲把粉剂铺到塑料布上，按如下步骤操作。

1）两种粉剂分层铺到塑料布上。一层甲种粉剂一层乙种粉剂，层次越薄越好。

2）用锹把药粉翻拌均匀，然后把粉堆划分为 4 块。

3）把对角交叉的两块粉堆分别互相混合，混成一体后，再分为交叉的 4 块，如上法重复处理一遍。如此处理，次数越多则混合越均匀。

4）最后形成的混合粉体，可分成若干份用塑料袋混合法加以振动混合，则可使粉粒充分分散、混合均匀。采用分层交叉混合方法时，因为粉体是暴露在空气中的，不可能没有粉尘飞扬，所以必须佩戴风镜、口罩等防护用品。

（四）混合单剂之间的相互作用

1. 理化性能的改变　农药混合后单剂之间可能会发生化学反应，尤其是加工成混剂并经较长时间贮存时，发生化学反应的可能性较大。例如，具有酯、酰胺等结构的农药不宜和碱性农药混用，否则会引起酯或酰胺水解。但真正属碱性的农药品种很少，如石硫合剂、波尔多液等碱性较强，这两个杀菌剂本身就不是一个单剂，一般不会与之复配加工成混剂，即使现场桶混使用也可能引起水解。有些农药，特别是一些含硫杀菌剂如代森锌、福美双等在和杀虫剂敌百虫混用时，由于这些杀虫制剂中残存的酸而造成杀菌剂分解，不但降低防效，还会产生药害。某些离子型农药，特别是除草剂、野燕枯、2,4-D 钠盐、二甲四氯胺盐、草甘膦等在混用时也可能发生反应而降低药效，如 2,4-D 钠盐就不宜和野燕枯混用。

农药混合后还会产生物理性能的变化而降低防效，特别是现场混用时这种可能性更大。一方面可能导致乳状液稳定性降低、悬浮液悬浮率下降，另一方面是增大药液的表面张力，特别是农药和硫酸钾、尿素等肥料混用时，药液表面张力大为提高，造成湿展性能恶化、农药沉积率下降。

2. 生物活性的改变　　农药混用后对害物的毒力变化有 3 种可能。

1）相加作用，即农药混用后对有害生物的毒力等于混用中各单剂农药单独使用时毒力之和。例如，甲萘威和灭杀威按 1∶1 混合时对黑尾叶蝉的毒力（LD_{50}）为 51.6μg/g，而甲萘威和灭杀威单独使用时对黑尾叶蝉的毒力（LD_{50}）分别为 44.8μg/g 和 59.0μg/g，这是典型的相加作用。

2）增效作用，即农药混用时对有害生物的毒力大于各单剂单用时的毒力总和。例如，马拉硫磷和残杀威按 1∶1 混用时对黑尾叶蝉的毒力（LD_{50}）为 20μg/g，而单独使用马拉硫磷和残杀威对黑尾叶蝉的毒力分别为 288μg/g 和 263μg/g，呈现显著的增效作用。

3）拮抗作用，即农药混用时对有害生物的毒力低于各单剂单用时毒力的总和。例如，以 3 龄黏虫幼虫为试虫，单用甲氰菊酯的毒力（LD_{50}）为 0.002μg/头，单用甲萘威的毒力（LD_{50}）为 0.289μg/头，而甲氰菊酯和甲萘威按 1∶8 比例混用时，其毒力（LD_{50}）为 0.0503μg/头，计算出共毒系数为 33.1，显示某种程度的拮抗作用。混灭威对 5 龄黏虫幼虫的毒力（LD_{50}）为 20.48μg/g，而和等量的植物杀虫剂苦皮藤素（无直接杀虫作用）混用后，毒力为 75.04μg/g，表现出明显的拮抗作用。

农药混用后对哺乳动物的毒性同样有增毒作用、相加作用和拮抗作用。在农药混剂或现场混用中，如果表现出增毒作用，这种混配混用也是不可取的。典型的例子是杀菌剂异稻瘟净（也有较弱的杀虫作用）和杀虫剂马拉硫磷混用，虽然对黑尾叶蝉表现明显的增效作用，但因对哺乳动物的毒性也明显增大，因而不能被开发为混剂使用。增毒的原因可能是异稻瘟净抑制了哺乳动物体内对马拉硫磷起主要解毒作用的羧酸酯酶的活性。据研究，苯硫磷、稻瘟净等对哺乳动物体内的羧酸酯酶的活性有强烈的抑制作用，因而可以预测，这几种有机磷杀虫、杀菌剂和马拉硫磷混用后会表现增毒作用。

农药混用后生物活性的改变还涉及对被保护对象的安全性，特别是杀菌剂之间混用、除草剂之间混用，或杀虫剂、杀菌剂和除草剂混用都有可能对作物造成药害。众所周知的例子是除草剂敌稗和有机磷或氨基甲酸酯类杀虫剂混用后会对水稻产生药害，其原因是这两类杀虫剂可能抑制水稻体内对敌稗解毒的芳酰胺酶的活性。

课外链接 6-2

1. 有机磷农药混合标准溶液配制不确定度评价。
2. 高效低毒农药的配制及注意事项。
3. 超低量喷雾技术。

第三节　农药的施用

一、施药器械与施用方法

（一）施药器械

药械有很多种，主要按使用范围、配套动力进行分类。

1. 按使用范围分类

1）苗圃及林内喷药用，如喷粉机、喷雾弥雾机、超低量喷雾机和喷烟机等。

2）仓库熏蒸用，如烟雾机、熏蒸器等。

3）种子消毒用，如浸种器、拌种机等。

4）田间诱杀用，如黑光诱虫灯和一般诱虫器具。

2. 按配套动力分类

1）手动药械：手动喷粉器、手摇拌种机、手动喷雾器、手动超低量喷雾器。

2）机动药械：机动喷粉机、机动喷雾机、机动弥雾机、电动超低量喷雾机、机动背负超低量喷雾机、机动烟雾机、拖拉机悬挂喷雾机、拖拉机悬挂喷粉机、飞机喷雾机、飞机喷粉机、飞机超低量喷雾机和机动拌种机等。

3. 机具检查和调整　　施药作业前，需要检查和调整施药器械的压力部件、控制部件等。例如，喷雾器（机）开关是否能够自如搬动，药液箱盖上内进气孔是否畅通等，以保证器械能够满足施药作业的需要。其中喷雾校准是一项重要的工作，在喷雾作业开始前、喷雾机具检修后、拖拉机更换车轮后或者安装新的喷头时，都应该对喷雾机具进行校准。

影响喷雾机校准的因子主要有行走速度、喷幅及药液流量等。喷雾作业校准中应遵循以下步骤。

（1）确定施药液量　　防治农田病虫草害每公顷所需农药量（有效成分，g）是确定的，但由于选用施药机具和雾化方法不同，所需用水量变化很大。应根据不同喷雾机具及施药方法和该方法的技术规定来决定田间施药液量（L/hm²）。例如，空心圆锥雾喷头的1.3~1.6mm孔径喷片适合常量喷雾，亩施药量在40L以上；0.7mm孔径喷片适宜低容量喷雾，亩施药量可降至10L左右。

（2）计算行走速度　　施药作业前，应根据实际作业情况首先测定喷头流量 Q，喷头流量多少是由喷片孔径和喷雾压力大小决定的。并确定机具有效喷幅 B，然后计算行走速度 v。

$$v = \frac{Q}{qB} \times 10^4$$

式中，v 为行走速度（m/s）；Q 为喷头流量（L/min）；q 为农艺上要求的田间施药液量（L/hm²）；B 为喷雾时的有效喷幅（m）。

行走速度一般为 1~1.3m/s；水田为 0.7m/s 左右。若计算的行走速度过高或过低，实际作业有困难时，在保证药效的前提下，可适当改变药液浓度，以改变施药液量，或更换喷头等来调整作业速度。

（3）校核施药液量　　校核施药液量并使其误差率<10%。

（4）计算出作业田块需要的用药量和加水量

1）确定所需处理农田的面积（hm²）。

2）根据所校验的田间施药液量 q'（L/hm²），确定所需处理农田面积上的实际施药液量（L/处理田块面积）。

3）根据农药说明书或植保手册，确定所选农药的用药量（有效成分，g/hm²）。

4）根据所需处理的实际农田面积，准确计算出实际需用农药量 m（有效成分，g/处理田块面积）。

对于小块农田，施药液量不超过一药箱的情况下可直接一次性配完药水；若田块面积较大，施药液量超过一药箱时，则可以以药箱为单位来配制药水。

（5）喷头选择和安装　　喷头是施药机具最为重要的部件，用户应根据病、虫、草和其他有害生物防治的需要和施药器械类型选择合适的喷头，定期更换磨损的喷头。

在农药使用过程中，喷头有以下3方面的作用：①计量施药液量；②定喷雾形状（如扇形雾或空心圆锥雾）；③把药液雾化成细小雾滴。

喷头一般由4部分组成：滤网、喷头帽、喷头体和喷嘴（喷片），不同的喷头有其使用范围。我国手动喷雾器上多安装的是切向离心式涡流芯喷头，即常说的空心圆锥雾喷头，也有些新型手动喷雾器装配有扇形雾喷头便于除草剂的使用。

空心圆锥雾喷头的喷片中央部位有一喷液孔，按照规定，这种喷头应该配备有一组孔径大小不同的 4 个喷孔片，它们的孔径分别是 0.7mm、1.0mm、1.3mm 和 1.6mm，在相同压力下喷孔直径越大则药液流量也越大。用户可以根据不同的作物和病虫草害，选用适宜的喷孔片。由于喷孔的直径决定着药液流罐和雾滴大小，操作者切记不得用工具任意扩大喷片的孔径，以免破坏喷雾器应用的特性。

扇形雾喷头，药液从椭圆形或双凸透镜桩的喷孔中呈扇面喷出，扇面逐渐变薄，裂解成雾滴。扇形雾喷头所产生的雾滴大都沉积在喷头下面的椭圆形区域内，适合安装在喷杆上进行除草剂的喷洒。

激射式喷头，也称导流式或撞击式喷头，射流液体撞击到物体表面后扩展形成液膜，根据撞击表面的角度和形状，液膜形成一定的角度。这种喷头可以形成较宽的喷幅，在较低的工作压力下，能得到雾滴直径 200～400μm 的大雾滴，特别适合除草剂的喷施。

在喷雾机的喷杆上，禁止混合安装使用不同类型的喷头，确保各喷头喷雾的雾形一致。

4. 施药器械简介 农药、药械、施药技术是科学合理使用农药的 3 个重要环节。目前普遍兴起的绿色农业、有机农业、精准农业等，迫切需要农药施药技术的规范化，施药器械的机械化和智能化。

随着技术革新与新型药械的开发，对农药的剂型也提出了许多新要求，从而推动了农药剂型开发和发展。如漂移喷雾技术，因为在气流吹送下雾滴不会很快沉降而是随气流向前作扩散分布运动，因此药雾得以在大面积农作物上形成很均匀的沉积覆盖。用于飘移喷雾的器械是汽油发动机驱动的背负式飘移喷雾机。但是，这种方法对药液的抗蒸发性能提出了比较严格的要求。因为喷雾机喷口的气流速度高达 70～75m/s，远远高于飓风和台风的风速（中心地区蒲氏风速大于 12 级或 32.6m/s），雾滴的蒸发作用很强。因此必须研发一些防蒸发剂，配加在农药制剂中。还有全新型的超低容量喷雾机，要求使用特定的农药剂型，即一种对操作人员安全、对作物也很安全的油基剂型；静电喷雾机，需要的油剂药液必须能够在电场中被诱导产生静电荷，所以是一种特殊的专用剂型。漂移喷雾技术对于某些暴发性病虫害的防治具有重要意义，如麦长管蚜、小麦赤霉病等。

热雾机是利用汽油在燃烧室中点火后所发生的脉冲式燃爆而产生的高温废气（燃烧室的温度高达 1200℃），从喷口喷出时的温度降低到 80～100℃，这种高温废气在极高的气流速度下能够把农药油质溶液分散成为极细的雾滴，直径细达 5μm 以下。因此所形成的药雾已接近于重雾状态，具有极强的通透性能。这种油剂必须能耐高温，并且燃点比较高。

喷雾技术已经从自动化喷雾发展到智能化喷雾。一是定向对靶喷雾，同时使用辅助气流、静电喷雾、利用光电和红外技术等智能测靶喷雾技术；二是精确喷雾，也叫变量喷雾，包括能根据作业速度和作物密度自动调节喷雾量的智能喷雾技术；三是可控雾滴施药技术，通过各种机械或电子方法控制雾滴大小，达到使用最佳雾滴直径，提高农药中靶率的目的；四是农药回收技术，采用静电或气流负压等技术将靶标外的雾滴回收。

对靶喷雾作为智能喷雾技术之一，在我国开始研究较早，对靶喷雾采用基于红外传感探测技术对果树靶标进行自动识别，探测靶标的有无，将传统的连续喷雾改变为自动对靶控制喷雾，与风送式果园喷雾机连续喷雾相比，可以节省药液 50%～75% 甚至更多。

对于不同的农药剂型、防治对象，要根据施药部位、施药方法选择不同的施药器械。下面是 4 种常用的药械：机动喷雾喷粉机、热力烟雾机、风送式喷雾机和悬浮变径管道式喷施机（图 6-2）。

遥控远程风送式机动喷雾机　　　　　机动喷雾喷粉机

热力烟雾机　　　　　　　　悬浮变径管道式喷施机

图 6-2　几种不同类型的农药喷施器械

稻田使用的喷雾器械主要是手动喷雾器、机动弥雾机和机动喷雾机，包括手动背负式喷雾器、手动压缩式喷雾器、背负式喷雾喷粉机、担架式机动喷雾机及小型机动喷烟机等。

（1）手动喷雾器　　采用液力雾化喷头，利用液泵产生的压力造成带压药液，通过喷头喷出，形成液膜向四周飞散而远离喷孔，离喷孔越远，液膜越薄，最后被撕裂成细丝状，细丝断裂形成液珠，运动的液珠同相对静止的空气碰撞破碎成更细小的雾滴。手动喷雾器用于压顶喷雾（叶面喷雾），若喷头离靶标作物太近，雾化过程受阻而妨碍雾化，尚未雾化的液膜高速冲击植物，发生撞击，如表面张力大于水稻的临界表面张力，药液在叶面形成液珠，或弹跳或滚落而脱离作物；如表面张力小于水稻的临界表面张力，药液易被作物捕获，但由于水稻冠层的阻挡作用，药液主要集中在植株上部叶片的正面，若喷头离靶标作物太远，喷雾器加在雾滴上的速度在雾滴还没有到达作物表面时已衰减为零，雾滴以自由落体的方式降落或随风飘移，最终降落在植株上部叶片的正面。例如，卫士牌 WS-16 型背负式手动喷雾器空气室与泵合二为一，内置于药箱中，架构紧凑、合理；稳压性能突出，操作轻便、省力、升压快；具有膜片式掀压开关，不易渗漏，喷药时针对性强，节省药液；药械选材强度高，耐磨性、耐腐蚀性好，使用寿命长，防溢阀和优质密封材料使机具在施药时无滴漏现象。NS-16 型背负式手动喷雾器选用优质材料，空气室具有升压快、省力、高效等特点，长时间操作不感觉疲劳；药箱盖配有安全阀，确保大气进入，防止药液溢出（图 6-3）。

用户在使用背负式手动喷雾器喷雾作业时，应先掀动摇杆数次，使气室内的气压达到工作压力后再打开开关，边走边打气边喷雾。如掀动摇杆感到沉重，就不能过分用力，以免气室爆炸。对于老式喷雾器（如工农-16 型等）一般走 2～3 步摇杆上下扳动一次，每分钟扳动摇杆 18～25 次即可。作业时，空气室中的药液超过安全水位时，应立即停止打气，以免气室爆炸。用户在使用压缩式喷雾器作业时，加药液不能超过规定的水位线，保证有足够的空间储存压缩空气，以便使喷雾压力稳定、均匀。没有安全阀的压缩喷雾器，一定要按产品使用说明书上规定的打气次数打气（一般 30～40 次），禁止加长杠杆打气

图 6-3　背负式手动喷雾器

和两人合力打气，以免药液桶超压爆破。压缩喷雾器使用过程中，药箱内压力会不断下降，当喷头雾化质量下降时，要暂停喷雾，重新打气充压，以保证良好的雾化质量。手动喷雾器作常量喷雾时应进行针对性喷雾，做低容量喷雾时既可飘移性喷雾，也可针对性喷雾。应针对不同作物、不同病虫草害和农药，选用不同的喷雾方法。

1）当用手动喷雾器防治作物病虫害时，最好选用小喷片，切不可用钉子人为把喷头冲大。

2）几架手动喷雾器同时喷雾作业时，应采用梯形前进，下风侧的人先喷，以免人体接触药液。

3）使用手动喷雾器喷洒触杀性杀虫剂防治栖息在作物叶片背面的害虫（如棉花苗蚜）时，应把喷头向上，采用叶背定向喷雾方法。

4）使用手动喷雾器喷洒保护性杀菌剂时，应在植物未被病原菌侵染前或侵染初期施药，要求雾滴在植物靶标上沉积分布均匀，并有一定的雾滴覆盖密度。

5）使用手动喷雾器行间喷洒除草剂时，一定要配置喷头防护罩，对靶作业，防止雾滴飘移造成邻近作物药害；喷雾时喷头高度要保持一致，力求药剂沉积分布均匀，不得重喷和漏喷。

6）手动喷雾器土壤喷洒除草剂时，一是要求除草剂在田间沉积分布要均匀，避免局部地块药量过大造成除草剂药害；二是易于飘失的细小雾滴要少，避免雾滴飘失造成邻近敏感作物药害。因此，除草剂喷洒应采用扇形雾喷头，喷雾时要求控制喷头距离地面高度保持一致，行走路线也要保持一致；有条件时，可用安装双喷头、三喷头或四喷头的小喷杆喷雾。

如喷雾器装配的是空心圆锥雾喷头，为把除草剂均匀喷洒于地表，则需要操作者边行走边摆动喷杆使喷头呈"Z"字形摆动；防止药剂沉积分布不匀。为减少漏喷，保证药剂沉积分布变异系数不大于1.5%，这时要求施药液量每 $667m^2$ 不得小于40L。

（2）机动弥雾机　采用气力式喷头，弥雾机上的风机产生的高速气流，少量进入药箱而在药液上部形成高压，大部分进入喷头产生高速气流，并在喷头出液孔附近形成低压。压力差使药液经喷头的出液孔流出而进入高速气流场，在高速气流及气流通道内的板、轮、扭转叶片等的作用下，雾化成为直径 $75\sim100\mu m$ 的细小雾滴，并由气流输送至远方。由于弥雾机雾粒极细，不易直接观察喷洒效果，一般情况下，只要作物叶面被喷管风流吹动，表明雾点已经到了，不要与手动喷雾器相比，弥雾机的药液浓度比手动喷雾器高2～10倍，如果与手动喷雾器喷雾量一样，就会造成药害。

针对传统的轴流式果园弥雾机在果园作业时，喷药量分布不均匀、药液浪费严重的现象，研制了一种履带自走式果园弥雾机。该机以小型汽油机为动力源，利用带轮将动力传递给液泵和离心风机，离心风机吹出的气流通过多口分配器、褶皱管、鸭嘴出风口吹出，对雾滴进行二次雾化，增加了雾滴对冠层的穿透性和药液分布均匀性。并且可定向仿形，减少了药液浪费量和环境污染。2013年4月在山东农业大学进行样机试验，试验样机如图6-4所示。

果园定向仿形弥雾机由操纵室、操纵系统、发动机、变速箱、高压喷雾系统、风送系统、多自由度调节装置、履带地盘及机体等组成。该机以履带底盘为承载机构，以小型汽油机为动力源，通过动力输出装置带动药液泵和离心风机工作。高压药泵喷出的药液通过扇形喷头喷出，进行一次雾化，形成150μm左右的雾滴；离心风机吹出的气流经多口

图6-4　试验样机

分配器、伸缩褶皱管、鸭嘴出风口吹出，对一次雾化形成的雾滴进行二次雾化，形成 60μm 左右的细小雾滴，在气流的胁迫作用下吹向靶标物；由于气流对枝叶的翻动作用，可使作物叶面、叶背和上下都可均匀着雾，提高雾滴沉积性且可均匀分布。

（3）背负式机动弥雾喷粉机　　适合水稻、棉花、果树、茶园、蔬菜等不同生育期的病虫害防治，也可用于喷撒播种、化学除草、根外追肥、卫生防疫、仓库消毒、消灭家禽体外寄生虫等。喷弥雾时，雾滴细而远，风机的强大风力使作物叶片上下、正反都着药。喷直播时，药箱内接法参照弥雾状态，喷管组件接法参照喷粉状态，利用粉门开关控制喷出种子的多少，实现高效、匀播的目的。

弥雾作业注意事项如下。

1）药液不可加得太满，否则药液会从过滤网顶端气孔漏入风机壳，使风机壳很快破损。

2）药箱盖要盖紧，否则要影响对液面的加压。

3）药液外溢在风机、汽油机上要及时清除。

4）事先要进行试喷，看是否漏水、漏气。

5）弥雾作业时不可将喷头直对作物，还应随作物高度调节白色弯管的上、下方向。

6）喷头应保持水平，不要左右摆动，距作物高度一般在 0.5m。

7）喷雾方向要与风向一致，如图 6-5 所示。喷果树时人要与果树相距 2~3m，采用三角形喷法，如图 6-6 所示。

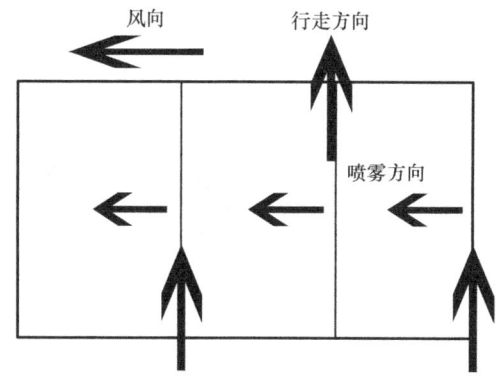

图 6-5　喷雾方向与风向一致示意图

图 6-6　喷果树时的三角形喷法

8）不可裸露四肢作业。不要在作业现场吃东西，以防中毒。

9）弥雾喷施可湿性粉剂时，一般每药桶不超过 0.5kg，过多会堵塞输液管。

10）注意自我保护，防止中毒，高温季节喷施毒性大的农药应避开中午时间，提倡早晚作业。

（4）机动喷雾机　　由发动机带动液泵产生高压，用远射程喷枪进行喷射，喷液量大，射程远，雾化性能差，是一种大水量-低浓度-粗雾滴的喷雾方式。因为喷液量大，有些喷雾机直接从田间吸水，使得药液的浓度非常低，药液的表面张力大，同时由于药液冲向水稻植株的速度快，冲击力大，粗雾滴或带着前冲的运动惯性直接从水稻叶片上滑过、或由空中"砸"向叶面，由叶片的反作用力使雾滴反弹而落入田水中，少量持留在水稻叶面的雾滴因表面张力大而聚并成大水珠而滚落（图 6-7），药液在水稻植株上的沉积率低。

对于机具的调整要做到如下几点。

1）背负式喷雾器装药前应在喷雾器皮碗及摇杆转轴处、气室内置的喷雾器应在滑套及活塞处涂上适量的润滑油。

2）压缩喷雾器使用前应检查并保证安全阀的阀芯运动灵活、喷气孔畅通。

3）根据操作者身材，调节好背带长度。

4）药箱内装上适量清水并以每分钟 10~25 次的频率摇动摇杆，检查各密封处有无渗漏现象、喷头处雾型是否正常。

5）根据不同的作业要求，选择合适的喷射部件：喷除草剂、植物生长调节剂用扇形雾喷头；喷杀虫剂、杀菌剂应用空心圆锥雾喷头。根据作物种类、生长期和病虫害的种类，确定采用常量喷雾还是低量喷雾和施药液量，并选择适宜喷孔的喷孔片，决定垫圈数量。

背负机动喷雾机（图 6-8）适合作低容量喷雾，宜采用针对性喷雾和飘移喷雾相结合的方式施药，不可近距离对着作物植株喷雾。具体操作过程如下。

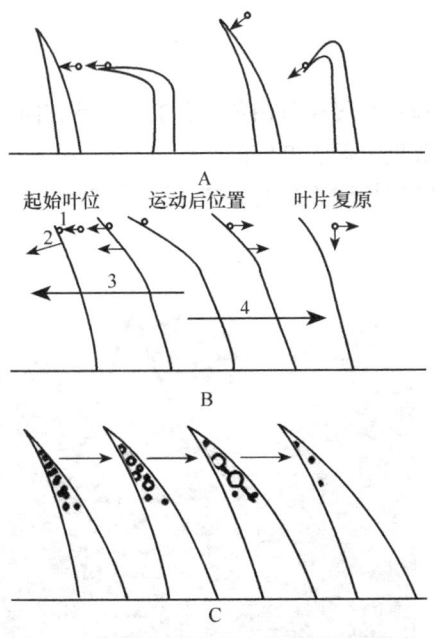

图 6-7 机动喷雾机在叶片上的行为趋势
A. 滑落. B. 反弹；1. 雾滴运动方向；
2. 叶片运动方向；3. 作用力；4. 反作用力. C. 聚并

图 6-8 背负式电动喷雾器

1）机器启动前药液开关应停在半闭位置。调整油门开关使汽油机高速稳定运转，开启手把开关后，人立即按预定速度和路线前进，严禁停留在一处喷洒，以防引起药害。

2）行走路线的确定。喷药时行走要匀速，不能忽快忽慢，防止重喷漏喷。行走路线根据风向而定，走向应与风向垂直或成不小于 45° 的夹角，操作者应在上风向，喷射部件应在下风向。

3）喷施时应采用侧向喷洒。即喷药人员背机前进时，手提喷口向一侧喷洒。一个喷幅接一个喷幅，向上风方向移动，使喷幅之间相连接区段的雾滴沉积有一定程度的重叠。操作时还应将喷口稍微向上仰起，并离开作物高 20~30cm，远 2m 左右。

4）当喷完第一喷幅时，先关闭药液开关，减小油门，向上风向移动，行至第二喷幅时再加大油门，打开药液开关继续喷药。

5）防治棉花伏蚜。应根据棉花长势、结构，分别采取隔 2 行喷 3 行或隔 3 行喷 4 行的方式喷洒。一般在棉株高 0.7m 以下时采用隔 3 喷 4，高于 0.7m 时采用隔 2 喷 3，保证其有效喷幅为 2.1～2.8m。喷洒时把弯管向下，喷管口对着棉株中、上部喷，借助风机产生的风力把棉叶吹翻，以提高防治叶背面蚜虫的效果。走一步就左右摆动喷管一次，使喷出的雾滴呈多次扇形沉积，提高雾滴覆盖均匀度。

6）喷雾时雾滴直径为 125μm，此时不易观察到雾滴。一般情况下，作物枝叶只要被喷管吹动，雾滴就达到了。

7）调整施液量除用行进速度来调节外，转动药液开关角度或选用不同的喷量挡位也可调节喷量大小。

8）对灌木林丛。例如，对低矮的茶树喷药时，可把喷管的弯管口朝下，防止雾滴向上飞散。

9）对较高的果树和其他林木喷药，可把弯管口朝上，使喷管与地保持 60°～70° 的夹角，利用田间有上升气流时喷洒。

总之，机动背负气力式喷雾机使用比较复杂，除上面介绍的外，用户一定要在使用前仔细阅读使用说明，并最好经过机具生产厂家的技术培训。

（5）自走式高杆多用途喷杆喷雾机（图 6-9） 工作前，将水经过自吸再经过压力分配器的回流管打入药液箱，完成自吸加水过程。加水的同时，将农药由药液箱的加药口倒入，利用加水过程进行液力搅拌；然后将前轮、发动机、储药罐对准农作物行间，调整后轮间距，使后轮对准前轮两侧的农作物行间；再根据农作物的高低、种类调整喷杆高度、喷洒角度等。当机具前进时，打开喷雾泵，将药箱药液经过滤器、调压（旋动压力分配器手轮可调整工作压力），一部分药液经胶管进入喷杆，最后经防滴喷头喷出，另一部分经调压阀回流管进入药箱进行回流搅拌。

图 6-9 自走式高杆多用途喷杆喷雾机

（6）无人机 无人机（图 6-10）在农业领域的一个重要应用就是航空施药，这是对传统农业施药方式的一种重要补充。航空施药是用飞机或者其他飞行器将农药液剂、粉剂、颗粒剂等从空中均匀地洒施在目标区域内的一种施药方法。

图 6-10 几种不同型号的中小型无人机

无人机应用于农业生产中有以下优势。

1）相对于手工喷洒而言，无人机可以做到大面积的快速喷洒，配合简易的图像技术可以做到喷洒密度的即时掌控与调整。

2）相对于大型的喷洒机械，无人机可以做到对地形的高度包容性，即使在一些地形复杂的大型田地上也可以做到不输于大型机械的大范围喷洒，不易受到地形限制的优势显而易见。

3）无人直升机喷洒技术采用喷雾喷洒方式至少可以节约 50% 的农药使用量，节约 90% 的用水量，这将很大程度降低资源成本。无人直升机折旧率低，工作消耗小，单位作业人工成本不高，易于维修。

4）通过加装全球定位系统（GPS）和自驾仪等设备可以实现全自动喷洒，省时省力。

农用无人机又分为固定翼无人机和旋翼无人直升机两种。

固定翼无人机的优点是飞行速度快，作业效率高，较适合超大面积作业；缺点是部分固定翼无人机需要较长的跑道起降，购置和维护成本较高，对操控人员技术要求高，不适用于中等面积和不规整的地形开展作业。

旋翼无人直升机的优点是无需跑道，可在任意地点起飞，购置和维护成本较低，对操控人员技术要求一般，飞行速度低，便于对不规则地形和中小面积（数平方公里）作业；缺点是相对于大型固定翼飞机，作业负荷和作业效率较低，因而对超大面积（数百平方公里）作业时效率偏低。

鉴于上述两种无人机各自的特点，在不同的国家和地区，根据不同的实际情况选择合适的无人机种进行作业显得非常重要。

以旋翼无人直升机施药为例，与传统施药器械相比有以下优点：①省药、省水、减少污染，有效降低农药残留、土壤污染和水源短缺等问题；②作业效率高，是传统人工施药效率的 60 倍以上，有效解决了目前农村劳动力短缺问题，在病虫害大规模暴发时可以迅速开展防治，降低病虫害造成的损失；③防治效果好，由旋翼产生的向下气流有助于增加雾滴对作物的穿透性，气流把雾滴带到植物的叶背及根部可减少飘移，提高农药在靶标上的附着率，防治效果更好；④施药人员安全系数高，采用人工遥控技术和自主导航技术相结合，操控人员在施药区外便可通过无线遥测系统发出指令来控制无人机的动作，自动完成无人机施药的全过程；⑤适用性好，可垂直起降，不受地理因素的制约，无论山区还是平原，水田还是旱田，以及不同的作物均具有良好的适应性；⑥作物损伤小，不会像大型地面施药器械碾压作物。

农用植物保护无人机按照机型结构还可以分为固定翼无人机、单旋翼无人机、多旋翼无人机等。因农用植保无人机体积小、重量轻、运输方便、可垂直起降、飞行操控灵活，对于不同地域、不同地块、不同作物等具有良好的适应性。

(二)农药的施用方法及技巧

农药使用方式、方法须根据所选用的药剂来决定。有些药剂要采取喷雾法，有些应采取喷粉法，此外还有撒粒法、土壤处理法、浸种法、拌种法等多种方式方法。还要参照作物种类、生长环境和防治对象的特点。施药方式方法得当，可以显著提高药剂的使用工效和威力，反之则会限制农药作用的发挥。

1. 施用方法 根据目前农药加工不同的剂型种类，施药方法也不尽相同，现常用的方法有以下 16 种。

(1) 喷粉法 喷粉是利用机械所产生的风力将低浓度或与细土稀释好的农药粉剂吹送到作物和防治对象表面上，它是农药使用中比较简单的方法。但要求喷撒均匀、周到，使农作物和病虫草的体表上覆盖一层极薄的药粉。以用手指轻摸叶片能看到有点药粉沾在手指上为宜。喷粉法的优点包括操作方便，工具比较简单；工作效率高；不需用水，可不受水源的限制，就可做到及时防治；对作物一般不易产生药害。但也有一定的缺点：①药粉易被风吹失和易被雨水冲刷，因此，药粉附着在作物表体的量减少，缩短药剂的残效期，降低了防治效果。②单位耗药量要多些，在经济上不如喷雾来得节省。③污染环境和施药人员本身。

(2) 喷雾法 将乳油、乳粉、胶悬剂、可溶性粉剂、水剂和可湿性粉剂等农药制剂，兑入一定量的水混合调制后，即形成均匀的乳状液、溶液和悬浮液等，利用喷雾器使药液形成微小的雾滴并分散到空气中，形成液气分散体系的施药方法，是目前病虫草害防治中使用频率最高的施药技术。其雾滴的大小，随喷雾水压的高低、喷头孔径的大小和形状、涡流室大小而定。通常水压愈大、喷头孔径愈小、涡流室愈小，则雾化出来的雾滴直径愈小。药液的雾化是靠机械来完成的。雾化的实质是药液在喷雾机具提供的外力作用下克服自身的表面张力，实现比表面积大幅增加的过程。雾滴的大小，与雾化方式及机械的性能有直接关系。按药液雾化原理，可分为以下几种类型。

1)液力雾化法：药液在液力下通过狭小喷孔而雾化的方法称为液力雾化法。药液通过孔口后通常先形成薄膜状，然后再扩散成不稳定的、大小不等的雾滴。影响薄膜形成的因素有药液的压力、药液的性质，如药液的表面张力、浓度、黏度和周围的空气条件等。此法喷出雾滴的细度取决于喷雾器内的压力和喷孔的孔径。雾滴直径与压力的平方根成反比，因此必须要保证在整个工作期间喷雾器内有足够的压力。压力恒定时，喷孔越小，雾滴越细。单位时间内排出的液量，与压力强弱和喷孔直径大小呈正相关，尤以喷孔直径的影响为大。通常使用的有预压式和背囊压杆式两种类型喷雾器。

2)气力雾化法：利用高速气流对药液的拉伸作用而使药液分散雾化的方法，因为空气和药液都是流体，因此又称为双流体雾化法。该法利用双流体喷头能产生细而均匀的雾滴，在气流压力波动的情况下雾滴变化不大。气力雾化方式可分为内混式和外混式两种，内混式是气体和液体在喷头体内撞混，外混式则在喷头体外撞混。常见的药械为东方红-18型背负机动喷雾喷粉机。

3)离心雾化法：又叫转碟雾化法、超低容量弥雾法。利用圆盘高速旋转时产生的离心力，在离心力的作用下，药液被抛向盘的边缘并先形成液膜，在接近或到达边缘后再形成雾滴。其雾化原理是药液在离心力的作用下脱离转盘边缘而延伸成液丝，液丝断裂后形成细雾滴。其药械有两种，一种是电动手持超低容量喷雾器，在喷头上已安装圆盘转碟（图6-11）；另一种弥雾机械是利用上述的东方红-18型机动弥雾喷粉机，将该机的配件即超低容量雾化喷

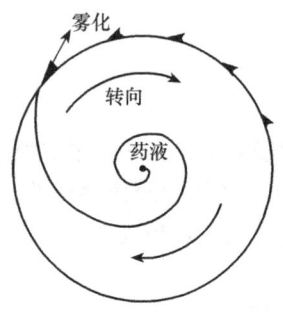

图 6-11 圆盘转碟示意图

头（基本构造同上述手持超低容量喷雾器的喷头）安装在喷管的端部，以电机所产生的气流吹动圆盘转碟迅速转动，将齿尖的药液抛向空气中，同时，还靠喷管中的另一股气流将雾滴运送到远方。

$$d=\frac{3.8}{\omega}\times\sqrt{\frac{\gamma}{D\rho}}$$

式中，d 为雾滴直径（μm）；ρ 为液体密度（g/cm³）；D 为圆盘直径（cm）；ω 为圆盘角速度（r/min）；γ 为液体表面张力（mN/m）。

雾滴覆盖密度愈大且由于乳油、乳粉、胶悬剂和可湿性剂等的展着性、黏着性比粉剂好，不易被雨水淋失，残效期长，与病虫接触的机会增多使其防效也会愈好。

喷雾又可分为粗雾喷洒和细雾喷洒。由于雾滴的粗细不同，雾滴的运动行为发生很大差异，粗雾滴比较容易沉落坠地，而细雾滴则沉落较慢，在作物叶片上的沉积能力也不一样。雾滴的粗细是可以通过施药器械的雾化原理、喷头类型、喷雾压力及药液流量等来加以调节的。所以，采取喷雾法时，应根据作物和防治对象来决定需要何种类型的喷雾器械和何种喷头。20 世纪 50 年代前，主要采用大容量喷雾每亩每次喷药液量大于 50L，但近 10 多年来喷雾技术有了很大的发展，主要是超低容量喷雾技术在农业生产上得到推广应用后，喷药液量便向低容量趋势发展，每亩每次喷施药液量只有 0.1～2L。目前国外工业比较发达的国家，多采用小容量喷雾方法，因其有许多优点：①用药液量少；②用工少；③机械动力消耗少；④工效高；⑤防治效果高；⑥经济效益高。

（3）**毒饵法** 毒饵主要是用于防治危害农作物幼苗并在地面活动的地下害虫，如小地老虎及家鼠、家蝇等卫生害虫。此法利用害虫、鼠类喜食的饵料和农药拌和而成，诱其取食，以达到毒杀目的。例如，每亩可用 90% 晶体敌百虫 1 两[①]，溶于少量水中，拌入切碎的鲜草 40kg，在傍晚成堆撒在棉苗或玉米苗根附近，其防效很显著。作毒饵的饵料，麦麸、米糠、玉米屑、豆饼、木屑、青草和树叶等都可以，不管用哪一种作饵料，都要磨细切碎，最好把这些饵料炒至能发出焦香味，然后再拌和农药制成毒饵（鼠类和家蝇的饵料中最好还要加些香油或糖等），这样可以更好地诱杀害虫和鼠类、家蝇等。此外，毒谷主要也是用来防治蝼蛄、金针虫等地下害虫。由于配制毒谷需要粮食等，现在已不大采用，其实毒谷也是毒饵的一种。近来有些新农药，可直接作拌种或在土壤中撒施毒土，都能有效地防治一些地下害虫。

（4）**种子处理法** 种子处理有拌种、浸渍、浸种和闷种 4 种方法。

1）拌种法。多半是用粉剂和颗粒剂处理。拌种是用一种定量的药剂和定量的种子，同时装在拌种器内，搅动拌和，使每粒种子都能均匀地沾着一层药粉，在播种后药剂就能逐渐发挥防御病菌或害虫为害的效力。这种处理方法，对防治由种子表面带菌或预防地下害虫、苗期害虫的效果很好，且用药量少，节省劳力和减少对大气的污染。例如，在 1500～2000g 水中加入 50% 辛硫磷 100g，麦种 50kg，可防治蝼蛄等地下害虫，药效期一般可维持 30d 以上。

2）浸种法。把种子或种苗浸在一定浓度的药液里，经过一定时间使种子或幼苗吸收了药剂，以防治种子内外和种苗上的带菌或苗期虫害。例如，用 40% 多菌灵胶悬剂 4kg 兑水 500kg，配成 0.4% 的药液，浸棉籽 200kg，浸 10～15h，其间搅拌 1～2 次，捞出沥干现种或挤出晒干后备种，对防治棉花枯、黄萎病的效果十分显著。

---

① 1 两 = 50g

3）浸渍法。把需要药剂处理的种子摊在地上，厚度大约16.6cm（5寸[①]），然后把稀释好的药液，均匀喷洒在种子上，并不断翻动，使种子全部润湿，盖上席子堆闷一天，使药液被种子吸收后，再行播种。这种方法虽很简单，但同样可达到浸种的要求。

4）闷种法。杀菌剂闷种防病治虫，在1.5～2.5kg水中加入200g 25%多菌灵，搅匀后喷拌麦种50kg，拌后堆闷6h播种，可达到防病的效果。

（5）土壤处理法　用药剂撒在土面或绿肥作物上，随后翻耕入土，或用药剂在植株根部开沟撒施或灌浇，以杀死或抑制土壤中的病虫害。例如，用2.5%敌百虫粉剂2～2.5kg拌和细土25kg，撒在青绿肥上，随撒随耕翻，对防治小地老虎很有效。

（6）熏蒸法　利用药剂产生有毒的气体，在密闭的条件下，用来消灭贮粮、棉仓中的麦蛾、豆象、谷盗、红铃虫等。例如，用敌敌畏制成毒杀棒施放在棉株枝杈上，可以熏杀棉铃期的一些害虫。

（7）熏烟法　利用烟剂农药产生的烟来防治有害生物的施药方法。此法适用于防治虫害和病害，鼠害防治有时也可采用此法，但不能用于杂草防治。烟是悬浮在空气中的极细的固体微粒，其重要特点是能在空间自行扩散，在气流的扰动下，能扩散到更大的空间和更远的距离，沉降缓慢，药粒可沉积在靶体的各个部位，包括植物叶片的背面，因而防效较好。熏烟法主要应用在封闭的小环境中，如仓库、房舍、温室、塑料大棚及大片森林和果园。影响熏烟药效的主要气流因素有5点：①上升气流使烟向上部空间逸失，不能滞留在地面或作物表面，所以白昼不能进行露地熏烟。②逆温层，日落后地面或作物表面便释放出所含热量，使近地面或作物表面的空气温度高于地面或作物表面的温度，有利于烟的滞留而不会很快逸散，因此在傍晚和清晨放烟易取得成功。③风向和风速会改变烟云的流向和运行速度及广度，在风较小时放烟能取得较好的防效。④海风和陆风，在邻近水域的陆地，早晨风向自陆地吹向水面，谓之陆风；傍晚风向自水面吹向陆地，谓之海风。在海风和陆风交变期间，地面出现静风区。⑤烟容易在低凹地、阴冷地区相对集中。研究利用上述气流和地形地貌，可以成功地在露地采用熏烟法。

（8）烟雾法　把农药的油溶液分散成为烟雾状态的施药方法。烟雾法必须利用专用的机具才能把油状农药分散成烟雾状态。烟雾一般是指直径为0.1～10μm的微粒在空气中的分散体系。微粒是固体称为烟、是液体称为雾。烟是液体微滴中的溶剂蒸发后留下的固体药粒。由于烟雾的粒子很小，在空气中悬浮的时间较长，沉积分布均匀，防效高于一般的喷雾法和喷粉法。

（9）施粒法　抛撒颗粒状农药的施药方法。粒剂的颗粒粗，撒施时受气流的影响很小，容易落地而且基本上不发生漂移现象，特别适用于地面、水田和土壤施药。撒施可采用多种方法，如徒手抛撒（低毒药剂）、人力操作的撒粒器抛撒、机动撒粒机抛撒、土壤施粒机施药等。

（10）飞机施药法　用飞机将农药液剂、粉剂、颗粒剂、毒饵等均匀地撒施在目标区域内的施药方法，也称航空施药法。它是功效最高的施药方法，适用于连片种植的作物、果园、森林、草原、滋生蝗虫的荒滩和沙滩等地。适用于此法的农药剂型有粉剂、可湿性粉剂、水分散性粒剂、悬浮剂、干悬浮剂、乳油、水剂、油剂、颗粒剂等。飞机喷粉由于粉粒漂移严重，已很少使用，即使喷粉也应在早晨平稳气流条件下作业，飞机用粉剂的粉粒比地面用粉剂略粗些。可兑水配成悬浮液的剂型用于高容量喷雾，当与其他剂型混用时须防止粉粒絮结。可兑水配成乳液的乳油等剂型用于高容量和低容量喷雾，作低容量喷雾时在喷洒液中可添加适量尿素、磷酸二氢钾等，以减轻雾滴挥发。油剂直接用于超低容量喷雾，其闪点不得低于70℃。

[①] 1寸≈3.33cm

飞机喷施杀虫剂，可用低容量和超低容量喷雾；低容量喷雾的施药液量为10～50L/hm²；超低容量喷雾的施药液量为1～5L/hm²；一般要求雾滴覆盖密度为20个/cm以上。飞机喷洒触杀型杀菌剂，一般采用高容量喷雾，施药液量为50L/hm²以上；喷洒内吸杀菌剂可采用低容量喷雾，施药液量为20～50L/hm²。飞机喷洒除草剂，通常采用低容量喷雾，施药液量为10～50L/hm²，若使用可湿性粉剂则为40～50L/hm²。飞机撒施杀鼠剂，一般是在林区和草原施毒饵或毒丸。

飞机施药作业时间，一般为日出后半小时和日落前半小时，如条件具备，也可夜晚作业。作业时风速：喷粉不大于3m/s，喷雾或喷微粒剂不大于4m/s，撒颗粒剂不大于6m/s。飞行高度和有效喷幅因机型而异。

（11）擦抹施药方法　　这是近几年来在农药使用方面出现的新的使用技术，在除草剂方面已得到大面积推广应用。其具体施药方法，是由一组短的、裸露尼龙绳组成，绳的末端与除草剂药液相连，由于毛细管和重力的流动，药液流入药绳，当施药机械穿过杂草蔓延的田间时，吸收在药绳上的除草剂就能擦抹生长较高杂草的顶部，却不能擦到生长较矮的作物上。擦抹施药法所用的除草剂的药量，大大低于普通的喷雾剂，因为药剂几乎全部施在杂草上。这种施药方法作物不受药害，雾滴也不飘移，防治费用也少。

（12）挂网施药方法　　也是用在果树上，它是用纤维的线绳编织成网状物，浸渍在所欲使用的高浓度的药剂中，然后张挂所欲防治的果树上，以防治果树上的害虫。这种施药方法可以延长药效期，减少施药次数，减少用药量。

（13）覆膜施药方法　　这种施药方法主要用在果树上。当苹果无袋栽培时，其锈果数量就会成倍增加。现国内外正试用在苹果坐果时，施一层覆膜药剂，使果面上覆盖一层薄膜，以防止发生病虫害。现在国外已有覆膜剂商品出售。

（14）种子包衣技术　　它是在种子上包上一层由杀虫剂或杀菌剂制成的外衣，以保护种子和其后的生长发育不受病虫的侵害。目前中国农业大学和江苏吴县农药厂已试制成多菌灵多种子包衣剂。

（15）水面漂浮施药法　　这是近年来新发展的一种农药使用技术。它是以膨胀珍珠岩为载体，加工成水面漂浮剂，其颗粒大小为60～100目。这种施药方法对防治水稻螟虫的危害部分有较强的针对性，药效显著，且药效期较长。

（16）控制释放施药技术　　它是使用中减少药剂用量、减少污染、降低农作物的残留和延长药效很重要的施药技术。

农药使用方法的发展，是农药剂型发展的反映。也就是说，一种新的使用方法的出现，一定要以新的农药剂型为后盾，是互相促进、相辅相成的。

2. 施用技巧　　农药的施用方法也讲究技巧，属于农药应用工艺学研究范畴，这里只举例加以说明。棉花伏蚜是比较难治的一种重要害虫。我们在研究中发现，棉花伏蚜之所以难治是因为伏蚜繁殖快，在棉花植株上呈整株分布，每个叶片甚至茎秆、叶柄上都有，而棉花生长到后期株高叶茂，上下叶片之间互相遮蔽，而伏蚜种群98%以上都分布在棉叶背面。因此很难把药打透，即便药水量高达100～150L也无法整株打透。但是棉叶有显著的趋光性，上午向东倾斜，下午向西倾斜。当棉叶向日光倾斜时，倾角可高达45°，此时叶背面的伏蚜就暴露在喷头的前方，而且棉田植株的结构也由郁闭型变成开放型，因此农药雾滴很容易打入株冠中、下部。如果能利用棉叶的这种习性来选择适宜的时间喷药，效果就会显著提高。不过这一现象的利用又同喷洒器械的选择相关。气流吹送的窄幅实心雾流才能充分利用棉叶的这一习性。空心雾流则不能发挥这种对靶喷洒作用。例如，在大片棉田中，机动弥雾喷粉机也能利用这一习性。人们熟悉的桃小食心虫的防治，由于其幼虫必须从土里爬上树冠为害，树干是幼虫必经之途。如果选用一种强力触杀型杀虫剂涂布在树干下部近地面一段，当幼虫爬行通过药带，就会接触药剂而中毒。

（1）农药与生物体的有效接触　　农药使用技术问题的本质就是如何使农药最有效地与防治对象接触。因为农药要对病虫杂草发生作用，首先必须能与防治对象发生接触，所以，农药使用技术的研究内容都是为了给药剂同防治对象的接触创造有利条件。这里所讲的接触，是指药剂同生物体之间发生实质性的接触，即有效接触。相对而言，没有形成实质性接触的，虽然表面上看来药剂附着在生物体表面上，但也属于无效接触。无效接触之所以无效，一方面是因为药剂与生物体表面之间未能形成接触界面，并且很容易被风、机械振动所吹落或被震落；另一方面，由于药剂没有与生物体表面形成真正的接触面，药剂也很难被生物表面所吸收。如果药剂具有熏蒸作用，如硫黄、敌敌畏等，即便接触不良而只是附在表面上，只要不滚落，也可以发挥一定的熏杀作用，不过药剂的持效性必定较差。

就喷洒药液这一使用方法来说，多年来在用户中普遍存在一种误解，以为一定要把药水喷到植株上到处淌水才算喷透，以为这样才算有效，但实际上却是事与愿违。这主要有两方面原因：一方面，因为植物叶片表面能够存留的药液量有一定限度（称为堆积度），超过这一限度的药液就会自行流失掉。根据实际调查和测定，常规大容量喷雾法几乎有70%甚至更多的药液流失掉。另一方面，因为植物的叶片不可能是平的，总有一定的倾斜度，所以喷到叶片上的药液总是要向叶片的低处流，这就很容易造成药液在叶片的下倾部分（往往是叶尖部分）集中。如果是用常规大容量喷雾法，下垂的叶尖部分很快就发生药液滴淌，而叶片上部的药液沉积量不够。其结果，表面看起来叶片已发生药水滴淌，而实际上其他部分药液量很少，甚至还没有喷到。这种不均匀的药液沉积也会导致有害生物与药剂接触机会的不均，结果有些部分防治效果较高而另外受药少的部分防治效果较差，并成为诱发病虫产生抗药性的一种田间选择压力。

低容量和超低容量的细雾喷洒法效果比较好，重要原因就是细雾的低容量高密度沉积不会导致药液流聚和滴淌，而且细雾滴分布比较均匀，同病虫的接触机会要高得多。产生细雾滴的方法是选用适当的喷雾器械。对于传统的大容量喷雾器械来说，如果能够提高喷雾压力，雾滴也可变得较细。不过，这只有在使用机动喷雾机械时才有实际意义，因为使用手动喷雾器时，压力的调节余地很小，压力升到196kPa以上时，人力操作已经比较费力了。使用常规手动喷雾器时，很多人以为只要喷头能持续喷出药水来就可以，不必连续压动摇柄。实际上这样就不能保持喷雾器内稳定的压力，因而雾化细度就会受到严重影响。作为使用技术的一个细节，必须引起注意。

（2）农药的喷洒均匀性　　作物的整个生长期内，植株的大小、栽植密度、植株的郁闭度会不断发生变化。宽行距作物与窄行距作物又有很大的不同。作物在田间的这种分布和组合状态，称为作物的田间群体结构。可以想到，田间群体结构紧密的作物，喷药比较困难，农药难以喷洒均匀、周到。田间群体结构比较稀疏时则比较容易喷药，但是药剂散落到空地上的机会也增加了，这又会造成农药的浪费和损失。要解决这个矛盾，就必须研究如何根据作物的田间群体结构状况选择适宜的施药技术，并仔细设计田间的喷洒作业方式和方法。例如，棉花的幼苗期行距很宽而株距较窄，如果采用宽幅空心雾流喷洒，必定有大量药液散落在行间空地上。如改用窄幅实心雾流顺行喷洒，农药就会相对集中喷在苗行中而较少散落在空地上。一般双子叶作物都有类似的情况。小麦在幼苗期麦叶平展，反而对地面的覆盖密度很高，行间空地较少；而麦苗起身后，麦叶变成直立状的，行间空地暴露面积反而增大。但到生长后期，由于上部麦叶的交叉覆盖，又使行间空地暴露面积减少了。水稻虽然也是禾本科作物，但由于播种和栽植的格局不同，田间群体结构又与小麦有明显区别。

（3）田间喷雾作业的行走路线与喷洒方式　　由于我国至今仍然是以手动喷洒农药为主，农药是否喷洒均匀，与操作人员的行走路线、行走速度及喷杆运动方式都有密切关系。喷洒时的行走速度要均匀，不可忽快忽慢，也不可太快，否则就会发生局部地块漏喷，喷杆也不可随意摆动，否则也会发生局部地块漏喷，或有的地块着药过多。行走速度均匀并且每前进（或后退）一步所喷出的药雾都能同前一步喷出的雾带相互衔接，这样就不会发生漏喷了。如果是采取左右摆动喷杆喷雾，则最好是每跨进一步喷头就横扫一遍，第二步跨进时再反向横扫一遍。

行走的速度当然还同喷雾量有关。如喷雾量大，要走得慢些，如喷雾量很小，则要走得快些，否则药液会不够喷。

二、安全用药

农药对人体的毒性是农药历史中最重要的问题之一，也是制约农药发展或决定农药品种取舍的首要考虑因素之一。过去"高效低毒"的农药发展方向中的"低毒"即指对人的毒性低。

多年来，我国国务院及有关部门为农药的安全管理、科学使用、严防中毒发出了一系列通知。农药消费者应熟悉有关要求。我国已经先后停止生产、停止使用剧毒（如内吸磷、氟乙酰胺、无机砷杀虫剂、有机汞杀菌剂等）、蓄积性毒性（如六六六、滴滴涕等）、三致（即致癌、致畸、致遗传基因突变毒性）（如2,4,5-涕、二溴氯丙烷、杀虫脒等）的农药品种。

农药对人的毒性可分为急性毒性与慢性毒性两类。农药制剂通过皮肤、呼吸道或口进入人体，一次或短期内摄入量较大，很快引起急性病理反应，即急性毒性。它对人体的危险性取决于药剂对人经皮、经呼吸或经口的毒性大小，有效成分进入人体的量及人的体质。因此，一般连续进行农药操作的时间不可过久，老、弱、患者及妇女"三期"（经期、孕期、哺乳期）内不能进行施药操作。另外，气温较高时，经皮或呼吸中毒的危险性增大。

衡量或表示农药急性毒性的程度常用大白鼠经口致死中量（LD_{50}）作为指标。我国卫生部将农药急性毒性的主要指标划分为4个等级（表6-1）。

表 6-1 农药急性毒性的一些主要指标的等级划分

	剧毒	高毒	中毒	低毒
大鼠一次口服 LD_{50}/（mg/kg）	<5	5～50	50～500	>500
大鼠 4h 经皮 LD_{50}/（mg/kg）	<20	<200	200～2000	>2000
大鼠 2h 吸入 LC_{50}/（mg/m^3）	<20	20～200	200～2000	>2000

资料来源：摘自中华人民共和国国家标准 GB15670—1995

常用农药中，有机磷杀虫剂对人的急性毒性最高，发生中毒的事件也最多。有机磷中毒后的症状表现为恶心、呕吐、多汗、瞳孔缩小、肺水肿、烦躁不安、头痛、肌肉挛缩、大小便失禁等。

农药的慢性毒性即低于急性中毒剂量的农药长期被人体摄入而引起的慢性病理反应，一般是农药通过食物或饮水从消化道进入人体所造成的。有的农药在人体内有蓄积性，长期微量摄入后，被人体代谢、排泄的总量少于摄入的量，使农药在人体内积少成多，引起病理反应，甚至会慢性毒性急性发作。其主要表现形式有：致突变性（即致癌、致畸、致突变）、慢性神经系统功能失调（迟发神经毒性）、干扰内分泌、干扰免疫系统、对儿童脑发育远期影响等。

慢性毒性的测定，主要对致癌、致畸、致突变等项作出判断。一般用微量药物长期饲喂，至少要6个月，甚至要观察2～4世代存活的个体，来鉴定药剂对后代的影响。除常规病变检查外，对遗传变异、累代繁殖情况及怪胎的形成等都要作细致的记录。由于常规的动物致癌试验时间需要很长（2～3年），费用大，所以最近广泛采用了一些快速、灵敏的方法，Ames测定法就是其中之一。用鼠伤寒沙门氏菌（*Salmonella typhimurium*）不能合成组氨酸的突变体作为指示微生物，来检测某种化学物质是否具有致突变作用。这种方法能在较短时间（3d

内较准确地测定慢性毒性。但要得到最后切实的结果,仍需通过动物实验。

(一)农药的毒性

农药的毒性包括对人体的毒性和对其防治的病菌、害虫等的毒性。

1. 农药的经皮毒性　施用农药时,有效成分被人体吸收主要是通过皮肤渗透。皮肤上如有伤口,情况更严重。乳油或油剂比乳浊药液通过皮肤渗透的速度快得多。因此,当量取乳油或油剂配药时,操作应十分小心,手和胳膊不要沾附上这种高浓度制剂。虽然固体制剂中的有效成分通过皮肤被吸收较困难,但如果出汗,会促进农药对皮肤的渗透。人体各器官、组织对农药的吸收程度是不一样的。例如,眼睛最容易吸收药剂,而手掌部分的皮肤相对吸收较慢。皮肤接触药剂面积越大、时间越长,则吸收越多。

商品农药搬运、装卸、分装时,不要让药剂沾附人体皮肤。量药、配药、喷雾、撒粉、配合空中施药进行的地面作业及清洗用过的药械时,都要注意保护人体的各部位。田间施药前,先把药械检修好,避免发生渗漏。施药时人要在上风向,对作物采取隔行喷药操作。几架药械同时在田间使用,要按梯形队伍前行,或下风施药人员先行。施药时除手和臂外,脚和腿往往也很容易被药剂污染。上述有关农药操作人员,操作时应穿戴长袖衣服(如塑膜雨衣等)、长裤、雨靴(稻田施药可穿水田袜)、手套、帽子,以及脚罩、塑料围腰、风镜等。这些防护衣物用毕应及时用肥皂和大量清水洗涤。被农药污染过而未清洗的衣物不要再穿戴。如果这些衣物无法清洗干净,则必须销毁,不可再穿用。

有的药剂对人经皮毒性不高,但对皮肤、眼睛、黏膜有刺激性。如接触后,皮肤有灼烧感,事后可能出现红疹等症状,眼睛、黏膜不适,甚至"一把眼泪、一把鼻涕"。含有氰基的菊酯类药剂对眼睛、黏膜的刺激性更大。

皮肤上沾附了药剂,应立即停止作业,脱去被药剂污染的衣物,用肥皂及清水(不要用热水)充分洗涤被污染的部位。但对敌百虫药剂的污染不要用肥皂,以免敌百虫遇碱性的肥皂后转化为毒性更高的敌敌畏。敌百虫水溶性较大,只用清水充分洗涤就行。洗涤后用洁净的干毛巾小心擦干皮肤,穿上洁净衣服并保持温暖。眼睛被溅入了药液或撒进了药粉是非常危险的,必须立即用大量洁净的清水冲洗。冲洗时把眼睑撑开,一般应冲洗15min以上。被污染的眼睛清洗完毕后,可用一块洁净的布或手帕遮住眼睛休息。应该记住肥皂和清水是农药操作现场必备的劳保物品。有些农药对皮肤并没有刺激作用,沾附上往往并无感觉。因此,施药操作后,即使没有感觉到药剂污染皮肤,也要仔细洗手、洗脸,最好洗头、洗澡。如果皮肤大面积沾污农药而造成严重中毒时,应经初步处理后尽快送医院治疗。

2. 农药的呼吸毒性　熏蒸剂或其他易挥发的农药,吸入毒性比口服毒性大得多。使用这些药剂时应特别重视保护呼吸道。农药熏蒸、喷雾或喷粉时,所产生的蒸气、药液、雾滴或药粉颗粒能通过呼吸损害鼻腔、咽喉和肺组织。粒径小于10μm的药剂雾粒蒸气或烟雾微粒能够到达肺部,粒径50~100μm者也可能被吸入并影响上呼吸道。

在密闭或相对密闭的空间里进行施药操作,是大量吸入农药的主要原因。例如,在温室内使用烟雾剂时(燃放烟剂、弥雾等),在通风不良的情况下分装高挥发性的农药制剂等。

为了避免或减少吸入农药,要注意以下各点:①农药储存室应经常通风换气。②农药容器都应密闭好,如有渗漏,应及时处理。③进行农药操作时,口、鼻不要太靠近药剂,并应戴防护口罩,必要时口罩里垫一块折叠好的多层洁净纱布。防护口罩用毕应及时清洗,不得使用农药污染过的口罩。④配药或田间施药时,人要站在上风头,喷药方向与风向应成约90°角,不使药雾或药粉从迎面方向飘来。⑤在室内、仓库等密闭空间进行农药熏蒸作业,必须戴防毒面具,并严格按照特定的熏蒸作业有关规定，在专业人员指导下进行。

如不慎吸入农药，或虽未觉察，但身体感到不适，应立即停止工作，转移到上风头空气新鲜、通风良好的安全场所。脱去可能被农药污染的口罩及其他防护衣物。解开上衣钮扣和松开腰带，使呼吸畅通。注意身体保暖。用肥皂洗手、洗脸，用洁净水漱口。

3. 农药的经口毒性　　在正常的农药操作中，农药通过口部进入消化道一般很少发生，万一发生则后果相当严重，因为农药口服毒性比经皮毒性要大 5~10 倍。某些情况下农药却有进入口中的危险。例如，进行施药操作时或操作后未经洗手、洗脸就抽烟、吃食、喝水；药械故障如喷雾器喷头堵塞时用嘴去吹；用农药污染的手或手套擦脸上的汗等。在进行施药操作时，要严肃认真，禁止说笑打闹，禁止吃、喝、抽烟。

按国家规定，剧毒农药禁止用于蔬菜及临近采收的瓜果，也不准用来毒鱼、毒杀鸟兽等。凡因剧毒农药中毒死亡的各种动物，必须深埋，严禁食用或贩卖。

农药在储运中，不能与粮食、种子、其他商品特别是可食用的商品混装、混放；药剂处理过的种子或其他农产品要妥善保管；刚施用过剧毒农药的农田要有明显标识；盛放过农药的容器要妥善处理，切不可用来装食用油或其他饮料、调味品、食品。总之，要严格防止人们误食被农药污染的食物。

农药的储放是一件大事，单位的农药要有专用库房，由熟悉业务的专人负责管理，层层加锁，并建立农药出纳登记制度。各家各户少量的农药也要由"明白人"保管，有专门的药柜药箱，上好锁，不要让儿童、精神不正常的人、其他没有民事行为能力的人随便就能拿到农药。据统计，误食、误用及利用农药的经口毒性企图自杀、他杀的非生产性农药中毒约占到全部农药中毒人数的半数。

4. 农药对防治对象的毒性　　农药对防治对象的毒性就是农药的作用方式，即农药被使用以后，对防治对象的毒杀、抑制或促进的途径与方式。由于防治对象的多样性及生理特点和活动场所的复杂性，农药的作用方式也向多样化发展，归纳起来有以下几种。

（1）胃毒作用　　药剂通过害虫的消化系统进入体内，而产生的毒杀致死作用叫胃毒作用。例如，咀嚼式口器的害虫（黏虫、蝗虫等）取食施有药剂的食物后，药剂即通过口器进入消化道，然后逐步被吸收而引起中毒死亡。目前所有的杀鼠剂几乎都具有胃毒作用，无机杀虫剂多数具有胃毒作用，大多数有机合成的杀虫剂都具有胃毒作用和兼有触杀作用。仅有胃毒作用的药剂对刺吸式口器的害虫无效，如砷酸铅、砷酸钙对蚜虫、盲蝽等害虫无效。具有胃毒作用的药剂统称为胃毒剂。

（2）触杀作用　　药剂通过接触而渗入防治对象的表皮或组织内部，从而产生毒杀效果使防治对象致死的作用称为触杀作用。具有触杀作用的药剂就称为触杀剂，如松脂合剂、机油乳剂等都是单纯的触杀剂。触杀剂对刺吸式口器的害虫和咀嚼式口器的害虫都有效，但施药必须均匀和充分接触防治对象，否则效果很差。

（3）内吸作用　　药剂通过植物的根、茎、叶等部位进入植物体内，并且可被传导至其他部分，或进行代谢产生代谢物，在一定时间内对病、虫、杂草和其他有害生物等所起的毒杀作用称为内吸作用。具有内吸作用的药剂称为内吸剂。例如，乐果等杀虫剂、托布津等杀菌剂和二甲四氯等除草剂都具有内吸作用，因为它们毒性强，现已经禁止使用。内吸杀虫剂对刺吸式口器的害虫效果较好，主要供喷雾、涂茎、根施等方法使用。

（4）不育作用　　害虫取食或接触药剂以后，当达到一定剂量时，可使害虫的生殖器官退化，或抑制精子、卵子的产生，或杀死所产生的精子、卵子，或破坏精子、卵子中的遗传物质，使卵不能正常孵化，或在害虫交尾时，冒充性诱物质，使害虫找不到配偶，不能交尾产卵而绝育的作用均称为不育作用。具有不育作用的药剂称为不育剂,如替派、噻替派等都是常用的不育剂。

(5) 引诱作用　　药剂能够引诱害虫前来取食、交尾、产卵等活动,以便集中消灭或调查虫情的作用称为引诱作用。具有引诱作用的药剂称为引诱剂或诱致剂,如毒饵、性引诱剂、糖醋液等。目前,引诱剂多用于防治某些鳞翅目害虫的成虫。

(6) 拒食作用　　药剂被害虫或其他有害生物取食后,能破坏其正常的生理机能,消除食欲、使害虫拒绝再取食而最终饥饿致死的作用称为拒食作用。具有拒食作用的药剂称为拒食剂。拒食剂主要用于防治咀嚼式口器的害虫,如拒食胺,对多种咀嚼式口器的害虫都有良好的拒食作用。

(7) 调节作用　　药剂能促进或抑制植物生长发育的作用称为调节作用。具有调节作用的化学物质称为植物生长调节剂,也可称为植物生长刺激素。目前推广应用的调节剂,主要有调节啶、三十烷醇、乙烯利、矮壮素、萘乙酸、石油助长剂、氯酸镁、氰氨化钙等。

在应用上,调节剂比杀虫剂、杀菌剂等药剂要求更加严格,使用时要根据作物品种、生理特性、生育期、长势情况及气候条件等来确定药剂的品种、用量、施用时间和次数,决不可乱用,否则会适得其反。调节剂的使用方法主要是喷雾或点涂。

(8) 钝化作用　　药剂使病毒失去代谢与繁殖能力,不能再使其他生物致病与传播的作用称为钝化作用。这种能引起病毒失去活性的物质称为病毒钝化剂。常用的病毒钝化剂有甲醛、溴甲烷、硫酸铜和硝酸银等。

(9) 驱避作用　　药剂能使害虫远远避开而不愿接近的作用称为驱避作用。具有驱避作用的药剂称为驱避剂。驱避剂本身没有毒杀害虫的能力,仅是一种消极的防治方法,如驱蚊油等只能暂时起到保护作用。

(10) 保护作用　　药剂被均匀地覆盖在植物表面以后,能抑制病原菌和孢子的萌发或杀死孢子,从而起到保护作物免受病原微生物浸染危害的作用称为保护作用,这类药剂称为保护剂。目前使用的杀菌剂大多数都具有保护作用,如代森锌、福美锌、波尔多液等。保护剂必须在植物发病之前使用。

(11) 治疗作用　　药剂通过植物表皮渗入植物体内对病原菌起抑制生长或杀死作用,或中和病原菌所产生的毒素,而使病害得到治疗的作用称为治疗作用。具有治疗作用的药剂称为治疗剂。例如,托布津、多菌灵等都具有良好的治疗作用,代森铵、代森锌、赛力散等也有一定的治疗作用。

(二) 农药的药害及其产生原因

1. 农药药害　　农药药害是指因施用农药对植物造成的恶性伤害,一般说来是在农药喷洒、拌种、浸种、土壤处理等使用过程中,由于药剂浓度过大、用量过多、使用不当或某些植物对药剂过敏,从而产生影响植物的生长现象,如发生落叶、落花、落果、叶色变黄、叶片凋零、灼伤、畸形、徒长及植株死亡等现象。

农药药害分为急性药害和慢性药害。施药后几小时到几天内即出现症状的,称急性药害;作物叶片一般会有枯斑、网斑、穿孔、焦灼、畸形、落叶、枯萎、黄化、失绿、厚叶、卷叶等现象出现;果实表面有褐斑、黄斑出现,果实畸形、变小,重则落果、不结实;花瓣为枯黄发焦、落花、落蕾,根部变粗短肥大,茸毛变少,表面厚而脆或颜色改变继而腐烂,植株的生长速度缓慢,株体矮小,茎秆粗大弯曲,甚至整株枯死。施药后,不是很快出现明显症状,仅是表现光合作用缓慢,生长发育不良,延迟结实,果实变小或不结实,籽粒不饱满,产量降低或品质变差,则称慢性药害。药害也分为直接药害和间接药害两种。前者是施药对当季作物造成药害；后者是施用农药使邻近敏感作物或下季作物造成药害。

2. 产生药害的作物症状　　产生药害的作物一般会表现出下列症状：①发育周期改变。作物种子出苗推迟，生长受抑制。分蘖、开花、结果、成熟的时期都推迟。②缺苗。种子不能发芽或发芽后在出土前或出土后枯死，或移栽后生育受抑制而死亡。③颜色变化，如失绿、白化、黄化、斑点、叶边缘或沿叶脉变褐色、全叶变褐、根变褐、果实不能正常着色等。④形态异常：植物枝叶扭曲，形成鸡爪叶、花、芽、果实及畸形根。⑤接触药的部位形成枯斑，或药剂传导到的部位变褐导致枯斑。⑥产品质量及产量下降（图6-12）。

图 6-12　农药药害

3. 产生药害的原因　　产生药害的原因多种多样，主要与农药质量、使用技术、作物的生理条件及环境条件等方面的因素有关。

（1）药剂方面的原因　　农药质量差，原药生产中有害杂质超标；制剂中混有其他有害成分，如杀虫剂、杀菌剂中混有除草剂；农药放置时间过长，分解产生有害物质；或者是农药管理不当，贮藏时间过长，引起分层、沉淀、结块等变质而引起药害。

（2）与施药技术有关

1）过量施药或施药不均匀，重复施药。

2）农药混用不当，同时施用两种或两种以上药剂，农药间相互作用发生物理和化学变化，引起毒性增加。例如，波尔多液与石硫合剂混用、溴氰菊酯与有机磷农药混用，均易产生药害。液体农药（甲基托布津、井冈霉素等）均不能与碳铵、氨水、草木灰等混合使用。含砷农药不能与钠盐、钾盐类化肥混用。

3）施药间隔时间短。例如，水稻施用敌稗前后施用有机磷或氨基甲酸酯类杀虫剂，抑制水稻酰胺分解酶，使水稻产生药害。

4）选用施药方法不当。例如，有些农药混土法安全而采用喷雾法则产生接触性药害；飘移，喷雾时雾滴随风飘到邻近敏感作物上产生药害，如水稻施用禾田净使黄瓜受害；药剂流失或渗漏，会造成施药不均匀，发生局部药害；土壤残留，即高残留的除草剂对后茬敏感作物产生药害；土壤中分解及微生物降解产生高毒物质造成药害。

5）误用或施药器具未清洗干净。因包装、商品名类似而造成的误用也易造成药害。同时，施药时还应考虑药剂残留对后茬作物的影响，避免出现残留药害。

6）在不正确的气象条件下施药产生药害。一般以气温和日照的影响最为明显，高温、日照强烈或高湿环境容易产生药害。温度高时，植物吸收药剂及蒸腾较快，使药剂很快在叶尖、叶缘集中过多而产生药害；雾重、湿度大时，药滴分布不均匀也易出现药害。在风向不稳定或风力过大等施药环境条件下，也容易造成药剂喷布不均匀或漂移，从而引起植物药害。

（3）作物与环境方面的原因　　不同作物及同一种作物的不同品种、不同部位，在不同的发育时期、不同的生活环境对药剂的敏感程度不同，施药处于作物的敏感时期时，也易产生药害。例如，桃、李、梅、杏等对乐果和波尔多液敏感，而一般植物的幼苗、幼芽、开花和幼果阶段对药剂敏感、耐药力较差。

药害的产生对农业生产带来巨大的损失，因此，我们必须针对产生药害的各种因素加以克服，尽量避免产生药害。一旦产生药害，应弄清产生药害的原因。在判定是否产生药害时，应委托农药研究机构对此药剂做农药药效试验，以验证在合理使用此药剂的情况下是否产生药害，并作为判定的依据。

思 维 拓 展

一、填空题

1. 农药的科学使用原则是_____、_____、_____。
2. 农药的施用方法有_____、_____、_____、_____、_____、_____、_____、_____。
3. 在农药的标签上，杀虫剂、杀菌剂和除草剂的标志颜色分别为_____、_____、_____。
4. 失效农药的鉴别常用的主要有4种方法，即_____、_____、_____、_____。
5. 进行小量粉剂的混合时，常用的两种方法为_____、_____。

二、名词解释

农药毒性与毒力　悬浮乳剂　剂型

三、简答题

1. 毒力和药效的区别是什么？
2. 简述农药混配混用的目的。
3. 农药的质量检查包括哪些项目？

扫扫看答案

主要参考资料

1. 参考文献

背负式手动喷雾器安全施药技术规范. 四川省地方标准. DB51/T882—2009
陈宗懋. 2006. 第一讲：农药残留毒性及分析的特点和要求. 中国茶叶, 6: 18-19
戴奋奋, 袁会珠, 何雄奎, 等. 2002. 植保机械与施药技术规范化. 北京：中国农业科学出版社
顾中言, 许小龙, 徐广春, 等. 2013. 稻田农药科学使用Ⅲ. 农药的沉积结构和喷雾器械、喷雾方式. 江苏农业科学, 41（10）：96-101
黄伯俊, 黄毓麟. 2004. 农药毒理学. 北京：人民军医出版社
李涛. 2009. 植物保护技术. 北京：化学工业出版社
李跃忠, 陈培昶. 2004. 园林农药安全使用技术. 北京：中国农业出版社
彭丽琼. 2011. 农药残留检测技术进展. 绿色科技,（6）：32-34
施伏芝. 1998. 农药科学使用指导. 北京：中国致公出版社
屠予钦. 2000. 农药科学使用指南. 北京：金盾出版社
王惠, 吴文君. 2007. 农药分析与残留分析. 北京：化学工业出版社
徐汉虹. 2005. 植物化学保护学. 北京：中国农业出版社
朱桂红. 2012. 农药安全使用技术. 现代农业科技,（9）：187

2. 网站

中国农药网 http://www.pesticide.com.cn
中国农药信息网 http://www.chinapesticide.gov.cn

3. 期刊

农药学报、农药、植物保护学报、植物保护、中国生物防治学报。

第七章　杀虫剂的科学选用

【知识能力要求】
1. 掌握杀虫剂种类选择与害虫口器类型及危害特点之间的关系；
2. 熟悉各类杀虫剂的特点、作用机制和杀虫谱；
3. 了解害虫抗药性形成的机制和治理。

【导语】

人们的衣食住行及健康等都难免受到昆虫的侵害，农业害虫（agricultural insect）通过危害农作物、农产品和传播疾病给人类造成重大损失。农业害虫种类繁多，我国常见的农业害虫在1000种左右，重要的农业害虫达700多种，危害造成的损失惊人。农作物受到害虫危害往往导致产量下降，品质降低，甚至造成严重灾害。历史上不乏害虫为害给人民造成巨大灾难的记载。例如，新中国成立前，仅中国的蝗灾就达800次之多，造成"赤地千里，饿殍载道"的悲惨景象；1992年全国棉铃虫（*Heliothis armigera*）大暴发，直接经济损失达100多亿元。历来我国劳动人民就把虫灾与水灾、旱灾列为农业生产上的三大自然灾害。今天，害虫仍是农业丰产丰收的大敌，据FAO报道，全世界每年因虫害损失的粮食约占粮食总产量的14%，每年遭虫害破坏的森林约3500万 hm^2。此外，农业害虫还能传播植物病害，植物的真菌（fungus）、细菌（germs）、病毒（virus）等病害的传播均有以昆虫为媒介的，并且，其中有些病毒必须由昆虫传播，昆虫传病所造成的损失远大于其所造成的直接损失。杀虫剂（insecticide）是一类用于防治农林业及病媒害虫、害螨的农药。使用杀虫剂防控害虫可以大大降低害虫造成的直接和间接损失，因此，杀虫剂是解决全球粮食危机，确保农业稳产、丰产必不可少的重要生产资料之一。

第一节　认识杀虫剂

一、害虫与杀虫剂

农作物害虫种类繁多，不可能用同一种农药有效防控所有的害虫。害虫的口器特征决定了其取食习性，因此，在防治害虫时，正确选择与害虫口器和为害方式相应的农药进行防治，方可取得理想的防治效果。反之，防治效果不佳甚至无效。杀虫剂对害虫的毒杀方式多样，包括触杀、胃毒、内吸、熏蒸、拒食和驱避作用等。在防治害虫时，根据害虫种类及为害方式选择合适的农药，才能收到理想效果。因此识别害虫口器特征，了解害虫为害方式，掌握杀虫剂种类、作用特点对于正确选用杀虫剂、确定用药时机及合理施药，确保杀虫效果至关重要。

（一）害虫

依据害虫口器的类型，害虫可分为如下几类。

1. 咀嚼式害虫　咀嚼式口器（chewing mouthpart, biting mouthpart 或 mandibulate mouthpart）由上唇、下唇、上颚、下颚与舌5部分组成。其主要特点是具有发达而坚硬的上颚以嚼碎固体食物。此类害虫取食固体食物，咬食植物各部分组织，常造成植物组织虫眼、钻蛀、缺口、断裂或咬光等。这类害虫主要有直翅目（Orthoptera）的蝼蛄、蝗虫，鳞翅目（Lepidoptera）的黏虫、菜青虫、螟虫类、地老虎类幼虫，鞘翅目（Coleoptera）的蛴螬类等。

2. 刺吸式害虫 刺吸式口器（piercing sucking mouthpart）很特别，口针像针管子一样，危害作物时，将其"管子"式样的口器刺入植物组织里，然后分泌含有抗凝物质、消化液等的唾液，借食窦唧筒的抽吸作用稀释吸食寄主植物的汁液。受害部位易出现各种斑点或引起变色、皱缩或卷曲等。这类害虫常见的有同翅目（Homoptera）的叶蝉类、飞虱类、介壳虫类、蚜虫类，半翅目（Hemiptera）的椿象类等。

3. 虹吸式害虫 虹吸式口器（siphoning mouthpart）为鳞翅目成虫（少数原始蛾类除外）所特有，其显著特点是具有一条能卷曲和伸展的喙，适于吸食花管底部的花蜜。此类害虫可以吸食花蜜等液汁，但不能刺入组织中。

4. 舐吸式害虫 舐吸式口器（sponging mouthpart）是双翅目（Diptera）蝇类特有的口器。以头部和下唇为主构成了吻，下唇包围上唇和舌构成食物道。取食时下唇瓣展开平贴在食物上，在食窦唧筒的作用下，液体食物经环沟和纵沟流入前口。舌中有唾液管分泌唾液与食物混同或将食物溶解，可由食物道吸入唇瓣借毛细管作用收集液汁。

5. 锉吸式害虫 锉吸式口器（rasping mouthpart）为蓟马类昆虫所特有，其显著特点是各部分的不对称性。取食时，喙贴于寄主体表，用口针将寄主组织刮破，然后吸食寄主流出的汁液。

（二）虫害与杀虫剂

一般情况下，对咀嚼式、舐吸式、锉吸式、虹吸式口器的害虫，可选用触杀剂、胃毒剂、内吸剂类杀虫剂；对刺吸式口器害虫，以内吸剂为主，也可用触杀剂；对钻蛀型咀嚼式口器害虫应选用内吸剂为主；对活动性强的害虫成虫，应以熏蒸剂为主；刺吸式口器害虫用"管状嘴"刺入植物组织吸取汁液进入消化道，故要选用内吸剂或内吸和触杀兼有的杀虫剂进行防治才有效。咀嚼式口器的害虫是将植物组织嚼烂后吞入消化道的，故用胃毒剂喷杀效果好。无论何种口器的地下害虫，均应以触杀型的土壤处理剂为主。一般来说，多数农药的杀虫作用，不完全是单一的，而是几种作用方式同时存在。例如，氧化乐果具有触杀、内吸和胃毒作用，以内吸和触杀为主。

二、杀虫剂作用机制

（一）杀虫剂进入昆虫体内的途径

杀虫剂施用后，必须进入昆虫体内到达作用部位才能发挥毒效。因此，应首先了解杀虫剂进入昆虫体内的途径。杀虫剂可以通过昆虫口腔、体壁及气门3种途径进入虫体。

1. 从口腔进入 杀虫剂从口腔进入虫体的关键是必须通过害虫的取食活动，害虫必须对含有杀虫剂的食物不产生忌避和拒食作用。昆虫有敏锐的感化器，大部分集中在触角、下颚须、下唇须及口器的内壁上，能被化学药剂激发产生反应。通常，昆虫口器部位的感化器，对含有药剂的液体及固体食物均有一定的反应，药剂在食物中的含量过高时，害虫易产生拒食作用，而导致药剂的防治效果降低。

有内吸性能的杀虫剂，如克百威（carbofuran）等，施用后被植物吸收、运转，当害虫尤其是刺吸式口器害虫如飞虱、蚜虫、叶蝉等危害吸食植物汁液时，药剂也可以进入其口腔、消化道，穿透肠壁到达血液，随着血液循环而到达作用部位的神经系统，与咀嚼式口器害虫比较，仅仅是取食方式的不同，药剂仍然属于由口腔进入虫体发挥胃毒作用。

2. 从体壁进入 昆虫体壁是阻止触杀为主的杀虫剂进入昆虫体内的重要屏障。昆虫的体壁通常由表皮、真皮细胞及底膜构成。绝大多数昆虫的体壁，由于上表皮所含的蜡质及类脂与水没有亲和性,因此表皮不能被水湿润。所以,任何药剂由体壁进入虫体时,必须首先在昆虫体壁湿润展布。否则,当药液喷洒到虫体上时,容易积集呈球状从昆虫体表滚落而流失。有些昆虫如蚜虫、介壳虫由于表皮覆盖了较厚的蜡质,不易被药液湿润,对很多药剂都表现很强的耐药性。由于乳化剂的表面活性作用容易在昆虫体壁湿润展布,因此乳油或乳剂这两种剂型的湿润性能比较好,乳油中的溶剂可以溶解上表皮的蜡质,使药剂更容易进入表皮层。上表皮的亲脂性,决定了脂溶性强的非极性化合物易溶解于蜡质而被上表皮吸收,因此这类杀虫剂具有很强的触杀作用。

尽管昆虫整个体躯被硬化的表皮所包围,但是表皮的构造并非完全一致。例如,触角、节间膜、足的基部及部分昆虫的翅都是未经骨化的膜状组织,药剂容易从这些部位侵入虫体。此外,昆虫的跗节和口器是感觉器集中的部位,这些部位药剂也最容易侵入;并且有部分极薄的表皮层,脂溶性杀虫剂极易从这部分表皮穿透而到达感觉神经细胞。并且,药剂从体壁侵入的部位越靠近脑和体神经节时,越容易使昆虫中毒。

3. 从气门进入 绝大多数陆栖昆虫的呼吸系统由气管系统和气门组成。气管系统是由外胚层细胞内陷形成,因此,气管系统的内壁与表皮相连,并与表皮具有同样的构造。气门是体壁内陷时气管的开口,也是昆虫进行呼吸时空气及二氧化碳的进出口。气体药剂如磷化氢(phosphine)等可以在昆虫呼吸时随空气而进入气门,沿着昆虫的气管系统最后到达微气管而产生毒效。敌敌畏(O, O-dimethyl-O-2, 2-dichlorovinylphosphate)挥发的气体是由气门进入虫体的气管系统,由微气管而进入血液,到达神经系统产生毒效。一般以喷雾起触杀作用的杀虫剂,靠湿润展布能力进入气门,与从表皮进入情况相似。矿物油乳剂由于有较强的穿透性能,由气门进入虫体较一般乳剂更为容易,并且进入气管后产生堵塞作用,阻碍气体的正常交换,使害虫窒息而死。

(二)杀虫剂的穿透

1. 杀虫剂穿透昆虫的体壁 昆虫体壁的外层是表皮,表皮来源于皮细胞分泌的非细胞质物质,硬化成为昆虫的外骨骼。表皮由上表皮、外表皮及内表皮构成。上表皮又分为3层,由外及内依次为护蜡层、蜡层和角质精层,其中护蜡层的主要成分是类脂及鞣化蛋白。蜡层是由真皮细胞分泌,内含蜡质,是表皮的防水层。用有机溶剂去除表皮表面蜡质后,表皮透水性相对增加。角质精层主要含鞣化脂蛋白、类脂等。外表皮是表皮中最硬的一层,对蜕皮液有极强的抵抗性,其主要成分为鞣化蛋白、几丁质和脂类。内表皮是表皮中最厚的一层,含有很多平列薄片和纵行孔道,内表皮的化学成分主要是几丁质,即蛋白质复合体,有亲水性。内表皮的内面即真皮细胞层,是单层细胞,它是一种特化的细胞组织,能通过连接膜区域的、电化学上的信息极化传输,来识别自身在体内和体节间的位置和定向。皮细胞能够控制膜的渗透性,调节表皮营养状况和控制昆虫的脱皮等。

底膜是真皮细胞层与血腔的分隔层,它由血细胞分泌的中性黏多糖组成。

昆虫的表皮是油/水(或者蜡/水)两相结构。上表皮代表油相,原表皮代表水相。当昆虫接触到药剂以后,药剂溶解于上表皮的蜡层,然后按照药剂的油-水分配系数而进入原表皮。分配系数是指一种溶质在油相(即非极性溶剂)及水相中溶解度的比值。因此,油-水分配系数小,表示溶质的亲水性强。杀虫剂中,亲水性强而易溶于水的药剂因为不能溶于表皮的蜡层,不能穿透表皮。这类药剂的触杀作用极小,如杀虫脒。而脂溶性的药剂因为溶解于蜡质,比较容易穿透上表皮,但是能否继续穿透原表皮(包括外表皮及内表皮)则取决于药剂是否有一定的水溶性。脂溶性强的化合物,由于向原表皮的穿透很慢,因此,这一类化合物的穿透速率

（单位时间穿透量）很低。

2. 杀虫剂穿透昆虫的消化道 昆虫的消化道分为前肠、中肠和后肠。前、后肠都发生于外胚层，肠壁的构造和性质与表皮很相似，所以对杀虫剂穿透的反应也与体壁相近。而昆虫的中肠则与前肠和后肠不同，肠壁结构也有其特异性，是昆虫消化食物、吸收营养成分的主要场所。昆虫取食了含有杀虫剂的食物后，杀虫剂能否穿透肠壁被消化道吸收是决定胃毒剂是否有效的关键。

杀虫剂穿透昆虫中肠肠壁细胞、体壁的皮细胞与穿透高等动物消化道壁、皮肤、胎盘、口腔黏膜及肝薄膜细胞等在理论上是一致的，都要受到细胞质膜这个主要障碍的选择透性影响。杀虫剂在昆虫消化道中的穿透和吸收是一个复杂的过程，包括被动扩散、主动运输，还包括消化道中酶系对杀虫剂化学结构的改变，从而产生活化（增毒）或降解（减毒）作用。大多外来物质，通过质膜靠被动扩散作用，受膜内外浓度梯度的影响，由高浓度向低浓度扩散。一些亲水性化合物及小分子质量的离子化合物通过水孔时，也受浓度梯度的影响，由高浓度向低浓度的一边扩散。主要存在于昆虫消化道和马氏管内的多功能氧化酶（mixed function oxidase，MFO），能对许多类型的杀虫剂起氧化作用，从而改变这些杀虫剂的化学结构，影响其穿透力与毒性。

各种杀虫剂都可以穿透昆虫肠壁，但穿透速率因药剂的种类不同而有明显差异。穿透速率主要取决于药剂油-水分配系数，亲脂性强的化合物容易被肠壁吸收，但是从肠壁组织进入血浆与药剂穿透表皮的原理相同，需要一定的水溶性才能较快地扩散到血浆中，因此，极性化合物的穿透速率大于非极性化合物。

昆虫消化道的生理学特性对杀虫剂穿透肠壁的影响很大，消化道的酶促反应影响杀虫剂的毒性，pH影响杀虫剂的穿透能力和解离程度。此外，肠液及血液的流动、肠组织及血液中被代谢的情况，以及脂肪体的吸收等也对杀虫剂穿透肠壁组织有一定的影响。进入昆虫血淋巴的药剂，首先是结合在血细胞或可溶性蛋白质上，再转移至各个组织。

3. 杀虫剂对昆虫神经膜的穿透 杀虫剂要进入昆虫神经系统起作用，必须穿透各种阻隔层，如血脑屏障、神经膜等。昆虫的血脑屏障的位置可能在胶质细胞和胶质细胞附近区域。昆虫的血脑屏障也是类似生物膜的结构，能限制血液中的某些物质进入脑内。非离子部分可以穿过，电解质的离子部分被阻挡在血脑屏障的外面。杀虫剂的电离常数及溶液的pH等因素也影响其透过血脑屏障。

（三）杀虫剂在昆虫体内的分布

杀虫剂施用于昆虫后，受到各种阻碍，首先在穿透表皮时，有一部分被保留在表皮内，在血淋巴转运过程中，它可能与血淋巴蛋白结合或被血细胞包围，还可能被运送和分布到体内其他组织和器官。比如被贮存在脂肪体内，被排泄器官吸收排泄等（图7-1）。为了发挥杀虫剂的最佳效果，首先要求其必须较容易地穿透表皮，能够大部分进入血淋巴内，然后再由血淋巴运送到作用靶标（如神经组织等）。

但实际上杀虫剂在昆虫体内的分布情况及分布动态是极其复杂的，受到多种因素的影响，如杀虫剂的理化性质，昆虫本身存在的生理生化特点等。并且杀虫剂一进入虫体就面临着被解毒。侯能俊等用 ^{14}C 氰戊菊酯（fenvalerate）处理棉铃虫幼虫，发现 ^{14}C 氰戊菊酯在虫体内部组织器官的分布，以消化道、马氏管内

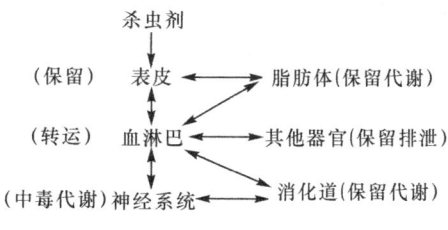

图7-1 杀虫剂在昆虫体内的分布平衡

最高，而脂肪体、体壁等组织内较少。

（四）杀虫机制

高效、低毒、低残留是优良杀虫剂的必备特点，利用高等动物与昆虫生理上的差别，是开发新型农药的重要途径。近年来，杀虫剂作用机制的研究有了很大发展，已达到分子毒理学水平，这对新型杀虫剂的研制开发有很大帮助。

第一类是神经系统毒剂，包括：①对突触后膜作用，如杀螟丹（carbamic acid）、烟碱（nicotine）、杀虫脒；②对刺激传导化学物质分解酶作用，包括抑制胆碱酯酶（ChE）（如有机磷、氨基甲酸酯杀虫剂）和抑制单胺氧化酶（如杀虫脲）；③作用于神经纤维膜，包括膜的 Na^+、K^+ 活化，抑制腺苷三磷酸分解酶。

第二类是干扰代谢毒剂，包括：①破坏能量代谢，如氰氢酸、鱼藤酮、磷化氢；②抑制激素代谢，如保幼激素类似物等；③抑制几丁质合成，如取代苯基脲类；④抑制毒物代谢酶系，如多功能氧化酶和水解酶三磷甲苯磷酸酯（TOCP）等、转移酶等。

1. 神经系统毒剂

（1）有机磷杀虫剂的作用机制　　有机磷杀虫剂的主要作用机制是有机磷杀虫剂发生磷酸化和神经系统内的乙酰胆碱酯酶（acetyl cholinesterase, AchE）或胆碱酯酶（cholinesterase）反应，形成共价键的"磷酰化酶"。从水解胆碱酯类底物的专化性来看，至少可分为两大类：①乙酰胆碱酯酶对乙酰胆碱的亲和力和水解能力比其他任何胆碱酯类都强，而且存在许多同工酶。②胆碱酯酶或称非专化性胆碱酯酶，与乙酰胆碱酯酶不同的是它不会被过高的底物浓度所抑制，而乙酰胆碱酯酶在适当的底物浓度，如在 4~7mL/L 的乙酰胆碱溶液中活性最强，超过此浓度活性反而降低。此外，胆碱酯酶对丁酰胆碱的亲和力和水解能力大于乙酰胆碱酯酶。

无脊椎动物（包括昆虫、螨类等）和脊椎动物的神经组织内，都含有高浓度的乙酰胆碱酯酶，人和哺乳动物的血红细胞中也含有乙酰胆碱酯酶，大多数动物的血浆中含有胆碱酯酶。有些动物和人的血浆中还含有不同量的脂肪酯酶（可以水解直链酯的酶）。此外，还有一些其他酶，如存在于胰腺中的胰蛋白酶（trypsin）和糜蛋白酶，也可以被一些有机磷化合物抑制。也有一些有机磷化合物可被一些酶水解，使其失去毒性，因此，一种药剂进入昆虫或高等动物体内，各种作用交织在一起，可以产生不同的毒性效果。乙酰胆碱酯酶表面有两个活性部位，一为酯解部位（esteratic site），二为阴离子部位（anionic site）。前者又称催化部位，主要是对底物进行水解的催化作用；后者又称结合部位，其作用是为了更好地和底物结合，发挥专化性的结合作用（binding）。

（2）氨基甲酸酯杀虫剂的作用机制　　氨基甲酸酯与有机磷杀虫剂的作用十分类似，也是抑制胆碱酯酶，但也有所不同。与有机磷类杀虫剂的不同在于全部反应是可逆的，称为可逆性抑制反应。由于这个反应与胆碱酯酶分解乙酰胆碱极其相似，因此又称为竞争性抑制剂，即氨基甲酸酯可作为胆碱酯酶的底物与乙酰胆碱竞争。由于各种不同的氨基甲酸酯化学结构的不同，即连接的 X 基不同，因此最后的水解速率也不同。如果水解太快，或整个分子与胆碱酯酶的亲和力不强，都不能表现较高的毒效。氨基上连接甲基的氨基甲酸酯水解的速度最慢，所以许多实用化的氨基甲酸酯杀虫剂品种多是这类结构。

（3）拟除虫菊酯杀虫剂的作用机制　　拟除虫菊酯分为两个类型，即Ⅰ型和Ⅱ型；后者一般含有 α-CN 基而前者不含。两种类型分别对神经作用引起不同反应，前者诱发突触前纤维反复兴奋，扰乱突触功能，如胺菊酯（tetramethrin）、丙烯菊酯（allethrin）、氯菊酯（permethrin）等。后者使感觉神经元脱极化，然后在突触前纤维末端脱极化，扰乱突触机能引起过度兴奋、运动失调、麻痹、死亡，如氯氰菊酯（cypermethrin）、氰戊菊酯、溴氰菊酯（deltamethyrin）等。

拟除虫菊酯类杀虫剂主要作用于神经突触和神经纤维。例如，丙烯菊酯主要作用于神经突触的末梢，引起反复兴奋，促进了神经突触和肌肉间的传导。拟除虫菊酯可引起膜电位的异常，主要是对膜的离子渗透性产生影响。迄今为止，拟除虫菊酯推测的作用点有9个部位之多，但一般都认为主要作用点是电位性钠离子通道，拟除虫菊酯存在时，可推迟钠离子通道的关闭。拟除虫菊酯中毒的昆虫，除神经系统的传导受到干扰和阻断外，许多研究发现还引起一些组织器官发生病变，如神经细胞病变，肌肉组织病变，甚至其他一些如失水、泌尿等不正常生理生化现象。但由于这些现象大多产生于昆虫中毒后期，因此，一般认为这些病变不是这类药的初级作用，可能是神经系统受到干扰或破坏以后的次级反应，促使昆虫死亡，所有这些都是造成昆虫死亡的因素。

（4）沙蚕毒素杀虫剂的作用机制 这类杀虫剂以杀螟丹、杀虫双（bisultap）为代表，是沙蚕毒素（nereistoxin）的类似物。沙蚕毒素对脊椎动物的作用部位是胆碱能突触。在昆虫中，突触集中的神经节对沙蚕毒素和杀螟丹有突出的亲和作用，所以一般认为其对昆虫体内的作用部位在神经节。其对胆碱能突触的作用方式可归纳如下：①沙蚕毒素在烟碱样胆碱能突触部位作用于突触后膜，与乙酰胆碱竞争；占领受体使受体失活，影响了离子通道，从而降低突触后膜对乙酰胆碱的敏感性，最后降低了终极电位（EPP），使不能引起动作电位，去极化现象不再产生，突触传递被阻断。②作用于突触前膜上的受体，抑制乙酰胆碱的释放。沙蚕毒素无论是阻断受体还是抑制释放，结果都是抑制突触的传递，这与其他类型杀虫剂不同。③对胆碱酯酶抑制作用的研究表明，沙蚕毒素及其类似物，也是一个微弱的、竞争性的、可逆的胆碱酯酶抑制剂。但由于其作用较弱，在低剂量时可能不是主要作用。④对毒蕈碱样胆碱能突触的作用与烟碱样胆碱能突触相反，前者是竞争性阻断作用，后者则是兴奋作用，产生去极化而阻断。这两种相反的作用可能在不同剂量水平时分别表现出来，并不矛盾。此外，沙蚕毒素还刺激温血动物的毒蕈碱受体，也就是刺激消化管和子宫的运动，促进泪腺和唾液腺的分泌，并使瞳孔缩小。因此，沙蚕毒素本身不宜作为杀虫剂使用。经过对化学结构和活性关系的研究，明确了沙蚕毒素的化学结构中，双硫结构是毒杀作用的关键，因而开发出了杀螟丹、杀虫双等优良杀虫剂。在昆虫体内杀螟丹和杀虫双被转变成沙蚕毒素而起作用。

（5）阿维菌素的作用机制 阿维菌素作用机制独特，其作用于昆虫神经元突触或神经肌肉突触的 γ-氨基丁酸（GABA）系统，激发神经末梢放出神经传递抑制剂的 GABA，促使 GABA 门控的 Cl^- 通道延长开放，大量 Cl^- 涌入造成神经膜电位超极化，致使神经膜处于抑制状态，从而阻断神经冲动传导而使昆虫麻痹、拒食，直至死亡。

（6）甲脒类杀虫剂的作用机制 甲脒类杀虫剂以双甲脒（amitraz）、单甲脒（semiamitraz）为代表，其作用机制主要表现在两个方面，一是对章鱼胺受体的激活作用，二是对轴突膜局部的麻醉作用。

这类杀虫剂属于章鱼胺受体激活剂，能够与章鱼胺受体结合，引发与受体偶联的腺苷酸环化酶活化，从而使腺苷三磷酸转化为环化腺苷酸（cAMP），环化腺苷酸又活化蛋白激酶。蛋白激酶（protein kinase，PK）使多种活性蛋白磷酸化，从而产生各种生理生化效应，干扰昆虫神经兴奋的正常传导，引起一系列行为的改变，如使昆虫剧烈颤抖，从植株上跌落等。

高剂量下，杀虫脒（chlordimeform）作用于轴突膜，主要是阻塞钠离子通道，也一定程度上阻塞钾离子通道，从而不产生动作电位，没有兴奋在轴突上传导，也就是造成局部麻醉。

2. 干扰代谢毒剂

（1）干扰能量代谢 昆虫的能量代谢主要依靠其呼吸作用，一般是通过气门、气管进行气体交换，吸进氧气排出二氧化碳。昆虫细胞内的呼吸代谢，首先是糖、脂肪和蛋白质大部分转变为乙酰辅酶A，然后进入三羧酸循环，通过电子转移及偶联进行氧化磷酸化作用，将营养中的能量转变为具有高能量的腺苷三磷酸。腺苷三磷酸分解放出化学能作为昆虫生命活动的能量来源。

熏蒸剂磷化氢、氰氢酸、二硝基酚类杀虫剂、氟乙酰胺（fluoroacetamide）、砷素杀虫剂、鱼藤酮及有机锡杀虫剂等的作用机制，都是进入能量代谢中的三羧酸循环，影响电子传递系统和氧化磷酸化作用，最终致使昆虫死亡，但具体作用位点有所差异。熏蒸杀虫剂氰氢酸、磷化氢作用于呼吸链的电子传递系统，作用点是抑制细胞色素c。但它们都不是专一的细胞色素氧化酶抑制剂，还有多种酶可以被其抑制，但对细胞色素氧化酶最为敏感。豆科植物毛鱼藤（*Derris elliptica* Roxb. Benth.）根中含有的杀虫活性物质鱼藤酮，是一个线粒体呼吸作用的抑制剂，作用于电子传递系统，影响到腺苷三磷酸的产生，其作用位点在NADH去氢酶与辅酶Q之间，使呼吸链被切断。实质上昆虫与高等动物的呼吸作用差别很小，因此，上述杀虫剂的选择性差，对高等动物毒性较大。

（2）昆虫生长调节剂　昆虫生长调节剂（insect growth regulator，IGR）是一类特异性杀虫剂，在使用时不直接杀死昆虫，而是专一性地阻碍或干扰昆虫的某一生长和发育阶段，使昆虫个体生活能力降低、死亡，进而使种群灭绝。根据其作用方式及化学结构主要分为保幼激素类似物、蜕皮激素类似物和几丁质合成抑制剂等。由于其作用机制不同于以往作用于神经系统的传统杀虫剂，毒性低，污染少，对天敌和有益生物影响小，有助于可持续农业的发展，有利于无公害绿色食品生产，有益于人类健康，因此被誉为"第三代农药"。

1）几丁质合成抑制剂：几丁质合成抑制剂（chitin synthesis inhibitor）能够有效地抑制昆虫的几丁质合成（chitin synthetase），阻碍几丁质的合成，即阻碍新表皮的形成，使昆虫蜕皮和化蛹受阻，进而使昆虫活动量减少、取食相继减少直至死亡。按其化学结构的不同，大致可以分为苯甲酰脲类（BPUs）、噻二嗪类和三嗪（嘧啶）胺类。目前，已经商品化的品种有除虫脲、灭幼脲（chlorbenzuron）、氟虫脲（flufenoxuron）、杀虫脲、噻嗪酮、灭蝇胺（cyromazine）等。

此类药剂因主要具备胃毒作用而具有高度的选择性，只对咀嚼式口器的害虫有效。伏虫脲处理的昆虫，内表皮形成过程受到抑制，蜕皮过程难以正常进行，导致幼虫不能蜕皮而死亡，老熟幼虫不能蜕皮化蛹，或变成畸形蛹，或羽化后成为畸形成虫。除虫脲抑制几丁质前驱物尿苷二磷酸乙酰氨基葡糖（UDP-acetylglucosamine）向几丁质转化，从而抑制几丁质的生物合成，使新表皮变薄，不能硬化。此外，此类药剂还可破坏昆虫的激素调节、影响细胞膜的通透性和各种酶的活性等。

2）保幼激素类似物（juvenile hormone analog，JHA）：昆虫保幼激素是由咽侧体合成并分泌到血淋巴中的生理活性物质，具有保持幼虫形态、性状，促进生殖腺成熟、成虫滞育和产生信息素等功能。保幼激素类似物是以保幼激素为先导化合物开发的具有保幼激素活性的化合物，此类化合物与几丁质合成抑制剂及蜕皮激素类似物相比，对昆虫显示生物活性的生理期更短。因此，要获得最佳杀虫效果必须选择最佳施药时期。早期开发的这类化合物有烯虫酯（methoprene）、烯虫硫酯（triprene）、烯虫乙酯（hydroprene）等。随着对保幼激素类似物研究的不断深入，人们开始逐渐改变其传统结构，在其分子中引入苯环或杂环化合物，使其具有更好的生物活性和田间稳定性，主要开发品种有双氧威（fenoxycarb）、吡丙醚（pyriproxyfen）等。

保幼激素的作用机制有两方面：一为抑制胚胎发育，二为抑制昆虫变态，但二者很难分开。

当完全变态的昆虫处于末龄幼虫时，正常情况下体内保幼激素的分泌减少以至消失，蜕皮后变成蛹。如果在末龄幼虫时用保幼激素类似物处理则会造成超龄幼虫的出现，或出现介于幼虫和蛹之间的畸形虫态，无法正常生活而导致死亡。完全变态的昆虫在蛹形成的阶段对这类药剂最为敏感。

3) 蜕皮激素类似物（molting hormone analog，MHA）：蜕皮激素是昆虫前胸腺分泌的调控昆虫蜕皮和变态的一种物质，它是一类具有昆虫蜕皮活性的天然甾体化合物。蜕皮激素类似物能干扰昆虫正常生长发育，促使昆虫提早脱皮而死亡。但由于此类物质提取困难，结构复杂，不易合成，因此研究开发进展较慢。目前，开发出的几个品种均属双酰肼类化合物，即抑食肼（benzoic acid）和虫酰肼，还有活性更高、选择性更好、安全性更大的氯虫酰肼（halofenozide）、甲氧虫酰肼（methoxyfenozide）、环虫酰肼（chromafenozide）、呋喃虫酰肼（fufenozide）等品种。

昆虫通过分泌蜕皮激素 [20-羟基蜕皮甾酮（20-E）] 和保幼激素来调控以蜕皮为特征的生长发育和变态，这些激素也参与调控成虫的性成熟。昆虫幼虫随着体内 20-E 滴度的上升，停止取食，内外表皮层分离、上皮细胞重组，大量蛋白质合成，并分泌形成新的外表皮和上表皮；当 20-E 滴度开始下降，脱皮液中的几丁质酶即被活化，消解旧表皮，外表皮开始鞣化和硬化；当 20-E 降低到一个基础水平时，释放羽化激素（eclosion hormone，EH）。这些激素共同作用于若干靶标而使蜕皮完成，这对于完成昆虫的生长发育和繁殖具有十分重要的作用。

虽然合成的蜕皮激素类似物在化学结构上已不同于昆虫天然蜕皮激素，但它们仍具有天然蜕皮激素的特性。不同种类的蜕皮激素类似物的毒力和杀虫谱不同，但其引起昆虫中毒的症状却非常相似。作为一种昆虫蜕皮激素拮抗剂，合成的蜕皮激素类似物如甲氧虫酰肼可与虫体内源蜕皮激素发生竞争性抑制，干扰昆虫正常的蜕皮、变态和繁殖。Smagghe 等用虫酰肼或抑食肼喂食番茄蛾（*Lacanobia oleracea* L.）后，发现这两种药剂都可以导致致死性早熟蜕皮，而蜕皮激素类似物的作用机制非常复杂多样。

4) 其他昆虫生长调节剂：从楝科（Meliaceae）植物提取的印楝素（azadirachtin）、川楝素（toosendanin），具有抑制昆虫生长，使之发生畸变的作用。对印楝素杀虫机制的研究较多，大多数人认为它对多种组织和器官都有直接作用，可以干扰昆虫内分泌和神经内分泌系统，使之功能紊乱，抑制生长发育，但这也可能不是印楝素毒杀机制的全部。此外，三嗪类化合物（sromagin）和氟啶虫酰胺（flonicamid）也均属于昆虫生长调节剂。

第二节 合理选用杀虫剂

一、防治食叶害虫的杀虫剂

危害作物叶片的害虫有食叶性害虫、卷叶害虫、潜叶害虫和吮吸类害虫、害螨。食叶性害虫（leaf-feeding insect pest）主要取食植物叶片，常咬成缺刻或孔洞，严重时常将叶片全部吃光，仅剩叶脉、叶柄或枝干。因其多营裸露生活，故其数量的消长常受气候和天敌等因素直接影响。这类害虫幼虫期是其主要摄取养分和造成危害的虫期，成虫大多不需补充营养，寿命也短。此类害虫一旦发生，则虫口密度大而集中，其成虫能作远距离迁飞，幼虫也有短距离主动迁移危害的能力，是这类害虫经常猖獗为害的主要原因。此类害虫主要包括许多鳞翅目、直翅目类、膜翅目（Hymenoptera）叶蜂类和一些鞘翅目甲虫类等。有些种类常呈周期性大发生。

卷叶害虫（leaf-curling insect pest）是指以幼虫吐丝卷叶或连缀植物叶片成苞，藏匿其中食叶为害的昆虫，主要有鳞翅目的卷叶螟、卷叶蛾、麦蛾、巢蛾、弄蝶、斑蛾和双翅目的瘿蚊等。以危害棉花、水稻、薯类等作物及核果类、柑橘类、仁果类果树为主。

潜叶类害虫（leaf mining insect）是指幼虫潜入叶内取食组织，仅残留上、下表皮的害虫，并且随着幼虫长大，隧道盘旋伸展，故而俗称"画图虫"。隧道逐渐延伸加宽，逐渐导致叶片破损或枯死。在隧道末端往往能够找到幼虫或蛹。潜叶害虫有两大类：一类是双翅目潜叶蝇类（leaf mining fly），常见的有美洲斑潜蝇（*Liriomyza sativae* Blanchard）、南美斑潜蝇（*Liriomyza huidobrensis* Blanchard）、紫云英潜叶蝇（*Phytomyza peniculatae* Sasakawa）、甜菜潜叶蝇（*Pegomyia hyosciami* Panzer）、稻小潜叶蝇（*Hydrellia griseola* Fallen）等，多危害蔬菜。另一类是鳞翅目潜叶蛾类（leaf mining moth），常见的有旋纹潜叶蛾（*Leucoptera sitella* Zeller）、桃潜叶蛾（*Lyonetia clerkella* L.）等，多发生在林木和果树上。

吮吸类害虫是指口器为刺吸式或锉吸式口器为害植物的一类害虫、害螨。这类害虫主要有同翅目、缨翅目（Thysanoptera）、半翅目（Hemiptera）和双翅目等的叶蝉类、蜡蝉类、蚜虫类、粉虱类、蚧类、蓟马类、蟓类、螨类等。吮吸类害虫个体小，发生初期往往受害症状不明显，容易被忽视，但数量极多，常群居于园林植物的嫩芽、嫩叶、嫩枝、花蕾和果实上，汲取植物汁液，造成枝叶卷曲、畸形，甚至整株枯萎或死亡。有些种类的害虫本身是病毒病的传播媒介，常诱发煤污病。

（一）生物制剂和天然物质

1. 甜菜夜蛾核型多角体病毒 [(*Lephygma exgua* nuclear polyhedrosis virus) LeNPV]

剂型：20 亿 PIB/mL 甜菜夜蛾核型多角体病毒悬浮剂。

作用特点：昆虫病毒杀虫剂，作用方式以胃毒为主。当害虫将多角体连同食物吃进腹中，多角体蛋白遇到强碱性的消化液立即溶解，将病毒粒子释放出来，并很快侵入害虫的中肠细胞，在细胞核中呈数量级扩增。随血液循环对害虫进行全身性感染，病毒的 DNA 在害虫体内合成能够溶解细胞和坚硬表皮的蛋白质酶和几丁质酶，最终导致整个害虫死亡。病毒可以在害虫之间及上下代之间进行传播，形成大面积的昆虫病毒病，药效可持续较长时间。对抗药性、顽固性害虫作用突出，尤其是对因长期使用的化学农药而产生较强抗药性的甜菜夜蛾防效显著。但是对人、畜、家禽、鸟、鱼等都安全。

毒性：大鼠急性经口 LD_{50} > 5000mg/kg，急性经皮 LD_{50} > 2000mg/kg。无刺激性，无致畸、致癌作用。

防治对象和使用方法：于甜菜夜蛾 2～3 龄幼虫（以低龄幼虫为主）发生高峰期，水悬剂 75～100mL/亩，兑水 60kg 配成均匀药液喷雾使用。

安全使用注意事项：选择阴天或太阳落山后施药，避免阳光直射；桑园及养蚕场所不得使用；作物的新生部分及叶片背面等害虫喜欢咬食的部位应重点喷洒；应储藏于干燥阴凉通风处。

与其他农药的混用：不能与含铜的杀菌剂混用；配制药液时应选择中性水。

2. 苏云金杆菌（*Bacillus thuringiensis*）

剂型：100 亿活芽孢/mL 可湿性粉剂、16 000IU/mg 可湿性粉剂、8000IU/mg 悬浮剂。

作用特点：Bt 是一种生物源杀虫剂，可产生内毒素和外毒素，以内毒素主要起胃毒作用。主要用于直翅目、鞘翅目、双翅目、膜翅目害虫的防治，特别是鳞翅目的多种害虫。当 Bt 被害虫吞食后，Bt 的伴胞晶体在中肠被碱性肠液溶解，被蛋白酶水解为活性毒素，使昆虫中肠上皮细胞膨胀穿孔，Bt 的另一有效成分芽孢侵入昆虫血腔并大量繁殖，使害虫得败血症死亡。

毒性：大鼠口服急性 LD_{50} 为 852.7~856.7mg/kg；对人、畜低毒；对家禽、鸟类、鱼、蜜蜂、畜等低毒，对害虫天敌无伤害。

防治对象和使用方法：可用于防治斜纹夜蛾（*Prodenia litura* Fabricius）、小菜蛾（*Plutella xylostella* Linnaeus）、菜青虫（*Pieris rapae* Linne）、烟青虫（*Heliothis assulta* Guenee）、棉铃虫、稻纵卷叶螟（*Cnaphalocrocis medinalis* Guenee）、稻苞虫（*Casinaria colacae* Sonan）、甘薯天蛾（*Agrius convolvuli*）、灯蛾等鳞翅目害虫。

3. 白僵菌（*Beauveria bassiana*）

剂型：100 亿 /mL 球孢油悬浮剂、300 亿孢子 /g 球孢油悬浮剂。

作用特点：是一种广谱性的昆虫病原真菌，白僵菌属（*Beauveria tenella*）致病性强，适应性强。白僵菌分卵孢白僵菌（*Beauveria tenella*）和球孢白僵菌（*Beauveria bassiana*）两种。白僵菌分生孢子主要通过昆虫表皮接触感染，也可通过呼吸道和消化道感染。其分生孢子在寄主表皮或气孔、消化道上，遇适宜条件开始萌发，生出芽管，同时产生蛋白酶、脂肪酶、几丁质酶溶解昆虫的表皮，由芽管入侵虫体，在虫体内生长繁殖，消耗寄主体内养分，形成大量菌丝和孢子，布满虫体全身，并产生各种毒素，如卵孢白僵菌素（terellin）、白僵菌素（beauverin）和卵孢子素（oospore）等，致使昆虫组织被破坏直至死亡。由于死亡的虫体白色僵硬，体表长满菌丝及白色粉状孢子，可借风、昆虫等继续扩散，因此形成新的感染源侵染其他害虫。

毒性：为低毒类微生物农药，对人、畜无致病作用。用 50 亿 /g 活孢子制剂大白鼠腹腔注射和灌胃 LD_{50} 分别为（0.6±0.1）g/kg 及 10.0g/kg，而用纯孢子腹腔注射大白鼠 LD_{50} 为（128±12）mg/kg。

防治对象和使用方法：对菜青虫、玉米螟、大豆食心虫（*Leguminivora glycinivorella* Matsumura）、稻苞虫等多种鳞翅目幼虫有良好防效，对松毛虫防效尤为显著。

4. 小菜蛾颗粒体病毒［*Plutella xylostella* granulosis virus（PXGV）］

剂型：40 亿 PIB/g 可湿性粉剂。

作用特点：昆虫病毒杀虫剂，在被其感染的害虫细胞中大量增殖，导致害虫拒食、生理失调，48h 后大量死亡。同时死亡害虫崩解后释放出大量的病毒，成为新的病毒传染源，因此可长期造成施药地块的病毒水平传染和次代传染，达到一次施药长时间控制害虫为害的目的。对幼虫、成虫、蛹均有很强的防效，不易引起害虫抗性，对人、畜安全，并且不伤害天敌。

毒性：低毒，急性经口 LD_{50} >3174.7mg/kg，急性经皮 LD_{50} >5000mg/kg。

防治对象和使用方法：对蔬菜小菜蛾有很好的防效，对其他鳞翅目、螨类及地下害虫有一定的防治作用。

5. （苜蓿）银纹夜蛾核型多角体病毒（*Autographa californica* NPV）

剂型：10 亿 PIB/mL 悬浮剂。

作用特点：昆虫病毒杀虫剂，害虫通过取食感染昆虫病毒，而后病毒在害虫体内增殖，陆续侵染至虫体全身，最终导致害虫死亡。病毒通过死虫的体液、粪便继续传染至下一代害虫，病毒病的大面积流行使田间的斜纹夜蛾能够得到长期持续的控制。该药药效持久，使用安全，不易被害虫产生抗性，低毒、低残留，不伤害天敌，对人、畜、家禽、鱼、鸟等均安全。

毒性：本品为低毒杀虫剂。对雌、雄小白鼠急性经口 LD_{50} >5000mg/kg，亚急性与慢性毒性无肿瘤、无致病作用,对脊椎动物和有益昆虫安全。

防治对象和使用方法：能够防治鳞翅目夜蛾科（Noctuidae）的甘蓝夜蛾（*Mamestra brassicae* Linnaeus）、斜纹夜蛾、甜菜夜蛾、棉铃虫、烟青虫、小菜蛾、菜青虫等害虫。

6. 棉铃虫核型多角体病毒（*Heliothis armigera* NPV）

剂型：600 亿 PIB/g 水分散粒剂、20 亿 PIB/mL 悬浮剂、10 亿 PIB/g 可湿性粉剂。

作用特点：昆虫病毒杀虫剂，由核型多角体病毒及增效保护等辅料配制而成，对棉铃虫具有强大的杀灭效果。作用方式以胃毒为主，病毒被害虫幼虫取食后，病毒粒子进入寄主的血淋巴，侵染寄主细胞并快速增殖，最终导致寄主死亡，表皮破裂，大量病毒包涵体被释放到环境中，成为新的病毒传染源。

毒性：低毒，对蜜蜂、瓢虫、草蛉、蜘蛛、家蚕等安全。

7. 茶尺蠖核型多角体病毒（*Ectropis oblqua* hypulina nuclear polyhedrosis virus）

剂型：10 000PIB/μL 茶尺蠖核型多角体病毒。

作用特点：茶尺蠖核型多角体病毒具有高效、低毒、低残留等特点，用于防治茶尺蠖幼虫，能延缓害虫抗性产生，可减少茶叶上化学农药残留及环境污染。

防治对象和使用方法：对茶尺蠖（*Ectropis obliqua hypulina* Wehrli）、茶毛虫（*Euproctis pseudoconspersa* Strand）、茶小卷叶蛾（*Adoxophyes orana* Fischer von Roslerstamm）等有较好的防效。

8. 烟碱（nicotine）

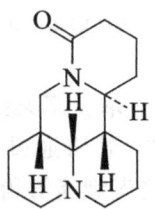

化学名称：1-甲基-2-（3-吡啶基）吡咯烷。

剂型：10% 乳油、10% 高渗水剂。

作用特点：植物性杀虫剂，主要来源于茄科（Solanaceae）烟草属（*Nicotiana* L）植物。对害虫有胃毒、触杀和熏蒸作用，并有杀卵作用，无内吸性。作用于神经系统的乙酰胆碱受体，麻醉神经，是一种典型的神经毒剂。烟碱的蒸气可以从虫体任何部位侵入体内而发挥毒杀作用。烟碱易挥发，故持效期短。

毒性：高毒农药。兔急性经皮 LD_{50} 为 50~60mg/kg，兔急性经口 LD_{50} 为 50mg/kg。但因其易挥发，且在空气和光照下很快分解，因此仍可用于作物上防治害虫。

防治对象和使用方法：对蚜虫有特效，对斑潜蝇等有较好的防治效果。

9. 苦参碱（matrine）

化学名称：12 氢-3α，7α-二氮-苯并（de）蒽-8-酮。

剂型：0.3% 水剂、0.38% 可溶性液剂。

作用特点：为天然植物性农药，从苦参（*Sophora flavescens*）根、茎、叶和花中都可以分离得到。杀虫谱广，只有触杀、胃毒作用。作用于神经系统，先麻醉中枢神经，而后使蛋白质凝固，堵死气孔造成害虫窒息死亡。对害虫击倒速率慢，一般在药后3d才见效，一周左右达到防效峰值。

毒性：微毒，兔急性经皮 LD_{50} 为 10 000mg/kg，大白鼠急性经口 LD_{50} 为 10 000mg/kg。

防治对象和使用方法：本品对菜青虫、蚜虫、红蜘蛛等害虫均有较好的防治效果。

10. 鱼藤酮（rotenone）

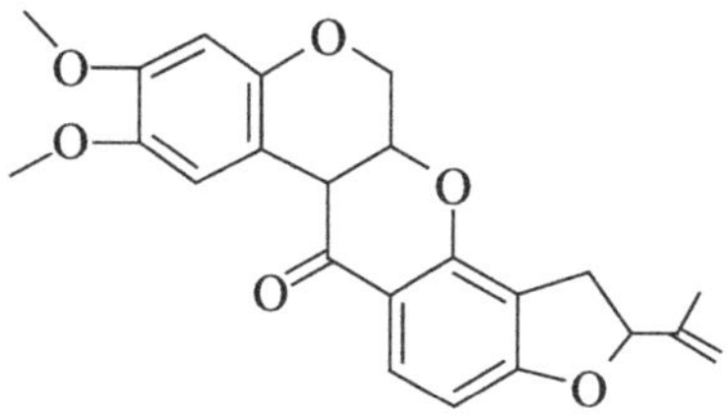

化学名称：2-异丙烯基-8，9-二甲氧基-1，2，12，12a-四氢-6aH-苯并吡喃（3，4-b）呋喃（2，3-h）苯并吡喃-6-酮。

剂型：7.5%、2.5% 乳油，3.5% 高渗乳油。

作用特点：植物源杀虫剂，来源于豆科鱼藤属（*Derris*）、鸡血藤属（*Millettia* sp.）、梭果属（*Lonchocarpus*）等植物。杀虫谱广，对害虫有触杀和胃毒作用，无内吸性，见光易分解和氧化，对环境无污染，对天敌安全。该药剂作用于昆虫呼吸酶，抑制谷氨酸去氢酶的活性，特别是抑制辅酶Ⅰ和辅酶Q之间的电子传递，使呼吸减弱，心脏跳动缓慢，最终导致害虫死亡。杀虫作用缓慢，持效期可维持10d左右。

毒性：中等毒性，兔急性经皮 LD_{50} 为 132~1500mg/kg。对环境无污染，对天敌也比较安全，害虫不易产生抗药性。

防治对象和使用方法：杀虫谱广，能有效防治各种作物上的双翅目、鳞翅目、半翅目、膜翅目、鞘翅目、缨翅目、蜱螨亚目等害虫，对蚜虫有特效。

11. 印楝素（azadirachtin）

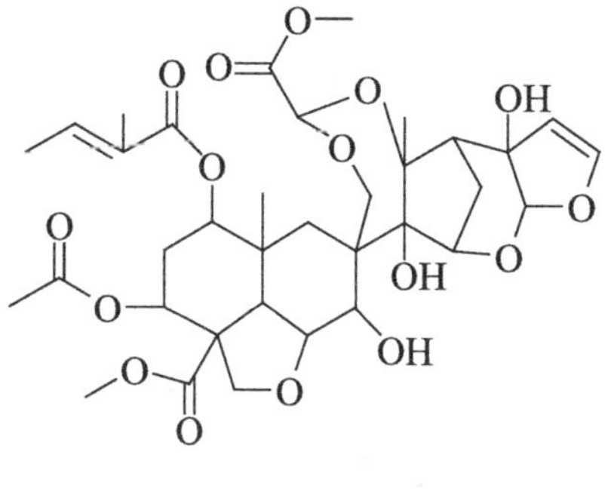

化学名称：二甲基（2αR，3S，4S，4αR，5S，7αS，8S，10R，10αS，10βR）-10-乙酰氧基-3，5-二羟基-4-[（1R，2S，3S，6S，7S，7S）-6-羟基-7-甲基-3，6，7，7-四氢-2，7-甲基呋喃（2，3）环氧乙烷[e]氧杂基-1（2H）-基]-4-甲基-8-{[（2E）-2-甲基丁烯-2-烯酰]氧基}8氢-1H-萘。

剂型：0.5% 乳油。

作用特点：印楝素是来源于印楝（*Azadirachta indica*）的植物源杀虫剂。对昆虫有拒食、干扰产卵、干扰昆虫变态、使其无法蜕变为成虫、趋避幼虫及抑制其生长的作用。对昆虫的作用机制：直接或间接通过破坏昆虫口器的化学感应器官产生拒食作用；通过对中肠消化酶的作用使得食物的营养转换不足，影响昆虫的生命力。高剂量的印楝素可以直接杀死昆虫，低剂量则致使出现永久性幼虫，或畸形的蛹、成虫等。通过抑制脑神经分泌细胞对促前胸腺激素（PTTH）的合成与释放，影响前胸腺对蜕皮甾类的合成和释放，以及咽侧体对保幼激素的合成和释放。昆虫血淋巴内保幼激素正常浓度水平的破坏同时使昆虫卵成熟所需要的卵黄原蛋白合成不足而导致不育。

毒性：低毒农药，大白鼠急性经口 LD_{50} ＞2150mg/kg（雌），兔急性经皮 LD_{50} 为雄＞1780mg/kg，雌＞2150mg/kg。

12．苦皮藤素（celastrus angulatus）

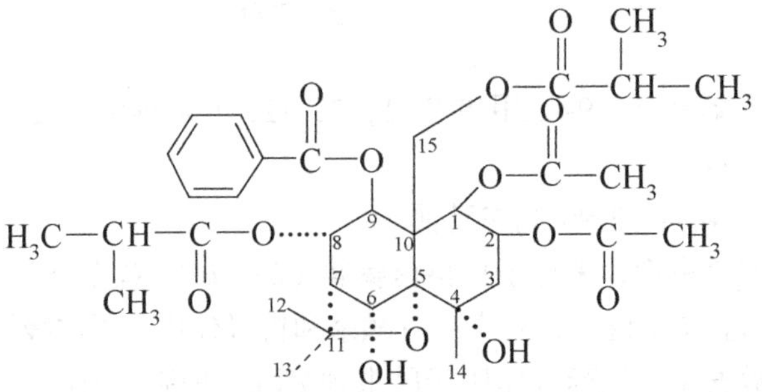

化学名称：1β，2β- 二乙酰氧基 -8α，15- 二异丁酰氧基 -9β- 苯甲酰氧基 -4α，6α- 二羟基 -β- 二氢沉香呋喃。

剂型：1% 乳油。

作用特点：植物源农药，来源于杀虫植物苦皮藤（*Celastrus angulatus*），以胃毒作用为主，具有麻痹和拒食作用，其作用机制为主要作用于昆虫消化道组织，与昆虫肠壁细胞上特异受体结合，改变肠细胞膜结构，破坏肠壁细胞，破坏其消化系统正常功能，导致昆虫进食困难，饥饿而死。

毒性：低毒农药。兔急性经皮 LD_{50} 为 680mg/kg。对鸟类、水生物、蜜蜂及天敌安全。

防治对象和使用方法：对鳞翅目幼虫、部分直翅目及鞘翅目害虫有效。可用于防治菜青虫、黏虫（*Mythimna seperata* Walker）、槐尺蠖（*Semiothisa cinerearia* Bremer & Grey）幼虫等害虫。

13．狼毒素（neochamaejasmin）

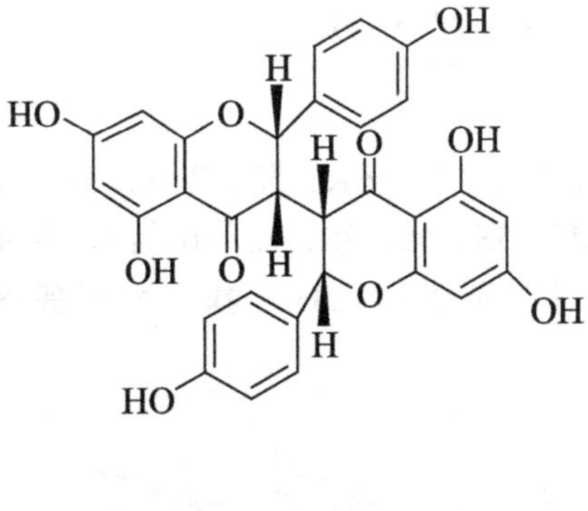

化学名称：2，2′，3，3′-四氢-5，5′，7，7′-四羟基-2，2′-二（4-羟基苯基）（3，3′-联-4H-1-苯并吡喃）-4，4′-二酮。

剂型：9.5%、1.6%水乳剂。

作用特点：为植物源杀虫剂，对昆虫主要具有触杀和胃毒作用。当药液通过昆虫体表吸收进入害虫神经系统和体细胞，渗入细胞核，抑制破坏细胞新陈代谢，使受体能量传递失调、紊乱，导致害虫肌肉非功能性收缩，直至衰竭死亡。当药液进入害虫消化系统，会直接杀死肠壁细胞，致害虫功能衰竭死亡。

毒性：对大鼠急性经口 LD_{50}＞4640mg/kg；对家兔皮肤有轻度刺激性，对眼睛有重度刺激性；豚鼠皮肤变态反应（致敏）实验结果为弱致敏物（致命率为0）。1.6%新狼毒素A水乳剂对鱼剧毒，对鸟和家蚕高毒，对蜜蜂具有中等至高等风险性。

防治对象和使用方法：狼毒素杀虫谱广，对防治小麦的麦蚜、麦秆蝇（*Meromyza saltatrix* Linnaeus）、小麦吸浆虫、蝗虫、大豆食心虫、蚜虫、卷叶蛾等有特效。

14. 除虫菊素（pyrethrins）

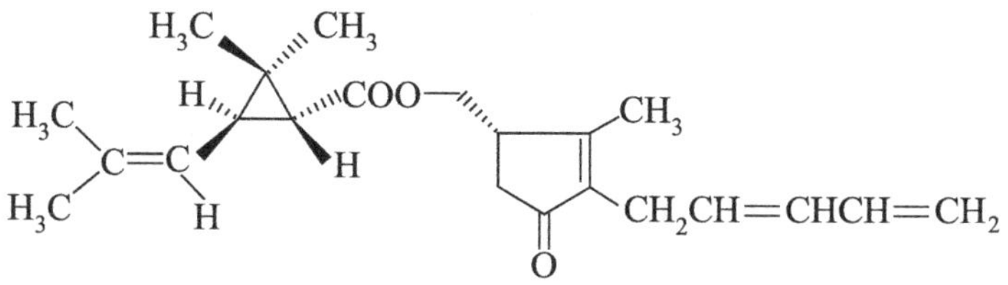

除虫菊素Ⅰ

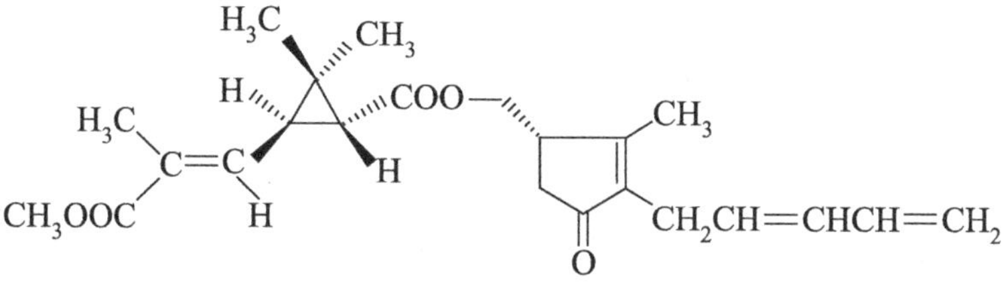

除虫菊素Ⅱ

化学名称：2,2-二甲基-3-(2-甲基-丙烯基)-环丙甲酸-2-甲基-4-氧-3-五-2,4-二烯基-环戊酮-2-乙烯酯（Ⅰ）；3-(2-甲氧羰基-丙烯基)-2,2-二甲基-环丙甲酸-2-甲基-4-氧-3-五-2,4-二烯基-环戊酮-2-乙烯酯（Ⅱ）。

剂型：5%乳油、3%微囊悬浮剂、1.5%水乳剂。

作用特点：除虫菊素来源于杀虫植物除虫菊花中，是典型的神经毒剂，对害虫击倒速度快，具有触杀、胃毒和驱避作用，无熏蒸和传导作用。能对周围神经系统、中枢神经系统及其他器官组织（主要是肌肉）同时起作用，杀虫谱广，使用浓度低，对环境安全，对温血动物及人、畜低毒。

毒性：低毒农药。兔急性经皮 LD_{50} 为2370mg/kg，大白鼠急性经口 LD_{50}＞5000mg/kg。

防治对象和使用方法：主要用于防治卫生害虫。还可用于蚜虫、菜青虫、飞虱、蓟马、叶蝉等的防治。

15. 阿维菌素（abamectin）

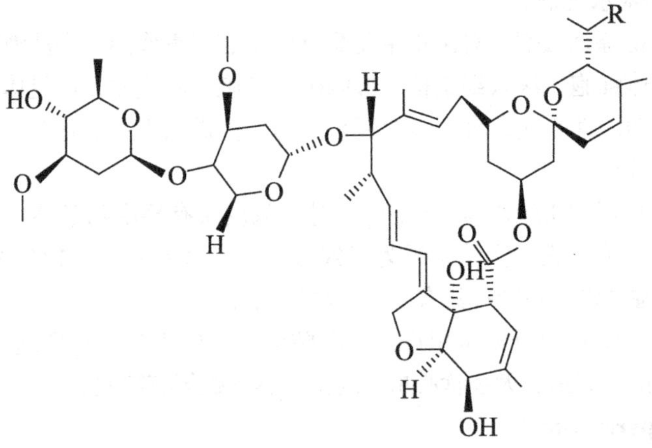

B1a：R=CH$_2$CH$_3$。B1b：R=CH$_2$CH$_3$

化学名称：{（1R，4S，5′S，6S，6′S，8R，12S，13S，20R，21R，24S）-6′-[（S）-仲丁基]}21，24-二羟基-5′，11，13，22-四甲基-2-氧代-3，7，19-三氧杂四环（5，6，1，14，80，20，24）二十五-10，14，16，22-四烯-6-螺-2′-（5′，6′-氢-2′H-吡喃）-12-基2，6-二脱氧-4-O-（2，6-二脱氧-3-O-甲基-I-阿拉伯己吡喃糖基）-3-O-甲基-α-L-阿拉伯-己吡喃糖苷（B1a）。

（10E，14E，16E，22Z）-（1R，4S，5′S，6S，6′R，8R，12S，13S，20R，21R，24S）-21，22-二羟基-6′-异丙基-5′，11，13，22-四甲基-2-氧代-3，7，19-三氧杂四环（15，6，1，14，10，20″21）二十五-10，14，16，22-四烯-6-螺-2′-（W，6′-二氢-2′H-吡喃）-12-基-2，6-二脱氧-4-O-（2，6-二脱氧-3-O-甲基-α-L-阿拉伯-己吡喃糖基）-3-O-甲基-α-L-阿拉伯-己吡喃糖苷（B1b）。

剂型：1.8%、1% 乳油，0.5% 可湿性粉剂。

作用特点：由链霉菌中灰色链霉菌（*Streptomyces avermitilis*）发酵产生的具有杀虫、杀螨、杀线虫活性的十六元大环内酯化合物。对螨主要有胃毒和触杀作用。作用机制是刺激神经传递介质γ-氨基丁酸的释放，干扰正常的神经生理活动。螨的成、若虫中毒后，麻痹，不活动，停止取食，2～3d 后死亡。在环境中无累积作用，对非靶标生物安全。

毒性：原药属高毒杀虫剂，原药（70%）对大鼠急性经口 LD$_{50}$ 为 10mg/kg，小鼠急性经口 LD$_{50}$ 为 13mg/kg。兔急性经皮 LD$_{50}$ 为 2000mg/kg。虹鳟鱼（*Oncorhynchus mykiss*）LC$_{50}$（96h）为 3.2μg/L，蓝腮太阳鱼（*Lepomis macrochirus*）LC$_{50}$（96h）为 9.6μg/L。对野鸭 LD$_{50}$ 为 84.6mg/kg，北美鹌鹑 LD$_{50}$＞2000mg/kg。制剂大鼠急性经口 LD$_{50}$ 为 650mg/kg，大鼠急性吸入 LC$_{50}$ 为 1.1mg/L。对蜜蜂也有毒，但叶面喷药 4h 后对蜜蜂基本无害。对鸟类低毒。

防治对象和使用方法：阿维菌素对多种害螨和害虫具有很高的生物活性，防治对象主要是小菜蛾、棉铃虫、菜青虫、斜纹夜蛾、烟青虫、蚜虫、斑潜蝇、叶潜蝇、木虱、瘿蝇、桃小食心虫（*Carposina niponensis* Walsingham）、螨类等。

16. 多杀霉素（spinosad）

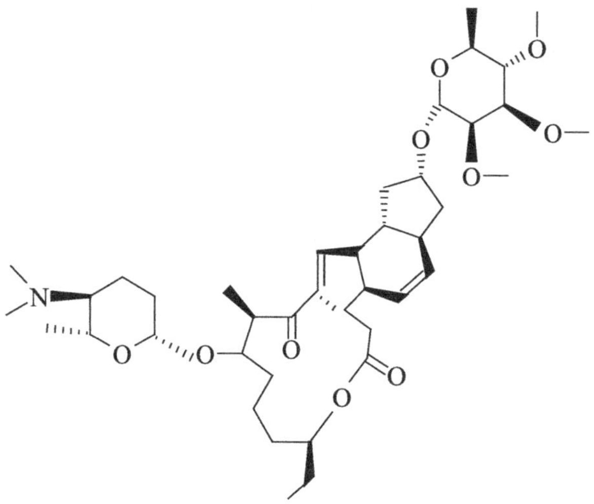

化学名称：（2R，3aS，5aR，5bS，9S，13S，14R，16aS，16bR）-13-{［（2R，5S，6R）-5-（二甲氨基）四氢 -6- 甲基 -2H- 吡喃 -2- 基］丁氧基）-9- 乙基 -2，3，3a，5a，5b，6，7，9，10，11，12，13，14，15，16a，16b，- 十六氢 -14- 甲基 -7，15- 二氧代 -1H-as- 茚戊烯骈（3，2 司氧杂十二环 -2- 基 6- 去氧）-2，3，4- 三 -p- 甲基 -a-L- 吡喃甘露糖苷。

剂型：25g/L、480g/L 悬浮剂。

作用特点：是土壤微生物放线菌产生的天然高活性物质。具有胃毒和触杀作用，其机制是作用于害虫的神经系统，干扰其正常发育。

毒性：低毒杀虫剂，48% 悬浮剂大鼠急性经口 LD_{50} 大于 2000mg/kg。对鸟类、水生动物、蚯蚓低毒；田间施药数小时后，残留在叶片上的药剂对蜜蜂影响很小；无致畸、致突变、致癌作用。

防治对象和使用方法：可用于防治蔬菜、棉花、苹果、梨、桃、柑橘、茶等虫害。

（二）合成制剂

1. 菊酯类

（1）氯氰菊酯（cypermethrin）

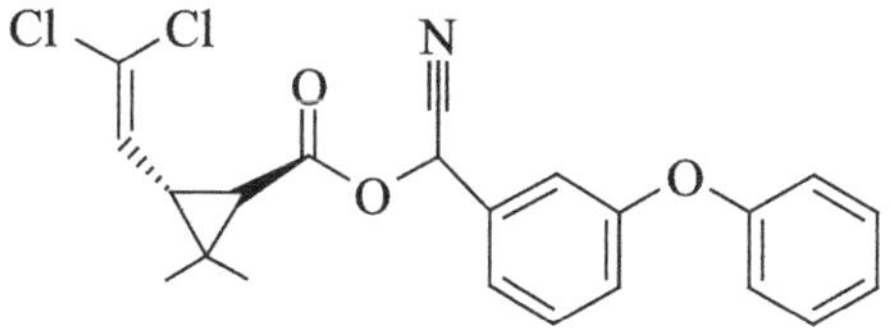

化学名称：α- 氰基 -3- 苯氧苄基 -3-（2，2- 二氯乙烯基）-1，1- 二甲基环丙烷羧酸酯。

剂型：10% 乳油、12% 水乳剂、10% 可湿性粉剂。

作用特点：该药属于高效、广谱的拟除虫菊酯类杀虫剂。具有触杀和胃毒作用，无内吸和熏蒸作用。对光、热稳定。该药残效期长，正确使用时对作物安全。

毒性：为中等毒性杀虫剂，原药大鼠急性经口 LD_{50} 为 251mg/kg，大鼠经皮 $LD_{50}>$1600mg/kg；对皮肤无刺激，对眼睛有轻度刺激；对鱼和水生生物高毒，对蜜蜂和家蚕剧毒，对鸟类低毒。无致畸、致突变、致癌作用。

防治对象和使用方法：该药对鳞翅目幼虫效果好，对同翅目、半翅目、双翅目等害虫也有较好的防效，但对螨类无效，适用于棉花、果树、蔬菜、大豆、烟草、茶树、甜菜等作物。还可用于防治牲畜体外寄生虫及居室内蜚蠊、蚊蝇等。

（2）溴氰菊酯（deltamethrin）

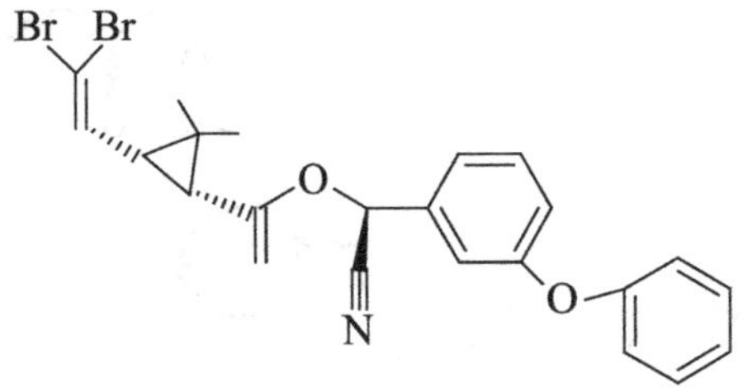

化学名称：（S）α-氰基-3-苯氧基苄基（1R，3R）-3-（2，2-二溴乙烯基）-2,2-二甲基环丙烷羧酸酯。

剂型：2.5%乳油。

作用特点：为拟除虫菊酯类杀虫剂，杀虫谱广，尤其对鳞翅目幼虫及蚜虫杀伤力大，但对螨类无效。以触杀和胃毒作用为主，兼有杀卵效果，低浓度时对害虫有一定的驱避与拒食作用，但无内吸和熏蒸作用。为神经毒剂，击倒速度快，其作用于昆虫神经系统，使昆虫过度兴奋、麻痹而死。

毒性：属中等毒性杀虫剂。小鼠原药经口 LD_{50} 为 27～42mg/kg，大鼠经口 $LD_{50}>138.7$mg/kg。经皮 $LD_{50}>2940$mg/kg，吸入 LC_{50} 为 600mg/m^3。接触部位皮肤感到刺痛，但无红斑，尤其在口、鼻周围。接触量大时也会引起头痛、头昏、恶心呕吐、双手颤抖，重者抽搐或惊厥、昏迷、休克。无致癌性、致畸性、致突变性。

防治对象和使用方法：主要防治鳞翅目幼虫、蚜虫等。

（3）氯联苯菊酯（bifenthrin）

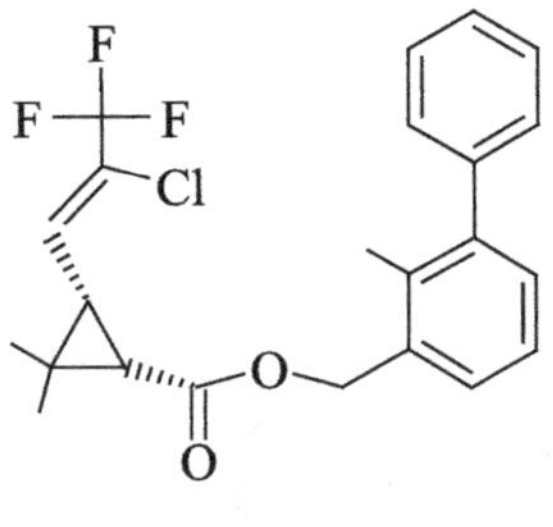

化学名称：2-甲基联苯基-3-基甲基-（Z）-（1RS）-Z-3-（2-氯-3,3,3-三氟-1-丙烯基）-2,2-二甲基环丙烷羧酸酯。

剂型：2.5%乳油。

作用特点：是拟除虫菊酯类广谱性杀虫杀螨剂，对鳞翅目、双翅目、鞘翅目、螨类等均具有高效。防治螨类可长达28d，是拟除虫菊酯类产品中对螨类具有高效的品种，用于虫、螨并发时的防治省时省药。具触杀和胃毒作用，兼具驱避和拒食作用，无内吸和熏蒸作用；击倒作用快，持效期长。在土壤中不移动，对环境较安全。

毒性：中等毒性农药。大鼠急性口服 LD_{50} 为 316mg/kg，经皮 LD_{50} 为 2000mg/kg。

防治对象和使用方法：可用于防治茶树、蔬菜、棉花、果树等作物上的鳞翅目幼虫、粉虱、蚜虫、潜叶蛾、叶蝉、螨类等。

与其他农药的混用：不可与碱性农药混用。

(4)氯氟氰菊酯(cyhalothrin)

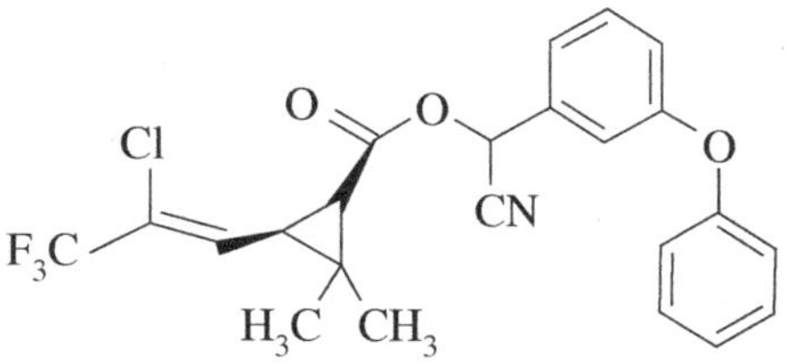

化学名称：α-氰基-3-苯氧基苄基-3-(2-氯-3,3,3-三氟丙烯基)-2,2-二甲基环丙烷羧酸酯。

剂型：2.5%高效可湿性粉剂、2.5%高效乳油、25g/L高效微乳剂、10%高效水乳剂。

作用特点：拟除虫菊酯类杀虫剂，杀虫谱广，药效迅速。具有触杀、胃毒作用，无内吸作用。喷洒后有耐雨水冲刷的优点，持效长，但长期使用害虫易对其产生抗药性。

毒性：属中等毒性杀虫剂。大鼠急性经口 LD_{50} 为 79mg/kg，经皮 LD_{50} 为 632mg/kg；对眼睛和皮肤有刺激作用；对动物无致畸、致癌、致突变作用；对鱼类及水生动物剧毒，对蜜蜂和家蚕剧毒，对鸟类低毒。

防治对象和使用方法：适用于防治棉花、蔬菜、果树、花生、大豆、烟草上多种鳞翅目、同翅目、半翅目、双翅目等害虫、害螨，也可用来防治多种卫生害虫和牲畜寄生虫，如牛身上的东方角蝇、羊身上的虱子蜱蝇等。

(5)甲氰菊酯(fenpropathrin)

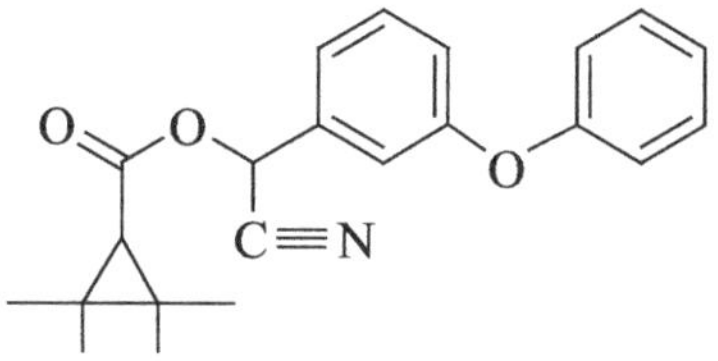

化学名称：2-氰基-3-苯氧基苄基-2,2,3,3-四甲基环丙烷酸酯。

剂型：20%乳油。

作用特点：甲氰菊酯是一种广谱，高效，兼具杀虫、杀螨活性的菊酯类农药，具有触杀和驱避作用，无内吸和熏蒸作用。具有杀虫谱广，残效期长，对多种叶螨及蚜虫、食心虫等果树害虫有良好的防治效果，是目前防治果树害虫的理想药剂。

毒性：原药为中等毒性，大白鼠急性经口毒性 LD_{50} 为 70.6mg/kg，兔急性经皮 LD_{50} > 1000mg/kg；对人、畜低毒。对鱼、家蚕、蜜蜂高毒。

防治对象和使用方法：可用于棉花、果树、蔬菜、茶树及各种粮食作物上防治鳞翅目、同翅目、鞘翅目、半翅目、双翅目等害虫和多种螨类，特别是虫、螨并发时，可达到虫螨兼治、减少用药、降低防治成本的目的。

(6)氟氯氰菊酯(cyfluthrin)

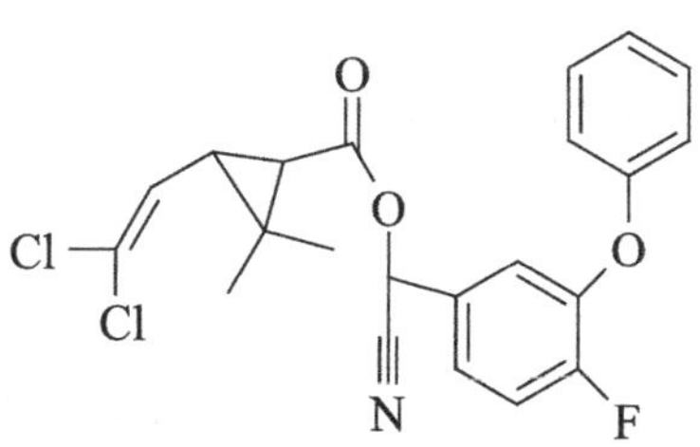

化学名称：α-氰基-4-氟-3-苯氧基苄基-3-（2,2-二氯乙烯基)-2,2-二甲基环丙烷羧酸酯。

剂型：5.7%乳油。

作用特点：为杀虫活性较高的拟除虫菊酯类杀虫剂。杀虫谱广，可以防治多种鳞翅目害虫，也可以有效防治某些地下害虫。对作物上的红蜘蛛等有一定的抑制作用，不易引起药后螨类活动的猖獗，但在螨类严重为害时不能单独用于控制螨类危害。以触杀和胃毒作用为主，无内吸及熏蒸作用。作用于昆虫的神经系统，作用迅速，持效期长。

毒性：属低毒杀虫剂。原药大鼠急性经口 LD_{50} 为 590～1270mg/kg，经皮 $LD_{50}>5000$mg/kg，大鼠急性吸入 LC_{50}（1h）>1089mg/m³；对兔皮肤无刺激作用，对眼睛有轻度刺激作用；对动物无致畸、致癌、致突变作用；对鱼、蜜蜂、家蚕高毒，对鸟类低毒；对哺乳动物毒性低，对作物安全。

防治对象和使用方法：适用于蔬菜、茶树、棉花、果树、烟草、大豆等作物，防治多种鳞翅目幼虫及某些地下害虫。

（7）氯氰戊菊酯（fenvalerate）

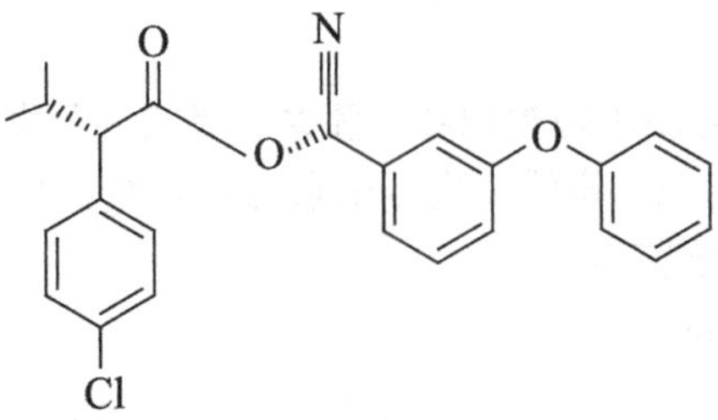

化学名称：(RS)-α-氰基-3-苯氧基苄基-(RS)-2-(4-氯苯基)-3-甲基丁酸酯。

剂型：20%乳油。

作用特点：氰戊菊酯为拟除虫菊酯类杀虫剂，杀虫谱广。以触杀和胃毒作用为主，无内吸和熏蒸作用。对鳞翅目幼虫效果好，对同翅目、直翅目、半翅目等害虫也有较好效果，但对螨类无效。

毒性：属中等毒性杀虫剂。原药大鼠急性经口 LD_{50} 为 451mg/kg，大鼠急性经皮 $LD_{50}>5000$mg/kg，急性吸入 $LC_{50}>101$mg/m³。对兔皮肤有轻度刺激，对眼睛有中度刺激。无致癌性、致畸性、致突变性。对鱼等水生动物毒性大，对鸟类和蜜蜂安全。

防治对象和使用方法：适用于棉花、蔬菜、果树、大豆、小麦等作物。对鳞翅目幼虫防治效果良好。

2. 氨基甲酸酯类

（1）硫双威（thiodicarb）

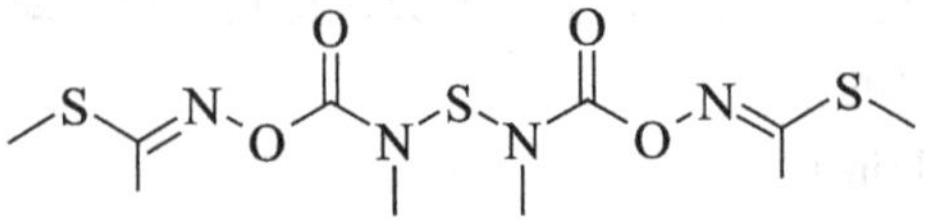

化学名称：3,7,9,13-四甲基-5,11-二氧杂-2,8,14-三唑-4,7,9,12-四氮杂十五烷-3,12-二烯-6,10-二酮。

剂型：25%、75%可湿性粉剂。

作用特点：属氨基甲酰肟类杀虫剂，杀虫迅速，对害虫以胃毒作用为主，兼具触杀作用。既能杀卵，也能杀幼虫和某些成虫。杀卵活性极高，表现在3个方面：①施药后3d以内产的卵不能孵化或不能完成幼期发育；②药液接触未孵化的卵，可阻止卵的孵化或孵化后幼虫发育到 2 龄前即死亡；③卵孵后出壳时因咀嚼卵膜而能有效地毒杀初孵幼虫。其作用机制在于神经阻碍作用，即通过抑制乙酰胆碱酯酶活性而阻碍神经纤维内传导物质的再活性化导致害虫中毒死亡。由于硫双威的结构中引入了硫醚键，因此，对以氧化代谢为解毒机制的抗性害虫品系，也具有较高杀虫活力。残效期一般只能维持 4～5d。

毒性：中等毒性农药。原药大鼠急性经口 LD_{50} 为 66mg/kg，兔急性经皮 $LD_{50}>2000$mg/kg（雄）。对猴、兔皮肤无刺激作用，对眼睛有轻微刺激作用。对鱼有毒。

防治对象和使用方法：用于蔬菜、棉花、果树、水稻及经济作物等，防治棉铃虫、红铃虫、卷叶蛾类、食心虫类、菜青虫、夜盗虫、斜纹夜蛾、甘蓝夜蛾（*Mamestra brassicae* Linnaeus）、马铃薯块茎蛾（*Phthorimaea operculella* Zeller）、茶细蛾（*Caloptilia theivora* Walsingham）、茶小卷叶蛾（*Adoxophyes orana* Fischer von Roslerstamm）等。

（2）抗蚜威（pirimicarb）

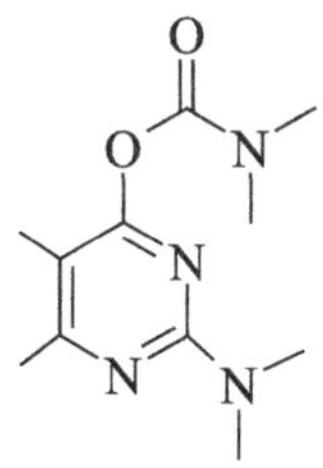

化学名称：2-*N*，*N*- 二甲基氨基 -5，6- 二甲基嘧啶 -4- 基 -*N*，*N*- 二甲基氨基甲酸酯。

剂型：50% 水分散粒剂、25% 高渗可湿性粉剂。

作用特点：残效期短，对作物安全，不伤天敌，是害虫综合防治的理想药剂。具触杀、熏蒸和渗透叶面作用，能防治对有机磷杀虫剂产生抗性的、除棉蚜外的所有蚜虫。该药剂杀虫迅速，施药后数分钟即可迅速杀死蚜虫，因而对预防蚜虫传播的病毒病有较好的作用。

毒性：中等毒性农药。大白鼠急性经口 LD_{50} 为 68～147mg/kg，急性经皮 $LD_{50}>500$mg/kg。对皮肤和眼睛无刺激作用，对瓢虫、食蚜蝇、蚜茧蜂、蜜蜂、鸟类、鱼类、水生生物低毒。

防治对象和使用方法：适用于防治蔬菜、烟草、粮食作物上的蚜虫。

（3）速灭威（metolcarb）

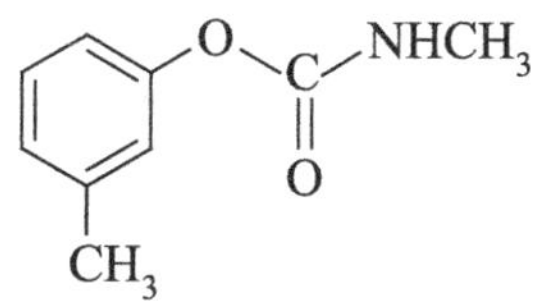

化学名称：间 - 甲苯基 -*N*- 甲基 - 氨基甲酸酯。

剂型：25% 可湿性粉剂、20% 乳油。

作用特点：速灭威是一种氨基甲酸酯类杀虫剂，具有触杀和熏蒸作用，击倒力强，持效期较短，一般只有 3～4d。

毒性：中等毒性农药。纯品雄小鼠急性经口 LD_{50} 为 268mg/kg，大鼠经口 LD_{50} 为 498～580mg/kg；大鼠急性经皮 LD_{50} 为 6000mg/kg。

防治对象和使用方法：速灭威对稻飞虱、稻叶蝉（*Nephotettix cincticeps*）、稻蓟马（*Thrips oryzae*）和茶小绿叶蝉等有特效。对稻田蚂蟥有良好杀伤作用。

（4）异丙威（isoprocarb）

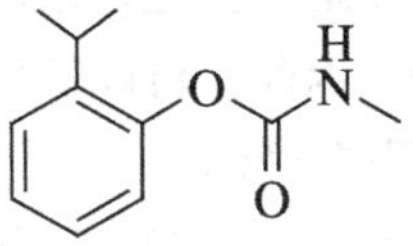

化学名称：2-（1-甲基乙基）苯基甲基氨基甲酸酯。

剂型：2%粉剂、10%烟剂、20%乳油。

作用特点：具有胃毒、触杀和熏蒸作用。击倒力强，药效迅速，对昆虫的作用是抑制乙酰胆碱酯酶活性，致使昆虫麻痹死亡。用于防治果树、蔬菜、粮食、烟草、观赏植物上的各种蚜虫，对有机磷产生抗性的蚜虫十分有效。对稻飞虱、叶蝉科（Cicadellidae）害虫有特效。可兼治蓟马和蚂蟥。选择性强，对多种作物安全。可以和大多数杀菌剂或杀虫剂混用。对稻飞虱天敌、蜘蛛类安全。

毒性：中等毒性农药，原药大鼠急性经口 LD_{50} 为 403~485mg/kg。对兔眼睛和皮肤的刺激性极小。对蜜蜂有毒，对甲壳纲以外的鱼类都是低毒的。

防治对象和使用方法：主要用于防治水稻飞虱、叶蝉和棉叶蝉（*Empoasca biguttula* Ishida），还可以兼治蓟马和蚂蟥。

（5）丁硫克百威（carbosulfan）

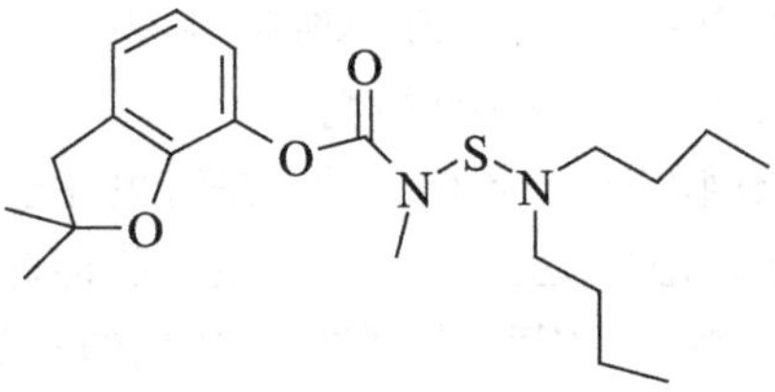

化学名称：2，3-二氢-2，2-二甲基苯并呋喃-7-基（二丁基氨基硫）N-甲基氨基甲酸酯。

剂型：20%乳油、35%种子处理剂。

作用特点：丁硫克百威具有内吸作用，对昆虫具有触杀和胃毒作用，持效期长，杀虫谱广。在昆虫体内代谢为呋喃丹而起杀虫作用。其杀虫机制是干扰昆虫的神经系统，抑制胆碱酯酶，使昆虫的肌肉及腺体持续兴奋，而导致昆虫死亡。

毒性：中等毒性农药。原药大鼠急性经口 LD_{50} 为 209mg/kg，兔急性经皮 $LD_{50}>$2000mg/kg，大鼠急性吸入 LC_{50} 为 1530mg/kg。对兔眼睛和皮肤有中等刺激作用；蜜蜂 LD_{50} 为 0.678mg/只，鹌鹑 LC_{50} 为 1229mg/kg（饲料）。无致畸、致突变、致癌作用。

防治对象和使用方法：可用于防治柑橘、水稻、蔬菜等作物上的多种害虫。

3. 有机磷类

（1）辛硫磷（phoxim）

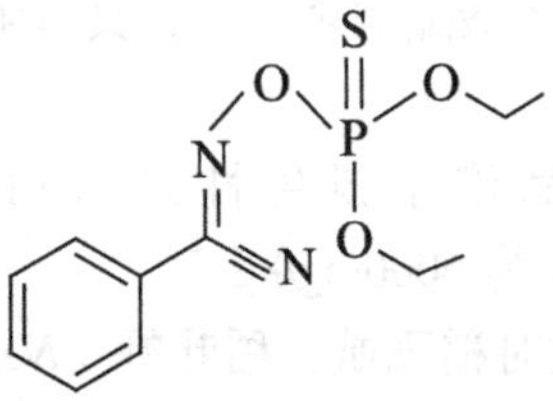

化学名称：O，O-二乙基-O-α-氰基苄叉胺基硫逐磷酸酯。

剂型：40%乳油、5%颗粒剂、3%水乳种衣剂。

作用特点：有机磷广谱性杀虫剂，乙酰胆碱酯酶抑制剂。具有触杀和胃毒作用，无内吸和熏蒸作用，作用速度快。用于防治鳞翅目、同翅目、鞘翅目、双翅目、缨翅目害虫。易光解，残效期一般2～3d，但在黑暗处稳定，在土壤中残效期长达2个月以上，因此尤其适合于防治花生、大豆、小麦的蛴螬、蝼蛄等地下害虫和仓储害虫。

毒性：低毒农药，急性经口 LD_{50} > 2000mg/kg，急性经皮 LD_{50} > 5000mg/kg。

防治对象和使用方法：辛硫磷可以采用毒土、灌根、喷雾等方式使用。

叶面喷雾防治棉花、果树、蔬菜、粮食和林木害虫。具体包括棉铃虫、棉蚜、蓟马、蝗虫、果树蚜虫、食心虫、苹果小卷叶蛾、梨星毛虫（*Illiberis pruni*）、葡萄斑叶蝉（*Erythroneura apicalis* Nawa）、尺蠖、粉虱、菜青虫、烟青虫、小菜蛾、小麦蚜虫、麦叶蜂、黏虫、稻苞虫、稻纵卷叶螟、叶蝉、飞虱、稻蓟马、松毛虫、桑树尺蠖、桑毛虫（*Porthesia xanthocampa* D）、刺蛾类、桑螟（*Rondotia menciana* Moore）等。一般使用浓度为250～500mg/kg，宜在下午4点后至傍晚时施药，亩喷液量50kg左右。

（2）毒死蜱（chlorpyrifos）

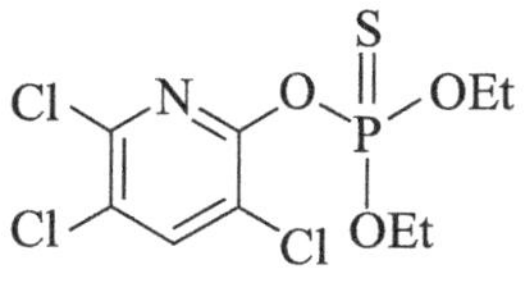

化学名称：O，O-二乙基-O-（3，5，6-三氯-2-吡啶基）硫代磷酸酯。

剂型：40%乳油，40%、30%水乳剂。

作用特点：毒死蜱具有触杀、胃毒和熏蒸作用，不具内吸性但具有渗透性，在叶片上残留时间较短，但在土壤中残留期则较长，因此适合于防治地下害虫。对同翅目、鳞翅目、双翅目害虫和螨类均具有较好的防治效果，对线虫、白蚁等有一定效果。

毒性：中等毒性农药，原药大鼠急性经口 LD_{50} > 163mg/kg，急性经皮 LD_{50} > 2000mg/kg，对实验动物眼睛有轻度刺激，对皮肤有明显刺激，长时间接触会产生灼伤。对鱼类等水生生物毒性较高，对蜜蜂有毒。

（3）敌敌畏（dichlorvos）

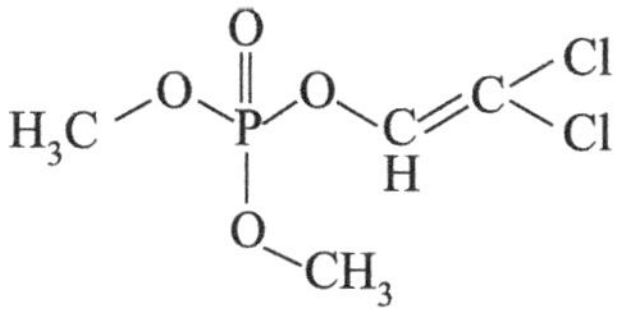

化学名称：O，O-二甲基-O-（2，2-二氯乙烯基）磷酸酯。

剂型：90%可溶液剂，80%、77.5%、50%乳油。

作用特点：敌敌畏是广谱性有机磷杀虫剂。常温下即自行挥发，作用速度快，击倒力强，施药后容易分解，持效期短，残留少。为胆碱酯酶抑制剂，具有触杀、胃毒和突出的熏蒸作用。对咀嚼式和刺吸式口器害虫防效好。

毒性：为中等毒农药。原药雄大鼠急性经口 LD_{50} 为80mg/kg，雌大鼠经口 LD_{50} 为56mg/kg，雄大鼠经皮 LD_{50} 为107mg/kg，雌大鼠经皮 LD_{50} 为75mg/kg；大翻车鱼 LC_{50}（24h）为1mg/kg；青

鳃鱼 TLm（24h）为 1mg/kg。

防治对象和使用方法：可用于蔬菜、茶、栗园、烟草、果树等作物上防治鳞翅目、同翅目等害虫，适合于大棚、仓库和卫生害虫的防治。

（4）敌百虫（trichlorfon）

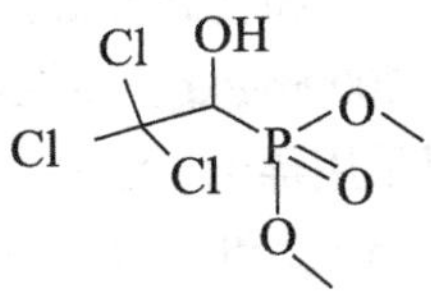

化学名称：O，O-二甲基-O-（2,2,2-三氯-1-羟基乙基）磷酸酯。

剂型：90%、80% 可溶粉剂，25% 油剂，40%、30% 乳油。

作用特点：低毒性广谱有机磷杀虫剂。具有强烈的胃毒作用，兼具触杀作用，无熏蒸作用和内吸性，但具有渗透性。在弱碱溶液中可转变为敌敌畏而毒性增加，但不稳定，很快分解，残效期短。适合于防治咀嚼式口器害虫、卫生害虫和家畜寄生虫。

毒性：低毒农药，原药急性口服 LD_{50} 雌大鼠为 630mg/kg，雄大鼠为 560mg/kg，急性经皮 LD_{50} 大鼠＞2000mg/kg。

防治对象和使用方法：可广泛用于对蔬菜、茶叶、棉花、水稻、小麦、果树、桑园、绿萍等作物上的害虫防治。

（5）乙酰甲胺磷（acephate）

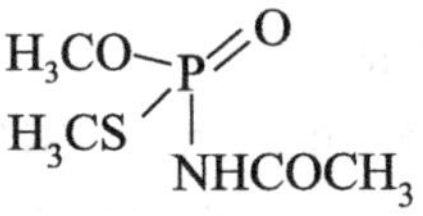

化学名称：O，S-二甲基-N-乙酰基硫代磷酰胺。

剂型：40%、30%、20% 乳油，97% 水分散粒剂，25%、20% 可湿性粉剂，15% 高渗乳油，75%、40% 可溶性粉剂。

作用特点：乙酰甲胺磷为广谱性有机磷杀虫剂，是胆碱酯酶抑制剂。具有胃毒和触杀作用，有一定的熏蒸作用，内吸性能好。是缓效型杀虫剂，在施药后初效作用缓慢，2～3d 后效果显著，后效作用强并可延长持效期。能够防治多种咀嚼式、刺吸式口器害虫和害螨，并可杀卵。

毒性：乙酰甲胺磷属低毒杀虫剂。纯品大鼠急性经口 LD_{50} 为 823mg/kg，工业品大鼠急性经口 LD_{50} 为 945mg/kg。

防治对象和使用方法：适用于水稻、小麦、蔬菜、茶叶、烟草、果树、棉花、油菜等作物上多种咀嚼式、刺吸式口器害虫和害螨的防治。

（6）三唑磷（triazophos）

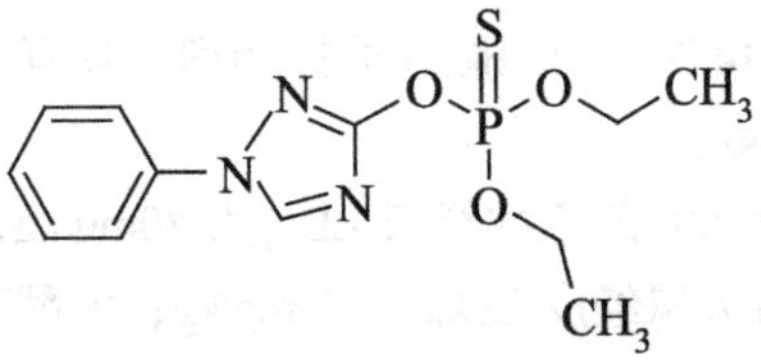

化学名称：O,O-二乙基-O-（1-苯基-1,2,4-三唑基）硫代磷酸酯。

剂型：40%、20%乳油，8%、20%高渗微乳剂，8%、15%微乳剂，20%水乳剂。

作用特点：为广谱性有机磷杀虫杀螨剂，是乙酰胆碱酯酶抑制剂。具有强烈的触杀和胃毒作用，对鳞翅目昆虫卵的杀灭作用明显，对线虫有一定的杀伤作用，无内吸和熏蒸作用，但对植物具有渗透性。

毒性：中等毒性农药。大鼠急性经口 LD_{50} 为 57~68mg/kg，急性经皮 $LD_{50}>2000$mg/kg；金雅罗鱼 LC_{50}（21d）为 11mg/L，鲤鱼（*Cyprinus carpio*）LC_{50}（96h）为 5.6mg/L，鳟鱼（*Squaliobarbu curriculus*）为 0.01mg/L；日本鹌急性经口 LD_{50} 为 4.2~27.1mg/kg（取决于性别和载体），LC_{50} 为 325mg/kg 膳食（8d）。

防治对象和使用方法：三唑磷可用于棉花、蔬菜、水稻和果树等作物上鳞翅目、同翅目、螨类、线虫等害虫的防治。

（7）二嗪磷（diazinon）

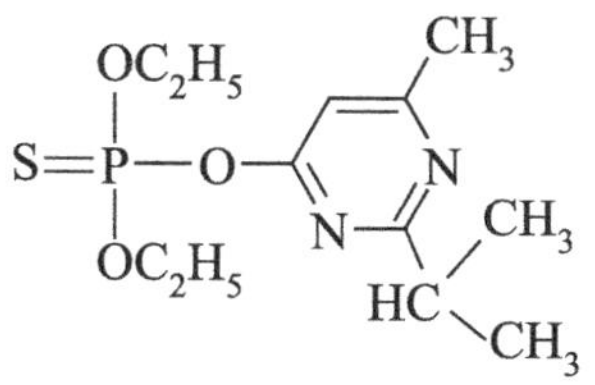

化学名称：O,O-二乙基-O-（2-异丙基-4-甲基嘧啶-6-基）硫代磷酸酯。

剂型：25%、30%、40%、50%、60%乳油，40%水乳剂，5%颗粒剂。

作用特点：为广谱性有机磷杀虫剂，对害虫具有触杀、胃毒、熏蒸作用，并有一定的内吸活性及杀螨活性和杀线虫活性。作用机制为抑制乙酰胆碱酯酶。残效期较长。

毒性：急性经口 LD_{50} 大鼠为 1250mg/kg，小鼠为 80~135mg/kg，豚鼠为 250~355mg/kg，经皮 $LD_{50}>2150$mg/kg，兔子为 540~650mg/kg。吸入毒性 LC_{50}（4h）大鼠>2330mg/m³，小鼠为 630mg/L，按我国农药毒性分类方法属中等毒。对兔的皮肤和眼睛有轻微刺激作用。

防治对象和使用方法：对鳞翅目、同翅目等多种害虫均有较好的防效，也可拌种防治多种地下害虫。适用于蔬菜、马铃薯、水稻、玉米、棉花、甘蔗、果树、烟草等作物。能够防治刺吸式口器害虫和食叶害虫，如鳞翅目、双翅目幼虫叶蝉、飞虱、蚜虫、介壳虫、二十八星瓢虫、蓟马、锯蜂及叶蜂等，对害虫、害螨的卵也有一定杀伤作用。用于小麦、玉米、花生、高粱等拌种，可防治蝼蛄、蛴螬等土壤害虫。用颗粒剂灌心叶，可用于防治玉米螟。

（8）噻唑磷（fosthiazate）

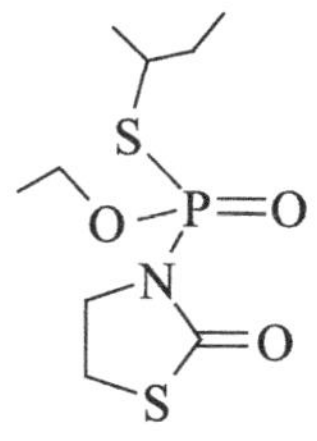

化学名称：(RS)-S-仲丁基-O-乙基-2-氧代-1,3-噻唑烷-3-基硫代膦酸酯。

剂型：10% 颗粒剂（G）。

作用特点：广谱性有机磷杀虫、杀线虫剂。具有触杀、胃毒作用，内吸性良好，能够双向传导，无熏蒸作用。杀虫机制主要是破坏线虫的游动性。杀线虫持效期长，一年生作物为 2～3 个月，多年生作物为 4～6 个月。杀线虫效果不受土壤条件的影响。

毒性：属中等毒性杀虫剂。小鼠急性口服 LD_{50}：104mg/kg（雄），91mg/kg（雌）。大鼠口服 LD_{50}：73mg/kg（雄），57mg/kg（雌）。大鼠经皮 LD_{50}：2400mg/kg（雄），860mg/kg（雌）。大鼠吸入 LC_{50}：0.77mg/L 空气（雄），0.25mg/L 空气（雌）。对水生生物的急性毒性：对鲤鱼 LC_{50}（48h）为 188～290mg/L，对水蚤（1 龄）EC_{50}（24h）为 2.2mg/L。

防治对象和使用方法：噻唑磷对根结线虫、根腐线虫、茎线虫、胞囊线虫等都有很好的防治效果。同时对地上部的害虫，如对蚜虫、叶螨、蓟马等也有兼治效果。

（9）硝虫硫磷

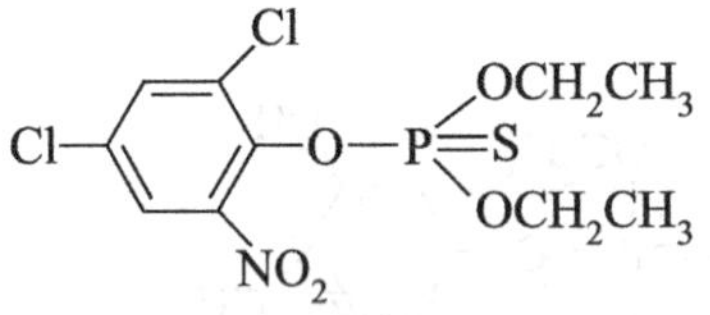

化学名称：O，O-二乙基-O-（2，4-二氯-6-硝基苯基）硫代磷酸酯。

剂型：40% 乳油（EC）。

作用特点：广谱性杀虫、杀螨剂，具有胃毒和触杀作用，无内吸和熏蒸作用。作用机制为抑制昆虫体内乙酰胆碱酯酶。

毒性：中等毒性杀虫剂。急性经口：91% 硝虫硫磷（大鼠）LD_{50} 为 212mg/kg；30% 硝虫硫磷乳油（大鼠）LD_{50} 为 198mg/kg。急性经皮：30% 硝虫硫磷乳油（大鼠）LD_{50}＞2000mg/kg。对鱼 LC_{50} 为 2.14～3.23mg/L；对鸟 LD_{50} 为 5000mg/kg；对蜜蜂 LD_{50}＞170μg/蜂；对家蚕 LC_{50}＞10 000mg/L。

防治对象和使用方法：硝虫硫磷对柑橘矢尖蚧防效优良，还可用于防治水稻、棉花、蔬菜、小麦、茶叶等作物的主要害虫。

4. 昆虫生长调节剂

（1）灭幼脲（chlorbenzuron）

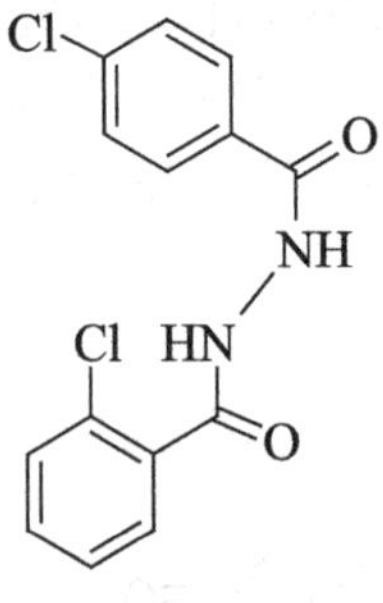

化学名称：N-（2-氯苯甲酰基）-N'-（4-氯苯甲酰基）肼。

剂型：20%、25% 悬浮剂，25% 可湿性粉剂，15% 烟雾剂。

作用特点：为苯甲酰基脲类杀虫剂，是一种昆虫生长调节剂，属特异性杀虫剂。对害虫以胃毒作用为主，兼有一定的触杀作用，但无内吸性。害虫取食或接触药剂后，能够抑制和破坏其几丁质合成酶的形成，导致幼虫不能生成新表皮，阻碍其蜕皮变态而死亡，也能抑制卵内胚胎发育过程中几丁质的合成，使卵不能正常孵化。一般幼虫取食3~4d后开始死亡，药效期可达30d左右。对鳞翅目和双翅目幼虫有特效，不杀成虫，但能使成虫不育，卵不能正常孵化。制剂黏着力好，耐雨水冲刷。

毒性：属低毒杀虫剂，急性经口 LD_{50} > 20 000mg/kg，对兔的眼睛和皮肤无明显的刺激作用，在动物体内无蓄积毒性，无致畸、致癌和致突变作用，对人、植物、天敌昆虫和环境安全。

防治对象和使用方法：能够防治蔬菜、果树、茶叶、粮食作物等多种害虫。

（2）氟铃脲（hexaflumuron）

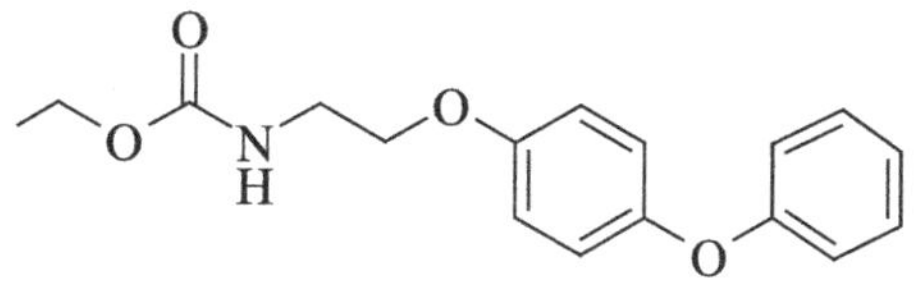

化学名称：1-[3,5-二氯-4-(1,1,2,2-四氟乙氧基)苯基]-3-(2,6-二氟苯甲酰基)脲。

剂型：5%乳油、4.5%高渗悬浮剂。

作用特点：苯甲酰脲类杀虫剂，以胃毒作用为主，兼有触杀和拒食作用，并有较强的杀卵作用。是几丁质合成抑制剂，能抑制昆虫表皮几丁质的生物合成，使害虫在蜕皮或变态过程中死亡，能导致成虫不育。药后幼虫食量大幅降低，基本不再造成危害。一般在药后3~5d才显示防治效果，7d后达防治高峰，持效期15d左右。具有高效、光谱、对天敌安全等优点，但对蚜、螨等刺吸式口器昆虫无效。

毒性：急性经口 LD_{50} > 5000mg/kg，急性经皮 LD_{50} > 5000mg/kg，属低毒农药。对眼睛和皮肤有轻微刺激，无人体中毒报道。

防治对象和使用方法：可用来防治金纹细蛾、桃蛀螟（*Dichocrocis punctiferalis* Guenée）、卷叶蛾、桃小食心虫、刺蛾等多种果树上的鳞翅目害虫。

（3）氟啶脲（chlorfluazuron）

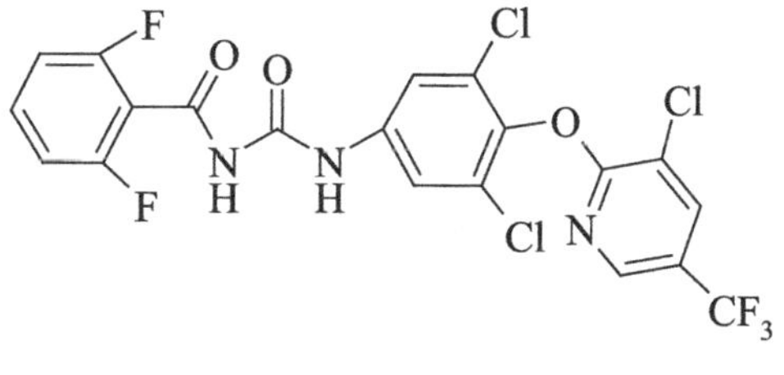

化学名称：1-[3,5-二氯-4-(3-氯-5-三氟甲基-2-吡啶氧基)苯基]-3-(2,6-二氟苯甲酰基)脲。

剂型：5%、50g/L乳油。

作用特点：为几丁质合成抑制剂，以胃毒作用为主，兼有触杀作用，无内吸性。作用机制为抑制几丁质合成，阻碍昆虫正常蜕皮，使卵的孵化、幼虫蜕皮、蛹发育及成虫羽化受阻，导致畸形。击倒速率较慢，幼虫接触后不会马上死亡，但取食活动明显减弱，一般在药后5~7d才能充分发挥效果，持效期15d左右。

毒性：急性经口 LD_{50} > 8500mg/kg，急性经皮 LD_{50} > 1000mg/kg，属低毒杀虫剂。无致癌、致畸、致突变作用，正常使用剂量下，对蜜蜂和鸟类安全，对家蚕及鱼、贝类有一定毒性。

防治对象和使用方法：对多种鳞翅目、直翅目、膜翅目、鞘翅目、双翅目等害虫活性高，但对蚜虫、叶蝉、飞虱无效。对有机磷、氨基甲酸酯、拟除虫菊酯等其他杀虫剂已产生抗性的害虫有良好的防治效果。

（4）氟虫脲（flufenoxuron）

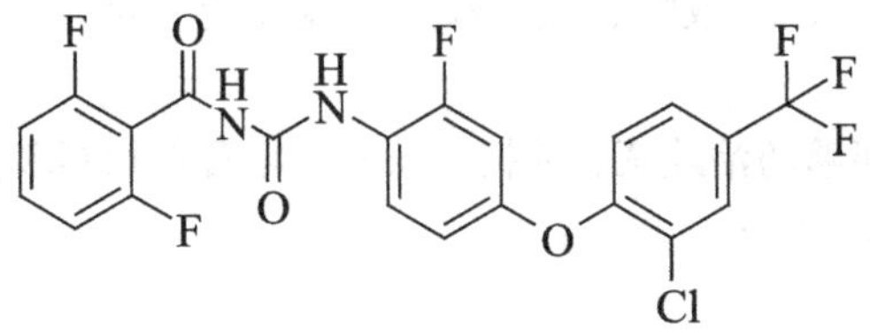

化学名称：1-[2-氟-4-（2-氯-4-三氟甲基苯氧基）苯基]-3-（2,6-二氟苯甲酰基）脲。

剂型：5%可分散液剂。

作用特点：为酰基脲类昆虫生长调节剂，具有触杀和胃毒作用，其作用机制是抑制昆虫几丁质合成，使昆虫不能正常蜕皮和变态而死亡。对鳞翅目害虫和叶螨属、全爪螨属等多种害螨有效，杀若螨效果好，不能直接杀死成螨，但接触药的雌成螨产卵量减少，可导致不育或所产的卵不孵化，即使卵孵化幼虫也会很快死亡。其杀螨、杀虫作用缓慢，但施药后2~3h 害螨停止取食，3~10d 药效明显上升。残效期长，对叶螨天敌安全，是较理想的选择性杀螨剂。

毒性：低毒，大鼠急性经口 $LD_{50}>3000mg/kg$，急性经皮 $LD_{50}>2000mg/kg$。对兔的眼睛和皮肤无刺激作用，对鱼类毒性低。

防治对象和使用方法：适用于柑橘、苹果、棉花、蔬菜等作物上鳞翅目、双翅目、鞘翅目、半翅目害虫和植食性螨类等的防治。

（5）除虫脲（diflubenzuron）

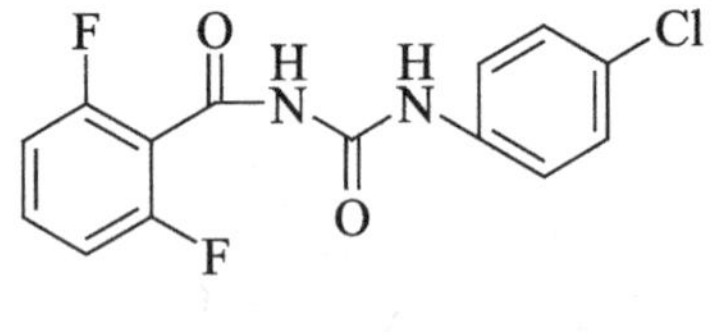

化学名称：1-（4-氯苯基）-3-（2,6-二氟苯甲酰基）脲。

剂型：5%乳油、25%可湿性粉剂、20%悬浮剂。

作用特点：为苯甲酰基苯基脲类除虫剂，主要是胃毒和触杀作用，对鳞翅目、鞘翅目、双翅目的多种害虫有效。害虫接触药剂后，昆虫几丁质合成受抑制，不能在蜕皮时形成新表皮，虫体畸形而死亡。在有效用量下对植物无药害，对有益生物如鸟、鱼、虾、青蛙、蜜蜂、瓢虫、步甲、蜘蛛、草蛉、赤眼蜂（*Trichogramma*）、蚂蚁、寄生蜂等无不良影响，杀死害虫的速度比较慢。

毒性：为低毒杀虫剂，大鼠急性经口 $LD_{50}>4640mg/kg$。对眼和皮肤有刺激作用，无人体中毒的报道。

防治对象和使用方法：防治谱广，包括斜纹夜蛾、甜菜夜蛾、小菜蛾、黏虫、金纹细蛾、柑橘潜叶蛾、柑橘锈壁虱、茶黄毒蛾、茶尺蠖、美国白蛾、松毛虫、梨木虱、梨小食心虫、桃小食心虫、苹果锈螨、棉铃虫、红铃虫、稻纵卷叶螟等。

（6）抑食肼（RH5849）

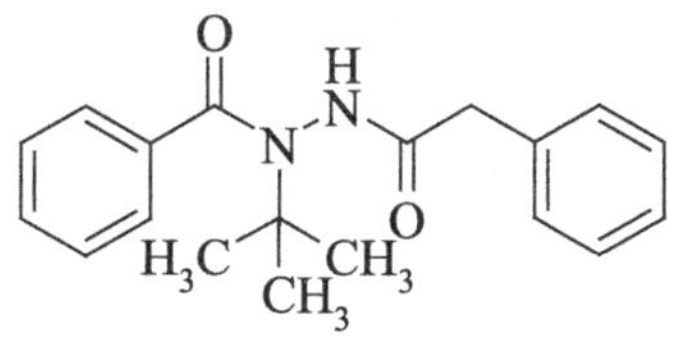

化学名称：2′-苯甲酰-1′-叔丁基苯甲酰肼。

剂型：20%可湿性粉剂。

作用特点：为酰肼类昆虫生长调节剂，对害虫以胃毒为主，也具有强的内吸性，杀虫谱广，对鳞翅目、鞘翅目、双翅目等害虫具良好的防治效果。具蜕皮激素活性，主要通过降低或抑制幼虫和成虫的取食能力，促使昆虫加速蜕皮，减少产卵而阻碍昆虫繁殖达到杀虫作用。效果较慢，施药后48h见效，持效期较长。

毒性：原药为中等毒性杀虫剂，制剂低毒。急性经口 $LD_{50}>258.3mg/kg$，急性经皮 $LD_{50}>5000mg/kg$，对家兔的眼睛有轻微刺激作用，对皮肤无刺激作用。

防治对象和使用方法：适用于蔬菜上斜纹夜蛾、菜青虫、小菜蛾等的防治，对水稻稻纵卷叶螟、稻黏虫也有很好的效果。

（7）虫酰肼（tebufenozide）

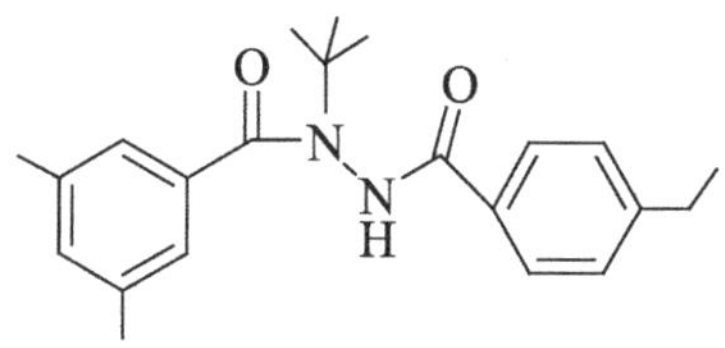

化学名称：N-叔丁基-N′-（4-乙基苯甲酰基）-3,5-二甲基苯酰肼。

剂型：200g/L、20%、24%、30%悬浮剂，20%可湿性粉剂，10%高渗悬浮剂。

作用特点：虫酰肼是非甾族新型昆虫生长调节剂，是昆虫激素类杀虫剂。虫酰肼杀虫活性高，杀虫机制独特，适用于害虫抗性综合治理，对所有鳞翅目幼虫均有效，对抗性害虫棉铃虫、菜青虫、小菜蛾、甜菜夜蛾等有特效，对高龄和低龄的幼虫均有效。并有极强的杀卵活性，对非靶标生物更安全。与其他抑制幼虫蜕皮的杀虫剂的作用机制相反，为促进鳞翅目幼虫蜕皮的新型仿生杀虫剂。幼虫取食后，使不该蜕皮的昆虫产生蜕皮反应，开始蜕皮，并使其不能完全蜕皮而导致幼虫脱水、饥饿而死亡。幼虫取食后仅6~8h就停止取食（胃毒作用），不再为害作物，比蜕皮抑制剂的作用更迅速，3~4d后开始死亡，对作物保护效果更好。无药害，对作物安全。

毒性：低毒农药，原药大鼠急性经口 $LD_{50}>5000mg/kg$，急性经皮 $LD_{50}>5000mg/kg$。虫酰肼对实验动物的眼睛和皮肤无刺激性，对高等动物无致畸、致癌、致突变作用，对哺乳动物、鸟类、天敌均十分安全。

防治对象和使用方法：主要用于防治棉花、柑橘、观赏作物、大豆、马铃薯、烟草、果树和蔬菜上的害虫，如玉米螟、黏虫、苹果卷叶蛾、松毛虫、天幕毛虫、美国白蛾、云杉毛虫、舞毒蛾（Lymantria dispar）、尺蠖、甜菜夜蛾、菜青虫、甘蓝夜蛾。

（8）呋喃虫酰肼（fufenozide）

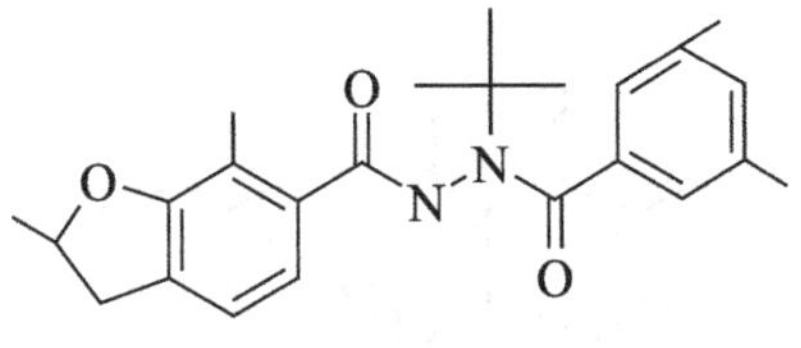

化学名称：N-（2，3-7-氢-2，7-二甲基苯并呋喃6-甲酰基）-N'-特丁基N'（3，5二甲基苯甲酰基）肼。

剂型：10%悬浮剂。

作用特点：双酰肼类昆虫生长调节剂，以胃毒作用为主，有一定的触杀作用，无内吸性。作用机制为使昆虫产生类似蜕皮甾酮过剩的症状，刺激昆虫蜕皮，对各龄幼虫均有作用。幼虫取食后4～16h开始停止取食，虫体萎缩并卷曲，随后开始蜕皮，24h后，中毒幼虫的头壳早熟开裂，蜕皮过程停止，头壳裂开露出表皮没有鞣化和硬化的新头壳，经常形成"双头囊"，不表现出蜕皮或蜕皮失败，直肠突出，血淋巴和蜕皮液流失，末龄幼虫则形成幼虫蛹的中间态等。中毒害虫表现为幼虫头部与胸部之间具淡色间隔。与有机磷、拟除虫菊酯类杀虫剂无交互抗性。

毒性：微毒杀虫剂。雄性大鼠急性经口 $LD_{50}>5000mg/kg$；雌性大鼠急性经口 $LD_{50}>5000mg/kg$；雄性大鼠急性经皮 $LD_{50}>5000mg/kg$；雌性大鼠急性经皮 $LD_{50}>5000mg/kg$；对眼睛、皮肤无刺激性。对鱼、蜜蜂、鹌鹑等为低毒。对家蚕高毒，LC_{50}（2龄）为0.7mg/kg桑叶，桑园附近严禁使用。

防治对象和使用方法：对鳞翅目害虫如甜菜夜蛾、菜青虫、黏虫、玉米螟、稻纵卷叶螟等均有优良的防治效果。

（9）甲氧虫酰肼（methoxyfenozide）

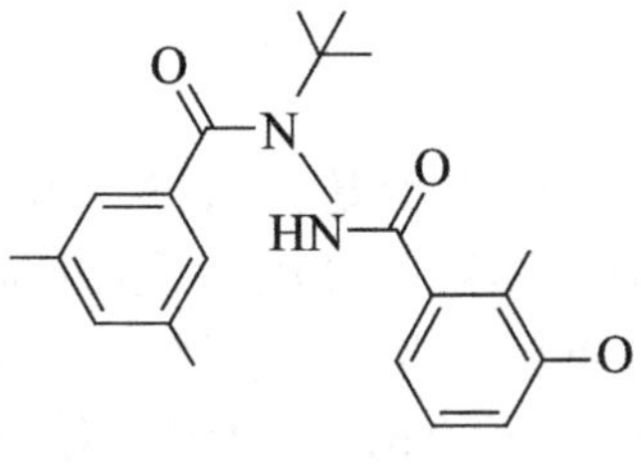

化学名称：N-叔丁基-N'-（3-甲氧基-2-甲基苯甲酰基）-3,5-二甲基苯甲酰肼。

剂型：24%悬浮剂。

作用特点：昆虫生长调节剂，具有胃毒作用，无内吸性，选择性强，只对鳞翅目幼虫有效，对益虫、益螨安全。其是促进鳞翅目幼虫蜕皮的新型仿生杀虫剂。能够模拟鳞翅目幼虫蜕皮激素功能，促进其提前蜕皮、成熟，发育不完全，导致幼虫脱水，几天后死亡。中毒幼虫6～8h即停止取食，处于昏迷状态，体节间出现浅色区或条带。

毒性：微毒杀虫剂。原药大鼠急性经口、经皮 LD_{50} 均大于5000mg/kg；无致畸性、致癌性。24%悬浮剂（美满）大鼠急性经口 $LD_{50}>5000mg/kg$，经皮 $LD_{50}>2000mg/kg$；对皮肤、眼睛无刺激性，无致敏性。原药对鱼类属中等毒，对鸟类、蜜蜂低毒。

防治对象和使用方法：甲氧虫酰肼可用于多种作物，能够防治苹果卷夜蛾、甜菜夜蛾、菜青虫、甘蓝夜蛾、美国白蛾、天幕毛虫、松毛虫、云杉毛虫、舞毒蛾、尺蠖、玉米螟、黏虫等鳞翅目害虫。

(10) 虱螨脲 (lufenuron)

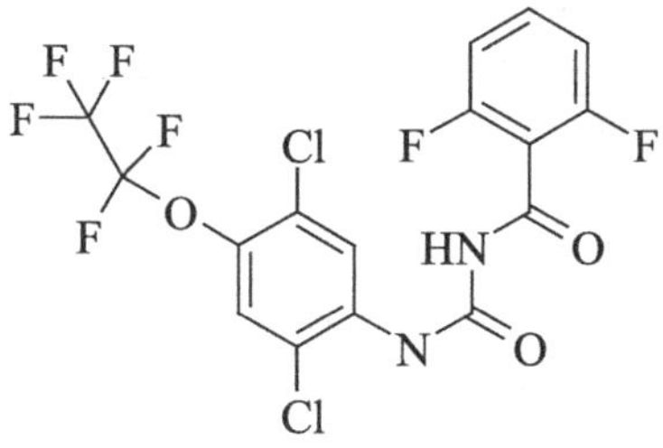

化学名称：1-[2,5-二氯-4-(1,1,2,3,3,3-六氟丙氧基)苯基]-3-(2,6-二氟苯甲酰基)脲。
剂型：5%乳油。
作用特点：取代脲类昆虫生长调节剂，具有胃毒和触杀作用，无内吸性。作用机制为几丁质合成酶抑制剂，抑制昆虫蜕皮，具有杀卵作用，还可降低成虫的产卵量和卵孵化率。害虫吃了喷施美除的作物2h停止取食，2~3d进入死虫高峰，持效期可达7~14d。对有机磷、菊酯类、氨基甲酸酯类农药产生抗性的害虫也有很好的防效。
毒性：对哺乳动物、鱼类、鸟类、蜜蜂及有益昆虫成虫低毒。对大鼠LD_{50}>2000mg/kg，对甲壳类毒性高，但不污染水体。
防治对象和使用方法：虱螨脲对鳞翅目、蜱螨目、同翅目害虫具有较高的活性，可用于防治棉铃虫、甜菜夜蛾、甘蓝夜蛾、小菜蛾、烟青虫、斜纹夜蛾、豆荚螟、瓜绢螟、蓟马、锈螨、柑橘潜叶蛾、飞虱等。

(11) 灭蝇胺 (cyromazine)

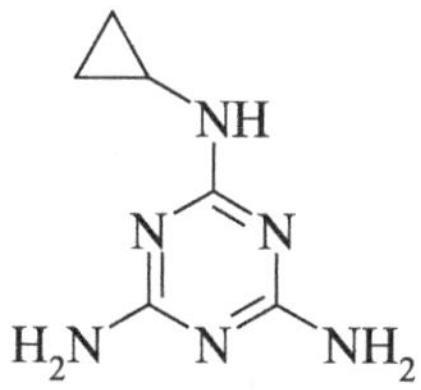

化学名称：N-环丙基-1，3，5-三嗪-2，4，6-三胺。
剂型：30%、50%可湿性粉剂，1.5%颗粒剂，20%、10%悬浮剂。
作用特点：为1，3，5-三嗪类昆虫生长调节剂，具有很强的触杀、胃毒和内吸传导作用。对双翅目幼虫有特殊性诱，使双翅目幼虫和蛹在形态上发生畸变，成虫羽化不全或受抑制。
毒性：低毒农药。原药雄性大鼠急性经口LD_{50}>4640mg/kg，雌性大鼠急性经口LD_{50}为3160(1860~5380)mg/kg。原药大鼠急性经皮LD_{50}>2000mg/蝇。对兔的眼睛有轻度刺激作用，对兔的皮肤无刺激作用，无致癌、致畸、致突变作用。对蜜蜂、鸟类、鱼低毒。

(12) 噻嗪酮 (buprofezin)

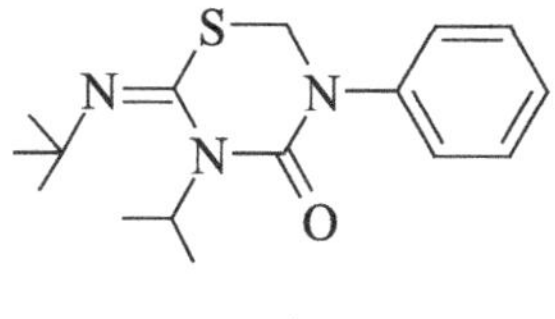

化学名称：2-叔丁亚氨基-3-异丙基-5-苯基-3，4，5，6-四氢-2H-1，3，5-噻二嗪-4-酮。
剂型：20%、25%、65%可湿性粉剂，25%悬浮剂，8%展膜油剂。
作用特点：属二嗪类昆虫生长发育抑制剂，触杀作用强，兼具胃毒作用，在水稻植株上有一定的内吸输导作用。该药剂选择性强,对天敌安全。作用机制为抑制昆虫几丁质合成和干扰新陈代谢,致使昆虫蜕皮畸形和翅畸而缓慢死亡。一般施药后3～7d才显示效果。对成虫无直接杀伤力,但可缩短其寿命,减少产卵量,并阻碍卵孵化和缩短其寿命。药效期长达30d以上。

毒性:低毒杀虫剂。原药雄大鼠急性经口 LD_{50} 为2198mg/kg。对眼睛无刺激作用,对皮肤有轻微刺激。无致癌、致畸、致突变作用。对鱼类、鸟类毒性低。

防治对象和使用方法:可有效防治水稻、茶、棉铃虫等作物上的多种害虫。对半翅目的飞虱、叶蝉、粉虱及介壳虫类害虫有良好防效,对某些鞘翅目害虫和害螨也具有持久的杀幼虫活性。

5. 其他

(1) 杀螟丹 (cartap)

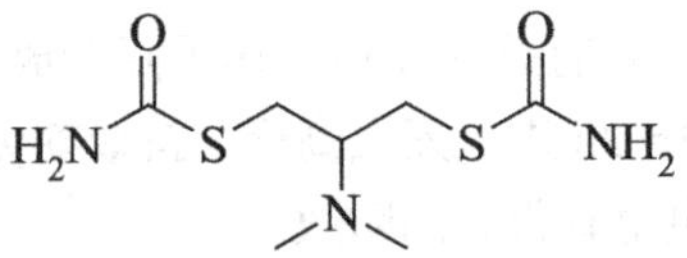

化学名称:1,3-双(氨基甲酰硫基)-2-(N,N'-二甲基氨基)丙烷。

剂型:50%、95%、98%可溶性粉剂,6%水剂,4%颗粒剂。

作用特点:杀螟丹是沙蚕毒素类农药,具有很强的胃毒、触杀及内吸作用,兼有一定的熏蒸、拒食和杀卵作用。毒理机制是阻止神经细胞接点在中枢神经系统中的传递冲动作用,使昆虫麻痹致死,对害虫击倒快(但常有复苏现象,使用时应注意)。与一般有机磷、拟除虫菊酯类和氨基甲酸酯类杀虫剂之间不易产生交互抗性。

毒性:中等毒性杀虫剂。原药大鼠急性经口 LD_{50} 为325～345mg/kg,小鼠急性经皮 LD_{50} 大于1000mg/kg。对动物的皮肤和眼睛无刺激和致敏反应,无致癌、致畸、致突变现象。对蜜蜂和家蚕有毒,对鸟低毒。

防治对象和使用方法:在水稻、蔬菜、甘蔗、玉米、茶叶、马铃薯、果树等作物上,可用于防治鳞翅目、鞘翅目、半翅目、双翅目等多种害虫和线虫。特别是对水稻上的害虫防效显著。

(2) 杀虫单 (monosultap)

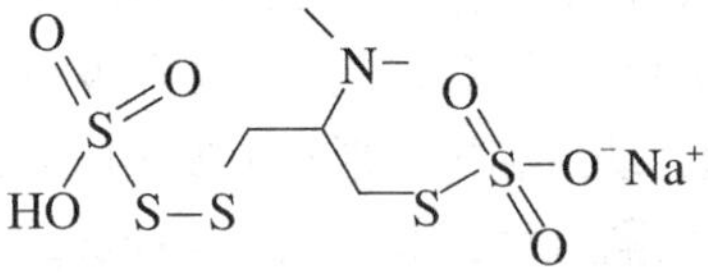

化学名称:1-硫代磺酸钠基-2-二甲氨基-3-硫代磺酸基丙烷。

剂型:80%、90%、95%可溶性粉剂,20%增效水乳剂。

作用特点:一种人工合成的沙蚕毒素类似物,具有很强的胃毒、触杀及内吸作用,兼有一定的熏蒸和杀卵作用。为乙酰胆碱竞争抑制剂,进入昆虫体内迅速转化为杀蚕毒素或二氢杀蚕毒素。对天敌影响小,无抗性,无残留。

毒性:为中等毒性杀虫剂。原药大鼠急性经口 LD_{50} 为68mg/kg,大鼠急性经皮 LD_{50}>10 000mg/kg。对兔的皮肤和眼睛无明显的刺激性作用。在实验条件下无致突变作用。杀虫单对鱼低毒,对白鲢鱼TLm(48h)为21.38mg/L,对家蚕剧毒。

防治对象和使用方法:该药剂能有效地防除鳞翅目害虫的幼虫,主要用于甘蔗、水稻等作物,特别是对稻纵卷叶螟、二化螟、三化螟等有特效。

（3）杀虫双（bisultap）

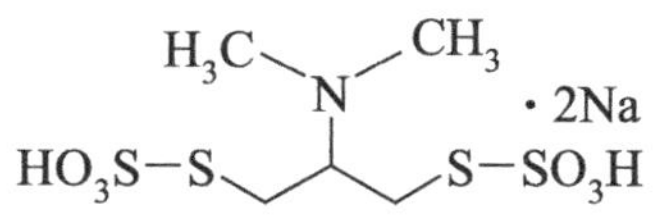

$$\text{HO}_3\text{S-S-CH}_2\text{-CH(N(CH}_3)_2\text{)-CH}_2\text{-S-SO}_3\text{H} \cdot 2\text{Na}$$

化学名称：2-N,N-二甲氨基-1,3-双（硫代硫酸钠基）丙烷。

剂型：18%、20%、25%水剂，3.6%大粒剂，3.6%、5%颗粒剂，18%、20%增效水剂。

作用特点：杀虫双是一种仿生杀虫剂，是人工合成的沙蚕毒素类似物。对害虫具有较强的触杀和胃毒作用，并兼有一定的熏蒸作用。是一种神经毒剂，能使昆虫的神经对外来的刺激不产生反应，即昆虫中毒后不发生兴奋现象，表现为行动迟钝、缓慢，失去危害作物的能力、停止发育、虫体软化、瘫痪，直至死亡。杀虫双有很强的内吸作用，能被作物的叶、根等吸收和传导。被作物的根部吸收，1d后即可分布到整株植株的各个部位，叶部吸收要经过4d才能传送到整个地上部分。

毒性：中等毒性杀虫剂。纯品对雄性大鼠急性经口 LD_{50} 为451mg/kg，雌性小鼠急性经口 LD_{50} 为103mg/kg。无致癌、致畸、致突变作用。

防治对象和使用方法：杀虫双杀虫谱广，主要用来防治水稻害虫，对水稻螟虫、稻纵卷叶螟防效显著，特别是对螟虫的蛾、卵及各龄幼虫都有较理想的防效。

（4）甲氨基阿维菌素（苯甲酸盐）（emamectin benzoate）

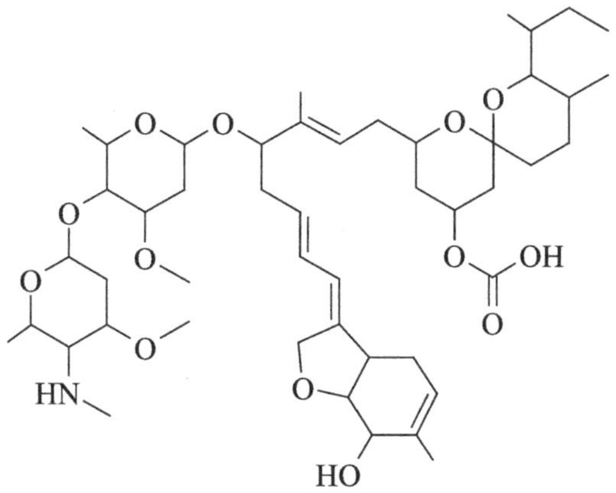

化学名称：4′-表-甲氨基-4′-脱氧阿维菌素苯甲酸盐。

剂型：5%水分散粒剂、3%微乳剂、1.9%乳油。

作用特点：甲氨基阿维菌素是一种半人工合成的高效杀虫、杀螨剂，属大环内酯双糖类化合物。其作用方式主要为胃毒作用，兼具触杀作用。高效广谱，对哺乳动物为中等毒性。其作用机制是 γ-氨基丁酸受体激活剂，使氯离子大量进入突触后膜，产生超级化，从而阻断运动神经信息的传递过程，使害虫中央神经系统的信号不能被运动神经元接收。害虫在几小时内迅速麻痹、拒食，直至慢慢死亡。药剂可以渗透到目标作物的表皮，形成一个有效成分的贮存层，持效期长。具有二次杀虫高峰，持效期达12d以上。

毒性：原药为高毒性，大白鼠急性经口 LD_{50} 为92.6（雌）～126（雄）mg/kg；急性经皮 LD_{50} 为108（雌）～126（雄）mg/kg。对家兔的皮肤无刺激性，对家兔的眼黏膜有中等刺激作用。制剂为低毒，1%乳油制剂对大白鼠急性经口 LD_{50} 均大于6190mg/kg。

防治对象和使用方法：对多种鳞翅目、同翅目害虫及螨类具有很高的活性，对一些已产生多种抗性的害虫如小菜蛾、甜菜夜蛾及棉铃虫等也具有极高的防治效果。

（5）丁醚脲（diafenthiuron）

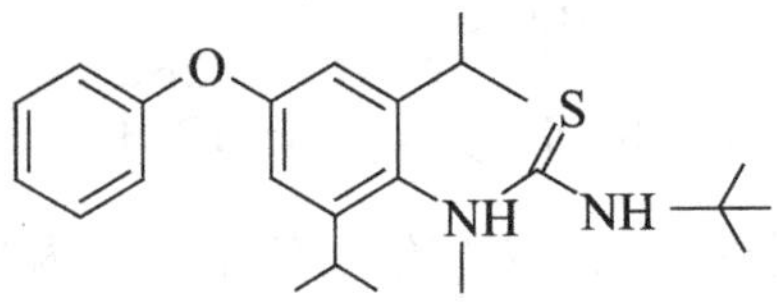

化学名称：1-特丁基-3-(2,6-二异丙基-4-苯氧基苯基)硫脲。

剂型：80%、50%可湿性粉剂，500g/L、50%悬浮剂，25%乳油。

作用特点：属硫脲类杀虫、杀螨剂，具有内吸、触杀、胃毒和熏蒸作用；通过干扰神经系统的能量代谢，破坏神经系统的基本功能，抑制几丁质合成，红蜘蛛首先麻痹，以后才死亡。在紫外线下转变为具有杀虫活性的物质，对蔬菜上已产生严重抗药性的害虫具有较强的活性。可防治多种作物和观赏植物上的蚜虫、粉虱、叶蝉、夜蛾科害虫及害螨。

毒性：中等毒性。原药大鼠急性经口 LD_{50} 为 2068mg/kg，大鼠急性经皮 $LD_{50}>2000$mg/kg，急性吸入（4h）LC_{50} 为 558mg/m^3。对兔的皮肤和眼睛无刺激性和致敏性，对动物无致癌、致畸、致突变作用。对鱼、蜜蜂高毒。

防治对象和使用方法：广泛应用于水果、棉花、蔬菜和茶树及观赏植物上，可有效控制植食性螨类，还可控制小菜蛾、菜粉蝶、粉虱和夜蛾的为害，能够防除蚜虫的敏感品系，以及对氨基甲酸酯、有机磷和拟除虫菊酯类农药产生抗性的蚜虫、大叶蝉和椰粉虱等。

（6）氟虫腈（fipronil）

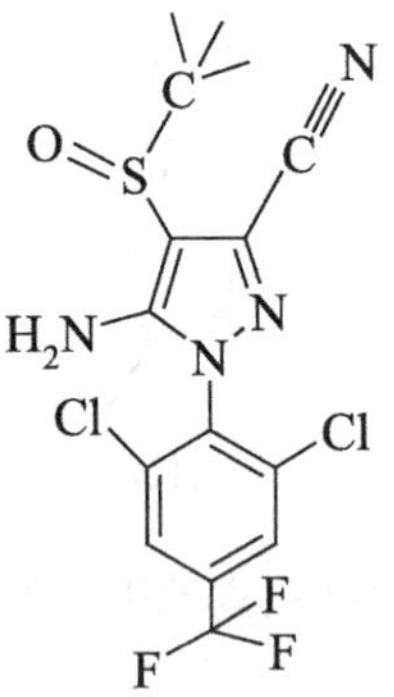

化学名称：5-氨基-1-(2,6-二氯-4-三氟甲苯基)-4-三氟甲基亚磺酰基吡唑-3-腈。

剂型：50g/L、250g/L悬浮种衣剂，80%水分散粒剂，50g/L悬浮剂，4g/L超低容量剂。

作用特点：氟虫腈是一种广谱性有机杂环类杀虫剂，有较强的渗透作用，无内吸性。主要作用于昆虫神经的氯离子通道（GABA），阻碍昆虫 γ-氨基丁酸控制的氯化物代谢。对已对有机磷和菊酯类农药有抗药性的害虫仍具高效。

毒性：中等毒性农药。原药大鼠急性口服 LD_{50} 为 97mg/kg，急性经皮 $LD_{50}>2000$mg/kg，兔急性经皮 LD_{50} 为 354mg/kg，大鼠急性吸入 LD_{50} 为 0.682mg/L。对鱼、虾、蜜蜂高毒。

防治对象和使用方法：氟虫腈对蚜虫、叶蝉、飞虱、蓟马、鳞翅目害虫、蝇类和鞘翅目害虫等均有很好的效果，还可用于土壤处理防治玉米根叶甲、金针虫和地老虎，用于拌种防治水稻螟虫等。

(7) 乙虫腈 (ethiprole)

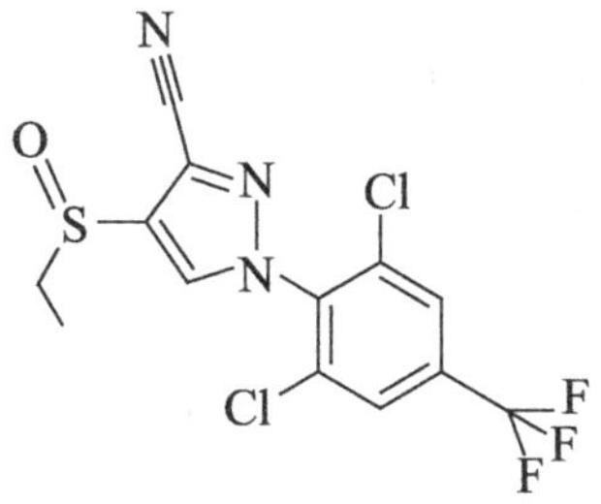

化学名称：1-（2，6-二氯-4-三氟甲基苯基）-3-氰基-4-乙基亚磺酰基-5-氨基吡唑。

剂型：10%悬浮剂。

作用特点：为苯基吡唑类广谱性杀虫剂，具有胃毒、触杀作用，兼具一定的内吸性和渗透性。与昆虫神经中枢细胞膜上的γ-氨基丁酸受体结合，阻塞神经细胞的氯离子通道，阻碍γ-氨基丁酸释放，从而干扰中枢神经系统的正常功能而导致昆虫麻痹死亡。

毒性：乙虫腈为低毒杀虫剂。大鼠急性经口LD_{50}＞2000mg/kg，大鼠急性经皮LD_{50}＞2000mg/kg，大鼠急性吸入LC_{50}＞5.21mg/L，对眼睛和皮肤无刺激作用。

防治对象和使用方法：乙虫腈主要用于防治对吡虫啉产生抗性的褐飞虱、白背飞虱等，推荐剂量为乙虫腈10%悬浮剂30～40mL/亩兑水50kg，在飞虱发生期叶面喷雾，重点喷植株中下部，持效期20d以上。

(8) 丁烯氟虫腈

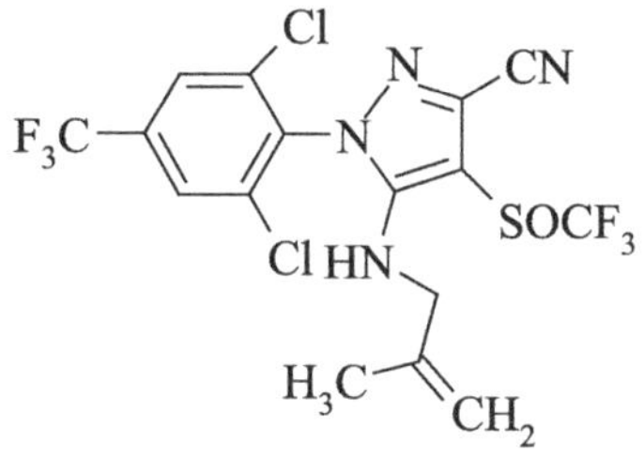

化学名称：3-氰基-5-甲代烯丙基氨基-1-（2，6-二氯-4-三氟甲基苯基）-4-三氟甲基亚磺酰基吡唑。

剂型：5%乳油。

作用特点：苯基吡唑类广谱性杀虫剂。具有触杀、胃毒作用，无内吸性，有渗透性。作用机制为与昆虫神经中枢细胞膜上的γ-氨基丁酸受体结合，阻塞神经细胞的氯离子通道，阻碍γ-氨基丁酸释放，从而干扰中枢神经系统的正常功能而导致昆虫麻痹死亡。

毒性：丁烯氟虫腈为低毒杀虫剂。5%乳油急性经口LD_{50}为雄性大鼠＞4640mg/kg，雌性大鼠＞4640mg/kg，经皮LD_{50}雌、雄大鼠均＞2150mg/kg，对眼睛为重度刺激，对皮肤具有弱致敏性。对蜜蜂高毒。

防治对象和使用方法：丁烯氟虫腈是一种广谱性杀虫剂，对鳞翅目、鞘翅目、半翅目、缨翅目等害虫具有高效，对菜青虫、小菜蛾、黏虫、褐飞虱、蓟虫、叶甲等具有很高的活性。与对环戊二烯类、菊酯类、氨基甲酸酯类杀虫剂已产生抗药性的害虫无交互抗性。

(9) 溴虫腈 (chlorfenapyr)

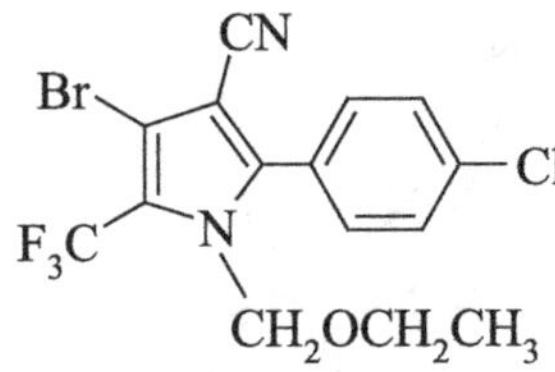

化学名称: 4-溴-2-(4-氯苯基)-1-(乙氧基甲基)-5-(三氟甲基)-氢吡咯-3-腈。

剂型: 100g/L、10%悬浮剂。

作用特点: 溴虫腈是芳基吡咯类化合物, 高效广谱, 具有胃毒和一定的触杀作用及内吸活性。对钻蛀、刺吸和咀嚼式口器的害虫及螨类的防效优异。溴虫腈是一种杀虫剂前体, 其本身对昆虫无毒杀作用。昆虫取食或接触溴虫腈后在昆虫体内多功能氧化酶的作用下转变为具有杀虫活性的化合物, 其靶标是昆虫体细胞中的线粒体, 使细胞合成因缺少能量而停止生命功能, 接触溴虫腈后害虫活动变弱, 出现斑点, 颜色发生变化, 活动停止, 昏迷, 瘫软, 最终导致死亡。

毒性: 中等毒性农药。大鼠急性经口 LD_{50} 为 441~1152mg/kg (雄/雌) 和 626mg/kg (雌雄混合组), 兔急性经皮 $LD_{50}>$ 2000mg/kg (雄/雌), 兔急性吸入 $LC_{50}>$ 0.83/27mg/L (雄/雌), 对兔的眼睛有轻微刺激, 对兔皮肤无刺激。对鱼类、蜜蜂和北美鹌鹑等毒性较高。

防治对象和使用方法: 可有效防治小菜蛾、甘蓝夜蛾、甜菜夜蛾、菜青虫、菜螟、菜蚜、叶螨属害螨、蓟马等, 尤其对抗性小菜蛾和甜菜夜蛾等有特效, 同时, 能有效抑制斑潜蝇、甘蓝斑潜蝇、粉虱、蓟马、跳甲等。

(10) 茚虫威 (indoxacarb)

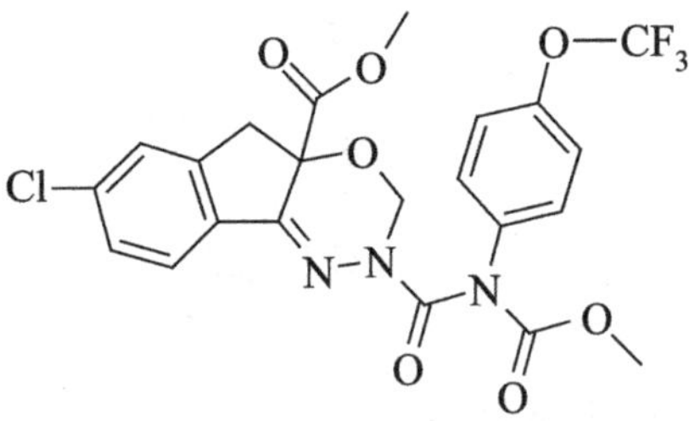

化学名称: 7-氯-2, 5-二氢-2-[N-(甲氧基甲酰基)-4-(三氟甲氧基)苯胺甲酰]茚并(1, 2-e)(1, 3, 4)噁二嗪-4a(3H)-甲酸。

剂型: 15%悬浮剂、30%水分散粒剂、0.045%饵料。

作用特点: 茚虫威的作用方式为胃毒和触杀, 其中以胃毒方式为主, 且对各个龄期的幼虫都有比较一致的效果。茚虫威的作用机制是通过阻断害虫神经细胞内的钠离子通道, 使神经细胞丧失功能发挥作用。通过害虫的接触和取食进入体内, 在 0~4h 内害虫即停止取食, 随即表现麻痹, 害虫协调能力下降 (可导致幼虫从作物上落下), 一般害虫在药后 24~60h 死亡。茚虫威具有良好的叶面渗透性, 但不具内吸性, 耐雨水冲刷。由于药后害虫迅速停止取食, 茚虫威表现出优异的作物保护效果。

毒性: 低毒农药, 安打悬浮剂对大鼠急性经口 LD_{50} 为 3619mg/kg (雄)、751mg/kg (雌); 大鼠急性经皮 LD_{50} 大于 5000mg/kg。对兔眼睛和皮肤无刺激性, 大鼠吸入毒性 LC_{50} 大于 2.7mg/L。安美水分散粒剂对大鼠急性经口 LD_{50} 为 1867mg/kg (雄)、687mg/kg (雌); 大鼠急性经皮 LD_{50} 大于 5000mg/kg。对兔的眼睛和皮肤无刺激性，大鼠吸入毒性 LC_{50} 大于 5.6mg/L。

防治对象和使用方法：对棉花、蔬菜、果树、水稻等作物上的多种鳞翅目害虫的幼虫具有良好的防治效果，且对作物保护效果突出。在卫生杀虫领域，应用于对红火蚁的防治。

（11）唑虫酰胺（tolfenpyrad）

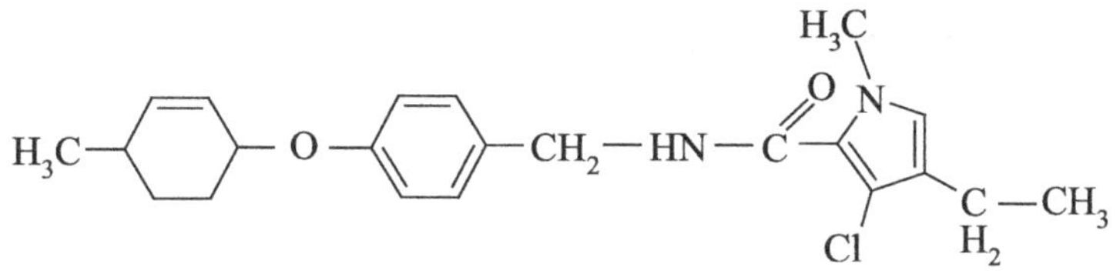

化学名称：N-［4-（4-甲基苯氧基）苄基］-1-甲基-3-乙基-4-氯-5-吡唑甲酰。

剂型：15% 乳油。

作用特点：广谱性杀虫剂。具有触杀作用和杀卵作用，无内吸性和渗透性。作用机制为阻碍线粒体能量代谢系统的电子传递，为线粒体复合体电子传递阻碍剂（ME-TI），其被阻碍点是电子传递系统里的复合体Ⅰ（complex Ⅰ）。对鳞翅目害虫小菜蛾、缨翅目害虫蓟马等害虫有高效。持效期长，对害虫整个生育期，从卵到成虫都有较高的活性，并抑制害虫取食。并对白粉病有兼治作用。

毒性：中等毒性杀虫剂。15% 乳油的急性毒性：大鼠经口 LD_{50} 为 102 mg/kg（雄）、83 mg/kg（雌）；小鼠经口 LD_{50} 为 104 mg/kg（雄）、108 mg/kg（雌）。对兔的眼睛、皮肤有中等程度刺激作用。对水生生物的毒性较高：15% 的乳油对鲤鱼 LC_{50}（96h）>0.0449mg/L，对大水蚤（48h）为 0.008mg/L，对绿藻 LC_{50}（72h）为 1.36mg/L。对家蚕、蜜蜂、有益螨的影响长达 59d。

防治对象和使用方法：该药对鳞翅目、同翅目、膜翅目、半翅目、鞘翅目及螨类均有效。

（12）氟虫双酰胺（flubendiamide）

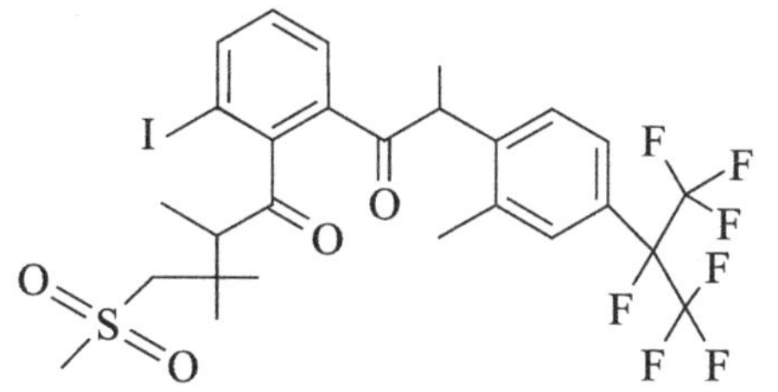

化学名称：3-碘-N-2-（2-甲基磺酰基-1,1-二甲基-乙基）-N-1-［2-甲基-4-（1,2,2,2-四氟-1-三氟甲基-乙基）-苯基］-邻苯二酰胺。

剂型：20% 水分散粒剂。

作用特点：属邻苯二甲酰胺类广谱性杀虫剂，具有胃毒、触杀作用，无内吸性。作用于昆虫细胞鱼尼丁（ryanodine）受体的化合物，激活鱼尼丁受体细胞内钙释放通道，导致贮存钙离子的失控性释放。作用于神经细胞上发放的钙离子通道，使之被活化并引导肌肉收缩。害虫不能控制肌肉活动并阻碍其摄取食物等行为，最终导致死亡。耐雨水冲刷。具有见效快、持效期长，对幼虫、成虫都有较高活性的特点，没有杀卵作用。快速抑制害虫取食。对各种天敌影响极小，尤其是各种蜂类。

毒性：低毒。大鼠急性经口毒性 LD_{50} >2000mg/kg，经皮毒性 LD_{50} >2000mg/kg，对眼睛和皮肤刺激性轻微。对蜜蜂毒性很低，一般用量下对有益虫没有活性（几乎无毒）。

防治对象和使用方法：对几乎所有的鳞翅目类害虫均具有很好的活性，不仅对成虫和幼虫都有优良的活性，而且作用速度快、持效期长。对鳞翅目害虫甜菜夜蛾、斜纹夜蛾、小菜蛾等害虫有特效。

可用于甘蓝、生菜、白菜、萝卜、葱、番茄、苹果、梨、桃、草莓、茶叶、大豆上防治多种鳞翅目害虫。

（13）氯虫苯甲酰胺（flubendiamide）

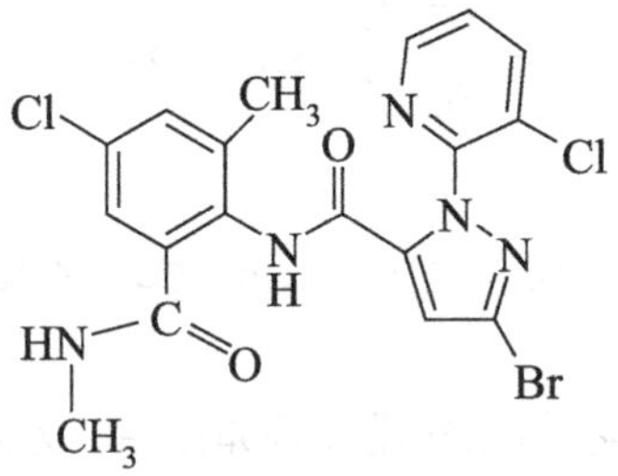

化学名称：3-溴-N-{4-氯-2-甲基-6-[（甲氨基甲酰基）]苯}-1-（3-氯吡啶-2-基）-1H-吡唑-5-甲酰胺。

剂型：200g/L、5%悬浮剂，35%水分散粒剂。

作用特点：氯虫苯甲酰胺是邻甲酰氨基苯甲酰胺类广谱杀虫剂，具有胃毒和接触毒性，胃毒为主要作用方式。其作用机制是激活兰尼碱受体，释放平滑肌和横纹肌细胞内贮存的钙，引起肌肉调节使衰弱、麻痹，直至害虫死亡。能够使害虫快速停止取食（7min），很快活力丧失，回吐，因持续脱钙使肌肉麻痹，显著抑制生长，24～72h内死亡。可经茎、叶表面渗透植物体内，还可通过根部吸收和在木质部移动。持效期长，防雨水冲刷，在作物生长的任何时期提供即刻和长久的保护。

毒性：氯虫苯甲酰胺原药对大鼠急性经口、经皮LD_{50}＞5000mg/kg，急性吸入LC_{50}＞5.1mg/L；对兔的皮肤、眼睛无刺激性；豚鼠皮肤变态反应（致敏性）试验结果为无致敏性。氯虫苯甲酰胺原药和35%水分散粒剂、200g/L悬浮剂、5%悬浮剂均为微毒杀虫剂。对鱼中毒或以下；对鸟和蜜蜂低毒；对家蚕剧毒，高风险。

防治对象和使用方法：主要防治多种作物的鳞翅目害虫，对其他害虫也有较好的防效。

（14）吡虫啉（imidacloprid）

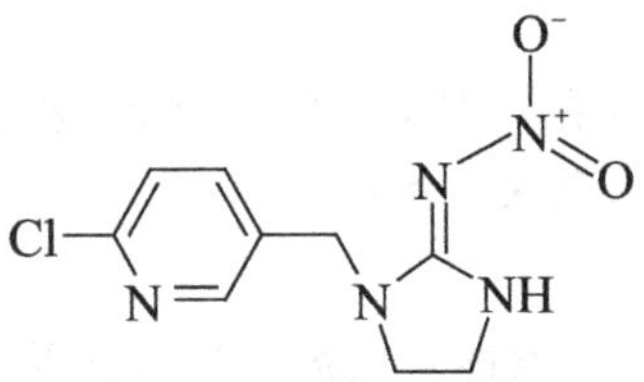

化学名称：1-（6-氯-3-吡啶基甲基）-N-硝基亚咪唑烷-2-基胺。

剂型：10%可湿性粉剂、30%悬浮种衣剂、5%可溶性液剂。

作用特点：吡虫啉是一种烟碱类内吸杀虫剂，作用方式主要为胃毒和触杀，兼具内吸活性。其作用于烟碱乙酰胆碱受体，干扰昆虫神经系统的刺激传导，引起神经通路的阻塞，这种阻塞造成神经递质乙酰胆碱在突触部位的积累，从而导致昆虫麻痹，并最终死亡。适合于土壤、种子处理及颗粒施用。该药与传统的杀虫剂无交互抗性，持效期较长。

毒性：低毒农药。原药对大鼠急性经口LD_{50}为1260mg/kg，小鼠急性经口LD_{50}为126

（雌）~147（雄）mg/kg，大鼠急性经皮 LD_{50} 大于1000mg/kg。原药对兔的眼睛有轻微的刺激作用，但对皮肤无刺激性。叶面施用时，特别是在花期，对蜜蜂高毒，但种子处理时对蜜蜂无毒，对蚯蚓和蜘蛛等有益生物较安全。

防治对象和使用方法：吡虫啉对于刺吸危害的害虫，如水稻飞虱、叶蝉、蓟马、蚜虫、粉虱、白蚁、草坪害虫及一些甲虫（如马铃薯甲虫等）防效较好，对线虫和红蜘蛛无效。

（15）啶虫脒（acetamiprid）

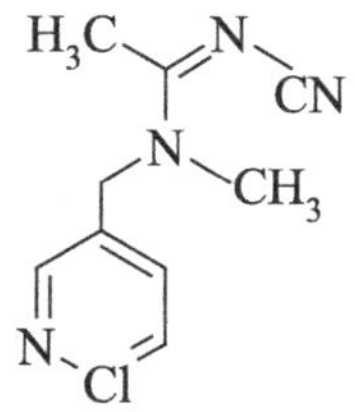

化学名称：（E）-N-［（6-氯-3-吡啶基）甲基］-N'-氰基-N-甲基乙脒。

剂型：20%可溶性液剂，70%水分散粒剂，25%、3%乳油，2%高渗乳油，20%可溶性粉剂。

作用特点：啶虫脒为氯化烟碱类化合物，具有触杀和胃毒作用，还具有较强的渗透作用。作用于昆虫神经系统突触部位的烟碱乙酰胆碱受体，干扰昆虫神经系统的刺激传导，引起神经通路的阻塞，从而造成神经递质乙酰胆碱在突触部位的积累，导致昆虫麻痹，并最终死亡。与有机磷酸酯、氨基甲酸酯及拟除虫菊酯类杀虫剂间不存在交互抗性问题。毒杀作用迅速，残效期长，可达20d左右。

毒性：中等毒性农药。原药对大白鼠急性口服 LD_{50} 为146（雌）~217（雄）mg/kg，急性经皮 $LD_{50}>2000$mg/kg。对兔的皮肤和眼睛无刺激性。无致突变作用。对天敌杀伤力小，对鱼毒性较低，对蜜蜂影响小。

防治对象和使用方法：对粉虱、蚜虫、蓟马、潜叶蛾、稻飞虱及白蚁等害虫具有较好的防治效果。

（16）氯噻啉（imidaclothiz）

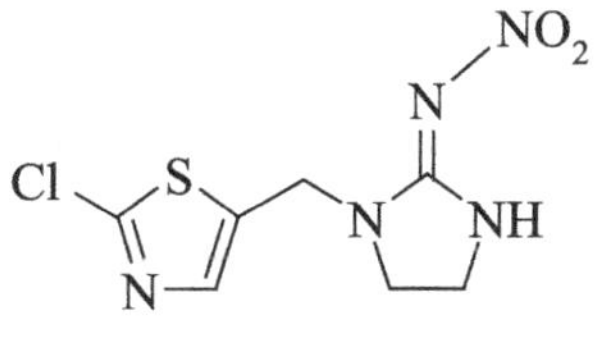

化学名称：1-（5-氯-噻唑基甲基）-N-硝基亚咪唑-2-基胺。

剂型：10%可湿性粉剂、40%水分散粒剂。

作用特点：烟碱类高效、低毒、广谱杀虫剂。具有较强的内吸性能，兼具触杀、胃毒双重功效，特别适合防治刺吸式口器害虫。速效性好，对害虫的突触受体具有神经传导阻断作用。

毒性：低毒杀虫剂。原药对雄、雌性大鼠急性经口 LD_{50} 分别为1470mg/kg和1620mg/kg，急性经皮 $LD_{50}>2000$mg/kg。制剂对雄、雌性大鼠急性经口 LD_{50} 分别为3690mg/kg和2710mg/kg，急性经皮 $LD_{50}>2000$mg/kg，对实验动物的皮肤和眼睛无刺激性、无致敏性。对鱼低毒，对鸟中等毒性，对蜜蜂和家蚕高毒。

防治对象和使用方法：对蔬菜蚜虫、水稻飞虱、番茄（大棚）白粉虱、柑橘树蚜虫、茶树小绿叶蝉等作物害虫有较好的防效。

（17）噻虫嗪（thiamethoxam）

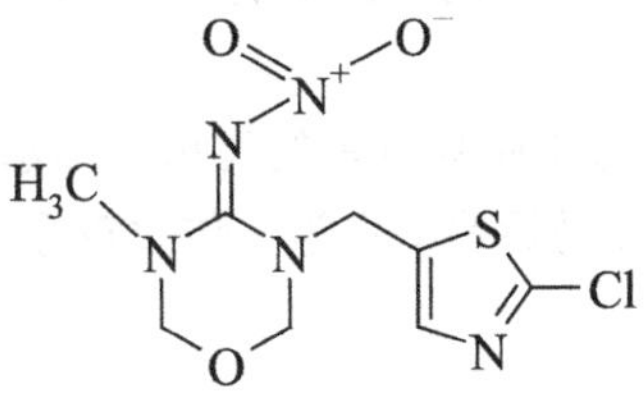

化学名称：3-（2-氯-5-噻唑基甲基）-5-甲基-N-硝基-4H-1,3,5-四氢恶二嗪-4-亚胺。

剂型：25%水分散粒剂。

作用特点：为第二代新烟碱类杀虫剂，具有杀虫谱广、活性高的特点，主要有触杀、胃毒、内吸活性，作用速度快，持效期长，持效期可达1个月左右。作用于乙酰胆碱酯酶受体，作用机制虽与吡虫啉第一代新烟碱杀虫剂相似，但具有更高的活性，更高的安全性，更广的杀虫谱。

毒性：属低毒杀虫剂，大鼠急性经口 LD_{50} 为1563mg/kg，大鼠急性经皮毒性 LD_{50}＞1563mg/kg，大鼠急性吸入 LC_{50}（4h）为3720mg/m³，对兔的眼睛和皮肤无刺激性。

防治对象和使用方法：对各种蚜虫、飞虱、粉虱等刺吸式口器害虫有特效，对马铃薯甲虫和多种咀嚼式口器害虫也有很好的防效。

（18）噻虫啉（thiacloprid）

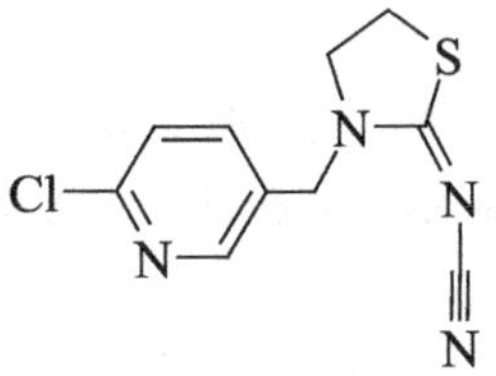

化学名称：[3-（6-氯-3-吡啶基甲基）-1,3-噻唑啉-2-亚基]氰胺。

剂型：2%微囊悬浮剂、48%悬浮剂、48%水悬浮剂。

作用特点：氯代烟碱类杀虫剂，具有较强的触杀、胃毒和内吸作用，杀虫谱广，对刺吸式口器害虫有良好的杀灭效果。它主要作用于昆虫神经接合后膜，通过与烟碱乙酰胆碱受体结合，干扰昆虫神经系统正常传导，引起神经通道的阻塞，造成乙酰胆碱的大量积累，从而使昆虫异常兴奋，全身痉挛、麻痹而死。噻虫啉与常规杀虫剂没有交互抗性，因而可用于抗性治理，广泛应用于那些对有机磷类、氨基甲酸酯类、除虫菊酯类已产生抗性的农林业害虫的防治。

毒性：低毒杀虫剂。雄大鼠急性经口 LD_{50} 为836mg/kg，雌大鼠为444mg/kg；雄大鼠急性吸入 LD_{50} 为2535mg/m³，雌大鼠为1223mg/m³；对兔的眼睛和皮肤无刺激作用；无致癌和致突变作用。

防治对象和使用方法：对棉花、蔬菜、马铃薯和梨果类害虫有优异的防效。除了对蚜虫和粉虱有效外，还对各种甲虫如马铃薯甲虫、苹果象甲、稻象甲等，鳞翅目害虫如潜叶蛾和苹果蠹蛾也有效。推荐用量为48～180g有效成分/hm² 做叶面喷施。对于一般杀虫剂难以防治的松褐天牛、杨树天牛及其他多种天牛，具有快速的杀灭效果。在防治松褐天牛的同时，对虫期交叉的松毛虫、杨树舟蛾、松突圆蚧类害虫、美国白蛾及各类尺蠖，也可同时起到防治作用。

(19) 吡蚜酮 (pymetrozine)

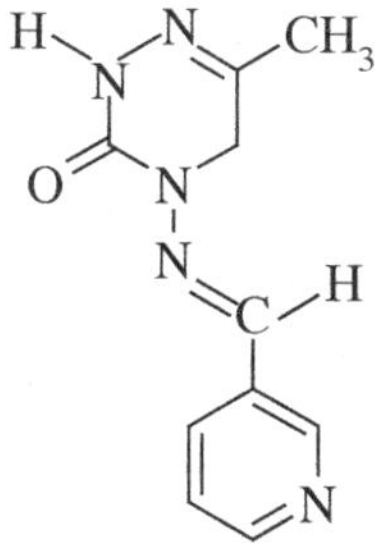

化学名称: 4-[(3-亚甲基吡啶)-氨基]-6-甲基-4,5-二氢-2H-(1,2,4)三唑-3-酮。

剂型: 25%可湿性粉剂。

作用特点: 吡啶类或三嗪酮类杀虫剂,内吸性良好,在植物体内既能在木质部输导,也能在韧皮部输导,具有胃毒、触杀作用,对多种作物的刺吸式口器害虫表现出优异的防治效果。作用机制独特,主要作用于害虫口针神经,导致刺吸式害虫口针的控制肌肉麻痹,进而引起口针堵塞,使害虫饥饿而死。它没有击倒活性,不会对昆虫产生直接毒性,因此作用较慢,死亡率高低与气候条件有关。

毒性: 吡蚜酮属低毒杀虫剂。大鼠急性经口 LD_{50} 为 1710mg/kg,大鼠急性经皮 $LD_{50}>$ 2000mg/kg,对鸟类、鱼类、非靶标节肢动物低毒。

防治对象和使用方法: 吡蚜酮对刺吸式口器害虫特别是蚜虫、白粉虱、黑尾叶蝉有独特的防效。与现有的有机磷、氨基甲酸酯类和氯代烟碱类杀虫剂无交互抗性,适合于对已产生抗性害虫的治理。可用作叶面喷雾和土壤处理剂。

(20) 烯啶虫胺 (nitenpyram)

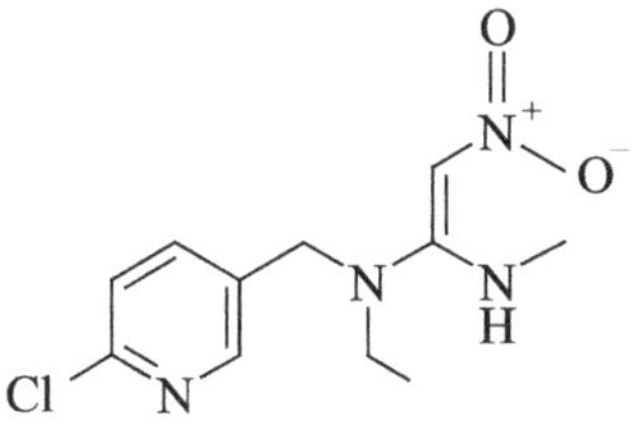

化学名称: (E)-N-(6-氯-3-吡啶甲基)-N-乙基-N'-甲基-2-硝基亚乙基二胺。

剂型: 10%可溶液剂、50%可溶粒剂。

作用特点: 烯啶虫胺是一种新烟碱类化合物,具有很好的内吸和渗透作用。主要作用于昆虫神经,对害虫突触受体具有神经阻断作用,用于水稻、蔬菜等作物,对各种蚜虫、粉虱、水稻叶蝉和蓟马有优良防效。

毒性: 低毒杀虫剂。10%烯啶虫胺可溶液剂大鼠急性经口 $LD_{50}>4640$mg/kg,急性经皮 $LD_{50}>2150$mg/kg;对家兔的皮肤和眼睛无刺激性;豚鼠皮肤变态反应(致敏)试验结果属无致敏物(致敏率为0)。对鱼类、鸟类低毒;对蜜蜂和家蚕高毒。

防治对象和使用方法: 主要用于果树等作物防治多种刺吸式口器害虫。

(21) 螺虫乙酯 (spirotetramat)

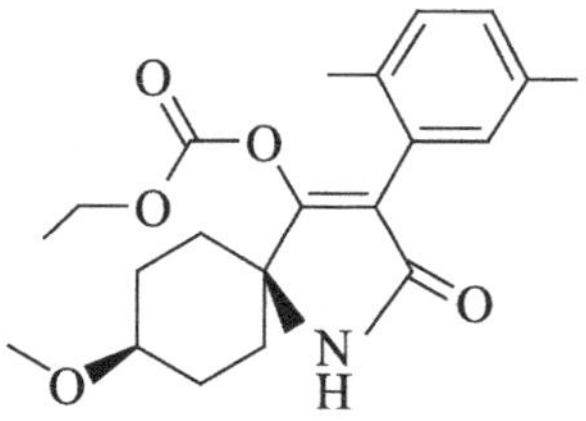

化学名称：Z-3-（2，5-二甲基苯基）-8-甲氧基-2-氧代-1-氮杂螺（4，5）癸-3-烯-4-基碳酸乙酯。

剂型：22.4%、240g/L悬浮剂。

作用特点：是季酮酸类化合物，具有双向内吸传导性能的现代杀虫剂之一。该化合物可以在整个植物体内向上向下移动，抵达叶面和树皮，从而防治如生菜和白菜内叶上及果树皮上的害虫。这种独特的内吸性能可以保护新生茎、叶和根部，防止害虫的卵和幼虫生长。其另一个特点是持效期长，可提供长达8周的有效防治。其是一种脂类合成抑制剂（lipid biosynthesis inhibitor，LBI），作用机制是通过抑制害虫体内脂肪合成，阻断害虫正常的能量代谢，最终导致死亡。作用机制独特，与其他杀虫剂无交互抗性。广谱性杀虫剂，除了对介壳虫的高效作用外，还同时对红蜘蛛、蚜虫（苹果棉蚜、橘蚜、桃蚜、根瘤蚜）、木虱、梨木虱、粉虱、蓟马（花蓟马、茶黄蓟马、烟蓟马）等刺吸式口器害虫具有优秀的防效。

防治对象和使用方法：螺虫乙酯，高效广谱，可有效防治各种刺吸式口器害虫，如蚜虫、蓟马、木虱、粉蚧、粉虱和介壳虫等。可应用的主要作物包括棉花、大豆、柑橘、热带果树、坚果、葡萄、啤酒花、土豆和蔬菜等。

二、防治钻蛀害虫的杀虫剂

钻蛀性害虫（borer）泛指具有钻入寄主植物茎秆、果实、枝干等取食为害习性的害虫，此类害虫大多数属咀嚼式口器害虫，主要以幼虫为害。其主要包括食心虫类大豆食心虫、桃小食心虫，螟虫类玉米螟、桃蛀螟、二化螟、三化螟和蛀干害虫类天牛、吉丁虫等。

（一）食心虫防治

大豆食心虫一般在7月下旬～8月上旬为发生的高峰期。一般在成虫初盛期开始进行，也就是大豆食心虫成虫盛期前1～2d。大豆食心虫成虫盛期的标志是：田间蛾量突增，结团飞翔的蛾团数量增多，并开始能看到交配。可以使用有机磷类或拟除虫菊酯类药剂进行喷雾防治，或用80%敌敌畏乳油100～150mL/亩熏蒸大豆食心虫，用敌敌畏熏蒸大豆食心虫的方法：将玉米秆或高粱秆截成30cm长一段，一端去皮留瓤，另一端保持原样，将瓤浸在80%敌敌畏原液中，可用80%敌敌畏原液100L/亩，3min后即可拿出成为药棒，将未浸药的一端插在大豆垄台上，每隔5垄插一行，每隔5m左右插一根，每亩插50根左右。或者用约30cm长木棍，一端捆上棉球，蘸敌敌畏原液防治，按上述要求插好。也可玉米穗轴蘸药液，将吸收药液的玉米穗轴夹在豆株枝杈上进行防治。在用敌敌畏熏蒸大豆食心虫时，一定要注意敌敌畏对高粱有严重为害，与高粱间种的大豆田或附近有高粱的大豆田坚决不能使用敌敌畏；在幼虫蛀荚盛期前，用50%倍硫磷乳油50～150mL/亩，兑水30～50kg喷雾，可以防治大豆食心虫和大豆卷叶螟。在大豆食心虫卵盛孵期或菜豆开花结荚期，用5.7%氟氯氰菊酯乳油2000～2500倍液喷雾也可收到满意效果；于大豆开花盛期、卵孵高峰期施药，用20%氰戊菊酯乳油20～40mL/亩，能有效防治豆荚被害，同时可兼治蚜虫、地老虎。此外，防治桃小食心虫，主要采用拟除虫菊酯类药剂和有机磷类药剂。于卵盛期，卵果率达10%时施药，用20%甲氰菊酯乳油2000～4000倍液（有效浓度50～100mg/kg）喷雾，施药2～4次，每次间隔10d；用1%阿维菌素乳油2500～3000倍液防治；用10～30mg/kg浓度联苯菊酯药液，在卵果率0.5%～1.0%时喷施，持效期10d左右；于卵孵盛期，用2.5%氟氯氰菊酯乳油3000～4000倍兑水均匀喷雾。于成虫盛发期到幼虫入荚前，用50%杀螟硫磷乳油90mL/亩，兑水50～60kg喷雾；在卵果率为0.5%～1%时用毒死蜱400～500mg/kg浓度喷雾，或用1300～1500mg/kg浓度药液在幼虫出土始盛期时在树冠下进行地面处理喷雾,亩喷药液量150kg。防治桃小食心虫,在成虫产卵盛期,卵果率达1%时开始防治。用50%杀螟丹可溶性粉剂1000倍液;或每100kg水加50%可溶性粉剂100g,即有效浓度500mg/kg均匀喷雾;在卵果率达0.5%~1%时,用400~600mg/kg浓度的乙酰甲胺磷喷雾,也可以有效防治桃小食心虫和梨小食心虫。

(二)螟虫防治

防治玉米螟可以选择有机磷类、拟除虫菊酯类和昆虫生长调节剂类等。玉米心叶末期(5%抽雄),将40%辛硫磷乳油配成0.3%颗粒剂,撒在喇叭筒里;于喇叭口期施药,用20%三唑磷乳油75~1000mL/亩拌毒土灌心或喷雾;于卵孵盛期施药,用2.5%氟氯氰菊酯乳油5000倍稀释喷雾,效果良好;在幼虫初孵期或产卵高峰期,用除虫脲灌心叶或喷雾,可杀卵及初孵幼虫,用25%可湿性粉剂20~30g/亩(有效成分5~7.5g)喷雾,灌心每100kg水加25%可湿性粉剂40~80g或以1250~2500倍液(有效浓度100~200mg/kg)喷雾;在玉米生长的喇叭口期和雄穗即将抽发前,用50%杀螟丹可溶性粉剂100g,即有效成分750g/hm^2,兑水100kg喷雾,或均匀地将药液灌在玉米心内。

另外,玉米螟的天敌种类很多,主要有寄生卵赤眼蜂、黑卵蜂,寄生幼虫的寄生蝇、白僵菌、细菌、病毒等。捕食性天敌有瓢虫、步行虫、草蜻蛉等,都对虫口有一定的抑制作用。因此,还可以采用生物防治方法。

1. 释放赤眼蜂 赤眼蜂是一类卵寄生性昆虫天敌,在自然界的种类很多,常见的有玉米赤眼蜂、松毛虫赤眼蜂、螟黄赤眼蜂、螟稻赤眼蜂。用于防治玉米螟的赤眼蜂是松毛虫赤眼蜂,具有安全、无毒、无公害、方法简单、效果好等优点。确定释放赤眼蜂最佳时期,做好虫情预报是关键。应根据虫情调查情况,作出放蜂计划,保证蜂卵相遇。玉米螟成虫产卵初期是赤眼蜂防治的最佳时期。选择晴天大面积连片放蜂。放蜂量和次数根据螟蛾卵量确定。一般每公顷释放15万~30万头,分两次释放,每公顷放45个点,在点上选择健壮玉米植株,在其中部一个叶面上,沿主脉撕成两半,取其中一半放上蜂卡,沿茎秆方向轻轻卷成筒状,叶片不要卷得太紧,将蜂卡用线、钉等钉牢。应掌握在赤眼蜂的蜂蛹后期,个别出蜂时释放,把蜂卡挂到田间1d后即可大量出现。

2. 利用白僵菌

(1)僵菌封垛 白僵菌能够寄生于玉米螟幼虫和蛹。防治方法是:在早春越冬幼虫开始复苏化蛹前,对残存的秸秆,逐垛喷撒白僵菌粉封垛。剂量为每立方米秸秆垛,用每克含100亿孢子的菌粉100g,喷一个点,也就是将喷粉管插入垛内,摇动把子,当垛面有菌粉飞出即可。

(2)白僵菌丢心 在玉米心叶中期,用500g含孢子量为50亿~100亿的白僵菌粉,兑煤渣颗粒5kg,每株施入2g,即可有效防治玉米螟。

(3)Bt可湿性粉剂 在玉米螟卵孵化期,田间喷施100亿/mL的Bt乳剂200倍液,可以有效防控玉米螟危害。

水稻害虫二化螟、三化螟的防治,主要利用沙蚕毒素类药剂。

杀虫单对水稻二化螟、三化螟、稻纵卷叶螟有特效,用50%泡腾粒剂70~100g,即有效成分525~750g/hm^{2}撒施。防治枯心,可在卵孵化高峰后6~9d时用药;防治白穗,在卵孵化盛期内水稻破口时用药。防治纵卷叶螟可在螟卵孵化高峰期用药。

杀虫双防治水稻二化螟、三化螟、大螟。用18%水剂200~250mL/亩,即有效成分540~675g/hm^2,防治枯心,在螟卵孵化高峰后6~9d时用药,防治白穗,在卵盛孵期内水稻破口时用药,施药方法为喷雾,也可采用毒土、泼浇和喷粗雾法施药,标注可撒滴的产品可直接撒滴；防治水稻螟虫用 3% 颗粒剂 2.5～3kg，即有效成分 1125～1350g/hm²，直接撒施。

水稻二化螟、三化螟防治药剂还包括有机磷类，在螟卵孵化始盛期施药，用 20% 三唑磷乳油 100～150mL/亩，加水 50～75kg，均匀喷雾；三化螟在田间卵块数达到 30～50 块/亩为防治适期，防治枯心苗应掌握在卵孵化高峰前 1～2d 施药；防治白穗，在水稻抽穗率达到 5%～10% 用药，用药量及使用方法同二化螟，并可兼治稻纵卷叶螟、蓟马、飞虱等多种害虫。用 50% 倍硫磷乳油 75～150mL/亩兑水喷雾，为防止造成枯梢和枯心苗，一般在蚁螟孵化高峰前 2～3d，加细土 10～15kg 配制成毒土撒施；防治虫伤蛛、枯孕穗和白穗，一般在蚁螟孵化始盛期至高盛期，兑水 50～100kg 喷雾；稻叶蝉的防治，用 50% 乳油 70～150mL/亩，兑水 50～100kg 喷雾；防治稻飞虱，用 50% 乳油 70～100mL/亩，兑水 75～100kg 喷雾。用 50% 二嗪磷乳油 50～75mL/亩兑水 50～75kg 喷雾，三化螟防治枯心应掌握在卵孵盛期，二化螟在蚁螟孵化高峰前 3d 用药可以有效防治。

此外，防治水稻二化螟、三化螟、纵卷叶螟等，用 5% 氟虫腈悬浮剂 50～60mL/亩（有效成分 2.5～3g），兑水 45～60kg，于害幼虫孵化期叶面喷雾，同时可以兼治水稻飞虱、蓟马等害虫。以 20% 除虫脲悬浮剂 8000 倍与 25% 西维因可湿性粉剂 300 倍液混合后喷雾，可有效地杀死二化螟不同产期的卵块及初孵幼虫。用有效成分 5～6.7g，即甲氧虫酰肼制剂 20～28mL/亩，兑水 50kg 喷雾可有效防治水稻二化螟。在卵孵化高峰前 1～2d 施药，用 50% 杀螟丹可溶性粉剂 70～100g，即有效成分 525～750g/hm²，或用 98% 可溶性粉剂 50～60g，即有效成分 735～882g/hm²，兑水喷雾，常规喷雾亩喷药液 40～50kg，低容量喷雾亩喷药液 7～10kg，可以有效防治水稻二化螟、三化螟。水稻二化螟的防治还可以采用 1% 甲基阿维菌素乳油 50～100g 喷雾。水稻二化螟、稻纵卷叶螟、稻苞虫、稻秆潜蝇、稻铁甲虫、稻飞虱、稻叶蝉、稻蓟马的防治可以用 1600～2400mg/kg 浓度的敌百虫药液喷雾，亩喷水量 75～100kg，防治二化螟在分蘖期和孕穗期用药。

溴氰菊酯可以防治桃小食心虫、梨小食心虫、桃蛀螟。在产卵盛期至孵化盛期、幼虫蛀果前，用 2.5% 乳油 1500～2500 倍液喷雾，间隔 10d 再喷 1 次，连续 2～3 次，可控制其为害，并可兼治蚜虫、梨星毛虫、卷叶蛾等害虫。水稻、豆类作物上的螟虫可以用毒死蜱防治，对水稻纵卷叶螟、二化螟、三化螟，在卵孵化盛期用 400～500mg/kg 浓度喷雾，亩喷药液量 75kg；对豆野螟，在豇豆、菜豆开花期，幼虫卵孵化盛期，害虫蛀入前，用 600～800mg/kg 浓度喷雾，持效期 10d 左右。大豆食心虫及水稻上的三化螟等，也可以用 10% 烟碱乳油 500～1000 倍液喷雾防治。此外，还可以用植物源农药狼毒素防治大豆食心虫、玉米螟等。

（三）蛀干害虫防治

蛀干害虫的防治最佳适期为 5 月底～6 月中上旬成虫羽化后、幼虫孵化前的有利时机，防止幼虫进入主干内。

蛀干害虫幼虫的防治可用毒签法，将磷化锌和草酸处理过的毒签插入新鲜排粪孔或用毒泥堵孔，也可用 80% 敌敌畏 500 倍液注入虫孔，或用磷化铝片塞入虫孔熏；或用棉签蘸白僵菌和 BT（1：1）插入虫孔。此外，采取树干涂白能够防治天牛产卵，即石灰 10kg、硫黄 1kg、盐 10g、水 20～40kg。用 50% 杀螟松乳油、40% 乐果乳油或 50% 辛硫磷乳油 100 倍喷树干也可以有效防治蛀干害虫。

此外，蛀干害虫还可以采取树干打针（孔）注射、输液法，具体方法为：在每年的 5 月开始，发现树干表面有虫孔时，直接用注射器向虫孔注药或者挂吊袋（瓶）输液。如防治天牛，当发现虫孔中淌出新鲜锯屑，说明虫孔内有天牛幼虫存在，可用树虫康或蛀虫清 5～10 倍液，按每厘米胸径 1~1.5mL 药液用量进行注射或者稀释 50 倍进行输液（胸径 10~15cm 挂 1kg 的吊袋一个，每递增 5cm 增加一个吊袋），后用黄泥封口，以免药液挥发掉，防效可达 98% 以上。

当树干表面看不到虫孔时，可改用钻子等在树干基部四周打孔注药。具体操作方法为：在树的主干基部距地面 30cm 处，钻头与树干成 45°角向下倾斜打孔，深至木质部（孔深 6~8cm）；树木胸径在 15cm 以下钻孔 1~2 个，30cm 以下钻孔 2~3 个，30cm 以上钻孔 4~5 个；注药量以孔洞注满为度，约 5mL，然后用滴管或注射器将内吸性药液缓缓注入封口即可。注药后一周，害虫即可大量死亡，打孔伤口通常在 2 个月左右可痊愈。

主要防治：松褐天牛、桑天牛、光肩星天牛、桃红颈天牛、黄斑星天牛、云斑天牛、双条杉天牛等多种天牛成虫，以及金龟子、竹象、象甲、小蠹虫、吉丁虫等其他害虫成虫。

此外，利用辛硫磷的胃毒、触杀和在黑暗条件下残效长等特性，也可以有效防治天牛等蛀干性害虫，符合环保、经济、安全和高效的原则。大多数蛀干性害虫的幼虫都有通气和排粪的特性，因此四月开始检查苗木，发现蛀虫的洞口后，用辛硫磷（50% 辛硫磷∶水为 1∶3）药液处理棉球，然后将带药棉球塞入虫洞，并用湿泥把虫洞填满，最后把洞口外的湿泥抹平。迫使蛀干性害虫的幼虫接触带辛硫磷的棉球，使其中毒死亡。此外，用湿泥封闭蛀虫的洞口，可以有效阻止阳光照射，以减慢辛硫磷的降解速度。

三、防治地下害虫的杀虫剂

地下害虫（soil pest）是指生活史的全部或某个阶段生活在土壤中危害植物地下部分、种子、幼苗或近土表主茎的杂食性昆虫，也称土壤害虫。地下害虫种类很多，主要有蝼蛄、蛴螬、根蛆、根蚜、根蚧、根叶甲、根天牛、根象甲、根蝽、金针虫、地老虎、拟地甲、蟋蟀和白蚁等 10 多类害虫，我国已知地下害虫达 320 余种，分别属于 8 目 36 科。在各地均有分布，发生种类有地区差异，一个地区地下害虫常多种类混合发生。一般以旱作地区普遍发生，尤以蝼蛄、蛴螬、金针虫、根蛆和地老虎最为重要。

1. 辛硫磷

（1）拌种使用　　用于小麦、玉米、花生、大豆、谷子、高粱、林木种子拌种，一般采用 0.1%~0.2% 的量拌种，宜可采用高浓度乳油或拌种专用剂型，使用时先将乳油或拌种剂用水稀释，然后将药液喷至种子上并边喷边拌，堆闷 2h 后即可播种。

（2）土壤处理　　使用辛硫磷颗粒剂或毒土，可以有效防治蝼蛄、蛴螬、地老虎、金针虫等。具体方法是将辛硫磷乳油制成 5% 的毒土或毒沙，在播种前施于播种沟中，用量为 2~2.5kg/ 亩，或施用 3% 颗粒剂 4~5kg/ 亩；防治甘蔗蔗龟时，也可将颗粒剂施于行间后覆土。

（3）灌注使用　　可以防治韭菜根蛆、蔗龟等的地下害虫，使用浓度为 250~650mg/kg，在害虫的卵孵化盛期或幼虫 1 龄期灌墩或在旁边沟施，每墩灌注药液 50~100mL。防治甘蔗蔗龟，可在甘蔗大培土时，在蔗头旁打洞灌注，也可将药液淋于行间，然后淋上泥浆或水；还可在做床前将辛硫磷浇洒于苗床表层，覆土 2cm 以上，然后播种，用药量为有效成分 150~200mg/m²。

2. 毒死蜱　　用 300~400mg/kg 浓度药液灌根，用药液 200kg/ 亩；防治花生地蛴螬，于金龟甲产卵盛期，用 250~300mg/kg 浓度药液灌根，用药液 300kg/ 亩，或制成 5% 毒土，撒放于花生根部并覆土，用毒土 4kg/ 亩；防治蔗龟，在蔗龟成虫出土危害盛期，撒在蔗苗根部后覆土或在下种时用 5% 的毒土撒在蔗苗上后覆土，用毒土 2~4kg/ 亩。

此外，防治华北蝼蛄（*Gryllotalpa unispina*）、华北大黑鳃金龟（*Holotrichia oblita* Fald）的方法为：50% 二嗪磷乳油 500mL/ 亩，加水 25kg，拌玉米或高粱种 300kg，拌匀闷种 7h 后播种；或用 50% 乳油 500mL/ 亩，加水 25kg，拌小麦种 250kg，待种子把药液吸收，稍晾干后即可播种。

地老虎、蝼蛄可以用80%或90%敌百虫可溶粉剂80~120g/亩，将药剂与炒香的棉籽饼或菜籽饼4~5kg混匀（固体剂型需先用少量水将药剂溶化），在傍晚撒施在作物根部诱杀。

小地老虎（*Agrotis ypsilon* Rottemberg）的防治可以采用20%三唑磷乳油300~600mL/亩，混入土中。防治蝼蛄则采用50%杀螟丹可溶性粉剂按照1∶50的比例拌麦麸，制成毒饵诱杀。

韭蛆防治可以用苦参碱，用1%可溶性液剂2~4kg加水1000~2000kg灌根。

苦参碱还可以有效防治小麦、蔬菜等作物地下害虫为害，用0.38%粉剂2~3kg穴施。

四、螨类防除剂

1. 哒螨灵（pyridaben）

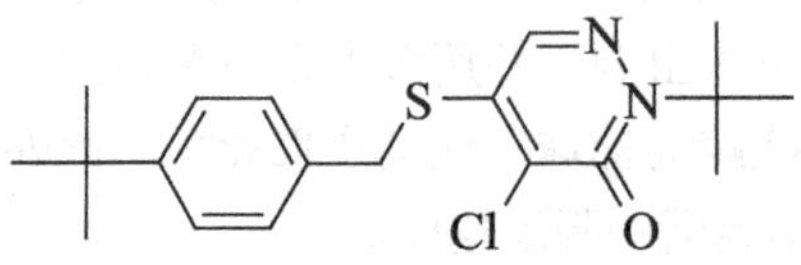

化学名称：2-特丁基-5-（4-特丁基苄硫基）-4-氯-2H-哒嗪-3-酮。

剂型：15%乳油、20%可湿性粉剂、10%高渗乳油、5%增效乳油、20%悬浮剂、15%水乳剂。

作用特点：为杂环类速效广谱杀螨剂，能抑制螨的变态，对螨的各个生育阶段（卵、幼螨、若螨及成螨）都有效。触杀作用强，药效迅速，但无内吸、传导及熏蒸作用，喷药时必须均匀、周到。对噻螨酮、苯丁锡（fenbutatin oxide）、三唑锡、三氯杀螨醇（dicofol）已产生抗药性的害螨种群仍有高效。持效期长，通常为14~30d，耐雨水冲刷，杀螨效果不受温度影响。

毒性：原药低毒，对大白鼠急性经口LD_{50}为820（雌）~1350（雄）mg/kg；大白鼠和兔急性经皮$LD_{50}>$2000mg/kg；对兔的皮肤和眼睛无刺激性作用。试验条件下无致癌、致畸、致突变作用。对鱼、虾、蜜蜂毒性大。

防治对象和使用方法：对为害棉花、蔬菜（茄子除外）、柑橘、苹果等多种作物的植食性螨类如全爪螨、叶螨、小爪螨及瘿螨等都具有较好的防治效果。

2. 四螨嗪（clofentezine）

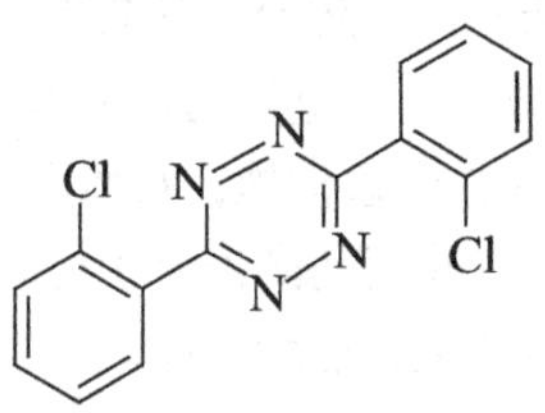

化学名称：3,6-双（2-氯苯基）-1,2,4,5-四嗪。

剂型：500g/L、50%悬浮剂，10%、20%可湿性粉剂。

作用特点：是一种活性很高的有机氮杂环类触杀型杀螨剂，药剂有较强的渗透力，可穿入螨的卵巢内使其产的卵不能孵化，是胚胎发育抑制剂，并抑制幼、若螨的蜕皮过程，但无明显的不育作用。适用于防治多种果树、蔬菜及棉花等作物上的主要害螨。对幼、若螨有较好的活性，但对成螨无效。持效期长，可达50~60d，但药效较慢，施药后10~15d才表现显著效果。

故使用时要注意掌握用药适期。对温度不敏感，四季皆可使用。

毒性：属低毒杀螨剂。大鼠急性经口 $LD_{50}>5000mg/kg$，急性经皮 $LD_{50}>2400mg/kg$。对实验动物皮肤有轻度刺激，对眼睛无刺激。对鸟类、鱼虾、蜜蜂及捕食性天敌安全。

防治对象和使用方法：适用于防治苹果、梨、柑橘、桃、李、葡萄、棉花、蔬菜、花卉等作物上的橘全爪螨、苹果全爪螨、叶螨、二斑叶螨、朱砂叶螨、截型叶螨、锈螨。

3. 唑螨酯（fenpyroximate）

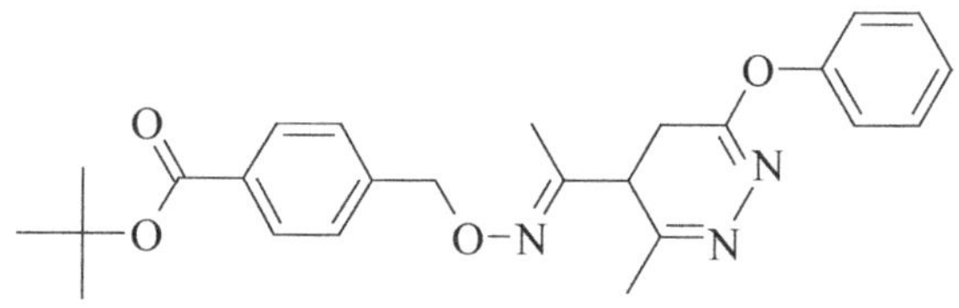

化学名称：（E）-α-（1,3-二甲基-5-苯氧基吡唑-4-亚甲基氨基氧）对甲苯甲酸叔丁酯。

剂型：5%悬浮剂。

作用特点：该药剂属苯氧基吡唑类杀螨剂，对多种害螨有强烈触杀作用，速效性好，对害螨各个生育期均有良好的防治效果，具有击倒和抑制蜕皮作用，高剂量可直接杀死螨类，低剂量可抑制螨类蜕皮或抑制产卵，但无内吸性。作用机制是抑制 NADH-辅酶 Q 还原酶活性，使虫体腺苷三磷酸供应减少。该药剂持效期较长，与其他药剂无交互抗性。对蜜蜂、蜘蛛及寄生蜂无不良影响，对作物安全。

毒性：原药为中等毒性，制剂低毒。大鼠急性经口 LD_{50} 为 480mg/kg；对兔的皮肤和眼睛有轻微刺激性；对人、畜中等毒性；对鸟类和家蚕毒性低；对鱼、虾、贝类等毒性较高。

防治对象和使用方法：用于防治果树上叶螨、全爪螨和其他植食性螨。对二化螟、稻飞虱、桃蚜、小菜蛾、斜纹夜蛾等也有较好的杀虫效果。此外，还可以防治蔬菜、果树、花卉、观赏植物的某些病害，如白粉病、霜霉病、稻瘟病、叶枯病等。

4. 螨危（spirodiclofen）

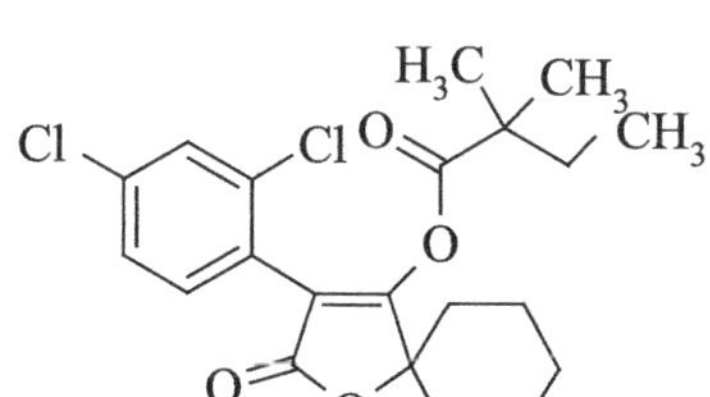

化学名称：3-（2,4-二氯苯基）-2-氧代-1-氧杂螺（4,5）-癸-3-烯-4-基-2,2-二甲基丁酸酯。

剂型：24%悬浮剂。

作用特点：螨危是一种低毒、低残留、高效非内吸性叶面处理杀螨剂。其作用机制是抑制害螨体内脂肪的合成，从而阻断害螨正常的能量代谢，最终杀死害螨。螨危与其他现有的杀螨剂之间没有交互抗性，因此，可以用来防治对现有杀螨剂已产生抗药性的有害螨类。螨危对不同的有害螨类都表现出优异的防效，并且对所有发育期的有害螨（包括卵、幼螨、若螨、雌成螨）都具有很好的触杀活性，尤其对卵的触杀活性更为突出。螨危控制期长达 50d 左右，并从作物生长的早期到晚期都可以使用，最佳使用时期是在害螨种群刚刚开始建立时。螨危还可兼治梨木虱、榆蛎盾蚧及叶蝉类等。

毒性：原药低毒，大鼠急性口服 LD_{50}＞2500mg/kg，急性经皮 LD_{50}＞2000mg/kg，大鼠急性吸入 LD_{50}＞5030mg/L；对皮肤和眼睛没有刺激性；对鱼、藻类、鸟及蜜蜂等均为低毒。但在开花期间的苹果园试验表明，螨危对蜂群有一定影响。

防治对象和使用方法：螨危对多种作物上的不同螨类均有很好的防效。

5. 三唑锡（azocyclotin）

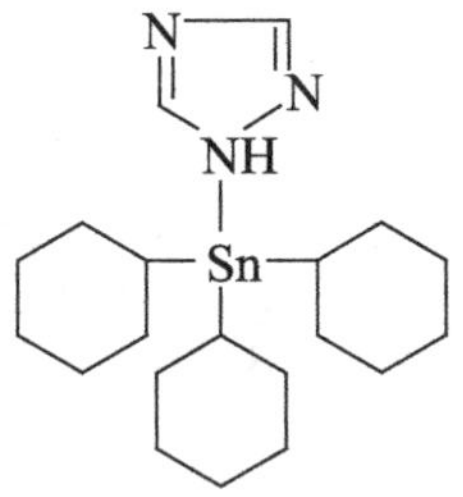

化学名称：1-（三环己基甲锡烷基）-1H-1，2，4- 三唑。

剂型：25% 可湿性粉剂、25% 悬浮剂、20% 乳油。

作用特点：三唑锡为杂环类广谱性杀螨剂，触杀作用较强，可杀灭若螨、成螨和夏卵，对冬卵无效。对光和雨有较好的稳定性，持效期较长。

毒性：属中等毒杀螨剂。原药大鼠急性经口 LD_{50} 为 76～180mg/kg，急性经皮 LD_{50} 为 1000mg/kg；小鼠急性经口 LD_{50} 为 417～980mg/kg。在试验剂量内无三致作用，对鱼高毒，对蜜蜂毒性低。

防治对象和使用方法：三唑锡适用于防治柑橘、苹果、葡萄、蔬菜等作物上的山楂叶螨、朱砂叶螨、苹果全爪螨、二斑叶螨、柑橘全爪螨、柑橘锈螨、截形叶螨（*Tetranychus truncatus*）等。

6. 炔螨特（propargite）

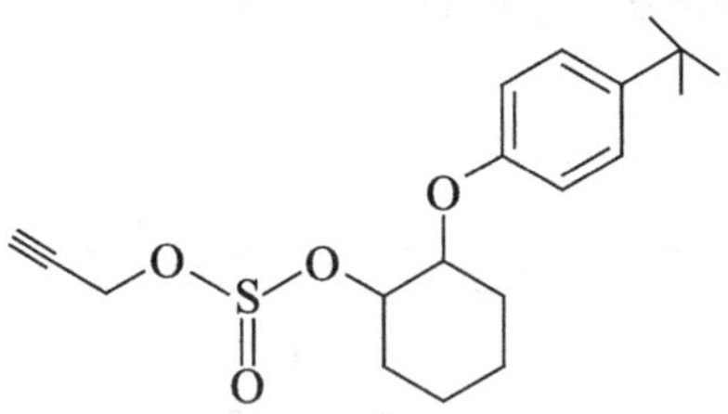

化学名称：2-（4- 特丁基苯氧基）- 环己基丙 -2- 炔基亚硫酸酯。

剂型：760g/L、73% 乳油，20% 水乳剂。

作用特点：炔螨特是一种广谱性有机硫杀螨剂，具有胃毒和触杀作用，无内吸和渗透作用。对成螨、若螨均有效，但杀卵效果差。在任何温度下都有效果，在 20℃ 以上时药效可提高，温度高于 27℃ 时具有触杀和熏蒸双重作用，反之在 20℃ 以下药效随温度降低而递降。持效期较长，正常使用条件下，对作物生长安全。

毒性：是一种低毒杀螨剂。原药大鼠急性经口 LD_{50} 为 2200mg/kg，大鼠急性吸入 LC_{50} 为 2.5mg/L；大鼠亚急性经口无作用剂量为 40mg/kg，对大鼠有致癌作用。家兔急性经皮 LD_{50} 为 3476mg/kg，对家兔的眼睛、皮肤有严重刺激作用。对蜜蜂低毒，对鱼类高毒。

防治对象和使用方法：能够用于防治苜蓿、大豆、花生、谷物、棉花、薄荷、蔬菜、茶、无花果、苹果、柑橘、樱桃、花卉等多种作物的害螨，对山楂红蜘蛛效果更佳。

7. 噻螨酮（hexythiazox）

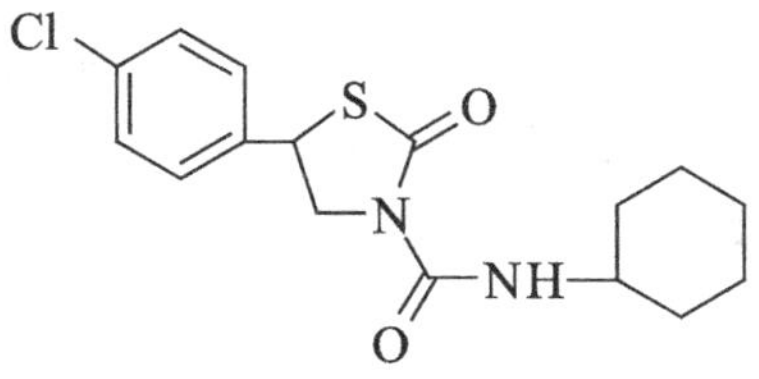

化学名称：（4RS,5RS）-5-（4-氯苯基）-N-环已基-4-甲基-2-氧代-1,3-噻唑烷-3-羧酰胺。

剂型：50g/L、5%乳油，5%可湿性粉剂。

作用特点：噻螨酮是一种噻唑烷酮类杀螨剂，主要具有强烈的触杀和胃毒作用，对植物表皮层具有较好的穿透性，但无内吸传导作用。对多种植物害螨具有强烈的杀卵、杀若螨的特性，但对成螨无效。该药属于非感温型杀螨剂，残效期长，药效可保持50d左右。由于没有杀成螨活性，故药效发挥较迟缓，一般在药后7～10d才能达到药效高峰。在常用浓度下使用对作物安全，对天敌、蜜蜂影响很小。

毒性：属低毒杀螨剂。原药大鼠急性经口 $LD_{50}>5000mg/kg$，急性经皮 $LD_{50}>5000mg/kg$，急性吸入 $LC_{50}>2.0mg/L$（4h）；大鼠亚慢性经口无作用剂量为5.4mg/kg，大鼠慢性经口无作用剂量为23.1mg/kg。对家兔的眼睛有轻微刺激，对皮肤无刺激作用。在实验室条件下，未见致畸、致癌、致突变现象。对鲤鱼 TLm（48h）为3.7mg/L，对虹鳟鱼 TLm（3h）>300mg/L，对鸟类（鹌鹑）$LD_{50}>5000mg/kg$，在常温下对蜜蜂无毒。制剂对大鼠急性经口 $LD_{50}>4250mg/kg$，对家兔的眼睛和皮肤无明显刺激作用。

防治对象和使用方法：该药对叶螨防效好，对锈螨、瘿螨防效差。

8. 浏阳霉素（liuyangmycin）

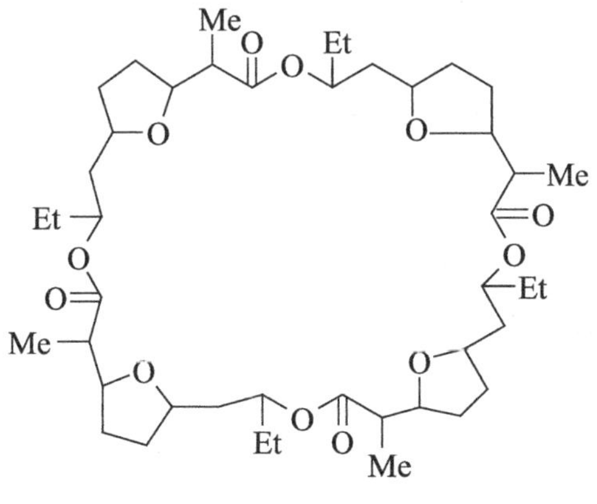

化学名称：5，14，23，32-四乙基-2，11，20，29-四甲基-4，13，22，31，37，38，39，40-八氧五环（32，2，17，10，1 16，19，125，28）四十烷-3，12，21，30-四酮。

剂型：10%乳油。

作用特点：属大环内酯类化合物，为抗生素类杀螨剂，具有高效、低毒的杀虫、杀螨特性。对螨类具很强的触杀作用，药剂具有亲脂性，接触到螨体后，在其细胞膜上打开一个洞；Na^+、K^+等金属离子易与浏阳霉素结合，导致螨体内的 Na^+、K^+等金属离子渗出细胞外，破坏细胞内外金属离子浓度的平衡，导致螨类呼吸障碍而死亡；对螨卵有一定的抑制作用。有效成分对紫外光敏感，极易降解，阳光下照射2d，即可分解50%以上，7d达100%。

毒性：低毒，大鼠经口急性 $LD_{50}>562mg/kg$，经皮急性毒性 $LD_{50}>2150mg/kg$。对温血动物低毒，无致畸、致癌、致突变作用，对鱼毒性较高，对天敌昆虫、家蚕和蜜蜂较安全。

防治对象和使用方法：杀螨谱广，对各种作物上的螨类都有很好的杀灭作用，可防治螨类计3科12种，有叶螨科的朱砂叶螨、两点叶螨、截形叶螨、神泽叶螨、山楂叶螨、苹果全爪螨、柑橘时螨；瘿螨科的梨瘿螨、柑橘锈壁虱、茶橙瘿螨、枸杞瘿螨；跗线螨科的侧线跗线螨等。

9. 氟丙菊酯（acrinathrin）

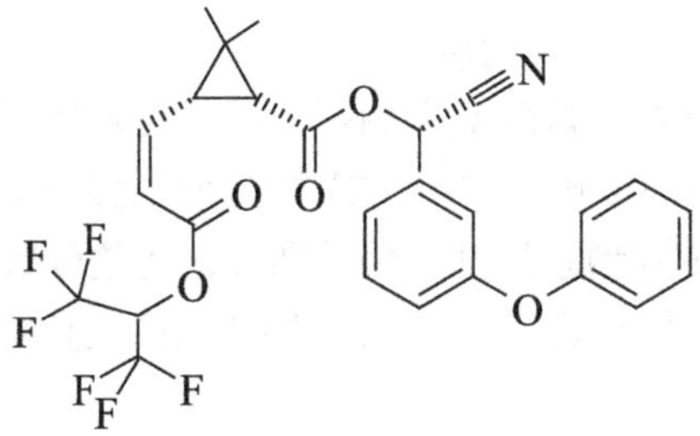

化学名称：(S)-氰基（3-苯氧基苯基）甲基-(Z)-(1R，3S)-2, 2-二甲基[2-(2, 2, 2-三氟-1-三氟甲基乙氧羰基）乙烯基]-环丙烷羧酸酯。

剂型：2% 乳油。

作用特点：属拟除虫菊酯类杀螨、杀虫剂，作用方式主要为胃毒和触杀，无内吸和渗透作用。主要作用于昆虫神经上的钠离子（Na^+）通道，干扰电压依赖的 Na^+ 通道闸门开闭的动力学，使得 Na^+ 通道延迟关闭，引起重复后放和突触传递的阻断，使昆虫中毒死亡。对成、若螨高效，击倒速度快，持效期达20d以上，并对多种刺吸式口器的害虫及鳞翅目害虫如蚜虫、小绿叶蝉、木虱、蓟马、潜叶蛾、卷叶蛾等有良好的防治效果。

毒性：对人、畜低毒，原药大鼠急性经口 $LD_{50}>5000mg/kg$，急性经皮 $LD_{50}>2000mg/kg$，吸入 $1600mg/m^3$，每日允许摄入量为 $0.02mg/kg$；但对鱼类毒性高，LC_{50}（mg/L）分别为：虹鳟鱼 5.66，鲤鱼 0.12。

防治对象和使用方法：以杀螨为主，杀虫为辅，对多种植食性害螨具有良好的触杀和胃毒作用。对苹果红蜘蛛的幼、若螨及成螨，柑橘全爪螨、二点叶螨等均有良好防效。同时对刺吸式口器的害虫及鳞翅目害虫也有杀虫活性。

10. 单甲脒（盐酸盐）（chloride）

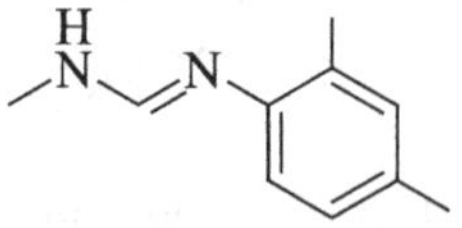

化学名称：N-(2, 4-二甲苯基)-N′-甲基甲脒盐酸盐。

剂型：25% 水剂。

作用特点：为有机氮的甲脒类杀螨剂。具有触杀、拒食和驱避作用，兼有一定的胃毒和熏蒸作用。对若螨、成螨和卵有较好防效。其主要作用机制是抑制单胺氧化酶，对昆虫中枢神经系统的非胆碱能突触会诱发直接兴奋作用。它是一种感温性杀螨剂，在20℃以下，作用慢、效果差。该药剂渗透性强，喷药后2h降雨，不影响药效。对天敌生物安全。

毒性：原药为中毒，经口急性 LD_{50} 雄性大白鼠为 215mg/kg、雌性为 245mg/kg。对兔的皮肤无刺激作用，对眼有轻微刺激作用，试验条件下无致突变作用。制剂低毒，经口急性 LD_{50} 雄性大白鼠为 950mg/kg、雌性为 780mg/kg。

防治对象和使用方法：可防治苹果红蜘蛛、柑橘红蜘蛛、柑橘锈壁虱、棉红蜘蛛、四斑黄蜘蛛、茄子和豆类上的红蜘蛛、蚜虫和木虱。也可用于防治家畜体外壁虱、疥癣和蜂螨。

11. 双甲脒（amitraz）

化学名称：N，N-〔(甲基亚氨基)二甲川〕双-2,4-二甲代苯胺。

剂型：20% 乳油、10% 高渗乳油。

作用特点：广谱杀虫、杀螨剂，具有触杀、拒食、驱避作用，也有一定的胃毒、熏蒸和内吸作用。具有多种毒杀机制，其中主要是抑制单胺氧化酶的活性，对昆虫中枢神经系统的非胆碱能触突会诱发直接兴奋作用。对叶螨科各个发育阶段的虫态都有效，但对越冬卵效果较差，用于防治对其他杀螨剂有抗药性的螨也有效，持效期长达 30~50d；药效的发挥受环境温度影响较大，高温晴天，药效发挥快、防效高；气温低于 25℃时药效发挥慢、防效差。

毒性：双甲脒为中毒杀螨剂。原药大鼠急性经口 LD_{50} 为 500~600mg/kg，大鼠急性 LC_{50} 为 65mg/kg（6h）；对兔的眼睛和皮肤无刺激作用，试验条件下无致癌、致畸、致突变作用；对鱼有毒，对蜂、鸟和天敌昆虫低毒。

防治对象和使用方法：对果树（苹果、柑橘、山楂）、棉花的螨类，对牛、羊牲畜的蜱螨，对梨食心虫、蚜虫及夜蛾科害虫均有效。

五、防治仓储害虫的杀虫剂

仓储害虫（insect pest of stored product）是指生活在仓库、加工厂等场所，危害各种动植物性的储藏物，或仓、厂建筑、包装器材、仓储与运输工具及设备的害虫，也叫储藏物害虫或仓库害虫，简称"仓虫"。全世界现有仓库害虫 600 多种。我国已知 224 种，其中昆虫 186 种，螨类 38 种。在所有储藏物中，最为重要和数量最大的是粮食，通常把危害贮藏粮食、油料、豆类、食品、饲料及加工成品和副产品的昆虫称为储粮害虫（stored grain pest）。在我国，分布普遍、为害严重的有玉米象（*Sitophilus zeamais* Motschulsky）、谷蠹（*Rhizopertha dominica* Fbricius）、米象（*Sitophilus oryzae* Linnaeus）、赤拟谷盗（*Tribolium castaneum* Herbst）、杂拟谷盗（*Tribolium confusum* Duval）、锈赤扁谷盗（*Cryptolestes ferugineus* Stephens）、锯谷盗（*Oryzaephilus surnamensis* Linnaeus）等。储粮害虫造成的损失包括害虫取食的直接损失、被害虫危害造成的间接损失、由于生虫而引起的商品信誉损失及对人们心理的不良影响等。据有关部门调查，我国储粮中的损失，国家粮库为 0.2%，农户的储粮损失为 8%~10%。

化学防治方法就是利用杀虫剂防治储粮害虫的方法。化学防治方法的最大优点是杀虫效果迅速，彻底，杀虫谱广，处理费用低，可以在不移动粮食等的情况下进行杀虫处理，省工省力，并且受气候等其他的影响较小。化学防治方法的缺点是杀虫剂对人和高等动物往往都有毒性，它会给粮食带来不同程度的污染，并且害虫会产生抗药性。虽然化学防治方法有缺点，但仍是防治储粮害虫最积极和经济有效的手段。总体上,防治储粮害虫用的杀虫剂可分为熏蒸剂和保护剂。

(一) 熏蒸剂

熏蒸剂是以气体状态杀灭储粮中的害虫的杀虫剂,投药后它会自动渗透到粮堆中杀死害虫,杀虫完毕,进行通风散气后,又可以使它从粮食中散失。目前熏蒸药剂品种极少,常用的有敌百虫、敌敌畏、氯化苦(chloropicrin)和磷化铝(aluminium phosphide)等。

1. 敌百虫

防治对象和使用方法:可喷洒0.5%~1%敌百虫液剂,用于空仓、运输工具、包装器材和垫糠的杀虫。

2. 敌敌畏

防治对象与使用方法:一般敌敌畏用量为0.1~0.5g/m^3,加水稀释喷洒或浸在纱布条上挂在仓内(至少密闭48h),用于空仓消毒。

3. 氯化苦(chloropicrin)

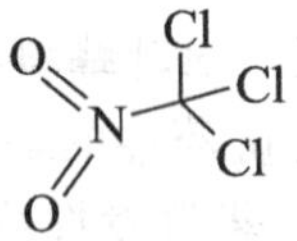

化学名称:三氯硝基甲烷。

剂型:液剂。

作用特点:具有杀虫、杀菌、杀线虫、杀鼠作用,但毒杀作用比较缓慢。药效与温度呈正相关,一般适宜在20℃条件下熏蒸。主要通过烷基化作用或氧化作用使线虫中毒,使之失去活性导致线虫死亡。对豆象、拟谷盗、米象等常见储粮害虫有良好的杀伤力,但对卵和蛹的作用小,对螨卵和休眠期的螨效果较差。

毒性:急性毒性,LD_{50}为126~271mg/kg(小鼠经口);猫吸入510mg/m^3×25min,通常1d内死亡;人吸入5mg/m^3,出现眼刺激症状;人吸入7.5mg/kg×10min,可耐受。刺激性,家兔经眼500mg(24h),轻度刺激;家兔经皮500mg(24h),轻度刺激。

防治对象和使用方法:主要用于熏蒸粮仓防治贮粮害虫,除不能熏成品粮、花生仁、芝麻、棉籽、种子粮(安全水分标准以内的豆类除外)和发芽用的大麦外,其他粮食均可使用,但地下粮仓不宜使用。使用纯度98%的氯化苦,处理空间每立方米用20~30g;处理粮堆每立方米35~70g;处理器材每立方米用20~30g。常用方法:①喷洒法,适用于包装粮、散装粮和器材的熏蒸,放药前将粮面整平,铺盖3层麻袋,而后将药液均匀地喷洒在麻袋上;②挂袋法,适用于包装粮、散装粮及器材和加工厂的熏蒸,施药前在地面以上或粮面以上1.8m处接好绳索,将药液喷洒在麻袋上,经充分吸收后,均匀地挂在绳索上;③探管法,堆高1m以上的散装粮,熏蒸时应使用探管或利用供粮食散热的通气竹笼,下端扎许多小于粮粒的孔眼,内部以麻袋条为芯,施药时将药液徐徐倒在麻袋芯上,以利挥发;④仓外投药法,适用于包装粮、散装粮及器材和加工厂的熏蒸,也可用于空仓熏蒸。

4. 磷化铝(aluminium phosphide)

化学名称：磷化铝。

剂型：片剂、粉剂、粒剂等。

作用特点：是一种杀虫效率高、经济方便、应用广泛的熏蒸杀虫剂，可用于熏杀货物的仓储害虫、空间的多种害虫、粮食的储粮害虫、种子的储粮害虫等。在干燥条件下对人、畜较安全，吸收空气中的水分后，分解放出高效剧毒磷化氢气体，通过昆虫（或者老鼠等动物）的呼吸系统进入体内，作用于细胞线粒体的呼吸链和细胞色素氧化酶，抑制其的正常呼吸而致死。在无氧情况下磷化氢不易被昆虫吸入，不表现毒性，有氧情况下磷化氢可被吸入而使昆虫致死。

毒性：急性毒性 LD_{50} 为 20mg/kg（人经口），对人、畜高毒。

防治对象和使用方法：在密封的仓库或者容器里，可直接灭除各类贮粮害虫，片剂在常规熏蒸时粮堆的用量为 6～10g/m³，空仓的用量为 3～6g/m³；粉剂在常规熏蒸时，粮堆的用量为 4～6g/m³，空仓的用量为 2～4g/m³，密闭时间至少 5 昼夜。粮堆高在 3m 以下，可在粮面施药；粮堆高度如果超过 3m，应用投药器把药片从粮面各个施药点分层投入粮堆内部。

（二）保护剂

储粮保护剂是一类残效期较长的杀虫剂。目前，我国常用的储粮保护剂有马拉硫磷、杀螟硫磷、甲基嘧啶磷、溴氰菊酯、保粮安、保粮磷等。

溴氰菊酯

防治对象和使用方法：用于各种原粮和种子粮防虫，也可用于空仓和器材杀虫，但不得在成品粮中使用。在各种原粮上的使用剂量一般为 0.4～0.8mg/kg，空仓和器材杀虫使用剂量一般为 2.5% 凯安保乳油 0.4～0.8mL/m²。

六、杀线虫剂

线虫（nematode）是一类低等的无脊椎动物，种类很多，有的生活在海水、淡水、沼泽地里，有的生活在土壤中，有的寄生在人和动物体内，有的寄生在植物体内。有许多线虫不但寄生在植物体内，而且危害植物，造成产量损失或植物产品的质量变劣，引起植物病害，这些线虫称为植物病原线虫或植物寄生线虫，简称植物线虫。我国较为严重的植物线虫病有花生等多种作物的根结线虫病、大豆胞囊线虫病（*Heterodera glycines* Ichinohe）、小麦粒线虫病（*Anguina tritici* Steinbuch Chitwood）、甘薯茎线虫病（*Ditylenchus detructor* Thorne）、水稻干尖线虫病（*Aphelenchoides bessseyi* Christie）、粟线虫病（*Aphelenchoides besseyi* Christie）、松材线虫病（*Bursaphelenchus xylophilus* Steineret Buhrer）、柑橘半穿刺线虫病（*Meloidogyne*）等。大多数植物线虫为害植物的地下部分，如根、块茎等。例如，马铃薯根腐病就是由于马铃薯茎线虫取食根部造成伤口，并使地上部分表现叶片发黄、植株矮小、营养不良。此外，还有一些植物线虫侵袭植物的茎、叶、花和果实等地上部分，表现的症状有萎蔫、枯死、茎叶扭曲、叶尖捻曲干缩、叶斑、虫瘿和花冠肿胀等，是为害农作物较为严重的一类病害。

杀线虫剂是指用于防治植物病原线虫的药剂。大部分用于土壤处理，小部分用于种子、苗木处理。杀线虫剂主要是通过减少入侵植物根部的线虫数量，或者限制携毒线虫传播病毒来减少植物受到的危害。按防治对象可以将杀线虫剂分为两类，一是专性杀线虫剂，即专门防治线虫的药剂；二是兼性杀线虫剂，这类杀线虫剂兼有多种用途，如对地下害虫、病原菌、线虫均具有毒杀作用的氯化苦等。按照杀线虫剂的性质，可分为熏蒸性杀线虫剂和非熏蒸性杀线虫剂，其中，以非熏蒸性杀线虫剂居多。

（一）熏蒸性杀线虫剂

该类药剂挥发性强，蒸气能在土壤中扩散，用于土壤处理防治线虫。熏蒸性杀线虫剂有棉隆、氯化苦、二氯异丙醚、滴滴混剂、威百亩、硫酰氟、二甲基二硫醚、氰氨基化钙（石灰氮）等。

1. 棉隆（dazomet）

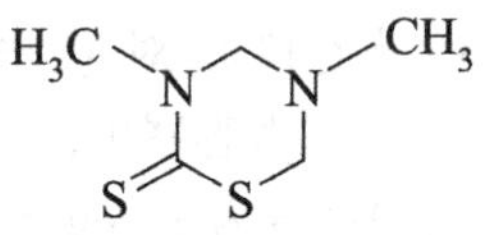

化学名称：四氢-3，5-二甲基-1，3，5-噻唑-2-硫酮。

剂型：熏蒸剂、烟雾剂、粉剂等。

作用特点：是一种高效、低毒、环保的广谱熏蒸消毒剂，主要是通过与线虫体内酶分子中的亲和部位（如氨基、羟基、巯基）发生氨基甲酰化反应使之中毒死亡。常规条件下储存稳定，但遇潮易分解。

毒性：属低毒杀线虫剂，原药对雌、雄大白鼠急性口服 LD_{50} 分别为 710mg/L、550mg/L，对雌、雄兔经皮 LD_{50} 分别为 2600mg/kg、2360mg/kg。对鱼毒性中等，对蜜蜂无毒害。

防治对象和使用方法：可用于苗床、温室、育种室、盆栽植物基质和大田等土壤处理。

2. 二氯异丙醚（nemamort）

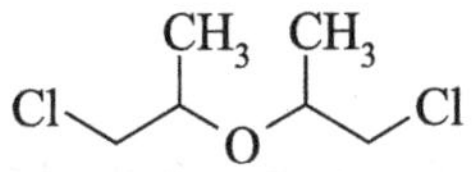

化学名称：二（2-氯异丙基）醚。

剂型：乳油、颗粒剂、油剂。

作用特点：是有熏蒸作用的杀线虫剂，在土壤中挥发缓慢，对植物较安全，可在生育期使用。主要通过烷基化作用或氧化作用使线虫中毒，使之失去活性导致线虫死亡。

毒性：属于低毒杀线虫剂，原药雄性大鼠急性经口 LD_{50} 为 698mg/kg，急性经皮 LD_{50} 为 2000mg/kg，急性吸入 LC_{50} 为 12.8mg/L。对眼睛有中等刺激作用，对皮肤有轻度刺激作用。在试验剂量内对动物无致癌、致畸、致突变作用，对鱼类低毒。

防治对象和使用方法：适用于烟草、花生、果树、棉花、甘薯和蔬菜等作物，防治根结、短体、半穿刺和胞囊等线虫。

安全使用注意事项：土壤温度低于10℃时不宜施用。

3. 滴滴混剂

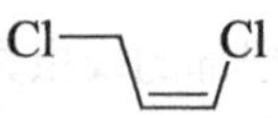

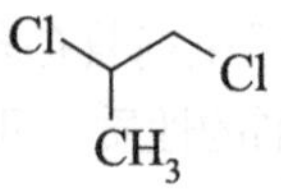

化学名称：Ⅰ为1，3-二氯丙烯，Ⅱ为1，2-二氯丙烷。

商品名：二氯丙烯和二氯丙烷混合剂、D-D 混剂、DD 混剂、滴滴剂、滴滴混合剂。

作用特点：原药为黄绿色至棕褐色液体，有蒜臭味。难溶于水，易溶于有机溶剂。在水、稀酸液或稀碱液中比较稳定，对金属有腐蚀性，易燃。属卤代烃类杀线虫剂，有效成分为多种卤代烃的混合物，主要用于熏蒸防治土壤中的线虫、烟草根结线虫病，兼治金针虫、蛴螬等，持效期 20～30d，也是合成其他农药的中间体。主要通过烷基化作用或氧化作用使线虫中毒，使之失去活性导致线虫死亡。

毒性：对人、畜中等毒性，对大鼠急性口服 LD_{50} 为 140mg/kg，对皮肤有刺激作用。

防治对象和使用方法：在种植前使用，主要用于防治土壤中的线虫，尤其是防治茶、桑根结线虫和花生线虫。

4. 威百亩（metham-sodium）

$$H_3C-\underset{H}{N}-\underset{\parallel}{\overset{S}{C}}-S-Na$$

化学名称：N-甲基二硫代氨基甲酸钠。

剂型：水剂。

作用特点：为具有熏蒸作用的二硫代氨基甲酸酯类杀线虫剂，原药在湿土中分解成毒性较大的异硫氰酸甲酯（起熏蒸作用的有效成分），通过抑制生物细胞分裂和 DNA、RNA、蛋白质的合成，以及造成生物呼吸受阻，杀灭根结线虫。因异硫氰酸甲酯对植物有毒害，故土壤处理后，须待药剂全部分散消失后方可播种。

毒性：对小鼠急性经口 LD_{50} 为 285mg/kg，雄大鼠急性经口 LD_{50} 为 820mg/kg，兔急性经皮 LD_{50} 为 800mg/kg。异硫酸甲酯对大鼠急性口服 LD_{50} 为 97mg/kg。

防治对象和使用方法：适用于温室、大棚、塑料拱棚、花卉、烟草、中草药、生姜、山药等经济作物苗床土壤、重茬种植的土壤灭菌，以及组培种苗等培养基质、盆景土壤、食用菌菇床土等熏蒸灭菌，能预防线虫、真菌、细菌、地下害虫等引起的各类病虫害。施药后保持土壤湿度为 65%～75%，土壤温度 10℃以上，施药均匀，药液在土壤中深度达 15～20cm，施药后立即覆盖塑料薄膜并封闭严密，防止漏气，密闭 15d 以上。

5. 氯化苦　详细信息前面已介绍。

剂型：液剂。

作用特点：是一种新型、环保、高效的广谱性土传病害防治药剂，可用于土壤熏蒸防治土传病害、线虫、地下害虫，能较好地解决作物的土传病害。在土壤中渗透性强，扩散深度可达 70～100cm，氯化苦药剂进入生物体组织后，能生成强酸性物质，使细胞肿胀腐烂，还可使细胞脱水，细胞内蛋白质沉淀，使细胞中毒死亡。药效与温度呈正相关。

毒性：急性毒性，LD_{50} 为 126～271mg/kg（小鼠经口）；猫吸入 510mg/m^3×25min，通常 1d 内死亡；人吸入 5mg/m^3，眼出现刺激症状；人吸入 7.5mg/kg×10min，可耐受。刺激性，家兔经眼 500mg（24h），轻度刺激；家兔经皮 500mg（24h），轻度刺激。

防治对象和使用方法：对花生、姜、茄子、青椒、草莓、番茄等经济作物土壤熏蒸后有优异的杀菌除虫作用，对蔬菜保护地的土壤熏蒸效果也很明显。其使用方法是在田间布点开穴，用土壤注射器向地下注射氯化苦原药，深度为 15cm，然后立即覆盖地膜，密闭熏蒸 15d，揭开地膜，待药液挥发后定植。常以 125mL/m^2 剂量，防治棉花枯、黄萎病；以 7.5kg/亩剂量沟施防治花生根结线虫等。

（二）非熏蒸性杀线虫剂

非熏蒸性杀线虫剂是具有内吸性或触杀性的选择性杀线虫剂，主要有硫线磷、苯线磷、灭线磷、甲基异柳磷、除线磷、丁环硫磷、氯唑磷、杀线威、丰索磷、噻唑磷、阿维菌素及生物菌剂类（淡紫拟青霉菌、蜡质芽孢杆菌、厚孢轮枝菌）等。

1. 硫线磷（cadusafos）

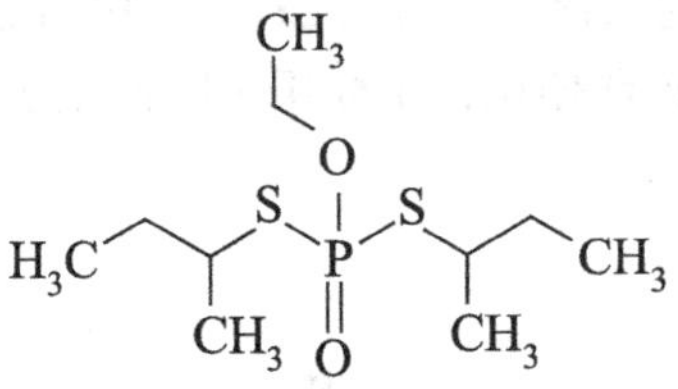

化学名称：S，S- 二仲丁基 -O- 乙基二硫代磷酸酯。

剂型：颗粒剂、乳油。

作用特点：广谱性、触杀性的杀线虫剂，无熏蒸作用，水溶性及土壤移动性较低，在沙壤土和黏土中半衰期为 40～60d。其是一种胆碱酯酶抑制剂，主要是对胆碱酯酶产生抑制作用，使正常的神经冲动传导受阻，导致线虫麻痹、瘫痪死亡。对根结线虫和穿孔线虫具有较高的活性，对孢囊线虫属活性较差。可播种时施药或作物生长期施药；可沟施、穴施或撒施。本药剂还兼有杀虫作用，可防治多种作物夜蛾科幼虫、烟草潜叶蛾、马铃薯块茎蛾等。

毒性：属高毒杀线虫剂。原油大鼠急性经口 LD_{50} 为 37.1mg/kg，大鼠急性吸入 LC_{50} 为 0.0329mg/L，兔急性经皮 LD_{50} 为 24.4mg/kg（雄）和 41.8mg/kg（雌）。对眼睛有轻微刺激作用，对皮肤无刺激作用。对鸟类和鱼类有毒。

防治对象和使用方法：适于防治柑橘、菠萝、咖啡、香蕉、花生、甘蔗、蔬菜、烟草及麻类作物线虫。可播种时施药或作物生长期施药，可沟施、穴施或撒施。例如，防治花生线虫每亩用 10% 颗粒剂 1500～3000g，可以沟施后播种，或随施随种，或进行 15～25cm 宽的混土带施药。

2. 苯线磷（fenamiphos）

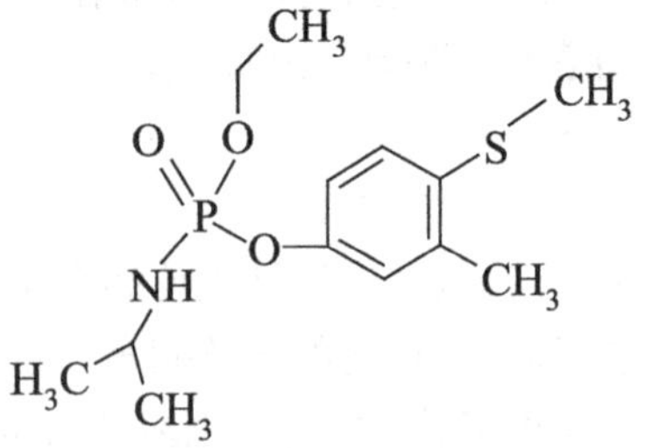

化学名称：O- 乙基 -O-（3- 甲基 -4- 甲硫基）- 苯基 -N- 异丙基氨基磷酸酯。

剂型：可湿性粉剂、颗粒剂。

作用特点：属有机磷杀线虫剂，是具有触杀和内吸作用的高毒杀线虫剂，主要是对胆碱酯酶产生抑制作用，使正常的神经冲动传导受阻，导致线虫麻痹、瘫痪死亡。药剂从根部进入植物体，在植物体内上下传导并能很好地分布在土壤中，借助雨水和灌溉水进入作物根层。残效期长，药剂进入植物体内可上下传导，防治多种线虫，主要用于防治根瘤线虫、结节线虫和自由生活线虫，对作物无害。

毒性：原药雄性大鼠急性经口 LD_{50} 为 15.3mg/kg，急性经皮 LD_{50} 约为 500mg/kg，急性吸入 LC_{50} 为 110～175mg/L（1h），在试验剂量下，对兔的皮肤和眼睛无刺激作用，无致癌、致畸、致突变作用，对鱼类毒性中等。按推荐剂量使用，对蜜蜂和蚕无害，对鸟类有毒，对家禽剧毒。

防治对象和使用方法：用于花生、棉花、烟草、柑橘、麻、咖啡、蔬菜、观赏植物等，防治根结线虫、根瘤线虫等。可在播种、种植时及作物生长期使用，药剂要施在根部附近的土壤中，可沟施、空施或撒施，也可直接施入灌溉水中，每公顷用药量为4500～7500g（有效成分），可较好地控制多种线虫的为害。

3. 灭线磷（ethoprophos）

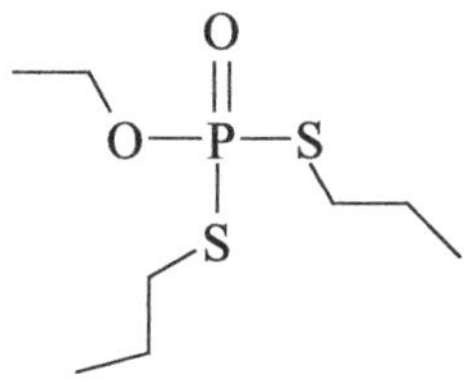

化学名称：O-乙基-S，S-二丙基二硫代磷酸酯。

剂型：颗粒剂。

作用特点：属于有机磷酸酯类杀线虫剂，具有触杀作用，无内吸和熏蒸作用，主要是对胆碱酯酶产生抑制作用，使正常的神经冲动传导受阻，导致线虫麻痹、瘫痪死亡。半衰期为14～28d，对花生、菠萝、香蕉、烟草及观赏植物等线虫及地下害虫有效。

毒性：属高毒杀线虫剂。原药大鼠急性经口LD_{50}为61mg/kg，急性经皮LD_{50}为226mg/kg，急性吸入LC_{50}为249mg/L。对眼睛有轻微刺激作用，对皮肤无刺激作用，在试验剂量内对动物无致癌、致畸、致突变作用。对鸟类和鱼类高毒，对蜜蜂毒性中等。

防治对象和使用方法：可用于大豆、花生、蔬菜、烟草、甘薯、柑橘等植物防治根结线虫、短体线虫、刺线虫等。用于土壤处理，不宜作叶面处理。例如，花生根结线虫防治每亩用20%颗粒剂1500～1750g，穴施或沟施；蔬菜线虫防治每亩用20%颗粒剂2000～6500g，兑水喷于土壤上。

4. 丁环硫磷（fosthietan）

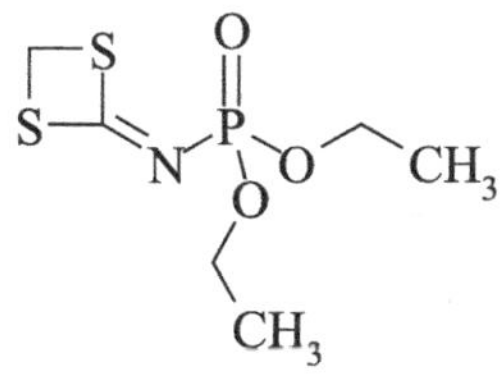

化学名称：O，O-二乙基-1，3-二噻丁烷-2-亚氨基磷酸酯。

剂型：水剂、颗粒剂。

作用特点：为广谱性有机磷杀线虫剂，具有内吸和触杀作用，主要是对胆碱酯酶产生抑制作用，使正常的神经冲动传导受阻，导致线虫麻痹、瘫痪死亡。在土壤中半衰期为10～42d，可土壤处理防治烟草、花生、大豆、玉米等田间的线虫和土壤害虫。

毒性：对人、畜剧毒。对大鼠急性经皮LD_{50}为5.7mg/kg，对兔急性经皮LD_{50}为54mg/kg（24h，以有效成分计）。

防治对象和使用方法：为广谱、内吸、触杀型有机磷杀线虫剂，可作土壤处理剂，剂量为每公顷1～5kg，用于防治烟草、花生、大豆、玉米等田间的线虫。

5. 淡紫拟青霉菌（*Paecilomyces lilacinus*）

理化性质：原药外观为淡紫色粉末，为活体真菌杀线虫剂。液体制剂为乳白色或灰黑色，含菌量≥6亿/mL，固体制剂为灰黑色颗粒，含菌量≥2亿/g。

毒性：对人无毒，大鼠急性经皮 $LD_{50}>5000mg/kg$，大鼠急性经口 $LD_{50}>5000mg/kg$。

作用机制：淡紫拟青霉孢子萌发后，所产生的菌丝可穿透线虫的卵壳、幼虫及雌性成虫体壁，菌丝在其体内吸取营养，进行繁殖，破坏卵、幼虫及雌性成虫的正常生理代谢，从而导致植物寄生线虫死亡。

应用：淡紫拟青霉属于内寄生性真菌，是一些植物寄生线虫的重要天敌，能够寄生于卵，也能侵染幼虫和雌虫，可明显减轻多种作物根结线虫、胞囊线虫、茎线虫等植物线虫病的危害。可用于大豆、番茄、烟草、黄瓜、西瓜、茄子、姜等作物根结线虫、胞囊线虫的防治。

6. 厚孢轮枝菌（*Verticillium chlamydosporium*）

理化性质：母粉为淡黄色粉末。菌体、代谢产物和无机混合物占母粉干重的50%。该菌菌落白色到乳白色或苍白色，气生菌丝通常比较稀疏，光学显微镜下观察，分生孢子无色，单胞，球形、卵圆形至椭圆形。菌丝无色，分支，具隔膜。产孢细胞长钻形，单生或生在菌丝上，基部稍膨大，向顶变细窄。

生物活性：属低毒微生物杀线虫剂。母粉，雌、雄大鼠急性经口 $LD_{50}>5000mg/kg$，急性经皮 $LD_{50}>2000mg/kg$。对皮肤、眼睛无刺激性，弱致敏性，无致病性，对人、畜和环境安全。厚孢轮枝菌为微生物农药，以活体微生物孢子为主要活性成分，是经发酵而生成的分生孢子和菌丝体。通过孢子萌发及产生菌丝寄生于根结线虫的雌虫及卵。

作用机制：厚孢轮枝菌孢子施入土壤后，其能在作物根系周围土壤中迅速萌发繁殖，所产生的菌丝可穿透线虫的卵壳、幼虫及雌性成虫体壁，菌丝在其体内吸取营养，进行繁殖，破坏卵、幼虫及雌性成虫的正常生理代谢，从而导致植物寄生线虫死亡，虫卵不能孵化、停止繁殖。

应用：属于内寄生性真菌，是一些植物寄生线虫的重要天敌，能够寄生于卵，侵染幼虫和雌虫，可明显减轻多种作物根结线虫、胞囊线虫、茎线虫等植物线虫病的危害。能够防治烟草、花生、豆类、番茄、黄瓜、西瓜、茄子、生姜、香蕉、甘蔗等农作物根结线虫、胞囊线虫。也可用于园林植物、花卉根结线虫的防治。

7. 噻唑磷

防治对象和使用方法：可广泛应用于蔬菜、香蕉、果树、药材等作物防治线虫。施用后以立即混于土中最为有效，可在作物种植前直接施于土表，也可在作物播种时使用，推荐每公顷用量为1～3kg（有效成分）。

8. 阿维菌素

防治对象和使用方法：用于防治蔬菜根结线虫病。可通过混土、喷灌、沟灌和滴灌等多种方式施用。防治土壤根结线虫，每公顷可选用1.8%乳油9000～12 000mL。

第三节 科学使用杀虫剂

使用杀虫剂防治农作物害虫，要达到最佳杀虫效果，除了选准对口药剂、适期用药外，还应特别注意施药时机、施药技术等问题。

一、施药时间的确定

选择最佳时机使用杀虫剂是有效控制虫害发生、保护有益生物及降低杀虫剂残留的重要途径之一。最佳施药时机要根据虫害发生发展规律、防治适期结合虫害发生预测预报，掌握虫害发生动态在虫害盛发期和在对杀伤害虫最有利的虫龄阶段,害虫易侵染、为害的生育期和非天敌敏感期进行防治,同时还应该充分考虑避开农产品收获安全间隔期。

对农作物来说,容易感染害虫且容易造成较大损失的生长发育阶段是危险生育期。比如,小麦抽穗到灌浆期最易感蚜虫,水稻分蘖期和孕穗到抽穗期最易感二化螟和三化螟。因此,虫害防治的最佳时机要抓住其危险生育期,在害虫低龄幼虫盛发期用药。一般说来,害虫3龄前体壁部很薄,体壁上还长了很多的微毛,微毛着生部位的表皮很薄,药剂就很容易透过这些薄层。而且此时害虫体小,食量小,危害轻,活动范围小,抗药力弱,因此,害虫3龄之前的幼龄期是防治最佳适期,此时用药可收到事半功倍的效果。而当害虫达到4~6龄时,害虫食量、体壁厚度均大大增加,其厚度可达到1龄幼虫的50~100倍,体壁上微毛也没有了,这样药剂就不容易黏附在体壁上和透过体壁,到达害虫体内就比较困难,从而大大降低了杀虫效果。而且害虫龄期增大后,虫体内的脂肪量也增多了,具有积存和分解许多杀虫剂的作用。害虫体内脂肪含量越高,这种作用就越明显,抗药性就越强。对于钻蛀性害虫,无论是苗穗茎,还是蕾花果的钻蛀性害虫,初孵幼虫尚未钻入植株时是防治效果最好的时期。

此外,还要根据天气情况和害虫的昼夜活动规律,选择在有利的时间施药。上午9点以后,作物叶片上露水已干,又正是日出性害虫活动最盛的时候。在这个时候施药,既不会因为露水冲淡药液影响防治效果,又可使害虫与杀虫剂直接接触,增加害虫中毒机会。下午4点以后,太阳偏西,光照减弱,温度降低,而且正是黄昏时飞翔活动和夜出性害虫即将出动的时候,在这个时间施药,能提前将药剂施于作物上,待害虫在黄昏和夜间出来活动或取食时使其接触毒液或取食中毒死亡,同时还可避免药液蒸发损失和光解失效。因此,施用杀虫剂时间以上午9~10点和下午4点以后为宜。

二、施药方法的选择

要根据害虫危害作物的部位,选用合适的药剂并采取合理的施药方法,送药到位。只有因虫施药,送药到位,才能击中要害,实现药到虫除的功效,使药剂发挥出最好的作用,获得理想杀虫效果。例如,对在叶背面取食的害虫就将药液喷在叶片的反面;对危害根部的害虫,就将药剂灌施于根部或施于播种沟内。防治螟虫造成枯心苗就撒毒土;防治稻飞虱、稻叶蝉就将药液喷施到稻株基部;防治斜纹夜蛾就将药液喷到花蕾及幼荚上;防治红铃虫、棉铃虫就把药打到花蕾、青铃及群尖上;防治白穗就喷雾或泼浇。对于红蜘蛛、棉蚜、稻叶蝉、稻飞虱等隐蔽性害虫,根据其刺吸式口器取食方式,可选用内吸性强的杀虫剂,吸收后植株传到的其他部位,达到送药到位的目的。

三、施药技术的运用

不要长期单一地使用杀虫剂,对不同的杀虫剂进行混用,可以达到兼治多种病虫害的目的,避免害虫产生抗药性,以延长新杀虫剂的使用寿命。混用时要注意杀虫剂间不能产生拮抗或降解作用,不使用毒性显著增加的混用配方。混合配药时,应先将两种杀虫剂按配方的用药量或浓度各自称量后,分别加少量水稀释,再相互混合后搅拌均匀,加水至规定浓度。

四、杀虫剂安全使用注意事项

安全使用杀虫剂需要特别注意的主要有以下3个方面。

第一,杀虫剂用量要严格按推荐剂量,严禁随意加大剂量。

第二,配药、药剂拌种时要用工具,拌种地点应远离水源和居住地;随用随拌,手撒或点播药种时要戴防护手套，剩余毒种应及时销毁。

第三，害虫的天敌大部分也是昆虫，如草蛉、食蚜蝇、各种瓢虫及寄生蜂、寄生蝇等。在这些害虫天敌对药剂反应比较敏感的时期内，应尽量少用杀虫剂，以保护天敌，维持农田生态平衡。如需施药，也应该尽可能选择天敌对杀虫剂不敏感的时期施药。例如，卵寄生的天敌，在寄生前是对杀虫剂的敏感期，而寄生以后，则是对杀虫剂的不敏感期。因为寄生于害虫的卵之后，这些寄生性天敌有寄主害虫的卵膜保护。在已经死亡的蚜虫和介壳虫体内发育的天敌，由于有寄主厚实体壁的保护，也难以受到杀虫剂的毒害，此时施用杀虫剂几乎对它们不会有负面影响。

总之，杀虫剂的选择、使用应符合安全、有效、经济和简便的原则。这4点要求都是相对的，又是相互联系的，不能只考虑其一而不顾其他，也不能要求全部符合理想，应因地因时有所侧重。

课外链接 7-1

杀虫剂抗药性的检测

第四节　常见农业害虫的化学防治实例

一、杀虫剂对棉铃虫田间药效试验

1. 目的要求

1）学习杀虫剂有效浓度的计算、称药、配制杀虫剂及数据的整理与分析。

2）会用药效试验的方法选择有效防治害虫的杀虫剂。

3）会用单行线取样法调查统计害虫田间危害情况。

4）具备杀虫剂田间防治效果调查的能力。

2. 实验器材　　喷雾器、卷尺、量筒、标牌、玻璃棒、塑料烧杯等。

3. 实验药剂及浓度　　50%辛硫磷乳油1500倍，25%双甲脒乳油1000倍，10%氯氰菊酯乳油2000倍，48%毒死蜱乳油1500倍等。

4. 实验方法

（1）田间设计　　选择棉铃虫发生较重、分布均匀的棉花田，按实验要求划分小区。每一小区面积为20m^2，随机排列，重复3次，设置清水对照区。

（2）处理方法　　防治棉铃虫一般选择在低龄幼虫期较好，喷洒时间以清晨露水褪去后或者下午3点为宜，每亩喷洒药液量为50kg。

5. 药效调查及结果计算

（1）处理前虫口数调查　　处理前每小区用对角线五点取样法，每点查10~20株棉花上的棉铃虫幼虫数，分别记录在实验结果记录表中。

（2）处理后药效调查　　分别于处理后1d、3d、7d检查药效和残效，调查方法同上。用下列公式计算结果。

$$虫口减退率=\left(\frac{药前活虫数-药后活虫数}{药前活虫数}\right)\times 100\%$$

校正死亡率＝[（处理区虫口减退率－清水对照区虫口减退率）/（1－清水对照区虫口减退率）]×100%

6. **作业**　　认真记录、分析田间调查数据,完成药效实验报告。

二、杀虫剂对小麦蚜虫田间药效试验

1. **目的要求**
1) 会用药效试验的方法选择有效防治害虫的杀虫剂。
2) 烟碱类、拟除虫菊酯类、有机磷类杀虫剂药效比较。
3) 具备杀虫剂田间防治效果调查的能力。

2. **实验器材**　　喷雾器、卷尺、量筒、标牌、玻璃棒、塑料烧杯等。

3. **实验药剂及浓度**　　50%乐果乳油,20%啶虫脒水分散粒剂,70%吡虫啉水分散粒剂,2.5%高效氯氟氰菊酯。

4. **实验方法**

(1) 田间设计　　选每小区的面积25m^2,小区间间隔1m作为保护行。重复4次,设置清水对照区。

(2) 处理方法　　各防治药剂处理为兑水茎叶喷雾,药液量为每小区1.7kg。喷雾时从低浓度到高浓度依次进行。

5. **药效调查及结果计算**

(1) 处理前虫口数调查　　处理前每小区用对角线五点取样法,每点调查固定行长30cm内植株上的蚜虫头数,分别记录在实验结果记录表中。

(2) 处理后药效调查　　分别于处理后1d、3d、7d检查药效和残效,调查方法同上。用下列公式计算虫口减退率和防效。

$$虫口减退率 = \left(\frac{药前活虫数 - 药后活虫数}{药前活虫数}\right) \times 100\%$$

校正死亡率=[(处理区虫口减退率-清水对照区虫口减退率)/(1-清水对照区虫口减退率)]×100%

6. **作业**　　认真记录、分析田间调查数据,完成实验报告。

三、杀虫剂对玉米螟田间药效试验

1. **目的要求**
1) 会用药效试验的方法选择有效防治玉米螟的杀虫剂。
2) 会用单行线取样法调查统计害虫田间危害情况。
3) 具备杀虫剂田间防治效果调查的能力。

2. **实验器材**　　喷雾器、卷尺、量筒、标牌、玻璃棒、塑料烧杯等。

3. **实验药剂及浓度**　　50%辛硫磷乳油1500倍,25%双甲脒乳油1000倍,10%氯氰菊酯乳油2000倍,48%毒死蜱乳油1500倍等。

4. **实验方法**

(1) 田间设计　　每一小区面积为50m^2,选6行玉米,其边缘2行作为保护行,其余4行每行应有10m长,小区内至少应有160株苗。随机排列,重复3次,设置清水对照区。

(2) 处理方法　　在卵孵化高峰期、玉米心叶末期施药。每亩喷洒药液量为50kg。

5. **药效调查及结果计算**　　每小区用对角线五点取样法共调查50株玉米,分别在处理前和处理后10d、15d调查被害株的活虫数,与对照区比较计算相对防效。

用下列公式计算结果。

$$\text{虫口减退率} = \left(\frac{\text{药前活虫数} - \text{药后活虫数}}{\text{药前活虫数}}\right) \times 100\%$$

校正死亡率=[(处理区虫口减退率-清水对照区虫口减退率)/(1-清水对照区虫口减退率)]×100%

6. 作业 认真记录、分析田间调查数据，完成实验报告。

四、杀虫剂对斑潜蝇田间药效试验

1. 目的要求
1）会用药效试验的方法选择有效防治潜叶蝇的杀虫剂。
2）会进行生物农药及昆虫生长调节剂类杀虫剂药效比较。
3）具备杀虫剂田间防治效果调查的能力。

2. 实验器材 喷雾器、卷尺、量筒、标牌、玻璃棒、塑料烧杯等。

3. 实验药剂及浓度 1%阿维菌素乳油 2500 倍，25%灭幼脲悬浮剂 1000 倍，70%灭蝇胺可湿性粉剂 1500 倍，10%溴虫腈悬浮剂 2000 倍等。

4. 实验方法
（1）田间设计 每一小区面积为 $20m^2$，随机排列，重复 3 次，设置清水对照区。
（2）处理方法 斑潜蝇发生初期防治，喷洒时间以清晨露水褪去后或者下午 3 点为宜，每亩喷洒药液量为 50kg。

5. 药效调查及结果计算
（1）处理前虫口数调查 处理前每小区在中间行定株调查 10 株，每株选择中、上部叶片 2 张，每张叶片选生长初期的虫道 1～2 条，并在每一虫道前端用油性记号笔标记 1 个点。调查防效时，幼虫体色新鲜、饱满有羽化孔的均为活虫，而虫体干瘪、变色的为死虫，分别记录在实验结果记录表中。
（2）处理后药效调查 分别于处理后 1d、3d、7d、10d 检查药效和残效，调查方法同上。用下列公式计算结果。

$$\text{虫口减退率} = \left(\frac{\text{药前活虫数} - \text{药后活虫数}}{\text{药前活虫数}}\right) \times 100\%$$

校正死亡率=[(处理区虫口减退率-清水对照区虫口减退率)/(1-清水对照区虫口减退率)]×100%

6. 作业 认真记录、分析田间调查数据，完成实验报告。

五、杀虫剂对地下害虫田间药效试验

1. 目的要求
1）会用药效试验的方法选择有效防治地下害虫的杀虫剂。
2）会用单行线取样法调查统计害虫田间危害情况。
3）具备杀虫剂田间防治效果调查的能力。

2. 实验器材 喷雾器、卷尺、量筒、标牌、玻璃棒、塑料烧杯等。

3. 实验药剂及浓度 3%颗粒剂用药量 4000g/亩，辛硫磷 3%颗粒剂用药量 4000g/亩等。

4. 实验方法
（1）田间设计 每一小区面积为 $20m^2$，随机排列，重复 3 次，设置清水对照区。
（2）处理方法 施药方法为穴施。

5. 药效调查及结果计算

（1）处理前虫口数调查　　花生株受害调查：每小区"Z"字形 5 点取样，每点 1m 垄长，分别调查样点内花生总株数和被害株数，计算被害株防治效果。虫口密度调查：挖土取样调查，每小区"Z"字形 5 点取样，每点调查 50cm×50cm×30cm 土样内幼虫数量，分别记录在实验结果记录表中。

（2）处理后药效调查　　于处理后 30d 调查各小区内被害株及虫口密度，共调查 1 次，调查方法同上。用下列公式计算结果。

$$虫口减退率 = \left(\frac{药前活虫数 - 药后活虫数}{药前活虫数}\right) \times 100\%$$

校正死亡率 = [(处理区虫口减退率 - 清水对照区虫口减退率)/(1 - 清水对照区虫口减退率)] × 100%

6. 作业　　认真记录、分析田间调查数据，完成实验报告。

六、杀虫剂的抗性检测

1. 目的要求　　学习棉蚜对菊酯类、有机磷类杀虫剂的抗药性检测方法。

2. 实验用品　　药剂：97% 溴氰菊酯、95% 氰戊菊酯、66% 久效磷、97% 克百威、90% 乙酰甲胺磷、40% 氧乐果。

试虫：敏感棉蚜种群（SS）、田间棉蚜种群。

用具：烧杯、玻璃棒、量筒、毛笔、培养皿、滤纸。

3. 实验方法　　参照联合国粮食及农业组织（1980）推荐的害虫抗药性标准测定方法。用浸渍法进行预试验确定死亡率区间，根据预试验结果将供试药剂用清水稀释成系列浓度，将带有棉蚜的棉花叶片在药液中浸渍 8~10s，用卫生纸吸干多余药液，然后置入有滤纸的直径 9cm 培养皿中。每处理重复 4 次，以清水处理做对照，然后放入 25℃ 人工气候箱。24h 检查存活幼虫数，以毛笔轻轻触动虫体不能反应者视为死亡。

4. 结果计算　　计算死亡率，处理死亡率用 Abbort 公式校正，然后进行概率值分析，求毒力回归式及半数致死浓度 LC_{50}。将各种药剂的 LC_{50} 与相对敏感毒力基线比较，计算抗性倍数。

抗性标准划分如下：0~5 倍为耐药力变化或操作误差；5~10 倍为低等抗性；10~40 倍为中等抗性；40~160 为高等抗性；160 倍以上为极高等抗性。

用下列公式计算结果。

$$虫口减退率 = \left(\frac{药前活虫数 - 药后活虫数}{药前活虫数}\right) \times 100\%$$

校正死亡率 = [(处理区虫口减退率 - 清水对照区虫口减退率)/(1 - 清水对照区虫口减退率)] × 100%

5. 作业　　认真记录、分析调查数据，完成实验报告（表 7-1）。

表 7-1　棉蚜对杀虫剂的抗性

药剂	试虫种群	毒力回归式	LC_{50}	抗性倍数

课外链接 7-2

1. 农化产品领域全球领先的七大企业。
2. 国内外杀虫剂的发展趋势。

思 维 拓 展

1. 杀虫剂进入昆虫体内的途径有哪些？影响杀虫剂对昆虫的穿透与分布的主要因素是什么？
2. 杀虫剂的主要种类有哪些？
3. 简述神经毒剂的作用机理。
4. 简述什么是昆虫生长调节剂，种类有哪些。

扫扫看答案

主要参考资料

1. 参考文献

彩万志，庞雄飞，花保祯，等. 2001. 普通昆虫学. 北京：中国农业大学出版社：42-53
高希武. 2012. 害虫抗药性分子机制与治理策略. 北京：科学出版社：186-201
冷欣夫，唐振华，王荫长. 1996. 杀虫药剂分子毒理学及昆虫抗药性. 北京：中国农业出版社：43
刘维志. 2000. 植物病原线虫学. 北京：中国农业出版社：53-66
慕立义. 1994. 植物化学保护研究方法. 北京：中国农业出版社
王荫长. 2004. 昆虫生理学. 北京：中国农业出版社：202-209
仵均祥. 2002. 农业昆虫学. 北京：中国农业出版社：182-201
徐汉虹. 2007. 植物化学保护学. 4版. 北京：中国农业出版社：283-286
张曼丽，刘奎，陈剑山，等. 2015. 溴氰虫酰胺10%可分散油悬浮剂防治海南豇豆斑潜蝇田间药效试验. 农药科学与管理，36（8）：58-62
张一宾，张怿，伍贤英. 2010. 世界农药新进展. 北京：化学工业出版社：193-200
赵善欢. 2000. 植物化学保护. 3版. 北京：中国农业出版社：49-56
赵跃锋，吴春柳，孙海霞，等. 2009. 毒死蜱3%颗粒剂防治花生地下害虫田间药效试验. 农药科学与管理，30（5）：45-47
Busvine J R. 1980. Recommended methods for measurement of pest resistance to pesticides. In：FAO plant production and protection paper 21 Rome
Georghiou G P, Saito T. 1983. Pest Resistance to Pesticides. New York：Springer：4-6
Ishaaya I, Horowitz A R. 1998. Insecticides with Novel Modes of Action：on Overview. In：Ishaaya I, Degheele D. Insecticides with Novel Modes of Action-Mechanisms and Application. Berlin：Springer Berlin Heidelberg：1-24
Londershausen M. 1996. Approaches of new parasiticides. Pesticide Science, 48：269-292
Retnakaran A, Wright J E. 1987. Control of insect pests with benzoylphenyl ureas. In：Wright J E, Retnakaran A. Chitin and Benzoylphenyl Ureas. Berlin：Springer Netherlands：205-282
Salgado V L. 1992. The neurotoxic insecticidal mechanism of the nonseroidal ecdysone aganist RH-5849：K^+ channel Block in Nerve and Muscle. Pesticide Biochemistry and Physiology, 43（1）：1-13

2. 网站

世界农化网中文网 http://cn.agropages.com/
中国农药网 http://www.pesticide.com.cn
中国农药信息网 http://www.chinapesticide.gov.cn/

第八章　杀菌剂的科学选用

【知识能力要求】
1. 了解杀菌剂知识体系的形成过程；
2. 了解杀菌剂的科学使用技术；
3. 熟练掌握杀菌剂的作用机制及如何应对病原菌的抗药性。

【导语】
利用杀菌剂防治植物病害是植物保护领域非常重要的技术，也是最为经济、快捷、高效的防治手段，目前已成为现代农业生产中不可缺少的科学技术。据调查，全世界对植物有害的病原微生物有植物病原真菌、细菌、支原体、病毒、藻类、立克次氏体等，共有80 000种以上，全世界农作物每年由于植物病害造成的减产在5亿t左右。一般情况下，使用杀菌剂可以挽回一定的损失，其中谷物为10%，棉花为10%，蔬菜为20%，水果为30%~40%。尽管在不同的历史时期，植物病害化学防治的水平不同，但对社会进步和农业生产均发挥了重要的作用，同时还促进了农药产业和国民经济的发展。但是与杀虫剂、除草剂相比，杀菌剂应用开发相对较慢。目前世界农药市场杀菌剂销售额为75亿美元左右，占到世界农药销售额的1/4左右，而中国杀菌剂市场为60亿元人民币，大约只占我国农药用量的13%。这从侧面也反映了我国农药发展水平还有进一步提升的空间。而随着我国杀菌剂的开发、推广和应用的快速发展，人们对蔬菜、水果需求量的增加，以及对病害为害认识水平的提高，杀菌剂市场呈现稳中有升的态势，仍将进一步扩大。

第一节　认识杀菌剂

一、植物病害与杀菌剂

用于防治植物病害的化学农药，统称为杀菌剂。但杀菌剂并不是必须把病菌杀死，而是抑制病原菌生长或使病菌孢子不能萌发，菌丝停止生长；有的却对菌无毒性作用，而是改变病菌的致病过程或通过调节植物代谢诱导（提高）植物抗病能力。所有能达到防治植物病害的化学物质都包括在广义的杀菌剂一词中。随着杀菌剂的发展，又区分出杀细菌剂、杀病毒剂、杀藻剂等类型。

杀菌剂除对病原生物具有毒杀或抑制作用外，还要求必须和杀虫剂一样对人、畜及其他有益生物和作物是安全的，同时也要求对环境友好。由于菌体和寄主植物具有极其相似的生化代谢过程和酶系统，杀菌剂在这两类生物之间的差异选择系数很小，因此在实际应用时比杀虫剂更要注意对作物的药害问题。杀菌剂的类型很多，要掌握杀菌剂，必须按它们的特点分类，才可以把各种杀菌剂认识清楚。按杀菌剂来源可以分为无机杀菌剂和有机杀菌剂，按杀菌剂的作用方式可以分为保护性杀菌剂、治疗性杀菌剂和铲除性杀菌剂，按传导特性分类，可以分为内吸性杀菌剂和非内吸性杀菌剂，而按化学结构类型又可以分为酰胺类、二甲酰亚胺类、甲氧基丙烯酸酯类、三唑类、咪唑类、噻唑类、噁唑类、吡咯类、抗生素类、生物源类和其他类等多种。

植物病害化学防治的发展大体可以分为下面4个时期：①19世纪80年代以前，古代采用天然药物防治植物病害的时代；②19 世纪 80 年代~20 世纪 30 年代中期，近代采用无机合成杀菌剂防治植物病害的时代；③20 世纪 30 年代中期~60 年代，现代采用有机合成保护性杀菌剂防治植物病害的时代；④20 世纪 60 年代至今，当代采用有机合成专化性杀菌剂防治植物病害的时代。

（一）古代植物病害化学防治

在古代人类对植物病害的本质及其发生和流行规律的认识还比较肤浅，缺乏科学的认识，当时人们把植物病害看成是上帝对人类的惩罚。早在公元前 760 年左右，犹太预言家阿蒙斯（Amos）就指出："如果你还没有向上帝祈祷的话，你的葡萄园和果园、无花果和橄榄树就极易受到枯萎和霉病的袭击。"1845 年，马铃薯晚疫病造成了爱尔兰饥荒，而当时只有极少数微生物学家认为是真菌引起的。在长期的生产实践中，人们不断积累并总结了控制植物病害的经验，逐渐认识到一些天然物质可以起到防治植物病害的作用。

公元前 1000 年，古希腊诗人荷马（Homer）在其著作《荷马史诗》中就描述了用硫黄防病。公元前 470 年，德莫克里图介绍用橄榄浸出液洒在植物上可以防治疫病。约公元 60 年，Pliny 介绍用酒和捣碎的柏叶混合物浸种防治小麦霉病。1755 年，奥坎谢描述了可以用砷和升汞防治小麦腥黑穗病。我国劳动人民在与植物病害斗争中也创造和积累了丰富的经验。在 2000 多年前，古人在农业生产实践中用各种栽培措施防治作物病虫害。徐光启在《农政全书》中谈到棉苗立枯病发生的原因时，指出"种病如胎病"，阐明了种子带病对今后棉苗生长的影响，并提出"欲求不病，择种一矣"的防除棉苗立枯病的方法。在《农政全书》中还记载了用蒲母草汁液治疗桑的"叶癞"病："其桑之叶癞也，亦以草汁而沃之"。这是利用植物源农药防治植物病害的最早尝试和记载。随着植物病害病原学理论的形成及化学学科的发展，在 18 世纪中叶至 19 世纪 80 年代，先后发现了硫酸铜、石灰硫黄合剂、氯化锌及波尔多液防治植物病害的作用。

（二）近代植物病害化学防治

自 19 世纪中叶巴斯德建立了病原学理论以来，人们对于植物病害的认识发生了一定程度的转变，逐步认识到植物病害是由病原微生物的侵染所致，这大大促进了人们对植物病害化学防治研究的自觉性。1881 年，Marshell-Ward 提出了应用化合物喷雾防治植物病害的原理，特别是 1882 年法国波尔多大学 Millardet 教授发现波尔多液防治葡萄霜霉病的作用，使人类认识到利用化学武器防治植物病害的主观能动性。20 世纪初，国际上研究了许多杀菌剂的合成、筛选和生物测定技术及田间防治植物病害的方法，同时砷酸钙和砷酸铅在农业生产上开始大规模使用。而我国从 20 世纪 20 年代开始，先后利用碳酸铜拌种防治大麦、高粱、粟黑穗病等，建立了中国最早的农药研究机构——药剂研究室，先后开发了无机铜制剂、硫制剂、砷制剂、汞制剂，用于植物病害防治。20 世纪 30 年代，中国几位著名的植物病理学家先后用碳酸铜、汞处理种子，用来防治大麦条纹病、坚黑穗病；用升汞、红砒、碳酸铜、硫酸铜、硫黄浸种或拌种防治麦类散黑穗病、腥黑穗病和秆黑粉病等。

20 世纪 40 年代以前，人们主要应用的代表性杀菌剂是含铜化合物、汞制剂和硫制剂等无机化合物，也称为第一代杀菌剂。

（三）现代植物病害化学防治

1934~1966 年，是保护性的有机杀菌剂大量使用的时期。1934 年，二硫代氨基甲酸衍生物福美双的出现，标志着有机合成杀菌剂使用时期的开始，这也是20世纪植物病害化学防治历史上的第一次重大突破。这个时期，福美类和代森类等有机合成化合物开始大量使用。在1938年和1943年，科学家又进一步将四氯苯醌和二氯萘醌等醌类化合物用于植物病的防治，极大地推动了植物病害化学防治的发展。进入到20世纪50年代，植物病害化学防治开始加速发展。有机汞类、有机锡类、克菌丹、灭菌丹等三氯甲硫基化合物，五氯硝基苯、百菌清等取代苯类杀菌剂等相继广泛应用在植物病害的防治中。在20世纪50年代后期，人们先后发现了一些植物源杀菌剂和抗生素，并用于植物病害化学防治。

这个阶段是有机化合物大量使用阶段，也称为第二代杀菌剂。

（四）当代植物病害化学防治

随着农药合成和筛选技术及植物病理学的发展，杀菌剂得到了飞速发展。1966年，人类成功开发了对植物病害具有治疗作用的杀菌剂萎锈灵，大大提高了对谷类作物散黑穗病的防治效果。尤其是20世纪60年代末70年代初，成功开发了苯并咪唑类杀菌剂如苯菌灵、多菌灵、甲基硫菌灵等，这类杀菌剂具有广谱、高效、低毒的特点，标志着第三代杀菌剂——内吸性杀菌剂广泛使用的时期的到来。世界各大农药公司先后又开发了甲霜灵、噁霜灵为代表的具有专化性作用位点的苯酰胺类杀菌剂，异稻瘟净、三乙膦酸铝、甲基立枯磷等有机磷类杀菌剂，叶青双、拌种灵等噻唑类杀菌剂，恶霉灵等异噁唑类杀菌剂，羟基嘧啶类杀菌剂。值得注意的是具有手性的内吸性杀菌剂的增多，涌现出一大批麦角甾醇生物合成抑制剂，最引人注目的要属三唑类化合物，这些杀菌剂在世界范围内被广泛用于防治植物病害。20世纪90年代，以嘧菌酯、醚菌酯为代表的甲氧基丙烯酸酯类杀菌剂具有广谱、高效、低毒、低残留、与环境兼容性好等优点，已成为农用杀菌剂中的主流产品之一。

近年来，诱导寄主系统获得抗病性（systemic acquired resistance，SAR）的化合物逐渐受到人们的关注，成为植物病害化学防治研究开发的热点领域之一。三环唑与烯丙苯噻唑等是最早使用的无杀菌毒性的植物抗病激活剂，称为第四代杀菌剂。这类化合物在离体条件下杀菌活性很小或没有杀菌活性，但进入植株体内后可以减少病原菌的侵染，能够降低病害的发生，杀菌活性主要表现在干扰病原菌的致病性或提高寄主植物的抗病性。由于这类药剂对病原菌的生长没有多大影响，因此它们不会对病原菌产生选择压力，也不会对无致病性的微生物有破坏作用。它是化学农药繁荣发展造成不良后果之后的必然产物，它以其用量小、环境相容性好的优点，将成为防治植物病害的化学农药的有效替代品。

随着人们对环境、生态的关注，高效、低毒、低残留、安全、与环境兼容性好将成为新开发的杀菌剂的显著特点。未来，植物病害的化学防治仍将对世界农作物产量起着至关重要的影响，开发新型化合物、利用植物抗病激活剂及天然产物将有利于农业稳定、持续、健康地发展，对环境保护起到积极的作用。解决抗药性、增强植物免疫能力、与环境友好则是杀菌剂创制研究的主要方向。

二、杀菌剂的作用机制

病原真菌的形态特点、生物学性状及引起的病害循环均不相同，在植物体上的侵染位点和侵入途径也有差异，杀菌剂对它们的作用机制也就有所差别。杀菌剂的作用机制包含了杀菌剂与菌体细胞内的靶标互作，杀菌剂与靶标互作以后使病菌中毒或失去致病能力的原因和间接作用的杀菌剂在生物化学或分子生物学水平上的防病机制等几个方面。

随着化学分析技术的提高、计算机模拟技术和电子显微镜的普遍使用，以及生物化学和分子生物学的快速发展,特别是一些重要植物病原菌基因库的建立,大大提高了杀菌剂作用机制的研究水平和研究速度。同时,随着杀菌剂作用靶标和抗药性机制研究的深入,也促进了分子植物病理学和分子生物学的发展。

(一)影响细胞结构和功能

这方面主要包括对真菌细胞壁形成的影响及对细胞膜组分生物合成的影响。

1. 影响真菌细胞壁的形成　　真菌细胞壁作为真菌和周围环境的分界面,起着保护和定型的作用。细胞壁干重的 80% 由碳水化合物组成,如几丁质、脱乙酰壳多糖、葡聚糖、纤维素、半乳聚糖等。杀菌剂作用于细胞壁后,细胞壁所表现的中毒现象通常为芽管末端膨大或扭曲,分枝增多等异型,造成这一类异型的原因是细胞壁上纤维原的结构变形。目前应用的有实践意义的杀菌剂对细胞壁的作用主要是影响细胞壁的形成。通过抑制真菌细胞壁中多糖的合成,或者与多糖及糖蛋白相结合的机制破坏细胞壁结构,从而达到抑制或杀灭真菌的目的。

(1) 对几丁质合成酶的影响　　几丁质是由数百个 N-乙酰葡萄糖胺分子用 β-1,4-葡萄糖苷键连接而成的多聚糖,是真菌细胞壁特有的不可缺少的物质,具有极其重要的作用,任何能干扰几丁质生物合成或沉积的物质都会对真菌造成影响。几丁质的合成由 3 个几丁质合成酶(chitin synthase, Chs)来调节,这 3 种酶是一种膜结合的糖苷转化酶,在很多真菌中广泛存在。Chs1 的作用是修复细胞分裂造成的芽痕及初生隔膜的损伤,Chs2 用于初生隔膜中几丁质的合成,Chs3 合成孢子壁中的脱乙酰几丁质及芽痕和两侧细胞壁中 90% 的几丁质。在这 3 种酶的作用下,将 N-乙酰葡萄糖胺合成为几丁质,其合成途径如下。

$$N\text{-乙酰葡萄糖氨(GlcNAc)} \longrightarrow N\text{-乙酰葡萄糖氨-6-磷酸} \xrightarrow{\text{UTP}\ \text{Pi}\ \text{UDP-GlcNAc}}$$

$$\text{UDP-GlcNAc} + (\text{GlcNAc})_n \xrightarrow{\text{几丁质合成酶 Mg}^{2+}} (\text{GlcNAc})_{n+1} + \text{UDP}$$

多抗霉素(polyoxin)是嘧啶核苷类两性水溶液的多组分抗生素,它是选择性抑制真菌细胞壁的几丁质合成,使细胞壁变薄或失去完整性,造成细胞膜暴露,最后由于渗透压差导致原生质渗漏。当施于水稻的根部后,能被水稻吸收并向上输送,在最小抑制浓度时,各个组分能引起真菌菌丝尖端膨大,而不抑制孢子发芽,仅在发芽后使芽管尖端变成球形,从而损害真菌的生长,也就抑制了孢子的形成。

(2) 对肽多糖生物合成的影响　　细菌的细胞壁主要成分是多肽和多糖形成的肽多糖。已知青霉素的抗菌机制是药剂与转肽酶结合,阻碍了细胞壁上胞壁质(黏肽)的氨基酸结合,抑制肽多糖合成,使细胞壁的结构受到破坏,表现为原生质体裸露,继而瓦解。

(3) 对黑色素生物合成的影响　　黑色素与植物感染病害有着密切的关系,许多真菌的细胞壁是黑色素化的。黑色素来源于真菌自身,大多植物感染真菌的黑色素是二羟基萘酚(DHN)黑色素。在真菌侵染植物的过程中,通常需先形成附着孢子和黑色素,使其芽管或菌丝体顶端肿胀,以有利于附着并穿透寄主。黑色素生物合成抑制剂对植物具有明显的保护作用,但没有对病害的治疗作用。它们的作用仅仅是抵御病菌的渗透,因此只有在表皮层没有损伤或应用药剂的时间较早时才会发挥药效。三环唑对稻瘟病菌的生长和孢子萌发都没有明显的抑制作用,但能强烈地抑制稻瘟病菌的菌丝和附着孢黑色素化(图8-1)。通过对 1,3,8-三羟基萘酚还原酶的作用,抑制稻瘟病菌的生长和孢子的萌发,而浓度高时,对 1,3,6,8-四羟基萘酚还原酶也有一定的抑制作用。而小柱孢酮脱水酶是在黑色素生物合成中的另一个重要的酶,环丙酰菌胺(carpropamid)和氰菌胺(zarilamide)等就是抑制小柱孢酮脱水酶的活性,使真菌附着胞黑色素的生物合成受阻,失去侵入寄主植物的能力（图 8-1）。另外，aflastatin A（1）、阿孙病毒素（abikoviromycin）和浅蓝菌素（cerulenin）是通过抑制黑色素生物合成中的多聚乙酰酶而起作用，但目前商品化的药剂较少。

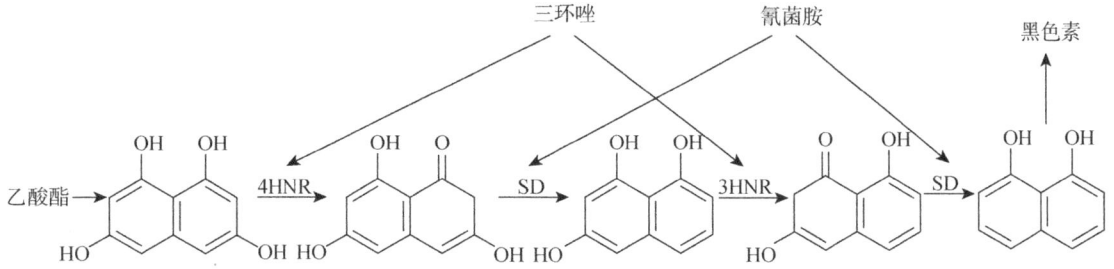

图 8-1　真菌黑色素生物合成抑制剂的作用位点
（引自徐汉虹，2007）

2. 影响细胞膜组分的生物合成　细胞膜具有重要的生理功能，不仅可以为细胞提供一个相对稳定的内环境，同时在细胞与环境之间进行物质运输、能量交换和信息传递的过程中也起着决定性的作用。菌体细胞膜是由许多含有脂质、蛋白质、甾醇、盐类的亚单位组成，亚单位之间通过金属桥和疏水键连接。细胞膜的功能主要依赖于各亚单位的精密结构保证膜的选择性和流动性，既能让一些物质进入细胞内，又能保持细胞内许多物质不外流。因此，当膜成分的生物合成受到阻碍，膜的结构或选择性屏障作用就受到损害，就会干扰和破坏细胞膜的生物学功能，可以造成细胞内物质的泄漏，导致细胞死亡。目前已知抑制细胞膜组分生物合成和干扰细胞膜功能的杀菌剂作用机制有如下几种。

（1）对麦角甾醇生物合成的影响　甾醇的主要作用是保持生物膜结构的刚性，这是由与之结合的酶来调节的。绝大多数真菌细胞膜的共同主要成分是麦角甾醇（ergosterol），Δ7- 的双键是真菌麦角甾醇的特征结构，麦角甾醇是真菌生物膜重要的组成部分，它与膜脂中的碳氢键相互作用，对保持细胞膜的完整性、流动性和细胞的抗逆性等具有重要作用。真菌的麦角甾醇与植物和动物所具有的甾醇不同，抑制真菌麦角甾醇生物合成的杀菌剂就是利用这一生化基础来进行选择的。通过抑制麦角甾醇，造成真菌膜的结构和选择性屏障作用受到损害，导致细胞内物质的泄露，最终菌体死亡。所有的高等真菌虽然都需要甾醇，但是某些低等真菌的甾醇却不一定是由自身生物合成的，如霜霉菌不能从环氧化角鲨烯合成甾醇，因此，这也是甾醇生物合成抑制剂对卵菌类真菌无效的原因。而子囊菌、担子菌及半知菌对甾醇生物合成抑制剂却高度敏感，虽然它们最敏感的靶标病原体的甾醇生物合成的靶位相同，但它们对各种化合物的敏感程度不完全一样，因而出现了多种这类杀菌剂用来防治不同的病害（图 8-2）。麦角甾醇不仅参与细胞膜的结构，其代谢产物还是有关遗传表达的信息素，因此，麦角甾醇生物合成抑制剂可以引起真菌多种中毒症状。

目前，大概有 40 多种抑制麦角甾醇生物合成的杀菌剂，主要可以分为 4 类：第一类是 C14 脱甲基化抑制剂，它占有的市场最大，品种最多，应用最广，如三唑酮、丙环唑、氟硅唑、戊唑醇等均属于这类化合物。第二类是胺类衍生物，包括吗啉类的十三吗啉、哌啶类的苯锈啶和环胺类的螺环菌胺等杀菌剂，它们在生理 pH 下被质子化以后可以模拟其中的碳正离子过渡态，造成不正常的 24- 甲基麦角甾二烯醇在膜上异常积累，膜的组成改变，破坏了膜蛋白的环境和功能，导致真菌生长停止，最终细胞死亡。第三类是抑制 C3 酮还原酶的羟基酰苯胺类化合物，环酰菌胺是这类化合物中第一个发现的品种，该药剂用于防治灰霉病、褐腐病及菌核病。第四类是角鲨烯环氧化酶抑制剂，包括硫代氨基甲酸酯和烯丙胺类化合物，但作为农药尚无理想药剂。

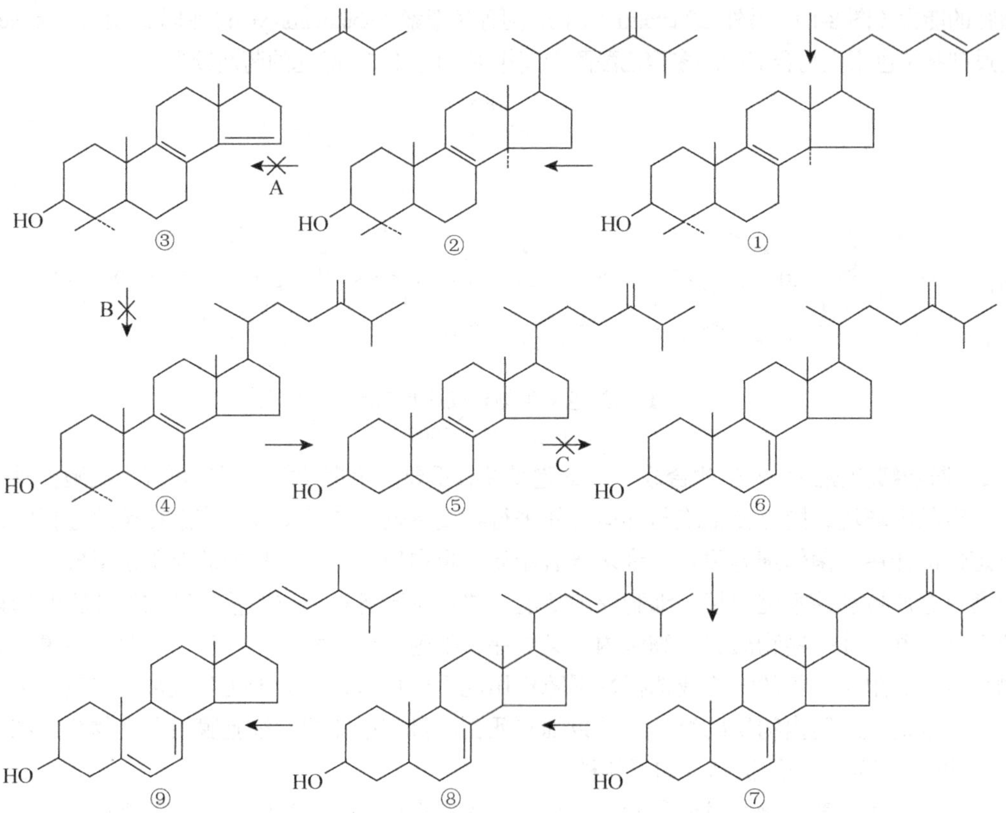

图 8-2 麦角甾醇生物合成抑制剂的作用位点
（引自徐汉虹，2007）

A. DMI 类杀菌剂的作用位点；B，C. 吗啉和哌啶类杀菌剂的作用位点。
①羊毛甾醇；②24-甲叉二氢羊毛甾醇；③4,4-二甲基麦角甾-8,14,24(28)-三烯醇；
④4,4-二甲基麦角甾-8,24(28)-二烯醇；⑤麦角甾-8,24(28)-二烯醇；⑥麦角甾醇；⑦麦角甾-5,7,24(28)-三烯醇；
⑧麦角甾-5,7,22,24(28)-四烯醇；⑨麦角甾醇

（2）对磷脂生物合成的影响　　磷脂是构成膜脂的基本成分，占整个膜脂的50%以上，是细胞膜双分子层结构的重要组分。按照与磷酸相连基团的不同，磷脂可以分为两类：甘油磷脂（glycerophospholipid）和鞘磷脂（sphingomyelin，SM）。异稻瘟净、吡菌磷等有机磷杀菌剂能够显著抑制稻瘟病菌菌丝的生长和孢子的形成。当菌体经杀菌剂作用后，首先细胞壁内几丁质含量显著降低，后来经过研究发现，几丁质生物合成受阻只是杀菌剂的次级效应，真正的作用靶标是在磷脂的生物合成过程，异稻瘟净等杀菌剂主要是通过抑制 S-腺苷高半胱氨酸甲基转移酶的活性，阻止磷脂酰乙醇胺的甲基化，使磷脂酰胆碱（卵磷脂）的生物合成受阻，改变细胞膜的透性，从而减少几丁质的合成。

（3）对脂质过氧化作用的影响　　脂肪酸是细胞内重要的供能代谢物质，同时也是生物膜脂质的重要组成成分。脂质过氧化作用对机体具有损伤作用，能破坏膜的结构，改变膜的通透性和流动性，最终导致细胞结构和功能的改变。线粒体膜、核膜和细胞膜上的脂质或不饱和脂肪酸都会受到一些药物的作用，发生脂质过氧化作用。例如，双酰亚胺类（dicarboximides）和芳香烃类（aromatic hydrocarbons）杀菌剂可以通过诱导细胞内脂质过氧化作用而达到抑菌目的，当菌体被杀菌剂处理后，病菌细胞内线粒体膜的结构受到破坏，对核膜的结构也具有影响，使得核周腔加大。所以，该类杀菌剂对细胞的遗传稳定性有非常明显的影响，不仅影响核膜功能和 RNA 的运转，还可以导致 DNA 双链出现断裂和染色体发生畸变。其中，芳香烃类杀菌剂可

以诱导线粒体膜和内质网膜上脂质的过氧化反应，导致细胞壁加厚，另外，该类杀菌剂对细胞色素c-还原酶也有抑制作用。但是二甲酰亚胺类杀菌剂不会造成细胞壁的加厚，它对病原菌细胞内甘油、过氧化氢酶和超氧化物歧化酶等内源物的水平会显著提高。

（4）对细胞膜的直接作用　　有机硫杀菌剂与膜上亚单位连接的疏水键或金属桥结合，致使生物膜结构受破坏，出现裂缝、孔隙、膜失去正常的生理功能。含重金属元素的杀菌剂可直接作用于细胞膜上的ATP水解酶，改变膜的透性。

（二）干扰真菌的呼吸作用

生命个体所需要的能量是通过糖、脂肪、蛋白质等大的有机分子的降解来提供的，主要来源于细胞的呼吸作用。真菌的呼吸作用发生在线粒体中，通过NADH氧化和伴随ATP合成的质子传递来为真菌病害的发展提供所需要的能量。真菌的呼吸途径中有3个质子转导复合物（Ⅰ、Ⅱ、Ⅲ），它们与辅酶Q和细胞色素c相连接作为电子传递的载体，复合物Ⅰ是由细胞色素b和两个辅酶Q即Q_o和Q_i组成。它们是需氧生物获取和储存能量的关键，抑制呼吸作用的杀菌剂可分别干扰这一生化过程的许多部位，影响了真菌的正常生命活动，破坏真菌的能量生成，最终导致菌体死亡。因此，呼吸链电子传递系统是农药重要的靶标区域。特别是抑制病原菌呼吸作用复合物Ⅲ的甲氧基丙烯酸酯类杀菌剂已发展成为全球第一大杀菌剂。另外，抑制病原菌呼吸作用复合物Ⅱ的琥珀酸脱氢酶抑制剂也发展成为一类在农业上非常重要的商品化杀菌剂，如酰胺类的萎锈灵、呋吡菌胺、吡噻菌胺等。NADH抑制剂是作用于呼吸作用复合物Ⅰ的杀菌剂，但该类药剂杀菌谱窄，开发受到限制。还有就是氧化磷酸化作用的解偶联剂，目前主要有3种类型——二硝基苯酚类、芳基腙类和二芳基胺类，但杀菌剂中应用较少。

1. 复合物Ⅱ抑制剂——琥珀酸脱氢酶抑制剂　　琥珀酸脱氢酶是线粒体氧化磷酸化过程中一类重要的生物酶。琥珀酸脱氢酶抑制剂作用于病原菌线粒体呼吸电子传递链上的复合物Ⅱ，即琥珀酸脱氢酶（succinate dehydrogenase，SDH）。SDH由黄素蛋白（Fp，SdhA）、铁硫蛋白（Ip，SdhB）和SdhC、SdhD 2种嵌膜蛋白等4个亚基组成。琥珀酸脱氢酶抑制剂可以影响三羧酸循环过程中琥珀酸到延胡索酸的氧化过程和从泛醌（ubiquinone，即辅酶Q）还原到泛醇（ubiquinol）的偶联反应，干扰呼吸电子传递链上复合物Ⅱ来抑制线粒体的功能，阻止其产生能量，抑制病原菌生长，最终导致其死亡。从复合物Ⅰ至复合物Ⅱ的过程对于担子菌至关重要，因此琥珀酸脱氢酶抑制剂对担子菌表现出较高的活性。目前上市的所有琥珀酸脱氢酶抑制剂都是酰胺类，萎锈灵和氧化萎锈灵是最早开发为商品化的该类药剂，后来又陆续开发出呋吡菌胺、噻呋酰胺、啶酰菌胺和吡噻菌胺等杀菌剂，已经成为一类在农业上非常重要的杀菌剂。

2. 复合物Ⅲ抑制剂　　人们在发现strobilurin A及oudemansin A等天然化合物具有杀菌活性以来，经过约20年的结构优化和生物活性研究，最终开发了一类结构新颖、广谱、高效的新型农用杀菌剂——β-甲氧基丙烯酸酯类杀菌剂，又称为strobilurin类杀菌剂，创造了杀菌剂历史上新的里程碑。strobilurin的作用位点是在复合物Ⅲ位置上，通过与细胞色素b的Q_o位结合，抑制了线粒体的呼吸作用。细胞色素b是细胞色素bc_1复合物的一部分，位于真菌和其他真核体的线粒体内膜，一旦有抑制剂与之结合，就阻断了细胞色素b和细胞色素c_1间电子的传递，从而破坏了腺苷三磷酸的产生及能量的循环。由于甲氧基丙烯酸酯类杀菌剂中各个化合物的化学结构存在着一定的差异，它们在bc_1复合物中的具体结合位点也会有一些差别。Fisher N等报道了突变体F129L对黏噻唑和嘧菌酯产生抗性，但是对唑菌胺酯却表现敏感；Tamara H等认为苯氧菌胺的作用位点是bc_1复合物中铁硫蛋白亚基上的161位的组氨酸（H161）等。而所有这些在作用位点上的细微差异均有待通过对不同抑制剂与bc_1复合物结合后的晶体结构来进一步确定。噁唑菌酮和咪唑菌酮属于吡咯酮类杀菌剂,与 strobilurin 类杀菌剂一样,它们的结合位点也是 bc_1 复合物的 Q_0 位置。而 N-(N', N'-二甲氨基磺酰基)咪唑类杀菌剂氰霜唑(cyazofamid)作为复合物Ⅲ抑制剂主要用于防治霜霉病和晚疫病,研究发现在生物体内发挥作用时,咪唑基团作为离去基团,磺酰基以共价键的形式与亲和性的 Q_i 中心连接,这一不同的作用位点使其与 Q_0 位点的抑制剂没有交互抗性。

3. 复合物Ⅰ抑制剂——NADH 抑制剂 二氟林(diflumetorin)属于氨基烷基嘧啶类化合物,是一类重要的复合物Ⅰ抑制剂,大多数农药公司都对这一先导结构开展了研究,但由于杀菌谱较窄,开发难度较大,品种较少。农业上杀虫剂鱼藤酮(rotenone)和杀菌剂敌磺钠(fenaminosulf)是复合物Ⅰ抑制剂。

4. 氧化磷酸化作用的解偶联剂 氧化磷酸化作用的解偶联剂主要包括二硝基苯酚类、芳基腙类和二芳基胺类。二硝基苯类是最早商品化的解偶联剂,但由于毒性等原因,慢慢地被其他药剂替代。嘧菌腙(CCP)作为解偶联剂已经有多年历史,可以轻易地扩散穿过线粒体内膜,以质子化的形式将膜间隙中的 H^+ 带回线粒体并释放到基质中,从而消除了线粒体内膜两侧的 H^+ 浓度梯度,使 ATP 合成酶丧失被激活的质子驱动力,不能合成 ATP,从而解除了氧化与磷酸化的偶联。

(三)影响细胞代谢物质的合成及其功能

这方面主要包括对核酸、蛋白质、酶的合成和功能及细胞有丝分裂的影响等。

1. 影响真菌核酸的合成和功能 DNA 和 RNA 统称为核酸,是生物体中非常重要的遗传物质。当杀菌剂与 DNA 模板结合或与合成过程中的酶发生作用,将导致核酸生物合成受阻,最终引起细胞死亡。根据作用位点的差异,核酸合成抑制剂可以分为:①酶抑制剂,包括 RNA 聚合酶Ⅰ抑制剂、腺苷脱氨酶抑制剂和 DNA 拓扑异构酶抑制剂;② DNA 模板结合抑制剂,包括 DNA/RNA 合成抑制剂。其中,RNA 聚合酶Ⅰ抑制剂主要为苯基酰胺类杀菌剂,如甲霜灵(mealaxyl)、苯霜灵(benalaxyl)等,主要通过与 RNA 聚合酶Ⅰ的 β 亚基发生相互作用,干扰 RNA 的合成,特别是抑制 RNA 合成中鸟苷的掺入。腺苷脱氢酶抑制剂主要为嘧啶醇类化合物,如甲菌定(dimethirimol)、乙菌定(ethirimol),Holomoon 认为该类化合物通过非竞争性抑制了胸苷脱氨酶的活性而影响了某些碱基及核酸的合成。DNA 拓扑异构酶Ⅱ抑制剂也称为旋转酶(gyrase),是 DNA 拓扑异构酶的一种。Topo 抑制剂可以通过嵌入的方式插入到断裂的 DNA 链中间,从而形成抑制剂-DNA-Topo 稳定复合物,阻碍断裂 DNA 进行重新连接,阻止 DNA 拓扑结构的改变,中断 DNA 的复制、重组等过程,导致细胞最终死亡。DNA/RNA 合成抑制剂主要是杂芳族化合物(heteroaromatics),代表化合物有恶霉灵(hymexazol)。

2. 影响氨基酸、蛋白质的合成和功能 氨基酸是蛋白质的基本结构单元,蛋白质则是生物细胞重要的结构物质和活性物质。氨基酸按遗传信息组成蛋白质,在这个过程中参与的多种因子分别在各种核糖体的特定部位起作用,如果杀菌剂干扰了这一过程的某种作用,必然会影响蛋白质的合成。尽管很多杀菌剂处理病菌以后,氨基酸和蛋白质含量减少,但是已经确认最初作用靶标是氨基酸和蛋白质生物合成的杀菌剂并不多。苯氨基嘧啶类化合物的作用靶标是甲硫氨酸生物合成途径中的 β-胱硫醚裂解酶,阻止病原菌裂解寄主细胞获得自身所需营养。例如,嘧霉胺(pyrimethanil)对孢子萌发和附着胞的形成没有影响,对病原菌的早期入侵阶段几乎没有影响,但是可以显著减少接种点周围寄主细胞的裂解死亡。蛋白质合成抑制剂多为抗生素类杀菌剂,如春雷霉素(kasugamycin)高浓度下或者与多聚尿苷酸结合,或者阻碍苯丙氨酸-tRNA 与核糖体的结合,还强烈地阻碍核糖体 30S 亚基与甲酰化甲硫氨酸(fMet)-tRNA 的结合,从而阻碍抑肽链合成的起始。而灭瘟素(blasticidin-S)虽然也是抑制病原菌蛋白质的生物合成,但它的作用靶标是核糖体的 50S 大亚基,影响氨酰 -tRNA 进入相应的位点,阻止肽链延长,通过抑制蛋白质合成达到抑菌效果。

蛋白质的生物合成是一个十分复杂的过程,从氨基酸活化、转移、mRNA 装配、密码子识别、肽键形成、移位、肽链延伸、终止,以至肽链从核糖体上释放,几乎每一步骤都可以被药剂干扰。有些杀菌剂影响蛋白质的合成,是由于合成蛋白质过程中的某些酶的活性受到了抑制。例如,异硫氨酯类的化合物就是与有关酶的—SH 辅基反应而抑制其活性;还有一些与氨基酸相类似的化合物也会影响蛋白质的合成,如对氟苯基丙氨酸,这很可能也是一种负反馈调节作用的结果。

3. 影响真菌细胞有丝分裂 有丝分裂后期细胞内产生的纺锤丝会拉着染色单体移向两极,从而将染色体平均分配到两个子细胞中去。若这一步受到阻碍,则会使一个细胞中形成多核,从而影响菌体的生长。苯并咪唑和托布津类杀菌剂的作用机制是与微管蛋白的亚基结合,导致真菌细胞核的分裂受阻。这类杀菌剂对真菌孢子萌发没有抑制作用,但对孢子萌发后芽管发育和菌丝形成有强烈的抑制作用,表现为芽管肿胀、畸形,菌丝生长受到了抑制。乙霉威(diethofencarb)与苯并咪唑类杀菌剂存在负交互抗性,然而两者混合使用可以导致产生对两种化合物均有抗性的菌株,它们在 β- 微管蛋白的 198 位和 200 位上具有同样的突变。苯菌酰胺(zoxamide)是一类苯甲酰胺类化合物,能够阻止细胞核的分裂及破坏微管的细胞骨架,抑制微管的聚集,但与苯并咪唑类杀菌剂的杀菌谱不同,苯菌酰胺对卵菌和非卵菌纲真菌、原生动物、植物和哺乳动物的细胞均有作用。戊菌隆(pencycuron)并不破坏微管的细胞骨架,其具体的作用机制还不清楚。

4. 诱导植物自身调节 当病原菌接触寄主植物时,会出现感性和抗性反应,抗性反应中侵染区以外的组织在一定时间内会对病原菌产生抗性,从而可诱导植物全身具有防御性能的反应称为系统获得抗性(systemic acquired resistance,SAR)。植物抗病激活剂是用化合物来诱导、激活寄主植物的天然防御机制,使其免受病原菌的侵染。植物一旦具有诱导抗性机制,就能改变病原菌感染,破坏病原菌生长发育所需的环境,使得病原菌与植物之间不能产生亲和的相互作用。该类杀菌剂在植株上或离体的杀菌活性并不好,多数是被寄主植物吸收或参与代谢,产生某种抗病原菌的特异性"免疫物质";或者进入植物体内被选择性病原菌代谢,产生对病原菌有活性的物质来发挥杀菌作用。在植物局部感染病原菌后,可以诱导植物全身具有防御性能,无论对病原真菌,还是细菌、病毒等都是有效的。研究发现,对于双子叶植物局部感染病原菌后的 SAR 效应是与植物体内的水杨酸(salicylic acid,SA)及系统可诱导植物防卫有关的病程相关蛋白(pathogenesis-related protein,PR)的积累有关。已经证实:SA 作为 SAR 信号转导途径的一种内源信号分子,在未感染病原菌的黄瓜等作物植株内的含量很低,但是感染后,在植株韧皮部的含量急剧增加,所增加的内源 SA 足以诱导 PR 蛋白的表达,并与 SAR 密切相关。PR 蛋白有几丁质酶(chitinase,PR-3)、葡聚糖酶(glucanase,PR-2)及类奇异果甜蛋白(thaumatin-like protein,PR-5)等,在植物诱导抗病性中起到非常重要的作用。另外,过氧化物酶和多酚氧化物酶可以增加细胞壁的厚度,加强木质化作用及诱导过大"乳突"的形成等,与诱导抗病的积累联系紧密。目前具有 SAR 作用的化合物已有很多,其中活化酯(acibenzolar,ASM)已经成功商品化。它在离体的条件下,对病原菌没有杀菌活性,但可以诱导寄主植物体内的免疫机制,起到抗病、防病的作用,有效期可长达 70d。SA 可以导致烟草 PR 蛋白积累,增加抗性,减轻烟草花叶病毒(TMV)引起的症状。烯丙苯噻唑(probenazole)主要用于防治稻瘟病和水稻白叶枯病,在离体条件下对水稻病原菌活性很低,表明它的活性主要来自对寄主防御机制的活化。另外，韩巨才等报道，农抗120能显著提高西瓜幼苗体内的过氧化氢酶活性和叶绿素含量的升高，能够提高植物自身的免疫力，从而起到抗病作用。张穗等研究发现，井冈霉素 A（jinggangmycin A）可以刺激水稻植株在未喷药部位产生防御水稻纹枯病的作用，且能够持续诱导植物防御反应相关酶——过氧化物酶（PO）和苯丙氨酸解氨酶（PAL）的活性增高，并且这种防御作用是其自身的抑菌作用和诱导植株产生抗性防卫反应协同作用的结果，表明该药剂具有激发水稻抗性防卫反应表达的特性。SAR 有利于维持生态平衡和环境保护，还可以与常规杀菌剂联合使用，具有相加或协同作用。

课外链接 8-1

1. 国内外杀菌剂的发展趋势。
2. 杀菌剂的主要作用机制有哪些？

第二节　合理选用杀菌剂

一、防治卵菌所致病害的杀菌剂

长期以来，人们通常错误地将卵菌视为真菌。根据生化分析和核糖体 RNA 序列及线粒体基因序列建立的系统发育树分析表明，卵菌与真正的真菌 (true fungi) 亲缘关系较远，是完全不同于丝状真菌的真核植物病原生物，而与原生生物界的金褐藻和不等鞭毛藻 (heterokont algae) 亲缘关系更近。其中寄生高等植物并引起严重病害的是霜霉目真菌，如疫霉菌、霜霉菌、腐霉菌和白锈菌等。其可以引起植物猝倒病，瓜果腐烂病，马铃薯、番茄晚疫病，谷子白发病，葡萄、大豆、瓜类霜霉病及十字花科白锈病，是非常重要的病害。

（一）多作用位点的保护性杀菌剂

1. 波尔多液（Bordeaux mixture）

$$CuSO_4 \cdot xCu(OH)_2 \cdot yCa(OH)_2 \cdot zH_2O$$

化学名称：硫酸铜-石灰混合液。

理化性质：是一种含有极小蓝色粒状悬浮物的液体。不溶于水，难溶于酮类、酯类、烃和氯代烃等溶剂。可以溶于氨水形成络合物。波尔多液是用硫酸铜、生石灰和水配制成的天蓝色黏稠状悬浮液，碱性，对金属容器有腐蚀作用，久置可以生成沉淀，并产生结晶，逐渐变质降低效果。Cu^{2+} 为单原子，在常规的以碳为基础的农药溶液中，不能转化成相关的降解产物。在通风干燥条件下，存储2年以上，化学性质不变，遇到强酸或碱发生变化。

毒性：对人、畜低毒，LD_{50} 大鼠急性经口＞2302mg/kg，大鼠急性经皮＞2000mg/kg，没有刺激性。但人经口大量吞入时能引起致命的胃肠炎，对鱼无毒，对蜜蜂无毒。蜜蜂 LD_{50}：经口为 23.3μg Cu/ 只，接触＞25.2μg Cu/ 只。蚯蚓 LC_{50}（14d）＞195.5mg Cu/kg 土壤。

制剂：78%、80%、85% 可湿性粉剂，28% 悬浮剂。

作用特点及应用：波尔多液是由硫酸铜、生石灰与适量的水配制成的一种硫酸钙复合体，其碱式硫酸铜是杀菌的主要有效成分，是一种保护性广谱的无机杀菌剂，经喷洒后以微粒状附着在作物表面和病菌表面，经空气、水分、二氧化碳及作物、病菌分泌物等因素的作用，逐渐释放出铜离子，被萌发的孢子吸收，当达到一定浓度时，就可以杀死孢子细胞，从而起到杀菌作用。但此作用仅局限于阻止孢子萌发，仅有保护作用，无内吸治疗作用。可用来防治疫病、炭疽病及霜霉病。

表示方法：按生石灰与硫酸铜配制比例，可分为等量式、过量式、少量式。浓度表示方法一般以硫酸铜的含量进行标注，即硫酸铜∶生石灰∶水用重量来表示，如1∶1∶300。硫酸铜与生石灰有多种配合量，配制时应根据保护的作物和防治的病害种类选择合适的配合量。百分浓度表示方法，即用硫酸铜占水的重量百分比来表示，如0.5%等量式。

配制方法：有九一法、五五法、两液同时倾注法等，如九一法即用90%水调配硫酸铜，用10%水来调配生石灰，再将硫酸铜调配液倒入生石灰调配液中。配制时应注意：将硫酸铜倒入石灰中去，现用现配，不能加水稀释使用，温度不能过高，不能放入金属容器中。

注意事项：广泛用于防治大田作物、蔬菜、果树和经济作物病害，在病原菌侵入寄主前施用最为适宜。微量的铜可促进叶绿素的合成，提高蒸腾量，延长生长期，使茄科作物提高产量。但是不同植物对硫酸铜和生石灰的反应不同。例如，对铜敏感的作物如李、桃、鸭梨、白菜、小麦、苹果、大豆等，在潮湿多雨条件下，因铜的离解度增大和对叶表面渗透力增强，易产生药害。而对石灰敏感的作物如茄科、葫芦科、葡萄、黄瓜、西瓜等，在高温干燥条件下易产生药害，生产中应该多加注意。

2. 氧化亚铜（cuprous oxide）

化学名称：氧化亚铜（Cu_2O）。

理化性质：本品为红棕色粉末，熔点为1235℃，沸点为1800℃（失氧），蒸气压可忽略不计。难溶于水和有机溶剂，溶于稀无机酸、氨水和氨盐的水溶液。化学性质稳定。氧化亚铜易被氧化生成氧化铜。对铝有腐蚀作用。暴露在潮湿空气中，氧化亚铜易氧化，转化为碳酸铜。

毒性：大鼠急性经口LD_{50}为1500mg/kg，大鼠急性经皮LD_{50}大于1500mg/kg。对皮肤中等刺激，对鸟类无毒。在正常使用条件下，对蚯蚓的危害和对土壤结构的影响可忽略不计。

制剂：50%、86.2%可湿性粉剂，50%颗粒剂，56%、86.2%水分散粒剂。

作用特点及应用：氧化亚铜是保护性无机铜杀菌剂，用于种子处理和叶面喷雾。有效成分被加工成细微颗粒，具有极强的黏附性，在植物表面形成保护膜后耐雨水冲刷。它的杀菌作用主要靠铜离子，铜离子被萌发的孢子吸收，与真菌或细菌体内蛋白质中的—SH、—NH_2、—COOH、—OH等基团作用，当达到一定浓度时，导致病菌死亡。用于菠菜、甜菜、果树、辣椒、番茄、南瓜、菜豆的疫病、白粉病、枯萎病、疮痂病及腐烂病，黄瓜、葡萄的霜霉病，番茄的早疫病等病害。

3. 氢氧化铜（copper hydroxide）

化学名称：氢氧化铜[$Cu(OH)_2$]。

理化性质：纯品为蓝绿色固体。水中溶解度为2.9mg/L（pH7，25℃）。易溶于氨水溶液，不溶于有机溶液。稳定性：Cu^{2+}为单原子，在常规的以碳为基础的农药溶液中，不能转化成相关的降解产物。长期存放，大于50℃氢氧化铜脱水，140℃分解。

毒性：低毒。大鼠急性经口LD_{50}大于1000mg/kg。对兔的眼睛有较强刺激作用，对兔的皮肤有轻微刺激作用。对蜜蜂无毒。

制剂：77%可湿性粉剂，53.8%、61.4%干悬浮剂，25%、37.5%悬浮剂，38.50%、46%、53.80%、57.60%水分散粒剂。

作用特点及应用：本品为保护性杀菌剂。释放的铜离子与真菌体内蛋白质中的—SH、—NH_2、—COOH、—OH等基团起作用，导致病菌死亡。用于防治马铃薯早疫病、晚疫病，葡萄霜霉病、黑痘病、白粉病，花生叶斑病，辣椒细菌性斑点病、早疫病、斑枯病，茄子早疫病、炭疽病，茶树炭疽病、网饼病等。需要注意的是：氧化亚铜与春雷霉素的混剂对苹果、葡萄、大豆和藕等作物的嫩叶敏感，因此一定要注意不能随意提高浓度，宜在傍晚喷药。另外，不能与酸和多硫化钙混用。

4. 琥胶肥酸铜（succinate＋glutarate＋adipate）

分子式：$[(CH_2)_{17}(COO)_2]_n Cu$。

毒性：对人、畜、鱼类、贝类低毒，对蜜蜂无毒。

理化性质：悬浮剂外观为淡蓝色悬浮状液体，pH6.5～7.0；可湿性粉剂外观为浅绿色松散粉末。

制剂：30%、50%、60%悬浮剂，30%、50%、60%可湿性粉剂。

作用特点及应用：本品为有机铜类混配杀菌剂，有效成分为琥胶肥酸铜（丁二酸铜、戊二酸铜、己二酸铜）。是一种广谱保护性杀菌剂，主要用于黄瓜霜霉病、细菌性角斑病、辣椒炭疽病，甜菜立枯病，柑橘溃疡病等病害的防治。多与三乙膦酸铝、甲霜霉等药剂复配应用。在瓜类和十字花科蔬菜上慎用，以避免药害。在使用前，应充分摇匀或搅拌，不宜在中午气温高时使用，施药后遇雨应补喷。

5. 代森锰锌（mancozeb）

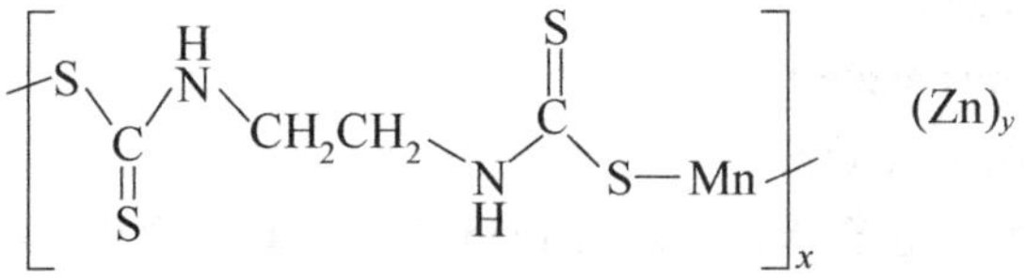

$x:y=1:0.091$

化学名称：亚乙基双二硫代氨基甲酸锰锌盐的多元配位化合物。

理化性质：国际标准化组织（International Standardization Organization，ISO）确定的代森锰锌组成是代森锰与锌组成的配位化合物，其中含有20%锰和2.55%锌，并申明有盐的存在。代森锰锌活性成分不稳定，原药不进行分离，直接做成各种制剂。原药是灰黄色粉末，在熔点前就可以分离，约172℃时分解，无熔点，蒸气压$<1.33×10^{-2}$mPa（20℃，估计值）。不溶于水及大部分有机溶剂。可溶于强螯合剂溶液中，但不能回收。在35℃储存时，每月失重0.18%，在高温时遇潮湿和酸则分解。可以与大多数农药混合使用，但不能与含铜的化合物混用。

毒性：低毒。大鼠急性经口$LD_{50}>5000$mg/kg。连续接触对皮肤有刺激性，在极高剂量下，会引起实验动物生育有障碍。

制剂：单剂有60%粉剂，48%干拌种剂，30%、42%、43%、45.5%悬浮剂，50%、60%、70%、80%可湿性粉剂，80%湿拌种剂，80%水分散粒剂等。混剂有本品+霜脲氰、甲霜灵、三乙膦酸铝等。

作用特点及应用：代森锰锌是美国罗姆哈斯公司1961年开发的一种高效、低毒、低残留广谱的保护性杀菌剂。代森锰锌主要抑制菌体内丙酮酸的氧化和参与丙酮酸氧化过程的二硫辛酸脱氢酶中的巯基结合，从而起到防病的目的。对藻菌纲的疫菌属，半知菌类的尾孢属、壳二孢属等引起的多种作物病害，如对蔬菜霜霉病、疫病、炭疽病、玉米大斑病及果树黑星病、炭疽病有很好的防效。

6. 丙森锌（propineb）

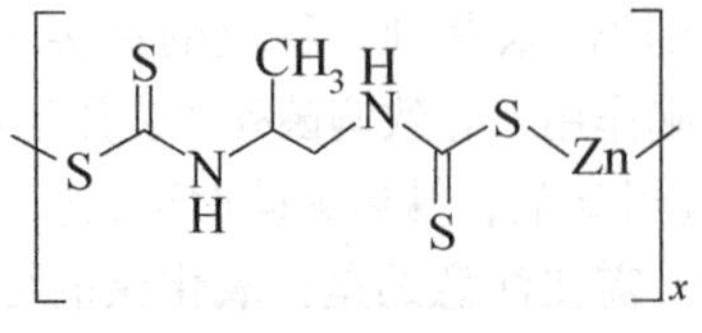

化学名称：丙烯基双二硫代氨基甲酸锌。

理化性质：丙森锌为白色或微黄色粉末，在150℃以上分解，在300℃左右仅有少量残渣留下，蒸气压<1.6×10^{-7}mPa（20℃），相对密度为1.813g/mL（23℃）。溶解度：水中为<0.01g/L（20℃）。在干燥低温条件下贮存时稳定。

毒性：大鼠急性经口 LD_{50}>5000mg/kg，大鼠急性经皮 LD_{50}>5000mg/kg。对兔的眼睛和皮肤无刺激作用。对蜜蜂无毒。

制剂：70%、80%可湿性粉剂，70%、80%水分散粒剂。

作用特点及应用：丙森锌是一种广谱、速效、长残留的保护性杀菌剂。其杀菌机制为抑制病原菌体内丙酮酸的氧化。对蔬菜、葡萄、烟草和啤酒花等作物的霜霉病，番茄和马铃薯的早、晚疫病均有优良的保护作用，另外对白粉病、锈病和葡萄孢属的病害也有一定的抑制作用。

7. 百菌清（chlorothalonil）

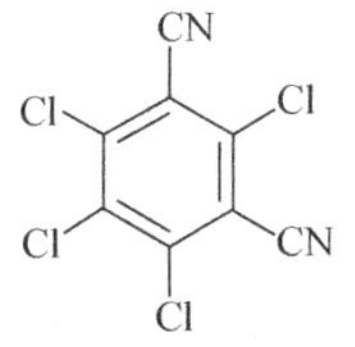

化学名称：2，4，5，6-四氯-1，3-间苯二腈。

理化性质：纯品为无色晶体，熔点为250～251℃，沸点为350℃/760mmHg，稍有刺激臭味，在通常贮存条件下稳定，对酸、碱、水、紫外线都稳定，不腐蚀容器，对皮肤、眼睛有刺激。

毒性：大鼠急性经口 LD_{50} 大于5000mg/kg，对眼睛有强刺激性；对皮肤有中度刺激性（兔）。对蜜蜂无害。

制剂：该药制剂较多，常用的单剂有40%悬浮剂，50%、70%、75%可湿性粉剂，2.5%、5%、10%、20%、30%、45%烟剂，2.5%、5%颗粒剂。

作用特点及应用：百菌清为非内吸性广谱杀菌剂，对多种作物真菌病害有预防作用。能与真菌细胞中的3-磷酸甘油醛脱氢酶发生作用，与该酶体中含有半胱氨酸的蛋白质结合，破坏酶的活力，使真菌细胞的代谢受到破坏而丧失生命力。百菌清不仅可以用来防治各种植物的卵菌病害，还可以防治半知菌、子囊菌和担子菌引起的多种病害，如扁豆炭疽病，卷心菜交链孢菌叶斑病，胡萝卜和芹菜早期枯萎及后期枯萎病、茎基腐烂病和菌核病，黄瓜炭疽病、白粉病，番茄早期枯萎病，花生尾孢叶斑及锈斑病及甜菜尾孢叶斑病等。

（二）专化型作用的内吸性杀菌剂

1. 甲霜灵（metalaxyl）

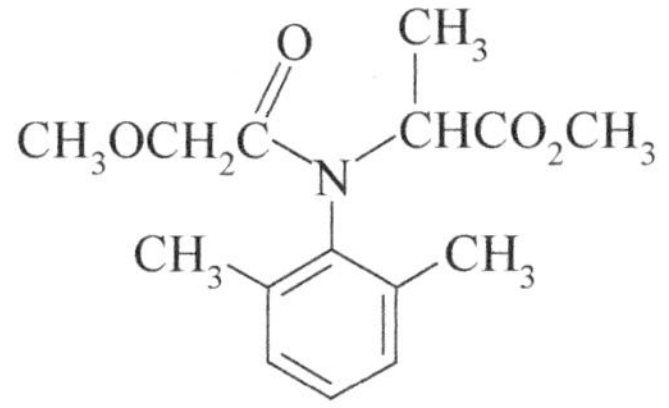

化学名称：N-（2-甲氧基甲乙酰基）-N-（2，6-二甲苯基）外消旋氨基丙酸甲酯。

理化性质：纯品为无色结晶。微有挥发性，在中性及弱酸性条件下较稳定，遇碱易分解。白色结晶体，熔点为71～72℃。

毒性：对人、畜低毒，对皮肤、眼有轻度刺激作用，对鸟类、鱼类、蜜蜂毒性较低。

制剂：25%可湿性粉剂、35%种子处理制剂。

作用特点及应用：甲霜灵是苯酰胺类杀菌剂中活性最高的杀菌剂品种之一，属于高效内吸性杀菌剂，具有保护、治疗作用，可作茎叶处理、种子处理和土壤处理，适用于由空气和土壤带菌病害的预防和治疗，对卵菌纲中的霜霉菌和疫霉菌具有选择性特效，如马铃薯晚疫病、葡萄霜霉病、烟草霜霉病、啤酒花霜霉病和莴苣霜霉病。该药单剂极易诱导致病菌产生抗药性，生产上经常与代森锰锌、三乙膦酸铝等药剂复配应用。高效甲霜灵活性更强，防治范围更广，在土壤中更易降解。

2. 霜脲氰（cymoxanil）

$$CH_3CH_2NHCONHCOC(CN)=NOCH_3$$

化学名称：2-氰基-N-[（乙胺基）羰基]-2-（甲氧基亚胺基）乙酰胺。

理化性质：白色结晶体，熔点为160～161℃，蒸气压 0.15mPa（20℃），蒸气压约 8×10^{-5}Pa（25℃）。25℃时溶解度：丙酮 10.5%，二甲基甲酰胺 18.5%，氯仿 10.3%，甲醇 4.1%，苯 0.2%，己烷 0.1%，水 0.1%。正常贮存条件下稳定。

毒性：大鼠急性经口 LD_{50}，雄为 760mg/kg，雌为 1200mg/kg。不刺激眼睛，对皮肤有轻微刺激（豚鼠）。对皮肤没有致敏性。Ames 试验呈阴性，无致突变作用，无积累毒性。对蜜蜂无毒性。

制剂：本品多为混剂，如 52.5%噁铜·霜脲氰水分散粒剂、72%霜脲·锰锌可湿性粉剂等。

作用特点及应用：高效触杀和预防性杀菌剂，有内吸作用，对真菌的类脂化合物的生物合成和细胞膜机能起作用，抑制孢子萌发、芽管伸长、附着胞和菌丝的形成。与代森锰锌、铜制剂等保护性杀菌剂混用，可以提高持效性。对疫霉属、霜霉属、单轴霉属等霜霉目真菌有效。可用于黄瓜、番茄、葡萄、辣椒等作物的霜霉病、疫病防治。

3. 霜霉威（propamocarb）

$$(CH_3)_2N(CH_2)_3NHCO_2(CH_2)_2CH_3 \cdot HCl$$

化学名称：3-（二甲基氨基）丙基氨基甲酸正丙酯。

理化性质：霜霉威盐酸盐为无色结晶固体。溶解度：水中为 >500g/L（pH1.6～9.6，20℃）；甲醇中为 656g/L，二氯甲烷 >626g/L，丙酮为 560.3g/L。易光解，易水解。对金属有轻度腐蚀性。

毒性：霜霉威盐酸盐急性经口毒性 LD_{50}，大鼠为 2000～2900mg/kg，不刺激皮肤和眼睛，无致畸作用（大鼠和兔），无生殖、发育毒性或致癌作用。对蜜蜂 LD_{50} >84μg/只。

制剂：单剂为 66.5%、35%、72.2%水剂，混剂银法利由 62.5g 氟吡菌胺＋625g 霜霉威组成。

作用特点及应用：霜霉威属于内吸性氨基甲酸酯类杀菌剂，对作物具有保护和治疗作用。主要抑制病菌细胞膜成分的磷脂和脂肪酸的生物合成，抑制菌丝生长、孢子囊的形成和萌发。主要作为土壤处理剂使用，也可以用于叶面处理和种子处理。对霜霉菌、疫霉菌、假霜霉菌、腐霉菌等引起的果树、蔬菜的霜霉病、疫病、晚疫病、猝倒病、黑胫病有优异的防治效果。

4. 氟吗啉（flumorph）

化学名称：（Z，E）4-[3-（4-氟苯基）-3-（3，4-二甲氧基苯基）丙烯酰]吗啉。

理化性质：(Z)-异构体和(E)-异构体的混合物(50:50)。无色晶体。熔点为105~110℃。一般条件下，水解、光解、热稳定(20~40℃)。

毒性：对人、畜低毒，急性经口 LD_{50}，雄大鼠＞2710mg/kg，雌大鼠＞3160mg/kg。雌、雄大鼠急性经皮 LD_{50} 为2150mg/kg，对兔的眼睛和皮肤无刺激性，对家蚕低毒。对环境安全，无三致作用。

制剂：10%乳油，20%、50%、60%可湿性粉剂，35%烟剂等。

作用特点及应用：氟吗啉是20世纪90年代初由沈阳化工研究院创制开发的杀菌剂，是我国有史以来第一个真正创制的农用杀菌剂，是首次获得中国和美国发明专利的农用创制杀菌剂。具有很好的保护、治疗、铲除、渗透、内吸活性，治疗活性显著，主要用于茎叶喷雾。对地下水、环境安全。对卵菌亚纲病原菌引起的病害霜霉病、晚疫病如黄瓜霜霉病、葡萄霜霉病、马铃薯晚疫病、番茄疫病、辣椒疫病、烟草疫病等有优异的活性。氟吗啉可与保护性杀菌剂代森锰锌混用。

5. 烯酰吗啉 (dimethomorph)

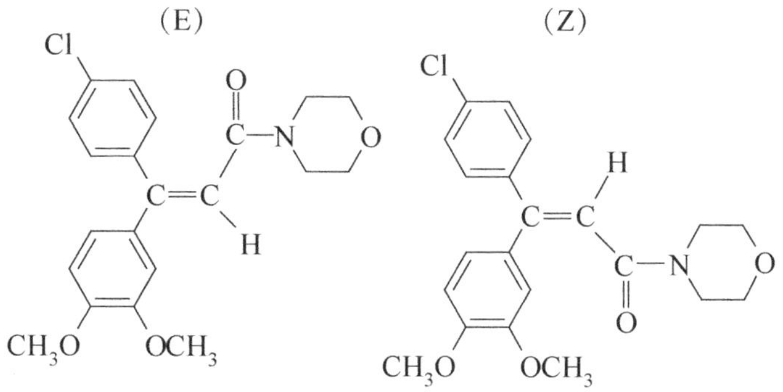

化学名称：(E，Z)-4-[3-(4-氯苯基)-3-(3，4-二甲氧基苯基)丙烯酰基]吗啉 (Z与E的比一般为4:1)。

理化性质：本品为白色粉末或晶体。熔点为125.2~149.2℃，(E)-异构体为136.8~138.3℃；(Z)-异构体为166.3~168.5℃。溶解度为20~23℃：水中＜50mg/L，丙酮为15g(Z)/L，88g(E)/L。稳定性：在暗处稳定5d以上。烯酰吗啉有两种异构体：Z型异构体和E型异构体，其中Z型异构体有活性，两者在光照下可迅速相互转化从而达到平衡，因此，两种异构体在应用上是一样的。水解缓慢。

毒性：低毒。大鼠经口 LD_{50} 为3900mg/kg；大鼠皮肤接触 LD_{50}＞2mg/kg；小鼠经口 LD_{50}＞5mg/kg；鸭经口 LD_{50}＞2mg/kg；哺乳动物吸入 LC_{50}＞4200mg/m³，对兔的眼睛和皮肤无刺激性。

制剂：单剂为50%水分散粒剂，20%可湿性粉剂，50%泡腾片剂，40%、50%、80%水分散粒剂等；混剂为69%可湿性粉剂(烯酰吗啉+代森锰锌)。

作用特点及应用：烯酰吗啉是由巴斯夫股份公司开发的内吸性杀菌剂，具有很好的保护性和抑制孢子萌发活性。通过抑制卵菌细胞壁的形成而起作用。防治黄瓜霜霉病、辣椒疫病、葡萄霜霉病、烟草黑胫病、十字花科蔬菜霜霉病、荔枝霜疫霉病等。但对腐霉属所致病害效果稍差。

6. 恶霉灵 (hymexazol)

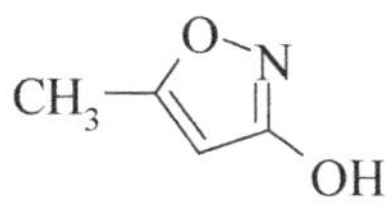

化学名称：5-甲基异噁唑-3-醇。

理化性质：原药为无色晶体。熔点为86～87℃，沸点为（202±2）℃，蒸气压为182mPa（25℃），相对密度为0.551。溶解性：水中65.1mg/L（纯水）。在碱性条件下稳定，酸性条件下相对稳定，对光和热稳定。闪点：（205±2）℃。

毒性：急性经口LD_{50}为3909～4678mg/kg。雌、雄大鼠急性经皮LD_{50}＞10 000mg/kg，对眼睛和黏膜有刺激性，对皮肤无刺激性。无致畸、致癌、致突变作用。对蜜蜂无毒。

制剂：0.1%颗粒剂，70%种子处理干粉剂，8%、15%、30%水剂，70%可湿性粉剂，70%可溶粉剂。

作用特点及应用：恶霉灵是1970年三共公司开发的一种内吸性杀菌剂，对腐霉病、镰刀菌等引起的猝倒病、菌核病、立枯病、枯萎病等有较好的预防效果，又能促进作物根系生长发育、生根壮苗，提高农作物的成活率。恶霉灵能与土壤中的铁离子、铝离子结合，有效抑制孢子的萌发和病原真菌菌丝体的正常生长或直接杀灭病菌，药效可达两周。恶霉灵主要用于种子消毒和土壤处理，常与福美双混配。

7. 噻唑菌胺（ethaboxam）

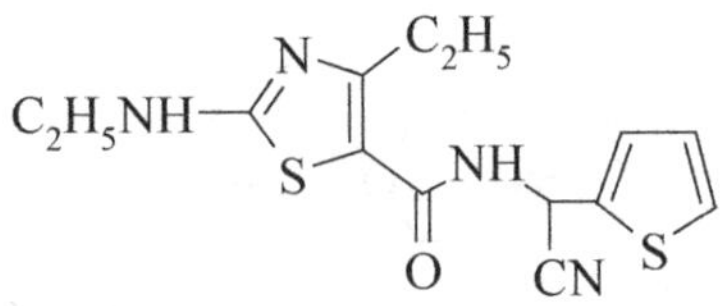

化学名称：（RS）-N-（α-氰基-2-噻吩甲基）-4-乙基-2-（乙胺基）噻唑-5-甲酰胺。

理化性质：其纯品为白色晶体粉末。无固定熔点，在185℃熔化过程已分解。在室温，pH7条件下的水溶液稳定，pH4和9时半衰期分别为89d和46d。

毒性：雌、雄大鼠及小鼠急性经口LD_{50}＞5000mg/kg。雌、雄大鼠急性经皮LD_{50}＞5000mg/kg，对兔的眼睛和皮肤无刺激性。吸入毒性LC_{50}＞4.89mg/L。大鼠无作用剂量为30mg/kg体重，导致雄大鼠慢性毒性和致癌的无作用剂量为5.5mg/kg体重。Ames试验表明无潜在的致突变作用。对大鼠和兔子无致畸作用。

作用特点及应用：噻唑菌胺是由LG生命科学公司开发的噻唑酰胺类杀菌剂，对疫霉菌生活史中菌丝体生长和孢子的形成两个阶段有很高的抑制效果，但对疫霉菌孢子囊萌发、孢囊的生长及游动孢子几乎没有任何活性，这种作用机制区别于同类其他杀菌剂作用机制。主要用于防治卵菌纲病原菌引起的病害，如葡萄霜霉病和马铃薯晚疫病等。

8. 异丙菌胺（iprovalicarb）

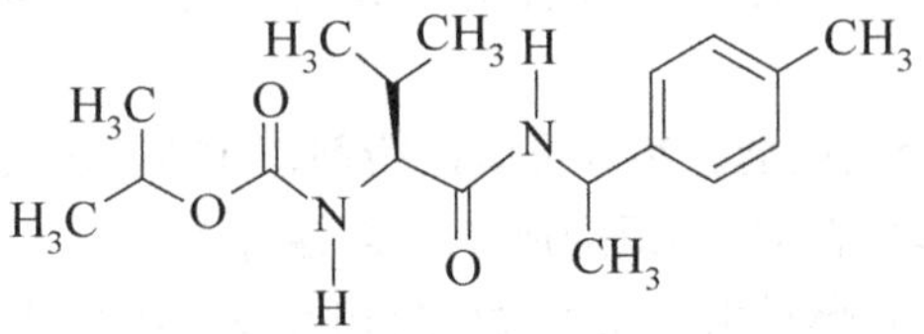

化学名称：{2-甲基-1-[1-(对-甲基苯基)-乙基氨基甲酰基]丙基}氨基甲酸异丙酯（SR/SS）。

理化性质：白色至黄色粉末。熔点为183℃（SR），199℃（SS）；163～165℃（混合物）。溶解度：水中为11.0mg/L[（SR）-非对映异构体]，6.8mg/L[（SS）-非对映异构体]（20℃）。

毒性：大鼠急性经口LD_{50}＞5000mg/kg；大鼠急性经皮LD_{50}（24h）＞5000mg/kg。本品对兔的眼睛和皮肤无刺激性。

制剂：95%原药。

作用特点及应用：异丙菌胺为拜耳公司开发的氨基酸酯类衍生物。其作用于真菌细胞壁和蛋白质的合成，能抑制孢子的侵染和萌发，同时能抑制菌丝体的生长，导致其变形、死亡，主要用于葡萄、马铃薯、番茄、黄瓜、柑橘、烟草等作物中防治霜霉病、疫病等，其既可用于茎叶处理，也可用于土壤处理防治土传病害。

9. 恶霜灵（oxadixyl）

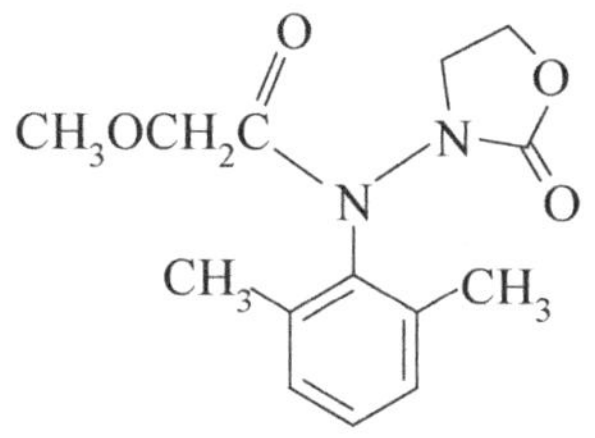

化学名称：2-甲氧基-N-(2-氧代-1,3-噁唑烷-3-基)乙酰-2′,6′-二甲基替苯胺。

理化性质：本品为无色晶体。熔点为104~105℃。蒸气压为0.0033mPa（20℃）。溶解度：水3.4g/kg（25℃）；丙酮344g/kg，甲醇112g/kg，乙醇50g/kg（均为25℃）。稳定性：70℃贮存，稳定2~4个月；其水溶液在pH5~9室温下稳定。

毒性：急性经口LD_{50}，雄大鼠为3480mg/kg，雌大鼠为1860mg/kg。蜜蜂LD_{50}>200μg/只（经口），>100μg/只（接触）。

制剂：96%原药。

作用特点及应用：本品属2,6-二甲代苯胺类杀菌剂，对霜霉目病原菌具有很高防效，有保护和治疗作用，持效期长。可与代森锰锌、灭菌丹及铜制剂混用。

10. 苯酰菌胺（zoxamide）

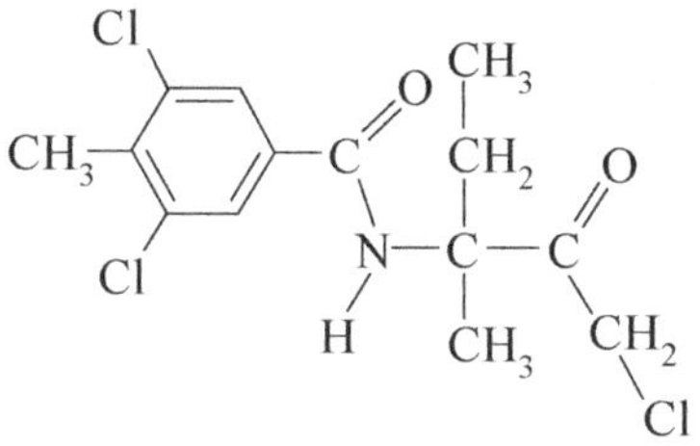

化学名称：(RS)-3,5-二氯-N-(3-氯-1-乙基-1-甲基-2-氧代丙基)-4-甲基苯甲酰胺。

理化性质：纯品熔点为159.5~161℃，蒸气压<$1×10^{-2}$mPa（45℃）。水中的溶解度为0.681mg/L（20℃）。

毒性：大鼠急性经口LD_{50}>5000mg/kg，对兔的皮肤和眼睛均无刺激作用，对蜜蜂低毒。

作用特点及应用：苯酰菌胺通过微管蛋白β-亚基的结合和微管细胞骨架的破裂来抑制菌核分裂。苯酰菌胺不影响游动孢子的游动、孢囊形成或萌发。主要防治马铃薯、番茄晚疫病，黄瓜霜霉病，葡萄霜霉病等卵菌纲引起的病害。

11. 双炔酰菌胺（mandipropamid）

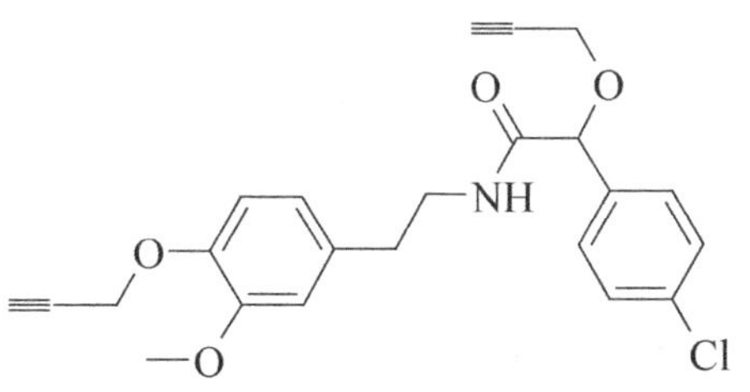

化学名称：2-（4-氯苯基）-N-[2-（3-甲氧基-4-丙-2-炔基氧基-苯基）-乙基]-2-丙-2-炔氧基-乙酰胺。

理化性质：淡棕色粉末，熔点为 96.4～97.3℃。沸点大约 200℃ 开始热分解。蒸气压 $<9.4\times10^{-7}$Pa（25℃）。水中溶解度为 4.2mg/L（25℃）。

毒性：大鼠急性经口 $LD_{50}>$5000mg/kg，大鼠急性经口 $LD_{50}>$2000mg/kg，大鼠急性吸入 $LC_{50}>$5000mg/kg。通过大鼠试验无致突变、致畸、致癌作用。蜜蜂触杀和经口 $LD_{50}>$200mg/只，蚯蚓 $LC_{50}>$1000mg/kg。

作用特点及应用：双炔酰菌胺是由先正达公司开发的新型卵菌纲病害杀菌剂，也是第一个商品化的扁桃酰胺类化合物，双炔酰菌胺对抑制孢子的萌发具有较高活性。它同时也抑制菌丝体的成长与孢子的形成。对靶标病原体，双炔酰菌胺主要用作预防性喷洒，也可以起到治疗作用。例如，对荔枝霜疫霉病有较好的防治效果。

二、防治真菌所致病害的杀菌剂

真菌界（Fungi）包括壶菌门（Chytridiomycota）、接合菌门（Zygomycota）、子囊菌门（Ascomycota）、担子菌门（Basidiomycota）和半知菌类（Fungi imperfecti），该类植物病原真菌引起的植物病害是农业生产上最为重要的病害，其对产量、品质造成十分重要的损失。本部分所介绍的杀菌剂主要用于防治真菌界的主要病原菌。

（一）无机硫杀菌剂

石硫合剂（lime sulfur）

分子式：CaS_x。

化学名称：多硫化钙。

理化性质：深橙色液体，有硫化氢的难闻气味。相对密度>1.28（15.6℃）；溶于水。遇酸和二氧化碳易分解，在空气中易氧化。

毒性：对人毒性低，对眼睛、皮肤有刺激作用。

制剂：29% 水剂、45% 结晶粉。

作用特点及应用：多硫化钙是石硫合剂的有效成分，不仅具有杀菌作用，还有一定的杀虫作用。石硫合剂是一种保护性杀菌剂，喷洒在植物表面上与空气接触后，经过氧气、水分和二氧化碳的作用发生一系列变化，形成极微小硫颗粒沉积。石硫合剂具有渗透性，显碱性。温度对药剂影响较大，一般温度越高，药效越好，药害越重，尤其对幼嫩的植物组织更容易产生药害。对介壳虫和螨有一定的防效。

（二）有机硫杀菌剂

福美双（thiram）

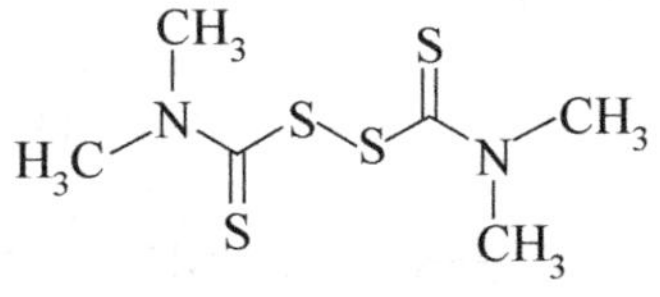

化学名称：四甲基秋兰姆二硫化物。

理化性质：无色结晶。熔点为 155～156℃，蒸气压为 2.3mPa（25℃），相对密度为 1.29

（20℃）。水中溶解度为18mg/L，微溶于乙醚和乙醇，可溶于丙酮、苯、氯仿和二硫化碳等有机溶剂。在酸性介质下或长时间暴露在湿热环境或空气中会降解。

毒性：大鼠急性经口LD_{50}为2600mg/kg，轻度刺激皮肤，对眼睛有中度刺激。

制剂：80%水分散粒剂，50%可湿性粉剂。

作用特点及应用：福美双是保护性杀菌剂，用于叶部或种子处理，对植物无药害。用于防治麦类条纹病、腥黑穗病、坚黑穗病，玉米、亚麻、蔬菜、糖萝卜、针叶树立枯病，烟草根腐病，蚕豆褐色斑点病，黄瓜霜霉病、炭疽病，梨黑星病，苹果黑点病，桃棕腐病。浸种后拌种可防治甘蓝黑胫病、茄子炭疽病等。与内吸性杀菌剂混用有增效作用。此外，它对甲虫、鸟类还有忌避作用。

（三）芳烃类杀菌剂

芳烃类杀菌剂是一类苯环上的氢原子被氯原子或其他基团所取代的保护性杀菌剂，其中包括多种不同化学组分，如地茂散、五氯硝基苯及氯唑灵等。

五氯硝基苯（quintozene）

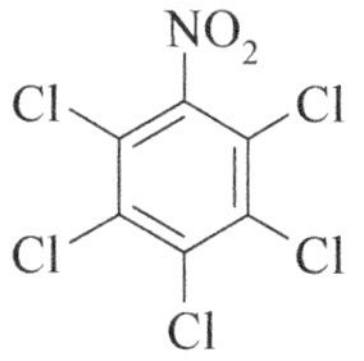

化学名称：五氯硝基苯。

理化性质：原药为无色针状结晶。熔点为143～144℃，沸点为328℃（稍有分解），蒸气压为12.7mPa（25℃），密度为1907kg/m³（21℃）。溶解度：水为0.1mg/L（20℃）；甲苯为1140g/L，甲醇为20g/L，庚烷为30g/L。

毒性：大鼠急性经口$LD_{50}>5000$mg/kg。兔急性经皮$LD_{50}>5000$mg/kg。对皮肤没有刺激性，对眼睛有轻微刺激性（兔）。大鼠吸入毒性LC_{50}（4h）>1.7mg/L。

制剂：40%、20%粉剂，40%种子处理干粉剂，15%悬浮种衣剂。

作用特点及应用：五氯硝基苯是著名的拌种剂和土壤消毒剂，可以防治棉花立枯病、猝倒病、炭疽病、褐腐病、红腐病，小麦腥黑穗病、秆黑粉病，高粱腥黑穗病，马铃薯疮痂病、菌核病，甘蓝根肿病，莴苣灰霉病、菌核病、基腐病、褐腐病及胡萝卜、糖萝卜和黄瓜立枯病，菜豆猝倒病、丝菌核病，四季豆种子腐烂病、根腐病，大蒜白腐病，番茄及胡椒的南方疫病，葡萄黑豆病，桃、梨褐腐病等，对水稻纹枯病也有很好的防治效果。但对腐霉菌属、疫霉菌属和镰刀菌属病原菌引起的病害无效。

（四）二甲酰亚胺类

1967年，日本住友公司开发了菌核利（dichlozolin），菌核利属于二甲酰亚胺类的第一个有抗真菌活性的化合物，它对核盘菌属（*Sclerotinia*）和灰葡萄孢属（*Botrytis*）引起的病害具有防治作用，但是由于其毒性作用，没有能够在生产上广泛使用。另一个杀菌剂纹枯利（dimethachlon）也由于活性较低应用很少。人们通过结构和活性相互关系的研究发现，在亚酰胺环氮原子上连接3,5-二氯苯环具有活性，在1974～1976年获得了3种高效的杀菌剂：异菌脲（iprodione）、乙烯菌核利（vinclozolin）和二甲菌核利或速克灵（procymidone）。这类杀菌剂经常与其他类型的杀菌剂混合使用，如异菌脲＋多菌灵、速克灵＋氧氯化铜/百菌清/福美双/代森锰锌等。

1. 乙烯菌核利（vinclozolin）

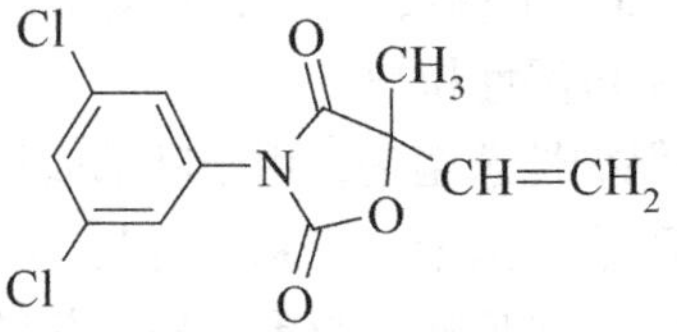

化学名称：3-（3,5-二氯苯基）-5-甲基-5-乙烯基-1,3-噁唑烷-2,4-二酮。

理化性质：白色结晶固体。熔点为108℃（原药），沸点为131℃/0.05mmHg，蒸气压为0.13mPa（20℃），相对密度为1.51。溶解度：水为2.6mg/L，甲醇1.54g/100mL，丙酮33.4g/100mL，乙酸乙酯23.3g/100mL，庚烷0.45g/100mL，甲苯10.9g/100mL，二氯甲烷47.5g/100mL（均为20℃）。

毒性：大鼠和小鼠急性经口LD_{50}＞15 000mg/kg，豚鼠约8000mg/kg。大鼠急性经皮LD_{50}＞5000mg/kg。大鼠吸入毒性LC_{50}（4h）＞29.1mg/L空气。对蜜蜂无毒，LD_{50}＞200mg/只。对蚯蚓无毒。

制剂：50%水分散粒剂。

作用特点及应用：广谱的保护性和触杀性杀菌剂，对葡萄等果树、蔬菜、观赏植物等由灰葡萄孢属、核盘菌属等病原真菌引起的灰霉和菌核病具有显著的预防和治疗作用。

2. 异菌脲（iprodione）

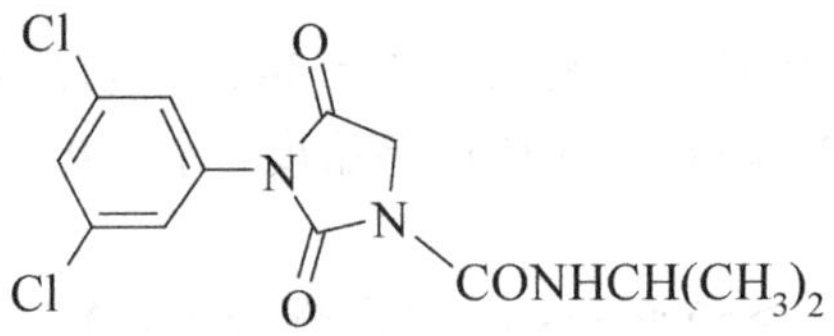

化学名称：3-（3,5-二氯苯基）-N-异丙基-2,4-氧代咪唑烷-1-羧酰胺。

理化性质：纯品是白色、无味、无吸湿性结晶。熔点为134℃，蒸气压为5×10^{-4}mPa（25℃），相对密度为1.00（20℃）。溶解度：水中为13mg/L（20℃）；在一般条件下贮存稳定，在紫外线下降解，特别是其水溶液。

毒性：大鼠和小鼠急性经口LD_{50}＞2000mg/kg。对皮肤和眼睛无刺激性。

制剂：500g/L、255g/L、25%悬浮剂，50%可湿性粉剂。

作用特点及应用：异菌脲通过抑制蛋白激酶，控制许多细胞功能的细胞内信号，包括碳水化合物结合进入真菌细胞组分的干扰作用。异菌脲杀菌谱广，除对核盘菌、灰霉菌有特效外，对丛梗孢霉、交链孢霉和小菌核菌也有效。可以防治蔬菜和瓜果灰霉病、核果类果树上的菌核病、小麦黑穗病、水稻胡麻斑病、纹枯病、玉米小斑病、马铃薯黑痣病等多种病害。也可以作为果蔬储存期的防腐保鲜剂使用。

3. 腐霉利（procymidone）

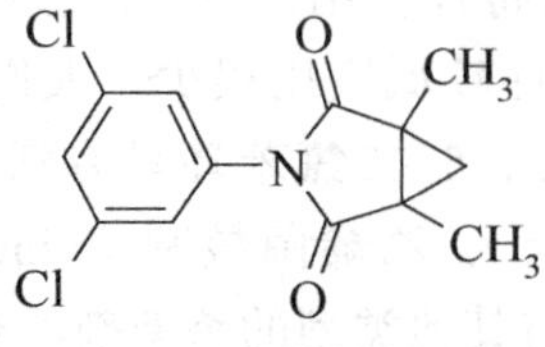

化学名称：N-（3,5-二氯苯基）-1,2-二甲基-环丙烷-1,2-二酰胺。

理化性质：纯品为白色结晶。熔点为166～166.5℃，相对密度为1.452（25℃）。25℃时水中溶解度为4.5mg/L，微溶于乙醇，在日光和高湿度条件下仍稳定。

毒性：急性经口 LD_{50}，雄大鼠为6800mg/kg，雌大鼠为7700mg/kg。无致畸、致癌、致突变作用。对蜜蜂无毒。

制剂：80%水分散粒剂，50%、80%可湿性粉剂，20%悬浮剂，15%、10%烟剂。

作用特点及应用：腐霉利是一种具有保护和治疗作用的内吸性杀菌剂，主要作用于细胞膜，阻碍菌丝顶端正常细胞壁合成，抑制菌丝生长发育。对葡萄孢属和核盘菌属真菌有特效，对苯并咪唑类产生抗性的真菌也有效。还可以防治玉米大、小斑病，桃、樱桃褐腐病等病害。

4. 菌核净（dimetachlone）

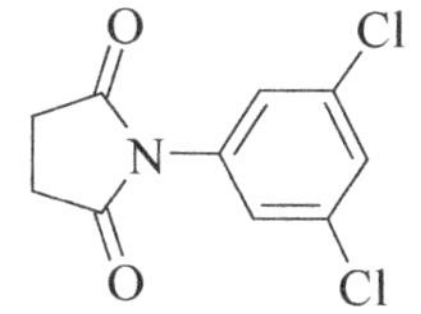

化学名称：N-3,5-二氯苯基丁二酰亚胺。

理化性质：纯品为白色结晶粉末，熔点为136.5～138℃，难溶于水，易溶于丙酮、环己酮，稍溶于二甲苯。

毒性：小鼠急性经口 LD_{50} 为1250mg/kg。

制剂：20%、40%可湿性粉剂，10%烟剂。

作用特点及应用：非内吸性保护性杀菌剂，有一定的内渗作用，持效期长。对核盘菌、葡萄孢属、长蠕孢属、交链孢属具有很强的活性，主要用于防治水稻纹枯病、油菜菌核病和烟草赤星病。

（五）苯并咪唑类

1968年，人们发现苯菌灵具有防治植物真菌病害的优良特性，之后其他苯并咪唑类杀菌剂陆续被开发应用到植物病害的防治中，如1969年开发的多菌灵（carbendazim）和1971年开发的甲基硫菌灵（thiophanate-methyl），这对于植物病害化学防治具有十分重要的影响。

1. 多菌灵（carbendazim）

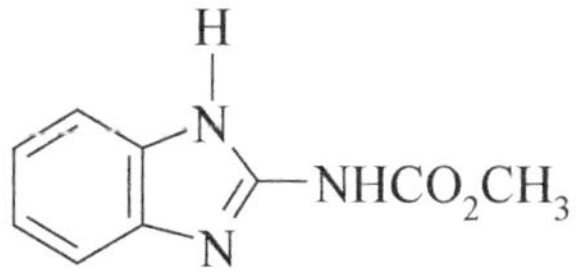

化学名称：苯并咪唑-2-氨基甲酸甲酯。

理化性质：纯品为无色的白色结晶粉末。熔点为302～307℃（分解）。难溶于水和有机溶剂，易溶于无机酸和有机酸，并形成相应的盐。溶解度：水中为29mg/L（pH4），8mg/L（pH7），7mg/L（pH8），贮于阴凉干燥处，原药至少可贮存2年，对酸和碱不稳定。

毒性：急性经口 LD_{50}，大鼠为6400mg/kg，狗＞2500mg/kg。急性经皮 LD_{50}，兔＞10 000mg/kg，大鼠＞2000mg/kg。对皮肤和眼睛无刺激性。

制剂：40%悬浮剂，50%、75%水分散粒剂，25%、50%、80%可湿性粉剂，50%、80%颗粒剂。

作用特点及应用：多菌灵为广谱内吸性杀菌剂，对子囊菌纲的某些病原菌和半知菌类中的大多数病原真菌有效。作用机制是干扰细胞的有丝分裂过程。能防治由立枯丝核菌引起的棉花苗期立枯病，黑根霉引起的棉花烂铃病，花生黑斑病，小麦网腥黑粉病，小麦和燕麦散黑粉病，小麦颖枯病，谷类胚腐病，麦类白粉病，苹果、梨、葡萄、桃白粉病，烟草炭疽病，番茄褐斑病、灰霉病，葡萄灰霉病，甜菜褐斑病，水稻稻瘟病、纹枯病、胡麻斑病。除了单剂使用外，本药剂还可以与代森锰锌、戊唑醇、甲霜灵、丙环唑、异菌脲等多种杀菌剂混用。

2. 甲基硫菌灵（thiophanate methyl）

$$\text{苯环}\begin{matrix}\text{NHCSNHCO}_2\text{CH}_3\\ \text{NHCSNHCO}_2\text{CH}_3\end{matrix}$$

化学名称：1，2-二（3-甲氧碳基-2-硫脲基）苯。

理化性质：纯品为无色结晶固体，熔点为195℃（分解），不溶于水，难溶于大多数有机溶剂。

毒性：雄性和雌性大鼠急性经口 $LD_{50}>15\ 000$ mg/kg。雄性和雌性大鼠急性经皮 $LD_{50}>15\ 000$ mg/kg。

制剂：70%、80%水分散粒剂，50%、70%可湿性粉剂，3%糊剂，50%悬浮剂。

作用特点及应用：甲基硫菌灵是一种具有广谱、内吸性的苯并咪唑类杀菌剂，具有向顶性传导功能，对多种病害有预防和治疗作用。在植物体内通过转化为多菌灵，干扰病原菌的有丝分裂中纺锤体的形成，进而影响细胞分裂。用于禾谷类、蔬菜、果树和某些经济作物病害的防治，茎叶喷雾防治麦类赤霉病、白粉病、水稻纹枯病、稻瘟病、瓜类白粉病、炭疽病和灰霉病，油菜菌核病、葡萄白粉病、玉米大、小斑病、甜菜褐斑病、豌豆白粉病和褐斑病。甲基硫菌灵还经常与异菌脲、土菌消、福美双等药剂混合使用。

3. 噻菌灵（thiabendazole）

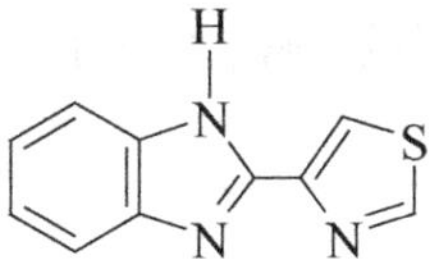

化学名称：2-（4-噻唑基）-1H-苯并咪唑。

理化性质：白色无味粉末。熔点为297～298℃，蒸气压为 5.3×10^{-4} mPa（25℃），相对密度为1.3989，室温下不挥发，但加热到310℃即升华。溶于甲醇等有机溶液和酸性水溶液中，在水、酸、碱性溶液中均稳定。

毒性：低毒。急性经口 LD_{50}：小鼠3600mg/kg，大鼠3100mg/kg。对皮肤无致敏性。大鼠吸入毒性 $LC_{50}>0.5$ mg/L。对蜜蜂无毒。

制剂：15%、45%、50%悬浮剂，40%、70%、90%可湿性粉剂。

作用特点及应用：噻菌灵为内吸性杀菌剂，向上传导，有保护和治疗作用。与多菌灵等苯并咪唑类杀菌剂存在正交互抗药性，主要用于水果及蔬菜等产后防腐保鲜，采用喷雾或浸蘸方式施药。可以防治多种作物的真菌如曲霉属、葡萄孢属、长喙壳属、尾孢属、刺盘孢属、青霉属、茎点霉属、丝核菌属、核盘菌属、壳针孢属、轮枝孢属等。有时可作驱虫剂。

4. 乙霉威（diethofencarb）

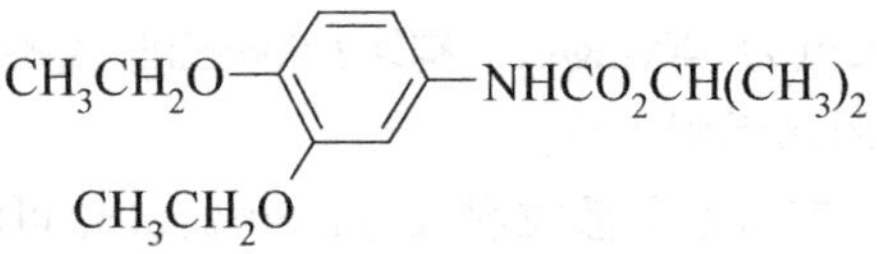

$$\text{CH}_3\text{CH}_2\text{O}-\text{苯环}(\text{OCH}_2\text{CH}_3)-\text{NHCO}_2\text{CH}(\text{CH}_3)_2$$

化学名称：3，4-二乙氧基苯基氨基甲酸异丙酯。

理化性质：纯品为白色结晶，原药为无色至浅褐色固体，熔点为100.3℃，蒸气压为9.44×10^{-3}mPa（25℃），在水中的溶解度为27.64mg/L（25℃）；闪点140℃。

毒性：大鼠急性经口$LD_{50}>5000$mg/kg，大鼠急性经皮$LD_{50}>5000$mg/kg。大鼠吸入毒性LC_{50}（4h）>1050mg/m³。没有致突变作用。

制剂：25%乙霉威可湿性粉剂，多为混剂如乙霉威+多菌灵、乙霉威+甲基硫菌灵。

作用特点及应用：乙霉威是日本住友化学公司开发的氨基甲酸酯类杀菌剂，能有效防治对多菌灵产生抗病性的菌株。药剂被植株的叶和根吸收后，进入菌体细胞与菌体细胞内的微管蛋白结合，从而影响细胞的分裂，导致灰霉病等病害得到抑制。主要用来防治蔬菜灰霉病、叶霉病、黑星病等，特别是对苯并咪唑米杀菌剂产生抗药性的灰霉病菌有特效，从发病初期始，每间隔10d喷药1次，共喷3次。由于抗药性，本剂一般不做单剂使用，而与多菌灵、甲基硫菌灵等保护性杀菌剂混用防治灰霉病。

（六）三唑类杀菌剂

三唑类化合物是甾醇生物合成中C14脱甲基化酶抑制剂，属于麦角甾醇生物合成抑制剂。1973年，拜耳公司研制成功第一个商品化的杀菌剂三唑酮，之后三唑类杀菌剂的发展就成为人们关注的焦点。该类杀菌剂活性高，用量少，发展快，数量多，是以往任何杀菌剂所无法比拟的。目前，这类杀菌剂已有约40个品种商品化，除了对白粉病、锈病、黑星病等有活性外，对于网斑病、眼纹病、灰霉病等多种病害也有很好的活性。结构中大多引入氟原子，杀菌谱变得更广，后期又引入硅原子，如日本三共化学公司开发的硅氟唑。

1. 三唑酮（triadimefon）

化学名称：1-（4-氯苯氧基）-3，3-二甲基-1-（1H-1，2，4-三氮唑-1-基）丁酮。

理化性质：无色结晶，可溶于大部分有机溶剂。熔点为82.3℃，蒸气压为0.02mPa（20℃）、0.06mPa（25℃），相对密度为1.283（21.5℃）。溶解度：水中为64mg/L（20℃）；溶于大多数有机溶剂；二氯甲烷、甲苯>200g/L，异丙醇99g/L，己烷6.3g/L（均为20℃）。

毒性：低毒。原药大鼠急性经口LD_{50}为1000～1500mg/kg，大鼠经皮LD_{50}大于1000mg/kg。对皮肤有轻度刺激作用，在试验剂量内无致癌、致畸、致突变作用，对鱼类及鸟类较安全。对蜜蜂和鸟类无害。

制剂：15%、20%、25%可湿性粉剂，10%、12.5%、20%乳油，10%颗粒剂，95%原药，500g/L悬浮剂，15%烟雾剂，20%、15%水乳剂等。

作用机制与特点：三唑酮是由拜耳公司开发的一种高效、低毒、低残留、持效期长、内吸性强的三唑类杀菌剂，能在植物体内双向传导。三唑酮主要通过抑制菌体麦角甾醇的生物合成，从而抑制或干扰菌体附着孢及吸器的发育，菌丝的生长和孢子的形成。除卵菌纲外，对于其他植物病原真菌都表现出较高的生物活性。尤其对锈病和白粉病具有预防、铲除、治疗等作用。另外，三唑酮可以与许多杀菌剂、杀虫剂、除草剂等现混现用。注意三唑酮可与碱性及铜制剂以外的其他制剂混用。拌种可能使种子延迟1～2d出苗，但不影响出苗率及后期生长。

2. 烯唑醇（diniconazole）

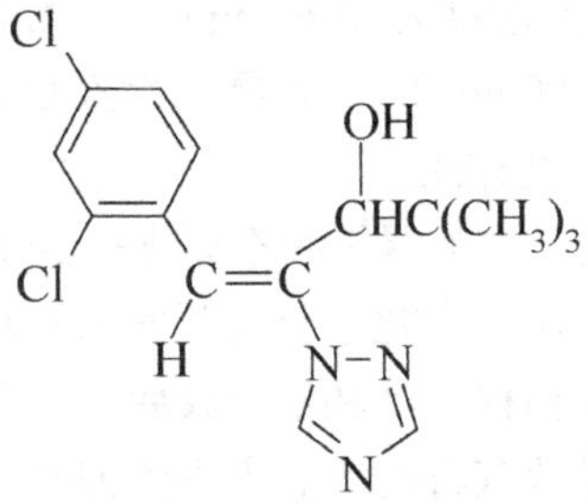

化学名称：（E）-（RS）-1-（2,4-二氯苯基）-4,4-二甲基-2-（1H-1,2,4-三唑-1-基）戊-1-烯-3-醇。

理化性质：原药为无色结晶固体。熔点为134～156℃。蒸气压为2.93mPa（20℃）、4.9mPa（25℃）。相对密度为1.32（20℃）。溶解度水中为4mg/L，丙酮、甲醇为95g/kg，二甲苯为14g/kg，己烷为0.7g/kg（均为25℃）。稳定性：在通常贮存条件下稳定，对热、光和潮湿稳定。

毒性：急性经口 LD_{50}，雄大鼠为639mg/kg，雌大鼠为474mg/kg。大鼠急性经皮 LD_{50}＞5000mg/kg。对皮肤无刺激作用，对眼睛有轻微刺激性（兔）。对豚鼠的皮肤无致敏性。大鼠吸入毒性 LC_{50}（4h）＞2770mg/m³。

制剂：50%水分散粒剂、5%微乳剂、5%种子处理干粉剂、25%乳油、12.5%可湿性粉剂。

作用特点及应用：烯唑醇，是甾醇脱甲基化抑制剂，具有广谱和内吸向顶传导活性，有预防、治疗和铲除作用。常作为种子处理剂防治禾谷类的腥黑粉菌和黑粉菌等引起的种传病害，利用叶面施药可防治葡萄、禾谷类作物和水果上的白粉病菌和黑星病菌。

3. 苯醚甲环唑（difenoconazole）

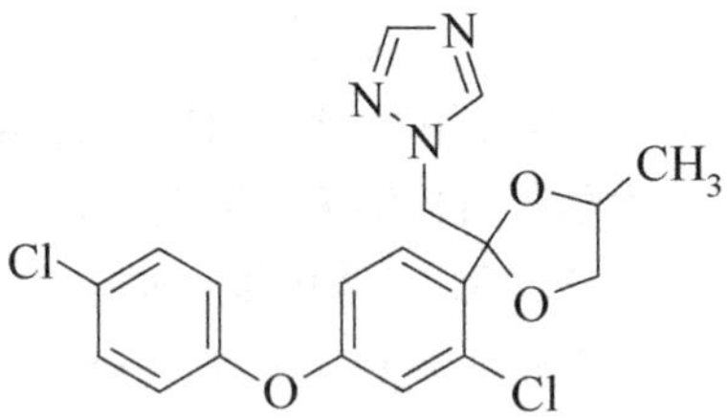

化学名称：3-氯-4-[4-甲基-2-(1H-1,2,4-三唑-1-基甲基)-1,3-二噁戊烷-2-基]苯基-4-氯苯基醚。

理化性质：原药为白色固体，熔点为82.0～83.0℃，沸点为100.8℃/3.7mPa，蒸气压为 $3.3×10^{-5}$ mPa(25℃)，相对密度为1.40(20℃)。溶解性：水中15mg/L，丙酮、二氯甲烷、甲苯、甲醇和乙酸乙酯中溶解度＞500g/L，正己烷3g/L，辛醇110g/L（均为25℃）。稳定性：温度达到150℃稳定，不易水解。

毒性：大鼠急性经口 LD_{50} 为1453mg/kg，小鼠＞2000mg/kg。无致畸、致癌作用。对蜜蜂无毒。

制剂：25%、30%乳油，5%、10%、20%、25%水乳剂，10%、25%、40%悬浮剂，30g/L悬浮种衣剂，10%、20%、25%、30%微乳剂，30%水分散粒剂，30%可湿性粉剂。

作用机制与特点：苯醚甲环唑是甾醇脱甲基化抑制剂，主要抑制病菌细胞麦角甾醇的生物合成，从而破坏细胞膜的结构与功能。主要用作叶面处理剂和种子处理剂，对子囊菌纲、担子菌纲和半知菌纲引起的黑星病、黑痘病、白腐病、斑点落叶病、白粉病、褐斑病、锈病、条锈病、赤霉病等多种病害有活性。由于铜制剂能降低苯醚甲环唑的杀菌能力，在农业生产中两者不宜混用。如果确实需要与铜制剂混用，则要增加苯醚甲环唑10%以上的用药量。

4. 氟环唑（epoxiconazole）

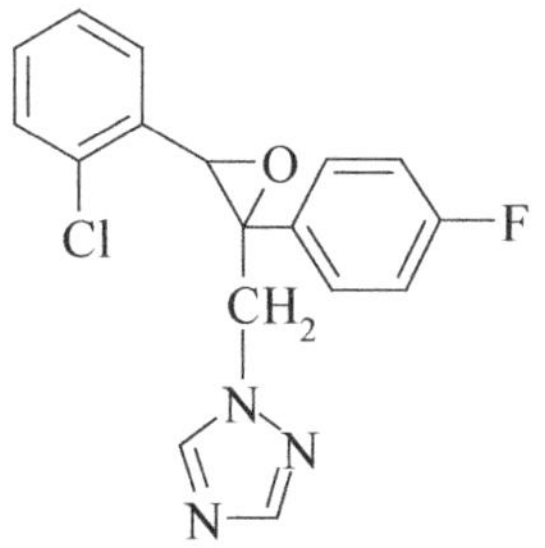

化学名称：（2RS，3SR）-1-［3-（2-氯苯基）-2，3-环氧-2-（4-氟苯基）丙基］-1H-1，2，4-三唑。

理化性质：熔点为136.2℃，相对密度为1.384（25℃）。溶解度（20℃，mg/L）：水6.63，丙酮14.4，二氯甲烷29.1。稳定性：在pH7和pH9的条件下12d不水解。

毒性：原药大鼠急性经口LD_{50}＞5000mg/kg，急性经皮LD_{50}＞2000mg/kg，急性吸入LC_{50}（4h）＞5.3mg/L；对家兔的眼睛和皮肤无刺激性；未见对实验动物致畸、致突变和致癌作用。对蜜蜂LD_{50}为100μg/只。

制剂：75g/L乳油，50%、70%水分散粒剂，12.5%、30%悬浮剂。

作用特点及应用：氟环唑是甾醇脱甲基化抑制剂，可提高作物的几丁质酶活性，导致真菌吸器的收缩，抑制病菌侵入，这是氟环唑区别于所有三唑类产品的特性。防治由担子菌纲、半知菌纲和子囊菌纲真菌引起的多种病害。对香蕉、葱、蒜、芹菜、菜豆、瓜类、芦笋、花生、甜菜等作物上的叶斑病、白粉病、锈病及葡萄上的炭疽病、白腐病等病害有良好的防效。

5. 氟硅唑（flusilazole）

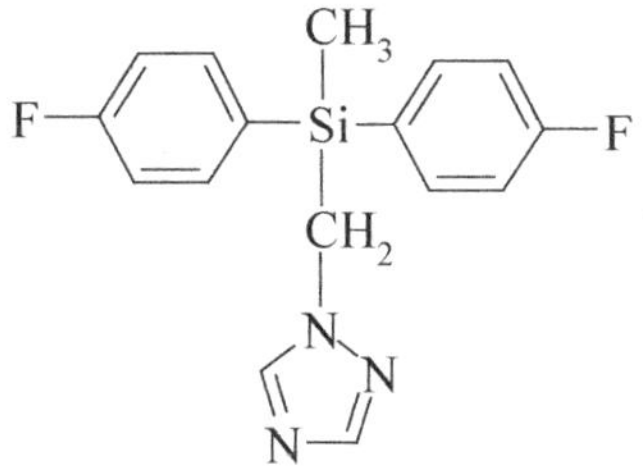

化学名称：双（4-氟苯基）甲基（1H-1，2，4-三唑-1-基亚甲基）硅烷。

理化性质：白色无味晶体。熔点为53～55℃，相对密度为1.30（20℃）。易溶于有机溶剂。在一般条件下稳定性超过2年，对光和高温稳定。

毒性：雄大鼠急性经口LD_{50}为1100mg/kg，雌大鼠为674mg/kg。无致畸作用。对蜜蜂无毒。

制剂：10%、25%、30%微乳剂，10%、25%水乳剂，40%乳油，20%可湿性粉剂，10%水分散粒剂。

作用特点及应用：氟硅唑是世界上第一个含氟又含硅的、活性最高的三唑类杀菌剂，属于甾醇脱甲基化抑制剂，破坏和阻止病菌的细胞膜重要组成成分麦角甾醇的生物合成，导致细胞膜不能形成，使病菌死亡。具有很强的内吸传导性和熏蒸能力，具有保护和治疗活性。展着性更强，耐雨水冲刷，作用时间和持效期长。氟硅唑对苹果、梨、黄瓜、番茄和禾谷类等作物的多种病害具有优良防效，安全性高。用于防治子囊菌纲、担子菌纲和半知菌类真菌引起的多种病害。

6. 戊唑醇（tebuconazole）

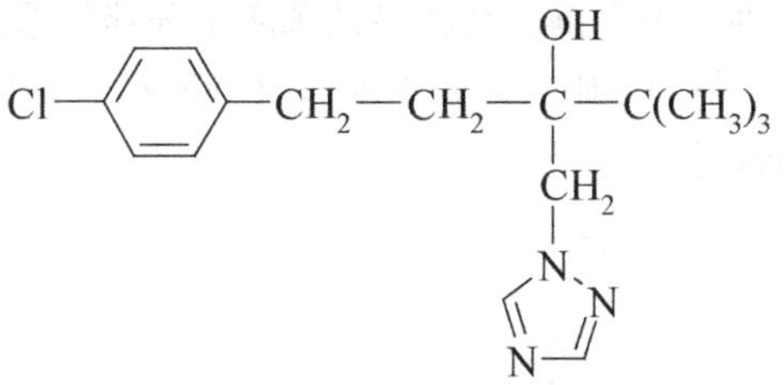

化学名称：（RS）-1-对-氯苯基-4,4-二甲基-3-（1H-1,2,4-三唑-1-基甲基）戊-3-醇。

理化性质：外消旋化合物，无色晶体。熔点为105℃，蒸气压为1.7×10^{-3}mPa（20℃），密度为1.25g/cm³（26℃）。溶解性：水为36mg/L（pH5~9），二氯甲烷>200g/L，正己烷<0.1g/L，异丙醇、甲苯为50~100g/L（均为20℃）。高温下稳定，在无菌条件下，纯水中易光解和水解。

毒性：大鼠雄性急性经口LD_{50}为4000mg/kg，雌大鼠急性经口LD_{50}为1700mg/kg。

制剂：25%乳油，25%可湿性粉剂，2%湿拌种剂，6%种子处理悬浮剂，12.5%、25%水乳剂，80g/L悬浮种衣剂，30%、43%悬浮剂，6%微乳剂，2%湿拌种剂。

作用特点及应用：1986年，德国拜耳作物科学有限公司成功开发了戊唑醇。戊唑醇是一种高效广谱内吸性强的杀菌剂，能够抑制病菌细胞膜上麦角甾醇的去甲基化，使病菌无法形成细胞膜，从而杀死病菌。戊唑醇具有保护、治疗和铲除三大功能，杀菌谱广，持效期长，防治小麦锈病、水稻纹枯病、稻曲病、苹果斑点落叶、褐斑病、白粉病、轮纹病、梨黑星病、葡萄白腐病等多种真菌性病害。

7. 己唑醇（hexaconazole）

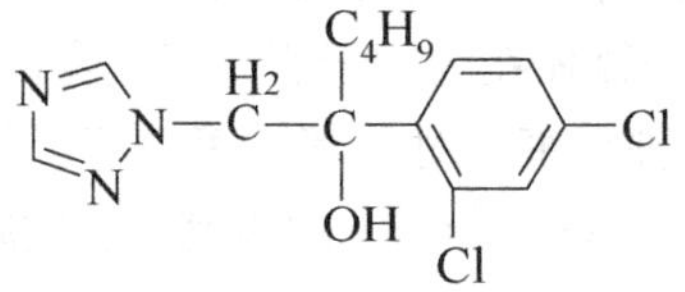

化学名称：（RS）-2-（2,4-二氯苯基）-1-（1H-1,2,4-三唑-1-基）-己-2-醇。

理化性质：原药>85%，白色结晶固体。熔点为110~112℃，蒸气压为0.018mPa（20℃），密度约为1.29g/cm³（25℃）。溶解度（20℃）：水为0.017mg/L，甲醇为246g/L，丙酮为164g/L，乙醇为120g/L，甲苯为59g/L，己烷为0.8g/L。稳定性：常温下可以保存6年，光解、水解稳定。

毒性：急性经口LD_{50}，雄大鼠为2189mg/kg，雌大鼠为6071mg/kg。对皮肤无刺激作用，无致畸作用。

制剂：10%微乳剂，50%水分散粒剂，10%、25%、30%悬浮剂，10%乳油，50%可湿性粉剂。

作用特点及应用：己唑醇是由先正达公司开发的三唑类杀菌剂。破坏和阻止病菌的细胞膜重要组成成分麦角甾醇的生物合成，导致细胞膜不能形成，使病菌死亡。对真菌尤其是担子菌门和子囊菌门引起的病害有广谱性的保护和治疗作用，适宜果树、蔬菜、花生、咖啡、禾谷类作物和观赏植物等，特别是对水稻纹枯病效果突出。

8. 腈菌唑（myclobutanil）

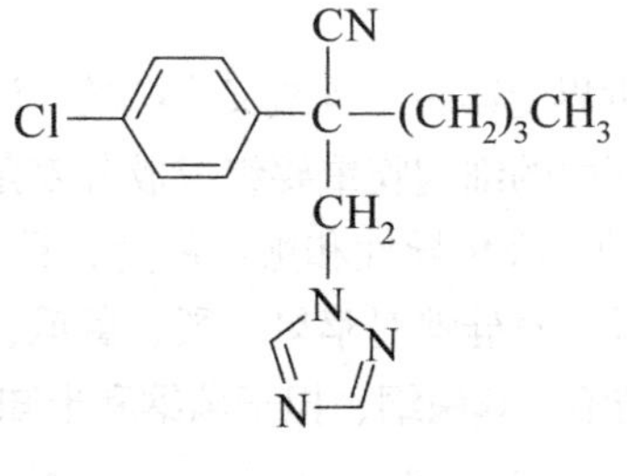

化学名称：2-（4-氯苯基）-2-（1H-1，2，4-三唑-1-甲基）已腈。

理化性质：白色无味结晶固体，原药为浅黄色固体。熔点为63～68℃（原药），沸点为202～208℃（133.3Pa），蒸气压为0.213mPa（25℃）。水溶解性为142mg/L，溶于酮类、酯类、醇类和芳香烃等普通有机溶剂，溶解度为50～100g/L，不溶于脂肪烃。正常储存条件下稳定。

毒性：低毒，对蜜蜂无毒。

制剂：40%悬浮剂，2.5%、12.5%微乳剂，12.5%水乳剂，5%、10%、25%乳油，40%可湿性粉剂。

作用特点及应用：腈菌唑具有内吸、保护和治疗性，杀菌谱广。对子囊菌、担子菌具有较高防效。对苹果、梨、葡萄、小麦和水稻等作物中的白粉病、黑星病、腐烂病、锈病等有较好防效。

9. 丙环唑（propiconazol）

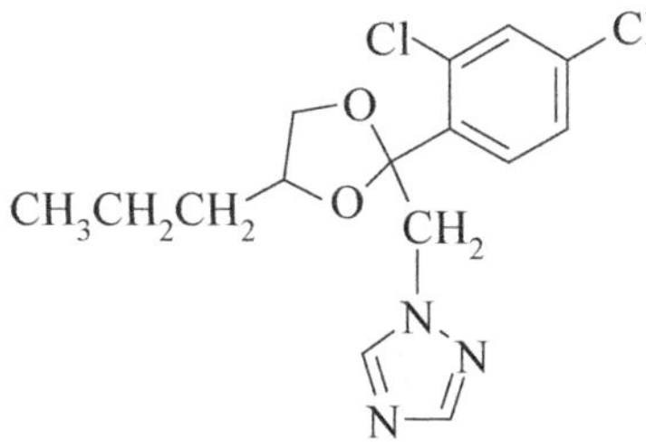

化学名称：（±）-1-［2-（2，4-二氯苯基）-4-丙基-1，3-二氧戊环-2-甲基］-1H-1，2，4-三唑。

理化性质：原药为黄色黏稠液体，有臭味。沸点为99.9℃，水溶解性为100mg/L（20℃），正庚烷为47g/L，完全溶于丙酮、甲苯、正辛醇和乙醇（25℃）。温度达到320℃时稳定，不易光解和水解。

毒性：急性经口LD_{50}，大鼠为1517mg/kg，小鼠为1490mg/kg。无致畸、致癌作用。蜜蜂的急性经口和接触毒性LD_{50}＞100μg/只。

制剂：25%、50%、70%乳油，40%、50%、55%微乳剂，250g/L乳油。

作用特点及应用：丙环唑是一种具有保护和治疗作用的内吸性三唑类杀菌剂，通过干扰C14-去甲基化而妨碍真菌体内麦角甾醇的生物合成，从而破坏真菌的生长繁殖，起到保护和治疗作用。丙环唑可通过种子、土壤、叶面处理而被植物吸收，植物通过木质部向上传导，但不能向基部传导，在传导中丙环唑不会改变，残效期在1个月左右。能控制一系列子囊菌、担子菌及半知菌等植物病原真菌，包括壳针孢、长尾孢、锈菌、白粉菌、德氏霉、丝核菌及种子传带的腥黑粉病菌，但对卵菌病害无效。需要注意的是，丙环唑对苹果和葡萄的少数品种有抑制生长的反应，对大多数作物都会引起延缓种子萌发的药害症状，因此不适宜作种子处理用。

（七）有机磷类

有机磷类杀虫剂开发较早，而有机磷类杀菌剂直到20世纪60年代才相继开发。1968年开发的硫赶磷酸酯类，如克瘟散和异稻瘟净主要防治稻瘟病、纹枯病，对小粒菌核病、胡麻斑病有效，对叶蝉、飞虱也有效；后来开发的吡唑嘧啶硫代磷酸酯类的吡嘧磷（pyrazophos）主要防治白粉病；苯基硫代磷酸酯类的甲基立枯磷主要防治丝核菌和其他土传病害；而乙基磷酸盐类的乙磷铝主要用于防治卵菌病害。

1. 稻瘟灵（isoprothiolane）

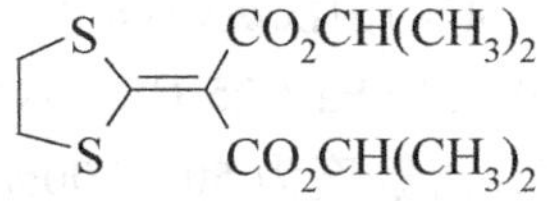

$$\text{结构式：1,3-二硫-2-亚戊环基丙二酸二异丙酯}$$

化学名称：1，3-二硫-2-亚戊环基丙二酸二异丙酯。

理化性质：无色无味晶体（原药为黄色固体，有刺激性气味）。熔点为 54.6～55.2℃，沸点为 175～177℃/0.4kPa，蒸气压为 0.493mPa（25℃），相对密度为 1.252（20℃）。20℃时在水中的溶解度为 48mg/L，易溶于苯、醇和丙酮等有机溶剂中。对光、温度及在 pH3～10 时均稳定，在水中、紫外线下不稳定。

毒性：急性经口 LD_{50}，雄大鼠为 1190mg/kg，雌大鼠为 1340mg/kg，雄小鼠为 1350mg/kg，雌小鼠为 1520mg/kg。雌、雄大鼠急性经皮 $LD_{50}>$10 250mg/kg，对兔的眼睛有轻微刺激性，对皮肤无刺激性。大鼠吸入毒性 LC_{50}（4h）$>$2.77mg/L。Ames 试验无致突变作用。

制剂：30%、40% 乳油，30%、40% 可湿性粉剂。

作用特点及应用：本品为有机磷类内吸杀菌剂，主要防治稻瘟病，同时对水稻纹枯病、小球菌核病和白叶枯病有一定防效。水稻植株各部位吸收药剂后累积于叶部组织，特别集中于穗轴与枝梗，从而抑制病菌侵入，阻碍病菌脂质代谢，抑制病菌生长，起到预防与治疗作用。持效期长，耐雨水冲刷，大面积使用还可兼治稻飞虱，对人、畜安全，对作物无药害。安全间隔期为 15d。

2. 异稻瘟净（iprobenfos）

化学名称：S-苄基-O，O-二异丙基硫代磷酸酯。

理化性质：本品为亮黄色液体，沸点为 187.6℃/1862Pa，蒸气压为 12.2mPa（25℃），相对密度为 1.10（20℃）。遇碱易分解，比稻瘟净稳定，在水中溶解度高达 500mg/L，易溶于有机溶剂。

毒性：急性经口 LD_{50}，雄大鼠为 790mg/kg，雌大鼠为 680mg/kg，雄性小鼠为 1710mg/kg，雌性小鼠为 1950mg/kg。小鼠急性经皮 LD_{50} 为 4000mg/kg。雄性和雌性大鼠吸入毒性 LC_{50}（4h）$>$5.15mg/L 空气。对鱼类低毒。

制剂：40% 乳油、20% 粉剂、17% 颗粒剂。

作用特点及应用：有机磷杀菌剂。主要用于防治稻瘟病，通过干扰细胞膜透性，阻止某些亲脂几丁质前体通过细胞质膜，使几丁质的合成受阻，细胞壁不能生长，抑制菌体的正常发育。具有良好内吸杀菌作用。它由根部及水面下的叶鞘吸收，并分散到水稻体内各部。对水稻纹枯病、小球菌核病也有一定防效，具有抗倒伏及兼治飞虱、叶蝉的功效。

3. 甲基立枯磷（tolclofos methyl）

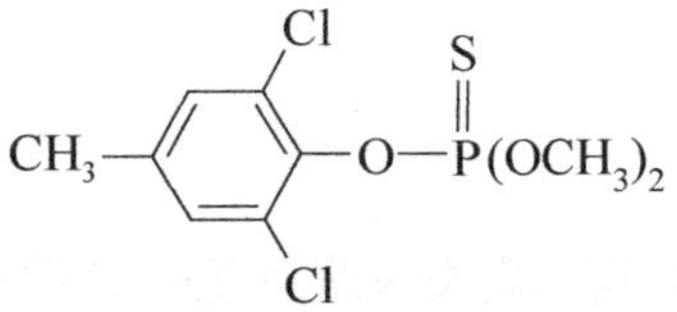

化学名称：O-2，6-二氯-对-甲苯基-O，O-二甲基硫代磷酸酯。

理化性质：纯品为无色结晶，原药为无色至浅棕色固体，熔点为 78～80℃，对光、热和潮湿均较稳定。

毒性：大鼠急性经口 LD_{50} 为 5000mg/kg。大鼠急性经皮 $LD_{50}>$ 5000mg/kg。对兔的皮肤和眼睛无刺激性。

制剂：20% 乳油、50% 可湿性粉剂。

作用特点及应用：本剂为适用于防治土传病害的广谱内吸性杀菌剂，主要起保护作用，其吸附作用较强，不易流失，持效期较长。可以用于土壤处理、拌种和茎叶处理。对半知菌类、担子菌纲和子囊菌纲等各种病原菌均有很强的杀菌活性，对马铃薯茎腐病和黑斑病有特效。

（八）噁唑类

噁唑类化合物在农药领域是一类重要的活性物质，具有广谱的生物活性。早在 1972 年瑞士诺华（现先正达）公司开发含噁唑的有机磷杀虫剂甲基吡噁磷，后来各个公司又相继成功开发了数十个含噁唑结构的化合物，其中具有杀菌活性的有噁霉灵、噁唑菌酮、利奈唑烷等。

1. 噁唑菌酮（famoxadone）

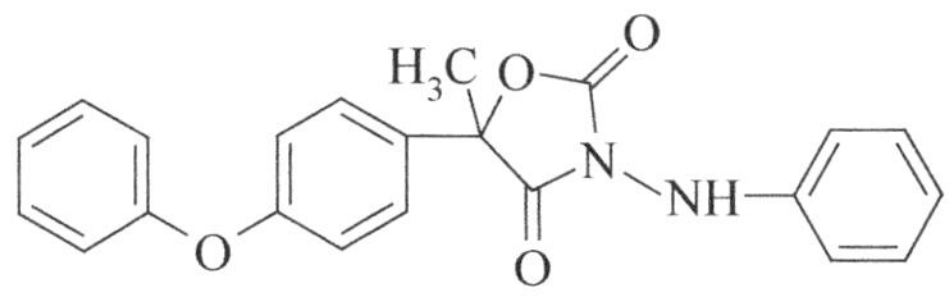

化学名称：3-苯氨基-5-甲基-5-（4-苯氧基苯基）-1,3-唑啉-2,4-二酮。

理化性质：乳白色粉末。熔点为 141.3～142.3℃，蒸气压为 6.4×10^{-4}mPa（20℃），相对密度为 1.31（22℃）。水中溶解度为 52mg/L（pH7.8～8.9），固体原药在 25℃ 或 54℃ 避光条件下 14d 稳定。

毒性：大鼠急性经口 $LD_{50}>$ 5000mg/kg。大鼠急性经皮 $LD_{50}>$ 2000mg/kg。本品对兔的眼睛和皮肤有轻微刺激性。对豚鼠的皮肤无致敏性。蜜蜂 $LD_{50}>25\mu g$/只；LC_{50}（48h）$>$1000mg/L。

制剂：主要应用混剂，如 68.75% 噁酮·锰锌水分散粒剂，52.5% 噁酮·霜脲氰水分散粒剂等。

作用特点及应用：噁唑菌酮是由杜邦公司开发的新颖噁唑烷二酮杀菌剂，具有高效、广谱的特点。能够抑制线粒体电子传递，对复合体Ⅲ中细胞色素 c 氧化还原酶有抑制作用。具有保护、治疗、铲除、渗透、内吸活性。适宜小麦、大麦、豌豆、甜菜、油菜、葡萄、马铃薯、瓜类、辣椒、番茄等。主要用于防治子囊菌纲、担子菌纲、卵菌亚纲中的重要病害，如白粉病、锈病、颖枯病、网斑病、霜霉病、晚疫病等。防治小麦白粉病、锈病等病害，与氟硅唑混用，效果更佳。

2. 啶菌噁唑（SYP-Z048）

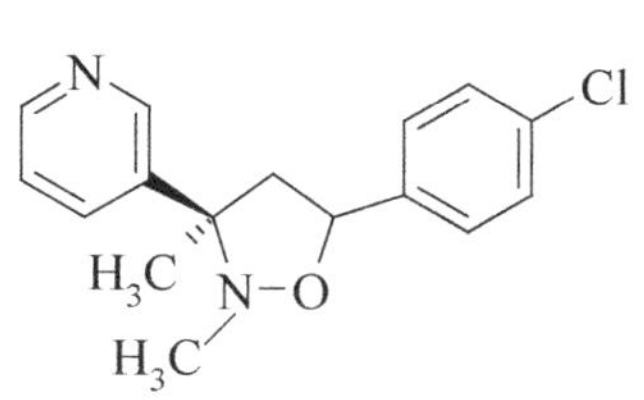

化学名称：N-甲基-3-（4-氯）苯基-5-甲基-5-吡啶-3-基-异噁唑啉。

理化性质：纯品为浅黄色黏稠油状物，低温时有固体析出，易溶于丙酮、乙酸乙酯、氯仿、乙醚，微溶于石油醚，不溶于水。在水中、日光或避光下稳定。

毒性：属低毒杀菌剂，原药大鼠急性经口 LD_{50}，雄性为 2000mg/kg，雌性为 1700mg/kg；大鼠急性经皮 LD_{50}，雄、雌性均大于 2000mg/kg；对皮肤、眼无刺激性；Ames 试验呈阴性，无致畸、致突变作用。

制剂：25%乳油。

作用特点及应用：啶菌噁唑是沈阳化工研究院开发的杀菌剂，属于甾醇合成抑制剂。具有独特的作用机制和广谱杀菌活性，且同时具有保护、治疗作用，有良好的内吸性，通过根部和叶茎吸收，能有效控制叶部病害的发生和危害。对蔬菜、果树等作物灰霉病防治效果卓越，且与常规防治药剂没有交互抗性。能有效控制由灰葡萄孢引起的黄瓜、番茄、草莓、葡萄、韭菜、圆葱多种植物的灰霉病，还可用于防治番茄叶霉病、黄瓜黑星病、苹果斑点落叶病、梨黑星病、花生褐斑病等植物病害。

（九）吡咯类

吡咯类化合物源于自然，该类化合物作为农药产品相比于其他杂环化合物，在生物活性和合成方面的研究相对较少。早期主要集中在天然生物源活性化合物的化学应用等方面，直到20世纪80年代中后期，人们对天然产物进行了结构改造并取得了突破性进展，成功开发了拌种咯和咯菌腈。

咯菌腈（fludioxonil）

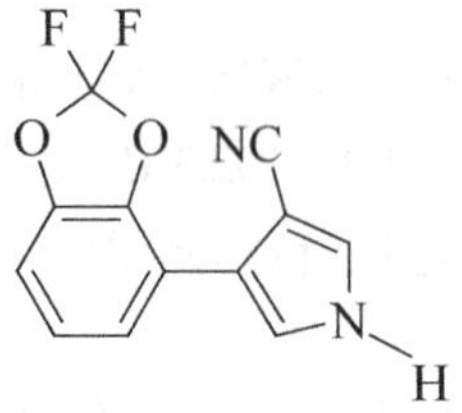

化学名称：4-（2,2-二氟-1,3-苯并二氧戊环-4-基）吡咯-3-腈。

理化性质：浅黄色晶体。熔点为199.8℃，蒸气压为3.9×10^{-4}mPa（25℃），相对密度为1.54（20℃）。稳定性：25℃，pH5～9条件下不易发生水解。

毒性：大鼠和小鼠急性经口LD_{50}＞5000mg/kg，大鼠急性经皮LD_{50}＞2000mg/kg，对兔的眼睛和皮肤无刺激性，对蜜蜂无毒。

制剂：25g/L悬浮种衣剂、50%可湿性粉剂。

作用特点及应用：咯菌腈是由原汽巴嘉基公司（现先正达公司）开发的吡咯类杀菌剂，属于非内吸性广谱杀菌剂。它是假单胞菌属（*Pseudomonas* spp.）的不同种吡咯假单胞菌（*Pseudomonas pyrocinia*）产生的次生代谢物硝吡咯菌素的类似物，由于它比天然产物硝吡咯菌素抗光解，能专一地抑制霉菌而广泛应用于防治农业生产中的真菌性病害。可以通过抑制葡萄糖磷酰化有关的转移，并抑制真菌菌丝体的生长导致病原菌死亡。对子囊菌、担子菌、半知菌的许多病原菌有非常好的防效。既可作为叶面杀菌剂，用来防治小麦黑穗病、立枯病等，也可作为种子处理剂，主要用于谷物和非谷物类作物中种传和土传病害的防治。

（十）酰胺类

酰胺类化合物作为杀菌剂已有几十年的历史，至今已有40多个品种商品化，其中氟吗啉是由沈阳化工研究院开发的酰胺类杀菌剂，是我国有史以来真正创制的农用杀菌剂，是首次获得中国和美国发明专利的农用杀菌剂。环酰菌胺是拜耳公司开发的另一个保护性杀菌剂，由于具有良好的环境相容性，对授粉昆虫和动物无毒害作用，已被美国环境保护署划为减少危害农药。

1. 拌种灵（amicarthiazol）

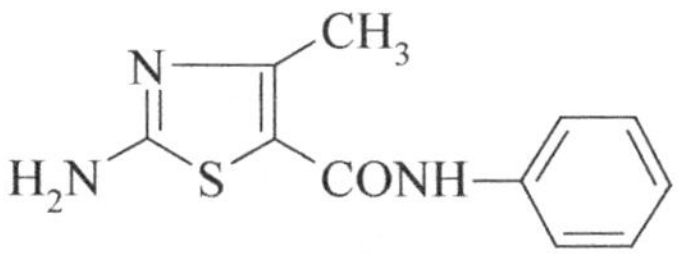

化学名称：2-氨基-4-甲基-5-甲酰苯氨基噻唑。

理化性质：无色无味结晶，熔点为222～224℃，易溶于二甲基甲酰胺、乙醇、甲醇。不溶于水和非极性溶剂。遇碱分解，遇酸生成相应的盐，270～285℃分解。

毒性：急性经口 LD_{50} 为817mg/kg，急性经皮 LD_{50} 大于3200mg/kg。

制剂：90%原药、40%可湿性粉剂。

作用特点及应用：具有内吸性，对担子菌亚门真菌效果突出，主要防治小麦散黑穗病、坚黑穗病、锈病、棉花立枯病、高粱黑穗病等。拌种后可进入种皮或种胚，杀死种子表面及潜伏在种子内部的病原菌；同时也可在种子发芽后进入幼芽和幼根，从而保护幼苗免受土壤病原菌的侵染。

2. 萎锈灵（carboxin）

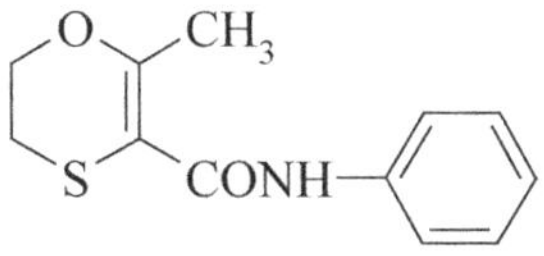

化学名称：5,6-二氢-2-甲基-1,4-氧硫杂环己二烯-3-甲酰苯胺。

理化性质：白色晶体（原药为浅黄色粉末，有轻微硫黄臭味）。熔点为91～92℃，蒸气压为0.020mPa（25℃），相对密度为1.45。溶解性：在水中为0.147g/L（20℃）。稳定性：pH5、pH7和pH9（25℃）光解稳定，光照条件下水溶液中 DT_{50} 为1.54h（pH7，25℃）。

毒性：大鼠急性经口 LD_{50} 为2864mg/kg。对兔的眼睛和皮肤无刺激性。大鼠吸入毒性 LC_{50}（4h）>4.7mg/L。蜜蜂 LD_{50}（急性经口和接触）>100μg/只。

制剂：20%乳油。

作用特点及应用：萎锈灵是由美国Uniroyal公司开发的酰胺类杀菌剂，具有内吸性，它能渗入萌芽的种子而杀死种子内的病菌，主要用于拌种。萎锈灵对植物生长有刺激作用，并能增加小麦的产量。适宜麦类、水稻、部分旱田作物及草坪等。主要用来防治锈病、黑穗病和黑粉病，也可以用来防治棉花黄萎病、立枯病等，有时还把它作为木材防腐剂使用。

3. 氟酰胺（flutolanil）

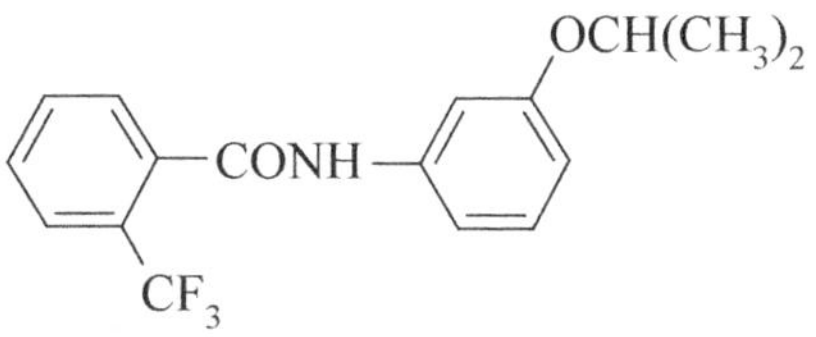

英文名称：Moncut、NNF136。

化学名称：α,α,α-三氟-3'-异丙氧基-邻-苯甲酰苯胺。

理化性质：本品为无色晶体。熔点为104～105℃，蒸气压为 $6.5×10^{-3}$ mPa（25℃），相对密度为1.32（20℃）。溶解度：水为6.5mg/L，丙酮为1439g/L，甲醇为832g/L，乙醇为374g/L，氯仿为674g/L，苯为135g/L，二甲苯为29g/L（均为20℃）。在酸碱介质中稳定（pH3～11）。

毒性：急性经口 LD_{50}，大鼠和小鼠＞10 000mg/kg。急性经皮 LD_{50}，大鼠和小鼠＞5000mg/kg。对皮肤和眼睛无刺激性（兔）。对豚鼠的皮肤无致敏性。大鼠吸入毒性 LC_{50}＞5.98mg/L。没有致突变作用。禽类山齿鹑、野鸭急性经口 LD_{50}＞2000mg/kg。鱼类 LC_{50}（96h，mg/L）：蓝鳃太阳鱼＞5.4，虹鳟鱼为5.4，鲤鱼为3.21。水蚤 EC_{50}（48h）＞6.8mg/L。对蜜蜂无毒，LD_{50}（48h）：大于208.7μg/只（经口），大于200μg/只（接触）。蚯蚓 LC_{50}（14d）大于1000mg/kg 土壤。

制剂：98%、97.5% 原药，20% 可湿性粉剂。

作用特点及应用：氟酰胺由日本农药株式会社开发，属酰苯胺类杀菌剂，具有内吸杀菌活性，主要用于防治水稻纹枯病，对于其他作物上的立枯病、纹枯病、雪腐病也有防效。

4. 硅噻菌胺（silthiofam）

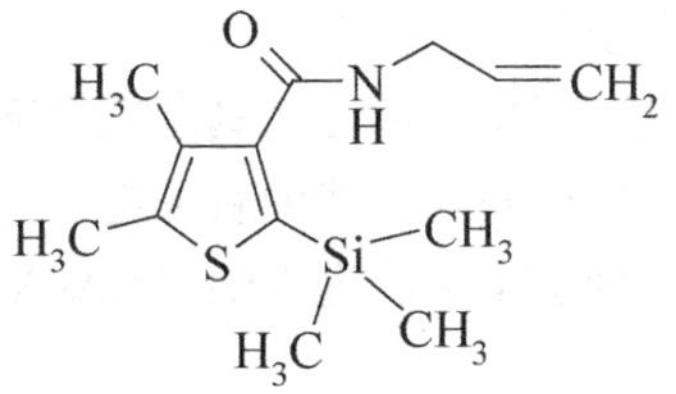

化学名称：N-烯丙基-4，5-二甲基-2-三甲基硅烷基噻吩-3-羧酰胺。

理化性质：白色结晶粉末。熔点为86.1～88.3℃，相对密度为1.07（20℃）。溶解性：水中39.9mg/L，正庚烷15.5g/L，对二甲苯、1，2-二氯乙烷、甲醇、丙酮和乙酸乙酯＞250g/L（均为20℃）。稳定性（25℃）：DT_{50} 为61d（pH5），448d（pH7），314d（pH9）。

毒性：大鼠急性经口 LD_{50}＞5000mg/kg。大鼠急性经皮 LD_{50}＞5000mg/kg，对兔的眼睛和皮肤无刺激性。大鼠吸入毒性 LC_{50}＞2.8mg/L。无作用剂量：大鼠（2年喂养）每天6.42mg/kg，狗（90d）每天10mg/kg b.w.。蜜蜂 LD_{50} 大于104μg/只（经口），大于100μg/只（接触）。

制剂：97.70% 原药、125g/L 悬浮剂。

作用特点及应用：硅噻菌胺是由孟山都公司开发的酰胺类杀菌剂，抑制能量代谢，可能是 ATP 抑制剂。具有良好的保护活性，残效期长。主要作种子处理，防治小麦全蚀病，对作物、哺乳动物、环境安全。

5. 水杨菌胺（trichlamide）

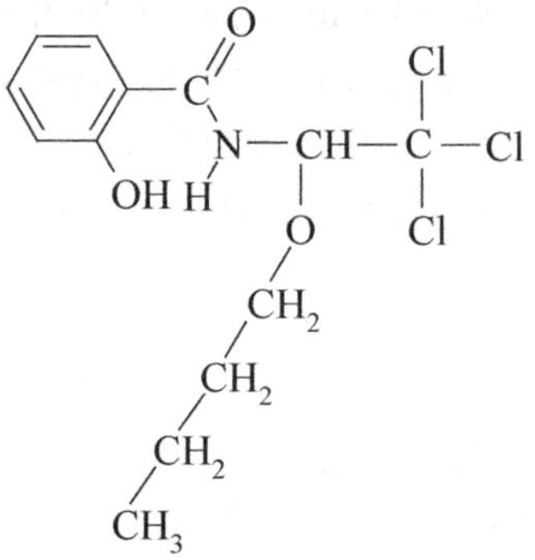

化学名称：N-（1-丁氧基-2，2，2-三氯乙基）水杨酰胺。

理化性质：无色晶体，熔点为73～74℃，蒸气压＜10mPa（20℃），水中溶解度为6.5mg/L。易溶于丙酮、乙醇、苯。在不超过70℃时稳定，对光稳定。

毒性：低毒，小鼠急性经口 LD_{50}＞5000mg/kg，对眼睛无刺激性。

作用特点及应用：水杨菌胺对真菌和细菌均有杀灭能力，可防治瓜类、豆类枯萎病、立枯病、炭疽病、疫病等真菌性病害，还可用作土壤消毒剂。

6. 氟吡菌酰胺（fluopyram）

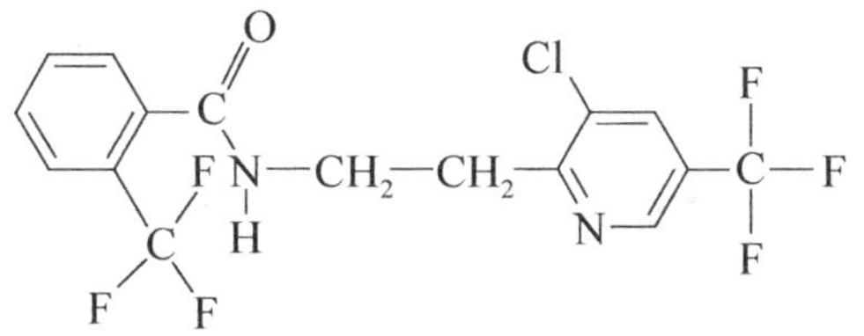

化学名称：*N*-{2-［3- 氯 -5-（三氟甲基）-2- 吡啶基］乙基 }-2- 三氟甲基苯酰胺。

制剂：50% 氟吡菌酰胺 · 肟菌酯悬浮剂。

作用机制及应用：氟吡菌酰胺是一种新型吡啶基乙基苯甲酰胺类杀菌剂，通过阻碍呼吸链中琥珀酸脱氢酶的电子转移而抑制线粒体呼吸。可抑制孢子发芽、萌发管生长、菌丝体生长及芽孢形成。可用于 70 多种作物上防治灰霉病、白粉病、晚疫病、霜霉病、稻瘟病等。

7. 氟唑环菌胺（sedaxane）

trans-isomer（外消旋体）

cis-isomer（外消旋体）

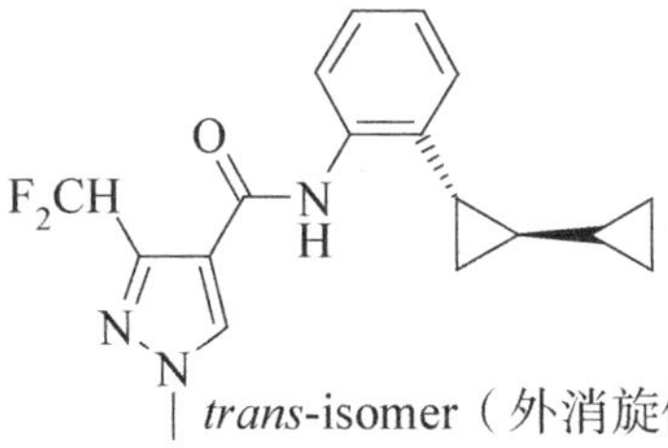

化学名称：2′-［（1RS，2RS）-1，1′- 联环丙烯 -2- 基］-3-（二氟），1- 甲基吡唑 -4- 羧酸苯胺。

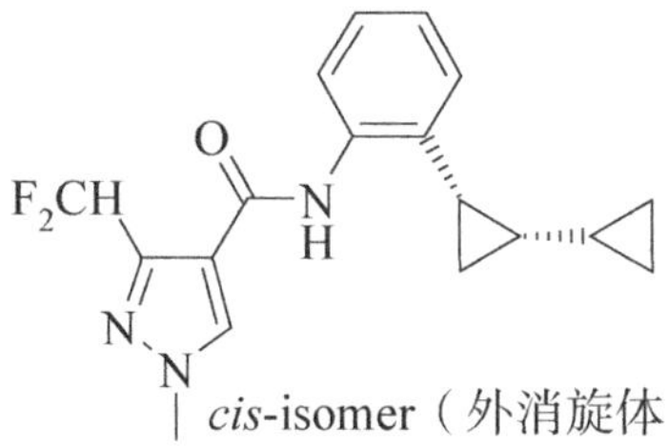

理化性质：灰褐色粉末，有微弱芳香气味，密度为 1.23g/cm^3（26℃），熔点为 121.4℃，蒸气压为 6.5×10^{-8}mPa（20℃）。溶解度（25℃）：水 14mg/L，丙酮 410g/L，二氯甲烷 500g/L，乙酸乙酯 200g/L，正己烷 410g/L，甲醇 110g/L，辛醇 20g/L，甲苯 70g/L。

毒性：原药和制剂均为低毒，经皮、吸入微毒；原药对兔的皮肤无刺激性，对眼有轻微刺激；原药致突变试验结果为阴性。原药对鱼、藻中等毒性；蜜蜂急性毒性经口为高毒；对蚤、蜜蜂、家蚕、鸟、蚯蚓、土壤微生物均为低毒；对天敌赤眼蜂为中等风险。

制剂：44% 悬浮种衣剂。

作用特点及应用：是一种吡唑酰胺类杀菌剂，属于琥珀酸脱氢酶抑制剂。是先正达开发的专用种子处理剂中的第一个有效成分。该产品适用于谷物、大豆、玉米、蔬菜、甘蔗、马铃薯、梨果和油菜等众多作物防治多种土传和种传病害，以保护作用为主。此类杀菌剂通过作用于病原菌线粒体呼吸电子传递链上的蛋白复合体Ⅱ（即琥珀酸脱氢酶）影响病原菌线粒体呼吸电子传递系统，阻碍其能量的代谢，抑制病原菌的生长、导致其死亡。用于种子处理，具有极平衡的内吸传导性和土壤移动性，同时可在根系周围形成保护圈，对多种种传、土传病害有较好的防治效果，还可促进作物根系的生长。

（十一）噻唑类

1. 土菌灵（etridiazole）

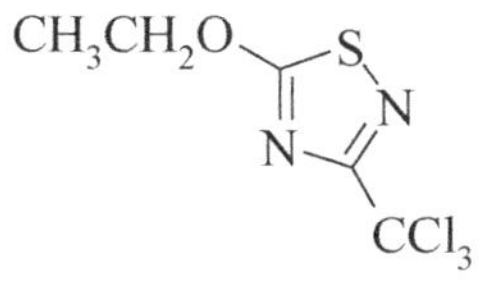

化学名称：3- 三氯甲基 -1，2，4- 噻二唑 -5- 基乙醚。

理化性质：浅黄色液体，具有持久性气味。熔点为19.9℃，沸点为95℃/1mmHg，相对密度为1.503，室温下蒸气压为13.3mPa。水中溶解度为117mg/L（25℃）；溶于乙醇、甲醇、芳烃、乙腈、正己烷、二甲苯。

毒性：大鼠急性经口 LD_{50} 为1028mg/kg。兔急性经皮 LD_{50} 大于5000mg/kg。对兔的皮肤无刺激性，对眼睛有中度刺激性，为皮肤致敏物。大鼠吸入 LD_{50}（4h）大于5mg/kg。对有益节肢动物无害。

制剂：96%原药。

作用特点及应用：土菌灵是由有利来路化学公司开发的噻二唑类杀菌剂，具有保护和治疗作用，同时具有触杀性。主要用作种子处理，也可用于土壤处理，防治由丝核菌、腐霉菌和镰刀菌引起的棉花、果树、花生、观赏植物、草坪等病害。另外，除了对病原真菌有作用外，对细菌、病毒及类菌体也有良好的杀灭效果，尤其是对土壤中残留的病原菌，具有良好的触杀作用。

2. 三环唑（tricyclazole）

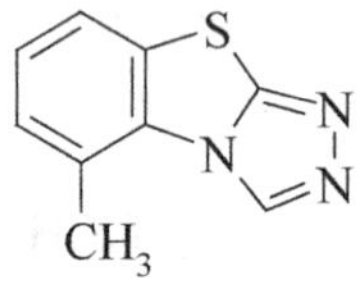

化学名称：5-甲基-（1，2，4）-三唑并（3，4-b）（1，3）苯并噻唑。

理化性质：原药为白色结晶。熔点为184.6～187.2℃，沸点为275℃，蒸气压为 $5.86×10^{-4}$ mPa（20℃），相对密度为1.4（20℃）。溶解性：纯水中0.596g/L，丙酮13.8g/L，甲醇26.5g/L，二甲苯4.9g/L（均为20℃）。在水中稳定，对光、热也稳定，对紫外线照射相对稳定。

毒性：急性经口 LD_{50}（mg/kg），大鼠314，小鼠245。兔急性经皮 LD_{50}>2000mg/kg，对兔的眼睛有轻微刺激性，对皮肤无刺激性。大鼠吸入毒性 LC_{50}（1h）为0.146mg/L。对水生动物毒性较低。

制剂：20%悬浮剂，20%、75%可湿性粉剂，75%、80%水分散粒剂。

作用特点及应用：三环唑是由美国陶氏益农公司开发生产的一种具有较强内吸性的保护性杀菌剂，是世界上第一个被认识的黑色素合成抑制剂。三环唑用于防治稻瘟病，主要通过抑制孢子萌发和附着胞形成，从而有效地阻止病菌侵入和减少稻瘟病菌孢子的产生。能迅速被水稻根、茎、叶吸收，并输送到植株各部。抗冲刷力强，喷药1h后温雨不需补喷药，持效期长，药效稳定。防治叶瘟时应力求在发病初期施药。防治穗茎瘟时，第一次用药必须在抽穗前。如采用田间叶面喷药应在采收前25d停止施药。

（十二）甲氧基丙烯酸酯类杀菌剂

甲氧基丙烯酸酯类（strobilurins）杀菌剂的发现是受具有杀菌活性的天然化合物β-甲氧基丙烯酸衍生物的启发。1996年，先正达公司在农业上登记了嘧菌酯，巴斯夫股份公司开发了醚菌酯，它们用于防治禾谷类作物白粉病，在这之后世界上几乎所有比较大的农药公司都热心研究开发同类的新型杀菌剂品种，经过近20年的研究与应用，已成为一类重要的杀菌剂。

1. 嘧菌酯（azoxystrobin）

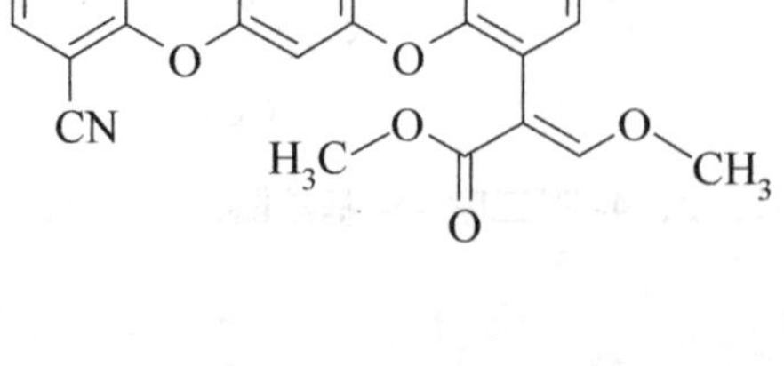

化学名称：（E）-2-{2-[6-（2-氰基苯氧基）嘧啶-4-基氧]苯基}-3-甲氧基丙烯酸甲酯。

理化性质：白色固体。熔点为116℃（原药为114～116℃），蒸气压为1.1×10^{-7}mPa（20℃），相对密度为1.34（20℃）。水中溶解度为6mg/L，pH5～7，室温下水解稳定。

毒性：急性经口LD_{50}，大鼠和小鼠>5000mg/kg。大鼠急性经皮LD_{50}>2000mg/kg，对兔的眼睛和皮肤有轻微刺激性。吸入毒性LC_{50}（4h）：雄大鼠为0.96mg/L，雌大鼠为0.69mg/L。

制剂：25%悬浮剂、50%水分散粒剂。

作用特点及应用：嘧菌酯是甲氧基丙烯酸酯类杀菌剂中第一个商品化的品种，由先正达公司开发，1996年实现商品化。嘧菌酯属于线粒体呼吸抑制剂，即通过在细胞色素b和c_1间电子转移抑制线粒体的呼吸。由于作用机制与其他类杀菌剂不同，因此适宜用作抗性治理的药剂，防治对甾醇抑制剂、苯基酰胺类、二羧酰胺类和苯并咪唑类产生抗性的菌株有效。嘧菌酯具有保护、治疗、铲除、渗透、内吸活性。可用于茎叶喷雾、种子处理；也可进行土壤处理。该药杀菌谱非常广，对几乎所有真菌纲病害，包括子囊菌纲、担子菌纲、卵菌纲和半知菌类病害如白粉病、锈病、颖枯病、网斑病、黑星病、霜霉病、稻瘟病等数十种病害均有很好的活性。

2. 醚菌酯（kresoxim-methyl）

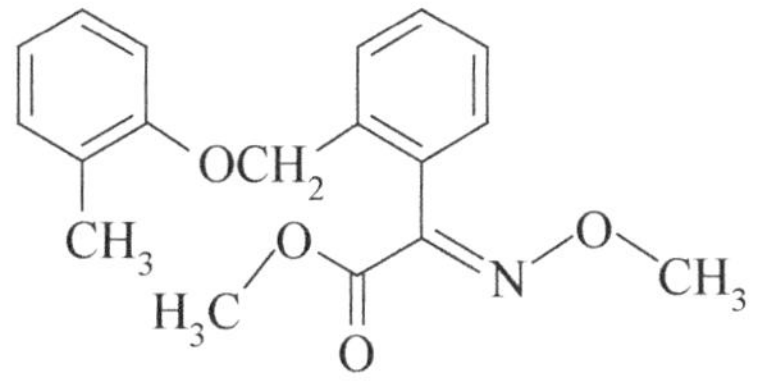

化学名称：（E）-2-甲氧亚氨基-[2-（邻甲基苯氧基甲基）苯基]乙酸甲酯。

理化性质：白色晶体，有芳香气味。熔点为101.6～102.5℃，蒸气压为2.3×10^{-3}mPa（20℃），密度为1.258kg/L（20℃）。溶解性：水中为2mg/L，正庚烷为1.72g/L，甲醇为14.9g/L，丙酮为217g/L，乙酸乙酯为123g/L，二氯甲烷为939g/L（均为20℃）。稳定性：水解半衰期DT_{50}为34d（pH7），7h（pH9）；pH5相对稳定。

毒性：急性经口LD_{50}，大鼠和小鼠>5000mg/kg。大鼠急性经皮LD_{50}>2000mg/kg，对兔的眼睛和皮肤有轻微刺激性。

制剂：30%、40%悬浮剂，30%、50%可湿性粉剂，50%、60%水分散粒剂。

作用特点及应用：醚菌酯是巴斯夫股份公司开发的甲氧基丙烯酸酯类杀菌剂，属线粒体呼吸抑制剂，通过在细胞色素b和c_1间电子转移抑制线粒体的呼吸。具有保护、治疗、铲除作用。对卵菌亚纲、子囊菌纲、担子菌纲和半知菌纲等致病真菌引起的大多数病害有效，如苹果和梨黑星病、白粉病、葡萄霜霉病、白粉病、马铃薯早疫病、晚疫病、稻瘟病等。一般在发病初期开始喷药，间隔7～14d，连喷3次。

3. 烯肟菌酯（enestrobur）

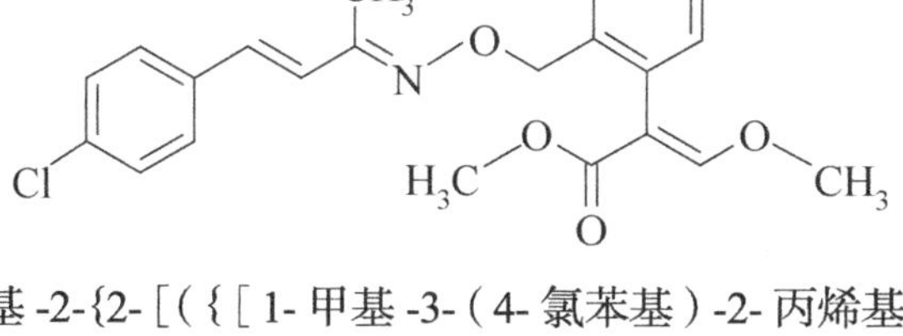

化学名称：3-甲氧基-2-{2-[（{[1-甲基-3-（4-氯苯基）-2-丙烯基叉]氨基}氧基）甲基]苯基}丙烯酸甲酯。

理化性质：白色晶体，原药为浅黄色油状物，不溶于水，易溶于丙酮、三氯甲烷、乙酸乙酯。

毒性：急性经口 LD_{50}，雄大鼠为926mg/kg，雌大鼠为749mg/kg。兔急性经皮 $LD_{50}>$ 2000mg/kg，对眼睛有轻微刺激作用，对皮肤无刺激作用。

制剂：90%原药、25%乳油。

作用特点及应用：烯肟菌酯是由沈阳化工研究院于1997年成功合成的，是国内开发的第一个甲氧基丙烯酸酯类杀菌剂，申请了美国、日本、欧洲专利。烯肟菌酯通过细胞色素 bc_1 复合体的 Q_0 部位的结合，抑制线粒体的电位传递，从而破坏病菌能量合成，起到杀菌作用。对由鞭毛菌、结合菌、子囊菌、担子菌及半知菌引起的黄瓜霜霉病、葡萄霜霉病、番茄晚疫病、小麦白粉病、马铃薯晚疫病及苹果斑点落叶病均有很好的防治作用，与苯基酰胺类杀菌剂无交互抗性。

4. 烯肟菌胺（fenaminstrobin）

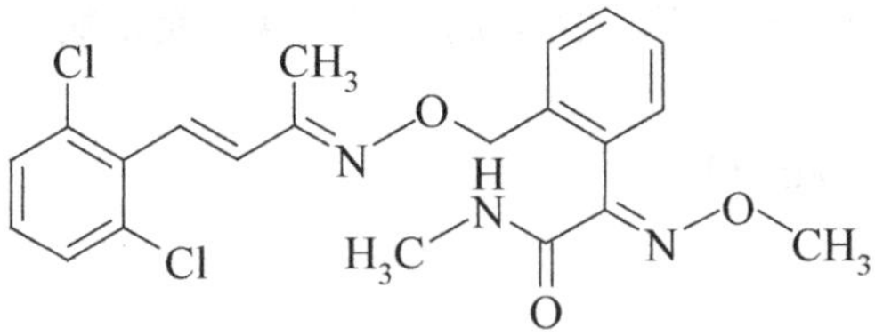

化学名称：N-甲基-2-{[({[1-甲基-3-(2′,6′-二氯苯基)-2-丙烯基]亚氨基}氧基)甲基]苯基}-2-甲氧基亚氨基乙酰胺。

毒性：大鼠急性经口 $LD_{50}>4640$mg/kg；大鼠急性经皮 $LD_{50}>2000$mg/kg。

制剂：5%乳油。

作用特点及应用：烯肟菌胺是沈阳化工学院（现沈阳化工大学）研制的具有自主知识产权的甲氧基丙烯酸酯类杀菌剂，具有保护和治疗作用，无内吸传导作用。与环境相容性好，低毒，无致癌、致畸作用。烯肟菌胺对由鞭毛菌、结合菌、子囊菌、担子菌及半知菌引起的黄瓜白粉病、黄瓜霜霉病、黄瓜灰霉病、黄瓜黑星病、葡萄霜霉病、水稻纹枯病、稻瘟病、水稻恶苗病、玉米小斑病、棉花黄萎病、油菜菌核病、番茄叶霉病、小麦赤霉病和根腐病、辣椒疫病、苹果树斑点落叶病等病害有很好的防治作用。

5. 肟菌酯（trifloxystrobin）

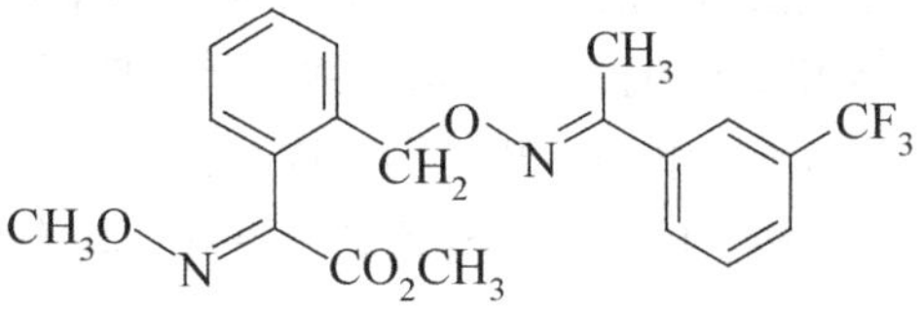

化学名称：(E)-甲氧基亚氨基-[(E)-α-({1-[3-(三氟甲基)苯基]亚乙基氨基}氧甲基)苯基]乙酸甲酯。

理化性质：白色固体。熔点为72.9℃，沸点为312℃（在285℃时开始分解），蒸气压为 3.4×10^{-3}mPa（25℃），相对密度为1.36（21℃）。水中溶解度为610μg/L（25℃），易溶于丙酮、二氯甲烷、乙酸乙酯。

毒性：大鼠急性经口 $LD_{50}>5000$mg/kg。大鼠急性经皮 $LD_{50}>2000$mg/kg。对皮肤和眼睛无刺激性（兔）。可能引起皮肤接触过敏。无致突变、致畸、致癌性，没有对生殖产生不利影响。

制剂：7.5%、12.5%乳油，25%、50%悬浮剂，50%水分散粒剂，45%可湿性粉剂；混剂如肟菌酯+戊唑醇、肟菌酯+丙环唑、肟菌酯+环唑醇等。

作用特点及应用：肟菌酯是由先正达公司研制的、德国拜耳公司开发的一类新的含氟甲氧基丙烯酸酯类杀菌剂，它是一种呼吸抑制剂，通过锁住细胞色素 b 与 c_1 之间的电子传递而阻止细胞 ATP 合成，从而抑制其线粒体呼吸而发挥抑菌作用。具有高效、广谱、保护、治疗、铲除、渗透、内吸活性、耐雨水冲刷、持效期长等特性。因其在土壤、水中可快速降解，故对环境安全。可有效防治由子囊菌类、半知菌类、担子菌类和卵菌纲等真菌引起的白粉病、锈病、叶斑病、颖枯病、网斑病和果树病害，可用于葡萄、苹果、小麦、花生、香蕉和多种蔬菜等作物。

6. 吡唑醚菌酯（pyraclostrobin）

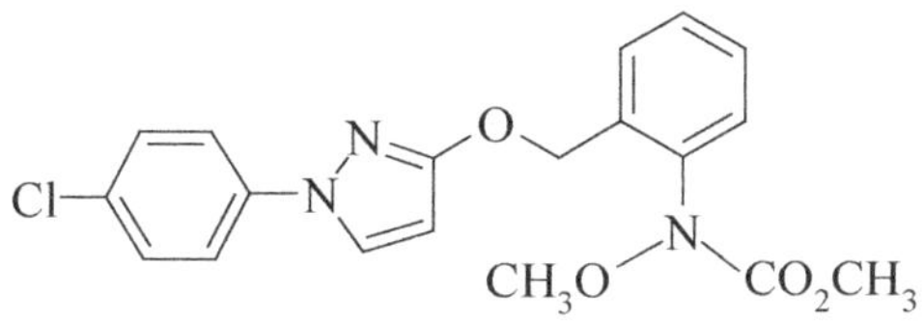

化学名称：N-（2-{［1-（4-氯苯基）吡唑-3-基］氧甲基}苯基）-N-甲氧基氨基甲酸甲酯。

理化性质：纯品外观为白色至浅米色无味结晶体。熔点为 63.7～65.2℃，蒸气压（20～25℃）为 2.6×10^{-8} Pa，20℃时 2 年稳定。

毒性：原药大鼠急性经口 $LD_{50}>5000mg/kg$。急性经皮 $LD_{50}>2000mg/kg$。Ames 试验中小鼠骨髓细胞微核试验、生殖细胞染色体畸变试验均为阴性。对蜜蜂、鸟、蚯蚓低毒，但对鱼类剧毒，不得污染水源。

制剂：25% 乳油。

作用特点及应用：吡唑嘧菌酯是由巴斯夫股份公司开发的甲氧基丙烯酸酯类杀菌剂，具有保护、治疗、传导和保健作用。由于具有高抗性风险，目前与氟环唑、啶酰菌胺等组成二元混剂，与氟唑菌酰胺、氟环唑组成三元混剂以延缓抗性的产生。能有效控制子囊菌纲、担子菌纲、半知菌纲、卵菌纲等大多数病害。对孢子萌发及叶内菌丝体的生长有很强的抑制作用，持效期长，耐雨水冲刷。

7. 氯啶菌酯（SYP-7017）

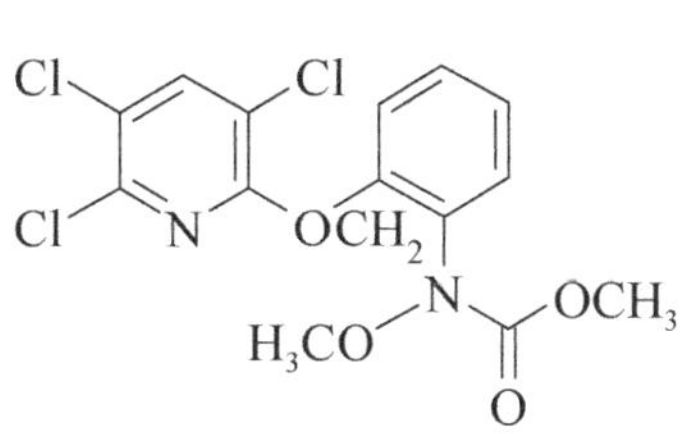

化学名称：N-甲氧基-N-（2-{［（3,5,6-三氯吡啶-2-基）氧］甲基}苯基）氨基甲酸甲酯。

理化性质：原药（>95%）为灰白色无味粉末，熔点为 94～96℃，酸度<0.04%（以硫酸计），密度为 $1.352g/cm^2$。该剂在碱性（pH9）并于高温（50℃）条件下易水解，在酸性条件下（pH5.7）不稳定。熔点为 268.4℃，不易燃，具有氧化性，但无腐蚀性。

毒性：大鼠急性经口 LD_{50}（雌、雄）为 5840mg/kg，大鼠急性经皮 LD_{50}（雌、雄）为 2150mg/kg。无三致作用。对斑马鱼 LC_{50}（96h）为 2.21mg/L，属高毒。对蜜蜂急性经口 LC_{50}（48h）为 2680.6mg/L，对蜜蜂急性接触（48h）$LD_{50}>100mg/$只。

制剂：15% 乳油、16% 氯啶菌酯+氟环唑悬浮剂。

作用特点及应用：是沈阳化工研究院研制开发的具有自主知识产权的甲氧基丙烯酸酯类杀

菌剂，此类杀菌剂主要作用于真菌的线粒体呼吸链中细胞色素 bc_1 复合物，阻止电子传递、破坏能量合成，从而抑制真菌生长，具有杀菌谱广、活性高、对非靶标生物和环境安全性高，持效期长，对应用作物高度安全等特点。对稻瘟病、稻曲病、水稻纹枯病、小麦根腐病、番茄灰霉病、油菜菌核病和荔枝霜霉病具有较高的抑菌活性。

(十三) 咪唑类

咪唑类化合物具有广泛的生物活性，1946 年美国联合碳化公司 (Union Carbide) 开发了第一个含咪唑基团的杀菌剂果绿定 (glyodin)，后来又成功开发了苯菌灵、抑霉唑、咪鲜胺、氟菌唑和咪唑菌酮等咪唑类杀菌剂。

1. 咪鲜胺 (prochloraz)

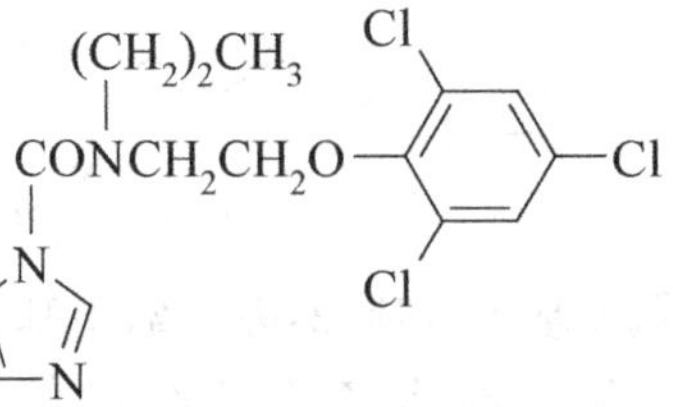

化学名称：N-丙基-N-[2-(2,4,6-三氯苯氧基) 乙基] 咪唑-1-甲酰胺。

理化性质：纯品为无色结晶固体。熔点为 46.3～50.3℃，蒸气压为 0.15mPa (25℃)、9.0×10^{-2} mPa (20℃)，相对密度为 1.42 (20℃)。水中溶解度为 34.4mg/L (25℃)，易溶于大多数有机溶剂。

毒性：急性经口 LD_{50}，大鼠为 1600～2400mg/kg，小鼠为 2400mg/kg。大鼠急性经皮 $LD_{50}>$ 2100mg/kg。对兔的皮肤无刺激性，对其眼睛有轻微刺激性。

制剂：20%、45% 微乳剂，10%、25%、45% 水乳剂，450g/L、250g/L、25%、45% 乳油，0.5% 悬浮种衣剂。

作用特点及应用：咪鲜胺是一种广谱杀菌剂，主要通过抑制甾醇的生物合成，使病原菌细胞壁受到干扰。主要用作水果防腐保鲜和种子处理，具有治疗和铲除作用。对链格孢属、葡萄孢属、核腔菌属、假尾孢属、埋核盘菌属、核盘菌属、喙孢属及壳针孢属真菌有效。可以防治水稻恶苗病、小麦赤霉病、大豆炭疽病、褐斑病、甜菜褐斑病、黄瓜炭疽病、白粉病、灰霉病、水稻稻瘟病、胡麻斑病、芒果炭疽病、柑橘青霉病、炭疽病和蒂腐病、香蕉炭疽病和冠腐病等病害。

2. 抑霉唑 (imazalil)

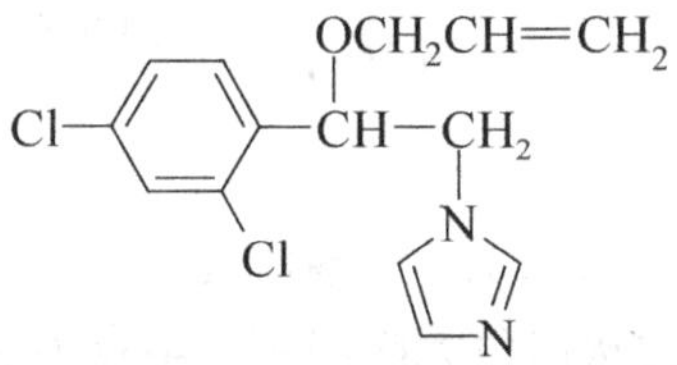

化学名称：(±)-1-(β-烯丙氧基-2,4-二氯苯乙基) 咪唑。

理化性质：抑霉唑为浅黄色结晶固体。熔点为 52.7℃，沸点 >340℃，密度为 1.348g/mL (26℃)。微溶于水，易溶于多数有机溶剂。在正常贮存条件下对光、热稳定。

毒性：急性经口 LD_{50}，大鼠为 277～343mg/kg，狗 >640mg/kg。大鼠急性经皮 LD_{50} 为 4200～4880mg/kg。对眼睛有强烈刺激性，对皮肤无刺激性。

制剂：5%、50% 乳油，5% 烟剂。

作用特点及应用：抑霉唑是一种内吸性杀菌剂，主要用于防治各种植物的白粉病，还可以防治柑橘、芒果、香蕉等水果储藏病害，尤其对青霉菌、胶孢炭疽菌、拟茎点霉和茎点霉效果突出，作为种衣剂，对镰刀菌引起的禾谷类作物病害表现优异。抑霉唑对抗多菌灵等苯并咪唑类杀菌剂的青霉菌菌系有高的防效。

（十四）吗啉类

吗啉是一类非常重要的杂环化合物，具有较好的生物活性，1968年德国巴斯夫公司首次开发了具有杀菌活性的十三吗啉（tridemorph），后来国外的一些农药公司又相继成功地开发了近10个含吗啉的杀菌剂。例如，巴斯夫开发用于玫瑰和黄瓜白粉病防治的杀菌剂十二吗啉（dodemorph），先正达公司开发的丁苯吗啉（fenpropimorph）、烯酰吗啉（dimethomorph）。

十三吗啉（tridemorph）

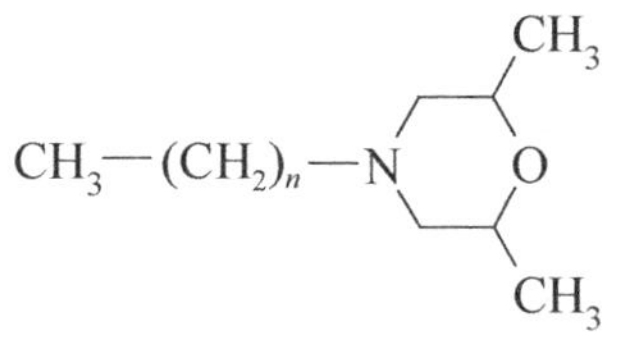

$n=10,11,12(60\%\sim70\%)$或13

化学名称：2,6-二甲基-4-十三烷基吗啉。

理化性质：黄色油状液体，有类似胺的臭味。水中溶解性为1.1mg/L，易溶于乙醇、丙酮、乙酸乙酯、环己烷、乙醚、苯、三氯甲烷和橄榄油。温度≤50℃稳定。

毒性：大鼠急性经口LD_{50}为480mg/kg。大鼠急性经皮$LD_{50}>4000$mg/kg，对兔的眼睛无刺激性，对皮肤有刺激性。

制剂：86%油剂、750g/L乳油。

作用特点及应用：十三吗啉是一种具有保护和治疗作用的广谱性内吸杀菌剂，主要抑制病菌的麦角甾醇的生物合成。药剂能被植物的根、茎、叶吸收，对担子菌、子囊菌和半知菌引起的多种植物病害有效，主要防治小麦、大麦、黄瓜、马铃薯、豌豆、香蕉、茶树、橡胶树等作物的白粉病、锈病。

（十五）嘧啶类

嘧啶类化合物因具有广泛的生物活性，如杀虫、杀螨、杀线虫、杀菌、除草、抗病毒等。1968年，英国卜内门公司开发了乙嘧酚（ethirimol），这是最早的该类商品化药剂，后来，国外的一些农药公司相继开发了含有嘧啶环的杀菌剂。

1. 嘧霉胺（pyrimethanil）

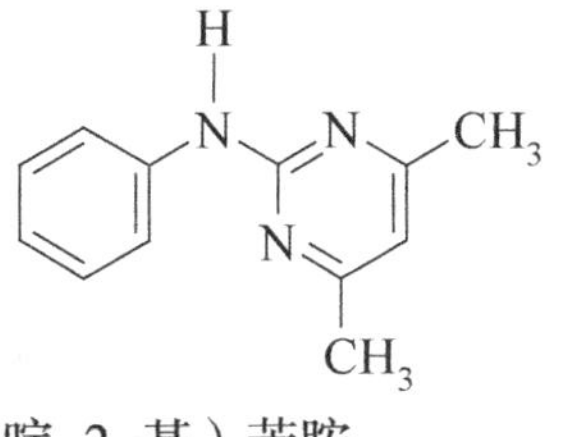

化学名称：N-（4,6-二甲基嘧啶-2-基）苯胺。

理化性质：无色晶体。熔点为96.3℃，蒸气压为2.2mPa（25℃），相对密度为1.15（20℃）。pH适当时在水中稳定，54℃可以保存14d。

毒性：低毒，大鼠急性经口LD_{50}为4150~5971mg/kg。

制剂：70%、80%水分散粒剂，40%悬浮剂，20%、25%可湿性粉剂。

作用特点及应用：嘧霉胺属苯氨基嘧啶类，通过抑制病菌浸染酶的产生从而阻止病菌的侵染并杀死病菌。由于其作用机制与其他杀菌剂不同，因此，嘧霉胺尤其对常用的非苯氨基嘧啶类杀菌剂已产生抗药性的灰霉病菌有效。嘧霉胺同时具有内吸传导和熏蒸作用，施药后迅速达到植株的花、幼果等喷雾无法达到的部位杀死病菌，药效更快、更稳定。

2. 氯苯嘧啶醇（fenarimol）

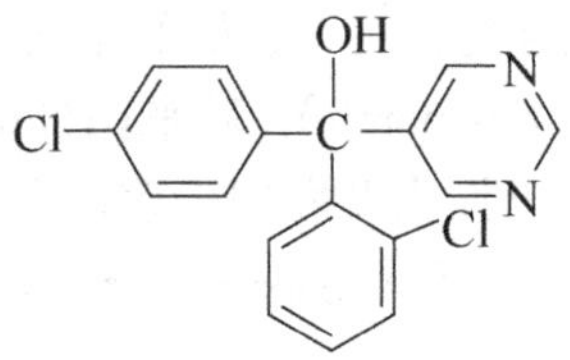

化学名称：（±）-2，4′-二氯-α-（嘧啶-5-基）-二苯甲基醇。

理化性质：为灰白色晶体。熔点为117～119℃，蒸气压为0.065mPa（25℃），易溶于大多数有机溶剂，但是微溶于正己烷。光照下迅速光解。

毒性：低毒。大鼠急性经口 LD_{50} 为 2500mg/kg，对兔的眼睛有轻微刺激性，对皮肤无刺激性。对蚯蚓无毒性。

作用特点及应用：氯苯嘧啶醇具有预防、治疗作用，广谱性杀菌剂，通过干扰病原菌甾醇及麦角甾醇的形成，从而影响正常生长发育。氯苯嘧啶醇不能抑制病原菌的萌发，但是能抑制病原菌菌丝的生长、发育，致使其不能浸染植物组织。氯苯嘧啶醇可以防治苹果白粉病、梨黑星病等多种病害。

3. 嘧菌环胺（cyprodinil）

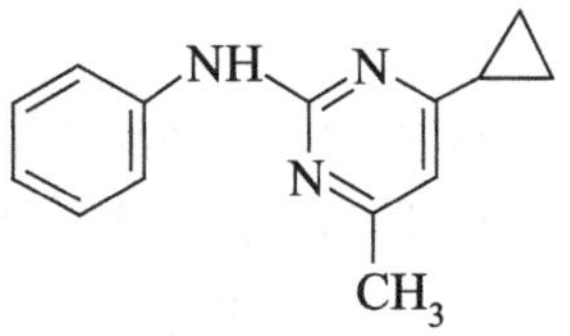

化学名称：4-环丙基-6-甲基-*N*-苯基嘧啶-2-胺。

理化性质：纯品为粉状固体，有轻微气味。熔点为75.9℃。相对密度为1.21（20℃）。不易溶于水。

毒性：低毒，大鼠急性经口 $LD_{50}>2000$mg/kg。

制剂：50%水分散粒剂。

作用特点及应用：嘧菌环胺具有保护、治疗、叶片穿透及根部内吸活性。抑制真菌水解酶分泌和甲硫氨酸的生物合成。叶面喷雾或种子处理，也可作大麦种衣剂用药。主要用于防治灰霉病、白粉病、黑星病、颖枯病及小麦眼纹病等。适宜作物有小麦、大麦、葡萄、草莓、果树、蔬菜、观赏植物等。对作物安全，无药害。常与丙环唑、咯菌腈混用。

（十六）抗生素类

农用抗生素是由微生物发酵过程中产生的次生代谢产物，在低浓度时可抑制或杀灭作物的病、虫、草害及调节作物生长发育。天然结构的抗生素有6500种以上，其中5000种以上是由微生物产生的。

1. 井冈霉素（validamycin）

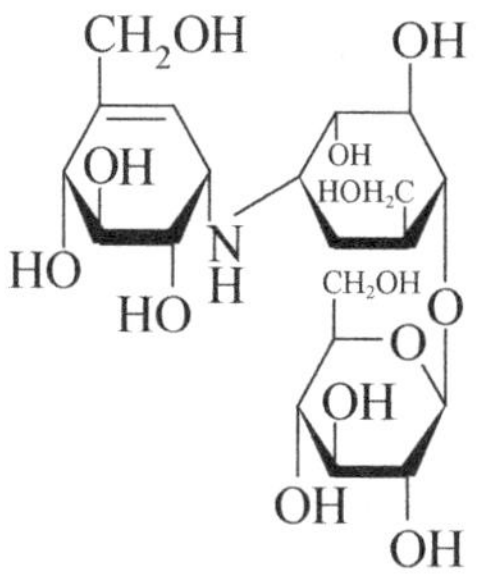

化学名称：N-[（1S）（1，4，6/5）-3-羟甲基-4，5，6-二羟基-2-环己烯基][O-β-D 吡喃葡萄糖基-（1→3）]-1S-（1，2，4/3，5）-2，3，4-三羟基-5-羟甲基-环己基胺。

理化性质：纯品为无色无味吸湿性粉末。熔点为125.9℃；蒸气压<2.6×10^{-3}mPa（25℃）。很快溶于水，溶于甲醇、二甲基甲酰胺、二甲基亚砜，微溶于乙醇和丙酮，难溶于乙醚和乙酸乙酯，室温下在中性和碱性介质中稳定，在酸性介质中不太稳定。

毒性：低毒。大鼠急性经口LD_{50}大于20 000mg/kg，大鼠急性经皮LD_{50}大于5000mg/kg。不刺激皮肤。对蜜蜂无毒。

制剂：3%、4%、5%、10%水剂，2%、3%、4%、5%、12%、15%、17%可溶性粉剂。

作用特点及应用：井冈霉素是我国上海市农药研究所研制开发的，是吸水链霉菌井冈不同变种产生的一种农用性抗生素，主要用于水稻、小麦等纹枯病的防治。该药具有保护作用、治疗作用和很强的内吸作用，当水稻纹枯病菌的菌丝接触到井冈霉素后，能很快被菌体细胞吸收并在菌体内传导，干扰和抑制菌体细胞正常生长发育，从而起到治疗作用。对环境生物安全。

2. 多抗霉素（polyoxin）

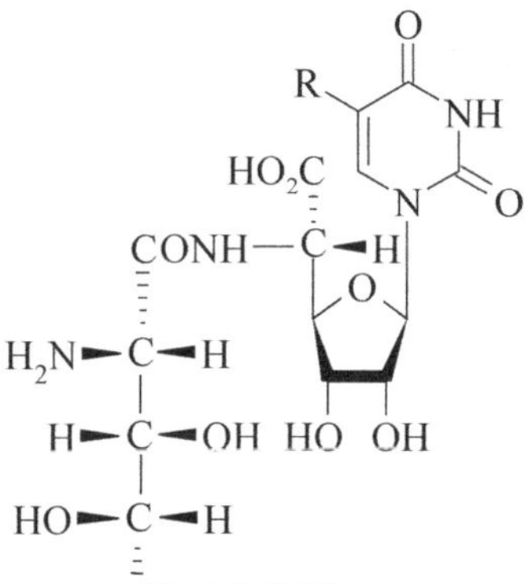

多抗霉素B: R＝CH_2OH
多抗霉素D: R＝CO_2H

化学名称：多抗霉素B为5-（2-氨基-5-O-氨基甲酰基-2-脱氧-L-木质酰胺基）-1，5-二脱氧-1-（1，2，3，4-四氢-5-羟基甲基-2，4-二氧代嘧啶-1-基）-β-D-别呋喃糖醛酸。多抗霉素D为5-（2-氨基-5-O-氨基甲酰基-2-脱氧-L-木质酰胺基）-1-（5-羧基-1,2,3,4-四氢-2,4-二氧代嘧啶-1-基）-β-D-别呋喃糖醛酸。

理化性质：本品是肽嘧啶核苷类抗生素，含有A～N 14种不同同系物的混合物。纯品为无定形结晶。熔点在160℃以上。多抗霉素B为浅褐色无定型粉末，相对密度为0.10～0.20，分解温度为149～153℃，pH2.5～4.5，水分含量小于3%。对紫外线稳定。在酸性和中性溶液中稳定，但在碱性溶液中不稳定。多抗霉素D为无色结晶，熔点>180℃（分解），难溶于有机溶剂，具有吸湿性，因此应存放在干燥的密闭容器中。

毒性：多抗霉素 B 大鼠急性经口 LD_{50} 为 21 000mg/kg，多抗霉素 D 大鼠急性经口 $LD_{50}>$ 9600mg/kg。对皮肤和眼睛无刺激作用，对水生生物和蜜蜂安全。

制剂：1.50%、3%、10% 可湿性粉剂，0.3%、1%、3% 水剂。

作用特点及应用：我国多抗霉素是金色链霉菌（*Streptomyces aureochromogenes*）产生的代谢物，属于核苷酸类化合物，具有较好的内吸性和传导作用，其作用机制是干扰病菌细胞壁几丁质的生物合成，芽管和菌丝接触药剂后，局部膨大、破裂，溢出细胞内含物而不能正常发育，导致死亡，还具有抑制病菌产孢和病斑扩大的作用，可广泛应用于防治黄瓜霜霉病、白粉病，人参黑斑病、苹果和梨的灰斑病及水稻纹枯病等许多种真菌性病。

3. 春雷霉素（kasugamycin）

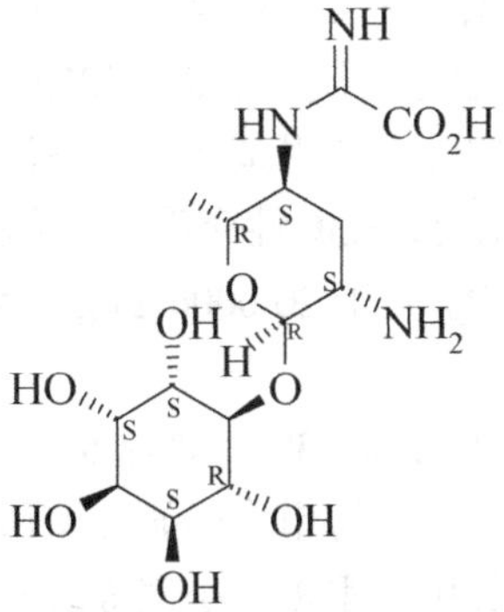

化学名称：1L-1，3，4/2，5，6-1-脱氧-2，3，4，5，6-五羟基环己基2-氨基-2，3，4，6-四脱氧-4-（α-亚胺基甘氨酸基）-α-D-阿拉伯糖己吡喃糖苷［5-氨基-2-甲基-6-（2，3，4，5，6-五羟基环己基氧）四氢吡喃-3-基］氨基-α-亚氨乙酸。

理化性质：其盐酸盐为白色结晶，熔点为 202~204℃（分解），蒸气压 $<1.3\times10^{-2}$ mPa（25℃），易溶于水，不溶于甲醇、乙醇、乙酸乙酯、三氯甲烷、苯及石油醚等溶剂，在室温下非常稳定。在弱酸中稳定，但强酸和碱中不稳定。

毒性：春雷霉素盐酸盐水合物雄大鼠急性经口 $LD_{50}>$ 5000mg/kg，兔急性经皮 $LD_{50}>$ 2000mg/kg。对兔的眼睛无刺激性。对皮肤没有致敏性。大鼠吸入毒性 LC_{50}（4h）$>$ 2.4mg/L。大鼠（2年）无作用剂量为 300mg/L（11.3mg/kg b.w.）。在试验剂量内对动物无致畸、致癌、致突变作用。对生殖无影响。

制剂：2%、4%、6% 可湿性粉剂，2% 水剂。

作用特点及应用：春雷霉素能够影响病菌蛋白质的合成，抑制菌丝伸长和造成细胞颗粒化，但对孢子萌发无影响，内吸性强。对水稻上的稻瘟病有优异防效，还可用于防治芹菜早疫病、番茄叶霉病、黄瓜细菌性角斑病等多种真菌、细菌性病害。

4. 武夷菌素（wuyiencin）

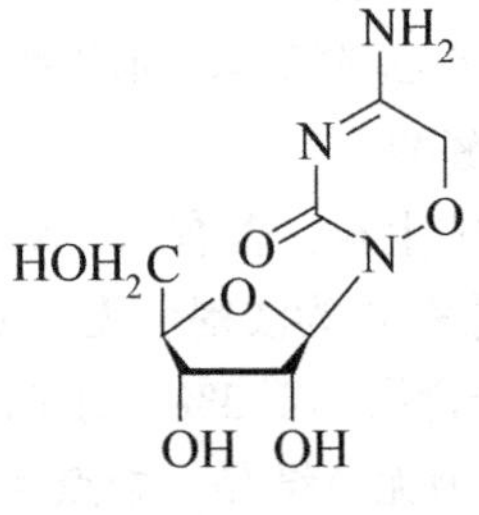

化学名称：武夷菌素。

理化性质：微黄色粉末，相对分子质量为443，熔点为265℃，极易溶于水，微溶于甲醇，不溶于丙酮、氯仿、吡啶等有机溶剂。

毒性：小鼠急性经口 LD_{50} 大于 10 000mg/kg，属于相对无毒；蓄积系数>5，无明显蓄积性。武夷菌素对大鼠最大无作用剂量为5g/kg，无致畸、致突变效应。

作用特点及应用：武夷菌素是一种高效、广谱、低毒的生物农药，是由中国农业科学院植物保护研究所研制成功的一种内吸性杀菌农用抗生素，产生菌系为1979年从福建省武夷山区采土分离出来的一株链霉菌。武夷菌素能抑制病原菌蛋白质的合成，并抑制病原菌菌体菌丝生长、孢子形成和萌发及影响菌体细胞膜的渗透性。武夷菌素能对植物进行抗性诱导，对各种作物上的白粉病、灰霉病、叶霉病、流胶病、白腐病、黑星病、霜霉病、疫病、枯萎病、疮痂病、煤污病均有很高的防效。

5. 嘧啶核苷类抗生素

名称：嘧啶核苷。

理化性质：纯品为白色粉末，熔点为165～167℃（分解）。溶解度：易溶于水，难溶于有机溶剂，室温条件下在中性和酸性介质中稳定，在碱性介质中不稳定。

毒性：小鼠急性静脉注射 LD_{50} 为 124.4mg/kg。

制剂：2%、4%、6% 水剂。

作用特点及应用：本品是一种高效、广谱生物杀菌剂，具有预防保护和内吸治疗双重功效，能在植物和果实表面上形成一层致密的高分子保护膜，对多种病原菌有强烈的抑制和阻碍作用，而且能通过枝干传导到达果实内部，直接阻碍病原蛋白质的合成，导致其死亡。主要用于防治瓜类、烟草、苹果、葡萄、小麦、水稻、玉米等作物的白粉病、炭疽病、枯萎病、纹枯病等病害。同时，对小麦锈病、柑橘疮痂病、苹果腐烂病也有效。

（十七）活体微生物杀菌剂

自20世纪80年代以来，微生物活体直接作为生物防治剂取得了极大的进展，被广泛研究的活体微生物有细菌、真菌和放线菌。

1. 木霉菌（*Trichoderma* spp.）

化学名称：木霉菌。

理化性质：木霉菌为半知菌类丛梗孢目丛梗孢科木霉属真菌孢子。真菌活孢子不少于1.5亿/g，淡黄色至黄褐色粉末，pH6～7。

毒性：大鼠急性经口 LD_{50} 大于 2150mg/kg，大鼠急性经皮 LD_{50} 大于 4640mg/kg。水生生物斑马鱼 LD_{50}>3200mg/kg。

制剂：300亿活孢子/g、25亿活孢子/g 母药，3亿活孢子/g、2亿活孢子/g、1亿活孢子/g 水分散粒剂。

作用特点及应用：木霉菌是新型生物杀菌剂。通过产生抗生素、营养竞争、微寄生、细胞壁分解酵素，以及诱导植物产生抗性等机制，对于多种植物病原菌具有拮抗作用，具有保护和治疗双重功效，杀菌谱广，特效期长，作用位点多，不产生抗药性，无残留毒性。可有效防治土传性真菌病害，在苗床使用木霉菌剂，可提高育苗与移植的成活率，保持秧苗健壮生长。也可用于防治灰霉病。对作物没有任何不良影响。

2. 腊质芽孢杆菌（*Bacillus cereus*）

理化性质：与假单孢菌形成的混合制剂外观为淡黄色或浅棕色乳液状，略有黏性，有特殊腥味。密度为 1.08g/cm³，pH6.5～8.4。45℃以下稳定。

毒性：急性经口 LD_{50} 为 175 亿/kg（小鼠，制剂 2 号），急性经皮 LD_{50} 为 36 亿/kg（小鼠，制剂 2 号）。

作用特点及应用：蜡质芽孢杆菌能通过体内的 SOD 酶，提高作物对病菌和逆境危害，引发体内产生氧的清除能力，调节作物细胞微生境，维护细胞正常的生理代谢和生化反应，提高抗逆性，加速生长，提高产量和品质。施药后 24h 内如遇大雨必须重施。对于发病较重的田块，可增大使用深度和增加使用次数。

3. 枯草芽孢杆菌（*Bacillus subtilis*）

理化性质：制剂外观为彩色（紫红、普蓝、金黄等），相对密度为 1.15～1.18，酸碱度为 5～8，悬浮率为 75%，无可燃性，无爆炸性，冷热稳定性合格，常温贮存能稳定 1 年。

毒性：大鼠暴露于 10^8cfu 无毒性、无致病性。兔急性经皮 LD_{50}＞2g/kg。吸入毒性：大鼠暴露于 10^8cfu 无毒。

制剂：10 000 亿活芽孢/g、2000 亿孢子/g、1000 亿活芽孢/g 母药，1000 亿芽孢/g、200 亿孢子/g、100 亿活芽孢/g、10 亿活芽孢/g 可湿性粉剂。

作用特点及应用：枯草芽孢杆菌是一类好氧内生芽孢的革兰氏阳性细菌。对人、畜无毒、无害，不污染环境，具有显著的抗菌活性和极强的抗逆能力。可以定殖至植物根际、体表或体内，同病原菌竞争植物周围的营养、分泌抗菌物质抑制病原菌生长，同时诱导植物防御系统抵御病原菌入侵，从而达到生防的目的。主要防治对象大部分为丝状真菌所引起的植物病害，如水稻纹枯病、番茄叶霉病和立枯病、棉花枯萎病等。

4. 多黏类芽孢杆菌（*Paenibacillus polymyza*）

理化性质：淡黄褐色细粒，相对密度为 0.42，有效成分可在水中溶解。

毒性：大鼠急性经口 LD_{50}＞5000mg/kg，大鼠急性经皮 LD_{50}＞2000mg/kg。

制剂：50 亿 cfu/g 原药、10 亿 cfu/g 可湿性粉剂、0.1 亿 cfu/g 细粒剂。

作用特点及应用：多黏类芽孢杆菌是一种产芽孢的革兰氏阳性细菌，是一种具有防病和促生作用的生防菌。多黏类芽孢杆菌能产生肽类、蛋白质类、核苷类、吡嗪类和酚类等多种抗菌物质，具有从土壤向植物根部移动定殖的能力，并能通过固氮和溶磷作用为宿主植物提供营养成分，促进植株生长，提高植物抗病原微生物的效果。通过灌根可有效防治植物细菌性和真菌性土传病害，同时可使植物叶部的细菌和真菌病害明显减少；通过喷施可有效防治植物叶部的细菌和真菌病害；对细菌性土传病害植物青枯病具有很好的防治效果。

（十八）间接作用杀菌剂

植物诱抗剂活化酯作用于寄主防卫系统，即采用化学方法来调节植物和病菌之间的相互反应，激发植物抗病的主导作用而使病害得到控制。除了活化酯外，烯丙异噻唑（probenazole）、异烟酸（3, 5-dichloro-4-picolinic acid）、氨基丁酸（dl-3-aminobutyric acid）、水杨酸（salicylic acid）等也能够诱导植物对病原微生物产生持久的抗性。

活化酯（acibenzolar-S-methyl）

化学名称：S-甲基苯并（1，2，3）噻二唑-7-硫代羧酸酯（BTH）。

理化性质：活化酯纯品为白色至米色粉状固体，有类似烧焦的气味；熔点为132.9℃，沸点为267℃。25℃时溶解度：水为7.7g/L，甲醇为4.2g/L，乙酸乙酯为25g/L，正己烷为1.3g/L，甲苯为36g/L，正辛醇为5.4g/L，丙酮为28g/L。

毒性：低毒。大鼠急性经口LD_{50}＞2000mg/kg，大鼠急性经皮LD_{50}＞2000mg/kg。

剂型：50%、63%可湿性粉剂。

活性：活化酯是诺华公司开发的苯并噻二唑羧酸酯类杀菌剂，它是植物抗病活化剂。几乎没有杀菌活性，可以模拟抗性品系中的一种天然信息素，激活植物自身的防卫反应即系统活化抗性，从而使植物对多种真菌和细菌产生自我保护作用，对靶标病菌无直接毒杀作用。在用药一段时间后，植物的防卫反应才能增强，因此应在发病初期施用。其可在水稻、小麦、蔬菜、香蕉、烟草等作物中作为保护剂使用，主要用于预防白粉病、锈病、霜霉病等。

三、防治细菌所致病害的杀菌剂

细菌引起的病害是一类重要的植物病害，每年都造成重大的减产和经济损失。据统计，全世界植物细菌病害种类为650～700种，我国已经记载的植物细菌性病害种类为150～200种，它们占全世界植物细菌性病害种类的1/4～1/3。黄单胞菌属（*Xanthomonas*）引起的水稻白叶枯病（*X. oryzae* pv. *oryzae*）、柑橘溃疡病（*X. campestris* pv. *citri*）是农业生产中十分严重的病害，是许多国家植物检疫性病害。

1. 农用链霉素（streptomycin）

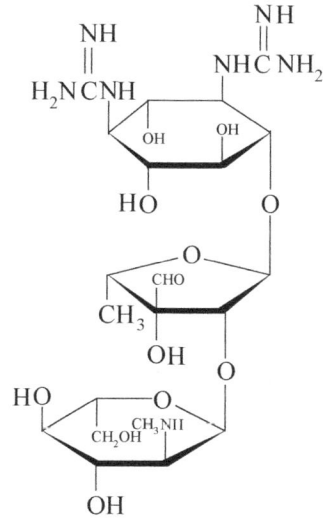

理化性质：为灰白色粉末。溶解度：水中＞20g/L（pH7，28℃）；乙醇为0.9g/L，甲醇＞20g/L，石油醚为0.02g/L。对光稳定，在浓酸碱下分解。

毒性：小鼠急性经口LD_{50}＞10 000mg/kg。急性经皮LD_{50}：雄性小鼠为400mg/kg，雌性小鼠为325mg/kg。可能会引起过敏性皮肤反应。

制剂：72%可溶粉剂。

作用特点及应用：农用链霉素为放线菌所产生的代谢产物，具有内吸作用，能渗透到植物体内，并传导到其他部位。对人、畜低毒，对鱼类及水生生物毒性也很小。杀菌谱广，特别是对多种细菌性病害效果较好，对真菌也有防治作用，可用于防治苹果、梨火疫病，烟草野火病、蓝霉病，白菜软腐病，番茄细菌性斑腐病、晚疫病，马铃薯种薯腐烂病、黑胫病，黄瓜角斑病、霜霉病，菜豆霜霉病、细菌性疫病、芹菜细菌性疫病、芝麻细菌性叶斑病。主要用于喷雾，也可作灌根和浸种消毒等。

2. 噻唑锌（zinc thiozole）

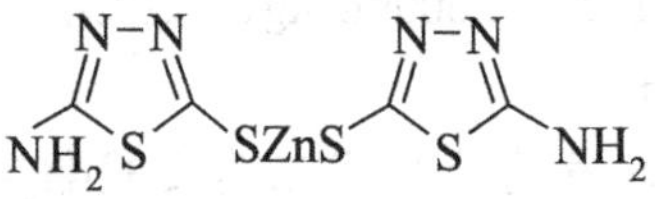

化学名称：双（2-氨基-1，3，4-噻二唑-5-硫醇）锌。

理化性质：灰白色粉末，熔点大于300℃，不溶于水和有机溶剂，在中性、弱碱性条件下稳定。

毒性：大鼠急性经口 $LD_{50}>5000mg/kg$（制剂），大鼠急性经皮 $LD_{50}>5000mg/kg$（制剂）。

制剂：20%悬浮剂。

作用特点及应用：高效低毒的噻唑类有机锌杀菌剂，杀菌谱广，对细菌性病害有特效，对真菌性病害也有效果。兼有保护和治疗、内吸作用。噻唑锌的结构由2个基团组成：一是噻唑基团，在植物体内是病原菌高效的治疗剂，药剂在植株的孔纹导管中，细菌受到严重损害，其细胞壁变薄继而瓦解，导致细菌的死亡。二是锌离子，具有既杀真菌又杀细菌的作用。在这两个基团的共同作用下，杀病菌更彻底，防治效果更好，防治对象更广泛。可用于防治大白菜软腐病、黑斑病、炭疽病、锈病、白粉病、缺锌老化叶、花生青枯病、叶斑病、水稻细菌性条斑病、白叶枯病、纹枯病、稻瘟病、黄瓜细菌性角斑病、溃疡病、霜霉病、番茄细菌性溃疡病、晚疫病、褐斑病、炭疽病。

3. 叶枯唑（bismerthiazol）

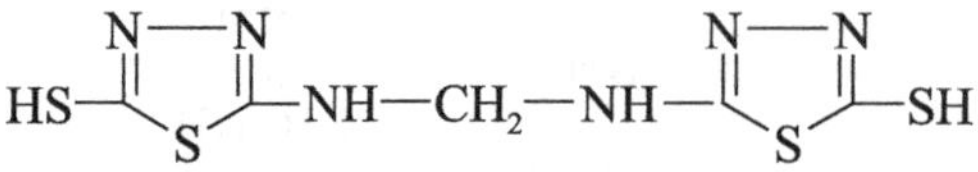

化学名称：N，N'-亚甲基-双（2-氨基-5-巯基-1，3，4-噻二唑）。

理化性质：白色或浅黄色粉末，熔点为189~191℃。微溶于水，易溶于有机溶剂如甲醇、吡啶等。无致癌、致畸、致突变作用。

毒性：急性经口 LD_{50}，大鼠为3160~8250mg/kg，小鼠为3180~6200mg/kg，大鼠（年）无作用剂量<0.25mg/kg。水生生物TLm（鲤鱼）为500mg/L。

制剂：20%可湿性粉剂。

作用特点及应用：叶枯唑内吸性强，具有预防和治疗作用，持效期长，药效稳定，对作物无药害。主要用于防治植物细菌性病害，如水稻白叶枯病、水稻细菌性条斑病、柑橘溃疡病。本剂最好用弥雾方式施药，不适宜作毒土使用。不可与碱性农药混用。于发病初期及齐穗期喷雾。

4. 烯丙苯噻唑（probenazole）

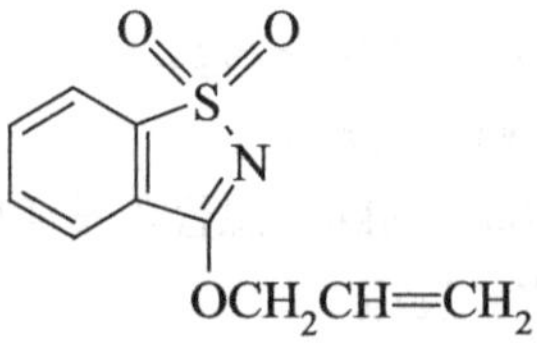

化学名称：3-烯丙氧基-1，2-苯并异噻唑-1，1-二氧化物。

理化性质：无色晶体。熔点为138~139℃。水中溶解度为150mg/L；易溶于丙酮、DMF和三氯甲烷，微溶于甲醇、乙醇、乙醚和苯；难溶于正己烷和石油醚。

毒性：急性经口 LD_{50}，大鼠为2030mg/kg，小鼠为2750~3000mg/kg。大鼠急性经皮 $LD_{50}>5000mg/kg$。大鼠慢性毒性试验，无作用剂量为110mg/kg，无致突变作用，600mg/kg喂食大鼠，无致畸作用。鲤鱼 LC_{50}（48h）为 6.3mg/L。

制剂：8% 颗粒剂。

作用特点及应用：烯丙苯噻唑是水杨酸免疫系统促进剂，药剂处理后能诱导植株产生抗菌物质，如 β-羟基-顺-9，反-11，顺-15-十八碳三烯亚麻酸和顺-9，反-12，顺15-十八碳三烯亚麻酸。处理水稻，促进根系的吸收，保护作物不受稻瘟病病菌和稻白叶枯病菌的侵染。可用于防治稻瘟病、水稻白叶枯病，也可用于防治黄瓜细菌性角斑病。

5. 二氯异氰尿酸钠（sodium dichloroisocyanurate）

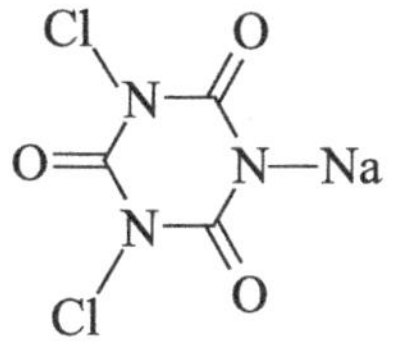

化学名称：二氯异氰尿酸钠。

理化性质：白色粉末。

毒性：对人毒性非常低。急性经口 LD_{50} 大于 12 270mg/kg（制剂小鼠）。

制剂：20%、40%、50% 可溶粉剂。

作用特点及应用：二氯异氰尿酸钠为白色粉末状或颗粒状的固体，是氧化性杀菌剂中杀菌最为广谱、高效、安全的消毒剂，也是氯代异氰尿酸类中的主导产品。可强力杀灭人、畜、禽等动物性病原细菌芽孢、细菌繁殖体、真菌等各种致病性微生物，对蔬菜、瓜类、果树、小麦、水稻、花生、棉花等田间作物的病原细菌、真菌、病毒均有极强的杀灭能力。对食用菌栽培过程中易发生的霉菌及多种病害有较强的消毒和杀菌能力。

6. 氯溴异氰尿酸（chloroisobromine cyanuric acid）

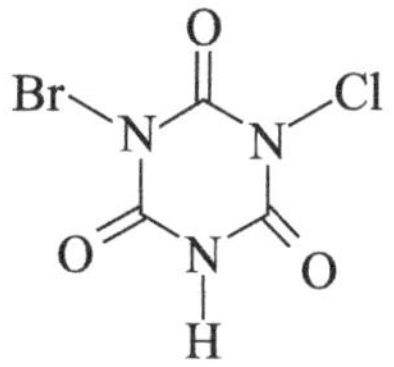

化学名称：氯溴异氰尿酸。

理化性质：原药外观为白色粉末，易溶于水。

毒性：大鼠急性经口 LD_{50} 为 750mg/kg，大鼠急性经皮 LD_{50} 为 750mg/kg。

制剂：50% 可溶粉剂。

作用特点及应用：氯溴异氰尿酸喷施在作物表面能慢慢地释放次溴酸（HOBr）和次氯酸（HOCl），有强烈的杀灭细菌、真菌的能力。喷施在作物上，通过内吸传导释放次溴酸后的母体形成三嗪二酮（DHT）和三嗪（ADHL），具有强烈的杀病毒作用。氯溴异氰尿酸不但有强烈的预防和杀灭细菌、真菌及病毒的能力，而且有促进作物营养生长等作用。

7. 噻菌铜（thiodiazole copper）

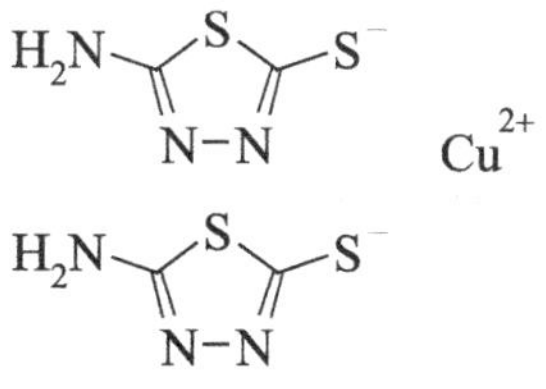

化学名称：2-氨基-5-巯基-1，3，4-噻二唑铜。

毒性：原药雄性大鼠急性经口 LD_{50} 大于 2150mg/kg；原药大鼠急性经皮 LD_{50} 大于 2000mg/kg；无致生殖细胞突变作用；Ames 试验，原药的致突变作用为阴性；在实验所使用剂量下，无致微核作用；亚慢性经口毒性的最大无作用剂量为 20.16mg/(kg·d)；原药对皮肤无刺激性，对眼睛有轻度刺激性。对人、畜、鱼、鸟、蜜蜂、青蛙、有益生物、天敌和农作物安全。

制剂：20% 悬浮剂。

作用特点及应用：噻菌铜的结构是由两个基团组成——噻唑基团和铜离子。噻唑基团在植物体内是高效的治疗剂，可以在植株的孔纹导管中，使细菌细胞壁严重损害，变薄，继而瓦解，导致细菌的死亡。铜离子具有既杀细菌又杀真菌的作用。两个基团共同作用，杀菌谱广，防治效果更好。主要防治植物细菌性病害，包括水稻细菌性条斑病、水稻白叶枯病、水稻基腐病、柑橘溃疡病、柚溃疡病、黄瓜细菌性角斑病、棉花角斑病、大蒜叶枯病、甜瓜角斑病、白菜软腐病、花生青枯病、烟草野火病、烟草青枯病、魔芋软腐病、生姜姜瘟病、辣椒青枯病、花卉苗木细菌性病害、桃树细菌性穿孔病等。

8. 中生菌素（zhongshengmycin）

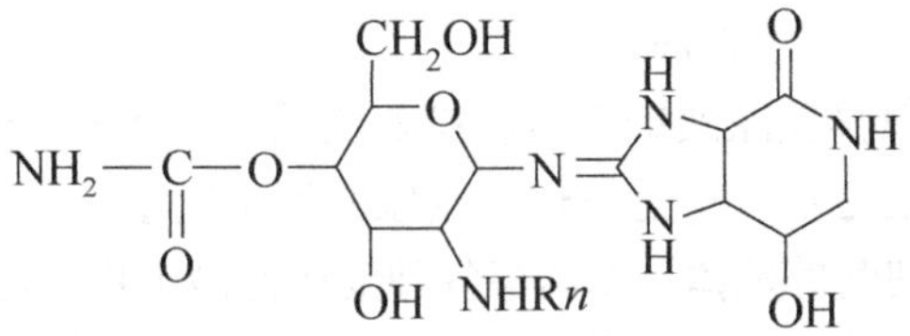

理化性质：产生菌为中国农业科学院生物防治研究所从海南的土壤中分离而得的浅灰色链霉菌海南变种（*S. lavendulae* var. *heanensis* n. var），纯品为白色粉末，原药为浅黄色粉末，易溶于水，微溶于乙醇。在酸性介质中，低温条件下稳定，熔点为 173～190℃，100% 溶于水。制剂为褐色液体，pH 为 4。

毒性：雄性小鼠急性经口 LD_{50} 为 316mg/kg，大鼠急性经皮 LD_{50} 为 2000mg/kg。

制剂：3% 可湿性粉剂。

作用特点及应用：中生菌素为 N- 糖苷类抗生素，是杀菌谱较广的保护性杀菌剂，具有触杀、渗透作用。能够抗革兰氏阳性、阴性细菌，酵母菌及丝状真菌。对农作物的细菌性病害及部分真菌性病害具有很高的活性，包括烟草青枯病、角斑病、野火病，大白菜软腐病，白菜黑腐病，黄瓜角斑病，水稻白叶枯病及小麦赤霉病等。

四、防治病毒所致病害的杀菌剂

植物病毒是专性寄生物，它在寄主活体外存活期一般比较短，它没有主动侵入的能力，因此在自然界需要借助一定的方式才能侵染植物。病毒性病害主要通过介体昆虫、机械损伤、种子和花粉、营养繁殖材料等途径传播。生产上还很难找到一种彻底而有效的病毒病的治疗方法，主要采取切断传播途径的方式阻止病毒病的传播，最常用的方法是通过防治蚜虫等刺吸式口器害虫防止病毒病的传播。以下将列举一些对防治病毒引起的植物病害具有一定效果的杀菌剂，以供生产中选择应用。

1. 盐酸吗啉胍（moroxydine hydrochloride）

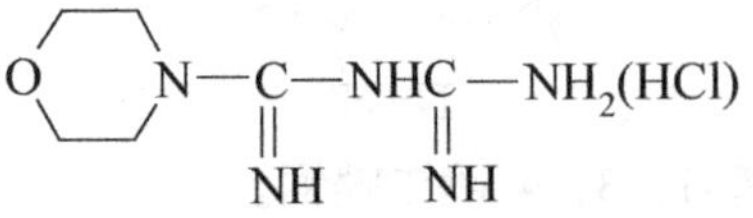

化学名称：盐酸吗啉胍。

理化性质：白色结晶状粉末，熔点为206～212℃，易溶于水。

毒性：急性经口 LD_{50} 大于5000mg/kg，急性经皮 LD_{50} 大于10 000mg/kg。对人体未见毒性反应。

制剂：80%水分散粒剂、20%悬浮剂、5%可溶粉剂、50%可溶片剂、20%可湿性粉剂。

作用特点及应用：一种广谱、低毒病毒防治剂。稀释后的药液喷施到植物叶面后，药剂可通过气孔进入植物体内，抑制或破坏核酸和脂蛋白的形成，阻止病毒的复制过程，起到防治病毒的作用。

2. 嘧肽霉素（cytosinpeptidemycin）

化学名称：胞嘧啶核苷肽。

理化性质：本品是由一种链霉菌新变种产生的嘧啶核苷肽类新型抗病毒农用抗生素，外观为稳定的褐色均相液体，无可见的悬浮物和沉淀物。熔点为195℃。对光、热、酸稳定，在碱性状态不稳定。

毒性：大鼠急性经口 LD_{50}＞10 000mg/kg（制剂），大鼠急性经皮 LD_{50}＞10 000mg/kg（制剂）。

制剂：30%母药、6%水剂。

作用特点及应用：嘧肽霉素对番茄病毒病、烟草花叶病毒病、辣椒病毒病、瓜类病毒病和玉米矮花叶病毒病等均有显著防效。

3. 宁南霉素（ningnanmycin）

化学名称：1-（4-肌氨酰胺-L-丝氨酰胺-4-脱氧-β-D-吡喃葡萄糖醛酰胺）胞嘧啶。

理化性质：其游离碱为白色粉末，熔点为195℃（分解），易溶于水，可溶于甲醇，难溶于丙酮、乙酯、苯等有机溶剂，pH3.0～5.0较为稳定，在碱性时易分解失去活性。制剂外观为褐色液体，带酯香，无臭味，沉淀＜2%，pH3.0～5.0。遇碱易分解。

毒性：大鼠急性经口 LD_{50} 大于5492mg/kg，大鼠急性经皮 LD_{50} 大于1000mg/kg。

制剂：8%、2%水剂，10%可溶粉剂。

作用特点及应用：从四川省宁南县土壤分离而得，为首次发现的胞嘧啶核苷肽型新抗生素，故将其发酵产物命名为宁南霉素。具有预防、治疗作用。对烟草花叶病毒病有良好的防治效果，另外对水稻立枯病、水稻条纹叶枯病、大豆根腐病、苹果斑点落叶病、黄瓜白粉病等真菌性病害也有防效，具有抗雨水冲刷的特点。

4. 菇类蛋白多糖

化学名称：主要成分是菌类多糖，其结构中含有葡萄糖、甘露糖、半乳糖、木糖，并挂有蛋白质片段。

理化性质：主要成分是菌类多糖，其结构是葡萄糖、甘露糖、半乳糖、木糖与蛋白质片段的复合体。原药为乳白色粉末，溶于水，制剂外观为深棕色，稍有沉淀，无异味，pH为4.5～5.5，常温贮存稳定，不宜与酸碱性药剂相混。

毒性：大鼠急性经口 LD_{50} 大于5000mg/kg，大鼠急性经皮 LD_{50} 大于5000mg/kg。

制剂：0.5%水剂。

作用特点及应用:蛋白多糖用作抗病毒剂在国内为首创。菇类蛋白多糖通过钝化病毒活性,有效地破坏植物病毒基因和病毒细胞,抑制病毒复制。为预防性抗病毒生物制剂,对由烟草花叶病毒(TMV)、黄瓜花叶病毒(CMV)等引起的病毒病害有显著的防治效果,宜在病毒病发生前施用,可使作物生育期内不感染病毒;且含丰富的蛋白多糖、氨基酸及微量元素等物质,并对植物生长发育有良好的促进作用;对病毒起抑制作用的主要组分是食用菌菌体代谢所产生的蛋白多糖,由于制剂内含丰富的氨基酸,因此施药后不仅抗病毒,还有明显的增产作用。对人、畜无毒,不污染环境,对植物安全。

5. 葡聚烯糖

理化性质:原药外观为白色粉末状固体,熔点为78~81℃,水中溶解度>100g/L,4℃时可储存2年以上,不可与强酸、碱类的物质混合。

毒性:原药大鼠急性经口 LD_{50}>4640mg/kg,大鼠急性经皮 LD_{50}>4640mg/kg。

制剂:0.5%可溶粉剂。

作用特点及应用:葡聚烯糖是一种在寄主病原互作过程中来自病原菌的可诱导植物抗病性的激发子,是一种新型生物诱抗性杀病毒剂。可以诱导植物产生能杀灭病原菌的物质,减少多种作物病害的发生;还可作为生长调节因子有效促进植物生长、分枝、开花、结果等各项代谢活动,提高作物产量。可以抑制花叶病毒等多种病害的早期定殖、增殖和扩展,有效钝化病毒,对多种病毒引起的病害有很好的防治效果;同时还能促进光合作用,增加糖分和维生素的累积,提高作物自身免疫力和防卫反应。增强作物的抗逆性,有效促进作物生长、分枝、开花、结果等。可以抑制花叶病毒等多种病害的早期定殖、增殖和扩展,还能钝化作物体外的病毒原,抑制病毒的长距离扩展。

课外链接 8-2

不同种类的传统多作用位点杀菌剂与现代选择性杀菌剂有什么区别?

第三节 科学使用杀菌剂

一、施药时间的确定

杀菌剂在不同时间施用对靶标敏感性差异较大,不同的药剂选择最佳施药适期可以起到事半功倍的效果。保护性杀菌剂一般在病菌侵染作物之前,先在作物表面上施药,防止病菌入侵,起到保护作用。福美双和代森系列属于保护性杀菌剂,主要对藻菌纲植物病原真菌如黄瓜霜霉病菌、番茄晚疫病菌等比较敏感,要求在病原菌侵染前使用,且要求对被保护作物全覆盖喷雾;三环唑是黑色素生物合成抑制剂,是典型的保护性杀菌剂,因此,用三环唑防治水稻稻瘟病,必须在病原菌入侵前施药才能取得良好的防效。而病菌侵入作物后或作物发病后,施用的内吸性杀菌剂能渗入作物体内或被作物吸收并在体内传导,对病菌直接产生作用或影响植物代谢,杀灭或抑制病菌的致病过程,清除病害或减轻病害。从一天的时间段来看,中午温度较高,容易造成药剂挥发和分解,而农作物体表气孔向外张开,呼吸较为旺盛,水分蒸发迅速。此时间段施药,药液中的粉末或是酸碱成分,在施入农作物的叶茎气孔,提高农作物的供水负担,损害农作物的生理机能及组织结构,致使农作物的幼嫩部分出现萎蔫或是在叶片出现烧斑。同时也增加了施药人员中暑和中毒的风险。而傍晚清晨气温适宜,有利于药剂的附着,效果较理想。尤其室外使用烟雾剂于清晨或傍晚使用,利用逆增温的条件,使烟雾接近地面,可以显著提高防效。在作物收获前施药,要根据药剂的性质,合理安排安全间隔期,避免造成农药残留对人体的影响。作物收获后进行土壤消毒,尤其防治根结线虫时效果较好,因为此时线虫大多处于表土层,可取得良好的防治效果。此外,此时用药与下茬作物种植间隔时间较长,还可以降低药害的风险。

二、施药方法的选择

农药施用方法(pesticide application method)就是把农药施用到目标物上所采用的各种施药技术措施。当今人们越来越注意经济效益和安全性,使用杀菌剂时要考虑的问题也变得越来越复杂。具体来说要注意掌握以下几个方面:①熟知靶标病原生物和非靶标生物的生物学特性、发生和发展特点。②了解施用杀菌剂的理化性质、生物活性、作用方式、杀菌谱等特点。③掌握杀菌剂剂型及制剂特点,以确定施药方法。④了解施药地的自然环境条件,尤其是小气候条件。⑤对施药机械工作原理应有所了解,以利于操作和提高施药质量;并需理解当杀菌剂喷洒出去后它的运动行为,达到靶标后的演变与自然环境条件的关系等。

(一)种子处理

许多植物病害是由种子(包括苗木、块根、鳞茎、插条及其他繁殖材料)携带传播,种传病害及种苗早期病害对作物生产造成了严重危害。种子处理旨在用非化学或化学方法杀死种子传播的病菌,保护种子,使其能正常萌芽,也可用以防止土传性病菌的侵入。特别是针对以种子带菌为唯一侵染来源的系统性病害,如禾谷类作物的种传病害条纹病、黑穗病、水稻恶苗病、干尖线虫病等。而对于以种子和其他途径传播的植物病害,种子处理同样可以达到有效减少初侵染来源,推迟发病和降低病害流行程度的目的。目前,登记的用于种子处理的剂型有干拌种剂(拌种用粉剂,DS)、干种衣剂(拌种用的水分散粉剂,WS)、浓可溶剂(拌种用的溶液,LS)、可流动剂(拌种用的胶悬剂,FS)、种衣剂(用种子包衣的固定剂型,CS)。种子处理的方法主要包括浸种、拌种、种衣法等几类。

1. 浸种法 浸种法是将种子浸渍在一定浓度的杀菌剂中一定时间,使之吸收药液,然后沥出种子晾干随即播种,从而消灭种子表面和内部所带病原菌或害虫的方法,所用介质多为水。目前用浸种法处理种子逐渐减少,主要针对苗木、块茎、块根的处理应用,另外也比较适宜对水稻种子的处理。

2. 拌种法 拌种法就是将一定数量和规格的拌种药剂与种子按照比例进行混合,使每粒种子上都均匀覆盖一层药剂,形成药剂保护层的种子处理方法。拌种处理又可以分为干拌和湿拌。

干拌处理是将高浓度粉状药剂附着在种子表面,药剂必须为粉状的,随种子播入土壤中,待种子在土壤中吸水后才发挥药效。使用干燥的药剂和种子有利于所有的种子表面均匀黏附上药粉。

湿拌处理是将种子用水浸湿,然后粘上药粉,或一定量的药剂,加少量水后喷于种子上,以保证均匀,并可堆闷一段时间,以便使药剂被种子充分吸收后播种,提高种子的处理效果。与浸种法不同,湿拌后种子不必马上播种,可以晾干后贮存一段时间再进行播种。

3. 闷种法 闷种法是将一定量的药液喷洒在播种前的种子上混拌均匀,待种子吸收药液后堆在一起并加盖覆盖物,堆闷一定时间,在闷种过程中隔一段时间要翻动,来防止病虫为害的种子处理方法。闷种法适于挥发性强的药剂,有气体熏种的作用,实际上是介于浸种法与拌种法之间的一种种子处理方法,兼有两者的优点。

4. 种衣法 种衣法是以种子为载体,以包衣设备为手段,将含有杀菌剂有效成分的种衣剂（通常为胶悬液）按一定比例均匀有效地包敷到种子表面的加工处理技术。经过处理的种子在其表面包上一层药膜，种衣剂中含有黏结剂使药剂不易从种子表面脱落，播种后药剂慢慢溶解，可逐渐进入植物体内，使其能维持较长时间的防病作用，有的具有内吸作用的药剂可以运转到地上部防治气流传播的病害。种子包衣过程要有特殊的机械，大量的高分子聚合物被包被在种子表面后要随即干燥，保证种子水分没有变化。

（二）土壤处理

土壤是许多病原菌栖居的场所，是许多病害初次侵染的来源。近年来，随着农业种植结构的调整，经济作物种植集约化、专业化程度日益提高，加之种植生产中条件较封闭和高密度的重茬复种，有利于土传病原菌在土壤中积累，造成立枯病、猝倒病、枯萎病、黄萎病、根腐病等土传病害发生日益严重，给农业生产带来了重大的经济损失，严重制约了高效农业的发展。而土壤处理显然是防治这些病害的重要方法，常用的土壤处理技术有物理处理、生物处理和化学处理三大类。其中化学处理是最稳定、最能保证效果的方式。

1. 浇灌法 将药剂用清水稀释成一定浓度，用喷雾器喷淋于土壤表层，或直接灌溉到土壤中，使药液渗入土壤深层，杀死土中病菌。适用于果树、瓜类、茄果类作物的灌溉和各种作物苗床消毒，防治苗期猝倒病、根腐病或土表感染的病害，宜采用较少量的高限浓度的药液，以便于施药后继续浇水的栽培管理。

2. 沟施法 杀菌剂于垄沟中，适于用耕犁施用，即药剂施于第一犁的沟底，继而盖以第二犁翻上的土壤。土壤应不黏重、易碎，翻盖的土壤能均匀平整，过于黏重不易碎的土壤使用此法效果较差。易挥发的药剂采用此法效果更好。

3. 撒布法 把药剂尽可能均匀地撒布于土表（也可结合施肥进行），随即翻入土层与土壤拌和，此法也可用于挥发性低的药剂。

4. 注射法 利用土壤注射器每隔一定距离注入一定量的药液，一般来说每平方米25个孔，孔深15～20cm。药剂浓度可根据药剂种类、土壤湿度和病菌种类而定。常用的有手动和机动两种注药装置。手动注射是利用活塞的工作原理，将贮液桶中药剂通过人工冲压手动压杆，在活塞的作用下，药液通过活塞筒、喷口阀喷射到土壤中。这种注药方法操作简单，但功效较低，适用于小面积的施药。注入的药量可以通过注入量调节阀进行调节，注入的深度可通过深度定位盘的位置调节。一种旋转铲式施药机械在荷兰得到商业化的应用，该设备可将药剂施于10～15cm土中，然后用旋转铲可将药剂与土壤充分混合至25～30cm的土壤中，然后将土壤进行镇压，减少药剂的散发，该技术可不用覆盖塑料布。

5. 地下输液法 这种方法适合于温室等具有滴灌条件的场所，将药剂注入滴灌管道中，通过滴灌的方式随水一起注入土壤中。然后用塑料膜覆盖，防止药剂挥发。这种方法便于操作，对人安全。

6. 胶囊熏蒸法 胶囊熏蒸法是中国发展的一种使用技术。用打孔的方法将胶囊均匀施于土壤中，胶囊外壳明胶在土壤中会慢慢破裂，胶囊中的药剂在土壤中开始释放。

（三）叶面喷雾法

叶面喷雾法是利用喷雾机具将液态农药或其稀释液雾化并分散到空气中，形成液气分散体系的施药方法，是目前病害防治中使用频率最高和最有效的施药技术，主要用来防治作物生长期气传病害。供喷雾使用的农药剂型较多，如乳油、可湿性粉剂、悬浮剂、水剂、水分散粒剂及可溶性粉剂等，一般均需加水调配成稀释液后用喷雾器械进行喷洒。在我国，喷雾法又通常分为常量喷雾、低容量喷雾和超低容量喷雾3种。

1. 常量喷雾 常量喷雾又称高容量喷雾，施药液量一般为450～1500L/hm²，雾滴直径为150～1200gm，常用压力为0.3～0.4MPa，是我国使用最为普遍的施药方法，利用机动远射程喷雾机对水稻、麦、棉等大面积农作物和高大果树林木进行病害防治时，经常采用常量喷雾。其采用液力雾化法，具有目标性强、穿透性好、农药覆盖度好、受环境因素影响小等优点。但单位面积上施药量多，用水量大，农药利用率低，环境污染较大。

2. 低容量喷雾 采用高速气流把药液雾化成雾滴进行喷雾，称为弥雾喷雾，雾滴直径为100～1200gm，施药液量一般为15～150L/hm²。将常量喷雾器喷片的孔径缩小为0.7mm以下，就可以进行低容量喷雾。当然也可利用高速气流把药液吹散成雾的方法。低容量喷雾时可利用风力把雾滴分散、飘移、穿透、沉积在靶标上，采用双流体雾化技术，也可以实施低容量喷雾作业。由于是小孔径喷片，配药液时必须进行过滤，以防喷孔堵塞。低容量喷雾相比高容量喷雾可以提高农药的利用率，减少污染。

3. 超低容量喷雾 超低容量喷雾是以极少的喷雾量、极细小的雾滴进行喷雾的方法，雾滴直径为70gm左右，施药液量一般不超过7.5L/hm²。在20世纪70年代引入我国，具有处理速度快、用药量少、工作效率高、穿透力强等优点。其缺点是受风力、风向和上升气流等气象因素影响大，喷施技术要求较高。由于用水量很少，适合于无人机喷施。超低容量喷雾与常量喷雾的差别在于超低容量喷雾是将农药原药溶解在油溶液中，这种油溶液通过使用超低容量喷雾器就会喷出极小的雾滴，其雾滴直径为15～120μm，能均匀沉降于树木、植物表面。

（四）其他施药方法

生产中还可以根据药剂的性质和作物的类型及环境的特点采取其他施药方法。例如，在温室、大棚、仓库、森林及果园等进行病害防治时，可以采用能燃烧发烟的杀菌剂和粉剂，由于施药不需要水，不仅可以降低小环境湿度，为病原菌生长创造不利条件，还可以节约劳动力，而且工效高，农药覆盖好，渗透力强。防治果树、园林树木病害时，可以采用内吸性杀菌剂对树干进行吊水输液的方法。对于果品蔬菜储藏期间的病害，在储藏或运输前常用低毒的药剂浸蘸处理。

三、杀菌剂抗药性的监测

本来对农药敏感的野生型植物病原物个体或群体，由于遗传变异而对药剂出现敏感性下降的现象称为植物病原物抗药性，造成病原物抗药性的机制包括遗传机制和生化机制。植物病原物抗药性是农药使用中遇到的最重要的问题之一，长期使用单一药剂防治，在药剂的选择压力下，病原菌容易形成抗药性群体。目前已发现植物病原真菌、细菌和线虫产生了抗药性，已成为农业生产和农药工业面临的严峻问题。

病原物抗药性监测是指测定自然界病原物群体对使用药剂敏感性的变化。可以通过在各地定点连年系统测定和对有抗药性风险的地方临时采集标本进行测定。联合国粮食及农业组织（FAO）和杀菌剂抗性行动委员会（FRAC）根据不同类型杀菌剂的作用方式、理化性状、病原菌生物学特性及其寄主差异，提出了杀菌剂抗药性测量和鉴别通则，并推荐了数种"药剂-病原物"特定组合抗药性监测的标准方法。其中，最常用的监测方法是测定病原物生长量与药剂的效应关系，如菌落直径法、干重法、浊度法等。还可以采用临界剂量或鉴别剂量来检测和测量抗药性广度，如孢子萌发法。对于测定专性寄生菌抗药性，通常采用活体测定法。随着分子生物学和生物化学的发展，最近人们探索出新的方法来进行病原物抗药性监测，如有人使用

DNA 探针杂交和 PCR 指纹图谱来进行病原物抗药性监测。

课外链接 8-3

1. 无人机施药技术在当代农业发展中的作用。
2. 结合我国农业发展情况，谈谈如何科学使用杀菌剂。

第四节 常见农业病害的化学防治实例

一、杀菌剂对葡萄霜霉病田间药效试验

（一）目的要求

通过实验掌握葡萄霜霉病化学防治实验方法（包括试区排列设计、病害调查、药效检查、实验结果的数理统计）；并比较不同杀菌剂防治该病的优缺点。要求写出完整的实验报告，对各种供试药剂作出评价，并对结果进行分析与讨论。

（二）实验材料

1. 实验对象 实验对象为霜霉病，实验作物为葡萄。选用感病品种，记录品种名称。

2. 环境条件 田间试验应选择历年葡萄霜霉病发生严重的地块进行，所有实验小区的栽培条件应该一致，包括土壤类型、栽培条件、行间距、施肥情况等。

3. 实验药剂 选用一种新品种杀菌剂作供试药剂，注明药剂通用名称、商品名称、剂型含量等信息。选一种在生产实践上防治霜霉病效果较好的已经登记注册的药剂作为对照药剂，对照药剂的类型和作用方式应同实验药剂相近，并使用当地常用剂量。

（三）实验步骤

1. 小区安排 实验药剂、对照药剂、空白对照的小区处理采取随机排列，可采用棋盘随机排列法，也可以根据具体情况采用拉丁方法、对比法等。每个小区露地 8～15 株，棚室 6～10 株，不少于 4 次重复。

2. 用药量 计算每个实验小区面积，按照药剂说明准确计算出每个实验小区所需药量。

3. 施药时期 由于采用自然发病的生产田进行实验，第一次喷药时间应在叶片或果穗始见发病时进行，以后视病害发展情况和药剂的持效期决定药剂的施药时间和次数，记录施药时间、施药次数和葡萄生育期。

4. 调查项目 每小区随机调查 10 个当年抽生新蔓，自上而下调查全部叶片，按下列分级方法计算各级病叶数和总叶数。

叶片分级方法：

0 级，无病斑；

1 级，病斑面积占整个叶面积的 5% 以下；

3 级，病斑面积占整个叶面积的 6%～25%；

5 级，病斑面积占整个叶面积的 26%～50%；

7 级，病斑面积占整个叶面积的 51%～75%；

9 级，病斑面积占整个叶面积的 75% 以上。

通常施药前调查病情基数，下次施药前及末次施药后 7～14d 调查防治效果，或视病害发展

情况和药剂持效期决定调查时间和次数,记录施药次数、每次施药日期和作物生育期。

(四)结果调查与统计分析

1. 药效计量方法

$$病情指数(\%) = \frac{\sum(各级病叶数 \times 相应病级数)}{调查总叶数 \times 9} \times 100 \quad (8\text{-}1)$$

$$防治效果(\%) = \left(1 - \frac{空白对照区药前病情指数 \times 处理区药后病情指数}{空白对照区药后病情指数 \times 处理区药前病情指数}\right) \times 100 \quad (8\text{-}2)$$

2. 观察对作物的影响 观察作物是否有药害产生,有药害时要记录药害发生的症状和程度,同时记录对葡萄是否存在有益的影响,如促进成熟、刺激生长等。

3. 结果分析 实验所得的结果应用生物统计方法进行分析(采用 DMRT 法),对实验结果(表 8-1)加以分析,写出实验报告。

表 8-1 杀菌剂对葡萄霜霉病田间药效试验结果记录表

药剂	浓度	药前病情指数 /%	施药后 7d		施药后 14d	
			平均病情指数 /%	平均防效 /%	平均病情指数 /%	平均防效 /%

(五)思考题

1)做葡萄霜霉病田间药效试验时,需要注意什么问题?
2)在调查结果时,你有没有发现什么问题?应如何处理?
3)如何分析实验结果?

(六)作业

完成实验报告,包括实验目的、实验原理、实验材料与用具、实验内容、结果处理、实验结果、分析与讨论。

(七)教学组织形式与实施

以每个教学班为单位,采用演示和实验法等教学方法,在农药实验室进行,每 5 个人一组,边讲解边操作。

(八)考核评价

预习实验,占 10%,满分 10 分;
课堂提问,占 10%,满分 10 分;
实验操作,占 40%,满分 40 分;
撰写实验报告及数据分析的规范性,占 40%,满分 40 分。

二、杀菌剂对马铃薯晚疫病田间药效试验

(一)目的要求

通过实验掌握马铃薯晚疫病田间药效试验方法,能够比较不同杀菌剂防治该病的效果差异。能够独立写出完整的实验报告,对各种供试药剂作出科学评价,并对结果进行分析与讨论。

（二）实验材料

1. 实验对象　实验对象为晚疫病，实验作物为马铃薯。选用感病品种，记录品种名称。

2. 环境条件　田间试验应选择历年马铃薯晚疫病发生严重的地块进行，所有实验小区的栽培条件应该一致，包括土壤类型、栽培条件、行间距、施肥情况等。整个小区最好种植大小一致的薯块或薯苗。

3. 实验药剂　选用3种以上新品种杀菌剂作供试药剂，并注明药剂相关信息，包括通用名称、商品名称、剂型、含量、厂家等信息。选一种在生产实践上防治马铃薯晚疫病效果较好的并已经登记注册的药剂作为对照药剂，对照药剂的类型和作用方式应同实验药剂相近，并使用当地常用剂量。

（三）实验步骤

1. 小区安排　实验药剂、对照药剂、空白对照的小区处理采取随机排列，可采用棋盘随机排列法，也可以根据具体情况采用拉丁方法、对比法等。每个小区 15~50 m^2，不少于4次重复。

2. 用药量　计算每个实验小区面积，按照药剂说明准确计算出每个实验小区所需药量。

3. 施药　由于采用自然发病的生产田进行实验，第一次喷药时间应在病害发生初期进行，以后视病害发展情况和药剂的持效期决定药剂的施药时间和次数，记录施药时间、施药次数和作物生育期。施药过程要保证药量准确，施药均匀。

4. 调查项目　每小区随机对角线5点取样，每点取2~3株，查全部叶片，按下列分级方法记录。

叶片分级方法：

0级，无病斑；

1级，病斑面积占整个叶面积的5%以下；

3级，病斑面积占整个叶面积的6%~10%；

5级，病斑面积占整个叶面积的11%~20%；

7级，病斑面积占整个叶面积的21%~50%；

9级，病斑面积占整个叶面积的50%以上。

通常施药前调查病情基数，依据病害发展情况决定施药时期的调查时间和次数，最后一次调查在末次施药后 10~14d 进行。记录施药次数、每次施药日期和作物生育期。

（四）结果调查与统计分析

1. 药效计量方法

$$病情指数（\%）= \frac{\sum(各级病叶数 \times 相应病级数)}{调查总叶数 \times 9} \times 100 \quad (8\text{-}3)$$

$$防治效果（\%）= \left(1 - \frac{空白对照区药前病情指数 \times 处理区药后病情指数}{空白对照区药后病情指数 \times 处理区药前病情指数}\right) \times 100 \quad (8\text{-}4)$$

2. 观察对作物的影响　观察作物是否有药害产生，有药害时要记录药害发生的症状和程度，同时记录对葡萄是否存在有益的影响，如促进成熟、刺激生长等。用下列的方式记录药害。

1）如果药害能够计量或测算要用绝对数值表示，如株高。

2）在其他情况下可按照下列两种方法估计药害的程度和频率。

A. 按照药害分级方法记录每小区的药害程度，以－、＋、＋＋、＋＋＋、＋＋＋＋表示。药害分级方法：

－：无药害；

＋：轻度药害，不影响作物正常生长；

＋＋：中度药害，可复原，不会造成作物减产；

＋＋＋：重度药害，影响作物正常生长，对作物产量和质量造成一定程度的损失；

＋＋＋＋：严重药害，作物生长受阻，产量和质量损失严重。

B. 将药害处理区和空白对照区比较，评价其药害的百分率。同时需要准确描述药害的症状，如矮化、褪绿、畸形等。

3. 结果分析 实验所得的结果应用生物统计方法进行分析（采用 DMRT 法），对实验结果（表 8-2）加以分析，写出实验报告。

表 8-2 杀菌剂对马铃薯晚疫病田间药效试验结果记录表

药剂	浓度	药前病情指数 /%	施药后 10d		施药后 14d	
			平均病情指数 /%	平均防效 /%	平均病情指数 /%	平均防效 /%

（五）思考题

1）做马铃薯晚疫病田间药效试验时，需要注意什么问题？
2）在配制药液时采用什么方法提高药效？应如何操作？
3）分析哪些因素对实验结果造成影响，该如何避免？

（六）作业

完成实验报告，包括实验目的、实验原理、实验材料与用具、实验内容、结果处理、实验结果、分析与讨论。

（七）教学组织形式与实施

以每个教学班为单位，采用演示和实验法等教学方法，在农药实验室进行，每 5 个人一组，边讲解边操作。

（八）考核评价

预习实验，占 10%，满分 10 分；
课堂提问，占 10%，满分 10 分；
实验操作，占 40%，满分 40 分；
撰写实验报告及数据分析的规范性，占 40%，满分 40 分。

三、杀菌剂对稻瘟病田间药效试验

（一）目的要求

通过实验掌握杀菌剂对稻瘟病田间药效试验方法，能够比较同种杀菌剂不同浓度防治该病的效果差异。能够独立写出完整的实验报告,对供试药剂的最佳应用剂量作出科学评价,并对结果进行分析与讨论。

(二)实验材料

1. 实验对象 实验对象为稻瘟病,实验作物为水稻。选用感病品种,记录品种名称。

2. 环境条件 田间试验应选择历年稻瘟病发生严重的地块进行,所有实验小区的栽培条件应该一致,包括土壤类型、栽培条件、行间距、施肥情况等。

3. 实验药剂 选用1种新品种杀菌剂作供试药剂,并注明药剂相关信息,包括通用名称、商品名称、剂型、含量、厂家等信息,根据药剂活性,设置5个系列浓度。选一种在生产实践上防治稻瘟病效果较好的并已经登记注册的药剂作为对照药剂,对照药剂的类型和作用方式应同实验药剂相近,并使用当地常用剂量。

(三)实验步骤

1. 小区安排 实验药剂、对照药剂、空白对照的小区处理采取随机排列,可采用棋盘随机排列法,也可以根据具体情况采用拉丁方法、对比法等。每个小区20~50m²,不少于4次重复。

2. 用药量 根据每个实验小区面积,按照药剂说明准确计算出每个实验小区所需药量。

3. 施药 由于采用自然发病的生产田进行实验,第一次喷药时间应在病害发生初期进行,以后视病害发展情况和药剂的持效期决定药剂的施药时间和次数,记录施药时间、施药次数和作物生育期。施药过程要保证药量准确,施药均匀。

4. 调查项目 每小区随机对角线5点取样,每点100穗,记录病穗数并进行病情分级,计算病穗率、病情指数和防效。按下列分级方法记录。

0级,无病斑;

1级,每穗损失5%以下,或个别枝梗发病;

2级,每穗损失5.1%~20%,或1/3左右枝梗发病;

3级,每穗损失20.1%~50%,或穗颈或主轴发病;

4级,每穗损失50.1%~70%,或穗颈发病,大部分秕谷;

5级,每穗损失70%以上,或穗颈发病造成白穗。

通常施药前调查病情基数,依据病害发展情况决定施药时期的调查时间和次数,最后一次调查在末次施药10d后进行。记录施药次数、每次施药日期和作物生育期。

(四)结果调查与统计分析

1. 药效计量方法

$$病穗率(\%) = \frac{病穗数}{调查总穗数} \times 100 \qquad (8\text{-}5)$$

$$病情指数(\%) = \frac{\sum(各级病穗数 \times 相应病级数)}{调查总穗数 \times 5} \times 100 \qquad (8\text{-}6)$$

$$防治效果(\%) = \left(1 - \frac{空白对照区病情指数 - 处理区病情指数}{空白对照区病情指数}\right) \times 100 \qquad (8\text{-}7)$$

2. 观察对作物的影响 观察作物是否有药害产生,有药害时要记录药害发生的症状和程度，同时记录对水稻是否存在有益的影响，如促进成熟、刺激生长等。同时需要准确描述药害的症状，如矮化、褪绿、畸形等。

3. 结果分析　　实验所得的结果应用生物统计方法进行分析（采用 DMRT 法），对实验结果（表8-3）加以分析，写出实验报告。

表 8-3　杀菌剂对稻瘟病田间药效试验结果记录表

药剂	浓度	药前病情指数 /%	第一次施药后		第二次施药后	
			平均病情指数 /%	平均防效 /%	平均病情指数 /%	平均防效 /%

（五）思考题

1）做稻瘟病田间药效试验时，需要注意什么问题？
2）在配制药液时采用什么顺序进行能够减少误差？
3）如何选择最佳使用剂量？

（六）作业

完成实验报告，包括实验目的、实验原理、实验材料与用具、实验内容、结果处理、实验结果、分析与讨论。

（七）教学组织形式与实施

以每个教学班为单位，采用演示和实验法等教学方法，在农药实验室进行，每 5 个人一组，边讲解边操作。

（八）考核评价

预习实验，占 10%，满分 10 分；
课堂提问，占 10%，满分 10 分；
实验操作，占 40%，满分 40 分；
撰写实验报告及数据分析的规范性，占 40%，满分 40 分。

四、杀菌剂对黄瓜枯萎病田间药效试验

（一）目的要求

通过实验掌握黄瓜等各种瓜类枯萎病的田间药效试验方法，能够比较不同杀菌剂防治该病的效果差异，筛选出效果显著的新药剂。培养学生独立完成实验报告的能力，能够对各种供试药剂作出科学评价，并对结果进行分析与讨论。

（二）实验材料

1. 实验对象　　实验对象为枯萎病，实验作物为黄瓜。选用当地常规品种，记录品种名称。

2. 环境条件　　田间试验应选择历年黄瓜枯萎病发生严重的地块或棚室内进行，所有实验小区的栽培条件应该一致，包括土壤类型、栽培条件、行间距、施肥情况等。如果灌溉记录灌

溉的方法、时间和水量。

3. 实验药剂　　注明药剂相关信息，包括通用名称、商品名称、剂型、含量、厂家等信息，实验药剂不少于 3 个剂量。选一种在生产实践上防治黄瓜枯萎病效果较好的并已经登记注册的药剂作为对照药剂，对照药剂的类型和作用方式应同实验药剂相近，并使用当地常用剂量。

（三）实验步骤

1. 小区安排　　实验药剂、对照药剂、空白对照的小区处理采取随机排列，每个小区 $15\sim50m^2$，棚室在 $8m^2$ 以上，最少 4 次重复。

2. 用药量　　根据每个实验小区面积，按照药剂说明准确计算出每个实验小区所需药量。

3. 施药　　选用生产中常用施药器械，记录所用器械的类型和操作条件，如工作压力、喷孔口径等。施药过程要保证药量准确，施药均匀。第一次喷药时间应在病害发生初期进行，以后视病害发展情况和药剂的持效期决定药剂的施药时间和次数，记录施药时间、施药次数和作物生育期。

4. 调查项目　　调查小区中所有植株是否有枯萎病典型症状，记录枯萎病发病株数及调查总株数。通常施药前调查病情基数，下次施药前及末次施药后 $10\sim14d$ 调查防治效果。

（四）结果调查与统计分析

1. 药效计量方法

$$病株率（\%）=\frac{病株数}{调查总株数}\times100 \tag{8-8}$$

$$防治效果（\%）=\left(1-\frac{空白对照区病株率-处理区病株率}{空白对照区病株率}\right)\times100 \tag{8-9}$$

2. 观察对作物的影响　　观察作物是否有药害产生，有药害时要记录药害发生的症状和程度，同时记录对葡萄是否存在有益的影响，如促进成熟、刺激生长等。

用下列的方式记录药害。

1）如果药害能够计量或测算时，要用绝对数值表示，如株高、株重、结实形状和结实率等。

2）在其他情况下可按照下列两种方法估计药害的程度和频率。

A. 按照药害分级方法记录每小区的药害情况，以 -、+、++、+++、++++ 表示。药害分级方法：

-：无药害；

+：轻度药害，不影响作物正常生长；

++：明显药害，可复原，不会造成作物减产；

+++：高度药害，影响作物正常生长，对作物产量和质量造成一定程度的损失；

++++：药害严重，作物生长受阻，产量和质量损失严重。

B. 每一实验小区与空白对照相比，评价其药害的百分率。同时需要准确描述药害的症状，如矮化、褪绿、畸形等，并提供实物照片、录像等。

3. 结果分析　　实验所得的结果应用生物统计方法进行分析（采用 DMRT 法），通过对实验结果加以分析，写出实验报告。

（五）思考题

进行黄瓜枯萎病田间药效试验时，需要注意什么问题？

（六）作业

完成实验报告，包括实验目的、实验原理、实验材料与用具、实验内容、结果处理、实验结果、分析与讨论。

（七）教学组织形式与实施

以每个教学班为单位，采用演示和实验法等教学方法，在农药实验室进行，每 5 个人一组，边讲解边操作。

（八）考核评价

预习实验，占 10%，满分 10 分；
课堂提问，占 10%，满分 10 分；
实验操作，占 40%，满分 40 分；
撰写实验报告及数据分析的规范性，占 40%，满分 40 分。

五、杀菌剂对小麦散黑穗病田间药效试验

（一）目的要求

小麦等散黑穗病是我国麦类作物的重要种传病害，生产上经常需用杀菌剂进行防治。为了确定防治小麦种传病害药剂的最佳田间使用剂量，测试药剂对作物及非靶标有益生物的影响，为杀菌剂登记的药效评价和安全、合理使用技术提供依据。

（二）实验材料

1. 实验对象　　实验对象为散黑穗病，实验作物为小麦。选用感病品种，记录品种名称。

2. 环境条件　　田间试验须安排在历年发病地区，所有实验小区的栽培条件（土壤类型、肥料、播栽期、生育阶段及作物株行距）须均匀一致，且符合当地科学的农业实践（GAP）。如果灌溉，记录灌溉的方法、时间和水量。

3. 实验药剂　　注明药剂商品名（代号）、中文名、通用名、剂型含量和生产厂家。实验药剂处理不少于 3 个剂量或依据协议（试验委托方与试验承担方签订的试验协议）规定的用药剂量。对照药剂须是已登记注册的并在实践中证明有较好药效的产品。对照药剂的类型和作用方式应同实验药剂相近并使用当地常用剂量，特殊情况可视实验目的而定。

（三）实验步骤

1. 小区安排　　实验药剂、对照药剂和空白对照的小区处理采用随机区组排列，特殊情况须加以说明。小区面积为 15~50m^2，最少 4 次重复。

2. 用药量　　按协议要求及标签说明的剂量使用，通常药剂中有效成分含量表示为 g/100kg（克/100 千克）种子，如果浸种要用倍数表示。

3. 施药　　如处理的种子量大，可以使用商品化的种子处理机，如果种子的量少，可采用

合适的玻璃器皿或塑料袋。必须使种子均匀地沾上药剂。同时记录播种方法、工具、种子拌药后多长时间播种及播种日期。

4. 调查项目　每小区对角线 5 点取样，也可平行线取样，大麦网斑、雪腐采用调查生育后期中、上部叶片，每点查 50 株，每株查 50 片叶。其他黑穗病每点取 1m 行长或 0.5m² 查总株数和病株数，计算病株率。叶部病害，参照杀菌剂防治禾谷类白粉病药效试验准则中调查分级方法。记录出苗时间并调查出苗率。一般调查两次，出苗时调查出苗率，乳熟期至成熟期调查叶部病害和穗部病害，叶部病害调查在抽穗前进行。

（四）结果调查与统计分析

1. 药效计量方法　药效按下列公式计算。

$$病株率（\%）=\frac{病株数}{调查总株数}\times 100 \tag{8-10}$$

$$防治效果（\%）=\left(1-\frac{空白对照区病株率-药剂处理区病株率}{空白对照区病株率}\right)\times 100 \tag{8-11}$$

2. 观察对作物的影响　要检查药剂对作物有无药害，记录药害的类型和程度，此外，也要记录对作物的其他有益影响（如促进成熟、刺激生长等）。

用以下方式记录药害。

1）如果药害能被测量或计算，要用绝对数值表示，如株高。

2）其他情况下，可用以下两种方法估计药害的程度和频率。

A. 按药害分级方法记录每小区的药害情况，以－、＋、＋＋、＋＋＋、＋＋＋＋表示。药害分级方法：

－：无药害；

＋：轻度药害，不影响作物正常出苗和分蘖；

＋＋：中度药害，可复原，不会造成作物减产；

＋＋＋：重度药害，影响作物正常生长，对作物产量和质量造成一定程度的损失；

＋＋＋＋：严重药害，作物生长受阻，产量和质量损失严重。

B. 将药剂处理区与空白对照区比较，评价其药害百分率。同时，要准确描述作物的药害症状（矮化、褪绿、畸形等）。

3. 结果分析　实验所得的结果应用生物统计方法进行分析（采用 DMRT 法），对实验结果加以分析，写出实验报告。实验报告应列出原始数据。

（五）思考题

1）小麦散黑穗病的传播途径有哪些？
2）小麦散黑穗病的绿色防控技术有哪些？

（六）作业

完成实验报告，包括实验目的、实验原理、实验材料与用具、实验内容、结果处理、实验结果、分析与讨论。

(七)教学组织形式与实施

以每个教学班为单位,采用演示和实验法等教学方法,在农药实验室进行,每 5 个人一组,边讲解边操作。

(八)考核评价

预习实验,占 10%,满分 10 分;
课堂提问,占 10%,满分 10 分;
实验操作,占 40%,满分 40 分;
撰写实验报告及数据分析的规范性,占 40%,满分 40 分。

六、杀菌剂对黄瓜细菌性角斑病田间药效试验

(一)目的要求

通过学习杀菌剂对黄瓜细菌性角斑病田间药效试验方法和基本要求,掌握生产中解决植物细菌性病害的方法,提高分析问题、解决问题的能力,树立农药使用安全意识。

(二)实验材料

1. 实验对象　实验对象为细菌性角斑病,实验作物为黄瓜。选用当地常规品种,记录品种名称。

2. 环境条件　田间试验须安排在历年发病严重的露地或温室大棚进行,所有试验小区的栽培条件(土壤类型、肥料、播栽期、生育阶段及作物株行距)须均匀一致,且符合当地科学的农业实践(GAP)。发病轻的年份可以在试验地周围设置菌源。如果灌溉,记录灌溉的方法、时间和水量。

如果在棚室进行熏蒸剂、烟剂的试验,每个处理应使用单个棚室或隔离室。

3. 实验药剂　注明药剂商品名(代号)、中文名、通用名、剂型含量和生产厂家。实验药剂处理不少于 3 个剂量或依据协议(试验委托方与试验承担方签订的试验协议)规定的用药剂量。对照药剂须是已登记注册的并在实践中证明有较好药效的产品。对照药剂的类型和作用方式应同实验药剂相近并使用当地常用剂量,特殊情况可视实验目的而定。

(三)实验步骤

1. 小区安排　实验药剂、对照药剂和空白对照的小区处理采用随机区组排列,特殊情况须加以说明。小区面积为 15~50m^2,棚室不少于 8m^2,最少 4 次重复。

2. 用药量　按协议要求及标签说明的剂量使用,通常药剂中有效成分含量表示为 g/hm^2。用于喷雾时要记录用药倍数和每公顷药液用量(L/hm^2)。

3. 施药　选用生产中常用的器械,记录所用器械的类型和操作条件(如工作压力、喷口孔径)的全部资料。

4. 调查项目

(1)气象资料　试验期间应从试验地或最近的气象站获得降雨(降雨类型和日降雨量,以 mm 表示)和温度(日平均温度,最高和最低温度,以℃表示)的资料。

(2)土壤资料　记录土壤的类型、肥力、水分(如干、湿或涝)、覆盖物(如作物残茬、塑料薄膜覆盖、杂草)等资料。

5. 调查方法　　露地每小区对角线 5 点取样，每点 3 株，保护地（温室）3 点取样，每点 5 株，调查全部叶片，以每片叶片病斑面积占整个叶片面积的百分率分级。

分级方法：

0 级，无病斑；

1 级，病斑面积占整个叶片面积的 5% 以下；

3 级，病斑面积占整个叶片面积的 6%～10%；

5 级，病斑面积占整个叶片面积的 11%～20%；

7 级，病斑面积占整个叶片面积的 21%～50%；

9 级，病斑面积占整个叶片面积的 50% 以上。

通常施药前调查病情基数，依据病害发展情况决定施药时期的调查时间和次数，最后一次调查在末次施药 10d 后进行。记录施药次数、每次施药日期和作物生育期。

6. 调查时间和次数　　按要求进行，通常施药前调查病情指数，下次施药前及末次施药后 7～14d 调查防治效果。

7. 药效计算方法

$$病情指数（\%） = \frac{\sum（各级病叶数 \times 相应病级数）}{调查总叶数 \times 9} \times 100 \qquad (8-12)$$

$$防治效果（\%） = \left(1 - \frac{空白对照区药前病情指数 \times 处理区药后病情指数}{空白对照区药后病情指数 \times 处理区药前病情指数}\right) \times 100 \qquad (8-13)$$

8. 对作物的其他影响　　观察作物是否有药害产生，有药害时要记录药害发生的症状和程度，此外也应记录对作物的其他有益影响。

用下列的方式记录药害。

1）如果药害能够计量或测算时，要用绝对数值表示，如株高、株重、结实形状和结实率等。

2）在其他情况下可按照下列两种方法估计药害的程度和频率。

A. 按照药害分级方法记录每小区的药害情况，以－、＋、＋＋、＋＋＋、＋＋＋＋表示。

药害分级方法：

－：无药害；

＋：轻度药害，不影响作物正常生长；

＋＋：明显药害，可复原，不会造成作物减产；

＋＋＋：高度药害，影响作物正常生长，对作物产量和质量造成一定程度的损失；

＋＋＋＋：药害严重，作物生长受阻，产量和质量损失严重。

B. 每一实验小区与空白对照相比，评价其药害的百分率。同时需要准确描述药害的症状，如矮化、褪绿、畸形等，并提供实物照片、录像等。

（四）结果分析

用邓肯氏新复极差"DMRT"法对实验数据进行统计分析，特殊情况用相应的生物统计学方法。写出正式实验报告并对实验结果加以分析、评价。实验报告应列出原始数据。

（五）思考题

1）细菌性病害的传播途径有哪些？

2）黄瓜细菌性角斑病的绿色防控技术有哪些？

（六）作业

根据试验情况，每人写一份田间药效试验报告，包括实验目的、实验原理、实验材料与用具、实验内容、结果处理、实验结果、分析与讨论。

（七）教学组织形式与实施

以每个教学班为单位，采用演示和实验法等教学方法，在农药实验室进行，每5个人一组，边讲解边操作。

（八）考核评价

预习实验，占10%，满分10分；
课堂提问，占10%，满分10分；
实验操作，占40%，满分40分；
撰写实验报告及数据分析的规范性，占40%，满分40分。

七、杀菌剂对番茄病毒病的田间药效试验

（一）目的要求

通过学习杀菌剂对番茄病毒病田间药效试验方法和基本要求，掌握生产中植物病毒病的解决方法，提高分析问题、解决问题的能力，树立农药使用安全意识。

（二）实验条件

1. 实验对象、作物和品种的选择　　实验对象为病毒病。
实验作物为番茄。选用当地对病毒病敏感的品种，记录品种名称。
2. 环境条件　　田间试验须安排在历年发病的地区进行，所有实验小区的栽培条件（土壤类型、肥料、播栽期、生育阶段及作物株行距）须均匀一致，且符合当地科学的农业实践（GAP）。

（三）实验设计和安排

1. 实验药剂　　注明药剂商品名（代号）、中文名、通用名、剂型含量和生产厂家。实验药剂处理不少于3个剂量或依据协议（试验委托方与试验承担方签订的试验协议）规定的用药剂量。对照药剂须是已登记注册的并在实践中证明有较好药效的产品。对照药剂的类型和作用方式应同实验药剂相近并使用当地常用剂量，特殊情况可视实验目的而定。
2. 小区安排　　实验药剂、对照药剂和空白对照的小区处理采用随机区组排列，特殊情况须加以说明。小区面积为15～50m^2，棚室不少于8m^2，最少4次重复。
3. 施药方法　　按协议要求及标签说明进行。施药应与当地良好农业规范相适应。
4. 使用器械的类型　　选用生产中常用的器械，记录所用器械的类型和操作条件（如工作压力、喷口孔径）的全部资料。施药要保证药量准确，分布均匀。
5. 施药时间和次数　　按协议要求及标签说明进行。通常在发病前第一次施药，进一步施药视病情及药剂持效期而定。记录施药次数、每次施药日期及作物生育期。

6. 用药量 按协议要求及标签说明的剂量使用，通常药剂中有效成分含量表示为 g/hm²。用于喷雾时要记录用药倍数和每公顷药液用量（L/hm²）。

（四）调查、记录和测定方法

1. 气象资料 试验期间应从试验地或最近的气象站获得降雨（降雨类型和日降雨量，以 mm 表示）和温度（日平均温度，最高和最低温度，以℃表示）的资料。

2. 土壤资料 记录土壤的类型、肥力、水分（如干、湿或涝）、覆盖物（如作物残茬、塑料薄膜覆盖、杂草）等资料。

3. 调查方法 每小区随机 5 点取样，每点调查 6 株，保护地小区不足 30 株应全区调查，以株为单位记录调查总株数、各级病株数。

分级方法：

0 级，无症状；

1 级，明脉、轻花叶；

3 级，新叶及中部叶片花叶；

5 级，新叶及中部叶片花叶，少数叶片畸形、皱缩或植株轻度矮化；

7 级，重花叶，多数叶片畸形、皱缩或植株矮化；

9 级，重花叶，叶片明显畸形、线叶、植株严重矮化，甚至死亡。

4. 调查时间和次数 通常施药前调查病情指数，下次施药前和末次施药后 7～14d 调查防治效果。

5. 药效计算方法

$$病情指数（\%）= \frac{\sum（各级病叶数 \times 相应病级数）}{调查总叶数 \times 9} \times 100 \quad (8-14)$$

$$防治效果（\%）= \left(1 - \frac{空白对照区药前病情指数 \times 处理区药后病情指数}{空白对照区药后病情指数 \times 处理区药前病情指数}\right) \times 100 \quad (8-15)$$

6. 对作物的其他影响 观察作物是否有药害产生，有药害时要记录药害发生的症状和程度，此外也应记录对作物的其他有益影响。

用下列的方式记录药害。

1）如果药害能够计量或测算时，要用绝对数值表示，如株高、株重、结实形状和结实率等。

2）在其他情况下可按照下列两种方法估计药害的程度和频率。

A. 按照药害分级方法记录每小区的药害情况，以 −、+、++、+++、++++ 表示。

药害分级方法：

−：无药害；

+：轻度药害，不影响作物正常生长；

++：明显药害，可复原，不会造成作物减产；

+++：高度药害，影响作物正常生长，对作物产量和质量造成一定程度的损失；

++++：药害严重，作物生长受阻，产量和质量损失严重。

B. 每一实验小区与空白对照相比，评价其药害的百分率。同时需要准确描述药害的症状，如矮化、褪绿、畸形等，并提供实物照片、录像等。

7. 结果分析　　用邓肯氏新复极差"DMRT"法对实验数据进行统计分析，特殊情况用相应的生物统计学方法。写出正式实验报告并对实验结果加以分析、评价。实验报告应列出原始数据。

（五）思考题

植物病毒病传播的途径是什么？

（六）作业

根据试验情况，每人写一份田间药效试验报告，包括实验目的、实验原理、实验材料与用具、实验内容、结果处理、实验结果、分析与讨论。

（七）教学组织形式与实施

以每个教学班为单位，采用演示和实验法等教学方法，在农药实验室进行，每5个人一组，边讲解边操作。

（八）考核评价

预习实验，占10%，满分10分；
课堂提问，占10%，满分10分；
实验操作，占40%，满分40分；
撰写实验报告及数据分析的规范性，占40%，满分40分。

八、病原菌的抗药性检测

（一）目的要求

通过测定番茄灰霉病菌（*Botrytis cinerea* Pers.）对腐霉利（procymidone）的抗药性，学习病原菌对杀菌剂的抗药性检测方法，认清病原菌抗药性对农药应用的影响，做到科学、安全、合理地使用农药。

（二）实验材料

1. 供试病原菌　　番茄灰霉病菌（*Botrytis cinerea* Pers.）。要求采自常年使用腐霉利及未使用过腐霉利的地区，室内采用常规组织分离方法进行分离、鉴定、保存。

2. 供试药剂　　98.1%腐霉利（procymidone）原药，记录好生产厂家，用二甲基亚砜（DMSO）溶解，配成10^4μg/mL的母液，4℃保存。

3. 酵母琼脂培养基（YG）　　酵母提取物5g，葡萄糖18g，琼脂15g，加蒸馏水定容至1L，高压蒸汽灭菌（121℃）20min。用于病原菌的培养、保存及敏感性测定。

（三）实验方法

1. 灰霉病菌对腐霉利的抗性频率检测　　采用区分计量法，以5μg/mL作为区分剂量。将直径为5mm的菌饼接种到含5μg/mL腐霉利的YG培养基平板上，每处理重复3次。25℃条件下黑暗培养3d后，能在含鉴别浓度药剂平板上正常生长的属于抗性菌株，不能生长的为敏感菌株。用以下公式计算不同采样点菌株的抗性频率。

$$抗性频率（\%）=\frac{对腐霉利产生抗性的菌株数}{测试菌株数}\times 100 \tag{8-16}$$

2. 灰霉病菌对腐霉利的敏感性测定 采用菌丝生长速率法：供试菌株在 YG 培养基上，在 25℃黑暗培养 3d，于同一圆周菌落边缘上打取直径为 5mm 的菌饼，接种到含系列浓度腐霉利的 YG 平板上，以加入等体积的 DMSO 作为对照，于 25℃条件下黑暗培养，3d 后用十字交叉法测量各处理的菌落直径，每处理重复 3 次。求出各浓度下药剂对菌丝生长的抑制率。

$$菌丝生长抑制率（\%）=\frac{对照菌落直径-处理菌落直径}{对照菌落直径-菌柄直径}\times 100 \tag{8-17}$$

以药剂浓度对数值为横坐标 (x)，以抑制率概率值为纵坐标 (y)，求出毒力回归方程 $y=a+bx$ 和相关系数 (r)，计算药剂对病原菌的抑制中浓度（EC_{50}，μg/mL）。

3. 敏感基线的建立 采用区分剂量法，将从未使用过腐霉利地区的番茄灰霉病菌菌株中检测得到的敏感菌株，利用菌丝生长速率法，测定腐霉利对敏感菌株的 EC_{50} 值。

4. 抗性指数测定 采用区分剂量法，分别检测番茄灰霉病菌对腐霉利的敏感性，计算菌株的抗性频率，采用菌丝生长速率法测定抗性菌株的 EC_{50} 值，根据下列公式计算抗性指数，分析抗性水平。

$$抗性指数=\frac{抗性菌株的 EC_{50}}{敏感菌株的平均 EC_{50}} \tag{8-18}$$

（四）思考题

1）病原菌产生抗药性的原因是什么？
2）如何避免病原菌产生抗药性？

课外链接 8-4

1. 进行杀菌剂田间施药应注意哪些问题？
2. 引起杀菌剂田间药效误差的因素有哪些？

思 维 拓 展

名词解释

杀菌剂　保护剂　铲除作用　触杀剂　内吸剂　杀菌剂的选择性
杀菌剂的安全系数　抗生素　系统性获得抗病性　抗产孢作用

扫扫看答案

主要参考资料

1. 参考文献

曹克广，杨夕强. 2007. 三唑类化合物杀菌剂的发展现状与展望. 精细化工中间体，24（6）：82-86
刁春玲，刘芳，宋宝安. 2006. 农用杀菌剂作用机理的研究进展. 农药，45（6）：374-377
黄彰欣. 2000. 植物化学保护实验指导. 北京：中国农业出版社
郎玉成，柏亚罗. 2006. 吡唑类农药品种的研究开发进展. 现代农药，5（5）：6-12
李海屏. 2004a. 20 世纪 80 年代以来世界杀菌剂新品种开发进展及发展趋势. 农药科学与管理，25（10）：22-28，32
李海屏. 2004b. 世界杀菌剂开发进展及趋势. 化工科技市场，10：1-7
刘长令，刘继德. 2000. 卵菌纲病害用杀菌剂的开发进展. 农药，39（8）：1-3

刘长令. 2000. 卵菌纲病害用杀菌剂的开发进展. 农药, 39（8）：1-3
刘长令. 2005. 世界农药大全·杀菌剂卷. 北京：化学工业出版社
裴娟娟, 欧阳贵平, 邹骆波. 2014. 啶类农药研究进展. 精细化工中间体, 44（1）：1-8
祁之秋, 王建新, 陈长军, 等. 2006. 现代杀菌剂抗性研究进展. 农药, 45（10）：656-659
仇是胜, 柏亚罗. 2014. 琥珀酸脱氢酶抑制剂类杀菌剂的研发进展（Ⅰ）. 现代农药, 13（6）：1-7
司乃国, 刘君丽, 马学明. 2000. 卵菌病害的化学防治现状与防治策略. 农药, 39（2）：7-10
宋宝安. 2008. 新杂环农药·杀菌剂卷. 北京：化学工业出版社
孙家隆, 慕卫. 2009. 农药学实验技术与指导. 北京：化学工业出版社
孙家隆, 齐军山. 2014. 现代农药应用技术丛书·杀菌剂卷. 北京：化学工业出版社
屠豫钦, 李秉礼. 2006. 农药应用工艺学导论. 北京：化学工业出版社
王晓娟, 唐贝, 李高伟, 等. 2014. 高效低毒农药杀菌剂研究进展. 商丘师范学院学报, 30（3）：56-63
吴峤, 焦姣, 刘长令, 等. 2012. 杀菌剂开发的新进展. 农药, 51（1）：4-7
吴永刚, 黄诚, 施媛媛, 等. 2009. 农用杀菌剂的作用方式与分类. 世界农药, 31（4）：1-6, 22
夏世钧. 2008. 农药毒理学. 北京：化学工业出版社
徐汉虹. 2007. 植物化学保护学. 4版. 北京：中国农业出版社
杨华铮, 邹小毛, 朱有全, 等. 2013. 现代农药化学. 北京：化学工业出版社
杨丽荣, 全鑫, 刘玉霞, 等. 2009. 农用微生物杀菌剂研究进展. 河南农业科学, 9：131-134
张弘, 张彦英. 1997. 干扰呼吸作用的杀菌剂. 农药, 36（9）：23-24
张敏恒. 2012. 农药品种手册精编. 北京：化学工业出版社
周明国. 1999. 杀菌剂的发展现状及21世纪展望. 安徽农业, 3：10-11
Hutson D, Miyamoto J. 1998. Fungicidal Activity. New York：John Wiley & Sons Ltd
Tomlin C D S. 2000. The Pesticide Manual. 12th ed. London: British Crop Protection Council
Voss G, Ramos G. 2003. Chemistry of Crop Protectiom. New York：Wiley-VCH Verlag GmbH & Co

2. 网站

中国农药网 http://www.pesticide.com.cn
中国农药信息网 http://www.chinapesticide.gov.cn

3. 期刊

农药学学报、农药、植物保护学报、植物保护、中国生物防治学报等。

第九章 除草剂的科学选用

【知识能力要求】
1. 理解除草剂知识体系的形成过程；
2. 掌握除草剂的选择性原理及作用机制；
3. 掌握除草剂的合理选用及科学使用技术。

【导语】

杂草（weed）是伴随着人类的生产和生活活动产生的，是长期适应当地的作物、栽培、耕作、气候、土壤等生态条件和生产条件生存下来的植物。杂草与有意栽培的作物竞争养分、水分和光照；传播植物病、虫害，降低作物的产量和品质；个别杂草的花粉和果实具有毒性，影响人、畜的健康。据统计中国旱田杂草200余种；稻田杂草100多种。所有的主要作物都不同程度地受到杂草的危害，造成粮食产量损失10%~19%。

人类利用生物、生态、物理、机械和化学的方法进行杂草防除，其中化学除草（除草剂）占主要地位。除草剂（herbicide）是能够防除杂草而不伤害有意栽培植物的药剂。除草剂能杀死杂草而不伤害作物依赖其选择性及作用机理。除草剂的使用时间分作物播种前使用和出苗后使用。播种前主要采用土壤处理法，常采用颗粒剂或药剂混以湿土撒布，或者以混土法将除草剂施用于土表混入土中。除草剂出苗后常采用茎叶处理法，主要依赖于喷雾法，具体按施药量分为大容量喷雾技术、超低量喷雾技术和低容量喷雾技术。除草剂依防治对象及保护的作物的不同而选择不同的品种、施药时间、施药方法及施药技术。

第一节 认识除草剂

一、农田杂草与除草剂

杂草是长期适应当地的作物、栽培、耕作、气候、土壤等生态条件和生产条件生存下来的植物，它从不同的方面侵害农作物，与作物竞争养分、水分和光照；传播植物的病、虫害，降低作物的产量和品质，增加农业的生产成本，特别是有些植物的花粉和果实的毒性，影响人、畜的健康。由于杂草具有休眠性、再生性、繁殖力强、繁殖和传播方式多样、种子寿命长、出苗时间不一致等独特的生物学特性。因此，杂草分布广泛，为害时间长，为害严重，防除周期长，增加了防除的难度。

世界上高等植物约有20万种，其中杂草有3万多种，农田发生的有6700余种，广泛分布于全世界的杂草有3000余种，经济上能造成损失的有1800多种。在主要农作物田发生的杂草有200多种，但分布广泛、为害严重的杂草只有20~30种。这些杂草由于地域分布、气候、土壤条件、作物及栽培方法的不同，其分布存在着明显的差异，因而表现在杂草种类发生和分布表现不同。中国旱田杂草200余种，分属于150多个属、50余科；稻田杂草100多种，分属于70多个属、40余科。所有的主要作物都不同程度地受到杂草的危害，造成粮食产量损失10%~19%。

（一）杂草的生物学特点

1. 光合作用效率高，生长速度快 植物通过光合作用制造有机物养活自己，根据固定碳元素的途径不同，植物可分为 C_3 植物和 C_4 植物。大多数作物都进行 C_3 型光合作用，而大多数杂草都进行 C_4 型光合作用。由于植物组织的结构差异，C_4 植物的最大光合作用速度比 C_3 植物高 2 倍以上，且更能充分地进行光合作用。因此从竞争的角度来看，C_4 型杂草的竞争能力要比 C_3 型作物强得多。

2. 繁殖能力强 杂草传播方式多，繁殖与再生力强，生活周期一般都比作物短，成熟的种子随熟随落。多数杂草的繁殖过程是既能进行种子繁殖又能进行营养繁殖，而且种子繁殖率极高。

3. 对不良环境具有较高的适应能力 有些杂草具有抵御干旱或者过于潮湿的特殊机制。例如，马唐在干旱条件下能形成具有缩小能力的根系，以抑制地上部分的生长，待条件适宜之后又正常生长；马齿苋在潮湿条件下叶片完全展开，在干旱条件下，叶子展开不完整，以减少蒸腾面积。在不良条件下，有些具有休眠特性的杂草可以进行休眠，极大地增强了对恶劣环境的抵御能力。甚至在不良环境下，已经打破休眠的种子也可以第二次进入休眠。

（二）杂草的危害特点

杂草是伴随着人类的生产活动而产生的，是农业生产的大敌。其危害特点主要表现为以下几个方面。

1. 使农产品的产量降低和品质下降 杂草与农作物争夺水分、养分和光能，对作物的危害是渐进的和微妙的。杂草根系发达，吸收土壤水分和养分的能力很强，而且生长优势强，耗水、耗肥常超过作物生长的消耗。杂草的生长优势强，株高常高出作物，影响作物对光能的利用和光合作用，干扰并限制作物的生长。据统计，杂草每年造成农作物减产 9.7%，全世界达 2 亿 t。中国在 2002 年的统计显示，全国农田草害面积 0.755 亿 hm^2，因草害损失粮食 175 亿 kg，棉花 2.5 亿 kg。此外，不少杂草是一年生或多年生植物，病菌和害虫常年在杂草上或根部寄生或过冬，次年春天再迁移到作物上进行危害。杂草促进病虫害发生，增加了农业生产的防治成本。杂草还会造成收获物的品质下降，甚至导致农产品丧失食用价值。例如，麦田杂草毒麦和种子，含有毒麦碱，混入小麦粒内，可引起人和牲畜中毒；苍耳籽内也含有毒物质，误食多量后，会造成人、畜中毒。

2. 杂草防除增加管理用工和生产成本 全世界每年要投入大量的人力、物力和财力用于防除杂草。目前，杂草的防除在发达国家普遍使用化学除草剂防除，而在发展中国家，人工除草则是杂草防除的主要方式。化学防除杂草需要使用大量的除草剂，在全球农药市场中，2011 年除草剂销售额达到了 216.8 亿美元，除草剂占了 43% 的市场份额，除草剂已成为农药工业的主体。而人工除草是农业生产活动中用工最多、最为艰苦的农作劳动之一。杂草发生较多的农田，其除草的用工量消耗多，同时由于大量用工，增加了生产成本。以中国为例，如果全国的土地都用人工除草，平均作物生长期只除草 1 次，每天每个工作日可除草 $1/15 hm^2$，那么约需 20 亿个劳动工日。如将其折换成劳动工日的价值，将是一笔相当可观的数字。因此不论哪种方式，杂草的防除都额外增加了管理用工和生产成本。

3. 对人类生产活动带来不便 大量杂草和农作物混生，在收获时，会给收获机械或人工带来极大的不便，轻者影响收割的进度，浪费大量的动力燃料和人工，重者可损坏收割机械。水渠及其两旁长满了杂草，会使渠水流速减缓，影响正常的灌溉，且淤积泥沙，使沟渠使用寿命减短。河道长满凤眼莲、空心莲子草等杂草，会严重阻塞水上船运。

（三）除草剂

根据其化学结构、选择性、传导、作用方式和处理方法的不同，除草剂可以分为不同的类型。化学除草具有高效、快速、经济的优点，有的品种还兼有促进作物生长等优点，它是大幅度提高劳动生产率，实现农业现代化必不可少的一项先进技术，成为农业高产、稳产的重要保障。随着农业发展水平的提高，人们愈来愈认识到除草剂的重要作用，世界上一些农业发达国家，如英国、美国、德国和日本等，已普遍采用化学除草。例如，美国在玉米、大豆、棉花、春小麦和水稻等作物上几乎全部使用除草剂，英国在禾谷类和甜菜作物，日本在水稻田也全部应用化学除草剂。

二、除草剂的发展史

数千年的农业发展史就包含着与杂草做斗争的历史，人类很早就对杂草的危害、防治与利用有比较深刻的认识，并采取了多种方法来防治杂草。早在19世纪末，人们发现用硫酸铜可以防除麦田一些十字花科杂草，后来用硫酸、矿物油等防除杂草。真正能够选择性地防除作物田杂草的除草剂则是1932年的二硝酚、地乐酚的发现，这两种除草剂可用于防除部分禾谷类作物田中的阔叶杂草。而除草剂大规模应用可追溯到1942年2,4-D除草活性的发现，以及其后相继出现的二甲四氯等除草剂，这些除草剂选择性更强，对作物更安全。当前人类利用生物、生态、物理、机械和化学的方法进行防除杂草，特别是利用除草剂防除杂草在防治措施中起重要作用，它们对杂草的分布、生长产生影响，并且使杂草的群落发生变化。

1895年，法国葡萄种植者发现硫酸铜对野胡萝卜有杀灭作用，后来法国、英国均用硫酸铜大面积选择性防除野胡萝卜，这一偶然发现是农田化学除草的开端。在同一时期，除使用硫酸铜外，还使用硫酸亚铁、氯酸钠、硫酸及砷化物等无机化合物除草。第一个有机除草剂是1932年在法国发现的二硝酚（2-甲基-4,6-二硝基酚）滴到双子叶植物上后，使植物很快枯死，二硝酚的发现使除草剂进入了有机化合物的领域。

1942年，内吸传导性除草剂2,4-D的发现在除草剂发展中开创了新纪元。它不但除草效果好、杀草谱广，而且对单双子叶植物具有显著的选择性，因而迅速在农业生产中大面积使用，开创了除草剂工业这一新领域。从此以后，新的除草剂相继出现。例如，1951年发现灭草隆的除草活性。1952年发现了均三氮苯的活性。1958年开发的莠去津在除草剂的杀草谱上得到突破，其杀草谱明显扩大，使均三氮苯类得到了很大的发展。1960年发现的敌稗是除草剂选择性的重要突破，从植物不同科间选择性发展到属间选择性，促进了一系列防除单一杂草的除草剂燕麦灵、新燕灵等品种的开发。1965年英国帝国化学工业集团（ICI）发现了联吡啶类除草剂百草枯和敌草快的除草活性，促进了吡啶酮类除草剂的发展。

20世纪70年代中期发现禾草灵的除草活性后，通过结构改造及衍生合成，很快开发出芳氧苯氧丙酸及环己烯二酮类除草剂。1974年发现草甘膦，促进了有机磷除草剂的发展。通过对微生物制剂的研究，开发出了有机磷除草剂双丙氨膦。

1979年磺酰脲类除草剂氯磺隆发现后，使除草剂进入到超高效阶段，因其具有高效、低毒、选择性强和应用量低等特点，在农业生产上得到广泛应用；同时，此类除草剂作用靶标为乙酰乳酸合成酶，因此同一靶标的乙酰乳酸合成酶抑制剂如咪唑啉酮类、三唑并嘧啶、嘧啶醚类等也相继得到开发并在农业生产上广泛应用。与此同时，一些其他系列新品种的开发也十分活跃，如环己烯二酮类、酰胺类、四取代苯类、吡啶类等。

20世纪90年代以后，除草剂品种开发逐步进入低谷，目前商品化品种年增长约0.1%，新的活性化合物的发现难度大大增加。同时转基因抗除草剂作物的出现和迅速推广改变了世界除草剂的格局,世界上许多化学公司竞相投入大量资金研究转基因抗除草剂作物,对新除草剂开发有一定的影响。

我国从1956年开始在稻田、麦田使用2,4-D防除杂草。20世纪60年代初开始试验五氯酚钠、敌稗和除草醚防除稻田杂草取得成功后,迅速向全国各地推广。20世纪70年代末从国外引进一些新的除草剂,如甲草胺、丁草胺、噁草酮、氟乐灵、氟磺胺草醚、吡氟禾草灵、烯禾啶和草甘膦等。在一系列除草剂品种中,最受人注目的是磺酰脲类除草剂,代表品种苄嘧磺隆在稻田、苯磺隆在麦田防除杂草取得了显著的经济效益。

除草剂的发展趋势是向高效、低毒、选择性强、杀草谱广的方向发展。当前全世界生产的除草剂多达300种以上,特别是近年来有多种超低用量、新作用位点、高选择性的除草剂相继出现,这些超高效除草剂对提高农业生产率、保护生态环境,具有极为重要的意义。

三、除草剂的选择性原理

作物与杂草同时发生,而绝大多数杂草同作物一样属于高等植物,除草剂喷洒到农田里,能杀死农田里的杂草,而不杀死及伤害农作物的特性,称为选择性。除草剂对所有的农作物都是有毒的,其选择性是相对的,无论哪种农作物,若使用除草剂的用量过大,将导致农作物生理变化,甚至导致死亡。利用除草剂的某些特点,或利用农作物和杂草之间的差别,如形态、生理、生化、生长时期、遗传特性等不同的特点,达到除草剂的选择性。除草剂的选择性原理大致可划分为5个方面。

(一)位差与时差选择性

1. 位差选择性 利用作物与杂草的根系、种子或幼苗在土壤中所处位置的差异而造成的选择性称为位差选择性。作物和杂草的种子或根系在土壤中的位置不同,施用除草剂后,杂草种子或根系优先接触药剂,而作物种子或根系不接触药剂,从而杀死杂草,保护作物安全,实现选择性,这种选择性称为土壤位差选择性。土壤位差选择性在实际生产中可以用播后苗前土壤处理法和深根作物生育期土壤处理法来实现。所谓播后苗前土壤处理法即在作物播种后出苗前用药,利用药剂仅固着在表土层(1~2cm),不向深层淋溶的特性,杀死或抑制表土层中能够萌发的杂草种子;而作物种子因有覆土层保护,可正常发芽生长。深根作物生育期土壤处理法则是利用除草剂在土壤中的位差,杀死表层浅根杂草,而无害于深根作物。如果树的根系深入地下,而杂草根系仅在表土层,利用西玛津与敌草隆可有效防除果园杂草而不杀伤果树。

2. 时差选择性 利用作物与杂草发芽及出苗期早晚的差异应用除草剂而导致的选择性称为时差选择性。对作物有较强毒性的除草剂,可利用不同时间施药的方法来达到安全用药的目的。例如,采取播种前或移栽前施药,经过一段时间除草剂的降解或钝化后再播种或移栽作物,最终达到除草剂不伤害禾苗的目的。此外,土壤处理剂还可覆盖未出土的杂草,以致控制杂草种子的萌发。

(二)形态选择性

由于作物与杂草形态差异造成的选择性,称为形态选择性。其主要表现在叶片形态、生长点位置、胚芽鞘、根系特点等,这些差异直接关系到药液的附着与吸收,往往影响植物的耐药性。例如,单子叶植物与双子叶植物在形态上彼此有很大不同,见表9-1。

表 9-1　双子叶植物与单子叶植物的形态差异与耐药性

种类	形态	
	叶片	生长点
单子叶植物	竖立，狭小，表面角质层和蜡质层较厚，表面积较小，叶片和茎秆直立，药液易于滚落	顶芽被重重叶鞘所包围、保护，触杀性除草剂不易伤害分生组织
双子叶植物	平伸，面积大，叶表面角质层较薄，药液易于在叶面上沉积	幼芽裸露，没有叶片保护，触杀性药剂能直接伤害分生组织

由于表 9-1 所列的原因，用除草剂喷雾，双子叶植物常较单子叶植物敏感。

田间应用 2,4-D、二甲四氯防除玉米、小麦或甘蔗田的双子叶杂草等可能都与形态因素有重要关系。当然形态仅是某些除草剂选择性的因素之一，不是唯一因素。例如，三棱草虽属单子叶植物，但对 2,4-D 仍然很敏感。近年来发展起来的多种苗后除草剂如烯禾啶、精吡氟禾草灵、高效氟吡甲禾灵、精喹禾灵、噁唑禾草灵等，它们对禾本科杂草表现敏感而对阔叶杂草则表现耐药性。

（三）生理选择性

由于不同种植物对除草剂生理反应的差异而导致的选择性称为生理选择性。这种差异主要存在于植物对除草剂的吸收与输导，易吸收与输导除草剂的植物对除草剂常表现敏感。

1. 吸收的差异　　不同植物的根、茎、叶对除草剂的吸收程度不同。例如，黄瓜易从根部吸收草灭畏，故表现敏感，而某些南瓜品种则根部吸收草灭畏的能力极弱，表现较高的耐药性。同样，幼嫩的叶片，较老的叶片，叶片表面角质层的厚薄，气孔的多少、大小都影响植株对药剂的吸收。

2. 输导的差异　　不同植物施用同一除草剂或同种植物施用不同除草剂在植物体内的输导性均存在差异，输导速度快的植物对该除草剂敏感。利用 ^{14}C 标记的 2,4-D 除草剂试验证明，在双子叶植物体内的输导速度高于单子叶植物。例如，用菜豆与甘蔗试验，用局部叶片施药测定生长点中的 2,4-D 浓度，菜豆较甘蔗的浓度约高 10 倍。可见双子叶植物从施药点输导药剂的速度要高于单子叶植物，因此，双子叶植物易受害。

（四）生物化学选择性

生物化学选择性是除草剂的真正选择性，具有这样选择性的除草剂品种用于作物田的安全幅度最大。这种选择性是通过除草剂在植物体内进行一系列生物化学变化而实现的，这些生物化学变化基本上都是酶促反应。这些反应可分为活化反应与钝化反应两大类型。

1. 除草剂在植物体内活化反应差异产生的选择性　　这类除草剂本身对植物并无毒害或毒害较小，但在植物体内经过代谢而成为有毒物质。因此，此类除草剂的毒性强弱，主要取决于植物转变药剂的能力。即转变能力强者将被杀死，而转变能力弱者则得以生存。例如，二甲四氯丁酸或 2,4-D 丁酸本身对植物并无毒害，但经植物体内 β-氧化酶系的催化产生 β-氧化反应，生成杀草活性强的二甲四氯或 2,4-D。

2. 除草剂在植物体内钝化反应差异产生的选择性　　这类除草剂本身虽对植物有毒害，但经植物体内酶或其他物质的作用，则能钝化而失去其活性。由于药剂在不同植物中的代谢钝化反应速度与程度的差别，而产生了选择性。例如，阿特拉津对玉米安全，而对大多数杂草有毒害，原因是它们在玉米体内发生了 3 种反应：一是脱氯反应，使阿特拉津生成毒性低的羟基衍生物。二是谷胱甘肽轭合反应，玉米叶部在谷胱甘肽轭合酶的作用下使阿特拉津产生谷胱甘肽轭合物，而丧失活性。三是脱烷基反应，也是玉米对阿特拉津的解毒途径。敌稗、水稻和稗草对敌稗的选择性差异，主要是由于它们叶中含有的酰胺水解酶活性差异造成的。水稻能迅速地水解钝化敌稗，生成无杀草活性的3,4-二氯苯胺和丙酸，而稗草含有酰胺水解酶的活性很低，难以分解钝化敌稗，故仍能维持敌稗的毒性。

（五）利用保护物质或安全剂获得选择性

一些除草剂选择性较差，可以利用保护物质或安全剂而获得选择性。

1. 保护物质 目前已广泛应用的保护物质为活性炭。活性炭具有很高的吸附性能，因此，用它处理种子或种植时施入种子周围，可以使种子免遭除草剂的药害。例如，用活性炭处理水稻、玉米、高粱等作物种子，从而避免或降低三氮苯类、取代脲类等药剂的药害。另外，在作物种植带表层土壤施用活性炭，然后使用除草剂，作物种子即可得到保护。

2. 安全剂 近年来，除草剂的安全剂发展迅速，被认为是化学除草的选择性进入了一个新纪元。利用安全剂提高某些除草剂的选择性，增加对作物的安全性，有着广泛的应用前景。早在1947年，Hoffman在番茄上应用2,4-D，发现2,4,6-三氯苯氧乙酸可减轻其药害。1972年，美国施多福化学公司研制出R-25788（dichlormid），可与多种药剂混用来减轻一些作物药害。1973年，第一个安全剂与除草剂的复配制剂Eradcane（茵草敌12份，R-25788 1份）开始出售。另外，商品莠丹是丁草敌与R-25788混剂，它们已成为玉米田的重要除草剂。扫弗特是丙草胺与安全剂CGA-123407的混合剂，可安全地用于水稻秧田、直播田、抛秧田和移栽田。小麦田禾本科杂草除草剂骠马是噁唑禾草灵与安全剂解草唑的混剂。通常甲草胺或异丙甲草胺不宜用在高粱田，但在应用安全剂Flurazole和Cyometrinil处理种子后，则能够安全地应用甲草胺、异丙甲草胺。这种措施已被美国有些州列为高粱田化学除草的重要方法。

四、除草剂的作用机制

除草剂的作用机制比较复杂，多数除草剂涉及植物的多种生理生化过程。现将除草剂的作用机制归纳如下。

（一）抑制光合作用

1. 光合作用概述 光合作用是高等植物所特有的生化反应，其本质是植物以二氧化碳与水为原料，在光能的作用下产生碳水化合物和其他贮能丰富的物质，并释放氧气。这一过程主要包括两个步骤，即光反应和暗反应。光反应顾名思义是需要光的，故称为光反应。光合作用的光反应包含两个光反应色素系统，即光系统Ⅰ（PSⅠ）与光系统Ⅱ（PSⅡ）。这种光反应在叶绿体中的类囊体膜内进行。类囊体膜上的色素包含有叶绿素a、叶绿素b和类胡萝卜素等多种色素，这些色素都能吸收光能。暗反应这个步骤不需要光，故称暗反应。

叶绿体中电子传递的顺序是光系统Ⅱ反应中心色素P_{680}受光激发后，产生了一个强氧化势，使水氧化，并将电子转移给原初电子供体Z，然后不断将电子传递到原始电子受体质体醌QA，然后它把电子传递到另一个特殊的质体醌QB，QB从QA连续接受两个电子后再传递给质体醌PQ。电子从PQ向光系统Ⅰ方向传递时，先通过铁硫中心和细胞色素f（Cytf），随后经过质体蓝素（PC）传递到光系统Ⅰ反应中心P_{700}。P_{700}受光激发后，以非常快的速度把电子传递给铁氧还蛋白Fd，然后电子传递给了光合电子传递链的终端受体$NADP^+$，完成了电子从水到$NADP^+$的传递。此外，Fd也可以通过细胞色素b把电子传回到PQ，形成光系统Ⅰ的环式电子流（图9-1）。

2. 光合作用抑制剂的作用部位 目前，已知除草剂的作用部位是：①阻断电子由QA到

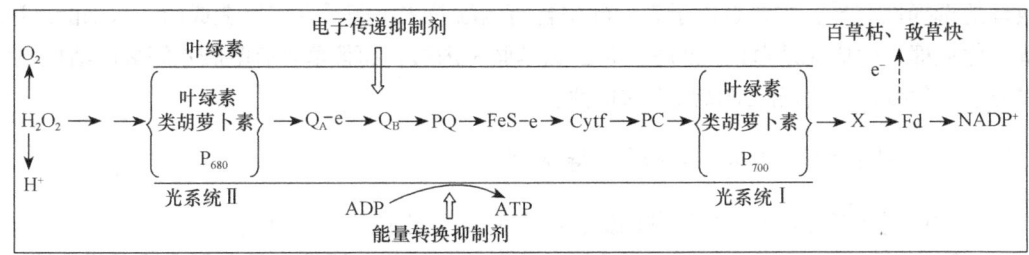

图 9-1 光合作用抑制剂的作用部位

QB 的传递。一些光合作用抑制剂与质体醌 QB 结合,使 QB 钝化,QB 失去其功能后,不能接受来自 QA 的电子,因此也就阻断了电子的传递(图 9-1)。大部分光合作用抑制剂作用于此部位,如取代脲类、三氮苯类、尿嘧啶类等。②作用于光合磷酸化部位。在光合作用过程中,光能通过叶绿体最终转变为化学能,即产生 ATP。除草剂苯氟磺胺(perfluidone)属解偶联剂,影响光合磷酸化作用,抑制 ATP 的生成。一些酚类、腈类药剂也作用于光合磷酸化。③截获传递到 $NADP^+$ 的电子。季铵盐类除草剂敌草快和百草枯,可充当电子传递受体,从电子传递链中争夺电子。即作用于 PS I 中充当铁氧还蛋白(Fd)的作用,使正常传递到 $NADP^+$ 中的电子被截获,而影响 $NADP^+$ 的还原。与此同时,敌草快、百草枯争夺电子后被还原,还原态的敌草快、百草枯可自动氧化产生相应的阳离子,同时产生超氧根阴离子,这种有害物质可致使生物膜中的不饱和脂肪酸产生过氧化作用。最后迅速造成细胞死亡,即表现杂草枯死。

(二)破坏植物的呼吸作用

植物的呼吸作用是在有氧条件下,将碳水化合物、脂肪、蛋白质等底物通过糖酵解与三羧酸循环的一系列酶的催化氧化,产生供生命活动需要的 ATP、CO_2 和水,是与光合作用相逆反的过程。除草剂通常不影响植物的糖酵解与三羧酸循环,主要影响氧化磷酸化偶联反应,致使不能生成 ATP。有些除草剂就是典型的解偶联剂,如酚类除草剂五氯酚钠、二硝酚和地乐酚,腈类除草剂碘苯腈与溴苯腈等。此外,如敌稗、氯苯胺灵及一些苯腈类等也具有解偶联性质。当五氯酚钠等解偶联剂作用于氧化磷酸化部位后,由 ADP 生成 ATP 的反应受到抑制,于是 ADP 维持在高浓度水平,增强了植物的呼吸作用,但却不能生成 ATP,不能满足植物生长的能源需要,植物终因正常代谢受干扰而死亡。

(三)抑制植物的生物合成

1. 抑制色素的合成 高等植物叶绿体内的色素主要是叶绿素和类胡萝卜素。叶绿素包括叶绿素 a 和叶绿素 b,类胡萝卜素包括胡萝卜素和叶黄素。胡萝卜素有 3 类,即 α- 胡萝卜素、β- 胡萝卜素、γ- 胡萝卜素,叶黄素则是胡萝卜素的衍生物。胡萝卜素和叶黄素都是脂溶性化合物,在叶绿素的片层结构中与脂类结合,被束缚于叶绿体片层结构的同一蛋白质中,光合作用中光能吸收与传递及光化学反应和电子传递过程均在这里进行。因此,抑制色素的合成,最终将抑制光合作用。抑制途径主要分为两大类。

一是抑制叶绿素的生物合成及质膜的破坏。二苯醚类、环亚胺类除草剂通过抑制叶绿素合成过程中的原卟啉原氧化酶(protoporphyrinogen IX oxidase)达到除草的效果。研究显示,当植物用二苯醚类、环亚胺类(如噁草酮)处理后,原卟啉原氧化酶迅速被抑制,造成原卟啉原 IX 的瞬间积累。正常情况下的原卟啉 IX 在叶绿体包封的环境中被螯合和保护,不会造成细胞膜的破坏。过量的原卟啉原 IX 在叶绿体内积累后引起泄漏,渗漏到细胞质中。在细胞质中,原卟啉原 IX 在氧化酶的作用下生成原卟啉 IX。原卟啉 IX 是一种光敏剂，有氧存在时，在光照下，产生高活性的单线态氧分子，作用于细胞膜脂，从而使细胞膜结构解离，细胞内源物渗漏，最终导致细胞死亡，从而杀死杂草。由于这一过程必须在光照下才能进行，因此这类除草剂受光的影响明显。

二是抑制类胡萝卜素的生物合成。类胡萝卜素生物合成过程中的重要酶类有异戊烯转移酶、八氢番茄红素脱氢酶、δ-胡萝卜素脱氢酶和对-羟苯基丙酮酸双氧化酶。类胡萝卜素在光合作用中可以保护叶绿素分子，防止受到光氧化而遭到破坏。有些除草剂可以抑制类胡萝卜素合成，致使叶绿素失去保护色素，而出现失绿、白化现象，如异噁草松、氟草敏、嘧啶类、三酮类、异噁唑类等除草剂。八氢番茄红素脱氢酶是类胡萝卜素合成过程中八氢番茄红素生成 δ-胡萝卜素的重要酶。研究表明，氟草敏、氟咯草酮、氟啶草酮、吡氟酰草胺等除草剂抑制该酶，从而最终抑制类胡萝卜素的合成。对-羟苯基丙酮酸双氧化酶是植物体合成质体醌和 α-生育酚的关键酶。当八氢番茄红素脱氢酶受到抑制后，由 4-羟苯基丙酮酸氧化脱羧转变为尿黑酸的合成受阻，进而影响质体醌的合成。而质体醌则是八氢番茄红素脱氢酶的一种关键辅因子，质体醌的减少使八氢番茄红素脱氢酶的催化作用受阻，进而影响类胡萝卜素的生物合成，导致植物白化症状，最终使植物死亡。三酮类除草剂（磺草酮、甲基磺草酮等）、异噁唑类除草剂（异噁唑草酮、异噁氯草酮等）和吡草酮等除草剂的靶标酶为八氢番茄红素脱氢酶。此外，在类胡萝卜素合成过程中，由 δ-胡萝卜素生成番茄红素需要 δ-胡萝卜素脱氢酶催化，嘧啶类除草剂可以抑制该酶。δ-胡萝卜素脱氢过程的作用机制与八氢番茄红素脱氢过程是相似的。因此，八氢番茄红素脱氢酶抑制剂也能够抑制 δ-胡萝卜素脱氢酶。

2. 抑制氨基酸、核酸和蛋白质的合成 氨基酸是植物体内蛋白质及其他含氮有机物合成的重要物质，氨基酸合成的受阻将导致蛋白质合成的停止。蛋白质与核酸是细胞核与各种细胞器的主要成分。因此，对氨基酸、蛋白质、核酸代谢的抑制，将严重影响植物的生长、发育，造成植物死亡。

目前已开发并商品化的抑制氨基酸合成的除草剂有有机磷类、磺酰脲类、咪唑啉酮类、磺酰胺类和嘧啶水杨酸类等。在上述这些类别中，除含磷除草剂外，其他均为抑制支链氨基酸生物合成的除草剂。目前常用的含磷除草剂有草甘膦、草铵膦和双丙氨膦。草甘膦的作用部位是抑制莽草酸途径中的 5-烯醇丙酮酸基莽草酸-3-磷酸酯合成酶，使苯丙氨酸、酪氨酸、色氨酸等芳族氨基酸生物合成受阻。而草铵膦和双丙氨膦则抑制谷氨酰胺的合成，其靶标酶为谷氨酰胺合成酶。该两种除草剂通过对谷酰胺合成酶不可逆抑制及破坏其后谷氨酰胺合成酶的有关过程而引起植物死亡，这些过程破坏的结果导致细胞内氨积累、氨基酸合成及光合作用受抑制、叶绿素破坏。植物体内合成的支链氨基酸为亮氨酸、异亮氨酸和缬氨酸，其合成开始阶段的重要酶为乙酰乳酸合成酶或乙酰羟基丁酸合成酶。磺酰脲类、咪唑啉酮类、磺酰胺类、嘧啶水杨酸类等除草剂的作用靶标酶为乙酰乳酸合成酶或乙酰羟基丁酸合成酶。通常将该类除草剂统称为乙酰乳酸合成酶抑制剂。除此之外，杀草强为杂环类灭生性除草剂，其通过抑制咪唑-甘油磷酸脱水酶而阻碍组氨酸的合成。

除草剂抑制核酸和蛋白质的合成主要是间接性的，直接抑制蛋白质和核酸合成的报道很少。已知干扰核酸、蛋白质合成的除草剂几乎包括了所有重要除草剂的类别：苯甲酸类、氨基甲酸酯类、酰胺类、二硝基酚类、二硝基苯胺类、卤代苯腈、苯氧羧酸类与三氮苯类等。试验证明，很多抑制核酸和蛋白质合成的除草剂干扰氧化与光合磷酸化作用。通常除草剂抑制 RNA 与蛋白质合成的程度与降低植物组织中 ATP 的浓度存在相关，除草剂干扰核酸和蛋白质的合成，是 ATP 被抑制的结果。磺酰脲类除草剂是通过抑制支链氨基酸的合成而影响核酸和蛋白质的合成，并证明氯磺隆能抑制玉米根部 DNA 的合成。

3. 抑制脂类的合成　类脂包括脂肪酸、磷酸甘油酯与蜡质等。它们分别是组成细胞膜、细胞器膜与植物角质层的重要成分。目前，已知芳氧苯氧基丙酸酯类、环己烯酮类和硫代氨基甲酸酯类除草剂是抑制脂肪酸合成的重要除草剂。芳氧苯氧基丙酸酯类和环己烯酮类除草剂的靶标酶为乙酰辅酶 A 羧化酶，它是催化脂肪酸合成中起始物质乙酰辅酶 A 生成丙二酸单酰辅酶 A 的酶。硫代氨基甲酸酯类除草剂是抑制长链脂肪酸合成的除草剂，它是通过抑制脂肪酸链延长酶系，而阻碍长链脂肪酸的合成。

（四）干扰植物激素的平衡

植物体内含有多种植物激素，它们对协调植物的生长、发育、开花与结果具有重要的作用。它们在植物的不同组织中的含量与比例都有严格的要求。激素型除草剂是人工合成的具有天然植物激素作用的物质，如苯氧羧酸类（如 2,4-D 与二甲四氯等）、苯甲酸类（草芽畏、草灭畏与麦草畏等）和氨氯吡啶酸等。这些化合物都很稳定，在进入植物体后，会打破原有的天然植物激素的平衡，因而严重影响植物的生长发育。激素型除草剂的作用特点，是低浓度对植物有刺激作用，高浓度时则产生抑制作用。由于植物不同器官对药剂的敏感程度及药量积累程度的差别，受害植物常可见到刺激与抑制同时存在的症状，导致植物产生扭曲与畸形。例如，2,4-D 对双子叶杂草表现的毒害症状：顶端与根部生长停止、叶片皱缩、茎叶扭曲、茎基部变粗、肿裂或出现瘤状物等，严重时则全株枯死。

（五）抑制微管与组织发育

微管是存在于所有真核细胞中的丝状亚细胞结构。高等植物中，纺锤体微管则是决定细胞分裂程度的功能性结构，微管的组成与解体受细胞末端部位的微管-机能中心控制。二硝基苯胺类除草剂是抑制微管的典型代表，它们与微管蛋白结合并抑制微管蛋白的聚合作用，造成纺锤体微管丧失，使细胞有丝分裂停留于前期或中期，产生异常的多形核。由于细胞极性丧失，液泡形成增强，故在伸长区进行放射性膨胀，结果造成根尖肿胀。

植物组织是通过分裂、伸长、分化而发育的细胞群体。苯氧羧酸类及苯甲酸类除草剂往往抑制韧皮部与木质部发育，阻碍代谢产物及营养物质的运转与分配，造成形态畸形。

课外链接 9-1

1. C_3 和 C_4 植物。
2. 麦田有毒杂草毒麦？

第二节　除草剂的合理选用

一、作物田除草剂的选用

（一）稻田除草剂的选用及杂草防治技术

据调查，稻田常见的杂草种类约有 100 种，其中广泛分布于全国各地且危害重的最主要稻田杂草是稗草、鸭舌草、牛毛毡、水莎草、矮慈姑、节节菜、异型莎草、眼子菜、扁秆藨草等；分布较广的常见稻田杂草有萤蔺、千金子、鳢肠、日照飘拂草、水苋菜、田字苹、茨藻、黑藻、陌上菜等。此外，圆叶竹节菜、尖瓣花等在南亚热带和热带稻区危害较重；芦苇、扁秆藨草、泽泻、水绵等主要在北方的温带稻区形成危害。

稻田杂草的发生一般是在播、栽、抛后10d左右（秧田一般5～7d）出现第一杂草出苗高峰。此批杂草主要以禾本科的稗草、千金子和莎草科的异型莎草等一年生杂草为主，且发生早、数量大、危害重。播、栽、抛后20d左右出现第二出草高峰。此批杂草主要是莎草科杂草和阔叶类杂草。由于我国种植水稻的范围较广，耕作、栽培制度不完全相同，各地区稻田杂草的发生规律不尽一致。总体来说，从南到北，杂草种类减少，杂草群落结构趋于简化。杂草与水稻同生期缩短。

稻田杂草的化学防治除因草相、药剂、气候、土壤等条件适宜外，尚需根据稻田杂草的发生规律、栽培品种及耕作栽培管理的特点，兼顾考虑以下几个方面：①作物品种、发育阶段、栽培方式与药剂类型统一。②杂草的种类、群落的动态与药剂的种类和特性相一致。③环境条件、作物生长与施药种类、施药方法、施药剂量相吻合。④多用混剂、增强选择性，提高防效，扩大杀草谱。⑤正确用药，保护环境。⑥密切注视抗药性杂草种群的形成和发展。力求在杂草发生高峰期用药，可取得理想的杂草防治效果。由于各地稻田杂草群落结构比较相似，使用的除草剂也大致相同，只是因气候、土壤特征、种植方式和地区习惯不同而略有差异。同一种除草剂的使用剂量，随种植的品种、温度、土壤有机质含量及水层管理情况等的不同而有一定的差异。一般来说，北方和高寒地区的用量大于中部和南部稻区，约分别递增1/3。同一地区、同等条件下的露地栽培比塑料薄膜栽培施药量大；粳稻比籼稻用药量大。

1. 秧田杂草的化学防治 水稻秧田可分为旱育秧田和水育秧田。其主要危害性杂草是稗草，以防治"夹稞稗"为主兼除其他杂草，培育壮秧。在我国，早稻秧田通常采用塑料薄膜育秧或温室育秧，与之相配套形成了湿润育秧或旱育秧。薄膜育秧因膜内温度高，杂草的发生和除草剂的使用技术与露地秧田相比有一定的差异。在水育秧田方能保证药效的那些除草剂如禾草特（禾大壮）等应避免在旱育秧田使用，而丁草胺在旱育秧田使用，其安全性比水育秧田好。

旱育秧田除稗草外，还有旱生或其他湿生型杂草如马唐、牛筋草、鳢肠、藜、异型莎草和碎米莎草等，使用的除草剂及配方主要有以下几种（以公顷量计，下同）。

A．36%丁（丁草胺）噁（噁草酮）乳油1500mL。

丁草胺（butachlor，马歇特）

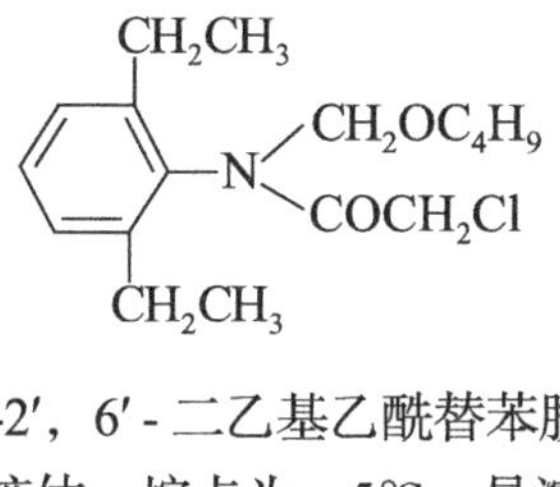

化学名称：N-丁氧甲基-2-氯-2',6'-二乙基乙酰替苯胺。

主要理化性质：纯品为淡黄色液体；熔点为$-5℃$，易溶于丙酮、苯、乙醇等有机溶剂，在水中溶解性较低，土壤中持留42～47d。

生物活性：为选择性输导型芽前除草剂。主要通过幼芽吸收，根也可吸收，抑制敏感植物的蛋白质合成。对人、畜低毒，大鼠急性经口LD_{50}为2000mg/kg，兔急性经皮$LD_{50}>$13 000mg/kg。

噁草酮（oxadiazon，农思它）

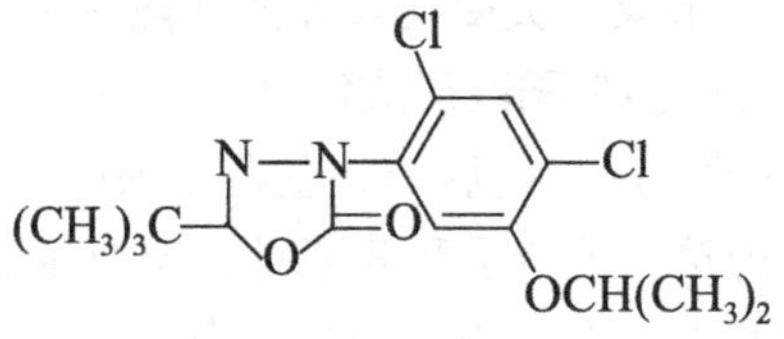

化学名称：5-特丁基-3-（2,4-二氯-5-异丙氧苯基）-1,3,4-噁二唑-2（3H）-酮。

主要理化性质：原药为白色无味不吸水结晶，熔点约为90℃，20℃时蒸气压为$1.33×10^{-6}$Pa，20℃时在水中的溶解度约为0.7mg/L，甲醇中为100g/L，乙醇中为100g/L，环己烷中为200g/L，丙酮中为600g/L，苯中为1000g/L，氯仿中为1000g/L，二甲苯中为1000g/L。贮藏稳定性良好。

生物活性：主要用于水稻田和旱地花生、棉花、甘蔗等，防除稗草、狗尾草、唐苋、藜、蓼、苍耳、田旋花等。噁草酮还可配成混剂使用。对人、畜为低毒。

B．26%（莎稗磷）可湿性粉剂 1200～1500g。

莎稗磷（anilofos，阿罗津）

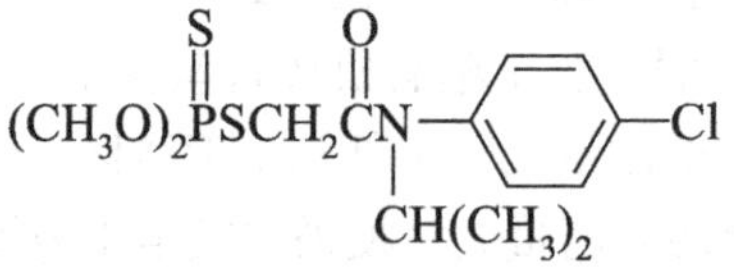

化学名称：S-4-氯-N-异丙基苯胺基甲酰基甲基-O，O-2-二甲基二硫代磷酸酯。

主要理化性质：无色结晶。熔点为50～51℃。22℃时水中的溶解度为13.6mg/L，可溶于苯、丙酮等有机溶剂。

生物活性：主要用于水稻移栽田防除3叶期以前的稗草、千金子、一年生莎草、牛毛草等，对扁秆藨草无效。用于棉花、大豆、油菜田防除稗草、马唐、狗尾草、牛筋草、野燕麦、异形莎草、碎米莎草等，对阔叶杂草效果差。直播稻田 4 叶期以前施用该药敏感，可用于大苗移栽田，不可用于小苗移栽田，抛秧田慎用。大鼠急性经口 LD_{50} 为 830mg/kg，急性经皮 LD_{50}＞2000mg/kg。

C．17.2% 幼禾保（哌草丹＋苄嘧磺隆）可湿性粉剂 3000g。

哌草丹（dimepiperate，优克稗）

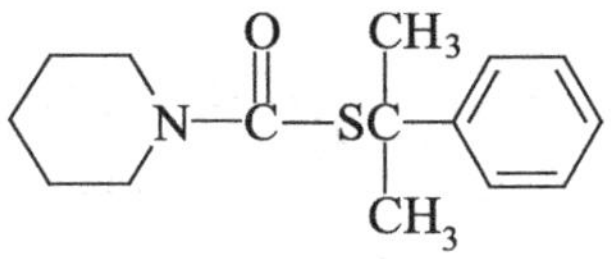

化学名称：S-（α，α-二甲基苄基）哌啶-1-硫代甲酸酯。

主要理化性质：原药为白色无味不吸水结晶，熔点约为90℃，20℃时蒸气压为$1.33×10^{-6}$Pa，20℃时在水中的溶解度约为0.7mg/L，甲醇中为100g/L，乙醇中为100g/L，环己烷中为200g/L，丙酮中为600g/L，苯中为1000g/L，氯仿中为1000g/L，二甲苯中为1000g/L。贮藏稳定性良好。

生物活性：主要用于水稻田和旱地花生、棉花、甘蔗等田间防除稗草、狗尾草、唐苋、藜、蓼、苍耳、田旋花等。噁草酮还可配成混剂使用。对人、畜为低毒。

D. 60% 丁草胺乳油 900～1500mL。

兑水 450kg 喷施。配方 A、B 的用法是苗床浇足水→落谷→盖土（不露籽）→喷药→盖膜；配方 C 于揭膜后炼苗 2d 用药，均匀喷雾茎叶；配方 D 播后 3d 施药，保持田面湿润勿淹水。

水育秧田使用的除草剂及配方有以下几种。

A. 50% 禾草丹乳油 3000～3750mL。

禾草丹（thiobencarb，杀草丹）

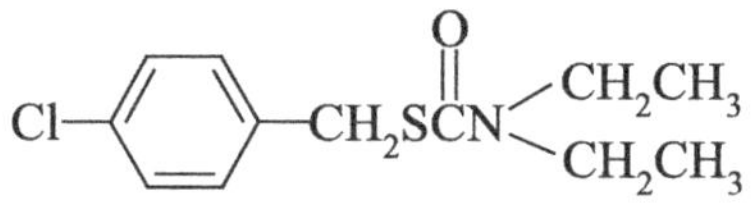

$$Cl-\!\!\bigcirc\!\!-CH_2SCN(CH_2CH_3)_2 \quad (\text{with } C=O)$$

化学名称：N,N-二乙基硫赶氨基甲酸对氯苄酯。

主要理化性质：纯品为淡黄色液体，相对密度为 1.16（20℃），熔点为 3.3℃，沸点为 126～129℃/1.07Pa，闪点为 172℃，蒸气压为 2.2×10^{-3}Pa（23℃），在水中的溶解度为 27.5μg/mL（pH6.7），20℃时在水中的溶解度为 30mg/L，易溶于二甲苯、醇类、丙酮等有机溶剂。对酸、碱稳定，对热稳定，对光较稳定。

生物活性：选择性内吸传导型除草剂。杂草从根部和幼芽吸收后转移到植物体内。杀草机制是抑制 α-淀粉酶活性和干扰蛋白质合成，影响细胞有丝分裂和生长点的生长，导致萌发的杂草种子和幼芽枯死。该药剂在厌氧条件下能被土壤微生物降解成脱氯禾草丹，对水稻生长有一定的影响。主要用于稻田，也可用于棉花、大豆、花生、马铃薯、甜菜，防除一年生禾本科阔叶杂草和莎草科杂草，如稗草、马唐、狗尾草、牛筋草、蓼、藜、苋、繁缕、舌草、三棱草、萤蔺、牛毛毡等。禾草丹属低毒除草剂。

B. 50% 禾草丹乳油 2250mL＋20% 敌稗乳油 2250mL。

敌稗（propanil，斯达姆）

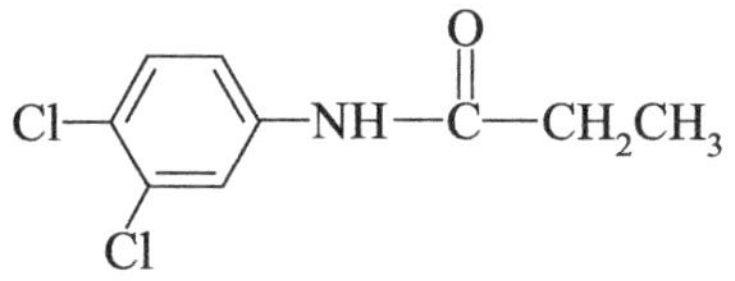

$$3,4\text{-}Cl_2C_6H_3\text{-}NH\text{-}CO\text{-}CH_2CH_3$$

化学名称：N-3,4-二氯苯基丙酰胺。

主要理化性质：纯品为白色针状结晶。原药为无色、无味晶体，熔点为 92～93℃，密度为 1.41g/cm³（22℃）。25℃时在水中的溶解度为 130mg/L。20℃时在一些有机溶剂中的溶解度为：异丙醇、二氯甲烷＞200g/L，甲苯为 50～100g/L，己烷＜1g/L。强酸和强碱介质中水解成 3,4-二氯苯胺和丙酸。一般条件下稳定，日光下在水中迅速光解。

生物活性：触杀型除草剂，主要用于秧田或直播田，是防除稗草的特效药，也可用于防除其他多种禾本科和双子叶杂草，如鸭舌草、水芹、马唐、狗尾草等。敌稗在植物体内几乎不输导，只是在药剂接触部位起作用。它的作用机制是多方面的，不仅破坏植物的光合作用，还抑制呼吸作用与氧化磷酸化作用，干扰核酸与蛋白质的合成等，从而使敏感植物的生理机能受到影响，加速失水、叶片逐渐枯干，最后死亡。大鼠急性经口 LD_{50} 为 1400mg/kg；兔急性经皮 LD_{50}＞7080mg/kg。对人的皮肤和眼睛有刺激作用。

C. 96% 禾草特乳油 1500～2250mL。

禾草特（molinate，禾大壮）

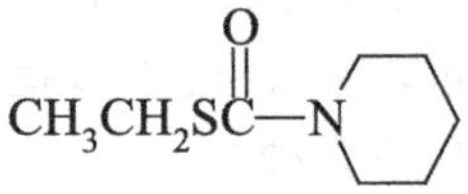

$$\text{CH}_3\text{CH}_2\text{SC}(\text{=O})-\text{N}\langle\text{piperidine}\rangle$$

化学名称：N,N-六甲撑硫赶氨基甲酸乙酯。

主要理化性质：原药为透明芳香气味液体，相对密度为1.063（20℃），沸点为202℃，蒸气压为747×10^{-3}Pa（20℃），20℃时在水中的溶解度为800mg/L，可溶于甲酮、苯、二甲苯等有机溶剂，常温下储存稳定。

生物活性：内吸传导型除草剂，能被杂草的根和芽吸收，抑制α-淀粉酶的合成而使杂草死亡。对稗草特效。适用于水稻田防除稗草、牛毛草、异型莎草等。属低毒除草剂。大鼠急性经口 LD_{50} 为468～705mg/kg，经皮 LD_{50} 大于1200mg/kg。对皮肤和眼睛有刺激作用。

D．50%哌草丹乳油 2250～3300mL。

E．15%噁草酮乳油 750～1350mL。

F．50%二氯喹啉酸可湿性粉剂 375～450g。

二氯喹啉酸（quinclorac）

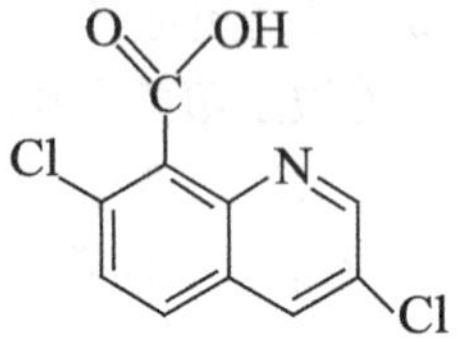

化学名称：3,7-二氯-8-喹啉羧酸

主要理化性质：无色结晶。熔点为274℃。蒸气压$<0.01\times10^{-6}$Pa（20℃）。20℃时的溶解性：水 0.065mg/L（pH7），溶于丙酮、乙醇、乙酸乙酯。在光、热和弱酸、弱碱条件下稳定，无腐蚀性。

生物活性：内吸传导型选择性苗后除草剂，具有激素型除草剂的特点，与生长素类物质的作用症状相似，通常主要通过稗草根吸收，也能被发芽的种子吸收，少量通过叶部吸收，在稗草体内传导，水稻根部能将其分解而失活，因而水稻安全。受害杂草嫩叶出现轻微失绿现象，叶片出现纵向条纹并弯曲。主要用于水稻秧田、直播田和移栽田特效杀除稗草。可杀死1～7叶期的稗草，对4～7叶期的高龄稗草药效突出，还能有效地防除鸭舌草、水芹、田皂角，但对莎草科杂草效果差。属于低毒除草剂。

G．10%氰氟草酯乳油 750～1500mL。

氰氟草酯（cyhalofop-butyl）

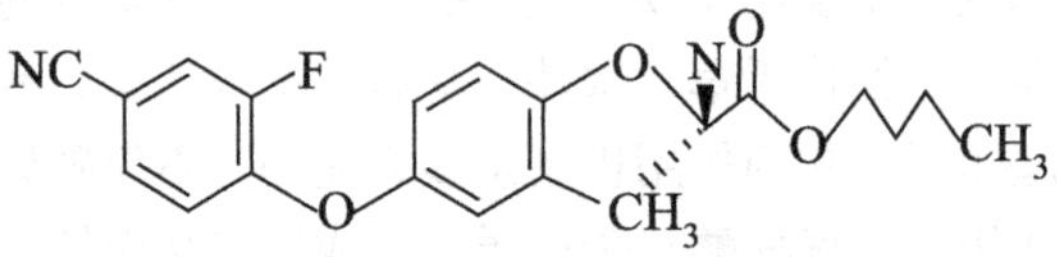

化学名称：（R）-2-［4（4-氰基-2-氟苯氧基）苯氧基］-丙酸丁酯。

主要理化性质：原药为琥珀色透明液体，相对密度为1.2375（20℃），沸点为363℃，熔点为48～49℃，蒸气压为1.17×10^{-6}Pa（20℃），溶于大多数有机溶剂，不溶于水。酸性条件比较稳定，碱性条件下水解迅速。

生物活性：选择性输导型茎叶处理剂，其作用机制为抑制脂肪酸合成过程中的关键酶乙酰辅酶 A 羧化酶，使脂肪酸合成受阻。用于水稻田防除稗草、千金子等禾本科杂草。对人、畜低毒，大鼠急性经口 LD_{50} 大于 5000mg/kg，经皮 LD_{50} 大于 2000mg/kg。

H. 10% 苄嘧磺隆可湿性粉剂 150~300g。

苄嘧磺隆（bensulfuron-methyl）

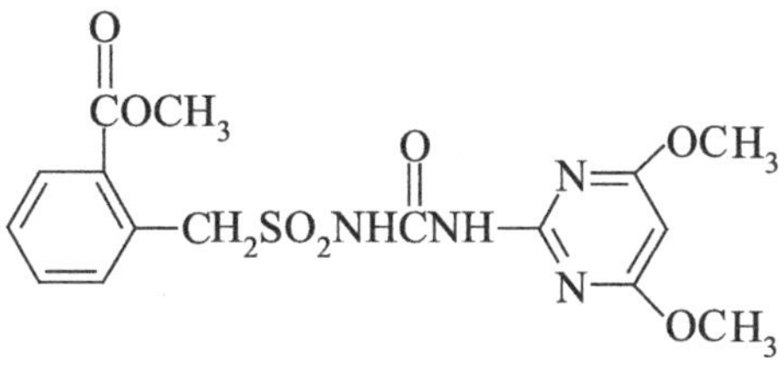

化学名称：2-｛[（4,6-二甲氧基嘧啶-2-基）氨基羰基氨基] 磺酰基甲基｝苯甲酸甲酯。

主要理化性质：原药为白色固体，熔点为 185~188℃，蒸气压为 $1.7×10^{-8}$Pa（25℃），在水中和多数有机溶剂中的溶解度很低。25℃条件下水解稳定性：DT_{50} 为 11d（pH5），143d（pH7）。

生物活性：属选择性输导型除草剂。杂草根部和叶片吸收后转移到其他部位，阻碍支链氨基酸的生物合成。敏感杂草生长机能受阻、幼嫩组织过早发黄，抑制叶部、根部生长。苄嘧磺隆为水稻田重要的除草剂，可防除阔叶杂草和莎草科杂草。原药大鼠急性经口 LD_{50}>5000mg/kg，兔急性经皮 LD_{50}>2000mg/kg。对鱼低毒，48h 致死中浓度>1000mg/L。

I. 48% 灭草松水剂 2250mL。

灭草松（bentazone，苯达松）

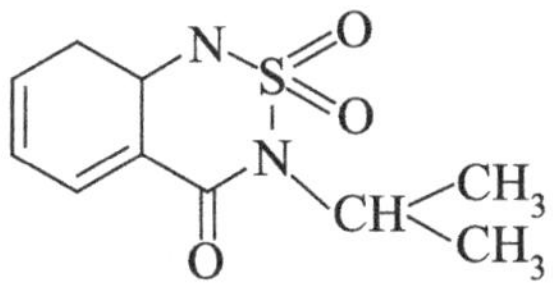

化学名称：3-异丙基-（1H）-苯并-2,1,3-噻二嗪-4-酮-2,2-二氧化物。

主要理化性质：纯品为无色晶体，熔点为 137~139℃，蒸气压为 $0.46×10^{-6}$Pa（20℃），20℃在水中的溶解度为 570mg/L（pH7），在有机溶剂中溶解度分别为丙酮 1507g/kg，苯 33g/kg，乙酸乙酯 650g/kg，乙醚 616g/kg，环己烷 0.2g/kg，三氯甲烷 180g/kg，乙醇 861g/kg。对酸、碱、光稳定。

生物活性：选择性触杀型苗后处理剂。主要是抑制光合作用中的希尔反应，阻碍二氧化碳的固定。同时还使细胞急剧坏死，抑制蒸腾作用和呼吸作用，为典型的光合作用抑制剂。主要用于水稻、大豆、花生、禾谷类作物田，防除莎草科和阔叶杂草，如矮慈姑、荸荠、鸭舌草、节节菜、异型莎草、三棱草、苍草、马齿苋、荠菜、繁缕、曼陀罗、苘麻、豚草、莎草及蓼等。为低毒除草剂，对眼睛和呼吸道有刺激作用。

J. 20% 氯氟吡氧乙酸乳油 600~900mL。

氯氟吡氧乙酸（fluroxypyr，使它隆）

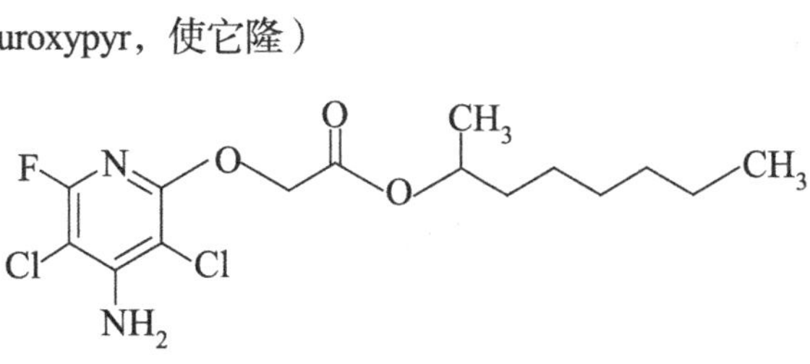

化学名称：4-氨基-3,5-二氯吡啶氧乙酸。

主要理化性质：纯品为白色结晶体，熔点为232～233℃，蒸气压为$1.26×10^{-3}$Pa（25℃），易溶于丙酮（1.6g/L）、氯仿、二氯甲烷，不溶于水（91mg/L）。常温下贮存2年稳定。

生物活性：内吸传导型选择性苗后除草剂。具有植物激素的作用，对植物的杀伤能力强，活性高，单位面积用药量较少。常用于小麦、玉米、甘蔗、果园等防除各种阔叶杂草如猪殃殃、马齿苋、龙葵、繁缕、巢菜、田旋花、蓼等，对禾本科杂草无效。为低毒除草剂。

K. 20%二甲四氯水剂3000～3750mL。

二甲四氯（MCPA）

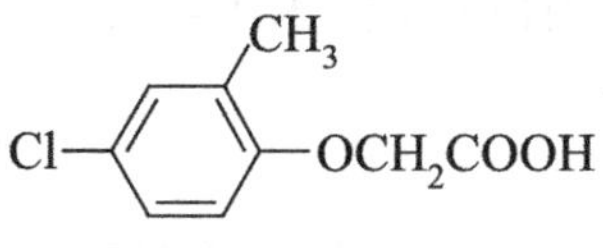

化学名称：2-甲基-4-氯苯氧乙酸。

主要理化性质：纯品为无色无臭结晶，熔点为118～119℃，难溶于水，易溶于有机溶剂。一般制成二甲四氯钠盐使用，商品为棕色粉末，易溶于水，吸湿后易结块。

应用品种一般多为可溶性盐类，如二甲四氯钠盐、二甲四氯二甲胺盐、二甲四氯异丙胺盐，或酯类如二甲四氯丁酸乙酯、二甲四氯异辛酯、二甲四氯硫代乙酯（芳米大）、二甲四氯异硫酯。相对于盐类，酯类挥发性较大。我国推广面积最大的是二甲四氯钠盐。

生物活性：选择性内吸传导激素型除草剂。可被植物的根、茎、叶吸收，在禾本科植物体内易被代谢而失去毒性，双子叶植物不易代谢，导致茎、叶扭曲，根变形，丧失吸收水分和养分的能力，逐渐死亡。主要用于水稻、小麦田防除阔叶杂草和莎草科杂草。大鼠急性经口LD_{50}为700mg/kg。

L. 10%氟吡磺隆可湿性粉剂200～400g。

氟吡磺隆（flucetosulfuron）

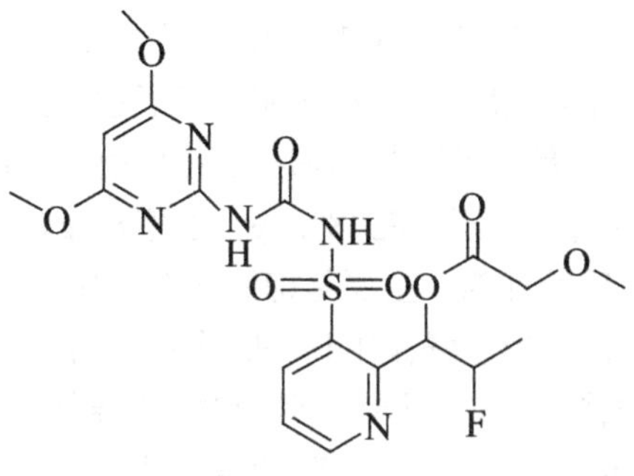

化学名称：1-{[(4,6-二甲氧基嘧啶-2-基)氨基]羰基}-2-[2-氟-1-(甲氧基甲基羰基氧)丙基]-3-吡啶磺酰脲。

主要理化性质：原药为无臭白色固体粉末，熔点为172～176℃，蒸气压为$7.6×10^{-4}$Pa（25℃），25℃溶解度为水114.0g/L，二氯甲烷中为113.0g/L，乙醚中为1.1g/L，乙酸乙酯中为11.7g/L，甲醇中为3.8g/L，正己烷中为0.006g/L。

生物活性：磺酰脲类除草剂。可通过植物根、茎、叶吸收，作用机制为抑制乙酰乳酸合成酶，阻碍支链氨基酸的合成。主要用于水稻田防除一年生阔叶杂草、莎草科杂草和一些禾本科杂草。为低毒除草剂。

M. 2.5%五氟磺草胺油悬浮剂600～1200mL。

五氟磺草胺（penoxsulam）

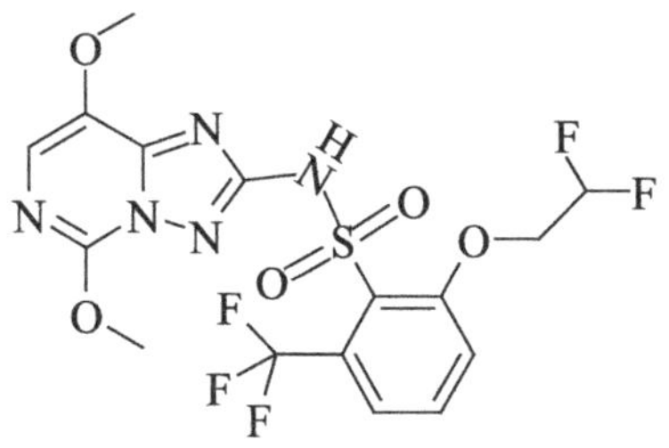

化学名称：2-（2,2-二氟乙氧）-N-［5,8-二甲氧（1,2,4）三唑-（1.5-C）嘧啶-2-基］-6-三氟甲基-苯磺酸。

主要理化性质：原药为浅褐色固体，熔点为212℃，蒸气压为$2.49×10^{-14}$Pa（20℃），19℃时在水中的溶解度为5.7mg/L（pH5）、410mg/L（pH7）、1460mg/L（pH9）。在pH5～9的水中稳定。

生物活性：磺酰脲类除草剂。可被植物的根、茎、叶吸收，通过抑制乙酰乳酸合成酶（ALS）而起效，主要用于防除水稻田的杂草，为目前稻田用除草剂中杀草谱最广的品种，可有效防除稗草（包括对敌稗、二氯喹啉酸及抗乙酰辅酶A羧化酶具抗性的稗草）、一年生莎草科杂草，并对众多阔叶杂草有效。低毒除草剂，对大鼠急性经口和经皮LD_{50}均大于5000mg/kg。

以上为公顷用量；配方A、B、C、D、E、F、G、L、M均可防治稗草等禾本科杂草；B对部分阔叶杂草也有效；E对莎草和阔叶杂草均有效；H、I、J、K仅对阔叶杂草与莎草有效。A、C对细土750～1500kg撒施；E兑水15kg甩施，余兑水450～600kg喷雾。A、B、C、D、E、F在秧苗一叶一心至三叶期前用药；I、J、K在秧苗四叶期后用药；G、L、M适用期更长。B、E、I用药前洒水，药后1d再保水；A、C、D、H保水用药，但水勿淹过秧苗心叶。

2. 移栽稻田杂草的化学防治　移栽稻与杂草生育期差距较大，稻田除草剂在具有生理生化选择性的同时还具有位差选择性，利用这种生育期差距可以取得较好的除草效果。因此，移栽稻田为安全、高效、简便地应用除草剂提供了良好的条件。近年来，将酰胺类配合磺酰脲类除草剂［苄嘧磺隆、吡嘧磺隆（草克星）、甲磺隆等］的复配剂开发应用，使移栽稻田的化学除草进入了一次性、广谱和高效或超高效的新阶段，如丁（丁草胺）苄、丁吡、苯噻（苯噻酰草胺）苄和丙（丙草胺）苄等。特别是常规用于旱作物田的乙草胺、异丙甲草胺（都尔）等在移栽稻田开发应用获得成功，大大降低了成本，如乙苄、乙吡和乙苄甲等广谱、高效、长效复配剂的开发应用。有诸多厂家生产相应的这些品种，有各自的商品名，商品用量大多为400～750g/km²，移栽后3～5d拌毒土或化肥撒施。它们的研制与开发使移栽稻田化除草真正实现一次性施药即可控制水稻全生育期草害的效果，目前，已成为移栽稻田化除草的主导品种。

移栽稻田分小苗移栽和大苗移栽。小苗移栽田多属早稻，气温较低、水层较浅，杂草出苗期较长、发生不整齐、数量较大，而水稻不易发棵，秧苗较弱。因此，小苗移栽田要选用高效、长效、广谱的除草剂，并要注意安全施药。乙氧氟草醚（果尔）、二甲四氯及三氮苯类等安全性较差的药剂，应尽量避免在小苗移栽田使用。

传统移栽稻田的化除方法是前封后杀，即移栽前（后）土壤封闭处理，以防治稗草、一年生阔叶杂草和莎草科杂草为主。水稻分蘖盛期进行一次茎叶喷雾，以防治一年生和多年生莎草科杂草、眼子菜及多种阔叶杂草为主。

A. 50%丁草胺乳油1650mL。

B. 12%噁草酮乳油1500～2250mL。

C. 50%丁草胺乳油1125mL+12%噁草酮乳油1125mL。

D. 24%乙氧氟草醚（果尔）乳油150～225mL。

乙氧氟草醚（paraoxon，果尔）

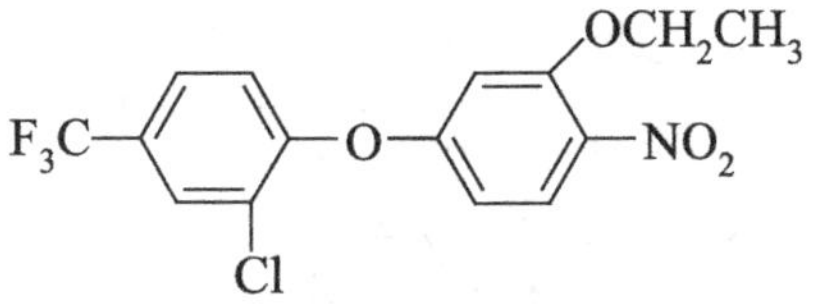

化学名称：2-氯-α，α，α-三氟-P-甲苯基-3-乙氧基-4-硝基苯基醚。

主要理化性质：工业品为红色或黄色固体，熔点为65～84℃，易溶于丙酮、氯仿、环己酮等有机溶剂中，难溶于水。

生物活性：乙氧氟草醚为选择性触杀型除草剂，既可用于土壤处理，也具有高的茎叶处理活性。其作用机理为抑制原卟啉原氧化酶，阻碍叶绿素的合成。乙氧氟草醚主要用于水稻移栽田、大蒜、生姜田和森林苗圃，防除禾本科杂草和阔叶杂草。乙氧氟草醚对人、畜低毒，大鼠急性口服LD_{50}>5000mg/kg。对皮肤和眼睛有一定的刺激作用。对鱼毒性较大，对鸟类和蜜蜂毒性较低。

E. 50%禾草丹乳油3000～3750mL或90%禾草丹乳油1350～1950mL。

F. 48%灭草松水剂1500～2250mL+20%敌稗乳油1500～2250mL。

G. 20%二甲四氯水剂2250～2625mL+20%敌稗乳油2250～2625mL。

H. 48%麦草畏水剂300mL+20%敌稗乳油2250mL。

麦草畏（dicamba，百草敌）

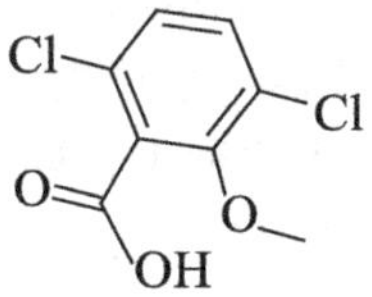

化学名称：3，6-二氯-2-甲氧基苯甲酸。

主要理化性质：纯品为白色结晶，熔点为114～116℃。25℃时溶解度：乙醇为922g/L，异丙醇为760g/L，丙酮为810g/L，甲苯为130g/L，二氯甲烷为260g/L，水为6.5g/L。贮存稳定，具有抗氧化和抗水解能力。

生物活性：具有内吸传导作用的激素型除草剂，对一年生和多年生阔叶杂草有显著防效。用于小麦、玉米、谷子、水稻等禾本科作物防除猪殃殃、藜、牛繁缕、大巢菜、播娘蒿、苍耳、田旋花、刺儿菜、问荆等。苗后喷雾，药剂通过杂草的茎、叶、根吸收，通过韧皮部及木质部上下传导，阻碍植物激素的正常活动，从而使其死亡。大鼠急性口服LD_{50}为1039mg/kg。

除配方B在栽前用药外，其余A、C、D和E可在栽后2～5d内对水喷施，保持水层，但不淹稻心。可防治稗、一年生莎草及部分阔叶杂草。F、G和H于水稻分蘖末期，排水用药，防治多年生莎草科杂草如扁秆藨草、水莎草等和部分阔叶杂草。

3. 抛栽稻田杂草的防治 水稻抛栽类型很多，按秧苗叶龄大小分有大苗抛栽、小苗抛栽；按育秧方式分有塑盘育秧抛栽和肥床育秧抛栽；按抛栽方式分有人工抛栽和机械抛栽等。由于抛栽稻田不适宜人工除草，将主要依赖化学防除。其化除配方有以下几种。

A. 60%丁草胺乳油1125mL+10%吡嘧磺隆可湿性粉剂150g。

吡嘧磺隆（pyrazosulfuron-ethyl）

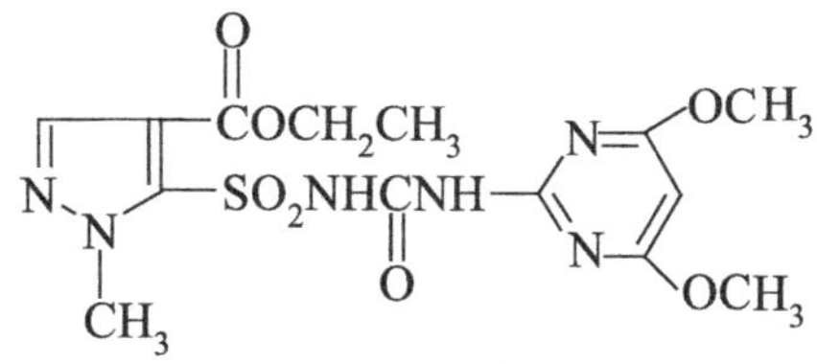

化学名称：5-（4,6-二甲氧基嘧啶基-2-氨基甲酰氨基磺酰）-1-甲基吡唑-4-羧酸乙酯。

主要理化性质：白色结晶，熔点为180~182℃。20℃时溶解度：丙酮为31.7g/L，氯仿为234g/L，甲醇为0.7g/L，已烷为0.2g/L，苯为1.7%；在水中的溶解度为14.5mg/L。蒸气压为$0.0147×10^{-3}$Pa（20℃）。对光稳定，50℃可贮存半年。

生物活性：磺酰脲类除草剂。可被植物的根、茎、叶吸收，通过抑制乙酰乳酸合成酶（ALS）而起效，用于移栽或直播水稻田防除阔叶杂草和莎草科杂草。大鼠急性口服LD_{50}为1039mg/kg。

B．30%丙草胺乳油1500g＋10%苄嘧磺隆可湿性粉剂150g。

丙草胺（pretilachlor）

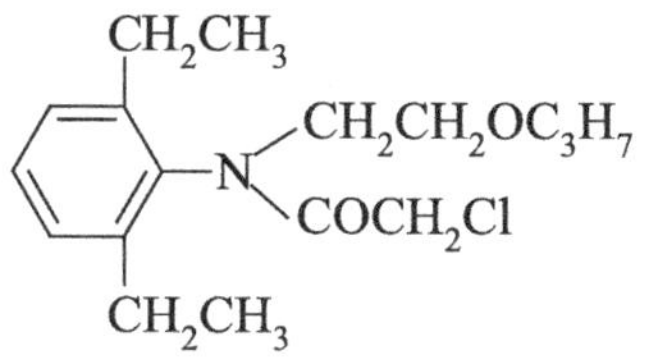

化学名称：2-氯-N-（2,6-二乙基苯基）-N-（2-丙氧基乙基）乙酰胺。

主要理性特性：纯品为无色液体；蒸气压为$0.133×10^{-3}$Pa。易溶于大多数有机溶剂，20℃时在水中的溶解度为50mg/L。常温贮存2年稳定。20℃时水解半衰期为200d（pH1~9）、14d（pH13），土壤中半衰期为20~50d。

生物活性：选择性芽前除草剂。杂草通过中下胚轴和胚芽鞘吸收药剂，干扰蛋白质合成，对杂草的光合作用和呼吸作用也有间接影响。一般通过土壤处理，防除水稻田稗草、鸭跖草、异型莎草、牛毛毡、萤蔺等杂草，对多年生杂草防效较差。大鼠急性经口LD_{50}为2000mg/kg。

C．30%丁苄可湿性粉剂1800g（丁草胺＋苄嘧磺隆）。

D．36%二氯苄可湿性粉剂525~600g（二氯喹啉酸＋苄嘧磺隆）。

E．20%二甲四氯水剂1650mL＋25%灭草松水1500mL。

以上为公顷用量；以上配方除E兑水450kg喷施外，余可兑细润土300kg撒施。在抛秧后大约1周，稻苗扎根活棵时使用。D可迟滞10d左右施用。无水层喷药，药后1~2d上水，保持浅水层3~5d。E防治阔叶杂草和莎草科杂草效果好。

4. 直播稻田杂草的化学防治 直播稻根据水分管理方式的不同，可分为水直播稻和旱直播稻两类：其中旱直播稻又可分为旱播水管稻和旱（陆）稻两种；依耕作方式的不同，立播稻又可分为全耕直播稻和少、免耕直播稻。由于耕作栽培方式的不同，直播稻的生态环境差别很大。杂草种类组合、发生消长动态取决于土壤中杂草种子库（种子数量、分布深度、休眠特性等）、土壤水分（层）、温度、水稻与杂草生态竞争能力，以及化除效果与农业措施控草效果等因素。总体来说，由于将稻种直播于大田，水稻与杂草同生期长，杂草发生量大，危害严重。旱播稻田土壤湿润无积水、透气性良好，以旱生和湿生杂草为主；水直播稻田则湿生、沼生、浅水生和水生杂草均有发生；旱播水管稻田前期杂草发生兼有旱田和水直播稻田的特点，而建立水层后杂草发生则基本同于水直播稻田。直播稻栽培能否成功也主要取决于化除措施的成功实施。

水直播稻田杂草种类多、密度大、发生期长、危害重。水直播稻田杂草发生主高峰期通常为播后1周～25d，长达20d左右。在药剂选用上要力求广谱、高效、长效、安全。

  A. 50%禾草丹乳油1500～2250mL。
  B. 12%噁草酮乳油1500mL+60%丁草胺乳油1500mL。
  C. 96%禾草特乳油1500mL+20%二甲四氯水剂3000mL。
  D. 96%禾草特乳油1500mL+10%苄嘧磺隆可湿性粉剂300g。
  E. 96%禾草特乳油1500mL+48%灭草松水剂2100mL。
  F. 50%二氯喹啉酸可湿性粉剂525g+48%灭草松水剂2400mL。
  G. 30%丙草胺乳油1650～2100mL。
  H. 90%高效禾草丹乳油1650mL+10%苄嘧磺隆可湿性粉剂225g。
  I. 50%二氯喹啉酸可湿性粉剂450g+10%苄嘧磺隆可湿性粉剂150g。
  J. 10%氟吡磺隆可湿性粉剂200～400g。
  K. 2.5%五氟磺草胺油悬浮剂600～1200mL。
  L. 20%氰氟草酯乳油750～1500mL。

以上为公顷用量；配方D兑土750kg撒施，余可兑水450kg喷施。在稻苗一叶一心至四叶期用药，其中A、C、E、F、H、I、J、K、L于用后24h内建立水层，B、G施药后2～4d建立水层，但不能淹没稻心。J、K、L可以用于防除大龄稗草；L还可以防除千金子。

此外，噁草酮、丁草胺、优克稗、苄嘧磺隆、吡嘧磺隆等除草剂，于播前或播后苗前进行土壤表面封闭灭草；幼苗期利用禾草丹、禾草特、二氯喹啉酸、苄嘧磺隆、吡嘧磺隆等进行茎叶处理，杀除第二批杂草和第一批残余杂草。

上述除草剂的施用剂量，应根据各地各田块杂草群落特征、土壤特点、施药时的温度及田间管理水平等而定。还可将一封一杀合二为一，一次性除草，简化施药程序。此后，根据田间草情，选用禾草特、二氯喹啉酸、灭草松、麦草畏、敌稗、二甲四氯、氟吡磺隆和五氟磺草胺等进行"补杀"，以防除残余杂草和阔叶杂草。千金子较多的田块，宜补用氰氟草酯，目前也有用精噁唑禾草灵防除的，但是，安全不可靠，并要严格控制用量。若仍有少量残余大草可进行人工拔除，以减轻来年水直播稻田杂草的发生量。

旱稻田杂草种类一般比水稻田多，除了主要的稻田湿生杂草外，还有较多的旱田杂草。通常在旱稻播种后5～7d，处于土表的杂草种子开始大量萌发，播后10～15d进入杂草萌发高峰期。此批杂草长势极其凶猛，若防治不及时，极易酿成草荒。旱稻播种后20～25d，少量残留在土壤深层的草籽陆续萌发出土，播后30d左右，杂草发生量很少，且旱稻群体生长势较强，迟发杂草群体生长势较弱，一般不能构成危害。从上述旱稻田杂草发生规律可看出，旱稻生长前期（播后25d之内）发生的杂草（约占全生育期杂草总数的85%～95%）是防除的重点。旱稻生长期正处于高温、多雨季节，气候条件十分有利于旱稻生长，但也有利于杂草发生。

旱播水管田和旱稻田杂草的防除对策基本上与水播稻田相同，只是在用药品种和方法上应适应旱田的特点。例如，播后苗前可用噁草酮加丁草胺做土壤处理，但苗后则不宜使用，否则效果较差。在旱田进行化除尤其要注意施药质量，进行土壤封闭时应选用喷雾法。欲提高除草效果，必须把地整平整细，喷药时加大喷液量，这样既有利于施药均匀，又能较好地克服土壤墒情并影响药效发挥。用背负式喷雾器喷药时，要注意喷药后尽量避免在田间踩踏，以免破坏药层，影响除草效果。

旱直播稻田除草剂及其配方等可参考水直播稻田除草剂配方 A、B、C、D 和 F 等。

（二）麦田除草剂的选用及杂草防治技术

麦田杂草群落结构受地区差异、农田生态条件、耕作措施影响明显，大致可分为如下几种类型。以看麦娘（包括日本看麦娘）为优势种，另有主要阔叶杂草如牛繁缕、雀舌草或猪殃殃、大巢菜及菵草等组成的群落，主要发生在淮河流域以南的稻茬麦田，与此类似群落是以硬草为优势种的。以野燕麦和阔叶杂草共为优势种的杂草群落类型；其中阔叶杂草为猪殃殃、黏毛卷耳、波斯婆婆纳等种类为优势种的杂草群落，主要发生在淮河流域以南地区的旱茬麦田；以播娘蒿、猪殃殃等阔叶杂草种类为主的杂草群落，发生在淮河流域以北地区的旱茬麦田。在东北和西北地区另有藎蓄、野芥菜和鼬瓣花等杂草。另纯粹以阔叶杂草为优势种的杂草群落类型，其中包括以波斯婆婆纳、黏毛卷耳、猪殃殃等为优势种的群落，分布于沿江及沿海地区的棉旱茬麦田；以播娘蒿等为优势种的群落，分布于北方旱茬麦田。

麦田杂草的发生期，正值低温、少雨时期，所以，杂草的出苗时间参差不齐。在冬麦区，通常可以大致分为冬前和春季两个出草高峰，不过，出苗量也随气候条件而发生变化。在春麦区，常仅有 4 月间的一个出草高峰。但有可能在 3~4 月有一个春性杂草的出苗高峰，4~5 月有一个夏秋季杂草的出草高峰。

根据不同的杂草群落，应采取适用于防除特定群落的除草剂配方，施用时期也应依据杂草发生高峰的特点适时开展。

1. 稻茬麦田杂草的化学防治

A．25% 异丙隆可湿性粉剂 3750~4500g。

异丙隆（isoproturon）

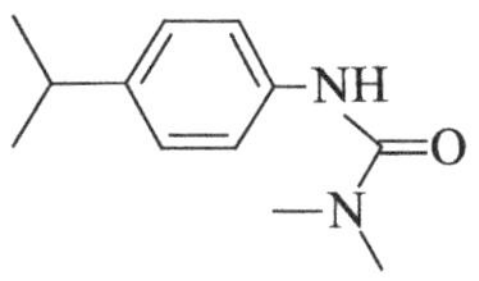

化学名称：3-（4-异丙基苯基）-1,1-二甲基脲。

主要理化性质：纯品为白色无臭粉末。熔点为 155~156℃，蒸气压为 $3.3×10^{-6}$Pa（20℃），可溶于大多数有机溶剂，常温下在水中的溶解度为 170g/L。对光、酸、碱稳定。

生物活性：内吸传导型除草剂，防治禾本科杂草。作用机制为干扰杂草的光合作用。用于小麦、大麦、棉花、玉米、大豆、豌豆、蚕豆、花生等作物地防除看麦娘、马唐、野燕麦、藜、早熟禾等杂草。属低毒除草剂。

B．25% 绿麦隆可湿性粉剂 3750~4500g。

绿麦隆（大克灵，chlorotoluron）

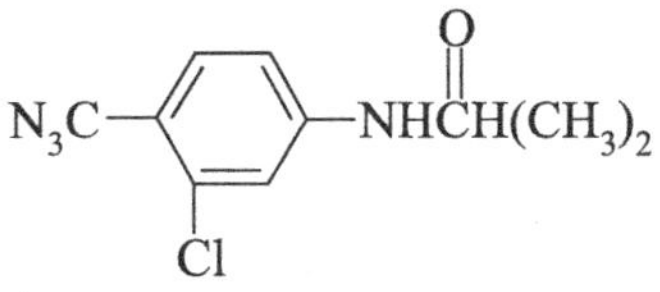

化学名称：N,N-二甲基-N'-（3-氯-4-甲基苯基）脲。

主要理化性质：白色晶体，熔点为 147~148℃，20℃时蒸气压为 $4.79×10^{-6}$Pa。溶解度（20℃）：水 10mg/L，二氯甲烷 4.3%，丙酮 5%，苯 2.4%。常温下贮藏稳定，土壤中半衰期约为 4 周。

生物活性：选择性内吸传导型脲类除草剂。主要通过杂草的根系吸收，并有叶面触杀作用，是杂草光合作用电子传递抑制剂。适用于小麦、大麦、玉米田中马唐、早熟禾、看麦娘、狗尾草、野燕麦、繁缕、苍耳等杂草防除，但对问荆、猪殃殃、刺儿菜、田旋花、蓼等防效较差。为低毒除草剂。

C．50%苯磺隆·异丙隆可湿性粉剂 1875～2250g。

苯磺隆（tribenuron-methyl，阔叶净）

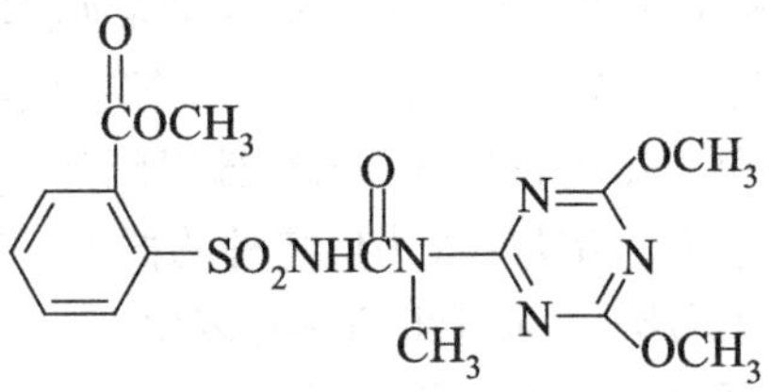

化学名称：2-[4-甲氧基-6-甲基-1,3,5-三嗪-2-基（甲基）氨基甲酰氨基磺酰基]苯甲酸甲酯。

主要理化性质：原药为固体，熔点为 141℃，蒸气压为 3.6×10^{-5} Pa（25℃）。水中溶解度为 50mg/L（pH5），难溶于常见有机溶剂中。在 pH8～10 时稳定。

生物活性：苯磺隆属选择性输导型茎叶处理剂，植物根、茎、叶都能吸收。苯磺隆是支链氨基酸合成抑制剂，阻碍细胞分裂，抑制芽鞘和根的生长。苯磺隆是我国北方小麦田重要的除草剂，用于防除阔叶杂草。苯磺隆对人、畜安全，大鼠急性口服 $LD_{50}>5000$ mg/kg，兔急性经皮 $LD_{50}>2000$ mg/kg，对皮肤无刺激作用，但对眼睛有轻微刺激性。对鱼类低毒。

D．25%绿麦隆可湿性粉剂 1500～2250g+60%丁草胺乳油 1500mL。

E．25%绿麦隆可湿性粉剂 2250g+50%禾草丹乳油 2250mL。

F．25%绿麦隆可湿性粉剂 3750～4500g+48%氟乐灵乳油 1125～1500mL。

氟乐灵（trifluralin，特福力）

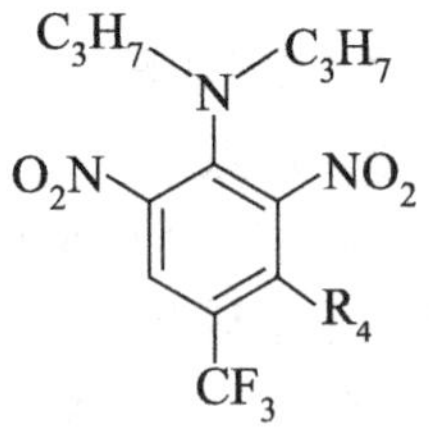

化学名称：α,α,α-三氟-2,6-二硝基-N,N-二丙基-对-甲苯胺。

主要理化性质：纯品为橘黄色结晶，熔点为 48.5～49℃，蒸气压为 1.37×10^{-2} Pa（25℃），密度为 1.36（22℃）。几乎不溶于水，溶于二甲苯、丙酮等有机溶剂。具有一定的挥发性，易光解。易被土壤吸附固着而不被雨淋溶至下层土壤。

生物活性：氟乐灵属选择性触杀型土壤处理剂。单子叶植物的主要吸收部位为胚芽鞘，双子叶植物的吸收部位为下胚轴。氟乐灵的作用机制主要是影响激素的生成和传递，抑制细胞分裂而使杂草死亡。主要用于棉花、大豆等作物田防除禾本科杂草和部分阔叶杂草，施用方法为播前混土处理。氟乐灵属低毒除草剂，原药大鼠急性经口 LD_{50} 大于 10 000mg/kg。对皮肤和眼睛有一定的刺激作用。对鱼类高毒，对鸟类、蜜蜂低毒。

G．72%2,4-滴乳油 750～975mL+6.9%精噁唑禾草灵乳剂 450～750mL。

2,4-D（2,4-滴）

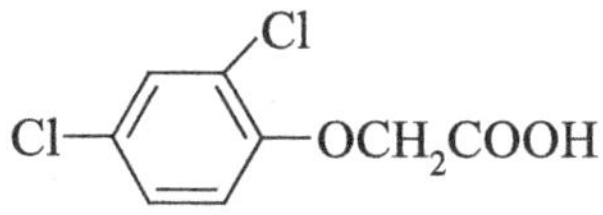

$$\text{结构式：2,4-二氯苯氧乙酸}$$

化学名称：2,4-二氯苯氧乙酸。

主要理化性质：2,4-D 纯品为白色无臭结晶，熔点为 141℃，工业品稍带酚类气味，易溶于乙醇、丙酮、醚等有机溶剂，微溶于水，但其钠、铵与胺盐易溶于水，在硬水中能和钙、镁反应，生成相应的盐，产生白色沉淀。

应用品种一般多为可溶性盐类如 2,4-D 钠盐、2,4-D 二甲胺盐，或酯类如 2,4-D 丁酯、2,4-D 异丁酯。相对于盐类，酯类挥发性较大。我国推广面积最大的是 2,4-D 丁酯。

生物活性：为选择性内吸传导型除草剂，对阔叶类植物具有较高的生物活性。低浓度（10～30μg/mL）可促进植物生长，高浓度时（>100μg/mL）表现出抑制植物生长，特别在双子叶植物上表现明显。植物的根、茎、叶均能吸收。茎、叶吸收的药剂随光合产物沿韧皮部筛管运往生长点部位，根部吸收的药剂随蒸腾流沿木质部导管向上传导至茎叶生长点，破坏植物的正常生理功能。主要用于小麦、玉米田防除阔叶杂草。2,4-D 大鼠急性口服 LD_{50} 为 375mg/kg。

精噁唑禾草灵（fenoxaprop-P-ethyl，骠马）

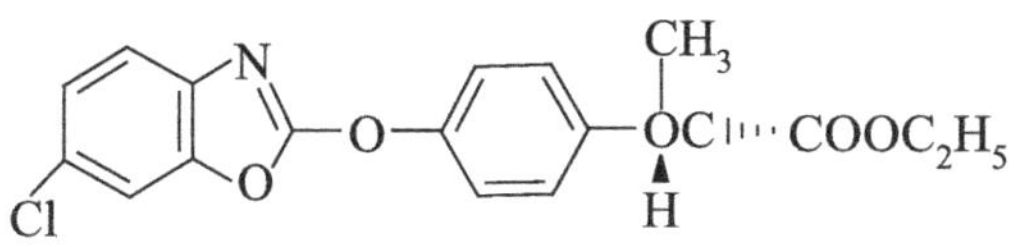

化学名称：（R）-2-[4-（6-氯-1,3-苯并噁唑-2-基氧）苯氧基] 丙酸乙酯。

主要理化性质：白色无味固体，熔点为 89～91℃，蒸气压为 $5.3×10^{-7}$Pa（20℃），相对密度为 1.3，溶解度水中为 0.9mg/L（25℃），丙酮>500g/kg，甲苯>300g/kg，乙酸乙酯>200g/kg，乙醇、环己烷、正丁醇>10g/kg（均在 25℃）。

生物活性：为选择性输导型茎叶处理剂。不加安全剂的精噁唑禾草灵制剂（骠马等）主要用于阔叶作物田防除禾本科杂草。精噁唑禾草灵在制剂中加入安全剂解草唑（其商品名为"精噁唑禾草灵"）后，可用于小麦田防除禾本科杂草，如看麦娘、野燕麦等，但不能用于大麦田，目前，拜耳公司生产的"大骠马"，可用于大麦田防除禾本科杂草。对人、畜低毒，大鼠急性经口 LD_{50} 为 3040mg/kg，兔经皮 LD_{50} 大于 2000mg/kg，对眼睛、皮肤有轻微刺激作用。对鱼类中等毒性，96h 虹鳟鱼 LC_{50} 为 0.46mg/L，对蜜蜂、鸟类低毒。

H. 48% 麦草畏水剂 105～135mL＋25% 绿磺隆可湿性粉剂 22.5～37.5g。

氯磺隆（绿黄隆，chlorsulfuron）

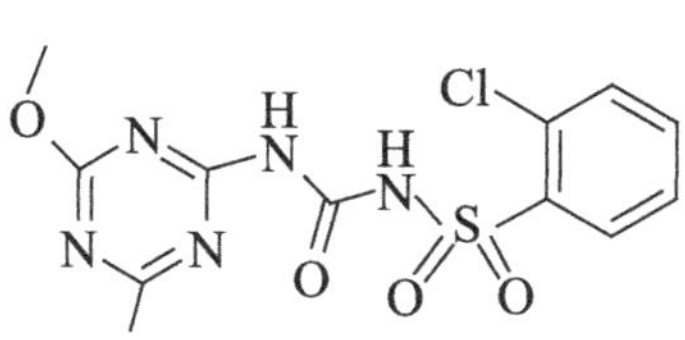

化学名称：1-（2-氯苯基磺酰）3-（4-甲氧基-6-甲基-1,3,5-三嗪-2-基）脲。

主要理化性质：纯品为白色结晶，无臭味。熔点为 174～178℃，蒸气压为 $6.133×10^{-4}$Pa（25℃）。在有机溶剂中溶解度：二氯甲烷为 102g/L，丙酮 57g/L，甲醇 14g/L，甲苯为 3g/L，己烷为 10mg/L。25℃时在水中溶解度：100～125mg/L（pH4.1），27.9mg/L（pH7）。酸性条件下不稳定，pH5.7～7时水解半衰期为4～8周，pH4时为1周。干燥条件下，30d内在植物表面光分解30%，土壤表面光分解15%。在土壤中半衰期为4～6周。

生物活性：为内吸选择性磺酰脲类除草剂。通过抑制乙酰乳酸合成酶（ALS）的活性，阻碍支链氨基酸、缬氨酸和亮氨酸的合成，从而使细胞分裂停止，植株失绿，枯萎而死。用于防除禾谷作物田的阔叶杂草及禾本科杂草，如藜、蓼、苋、猪殃殃、苘麻、田旋花、田蓟、荞麦蔓、狗尾草、黑麦草、早熟禾、小根蒜等。属低毒除草剂。

I. 20%氯氟吡氧乙酸（使它隆）乳油600～750mL+6.9%精噁唑禾草灵乳剂450～750mL。

J. 25%绿麦隆可湿性粉剂1500～2250g+20%二甲四氯水剂1500～1875mL。

以上为公顷用量；上述配方均兑水600kg左右喷施，但配方E用于大麦田只可用毒土撒施。配方A、B、C、D、E在苗后1～3期用药，F在播后苗前用药也可在播前用。C施药期可略宽。G、H、I、J在麦苗后3～4叶期待杂草基本出齐用药。配方G和I不可用于大麦田。绿磺隆和甲磺隆曾被广泛应用在稻茬麦田防除杂草，但是，由于它们残留期长，易导致对下茬作物的危害，近年来逐渐在一些地区被禁用。配方A对看麦娘、硬草防效佳，但对猪殃殃、波斯婆婆纳效果差。B、C对硬草、茵草、野燕麦、麦家公、麦蓝菜效果差。H对硬草、野燕麦防效差。此外，配方B、C、H不可用于后茬为秋熟旱作或水稻秧苗的田块，绿磺隆的残留期长，应严格控制其使用量和范围。

2. 旱茬麦田杂草的化学防治　　旱茬麦田的杂草群落以野燕麦和阔叶杂草共为优势种，其防治措施如下。

A. 64%野燕枯可湿性粉剂1200～1500g+72% 2,4-滴丁酯乳油750～975mL。

野燕枯（difenzoquat，燕麦枯）

化学名称：1,2-二甲基-3,5-二苯基-吡唑甲基硫酸盐。

主要理化性质：无色晶体，熔点为150～160℃，蒸气压<1×10^{-2}mPa（25℃）。25℃水中溶解度为765g/L，二氯甲烷为360g/L，氯仿为500g/L，甲醇为588g/L，丙酮为9.8g/L，微溶于石油醚、苯、二氧六烷。对热稳定，在弱碱性介质下稳定，但在强酸和氧化条件下分解；水溶液对光稳定。商品多加工成可溶性粉剂、水剂。

生物活性：野燕枯是选择性苗后处理剂，主要经野燕麦的叶舌和基部吸收，大部分向顶部移动，转移到心叶，作用于生长点，破坏野燕麦顶端和节间分生组织中的细胞分裂和伸长，使其停止生长，叶片形成枯斑直至死亡。适用于大麦、小麦、黑麦、油菜、亚麻、黑麦草、豌豆田中防治野燕麦。中等毒性，对皮肤有轻度刺激作用，对眼睛、黏膜有一定的腐蚀作用。

B. 64%野燕枯可湿性粉剂1200～1500g+20%二甲四氯水剂2250～3000mL。

C. 64%野燕枯可湿性粉剂1200～1500g+48%麦草畏水剂150～225mL。

D. 6.9%精噁唑禾草灵乳剂450mL～750mL+20%氯氟吡氧乙酸乳油600～750mL。

E. 6.9%精噁唑禾草灵乳剂600～750mL+75%苯磺隆干式胶悬剂1～2g。

以上均为公顷用量；兑水600～750kg喷施，施用适期为小麦2～4叶期，作茎叶处理。配方D、E不可用于大麦和青稞田。

此外，单独防除野燕麦可选用下列 3 个配方（公顷用量）。

F．40% 野燕畏乳油 2250～3750mL。

野燕畏（triallate，燕麦畏）

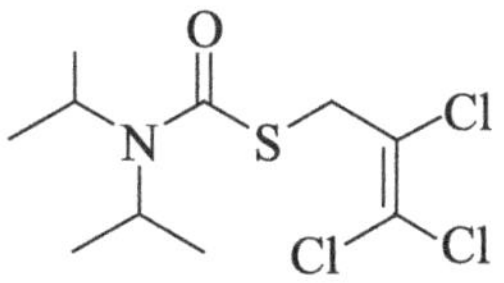

化学名称：S-2,3,3- 三氯烯丙基二异丙基硫代氨基甲酸酯。

主要理化性质：琥珀色油状液体，熔点为 29～30℃，沸点为 148～149℃ /1.199×10³Pa，蒸气压为 1.6×10⁻²Pa（25℃）。能溶于丙酮、乙醇、苯、甲苯等多种有机溶剂，水中溶解度为 4mg/L。对光稳定，无腐蚀性。商品多加工成乳油、微囊悬浮剂。

生物活性：野燕畏是选择性土壤处理剂，对防除野燕麦有特效。由野燕麦的芽鞘或第一片子叶吸收，并在体内传导，影响细胞分裂和蛋白质的合成，生长停止，干枯而死亡；小麦有较强的耐药性，野麦畏挥发性强，其蒸气对野燕麦也有毒杀作用，施后要及时混土。在土壤中主要为土壤微生物所分解。适用于小麦、大麦、青稞、油菜、豌豆、蚕豆、亚麻、甜菜、大豆等作物田防除野燕麦。低毒，对兔的眼睛有轻度刺激作用，对皮肤有中等刺激性。在动物体内蓄积作用中等。Ames 试验阴性。在试验条件下对大鼠和家兔无致畸和致癌作用。

G．64% 野燕枯可湿性粉剂 975～1950g。

H．6.9% 精噁唑禾草灵乳剂 600～1350mL。

以上均为公顷用量；兑水 600kg 左右，喷施。配方 G 播前混土或播后苗前用药，也可于野燕麦 2～3 叶期喷雾。G、H 在野燕麦 1～3 叶期施药。H 可迟至小麦分蘖末期、孕穗拔节前用药。

以阔叶杂草为优势种的杂草群落的化除。

A．75% 苯磺隆（阔叶净）干式胶悬剂 15～45g。

B．75% 噻吩磺隆（阔叶散）干式胶悬剂 22.5～45g。

噻吩磺隆（thifensulfuron-methyl，噻磺隆甲酯）

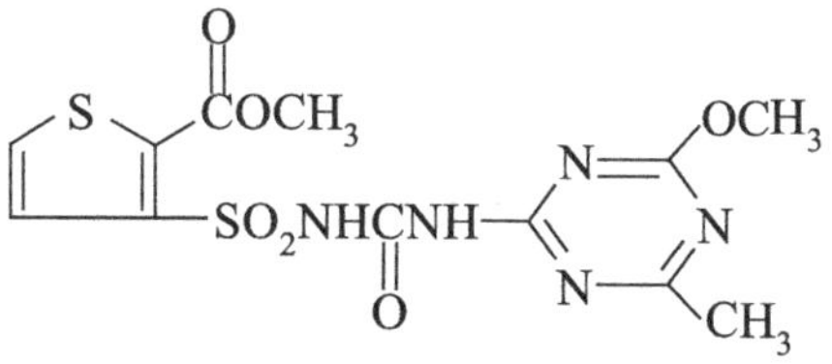

化学名称：3-（4- 甲氧基 -6- 甲基 -1,3,5- 三嗪 -2- 基氨基甲酰氨基磺酰基）噻吩 -2- 甲酸甲酯。

主要理化性质：白色粉末，熔点为 186℃，蒸气压为 3.6×10⁻⁴Pa（25℃）。在有机溶剂中的溶解度为：二氯甲烷 27.5g/L，丙酮 11.9g/L，乙腈 7.3g/L，乙酸乙酯 2.6g/L，甲醇 2.6g/L，乙醇 0.9g/L，二甲苯 0.2g/L，己烷<0.1g/L。水中溶解度 pH4 时为 24mg/L，pH5 时为 260mg/L，pH6 时为 2400mg/L。对光稳定，在土壤中半衰期为 1～4d。商品多加工成乳油、可湿性粉剂、干悬浮剂等。

生物活性：噻吩磺隆是磺酰脲类内吸传导型芽后选择性除草剂。茎叶处理后可被杂草茎、叶、根吸收。并在体内传导，通过阻碍乙酰乳酸合成酶，使缬氨酸、异亮氨酸的生物合成受抑制，阻止细胞分裂，致使杂草死亡。主要用于防除禾谷类作物小麦、大麦、燕麦、玉米田间的阔叶杂草，如反枝苋、马齿苋、播娘蒿、荠菜、猪毛菜、猪殃殃、婆婆纳、牛繁缕等，对刺儿菜、田旋花及禾草等无效。低毒，对眼睛有轻度刺激作用，在试验条件下未见致畸、致突变作用。

C. 20% 二甲四氯水剂 3000～3750mL。

D. 48% 麦草畏水剂 225～300mL。

E. 48% 灭草松水剂 1500～3000mL。

F. 20% 氯氟吡氧乙酸乳油 600～975mL。

G. 48% 麦草畏水剂 150～197.5mL＋20% 二甲四氯水剂 1975～2250mL。

H. 48% 灭草松水剂 1500～1975mL＋20% 二甲四氯水剂 1500～1975mL。

I. 20% 氯氟吡氧乙酸乳油 375～450mL＋20% 二甲四氯水剂 1975～2250mL。

以上均为公顷用量；兑水 600kg 左右，喷雾。于麦苗返青至分蘖末期施药。配方 A、B 对田旋花无效，对泽漆防效差，C 对广布野豌豆防效差。

（三）玉米田除草剂的选用及杂草防治技术

玉米是我国的主要粮食作物之一，种植面积为 2000 万 hm^2 左右，分春玉米和夏玉米。主产区在华北和东北。玉米地主要杂草有马唐、牛筋草、稗草、狗尾草、反枝苋、马齿苋、藜、蓼、苘麻、田旋花、苍耳、铁苋菜、苣荬菜等。玉米生长较快，封行早，特别是夏玉米。只有那些比玉米出苗早或几乎和玉米同时出苗的杂草才对玉米造成严重为害。出苗较晚的杂草对玉米产量影响不大。

1. 玉米田杂草播前或播后苗前土壤处理的化学防治

A. 48% 地乐胺乳油 2700～3750mL。

地乐胺（butralin，仲丁灵）

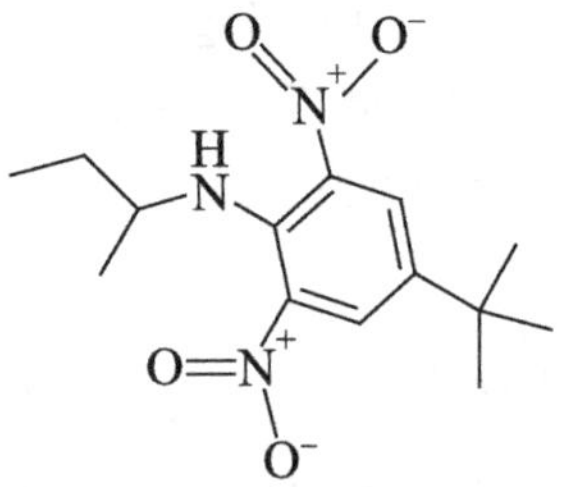

化学名称：*N*-仲丁基-4-叔丁基-2,6-二硝基苯胺。

主要理化性质：常温下为橘黄色结晶体，熔点为 55～60℃，沸点为 134～136℃，蒸气压为 $4.4×10^{-2}$Pa，在水中的溶解度为 1mg/L，易溶于二甲苯、丙酮、甲乙酮等有机溶剂，对紫外线稳定。商品多加工成乳油、水乳剂。

生物活性：仲丁灵为二硝基苯胺类农药，是一种选择性芽前除草剂。进入植物体内后，主要抑制分生组织细胞分裂，从而抑制杂草幼芽及幼根的生长导致杂草死亡。同时，本品也可作为植物生长调节剂，用于抑制烟草腋芽的生长。主要用于大豆、花生、向日葵、棉花、蔬菜、水稻、苜蓿、甜菜、甘蔗地防除稗、马唐、狗尾草、牛筋草等禾本科杂草，以及野苋菜、马齿苋、藜等阔叶杂草，对大豆菟丝子有很好的防除效果。对高等动物低毒，对眼睛黏膜有轻度刺激作用，但对皮肤未见刺激作用。

B. 43% 甲草胺乳油 3000～3750mL。

甲草胺（alachlor）

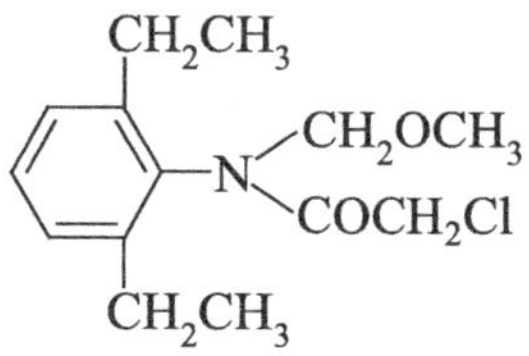

化学名称：N-（2,6-二乙基苯基）-N-甲氧基甲基-氯乙酰胺。

主要理化性质：外观为乳白色晶体，熔点为39.5～41.5℃，相对密度为1.133（25℃），水中溶解度为242mg/L（25℃），能溶于乙醇、乙醚、丙酮、氯仿等有机溶剂，分解温度为105℃，在强酸强碱条件下分解。

生物活性：属酰胺类选择性芽前除草剂，土壤处理可被植物幼芽吸收、传导。甲草胺进入植物体内抑制蛋白酶，使蛋白质无法合成，造成芽和根停止生长。用于大豆、玉米、花生等作物田防除一年生杂草及阔叶杂草。低毒农药，原药大鼠急性经口 LD_{50} 为 930mg/kg，家兔急性经皮 LD_{50} 为 13 300mg/kg；对兔的皮肤有眼睛均有刺激，在试验条件下，未见致畸、致突变作用。

C．72%异丙甲草胺乳油1500～2250mL。

异丙甲草胺（metolachlor）

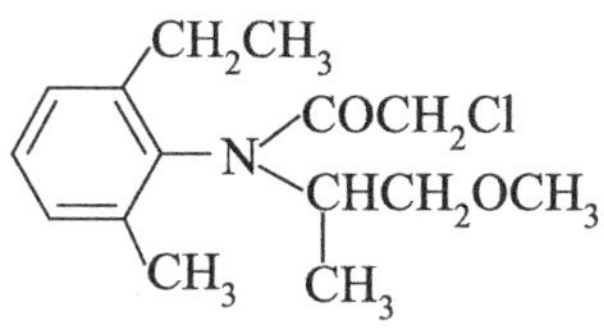

化学名称：2-氯-6′-乙基-N-（2-甲氧基-1-甲基乙基）乙酰-邻-替苯胺。

主要理化性质：纯品为无色液体，沸点为100℃/0.13Pa；在水中溶解度较低，易溶于苯、二氯甲烷等有机溶剂。在强酸、强碱中水解。

生物活性：为选择性输导型土壤处理剂。靠植物的幼芽吸收，单子叶植物以胚芽鞘吸收为主，双子叶植物由下胚轴吸收。主要作用机制是抑制蛋白酶活性，破坏蛋白质的合成。主要用于大豆、花生、油菜、玉米、马铃薯、棉花等旱田防除一年生禾本科杂草如稗草、马唐、狗尾草、画眉草、牛筋草、早熟禾等，对鸭跖草、繁缕、藜、小藜、反枝苋、猪毛菜、马齿苋、荠菜等阔叶杂草有较好的防除效果。低毒农药，原药大鼠急性经口 LD_{50} 为 2780mg/kg，大鼠急性经皮 LD_{50} ＞3170mg/kg；对兔的皮肤稍有刺激，对眼睛无刺激。

D．50%乙草胺乳油1500～2250mL。

乙草胺（acetochlor，禾耐斯）

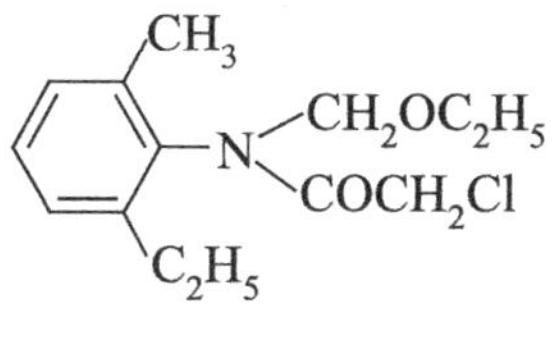

化学名称：2′-乙基-6′-甲基-N-（乙氧甲基）-2-氯代乙酰替苯胺。

主要理化性质：蓝紫色油，熔点为0℃，蒸气压为133.3Pa（25℃），沸点为162℃/933Pa，相对密度为1.1358（20℃），水中溶解度为223mg/L（25℃），溶解在多种有机溶剂中。20℃时2年内不分解。

生物活性：为选择性输导型土壤处理剂。靠植物的幼芽吸收，单子叶植物以胚芽鞘吸收为主，双子叶植物下胚轴吸收，吸收后向上传导。种子和根也吸收传导，但吸收量较少，传导速度慢。作物或杂草出苗后主要由根部吸收向上传导。主要作用机制是抑制蛋白酶活性，破坏蛋白质的合成，使幼芽、幼根停止生长。禾本科杂草表现心叶卷曲萎缩，其他叶皱缩，整株枯死。阔叶杂草叶皱缩变黄，整株枯死。玉米、大豆等作物吸收乙草胺后在体内迅速代谢为无毒化合物，在正常条件下安全，但在低温等不良环境条件下会导致药害发生。用于大豆、花生、玉米、油菜、棉花和马铃薯等作物田防除一年生禾本科杂草及阔叶杂草。乙草胺对人、畜低毒，大鼠急性经口 LD_{50} 为 2148mg/kg，兔急性经皮 LD_{50} 为 4166mg/kg；对眼睛无刺激。

E．50% 西玛津可湿性粉剂 3000～4500g。

西玛津（simazine，田保净）

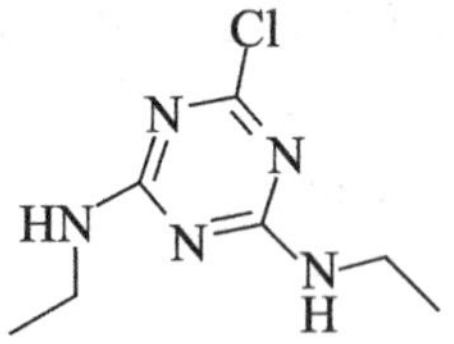

化学名称：2-氯-4,6-二乙氨基-1,3,5-三嗪。

主要理化性质：纯品为白色结晶，熔点为 226～227℃，蒸气压为 8.13×10^{-7} Pa（20℃）。20℃时水中溶解度为 5mg/L，甲醇中溶解度为 400mg/L，石油醚中溶解度为 2mg/L，微溶于氯仿。化学性质稳定，但在较强的酸碱条件下和较高温度下易水解，生成无活性的羟基衍生物。无腐蚀性。

生物活性：西玛津是选择性内吸传导型土壤处理剂，被杂草的根系吸收后沿木质部随蒸腾作用向上传导到绿叶片内，抑制杂草光合作用中的希尔反应，破坏糖的形成，抑制淀粉的积累。防除玉米、高粱、甘蔗、茶园、果园等由种子繁殖的一年生和越年生阔叶杂草和多数单子叶杂草。低毒农药，对兔的眼睛和皮肤无刺激作用。致突变、致畸和致癌试验均为阴性。

F．40% 莠去津悬浮剂 3000～4500mL。

莠去津（atrazine）

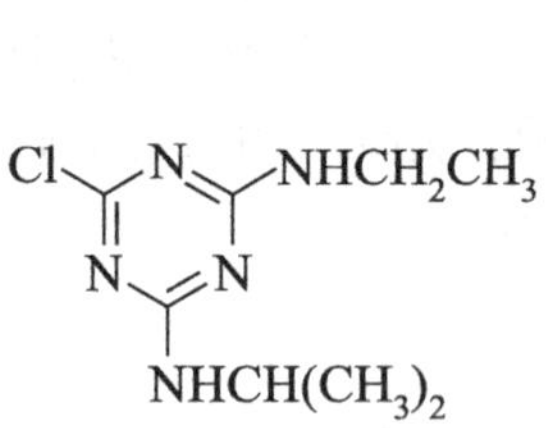

化学名称：2-氯-4-二乙胺基-6-异丙胺基-1,3,5-嗪。

主要理化性质：纯品为白色结晶，熔点为 173～175℃，25℃时在水中溶解度为 33g/mL，微溶于有机溶剂。在微酸或微碱性介质中较稳定，在较高温度下能被较强的酸和碱水解，不可燃、不爆炸，无腐蚀性。

生物活性：属选择性内吸传导型苗前、苗后除草剂，主要以植物根部吸收并传导到分生组织和叶面，干扰光合作用使杂草致死。玉米植株体内的玉米酮及谷胱甘肽转移酶能使莠去津转化为无毒化合物，因此，对玉米较安全。

G．50% 氰草津悬浮剂 3000～4500mL。

氰草津（cyanazine，草净津）

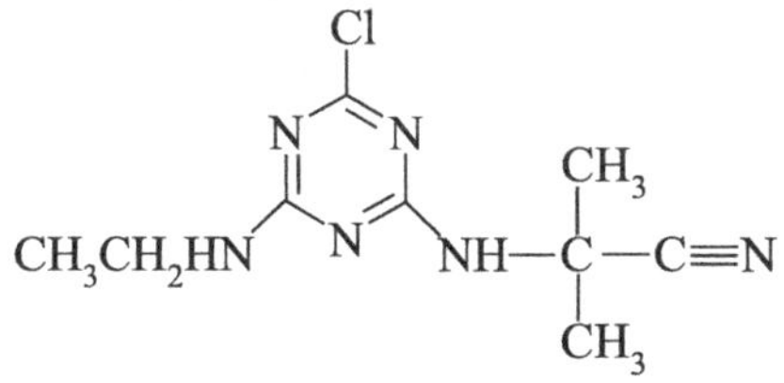

化学名称：2-氯-4-(1-氰基-1-甲基乙胺基)-6-乙胺基-1,3,5-三嗪。

主要理化性质：无色晶状固体（工业品），熔点为167.5~169℃，蒸气压为2.0×10^{-7}Pa（20℃），密度为1.29kg/L（20℃）。溶解度（25℃）：水为171mg/L（25℃），乙醇为45g/L，甲基环己酮和氯仿为210g/L，丙醇为195g/L，苯、己烷为15g/L，四氯化碳<10g/L，对光和热稳定，在pH5~9稳定，强酸、强碱介质中水解。

生物活性：选择性内吸传导型除草剂，被根部、叶部吸收后通过抑制光合作用使杂草枯萎死亡。对玉米安全，药后2~3个月对后茬种植小麦无影响，可防除禾本科杂草与阔叶杂草。其除草活性与土壤类型密切相关，在土壤中可被土壤微生物分解。对人、畜低毒，大白鼠急性经口LD_{50}为182~334mg/kg。

H. 乙阿悬乳剂（乙草胺+莠去津）2250~4500mL。

I. 都阿悬乳剂（异丙甲草胺+莠去津）900~1800g。

J. 丁阿悬乳剂（丁草胺+莠去津）900~1800g。

以上均为公顷用量；A、B、C、D、E、F、G土壤封闭处理，主要防除一年生的禾本科杂草及部分阔叶杂草。土壤湿润有利于药效的发挥。E、F、G属长残效除草剂，在小麦玉米连作地区，施用量不要超过80ga.i./667m^2，而且施药期不宜太晚，以免造成下茬小麦药害。在生产中，多以莠去津（阿特拉津）与酰胺类除草剂混用，以便扩大杀草谱，降低残留量。乙阿、都阿、丁阿对玉米地大多数杂草均有效。丁阿对土壤墒情要求较高，所以，不宜在干燥的春玉米地施用。莠去津（阿特拉津）、西玛津和氰草津还可作茎叶处理剂，在苗后早期使用。夏玉米田用低限量，可免后茬受害。

2. 玉米田杂草苗后茎叶处理的化学防治

A. 4%烟嘧磺隆乳油1125~1500mL。

烟嘧磺隆（nicosulfuron）

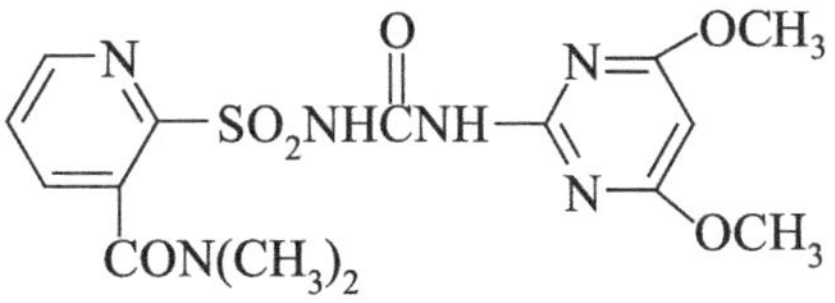

化学名称：2-(4,6-二甲氧基嘧啶-2-氨基甲酰氨基磺酰)-N,N-二甲基烟酰胺。

主要理化性质：纯品为无色晶体，熔点为141~144℃，蒸气压<7.5×10^{-5}Pa（110℃），相对密度为0.313（20℃），分配系数（正辛醇/水）为0.44（pH5）、0.02（pH7）、0.007（pH9）。溶解度（g/kg，25℃）：水3.59（pH5）、12.2（pH7）、39.2（pH9），丙酮18，乙醇45，氯仿、二甲基甲酰胺64，乙腈23，甲苯0.370，己烷<0.02，二氯甲烷160。pK_a为4.6（25℃）。稳定性：DT_{50}为15d（pH5），在pH7~9稳定。

生物活性：烟嘧磺隆属选择性输导型茎叶处理剂。其被叶和根迅速吸收，并通过木质部和韧皮部迅速传导。通过乙酰乳酸合成酶来阻止支链氨基酸的合成。施用后杂草立即停止生长，

4～5d 新叶褪色、坏死，并逐步扩展到整个植株，一般条件下处理后 20～25d 植株死亡。烟嘧磺隆为玉米田茎叶处理剂，防除禾本科和阔叶杂草，对莎草科杂草也具有较好防效。烟嘧磺隆属低毒除草剂，原药大鼠急性经口 LD_{50}＞5000mg/kg，兔急性经皮 LD_{50}＞2000mg/kg。对鱼低毒，48h 致死中浓度＞1000mg/L。

B．75% 噻吩磺隆悬浮剂 15～30g。

C．48% 灭草松水剂 1500～3000mL。

D．48% 麦草畏（百草敌）水剂 375～600mL。

E．72% 2，4-D 丁酯乳油 750～1125mL。

F．20% 二甲四氯水剂 3000～4500mL。

G．20% 氯氟吡氧乙酸乳油 600～750mL。

以上均为公顷用量；B、C、D、E、F、G 防治阔叶杂草，在玉米 4～6 叶期、杂草 2～6 叶期施用为佳，施药过早或过迟易产生药害。另外，其中的激素型除草剂还须注意防止雾滴飘移到邻近的棉花等敏感作物上，以免产生药害。A 和 B 对禾本科杂草和阔叶杂草均有效，在杂草 3～5 叶期施用。

玉米地种植地域广，气候、土壤条件差异较大，使得除草剂的施用剂量差异较大。在土壤有机质含量高的东北地区，土壤处理除草剂的用量比其他地区高，在上述的施用剂量范围内选用上限。对北方的春玉米和夏玉米来说，春玉米播种时，气候干燥、少雨，不利于土壤处理除草剂活性的发挥，而夏玉米苗期多雨，土壤处理效果好。因此，必须根据气候和土壤条件来选用合适的除草剂和使用剂量。

（四）棉田除草剂的选用及杂草防治技术

棉花是重要的经济作物，在我国的种植面积为 660 万 hm^2。主要分布在长江流域、黄淮海和西北地区。在长江流域棉区，棉花苗期正值梅雨季节，杂草生长旺盛，加之阴雨连绵，不能及时除草，杂草为害极严重。主要杂草有马唐、千金子、牛筋草、稗草、鳢肠、铁苋菜、香附子、马齿苋、刺儿菜、碎米莎草、田旋花、青葙、野苋、波斯婆婆纳、反枝苋、双穗雀稗、苘麻、藜和水花生等。杂草发生有 3 个高峰期：第一个高峰期在 5 月中旬，第二个高峰在 6 月中、下旬，第三个高峰期在 7 月下旬至 8 月初。在黄淮海棉区，主要杂草有马唐、牛筋草、狗尾草、稗草、马齿苋、反枝苋、铁苋菜、龙葵、香附子、田旋花和藜等。在该棉区，杂草有 2 个发生高峰：第一个在 5 月中、下旬，第二个在 7 月。西北棉区，主要杂草有马唐、稗草、狗尾草、田旋花、灰绿琴、苘麻、野西瓜苗和芦苇。杂草有 2 个发生高峰：第一个在棉花播种后到 5 月下旬，第二个在 7 月上旬至 8 月上旬。

1. 棉田苗床杂草的化学防治　化学除草是一种经济、有效、及时的防治措施。不同的棉田常用的除草剂有以下几种（为每公顷用药量，下同）。

土壤处理：

A．25% 噁草酮乳油 1050～1350mL。

B．25% 敌草隆可湿性粉剂 1650～2400g。

敌草隆（diuron，地草净）

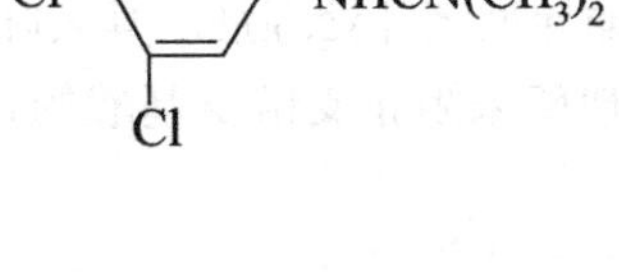

化学名称：N-（3,4-二氯苯基）-N',N'-二甲基脲。

主要理化性质：纯品为白色无臭结晶固体，熔点为158～159℃，蒸气压（50℃时）为0.413mPa。25℃时水中溶解度为42mg/L。27℃时丙酮中溶解度为53g/kg，在189～190℃分解，无腐蚀性，不易燃。

生物活性：可在棉花、玉米、花生、甘蔗、果树、茶树、橡胶树等旱地作物防除马唐、旱稗、狗尾草、蓼、藜、莎草等一年生杂草。对多年生杂草如狗牙根、香附子等也有良好的防除效果。对人、畜低毒。

C. 25%绿麦隆可湿性粉剂1500g+50%扑草净可湿性粉剂600g。

扑草净（prometryn）

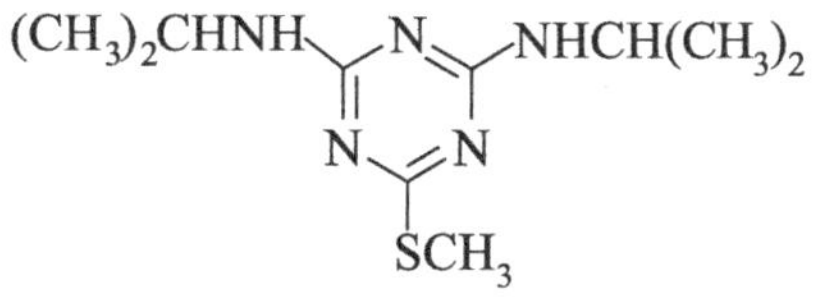

化学名称：2-甲硫基-4,6-双异丙胺基-均三氮苯。

主要理化性质：原药为白色粉末，熔点为118～120℃，稍具硫醇恶臭。蒸气压为1.69×10^{-4}Pa（25℃），相对密度为1.15（20℃）。溶解度：水为33mg/L，丙酮为300g/L，乙醇为140g/L，己烷为6.3g/L，甲苯为200g/L，正辛醇为110g/L（均为25℃），中性介质（20℃）、微酸和微碱介质中稳定，热酸和碱中水解，紫外线下分解，pK_b为9.9。

生物活性：属选择性内吸传导型除草剂，主要从根部吸收，也可从茎叶渗入体内，并传导至绿色叶片内抑制光合作用，中毒杂草产生失绿症状，逐渐干枯死亡。扑草净水溶性较低，施药后可被土壤黏粒吸附在0～5cm表土中，形成药层，使杂草萌发出土时接触药剂，持效期为20～70d，旱地较水田长，黏土中更长。应用作物较广，主要用于大豆、花生、棉花、水稻、甘蔗等作物田，防除禾本科杂草与阔叶杂草。对人、畜低毒，大白鼠急性经口LD_{50}为5235mg/kg。

上述处理在播种覆土后出苗前喷雾，对苗床上的大多数杂草均有效。

茎叶处理：

A. 12.5%烯禾啶机油乳剂1050～1500mL。

烯禾啶（sethoxydim）

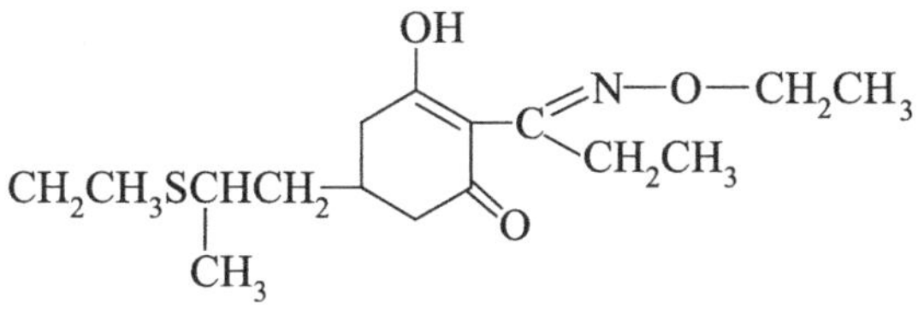

化学名称：（±）2-[1-（乙氧亚氨基）丁基]-5-（2-乙硫基丙基）-3-羟基-2-环己烯-1-酮。

主要理化性质：原药为淡黄色无臭油状液体，蒸气压小于0.133mPa，能溶于甲醇、正己烷、乙酸乙苯酯、甲苯、二甲苯等有机溶剂。20℃时在水中的溶解度为25mg/L（pH=4），在弱酸或弱碱条件下稳定，在土壤中很快分解。常温较稳定。

生物活性：可有效防除稗草、野燕麦、狗尾草、芦苇、野黍等一年生和多年生禾本科杂草，茎叶处理。为低毒除草剂。

B. 15%精吡氟禾草灵乳油600～900mL。

精吡氟禾草灵（fluazifop-P-butyl）

$$CF_3 \text{—} \underset{N}{\text{pyridine}} \text{—} O \text{—} \text{C}_6\text{H}_4 \text{—} O \text{—} \underset{H}{\overset{CH_3}{C}} \text{—} COOC_4H_9$$

化学名称：（R）-2-[4-（5-三氟甲基-2-吡啶氧基）苯氧基]丙酸丁酯。

主要理化性质：浅色液体，熔点约为5℃，沸点为164℃/0.02mmHg，蒸气压为 $5.4×10^{-4}$ Pa（20℃），相对密度为1.22（20℃）。溶解度：水1mg/L，溶于丙酮、己烷、甲醇、二氯甲烷、乙酸乙酯、甲苯和二甲苯，紫外线下稳定，25℃保存1年以上，50℃保存12周，210℃分解。

生物活性：为吡氟禾草灵的R-体，属选择性输导型茎叶处理剂。精吡氟禾草灵易被植物吸收，并迅速被水解为相应的酸，通过木质部而到达植物的生长部位。其作用机制同精喹禾灵。主要用于大豆、花生、棉花等阔叶作物田防除禾本科杂草。对人、畜低毒，大鼠急性经口 LD_{50} 为3680mg/kg，兔经皮 LD_{50} 大于2076mg/kg，对眼睛、皮肤有轻微刺激作用。对鱼类中等毒性，96h虹鳟鱼 LC_{50} 为1.07mg/L，对蜜蜂、鸟类表现低毒。

C．5%精喹禾灵乳油400~900mL。

精喹禾灵（quizalofop-P-ethyl）

$$Cl\text{—}\underset{N}{\text{quinoxaline}}\text{—}O\text{—}C_6H_4\text{—}O\text{—}\underset{H}{\overset{CH_3}{C}}\text{—}COOCH_2CH_3$$

化学名称：（R）-2-[4-（6-氯喹喔啉-2-基氧）苯氧基]丙酸乙酯。

主要理化性质：淡褐色结晶，熔点为76~77℃，沸点为220℃/26.6Pa，相对密度为1.36，蒸气压为 $1.1×10^{-7}$ Pa（20℃）。水中溶解度为0.4mg/L（20℃），有机溶剂中溶解度（20℃）：丙酮为650g/L，乙醇为22g/L，已烷为5g/L，甲苯为360g/L（均为20℃），pH9时半衰期为20h，酸性、中性介质中稳定，碱中不稳定。

生物活性：为选择性输导型茎叶处理剂，根、茎、叶皆可吸收。其作用机制为抑制脂肪酸合成过程中的关键酶乙酰辅酶A羧化酶，使脂肪酸合成受阻。主要用于大豆、花生、棉花等阔叶作物田防除禾本科杂草。雄大鼠急性经口 LD_{50} 为1210mg/kg。对鱼类有毒，LC_{50}（96h）虹鳟鱼>0.5mg/L。

以上均为公顷用量。兑水600~750kg作茎叶喷雾。上述各处理只能防除禾本科杂草，对其他杂草无效。在棉花出苗后、杂草2~5叶期喷雾。

2. 露地直播棉田杂草的化学防治

1）土壤处理。

A．50%乙草胺乳油1050~1800mL。

B．72%异丙甲草胺乳油1500~1800mL。

C．25%敌草隆可湿性粉剂1800~2700g。

D．25%噁草酮乳油1350~1800mL。

E．24%乙氧氟草醚乳油600mL。

F．48%氟乐灵乳油1500~2550mL。

G．33%二甲戊乐灵乳油3000~4500mL。

二甲戊乐灵（pendimethalin，施田补）

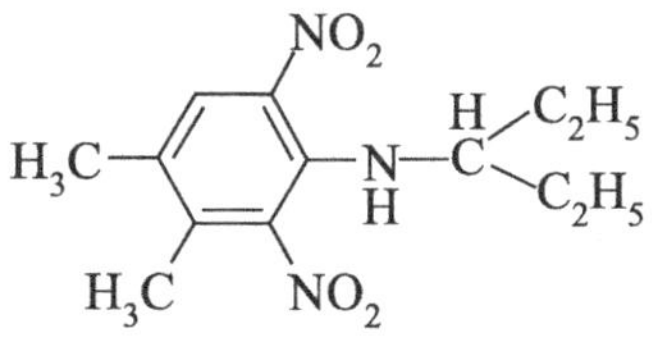

化学名称：N-（1-乙基丙基）-2,6-二硝基-3,4-二甲基苯胺。

主要理化性质：纯品为橙色晶状固体，熔点为54～58℃，蒸馏时分解，蒸气压为 $4.0×10^{-3}Pa$（25℃），相对密度为1.19（25℃），Kow 为 152 000。水中溶解度为 0.3mg/L（20℃），易溶于丙酮、二甲苯、苯、甲苯、氯仿、二氯甲烷，微溶于石油醚和汽油，5～130℃贮存稳定，对酸、碱稳定，光下缓慢分解，DT_{50} 水中<21d。

生物活性：属选择性触杀型土壤处理剂。单子叶植物的主要吸收部位为胚芽鞘，双子叶植物的吸收部位为下胚轴，其受害症状是幼芽和次生根被抑制。不影响杂草种子的萌发，在杂草种子萌发过程中幼芽、茎和根吸收药剂后起作用，主要抑制分生组织细胞分裂。主要用于大豆、棉花、玉米、部分蔬菜（大蒜、生姜、葱、胡萝卜等），也可作为腋芽抑制剂。原药大鼠急性经口 LD_{50} 为 1250mg/kg。对皮肤和眼睛无刺激作用。对鱼类及水生生物高毒，对鸟类、蜜蜂毒性较低。

A、B 在棉花播后苗前喷施，主要防除禾本科杂草，对部分阔叶草也有效。为了保证除草效果，在土表干燥时喷施氟乐灵和除草通后须混土。F、G 可防除禾本科和部分阔叶杂草，在播前施用，施药后应立即混土。C、D、E 在播后苗前施用，对棉田大多数杂草均有效。

2）茎叶处理。

防治禾本科杂草同苗床。在棉花中、后期，也定向喷施草甘膦、百草枯等灭生性除草剂。喷施灭生性除草剂时，防止药滴接触棉株绿色组织。定向喷雾防治各种杂草。

A．25%氟磺胺草醚（虎威）水剂 1050～1500mL，并可与烯禾啶（拿捕净）、吡氟氯草灵（盖草能）混用。

氟磺胺草醚（fomesafen，虎威）

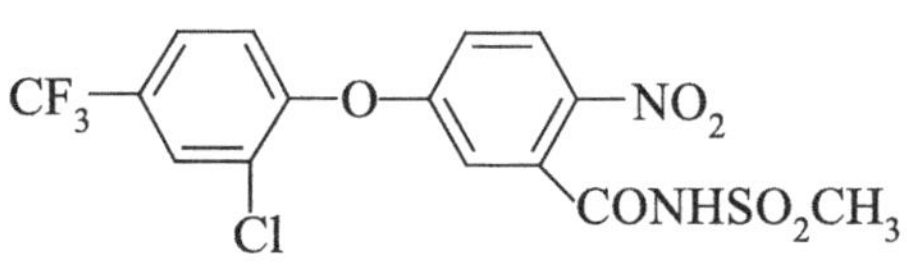

化学名称：5-（2-氯-α，α，α-三氟-对甲苯氧基）-N-甲磺酰基-2-硝基苯甲酰胺。

主要理化性质：无色晶体，熔点为 220～221℃，蒸气压<$1×10^{-4}Pa$（50℃），密度为 1.28g/mL（20℃），溶解度（mg/L，20℃）：纯水约 50，<10（pH1～2），>600（pH7）。其他溶剂中溶解度（g/L，20℃）：丙酮为 300，二甲苯为 1.9。50℃条件下保存 6 个月以上，见光分解，酸、碱介质中不易水解。

生物活性：为选择性触杀型茎叶处理剂，兼有一定的土壤封闭活性。在光照下才能发挥除草活性。抑制原卟啉原氧化酶，使叶绿素合成受阻。在大豆体内可迅速被代谢，对大豆较安全。喷药后 4～6h 内降雨也不降低其除草效果。大鼠急性经口 LD_{50} 为 1250～2000mg/kg，急性经皮 LD_{50}>1000mg/kg（兔），对皮肤有轻度刺激作用，对眼睛有中度刺激作用。对鸟类、蜜蜂毒性低。

氟吡甲禾灵（haloxyfop-R-methyl）

$$\text{CF}_3 - \text{[pyridine with Cl]} - O - \text{[benzene]} - O - \underset{\text{CH}_3}{\text{CH}} - \text{COOCH}_3$$

化学名称：（R）-2［4-（3-氯-5-三氟甲基-2-吡啶氧基）苯氧基］丙酸甲酯。

主要理化性质：为氟吡甲禾灵的R体化合物，原药外观为褐色液体，淡芳香气味。纯品为亮棕色无臭液体，沸点＞280℃，蒸气压为 $3.28×10^{-4}$Pa（25℃）。溶解度：水中为 8.74mg/L（25℃），丙酮、环己酮、二氯甲烷、乙醇、甲醇、甲苯、二甲苯中＞1kg/L（20℃）。

生物活性：高效氟吡甲禾灵为选择性输导型茎叶处理剂，根、茎、叶皆可吸收。其作用机制同精喹禾灵。主要用于大豆、花生、棉花等阔叶作物田防除禾本科杂草。大鼠急性经口 LD_{50}，雄为 300mg/kg，雌为 623mg/kg。对鱼类有毒，虹鳟鱼 LC_{50}（96h）为 0.7mg/L。

B．24% 乙氧氟草醚乳油 600～1440mL。

以上均为公顷量计。

棉苗 20～30cm 高时，作定向喷雾，兑水 600～750kg，用扇形喷头，并加防护罩在行间对杂草茎叶喷雾。乙氧氟草醚（果尔）具有土壤封闭作用。氟磺胺草醚（虎威）主要防除阔叶草。

除此之外，地膜棉田施用的除草剂可选用露地直播棉田所用的除草剂，但地膜棉由于地膜的覆盖，土壤墒情好和地温高，有利于除草剂活性的发挥，除草剂的使用剂量比在露地低。一般情况下，剂量可减少 1/3 左右。另外，有些活性较高的除草剂，如乙氧氟草醚，在露地直播棉田可施用，但在地膜棉田则不安全。茎叶处理可参照直播棉田用药。对于移栽棉田，在直播棉田施用的除草剂均可在移栽棉田进行土壤处理，宜在棉苗移植前用药。但乙草胺和绿麦隆也可在棉苗移栽后、杂草出苗前施用。喷施除草剂后再移栽棉花应注意尽量少破坏药层，以免在苗穴中杂草大量发生。茎叶处理可参照直播棉田用药。

二、蔬菜田杂草除草剂的选用

我国蔬菜生产的特点是蔬菜品种多，如豆类、瓜类、茄果类、叶菜类，各种蔬菜的耐药程度有差异；栽培方法复杂，在不同的温湿度条件下，杂草的发生和分布特点也不同。其中主要危害性杂草有禾本科的马唐、牛筋草、狗尾草、狗牙根、画眉草、稗草、看麦娘、早熟禾等，双子叶杂草有繁缕、牛繁缕、波斯婆婆纳、马齿苋、通泉草、猪殃殃、水花生、刺苋、铁苋菜、反枝苋、凹头苋、藜等，以及莎草科的香附子、碎米莎草等。据调查，马齿苋、藜、稗草、凹头苋、牛筋草、狗尾草和香附子等杂草的数量在各类蔬菜地中均占优势。

蔬菜地杂草的发生、分布和危害随土壤、气候、耕作制度、栽培方式等条件不同而异。因地区、品种、播期的不同而有差别，不同的地区，不同的除草习惯或化学除草的历史与作用的不同，杂草的分布和危害也不相同。在多作蔬菜区，提倡合理、安全、高效地使用化学除草技术。蔬菜对除草剂的要求是选择性强，能对多种蔬菜安全；降解迅速，在蔬菜中无残留；广谱兼治多种杂草；在土壤中易分解，持效期及残留期短，对套作、复种的蔬菜无毒害作用。

蔬菜种类多，轮作倒茬频繁，对除草剂的选择性、残留和残效期要求严格，且间（套）作普遍，对除草剂的限选要求高，对作物和蔬菜的安全性问题突出。

（一）茄果类蔬菜地除草剂的选用及杂草防治技术

茄果类蔬菜指茄科植物中的蔬菜，常见的有番茄、茄子、辣椒、马铃薯。

针对茄子、番茄和辣椒田杂草，可选用以下除草剂。

A. 48% 氟乐灵乳油 1500~2250mL。

B. 48% 地乐胺乳油 2250~4500mL。

C. 33% 二甲戊乐灵乳油 2250~4500mL。

D. 72% 异丙甲草胺乳油 1500~2250mL。

E. 60% 丁草胺乳油 1125~2250mL。

F. 50% 乙草胺乳油 1125~2250mL。

G. 50% 禾草丹乳油 4500~6000mL。

H. 24% 乙氧氟草醚乳油 750~1500mL。

I. 50% 敌草胺可湿性粉剂 1500~3000g 或敌草胺乳油 3000~6000mL。

敌草胺（napropamide）

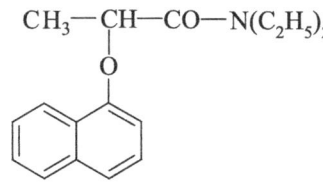

化学名称：N，N- 二乙基 -2-（1- 萘氧基）丙酰胺。

主要理化性质：纯品为白色晶体。熔点为 75℃，蒸气压为 0.53Pa（25℃）。20℃时溶解度：丙酮、乙醇＞1000g/L，二甲苯为 505g/L，正己烷为 1g/L，水为 73mg/L。原药为棕色固体，熔点为 69.5℃，相对密度为 1.16，对热、稀酸稳定。

生物活性：选择性芽前土壤处理剂，药剂随雨水或灌水淋入土层内，杂草根和芽鞘能吸收药液进入种子，使根芽不能生长并死亡。该药能杀死由种子芽发出的很多种单子叶杂草，如稗草、马唐、狗尾、野燕麦、千金子、看麦娘、早熟禾等，也能防除多种阔叶杂草，如藜、猪殃殃等，对由地下茎发生的多年生单子叶杂草无效。低毒农药，大鼠急性经口 LD_{50} 为 5000mg/kg，兔急性经皮 LD_{50}＞5000mg/kg，对眼睛和皮肤有轻微刺激作用。无致癌、致畸、致突变作用。三代繁殖试验未见异常。

A、B、C、D、E、F、G、H 移栽前，或 D、E、F、G、I 播后覆土出苗前用药。A、B、C 施药后应浅混土。C、I 干旱情况下施药应浅混土或灌溉。I 对已出苗杂草效果差，用量过高或田间湿度大时易产生药害。每公顷兑水 450g 喷施。保持田间土壤湿润有利于药效发挥。

针对马铃薯田杂草，可选用以下除草剂。

A. 25% 绿麦隆可湿性粉剂 4500~6000g。

B. 35% 二甲戊乐灵悬浮剂 750~1200g。

C. 48% 灭草松水剂 1080~1440g。

D. 90% 乙草胺乳油 1350~1890g。

（二）叶菜类蔬菜地除草剂的选用及杂草防治技术

针对十字花科蔬菜田杂草，可选用以下除草剂。

A. 33% 二甲戊乐灵乳油 2250~4500mL。

B. 60% 丁草胺 1500~2250mL。

C. 50% 敌草胺（大惠利）可湿性粉剂 1500~3000g。

D. 24% 对乙氧氟草醚（果尔）乳油 750~1500mL。

配方 A、B、C 播前 5~14d 土壤处理，混土 5~7cm（A、B 在土壤墒情好时可不混土），或移栽前处理，混土 3～5cm。D 移栽前土壤处理，保持田间土壤湿润有利于药效发挥。

针对伞形花科胡萝卜蔬菜田杂草，可选用以下除草剂。

A. 48%氟乐灵乳油 1500～2250mL。

B. 48%地乐胺乳油约 3000mL。

C. 25%噁草酮乳油 1125～2250mL。

D. 50%禾草丹乳油 4500～6000mL。

配方 A、B 播前土壤处理，混土 3～5cm。C、D 播后苗前土壤处理。

除此之外，瓜类蔬菜田杂草可用 25%敌草隆可湿性粉剂约 2250g，苗前土壤处理防除。韭菜类蔬菜田杂草可用 33%二甲戊乐灵乳油 495～742.5g；土壤喷雾防治一年生禾本科杂草及部分小粒种子阔叶杂草。

（三）水生蔬菜地除草剂的选用及杂草防治技术

水生蔬菜如莲藕、茭白等的杂草可用以下除草剂防除。

A. 50%扑草净可湿性粉剂 600～900g。

B. 60%丁草胺乳油 1125～1500mL。

C. 12.5%噁草酮乳油 2250～3000mL。

D. 10%苄嘧磺隆可湿性粉剂 225～375g。

于栽藕 7～10d 后，或茭白出苗前 1～2d，气温 25℃以上（水温稳定在 20℃），田间保持 3～5cm 水层，拌土或结合化肥撒施（噁草酮兑水 225kg 喷雾或原药甩施），施药后保持水层 5～7d 以后正常管理。

此外，丙草胺（扫弗特）、二氯喹啉酸（快杀稗）及其他稻田除草剂也可参照用于水生蔬菜田。

三、果园杂草除草剂的选用

我国果树种类多、分布广，果树地环境条件千差万别。杂草的发生特点：①杂草种类多。果园发生的杂草包括一年生、越年生和多年生杂草。我国果园常见杂草约有 40 个科，150 多种，主要以菊科、禾本科、莎草科、藜科、旋花科为主。旱田常见的杂草是果园杂草的主要组成部分，同时许多荒地、路旁、沟边、田埂的杂草如白茅、狗牙根、芦苇、葎草、独行菜、蒺藜、罗布麻、牵牛、益母草、曼陀罗、蒿属杂草等也是果园的常见杂草。②发生期长。果园杂草一年四季均可发生。其中一、二年生杂草主要是春季杂草或夏季杂草。春季杂草在早春萌发，晚春时生长迅速，初夏时开花结籽，以后逐渐枯死。春季阔叶杂草比禾本科杂草发生早，且以阔叶杂草为主，生长比夏季杂草相对缓慢，不易形成草荒。夏季杂草初夏开始发生，盛夏生长旺盛，秋季结实枯死。夏季杂草以禾本科杂草为主，发生比阔叶杂草早，群体密度大，且恰逢高温、多雨季节，杂草生长迅速，易成草荒，危害严重。③多年生杂草多。例如，白茅、乌敛莓、水花生、蒿属杂草、打碗花、狗牙根、双穗雀稗、香附子、刺儿菜和芦苇等繁殖能力强，地下繁殖器官不易根绝。④果园杂草的发生有区域性特点。南方果园有许多热带杂草如脉耳草、龙爪茅、含羞草等；北方果园杂草有许多温性和耐旱杂草占优势，如藜、萹蓄、白茅、刺儿菜等。不同的土壤类型，杂草群落的组成有差异。例如，盐碱土上主要生长耐盐碱的市藜、地肤、碱蓬等。⑤不同类型的果园，杂草发生情况不同。例如，种子萌发的实生苗圃或留植、扦插、嫁接不久的幼苗圃，杂草发生量大，危害重；新开垦的幼年果园往往以白茅、刺儿菜、打碗花、狗牙根、香附子等多年生杂草为主，而且杂草发生量较大；成年果园树冠大，一般以一年生单、双子叶杂草为主，树冠下主要是双子叶杂草，株行间空地多数为单子叶杂草。因此，在制订果园杂草防治计划时应充分研究和掌握杂草的发生、组成和演变规律。

以一年生杂草为主的果园或苗圃应以土壤封闭处理为主，茎叶处理为辅；以多年生杂草为主的果园或苗圃则以茎叶处理为主，土壤封闭处理为辅；幼苗果园常套种作物，而实生苗圃难以定向喷雾，则要施用选择性较强的除草剂。

A．40% 莠去津胶悬剂 3750~4500mL。
B．50% 西玛津可湿性粉剂 2250~3000mL。
C．24% 乙氧氟草醚乳油 900~2100mL。

均以每公顷兑水 400~600kg 为准。A 桃园禁用；B 土壤有机质含量大于 3%，用量可加倍；C 作定向喷雾可加大用量，忌接触树冠。甲草胺（拉索）、烯禾啶（拿捕净）、吡氟氯草灵（盖草能）、氟乐灵、喹禾灵（禾草克）、茅草枯等除草剂也可用于果树的杂草防治。

成年果树根深株大，化除位差选择性强，对化除有利。不同的果树品种、树龄，对除草剂的敏感性或抗药性不同，具体用药过程中，必须因地制宜，坚持先试验后用药，确保安全用药。

课外链接 9-2

1. 相关除草剂生产企业、农药信息与管理网站链接。
2. 莠去津可用于什么作物的杂草化学防除？

第三节　科学使用除草剂

一、施药时间的确定

除草剂的使用时间分作物播种前使用和出苗后使用。播种前主要采用土壤处理法，根据处理时期不同又可划分为播前土壤处理、播后苗前土壤处理与苗后土壤处理。播前土壤处理的时间为作物播种或移栽前用除草剂处理土壤，播后苗前土壤处理则需要在作物播种后尚未出苗时处理土壤。而苗后土壤处理则需要作物生育期处理土壤或移栽缓苗后处理土壤。土壤处理，通常是在作物播种后出苗前，一般播后 2~5d 内，杂草处于萌芽状态施用除草剂，除草效果好，一旦杂草出土则防效降低，掌握施药适期，是提高防除效果的关键。

除草剂出苗后常采用茎叶处理法，通常在杂草多数出土且 3~5 叶期喷药，此时杂草幼嫩，抗药性小，对除草剂容易吸收，所以除草效果好。同时苗后处理时期必须是在作物抗药性最强时期施药，禾本科作物应在 4 叶期以后拔节前施药，拔节后尤其是雌雄蕊分化期至花粉母细胞减数分裂期最为敏感，易产生药害，切勿此时施药。

二、施药方法的选择

除草剂防除农田杂草的施药方法很多，如土壤处理法和茎叶处理法、喷雾法、撒施法、泼浇法、甩施法、涂抹法、除草剂薄膜法等。最常用的方法为土壤处理法和茎叶处理法。

（一）土壤处理

将除草剂施用于土壤，称为土壤处理法。根据处理时期不同又可划分为播前土壤处理、播后苗前土壤处理与苗后土壤处理。

1. 播前土壤处理　作物播种或移栽前用除草剂处理土壤，具体施药方法可分为以下两种。

一是播前土表处理,作物种植前将除草剂施于土壤表面。例如,稻田插秧前施用除草醚或五氯酚钠于土表防除杂草。蔬菜等移栽前施用异丙甲草胺等防除杂草。

二是播前混土处理,作物种植前施用除草剂于土表,并均匀地混入浅土层中的方法称播前混土处理法。为了药剂能均匀地混入土层内,可用钉齿耙、圆盘耙与旋转耙等混拌。据国内经验,用圆盘耙交叉耙两次,耙深10cm 就能将药剂均匀地分散到 3~5cm 的土层内。当药层内的杂草萌芽或穿过药层时,则杂草吸收药剂而死亡,这种处理法的特点是:①能够减少易挥发与光解的除草剂的流失。例如,挥发性强的茵草敌与燕麦敌等硫代氨基甲酸酯类,易挥发与光解的氟乐灵与仲丁灵等二硝基苯胺类除草剂,采用土表处理效果较差,而混土处理则能维持较长的持效期。②土壤深层也能萌发的杂草如野燕麦等,采用土表处理常表现药效差,而混土处理法能发挥较高的药效。③在土壤墒情差的情况下,由于苗前土壤处理药剂不能淋溶下渗接触杂草种子,故药效较差;而采用播前混土处理则药剂能接触到杂草种子,故可获得较好的效果。例如,土壤墒情差的条件下使用西玛津防除玉米田杂草,利用播前混土处理就能提高药效。

采用播前混土处理也可能出现一些问题。首先是药剂如果混入种子层内,降低了药剂的选择性,要求所用的除草剂必须具有足够的选择性,否则会出现药害。其次是当除草剂从表层被分散到较深土层后,不一定都能增加除草效果,有些除草剂可能适得其反,因为土壤中的药剂浓度被稀释而降低了药效。

2. 播后苗前土壤处理　　作物播种后尚未出苗时处理土壤,称播后苗前土壤处理或苗前土壤处理。多数土壤处理剂是用这种方法施药的,包括取代脲类、三氮苯类和酰胺类等重要的除草剂种类。苗前土壤处理可以应用选择性除草剂,如丁草胺用于稻秧田,西玛津与莠去津用于玉米田。但大多数情况是利用土壤位差等的综合选择性,达到安全除草的目的。供土壤处理用的除草剂必须具有一定的持效期,才能有效地控制杂草。落于土壤立即钝化或降解的除草剂如敌稗、百草枯与草甘膦等茎叶处理剂,则不宜作土壤处理剂。

3. 苗后土壤处理　　作物生育期处理土壤或移栽缓苗后处理土壤,称为苗后土壤处理。例如,稻田插秧后杂草尚未出土或处在幼苗期施用丁草胺或禾草丹等。为了减少药剂附着在水稻上,常采用颗粒剂或药剂混以湿土撒布,从而避免产生药害。一些移栽蔬菜在缓苗后使用异丙甲草胺控制未出土杂草等。但该种施药方法必须注意:①在作物缓苗后施药;②所选用的除草剂必须对作物苗期安全或采取适宜的施药方法,如水稻田移栽后丁草胺等药剂不能喷洒施药;③杂草尚未出土。

（二）茎叶处理

将除草剂直接喷洒到生长着的杂草茎叶上的方法称为茎叶处理法。按农田作业的时期又可分为播前茎叶处理与生育期茎叶处理。

1. 播前茎叶处理　　这种方法是农田尚未播种或移栽作物前,用药剂喷洒已长出的杂草。这时农田尚未栽培作物,故能安全有效地消除杂草。通常要求除草剂具有广谱性,药剂易被叶面吸收,落在土壤上不致影响种植作物。常用的药剂有百草枯与草甘膦等。但这种施药方法仅能消除已长出的杂草,对后发杂草则难以控制。

2. 生育期茎叶处理　　作物出苗后施用除草剂处理杂草茎叶的方法称为生育期茎叶处理。这种方法不仅药剂能接触到杂草,也能接触到作物,因而要求除草剂具有较高选择性。例如,2,4-D 或二甲四氯防除麦田中双子叶杂草,二氯喹啉酸防除稻田稗草,灭草松防除大豆田双子叶杂草等。一些对作物毒性强的除草剂可通过定向喷雾或保护装置,达到安全施药的目的。

茎叶处理法一般采用喷雾法而不用喷粉法,因为喷雾法使药剂易于附着与渗入杂草组织,有较好的药效。生育期茎叶处理的施药适期，宜在杂草敏感而对作物安全的生长阶段。例如，用2,4-D类防除农田双子叶杂草，春小麦宜在3～5叶期至拔节期前，玉米宜在3～6叶期。

三、施药技术的运用

除草剂的土壤处理法常采用颗粒剂或药剂混以湿土撒布，或者以混土法将除草剂施用于土表混入土中。而茎叶处理则主要依赖于喷雾法。茎叶处理法按施药量分为大容量喷雾技术、超低量喷雾技术和低容量喷雾技术。

（一）大容量喷雾

通常用手动喷雾器操作，适于触杀性除草剂，因为这类除草剂要求彻底湿润杂草的落叶部分才能获得良好的杀草效果。每亩喷药液量30L以上，雾滴直径为200～400μm。大容量喷雾要求药液具有很好的湿润性能，在药液中常加入湿润剂、展着剂和增效剂，以利于药液在叶片上的黏着性能及叶片吸收，从而提高药效。

（二）超低量喷雾

超低量喷雾适于水溶性好的内吸传导性除草剂。这类药剂不要求在植物表面形成药膜，只要求达到一定的雾滴密度。每亩0.3L以上，用原药加入少量水喷雾，雾滴直径为50～100μm。由于雾滴细小而稠密，有利于沉积在叶片的正面，还可粘在叶背面，增大了药液与叶片的接触面，有利于叶片的吸收与传导。超低容量用药浓度虽大，但用量少，比常规喷雾省药，且提高增效10倍以上，在干旱缺水的地区使用更为适宜。应避免大风、顺风、高温天气作业，注意临近敏感作物和人员的安全。

（三）低容量喷雾

低容量每亩喷药液量为20～25L，雾滴直径为100～200μm。低容量喷雾适用于绝大多数茎叶处理剂，作业时防止飘失，同时要求药液具有良好的展布性。

四、除草剂抗药性的监测

与杀菌剂和杀虫剂一样，除草剂应用到农业生产中以后，杂草便开始逐步对除草剂从生态、生化或遗传等方面产生了适应性，最终形成了抗药性杂草。此外，杂草抗药性不仅仅表现在一种杂草生物型对某一种除草剂产生抗药性，更严重的是可能对其他几种除草剂产生交互抗性和多抗性。抗药性杂草对农田杂草治理和农业生产构成严重威胁，成为备受全球关注的严重问题。

抗药性杂草的快速发生和发展，致使农田杂草危害加剧，防除难度加大，因此抗药性杂草的监测与治理亟待强化。杂草抗（耐）药性检测技术主要包括整株水平测定，器官或组织水平测定，细胞或细胞器水平测定和分子水平测定。其中整株水平测定是最重要的方法，该方法简便易行，不需要复杂的仪器设备。具体方法为：首先从怀疑有抗药性杂草生物型和从未使用过除草剂的田块采集杂草种子，按小区大田播种或温室盆栽，在播后芽前或苗后进行常规施药处理。药剂设置不同浓度梯度，通过测定不同剂量下杂草的出苗率、死亡率、叶面积、鲜重、干重等指标，与对照比较，以确定抗药性水平。盆栽试验能够提供杂草交互抗性或多抗性方面的信息，可以指导轮换用药，技术简单易行，大批量植株可同时进行，重复性较好，是抗药性检测的常用方法。

课外链接 9-3

抗除草剂草甘膦的转基因作物

第四节 常见农田杂草的化学防治实例

一、除草剂对小麦田杂草防治药效试验

（一）目的要求

本试验采用田间小区试验方法，测定炔草酯可湿性粉剂对小麦田杂草防除效果，最终通过本试验掌握茎叶处理小麦田杂草防治药效试验的方法；明确小麦田田间药效基本原则；掌握小麦除草剂田间药效试验的基本步骤和方法；熟悉田间药效试验的药效调查方法和结果计算方法。

（二）实验材料

1. 实验对象 实验对象为小麦田野燕麦、看麦娘、硬草、茵草、黑麦草、蜡烛草等禾本科杂草，实验作物为小麦，记录品种名称。

2. 环境条件 田间试验应选择历年禾本科杂草发生严重的地块进行，所有实验小区的栽培条件应该一致，包括土壤类型、栽培条件、行间距、施肥情况等。

3. 实验药剂 选用 15% 炔草酯可湿性粉剂（沈阳化工研究院）作供试药剂，注明药剂通用名称、商品名称、剂型含量等信息。选择生产实践上应用较多的 15% 炔草酯可湿性粉剂（瑞士先正达公司）作为对照药剂，按推荐使用剂量使用。

（三）实验步骤

1. 小区安排 实验药剂、对照药剂、空白对照的小区处理采取随机排列，可采用棋盘随机排列法，也可以根据具体情况采用拉丁方法、对比法等。共 7 个处理，小区面积 20m²，重复 4 次，共 28 个小区。

2. 用药量 本实验设实验药剂 15% 炔草酯可湿性粉剂（沈阳化工研究院）用药量为 15 ga.i/hm²、30 ga.i/hm²、60 ga.i/hm²、90 ga.i/hm² 四个用药剂量，对照药剂 15% 炔草酯可湿性粉剂（瑞士先正达公司）用药量为 60 ga.i/hm²，并设置空白对照和人工除草小区。

3. 施药时期 一般应在田间杂草基本出齐后，处于 2~4 叶期时施用，此时田间麦苗一般在 2 叶 1 心期以上，故一般要求在小麦 2 叶 1 心期至拔节期施用。

4. 调查项目 药后 20d、40d 调查株防效，在各小区对角线上取 3~4 点，每个样点面积 0.25m²（0.5m×0.5m），记录存活杂草的种类和株数。同时在施药后 40d，目测记录各小区杂草的总体防效，剪取杂草地上部茎叶并分别称每种杂草的鲜重。

（四）结果调查与统计分析

1. 药效计量方法

$$株（鲜重）防效（\%）= \frac{空白对照区杂草株数（鲜重）- 处理区杂草株数（鲜重）}{空白对照区杂草株数（鲜重）} \times 100 \quad (9\text{-}1)$$

2. 观察对作物的影响　　施药后 3d、7d、14d、20d、40d，目测小麦的生长状况，如发生药害，调查记录小麦株高、分蘖、形态、色泽等变化，在小麦收获时测产评价药剂对小麦的安全性。

3. 结果分析　　实验所得的结果应用生物统计方法进行分析（采用 DMRT 法），对实验结果（表 9-2）加以分析，写出实验报告。

表 9-2　15% 炔草酯可湿性粉剂茎叶处理对小麦田杂草的田间防治效果

药剂	剂量/ (ga.i/hm²)	杂草株数/ (株/0.25m²)		株防效/%		40d 杂草鲜重/ (g/0.25m²)	40d 鲜重 防效/%	显著性分析	
		20d	40d	20d	40d			$F_{0.05}$	$F_{0.01}$
炔草酯	15								
	30								
	60								
	90								
炔草酯（CK）	60								
清水（CK）									

（五）思考题

1) 做小麦田禾本科杂草田间药效试验时，需要注意什么问题？
2) 在调查结果时，你发现什么问题没有？应如何处理？
3) 如何分析实验结果？

扫扫看答案

（六）作业

完成实验报告，包括实验目的、实验原理、实验材料与用具、实验内容、结果处理、实验结果、分析与讨论。

（七）教学组织形式与实施

以每个教学班为单位，采用演示和实验法等教学方法，在实验田进行，每 5 个人一组，边讲解边操作。

（八）考核评价

预习实验，占 10%，满分 10 分；
课堂提问，占 10%，满分 10 分；
实验操作，占 40%，满分 40 分；
撰写实验报告及数据分析的规范性，占 40%，满分 40 分。

二、除草剂对水稻田杂草防治药效试验

（一）目的要求

通过本实验掌握除草剂土壤处理防治直播稻田杂草小区药效试验的方法；明确田间药效试验的目的和基本原则；掌握田间药效试验的基本步骤和方法；熟悉田间药效试验中目测法药效调查方法和结果计算方法。

（二）实验材料

1. 实验对象　　实验对象为水稻田常见杂草稗草或鸭跖草，实验作物为水稻，记录品种

名称。

2. 环境条件 田间试验应选择土壤肥力较均匀，水分管理较方便且历年稗草或鸭跖草发生严重的水稻直播稻田进行实验。

3. 实验药剂 选用当地常用国产30%丙草胺乳油作供试药剂，并注明药剂相关信息，包括通用名称、商品名称、剂型、含量、厂家等信息。选择30%丙草胺（含安全剂）乳油（扫弗特，瑞士先正达公司）作为对照药剂，对照药剂的类型和作用方式应同实验药剂相近，并使用农药登记的推荐剂量。

（三）实验步骤

1. 小区安排 实验药剂、对照药剂、空白对照的小区处理采取随机排列，可采用棋盘随机排列法，也可以根据具体情况采用拉丁方法、对比法等。本实验设实验药剂30%丙草胺乳油4个用药剂量，1个对照药剂30%扫弗特乳油，并设置空白对照和人工除草小区。共7个处理，小区面积20m^2，重复4次，共28个小区。

2. 用药量 本实验用药量分别为实验药剂30%丙草胺乳油用药量为400ga.i/hm^2、450ga.i/hm^2、500ga.i/hm^2、900ga.i/hm^2，对照药剂30%扫弗特乳油用药量为450ga.i/hm^2。

3. 施药 在水稻播种后3~6d，稻苗立针期，进行土壤喷雾处理，以喷清水为对照。

4. 调查项目 施药后20d，调查株防效，在各小区对角线上取3~4点，每个样点面积0.25m^2（0.5m×0.5m），记录存活杂草的种类和株数。施药后45d，目测记录各小区杂草的总体防效，同时，在各小区对角线上取3~4点，记录存活杂草的种类和株数，剪取杂草地上部茎叶并分别称每种杂草的鲜重，调查株数时一些分生能力很强的杂草如空心莲子草等记录从基部发出的分枝数。

（四）结果调查与统计分析

1. 药效计量方法

$$株（鲜重）防效（\%）= \frac{空白对照区杂草株数（鲜重）-处理区杂草株数（鲜重）}{空白对照区杂草株数（鲜重）} \times 100 \quad (9-2)$$

$$目测防效（\%）= \left(1 - \frac{空白对照区药前防效 \times 处理区药后防效}{空白对照区药后防效 \times 处理区药前防效}\right) \times 100 \quad (9-3)$$

2. 观察对作物的影响 施药后3d、7d、14d、20d、45d，目测水稻的生长状况，如发生药害，调查记录水稻出苗、株高、分蘖、形态、色泽等变化，在水稻收获时测产评价药剂对水稻的安全性。

3. 结果分析 实验所得的结果应用生物统计方法进行分析（采用DMRT法），对实验结果（表9-3）加以分析，写出实验报告。

表9-3 30%丙草胺乳油土壤处理对稻田杂草的田间防治效果

药剂	剂量/(ga.i/hm^2)	杂草株数/(株/0.25m^2)		株防效/%		45d杂草鲜重/(g/0.25m^2)	45d鲜重防效/%	显著性分析	
		20d	45d	20d	45d			$F_{0.05}$	$F_{0.01}$
丙草胺	400								
	450								
	500								
	900								
扫弗特	450								
清水（CK）									

（五）思考题

1）水稻直播田中如何区分稗草和水稻？
2）在配制药液时采用什么方法提高药效？应如何操作？
3）分析哪些因素会对实验结果造成影响，该如何避免？

扫扫看答案

（六）作业

完成实验报告，包括实验目的、实验原理、实验材料与用具、实验内容、结果处理、实验结果、分析与讨论。

（七）教学组织形式与实施

以每个教学班为单位，采用演示和实验法等教学方法，在实验田进行，每5个人一组，边讲解边操作。

（八）考核评价

预习实验，占10%，满分10分；
课堂提问，占10%，满分10分；
实验操作，占40%，满分40分；
撰写实验报告及数据分析的规范性，占40%，满分40分。

三、除草剂对玉米田杂草防治药效试验

（一）目的要求

测定4%烟嘧磺隆悬浮剂对玉米田禾本科杂草防除效果，掌握玉米田除草剂田间药效试验的基本步骤和方法，药效调查方法和结果计算方法。

（二）实验材料

1. 实验对象　　实验对象为玉米田禾本科杂草如马唐、牛筋草等，实验作物为春玉米，记录品种名称。

2. 环境条件　　选择土壤肥力较均匀，田间需有药剂的防治对象谱所包含的主要杂草种类且杂草分布较均匀，管理较方便的春玉米田进行实验。

3. 实验药剂　　选用4%烟嘧磺隆悬浮剂作实验药剂，注明药剂相关信息，包括通用名称、商品名称、剂型、含量、厂家等信息，根据药剂活性，设置4个系列浓度。以清水为对照。

（三）实验步骤

1. 小区安排　　实验药剂、对照药剂、空白对照的小区处理采取随机排列，可采用棋盘随机排列法，也可以根据具体情况采用拉丁方法、对比法等。设4个用药剂量，空白对照和人工除草小区。以喷清水为对照，共5个处理，小区面积40m^2，重复4次，共20个小区。

2. 用药量　　设实验药剂4%烟嘧磺隆悬浮剂用药量为80mL/667m^2、100mL/667m^2、120mL/667m^2、140mL/667m^{2}四个用药剂量。喷药液量按25～35kg/667m^{2}计算。

3. 施药　　在玉米苗后3～5叶期，马唐、牛筋草等一年生杂草2～5叶期，大多数杂草出齐时茎叶喷雾，使用背负式喷雾器、扇形喷头喷雾。

4. 调查项目 施药前每小区随机调查 4 点。每个样点面积 $0.3m^2$，调查禾本科杂草基数。药后 10d、20d、30d 分别调查杂草存活数，记录存活杂草的种类、株数及目测防效。

（四）结果调查与统计分析

1. 药效计量方法

$$株（鲜重）防效（\%）= \frac{空白对照区杂草株数（鲜重）-处理区杂草株数（鲜重）}{空白对照区杂草株数（鲜重）} \times 100 \quad (9\text{-}4)$$

$$目测防效（\%）= \left(1 - \frac{空白对照区药前防效 \times 处理区药后防效}{空白对照区药后防效 \times 处理区药前防效}\right) \times 100 \quad (9\text{-}5)$$

2. 观察对作物的影响 分别在施药后 5d、10d、20d、30d 进行，共调查 4 次，查看对玉米苗是否有影响。如发生药害，调查记录药害症状，在玉米收获时测产评价药剂对玉米的安全性。

3. 结果分析 实验所得的结果应用生物统计方法进行分析（采用 DMRT 法），对实验结果（表 9-4）加以分析，写出实验报告。

表 9-4 4% 烟嘧磺隆悬浮剂茎叶处理对春玉米田杂草的田间防治效果

药剂	剂量/（mL/667m²）	杂草株数/（株/0.3m²）			株防效/%			显著性分析	
		10d	25d	30d	10d	25d	30d	$F_{0.05}$	$F_{0.01}$
烟嘧磺隆	90								
	100								
	120								
	140								
清水（CK）									

（五）思考题

1) 玉米田杂草防除田间药效试验需要注意什么问题？
2) 喷药液时应该先喷浓度大的，还是先喷浓度小的？
3) 如何选择最佳使用剂量？

扫扫看答案

（六）作业

完成实验报告，包括实验目的、实验原理、实验材料与用具、实验内容、结果处理、实验结果、分析与讨论。

（七）教学组织形式与实施

以每个教学班为单位，采用演示和实验法等教学方法，在实验田进行，每 5 个人一组，边讲解边操作。

（八）考核评价

预习实验，占 10%，满分 10 分；
课堂提问，占 10%，满分 10 分；

实验操作，占40%，满分40分；

撰写实验报告及数据分析的规范性，占40%，满分40分。

四、除草剂对棉花田杂草防治药效试验

（一）目的要求

为判定棉田常用除草剂单剂的药效及防治谱，需要针对覆膜棉田进行多种除草剂处理土壤的田间药效试验，以期为覆膜棉田杂草防除提供科学依据。本实验采用田间小区试验方法，测定50%乙草胺乳油、72%异丙甲草胺乳油、33%二甲戊乐灵乳油和24%乙氧氟草醚乳油土壤处理对覆膜棉花田禾本科杂草和阔叶杂草的防除效果，最终通过本实验掌握覆膜棉花田除草剂田间药效试验的基本步骤和方法；熟悉田间药效试验的药效调查方法和结果计算方法。

（二）实验材料

1. 实验对象 实验对象为覆膜棉田主要杂草，实验作物为棉花。选用当地常规品种，记录品种名称。

2. 环境条件 选择土壤肥力较均匀，田间有药剂防治对象谱所包含的主要杂草种类且杂草分布较均匀，管理较方便的棉花田进行实验。所有实验小区的栽培条件应该一致，包括品种、土壤类型、栽培条件、行间距、施肥情况等。如果灌溉记录灌溉的方法、时间和水量。

3. 实验药剂 选择50%乙草胺乳油、72%异丙甲草胺乳油、33%二甲戊乐灵乳油和24%乙氧氟草醚乳油为供试药剂，使用当地常用剂量。记录药剂相关信息，包括通用名称、商品名称、剂型、含量、厂家等信息。

（三）实验步骤

1. 小区安排 实验药剂、对照药剂、空白对照的小区处理采取随机排列，5个处理，小区面积24m^2（4m×6m），重复4次，共20个小区。

2. 用药量 本实验设实验药剂用药剂量分别为50%乙草胺乳油120mL/667m^2，72%异丙甲草胺乳油125mL/667m^2，33%二甲戊乐灵乳油175mL/667m^{2}和24%乙氧氟草醚乳油50mL/667m^2，并设置空白对照和人工除草小区。喷药液量按40kg/667m^{2}计算。

3. 施药 在棉花播种后，使用背负式喷雾器、扇形喷头，喷药液量按40kg/667m^{2}计算。以喷清水为对照。

4. 调查项目 施药后20d和40d每小区随机调查4点。每个样点面积0.3m^2，定点调查杂草株数。同时在40d调查杂草鲜重。记录存活杂草的种类、株数及目测防效。

（四）结果调查与统计分析

1. 药效计量方法

$$株（鲜重）防效（\%）= \frac{空白对照区杂草株数（鲜重）-处理区杂草株数（鲜重）}{空白对照区杂草株数（鲜重）} \times 100 \quad (9-6)$$

2. 观察对作物的影响 分别在施药后5d、10d、20d、30d、40d进行，共调查5次，查看对棉苗是否有影响。如发生药害，调查记录药害症状，在棉花收获时测产评价药剂对棉花的安全性。

3. 结果分析 实验所得的结果应用生物统计方法进行分析（采用DMRT法），对实验结

果（表 9-5）加以分析，写出实验报告。

表 9-5　除草剂土壤处理对棉花田杂草的田间防治效果

药剂	剂量/（mL/667m²）	杂草株数/（株/0.3m²）		杂草鲜重/（株/0.3m²）		株防效/%		显著性分析	
		20d	40d	20d	40d	25d	40d	$F_{0.05}$	$F_{0.01}$
乙草胺	120								
异丙甲草胺	125								
二甲戊乐灵	175								
乙氧氟草醚	50								
清水（CK）									

（五）思考题

进行多种除草剂防除棉花田杂草田间药效试验时，需要注意什么问题？

扫扫看答案

（六）作业

完成实验报告，包括实验目的、实验原理、实验材料与用具、实验内容、结果处理、实验结果、分析与讨论。

（七）教学组织形式与实施

以每个教学班为单位，采用演示和实验法等教学方法，在实验田进行，每 5 个人一组，边讲解边操作。

（八）考核评价

预习实验，占 10%，满分 10 分；
课堂提问，占 10%，满分 10 分；
实验操作，占 40%，满分 40 分；
撰写实验报告及数据分析的规范性，占 40%，满分 40 分。

五、除草剂对甘蓝田杂草防治药效试验

（一）目的要求

本实验采用田间小区试验方法，测定 30% 二甲戊灵悬浮剂土壤处理对甘蓝田禾本科杂草和阔叶杂草的防除效果，最终通过本实验掌握甘蓝田除草剂田间药效试验的基本步骤和方法；熟悉田间药效试验的药效调查方法和结果计算方法。

（二）实验材料

1. 实验对象　实验对象为甘蓝田常见的杂草马唐、牛筋草等，实验作物为结球甘蓝，记录品种名称。

2. 环境条件　田间试验须安排在历年杂草发生严重地区，选择土壤肥力较均匀，田间需有药剂的防治对象谱所包含的主要杂草种类且杂草分布较均匀，管理较方便的甘蓝田进行试验。

3. 实验药剂　30% 二甲戊灵悬浮剂，注明药剂商品名（代号）、中文名、通用名、剂型、含量和生产厂家。使用当地常用剂量，特殊情况可视实验目的而定。

（三）实验步骤

1. 小区安排　　实验药剂、对照药剂和空白对照的小区处理采用随机区组排列，特殊情况须加以说明。小区面积为 15～50m²，最少 4 次重复。采用 4 个用药剂量，并设置空白对照和人工除草小区。以喷清水为对照，共 5 个处理，小区面积 30m²（5m×6m），重复 4 次，共 20 个小区。

2. 用药量　　本实验设实验药剂 30% 二甲戊灵悬浮剂，用药量为 495ga.i/hm²、630ga.i/hm²、765ga.i/hm²、1260ga.i/hm² 四个用药剂量。

3. 施药　　按随机区组法排列小区，于播种前 1d 喷药。小区间筑小田埂，且小区间要有 1m 以上宽的隔离带，防止药剂对其他小区产生影响。用手动背负式喷雾器均匀喷雾，施药 1 次。记录土壤类型，必要时测定土坡 pH 与有机质含量，记录各小区的位置及施药处理方法，同时记录施药时和施药后 10d 的日照、降雨量、温度、空气相对湿度、风力等气象资料。

4. 调查项目　　施药后 15d、30d 每小区随机调查 3 点。每个样点面积 0.25m²（0.5m×0.5m），定点调查杂草株数。同时在 30d 调查杂草鲜重。记录存活杂草的种类、株数及目测防效。

（四）结果调查与统计分析

1. 药效计量方法　　药效按下列公式计算。

$$株（鲜重）防效（\%）=\frac{空白对照区杂草株数（鲜重）-处理区杂草株数（鲜重）}{空白对照区杂草株数（鲜重）}\times 100 \quad (9\text{-}6)$$

$$目测防效（\%）=\left(1-\frac{空白对照区药前防效\times 处理区药后防效}{空白对照区药后防效\times 处理区药前防效}\right)\times 100 \quad (9\text{-}7)$$

2. 观察对作物的影响　　分别在施药后 5d、10d、20d、30d、40d 进行，共调查 5 次，查看对甘蓝是否有影响。如发生药害，调查记录药害症状，在甘蓝收获时测产评价药剂对玉米的安全性。

3. 结果分析　　用邓肯氏新复极差"DMRT"法对实验数据进行统计分析，特殊情况用相应的生物统计学方法。写出正式实验报告并对实验结果（表 9-6）加以分析、评价。实验报告应列出原始数据。

表 9-6　30% 二甲戊灵悬浮剂土壤处理对甘蓝田杂草的田间防治效果

药剂	剂量/(ga.i/hm²)	杂草株数/(株/0.25m²)		株防效/%		杂草鲜重/(株/0.25m²)		显著性分析	
		15d	30d	15d	30d	15d	30d	$F_{0.05}$	$F_{0.01}$
二甲戊灵	495								
	630								
	765								
	1260								
清水（CK）									

（五）思考题

1）甘蓝田常见杂草有哪些？

扫扫看答案

2）二甲戊灵还可以用于什么杂草的防除？

（六）作业

完成实验报告，包括实验目的、实验原理、实验材料与用具、实验内容、结果处理、实验结果、分析与讨论。

（七）教学组织形式与实施

以每个教学班为单位，采用演示和实验法等教学方法，在实验田进行，每5个人一组，边讲解边操作。

（八）考核评价

预习实验，占10%，满分10分；
课堂提问，占10%，满分10分；
实验操作，占40%，满分40分；
撰写实验报告及数据分析的规范性，占40%，满分40分。

六、除草剂的抗药性监测

（一）目的要求

稗草和反枝苋是玉米田主要禾本科杂草和阔叶杂草的代表性品种。已有的研究显示这两种杂草对多种除草剂产生抗药性。本实验以90%乙草胺乳油和40%烟嘧磺隆悬浮剂为供试药剂，采用滤纸法，测定稗草和反枝苋的抗药性水平。最终通过本试验掌握除草剂室内抗药性水平测定试验的基本步骤和方法。

（二）实验材料

1. 实验对象　实验对象为稗草和反枝苋，分别采自长期施用药剂的田块和不用药的野外。
2. 环境条件　实验在室内进行，需有保证杂草正常生长的光照、温湿度等设备。
3. 实验药剂　90%乙草胺乳油和40%烟嘧磺隆悬浮剂。

（三）实验步骤

1. 供试药剂的配制　用移液器分别量取上述农药，于容量瓶配制成系列浓度。其中90%乙草胺乳油稀释成15μL/L、30μL/L、60μL/L和120μL/L，40%烟嘧磺隆悬浮剂配制成50μL/L、100μL/L、200μL/L、400μL/L和800μL/L。
2. 实验处理　在铺有滤纸的培养皿中加各浓度供试药液5.0mL，空白对照加等量清水。每培养皿选10粒刚露白种子，3次重复。处理后将培养皿置于（27±1）℃的人工光照培养室中培养（光照12h/黑暗12h）。72h后测量芽长，求出抑制率。
3. 结果分析　将芽长数据汇总，计算抑制率，采用DPS、Excel 2003等统计分析软件计算回归方程和IC_{50}，比较抗药性水平。

（四）思考题

1）杂草抗药性监测常用的方法有哪些？
2）杂草抗药性可以避免吗？

扫扫看答案

（五）作业

根据试验情况，每人写一份实验报告，包括实验目的、实验原理、实验材料与用具、实验内容、实验结果、分析与讨论。

（六）教学组织形式与实施

以每个教学班为单位，采用演示和实验法等教学方法，在农药实验室进行，每5个人一组，边讲解边操作。

（七）考核评价

预习实验，占10%，满分10分；
课堂提问，占10%，满分10分；
实验操作，占40%，满分40分；
撰写实验报告及数据分析的规范性，占40%，满分40分。

思 维 拓 展

一、名词解释

杂草　除草剂　位差选择性　时差选择性　形态选择性　生理选择性　生物化学选择性　土壤处理法　茎叶处理法　大容量喷雾　超低量喷雾　低容量喷雾

二、问答题

1. 简述杂草的生物学特点。
2. 试论述除草剂的作用机制。
3. 稻田杂草主要有哪些？如何防治？
4. 玉米田主要杂草有哪些？
5. 试论述我国棉花产区杂草的发生特点。
6. 十字花科蔬菜如何进行杂草防除？

扫扫看答案

主要参考资料

1. 参考文献

黄彰欣. 2000. 植物化学保护实验指导. 北京：中国农业出版社：66-69
强胜. 2009. 杂草学. 2版. 北京：中国农业出版社：214-234
孙家隆，慕卫. 2009. 农药学实验技术与指导. 北京：化学工业出版社：213-218
陶波. 2009. 杂草化学防除实用技术. 北京：化学工业出版社：147-176
王鸣华，沈慧敏，周小毛. 2014. 植物化学保护实验. 北京：北京大学出版社：186
王疏，董海. 2008. 北方农田杂草及防除. 沈阳：沈阳出版社：180-189
吴文君，罗万春. 2008. 农药学. 北京：中国农业出版社：155-160
徐汉虹. 2007. 植物化学保护. 4版. 北京：中国农业出版社：168-187

2. 网站

中国农药网 http://www.pesticide.com.cn
中国农药信息网 http://www.chinapesticide.gov.cn

第十章 植物生长调节剂的科学选用

【知识能力要求】
1. 植物生长调节剂的作用；
2. 植物生长调节剂的常用品种及科学使用技术。

【导语】

植物的生长发育除需要水分、二氧化碳和各种营养物质外，还需要植物激素的调节和控制。植物激素是植物体内代谢产生的有机化合物，它的存在可影响和有效调控植物的生长和发育，包括植物的发芽、生根、生长、器官分化、开花、结果、成熟、脱落、休眠等一系列生命过程。

植物自己产生的叫做植物激素，外源施用的叫做植物生长调节剂。植物生长调节剂的研究及其在生产上的应用，是近代植物生理学及农业科学的重大进展之一。20 世纪 20 年代末 30 年代初，人们开始研究影响植物生长的物质。生长素及其类似物吲哚乙酸、吲哚丁酸、萘乙酸等的发现及合成应用，是植物生长调节剂应用的开端。

第一节 植物生长调节剂的发现

早在 1758 年，人们在环割试验中，观察到在切口上部，经细胞分裂，会逐渐膨大长出愈伤组织，进而又逐渐长出根来。有人推测，在植物体中一定能产生某些可促进形成各种器官的化学信使，如"成根素"。到 1870 年，人们在根的向地性弯曲中观察到，当将根置于水平方向时，因重力影响而产生向地弯曲生长，弯曲的部位是伸展区，而对重力感受的部位却在根尖。因此，提出可能有一种从根尖向伸长区输导的化学物质，由于化学物质运输方向不对称，使根的伸长区上下两端发生不均匀生长而弯曲。1880 年，达尔文父子在研究植物向光性运动时，发现一种草的幼苗暴露在单侧光下时，植物的感光部位在茎尖，而向光弯曲部位在伸长区。他们也提出，可能有某种化学物质在单侧光影响下，从幼苗尖端不均匀地传递下去，从而使下部伸长区发生向光弯曲。

1928 年，在达尔文等对燕麦胚芽鞘弯曲生长研究的基础上，荷兰科学家 F. W. Went 首次分离出生长素。后来科学家从孕妇的尿中提纯出生长素，并鉴定其化学结构为 3- 吲哚乙酸（IAA），同时在酵母提取物和根霉（*Rhizopus suinus*）培养物中也提纯了 IAA。此后大量的实验证明，IAA 是植物体内广泛存在的生长素。后来，人们人工合成了 IAA 及其类似物吲哚丁酸（IBA）和萘乙酸（NAA），并从植物体内发现了与 IAA 结构相似的生长素类物质，如吲哚 -3- 丁酸（IBA，存在于玉米叶片和种子中）、吲哚 -3- 乙醇、吲哚 -3- 乙醛、吲哚 -3- 乙腈、4- 氯 - 吲哚 -3- 乙酸（4-chloro IAA，存在于莴苣种子中）。随后，人们开始将这些生长素类物质应用于促进扦插植物生根。在第二次世界大战期间，美国波尔斯 - 汤姆生（Boyce-Thompson）植物研究所的一些植物生理学者，从大量的苯氧类化合物中筛选出了具有生长素活性的 2,4-D，它具有比 IAA、萘乙酸的生理活性大许多倍的效应。

赤霉素的发现源于 1926 年黑泽（日本）发现水稻恶苗病可引起稻苗徒长，是其受赤霉菌（*Gibberella fujikuroi*）感染的缘故。1935 年，东京大学农学部科学家薮田首次从水稻恶苗病菌中提取得到赤霉素（gibberellic acid，GA）晶体。1938 年，薮田和住木又从赤霉菌培养物过滤液中分离纯化出两种活性物质，命名为赤霉素 A 和赤霉素 B。1955 年，Jake MacMillan 首次从高等植物（未成熟的菜豆种子）中提纯出赤霉素 GA_1。后来从多种微生物和高等植物中分离出 118 种结构类似的赤霉素，分别按发现的顺序命名，如 GA_1、GA_3、GA_4、GA_7 等。20 世纪 50 年代后期，赤霉素已普遍应用于促进生长、开花和结实等方面。

1955 年，Miller 在加热灭菌的鲱鱼精子 DNA 提取物中发现了一种具有促进细胞分裂活性的小分子化合物，将其命名为激动素（kinetin，KT），1956 年经提取、纯化后，发现是一种腺嘌呤衍生物，即 6-呋喃氨基腺嘌呤（6-furfurylaminopurine）。1963 年，Miller 和澳大利亚科学家 D. S. Letham 各自独立证明在未成熟的玉米籽粒胚乳中含有 6-(4-羟基-3-甲基-反式-2-丁烯基氨基) 嘌呤，并将其命名为玉米素（zeatin，Z），这是第一个从植物中分离出来的细胞分裂素（CTK）。6-苄氨基嘌呤（6-BA）是人工合成的第一个细胞分裂素。1977 年，人们合成了具有细胞分裂素活性的化合物氯吡脲（调吡脲、脲动素、forchlorfenuron），虽然其结构与其他细胞分裂素差异较大，但其活性比 6-BA 强，是目前促进细胞分裂活性最高的人工合成细胞分裂素。

乙烯是结构最简单的植物激素，普遍存在于植物的根、茎、叶、花、果实中，是植物的代谢产物。20 世纪初，人们已观察到乙烯催熟的现象，并且在 1934 年由 R. Gane 等证明植物组织能产生乙烯，但在当时并未引起重视。1959 年，由于气相色谱技术的应用，S. P. Burg 等测到果实成熟过程中乙烯产生量的变化，随后证明多种植物器官和组织能产生乙烯，并发现乙烯的多种生理效应，乙烯的重要地位才被人们重新认识，随后被公认为植物激素。乙烯是气体，生产不便于使用。20 世纪 60 年代，乙烯释放剂乙烯利的成功合成和应用推动了乙烯类植物生长调节剂的发展。

根据乙烯的生理作用可知，有效控制乙烯的生成和作用将有助于延缓果蔬的衰老，延长采后寿命。因此，科学家又致力于开发乙烯合成或释放抑制剂。1973 年，Sisler 和 Pian 发现 2,5-降冰片二烯（2,5-norborna diene）可以通过竞争的方式消除乙烯的作用。近年来，人们发现一些环丙烯类化合物，如环丙烯（cyclopropene，CP）、1-甲基环丙烯（1-MCP）、3-甲基环丙烯（3-MCP）及 3,3-二甲基环丙烯（3,3-dMCP）等，可与乙烯竞争性结合乙烯受体，阻断乙烯的信号传导而抑制乙烯的生理效应的发挥。在这些环丙烯类化合物中以 1-MCP 作用效果最为突出。该化合物在 20℃ 条件下呈气态，性质稳定，无异味，处理所需浓度极低，目前，1-MCP 已被广泛应用于蔬果保鲜中。

脱落酸（abscisic acid，ABA）是 20 世纪 60 年代发现和鉴定出的一种植物激素。1963 年，Ohkuma 等首次从棉铃中分离得到。但是，自 ABA 被发现以来，其来源一直是个世界难题。直到 2000 年，四川龙蟒集团开始以 ABA 产生菌进行发酵法生产 ABA（S-诱抗素）原药，是全球首家生产 ABA 农药产品的公司。目前，S-诱抗素已在多种植物生产中有应用。

20 世纪末，科学家发现了第六类植物激素。1970 年，美国农学家 J. W. Mitchell 等从油菜花粉中提取获得一种能显著促进豆苗生长的物质，定名为油菜素，又称芸薹素（brassin）。芸薹素是一类以甾醇为骨架的植物内源甾体类生物活性物质。英国 N. B. Mandava 等于 1978 年将油菜素精制后，得到具有高活性的结晶物。1979 年，Grove 等确定其化学结构属于甾醇内酯，故命名为芸薹内酯（brassinolide）。其后，又从另一些植物中提取了十几种具有生物活性的芸薹素甾体类物质，目前已发现 60 多种，总称为芸薹素类固醇或油菜素甾醇类（brassinosteroid，BR），其中，以芸薹素内酯的生理活性最强。1991 年，由日本科学家在普通芸薹素内酯的基础上研究合成了丙酰芸薹素内酯（又称迟效芸薹素内酯），是新一代芸薹素内酯类似物。BR 类因具有高效的生理活性，已广泛被用于植物生产中。

20世纪末，还新发现了多胺（polyamine）、茉莉酸（jasmonic acid）、月光花素（calonyctin）等具有很强生理活性的植物生长物质。

全球范围内已商品化的植物生长调节剂品种已达到100多种，主要有乙烯利、氯吡脲、矮壮素、噻苯隆、赤霉酸等，应用作物范围包括小麦、玉米、水稻、大豆、棉花、果树、烟草、蔬菜等。

第二节　植物生长调节剂的作用

植物生长调节剂具有与植物激素相同或相似的生理效应，在低浓度下就能对植物的生长、发育和代谢起重要的调节作用。根据植物生长调节剂与植物激素作用的相似性，可将植物生长调节剂分为生长素类、赤霉素类、脱落酸类、细胞分裂素类、乙烯类、芸薹素内酯类及植物生长抑制或延缓物质。

一、生长素类植物生长调节剂

生长素类植物生长调节剂具有双重作用，即高浓度的生长素抑制生长，低浓度的生长素促进生长。其可被植物根、茎、叶、花、果吸收，并传导到作用部位，促进细胞伸长生长；诱导和促进植物细胞分化；促进侧根和不定根发生；调节开花和性别分化；调节坐果和果实发育；控制顶端优势。

1. 生长素对生长的促进和抑制作用　　生长素能促进细胞和器官延长，因而促进植物生长。但这种促进生长的作用只发生在一定的浓度范围内，并且有最适浓度。低浓度时，可以促进生长，超过一定浓度，生长就受到抑制，在更高浓度下，甚至可以导致植物死亡。

2. 促进细胞分裂　　生长素与细胞分裂素共同作用下，可促使薄壁细胞分裂，促进愈伤组织的形成。所以，在扦插、压条、嫁接等无性繁殖及组织培养上均有应用价值。

3. 促进坐果，诱导无籽果实　　生长素能促进某些瓜果植物单性结实，从而产生无籽果实。它能影响离层的形成，因而可促进坐果，防止瓜果等器官脱落。

4. 维持顶端优势，引起植物向光性生长　　当植株有顶芽时，侧芽不生长或生长很慢；去掉顶芽时，侧芽能很快生长，这种顶芽抑制侧芽生长的现象叫做顶端优势。生长素及其他植物激素一起影响植物的顶端优势。植物向光性生长的原因是植物顶端产生的生长素向下传导，在一侧照光时，生长素向背光面传导得多，而向光面传导很少，于是背光面细胞伸长快，向光面细胞伸长慢，从而植物就朝着向光面弯曲。

5. 促进菠萝开花，控制性别分化　　生长素促进菠萝开花的作用，已在生产上大量使用。生长素能控制瓜类植物的性别。例如，它可以促进黄瓜雌花的分化，用生长素处理黄瓜，可增加其雌花数。

二、赤霉素类植物生长调节剂

赤霉素在植物体内以两种形态存在，即自由型和结合型。自由型为具有生理活性的酸性化合物；结合型赤霉素则是赤霉酸与葡萄糖结合成的糖苷。赤霉素类植物生长调节剂均为酸性化合物，其作用方式之一是提高多种水解酶的活性，其中 α-淀粉酶、核糖核酸酶、脂肪酶等，都能通过赤霉素的诱导重新形成；另外，赤霉素也能促进溶酶体等释放出贮藏的酶类，以提高水解酶的活性，使贮藏物质大量分解，输送到新生器官供生长用。因此，应用赤霉素可打破种子、块茎、鳞茎等植物器官的休眠，促进发芽；促进细胞伸长和分裂；还可促进花芽分化和开花，改变雌、雄花比例，增加某些植物坐果和单性结实等。

1. 促进生长　　赤霉素能促进细胞的分裂与伸长，所以它能显著促进茎叶伸长生长，增加植物高度。故常用于促进蔬菜、牧草、茶叶等作物的生长，以增加产量。

2. 促进开花　　赤霉素可以代替低温和长日照，促使长日植物在当年抽薹开花，如萝卜、胡萝卜、甜菜、甘蓝等作物用赤霉素处理，当年即可开花。这为育种提供了方便。

3. 破除休眠，促进萌发　　赤霉素能打破某些种子和芽等器官的休眠，促进其萌发。

4. 促进坐果，诱导单性结实　　赤霉素对果实生长和坐果有促进作用，还可引起单性结实。生产上常用来处理葡萄，使无核葡萄果实增大，使有核葡萄诱变成无核葡萄，并且提高品质，提前成熟。

5. 诱导 α- 淀粉酶的形成　　赤霉素的一个特殊生理效应，就是其能诱导 α- 淀粉酶的形成，这一发现已被应用到啤酒生产中。

三、脱落酸类植物生长调节剂

脱落酸，又名诱抗素，是一种抑制植物生长发育和引起器官脱落的物质，它在植物各器官都存在，尤其是进入休眠和将要脱落的器官中含量最多。国内外大量的研究证明，S- 诱抗素是植物体的"抗逆诱导因子"，能够启动植物的抗逆基因，诱导激活植物体内的抗逆免疫系统，提高植物自身对寒冷、干旱、病虫害、盐碱的抗性。

1. 抑制生长　　脱落酸的作用与赤霉素和生长素刚好相反。脱落酸能抑制细胞的分裂与伸长，因而可抑制幼苗和离体器官的生长。

2. 促进衰老　　脱落酸促进离体叶片切断或未离体叶片的衰老，用脱落酸处理小麦叶切断，2～3d 后，叶绿素降解，蛋白质、核酸含量下降，呈现出衰老状态。

3. 促进器官脱落　　用脱落酸处理幼果和叶柄，可以引起离层的形成，促进脱落。脱落酸最早发现其生理活性即促进棉铃的脱落。

4. 促进休眠，抑制萌发　　脱落酸是促进种子和芽休眠，抑制萌发的重要物质。脱落酸处理木本植物的旺盛小枝，可引起节间缩短、营养叶变小像芽鳞、顶端分生组织分裂减少、形成休眠芽等休眠症状。

5. 促进气孔关闭　　脱落酸促进气孔关闭，在缺水条件下叶片萎蔫，含量大大增加。外源施用脱落酸可诱导植物气孔关闭，并可持续几天。

6. 影响植物开花　　脱落酸能促进或抑制植物开花。用脱落酸处理短日照植物，如矮牵牛等叶片，可诱导其在长日照下开花；用脱落酸处理长日照植物如毒麦、菠菜等，则明显抑制开花。

7. 促进根系的生长和吸收　　在土壤轻微干旱时，根尖脱落酸升高，伸长加快，吸收水和物质的能力增强。用脱落酸处理根，促进根对离子和水分的吸收，并促进初生根的生长和侧根的分化。

四、细胞分裂素类植物生长调节剂

细胞分裂素类植物生产调节剂，是一类促进细胞分裂的植物激素。此类物质中最早被发现的是糠氨基嘌呤（激动素）。以后，把具有和糠氨基嘌呤相同生理活性的天然的和人工合成的化合物，都称为细胞分裂素，如 6- 苄氨基嘌呤（6-BA）、糠氨基嘌呤、氯吡脲（KT-30）、5406 细胞分裂素、5406 激抗剂、通微一号、异戊烯腺嘌呤、烯腺嘌呤（玉米素）等 10 余种，具有促进细胞分裂和扩大、诱导芽的分化、延缓叶片衰老等作用。

细胞分裂素类植物生长调节剂可被植物发芽的种子、根、茎、叶吸收，促进植物的细胞分裂、促进细胞扩大、促进芽的分化、促进侧芽发育和消除顶端优势、延缓叶片衰老。

1. 促进细胞分裂、扩大 细胞分裂素最主要的功能是促进细胞分裂。在组织培养时，营养物质中不加细胞分裂素，细胞很少分裂，当培养基中加入细胞分裂素后，细胞分裂就加快，组织增大。

细胞分裂素也可使细胞体积增大，但和生长素不同的是，它主要使细胞扩大，而不伸长。茎的伸长受它抑制，但一般都向横轴方向扩大增粗，因为它能削弱由生长素引起的伸长作用。

2. 诱导芽的分化 组织培养试验证明，愈伤组织分化产生根还是芽取决于细胞分裂素与生长素的比值。当细胞分裂素浓度低，而生长素浓度高时，就有利于不定根的形成；如果二者相反，则有利于不定芽的形成；若二者浓度大致相等时，则愈伤组织只生长而不分化。所以生长素和细胞分裂素二者比例不同，对根或芽的诱导形成不同，而在芽的分化中，细胞分裂素起着重要的作用。

3. 解除顶端优势 细胞分裂素能破除植株的顶端优势，促进侧芽生长。这种作用是与生长素相拮抗的。例如，在烟草侧芽上涂 0.5% 的玉米素羊毛脂软膏，可以诱导侧芽生长。

4. 延迟衰老 细胞分裂素能减少叶绿素的分解，抑制衰老，具有保绿作用。因此，生产上用于使蔬菜保鲜及延长蔬菜（如芹菜、甘蓝等）的贮藏时间。

五、乙烯类植物生长调节剂

乙烯类植物生长调节剂可分为乙烯释放剂和乙烯吸收或抑制剂。乙烯释放剂是指在植物体内释放出乙烯或促进植物产生乙烯的植物生长调节剂。乙烯吸收剂通过对植物及器官产生的乙烯气体吸附分解，从而调节植物生长；乙烯合成抑制剂是指在植物体内通过抑制乙烯的合成，而达到调节植物生长发育的作用。

（一）乙烯释放剂类植物生长调节剂

乙烯为气体物质，是植物正常代谢的代谢产物。由于气体乙烯难以在生产中应用，因此，人们合成了在植物体内能释放出乙烯的化合物，即乙烯释放剂，如乙烯利、吲熟酯、乙烯硅和脱果硅等植物生长调节剂。这些乙烯释放剂在结构上均含有"—CH_2CH_2—"，当被植物吸收后，在植物体内两边的键断裂，生成 $CH_2\!\!=\!\!CH_2$。

乙烯释放剂类调节剂被植物吸收后，生成乙烯，表现以下功能：具有促进开花、脱花脱叶、催熟果实、抑制生长等生理功能。

1. 促进果实成熟 乙烯可以促进果实的成熟。果实成熟前，有一个呼吸急剧上升期，称为呼吸跃变期。处于呼吸跃变期的果实在急剧成熟，糖分增加，着色并喷发芳香。在呼吸跃变期或之前有一个乙烯发生高峰期，表明乙烯对果实成熟具有重要作用。

2. 抑制生长 乙烯能抑制生长素的合成，具有抑制细胞伸长的作用，从而抑制了生长，因此它对一般植物的根、茎及侧芽的生长，具有明显的抑制作用。但它能引起横向生长，使茎秆变粗变短。

3. 促进衰老与脱落 用乙烯处理叶片，可加速老叶的衰老与脱落，若用高浓度处理，还可使嫩叶脱落。

4. 促进菠萝开花和增加黄瓜雌花 促进菠萝开花是用一定浓度的乙烯利喷洒菠萝。

（二）乙烯吸收或抑制剂

乙烯吸收剂能将新鲜水果、蔬菜及花卉在贮存过程中，由自身或外来所造成植物衰老的乙烯气体吸附分解。

乙烯抑制类植物生长调节剂主要通过抑制乙烯合成或抑制乙烯的生理作用，从而减少果实脱落，抑制成熟，延长果实和切花存放寿命及改变植物的性别等。

六、芸薹素内酯类植物生长调节剂

芸薹素内酯类（BR）植物生长调节剂作用机制独特、生理效应广泛、生理活性极高，用量仅是生长素等五大激素的千分之一。具有增加植物对冷害、冻害、病害、除草剂及盐害等的抗性，协调植物体内多种内源激素的相对水平，改变组织细胞化学成分的含量，激发酶（包括 RNA 与 DNA 多聚酶、ACC 合成酶、ATP 酶等）的活性，影响基因表达，促进 DNA、RNA 和蛋白质合成，促进细胞分裂和伸长，增加植物生长发育速度，参与光信号调节，影响光周期反应，提高作物产量及种子活力，减少果实的败育和脱落等多种生理作用。

1. 促进细胞伸长和分裂　用 10ng BR 处理菜豆幼苗第二节间，便可以引起该节间显著伸长弯曲，细胞分裂加快，节间膨胀大，甚至开裂。其原因是 BR 可提高植物 DNA 聚合酶和 RNA 聚合酶的活性，DNA 和蛋白质含量增多。BR 也会刺激细胞质膜上的 ATP 酶活性，促使质膜分泌 H^+ 到细胞壁，根据"酸生长学说"的模式，使细胞伸长，使植株加速生长，增加产量。BR 可用于多种作物，可增加株高、促进根系生长发育、增加分蘖数和千粒重等。

2. 促进光合作用　BR 可使核酮糖二磷酸羧化酶的活性有较大提高，使 CO_2 固定速率加快，提高光合效率，宏观上表现为叶色加深，叶面积增大，叶片肥厚，生长整齐，改善叶面品质。光合作用的产物是植物进行有机物积累的根本来源，因而 BR 可以提高作物产量。

3. 提高植物抗逆性　在低温、干旱和盐碱等逆境下，BR 能够增强作物根系的吸水性能，稳定膜系统的结构功能，调节细胞内生理环境，激发植物体内起保护作用的某些酶的活性（如超氧化物歧化酶），可以大大减轻由于逆境下植物体所产生的有害物质（如丙二醛等）对正常功能的损害，从而增强植物的抗逆性。BR 还可以减轻某些植物病害的伤害，如水稻纹枯病、黄瓜灰霉病和番茄晚疫病等。植物的抗病性是受植物本身的基因控制的，但是，BR 可以全面调节植物的生理生化过程，从而使病害减轻，同时，BR 作为植物激素可以诱导某些抗病基因的表达，增强了植物的抗病性。BR 进入植物体内后，对植物细胞的膜系统有保护作用。

4. 打破顶端优势　BR 能打破植物顶端优势，促进侧芽萌发。能够诱导芽的分化，促进侧枝生成，增加枝条数，增多花数，提高花粉受孕性，从而增加果实数量、提高产量。

七、延缓或抑制生长类植物生长调节剂

此类均属于植物生长抑制物质，包括植物生长延缓剂和植物生长抑制剂。

（一）延缓植物生长类调节剂

20 世纪 60 年代，植物生理学家发现，某些人工合成的有机化合物可使植物的茎枝延缓生长，叶色深绿，间接影响开花，但不引起植物畸形，人们把这类化合物统称为植物生长延缓剂，如矮壮素、丁酰肼、烯效唑等。植物生长延缓剂主要生理作用如下。

1. 延缓细胞的分裂与扩大　植物生长延缓剂的主要作用部位是亚顶端区域的细胞。通常，可使该区细胞的有丝分裂周期延长，即减慢细胞的分裂速度。例如，用矮壮素处理蚕豆根尖，可延迟该部位细胞有丝分裂过程的前期和中期，同时还延缓这些细胞的伸长。

2. 促进茎部短粗　由于植物生长延缓剂能够延缓茎顶端细胞分裂与伸长的进程，所以导致茎生长慢，植株矮，这是植物生长延缓剂第一个明显的生理效应。因此，有人称植物生长延缓

剂为"矮化剂"。例如，用2000mg/L丁酰肼溶液处理花针期的花生植株，2～3d后即矮于对照，20～30d后其高度为对照的70%～80%。丁酰肼使植株矮化的原因在于，使亚顶端区分生组织细胞的层数减少（仅3～4层），排列紧密；而对照细胞层数多（7～8层），并呈带状排列，各层之间存在着明显的间隙。多效唑对果树有明显的控冠作用，在抑制生长上主要表现在节间缩短。

3. 促进叶片加厚　　这是植物生长延缓剂第二个明显的生理效应。用多效唑处理果树，不仅使新生的叶片加厚，而且对已充分展开的成熟叶片也有加厚的影响。实验表明，丁酰肼可使花生叶片增厚10%～20%，同化组织层数增多，而且排列紧密，维管束外围的机械组织较发达。

4. 促使叶色深绿　　这是植物生长延缓剂第三个明显的生理效应。实验结果表明，用丁酰肼处理花生，矮壮素处理小麦，多效唑处理马铃薯、甜菜等，均能提高叶绿素的含量，其幅度为10%～20%。其中，效果最明显的是多效唑。

5. 提高植物抗性　　这是植物生长延缓剂第四个明显的生理效应。由于植物生长延缓剂可延缓细胞生长，促使细胞体积变小，细胞壁增厚，代谢缓慢，细胞汁液中可溶性物质（如糖类、蛋白质类、氨基酸类）含量提高。因此，有助于提高植物对不良环境的耐受能力或抵抗能力（即抗性）。例如，可提高植物的抗旱力（丁酰肼、矮壮素对菊花，烯效唑对樱桃、甜菜、西葫芦）、抗寒力（烯效唑对甜菜）、抗盐力（丁酰肼、矮壮素对小麦和大豆）、抗大气污染力（丁酰肼、矮壮素和烯效唑对果树、林木等）。

植物生长延缓剂抑制植物茎部亚顶端分生组织的分裂和扩大，但不抑制顶端分生组织的生长，因而它只使节间缩短、叶色浓绿、植株变矮，而植株形态正常，叶片数目、节数及顶端优势保持不变。外施赤霉素可逆转植物生长延缓剂的效应。

（二）抑制植物生长类调节剂

植物生长抑制剂主要作用于植物顶端，对顶端分生组织具有强烈的抑制作用，使其细胞的核酸和蛋白质合成受阻，细胞分裂慢，顶端停止生长，导致顶端优势的丧失。植物形态也发生变化，如侧枝数目增加，叶片变小等。这种抑制作用与植物生长延缓剂不同，其不是由抑制赤霉素引起的，所以外施生长素等可以逆转这种抑制效应，而外施赤霉素则无效。

课外链接 10-1

植物生长调节剂的分类

第三节　植物生长调节剂的科学使用

在粮食作物、油料作物、经济作物、果蔬、花卉、林木等生产和储藏方面广泛应用。植物生长调节剂既可促进植物种子萌发，又可延长种子休眠；既能刺激植物生长，又能抑制生长甚至杀死植物；既可保花保果，又可疏花疏果；既可以促进器官或果实发育或成熟，又可以延迟其发育或具有保鲜作用。在粮食作物、油料作物、经济作物、果蔬、花卉、林木等生产和储藏方面广泛应用。

如果使用不当，将会对植物造成不利的影响。例如，氯吡脲在使用不当后，容易造成果实脱落、畸形果、果实空心、果柄硬化和扭曲等现象，甚至会导致西瓜开裂。

由此可以看出，植物生长调节剂的调节作用是多方面的、相对的，正确合理地选用和科学使用植物生长调节剂将有利于作物产量和品质的提高。

一、生长素类生长调节剂的科学使用

目前，生产中常用的生长素类生长调节剂品种有吲哚乙酸、吲哚丁酸、萘乙酸、2,4-滴、氯苯氧乙酸等。主要应用于诱导单性结实和坐果、促进插枝生根、调节花期等。

1. 吲哚乙酸（indole-3-acetic acid）

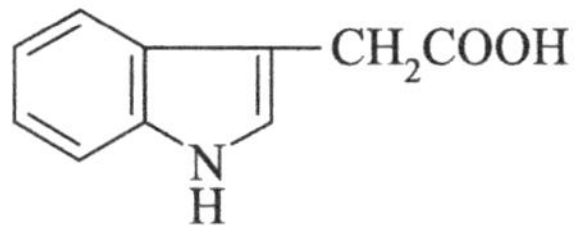

化学名称：2-吲哚-3乙酸，吲哚-3-基乙酸或β-吲哚乙酸。

理化性质：纯品无色结晶，工业品为玫瑰色或黄色，有吲哚臭味。纯品熔点为165~169℃。溶解度（20℃，g/L）：水中为1.5，丙酮、乙醚为30~100，乙醇为100~1000，氯仿为10~30。在碱、中性介质中稳定，对光不稳定，酸解离常数pK_a为4.75。

毒性：吲哚乙酸是对人、畜安全的植物激素，小鼠急性腹腔注射LD_{50}为1000mg/kg。鲤鱼LC_{50}（48h）>140mg/L。对蜜蜂无毒。

制剂：0.11%水剂。

应用：用于大豆、玉米、小麦、水稻等粮食作物，促进生根；用于番茄、辣椒、黄瓜、茄子、草莓等蔬菜，促进坐果、单性结实；用于茶树、橡胶树、水杉等作物，促进不定根的形成，加快营养繁殖速度。例如，在盛花期以3000mg/kg吲哚乙酸药液浸泡番茄花，可形成无籽果实，提高坐果率；菊花用25~400mg/L吲哚乙酸液喷洒1次（在9h光周期下），可抑制花芽的出现，延迟开花；以100~1000mg/kg吲哚乙酸处理插枝基部，可促进茶树、胶树、柞树、水杉、胡椒等作物不定根的形成，加快营养繁殖速度。吲哚乙酸常与萘乙酸混合使用，有明显促进生根的作用。例如，50%吲乙·萘乙酸合剂，商品名为生根粉，是含有30%吲哚乙酸和20%萘乙酸的可溶性粉剂，混合使用比各组分单用的生根效果更加明显。

2. 萘乙酸（naphthyl acetic acid）

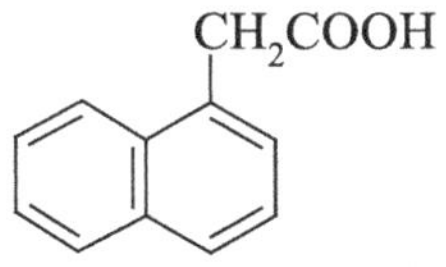

化学名称：1-萘基乙酸。

理化性质：纯品为无色无嗅结晶，熔点为134~135℃。溶解度：水中为420mg/L（20℃），二甲苯为55g/L（26℃），四氯化碳为10.6g/L（26℃），易溶于醇类、酮类、丙酮，溶于乙醚、氯仿、热水，不溶于冷水，其盐水溶性好。结构稳定，耐贮藏性好。

毒性：低毒植物生长调节剂。急性经口LD_{50}：大鼠为1000~5900mg/kg（酸），小鼠约为700mg/kg（钠盐）。兔急性经皮LD_{50}>5000mg/kg，对皮肤、黏膜有刺激作用。绿头鸭和山齿鹑饲喂试验LC_{50}（8d）>10 000mg/kg饲料。鲤鱼LC_{50}（48h）>40mg/L，蓝鳃翻车鱼LC_{50}（96h）>82mg/L，水蚤LC_{50}（48h）为360mg/L，对蜜蜂无毒。

制剂：0.03%、0.1%、0.6%、1%、4.2%、5%水剂，1%、20%、40%可溶粉剂，20%、90%粉剂。

应用：萘乙酸是广谱植物生长调节剂，可经由叶、茎、根吸收，然后传导到作用部位。可用于小麦、大豆、萝卜、烟草等作物，促使发芽长根；用于番茄、黄瓜、辣椒、棉花等，防治落花，促进坐果及形成无籽果实；用于玉米、谷子、白菜、萝卜等，具有壮苗作用；用于柠檬等果树及大豆等大田作物，可加速果实成熟，提高产量；用于果树可起到疏花作用，防止采前落果；可应用于柞树、水杉、茶、橡胶、水稻、番茄等苗木、作物，促进生根。例如，在番茄盛花期以 50mg/L 浸花，可促进坐果，授精前形成无籽果实；西瓜在花期以 20mg/L 浸花或喷花，促进坐果，授精前形成无籽果实；辣椒在开花期以 20mg/L 全株喷洒，防落花促进结椒；用 0.1% 药液喷洒柠檬树冠，可加速果实成熟，提高产量等。

3. 2,4-滴（2,4-D）

$$Cl-C_6H_3(Cl)-OCH_2COOH$$

化学名称：2,4-二氯苯氧乙酸。

理化性质：原药为白色粉末，略带酚的气味，熔点为 140.5℃。25℃时水中的溶解度为 620mg/L，可溶于丙酮和乙醇中，不溶于石油醚。不吸湿，有腐蚀性。2,4-滴的盐溶解度大些，如 2,4-滴钠盐在水中的溶解度为 4.5%。

毒性：低毒植物生长调节剂。大鼠急性口服 LD_{50} 为 637～764mg/kg。对兔的皮肤和眼睛有刺激性。对大鼠的急性经皮 LD_{50}>1600mg/kg，兔急性经皮 LD_{50}>2400mg/kg。大鼠急性吸入 LC_{50}（24h）>1.79mg/L 空气。急性经口绿头鸭 LD_{50}>1000mg/kg，日本鹌鹑为 668mg/kg。虹鳟鱼 LC_{50}（96h）>100mg/L。水蚤 EC_{50}（21d）为 235mg/L。海藻 EC_{50}（5d）为 33.2mg/L。蚯蚓 LC_{50}（7d）为 860mg/kg 土壤。对蜜蜂无毒。

制剂：20% 乳油，1% 水剂。

应用：2,4-滴高浓度使用时是广谱的阔叶除草剂，低浓度使用时可作植物生长调节剂，用于番茄、冬瓜、西葫芦和黄瓜等防止落花落果。例如，柑橘 5～20mg/kg 药液叶面喷施，可防止采前落果；番茄、茄子、辣椒以 30～50mg/kg 药液浸花，可防止落花落果，促进坐果和增产；金丝小枣、灰枣、山西大枣、柿子、荔枝盛花期喷施 5～30mg/kg 药液，可促进坐果率，防止生理落果。2,4-滴植物生长调节剂活性极高，浓度在几十 mg/L 以上对棉花、瓜类、葡萄等作物就会造成严重药害，因此使用时要十分小心。

4. 氯苯氧乙酸（4-CPA）

$$Cl-C_6H_4-OCH(CH_3)COOH$$

化学名称：对氯苯氧乙酸。

理化性质：纯品为无色结晶，熔点为 157℃。能溶于热水、乙醇、丙酮，其盐水溶性更好，商品多以钠盐形式加工成水剂使用。在酸性介质中稳定，耐贮藏。

毒性：属低毒性植物生长调节剂。大鼠急性经口 LD_{50} 为 850mg/kg。鲤鱼 LC_{50} 为 3～6mg/L，泥鳅为 2.5mg/L（48h），水蚤 EC_{50}>40mg/L。

制剂：15% 可溶粉剂，0.11%、2.5%、10% 水剂。

应用：广谱植物生长调节剂。主要用途是促进坐果、形成无籽果实。用于番茄防止落花落果，用于茄子、辣椒、葡萄、柑橘、苹果、水稻、小麦等多种作物增加产量。例如，在番茄、茄子、瓠瓜蕾期以 20～30mg/L 药液浸或喷蕾，可在低温下形成无籽果实；在花期授粉后以 20～30mg/L 药液浸或喷序，可促进在低温下坐果；在正常温度下以 15～25mg/L 药液浸或喷蕾或花，不仅可形成无籽果实促进坐果，还加速果实膨大、植株矮化，果实生长快，提早成熟；葡萄、柑橘、荔枝、龙眼、苹果等在花期以 25～35mg/L 药液整株喷洒，可防止落花、促进坐果、增加产量等。氯苯氧乙酸与 0.1% 磷酸二氢钾混用，生理效果更佳。

二、赤霉素类生长调节剂的科学使用

赤霉素种类很多，已发现的有 120 多种，都是以赤霉烷（gibberellane）为骨架的衍生物。商品赤霉素产品有 GA_3 及 GA_4 和 GA_7 的混合物，目前市场供应的多为 GA_3。

1. 赤霉酸（gibberellic acid，GA_3）

化学名称：3α，10β，13- 三羟基 -20- 失碳赤霉 -1，16- 二烯 -7，19- 双酸 -19，10- 内酯。

理化性质：纯品为结晶状固体，熔点为 223～225℃（分解）。溶解性：水中溶解度为 5g/L（室温），溶于甲醇、乙醇、丙酮、碱溶液；微溶于乙醚和乙酸乙酯，不溶于氯仿。其钾、钠盐易溶于水（钾盐浓度为 50g/L）。干燥的赤霉酸在室温下稳定存在，但在水溶液或者水 - 乙醇溶液中会缓慢水解，半衰期（20℃）约 14d（pH3～4）。在碱中降解并重排成低生物活性的化合物。受热分解。

毒性：大鼠和小鼠急性经口 LD_{50} > 15 000mg/kg，大鼠急性经皮 LD_{50} > 2000mg/kg。对皮肤和眼睛没有刺激性。大鼠每天吸入 2h 浓度为 400mg/L 的赤霉酸 21d 未见异常反应。大鼠和狗 90d 饲喂试验 > 1000mg/kg 饲料（6d/ 周）未见异常反应。山齿鹑急性经口 LD_{50} > 2250mg/kg，LC_{50} > 4640mg/kg 饲料。虹鳟鱼 LC_{50}（96h）> 150mg/L。

制剂：85% 结晶粉，10%、20%、40% 可溶片剂。

应用：赤霉酸是促进植物生长发育重要的内源激素之一，是我国目前农、林、园艺上应用最广的一个调节剂。用于改变某些作物雌、雄花的比例，诱导单性结实，加速果实生长，促进坐果，打破种子休眠，种子发芽提早，加快茎的伸长生长及有些植物的抽薹，扩大叶面积，加快幼枝生长，影响开花时间，减少花、果的脱落等。例如，在黄瓜、番茄、梨、金丝小枣、樱桃等花期喷花，可促进坐果和增产；在芹菜收获前 2 周，以 50～100mg/L 药液喷叶，可促进茎干伸长、增产；用 1mg/L 药液处理大麦种子，可促进发芽；用 10～50mg/L 药液喷洒草莓植株，可促进花芽分化、开花、葡匍枝形成；用 5～20mg/L 在脐橙着色前 2 周喷果，可防果皮软化，保鲜防裂；在香蕉采收后，用 10mg/L 药液浸果，可延长贮藏期；在黄瓜 1 叶期，用 50～100mg/L 药液全株喷洒 1～2 次，可诱导雌花等。

2. 赤霉酸 4（GA_4）

化学名称：3α，10β- 二羟基 -20- 失碳赤霉 -16- 烯 -7，19- 双酸 -19，10- 内酯。

理化性质：纯品为白色晶体，熔点为 222℃（另一种结晶为 255℃）。溶于乙醇、乙酸乙酯等，不溶于水、氯仿、煤油。热和碱加速其分解。

毒性：大鼠急性经口 LD_{50} > 5000mg/kg，大鼠急性经皮 LD_{50} > 2000mg/kg。对眼睛有轻度刺激性，对皮肤无刺激性，但有轻度的过敏现象。兔饲喂试验每天 300mg/kg 未发现不良反应。

制剂：2%、2.7% 膏剂，2.7% 涂抹剂（赤霉酸$_4$ + 赤霉酸$_7$）（混剂）。

应用：赤霉酸4是促进植物生长发育的重要内源激素，是广谱的植物生长调节剂，生理活性与 GA_3 相似。GA_4 促进烟草、莴苣种子萌发比 GA_3 活性高，促进矮生豌豆的生长活性也高于 GA_3 和 GA_7，可促进苹果坐果，增加着色。膏剂及涂抹剂产品主要用于促进梨果实成熟和生长。

3. 赤霉酸7（GA_7）

化学名称：3α，10β-二羟基-20-失碳赤霉-2，16-二烯-7，19-双酸-19，10-内酯。

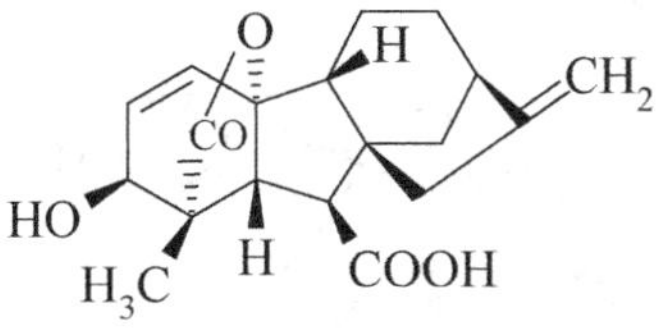

理化性质：纯品为白色晶体，熔点为 202℃，溶于乙醇、甲醇、乙酸乙酯等。不溶于水、苯、氯仿。

毒性：大鼠急性经口 $LD_{50}>5000mg/kg$，大鼠急性经皮 $LD_{50}>2000mg/kg$。对眼睛有轻度刺激性，对皮肤无刺激性，但有轻度的过敏现象。兔饲喂试验每天 300mg/kg 未发现不良反应。

制剂：2%、2.7% 膏剂，2.7% 涂抹剂（赤霉酸$_4$＋赤霉酸$_7$）（混剂）。

应用：赤霉酸7是促进植物生长发育的重要内源激素，是广谱的植物生长调节剂。在促进一些作物的开花、坐果上，其生理活性比 GA_3、GA_4 高。目前，我国已登记的与 GA_4 的混剂产品主要用于促进梨果实成熟和生长。

三、脱落酸类生长调节剂的科学使用

由于人工合成的脱落酸生物活性低，目前脱落酸的生产主要通过微生物发酵。生产中使用的脱落酸类生物调节剂品种为 S-诱抗素［S（＋）-abscisic acid］，其在美国、日本、东南亚及我国等地已被广泛应用于农业生产。外源施用 S-诱抗素可诱导植物产生抗逆性，提高植株的生理素质，促进种子、果实的贮藏蛋白和糖分的积累，最终改善作物的品质，提高产量。

化学名称：（＋）-2-顺-4-反-脱落酸。

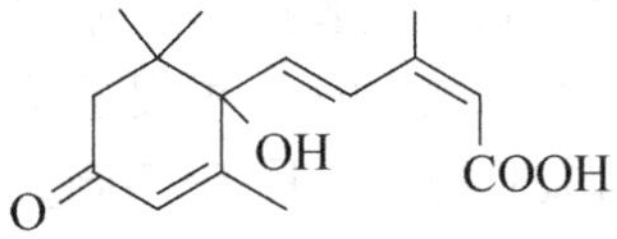

理化性质：纯品熔点为 160～161℃，120℃升华。溶于氯仿、丙酮、乙酸乙酯，微溶于苯、水。紫外最大吸收波长（甲醇）为 252nm。

毒性：大鼠急性经口 $LD_{50}>2500mg/kg$，对生物和环境安全。

制剂：0.006%、0.1%、0.25%、5% 水剂，1%、10% 可溶粉剂。

应用：S-诱抗素适用于多种作物，包括农作物、蔬菜、中药材、果树、木本树苗、枝条、草本花卉植物、蘑菇等。在植物播种期采用浸种、拌种、包衣等方法处理，提高种子发芽率，促进根系发达，增强幼苗抗病、抗寒等能力；在植物苗期或移栽期及生长期使用，能增强越冬期植物抗寒能力、提高植株的抗逆性、改善品质、提高结实率等；在植物果实成熟期使用，可促进葡萄等着色。例如，用 0.25mg/kg 水溶液处理水稻种子，能提高水稻种子发芽率，促进秧苗根系发达，增加有效分蘖数，促进灌浆，增强秧苗抗病和抗春寒的能力；用 0.25mg/kg 水溶液拌种处理棉种，能缩短种子发芽时间，促进棉苗根系发达，增强棉苗抗寒、抗病、抗风灾的能力，使棉株提前半个月开花、吐絮，产量提高 5%～20%；用 10～20mg/kg 水溶液灌根或蘸根处理烟草、油菜及其他苗木，可使烟苗提前 3d 返青，须根数增多，抗病性增强，烟草花叶病毒病染病率减少30%～40%；用10～20mg/kg水溶液处理油菜，能增强越冬期抗寒能力，根茎粗壮，抗倒伏，结荚饱满，产量提高；用2.7～3.5mg/kg水溶液对烟草等植物苗床喷雾处理，促进植物根生长，提高抗逆性。

四、细胞分裂素类生长调节剂的科学使用

细胞分裂素类植物生长调节剂可被植物发芽的种子、根、茎、叶吸收，促进植物的细胞分裂、促进细胞扩大、促进芽的分化、促进侧芽发育和消除顶端优势、延缓叶片衰老。常用的细胞分裂素类植物生长调节剂品种有糠氨基嘌呤、苄氨基嘌呤、氯吡脲等，广泛使用的品种为苄氨基嘌呤和氯吡脲。

1. 糠氨基嘌呤（kinetin）

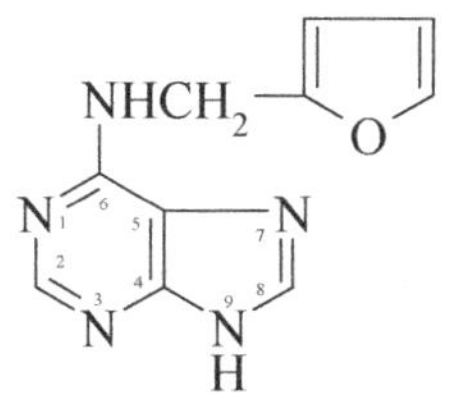

化学名称：6-糠氨基嘌呤。

理化性质：纯品为白色片状固体，熔点为266～267℃。在密闭管中220℃时升华。溶于强酸、碱和冰醋酸，微溶于乙醇、丁醇、丙酮、乙醚，不溶于水。

毒性：纯品毒理学数据未见报道，由于它是微生物、植物体内含有的，对人、畜安全。另外，含有糠氨基嘌呤的细胞激动素混液对大鼠急性经口$LD_{50}>5000$mg/kg。

制剂：混剂（糠氨基嘌呤＋赤霉酸、糠氨基嘌呤＋吲哚乙酸）。

应用：糠氨基嘌呤是具有多种应用效果的生长促进剂，是一种嘌呤类天然植物内源激素，也是人类发现的第一个细胞分裂素。早期用0.5mg/L放入愈伤组织培养基内（需生长素配合）诱导发芽；用20mg/L喷洒多种作物幼苗促进植物生长；用300～400mg/L处理开花苹果，促进坐果；以40～80mg/L处理玉米等离体叶片，延长叶片变黄的时间等。但由于糠氨基嘌呤成本高、生物活性比苄氨基嘌呤弱，至今未见商品化，应用也很少。

2. 苄氨基嘌呤（6-benzylaminopurine）

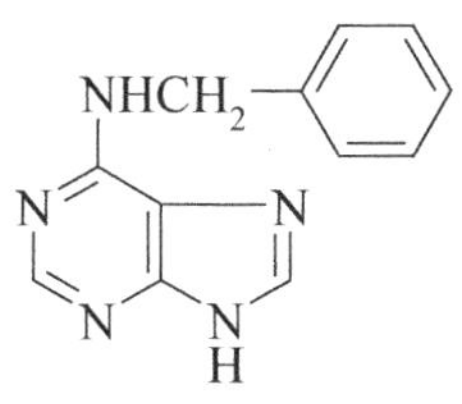

化学名称：6-（N-苄基）氨基嘌呤或6-苄基腺嘌呤。

理化性质：原药（＞99%）为白色或淡黄色粉末。纯品为无色无嗅细针状结晶，熔点为234～235℃。水中溶解度（20℃）为60mg/L，不溶于大多数有机溶剂，溶于二甲基甲酰胺、二甲基亚砜。在酸、碱和中性水溶液中稳定，对光、热（8h、120℃）稳定。

毒性：急性经口LD_{50}（mg/kg），雄大鼠为2125，雌大鼠为2130，小鼠为1300。大鼠急性经皮$LD_{50}>5000$mg/kg。对兔的眼睛、皮肤无刺激性。鲤鱼LC_{50}（48h）＞40mg/L，蓝鳃翻车鱼LC_{50}（4d）＞37.9mg/L，虹鳟鱼LC_{50}（4d）为21.4mg/L，海藻EC_{50}（96h）为363.1mg/L（可溶液剂）。蜜蜂经口LD_{50}为400μg/只，接触LD_{50}为57.8μg/只（均为1g/L可溶液剂）。

制剂：1%、2%可溶液剂。混剂：1.8%水分散粒剂、3.6%乳油、可溶液剂（苄氨基嘌呤＋

赤霉酸）。

应用：广谱多用途植物生长调节剂。应用在愈伤组织诱导分化芽，浓度为 1.0~2.0mg/L；在葡萄、瓜类等作物开花前或开花后浸或喷花处理，可提高坐果，使用浓度为 50~100mg/L；水稻抽穗后 7~15d 20mg/L 喷洒全株，可防止水稻在高温气候下出现早衰；可作为苹果、蔷薇、洋兰、茶树等的分枝促进剂，于顶端生长旺盛阶段，全株喷洒 100mg/L；可作叶菜类短期保鲜剂，在叶菜采收前后喷洒 10~20mg/L 溶液，延长绿叶存放期；用 10~20mg/L 溶液处理块根块茎，可刺激膨大，增加产量等。

3. 氯吡脲（forchlorfenuron）

化学名称：1-（2-氯-4-吡啶基）-3-苯基脲。

理化性质：纯品为白色至灰白色结晶粉末，熔点为 165~170℃。相对密度为 1.3839（25℃）。溶于甲醇、乙醇，难溶于水。溶于甲醇（119g/L）、乙醇（149g/L）、丙酮（127g/L）、氯仿（2.7g/L），微溶于水（0.039g/L，pH 6.4，21℃）。

毒性：急性经口 LD_{50}，雄大鼠为 2787mg/kg，雌大鼠为 2787mg/kg，雄小鼠为 2783mg/kg。兔急性经皮 LD_{50}＞2000mg/kg。山齿鹑急性经口 LD_{50}＞2250mg/kg，饲喂 LC_{50}（5d）为 5000mg/kg 饲料。鱼类 LC_{50}（mg/L）：虹鳟（96h）为 9.2，鲤鱼（48h）为 8.6，金鱼（48h）为 10~40。水蚤 LC_{50}（48h）为 8.0mg/L。海藻 EC_{50}（3h）为 11mg/L。

制剂：0.1% 可溶液剂。

应用：广谱多用途植物生长调节剂。在 1mg/L 浓度下可诱导多种作物愈伤组织生长出芽；用 5~20mg/L 药液浸渍或针对性喷雾处理花或幼果，可提高瓜果、蔬菜的坐果率。用 1~20mg/L 药液处理猕猴桃、桃、葡萄等水果花或幼果，可促进果实膨大，增加果品质量。例如，在桃开花后 30d 以 20mg/L 喷幼果，在中华猕猴桃开花后 20~30d 以 5~10mg/L 浸果，均促进果实增大。氯吡脲还用于花生、马铃薯、萝卜、大豆、向日葵及水稻、小麦等粮食作物，促进增产，使用浓度因作物及施药时间不同，差异较大。例如，于花生结荚期喷施 1mg/L 药液，可增加荚数和果数；在向日葵花期喷 50mg/L 药液，能使籽粒饱满，增加籽粒重和产量。

五、乙烯类生长调节剂的科学使用

（一）乙烯释放剂的科学使用

乙烯释放剂有乙烯利、吲熟酯、乙烯硅、脱果硅等。其中，乙烯利使用最普遍。

乙烯利（ethephon）

化学名称：2-氯乙基膦酸。

理化性质：纯品为无色固体（工业品为透明液体），熔点为 74~75℃，沸点为 265℃（分解）。相对密度为 1.409±0.02（20℃，原药）。易溶于水（1kg/L，23℃）、甲醇、乙醇、异丙醇、丙酮、乙醚和其他极性溶剂，微溶于芳香族溶剂，不溶于煤油和柴油。在 pH＜5 水溶液中稳定，在 pH＞5 分解释放出乙烯。对紫外线敏感。

毒性：大鼠急性经口 LD_{50} 为 3030mg/kg（原药）；兔急性经皮 LD_{50} 为 1560mg/kg（原药）；大鼠急性吸入 LC_{50}（4h）为 4.52mg/L 空气。山齿鹑急性经口 LD_{50} 为 1072mg/kg（原药），饲喂 LC_{50}（8d）>5000mg/kg 饲料（原药）。鱼类 LC_{50}（96h, mg/L）：虹鳟为 720，鲤鱼>140。水蚤 EC_{50}（48h）为 1000mg/L（原药），海藻 EC_{50}（24～48h）为 32mg/L。对其他水生物种低毒。对蜜蜂、蚕、蚯蚓无毒。

制剂：40%、54%、75% 水剂，10% 可溶粉剂，5% 膏剂、糊剂，20% 颗粒剂，2% 涂抹剂。

应用：促进成熟和衰老的植物生长调节剂。可经由植物的茎、叶、花、果吸收，然后传导到植物的细胞中。可用于番茄、黄瓜、苹果、烟草、棉花等作物催熟；用于玉米、水稻矮化，防止倒伏；诱导不定根的形成；刺激某些植物种子萌发，解除种子休眠；在割胶期涂割胶带、处理橡胶树树皮，促进胶乳分泌和增产；诱导黄瓜、葫芦、南瓜、甜瓜开花和促进雌花形成等。例如，在棉花吐絮期用 500～1000mg/L 乙烯利喷施叶片，可以催熟、增产；在黄瓜、南瓜、瓠瓜苗 3～4 叶期全株喷施 100～250mg/L 乙烯利溶液，可诱导雌花分化，增加雌花；水稻秧苗 5～6 叶期，喷施 1000mg/L 溶液，具有壮苗、矮化植株和增产作用；在银杏果实采收前，喷洒 500～700mg/L 溶液，促进落果等。

应用乙烯利等乙烯释放剂时，应注意：①当作物处于天气凉冷、霜冻或土壤干旱的逆境条件下时，不宜使用；②有些水果、瓜类被催熟后有失风味，应考虑与其他调节剂混合使用；③乙烯利是一种酸性物质，pH3.8 以上就释放乙烯，加水稀释后环境 pH 被提高，会很快失效，因此应现配现用。

（二）乙烯合成或释放抑制剂的科学使用

近年来，随着硫代硫酸银、2,5-降冰片二烯、重氮环戊二烯、环丙烯类等乙烯受体抑制剂的发现，为控制乙烯敏感型园艺作物成熟和衰老提供了新的技术手段。1-甲基环丙烯是目前使用最广泛的乙烯合成抑制剂，是乙烯受体的竞争性抑制剂。1-甲基环丙烯由美国罗门哈斯公司开发，可以很好地与乙烯受体结合，但这种结合不会引起成熟的生化反应，因此，在植物内源乙烯产生或外源乙烯作用之前，施用 1-甲基环丙烯，1-甲基环丙烯就会抢先与乙烯受体结合，从而阻止乙烯与其受体的结合，很好地延长了果蔬成熟衰老的过程，延长了保鲜期。

1-甲基环丙烯（1-methylcyclopropene）

化学名称：1-甲基环丙烯，英文化学名称为 1-methylcyclopropene。

理化性质：纯品为无色气体，沸点为 4.68℃。密度为 2.24g/L（20℃）。溶解度（mg/L，20～25℃）：水为 137，庚烷>2450，二甲苯为 2250，丙酮为 2400，甲醇>11 000。水解 DT_{50}（50℃）为 2.4h，光氧化降解 DT_{50} 为 4.4h。其结构为 1 个带甲基的环丙烯，常温下，为一种非常活跃的、易反应、十分不稳定的气体，当超过一定浓度或压力时会发生爆炸，因此，在制作过程中不能对甲基环丙烯以纯品或高浓度原药的形式进行分离和处理，其本身无法单独作为一种产品（纯品或原药）存在，也很难贮存。

毒性：大鼠急性口服 LD_{50}>5000mg/kg（原药），大鼠急性吸入 LC_{50}（4h）>1.65μL/L 空气。根据毒性分类，属于实际无毒的物质。

制剂：0.03% 粉剂，2% 片剂，0.014%、3.3% 微囊粒剂，0.18% 泡腾片剂，2% 片剂，1% 可溶液剂。

应用：1-甲基环丙烯是一种非常有效的乙烯产生和作用的抑制剂。用于自身产生乙烯或乙烯敏感型果蔬、花卉的保鲜，可很好地延缓成熟、衰老，保持产品的硬度、脆度，保持颜色、风味、香味和营养成分，能有效地保持植物的抗病性，减轻微生物引起的腐烂和减轻生理病害，并可减少水分蒸发、防止萎蔫。1-MCP使用时采用熏蒸的方式，因此，处理果实时，必须在密闭的环境下，空气中浓度仅为1μL/L（百万分之一）即可。1-MCP处理果实进行保鲜的有效浓度因果蔬种类不同而异，甚至差别很大。如从完全抑制乙烯作用的浓度方面衡量，香蕉和番茄的1-MCP有效浓度可相差10倍。同一种类不同品种间的MCP处理有效浓度也存在一定差异。高浓度处理果实，还会导致果实无法成熟。因此，应根据使用对象选择1-MCP的合适浓度。

六、芸薹素内酯类生长调节剂的科学使用

芸薹素内酯类生长调节剂有天然芸薹素内酯（油菜素内酯）及其类似物，如芸薹素内酯、高油菜素内酯和丙酰芸薹素内酯等。现应用产品主要为芸薹素内酯和丙酰芸薹素内酯。

BR的应用范围很广，在所有植物都可应用，包括豆芽、蘑菇等均可使用。

1. 芸薹素内酯（brassinolide）

化学名称：（22R,23R,24R,）-2α,3α,22,23-四羟基-β-均相-7-氧杂-5α-麦角甾烷-6-酮。

理化性质：纯品为白色结晶粉末，熔点为256～258℃（另有文献报道为274～275℃）。水中溶解度为5mg/L，溶于甲醇、乙醇、四氢呋喃和丙酮等多种有机溶剂。

毒性：大鼠急性经口LD_{50}＞2000mg/kg，小鼠急性经口LD_{50}＞1000mg/kg。大鼠急性经皮LD_{50}＞2000mg/kg。Ames试验表明无致突变作用。鲤鱼LC_{50}（96h）＞10mg/L。

制剂：0.01%可溶粉剂、可溶液剂，0.01%、0.15%乳油，0.004%、0.0016%、0.0075%、0.01%水剂，0.1%水分散粒剂。

应用：又称表芸薹素内酯（epibrassinolide），是高效、广谱、安全的多用途植物生长调节剂，在很低浓度下使用便能发挥生理作用。经处理后，可增加营养体收获量、提高坐果率、促进果实肥大、提高结实率、增加干重、增强抗逆性等。例如，用0.05～0.5mg/kg药液浸种24h处理种子，或用0.02～0.04mg/kg药液苗床期喷洒幼苗，促进水稻、小麦、玉米、蚕豆、烟草、蔬菜等作物的幼苗根系生长，表现为根深叶茂，苗株茁壮；玉米抽雄前以0.01mg/kg的药液喷雾玉米整株，可增产20%，吐丝后处理也有增加千粒重的效果；小麦孕期用0.01～0.05mg/kg的药液进行叶面喷雾，增产效果最显著，一般可增产7%～15%；在植物花前及花后7～10d喷施0.01～0.05mg/kg溶液，能提高花粉的发芽率，促进花粉管伸长，有利于植物的受精，从而提高结实率和坐果率，特别是它还能提高植物的弱势部位，进而提高顶尖部位的结实率；种子处理或叶面喷施0.01～0.05mg/kg溶液，可增强作物的抗逆性。

2. 丙酰芸薹素内酯（propionylbrassinolide）

化学名称：24（S）-2α，3α-二丙酰氧基-22R，23R-环氧-7-氧-5α-豆甾-6-酮。

理化性质：原药外观为白色结晶粉末，溶于甲醇、乙醇、乙醚、氯仿等有机溶剂，难溶于水。化学性质稳定。

毒性：暂无。

制剂：0.003%水剂。

应用：又称迟效芸薹素内酯，是1991年由日本科学家在普通芸薹素内酯的基础上研究合成的新一代芸薹素内酯类似物。与普通芸薹素内酯相比，丙酰芸薹素内酯具有活性高、持效期长、药效相对缓慢、提高植物抗逆（寒、旱）能力、对作物增产效果显著等特点。丙酰芸薹素内酯通过在植物体内转变成芸薹素内酯后发挥生物活性，其使用与芸薹素内酯相似。

七、延缓或抑制生长类生长调节剂的科学使用

（一）延缓植物生长类调节剂的科学使用

植物生长延缓剂品种较多，代表品种有矮壮素、丁酰肼、甲哌鎓、多效唑等。

1. 矮壮素（chlormequat chloride）

化学名称：2-氯乙基三甲基氯化铵。

理化性质：原药为浅黄色结晶固体，有鱼腥气味。纯品为无色且极具吸湿性的结晶，具有淡淡的特征性气味，熔点为235℃（分解），相对密度为1.141（20℃）。溶解度（20℃，g/kg）：水中>1000，甲醇为25，二氯乙烷、乙酸乙酯、正庚烷和丙酮烷<1，氯仿为0.3。极具吸湿性，水溶液稳定，稳定达到230℃开始分解。

毒性：大鼠急性经口LD_{50}（mg/kg），雄大鼠为966，雌大鼠为807。急性经皮LD_{50}（mg/kg）：雄大鼠>4000，兔>2000。对眼睛、皮肤无刺激性，无皮肤致敏性。大鼠急性吸入LC_{50}（4h）>5.2mg/L 空气。鸟类急性经口LD_{50}（mg/kg）：日本鹌鹑为555，野鸡为261，家鸡为920。鱼毒LC_{50}（96h，mg/L）：虹鳟鱼、镜鲤鱼>100。水蚤LC_{50}（48h）为31.7mg/L，海藻EC_{50}（72h）>100mg/L。对蜜蜂无毒，蚯蚓LC_{50}（14d）为2111mg/kg 土壤。

制剂：50%水剂、80%可溶粉剂。

应用：矮壮素是一个广谱多用途的植物生长调节剂，可经由植物的叶、嫩枝、芽和根系吸收，可使被处理的植物茎部缩短，减少节间距，从而使植株变矮，茎秆变粗，叶色变绿，叶片加宽、加厚，增加抗倒伏能力。广泛用于小麦、水稻、棉花、烟草、玉米等作物。还可防止棉

花落铃，增加马铃薯及甘薯的产量。例如，在小麦拔节前用 1000~2000mg/kg 药液喷雾，可矮化植株、防倒伏、增加产量；在玉米播种前用 3000mg/kg 药液浸种 6h，可使植株变矮粗壮，穗位降低、千粒重增加；在棉花初花期和盛花期各喷 1 次，20~40mg/kg 药液，对棉株生长点进行点喷，可使棉株矮壮紧凑，减少落铃。

2. 丁酰肼（daminozide）

$$\begin{array}{c} CH_2-C-NH-N\begin{array}{c}CH_3\\CH_3\end{array} \\ CH_2-C-OH \end{array}$$

化学名称：N,N-二甲基琥珀酰肼酸。

理化性质：纯品为微带有类似胺气味的白色结晶，不易挥发，熔点为 157~164℃。在 25℃ 时水中的溶解度为 100g/kg，丙酮中为 25g/kg，甲醇中为 50g/kg，不溶于一般的碳氢化合物。它在 pH5~9 较稳定，在酸、碱中加热分解。

毒性：丁酰肼工业品的大鼠急性经口 LD_{50} 为 8400mg/kg。兔的急性经皮 LD_{50}>5000mg/kg。绿头鸭饲喂试验 LC_{50}（8d）>10 000mg/kg 饲料。虹鳟鱼 LC_{50}（96h）为 149mg/L，蓝鳃翻车鱼 LC_{50}（96h）为 423mg/L。水蚤 EC_{50}（96h）为 76mg/L，海藻 EC_{50}（96h）为 180mg/L。对蜜蜂无毒。

制剂：50%、92% 可溶粉剂。

应用：丁酰肼是广谱植物生长延缓剂，可以被植物根、茎、叶吸收，具有良好的内吸、传导性能，易被土壤固定。生产中，丁酰肼常作为矮化剂、坐果剂、生根剂及保鲜剂。可用于幼树新梢生长的抑制，使苹果树节间缩短，枝条增粗，促进花芽分化，早结果；可防止花生、马铃薯徒长；可使菊花、蔬菜等植株矮化，株型紧凑。例如，在苹果盛花后 3 周用 1000~2000mg/kg 药液喷洒全株 1 次，可抑制新梢生长，有益于坐果，促进果实着色；在苹果采收前 45~60d，用 2000~4000mg/kg 药液喷洒全株 1 次，可减少采前果实脱落，延长贮存期；在葡萄新梢 6~7 片叶时，以 1000~2000mg/kg 药液喷洒 1 次，可抑制新梢旺长，促进坐果；在葡萄初花期到盛花期，以 1000~2000mg/kg 药液喷洒 1 次，可抑制副梢生长，提高坐果率；在葡萄采收后以 1000~2000mg/kg 药液浸泡 3~5min，还可防止落粒，延长贮藏期。

3. 甲哌鎓（mepiquat chloride）

化学名称：1,1-二甲基哌啶氯化物。

理化性质：纯品为无嗅白色结晶体，熔点为 223℃（工业品），密度为 1.187g/cm³。20℃ 时水中溶解度>100g/kg，乙醇为 162g/kg，氯仿为 10.5g/kg，丙酮、乙醚、乙酸乙酯、环己烷、橄榄油<1.0g/kg。其水溶液性质稳定（7d 在 pH1~2 和 pH12~13,95℃）；在 285℃ 分解，在日光下稳定。

毒性：大鼠急性经口 LD_{50} 为 64mg/kg，大鼠急性经皮 LD_{50}>2000mg/kg。对兔的眼睛和皮肤无刺激性，无皮肤致敏性。大鼠急性吸入 LC_{50}（7h）>3.2mg/L 空气。山齿鹑急性经口 LD_{50}>2000mg/kg，绿头鸭、山齿鹑饲喂试验 LC_{50}>10 000mg/kg 饲料。鳟鱼 LC_{50}（96h）为 4300mg/L，水蚤 LC_{50}（48h）为 68.5mg/L，海藻 EC_{50}（72h）为 1000mg/L。对蜜蜂无毒，蚯蚓 LC_{50}（14d）为 440mg/kg 土壤。

制剂：10%、98% 可溶粉剂，25%、50g/L、250g/L 水剂。

应用：是内吸性广谱多用途植物生长调节剂，可被植物绿色部位吸收并传导至全株。能抑制植物体内赤霉素的合成，调节营养生长和生殖生长的矛盾。甲哌鎓主要在棉花上应用，防止棉花徒长，防止蕾铃脱落，也可用于小麦防倒伏。用于葡萄、柑橘、桃、梨、枣、苹果等果树防止新梢过长。例如，在棉花播种前以 100～200mg/L 浸种处理 6～8h，可促进萌发和壮苗，提高和增加侧根发生，增强根系活力和抗性；在棉花苗蕾期使用，可促根、壮苗、整形、壮蕾早花；在棉花盛花期喷施，可增加伏桃和早秋桃铃重，防止贪青早熟，简化后期整枝条；在番茄开花到结果整株喷洒 100mg/L 溶液，可降低株高、增加果重和产量、提高含糖量等。

4. 多效唑（paclobutrazol）

化学名称：（2RS,3RS）-1-（4-氯苯基）-4,4-二甲基-2-（1H-1,2,4-三唑-1-基）戊-3-醇。

理化性质：工业品纯度为 90%。纯品为白色晶体，熔点为 165～166℃。密度为 1.22g/mL。20℃时水中溶解度为 26g/L，甲醇为 150g/L，丙二醇为 50g/L，丙酮为 110g/L，环己烷为 180g/L，二氯甲烷为 100g/L，己烷为 10g/L，二甲苯为 60g/L。在 50℃条件下至少稳定 6 个月，常温（20℃）贮存稳定性在两年以上。在紫外线下 pH7，10d 内不降解；在 pH4～9 对水解稳定。

毒性：急性经口 LD_{50}（mg/kg），雄大鼠为 2000，雌大鼠为 1300，雄小鼠为 490，雌小鼠为 1200，豚鼠为 400～600；雄兔为 840，雌兔为 940。大鼠和兔急性经皮 $LD_{50}>1000mg/kg$。对兔的皮肤有轻度刺激性，对兔的眼睛有中等刺激性。大鼠急性吸入 LC_{50}（4h，mg/L 空气）：雄为 4.79，雌为 3.13。无致突变作用。绿头鸭急性经口 $LD_{50}>7900mg/kg$。虹鳟 LC_{50}（96h）为 27.8mg/L，水蚤 LC_{50}（48h）为 33.2mg/L，海藻 EC_{50}（72h）为 1.8μmol/L。蜜蜂急性经口无作用剂量>0.002mg/只，急性经皮无作用剂量>0.040mg/只。

制剂：10%、15% 可湿性粉剂，25% 悬浮剂，5% 乳油。

应用：多效唑是广谱植物生长调节剂，可由植物的根、茎、叶吸收。多效唑主要应用于使作物矮化，促生分枝和生根，提高叶绿素含量、延缓叶片衰老，调节成花和坐果数，增强作物抗逆性。例如，小麦拔节期用 100mg/kg 药液喷雾，可使麦秆粗壮，抗倒伏；用 200mg/kg 药液浸玉米种子 10h 或在玉米 5～6 叶期用 150mg/kg 药液喷洒，可控制株高，防倒伏，增粒增重；在花生 3 叶期，用 100mg/kg 药液喷洒，初花期至盛花期用 150mg/kg 药液喷洒，能促生侧枝，增加结果数和果重；在棉花初花期至盛花期，用 150mg/kg 药液喷洒，可控制株高，增加保铃数，减少霜后花；在大豆初花期，用 150～200mg/kg 药液喷雾，可控制徒长，促进分枝。

（二）抑制植物生长类调节剂的科学使用

植物生长抑制剂中最典型的代表是脱落酸，目前人工合成的并已应用于生产的生长抑制剂品种也较多，如抑芽丹、氟节胺等。脱落酸的科学使用在前面已述及，下面介绍其他常用植物生长抑制剂。

1. 抑芽丹（maleic hydrazide）

化学名称：6-羟基-2H-哒嗪-3-酮。

理化性质：干燥原药（纯度>99%）为白色固体，纯品为白色结晶。熔点为298~300℃。相对密度为1.61(25℃)。25℃在水中的溶解度为4.507g/L(pH4.3)，在甲醇中溶解度为4.179g/L，在己烷、甲苯中溶解度<0.001g/L。其钠、钾、铵盐及有机碱盐类易溶于水。性质稳定。见光分解，不易水解，遇氧化剂和强酸分解，25℃保存1年不分解。

毒性：大鼠急性经口 LD_{50} >5000mg/kg，其钠盐对大鼠经皮 LD_{50} 为6950mg/kg，兔急性经皮 LD_{50} 为20 000mg/kg。大鼠急性吸入 LC_{50}（4h）：雄为4.0mg/L空气。绿头鸭急性经口 LD_{50} >4640mg/kg，饲喂试验 LD_{50}（8d）：绿头鸭和山齿鹑>10 000mg/kg饲料，家鸡为920mg/kg饲料。虹鳟 LC_{50}（96h）>1435mg/L，蓝鳃翻车鱼为1608mg/L。水蚤 LC_{50}（48h）为108mg/L，海藻 IC_{50}（96h）>100mg/L。

制剂：30.2%水剂。

应用：是应用较广的一种植物生长调节剂，可以用在烟草上，防治腋芽生长消耗烟株的养分；用于马铃薯、洋葱、大蒜、萝卜等作物，防止贮藏期发芽变质；用于棉花、玉米杀雄，对核桃、女贞等可起到打尖、修剪作用。例如，在马铃薯、大蒜收获前2~3周以2000~3000mg/L药液喷洒一次，可有效地控制发芽，延长贮藏期；烟草在摘心后，以2500mg/L药液喷洒上部5~6叶，每株10~20mL，能控制腋芽生长，但不杀死侧芽，增加烟叶产量；小麦开花后18d，用1000~2000mg/L药液喷洒小麦穗层，对抑制小麦穗发芽有明显的效果；在李树膨大期，用500~2500mg/L药液喷洒，可以推迟花期4~5d。

2. 氟节胺（flumetralin）

化学名称：N-乙基-N-（2-氯-6氟苄基）-4-三氟甲基-2,6-二硝基苯胺。

理化性质：纯品为黄色至橙色无嗅晶体，熔点为101~103℃，常温下几乎不溶于水（溶解度小于0.1mg/L），25℃在甲苯中溶解度为400g/L，在丙酮中为560g/L，在乙醇中为18g/L，在正辛醇中为6.8g/L，在正己烷中为14g/L。在pH5~9时对水解稳定，250℃以下稳定。

毒性：大鼠急性经口 LD_{50} >5000mg/kg，大鼠急性经皮 LD_{50} >2000mg/kg。制剂乳油（150g/L）对兔的皮肤有中等刺激性，对兔的眼睛有强烈刺激性。山齿鹑和绿头鸭急性经口 LD_{50} >2000mg/kg，绿头鸭、山鹑鹑饲喂试验 LC_{50} >5000mg/kg饲料。蓝鳃翻车鱼和鳟鱼 LC_{50} 分别为18μg/L和25μg/L，水蚤 LC_{50}（48h）>66mg/L。海藻 EC_{50} >0.85mg/L。对蜜蜂无毒。蚯蚓 LC_{50} >1000mg/kg土壤。

制剂：12%水剂，25%悬浮剂、可分散油悬浮剂、40%水分散粒剂，25%、125g/L乳油。

应用：为接触兼局部内吸性高效烟草侧芽抑制剂，是烟草上专用的抑芽剂，适用于烤烟、马丽兰烟、晒烟、雪茄烟。打顶后施药1次，能抑制烟草腋芽发生直至收获。作用迅速，吸收快，施药后只要2h无雨即可生效。药剂接触完全伸展的烟叶不产生药害，能节省大量打侧芽的人工，并使自然成熟度一致，提高烟叶质量。

除上述介绍的植物生长抑制剂外，在生产应用的品种还有调节膦、增甘膦等。另外，二硝基苯胺类除草剂仲丁灵、二甲戊乐灵在烟草上广泛用作烟芽抑制剂。

课外链接 10-2

植物生长调节剂

第四节 植物生长调节剂的应用

一、生长调节剂对葡萄插条生根的影响

1. 实验目的 掌握植物生长调节剂吲哚乙酸、吲哚丁酸、萘乙酸等对葡萄插条生根的处理方法，了解不同浓度植物生长调节剂生理功能的差异。

2. 实验材料

植物材料：葡萄枝条，葡萄插条，一年生葡萄枝条，长 20~30cm。

药剂：吲哚乙酸、吲哚丁酸、萘乙酸。

器材：天平、量筒、移液管、洗耳球、容量瓶、烧杯、滴管、试剂瓶、玻璃棒、塑料漏水筐、盛水托盘、矿泉水瓶。

3. 操作步骤

1）药剂配制：用蒸馏水分别配制 50mg/L、100mg/L、300mg/L 的吲哚乙酸、吲哚丁酸和萘乙酸水溶液。

2）插条选取及处理：选取直径一致的葡萄枝条，剪成一截 3 个芽的短枝，并用刀将下端削成斜面备用（下端离最近的芽 3cm 左右）。

3）药剂处理：将枝条下端（约 5cm）分别浸入药液中 30s、3min、3h、24h 后取出。每处理 5 个枝条，重复 3 次。以不处理枝条作空白对照。

4）培养及结果检查：将处理枝条下端（约 5cm）埋入装有砂质基质的花盆中，给予适宜条件［基质湿润、室温（25±2）℃、光照］培养 20d 后，轻轻取出后用自来水冲去泥沙，记录处理枝条的生根条数及根长。

4. 结果统计 记录不同处理枝条生根数及平均根长，将结果记入表 10-1。根据插条平均生根数，计算生根率。进一步分析调节剂的种类、浓度、处理时间对葡萄插条生根的影响。

表 10-1 生长调节剂对葡萄插条生根作用的记录表

药剂类别	处理时间	对生根的影响	药剂浓度/(mg/L)			
			0（对照）	50	100	300
吲哚乙酸	30s	生根数				
		根长/mm				
	3min	生根数				
		根长/mm				
	3h	生根数				
		根长/mm				
	24h	生根数				
		根长/mm				
吲哚丁酸	30s	生根数				
		根长/mm				
	3min	生根数				
		根长/mm				
	3h	生根数				
		根长/mm				

续表

药剂类别	处理时间	对生根的影响	药剂浓度/（mg/L）			
			0（对照）	50	100	300
萘乙酸	24h	生根数				
		根长/mm				
	30s	生根数				
		根长/mm				
	3min	生根数				
		根长/mm				
	3h	生根数				
		根长/mm				
	24h	生根数				
		根长/mm				

二、生长调节剂对番茄果实的催熟

1. 实验目的 掌握乙烯利对果实催熟的处理方法，了解不同浓度植物生长调节剂生理功能的差异。

2. 实验材料

植物材料：番茄，绿熟期的番茄果实。

药剂：乙烯利。

器材：容量瓶、量筒、移液管、烧杯、塑料袋、小型喷雾器、吐温-80。

3. 操作步骤

1）将选好整齐一致的番茄果实，每5个一组，平铺于容器底部。将供试药剂用0.01%吐温-80水溶液稀释成800mg/L、400mg/L、200mg/L、100mg/L、50mg/L、0mg/L等一系列浓度，每浓度100mL备用。

2）将药液均匀喷洒于番茄果实上，至有少量药液流下为止。自然条件下，待药液挥发干后，将各组果实分别封装于塑料袋中（留通气孔），置25～28℃培养箱中避光培养。重复3次。

3）分别于培养3d、5d、7d后，从培养箱中取出果实，检查并记录果实颜色，以果实整体变红为成熟，记录果实成熟数。

4. 结果统计 将结果记在表10-2，并根据果实成熟数，计算成熟率。

表10-2 不同浓度乙烯利对番茄催熟作用的记录表

药剂浓度/（mg/L）	3d		5d		7d	
	颜色	成熟数/个	颜色	成熟数/个	颜色	成熟数/个
0						
50						
100						
200						
400						
800						

三、生长调节剂对切花、蔬菜保鲜效果的观察

1. 实验目的 掌握6-苄氨基腺嘌呤对切花进行保鲜处理的方法，了解不同浓度的处理液对切花保鲜效果的差异。

2. 实验材料

植物材料：新鲜切花（菊花、月季、百合、香石竹等选一种）。

药剂:6-苄氨基腺嘌呤(6-BA)。

试剂:NaOH、蔗糖。

器材:容量瓶、量筒、移液管、烧杯、天平、广口瓶、剪刀、直尺、标签纸等。

3. 操作步骤

1)选取花枝大小、花茎粗细、花朵开放程度及新鲜程度一致的切花,用剪刀将切花花梗的长度剪成一致,切口斜切。剪切时在水中进行,并插入清水中备用。

2)将供试药剂(6-BA)用少量 0.2 mol/L NaOH 溶液溶解后,加入去离子水定容成 1000mg/L 母液 100mL,用去离子水溶液稀释成 2.0mg/L、1.5mg/L、1.0mg/L、0.5mg/L、0.25mg/L 等一系列浓度,每浓度 200mL。

3)将药液转移到 250mL 广口瓶中,做好标记,以加入去离子作对照,重复 3 次。分别取 2 枝切花,称取鲜重,记录后,插入广口瓶中,置 25~28℃室内放置 24h 后,取出花枝,用 5mg/L 蔗糖溶液代替培养液。

4)分别于培养 3d、5d、7d 后,对各处理花枝进行称重。并记录花枝瓶插寿命,以 50% 外轮花瓣萎蔫或花茎弯曲为寿命结束。

4. 结果统计   将结果记在表 10-3,根据花枝鲜重及死亡数,并计算鲜重变化率、保鲜率。

表 10-3 不同浓度 6-BA 对切花保鲜效果的记录表

药剂浓度 /(mg/L)	代号	第 0 天 花枝鲜重/g			死亡数/枝	第 5 天 花枝鲜重/g			死亡数/枝	第 7 天 花枝鲜重/g			死亡数/枝	第 10 天 花枝鲜重/g			死亡数/枝
		重复1	重复2	重复3		重复1	重复2	重复3		重复1	重复2	重复3		重复1	重复2	重复3	
0	1																
	2																
	平均																
0.25	1																
	2																
	平均																
……																	

思 维 拓 展

1. 以乙烯利为例,谈谈植物生长调节剂的使用剂量等和应用效果的关系。
2. 植物生长调节剂类农药的作用特点有哪些?

扫扫看答案

主要参考资料

1. 参考文献

段留生,田晓莉. 2005. 作物化学控制原理与技术. 北京:中国农业大学出版社
李曙轩. 1989. 植物生长调节剂与农业生产. 北京:科学出版社
李曙轩. 1992. 植物生长调节剂与蔬菜生产. 上海:上海科学技术出版社
毛景英,闫振领. 2005. 植物生长调节剂调控原理与实用技术. 北京:中国农业出版社
沈岳清,马永文. 1990. 农药使用技术大全 植物生长调节剂与保鲜剂. 北京:化学工业出版社
吴文君,罗万春. 2008. 农药学. 北京:中国农业出版社
张石城. 1999. 植物化学调控原理与技术. 北京:中国农业科技出版社
张宗俭,李斌. 2011. 世界农药大全. 植物生长调节剂卷. 北京:化学工业出版社
赵善欢. 2000. 植物化学保护. 北京:中国农业出版社

2. 网站

中国农药信息网 http://www.chinapesticide.gov.cn